U0175375

（第2版）

中药制药工艺技术解析

名誉主编 徐莲英 侯世祥
主　　编 张 彤 吴纯洁

人民卫生出版社
·北 京·

图书在版编目（CIP）数据

中药制药工艺技术解析 / 张彤，吴纯洁主编. —2版. —北京：人民卫生出版社，2024.3
ISBN 978-7-117-35471-4

Ⅰ. ①中… Ⅱ. ①张…②吴… Ⅲ. ①中成药－生产工艺 Ⅳ. ①TQ461

中国国家版本馆 CIP 数据核字（2023）第 198880 号

中药制药工艺技术解析
Zhongyao Zhiyao Gongyi Jishu Jiexi
第 2 版

主　　编：张　彤　吴纯洁
出版发行：人民卫生出版社（中继线 010-59780011）
地　　址：北京市朝阳区潘家园南里 19 号
邮　　编：100021
E - mail：pmph @ pmph.com
购书热线：010-59787592　010-59787584　010-65264830
印　　刷：保定市中画美凯印刷有限公司
经　　销：新华书店
开　　本：787 × 1092　1/16　　印张：53
字　　数：1323 千字
版　　次：2003 年 12 月第 1 版　　2024 年 3 月第 2 版
印　　次：2024 年 3 月第 1 次印刷
标准书号：ISBN 978-7-117-35471-4
定　　价：198.00 元
打击盗版举报电话：010-59787491　E-mail：WQ @ pmph.com
质量问题联系电话：010-59787234　E-mail：zhiliang @ pmph.com
数字融合服务电话：4001118166　E-mail：zengzhi @ pmph.com

编者名单

名誉主编 徐莲英 侯世祥
主　　编 张　彤　吴纯洁
常务副主编 毛声俊　朱华旭　何　军　唐志书　傅超美　陈周全
管咏梅　陈　钢　杨金敏
副 主 编 李元波　徐　冰　伍振峰　丁　越　龙恩武　刘　锦
董自亮　刘　怡　吕露阳　冯瑞红　沈　琦　李超英
秦　晶　姚　倩　刘　彬　蔡贞贞

编　　委（按姓氏拼音排序）

白　兰　四川省医学科学院·四川省人民医院
蔡贞贞　上海中医药大学
陈　钢　广东药科大学
陈丹菲　浙江省中药研究所有限公司
陈世彬　华润三九医药股份有限公司
陈逸红　上海雷允上药业有限公司
陈周全　华润三九医药股份有限公司
邓　黎　四川大学
丁　越　上海中医药大学
董　帅　好医生药业集团有限公司
董自亮　重庆太极实业（集团）股份有限公司
冯瑞红　扬子江药业集团有限公司
付廷明　南京中医药大学
傅超美　成都中医药大学
管咏梅　江西中医药大学
何　军　医药先进制造国家工程研究中心
何祖新　四川绵德堂制药有限公司
黄　波　成都诺和晟泰生物科技有限公司
李　玲　上海中医药大学
李超英　长春中医药大学
李元波　成都诺和晟泰生物科技有限公司
林丽娜　华润三九医药股份有限公司
刘　彬　好医生药业集团有限公司
刘　芳　成都中医药大学
刘　锦　好医生药业集团有限公司

刘　怡　上海亚什兰化工技术开发有限公司
刘玉杰　山西中医药大学
龙恩武　四川省医学科学院·四川省人民医院
路　璐　上海中医药大学
吕露阳　西南民族大学
毛声俊　四川大学华
秦　晶　复旦大学
沈　琦　上海交通大学
宋相容　四川大学华西医院
唐志书　陕西中医药大学
王雅琪　江西中医药大学
魏　莉　上海中医药大学
吴纯洁　成都中医药大学
伍振峰　江西中医药大学
谢　松　和记黄埔医药(上海)有限公司
徐　冰　北京中医药大学
颜　红　湖南中医药大学
杨金敏　好医生药业集团有限公司
姚　倩　成都大学
姚仲青　扬子江药业集团有限公司
于筛成　华东理工大学
袁　瑜　成都诺和晟泰生物科技有限公司
臧振中　江西中医药大学
张　彤　上海中医药大学
张继芬　西南大学
张良珂　重庆医科大学
赵　娜　东北师范大学
朱华旭　南京中医药大学

编委会秘书　路　璐　袁　瑜

编者分工

上　　篇

第一章　中药制药原料品质验收　　张彤　李超英　赵娜　李玲
第二章　粉碎技术　　陈周全　刘玉杰　林丽娜　陈世彬
第三章　浸提技术　　朱华旭　唐志书　陈周全　陈世彬　林丽娜　伍振峰　张继芬　张彤　路璐
第四章　分离纯化技术　　唐志书　朱华旭　陈丹菲　陈世彬　林丽娜　陈周全　于筛成
第五章　浓缩干燥技术　　陈周全　林丽娜　于筛成　陈世彬
第六章　制粒技术　　傅超美　刘怡　龙恩武　伍振峰　刘芳
第七章　薄膜包衣技术　　管咏梅　刘怡
第八章　固体分散技术　　刘怡　何军　张良珂
第九章　包合技术　　丁越　蔡贞贞　张良珂
第十章　乳化技术　　何军　丁越
第十一章　洁净与灭菌技术　　刘锦　杨金敏
第十二章　制水技术　　刘锦　刘彬
第十三章　清洁生产　　陈周全
第十四章　生产过程控制技术　　徐冰　董自亮　王雅琪　陈周全
第十五章　包装与贮藏技术　　杨金敏　董帅
第十六章　中药成品检验及质量评价　　冯瑞红　姚仲青　张彤
第十七章　制药工艺技术研究中数理统计方法的应用　　徐冰　张彤

下　　篇

第一章　制剂处方设计与成型工艺概述　　何军　张继芬　毛声俊
第二章　散剂成型技术　　龙恩武　陈周全　陈逸红　白兰
第三章　颗粒剂成型技术　　伍振峰　傅超美　龙恩武　林丽娜　陈世彬
第四章　胶囊剂成型技术　　陈钢　陈逸红　吴纯洁　刘怡
第五章　片剂成型技术　　管咏梅　刘怡　陈逸红　伍振峰　董自亮　邓黎
第六章　丸剂成型技术　　管咏梅　陈逸红　何祖新　臧振中
第七章　外用制剂成型技术　　吕露阳　谢松　管咏梅　魏莉
第八章　腔道用制剂成型技术　　沈琦　龙恩武　陈钢　白兰

第九章　液体制剂成型技术　董自亮　陈周全　何军　陈世彬
第十章　无菌制剂成型技术　李元波　袁瑜　黄波
第十一章　气雾剂、喷雾剂、粉雾剂成型技术　毛声俊　颜红　付廷明
第十二章　新型给药系统成型技术　秦晶　宋相容　李超英　李元波　黄波　袁瑜
第十三章　其他剂型成型技术　姚倩　颜红

第1版序言

纵观中华民族悠久的发展历史，追溯祖国医药学的前进步伐，中医药作为中华民族优秀文化的灿烂结晶，它为民族的昌盛和人类的文明作出了不可磨灭的贡献，必将永载史册。

随着社会的不断进步，中药制药领域也在发生日新月异的变化，在中医药理论指导下，研究、生产、应用的中药制剂，不仅构筑了传统剂型与现代剂型并举的临床用药体系，而且充分体现了优秀传统文化同现代科学技术的完美结合，它在现代文明社会中所具有的地位与作用，在人类健康事业中所呈现的优势与魅力，以及在未来发展中将显示的强大生命力和广阔的前景，正受到人们日益广泛的关注。

进入崭新的21世纪，科学技术的发展，必将更加有力地推动中药制药行业的进步，中药现代化已成为人们的迫切要求。在保持中药传统特色和优势的基础上，实现中药现代化是一种必然趋势，也是中医药事业发展的重要标志。只有进一步加强中药制药领域的基础研究与应用研究，吸收综合相关学科的理论与实践，充分应用新技术、新方法、新工艺、新设备、新辅料，才能从整体上提高中药制药的技术水平和提升中药产品的技术含量，中药实现现代化才具备可靠的技术保障。

徐莲英教授和侯世祥教授，长期从事中药制药的教学和研究工作，具有丰富的实践经验，由他们领衔，并组织有关高校、研究所、制药企业、政府主管部门的专业人员共同参与编写的《中药制药工艺技术解析》一书，密切联系中药制药行业的实际，针对中药制药生产过程中的具体问题，理论与实践结合，提出解决问题的思路与方法。该书涉及的内容广泛，资料新颖，文笔流畅，是一本具有较高实用价值的专业参考书，对于促进中药制药技术的发展具有积极作用，值得推荐。

沈阳药科大学　终身教授　博士生导师

顾学裘

2003年8月

再版序言

中医药的形成和发展史表明，鉴于中药原料来源及组成的特性，在中药质量标准仅为控制型而非评价型的时期，制药工艺及采取的相应制药技术，是中药质量的保障。《中华人民共和国药典》(以下简称《中国药典》)一部制剂质量标准中，有别于二部化药制剂，特设【制法】项，是保证中药质量的关键措施。

20年前，《中药制药工艺技术解析》(以下简称《解析》)一书的编者们，基于制药工艺技术对保证中药质量关键作用的科学认知，采用问答形式，对中药制药工艺及与之相关的制造技术，进行了深入剖析和解释，对保证药品质量，合理选择制药工艺路线，正确运用制药技术均有所裨益。该书因定位准确、重点突出、特色明显而得到读者的喜爱。由于其在中药制药业受众中的影响力，应人民卫生出版社之邀，于2018年筹备、组建了《解析》再版编委会。

自《解析》一书首版以来的15年间，中药制药工艺技术随着我国国民经济和科学技术的发展有了长足的进步，为保证中药制剂质量起到了关键性作用，然而，其距“高质量发展”要求仍有较大差距。《解析》再版编委会加深了对具有特殊商品质量属性的中药制剂质量的理性认知，努力遵循中药制剂学自身发展的客观规律，树立崇尚学术、敬畏科学、务实创新、融合发展的职业理念。编委们秉承原版编著初衷，在原书的基础上，保留了问答式的表达风格，把近年从事中药制药专门理论与技术研究中的认知、理解、思考、践行、经验积累相结合，将学术性、科学性放在首位，完善并丰富了原书的内容。

该书具体内容的阐释，重在与读者共同深入拆解分析中药制剂生产各步工艺及所采用的技术，是做什么的？应该怎么做？为什么这样做？如何做得更好？让制剂生产从业者不忘制剂初心，牢记制剂使命；切实践行《中华人民共和国药品管理法》立法宗旨，变被动执行为主动操作，变照本宣科为自主创新，提高制药工艺技术水平；履职尽责，用优质的工作生产出优质的产品，使中药制剂同样可立于世界医药之林。

唯愿这能成为该书再版的奋斗目标，再版编委们在为之努力着！乐意欣然受邀作序。

书稿编写过程中，徐莲英教授仙逝。徐教授为中医药事业履职尽责的精神，将激励全体编委在推进中医药中国式现代化的新征程中，继续“踔厉奋发，勇毅前行。

徐莲英　侯世祥

2023年6月

前言

中医药是中华民族在与疾病长期斗争中创造的中国医学，也是打开中华文明宝库的钥匙。数千年来，轩岐垂医学之传统，神农开药学之先河，为中华民族的繁衍昌盛和全人类的健康进步作出了积极贡献，中医药在人类健康事业中显示了独特的优势，发挥着不可替代的重要作用，正受到国内外医药界日益广泛的关注与推崇。

中药学是最有希望实现原始创新，并对世界科技和医药发展产生重大影响的学科之一。中华人民共和国成立以来，我国在国际上有较大影响的青蒿素治疗疟疾、三氧化二砷治疗白血病等新药研究成果，是以中药和天然药物为基础研发成功的。遵循中医药发展规律，研制、生产安全有效的中药制剂，是加快推进中医药现代化、产业化的重要任务。

中药制药工艺技术是连接中医和中药、传统医药和现代科学技术的桥梁，是实现中药现代化的关键环节之一。推进中药制药领域的技术进步，提高中药制药的总体水平，是当前中医药事业“传承精华、守正创新”的迫切需要。

本书围绕中药制药领域的现况和发展方向，联系中药制药行业的生产实际，针对中药制药过程中存在的工艺技术问题，在广泛调查研究、收集材料、总结经验、分析归纳的基础上，本着新颖、实用、深入、系统的宗旨，采用提出问题、分析问题和解答问题的形式，结合理论与实践，达到内容创新与形式创新的统一。本书除了中药制药基本理论与基本技术的概括介绍，更注重于贴近生产实际，努力挖掘中药制药工艺技术中的难点和问题，提出解决问题的基本思路，寻找解决问题的有效方法，同时探讨中药生产的基本规律，兼顾针对性与可操作性，力求做到科学性、知识性、创新性、实用性并举。

《中药制药工艺技术解析》第 1 版是由徐莲英教授和侯世祥教授领衔，组织有关高校、研究所、制药企业、政府主管部门的专业人员共同参与编写而成，密切联系中药制药行业的实际，针对中药制药生产过程中的具体问题，结合理论与实践，提出解决问题的思路与方法，是一本具有较高实用价值的专业参考书，对于促进中药制药技术的发展具有积极作用。该书自 2003 年出版以来受到中药制药领域技术人员的广泛好评。

近年来，中药制药领域的基础研究与应用研究发展较为迅速，第 2 版在原书基础上，进一步吸收融合相关学科的理论与实践，充分总结近年来发展应用的新技术、新方法、新工艺、新设备、新辅料，以期为中药制药领域的同道们提供有价值的参考，满足不同层次教学的需要和不同层次读者的需求，为实现中药现代化服务。

第 2 版沿用第 1 版体例，分为上、下两篇。上篇为基本技术篇，以中药制药的通用技术为重点，阐述其原理与方法；下篇为成型技术篇，以各类中药制剂的制备技术为重点，阐述其工艺与技术。本书的编委来自高等院校、研究所及制药企业，编写过程凝聚着第 1 版、第 2 版全体编委的辛勤劳动，体现了集体智慧的结晶，同时也得到了相关单位领导的支持和众多同仁的帮助，在此一并表示感谢。

由于中药制药工艺的发展日新月异，各种新技术、新剂型、新制剂层出不穷，特别是中药制药领域涉及范围的广泛性、工艺技术的多样性，另外编者知识水平也有局限性，本书可能存在疏漏与不当之处，敬请广大读者不吝赐教，提出宝贵意见。

编者

2023年5月

目 录

上篇 基本技术

下篇 成型技术

上篇 基本技术

本篇讨论的基本技术，是指中药制药过程中将中药原料药制备成适合于中药制剂成型的提取物或半成品的通用技术方法。

中医药是中华民族的瑰宝，是我国独特的卫生资源、潜力巨大的经济资源、具有原创优势的科技资源、优秀的文化资源和重要的生态资源，是我国特色卫生健康体系的重要组成部分。中药来源于自然界的植物、动物和矿物，包括中药材、中药饮片、中药提取物和中成药等形式，其应用历史悠久，品种数量繁多，功效作用显著，为世人所瞩目。中成药是以中药饮片为原料，在中医药理论指导下，为了预防及治疗疾病的需要，按规定的处方和制剂工艺将其加工制成一定剂型的中药制品。中成药是中医临床防治疾病的主要用药形式之一，只有通过适宜的中药制药技术，研制、生产安全有效的中成药，才能进一步提高中医药疗效和防病治病能力，促进中医药事业和产业融合高质量发展。

在中医药理论指导下积极推广应用现代科学技术成果，采用新方法、新工艺、新技术、新辅料、新设备，全面提高中药制药的技术水平，研发、制备、生产中药新剂型的同时，确保现有中药产品的安全、有效、稳定，实现中药现代化，已成为人们共同的迫切愿望，既是社会进步的必然趋势，也是中医药事业现代化的重要标志。

中药制药的基本技术，源于中药制药生产的实际，涉及的内容丰富，并伴随着中药制药领域的发展而不断地完善与提高，是中药制药行业技术进步的基础，同中药现代化密切相关。中药制药的基本技术，充分体现了传统中药加工制备工艺与现代科学技术的结合，是中药药剂学与其他众多基础学科、专业基础学科相互交叉、相互渗透、融会综合的产物。中药制药的基本技术实践性强，应用范围广，富有明显的行业特征、学科特色和专业特点，是中药制药领域重要的研究课题，是国内外医药学界广泛关注的热点。

众所周知，中药原材料、中药所含成分、中药临床用药方法和中药剂型的多样性，决定了中药制药过程的复杂性。为了满足临床医疗用药“安全、有效、稳定”的基本要求，实现“剂量小、毒性小、副作用小”和“高效、速效、长效”的目标，应当根据不同药物处方所含不同中药原材料的特性，对中药成型制剂进行“个体化”工艺设计，并采用不同技术方法进行制备。而中药制药的基本技术，是在大量中药制药实践活动中普遍采用的通用技术，具有广泛的适用性。因而认真研究中药制药基本技术，不断改进工艺方法，优化工艺条件，对各类中药制剂的制备和中药制药领域的技术进步都将具有重要的指导意义和实践价值。

本篇讨论中药制药的基本技术，主要涉及中药前处理工艺技术和中药制剂工艺技术两方面的内容。同时还讨论了中药制药过程中通用的洁净与灭菌、制水、包装技术及清洁生产，并对中药生产过程控制技术、原料的验收、中药成品检验和质量评价以及常用统计方法进行简要介绍。

中药前处理工艺技术指中药粉碎、浸提、分离、浓缩、干燥等工艺过程中采用的相关技术，这是中药制药的基础和关键。目前，除了沿用传统工艺技术以外，新技术的研究与推广应用正受到日益广泛的重视，如通过超微粉碎、低温粉碎、超临界流体萃取、微波提取、超声波提取、逆流提取、大孔树脂吸附、高速离心分离、膜分离、喷雾干燥、冷冻干燥等技术的应用，使中药原料中的有效成分和有效部位的提取分离更加完全，能够有效地去除杂质和无效成分，达到去粗存精的目的。

中药制剂工艺技术指根据药物和各类剂型制备的要求，将中药提取物制成适合成型工艺需要的半成品或中间体的各项技术。目前，经常采用的流化喷雾干燥制粒技术、快捷搅拌制粒技术、薄膜包衣技术、固体分散技术、包合技术、乳化技术等，对于提高中药制剂的质量与疗效、保证产品的稳定，起到了十分重要的作用，使中药剂型的现代化成为可能。

随着中药制药生产工艺不断向数字化、自动化、智能化迈进，越来越多的中药制药企业开始将制药技术与装备完美结合，并加强生产过程的质量控制，构建以“数字化、智能化、集成式”为特征的中药智能制造技术体系。中成药的研制与生产，要坚持中药质量安全、有效的根本要求，突出质量优先，不断提高中药质量。

基于此，本篇力求结合中药制药的实际，阐述相关技术的原理与基本理论，探讨优化选择制备工艺条件的基本模式和一般思路，提供中药制药过程中存在问题的常用解决办法，以期为改进中药制药工艺、提高中药制药水平提供有价值的参考。

第一章　中药制药原料品质验收

中药制药原料主要指中药制剂处方中的中药饮片、中药提取物（含植物油脂、有效成分或有效部位）等。中药饮片由中药材经过炮制而成，可直接用于中医临床或制剂生产。对中药制药企业而言，广义的中药原料包括中药材，生产投料前一般需加工成符合实际生产工艺要求的中药饮片。中药提取物一般分为总提取物、有效部位或有效成分；植物油脂是一类特殊的提取物，指从植物中获得的挥发油或油脂。提取物中一类或几类有效成分的含量达到总提取物的 50% 以上，该提取物又称为中药有效部位；单一可测有效成分含量占总提取物的 90% 以上时，该提取物又称为中药有效成分[1]。根据中药原料来源，主要分为植物来源、动物来源、矿物来源以及微生物来源四大类[2]，根据中药制剂成型工艺前物料的物理属性，可分为固体（饮片粉末、浸膏粉）、半固体（流浸膏）、液体（中药提取液）3 种形态[3]。

作为制剂的源头，中药制药原料的验收意义重大，中药原料是否符合质量要求直接关系到中药制剂的质量好坏。应加强中药原料生产、流通全过程质量研究与控制，鼓励应用现代信息技术建立中药原料，特别是药材和饮片的可追溯系统。应关注中药材选种、种植（养殖）、加工炮制、包装、流通、贮藏过程中农药残留、重金属及有害元素等对药材安全性的影响。如处方中含动物药味，应关注引入病原体的可能性；处方若含毒性药味，应关注其安全性和有效性，必要时制定合理的限量或含量范围。

中药原料的质量控制应参考其系统研究结果，并结合具体品种的原料及其与中间体、制剂的相关性研究结果，确定原料，特别是药材、饮片的质量控制指标及范围，以满足中药制剂的质量设计要求。

1. 中药制药原料投料前按什么标准验收?

中药制药企业按制剂处方采购的原料主要包括中药材、中药饮片、提取物等，生产投料前一般需将中药材加工成中药饮片。中药制药的原料来源信息应完整准确、可追溯，原料应检验合格方可投料生产。

对于已获药品监督管理部门核准生产的中药成方制剂（中成药），其中药原料的验收标准应不低于该品种的注册标准。制定中药原料注册标准的依据包括现行的 2020 年版《中华人民共和国药典》（简称《中国药典》）一部、《中华人民共和国卫生部药品标准》（简称《部颁药品标准》）和《国家食品药品监督管理局国家药品标准》（简称《局颁药品标准》）等国家标准；国家标准未收载的，可参考各省（自治区、直辖市）的中药材、饮片标准或中药炮制规范；新发现的药材、新药用部位、新代用品，可制定相应的药材、饮片标准进行注册申报。

为有效控制中药制剂的安全性和有效性，药品生产企业一般会制定高于注册标准的企业内控标准，企业内控标准中还可包括药材和饮片的商品规格等级标准。对企业的具体中成药品种而言，其原料的验收标准应同时符合该品种的注册标准（国家标准）及企业内控标准。对该品种的注册标准和企业内控标准没有特别要求的，参照各药材或饮片的国家标准。

2. 什么是多基原中药？如何确定中药原料的基原？

基原指中药的物种来源。《中国药典》收载中药材的基原为其药材所涉及植物、动物或矿物的种属或品种。只有 1 个基原的中药称为单基原中药，而具有 2 个及以上基原的中药称为多基原中药。不少中药都存在多基原现象，《中国药典》所载中药材中多基原中药几乎占 1/3[4]。如甘草为豆科植物甘草 *Glycyrrhiza uralensis* Fisch.、胀果甘草 *Glycyrrhiza inflata* Bat. 或光果甘草 *Glycyrrhiza glabra* L. 的干燥根和根茎[5]。

基原准确是保证中药制剂质量稳定的基础。中药制药的原料应明确中药材的原植（动）物中文名、拉丁学名及药用部位。矿物药应明确该矿物的类、族、矿石名或岩石名以及主要成分。2020 年国家药品监督管理局发布的《中药注册分类及申报资料要求》明确了多基原的药材除必须符合质量标准的要求外，必须固定基原，并提供基原选用的依据[6]。

中药基原鉴定又称为真实性鉴定，是中药鉴定的基础，即应用本草学、中药学和植物、动物或矿物形态、分类学等方面的知识，对中药的基原进行鉴定，确定药材基原正确的学名（或矿物的名称），以保证在应用中品种准确的一种方法[7]，主要包括性状鉴定、显微鉴定、理化鉴定和 DNA 条形码分子鉴定等方法。

3. 中药生产企业直接采购的药材，投料前应如何处理？

中药饮片具有药品的法定地位首次在 2010 年版《中国药典》中得到确认，“前言”明确指出中医用药入药者均为饮片，“凡例”中对饮片的具体定义为：“饮片系指药材经过炮制后可直接用于中医临床或制剂生产使用的处方药品”[8]。即明确规定了中药材不可直接入药，中医处方调配和中成药生产投料均应为中药饮片[9]。

2020 年版《中国药典》中同时规定“制剂中使用的饮片规格，应符合相应品种实际工艺的要求”[5]。即中药成方制剂的生产可直接购买饮片投料，也可根据制药企业的实际工艺要求，购买药材并在《药品生产质量管理规范》（GMP）（2010 年修订）条件下将药材加工成符合生产需求的饮片。据此，有学者提出了工业饮片的概念。工业饮片指将药材经过炮制后，按照制剂品种工业投料的规格标准，加工制成的可直接用于中药制剂生产的中药饮片[9]。

工业饮片炮制研究应尊重临床应用的饮片炮制工艺，符合中药制剂生产设计的需要，形成完整、规范的工业饮片生产工艺体系。①净制技术：应对药材进行洁净度的考察，并确定净制工艺，降低微生物污染水平。②切制技术：应对饮片切制的过程进行考察，如浸润时间、加水量、切片厚度、干燥温度等工艺的考察，优选饮片的最佳浸润切制工艺，以减少有效成分的损失，保障饮片质量，并适应工业化生产。③炮制技术：针对不同炮制技术进行炮制工艺参数的研究，如炮制时饮片的受热温度、炒制时间、转速等，并对炮制辅料的标准进行研究，优选出不同炮制品的最佳炮制工艺。④炮制设备：对饮片炮制生产所用的设备如洗药机、润药机、切片机、炒药机等，建立其标准和规范化操作流程，保证饮片生产稳定可控。通过工业饮片炮制加工技术的建立，形成完整的工艺参数，保证生产的工业饮片制备的制剂在疗效上与普通临床用饮片效果相同甚至更优[9-10]。

4. 如何确保中药原料验收样品的均匀性和代表性?

中药原料验收样品取样的代表性直接影响到检定结果的准确性。因此,必须重视抽样、取样和供试品称取的各环节。所获取的样品一定要做到均匀合理,能反映整个批次的质量原貌。具体方法和注意事项如下[11]。

(1)中药材和饮片

1)外包装检查:应注意整批药材或饮片的品名、产地、批号、规格等级及包件式样,检查包装的完整性、清洁程度以及有无水迹、霉变或其他物质污染等。

2)药材或饮片外观检查:按取样单元数,打开一定数量的包件,比较包件间内容物外观的一致性。同一品种不同部位混杂不均匀的应注意均匀取样。

3)抽取包件:贵重药材和总数不足5件的,逐件取样;总数为5~99件的,随机抽取5件;总数为100~1 000件的,按5%比例取样;超过1 000件的,超过部分按1%比例取样。

4)抽取样品:每一包件至少在2~3个不同部位各取样品1份;包件大的应从10cm以下的深处在不同部位分别抽取;对破碎的、粉末状的或大小在1cm以下的药材和饮片,可用采样器(探子)抽取样品。

(2)中药提取物

1)固体或者半固体提取物:将抽样单元表面拭净后移至洁净取样室,用洁净干燥的抽样棒等适宜取样工具,从确定的抽样单元内抽取单元样品。一般应当从上、中、下、前、后、左、右等不同部位取样。

2)液体提取物:将抽样单元表面拭净后移至洁净取样室,先将液体混匀,再用洁净干燥的吸管等适宜取样工具,从确定的抽样单元内抽取单元样品。有结晶析出的液体,应当在不影响药品质量的情况下,使结晶溶解并混匀后取样。对非均质液体提取物,应当在充分混匀后迅速取样。

(3)抽样量:中药材和饮片按包件确定抽样量。一般药材和饮片每一包件抽取100~500g,粉末状药材和饮片每一包件抽取25~50g,贵重药材和饮片每一包件抽取5~10g,对个体较大的药材和饮片,根据情况抽取适量。抽样量在每个抽样单元中的分配应当大致相等。最终抽取的供检验用样品量原则上应至少为一次全检量的3倍。贵重药品可酌情少取一些。

(4)检验供试品的称取:根据待检样品的性质确定称取或量取方法。中药材和饮片等固体样品一般粉碎后,可采用“四分法取样”确定分析所需样品,即将试样混匀后,堆成圆锥形,略微压平,通过中心依对角线画“×”,使分为四等份,将对角的两份弃去,其余两份混匀,再如上操作,反复数次,直至最后剩余量能满足供检验用样品量。含量测定时,一般称取试样0.1g以上,可用万分之一分析天平称取,精确到0.1mg;0.1g以下,则需用十万分之一天平称取。

5. 中药材和饮片的检验与验收包括哪些内容?

中药材和饮片的检定包括性状、鉴别、检查、浸出物测定、含量测定等。检验样品的取样应按《中国药典》中药材和饮片取样法的规定进行。中药材和饮片的检验项目参考企业内控标准或该品种的注册标准,若没有特别要求的,参照各药材或饮片的国家标准。供试品如已破碎或粉碎，除“性状”“显微鉴别”项可不完全相同外，其他各项应符合规定。

（1）性状系指药材和饮片的形状、大小、表面（色泽与特征）、质地、断面（折断面或切断面）及气味等特征。性状的观察主要是通过感官，如眼看（较细小的可借助于放大镜或体视显微镜）、手摸、鼻闻、口尝等方法。药材和饮片不得有虫蛀、发霉及其他物质污染等异常现象。

（2）鉴别系指检验药材和饮片真实性的方法，包括经验鉴别、显微鉴别、理化鉴别等。

（3）检查系指对药材和饮片的纯净程度、可溶性物质、有害或有毒物质进行的限量检查，包括水分、灰分、杂质、毒性成分、重金属及有害元素、二氧化硫残留、农药残留、黄曲霉毒素等。

除另有规定外，饮片水分通常不得过13%；药屑及杂质通常不得过3%；药材及饮片（矿物类除外）的二氧化硫残留量不得过150mg/kg；药材及饮片（植物类）禁用农药不得检出（不得过定量限）。

（4）浸出物测定系指用水或其他适宜的溶剂对药材和饮片中可溶性物质进行的测定。

（5）特征图谱或指纹图谱系指中药经适当处理后，采用一定的分析方法得到的能够体现中药整体特性的图谱。

（6）含量测定系指用化学、物理或生物的方法，对供试品含有的有关成分进行检测。

中药材验收记录应当包括品名、产地、供货单位、到货数量、验收合格数量等内容。中药饮片验收记录应当包括品名、规格、批号、产地、生产日期、生产厂商、供货单位、到货数量、验收合格数量等内容，实施批准文号管理的中药饮片还应当记录批准文号。

6. 中药提取物检验和验收包括哪些内容？

中药提取物应说明提取物的来源，即以何种原植（动）物及部位加工制得。说明提取物的制备方法，记录提取物的生产日期、批号等。与中药材和饮片类似，其检定包括性状、鉴别、检查、浸出物测定、特征图谱或指纹图谱、含量测定等。

中药提取物应规定包括外观颜色、气味、溶解度、相对密度、熔点、比旋度等。挥发油和油脂应规定外观颜色、气味、溶解度、相对密度和折光率等；粗提物和有效部位提取物应规定外观颜色、气味等；有效成分提取物应规定外观颜色、溶解度、熔点、比旋度等。

除常规检查项外，流浸膏应进行乙醇量的检查。植物油脂应注重酸值、碘值和皂化值等检查。提取物还应加强有害杂质的检查。

提取物含量测定的指标性成分有从单指标逐渐向多指标测定发展的趋势，如三七总皂苷，测定的指标成分包括：人参皂苷 Rg_1、人参皂苷 Re、人参皂苷 Rb_1、人参皂苷 Rd、三七皂苷 R_1，共5种。中药提取物应对代表性成分或有效成分进行质量控制，并尽可能地控制上下限。

部分提取物可说明相应规格，如每1g相当于原药材多少克。2020年版《中国药典》一部中肿节风浸膏的规格是每1g干浸膏相当于原药材10g。

7. 中药材和饮片的重金属和砷残留量如何检测？

重金属元素的毒性作用主要是由于它们进入体内并与体内酶蛋白牢固结合，从而使蛋白质变性，酶失去活性，组织细胞出现结构和功能上的损害，除了可能引起急性中毒，还会在体内蓄积，导致慢性毒性。因此，中药材和中药饮片需要严格控制重金属和砷的限量。

2020 年版《中国药典》中，重金属总量检查采用硫代乙酰胺或硫化钠显色反应比色法，砷盐的检查用古蔡氏法或二乙基二硫代氨基甲酸银法两种方法。对有害元素铅、镉、砷、汞、铜等的测定则采用原子吸收分光光度法和电感耦合等离子体质谱法，中药样品需先进行洗净、粉碎、干燥和消化。

（1）原子吸收分光光度法[12]：是一种常用的重金属检测方法，能准确检测出重金属的含量。根据被测元素的不同，可选择不同的原子化方法。①火焰原子化法：操作简便，重现性好，但由于其灵敏度和检测限的限制，一般只适用于中药中残留含量相对较高的元素测定（一般含量应在 5mg/kg 以上），如 Cu 的测定。②石墨炉法：应用最为广泛，其样品用量少，测定灵敏度高，采用适宜的基体改进技术和背景校正技术，可消除大部分杂质的干扰，适用于 Pb、Cd、Cu 的测定。③氢化物发生法：将待测元素在酸性介质中还原成沸点低、易受热分解的氢化物，再由载气导入由石英管、加热器等组成的原子吸收池，在吸收池中氢化物被加热分解，并形成基态原子，氢化物法具有比石墨炉法更好的检测限并且受干扰的程度比较低，适用于 As 的测定。④冷原子发生法：专用于 Hg 的测定。

（2）电感耦合等离子体质谱法[12]：以等离子体为离子源的一种质谱型元素分析方法。主要用于进行多种元素的同时测定，并可与其他色谱分离技术联用，进行元素形态及其价态分析。样品由载气（氩气）引入雾化系统进行雾化后，以气溶胶形式进入等离子体中心通道区，在高温和惰性气氛中被去溶剂化、汽化解离和电离，转化成带正电荷的正离子，经离子采集系统进入质量分析器，质量分析器根据质荷比进行分离，根据元素质谱峰强度测定样品中相应元素的含量。

电感耦合等离子体质谱法具有灵敏度高，动态线性范围宽，可以同时分析元素周期表上几乎所有元素的特点。适用于各类药品从痕量到微量的元素分析，尤其是痕量重金属元素的测定。

8. 中药材和饮片的农药残留如何检测?

农药残留是由于农药的应用而残存于中药中的农药亲体及其具有毒理学意义的杂质、代谢转化产物和反应物等所有衍生物的总称。

农药的种类繁多，常用的有 300 多种。在中药中有残留的主要有有机氯类农药、有机磷类农药、氨基甲酸酯类农药、拟除虫菊酯类农药等。

一般采用气相色谱法和质谱法测定药材、饮片中农药残留量。2020 年版《中国药典》共收载 4 种农药残留量测定法[13]。第一法采用气相色谱法测定 9 种有机氯类农药残留量或 22 种有机氯类农药残留量；第二法采用气相色谱法测定 12 种有机磷类农药残留量；第三法采用气相色谱法测定 3 种拟除虫菊酯类农药残留量；第四法采用气相 / 液相色谱串联质谱法建立了农药多残留量测定法。

农药多残留量测定法采用气相色谱 - 串联质谱法与液相色谱 - 串联质谱法对中药中农药残留的快速定性筛查，发现残留农药，便于农药定量测定。①气相色谱串联质谱法，按保留时间与定性离子相对丰度比对 88 种农药进行定性测定。结果判断供试品色谱中如检出与对照品保留时间相同的色谱峰，并且在扣除背景后的质谱图中，所选择的 2 对监测离子对均出现，供试品溶液的监测离子对峰面积比与浓度相当的对照品溶液的监测离子对峰面积比进行比较时，相对偏差不超过下列规定的范围，则可判定样品中存在该农药：相对比例＞50%，允许 ±20% 偏差；相对比例 20%～50%，允许 ±25% 偏差；相对比例 10%～20%，允许 ±30% 偏差；相对比例≤10%，允许 ±50% 偏差。②液相色谱串联质谱法按保留时间与定性离子相对丰度比对 523 种农药残留量进行定性测定。结果判断同①气相色谱串联质谱法。也可按内标标准曲线法分别计算供试品中 88 种农药残留量或 523 种农药残留量。

9. 中药材和饮片的二氧化硫残留量限度如何检测？

硫磺熏蒸是传统的中药加工方法，具有防虫防霉、便于储存的作用。但现代研究表明，采用硫磺熏蒸会使中药材残留大量的二氧化硫、As、Hg 等重金属及有害元素。2020 年版《中国药典》收载酸碱滴定法、气相色谱法、离子色谱法 3 种方法[13]，测定经硫磺熏蒸处理过的药材或饮片中二氧化硫的残留量。可根据具体检测需求选择适宜方法进行二氧化硫残留量测定。

酸碱滴定法系将中药材或中药饮片以蒸馏法进行处理，样品中的亚硫酸盐系列物质加酸处理后转化为二氧化硫后，随氮气流带入含有过氧化氢溶液（双氧水）的吸收瓶中，双氧水将其氧化为硫酸根离子，采用酸碱滴定法测定，计算药材及饮片中的二氧化硫残留量。

气相色谱法系在顶空进样瓶中将中药材或中药饮片进行蜡封，使下层的盐酸与上层的样品分离，然后在顶空进样器中在线加热，使得盐酸与样品进行即时混合，将亚硫酸盐转化为二氧化硫。再于顶空进样瓶上方吸取二氧化硫气体进入气相色谱仪进行检测。检测过程采用键合硅胶多孔层开口管色谱柱或等效柱进行分离，通过热导检测器对二氧化硫气体进行检测。按外标工作曲线法定量，计算样品中亚硫酸根含量，测得结果乘以 0.507 9，即为二氧化硫含量。

离子色谱法系将中药材或中药饮片以水蒸气蒸馏法进行处理，样品中的亚硫酸盐系列物质加酸处理后转化为二氧化硫，随水蒸气蒸馏，并被双氧水吸收、氧化为硫酸根离子后，采用离子色谱法检测，并计算中药材或中药饮片中的二氧化硫残留量。

10. 经典名方中药复方制剂研制过程对中药材和饮片有哪些要求？

经典名方中药复方制剂研制需对中药材进行溯源和资源评估。中药材作为起始原料，应对不少于 3 个产地（包含道地药材产地、主产区）的不少于 15 批中药材的质量进行研究，根据药材质量分析和相关性研究结果，制定并完善中药材的质量标准。应使用研究确定的药材开展饮片研究，并对饮片的炮制工艺进行研究，明确工艺参数。根据饮片的质量分析和相关性研究结果，建立完善饮片质量标准。中药饮片是制备中药复方制剂的原料，所建立的中药饮片标准应能较好地反映中药饮片的质量，并在不少于 15 批中药材 / 中药饮片研究的基础上，鼓励使用优质的中药材 / 中药饮片为原料，研究确定经典名方基准样品，并进行制剂生产[14]。

经研究建立或完善的经典名方中药复方制剂中的中药材、中药饮片的质量标准，应作为该经典名方复方制剂注册申报的内容，为古代经典名方中药复方制剂的安全性、有效性和质量可靠性提供质量保障。

11. 为保证中药制剂质量的稳定性和批间质量均匀性，在投料前可采取哪些措施？

为更好地满足中药制剂质量要求，保证不同批次产品质量的相对稳定，可采取均化方法[15]。即对源自天然产物的中药原料，根据其质量差异“取长补短”，在不改变投料量的前提下，采用多批次原料按适当比例混合投料的方式，实现投料用中药原料质量均化的方法。从而减少因中药原料的质量差异而导致的成品质量波动。

对不同批次的合格处方中药味采取按适当比例投料的均化措施，可减少中药制剂批间质量差异，并达到预期的质量目标。对均化的中药原料进行检验时，由于均化后批内质量均一性较差，需重点关注取样的代表性。采用合理的取样方法，使检验的结果能较好地反映均化中药原料的实际质量情况[15]。

在均化研究的评价指标选择上，应选择与中药制剂安全性、有效性密切相关的，与中药制剂关键质量属性中与中药原料密切相关的指标成分含量、浸出物量、指纹图谱等，以达到制剂质量管理与风险管控的要求。

均化计算指根据不同批次均化中药原料的检验数据，计算出达到均化要求所需的均化中药原料的批次及批次间比例。一般来说，能达到均化要求的计算方法都可使用。但需关注相关数据是否具加和性，如在指纹图谱数据计算时，不宜直接对相似度进行计算，可改用相对峰面积等指标。当处方药味为饮片并以浸膏量（浸膏得率）为均化指标进行计算时，应保证浸膏所相当的饮片量符合处方要求，保证单位制剂所含饮片量符合原制剂处方和日服用量的要求。

12. 如果中药原料不能一次性投料生产怎么办？

如果中药原料不能一次性投料生产，则需要根据原料的特性，结合实际生产加工经验，参考中药药品的有关要求，确定合适的包装材料、贮藏条件、保质期或复检期，按照质量要求进行规范包装、贮藏和复检。

（1）包装：中药原料的包装应不影响原料的质量，且方便储存、运输、使用。应选用与原料性质相适应并符合国家药品、食品包装质量标准的包装材料和容器，不得选用与中药药品性质不相适应或对中药药品质量可能产生影响的包装材料。原料包装上应有明显的包装标识。应当标明品名、规格、产地、产品批号、生产日期、生产企业名称、质量合格标志等。实施批准文号管理的原料还必须注明批准文号，野生保护品种、毒性饮片应有符合国家相关规定的标识。

（2）贮藏：中药饮片的贮藏应根据饮片质地、成分的性质选择适宜的条件，分类贮藏。炮制后的饮片一般不宜久贮，应根据炮制生产日期先进先出，尽量减少贮藏时间，保证饮片质量。毒性和易串味的中药饮片应当分别设置专库（柜）存放。贮藏条件和贮藏期限，应依据原料的特性、包装方式及稳定性考察结果来确定。贮藏期间定期养护管理，各种养护操作应当有记录。

（3）复检：对于有明确保质期的中药原料，在达到保质期后即作报废处理。对于没有明确保质期的中药原料，应根据稳定性研究结果确定合理的复检期。复检时一般应进行全项检验，复检合格，方可继续使用。贮藏期限内发现有对中药原料质量产生不良影响的特殊情况时，应当及时复检。

参考文献

[1] 国家食品药品监督管理局药品审评中心. 药品技术评价文集：第三辑[M]. 北京：中国医药科技出版社，2009.

[2] 罗永明. 中药化学成分提取分离技术与方法[M]. 上海：上海科学技术出版社，2016.

[3] 冯怡. 中药固体制剂技术理论与实践[M]. 北京：中国中医药出版社，2017.

[4] 包芮之，万德光，裴瑾，等.《中国药典》中药材基原和药用部位的变化规律研究[J]. 中草药，2020，51(17)：4568-4575.

[5] 国家药典委员会. 中华人民共和国药典：一部[S].2020 年版. 北京：中国医药科技出版社，2020.

[6] 国家药品监督管理局药品审评中心. 中药注册分类及申报资料要求[EB/OL]. [2023-05-05]. https：//www.nmpa.gov.cn/xxgk/ggtg/qtggtg/20200928164311143.html.

[7] 张贵君，王晶娟. 中药基原鉴定的科学内涵[J]. 现代药物与临床，2011，26(1)：1-3.

[8] 国家药典委员会. 中华人民共和国药典：一部[S].2010 年版. 北京：中国医药科技出版社，2010.

[9] 张世臣，孙裕，戴俊东，等. 基于全程质量控制理念的工业饮片标准化体系建设研究[J]. 中国中药杂志，2018，43(14)：2837-2844.

[10] 王玲玲，周跃华，李计萍，等. 关于中药新药用饮片炮制研究的思考[J]. 中草药，2021，52(1)：9-13.

[11] 蔡宝昌. 中药分析学[M]. 北京：人民卫生出版社，2012.

[12] 乔延江，张彤. 中药分析学专论[M]. 北京：人民卫生出版社，2017.

[13] 国家药典委员会. 中华人民共和国药典：四部[S]. 2020 年版. 北京：中国医药科技出版社，2020.

[14] 国家药品监督管理局药品审评中心. 古代经典名方目录管理的中药复方制剂药学研究技术指导原则(试行)[EB/OL]. [2023-05-05]. https：//www.cde.org.cn/main/news/viewInfoCommon/1c18d-d163e7c9221786e5469889367d0.

[15] 国家药品监督管理局药品评审中心. 中药均一化研究技术指导原则(试行)[EB/OL].[2023-05-05]. https://www.cde.org.cn/main/news/viewInfoCommon/8a042d3cea539a543a2ea68b58927662.

（张彤　李超英　赵娜　李玲）

第二章　粉碎技术

粉碎主要是借助外力将大块固体物料制成适宜程度的碎块或细粉的操作过程。

粉碎的目的：①促进中药中有效成分的浸出，便于提取。②有利于多种剂型的制备。③便于调剂、服用和发挥药效。④便于新鲜中药的干燥与贮存。⑤增加药物的表面积，促进药物的溶解与吸收。

粉碎过程主要是利用外加机械力或流体动力部分地破坏物质分子间的内聚力，达到增加药物表面积的目的，即机械能转变成表面能的过程，这种转变是否完全，直接影响到粉碎的效率。粉碎度是指物料粉碎后的细度，它是检查粉碎操作效果的一个重要指标，它与粉碎后物质颗粒的平均直径成反比，即药料粉碎后的颗粒越小，粉碎度越大。粉碎度的大小一般决定于生产要求、医疗用途及药物本身的性质，应避免过度粉碎。同时应注意粉碎过程可能导致的不良现象与问题，如热分解、黏附、重新结聚及流动性差等。应根据被粉碎物料的性质、产品粒度的要求及产量，采用不同方式的粉碎操作，选用与粉碎方式性能相适应的粉碎机械。

中药粉碎设备一般分为机械式粉碎机、气流粉碎机、低温粉碎机和研磨机四个大类。粉碎操作主要有下列方式[1]：①单独粉碎与混合粉碎；②干法粉碎与湿法粉碎；③开路粉碎与循环粉碎；④低温粉碎；⑤其他方法，如微粒结晶、固体分散、溶剂喷雾干燥等。

超细粉碎的中药其粒径可达 75μm 以下，细胞破壁率达到 90% 以上，超微粉化破壁饮片颗粒溶化后直接口服进入体内，可溶性成分迅速溶解，溶解度低的成分也因超微粉较大的表面积而紧紧黏附于胃肠内壁的黏膜上，延长在胃肠道停留时间，吸收更充分，吸收量增加，提高了生物利用度[2]；但中药超微粉全成分服用的方式，增加了外源性有害物质、内源性毒性物质等进入人体的潜在风险，已逐渐受到行业关注[3-4]。

粉碎是中药制剂关键工序之一，应进一步研究、设计、开发出高效、节能、环保、智能化的粉碎技术与设备，实现高品质中药粉体的制备。

1. 一次成功的粉碎，操作过程有哪些注意事项？

首先应明确粉碎目的，了解粉碎机原理，根据被粉碎物料的特性选择好粉碎机。如锤击式粉碎机，其原理是物料借撞击及锤击作用而粉碎，粉碎后的粉末较细；另一种是万能粉碎机，其原理是物料以撞击伴撕裂研磨而粉碎，更换不同规格的筛板网，能得到粗细不同的粉末且相对均匀，适用于粉碎强黏性的浸膏、结晶性物料等，如蜂蜡、阿胶、冰片。然后根据应用目的和欲制备的药物剂型控制适当的粉碎度。

为了提高粉碎效率，保护粉碎机械，降低能耗，在粉碎操作前应注意对粉碎物料进行前处理：如按规定，进行净选加工；药材或饮片必须先经干燥至一定程度，控制水分等。并应在粉碎机的进料口设置磁石，吸附混入药料中的铁屑和铁丝，严防金属物进入机内诱发事故；粉碎机启动必须无负荷，待机器全面起动并正常运行后，再进药，连续粉碎需控制进料速度，避免损坏粉碎设备。停机时，应待机内物料全部出来后2～3分钟，再断开电源。

粉碎过程中，应注意及时过筛，以免部分药物过度粉碎，并可提高加工效率；注意减少细粉飞扬，并防止异物掺入。尤其在粉碎毒性或刺激性强的药物时，应做好防护、防尘等；物料必须全部粉碎应用，较难粉碎部分（叶脉、纤维等）不应随意丢掉，以免损失药物的有效成分，使药物的含量相对减少或增高。

总之，成功的粉碎操作环境友好，劳动保护好，污染小、噪声低，安全不出事故，得到的粉体质量优。

2. 常用中药粉碎设备有哪几类?

中药粉碎设备一般分为机械式粉碎机、气流粉碎机、低温粉碎机和研磨机四个大类。

（1）机械式粉碎机：是以机械方式为主，对物料进行粉碎的设备，可分为齿式粉碎机（含冲击、剪切、碰撞、摩擦等作用）、锤式粉碎机（含锤击、碰撞、摩擦等作用）、刀式粉碎机（含剪切、碰撞、摩擦等作用）、涡轮粉碎机（含剪切、碰撞、摩擦等作用）、压磨式粉碎机（含研磨、摩擦等作用）和铁削式粉碎机（含冲击、铣切、碰撞、摩擦等作用）六个小类。

（2）气流粉碎机：是利用高速气流作用，通过物料本身的颗粒进行碰撞、气流对于物料冲击的剪切作用、物料和其他部件的冲击与剪切等，达到粉碎目的的一类设备。与其他类型的粉碎机相比，其具有以下优点：①产品粒度小，平均粒度可达到5μm以下；②能自行分级，粗粉受离心力的作用不会混入成品中，因此成品粒度均匀；③由于气体自喷嘴喷出膨胀时的冷却效应，适用于低熔点或热敏性物料的粉碎；④易于对机器及压缩空气进行无菌处理，适用于无菌粉末的粉碎；⑤设备结构紧凑、简单，容易维修。

（3）低温粉碎机：是经过低温（最低温度 -70℃），对预先冷冻到脆化点以下的物料进行粉碎的机械设备。

（4）研磨机：是通过研磨体、研磨头和研磨球等介质的运动对物料进行研磨，使物料研磨成细粉的机械设备。研磨机分为球磨机、乳钵研磨机和胶体磨3个小类。

3. 黏性大或韧性强的中药如何粉碎?

各类中药因其物性不同，粉碎的难易程度也不同，要达到粉碎目的，通常可以从“法、料、机、环”等方面着手。含糖类和黏液质多的中药如天冬、熟地黄、牛膝、玄参、龙眼肉、肉苁蓉、黄精、白及、党参等，粉碎时易黏结在机器上；若处方中有大量含黏液质、糖分或胶类、树脂等成分的“黏性”药料，即使与方中其他药料共同粉碎，亦常发生黏机和难过筛现象。此时，除采用“串料”的方法外，应结合对该类药料进行脆化处理，选择合适的粉碎设备，控制环境温湿度。

“串料法”也称作“串研法”，即将处方中黏性大的药料留下，先将其他药料混合粉碎成粗粉，然后用此混合药粉陆续掺入含“黏性”成分的药料中，再行粉碎一次；或先将黏性药与其他药料掺合在一起做粗粉碎，适当温度下充分干燥后，再行粉碎。其“黏性”物质在粉碎过程中，及时被先粉碎出的药粉分散并吸附，使粉碎与过筛得以顺利进行。例如六味地黄丸中的熟地黄、山茱萸，归脾丸中的龙眼肉等中药，在粉碎时均采用“串料”操作。

有些粉性强的中药，如天花粉、山药、茯苓、牡丹皮、薏苡仁等，与黏性大的中药“串料”混合粉碎，能有效地吸收黏液质、树脂或糖分，利于粉碎操作。

由于大部分粉碎设备在粉碎过程中温度都会逐渐升高，因此在粉碎之前将黏性物料进行冷却处理，使黏性物料变脆后再选用普通粉碎设备进行粉碎；通常，将黏性大的中药冷冻或烘干后冷却使其脆化，应立即用粉碎机不加筛片打成粗粉，将此粗粉与粉碎好的其他中药粗粉混合均匀，加上适宜的筛片再粉碎一遍，这样效果会更好。也可对常见的粉碎设备进行改造，比如球磨机、振动磨的筒体外加夹层，通入冷媒进行冷却，可有效防止在粉碎过程中温度升高导致黏机现象发生。粉碎操作时也宜采用间歇多次粉碎等方式。还有，若中药粉碎用于制剂成型用投料，可以考虑将制剂处方中的辅料适量或全量以“辅料前置”的方式在物料粉碎阶段加入，以利于粉碎，但应对方法进行验证确认，确保投料准确、操作合规。

若某些中药需单独粉碎，可对物料粉碎前进行适当预处理，选择合适的粉碎设备及工艺参数等。有研究以水分、指标成分含量为评价指标，比较减压干燥法、液氮冻干法、冻干法 3 种方法预处理枸杞子，得到粉碎样品的质量无显著差异[5]，推荐使用相对实惠的减压干燥法处理枸杞子。为提高粉碎和分装效率，对经预处理的枸杞子原料应尽快粉碎、分装，并严格控制粉碎和分装环境的相对湿度在 20%～30%。某深冷超细粉碎高分子材料气流粉碎机，以液氮为冷源，物料在液氮和惰性气体保护下冷冻脆化，进行催化点高冲击粉碎，可粉碎常温无法粉碎的物料，得到比常温粉碎更细、流动性更好的粉末；粉碎后的产品具有不变质、不氧化、粒度分布均匀、几何形状好的特点，适合高分子材料、黏性、韧性、强纤维物料的超细粉碎[6]。

上述各法可根据具体的处方组成、药料特性选用。

4. 纤维性强的中药如何粉碎?

含纤维较多的中药[7]，如甘草、升麻、黄柏等，如果直接用细筛网粉碎，物料中的纤维部分往往难以顺利通过筛片，保留在粉碎系统中，不但在粗粉中起缓冲作用，而且浪费大量的机械能，即所谓的“缓冲粉碎”。况且，这些纤维与高速旋转的粉碎机圆盘上的钢齿不断撞击而发热，时间长了容易着火。因此，需要对这类原生中药进行预处理，如甘草粉碎时可先用 10 目筛片粉碎一遍，分拣出粗粉中的纤维后，再用 40 目筛片粉碎，粉碎一段时间后需停机，尽量避免纤维阻滞于机器内造成的发热现象。需注意的是：粉碎过程应保留纤维组织，不能因其较难粉碎而随意丢掉，应将分拣出的纤维“头子”按比例用于后续工序的投料，如药品或饮片含量测定的供试品溶液制备，制剂生产的提取等，以避免药物的有效成分损失或使药粉的相对含量增高。

含纤维较多的叶、花类中药，如菊花、金银花、红花、艾叶、大青叶、薄荷、荆芥等质地较轻，易于粉碎成粗粉，一般加 5～10 目筛片，有时不加筛片也可以，但粉碎成细粉相对较难，如果直接用细筛网粉碎，物料中的纤维部分往往难以顺利通过筛片。若要粉碎成细粉，可先粉碎过筛，得部分细粉，余下纤维“头子”可加热再度适当干燥，降低水分使其质地变脆，就易于进一步粉碎成细粉。

纤维性中药的种类很多，有一类属于比较容易粉碎的，纤维长度不大，柔韧性不强，一般先采用常规机械粉碎、过筛，得所需药粉后，余下的纤维“头子”若用振动磨超细粉碎，实验操作简捷，节省中药资源。但对于灵芝、羚羊角这类纤维性更强的物料，尤其是灵芝的纤维不但长而且十分柔软，类似处理很难达到理想效果[8]。

针对纤维性强的中药粉碎问题，制药设备企业一直在进行创新性的研发工作[9]，一些创新型超微粉碎设备、无重金属粉碎设备、冷冻粉碎设备等被[6,10]用于强纤维性中药的粉碎，在实现粉碎的基础上，尽可能地保证药效不被损失。

5. 质地坚硬类中药如何粉碎？

质地坚硬的矿物类、贝壳化石类中药，如磁石、赭石、龙骨、牡蛎、珍珠母、龟甲等，因物料硬度大，粉碎时破坏分子间的内聚力所需外力也大，所以物料被粉碎时对筛片的打击也大，易使筛片变形或被击穿。对这类中药可不加筛片或加 5 目筛片先粉碎一次，使成粗粉，再加上适宜的筛网，将粗粉粉碎为所需细粉。某些矿物类中药，也可先打成碎块、除去杂质后加适量水，用电动研钵或球磨机湿法粉碎，俗称“水飞”法。该法最早的文字记录见于《雷公炮炙论》，共收录钟乳石、赭石、雄黄、磁石、赤石脂、石膏 6 味[11]。通过水飞法炮制矿物药，不仅可以制备药物细粉，还可去除杂质和减毒，防止药粉飞扬等。

质地坚硬的根茎或果实类中药，如白芍、黄连、郁金、槟榔等，可不加筛网或加 5 目筛网先粉碎一遍，使成粗粉后，再加上适宜的筛网，将粗粉粉碎为所需细粉。如黄连上清丸中的黄连不易粉碎，“头子”太多，还可用 5% 的乙醇湿润后再粉碎，取得较好效果。由于物料质地坚硬、粉碎时转刀与底筛之间磨损严重，产生的热量较大，可选择筛孔较大的底筛进行粉碎，粉碎时应随时停机，观察粉碎状况，避免底筛损坏，同时降低温度。

炮制可以改变中药材的物性，质地坚硬的中药材根据临床需要先炮制后，有利于粉碎。某些矿物药将其煅烧使松脆，利于粉碎，如《雷公炮炙论》中的丹砂“下十斤火煅……候冷，再研似粉”；白矾“夹出放冷，敲碎入钵中研如粉”。2020 年版《中国药典》[12]收载“醋龟甲”，就是将净龟甲照烫法用砂子炒至表面淡黄色，取出，醋淬，干燥。用时捣碎。

另外，超细粉碎技术已在质地坚硬中药的粉碎中得到较广泛的应用[6,10,13]。

6. 新鲜的动物类中药如何粉碎？

首先，按照我国现行的 GMP（2010 年修订）“中药制剂”的管理要求，对于鲜活中药材的贮藏应当有适当的设施，如冷藏设施。

新鲜动物类中药材（脏器、皮、肉、筋骨等），与常规中药材的质地差异较大，根据临床用药要求，有时难以粉碎，需另加处理，其常用方法习惯称为“蒸罐”。

“蒸罐”的目的主要是使药料由生变熟，经蒸制的药料干燥后便于粉碎，而且能增加温补功效。在粉碎前需要蒸罐的品种常见的有乌鸡白凤丸、全鹿丸、大补阴丸、参茸卫生丸、清宁丸、豨莶丸等。

蒸罐操作一般是将处方中不需蒸煮的药料先粉碎成粗末，待需蒸煮的药料加工处理后，掺和、干燥，再一起进行粉碎。如有芳香性即挥发性成分的药料应分别粉碎后再混合。生产上常用铜罐或夹层不锈钢罐，先将较坚硬的药料放入底层，再将新鲜的动物类药料放于中层，最后放一些植物性药料，然后将黄酒或其他药汁等液体辅料倒入，通常分两次倒入，第一次倒入总量的 2/3，剩余的 1/3 第二次倒入，以免加热后酒液沸腾外溢。其蒸制时间因药料性质而定，一般为 16～48 小时，有的品种可蒸 96 小时，以液体辅料（黄酒或药汁）基本蒸尽为度。蒸制温度可达 100～105℃。例如乌鸡白凤丸的药料蒸制与粉碎方法为：熟地黄、地黄、川芎、鹿角霜、银柴胡、芡实（炒）、山药、丹参八味粉碎成粗粉，其余乌鸡、鹿角胶、醋鳖甲、煅牡蛎、桑螵蛸、人参、黄芪、当归、白芍、醋香附、天冬、甘草十二味，分别酌予碎断，置罐中，另加黄酒 1 500g，加盖封闭，隔水炖至酒尽，取出，与上述粗粉混匀，低温干燥，再粉碎成细粉，过筛，混匀。

动物的筋、骨、甲等，一般都要经过净制炮制处理后才能粉碎。除此之外，新鲜动物脏器类中药可以采用冷冻粉碎法处理，一般采用液氮直接将原药材中的液态水冻成冰，使物料变硬变脆，并在粉碎过程中用干冰来防止冰复融为液态水，有效地改善新鲜动物中药粉碎时粘连。市场上有利用"液氮冻结粉碎设备"，成功地将甲鱼加工成100%保持原风味的超微粉末[14]。

7. 果实、种子及树脂类中药如何粉碎?

果实、种子类中药，如苦杏仁、桃仁、紫苏子、莱菔子、白芥子、牛蒡子、柏子仁、火麻仁、核桃仁、酸枣仁、补骨脂、使君子等，其油性较强，粉碎时易粘在粉碎机及筛片上，使物料难以通过筛孔，虽也可与其他物料一并粉碎，但也易黏附粉碎机，过筛困难。因此，这类药常采用"串油"的方法。

串油：将处方中"油性"大的药料留下，先将其他药料混合粉碎成细粉，然后用此混合药粉陆续掺入含"油性"药料，再行粉碎一次。这样先粉碎出的药粉可反复多次及时将油吸收，降低粉料油性，不使其黏附粉碎机与筛孔。例如柏子养心丸中的柏子仁、酸枣仁和五味子；麻仁丸中的火麻仁、苦杏仁等在粉碎时均采用"串油"操作。

种子类中药粉碎除"串油"操作外，有报道[15]将小茴香进行冷冻后粉碎，或采用风冷式粉碎机进行粉碎，均可实现产品质量的提升。

乳香、没药等树脂类中药分子排列不规则，有一定的弹性，粉碎时，一部分机械能引起物料弹性变形、发热而不易碎裂，这部分机械能变成热能，降低了粉碎效率。传统经验是醋炙乳香、没药[16]，树脂部分受热变性，以增加脆性，利于粉碎。目前，对这类树脂、树胶，常温下粉碎困难的中药也可用降低温度以增加物料脆性的低温粉碎方法来解决[17]。

8. 贵重中药如何粉碎?

（1）贵重中药及其对应的粉碎方法：贵重中药又称贵细中药，因价格贵、用量较少，在粉碎时需要考虑细度和损耗，一般都是单独粉碎。如麝香、鹿茸、牛黄、羚羊角、珍珠、玳瑁、人参、三七、沉香、琥珀等中药"细料药"常采用干法单独粉碎。具体操作法举例如下。

1）麝香：取本品，先除去杂质（如皮、膜、毛等），置乳钵内用力研磨（即"重研"），筛取粗末，重研，反复操作至全部研细为止；或在研磨至剩渣时，加少量水或乙醇"打潮"，再研磨、过筛，即可。

2）鹿茸：本品为角质，不易粉碎。粉碎前先将鹿茸以灯火或涂抹酒精烧燎去毛，刮净后，用适量白酒湿润，待角质变软取出，切成薄片，阴干，粉碎成细粉，即可。

3）牛黄：本品体轻而松，易于粉碎，但易飞扬。研磨时可置乳钵内，加入微量清水便于研细，且可避免飞扬损耗，亦可置球磨机内，研磨，过筛，即可。

4）海马：本品用铁研船碾细或粉碎机粉碎，过筛，如此反复操作，即可。

5）沉香、檀香：二药系木质，油性重。粉碎前须先用刀或斧劈成碎块，碾碎，过粗筛，装入球磨机研磨或振磨机粉碎，过筛，即可。

6）人参、三七：二药皆为植物性贵重药物。用铁研船碾碎，过粗筛，装入球磨机研磨或小型粉碎机粉碎，过筛，即可。

7）血竭：本品质脆，易于粉碎。用乳钵或铁研船碾磨即可碾细，过筛，即可。

8）琥珀：净选除去杂质，碾碎，过粗筛，装入球磨机，研磨，过筛，即可。

9）珍珠：传统方法“水飞”，或碾碎，过粗筛，装入球磨机，研磨，再过筛，即可。

（2）用于贵重中药粉碎的设备：随着超微粉碎技术的广泛使用，冬虫夏草[18]、三七[19]、贝母、麝香、人参[20]等均可通过超微粉碎，在保持药性和药效的同时，提高有效成分的溶出率。在粉碎设备的选用上，考虑需用密封性能好的粉碎设备，比如球磨机、振动磨、气流粉碎机等。

1）球磨机：系由不锈钢或瓷制的圆柱筒，内装一定数量大小不同的钢球或瓷球构成，可用于干法和湿法粉碎。当圆筒旋转时，离心力和筒壁产生的摩擦力作用，使筒内装球和物料被带到一定的上升高度后由于重力作用而下落，靠球的上下运动使物料受到撞击力或研磨力而被粉碎，同时物料不断改变其相对位置还可达到物料混合的目的。由于球磨机可密闭操作，且获得的粉末可以达到 200 目以下，因此可用于贵重中药的粉碎，但粉碎效率较低。球磨机的结构见图 1-2-1。

2）振动磨：是一种超细机械粉碎设备，利用研磨介质（球形或棒状）在振动磨筒体内做高频振动而产生冲击、研磨、剪切等作用，将物料研细。振动磨可用于干法粉碎和湿法粉碎。按操作方式可分为间歇式与连续式，按筒体数目可分为单筒式、多筒式。由于筒体可完全封闭，降低中药在粉碎过程中的损失，因此振动磨可用于贵重中药的粉碎。振动磨在工作时，研磨介质在筒体内有以下几个运动：①研磨介质的高频振动；②研磨介质逆主轴旋转方向的循环运动，例如主轴以顺时针方向旋转，则研磨介质按逆时针方向旋转；③研磨介质自转运动。上述 3 种运动可在短时间内使物料研磨成细小粒子。

选用振动磨粉碎，损耗小，工艺简单，效率高，并使药材细胞破壁，有利于有效成分溶出与吸收。

图 1-2-2 为间歇式振动磨的示意图，由支撑于弹簧上的筒体，两端装有偏心重块的主轴、装在筒体上的主轴轴承、联轴器和电动机等组成。筒体内装有钢球、钢棒、钢柱等研磨介质及待粉碎物料。工作时电动机通过联轴器带动主轴快速旋转时，偏心重块的离心力使筒体产生一个近似于椭圆轨迹的快速振动，筒体的振动带动研磨介质及物料呈悬浮状态，研磨介质之间及研磨介质与筒壁之间的冲击、研磨等作用将物料粉碎。与球磨机相比，振动磨的粉碎效率更高，装填系数更高（可达 80%），但噪声较大。

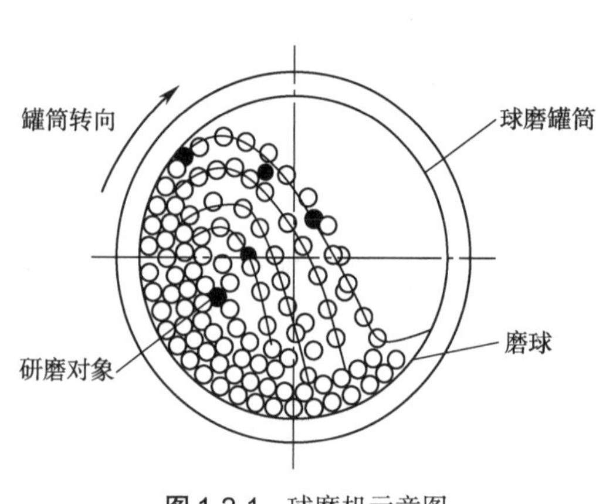

图 1-2-1 球磨机示意图

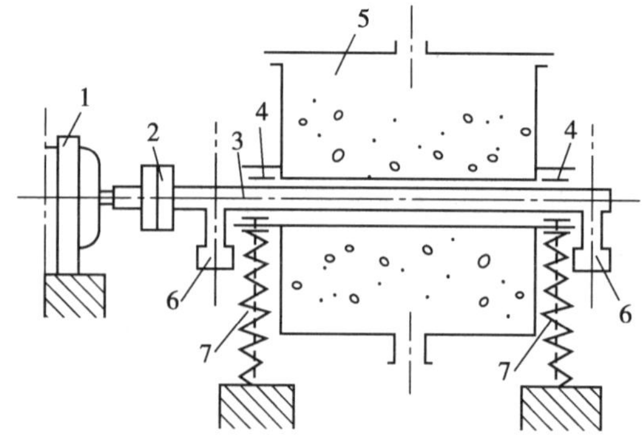

1. 电动机；2. 联轴器；3. 主轴；4. 主轴轴承；5. 筒体；6. 偏心重块；7. 弹簧。

图 1-2-2 间歇式振动磨示意图

3）气流粉碎机：可用于超细粉碎，且整套设备可在完全密闭的条件下进行，因此也可用于贵重中药的粉碎[21]。但需要注意的是，气流粉碎机对进料粒度有一定的要求，一般控制在 20～100 目，且进料速度应控制均匀，以免堵塞喷嘴。因此，对于采用气流粉碎机粉碎的贵重中药通常要采用其他粉碎方式进行预粉碎。下面介绍 3 种常见的气流粉碎机。

a. 扁平圆盘式气流粉碎机：又称“旋流喷嘴式气流粉碎机”，沿粉磨室安装多个喷嘴（8～12 个），各喷嘴都倾斜成一定角度，气流携带物料以较高的压力（0.2～0.9MPa）喷入粉碎机，在粉碎机内形成高速旋流区，使颗粒彼此之间产生冲击、剪切作用而粉碎。被粉碎的颗粒随气流从圆盘中部排出，进入空气分级器分出。这类气流粉碎机的粉磨室为扁平圆盘，故称扁平圆盘式气流粉碎机，其结构见图 1-2-3。扁平圆盘式气流粉碎机粉碎效率较低，物料与气流从同一喷嘴喷入，气流在粉磨室内高速旋转，故喷嘴与衬里磨损较快，不适用于处理较硬物料。

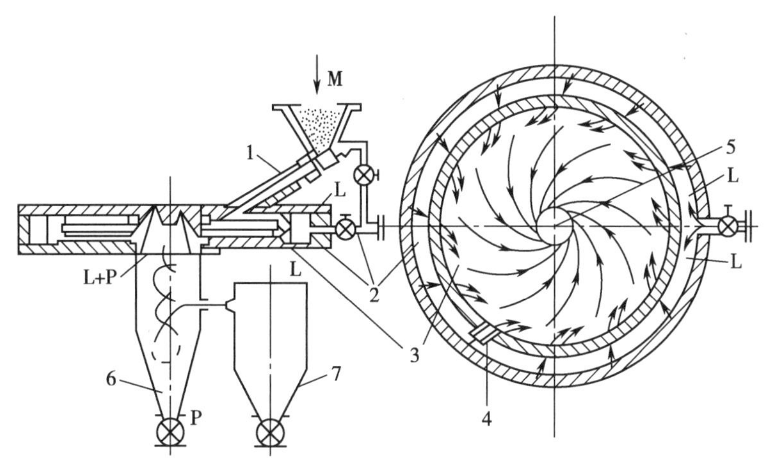

1. 给料喷嘴；2. 压缩空气；3. 粉磨室；4. 喷嘴；5. 旋流区；6. 气力旋流器；7. 滤尘器。
L：气流；M：原料；P：最终产品。

图 1-2-3 扁平圆盘式气流粉碎机

b. 对喷式气流粉碎机：是一种先进的超微气流粉碎机，其结构示意图见图 1-2-4。物料经螺旋加料器进入上升管中，由上升气流带入分级室分级，其粗粒返回粉碎室并受到两股来自喷嘴的相对喷气流的冲击而粉碎，粉碎的物料由气流再带入分级室分级。

c. 靶式超声速型气流粉碎机：由粉碎室、超声速喷嘴、冲击靶、加料斗及电动机带动的搅拌器构成，其结构示意图见图 1-2-5。物料由加料斗加入，经搅拌器搅拌，均匀地加入喷嘴管中，物料在喷嘴管中与喷入的超声速气流（2.5 倍音速以上）相混，成为超声速气固混合流。粒料在湍流作用下相互冲击、摩擦和剪切后部分粉碎，然后混合流经喷嘴强制射向冲击靶，颗粒进一步受冲击、碰撞、摩擦和剪切作用粉碎成细小颗粒。粉碎的细小颗粒经出口管去分级器分级，粗颗粒回喷管中与新加入的物料重新再粉碎。

9. 毒剧中药如何粉碎？

《医疗用毒性药品管理办法》（国务院令第 23 号）规定的毒性药品管理品种，毒性中药品种有 28 个：砒石（红砒、白砒）、砒霜、水银、生马钱子、生川乌、生草乌、生白附子、生附子、生半夏、生南星、生巴豆、斑蝥、青娘虫、红娘虫、生甘遂、生狼毒、生藤黄、生千金子、

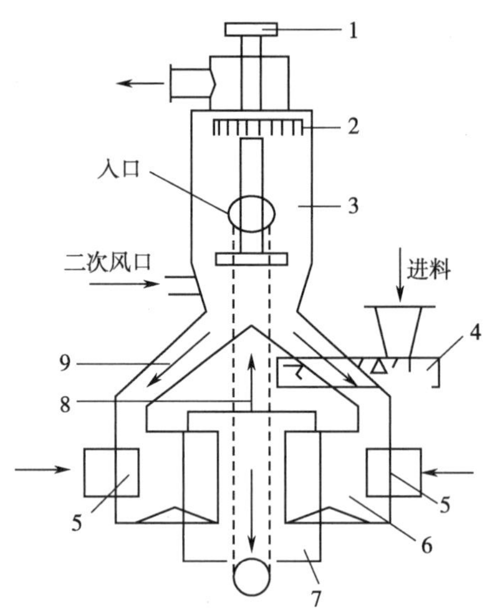

1. 传动杆；2. 分级转子；3. 分级室；4. 加料器；5. 喷嘴；6. 混合管；7. 粉碎室；8. 上升管；9. 粗粉返回管。

图 1-2-4　对喷式气流粉碎机示意图

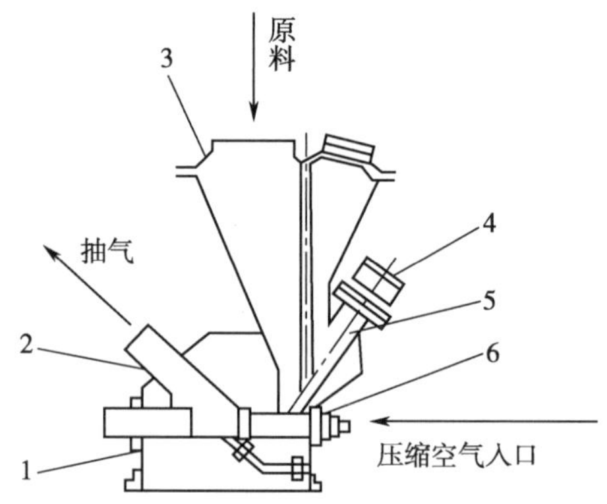

1. 粉碎室；2. 冲击靶；3. 加料斗；4. 电动机；5. 搅拌器；6. 超声速喷嘴。

图 1-2-5　靶式超声速型气流粉碎机示意图

生天仙子、闹阳花、雪上一枝蒿、红升丹、白降丹、蟾酥、洋金花、红粉、轻粉、雄黄。毒性中药原则上应单独粉碎，应严格遵守有关毒剧中药加工炮制管理法规要求，建立粉碎操作规程或制度。按照《医疗用毒性药品管理办法》"凡加工炮制毒性中药，必须按照《中国药典》或者省、自治区、直辖市卫生行政部门制定的炮制规范的规定进行"的要求，在毒剧中药粉碎具体操作中，注意事项如下：①毒剧中药粉碎，应固定设备，专用专管；②注意粉碎设备密封，防止泄漏；③操作人员应站在风口的上风处，如粉碎红娘虫、斑蝥、蟾酥时，若操作人员站立位置不当，易出现中毒或过敏现象；④戴好防毒面具与手套；⑤粉碎工作结束，立即清洗设备、现场，妥善处理清洗废水，必须保证粉碎过程中产生的废弃物不污染环境；⑥药粉包装要有突出、鲜明的毒药标志，并做好生产记录；⑦及时清洗工作服和做好个人卫生。

10. 如何防止中药浸膏在粉碎中出现黏结的问题？

目前，中药制药生产中仍存在用烘干法、真空干燥法等制备干膏的工艺，干膏粉碎过程中常出现吸潮结块或受热软化黏结现象，堵塞筛网，通常醇提取浸膏较水提取浸膏更难以粉碎，粉碎得到的浸膏粉也更易黏结。为防止操作过程中浸膏黏结的问题，应注意如下事项。

（1）若明确中药干膏的临界相对湿度[22]，粉碎时应控制环境相对湿度在临界相对湿度以下，可安装除湿机调节。

（2）选用粉碎机时，以选用粉碎室配有冷却夹层套的粉碎机为宜，可克服粉碎产热导致浸膏软化，堵塞筛网。同时粉碎环境温度宜控制相对较低，根据干膏性质来确定。有研究报道[23]，降温、恒湿的措施能够有效降低物料粉碎时的温度和湿度，防止物料发生结块、粘连。

（3）可采取将干膏冷冻或冷藏处理，增加其脆性，利于粉碎过筛。

（4）及时分装密封，防止浸膏粉吸潮黏结，因浸膏粉较浸膏表面积大，更易吸潮黏结。

（5）若制剂处方中含有中药生药粉，可以用适量或全量的生药粉与中药干浸膏一同粉碎，不仅可以防止单纯干膏粉碎时黏结，还有助于制剂处方中的物料混合均匀。

（6）可结合制剂成型所用辅料的性质，用适量或全量的辅料与中药干膏一同粉碎。

干膏粉碎中除了吸湿黏结外，干粉受热软化黏结也应重视，需控制好粉碎温度与粉碎后的干燥温度。

11. 如何解决粉碎过程中出现的噪声与粉尘问题？

中药粉碎时，常出现的粉尘与噪声是粉碎工艺中涉及劳动保护的问题。国家有关标准规定噪声不能超过 85dB。中药粉碎时噪声产生的主要原因为：①粉碎机高速运转时，运转部件带动空气产生“啸”叫声；②设备运转时产生的振动声；③转盘或锤片与药物之间、药物与筛网之间的摩擦声；④设备转动部件自身发生的摩擦声；⑤粉碎物料的物性与设备性能，包括粉碎操作工艺参数的适用匹配性不强。

针对噪声产生的原因选用解决办法，主要为：①各转动部件加润滑油，若轴承与轴错位，则调整；轴承磨损，则更换轴承。②粉碎过程产热现象也会产生噪声，可以采取粉碎室配水冷却夹套降温。③在粉碎间风口处安装消声器。④对设备进行减振处理，如用减振垫。⑤根据物料的性质、粉碎的需求选择合适的设备，包括设备的材质，以及粉碎操作参数，如进料速度、设备转速等。⑥操作人员戴耳塞或耳罩。

解决噪声问题，关键要控制噪声源。要控制噪声源就是要在生产中采用新技术、新设备、新工艺，使生产过程不产生噪声或尽量少产生噪声[24]。一种灵芝粉碎杀菌研磨用一体化加工设备[25]，转轴带动转齿转动对灵芝进行粉碎处理，紫外线灯对灵芝进行杀菌处理，第一压辊和第二压辊对粉碎后的灵芝进行研磨处理，箱体上下波动挤压弹簧，通过弹簧的弹性对箱体起到缓冲效果，防止噪声的污染，解决了现有的灵芝粉碎杀菌研磨用一体化加工设备在使用时会产生过大的噪声，对工人的听力神经造成伤害的问题。

粉尘的产生，以“万能”粉碎机为例，原因是粒子在粉碎腔内做高速圆周运动，获得较高的离心加速度，粒子一旦离开粉碎腔，由于运动的惯性仍具有一定的运动速度，于是就不受约束，药粉粒子飞扬，形成“粉尘”。

解决办法为：①安装除尘器。目前多数粉碎机是粉碎与吸尘为一体，生产过程中几无粉尘飞扬，是利用粉碎好的物料经旋转离心力的作用，自动进入捕集袋，粉尘由吸尘箱经布袋过滤而排出。②布袋防尘。有一类粉碎机用布袋收集药粉，布袋与机器出粉口扎紧，防止漏气漏粉。操作中注意停机时应堵住出粉口，待布袋内的风消失后再松堵、卸粉。布袋一般为夹层，可用一般细线白布做成，袋尺寸大小比例适当，袋布也不可太密，否则会妨碍排风，影响机器正常工作。定时清洗布袋或用吸尘器清除布袋粉尘。③水淋或水池除尘。利用通风机，吸尘至粉碎间外，用喷淋吸尘，或水池除尘等。

如何降低中药粉碎过程中的噪声及粉尘危害，见本书上篇第十三章“清洁生产”。

12. 如何进行粉碎设备及其环境的消毒灭菌？

为了保证药粉质量，按照 GMP 相关要求，生产中粉碎设备及其环境应进行消毒灭菌处理。所采用的方法能否使生产的微生物污染处于受控状态或者完全被消除，应对方法进行验证确认，以保证消毒灭菌操作的可靠性，制定标准操作规程。

在实际的操作中，GMP 通常采用物理和化学两种方法来控制微生物的生长，其中最为常用的是化学方法，即用化学消毒剂将环境中的微生物杀灭或降低其在环境中的污染程度。

具体消毒方法举例如下。

通常，在消毒灭菌前，均需进行清洁处理，以除去残余粉尘、油渍、表面微生物等。常用清洁剂为纯化水、0.1% 氢氧化钠。对于其他化学洗涤剂，可根据污垢的性质和量、水质、机械材质、清洗方法和成本等加以选用。一般要求清洗剂具有如下性质：①易溶于水；②对污染物的清洗效果好；③湿润能力强；④不易产生泡沫；⑤与水中盐的反应尽可能少；⑥不腐蚀设备；⑦耗水量少，费用低；⑧对环境污染小；⑨不对人体安全产生危害。

（1）机器消毒：机器与药品直接接触部分在使用前需进行消毒，机器外壳清洁结束后进行消毒。消毒剂为：75% 乙醇、0.2% 苯扎溴铵或 2% 甲酚溶液。消毒方法为：与药品直接接触部分，用抹布蘸取 75% 乙醇擦拭 3～4 次或浸泡 1～2 分钟，晾干后，使用。机器外壳用 0.2% 苯扎溴铵或 2% 甲酚溶液擦拭 1～2 次。清洁、消毒效果评价：机器内外无药粉残余物，无污渍、无油垢、物见本色。用棉球擦拭于药品直接接触部分取样做卫生学检查，细菌总数一般要求少于 $2cfu/cm^2$。注意事项：消毒剂应轮换使用，避免产生耐药菌株；每年进行 1 次消毒效果验证。

以柴田式粉碎机的清洁操作为示例，具体操作如下。①清洁频次：更换批号或更换品种时。②清洁地点：一部分就地清洁（指机器本身），另一部分移入洗涤间进行清洁（布口袋、加药用具等）。③清洁用具：毛刷、抹布。④清洁方法：拧下机壳螺丝，取下外壳，先用毛刷扫除机器内膛的残余药渣及黏结物，再用饮用水对机器内膛进行清洗，直至清洗干净。机器外壳用水清洗，其他用具移入洗涤间进行清洗。⑤干燥及存放：机器清洗完毕，用干净的抹布将机器内膛擦拭，就地自然干燥。机器外壳用另一干净抹布擦拭，其他用具在洗涤间自然晾干。

（2）空间消毒灭菌：不同消毒剂轮换使用，半年一次。每年进行 1 次消毒效果验证。

1）漂白粉：使用时配制。1% 漂白粉溶液中，按 2% 的量加入磷酸二氢钠，加热煮沸，漂白粉溶液的用量按 $1g/m^3$ 计，消毒时紧闭门窗。注意：现配现用，漂白粉原料易吸潮、分解，应密闭贮存。市售漂白粉为次氯酸钙，分为 3 种规格：低标准的漂白粉（含 30% 的可利用氯）、高标准的漂白粉（含 70% 的可利用氯，又称为漂粉精）、商业氯酸钠溶液（含 15% 的可利用氯）。

2）乳酸：1∶10 稀释，加热熏蒸，按 $1～2ml/m^3$ 计，消毒时紧闭门窗。

3）苯扎溴铵：1∶1 000 稀释，加热熏蒸，按 $30ml/m^3$ 计，消毒时紧闭门窗。

4）紫外线：用于灭菌的紫外线一般波长为 200～300nm，其中波长为 253.7nm 的紫外线杀菌力强。照射 20～30 分钟，可杀死空气中的微生物。一般在 $6～15m^3$ 空间装 30 瓦紫外线灯一只，距地面以 2.5～3m 为宜（注：易氧化药物、油脂类等不宜与紫外线接触。人体照射过久可产生结膜炎、皮肤烧伤，一般均在操作前开启紫外线灯 30～60 分钟。紫外线灯管的有效使用时间一般为 3 000 小时，故应做好使用时间记录）。

对于需要无菌操作的粉碎，按照 GMP 要求，消毒剂可以选择臭氧、甲醛、汽化过氧化氢、过氧化氢与过氧乙酸混合液体、环氧乙烷[26]。有人认为[27]汽化过氧化氢灭菌系统是新版 GMP 认证专家最没有争议、最为认可的一种冷灭菌方式。

13. 怎样选购粉碎设备？

粉碎设备的选择应根据粉碎的目的，结合被粉碎物料的特性，特别是其硬度与破裂难易性来选用。如对比较坚硬的药物，选对物料以撞击力和挤压力作用的器械效果好；对于坚硬而贵重的药物可选用锉削器械或球磨机；对韧性、脆性药物以冲击式粉碎机为宜。同时，应结合工艺、环境等方面的考虑[28]。

具体可从环境（E）、健康（H）、安全（S）、质量（Q）、成本、效率等几方面综合考虑：①产品规格（粒度范围、粒度分布、形状、湿含量、物料的物理和化学性质）；②粉碎机械的生产能力和对生产速度的要求，即产能的匹配；③操作的适应性（湿法研磨和干法研磨、粉碎速度和筛网的更换时间、安全情况）；④粉尘控制（贵重药物的损失、对健康的危害、对工厂的污染）；⑤环境卫生（易于清洗与消毒）；⑥辅助装置（冷却系统、集尘器、强迫进料、分级粉碎）；⑦分批或连续操作；⑧经济因素（动力消耗、占地面积、劳动力费用）。

在机器选购和配置时，尚应考虑结构简单，易清洁，功率强，修理容易；粉碎设备的电机是否可调速运行[29]，喂料量随着负荷电路的变化而改变，粉碎过程不仅有利于保留不耐高温的生物活性成分和各种营养成分，还可以显著提高生产效率和能源利用率，节约了人力和物力；粉碎操作在全封闭系统中运行，可有效地避免外界污染，改善工作环境，使产品微生物含量及粉尘得到有效控制，达到药品生产的 GMP 要求；安装完毕后新机试车时，必须打开机盖，检查有无杂物，各固定部件是否松动并转动主轴皮带轮，看转动是否灵活，有无碰击声。检查完毕，确无不良现象才可先进行空转，空转时间不少于 15 分钟，无任何故障方可使用。

14. 如何使用、保养及修理粉碎设备？

各种粉碎设备的性能和特点各不相同，粉碎设备的使用和保养，依其性能，结合被粉碎药物的性质与粉碎度的要求进行。

（1）粉碎设备的使用：一般粉碎设备使用中应注意人员的安全和粉碎设备的安全。

1）人员的安全需注意：①操作人员需严格按照标准操作规程操作粉碎设备，严禁超速、超负荷使用；②粉碎设备运转时，应禁止任何人停留在机器旋转面范围内；③操作人员应穿戴相应的劳动用品，如防护眼镜和防尘口罩；④开机后，操作人员不得离开工作岗位，随时监控设备运转状态，听见异常声音或振动应立即停机检查；⑤在加料时尽量避免推料物品插入太深，更不可将手直接插入，如物料堵塞，严禁将手伸入加料口；⑥粉碎设备未完全停机时，不应打开粉碎设备。

2）粉碎设备的安全需注意：①高速运转的粉碎机开动后，待其转速稳定时再行加料。否则，因物料先进入粉碎室机器难以启动，使电动机增加负荷，引起发热，甚至会烧坏电动机。②物料中不应夹杂硬物，以免卡塞。特别是铁钉、铁块，应预先拣除或在加料斗内壁附设电磁铁装置，使物料依设定方向流入加料口，当药物通过电磁区时，铁块即被吸除。否则铁钉等进入粉碎室经长期摩擦易引起燃烧，或破坏钢齿及筛板。③各种传动部件如轴承、伞形齿轮等，必须保持良好的润滑性，以保证机件的完好与正常运转。④电动机及传动机需用防护罩罩好，以保证安全，同时注意防尘、清洁与干燥。使用时不能超过电动机马力的负荷，以免启动困难、停机或烧毁。⑤电源必须符合电动机的要求，使用前应检查，一切电气设备都应装接地线，确保安全。粉碎机在每次使用后应检查机件，清洁内外各部，添加滑润油后罩好，必要时加以检修后备用。

（2）保养与修理具体办法：①每天开机前注意轴承供油情况；②注意皮带松紧，保持皮带清洁；③经常检查紧固部件，如有损坏或松动应及时调换和修理；④经长期使用后应对易损部件如筛网、轴承、齿爪与锤片做及时保养和调换。

以某厂家流水式中药粉碎机为例，见表1-2-1。

表1-2-1　故障产生原因及排除方法

故障	产生原因	排除方法（必须切断电源才能进行以下操作）
通电后电机不转动	①电源接触不良或插头松动 ②电源开关接触不良 ③微动开关接触不良 ④热保护器失灵	①修复电源或调换接头 ②修理或更换开关 ③调整微动开关 ④更换热保护器
通电后电机转动过慢或不转并产生振动	①机械部分卡住（粉碎机槽内有异物） ②离心器没有打开 ③电源电压过低	①清除粉碎机槽内异物，开机先空转半分钟后再慢慢喂料 ②打开离心器 ③调整电源电压
电机机壳表面过热	①负荷过大 ②电机潮湿 ③电源电压过低	①降低工作压力 ②干燥电机 ③调整电源电压
换向器表面产生环火或较大火花	换向器表面不光滑	清除换向器表面杂物

15. 低温或冷冻粉碎法适用于哪些物料的粉碎?

为解决中药常温粉碎时存在的问题，近年来，低温粉碎技术逐渐应用到中药制药行业[30-32]，同时也在开发深低温冷冻粉碎技术的加工工艺与设备[6]。利用冷冻剂将需粉碎的物料快速降温至其脆化温度或低于其脆化温度后，输入粉碎装置中进行粉碎的方法称为“低温粉碎”。例如以液氮为冷源，用振动磨粉碎。

低温或冷冻粉碎不仅可以提高能量利用率，更重要的是能使常温粉碎难以进行的物料得以粉碎，并保证了粉碎后药物的内在质量。冷冻粉碎不但能保持粉碎产品的色、香、味及活性物质的性质不变，而且在保证产品微细程度方面具有明显优势；冷冻粉碎无热现象发生，可防止物料变性，防止氧化，根据需要可适用于各类物料[14]。通常，适合采用低温或冷冻粉碎的物料有如下几种。

（1）融点、软化点低的热可塑性材料和因温度上升而失去结合水，或发生氧化作用而变质的材料，以及常温时强韧、低温时脆性化的材料，适宜采用低温粉碎。有研究采用低温超微粉碎地龙，振动式超微粉碎可将地龙粉碎至微米级，低温粉碎可保证地龙有效成分不发生变化，且达到适宜粉碎粒径后不容易聚集，符合小金丸粒子设计对地龙的要求[33]。

（2）需保持色、香、味及有效成分高保留率的芳香类物料。在常温下粉碎含有芳香成分的物料时，会发生升温而使其中的香气和有效成分损失严重。

（3）相同物料需要获得更细粉末时，宜冷冻粉碎。物料经低温处理后不仅脆化，而且物质内部组织结合力降低，当受到一定冲击力后，物料更容易碎成细粒，且粉体的粒度分布均匀。

（4）某些贵细物料需要提高其粉碎效率，宜冷冻粉碎。相同条件下，冷冻粉碎的处理能力明显高于常温粉碎，如羚羊角冷冻粉碎处理量可比常温粉碎高出10倍以上。

（5）物料粉碎后需要更好的流动性，可选择冷冻粉碎。在低温处理过程中，物料在短时间内急剧变化，其薄弱部位迅速扩大。当受外部冲击力作用时，在颗粒内部产生向四周扩散的应力波，并在内部缺陷、裂纹等处产生应力集中，使物料首先沿这些薄弱面粉碎，从而使物料内部微观裂纹和脆弱面的数目相对减少，颗粒无撕裂毛边生成，表面变得更加光滑，其流动性得到很大改善[14]。

16. 中药物料粉碎后为什么要进行筛分？

经粉碎操作后制得的粉末有粗有细，粒度悬殊。一般情况下，粉末的粒度分布是中等粗细的粉粒最多，粗粉和细粉量最少，如果以粒度与粉末重量的百分比作图，应为正态分布。药物经过粉碎以后，大多数粉末不再是正态分布，绝大部分药粉的分布图出现偏斜与不对称。为了得到粒度比较均匀的粉末，保证药物成分的均一性及后续制剂工艺的顺利操作，就必须通过一种网孔性工具，使粗粉与细粉分离。这种网孔性的工具称为筛网。筛分是用筛网将不同粒度混合的粉料按粒径大小进行分离的方法。

粉碎后粗、细不均的状况在中药粉碎中尤为突出，因中药材各部分组织的硬度颇不相同，复方中药混合粉碎更难控制。所以通过筛分，不仅能将粉碎好的颗粒或粉末按粒度大小分等，而且也能起混合作用，以保证组成的均一性。同时还能及时将合格药粉筛出以减少能量的消耗。但在过筛时较细的粉末易通过筛孔，因此过筛后的粉末仍应适当地加以搅拌混合，才能保证有较高的均一性。过筛后不合要求的粉末需再进行粉碎。

此外，筛分是药剂制备的一个重要单元操作。物料通过筛分将改善粒子的吸湿性、流动性、充填性及胶囊剂或片剂的重量差异等，有利于制剂质量的提高。

17. 药筛的种类和规格有哪些？

药筛按其筛面制作不同可分为两种：一种是冲制筛，常称作“筛板（片）”，是在金属板上冲压出圆形、长方形、八字形等筛孔制成。这种筛坚固耐用，孔径不易变动，但筛孔不能很细，常用在锤击式、冲击式等高速粉碎、过筛联动的粉碎设备上或用于丸剂大小分挡的筛选机上；另一种是编织筛，常称作“筛网”，是用一定机械程度的金属丝（如不锈钢丝、铜丝、铁丝等），或其他材料的丝（尼龙丝、绢丝等）编织而成，个别也有采用马鬃或竹丝编织的。编织筛在使用时筛线易移位，故常将金属筛线交叉处压扁固定。筛网同筛板相比重量轻，有效面积大，并且由于网面具一定的弹性，筛网本身还产生一定的颤动，有助于黏附在筛网上的细粉与筛网分离，可以避免堵网，提高筛分的效率。药筛的性能、标准主要取决于筛面，其孔径规格各国都有标准，我国分别有药典标准与工业标准。

2020年版《中国药典》所用药筛选用国家标准的R40/3系列，以筛孔内径大小（μm）为依据，共规定了9种筛号，一号筛的筛孔内径最大，依次减小，九号筛的筛孔内径最小，具体规定见表1-2-2。

表 1-2-2　2020 年版《中国药典》药筛与工业筛目对照

筛号	筛孔内径 /μm	工业筛目数（每英寸孔数）	筛号	筛孔内径 /μm	工业筛目数（每英寸孔数）
一号筛	2 000 ± 70	10	六号筛	150 ± 6.6	100
二号筛	850 ± 29	24	七号筛	125 ± 5.8	120
三号筛	355 ± 13	50	八号筛	90 ± 4.6	150
四号筛	250 ± 9.9	65	九号筛	75 ± 4.1	200
五号筛	180 ± 7.6	80			

制药工业中，习惯上常以目数来表示筛号及粉末的粗细，多以每英寸（1 英寸 =2.54cm）或每寸（1 寸≈3.33cm）长度有多少孔来表示。例如：每英寸上有 120 个孔的筛号叫作 120 目筛，筛号数越大，粉末越细，例如能通过 120 目筛的粉末就叫 120 目粉。我国常用的一些工业用筛的规格见表 1-2-3。

表 1-2-3　工业筛的规格

目数	筛孔内径 /mm				目数	筛孔内径 /mm			
	锦纶	镀锌铁丝	铜丝	钢丝		锦纶	镀锌铁丝	铜丝	钢丝
10		1.98			40	0.368	0.441	0.462	
12	1.60	1.66	1.66		60	0.27		0.271	0.30
14	1.30	1.43	1.375		80	0.21			0.21
16	1.17	1.211	1.27		100	0.51		0.172	0.17
18	1.06	1.096	1.096		120			0.14	0.14
20	0.92	0.954	0.955	0.96	140			0.11	
30	0.52	0.613	0.614	0.575					

中药制剂生产中常用全铜材质筛，企业可根据需要定制，其目数选择见表 1-2-4。

表 1-2-4　铜制筛目数选择

目数	孔径 /mm	目数	孔径 /mm	目数	孔径 /mm
2 目	12.5	18 目	1	50 目	0.355
3 目	8	20 目	0.9	55 目	0.315
4 目	6	24 目	0.8	60 目	0.28
5 目	5	26 目	0.71	65 目	0.25
6 目	4	28 目	0.68	70 目	0.224
8 目	3	30 目	0.6	75 目	0.2
10 目	2	32 目	0.58	80 目	0.18
12 目	1.6	35 目	0.5	90 目	0.16
14 目	1.43	40 目	0.45	100 目	0.154
16 目	1.25	45 目	0.4	110 目	0.15

续表

目数	孔径 /mm	目数	孔径 /mm	目数	孔径 /mm
120 目	0.125	240 目	0.063	500 目	0.030 8
130 目	0.112	250 目	0.061	600 目	0.026
140 目	0.105	280 目	0.055	800 目	0.022
150 目	0.100	300 目	0.050	900 目	0.020
160 目	0.96	320 目	0.045	1 000 目	0.015
180 目	0.90	325 目	0.043	1 800 目	0.010
190 目	0.80	340 目	0.041	2 000 目	0.008
200 目	0.074	360 目	0.040	2 300 目	0.005
220 目	0.065	400 目	0.038 5	2 800 目	0.003

18. 常用筛分设备有哪些类型？适用性如何？

用于筛分的机械种类很多，应根据对产品粉末粗细的粒度要求、粉末的性质和产品数量来适当选用。在药厂成批生产中，以用粉碎、筛分、空气离析、集尘的联动装置为多，若装置还带有灭菌功能，可提高粉碎与筛分效率，保证产品质量[34-37]。在选择筛分设备时需要综合考量其性能指标，包括功能性指标——筛分效率，实用性指标——可靠性、耐久性，配套性——与整体工艺如连续化生产、环保等，经济性——购置、维护费用等性价比。

筛分操作中，常用手摇筛、振动筛、旋动筛以及卧式气流筛分机等。

（1）手摇筛：各号按规定标准（不同筛孔内径或目数）的筛网，固定在圆形或长方形的竹圈或金属圈上制成。按照筛号大小依次叠成套（亦称套筛）。应用时可取所需要号数的药筛套在接受器上，上面加盖，手工摇动过筛，多用于小量生产，也适用于过筛具毒性、刺激性或质轻的药粉。套筛用马达带动，摇动或振荡，可对物料分级，用于粒度的测定。

（2）振动筛：系利用机械或电磁方法使筛或筛网产生振动，有机械振动筛及电磁振动筛。振动筛分离效率高，单位筛面处理能力大，特别是对细粉的处理能力比其他形式的筛高。其具有维修费用低、占地小、重量轻等优点。为防止细粉堵网问题，近年来国内外高频振动筛逐步推广使用[38]，其主要特点是小振幅、高频率及高振动强度，振动频率可达24～60Hz，振动强度为5～11，可处理40μm的细粉。机械振动筛一般是利用在旋转轴下配置不平衡重锤或置具有棱角的凸轮使筛产生振动。

设计原理：一种圆形振动筛，电机的上轴及下轴各装有不平衡重锤，上轴穿过筛网并与其相连，筛框以弹簧支承于底座上，上部重锤使筛网产生水平圆周运动，下部重锤使筛网发生垂直方向运动，故筛网的振动方向具有三维性质。物料加在筛网中心部位，筛网上的粗粉由上部粗料出口排出，筛分出的药料由下部细料出口排出。筛网直径一般为0.4～0.5mm，每台可由1～3层筛网组成。

（3）旋动筛：一般为长方形或方形筛框，由偏心轴带动在水平面内绕轴心沿圆形轨迹旋动，回转速为150～260r/min，回转半径为32～60mm。其筛网具有一定的倾斜度，故当筛旋动时，筛网本身同时可产生离频振动。为防止堵网，在筛网底部网格内置有若干小球，利用小球撞击筛网底部亦可引起筛网的振动。旋动筛可连续操作，粗细粉可分别自排出口排出。

（4）卧式气流筛分机：针对中药粉存在纤维多、黏性大、易吸附、有结块、比重轻、易飞扬，筛面物料抱团，物料筛不透反而被裹走的情况。可选择卧式气流筛分机，该设备采用螺旋式进料，把物料均匀地送到网笼里面，保证了筛分的产能和精度。其中心轴上的风轮与叶片，采用精密设计，可以调整间隙，同时具有结块打散，物料除渣等高效率功能。单机或多机配套使用，可串联入正负压风路系统，既可以解决原料飞扬的浪费，又可以改善现场的工作环境。

19. 怎样解决筛分效率低的问题?

在筛分过程中，由于受到摩擦和表面能等多种因素的影响，并非所有小于筛孔的粉末都能通过筛孔。实际上，有部分小于筛孔的可筛过粉末留在筛上，而筛下却会夹有一些不可筛过的大粒粉末，这就产生了分级效果问题。过筛粉末中可筛过粉末的数量与应可筛过粉末的量越接近，则筛粉过程越完善。两者数量之比（以百分率表示）可表示为筛分效率。影响筛分效率的主要因素如下。

（1）药料的性质：包括被过筛药料粒子的形状、表面状态、带电性等。因粉末间摩擦力的大小取决于粉粒的表面结构，粒子形状越不规则、表面越粗糙，相互间摩擦越大，对过筛的影响也越大。就粉粒的形状而言，一般晶体物易碎裂为细小的颗粒，而中药的粉粒常是长形的条状，故晶体药物较中药的粉末更易通过筛孔。富含纤维或多毛的中草药，因粉粒多呈长形，而易于彼此绞合成团，如与较硬的药物共同粉碎，能在一定程度上加以克服。去毛后的中草药的粉碎如不影响药效，也可以采用此法。此外，某些药物由于摩擦而产生电荷，会使药物粉末吸附在金属筛网上堵塞筛孔，可装接地导线加以克服。

（2）药料的含湿量：过筛药料粒子表面的水分或油脂含量较高，筛孔尺寸较小时，对筛分效率影响较大，因为含水与含油的细粒子易相互黏附成团而堵塞筛孔，使过筛难以进行，应适当干燥后再过筛。如油脂无生理活性时，可先进行脱脂，再行粉碎过筛。若为了减轻药粉结团阻碍过筛，可在筛网面上装上可转动的毛刷，随时分散粉团，以促进过筛。但应注意毛刷不宜与筛网紧密接触，以免将粗粉挤压通过筛网，或造成筛线移位，改变孔径，影响粉末规格。

（3）筛分装置及粉末的运动方式：①筛面的倾角。筛面的倾角加大时，物料在筛面上运动速度加快，可提高药筛的处理量；但倾角过大时，筛孔的有效尺寸减小，颗粒通过筛孔困难，筛分效率降低。有研究经过实验发现使 YD2000 型振动筛筛分效率最大化的工作参数组合应为激振力 38kN、支撑弹簧刚度 18.47kg/mm、激振力与水平面夹角 20°、支撑弹簧夹角 60°，采用该参数组合对振动筛进行改进，使筛子的处理能力提高了 21%[39]。②筛的振动情况。筛的振动及振幅对颗粒在筛面上的运动影响很大，在振动情况下，药粉在筛面上不断跳动和滑动，有效地增加粉末间距，使筛孔得到充分暴露而有利于筛分的进行。但粉末在筛网上的运动速度不宜过快，以便供更多的粉末有落筛孔的机会；但运动速度也不宜太慢，否则也会降低过筛的效率。为了充分暴露出筛孔以提高过筛的效率，在筛分的同时常利用往复或旋转运动和打击筛壁的振动，不时使粉末在筛上往复滑动和跳动，达到顺利过筛的目的。有研究激振力大小、激振力方向、支撑弹簧刚度和支撑弹簧夹角 4 个主要参数对弧形振动筛运动状态的影响，采用优化后的参数组合对其进行改进，其处理能力提高了 21%[40]。③粉层厚度。药筛内的药粉不宜太多，必须让粉末能在较大范围内有足够的余地移动而便于过筛。同样药粉层也不宜太薄，否则会影响筛分效率。

总体而言，影响筛分效率的因素涉及筛面结构参数（筛面宽度、长度和筛孔尺寸、形状及开孔率）及材质、物料的性质（粒度、形状、水分等）、筛机的运动学参数（振幅、振动次数 n、筛面倾角等）及工艺参数（如生产率以及料层厚度等），以及这些因素的组合效应。

20. 如何评价筛分的效率？

根据物料及筛孔尺寸，通过一次筛分可将物料分为两种级别：筛上级别和筛下级别。大于筛孔尺寸者留存于筛面，成为筛上级别；小于筛孔尺寸者穿过筛孔，成为筛下级别。由于实际生产中诸多因素的影响，在一次筛分中，筛下级别不可能全部穿过筛孔而达到完全分出的目的。因此有必要对设备筛分质量的优劣进行评定，可用筛分效率、下混率等指标来衡量；对带有吸风系统的筛分设备，除以上两个评定指标外，还可加吸风效率这一项。

（1）筛分效率：所谓筛分效率，是经过筛分后物料中实际分出的筛下级别，占物料中全部应分出筛下级别的百分比。

$$\eta=\frac{G_1X-G_2Y}{G_1X}\times 100\% \qquad \text{式(1-2-1)}$$

G_1 为进机物料数量（kg/h）；

G_2 为出机物料数量（kg/h），指过筛后筛面上未曾通过筛网的物料；

X 为进机物料中筛下级别所占的百分比；

Y 为出机物料中筛下级别所占的百分比；

η 为筛分效率（%）。

X 及 Y 均在实验室中用实验筛确定。筛分效率越高，过筛越完全。式（1-2-1）这种计算方法宜用作单机测定，而作生产检验，则因测取流量比较困难，不宜采用。在生产检验中，如果作为清理，由于杂质占的比例很小，杂质中混药有所限制，故筛分效率可用式（1-2-2）计算。

$$\eta=\frac{X-Y}{X}\times 100\% \qquad \text{式(1-2-2)}$$

这是一个近似公式，但因其不取流量，操作和计算简便，能较快地反映出筛分效率，所以在生产中被广泛采用。实际上，用式（1-2-2）计算所产生的误差，在工艺上是完全许可的。

（2）下混率：经粉碎后的物料在筛分过程中筛出的粗渣中含可筛出细粉的数量来表示，此数值可以说明每千克粗渣中还有多少细粉（即筛分的完全程度）。其计算方法如下。

$$X=\frac{Y}{Z} \qquad \text{式(1-2-3)}$$

X 为下混率[kg（细粉）/kg（粗渣）]；

Y 为细粉的数量（kg）；

Z 为粗渣的数量（kg）。

显然，下混率越高，筛分越不完全，筛分效率越低。

（3）吸风效率：对带有吸风系统的筛分设备，除筛分效率及下混率两个评定指标外，还有吸风效率一项。所谓吸风效率是指实际吸去的轻杂质占进筛轻杂质数量的百分比；吸风效率的高低表示筛分设备除去轻杂质能力的大小，它与设备的吸风量，需吸取的轻杂质、相对密度等因素有关。吸风量充足时，能够较好地吸出轻杂质和灰土。但风量过大会带走药料，所以在使用中应根据轻杂质的多少、相对密度大小，灵活调整吸风量，以使轻杂质可被吸出，而不带走药料为宜。

药粉过筛是中药生产中的一道重要工序，前段工序为粉碎，通过过筛通常为后续制剂提供符合内控质量要求的物料，筛分效率的评价应从对整个生产工序效率、环保等方面的影响综合考虑。

21. 超细粉碎技术有何特点?

超细粉碎技术又称超微细粉化技术，目前在中药粉碎中应用日趋广泛。超细粉碎技术有如下明显优势与特点[10]。

（1）粉碎速度快，工时短，效率高：超细粉碎技术采用的超音速气流粉碎、介质运动式磨机等方法，与以往的纯机械粉碎方法完全不同。其在粉碎过程中不产生局部过热现象，甚至可在低温或深低温状态下进行，粉碎速度快，因而能最大限度地保留粉体中的生物活性成分，以利于制成所需的高质量产品。

（2）颗粒微细，粒径分布均匀，改善了药物有效成分的均一性：在单纯的机械粉碎过程中，部分机械能克服摩擦转化为大量热能，消耗了能量，达不到所需的粒度；而运用超声粉碎、超低温粉碎等超细粉碎技术可将中药原生药从传统粉碎工艺得到的中心粒径 150～200目的粉末（75μm 以上），提高到中心粒径在 5～10μm 以下。其分级系统的设置严格控制了大颗粒，避免了过碎，得到的超细粉既增加了比表面积，使吸附性、溶解性等亦相应增大，又提高了药物的生物利用度。如对治疗痛经及治疗糖尿病的两种中药制剂，均分别用普通粉碎与超细粉碎技术加工药料制成，经药效学比较，在镇痛、改善微循环、降血压等方面，采用超细粉碎技术加工制成的制剂作用强度明显大于一般粉碎方法加工的制剂[41]。若在散剂生产过程中采取超细粉碎技术，把一些贵重的中药如人参、鹿茸等，制成超细粉的散剂直接服用，生物利用度及疗效均可提高。

（3）节省原料，提高利用率，可持续化利用药材：采用一般的机械粉碎，某些类型中药难以粉碎成细粉，如纤维性强的甘草、黄芪、艾叶等，粉碎得到大量“头子”，以及花粉、灵芝孢子体难以破壁等，造成原料的浪费。若采用超细粉碎得到粒径为 5～10μm 或更小粒径的超细粉，一般药材细胞的破壁率≥95%，孢子类破壁问题迎刃而解，可充分利用资源，并可直接用于制剂生产与中药调剂。

（4）有利于提取有效成分，提高浸提效率：中药超细粉或细胞破壁粉，有效成分直接暴露出来，使有效成分的溶出更迅速、完全。如对不同粉碎度的三七粉进行体外溶出度试验，结果表明三七粉 45 分钟溶出物含量与三七总皂苷溶出量大小顺序为：微粉＞细粉＞粗粉＞颗粒。若用于提取有效成分，可改变提取方法与条件，能有效浸润、溶解，减少溶媒用量，有助于提高效率，降低成本。

（5）净化环境、减少污染：超细粉碎是在封闭系统下进行粉碎的，既避免了粉末污染周围环境，又可防止空气中的灰尘污染产品。故运用该技术得到的产品，微生物含量及灰尘均得到控制。

中药超微粉碎技术弥补了传统粉碎技术的不足，又为中药制剂的应用和发展提供了新的研究方向，但存在的安全性等问题仍值得思考和进一步研究[42-43]。首先，中药饮片超微破壁粉碎后大量物质溶出，既有有效物质，也有无效或毒性物质，溶出成分增加是否会带来不良反应值得研究，尤其是毒性药材；其次，中药微粉化后，粒度小的微粒可能会黏附于肠道，影响胃肠道的蠕动、黏膜吸收以及激素分泌，有效成分的吸收可能受阻；再次，中药饮片微粉化后表面吸附作用加强，更易吸附空气中的杂质成分和带电电荷，从而造成粉体污染。中药细胞破壁后有可能改变中药的物质结构，使其有效成分发生改变，其临床配方剂量也有可能随之发生变化，这有待于中药微粉化临床评价工作的深入研究。

22. 如何区分中药微粉与超微粉？

一般而言，中药微粉与超微粉常用粒径的大小进行区分，超微粉是粒径比微粉更小的超微粒子集合体。如何依据粒径大小进行界定，目前，大多数资料比较认可的微粉是指微米级（μm）的。

中药行业对粒径的划分按2020年版《中国药典》一部规定，以“粉末”称谓，如能全部通过五号筛（筛孔内径180μm ± 7.6μm、相当于工业筛80目）并含能通过六号筛（筛孔内径150μm ± 6.6μm、相当于工业筛100目）不少于95%的粉末称为“细粉”；能全部通过八号筛（筛孔内径90μm ± 4.6μm、相当于工业筛150目）并含能通过九号筛（筛孔内径75μm ± 4.1μm、相当于工业筛200目）不少于95%的粉末称为“极细粉”。参照其他行业，有把微粉粒径界定在0.1～10μm，也有认为根据中药物料特性，微粉粒径界定在1～75μm[44]，称为“微粉中药”。结合超细粉碎实际生产情况，中药微粉与超微粉的粒径也难以绝对严格划分，中药微粉的粒径界定在0.1～75μm，若要界定中药超微粉，粒径界定在0.1～10μm，较为妥当。这样划分，同其他行业有关超细粉、超微粉及细粉的粒径范围相近，利于多学科交叉，发展中药超细粉碎技术。

23. 超细粉碎主要生产设备有哪些？ 工作原理及性能如何？

超细粉碎生产设备种类较多，在矿产、轻工、化工、医药等行业获得愈来愈广泛的应用。常用设备有以下几种[10]。

（1）机械冲击式微粉碎机：利用高速回转的转子上的锤、叶片、棒体等对物料进行撞击，使其在转子与定子间、物料颗粒与颗粒间产生高频度的相互强力冲击、剪切作用而粉碎的设备。按照转子的设置可分为立式和卧式两种类型。

一般流程：由给料机喂入粉碎室的物料，在高速回转的转子与带齿衬套的定子之间受到冲击与剪切粉碎。然后在气流的带动下进入分级区，微粉随气流通过分级涡轮排出机外，由收尘装置捕集，粗粉在重力作用下落回转子内再次被粉碎。

（2）气流粉碎机：是利用高速气流（300～500m/s）或过热蒸汽（300～400℃）的能量使颗粒相互冲击、碰撞而实现超细粉碎的设备。

气流粉碎机的超细粉碎设备回流装置，能将分选后的颗粒自动返回涡流腔中再粉碎；有蒸发除水和冷热风干燥功能；对热敏性、芳香性的物料有保鲜作用。由于粉碎过程中压缩气体绝热膨胀产生焦耳 - 汤姆孙降温效应，因而还适用于低融点、热敏性物料的超细粉碎。目前工业上应用的气流粉碎机的几种常用类型有：扁平圆盘式气流粉碎机、循环式气流粉碎机、靶式气流粉碎机、对喷式气流粉碎机、流化床式气流粉碎机等。

（3）辊压式磨机：根据物料粉碎原理不同分类。一般分为：高压辊磨机和立式辊磨机两种。

1）高压辊磨机：其工作原理是由给料装置喂入一对相向旋转辊子之间的物料，在液压装置施加的50～500MPa压力、挤压力约200kN作用之下被粉碎，其中大部分物料通过两辊间最小间隙后挤压成条状小块，再经解碎后成为细粉产品。在高挤压力作用下，即使未被微粉化的颗粒亦产生了微裂纹，有利于进一步微粉碎，这是这一粉碎法的一大特点。

2）立式辊磨机：亦称立式磨。在水泥工业中多用于粉磨煤粉和水分5%～10%的软质原料。目前其结构型式有十余种之多。

（4）介质运动式磨机：有回转圆筒式磨机即球磨机、振动磨、行星磨、搅拌磨等。主要简单介绍如下两种磨机。

1）振动磨：其工作原理是物料和研磨介质装入弹簧支撑的磨筒内，由偏心块激振装置驱动磨筒作圆振动，通过研磨介质的高频振动对物料作冲击、摩擦、剪切等作用而粉碎。适用于各种硬度脆性物料的细磨与超细粉磨，多纤维性、弹性、黏性的物料也可处理到理想程度。

2）搅拌磨（亦称砂磨机）：其工作原理是磨筒内设有搅拌器，当其回转时，搅拌叶片端的线速度为3～5m/s，高速搅拌的还可大4～5倍。在搅拌器的搅动下，研磨介质与物料作多维循环运动和自转运动，从而在磨筒内不断地上下、左右相互置换位置产生剧烈的运动，由研磨介质重力以及螺旋回转产生的挤压力对物料进行摩擦、冲击、剪切作用而粉碎。由于其综合了动量和冲量的作用，因此能有效地进行超细粉碎，细度可达到亚微米级。搅拌磨除了研磨作用之外，尚有搅拌和分散作用，是一种兼具多种功能的粉碎设备。

24. 在进行中药超细粉碎操作前需要注意哪些问题？超细粉碎设备的日常保养维护需要注意什么？

（1）中药超细粉碎操作前的注意事项：使用任何超细粉碎机操作前，中药的预处理都非常重要，关系到粉碎后粉末的质量、操作效率以及对机器的保护问题。一般需要注意如下问题。

1）按照有关规定，对中药进行净选、加工与炮制，除去杂质，特别是砂石和铁屑，保护机器免受损伤。

2）水分的控制。因为微粉颗粒的粒径较一般药粉小，药材的细胞多数破壁，细胞组织中的水分暴露，如果水分控制不严，则在粉碎过程当中，微粉可能出现湿润现象。如果把湿润的微粉再干燥，往往容易“结块”，影响其质量。一般药材的水分宜控制在6%以下。

3）超细粉碎操作前，需要对药料进行预粉碎或预磨。若气流粉碎，一般应先用机械粉碎机把药料粉碎成细粉，再进行气流粉碎成微粉；若振动磨粉碎，用机械粉碎机把药料破碎或粉碎成粗颗粒，再进行振动磨粉碎成微粉。用于制备中药复方制剂的微粉，宜先用机械粉碎机将药料粉碎成细粉，过筛，混匀，再制备微粉，可得到均匀性的微粉。

4）熟悉粉碎设备的原理，掌握操作规程，避免操作不当造成机器损害。

（2）超细粉碎设备的日常保养维护注意事项：正确地使用设备，有助于人机安全，减少维修和停机时间，增强机器的可靠性，延长机器的使用寿命，提高经济效益。超细粉碎设备应做好以下日常保养维护：①在超细粉碎机启动前给轴承加入适量的润滑油脂，保持机器润滑，并检查转刀是否松动，如松动，应予锁紧或更换；②超细粉碎机每次使用前将料斗的固定螺丝拧紧，并定期检查其可靠性，防止发生人身安全事故；③电机启动，检查主轴旋转方向，其必须朝防护罩上箭头所示方向。

25. 超细粉碎为什么要分级？如何分级？

（1）超细粉碎及其分级：将粉粒物料磨碎到粒径为微米级的操作，称为超细粉碎。

依据粉体加工技术深度以及粉体物料物理化学特性及应用特性的改变，通常将粒径不足 10μm 的超细粉状物称为超细粉体。

超细粉体的制备涉及超细粉碎和超细分级[45]。粉碎是个概率过程，只有部分粉体达到粒度要求，已经符合要求的产品如果不能及时分离出去，将造成物料的过粉碎，使粉碎效率降低；用超细分级机及时将粉碎后的产品进行有效的分级，可避免物料的过粉碎，提高粉碎效率和降低能耗[46]。由于物料粉碎到微米级，与粗粒粉体物料相比，其比表面积和比表面能显著增大，粉体颗粒相互间的作用力也大大增加，相互团聚的趋势增大，达到一定程度后，粉体物料会处于粉碎与团聚的动态过程中。此外，随着物料粒度的减小，颗粒本身的内在空隙减小，强度也增大，所以产品要求的粒度越细，粉碎越困难；对于硬度较大的物料，在粉碎过程中还有可能造成粉碎设备自身磨损，引起二次污染，降低产品的纯度。此外，及时地分出合格粒度的产品，可避免合格粒度级物料在粉碎机中“过磨”而团聚。因此，在超细粉碎工艺中，除必须根据物料硬度选择相应的粉碎设备外，还必须设置相应的精细分级设备。分级对于生产出合格的微细粒级产品和提高粉碎效益是至关重要的。

（2）超细粉碎的分级技术：根据采用介质的不同，分为干法和湿法两种。湿法分级的优点是分级精度较高，均匀性好，缺点是存在干燥、废水处理等问题，应用范围较窄。干法分级的原理是：在介质中，不同粒径颗粒在离心力、重力、惯性力等的共同作用下产生了不同的运动轨迹，达到粒度要求的颗粒分离出去，实现不同粒径颗粒的分级。随着高速机械冲击式和气流式粉碎机的广泛应用，干法分级也取得了进展[47]。

在干法超细粉碎中主要分级设备有两类：一类是惯性空气分级器或旋风式分级器，物料在分级器内借助旋转气流的作用进行分级；另一类是离心式分级机，其工作特点是借分级轮（叶轮分级转子等）高速旋转形成的离心场，以及空气流的作用使微细粒物料与较粗粒物料实现分级，通过控制分级轮的转速及风量、风速，可以分离出不同细度等级的粉料。在干法超细粉碎过程中，大量采用的是离心式分级机。

湿法粉碎中采用的主要分级设备有小直径或小锥角水力旋流器，卧式螺旋离心分级机，碟片分级机以及超细水力分级机等。湿法分级机采用了液固两相及多相分离的技术，能对 1μm 以上的颗粒根据不同的要求进行分级，且分级精度高，工作稳定。目前不少行业在超细粉碎过程中，除工艺本身要求湿法制备外，为了能获得精确粒度的产品，也采用湿法对超细粉碎后的物料进行分级。

分级，首先必须使颗粒分散。分级设备欲使物料充分分级，必须具备以下条件：①颗粒物料进入分级设备前必须高度分散；②分级室内具备两种以上的作用力（第 1 种力是重力、惯性力、离心力，第 2 种力是物理障碍物、阻力、摩擦力、磁力、静电力、浮力）；③颗粒特性有差别（如粒径、形状、表面性质、磁性、静电性、比重、物料组成）；④物料的可输送性；⑤分级产品的可捕集性。

超细粉碎质量的评价不在于超细粉碎的“碎”的结果如何，而在于分级“分”的程度如何。超细分级是超细粉体技术的决定因素[48]。

与超微机械粉碎机合为一体的分级机，一般是由超微机械粉碎分级主机与旋风分离器、除尘器、引风机、喂料机等组成的。要提升整机加工效率，需要根据物料特性，如热敏性、脆性等，对粉碎主机、分级系统、加料系统、除尘系统、旋风系统等进行一体化结构设计，使各组成分机之间匹配性能高，实现粉体及时、有效的分级[49-50]。

26. 在中药制药中，如何合理选用超细粉碎技术？

超细粉碎技术具有的显著优点如前所述，中药超细粉碎及相关技术应用是根据临床用药或制剂、调剂需求，粉碎物料性质及其所含有效成分的性质，以及生产实际、市场需求等方面综合考虑来确定的。

（1）明确粉碎目的：采取超细粉碎技术可使中药超微粉化或细胞破壁，有效成分溶出或吸收提高；或是解决一般机械粉碎得到大量“头子”，提高粉碎收粉率等问题。

另外，需要根据临床用药需求和中药性质，客观分析超微粉碎的意义。有研究指出活性成分易溶、无细胞结构的中药无须超微粉碎[51]；有效成分不易溶于水或不耐高温，有效成分稳定、粉碎后不影响药效的中药，适合超微粉碎入药；对于微粉状态，在存放较长时间的情况下，难以控制稳定性和保证产品质量，使用微粉又具有明确临床优势的药味，可以考虑临方粉碎，以利于保存中药药性[52]。

（2）制订合理评价指标：选择合理超细粉碎技术，重要的是选择合理的评价指标。依粉碎目的选择评价指标，如微粉粒径、溶出度、收粉率等，以及与产品安全性、有效性、质量可控性、稳定性相关的指标；通过合理的评价，选择合适的粒径。需提醒：细胞壁的功能是维持细胞的形态，不是控制物质的进出，是全透性结构，其对细胞内成分的溶出影响有限，破壁率与活性成分的溶出无必然联系，不应将破壁率作为具有细胞结构的中药材超微粉碎程度的标准[51]。

目前中药微粉粒径及测量方法暂无相关标准或操作规范可依，须重视中药微粉粒径测量方法的研究。

（3）选定超细粉碎方法：根据粉碎目的、粉碎物料性质与产量，以及生产成本等因素，考虑超细粉碎方法及相应机械设备，并通过规范化的研究，制订出超细粉碎操作工艺参数与生产流程。优选物料水分、物料充填率、粉碎时间、粉碎温度，以及分级操作等工艺参数，以获得较优粒径的微粉[53-55]。

超微粉碎的一般流程为：先用普通粉碎机将其粉碎至细粉，再将其投入超微粉碎机中粉碎至所需粒度[51]。

根据物料性质采用单独粉碎，串油、串料或结合制剂处方“辅料前置”粉碎，低温或冷冻粉碎；有报道易溶成分与难溶成分混合超微粉碎有利于其中难溶性成分的溶出。

（4）应综合考虑：在考虑选用超细粉碎技术时，应从不同角度考虑问题，如中药制成微粉或细胞破壁后，有效成分溶出或吸收提高的同时无效成分也增加，且临床使用剂量也可能发生变化[56]；中药微粉在制剂或调剂时的混合均匀性如何解决；微粉贮存的稳定性如何保证；剧毒中药能否制成微粉等问题，都有待考虑。

以生药粉入药是传统中医药在治疗上发挥疗效的一大特色，已有相关省市将超细粉作为一种新型中药饮片批准生产、合法药用[57]，广东省于 2011 年发布了《广东省中药破壁饮片质量标准研究规范（试行）》，规范了中药破壁饮片的来源、制法，以及质量标准的起草、复核、检验全过程中应遵循的准则；2010 年版《湖南省中药饮片炮制规范》选择该省批准的生产量大、使用面广的中药超微饮片和中药超微配方颗粒 180 个品种作为新型中药饮片收载，但 2021 年版未收载。四川省监管部门根据相关法律法规及中药饮片打粉研究成果，于 2012 年 12 月批准了三家中药饮片打粉试点生产企业，通过试点工作的开展，以发现问题并及时提出对策的方式，逐步引导本省“打粉中药”的发展[58]。

中药破壁饮片在临床使用越来越广泛[59]，合理使用超微粉，更好地继承、发扬中药生药粉入药的传统，服务好临床用药需求，粉体加工技术是关键一环。开发高效、节能、环保、智能化的融干燥、粉碎、筛析，包括灭菌一体化的粉体加工技术与设备将是未来技术研究重点和热点领域[60]。

随着科学技术进步和相关学科发展，中药超细粉碎技术的相关理论进一步丰富，用药研究进一步深入，超细粉药用合理性进一步明晰，涉及有关法规问题也会受到重视与解决。遵循中医药理论的指导，通过全面、系统地科学研究完善粉体产品标准，建立实用的质量评价新模式，在不断实践中推动法规的进一步规范，超细粉碎技术在中药制药中的应用定会得到长远发展。

27. 微粉的粉粒粒度与形状如何测定?

粉粒粒子的大小、形状以及表面状态不同，可使其理化特性发生很大的变化，进而影响粉末及其产品的质量和用途。如药材中有效成分的溶出、吸收的难易，物料粉碎和分级，混合或分剂量以及制剂的稳定性甚至用药的安全性等，均与粉粒粒度、形状有关。因此，对粒度与形状的测定日益受到人们的重视。其方法也在不断地改进和完善。

实际操作中，常用于测量微粉粒度的方法主要有筛分法、沉降法、电感法、激光法、图像法等。

（1）筛分法：用于粒度分布测定的最常用方法。让粉料通过不同筛号的筛，然后从各号筛面上残留的粉末重量求出粒度分布。可用电磁振动和音波振动两种类型的筛分机。筛分法虽然可以得到粒度分布的直观图，但因受到筛分效率限制，其结果精度不高。故筛分法适用于测量比较大的粉粒的粒度分布，有逐渐被专用的粒度仪取代的趋势。但是，目前筛分仍然是一种分级的有效手段，应用也很普遍。

（2）沉降法：是让粒子在液体中沉降，利用在沉降过程中大小粒子沉降速度不同，即大颗粒先沉降，小颗粒后沉降而达到粒子分级的方法。测量结果的分辨率高，特别当物料不均匀、粒度分布不规则，或微分分布出现“多峰”的情况时，选用本法更为适宜。

1）重力场光透过沉降法：本方法有很多种型号的产品，其测量范围为 0.1～1 000μm。有的仪器以可见光为光源，也有以 X 射线为光源。若用可见光作光源，可测量各种材料的颗粒粒度，但由于在 0.1～1μm 粒度范围的颗粒光学性质的特殊，因此需用消光系数进行修正。而 X 射线作光源的粒度仪则不需要这种修正，可直接测得颗粒的体积直径，结果准确可靠，分辨率高，适合各种金属或无机粉末的测量。要注意的是原子序数 12 以下的物料，例如碳、石墨、金刚石及有机化合物不吸收 X 射线，所以这类物料不能使用 X 射线作光源，而应使用可见光。

颗粒的沉降速度与颗粒和悬浮介质（例如水）的密度差有关，当密度差大时沉降速度快。如果密度差小，特别对于细颗粒，建议采用下述离心光透过沉降片法。

为了提高测量速度，节省测量时间，发明了图像沉降法[15]，采用一线性图像传感器装置，将沉降过程可视化，可明显节省测量时间。

2）离心光透过沉降法：在离心力场中，颗粒的沉降速度明显提高，本法适合测量纳米级颗粒。典型的粒度仪可测量 0.007～30μm 的颗粒，若与重力场沉降相结合，则可将测量上限提高到 1 000μm，与重力场光透过沉降法一样，本法可以采用可见光，也可以采用 X 射线，其适用性与注意点如上所述。

目前，光透过沉降粒度仪因分辨率高、测量范围宽，所以科研和生产单位使用较多。

（3）电感法：电感法又称小孔透过法、库尔特法，测量仪器为库尔特计数器。是将粒子分散于电解质溶液中，中间有一个小孔，两侧插上电极。混悬粒子通过小孔时两极间电阻瞬时产生变化，这种变化的大小和粒子容积成正比。通过测出粒子变化数值的大小，可求出粒子分布。本法可用于测定混悬剂、乳剂、脂质体、粉末等药物的粒径分布。

（4）激光法：激光粒度测定法是基于夫琅禾费衍射（Fraunhofer diffraction）及米氏散射（Mie scattering）理论，利用不同粒径颗粒对激光的散射角度不同来测定颗粒的粒径及粒径分布的粒度测定方法。测量时，由激光器发射出固定波长的激光束经扩束透镜及空间滤波器后成为单一的平行光，照射到样品颗粒表面后发生散射现象，大颗粒对激光的散射角小、小颗粒对激光的散射角大，然后利用分布在不同角度下的检测器接收衍射的光强信号，并记录下衍射光在不同角度下的强度分布，使用衍射模型，选择适当的反衍算法，通过数学反演的方法来计算理论的光强分布，以对比的残差值是否最小为依据，最后给出粒度分布结果[61]。

激光粒度分析仪测量粉末粒径具有如下优点[61]：①代表性强，动态范围宽，可实现从亚纳米到微米范围的全覆盖；②测量速度快，15 秒内即可完成一个样品的测量；③可用于多种材料粒径的测定，激光粒度测定法有干法、湿法测定模式，既可用于固体粉末粒径的测定，也可用于液体中颗粒粒径的测定，测量不受颗粒物态的影响，固态、液态、气态颗粒均可测量；④测量结果的准确度高、重复性好。

激光粒度测定法可得到多个平均粒径数据结果，如平均粒径（mean diameter）、体积平均值（D[4，3]）、表面积平均值（D[3，2]）等。但由于激光粒度测定法是基于体积分布而非个数分布测定颗粒粒径及粒径分布，因此，一般采用 D[4，3]和 D[3，2]来表示。D[4，3]对大颗粒的存在敏感，D[3，2]对小颗粒敏感，D[3，2]越小表明小颗粒越多。除平均值外，中值，即 D（0.5）、峰值（mode）、径距（span）以及整体的百分比分布等也常被用于表征颗粒的粒径及粒径分布。实际分析中以 D（0.5）来反映颗粒粒径，以 span 来反映颗粒的粒径分布，能够较准确地表征颗粒的粒径及粒径分布。

激光粒度测定法在中药粉体粒径测定中的应用已比较广泛。影响激光粒度测定法准确性的关键因素有：取样的代表性、干净稳定的测量背景、设置合适的光学参数、合适的分散介质与分散条件。

一般而言，激光法的分辨率不如沉降法。湿法测定模式样品分散条件难以确定，非球形颗粒粒径的测定存在较大误差。

（5）图像法：将显微镜下的二维图像摄取到计算机中，在计算机中对图像进行扫描，并对特征点的像素群进行测量统计，编辑处理，得到二维图像的特征值，从而得出颗粒粒度分布结果。常见的图像分析仪由光学显微镜、图像板、摄像机和微机组成。其测量范围为 1～100μm，若采用体视显微镜，则可以对大颗粒进行测量。有的电子显微镜配有图像分析系统，其测量范围为 0.001～10μm。单独的图像分析仪也可以对电镜照片进行图像分析。

也可通过上述处理后，再将每个颗粒单独提取出来，逐个测量其面积、周长及各形状参数。由面积、周长可得到相应的粒径，进而可得到粒度分布。

由此可见，图像分析法既是测定粒度的方法，也是测量形状的方法。其优点是具有可视性，可信程度高。但由于测量的颗粒数目有限，特别是在试样的粒度分布很宽时，其应用受到一定的限制。

颗粒粒度的测量应用到多学科知识，方法与技术发展很快。现将粒度测定操作中应注意的事项归纳如下，供读者参考。

首先要对给定的粉体样品作粒度范围估计。因各种粒度仪都有一定测量范围，若样品不在其可测范围内，则得不到正确的结果。通常先用光学显微镜观察粉体样品，可得知其粒度的大致范围；沉降法和激光法都需要将粉体均匀地悬浮于液体中（一般用水或乙醇），颗粒的分散程度往往成为测量成败的关键。这时需要根据粉体表面性质不同，加入表面活性剂，然后进行超声分散。超声分散的强度要适宜，并非强度越高越好。实验表明，高强度超声处理反而会引起细颗粒的团聚。超声处理的时间也并非越长越好，一般 3～5 分钟即可。至于究竟选用沉降法还是激光法，则要根据物料的性质、实际测量结果和使用者操作技术的熟练程度而定。

以上方法均可测定粒径，结合其他需求，如要测个数，可选用库尔特计数器；如要测形状，可选用图像分析仪；如要测雾滴，选用激光法；如要测粒度，可选沉降法，也可选激光法。

对以上检测方法及其他相关方法汇总见表 1-2-5。

表 1-2-5　粉体粒度检测方法汇总以及不同方法检测粒度的优势

分类	测量方法	基本原理	测量范围 /μm	特点
筛分法	丝网筛	用一定大小的筛子，将被测试样分成两部分，留在筛上面的粒径较粗的不通过量（筛余量）和通过筛孔粒径较细的通过量（筛过量）	37～4 000	仪器便宜，方法简单，可快速分析符合粒径要求的情况
	电铸筛		5～120	
沉降法	移液管法	根据斯托克斯（Stokes）定律，分散在沉降介质中的样品颗粒，其沉降速度是颗粒大小的函数，利用移液管测定出液体浓度变化，可计算出颗粒大小和粒度分布		仪器便宜，方法简单，测定所需时间长，分析计算工作量大
	比重计法	利用比重计在一定位置所示悬浊液比重随时间变化测定粒度分布	1～100	仪器便宜，方法简单，测定工作量大
	浊度法	利用光透法或X射线透过法测定液体因浓度变化而引起的浊度变化，从而测定样品的粒度和粒度分布	0.1～100	自动测定，数据无须处理便可得到分布曲线，可用于在线粒度分析
	天平法	通过测定已沉积下来的颗粒累积重量，测定样品的粒度和粒度分布	0.1～150	自动测定和自动记录，仪器较贵，测定小颗粒误差较大
	离心沉降法	在离心力场中，颗粒沉降也服从斯托克斯定律，利用圆盘离心机使颗粒快速沉降并测出其浓度变化，从而得出粒度大小和分布	0.01～30 BT3000A （0.04～45）*	测定速度快，可测亚微米级颗粒，应用较广泛。结果受环境和人为影响较大，重复性较差
电感法	库尔特计数器	悬浮在电解液中的颗粒通过一小孔时，由于排出了一部分电解液而使液体电阻发生变化，导致小孔两侧电压发生变化，其变化规律是颗粒大小的函数	0.4～200	分辨率高，重复性好，操作较简便。 易堵孔，动态范围小，不宜测量分布范围较宽的样品

续表

分类	测量方法	基本原理	测量范围 /μm	特点
激光法	激光粒度分析仪	当分散在液体中的颗粒受到激光照射时，会产生光的衍射和散射现象，而且颗粒越小散射角越大，通过透镜后在焦平面上形成与颗粒大小和多少有关的光环，用光电接收器接收到此信号便可计算出有关数据	0.05～2 000	自动化程度高，动态范围大，测量速度快，操作简便，重复性好，可用于在线粒度测量
图像法	光学显微镜	把样品分散在一定分散液中制取样片，测其颗粒影像，将所测得的颗粒按大小分级，便可求出以颗粒个数为基准的粒度分布	1～100	直观性好，可观察颗粒形状，但分析的准确性有时受操作人员主观因素影响，不能自动进行测量和计算
	电子显微镜	与光学显微镜方法相似，用电子束代替光源，用磁铁代替玻璃透镜，颗粒用显微照片显示出来	扫描电镜：0.005～50 透射电镜：0.001～10	测定亚微米及纳米级颗粒粒度分布和形状的基本方法，广泛用于科学研究，仪器贵重，需专人操作

注：* BT3000A 型圆盘离心超细粒度测定仪的测定范围为 0.04～45μm。

28. 中药微粉常见的稳定性问题有哪些？如何解决？什么是微粉的悬浮与团聚？

（1）中药微粉常见的稳定性问题及解决办法：相比于中药微粉粉碎技术的研究，中药微粉的质量研究整体上比较滞后。虽然《中国药典》以及省、自治区、直辖市的中药饮片炮制规范中收载的中药饮片粉末日益增多，一些炮制规范中收载了中药超微粉末饮片、中药破壁粉末饮片等新规格[52]。但中药微粉作为中药制剂重要的中间产品或终端产品，对其质量标准的研究整体上还不够系统，尤其是中药微粉的粒径大小及其分布与中药药性的关系，在药动学、药效学、药理学、毒理学等方面的影响，缺乏基于临床需求的多层面深入研究，在对微粉的质量控制上，没有对具体中药个性化适宜粒径的规范性要求。在国家层面，到目前并未针对中药微粉的药品属性，以满足临床用药需求，围绕安全、有效、稳定可控，在物理学、化学、生物学方面，对中药微粉的适用范围、适宜粒径、制备工艺、质量控制等内容，制定与微粉特点相适应的详细规定和统一的标准，对中药微粉的质量评价难以做到全面、适用。如白及粉在《中国药典》以及相关省中药饮片炮制规范中有收载，市场上也有细粉、最细粉、极细粉、超细粉等多种规格，但均未对其粒径有明确规定，且质量标准仍执行白及药材、饮片项下的规定[62]。

中药微粉在质量评价标准上的欠缺，使得对其质量稳定性的评价同样存在需要完善的地方。

一般认为中药微粉化后，具有粒径小、比表面积大、表面能高、化学反应活性增强等特点。从稳定性角度看，粒子表面会更容易吸水、接触空气和带电荷等，从而增加存放难度，使其稳定性变差[51]。部分中药经粉碎后易变色、变质、走油、风化、霉变，这不仅与贮藏环境和时间有关，还与中药有效成分失去保护组织后，受到日光、温度、湿度、空气、水分、虫害、霉菌的影响较大有关[52]。相关稳定性问题基本涉及与粉体学特性相关的产品物理学、化学、生物学方面。如：铁皮石斛超微粉碎后，随着粒度的减小，比表面积、松装密度、休止角和吸湿性增大，滑角、持水力和膨胀力减小，容易发生氧化、吸湿、结块[63]；穿心莲超微粉在高温、高湿及强光条件下，随着时间延长，穿心莲内酯含量不断下降，其中温度影响最大，10 天后降至初始含量的 80.95%[64]。

分析中药微粉的稳定性问题，基本与物料本身、粉碎操作、存放条件等有关。对于微粉的霉变，首先应做好物料的净制处理，必要时应对中药、饮片或微粉采用合适的灭菌操作；对于药味稳定性受温度影响明显的，在粉碎过程中应规避设备发热或局部过热；做好微粉的包装、存放，根据产品特点，尽量减少空气、光、湿度、温度等其他影响。另外，需要做好存放时间的管控；根据用药需求和稳定性要求，控制好粉碎粒径；必要时可以对微粉进行表面改性处理[65]。

（2）微粉的悬浮与团聚：悬浮与团聚是超微粉最常见的现象[32]。采用高速机械冲击式微粉碎机、气流粉碎机、振动磨微粉碎机等进行超细粉碎，均是使物料受超高速气流、高频振动等摩擦、撞击、剪切等反复作用，而粉碎成微粉或超微粉。与此同时，超高速气流、高频振动冲击也会使微粉或超微粉在粉碎室中“飘飞”，难以沉下收集，这种现象称为“悬浮”。固体物料的粉碎过程是用机械方法来增加表面积，即机械能转化为表面能的过程，得到的细微颗粒其比表面积和比表面能显著增大，而表面能大，单一颗粒聚集，形成多个颗粒团体的倾向也大，小颗粒团体可形成二次团聚状，乃至三次团聚状，以减少比表面能，这种现象称为“团聚”。每个颗粒内部有细小孔隙，这种自发的聚集倾向对超细粉的制备和使用都产生不利影响。故在采用超细粉碎时，应注意团聚体尺寸（聚集程度）和强度。

团聚体大小与粉末比表面积有关，一般用团聚体系数来表示粉末团聚体的聚集程度。团聚体的强度指团聚体在一定的外力作用下可以被破坏，这个力的大小表征了团聚体的强度。因团聚体的强度不同，团聚分为软团聚和硬团聚，前者易于破坏，后者破坏相对较难。

影响粉末团聚程度的因素很多，要减少团聚就必须针对其形成原因，在制备过程中采取有效措施来克服，例如中药散剂制备中的“串料”粉碎和“串油”粉碎，利用药物间的相互作用，减弱其油性和粉性，降低不同药物粉末自身之间的吸附性。

29. 某些粉体颗粒为何要进行表面改性?

中药粉体是以细微状态存在的中药生药粉、中药浸膏粉或中药固体制剂，按颗粒大小可分为中药普通粉体、中药微粉粉体和中药纳米粉体[66]。中药粉体是中药使用重要的药物形态之一，如传统的丸剂、散剂是由一种或多种中药粉末混合加工而成。中药粉体学性质对制剂成型工艺影响较大，通过中药粉体学研究可为中药粉体的制剂成型过程提供重要的指导。中药粉体学性质及其对成型工艺的影响见表 1-2-6[61]。

采用物理或化学方法对粉体颗粒进行表面处理，有目的地改变其表面物理化学性质的工艺，称为粉体表面改性。根据改性方法性质的不同，分为物理方法、化学方法和粒子设计[67]；根据改性方法具体工艺的差别，分为超微粉碎技术、表面包裹技术、湿法机械力化学改性、干法机械力化学改性等。

依据粉体改性的原理及改性后粉体的结构特征，复杂的粉体改性技术可归为包覆改性与复合改性 2 大类。包覆改性主要针对粉体表面的处理，即使用改性剂包覆、成囊或吸附接枝于药物粉末表面而实现改性；复合改性主要针对粉体结构的处理，即用改性剂（药物或辅料）对药物粉末进行分散、复合或装载而实现改性[68]。

表 1-2-6　中药粉体学性质及其主要研究方法

粉体学性质		主要研究方法	对制剂成型工艺的影响
体相性质	粒度	激光衍射法、筛分法、沉降法等	粒径小，比表面积大，流动性较差，吸湿性大，溶出性大；粒径是决定粉体其他性质的最基本性质
	形态	性状指数、性状系数	
	比表面积	气味吸附法、气体透射法	
流动性质	堆密度	液浸法、压力比较法、堆密度 = 质量 / 容积（容积包括粉体本身及粉体间的空隙）等	流动性差导致药物黏结成块、不易分散，影响制剂产品质量
	流动性	休止角法、流出速度法、Carr 法等	
	充填性	松比容、松密度、川北方程等	
表面性质	表面能	接触角法、直接接触法	中药吸潮后变软、结块、霉变，且流动性变差，影响固体制剂的溶解率和崩解性；压缩性较强，易压制
	吸湿性与润湿性	临界相对湿度、吸湿率、接触角等	
	压缩性质	压缩方差	
光学性质	光的传播、散射、反射、吸收、衰减	Mie 理论、平行板法、微分法等	可得到颗粒大小及分布等情况
电学性质	带电、电泳、δ 电位	电导率、电解常数、电泳法等	表征微粒物理稳定性的重要参数
磁学性质	磁性、磁化、磁吸引	磁化率、矫顽力	利用超顺磁性，将磁性超微颗粒制备成磁性液体

通过粉体表面改性可显著改善或提高粉体的应用性能，如粉体的分散性、溶解性、凝胶性、膨胀性、可塑性、润湿性、流变性、悬浮性、黏附性、稳定性等，以满足所需材料的要求。例如，通过喷雾干燥技术改性后的乌药鞣质可降低药物本身的吸湿性[69]，取丙烯酸树脂 L100 适量，用 95% 乙醇溶解，加入粉碎过 60 目筛的乌药鞣质，再加入增塑剂蓖麻油充分混匀后进行喷雾干燥，制得乌药鞣质微囊。基于机械粉碎方法，穿心莲内酯与 PEG6000 形成相互包裹的复合粒子结构，穿心莲内酯结晶度下降，其体外溶出度显著提高[70]；广藿香超微粉经包覆技术处理表面改性后，对减缓其挥发性成分的损失具有明显效果[65]。

针对传统丸、散剂制剂工艺粗糙、服用量大、质量难以控制等缺点，近年一些研究者通过理论和实践创新提出了中药粒子设计技术[71]。该技术基于“药辅合一”的指导思想，在不外加物质、不改变物质基础的前提下，充分利用药物粉体的物理化学性质，按照一定的结构模型，在微观层面对组分粉体进行精密分散与重组，构建分散均匀、质量稳定的重组粒子，实现所有粉体的均匀分散、稳定可控，克服了粉体自动聚集、易吸潮、色泽不均匀、口感气味差、挥发性成分易散失等不足[72]。有研究采用粒子设计技术制备口腔溃疡散，先将 10 份青黛放于振动式药物超微粉碎机中粉碎 17 分钟，再加入 10 份白矾制备 5 分钟，最后加入 1 份冰片制备 3 分钟得到口腔溃疡散，结果显示基于粒子设计制备的口腔溃疡散粉体学性质都要优于普通散和超微散[73]。针对小金丸粉体混合均匀性差，采用基于中药粒子设计技术的机械粉碎法制备药物与药物的核壳型包覆复合粒子，粉体质量均一性得到极大改善[74]。

30. 为什么微细粉粒会发生燃烧和粉尘爆炸?

随着工业现代化的发展，粉体技术应用越来越广泛。在采矿、冶金、粮食、医药、化工、木材、金属、塑料等行业粉体生产、加工、运输、储存过程中，可燃粉体的种类和用量显著增加，其机械化、规模化也是空前的，再加上人们对不同物料粉尘的危害认识不清，缺乏粉尘爆炸安全防护的基础知识和有效防护手段，导致近年来重大粉尘爆炸事故频繁发生[75]。

粉尘是一种微小的固体颗粒，可通过自身重量在空气中沉淀下来，但也会在空气中悬浮一段时间。粉尘可被分为两种：一种是可燃性粉尘，另一种为不可燃性粉尘[76]。

粉尘爆炸指悬浮于空气中的可燃性粉尘触及明火或电火花等火源时，在空气中快速燃烧导致火焰传播，在相对密闭的空间内发生压力上升，引起的爆炸现象[77]。可燃性粉尘爆炸严格来讲应具备 5 个必要条件[78]：①粉尘具有可燃性；②氧化剂，如氧气等；③足够温度的火源；④可燃性粉尘悬浮并达到爆炸下限；⑤密闭空间，即粉尘云被限制在相对密闭的空间内。以上 5 点，又称粉尘爆炸五边形[79]。足够温度的火源有：明火、机械火花、电火花、静电火花、热表面、雷电等。

通常，物质的燃烧热越大，其粉尘的爆炸危险性也越大；越易氧化的物质，其粉尘越易爆炸；越易带电的粉尘越易引起爆炸[80]。可燃性粉尘指公称尺寸等于或小于 500μm 的微小固体颗粒，分金属粉尘和非金属粉尘[81]。中药粉体产生的粉尘以植物纤维尘居多，该类粉尘有较强的还原剂氢（H）、碳（C）、氮（N）、硫（S）等元素存在，为可燃性粉尘，具有“高”级别爆炸危险性[82]，当它们与过氧化物和易爆粉尘共存时便发生分解，由氧化反应产生大量的气体，或者气体量虽小，但释放出大量的燃烧热。植物纤维尘也容易带电，当其与机器或空气摩擦产生的静电集聚起来，达到一定量时，会放电产生电火花，构成爆炸的火源。

粉尘的表面吸附空气中的氧，颗粒越细，吸附的氧就越多，因而越容易发生爆炸；而且发火点越低，爆炸下限也越低。有学者认为粉尘爆炸的实质是气体爆炸，是可燃性气体储藏于固体内部[83]。随着粉尘颗粒直径的减小，不仅化学活性增加，而且还容易带电[80]。另外，粉尘颗粒粒径越小，越易在空气中悬浮。

可燃固体在燃烧时会释出能量，而释出能量的大小即燃烧速度的快慢与固体暴露在空气中的面积有关。同一固体其粒度越小，暴露面积越大，燃烧速度也越快。如果固体颗粒很细，且以一定浓度悬浮于空气中，其燃烧过程有可能在瞬间完成，结果是在燃烧空间范围内，在极短时间间隔中释放出大量能量。这些能量来不及散逸到周围环境中，致使该空间内气体受热而绝热膨胀，再加上固体燃烧时生成部分气体，使体系内气体形成局部高压。所生成的高压气体破坏设备，就是粉尘爆炸。

粉尘爆炸的前奏是燃烧，大块状固体可燃物的燃烧是层进式的，能量释放也不剧烈，释放后也有时间散逸。粉尘或颗粒状物料是堆状燃烧，在通风好时可见明火燃烧，在不良通风时会形成隐燃。

粉尘在燃烧时也有几个过程：第一个过程，粉体表面被加热；第二个过程，表面层气化出挥发成分（金属 Al、Mg 可能除外）；第三个过程，挥发成分燃烧。因此，粉尘爆炸也是一个复杂过程。可用简单的计算来理解粉尘爆炸过程：如假定粉尘云的半径为 10m，火焰传播速度为 100m/s，在粉尘云中心点火，在 0.1 秒的时间内就可燃遍整个粉尘云。在此时间内如粉尘均已燃尽，则生成最高压强，若未燃完则生成较低压强，粒子是否燃完取决于粒径及粒子燃烧速度。如粒径为 4μm，以 20mm/s 的速率燃烧，则在 0.000 2 秒即可燃完。

粉尘爆炸实际上指粉尘云爆炸。在生产时或由于操作有误，或由于工艺条件限制，使粉尘飞扬形成粉尘云，如在粉尘卸料区域。因此，在该区容易发生粉尘爆炸。还有一种状况是局部燃烧或小型爆炸使沉积的粉尘飞扬，如果仍存在火源则会形成更剧烈的二次爆炸。因此，控制第一次点燃或第一次爆炸对控制整个爆炸灾害是很重要的。为此，不仅要考虑设备或装置的个别部件，还应对设备整体加以统一考虑。首先要避免形成粉尘云，其次要做到如果设备的某一区域出了事故，不会波及其他部位，从而防止严重的粉尘爆炸。

31. 如何防范微细粉粒的燃烧和粉尘爆炸?

粉尘的燃烧与粉尘爆炸可造成较大的人员伤亡和经济损失[84]，具有很大破坏性。随着现代化工业的高速发展，粉体技术在工业中得到广泛应用，粉体的用量和储量出现空前的增长，人们对粉尘爆炸的认识不足、工厂防爆措施不健全、安全管理不到位、标准化体系不完善等，都是造成粉尘爆炸事故严重化的原因[83]。

粉尘爆炸发生需要具备一定的条件：①可燃性粉尘的浓度需要达到一定值；②与氧化剂充分接触；③足够能量的火源；④可燃性粉尘悬浮并达到爆炸下限；⑤密闭空间，即粉尘云被限制在相对密闭的空间内。基于此，防范粉尘爆的措施通常包括两个方面：一方面是预防性应对；另一方面是爆炸发生后的保护性措施。

（1）对危险性的预估：预估有两个任务。一是在处理能导致爆炸的粉尘时对其可爆危险性的估计，二是探讨和研究在工艺过程中采取预防措施的有效性。在新厂设计方案中，应对包括超细粉碎工艺在内的各生产环节可能存在的危险进行分析。有时还要做很多实验，如样品含水量和粒径分布、粉尘可爆性结果判断与分析等，粉尘的可爆性是进行粉尘爆炸防护的基本性质分析[85]。根据多种实验获得的结果来确定厂内安全布置，包括设备布置，消防器材位置，人员疏散路线及安全隔离区等。工厂建成并开始运行后，要检查安全措施是否到位，要进行校正并随时加强检查。

（2）对爆炸的预防：在对危险性做充分估计后，应采取相应的预防措施以防止在工艺过程中可能导致粉尘云的生成及可能产生爆炸的因素。①控制粉尘浓度，防止粉尘积累和飞扬，日常做好清扫。②控制点燃源，防止各种可能点燃粉尘云的明火、隐燃火源、静电放电、火花等点火源，包括除尘器的规范使用[82]。③隔离粉尘区与安全区，必要时充以惰性气体，降低设备内氧浓度。最常用的惰性气体为氮气及二氧化碳。④适当提高环境湿度，环境湿度高，粉尘不易飞扬；空气中的湿气可以稀释含氧浓度；此外，在设备及管道内采用监测系统及灭火措施，一旦发生粉尘点燃，即刻予以扑灭以避免更大灾害。

（3）对粉尘爆炸的防护：存在粉尘爆炸危险的工艺设备，应采用泄爆、抑爆、隔爆和抗爆中的一种或多种控爆方式，但不能单独采用隔爆[81]。为减少粉尘爆炸所造成的损害，应力图将爆炸所致的最高压强降到低水平。为此，可以在设备上开设泄压孔。在具有泄压的设备内，压强降低，爆炸形成的泄压峰值较低。泄压越大，峰值越低。泄压是为了防止爆炸后压强超过了设备或建筑物的耐压设计值。其原理是让燃烧和未燃烧的气体通过泄压孔流出设备，以降低由于在设备内燃烧所引起的压强升高，降低在容器内燃烧所释出的能量。

总之，通过对各种粉尘爆炸发生模式的分析，要减少爆炸事故发生，就要从根源上制定各种制度和规章，提高员工素质和安全管理意识，加强安全管理制度实施，消除失误，加强工作环境、生产设施和安全设施的安全标准化[84]。

32. 在中药丸剂生产中，中药粉碎工序如何更好地实现微生物限度控制？

中药丸剂是我国古代医药学家在长期临床实践中发明的一种简便易行的剂型，有悠久的使用历史，其经临床验证的“丸者缓也”“丸药以舒缓为治”“药性有宜丸者”“大毒者须用丸”的优势和特点，适合中医临床用药需要[86]，在治疗肿瘤方面有较明显的优势[87]。但以生药粉入药的中药丸剂，微生物限度控制一直是困扰行业的难题，尤其是蜜丸。目前，通常的做法是在生产过程中对药材或饮片、制丸用药粉、成品丸进行灭菌处理。如有调查显示[88]，辐照加工对象在我国西南地区、西北地区多为中药，在北京地区中药辐照量占40%～50%，每年全国中药辐照总量约为10万吨；辐照处理出现在原料、半成品或成品等阶段。

中药丸剂生产，不应将辐照灭菌或其他灭菌方式作为保证产品卫生学符合要求的唯一手段，而应在规范生产的前提下，根据生产经验的积累，进一步做好对生产过程的管控；积极应用最新的研究成果，通过设备改造或更新，优化生产工艺，将各工序的污染风险降至最低，更好地实现微生物限度控制。如在中药粉碎工序中可有如下操作。

（1）保证粉碎用原料的微生物负载在可控制范围内；对于复方制剂，应对各药味微生物负载情况进行分类，负载较高的应与负载较低或无负载药味的分开粉碎，若采用同一台设备，应先粉碎微生物低负载药味。

（2）做好对粉碎室、粉碎设备的清洁与消毒，按规定做好验证确认；环境负压要适度。

（3）在粉碎过程中尽量降低物料的暴露时间，控制污染风险。为适应未来的智能制造，现阶段应充分利用自动化、信息化、智能化以及中药制药设备设计和制造的发展成果，提升粉碎工序设备的集约化程度，实现自动进料（包括物料必要的冷冻、灭菌处理等）、粉碎、筛析、药粉的灭菌、药粉的包装、向后一工序的输送等，在同一个成套的密闭设备系统中完成，克服工序衔接带来的污染，减少人员操作[89]，更好地实现清洁生产。为提高中药粉碎工序一体化生产集约程度，行业已在积极探索、实践[90-91]。一体化粉碎设备，若集成灭菌功能，应因药制宜，考虑中药药性对热、湿度、辐照射线、灭菌气体等的敏感度，重视灭菌方法及参数的选择研究[92]，在不降低有效成分含量、不产生有毒有害反应产物，或控制残留物至安全范围内的前提下，综合考虑灭菌效果、可行性等，做到彻底灭菌[93-94]。

参考文献

[1] 王沛. 中药制药工程原理与设备[M].4版. 北京：中国中医药出版社，2016.

[2] 李婧琳，王媚，史亚军，等. 超微粉碎技术在中药制剂中的应用分析[J]. 现代中医药，2018，38(5)：121-123，130.

[3] 钱珊珊，桂双英，杨满琴，等. 中药超微粉碎技术的研究进展[J]. 陕西中医药大学学报，2019，42(3)：136-140.

[4] 邓雯，谢果，杨泽锐，等. 中药破壁饮片安全性研究进展及思考[J]. 中国现代中药，2015，17(12)：1340-1344.

[5] 张琪，赵宗阁，叶晨，等. 枸杞子粉碎前几种预处理方法的比较研究[J]. 中草药，2018，49(24)：5812-5816.

[6] 佚名. 新一代深冷超细粉碎高分子材料气流粉碎机试机成功[J]. 墙材革新与建筑节能，2016(6)：70.

[7] 张琪，叶晨，王丽，等. 中药对照药材粉碎的经验总结及方法探究[J]. 中国药事，2013，27(12)：1301-1304.

[8] 杨杰仲，陈旭，朱森林，等. 灵芝子实体微粉碎工艺优化试验[J]. 现代化农业，2019(11)：41-42.
[9] 刘静伟. 中药强纤维粉碎机：201920782119.7[P].2020-04-28.
[10] 杨艳君，邹俊波，张小飞，等. 超微粉碎技术在中药领域的研究进展[J]. 中草药，2019，50(23)：5887-5891.
[11] 张鑫，程亚茹，刘洋，等.《雷公炮炙论》中矿物药炮制方法研究[J]. 新中医，2020，52(14)：28-31.
[12] 国家药典委员会. 中华人民共和国药典：2020 年版[S]. 一部. 北京：中国医药科技出版社，2020.
[13] 黄晓东，葛晓陵，胡坪. 中药黄连超细粉碎工艺研究[J]. 中国粉体技术，2011，17(4)：68-70.
[14] 姜巍. 冷冻粉碎技术的特点及在食品工业中的应用[J]. 现代化农业，2016(11)：35-36.
[15] 钱桂芬. 中药制剂用小茴香粉碎方法改进[J]. 江西化工，2019(6)：320-321.
[16] 龚千锋. 中药炮制学[M].10 版. 北京：中国中医药出版社，2016.
[17] 高旌. 一种树脂类及胶剂中药的粉碎方法：201010515295.8[P].2011-02-23.
[18] 严冬，梁举春. 冬虫夏草微粉胶囊的制备及其腺苷的体外溶出度的测定[J]. 科技视界，2012(35)：30，60.
[19] 吴小明，梁少瑜，程文胜，等. 三七普通细粉与超微粉中三七皂苷 R_1、人参皂苷 Rb_1 及人参皂苷 Rg_1 体外溶出行为的比较研究[J]. 中草药，2013，44(24)：3489-3492.
[20] 李海梅，宋秀芹，田忠静. 超微粉碎技术在人参加工中的应用[J]. 中国农业信息，2013(1)：144.
[21] 陈燕忠，朱盛山. 药物制剂工程[M].3 版. 北京：化学工业出版社，2018.
[22] 张兆旺. 中药药剂学[M]. 北京：中国中医药出版社，2017.
[23] 冷胡峰，万小伟，龙勇涛. 净化区内粉碎机组的选型应用[J]. 装备应用与研究，2019(30)：48-49.
[24] 储荣邦，吴双成，王宗雄. 噪声的危害与防治[J]. 电镀与涂饰，2013，32(12)：52-57.
[25] 郑旻雁，郑汉辉，郑小君. 一种灵芝粉碎杀菌研磨用一体化加工设备：201921490299.8[P]. 2020-06-16.
[26] 王卫星. 新版 GMP 下洁净厂房灭菌设计探讨[J]. 机电信息，2012(35)：22-25.
[27] 史云. 汽化过氧化氢(VHP)常温灭菌系统的应用探讨[J]. 医药工程设计，2011，32(3)：12-14.
[28] 田利英，田子琮. 如何根据工艺及环境要求选择粉碎设备[J]. 黑龙江医药，2014，27(2)：332-333.
[29] 王红霞.PLC 和触摸屏及变频器在中药粉碎系统的应用[J]. 自动化应用，2014(1)：18-20，35.
[30] 吴丽琼，蔡荣钦，江秀山，等. 心宝丸中蟾酥低温粉碎工艺研究[J]. 今日药学，2018，28(10)：674-677.
[31] 何婧，张喻娟，韩丽，等. 制草乌低温超微粉碎研究[J]. 时珍国医国药，2015，26(10)：2398-2402.
[32] 任桂林，韩丽，王小平，等. 地龙低温超微粉碎特性考察[J]. 中国实验方剂学杂志，2014，20(3)：6-9.
[33] 张志荣. 药剂学[M].2 版. 北京：高等教育出版社，2014.
[34] 杨年军，赵振，王春. 一种便于除尘的中药滚筒筛：201510568605.5[P]. 2017-03-22.
[35] 张国祖，李克中，王伟伟，等. 中药超微粉粉筛联动系统：201120479574.3[P]. 2012-07-25.
[36] 袁春续，周献伟. 一种具有过筛功能的中药粉碎机：201821769146.2[P]. 2020-01-24.
[37] 徐国华. 一种中药天麻粉末过筛装置及其工作方法：201810880923.9[P]. 2018-12-07.
[38] 赵环帅. 高频振动筛的发展现状及今后重点研究方向[J]. 选煤技术，2019(2)：1-7，13.
[39] 石秀东，赵魏维，赵加洋，等. 振动筛工作参数对筛分效率影响的有限元分析[J]. 金属矿山，2012(2)：132-143，168.
[40] 赵魏维. 弧形振动筛主要参数及动态性能的研究[D]. 无锡：江南大学，2012.
[41] 邢晓玲. 浅析超微粉碎技术及其在中药制药中的应用优势[J]. 世界最新医学信息文摘，2019，19(1)：179，181.
[42] 靳子明，贺沙沙. 中药超微粉碎技术的优势及存在的问题[J]. 甘肃中医学院学报，2011，28(5)：77-79.
[43] 彭安堂，张桂侠，赵玉斌，等. 超微粉碎中药的安全性思考[J]. 中国医院药学杂志，2015，35(21)：1973-1976.
[44] 蔡光先. 中药粉体工程学[M]. 北京：人民卫生出版社，2008.

[45] 李翔，李双跃，任朝富，等. CXM80 高速超细机械冲击磨的开发与研制[J]. 矿业研究与开发，2010，30(1)：62-64.
[46] 刁雄，李双跃，黄鹏，等. 超细粉碎分级系统设计与实验研究[J]. 现代化工，2011，31(4)：83-86.
[47] 武文璇，孔凡祝，李寒松，等. 食用菌超细粉体技术及发展趋势[J]. 食品工业，2018，39(8)：258-262.
[48] 梁海龙，赵耀芳. 涡流空气分级机在固硫灰渣超细化中的应用[J]. 装备制造技术，2016(8)：193-194，200.
[49] 贺晓东. CWFJ-400 超微机械粉碎分级机的研制[D]. 济南：济南大学，2016.
[50] 卢周丽. 中药材湍流超细粉碎分级装置的结构优化[D]. 兰州：兰州理工大学，2011.
[51] 赵国巍，梁新丽，廖正根，等. 超微粉碎技术对中药粉体性质的影响[J]. 世界中医药，2015，10(3)：315-317，321.
[52] 程雪娇，李涛，莫雪林，等. 中药粉末饮片的传承与现代化发展概况及产业发展建议[J]. 中国药房，2017，28(31)：4321-4325.
[53] 王念明，张定堃，杨明，等. 超微粉碎对黄芩粉体学性质的影响[J]. 中药材，2013，36(4)：640-644.
[54] 何杰. 斑蝥粉体的质量控制及其超微粉体指纹图谱研究[D]. 长沙：湖南中医药大学，2012.
[55] 冯小燕. 板蓝根粉体的理化特性及其超微粉体指纹图谱与抗流感病毒 FM1 作用的研究[D]. 长沙：湖南中医药大学，2011.
[56] 张爱霞，辛二旦，边甜甜，等. 新型中药饮片的发展与趋势[J]. 中华中医药杂志，2019，34(2)：474-476.
[57] 云南省食品药品监督管理局. 云南省食品药品监督管理局关于修订三七超细粉等三七系列饮片标准功能主治的通知[EB/OL].[2023-05-05]. http：//mpa.yn.gov.cn/newSite/ZwgkNewsView.aspx?ID=ccc04c13-992a-4ec9-828e-bb375c41c3ef.
[58] 李莉. 中药饮片打粉相关问题的分析及探讨[D]. 成都：成都中医药大学，2015.
[59] 宋叶，梅全喜，胡莹，等. 中药破壁饮片临床应用研究进展[J]. 时珍国医国药，2019，30(1)：173-176.
[60] 曾洁，施晴，臧振中，等. 基于全球专利分析的中药制药装备产业技术发展趋势研究[J]. 中草药，2020，51(17)：4373-4382.
[61] 许俊男，涂传智，陈颖翀，等. 激光粒度测定法在中药粉体粒径测定中的应用与思考[J]. 世界科学技术：中医药现代化，2016，18(10)：1776-1781.
[62] 刘珈羽. 白及粉末饮片质量标准研究[D]. 成都：成都中医药大学，2018.
[63] 王洋洋. 铁皮石斛破壁饮片制备工艺及质量标准研究[D]. 杭州：浙江大学，2019.
[64] 连晓娟. 穿心莲超微粉的质量标准及稳定性研究[D]. 福州：福建农林大学，2013.
[65] 张洪坤，郭长达，黄玉瑶，等. 广藿香超微粉表面包覆技术工艺的优化[J]. 中成药，2017，39(10)：2182-2186.
[66] 潘亚平，张振海，蒋艳荣，等. 中药粉体改性技术的研究进展[J]. 中国中药杂志，2013，38(22)：3808-3813.
[67] 蒋且英，曾荣贵，赵国巍，等. 中药粉体改性技术与改性设备研究进展[J]. 中草药，2017，48(8)：1677-1681.
[68] 韩丽，张定堃，林俊芝，等. 适宜中药特性的粉体改性技术方法研究[J]. 中草药，2013，44(23)：3253-3259.
[69] 冯怡，刘怡，徐德生. 微囊防潮效果影响因素及其机制探讨[J]. 中国中药杂志，2007，32(14)：1409-1412.
[70] 王小平，韩丽，任桂林，等. 基于机械粉碎法的穿心莲内酯复合粒子制备及其溶出度研究[J]. 中国中药杂志，2014，39(4)：657-662.
[71] 杨明，韩丽，杨胜，等. 基于传统丸、散剂特点的中药粒子设计技术研究[J]. 中草药，2012，43(1)：9-14.
[72] 刘红宁，王玉蓉，陈丽华，等. 中药药剂学研究进展与发展思路探讨[J]. 世界中医药，2015，10(3)：305-309，314.

[73] 张定堃，秦春凤，韩丽，等. 粒子设计对口腔溃疡散粉体学性质的影响[J]. 中国中药杂志，2013，38(3)：334-340.
[74] 王小平. 粒子设计改善中药粉体均一性与溶解性的工艺原理研究[D]. 成都：成都中医药大学，2015.
[75] 袁帅，王庆慧，王丹枫，等. 粉尘爆炸防护措施的研究进展[J]. 爆破器材，2017，46(4)：13-20.
[76] 武卫荣，孙涛，路峰，等. 粉尘爆炸的研究进展[J]. 应用化工，2018，47(3)：576-579.
[77] 卫娟红，王磊. 聚丙烯工程设计中粉尘爆炸的预防措施[J]. 硫磷设计与粉体工程，2017(05)：21-24，4.
[78] 吉喆. 浅谈食品企业粉尘爆炸危害因素和防治措施[J]. 食品科技，2018，43(7)：343-345.
[79] 王跃文，方江敏. 镜片树脂粉尘爆炸案例分析及防范措施应用研究[J]. 当代化工，2019，48(2)：422-426.
[80] 高燚. 粉尘爆炸原理及防范处置措施[J]. 生命与灾难，2020(6)：22-23.
[81] 杨钢辉. 关于粉尘爆炸危险场所防爆安全的探讨[J]. 化工管理，2019(17)：91-92.
[82] 刘德礼，刘婷婷，卢亚云，等. 木材加工行业干式除尘器系统粉尘爆炸风险现状及对策[J]. 中国人造板，2019，26(10)：14-18.
[83] 袁帅，王庆慧，王丹枫. 工业可燃性粉尘爆炸研究进展[J]. 粉末冶金工业，2017，27(4)：59-65.
[84] 唐佳豪. 粉尘爆炸事故模式及其预防研究[J]. 价值工程，2020，39(8)：231-232.
[85] 周健，曾国良，肖秋平. 氮系阻燃剂粉尘爆炸特性研究[J]. 工业安全与环保，2018，44(7)：4-8，24.
[86] 郭国富，陈天朝. 略论中药丸剂战略优势[J]. 中医学报，2012，27(8)：990-992.
[87] 王文顺，杨晓媛. 对中药丸剂用治肿瘤优势的分析[J]. 内蒙古中医药，2017，36(19)：97-98.
[88] 江英桥. 辐照及光释光检测技术在中药中的应用[M]. 北京：人民卫生出版社，2014.
[89] 杨明，武振峰，王雅琪，等. 中药制药装备技术升级的政策、现状与途径分析[J]. 中草药，2013，44(3)：247-252.
[90] 韩俊奇，张伟，李杭建. 一种用于中药材的粉碎分级灭菌装置及其应用：201510573692.3[P]. 2015-11-18.
[91] 郑彬彬，薛入义. 一种具备筛选功能的中药二级粉碎装置的设计[J]. 机电信息，2017(8)：14-18.
[92] 康超超，王学成，伍振峰，等. 基于物理化学及生物评价的中药生药粉灭菌技术研究进展[J]. 中草药，2020，51(2)：507-515.
[93] 孙昱. 中药灭菌方法探讨[J]. 中国临床药理学杂志，2018，34(19)：2380-2382.
[94] 严丹，袁星，解达帅，等. 中药饮片灭菌的研究现状与思考[J]. 中草药，2016，47(8)：1425-1429.

（陈周全　刘玉杰　林丽娜　陈世彬）

第三章　浸提技术

浸提是采用适当的溶剂和方法使中药所含的可溶性组分浸出的操作过程。中药材和饮片作为一种天然药物，其原料中所含的成分按照生物活性划分，可分为：有效成分，指具有药效作用的物质，如生物碱类、苷类、黄酮类成分；无效成分，指无药效作用甚至有害的成分，它们往往影响提取效率以及提取物的稳定性、吸湿性等物理化学性质，如淀粉、果胶等成分；辅助成分，指本身没有特殊疗效，但能增强或缓和有效成分药效作用的物质，如提取过程中的糖类、氨基酸、微量元素等伴生物质；组织物，指构成药材细胞的物质或其他不溶性物质，如纤维素、栓皮等。浸提的目的在于选择适宜的溶剂、方法，充分获取药效成分，即有效成分及辅助成分，并尽量减少或除去无效成分、组织物。

常用中药材和饮片浸提的方法主要有溶剂提取法，包括煎煮法、浸渍法、渗漉法、回流法，水蒸气蒸馏法和超临界流体萃取法等，此外，含挥发油较丰富的原料，如陈皮、青皮、柑橘、柠檬等可采用压榨法提取，有利于保留原料固有的香味；对某些热敏感的贵重挥发油，如玫瑰油、茉莉花油等可采用吸收法（指利用吸附剂的物理或化学性能将目标产物溶解，自混合物中提取而出的方法）提取。在新药研发工艺路线设计中，不仅要考虑提高药效成分的浸提效率，还应考虑工艺技术的成熟度，充分论证其经济性和适宜性。在工业化大生产中，浸提工艺的选择还应结合上下游生产工艺，选择适宜的设备、工艺操作参数和生产方式，在确保生产效率的同时尽量实现节能降耗。

随着现代制药工业的发展，为提高生产效率，一些过程强化技术和新型提取技术也逐渐用于中药材和饮片的提取，如超高压提取法、破碎提取法、双水解萃取法、空气爆破法等。同时，“双碳”战略也明确提出：加强节能环保技术、工艺、装备推广应用，全面推行清洁生产。而随着信息技术与制造技术的日益深度融合，适宜于中药材和饮片浸提的绿色、智能化新型技术的创制与应用逐渐成为研发的重点。本章在问题的提出与解答中力求突出技术应用中的原理、适用范围、技术瓶颈等问题，以期为读者在工艺设计与工程改造中提供更多的解决策略。

一、浸提工艺设计问题解析

1. 设计中药浸提工艺时应主要考虑哪些因素？

中药复方在工艺设计前应根据中药复方的功能、主治和组成特点，通过查阅相关的文献资料，分析各组成药味的化学组成与药理作用，明晰其临床使用要求，明确临床治疗病证与各药味药效成分之间的关系，进而选择适宜的提取溶剂与提取方法。同时，结合预实验结果设计、优化提取工艺，充分获取药效成分并尽量减少无效成分、组织物的浸出。在中药新药工艺路线设计时，由于中药饮片为常用的起始原料，为达到疗效高、剂量小的要求，除少数情况可直接使用中药饮片粉末外，一般均须经过提取处理。针对影响提取效果的多种因素，如中药材和饮片的前处理方法、各药味的组合方式、提取溶剂、提取时间、提取温度、提取次数等对提取工艺进行筛选和优化。筛选和优化应采用统计学的方法进行，相关问题解析可参考本书上篇第十七章“制药工艺技术研究中数理统计方法的应用”；工艺优劣的判断指标通常以明确的药效成分或指标性成分的提取率、转移率及浸取物的得膏率为考察指标；优选工艺经放大工艺验证后，可确定为最优浸提工艺。

2. 浸提工艺常用的设备有哪些？选择设备时应主要考虑哪些因素？

常用浸提工艺主要有：煎煮法、浸渍法、渗漉法、回流法、水蒸气蒸馏法；新型方法主要有：超临界流体萃取法、超声法、萃取法、微波提取法[1-3]；上述方法的技术原理及应用中存在的问题，本章中将逐一进行解析。

因浸提工艺所用前处理方法(如药材粉碎度)、提取溶媒、提取时间、提取温度等均存在差异，相应地，提取设备亦有所不同。如，水作溶媒时一般采用煎煮法、回流法，温度较高，对设备的耐热性要求较高；而乙醇作溶媒时一般采用回流法、浸渍法、渗漉法，其中，浸渍法和渗漉法的提取温度较低但时间较长，对设备的耐热性要求不高但对其耐腐蚀性要求相应提高。

同时，设备的适宜性不仅是影响提取效率、产品质量的关键因素之一，也是生产成本控制的核心要素之一。浸提设备的选用涉及因素较多，一般应结合提取的工艺要求、工艺条件、原料特性、产品质量要求、设备技术特点、投资、占地面积、生产批量大小、设备操作复杂程度、操作弹性等几方面综合考虑，可以归纳为[2]：①原料的适宜性；②工艺的适宜性；③设备与整个生产过程的适宜性；④设备的可更新性；⑤生产过程的经济性。

表 1-3-1 列举了工业化生产中常用的浸提设备[2,4-5]。

表 1-3-1　工业化生产中常用的浸提设备

浸提方法	常用设备
煎煮法	敞口式煎煮器、密闭煎煮罐、多功能提取罐
浸渍法	浸渍器、压榨器
渗漉法	单渗漉设备、重渗漉设备、加压渗漉设备、逆流渗漉设备
回流法	索氏提取器、热回流循环提取浓缩机、煎药浓缩机、多功能提取罐
水蒸气蒸馏法	简单蒸馏器、平衡蒸馏器、连续板式精馏塔、改良多功能提取罐
超临界流体萃取法	半连续式超临界萃取、超临界萃取器
超声法	超声波辅助提取器
萃取法	间歇式萃取器
微波提取法	微波辅助提取罐、连续微波辅助提取器

一般而言，原料性质是决定设备选用的首要因素，主要包括中药材和饮片的形态、物理特性及所含化学成分的种类与性质。如：原料中含有较多的黏性物质，不适合挤压提取，也不宜采用强制循环煎煮器；含有较多细小颗粒的原料在使用循环工艺时，易发生滤网堵塞现象，也应予以注意；含热敏性成分的中药，不宜使用热浸加浓缩的方法，应用挤压法或其他可常温操作的设备。除此之外，原料的膨胀程度对出渣有明显的影响，浸提时要考虑提取设备出料口形式的适应性。如：传统中药提取所用多功能提取罐，筒身大多数为直筒形（在本章 12 题下论述），存在所占空间大、排渣速度慢等缺点，许多中草药（尤其是叶茎类植物）在罐底容易形成“架桥”现象，待提取液放尽后，罐口打开，药渣不容易自然下落，需人工参与出渣。倒锥形提取罐（在本章 12 题下论述）采用倒锥形结构，下端大，上端小，排渣门打开后，药渣因自重往下掉，解决了提取罐排渣慢，药渣容易“架桥”的问题。另外，倒锥形结构利于溶剂循环提取，且很好地避免了溶剂流动短路的现象；罐底部面积大，出液面积大，出液速度快，不易产生堵塞现象；底部受热面积大，使加热效果达到最佳；相较于传统的直筒形提取罐，不仅节省了设备自身所占空间，而且更适宜于浸提操作。

其次，动态或连续动态的提取设备一般具有较大的生产能力，是大规模生产的首选设备。目前常用的中药动态提取设备相对于传统静态设备的主要优势在于节约能耗、提取效率高、提取温度可相对较低而有利于有效成分的保留[6]。其原理可采用扩散理论解释，中药原料的提取过程是溶质将药效成分由固相传递到液相的传质过程，也是溶质从高浓度向低浓度渗透的过程，其浸出扩散力来源于提取溶媒和药材组织内成分的浓度差；动态提取可通过不断更新液（溶媒）、固（药材）两相界面的浓度差，实现对药效成分的高效提取，达到快速、完全的浸出目的。

与此同时，经济性也是工业化生产中需要关注的核心要素。提取车间的投资主要由设备费用（包括设备的数量、结构特点、自动化水平、附属设备的选配等）和设备所需占地面积、安装空间两方面决定。因此，在满足生产技术条件和产品质量的前提下，所选设备的占地面积可作为是否选用该类设备的一个重要因素。此外，随着化工工业的发展，新设备、新技术、新材料不断应用于中药产业中，中药制药装备也随之不断进行着升级改造。近年来，随着自动化、智能化技术的兴起，中药行业逐步形成了智能化、网络化、数字化的中药制药装备体系，选用新型、智能化装备，已成为发展趋势。

3. 含挥发性成分的中药材和饮片在浸提中要注意哪些问题?

在提取过程中，需要引起注意的中药挥发性成分主要包括中药挥发油及一些小分子中药成分，如麻黄碱、具有升华性质的大黄蒽醌类成分等。在提取前，应对该类成分的物理化学性质进行充分了解，设计合适的温度、压力等提取条件，选择合适的提取方法和提取设备，避免造成药效成分损失过大、提取率偏低，从而影响提取效率。

（1）挥发油类成分：中药挥发油是指具有挥发性、可随水蒸气蒸馏、与水不相混溶的油状液体。在中药材中，含挥发油的植物药所占比例最大，且很多植物药中的挥发油成分有确切的疗效。因此，大生产中需要关注挥发油的收集率，同时确保挥发油的组成与化学结构不因长时间加热而发生改变。常用于挥发油提取的方法主要包括水蒸气蒸馏法、压榨法、超临界二氧化碳萃取法、有机溶剂提取法、微胶囊 - 双水相萃取法和超声波辅助提取法等。需要注意的问题主要包括：①提取方法的选择。如：在白术、桂枝混合挥发油提取研究中，采用配对 t 检验结合气相色谱、高效液相色谱相结合的方法，比较提取 - 共沸精馏耦合技术（water extraction coupling rectification，WER）与水蒸气蒸馏法（steam distillation，

SD）对挥发油得率的影响，结果表明，WER 较 SD 的挥发油得率显著提高，且挥发油中桂皮醛与白术内酯 Ⅰ 含量也明显提高[7]。②提取参数的选择。如：在丁香挥发油提取研究中，采用单因素试验和均匀设计相结合的方法，考察超临界 CO_2 萃取精油的最优工艺，结果表明，在萃取温度 55℃、萃取压力 25MPa、CO_2 流速 1.5L/min、药材颗粒度 150 目时，精油得率为 26.86%，油中丁香酚、β- 石竹烯和乙酰丁香酚的含量分别为 59.91%、18.02% 和 13.97%，主成分含量达到 91.90%[8]。③提取设备的选择。已有的大量研究表明，水蒸气蒸馏法制备挥发油时，设备差异对挥发油的收集率影响较大[9]。在规模化生产时，应充分考虑提取设备（图 1-3-1）与整个生产过程的适宜性，应进行优选（在本章第 2 题下论述）。

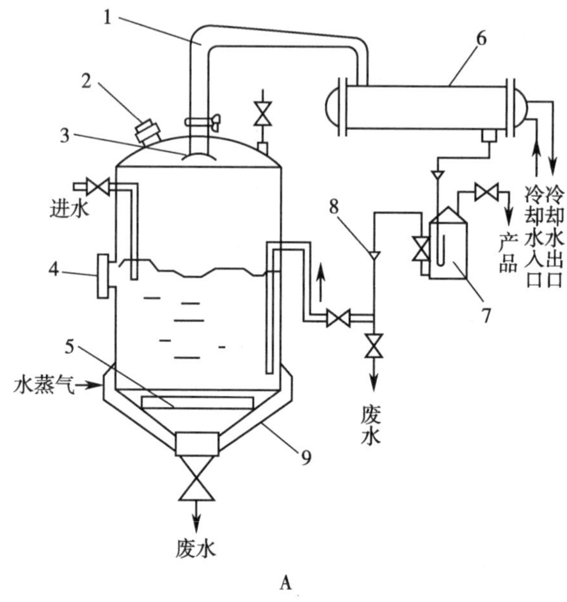

A

1. 鹅颈导管；2. 入孔；3. 挡板；4. 液位镜；5. 筛板；6. 冷凝器；7. 油水分离器；8. 回水漏斗；9. 加热管。

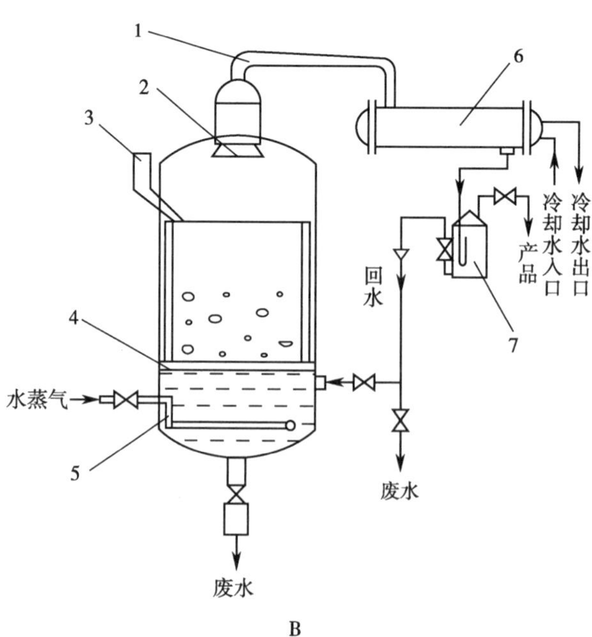

B

1. 鹅颈导管；2. 挡板；3. 加料口；4. 筛板；5. 加热管；6. 冷凝器；7. 油水分离器。

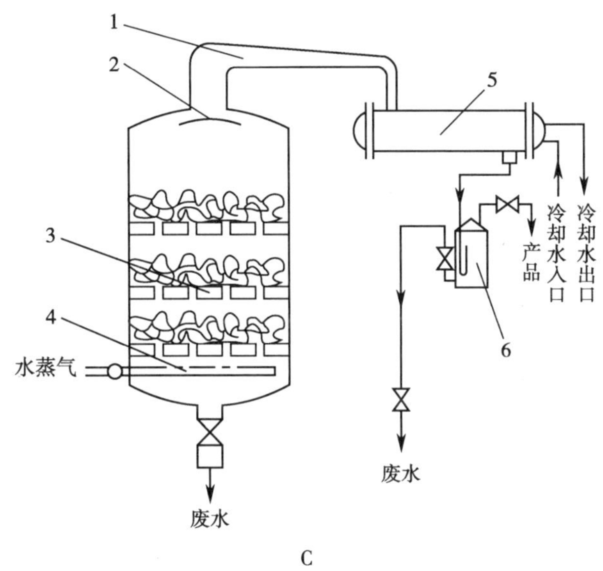

C

1. 鹅颈导管；2. 挡板；3. 筛板；4. 加热管；5. 冷凝器；6. 油水分离器。

图 1-3-1　水蒸气蒸馏生产设备示意图

A. 共水蒸馏；B. 隔水蒸馏；C. 直接蒸汽蒸馏。

④在提取过程中，还应对中药材原料进行预处理。如：叶类、花类中药材的组织较柔软，无须经预处理即可直接蒸馏；根茎类较坚硬的组织则要经过切割、粉碎，以提高挥发油的提取效率。

（2）挥发性小分子成分：对于含该类成分的中药材和饮片，应充分考虑其在加热提取、真空抽滤、干燥等操作过程可能造成的成分损失，优化工艺操作参数，确保提取物质量稳定、可控。

4. 含动物类成分的中药材和饮片在浸提中要注意哪些问题?

动物药是中药材和饮片的重要组成部分[10]。海洋药物以海洋生物和海洋微生物为药源，也是动物药的主要来源之一[11]。

当前中医临床常用的动物药有 200 多种，其中列为“细料药”的有几十种，如牛黄、犀角、羚羊角、珍珠、鹿茸、熊胆、琥珀、玳瑁、麝香、猴枣、马宝、蛇胆、海狗肾、蛤蚧、白花蛇、海马、海龙等。

动物类中药无细胞壁，主要是由蛋白质、多肽、氨基酸及生物碱、多糖、甾体、萜类等化学成分组成。近年来的研究表明，蛋白质、多肽是动物药中的有效成分，但该类成分对光、热、酸等较为敏感，在提取、分离过程中较易发生结构变化而导致变性，导致其药理活性降低或消失。因此，在浸提过程中，应对所要提取的目标成分进行充分的文献调研，明确成分的分子量、溶解度、极性、油水分配系数、等电点等关键物理化学参数，设计合适的温度、压力等提取条件，并选择合适的提取方法和提取设备。如：在水蛭提取研究中，通过考察原粉匀浆、水煎煮、水煎醇沉、胃蛋白酶酶解、胰蛋白酶酶解、仿生酶解等 6 种提取方法的得膏率，并考察提取物样品液对凝血酶原时间、纤溶活性、大鼠凝血时间及静脉血栓重量的影响，发现仿生酶解法的得膏率及上述生理活性较其他提取方法均提高，且生物利用度更高[12]。

为了尽可能地提取完全，常需要对一些动物药进行细胞破碎，使其蛋白质、多肽等成分充分释放进入提取溶剂中，以实现既定的提取目标。动物药的提取方法主要有物理法、化学法及生物化学法，如：高速珠磨法、高压匀浆法、冻融法、冷热交替法、超声波法、有机溶媒法、酶解法等。在浸提中应注意不同的动物原材料所含成分的种类与性质不同，所选的提取方法也不同：①动物药材中骨、甲、胶类成分质地较为坚硬，提取前需适当粉碎。②动物脏器、胎盘类药材主要含有甾体类激素、蛋白质、酶等活性成分，多为热敏性成分，宜采用生物化学法提取。③皮类动物药材应先适当破碎后再加热煎煮提取。④虫类动物药材的有效成分多为酶类或具有毒性的活性成分，需要注意的是，加热可能会使该类成分受到损失，应尽量避免使用煎煮法进行浸提。⑤含对温度敏感活性蛋白的动物药，宜用新鲜材料加工。值得注意的是，随着现代分析技术的发展，动物药浸提过程中成分的损失率、结构变化也可以进行分析和跟踪，而提取技术也越来越趋向于采用新型提取技术将动物药中的活性成分无损性提出，如：采用湿法超微粉碎技术提取地龙，通过考察浸泡时间、料液比、提取温度、粉碎时间等因素对地龙蛋白结构和含量的影响，确定了最优提取工艺。此工艺条件下蛋白质得率为3.46%，显著优于传统的水煎煮提取工艺[13]。

5. 含树脂类成分的中药材和饮片在浸提中要注意哪些问题？

含树脂类成分中药在《中药大辞典》《中国药典》中均有记载，且是现有已生产中成药和新药研发中重要的组成部分[14]。树脂是许多植物正常生长分泌的一类物质，黏度较大，提取过程处理不当极易引起糊化。因此，如何采用适宜技术提取有效成分并将其与复方中其他药味均匀混合，一直是困扰行业的难题之一。

树脂在植物界分布广泛，但大多无医疗价值，仅有少数作为药用，如乳香、没药、阿魏、安息香、血竭等。树脂在植物体内常与挥发油、树胶和有机酸等混合共存；与挥发油共存的常称为油树脂，如松油脂；与树胶共存的称为胶树脂，如阿魏、没药；与大量芳香族有机酸共存的称为香树脂，如安息香、松香；与糖结合成苷的称为苷树脂，如牵牛树脂苷。树脂类中药多存在于松科、安息香科、豆科等种子植物中。在植物体内树脂类成分多呈非晶形的固体、半固体，少数为液体；在水中既不溶解也不吸水膨胀，能溶于乙醇、乙醚等有机溶剂，能部分或全部溶解于碱性溶液中，加酸酸化后又会析出沉淀。

在大多数中药有效成分的浸提过程中，树脂常被作为无效物质，利用其溶解度特性将其去除。对于树脂类中药材和饮片的浸提工艺，通常建议单独提取，否则容易引起复方浸提液黏度过高或稍冷却便出现大量固体 / 半固体树脂类物质，导致后续工艺难以施行。在浸提过程中，应对所要提取的目标成分进行充分的文献检索，明确成分的分子量、溶解度、极性等关键物理化学参数，设计合适的溶剂、温度、时间等提取条件，并选择合适的提取方法和提取设备，如可以选用乙醇进行提取，但因提取液的处理较难，在工业化大生产中也可采用打粉后直接入药。中药复方在浸提时，可将含树脂类成分的中药材和饮片单独处理后，再与其他中药材和饮片浸提液合并。

树脂类中药材和饮片提取方法的局限性在一定程度上限制了其推广应用。研究者们不断尝试采用新方法提取树脂类中药。如：在乳香有效部位的提取中，以 20 倍量 95% 乙醇回流提取 4 次，62 分钟 / 次为最佳提取工艺；pH 12～13 碱液溶解，pH＜2 酸液在 0～4℃沉淀 30 分钟为最佳纯化工艺；经超高效液相色谱串联四极杆质谱仪（UPLC-TQ/MS）检测，乳香酸类成分纯度可达 73.87%[15]。又如：采用超微粉技术提取乳香，以超微粉收率为评价指标，单因素试验考察原粉末粒度、冷冻时间、辅药比及粉碎时间对乳香超微粉碎的影响。结果表明，在原药材粉碎至细粉、冷冻 4 小时、辅药比为 1∶5、超微粉碎 15min 条件下，超微粉中乙酸辛酯的量最高，11- 羰基 -β- 乙酰乳香酸的累积溶出率明显高于普通粉[16]。上述研究为树脂类中药的开发与应用提供了新的契机。

6. 中药成分浸提转移率低，应从哪些方面考虑并解决？

中药成分浸提的转移率低，浸提工艺改进时应优先考虑以下问题[2,17-18]。

（1）提取方法是否适宜：在提取前，应对中药材和饮片中所含的化学成分进行文献检索，针对各类成分的物理化学性质，充分考量提取溶剂、提取时间、提取设备等对药效成分提取率的影响，同时对提取过程可能产生的化学成分结构异构化、溶解度变化等问题进行充分的考量，必要时运用统计学的方法对提取过程成分的变化进行解析。如：中药复方提取过程由于成分的相互作用不可避免地产生沉淀，从而导致提取物批间差异较大。以黄连解毒汤为例，采用 SPSS 统计软件评价提取过程中各指标性成分、沉淀率、固含率之间的相关性，通过数学公式解析判断提取过程产生沉淀的原因，为该方优选最佳提取时间和提取温度，以保证提取物质量稳定[19]。除此之外，若中药材和饮片中所含的药效成分对热敏感，在提取时应尽量考虑用不需要加热或低温提取的方法，如动态低温提取或超临界 CO_2 萃取等。

（2）工艺路线是否合理：工艺路线设计首先应考虑最终产品的质量稳定、剂型目标要求等，同时需兼顾原料的特性、工业化大生产时的经济性、实用性等技术要求。工艺路线设计也应考虑间歇式生产和连续生产对最终产品的提取率造成的影响，以及生产设备的不适宜、死体积等因素造成的提取率下降。如：中药挥发油提取若选用水蒸气蒸馏法，蒸馏所用油水分离器的内部不光滑或者冷凝效率低，会导致挥发油首批次收率过低，且各批次收率差异较大。因此，挥发油提取工艺选择时要考虑传统水蒸气蒸馏的适宜性，在新药研发中应考虑应用新工艺提高挥发油的质量一致性。

（3）工艺操作参数是否合理：采用正交设计优选浸提条件，应首先选择因素，其次考虑水平，选择的因素必须是影响浸提效率的主要工艺环节，设置的水平应能在该因素下显示出影响效果；且因素、水平的确定，均应经预试后再确定。采用响应面分析法选择最优条件或寻找最优区域时，首先必须通过大量的量测试验数据建立一个合适的数学模型（建模），然后再用此数学模型作图，其因素、水平的大致范围，也一定需要预实验来进行确定。如：中药类风湿复方的提取工艺研究，通过前期实验确定工艺操作参数的范围，进而采用星点设计 - 效应面法优选复方中青风藤、延胡索、海桐皮的提取工艺为 8 倍量 50% 乙醇提取 3 次、每次 40min，复方中片姜黄的最佳工艺为 60% 乙醇渗漉提取、流速 3ml/min，收集 8 倍量渗漉液[20]。

（4）设备选用是否合理：物料衡算是工艺确定后进行设备选型的依据，是根据原料与产品之间的定量转化关系，计算原料的消耗量，各种中间产品、产品和副产品的产量，生产过程中各阶段的消耗量以及组成，进而为热量衡算、其他工艺计算及设备计算打基础[21]。如：根据葛根黄酮既溶于水又溶于乙醇的特性，选用循环水提取乙醇沉淀工艺，对年产400吨葛根黄酮装置进行了设计及优化。针对生产工艺的选择、物料比例平衡计算、生产设备选型、设备布置及配管设计、水电气供应、废水排放和处理措施以及人员组织配置，结合劳动保护和安全卫生措施等提出整体设计方案及优化措施[22]。

二、常用浸提工艺技术问题解析

7. 如何优选煎煮法的工艺条件?

煎煮法系以水为溶剂，将药材加热煮沸一定时间，提取其所含药效成分的一种方法。该法符合中医传统用药习惯，适用于药效成分能溶于水，且对湿、热较稳定的中药材和饮片；浸提所提取出的中药成分范围广且可杀酶保苷，对于药效成分尚未清楚的中药复方进行剂型改进时常用此法进行粗提。因此，煎煮法目前仍是制备多种剂型中药制剂，如汤剂、合剂及部分散剂、丸剂、颗粒剂、片剂、注射剂或提取某些有效成分的基本方法之一。

浸提是中药成分由药材和饮片固相转移到溶剂液相中的传质过程，包括润湿与渗透、解吸与溶解、扩散等阶段。在煎煮法操作过程中，上述各浸提阶段的工艺因素，如药材粒径、浸泡时间、煎煮用水量、煎煮次数与时间、煎煮温度、煎煮压力等，均对提取效率有一定影响[1-3, 17]。因此，需对各因素进行考察、比较，优选出合理可行的煎煮工艺。

优选煎煮工艺条件，首先需要明确以下三点：因素、水平和指标。因素，是指待考察的工艺条件，如药材粉碎度、加水量、煎煮时间等；水平为各因素的取值范围，每个影响因素一般要进行3个以上变量的比较研究；指标，即是对各次试验结果进行比较、评价的标准，常用的指标有提取率、浸膏得率等。工艺优选的关键是所考察的因素要有针对性，设置的水平应对该因素的指标产生显著性影响，同时各因素、各水平要有可操作性。评价指标的选择要科学、合理，特别要注意该指标是否可保证最终产品的质量一致性。

正交设计是最常用的工艺优化方法，常用的有 $L_9(3^4)$表和 $L_{18}(3^7)$表。前表多以加水量、煎煮次数、煎煮时间为考察因素；后表可增加药材粉碎度、煎煮温度及药液 pH 或动态搅拌速度等考察因素。在确定考察因素后，各因素可设置3个水平，按表列分别进行9次或18次实验，比较各实验组的评价指标值（实验数据），优选出各因素的最佳水平，结合对实验数据的方差分析明确各因素对结果的影响大小或主次，优选出最佳工艺条件，最后经验证试验后确定。此外，单因素试验、均匀设计、效应面优化等试验设计法也可用于工艺筛选（统计学方法的应用在第十七章“制药工艺技术研究中数理统计方法的应用”下论述）。

8. 如何设计煎煮法工艺研究中的考察因素和指标?

在煎煮法中，主要有以下几个因素对提取效率有较大影响[1-3, 17]。

（1）浸泡时间：多数中药材和饮片在煎煮前应加水浸泡适当时间，使药材组织润湿浸透，有利于有效成分的溶解和浸出。浸泡时一般宜用冷水，若用沸水浸泡或未浸泡直接煎煮，则药材表面组织所含蛋白质受热凝固、淀粉糊化，导致水分渗入药材细胞内部受阻，影响有效成分的煎出。浸泡时间须经过预试，了解时间长短对成分得率的影响，从而确定合适的浸泡时间。绝大多数中药材和饮片浸提前须浸泡 30～60 分钟。

（2）煎煮用水：最好采用经过净化或软化的饮用水，以减少杂质混入，并防止水中钙、镁等离子与中药成分发生沉淀反应。水的用量是影响成分得率的又一重要因素。一般通过预试，加不同量的水，以确定加水量为饮片量的几倍比较合适，正常水量为饮片量的 6～8 倍。

（3）煎煮次数：实验证明，单用一次煎煮，有效成分丢失较多，一般煎煮 2～3 次，基本上可达到浸提要求。煎煮次数过多，不仅耗费工时和燃料，而且会使煎出液中杂质增多。当然，对组织致密或有效成分难以浸出的中药，也可酌情增加煎煮次数或延长煎煮时间。

（4）煎煮时间：应根据药材和饮片成分的性质、质地、投料量的多少以及煎煮工艺与设备等适当增减，一般以 30～90min/ 次为宜。

（5）药材粒径：从理论上讲，粒径越小，成分浸出率越高。但是粒径过小，会给滤过带来困难。实际制备时，对全草、花、叶及质地疏松的根及根茎类药材，可直接入煎或切段、切厚片入煎；对质地坚硬、致密的根及根茎类药材，应切薄片或粉碎成粗颗粒入煎；对含黏液质、淀粉较多的药材，不宜粉碎而宜切片入煎，以防煎液黏度过大，阻碍成分扩散，甚至焦化糊底。

煎煮工艺的评价指标一般有以下几个。

（1）浸膏得率：浸膏得率 =（浸膏量 / 中药材或饮片量）× 100%。

（2）有效成分提取率：有效成分提取率 =（提取液中有效成分的量 / 中药材或饮片的量）× 100%。

（3）有效成分转移率：有效成分转移率 =（提取液中有效成分的量 / 中药材或饮片中该成分的总量）× 100%。

以水为溶媒、群药共煎时，提取液中多种成分混杂，往往浸膏得率高并不代表其有效成分含量亦高，故一般应采用浸膏得率与有效成分转移率相结合来综合评价提取效率。

9. 煎煮时如何快速除去悬浮物?

煎煮中药时一般都会产生悬浮物。这些悬浮物主要是胶体物质，如蛋白质、树脂以及皂苷等产生的泡沫。此外，还有煎煮液面浓缩产生的液膜，相对密度较小的植物绒毛、叶子等浮在液面。根据这些物质所产生的悬浮物的性质不同，可以选用下述方法快速去除。

（1）泡沫：降低温度，煎煮时保持微沸状态，另外减少搅拌次数或不搅拌。

（2）液膜：煎煮时不断搅拌以破坏液膜的形成。

（3）植物绒毛、叶子等表面悬浮物：煎煮前，把含有大量绒毛、叶子的中药材装在布袋中，再放入提取罐，避免其悬浮。

10. 煎煮操作时有哪些注意事项?

煎煮法属于间歇式操作，即将中药材或饮片置煎煮器中，加水浸没，浸泡适宜时间，加热至沸，沸腾一定时间，滤取煎煮液，滤液保存，药渣再依上法重复操作 1～2 次，至煎出液味淡为止。煎煮操作中需注意以下事项[1-4]。

（1）煎煮器械：禁用铜、铁、铝等金属器皿，因为金属容器的化学性质不稳定，容易发生化学反应，影响药效甚至产生毒副作用。多以砂锅、陶瓷或搪瓷器皿为煎煮器械，该类材料化学性质稳定，高温下不会与中药所含成分发生化学反应，且受热均匀、传热缓慢，水分不易被蒸发。目前医疗机构、药店普遍采用不锈钢器皿，其受热快，耐酸、碱、腐蚀，化学性质稳定，也是优良的煎药器皿。

（2）清洗：中药饮片一般不需要清洗，大生产投料时视储存时间、来源等情况适当清洗。中药饮片在制作加工中经过炮制、脱水干燥、包装清理，杂质含量较少。如果反复清洗和浸泡，有效成分可能流失，将减少药性。

（3）浸泡：中药饮片绝大多数是干品，干燥而质地细密、坚硬，水分不易渗入。在煎煮前先用水浸泡一定时间，饮片会变软，细胞会膨胀，有效成分更容易被煎出。加水量以高出药面 2～3cm 为度。浸泡时间根据药材质地而定，花、叶、细茎等质地疏松者，浸泡 30 分钟即可；块根、根茎、种子、果实等质地坚硬者，一般浸泡 1 小时；而矿物、动物、介壳类，浸泡时间则需更长。

（4）加水量：一般来说，提取率随加水量增大而增大，但在实际工作中考虑到服用、贮存、后续浓缩等问题，加水量一般以中药材或饮片量的 6～8 倍为宜。

（5）火候及煎煮时间：如无特殊要求，饮片一般可先用"武火"煎煮，沸腾后再用"文火"（小火）保持微沸，并随时搅动，以防沉底煎焦。熟地黄、肉苁蓉等滋补类中药须用文火久煎；某些矿物药、毒性药也须用文火久煎；解表、清热、芳香类中药宜武火急煎，以减少挥发性成分的损失。大生产上可通过调节加热功率来控制加热速度。煎煮时间主要根据药物和疾病的性质，以及工艺优选的情况而定。

（6）特殊的处理方法：一些特殊的中药煎煮时往往需要特殊处理。

1）先煎：生川乌、生草乌、制附子等含有毒性成分类中药需先煎 1～2 小时，以降低这些药物的毒性。矿物、动物骨甲、金石、介壳类中药质地坚硬，应先煎 20～30 分钟，再与其他药物合并煎煮。

2）包煎：小粒的种子类、粉末类中药和附有细小绒毛类中药，如旋覆花、枇杷叶、蛤粉、蒲黄、海金沙、六一散等，需把饮片装在纱布袋、滤纸袋或丝网袋中，扎紧袋口后再与其他药共同煎煮，以防止药物漂浮或异物混入汤剂中致使药液稠化、糊化或混浊，导致后续滤过困难。

3）后下：一些含有芳香气味，久煎易失效的或久煎毒性成分增多的中药，如薄荷、木通、广藿香、砂仁、钩藤等，必须后下。

4）另煎：贵重中药，如人参、红参、西洋参、羚羊角等，为防止煎出的有效成分被其他同煎中药的药渣所吸附，一般须单独煎煮取汁。

11. 茯苓等质地较为致密的中药，煎煮时转移率低如何解决？

茯苓等中药煎煮时，由于质地较为致密，溶剂难以渗入药材内部，导致成分转移率较低。对于这种情况，可以采取以下措施提高转移率[1-4]。

（1）减小粉碎粒度：将药物打碎成颗粒或粗粉，使其溶解表面积增大，增强有效成分溶解度，可以提高提取率。更有超微粉碎技术、破壁粉碎技术，在减小药材粒径的同时，甚至还能破坏细胞壁，使药物有效成分直接被释放。

（2）适当延长浸泡、提取时间：质地坚硬的药材，可适当延长浸泡、提取时间，使溶剂充分浸润药材表面并渗入药材细胞中，溶解其中的药效成分，增大细胞内外的浓度梯度，提高成分转移率。

（3）改进提取方法：超声提取法是利用超声波（频率>20kHz）的机械效应、空化效应及热效应，增大介质分子的运动速度和介质的穿透力，可有效促进成分的转移。酶法提取是先用一些恰当的酶类，如纤维素酶等作用于药材，使细胞壁及细胞间质中的纤维素、半纤维素等物质降解，破坏细胞壁的致密结构，减小细胞壁、细胞间质等传质屏障对有效成分从胞内向提取液溶解扩散的传质阻力，促使有效成分的转移。

12. 煎煮完毕后放液不畅，如何解决？

在使用多功能提取罐进行煎煮时，放液不畅与出渣困难是较为常见的故障，造成这种情况的主要原因有：①传统的多功能提取罐多为斜锥形或直筒形[23]（图 1-3-2），下口较小，过滤系统位于罐体底部，滤网面积较小，造成出液困难。②中药饮片提取完成后，物料积压在滤网表面，物料碎片易堵塞滤网，影响药液过滤，且出料不完全同时也导致提取率降低。③虽然有压缩空气协助排渣系统，但是底部开口较小，在排渣时很容易出现“架桥”现象（即挤出机的加料口附近料斗的直径是逐渐减小的，直径变化太快导致材料形成压实的固体），造成排渣困难。④煎煮时装料太多，在煎煮过程中由于药材纤维较多、发生膨胀、相互挤紧，导致煎煮完毕后出渣困难。这种情况在煎煮膨胀性较大的石斛、灯心草等中药时更容易发生，并且常伴随出现放液不畅的情况。

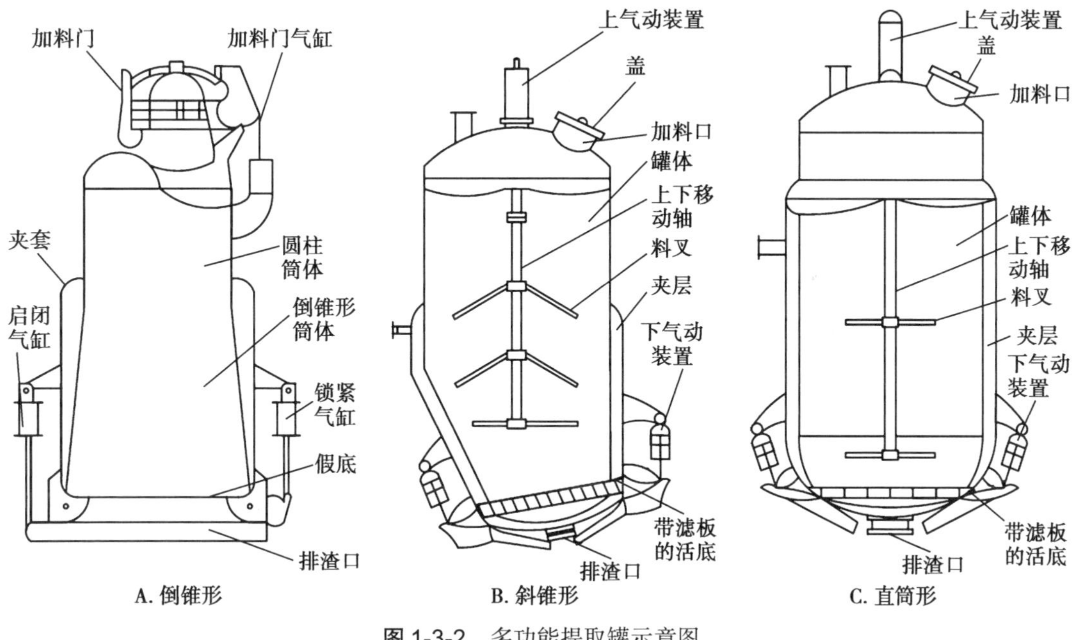

图 1-3-2　多功能提取罐示意图

针对以上问题，可以采取的方法有：①对于易吸水膨胀的中药，提取时可粉碎成大粒径的碎块或者切成薄片和小段。②选择排渣口大的直筒形或倒锥形多功能提取罐[24]（图 1-3-2）。后者下部筒身具有 5°～40° 的倒锥角度，便于药渣在出渣门开启后依靠其自重全部排落，缩短出渣时间；此外，其底开门（排渣门）的直径大于罐体的最大直径，扩大了筛板的过滤面积，避免了卸料排渣的残留。③对过滤系统进行优化[25-26]：选择金属橡胶过滤网，其材质为不锈钢丝，耐腐蚀、强度大、抗冲击，适合解决高压、高真空、剧烈震动环境下液体的过滤。扩大滤网面积，在提取罐的罐壁上增加过滤网从而增加过滤面积。由于滤网位置高，不易堵塞，从而使过滤速度加快，如图 1-3-3 所示[25]。

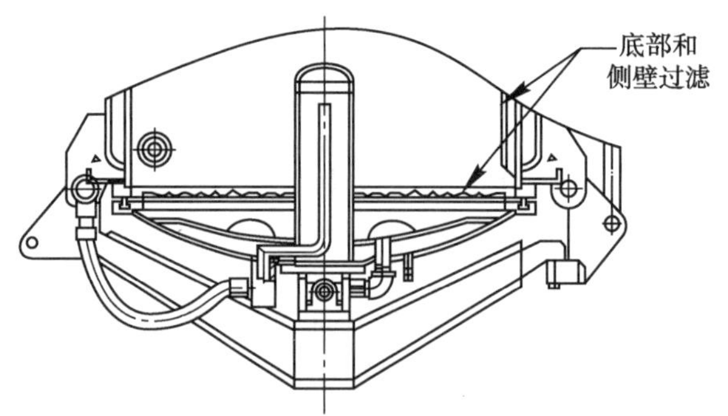

图 1-3-3　优化的过滤系统示意图

13. 回流法的特点及其选择的原则有哪些？

回流法是用水、乙醇等溶剂进行提取，将提取液加热蒸馏，其中挥发性溶剂蒸发后被冷凝，作为新溶剂重复流回到浸出器中浸提中药材和饮片，使提取溶剂与中药材和饮片间始终保持高梯度浓度差，直至提取完全的方法。回流法包括回流热浸法和回流冷浸法。回流热浸法需要连续长时间进行加热，而一些贵重中药如红花、丹参、苦参、金银花等含有的热敏性有效成分受热易被破坏，故回流热浸法不适用于含有热敏性有效成分的中药浸出[27-28]。采用回流冷浸法时，少量药材和饮片可用索氏提取器提取，大量生产可使用循环回流冷浸装置。与回流热浸法相比，回流冷浸法的溶剂既可循环使用，又能不断更新，相比之下，回流冷浸法使用溶剂量少，且浸出相对较完全。但是，回流冷浸法在后续溶剂去除过程中，溶剂中有效成分依旧处于受热状态，因此，该法同样不适用于含热敏性有效成分的中药提取。

对于含热敏性成分的中药，可以选择减压回流提取[29-30]。该法使常用的溶媒沸点降低，实现溶剂保持低温沸腾状态下的动态提取，水提可在 55～100℃进行调控，醇提可在 42～78℃进行调控。真空负压可以有效加速中药饮片膨胀，增加可溶性成分的溶解和扩散速度，促进有效成分的溶出；低温沸腾可产生强烈的鼓泡搅动和冲撞翻腾效应，使浓度差缩小而形成浓度梯度并加速平衡，为提取提供动力，促进传质过程的进行，缩短药物的提取时间；同时，沸腾产生的溶媒蒸汽气泡可加速植物细胞膜的破裂，使细胞内的有效成分得以较快溶出，增加物质的溶解和扩散速度，有利于有效成分浸出。可见，减压回流提取既可加快提取时间，又不致使热敏性成分遭高温破坏，同时可减少高温提取的大分子杂质溶出，提高有效成分的提取效率，在大生产中还能降低能耗，能够减少水、气、溶媒的消耗。

14. 回流法工艺操作中有哪些注意事项？

回流法是将处理后的中药材、饮片和溶剂加入回流浸提罐中，浸泡一段时间后，加热至沸腾，溶剂蒸发后经冷凝器冷凝成液体流回浸提罐继续浸提，这样周而复始，直至有效成分回流提取完全的方法。回流法是目前工业化大生产中最普遍采用的工艺，工艺操作中应注意以下几点[31-32]。

（1）提取过程保持微沸状态。微沸状态使提取溶剂与药材固体间有较好的湍动，有效成分自药材内部传递至提取溶剂中，从而实现有效成分充分浸出。

（2）单次浸提加入的提取溶剂中，浸出成分的初始浓度一般为零，随着浸提时间的延长，溶剂中浸出成分浓度逐渐增加直至饱和（或至溶出速率明显下降），此时可放尽浸提液后再加入新鲜溶剂对饮片再次回流浸提。

（3）应用热回流提取时，其提取效率与冷凝器的冷凝效果直接相关。因此，在生产时应首先保证及时将蒸汽变成冷凝液返回提取罐中参与回流提取，否则会直接影响提取物的质量和提取效率。

（4）蒸发器采用常压还是减压提取，需要根据溶剂中乙醇浓度决定。一般来说，乙醇含量高时采用常压，乙醇含量低（溶剂含水量大）时可适当减压，但真空度不可太大，否则减压蒸发时乙醇损耗量会较大。

（5）药渣中提取溶媒的回收。经 2～3 次回流浸提后，浸提过程完成，药渣卸出前要考虑回收药渣中的提取溶媒。浸提液倾出后，向罐内药渣中加入适量水，保持微沸状态下将稀溶剂蒸出，并在冷凝器中冷凝成液体后放出，回收溶剂后的药渣可以卸出。

15. 多功能提取罐在操作中有哪些需要注意的事项？

多功能提取罐由罐体、出渣门、提升气缸、加料口、夹套、出渣门保险气缸等组成，可用于水提、醇提、热回流提取、循环提取、提取挥发油、回收药渣中有机溶剂等，适用于煎煮、渗漉、回流、浸渍、循环浸渍、加压或减压浸出等工艺，因用途广，故称为多功能提取罐。多功能提取罐的罐内操作压力为 0.15MPa，夹层为 0.3MPa，属于压力容器。为防止误操作快开门引起的跑料和人身安全风险，应注意以下事项[33-34]。

（1）快开门紧锁后方可通气升压。

（2）在带压操作或设备内压力尚未泄压之前，严禁摆弄加料口手柄。当关闭加料口时，必须使定位销进入钩槽内。罐内加料加液必须检查出渣门保险气缸是否处于锁定保险状态。

（3）提取罐内气动元件操作完毕（开、闭出渣门后），操作人员应及时关闭进气总阀，以免较高压力的空气长期作用于罐体，使其产生疲劳变形。

（4）乙醇提取时，车间设计要符合防爆标准，车间内要绝对禁止吸烟及其他明火存在。

（5）使用开启蒸汽进入夹套时要缓慢开启蒸汽阀门，使用压力不能超过 0.2MPa，安装时必须设有减压阀、安全阀、压力表。

（6）使用完毕后，罐内要清洗干净进行干燥，以便下次投料时使用。

（7）进气口及出液口上所套的软管为橡胶制品，在高温、高时长的工作后容易老化变质，可导致药液泄漏，且高温条件下的药液泄漏往往对操作人员的安全造成一定威胁，因此需要经常更换。

16. 回流提取时如何克服乙醇容易挥发的问题？

大生产中，回流提取设备有多功能提取罐或回流罐，以及参照索氏提取器原理安装的大型连续循环回流冷凝装置，一般都是密闭操作[4,23]。回流常用溶剂乙醇具有挥发性，因此，提取车间要求具有防爆设计，同时为提高生产过程的安全保护，需采取必要的措施尽量减少乙醇的挥发。

若回流提取装置为多功能提取罐，出现乙醇挥发的原因主要有：①提取设备的密封性差；②提取设备中乙醇的蒸气压太高，安全阀门打开乙醇挥散；③提取完成时，提取液放料过程中的挥发。

针对提取设备密封性差的问题，可以从三方面着手解决：①检查提取罐盖、提取设备管路接口的密封圈垫是否老化，老化应及时更换，以确保严密。②提取罐上、下盖是否对齐，以确保严密。③提取设备管路的所有接口处是否对齐，以确保严密。

针对提取设备中乙醇蒸气压过高的问题，可以从两方面着手解决：①提取用乙醇溶剂的量是否偏多，导致罐体余留空间偏小。若偏小应进行调整，选择合适比例，确保乙醇溶剂占用的体积原则上不超过罐体体积的 2/3。②设备冷凝系统冷却效果与乙醇蒸发的速率是否匹配。若不匹配，可以通过以下措施解决：改造冷却装置，增大冷凝面积，使乙醇蒸气在冷凝管中有足够的行程，得到充分冷凝；加大冷凝水流量，或换用冷却效果更好的冷却剂；控制夹套加热的蒸汽流量，使罐内保持微沸状态，适当控制乙醇蒸气的产生速度。

针对提取完成后乙醇挥发的问题，一方面，提取液应通过密闭管路进入浓缩罐或下一道工序；另一方面，对于药渣吸收的乙醇应进行“加热 - 冷凝”回收处理。

综上，在工业生产中，应制定多功能提取罐使用标准操作规程，使用中按照 GMP 要求做好记录，严格按照制度做好生产过程的管控。

17. 回流提取时有机溶剂的使用，应注意哪些问题？

回流提取中药材和饮片使用的有机溶剂主要有乙醇、丙酮、石油醚、乙酸乙酯等，最常用的为乙醇。使用时应注意下面几个问题[1-4, 23]。

（1）乙醇应有专门的储罐贮存。

（2）加料时应通过密闭管道严格计量输入提取罐，占用罐体体积要适中。

（3）控制夹套加热的蒸汽量，使罐内保持微沸状态，控制乙醇蒸气产生速度，使其与设备正常的冷凝速度保持平衡。

（4）提取完成后，药液应通过密闭管道转入浓缩罐或下一道工序。

（5）提取操作应在符合 GMP 要求的防爆车间进行，制定防爆车间管理规程及管理规章制度，并严格执行。

防爆车间的管理规章制度主要包括人员管理、外来车辆管理、设备管理、物料管理和其他管理，简述如下。

1）人员管理

①生产人员管理：必须经过安全培训和相关专业的操作培训，并经考核合格后才允许上岗；均应签有安全责任书，熟知自己的岗位安全职责和防爆管理及消防安全等基础知识和技能；严禁穿钉鞋，严禁携带易产生火花的物品入内，如火柴、香烟、打火机、相机、手机等电子产品；上岗前必须穿戴好防静电工作服，并按要求卸除身上静电后才可进入车间，并按规定在工作中使用防护用品；应按“工艺规程”“管理规程”“操作标准”严格执行本岗位生产操作，未得到领导授权、委托或安排，不得动用其他岗位的设备、设施及物料；应熟练掌握和运用本岗位设备设施，并拥有及时发现或处理岗位发生的异常状况的能力；在生产操作时不能出现敲打、碰撞、摩擦等暴力操作，工作中应使用防静电工具。

②外来人员管理：严禁外来人员进入；经公司批准的参观、学习、检查人员须经相关培训，并有专人引导、带领才可允许进入；必须要遵守车间其他安全管理规定，穿戴防静电服装和鞋帽，卸除身上静电；严禁在参观中进食；必须在参观通道内行走，不能进入生产岗位

生产操作区域或动用车间设施设备；如因检查或其他原因，需要近距离观察或提取生产数据的，须提前申明，并在了解危险因素后，在技术人员的指导下安全观察或提取数据。

2）外来车辆管理：一律严禁进入防爆车间。如有运输业务的，要在防爆区外的非消防通道停靠，由车间派人或车辆安全接收货物。

3）设备管理：主要有 10 条。设备设施应选用防爆防静电型，均应装有接地线；设备设施要按规定做好状态牌管理，管道应按用途做好标色、流向，并标明物料名称，设备有责任牌，配有专人管理、检查、维护保养；生产使用设备时一定要遵循先检查再使用的原则，设备不能带病作业，人员不能马虎上岗，严禁存在跑、冒、滴、漏现象；应配有与车间相适应的强制通风设施；周转物料的密闭容器必须配有防爆型呼吸阀；故障设备维护时必须遵守工作票制度，设备挂牌，并做好检修区域的安全监管；严禁明火，如维修中有明火操作，可移动设备应移到动火区；如设备无法移动的，应按规定清离危险物料、清理设备，按规定申请动火、作业票证，且施工现场应按规定配有与危险因素相对应的消防措施及安全监护；按规定做好易燃易爆挥发气体的检测和监控，有杜绝危险气体达到闪燃、闪爆和致使操作人员中毒临界点的安全措施，检测和监控有第三方检查检测合格证明，确保检测和监控数据真实有效，做到生产环境安全无危险；防爆线路、电器、照明、防静电导线及消防设施应经常检查，发现问题要立即处理，严禁因小问题积累而酿成事故；严禁堵塞消防通道，防爆区域的消防设备设施应定期检查、校验以确保有效性，消防设备设施严禁挪作他用；必须设置相关的安全标志、标识及警示标志，划分并标明操作区、危险区、安全区，应杜绝因误入造成事故。

4）物料管理：主要有 4 条。物料领取、使用、周转必须符合管理规定，危险物料要有专人管理，发放、领用均有记录可查；严禁存放易燃易爆物品，严禁将与生产物料挥发气体有剧烈反应或其挥发气体与生产物料有剧烈反应的化学品带进车间；生产环节的物料流动均要有相应状态标志标识，存在危险因素的要有危险标识及说明；生产环节需要使用的不同性质的化学品要分别标识、分开码放，不能混放混存。

5）其他管理：主要有 5 条。严禁私访行为；严禁“三违”现象的发生；遇到大雷雨天气时车间应停止生产，尽量撤出工作人员，并做好雷电、火灾预防和应急准备工作；定期做好员工培训，调动和转岗人员应经班组和车间再培训合格后才允许上岗；做好消防安全和意外事故应急培训工作，每年至少开展两次消防安全及意外事故应急演练。

18. 如何解决回流提取时的溢料问题?

造成回流提取溢料的原因一般有[1, 4, 23]：①投料偏多，提取溶剂占用罐体体积偏大。②回流提取成套设备的密封性不好。③加热蒸汽流量太大，使提取液剧烈沸腾。④设备冷凝系统冷却效果与乙醇蒸发的速率不匹配，罐体内乙醇蒸气压力超过设备安全负载，冲破安全阀造成溢料。⑤加热蒸汽流量不稳定，时大时小，使提取液时沸时止，经过一段时间后，当蒸汽流量再次增大时，提取液易产生“暴沸”现象而导致溢料。⑥所提取的中药材或饮片含有较多皂苷、蛋白质、树胶等化合物，在回流过程中被大量浸出。该类化合物大多具有一定的表面活性，此时起到了“起泡剂”的作用，使提取液持续产生大量稳定的泡沫，从而造成溢料。

要防止溢料现象，可以采取以下措施：①保证回流提取设备各接口的密封性良好。②投料适中，保证罐体有充足的预留空间。③控制并稳定加入蒸汽流量，提取过程中使提取液持续保持微沸。④采取消泡措施。针对“表面活性作用”成分的“起泡现象”进行消泡，常用方法有化学消泡法和机械消泡法。大生产时首先应尽量采用物理消泡的方式，并根据实际生产条件和需要选择合适的消泡方法，在不影响生产效率、质量和安全的情况下提高消泡效率。

19. 回流提取设备常见的问题有哪些?

目前，工业化大生产常用的回流提取设备主要有多功能提取罐或回流罐，以及参照索氏提取器原理安装的大型连续热循环回流提取设备。

多功能提取罐有电加热、蒸汽加热两种[4,23]。

（1）电加热多功能提取罐常见故障主要有5种：无电加热、外壳带电、噪声、保险管烧断、声音异常。解决措施：①针对无电加热。首先应该检查电源，查看温度控制器设定是否在正常位置，检查相关的水位开关，检查电热器是否失效；更换失效组件。②针对外壳带电。电热组件绝缘不良或其他组件回路接壳，更换绝缘不良组件，接好接地线。③针对噪声。部分换能器不能适应缸体及水位、水温的变化，变更水位，工件出入水面时动作不要过大。④针对保险管烧断。玻璃管内无发黑，检查电源电压，可能是过高电源电压或负载瞬间变化引起，更换相同规格或稍大号的保险管。⑤针对声音异常。洗净效果下降，超声波发生器或换能器异常，检查换能器引线两个端子的绝缘电阻，并拆下换能器护板，检查有无异常。

（2）传统的蒸汽加热多功能提取罐有正锥形、斜锥形两种。主要问题有：①加热形式问题。夹套加热，底部无热源形成加热死角。②提取效率问题。静态加热方式，因底部无热源形成加热死角，使底部中药提取不完全。上漂浮的中药（提取沸腾后慢慢浸入提取液中）和其他的中药提取时间不一样，提取不完全。因此，设备结构问题降低了提取效率。③出渣出液问题。锥形提取罐大部分是大型设备，考虑其密封及底部热源问题而采用此结构。但生产过程中出液及出渣较为困难。因底部面积小、药渣易堵塞出渣口造成出液不畅，出渣易架桥需要人工辅助出渣，工人劳动强度大，占用非生产工时多。④操作安全问题。夹套加热沸腾后较难控制二次蒸汽流量，因系统蒸气压力的不稳定性，需要操作人员随时调控阀门控制蒸气压力，来维持提取微沸状态，掌控不好（夹套加热相对加热面积大）容易造成二次蒸汽流量大，携带皂苷及漂浮的中药堵塞管道形成设备生产带压暴沸。

针对以上问题，对蒸汽加热多功能提取罐进行改良，目前用于工业化生产的有无锥式、蘑菇式两种[1,4,23]。克服了上述问题，如夹套加热，底部加热，解决了微沸难以掌控的难题（用底部热源进行微沸）；利用结构上的改变把进液循环口改为切线方式，使上漂浮的中药很快浸入提取液中，大大提高了提取效率；无锥式或蘑菇式底部的法兰与筒体直径相同，出渣门的结构相应也改变了很多，生产过程中出液及出渣较为顺畅，又因底部加装了中心鼓，加大了加热面积及出液面积，从而使出液及出渣更加顺畅，降低了劳动强度，提高了生产有效工时；夹套、底部加热分工不同，用底部来维持提取微沸状态，降低了二次蒸汽流量，减少了生产不安全因素。

连续热循环回流提取设备也是目前规模化生产常用设备，常见问题主要有[1,4,23]：蒸发器（浓缩设备）的真空度过高或过低；浓缩罐压力过高；冷凝回流提取罐温度下降；冷凝器能力下降；浓缩泡沫层上升。解决措施有：①蒸发器真空度过高可能是由于加热蒸汽阀门开口过小或冷却水阀门打开过大造成。应打开蒸汽阀门，或关闭冷却水阀门，或关闭小罐入口阀，或通过泵提高循环水温度。②蒸发器真空度过低可能是由于加热蒸汽阀门开口太大或冷却水阀门打开太小。应关小蒸汽阀门，或打开冷却水阀门。③浓缩罐压力过高可能是由于液体摄入量过多，应降低液体的量或及时关闭进液阀。④冷凝回流提取罐温度下降可能是由于提取液越来越浓或蒸汽量减少。应开大加热蒸汽阀门、提高蒸发速度，或关小冷却水阀门。⑤冷凝器能力下降可能是由于加热蒸发浓缩过快。应开大冷却水阀门，或关小加热蒸汽阀门，减少水分蒸发。⑥浓缩泡沫层上升可能是由于液体进入过多过快或真空度过高。应降低液体输入速度，或降低真空度。

为了减少设备发生故障的概率，技术人员建议：①上述设备的工作环境要保证通风、干燥、洁净。②定期清理清洗槽、贮液槽内污垢，保持洗净槽内及外观的洁净，提高洗净槽的耐用性。③应定期测试提取罐的绝缘性能，对于易老化电气组件定期检查，检查接地线，确保设备良好。检查接地线项目须由具有专业经验的电工进行。④定期测试电源，确认符合设备的电源电压要求，避免在过高或过低的不稳定电源下长期工作。

20. 回流提取影响指标性成分转移率的因素有哪些?

回流工艺设计中，中药材和饮片中指标性成分转移率高低是评价工艺合理性的关键指标之一。通常情况下，转移率低是工艺优化时应该解决的核心问题之一。采用乙醇回流提取时，影响因素主要有：乙醇浓度、料液比、提取时间、提取次数等。采用水回流提取时，影响因素主要有：料液比、提取时间、提取次数、提取温度、浸泡时间等。一般来讲，提取温度越高，提取效率越高，但同时热敏性成分也极易被破坏。因此，温度的选择应根据指标性成分的热稳定性而适当控制。除此以外，还应重点考虑以下因素[1-4]。

（1）粒度：从理论上讲，药材和饮片粉碎得越细，与浸出溶剂的接触面积越大，扩散面也越大，故扩散速度越快，提取效果越好。但实际生产中，并不是粒度越细越好，粒度的选择应与中药本身的性质、所用溶剂特性相匹配，粗细适宜。另外，中药调剂有“逢壳必捣，逢籽必破”的传统，提取该类药味时需要注意中药的前处理方式。

（2）罐体压力：提高回流提取时的压力，有利于加速润湿渗透过程，使药材组织内更快地充满溶剂，并形成浓浸液，使开始发生溶质扩散过程所需的时间缩短。同时在加压下渗透，亦可使部分细胞壁破裂，有利于指标性成分的扩散。但当药材组织内已充满溶剂后，加大压力对扩散速度则无影响。对组织松软的、容易润湿的药材和饮片，加压对提取效果影响亦不明显。

（3）药渣中溶剂的吸附量：药渣中溶剂吸附量越多，转移率越低。提取结束后，提取液通过真空抽吸方式转移至下一道工序，提高抽吸真空的真空度和适当延长抽吸时间，可降低吸附量。

（4）药料是否煮透：合理的工艺应保证“药料充分煎透，做到无糊状块、无白心、无硬心”。也需要合理控制提取时间、提取温度，避免药料煮烂煮糊；故应根据中药特性，综合考虑药料粒度、浸泡时间、浸泡温度和提取时间。

（5）出料温度：一般提取结束后，应尽快将提取液转移至下一道工序，对于某些指标性成分溶解度受温度影响比较大的，转料过程时间越长、提取液温度降得越低，对其转移率的影响越大。

（6）溶剂的 pH：具有酸性、碱性或两性的中药成分，其溶解度会受到溶液 pH 的影响，可利用此性质调整成分在溶液中的含量，增加其转移率或定向去除某些物质，如提取溶媒中加入适量的 pH 调节剂——枸橼酸钠可增加黄芩苷的溶解度，从而能保证其提取转移率处于较高水平。

（7）投料方式：在回流提取时，一般应将花草类质轻的药材投在罐体合适位置，用质重的药材将其充分压住。另外，对于易酶解的药材，宜采用沸水投料，如黄芩、牛蒡子等。

（8）提取过程药液是否循环：为提高效率，在提取过程中可用泵对药液进行强制循环（但对含淀粉和黏性较大的药物不适用）。强制循环操作是将药液从罐体下部排液口放出，经管道滤过器滤过，再用水泵打回罐体。另外，根据提取中药的性质，在提取过程中增加搅拌，也可以提高指标性成分的提取率。

（9）设备的选择：通常情况下，选用连续热循环回流提取设备可提高成分转移率，主要是因为连续热循环回流的提取液被不断地转移至浓缩罐，回收的溶剂再循环进入提取罐，得到的提取物浓度相对较大。

21. 乙醇回流提取的工艺控制点、工艺参数的控制要求有哪些？

乙醇为半极性溶剂，其溶解性能介于极性与非极性溶剂之间。乙醇的比热小（沸点 78.2℃），汽化热比水小，故蒸发浓缩等工艺过程耗用的热量较水少。乙醇能够与水以任意比例混溶，而且不同的中药化学成分在乙醇中的溶解度随乙醇浓度的不同而变化，故经常利用其不同浓度有选择性地浸提中药药效成分。乙醇含量在 90% 以上时，适于浸提挥发油、有机酸、树脂、叶绿素等；乙醇含量在 50% ～70% 时，适于浸提生物碱、苷类等；乙醇含量在 50% 以下时，适于浸提苦味物质、蒽醌苷类化合物等；乙醇含量大于 40% 时，能延缓许多药物如酯类、苷类等成分的水解，增加制剂的稳定性；乙醇含量达到 20% 以上时具有防腐作用。此外应注意的是，乙醇还具有一定的药理作用，价格较贵，故使用时乙醇的浓度以能浸出药效物质、满足制备目的为度。

乙醇回流提取的工艺控制点、工艺参数的控制要求，主要有：①乙醇浓度控制。首先要根据药味所含药效成分的主要类别和提取目标，通过预实验优选合适的浓度；其次在工业生产过程中，应适时监测浓度是否变化，及时调整。②提取时间控制。当药料已煮透，可以“指标性成分的转移率是否已达到稳态”“指标性成分在提取物中的相对含量是否已达到提取要求”为评价指标，合理控制与调整提取时间。③供热控制。相比水而言，含醇溶剂沸点低，汽化热比水小，沸腾时温度相对较低，若供热过快、过大，更易引起暴沸。故提取时更应关注供热控制。④冷凝控制。因为乙醇的沸点常压下比水低，而乙醇需要冷却至 78℃，故乙醇回流提取时，需要冷凝设施的冷却效果更好。一般可通过增大冷却面积或加快冷凝水的循环速度等措施来实现。⑤做好防爆。乙醇具有挥发性、易燃性，生产中应注意安全防护（详见本章第 17 题）。

22. 回流提取实际生产过程中发生相关变更，如何评估发生的变更？

根据国家药品监督管理局药品审评中心（简称“国家药监局药审中心”）发布的《已上市中药药学变更研究技术指导原则（试行）》（2021 年 4 月 1 日发布）的相关要求，生产发生变更，持有人应按照 GMP 的要求，对照“变更控制”条款开展相关工作。中药生产的工艺变更划分为 3 类：重大变更、中等变更、微小变更。重大变更是指对产品的安全性、有效性和质量可控性可能产生重大影响的变更；中等变更是指对产品的安全性、有效性和质量可控性可能有中等程度影响的变更；微小变更是指对药品的安全性、有效性和质量可控性基本不产生影响的变更。

提取涉及的变更，因溶剂不同，分类有异。根据指导原则的要求，“变更水提取的提取时间、溶剂用量、次数，对浸膏提取率、活性成分或指标成分含量等不产生明显影响的”被界定为“中等变更”；而“提取溶剂（不包括水，不同浓度的乙醇视为不同溶剂）和提取方式不变，其他工艺参数（如：提取时间、溶剂用量、次数）的变更”被界定为“重大变更”。

工艺变更应根据变更实际情况、变更对产品影响程度的预判，开展相关研究和评估工作，具体变更类别及相关研究工作应根据其研究数据、综合评估结果确定。变更后的产品应质量可控、稳定均一。变更不应引起药用物质基础或制剂吸收、利用的明显改变，不应对药品安全性、有效性产生不利影响或带来明显变化，否则应进行变更后产品的安全性和有效性的全面评价。因此，在工艺变更中应注意以下问题。

（1）回流提取实际生产过程中发生相关变更，不管是“中等变更”还是“重大变更”，发生变更时，需通过全面的研究工作考察和评估变更对药品安全性、有效性和质量可控性的风险和产生影响的程度。研究工作宜根据变更的具体情况和变更的类别、药物性质及制剂要求、变更对产品影响程度等综合考虑确定。

（2）变更是否存在工艺执行的合规性风险，是否需要通过中药生物学评价等问题。建议对相关变更先“通过药学研究进行变更前后的比较，评估变更前后的一致性。研究内容一般包括但不限于出膏率（干膏率）、浸出物、指纹图谱（特征图谱）以及多种成分含量的比较”。若药学研究结果表明变更前后产品的物质基础没有改变，变更可以使生产执行更加经济、绿色环保、效率更高，但又属于“重大变更”的分类界定时，可以将研究结果先与国家药监局药审中心进行沟通，然后再制订后续的研究方案；若变更带来物质基础的较大改变，则建议评估变更的必要性。

（3）若变更只是因为工艺执行与现有设备匹配性上的原因，建议改进设备；若变更就是针对产品存在的质量风险而进行的改进、提升，通过变更可以明显提高产品的安全性、有效性、质量可控性，则建议进行全面、系统的研究，可以考虑不按照“变更”走补充申请的注册审评审批，而按照“改良型”新药提交申报材料。值得注意的是，指导原则中对于工艺与设备的相关性也提出了明确要求，“生产设备与生产工艺密切相关。生产设备的选择应符合生产工艺的要求，应树立生产设备是为药品质量服务的理念，充分考虑生产设备工作原理、设备的适用性，以及可能引起的变化，评估生产设备的改变对药品质量的影响”，在变更中应高度关注设备改进引起的相应变化。

23. 轻质类中药（如花草类）的浸提，如何避免浸润不充分引起提取不完全的问题？

轻质类中药如花草类，在提取时易漂浮，会因浸润不充分而造成提取不完全。可以从以下几点入手改进[1-4]。

（1）改进设备：可以在提取罐顶端配置压料装置，该装置可 360° 收缩自由伸展，而不影响投料；可上下移动，根据需要将中药压在溶剂液面以下的适当位置。

（2）将中药装在加盖的投料框中，保证加盖后松紧适宜，投料框浸没在提取溶剂中。

（3）若为复方制剂多种药味共煎提取，可以将花草类轻质中药投在中下部，用质重类中药将其压住。

（4）考虑将花草类轻质中药适当切成粗段，降低其“松泡”特性。

24. 渗漉法的特点及其选择的原则有哪些?

渗漉法是将适度粉碎的中药材或饮片置于渗漉器中，由上部连续添加提取溶剂，溶剂在渗过药料层向下流动过程中浸出中药成分的方法。根据操作方法，可分为单渗漉法、重渗漉法、加压渗漉法和逆流渗漉法。

（1）渗漉法的特点：渗漉属于动态浸出方法，其特点如下[35-37]。

1）提取效率高：提取溶剂由于重力自上而下渗过药料层，某一特定位置的药粉由于成分不断溶出，其周围浓度高的提取液向下流动，不断被浓度低的提取液置换，造成浓度差。可见，渗漉法相当于无数次浸渍，是一个动态过程，可连续操作，浸出效率高。

2）节省工序：渗漉器底部带有滤过装置，不必单独进行滤过操作，节省工序。

3）提取温度低：渗漉提取可以在较低的温度下进行，即使用冷渗法。可以保护有效成分，尤其是热稳定性较差的成分。

4）渗漉时间长：为了保证有效成分能尽可能多地提取出来，渗漉过程时间会较长。因此进行渗漉法提取时，不宜用水作溶剂，常用不同浓度的乙醇或白酒。

5）提取溶剂用量大：为了保证渗漉过程连续进行，需要不断加入新鲜溶剂，提取液要不断从渗漉筒的底端出口流出，经过长时间的渗漉操作，所收集的渗漉液体积比较大。

6）适用范围广：一般植物药材经粉碎后，均可进行渗漉法提取。但是，乳香、没药、芦荟等无组织结构，遇溶剂易软化形成较大团块的药材，以及黏性药材，新鲜、易于膨胀的药材，如大蒜、鲜橙皮等不适用，可选用浸渍法提取。

（2）渗漉法的选择原则：

1）适用于贵重中药、毒性及高浓度的制剂，以及有效成分含量较低的中药。

2）易于浸出、不含热不稳定成分的中药，可选用常规渗漉法。体重质坚或含有阻碍浸出的特殊成分的中药，常规渗漉法往往浸出不完全或消耗大量溶剂，可选用重渗漉法、加压渗漉法、逆流渗漉法及热渗漉法等方法以提高渗漉效率。对含有热不稳定成分的中药进行渗漉，渗漉液又需要进一步浓缩精制的，实际生产中以重渗漉法应用较多。

25. 目前主要有哪些上市大品种采用渗漉法提取？工艺操作中有哪些注意事项?

经过系统文献检索，采用渗漉法提取的上市大品种主要包括：当飞利肝宁胶囊、肾衰宁胶囊、通络祛痛膏、腰痹通胶囊等。

渗漉法工艺操作中的注意事项包括以下几点[35-37]。

（1）渗漉容器的选择：对纤维性强、膨胀性大的中药，或渗漉溶剂为低浓度乙醇，或中药量较大需要较大的渗漉容器时，一般应选用直径较大的渗漉罐；若是体重质坚的中药，需粉碎后再渗漉，因粉碎时易产生大量细粉，装填后药粉柱自身重力也较大，一般不宜选用过大的渗漉罐，以免造成渗漉困难。

（2）药材粉碎度：粉碎度需适宜。一般以粗粉或中粉为宜，若过细造成操作困难。大量生产时，对易于浸出的中药也可选用薄片或不大于0.5cm的段。

（3）渗漉液的流出速度：应根据中药性质调节流出速度。易于浸出的中药，流速可稍快；难以浸出的中药则宜稍慢。

（4）渗漉液的收集量：除流浸膏、酒剂、酊剂等已有规定外，应以药效成分渗漉完全为标准，一般应做已知成分的定性反应加以判定。

26. 渗漉时装料不均匀是如何造成的？怎样加以避免？

造成装料不均匀的原因[35-37]，主要有：①渗漉所用药粉由两种以上质地差异较大的中药组成，在制粉时未能混合均匀，从而造成药粉本身疏密不一，装料时由于膨松部分不易压紧，容易出现装料不均匀的现象。②粉碎方法及设备选择不当，造成了药粉粗细不均匀现象严重，装料时含粗粉（颗粒）较多的部分不易压紧，易出现装料不均匀现象。③药粉未能均匀润湿，致使在渗漉过程中润湿不足的部分过于膨胀，造成装料不均匀。④药粉符合渗漉要求，但装料时操作不当，未能将药粉均匀压紧，造成装料不均匀。

针对以上原因，可采取的措施主要有：①制备渗漉用药粉时，选择适宜粉碎方法的设备，使得制备药粉尽可能粗细均匀、疏密一致。②渗漉前应使用渗漉溶剂将药粉均匀并且充分润湿，并浸渍足够时间使其充分膨胀。③装料时应严格按照"铺一层药粉压紧一次"的方法操作，每次所铺药粉层不宜过厚，并尽量使每一层药粉都铺设均匀。

27. 溶剂用量多而又渗漉不完全，如何加以解决？

造成该现象的原因很多，归纳起来主要有以下几点[35-37]。

（1）药粉过粗，装料不均匀或装填过松致使药粉中留有较多空隙，导致渗漉时溶剂很快从空隙流过，虽溶剂用量较大但渗漉不完全。

（2）装料完毕，加入溶剂后，未进行浸渍或浸渍时间过短，溶剂未能充分渗透扩散，以致影响渗漉效率。

（3）选用了过大的渗漉容器致使药柱长度过短，渗漉时溶剂未能充分溶解溶质即被放出，从而使渗漉效率下降。

（4）中药本身含有特殊的有碍浸出的成分，渗漉时溶剂的浸润渗透发生困难，从而导致渗漉效率较低。

解决方法主要有以下 4 个方面。控制药粉粗细；选用适宜的渗漉容器；确保渗漉过程操作正确；选择其他特殊的渗漉方法以提高效率：①重渗漉法。如系连续生产可选用，以提高溶剂利用率。②加压渗漉法。加压后溶剂及浸提液通过粉柱的流速加快，渗漉效率提高。此法需要可密封加压的特殊渗漉容器，故一般采用不多。③逆流渗漉法。此法系利用液柱静压，使溶剂自渗漉容器底部进入，从上口流出渗漉液的方法。溶剂借助毛细管力和液体静压，由下向上移动，对药粉浸润渗透比较彻底，渗漉效率较高。④热渗漉法。保温条件下提高浸提效率时选用。

28. 如何提高渗漉的效率？

依据渗漉法的提取原理，可以从以下几方面来考虑提高渗漉效率[35-37]。

（1）优选粉碎粒度：药材粉碎粒度是渗漉提取是否成功的关键因素之一。对药料的粒度应进行优选考察，并可适当选用新型粉碎方法处理特殊药味，如超微粉碎、低温粉碎等方法，还可选用移动散热型药材粉碎装置等。药材粉碎方法的选择可参照本书上篇第二章"粉碎技术"章节的问题。

（2）适当选用新型渗漉方法：①重渗漉法，系将多个渗漉筒串联，渗漉液重复用作新药粉的溶剂，进行多次渗漉以提高渗漉液浓度的方法。该法溶剂利用率高，浸出效率高；渗漉液中有效成分浓度高，可不必加热浓缩，避免了有效成分受热分解或挥发损失。②加压渗漉法，系给溶剂加压，使溶剂及浸出液较快通过粉柱，使渗漉顺利进行，提高浸出效果，提取液浓度大，溶剂耗量小。③逆流渗漉法，系将药料与溶剂在浸出容器中沿相反方向运动，连续而充分地进行接触提取，提取效率较高。

（3）提高渗漉温度：温度升高能使植物组织软化、促进膨胀，加快可溶性成分的溶解和扩散速度，故提高温度（热渗漉法）能够明显提高渗漉效率，增强浸提效果。但是，由于渗漉溶剂一般为不同浓度的乙醇等有机溶剂，温度过高会大大增加溶剂的损失，并给操作带来不便。因此，渗漉操作时给乙醇添加的温度不宜过高，一般以 40℃左右为宜。实际生产中，如果使用的设备是普通渗漉装置或由普通的渗漉装置改造而来，一般可以采用以下方法进行热渗漉：①将溶剂盛放于特殊的带夹层容器中，向夹层中通入蒸汽或热水，使溶剂温度升至所需温度并保持恒温，然后缓慢却不间断地加入渗漉容器中（容器中已预先添加了能没过预先铺设药粉面的、经加热的溶剂），并在渗漉容器外增加一个夹层，向夹层中通入热水或不间断通入蒸汽以保持渗漉时浸提溶剂的温度。如果受操作条件限制，渗漉容器外未加夹层，也可以采用棉花套、石棉套包裹的方法来保温。②可选用热渗漉专用螺旋式逆流渗漉装置等设备，但目前普及率很低。需要注意的是，热渗漉法仍存在溶剂大量损失和杂质过度浸出等缺点，会给后续的分离、精制造成一定的困难。

（4）提高渗漉液的处理效率：渗漉液由于体积较大造成后续处理较烦琐，是造成工业化生产较少使用该法的原因之一。因此，可采用新型处理技术，如分子筛、纳滤膜 / 反渗透膜等膜技术处理回收乙醇，降低回收成本、提高生产效率。

如：离心式连续动态逆流提取设备[38]（图 1-3-4），预处理后的中药药粉由进料口进入提取器，药粉在螺旋推进器的推动下，由低端向高端移动。提取溶剂从溶媒入口以喷淋方式进入离心装置的前部，药粉在转动过程中与溶媒充分混合；药粉与溶媒在离心装置的前部实现渗漉式提取，提取后在离心装置的后部被甩干，甩干后的药渣在螺旋推进器的推力和离心装置离心力的综合作用下从药渣出口排出；离心装置分离出的溶媒通过管道进入提取滚筒，并向下端流动，与提取滚筒内的药粉进行浸渍式提取，最后由出液口排出。该提取过程的优点是：①浸渍提取阶段，提取溶剂与药粉形成运动方向相反的逆流提取过程，提取效率高；②提取段可根据需要设置加热夹套进行加热，同时该设备也可以附加上超声装置，利用超声波的空化效应进一步强化提取效果；③药渣离心甩干可最大程度收集提取液；④对于不宜过分煎煮的中药可以改变提取段的长度，也可通过调速器改变送料速度，以适应不同中药的提取工艺要求；⑤中药提取过程在与外界隔离状态下自行完成，可稳定地实现连续逆流提取。

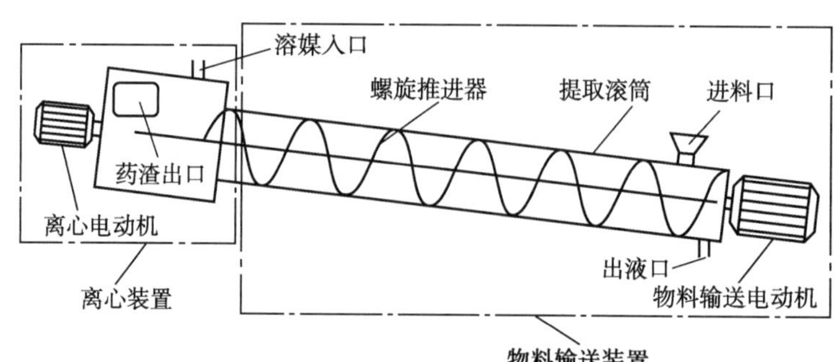

图 1-3-4　离心式连续动态逆流提取设备示意图

29. 渗漉时发生渗漉困难应如何解决?

渗漉困难主要是指渗漉液放出不畅,甚至不能放出的现象。造成该现象的原因主要有[35-37]:①药粉过细,堵塞了药粉间空隙,致使溶剂不易甚至不能通过所填充的粉柱。②装料前药粉润湿和膨胀不充分,致使在渗漉过程中发生膨胀而造成堵塞。③装料过紧,致使药粉间空隙过小,溶剂难以通过。④药粉装填完毕,加入溶剂时未能很好排气,致使药粉中留有大量空气,在渗漉过程中形成空气夹层而影响溶剂通过。⑤渗漉容器选用不当。如,渗漉膨胀性较大的中药时选用了直径不合适的渗漉罐,使得药粉在渗漉过程中膨胀挤紧,导致溶剂难以通过;或由于药粉量过多而选用了过高的渗漉罐,使得装料后粉柱长度过长,致使溶剂通过的阻力增加,甚至由于粉柱本身的重力作用将底部药粉压紧而使溶剂不能通过。

解决办法主要有[35-37]:①药粉粒度应适宜,一般以中粉或粗粉规格为宜。②规范操作过程。药粉装筒前应先用渗漉溶剂拌匀,放置一定时间,使之充分润湿膨胀;装筒时要装得松紧适中;在加入溶剂时要尽量将药粉间隙中的空气排出。③根据具体情况选用适宜的渗漉设备。

30. 浸渍提取法的特点是什么? 该法适用于哪些中药的提取?

浸渍提取法简称浸渍法,是用一定量的溶剂,在一定温度下,将中药浸泡一定的时间,以浸提中药成分。依据浸渍的温度和浸渍次数,可分为冷浸渍法、热浸渍法和重浸渍法。主要特点为[1-4]:①操作简便易行,设备简单。②浸出液在不低于浸渍温度下能较好地保持澄明度。③溶剂用量大且呈静止状态,利用率较低,有效成分浸出不完全,浸提效率差。即便采用重浸渍法,加强搅拌或促进溶剂循环,也只能提高浸出效率,并不能直接制得高浓度制剂。④浸提时间较长,一般不宜用水作溶剂,通常用不同浓度的乙醇或白酒,浸出过程应密闭,防止溶剂的挥发损失。

浸渍法的适用对象为:黏性中药,无纤维组织结构的中药,新鲜及易于膨胀的中药,价格低廉的芳香性中药,尤其适用于热敏性中药。

浸渍法不适用于贵重中药、毒性中药,有效成分含量低的中药。冷浸渍法不用加热,适用于含挥发性、多糖、黏性物质及不耐热成分的中药,故生产酊剂、酒剂常用此法。热浸法不适用于含挥发性、热敏性有效成分的中药,一般适用于制备酒剂。

31. 目前主要有哪些上市大品种采用浸渍提取法? 工艺操作中有哪些注意事项?

经过系统文献检索,使用浸渍提取法的上市大品种主要有:小柴胡颗粒、正骨水、阿胶补血膏、肾衰宁胶囊、复方血栓通胶囊、夏桑菊颗粒、通络祛痛膏、障眼明片等(部分品种在渗漉前常常浸渍 24～48 小时)。

浸渍提取法工艺操作中的注意事项主要有以下几点。

(1) 合理的前处理:首先要根据处方要求进行炮制,然后根据溶剂性质及中药性质粉碎至适度,一般为饮片或粗粉。

(2) 合理选择浸渍溶媒:需要根据中药种类及成分性质选定,因为浸渍操作时间长,常用不同浓度的乙醇溶液为浸渍溶媒;以水为溶媒时应防止腐败变质。

（3）合理处理浸渍溶液：各种浸渍提取法在收集浸渍液时必须压榨药渣，尤其当溶媒量相对较少时，压榨药渣取得残留浸出液对提高浸出率更为重要。无组织结构的中药（如乳香、没药）不需压榨。

（4）合理选择浸渍时间：浸渍持续时间应结合具体条件和方法，按实际浸出效能来决定，可通过监测浸出物中有效成分含量来确定浸渍时间。

32. 水蒸气蒸馏法的特点是什么？该法适用于哪些中药的提取？

水蒸气蒸馏（steam distillation，SD）法是应用相互不溶也不起化学反应的液体，遵循混合物的蒸汽总压等于该温度下各组分饱和蒸气压（即分压）之和的道尔顿定律，以蒸馏的方法提取有效成分。SD 法适用于具有挥发性，能随水蒸气蒸馏而不被破坏，与水不发生反应，又难溶或不溶于水的化学成分的提取、分离，如挥发油的提取，还可用于某些小分子生物碱和某些小分子的酚性物质，如麻黄碱、丹皮酚等成分的提取。SD 法需要注意的是蒸馏次数过多，可能会导致挥发油中某些成分氧化或分解。

在挥发油的提取方法中，SD 法是最常用的方法，尤其是在大生产中该法可使挥发油的提取和煎煮同时进行，节约时间和能源，故应用广泛。SD 法提取挥发油装备主要由水蒸气发生装置、蒸馏装置、冷凝装置、油水分离装置和接收装置 5 部分组成，具有设备简单、易操作、成本低的特点。采用 SD 法提取挥发油，操作方式上可分为共水蒸馏法（直接加热法）、通水蒸气蒸馏法及水上蒸馏法[1-4]，简述如下。

（1）共水蒸馏法：中药材经适当前处理放入蒸馏器中，加入适量水，浸泡一定时间（30～60 分钟）直接加热，共煎煮沸时，挥发油随蒸气一并馏出。此法虽简单，但受热温度较高，有可能使挥发油的某些成分发生分解，同时因过热还可能使中药焦化，影响挥发油的质量。

（2）通水蒸气蒸馏法：中药材适当前处理放入蒸馏器中，加入适量的水，浸泡一定时间（30～60 分钟），将水蒸气直接通入蒸馏器中，使挥发油随导入的蒸气一并馏出。此法因中药未直接与加热器接触，可避免过热或焦化，但设备较复杂。

（3）水上蒸馏法：是在水浴上蒸馏挥发性成分，收集蒸出液的方法。

33. 如何解决水蒸气蒸馏法中提油率低，难以分离的问题？

挥发油提取率低的问题，可以通过以下几方面改善[1-4]。

（1）合理选择中药材的采收季节和产地加工方法。中药材本身含挥发油较少，若原药材采收季节选择不合理，则药材本身含挥发油减少，故应根据药材的特定采收季节进行采收，以提高药材的含油量。同时，要注意中药材在产地加工和炮制过程中挥发油的损失，选择适宜的干燥方法，如采用阴干或低温 40℃密闭吸潮法干燥。

（2）对药材做合理的前处理，主要考虑药材的破碎和浸泡时间，浸泡有利于提取，就粒径而言，一般粒径越小，成分越易提取，但不是越小越有利于提取，还要综合考虑成本、大生产的可行性等。一般在工业生产过程中为了降低能耗，可以适当进行粉碎。

（3）优化工艺参数。提取时间、料液比、粉碎度和浸泡时间是影响挥发油提取效率的主要工艺参数，通过优化这些工艺参数可以在一定程度上提高挥发油得率。

（4）提取设备改进和升级。对于挥发油的大生产，蒸馏设备的改进和升级研究日益增多，主要是冷凝器的设计，应根据提取罐的蒸发量合理匹配相应的冷凝器和油水分离器。

（5）选择适宜的提取方法。如前所述共水蒸馏法、水上蒸馏法和通水蒸气蒸馏法等，不同的方法效果不一样，应根据不同药材的性质和工艺要求综合考虑。

油水难以分离的情况主要归因于：挥发油成分的复杂多样性；油水分离装置设计不合理，目前工业大生产常用的多功能提取罐并不是专为提取挥发油而设计，故提取过程中气压大、冷凝效果不好，挥发油易被乳化，油水分离效果不好。上述问题可以通过以下几个方面改善。

（1）选择合适的油水分离方法：当挥发油的相对密度与水相近时，通常可以采用将蒸馏提取的芳香水重蒸馏、盐析等方法，分离挥发油。

（2）合理设计油水分离器：油水分离器是水蒸气蒸馏法分离挥发油较为关键的部分。普通的依靠重力分离的油水分离器存在挥发油难以分离的问题，主要是由于油水分离器结构不合理造成，设备改良可以解决这一问题。

（3）采用新型膜分离技术[39-41]：蒸馏出的挥发油油滴散布在水中，无法聚集。膜技术是以先进分离材料为载体的新型分离技术，可在外力的作用下对多组分混合物或溶液进行分离、浓缩或提纯。借助油与水因表面张力差距而形成粒径的差异，可采用超滤、微滤技术[40]，利用膜孔径的“筛分”机制，成功将形成油滴的“浮油”和部分“分散油”进行分离富集；也可采用蒸汽渗透技术，利用油组分和水通过致密膜溶解和扩散速度的不同而富集挥发油。

34. 相对密度不同的挥发油如何选择油水分离装置？

多功能提取罐上一般均配有油水分离装置。油水分离装置根据油的相对密度＞1（俗称“重油”）或相对密度＜1（俗称“轻油”）而分为两种，故挥发油提取时可根据挥发油的相对密度来进行选择。然而，实际生产中，某些挥发油的成分非常复杂，各成分之间的密度存在一定差异，同时含有相对密度＞1 和相对密度＜1 的挥发油，如川芎挥发油和当归挥发油，既有轻油又有重油，造成油与水很难分层。

在实验室研究中，当进行川芎和当归挥发油混合提取时，可以观察到，起初是提取到“轻油”，而后逐渐变成“重油”沉入水中。大生产提取时，由于多功能提取罐的加热温度较高，得到的基本是油水混合物（俗称“芳香水”）；且无论提取控制在哪个温度，总会有很多小油滴的密度和水相似，很难分层。基于此，大生产时选择变温分离装置较为适宜。该装置的设计原理是：根据油和水的密度随温度变化规律不一致的原理，在高温时分离一部分油，然后再降温分离一次，两次分离能实现大部分油的分离。

35. 工业化提取中药挥发油的常用方法有哪些？

我国工业化提取中药挥发油的方法主要是传统的水蒸气蒸馏法和有机溶剂萃取法。但是，这两种方法均存在不足。随着化工分离技术不断引入并用于植物性天然香料的提取[42]，新型提取方法和技术也日趋成熟，如超临界流体萃取、微胶囊 - 双水相萃取法和超声波辅助提取法等，也已成为工业大生产提取挥发油的常用方法。

（1）水蒸气蒸馏法：是将药材适当切碎后，加水浸泡，再采用共水、隔水或水蒸气蒸馏来提取挥发油的方法。与应用最广泛的共水蒸馏相比，隔水蒸馏和水蒸气蒸馏的提取效率更高，产品质量更好，且后两种方法的加热方式、调控温度和压力均对出油率产生影响。SD 法以水为溶剂，设备简单、容易操作且成本较低，故是目前制药企业普遍采用的方法。

（2）溶剂提取法（solvent extraction）：常用的溶剂为石油醚、乙醚、四氯化碳等。原理是利用低沸点的有机溶剂在连续提取器中连续回流加热或冷浸中药材获得同等极性的挥发性成分，但是，由于油脂、叶绿素、树脂等其他脂溶性成分与挥发性成分极性相近而易被提出，故该法得到的挥发油含较多杂质，必须进一步精制提纯。在纯化过程中，除挥发油的损失和相关成分的变化外，同时还需考虑有机溶剂残留的问题。工业生产主要采用固定浸提、搅拌浸提、逆流浸提和转动浸提 4 种方式，因前三种对设备的要求较高、成本较大，转动浸提的应用最为广泛。

（3）压榨法（expression）：是将药材撕裂粉碎再进行压榨，将挥发油从植物组织中挤压出来，然后静置分层或用离心机离心得油。有些挥发油含量较多的中药常采用机械压榨的方法提取挥发油，但同时也会提取出脂肪油。该法充分保留了挥发油原有的香气，但只适用于鲜品中挥发油的提取，且不易将中药中的挥发油提取干净，故对提取之后的药渣应再进行水蒸气蒸馏等二次提取。

（4）超临界流体萃取（supercritical fluid extraction，SFE）：系利用处于临界温度和临界压力以上的超临界流体萃取药材中的有效成分并进行分离的一种方法。超临界流体萃取挥发油所用温度低，可防止某些对热不稳定成分被破坏或逸散，但是，在提取时常加入乙酸乙酯、石油醚等夹带剂，该法提取的挥发油常含有大量低分子挥发性成分，往往与传统 SD 法所提取的挥发油成分不一致。

（5）超声波辅助法（ultrasonic-assisted extraction）：可提取天然香料和植物油等成分，所得挥发油的回收率比 SFE 法和 SD 法的提取率高，但品质较差。提取设备、注意事项等在本章第 46、47 题论述。

上述常用方法对于挥发油的提取各有优缺点，各自的适应范围亦不同[2-4]。SD 法不适用于含有热不稳定成分的挥发油，由于药材与水接触时间较长，且温度较高，部分成分易分解而影响挥发油的品质。在进行 SD 法的工艺路线设计时，应预先考察热敏性中药成分随提取温度和提取时间的变化情况。压榨法虽然适合热不稳定成分的提取，但所得成品纯度较低，可能含有水分、叶绿素、黏液质及细胞组织等杂质而呈混浊状态，同时很难将挥发油全部压榨出。SFE 适合亲脂性、小分子量物质的萃取，对强极性、大分子物质的提取则要加夹带剂或在高压下萃取，因此目前还限于中小规模生产和实验室研究高附加值单方的应用，较少应用于复方提取中。

除上述常用方法外，有研究者尝试将微胶囊技术与双水相萃取相结合的方法制备精油和香料，提取过程避免了挥发性成分的高温、氧化和聚合，有效地保护了天然成分，但目前尚无产业化生产的相关报道，值得进一步深入研究。

36. 水蒸气蒸馏法提取挥发油常见的问题有哪些？

SD 法提取挥发油的常见问题如下。

（1）提取率低：提取过程中温度高且提取时间较长、系统开放，此过程易造成热不稳定或易氧化成分的破坏及挥发损失，对部分组分有破坏作用，导致所得挥发油的产率偏低。

（2）有效成分损失严重：所提取挥发性成分在低于 100℃的温度下随水蒸气蒸馏出来，故提取条件欠温和，且在长时间与水共沸的情况下，挥发油中的部分热敏性物质易发生氧化和聚合反应，从而降低挥发油的质量。

（3）易乳化：在大生产中，提取用装备多功能提取罐并不是专为提取挥发油设计，工艺与装备的适应性差，关键工艺参数的控制不合理，故在提取过程中气压波动、冷凝效果不好，导致挥发油易被乳化，油水分离效果差。

（4）提取时间长：由于提取时间短容易造成挥发油提取不彻底，故时间多在 2～10 小时，以 5～8 小时较常用。与新型提取技术如微波萃取（在本章第 44 题论述）相比，该法提取时间较长、能耗大。

37. 水蒸气蒸馏法提取挥发油的装备特点是什么？在大生产过程中的工程问题有哪些？

SD 法提取挥发油的装备主要由水蒸气发生装置、蒸馏装置、提取罐、冷凝装置、油水分离器和接收装置等部分组成，具有设备简单、易操作、运行成本低等特点。

大生产的常用设备是多功能提取罐[43-45]，这类设备存在的普遍问题是：重视罐体设计而忽视对冷凝器的冷凝面积、油水分离器的创新和设计。工程设计缺乏系统考虑，导致提油率普遍偏低。因此，在工程设计时，应重点考虑以下 4 个影响挥发油提取效率和品质的问题。

（1）冷凝器面积的匹配问题：冷凝器大小主要影响冷凝效果好坏，对提取效率和挥发油品质影响较大。理论上讲，蒸发量越大，产生的蒸汽量越多，提取速度越快，但是，同时需考虑冷凝器的冷凝能力，若蒸汽量过大而冷凝能力不足，则导致挥发油挥发散失及乳化问题产生。

（2）冷凝器的工程布局问题：目前大多数生产企业采用了卧式排布，这可能与厂房的高度和布局有关，但是，从冷凝效果上来看，立式或斜式布局对冷凝的效果更好。故应定期检测冷凝器出口水的温度或排空阀的尾气情况，防止挥发油损失。

（3）提取罐的设计问题：提取罐的设计不合理，将会直接影响挥发油提取率。譬如，由于罐体依靠四面的蒸汽夹层加热，当罐体直径过大时会影响罐内液体的传热效率，药料难以充分煮透，直接导致提取效率下降；且当罐体直径过大时，出渣口也要相应地加大，此时沉积在罐底的药材不能及时进行加热，造成药料受热不均匀，影响提取效率。

（4）管道连接问题：应充分考虑管道连接的合理性，减少不必要的管道，高效合理利用管道连接布局和走向。

38. 挥发油大生产与实验室中试、小试的关系是什么？

小试、中试和大生产是相互联系非常密切的 3 部分。其提取工艺原理是一致的，但是由于所处的环境略有不同，很多小试略微放大就容易出现各种问题，结果与预期也相差较大。

（1）小试：是在实验室条件下，对提取工艺参数、挥发油得率、挥发油的性质进行考察的重要步骤。在小试基础上通过实验室大量实验考察，积累数据，得出一条基本适合于中试生产的工艺路线，小试阶段的研究应重点围绕关键工艺参数对挥发油提取率的影响开展。

（2）中试生产阶段：挥发油提取的中试生产是连接小试和大生产的重要桥梁，也是从实验室提取过渡到工业化大生产必不可少的重要环节。中试生产是小试的批量扩大，应在工厂或专门的中试车间进行。中试生产的主要任务是：①优化小试提取得出的工艺参数，明确在工艺条件、设备、原材料等方面是否有特殊要求，是否适合于工业化生产。②验证小试提供的提取工艺路线是否成熟、合理，主要经济技术指标是否接近生产要求。③在放大中试研究过程中，进一步考核和完善工艺路线。④根据原材料、动力消耗和工时等，初步进行经济技术指标的核算，提出生产成本。

（3）大生产：挥发油提取过程中大生产的投料接近生产级，中试过程的工艺参数可为大生产提供重要指导。由于大生产过程中提取罐、投料量与中试还存在较大差距，因此，工艺参数可能还需进一步调整。

39. 挥发油添加时有哪些注意事项？

挥发油是芳香中药中的一类重要组分，由于挥发油存在易挥发、组成不稳定等问题，提取后通常经过低温包合，包合物再添加到中间体或成品制剂中。

挥发油添加通常有喷雾 - 密封法、吸附 - 总混法、包合法、溶解法等。挥发油的添加过程应注意保证混合均匀性和稳定性[46]。可以通过以下 3 种方法提高挥发油的稳定性和均一性：①需要通过创制或改进新型装备，实现混合过程的自动喷雾，保证添加过程在密闭环境中进行，尽量减少挥发油的损失，同时使其混合均匀；②使用新型辅料来提高包合效率，改善稳定性[47]；③通过包装材料来提高成品中挥发油的稳定性。

三、浸提新技术问题解析

40. 超临界流体萃取的特点是什么？该法适用于哪些中药的提取？

超临界流体萃取（SFE）是一种用超临界流体作溶剂对中药所含成分进行萃取和分离的技术。超临界流体在临界压力和临界温度以上相区内以介于气体和液体之间的一种状态存在，一方面其扩散系数和黏度接近气体，表面张力为零，渗透力极强，另一方面其溶剂性能类似液体，物质的溶解度由于压缩气体与溶质分子间相互作用的增强而大大增加。利用这一特性，可以对中药材和饮片中成分进行提取和分离。目前，可作为超临界流体的气体有 H_2O、CO_2、N_2O、C_2H_4、N_2、Ar、SF_6、NH_3、CHF_3 等。其中 CO_2 因临界条件好、无毒、不污染环境、安全和可循环使用等优点，成为 SFE 最常用的气体，故常见的 SFE 技术也被称为超临界 CO_2 萃取技术。

超临界流体萃取的特点如下[1-4, 48-50]。

（1）萃取效率高、提取物纯度高：超临界流体的密度接近于液体，但黏度远小于液体，且扩散系数比液体大 100 倍左右。简言之，与液体比较，超临界流体更有利于进行传质。因此，SFE 较通常的液 - 液萃取达到相平衡的时间短且分离效率高。同时，萃取后无须进行溶剂蒸馏，从萃取到分离可一步完成，萃取后 CO_2 等流体以气体方式释放，在提取物中无残留。

（2）适合于含热敏性或不稳定成分的提取：SFE 操作压力较高，但可以在比较低的温度下进行萃取，以 CO_2 为例，其临界温度为 31.05℃，临界压力为 7 390kPa，对热敏性成分或容易发生氧化、聚合等化学反应的成分较适宜。

（3）节省热能：无论是萃取还是分离都没有物料的相变过程，因此不消耗相变热。而通常的液 - 液萃取，溶质与溶剂的分离往往采用蒸馏或蒸发的方法，要消耗大量的热能。相比之下，SFE 节能效果显著。

（4）提取物无溶剂残留：在食品、制药等工业部门，不仅要求分离出的产品纯度高，而且应不含有毒有害物质。SFE 可采用无毒无害的 CO_2 作萃取剂，从而防止有害物质混入产品。萃取操作结束后，可通过等温减压或等压升温的方式即可实现与被萃取成分的分离，并能实现无溶剂残留，无环境污染。

SFE 适合以下中药中成分或部位的提取[1-4, 48-50]。

（1）亲脂性（极性小）、分子量小的成分或部位。如 SFE-CO_2 可高效萃取分子量较小和极性不大的挥发油、小分子萜类及具挥发性的生物碱类化合物，加入极性夹带剂可萃取分子量较大和极性基团较多的化合物或部位。值得注意的是：已有研究表明，SFE 所得提取物与传统的水蒸气蒸馏法、浸渍法等在成分组成与含量上具有差异，故在萃取完成后应对产物进行质量分析。

（2）提取的成分或部位因不同工艺流程而存在差异。SFE 根据其解吸附方式不同，分为等温法、等压法及吸附法；根据萃取操作流程可分为间歇式萃取、半连续式萃取和连续式萃取。以 SFE-CO_2 为例，间歇式萃取的等温法适用于从固体物料中萃取脂溶性组分、热不稳定成分；等压法适用于在 CO_2 中溶解度对温度变化较为敏感且受热不易分解的成分。值得注意的是：吸附法适用于可使用选择性吸附方法来分离目标组分的体系，但天然产物的分离过程大多很难通过吸附来进行产品收集，故该法只适用于少量杂质的去除。

（3）可以提取传统提取方法无法获得的成分。如，连续逆流超临界流体萃取适用于传统方法难以提取的液体原料中有效成分的提取，但该技术的应用条件尚不成熟，未见规模化应用的报道。

41. 超临界流体萃取中常用的夹带剂有哪些？作用是什么？

夹带剂是指纯超临界气体中加入的一种少量的、可以与之混溶的、挥发性介于被分离物质与超临界组分之间的物质。夹带剂依照极性不同，可分为极性夹带剂和非极性夹带剂（表 1-3-2）。

表 1-3-2　超临界流体萃取中常用夹带剂

种类	常用夹带剂
极性夹带剂	水、乙醇、甲醇、丙酮、乙酸、乙酸乙酯、丙二醇、二甲基亚砜、正辛烷等
非极性夹带剂	石油醚、环己烷、正己烷、苯等

夹带剂的作用主要有[1-4]：①大大增加被分离组分在超临界流体中的溶解度；②提高 SFE 技术应用时溶剂的选择性；③增加溶质溶解度对温度、压力的敏感程度，使被萃取组分在操作压力不变的情况下，适当提高温度，即可使溶解度大大降低；④能改变溶剂的临界参数。当萃取温度受到限制时，单组分溶剂不能满足提取要求，如对某热敏性物质，最高允许操作温度为 68℃，没有合适的单组分溶剂，但 CO_2 的临界温度为 31℃、丙烷 97℃，两者以适当比例混合，可获得最佳的临界温度。

42. 超临界流体萃取装置的基本构成是什么？操作中有哪些注意事项？

超临界流体萃取装置如图 1-3-5 所示[2]，一般由气柜（如 CO_2 储罐）、高压泵、冷箱、萃取釜、解析釜（也称分离釜）、连接管道和阀门组成，解析釜可有多个组成。

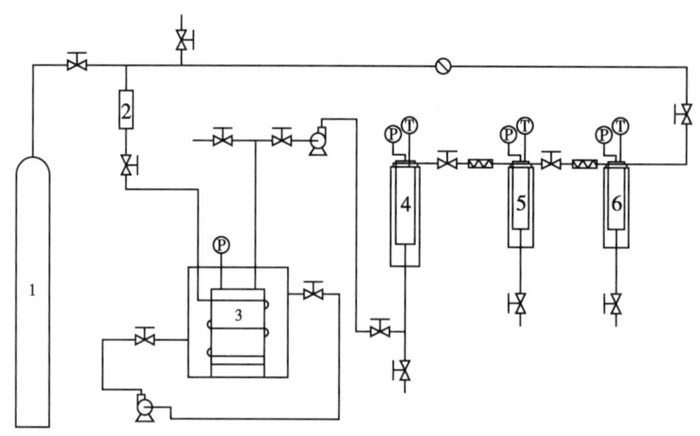

1. CO_2 气柜；2. 净化器；3. 冷箱；4. 萃取釜；5，6. 解析釜。

图 1-3-5　超临界流体萃取装置示意图

操作流程以 SFE-CO_2 为例：中药物料粉碎为适当大小的颗粒，置于萃取釜中，以装料结实、至少达料筒高度 1/2 但最高离料口 2cm 为好；气柜中的 CO_2 通过高压泵加压至所需压力后，送入已预热至一定温度的萃取釜中；循环萃取一定时间，含被萃取成分的 CO_2 进入解析釜中，通过升温减压，CO_2 与被萃取物质分离；最后经解析釜放料口将萃取所得物放出。

操作注意事项以 SFE-CO_2 为例[2, 48-50]，工艺设计时首先应对物料颗粒大小及填装量、萃取剂及夹带剂的种类与用量、萃取压力、萃取温度、萃取时间等参数进行优选，在操作中还应注意以下问题。

（1）物料颗粒过细：减小物料粒度可增加固体与溶剂间的接触面积，提高萃取速度，增加萃取得率。但粒度过细会严重堵塞筛孔，造成摩擦发热，温度升高，使生物活性物质遭到破坏。故一般可考虑将中药粉碎至 20～60 目。

（2）萃取压力变化引起的成分改变：一定温度下，萃取压力增加，流体的密度增加，溶剂的强度增加，溶质的溶解度增加。如：萃取乳香提取物时，萃取温度保持在 50℃，压力为 6MPa 时，萃取物中主要成分是乙酸辛酯和辛醇，高分子量化合物、乙酸乳香醇酯所占比例很小；当压力升至 20MPa 时，产物的主要成分是乳香醇和乙酸乳香醇酯，乙酸辛酯仅占 3% 左右。故应根据提取目的选择适宜的压力。

（3）萃取温度改变对成分溶解度的影响：一定的压力下，温度升高，被萃取物的挥发性增加，萃取量增大。但是，相应地，温度升高会使得超临界流体密度降低，其溶解能力相应下降，导致萃取得率下降。故应综合考虑两个因素的影响。

（4）夹带剂的加入改变了提取物的组成：适宜的夹带剂不仅可以提高目标成分在萃取物中的含量，而且可以使萃取条件更温和。如：罗汉果苷中的罗汉果苷Ⅴ，SFE-CO_2 法在 40～50℃、20～40MPa 条件下未能获得，加入夹带剂乙醇，则在 40℃、30MPa 条件下即可得到。但是，相应地，加入夹带剂所得萃取出的物质组成、比例发生改变，故应根据提取目标选择适宜的夹带剂。

43. 超临界流体萃取操作中有哪些常见故障？如何排除？

工业化生产中使用较多的是 SFE-CO_2 技术，操作时较常见的故障主要有以下两个[2, 48-50]。

（1）高压泵开启后压力不上升。

（2）刚开机时系统运转正常，但经过较短时间的运行后，高压控制开关却自动关闭，压缩机停止工作，经过一定时间后重新开机，系统又能正常运行，但过一会儿又出现上述现象。

相应的排除方法如下。

（1）高压泵压力不上升：①萃取器内有残留空气、水等，此时必须重新排气，直至排气阀排出连续的白色气体为止。② CO_2 冷却水压力过小或冷冻时间不够，此时就要延长冷冻时间或增加冷却水的压力。③ CO_2 气瓶压力太小，此时应更换气瓶。一般来说，用作气源的 CO_2 气瓶压力应保持在 5MPa 以上。④进气阀门损坏或被杂物堵塞，此时应更换或疏通阀门。

（2）反复出现高压控制开关自动关闭，压缩机停止工作情况：冷却水压力不足，CO_2 不能充分冷却，致使压缩机内压力过高造成。此时需要采取措施增大冷却水的压力。

44. 微波提取的优点是什么？该法适用于哪些中药的提取？

微波提取又称微波辅助提取（microwave-assisted extraction，MAE），指使用适当的溶剂在微波反应器中从植物、动物、矿物等组织中提取各类化学成分的技术和方法[1-4]。微波是指频率在 300MHz 至 300GHz 的电磁波，利用电磁场的作用使固体或半固体物质中的某些有机物成分与基体（物料）有效分离，并能保持分析对象的原本化合物状态。

该法是利用微波能来提高萃取效率的一种辅助萃取新技术，提取的优点如下[51-52]。

（1）具有选择性：极性较大的分子可获得较多的微波能。利用这一性质可选择性地提取一些极性成分。

（2）提取快速、高效：传统热萃取是以热传导、热辐射等方式自外向内传递热量，而微波提取是一种“体加热”过程，即内外同时加热，因而加热均匀，热效率较高。微波提取时没有高温热源，因而可消除温度梯度，且加热速度快，物料的受热时间短，因而有利于热敏性物质的萃取。

（3）绿色、节能：常规加热设备的能耗主要有物料升温的热损失、设备预热及向外界散热的损失，后两项的热损失占总能耗的比例很大，使常规加热能量利用率较低。微波加热时，主要是物料吸收微波能，加热设备的热损失仅占总能耗的极少部分。加之不需要高温热介质，绝大部分微波能量被物料吸收转为升温的热量，形成能量利用率高的加热特征。与传统的溶剂提取法相比，可节省 50%～90% 的时间。微波提取过程中，无有害气体排放，不产生余热和粉尘污染。

微波提取不适用于热不稳定物质及富含淀粉或树胶的中药，适用于下列中药（含复方）的提取[1-4, 51-52]。

（1）微波具有强烈的热效应而能快速使酶灭活，因此适用于提取苷类、多糖等易被酶解的成分。

（2）适用于热稳定性物质的提取。

（3）适用于被处理物料有良好的吸水性或待分离产物所在部位容易吸水的物质。

虽然微波提取具有上述特点，但是目前在中药工业化生产中的应用较少，技术应用中所涉及的技术壁垒、专属设备缺失等问题还需进一步研究。

45. 微波提取装置的基本构成是什么？操作中有哪些注意事项？

常用的微波提取设备基本以微波提取罐为主，可分为密闭式微波提取装置和开放式微波提取装置。密闭式微波提取装置的炉腔内可容纳多个密闭提取罐，提取罐主要由内提取腔、进料口、回流口、搅拌装置、微波加热腔、排料装置、微波源、微波抑制器等结构组成，备有自动调节温度和压力的装置，可实现控温、控压提取。开放式微波提取装置的提取罐与大气相通，只能实现温度控制，不能控制压力，在敞开体系中进行样品的多种成分的萃取。

微波提取装置如图 1-3-6 所示[2]，一般由磁控管、炉腔、提取罐、压力和温度监控装置及其他电子元件组成。

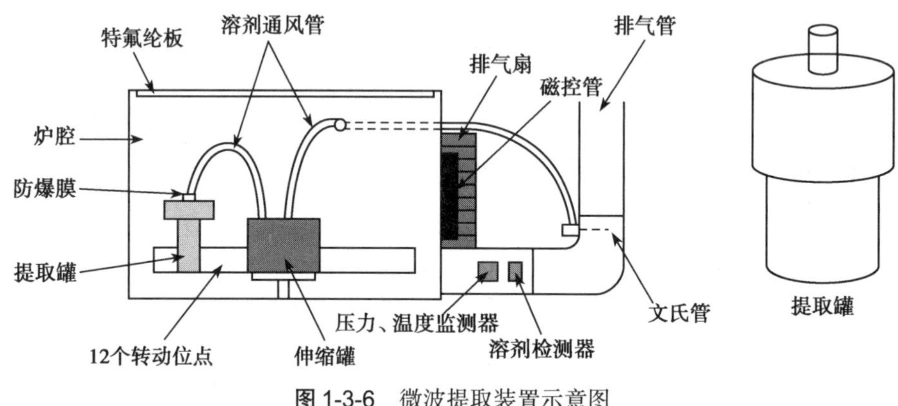

图 1-3-6　微波提取装置示意图

微波提取时的操作注意事项主要有以下几点。

（1）合理选择提取剂的种类和用量：水是常用的提取溶剂，极性大，溶解范围广，价格便宜；缺点是选择性差，容易浸出大量无效成分。乙醇为半极性溶剂，溶解性介于极性和非极性溶剂之间；缺点是价格较高，具有挥发性、易燃性。微波提取时，提取溶剂的用量可在较大范围内变动，如提取剂与物料比（L/kg）可在 1∶1 至 20∶1 范围内选择。若提取液体积太大，提取时釜内压力增大，超出承受能力，溶液便会溅出；提取液体积太小，会导致提取效率低和提取不完全。

（2）合理选择提取频率、功率和时间：微波对溶剂的穿透深度会受微波频率的影响，渗透深度随频率的增大而变化。如：在 2 450MHz 时，微波对水的渗透深度为 2.3cm，在空气中的渗透深度为 12.2cm；在 915MHz 时，微波对水的渗透深度增加到 20cm，在空气中的渗透深度为 33cm。因此在进行微波提取时，需要对提取的频率进行筛选和考察。当时间一定时，功率越高，提取的效率越高，提取越完全。但是如果超过一定限度，则会使提取体系压力过高，此时需要打开容器安全阀，溶液便会溅出，造成提取物的损失。微波提取时间与被测物品量、物料中的含水量、溶剂体积和加热功率有关。由于水可有效地吸收微波能，较干的物料需要较长的辐射时间。

（3）合理进行物料前处理：物料在提取前一般需经粉碎，加入适当的提取溶剂进行浸润等预处理，以增大提取溶剂与物料的接触面积，提高微波提取效率。

46. 超声波辅助提取的特点是什么？该法适用于哪些中药的提取？

超声波辅助提取（ultrasound-assisted extraction，UAE）是利用超声波增大物质分子运动频率和速度，增加溶剂穿透力，提高药物溶出速度，缩短提取时间的浸取方法。

超声波辅助提取的特点如下[1-4, 53-56]。

（1）提取时不需要加热，可避免中药常规煎煮法、回流法等长时间加热对有效成分的破坏。

（2）溶剂用量少，节约溶剂。

（3）提取是一个物理过程，在整个提取过程中无化学反应发生，不会影响成分的生理活性。

（4）提取液中成分含量高，有利于进一步精制。

（5）提取效率高，时间短，操作简单。

（6）适用性广，提取生物碱、苷类、黄酮类、蒽醌类、维生素、天然香料和植物油等各类成分的研究均有报道。

但是，超声波功率较大，容易产生令人不适的噪声，且对设备要求较高，因此目前仍未能广泛应用于工业化生产。

超声波辅助提取的适用范围如下[1-4, 53-56]。

（1）适用于绝大多数中药成分的提取：超声波提取不受成分极性、相对分子质量大小的限制，对遇热不稳定、易水解或氧化的天然植物有效成分具有保护作用，故提取范围较广。但是，提取过程中可能会破坏生物大分子的结构，如香菇多糖、芍药多糖的提取，可在30分钟内快速提取，提取时间过长会导致多糖结构的异构化、糖链断裂，降低多糖的提取率。故不适合含蛋白质、多肽或酶类成分的中药提取，在多糖等大分子的提取中应做预实验确定工艺参数。

（2）联用技术可扩大该技术的应用范围。如，应用超声波、微波提取联用技术提取枇杷叶中多糖、黄柏中总生物碱、牛蒡中类胡萝卜素，较传统水提取时间短、效率高。

值得一提的是，超声波中药提取主要依靠空化作用，其提取过程的热力学特性和动力学特性可通过建立数学模型来定量描述，如葛根中葛根素的提取过程数学模型的建立，该方法为工业化生产实现智能化在线监控奠定了基础。

47. 超声波辅助提取装置的基本构成是什么？操作中有哪些注意事项？

超声波辅助提取装置一般由电源、超声波发生器（换能器）和提取容器三大部分组成[2]。

根据超声波发生器放置位置不同，可分为外置式超声波提取设备和内置式超声波提取设备。①外置式超声波提取设备是将超声波发生器安装在被提取物料容器的外壁，使其所产生的超声波由容器外壁辐射至容器中的被提取物料上，从而达到提取物料的目的。依据超声波发生器的黏附方式不同，又可将其分为槽式超声波提取器、罐式超声波提取器和管式超声波提取器。②内置式超声波提取设备是将超声波发生器安装在提取容器的内侧，使其所产生的超声波能直接作用到容器内溶液的被提取物料上，以达到提取物料的目的。按其超声波发生器组合方式的不同可分为板状浸没式超声波发生器、棒状浸没式超声波发生器、探头浸没式超声波发生器及多面体浸没式超声波发生器。

超声波辅助提取时的操作注意事项如下。

（1）溶剂的选择：超声波辅助萃取的选择性主要是通过溶剂的选择性来实现的，根据成分的性质选择不同的溶剂，以达到不同的提取目的。同时，应对溶剂用量进行预实验优选。需要注意的是，由于超声波不能破坏药材中的酶，苷类、多糖类等成分提取时要注意选择利于抑制酶活性的溶剂。

（2）时间的选择：超声波提取通常比常规提取时间短，一般在 10～100 分钟即可得到较好的提取效果。不过因中药不同，被浸提物粒径不同，提取率随超声波时间的变化亦不同。

（3）超声波频率的选择：超声波频率是影响有效成分提取率的主要因素之一。针对不同有效成分，有不同超声波频率的选择，应根据文献报道和实际试验选择。如采用不同频率超声波从大黄中提取大黄蒽醌类成分的研究，超声频率直接影响成分得率，以 20kHz 频率超声提取后的大黄蒽醌类成分得率最高。

（4）温度的选择：超声波提取时一般不需加热，因为超声波本身有较强烈的致热作用。文献研究表明：一般在超声波辅助水浸提时，随着温度的升高得率增大，达到 60℃后，温度如果继续升高，得率则呈下降趋势；其他溶剂也出现类似的现象。因此，应对提取温度进行预实验优选。

（5）原料粒度的选择：由于超声波穿透力有限，被浸提原料的颗粒不宜过大，若是大块根茎类中药，应适当粉碎以减小颗粒粒度，增加溶出。

（6）其他相关工艺参数的优选：超声波的次级效应，如机械振动、乳化、扩散、击碎及化学效应等均能加速提取物扩散释放并充分与溶剂混合。如，将超声波用于盐藻破碎提取胡萝卜素，在 20℃分别采用 30kHz、150V，46kHz、105V，46.4kHz、107V，48.2kHz、109V 的超声波发生器对盐藻进行破碎。通过显微镜观察计数，盐藻的完全破碎可达 87%，β- 胡萝卜素能快速、高效地进入水等提取介质。可见，工艺参数对于提取率影响较大，应进行优选。

48. 超高压提取的特点是什么？该法适用于哪些中药的提取？

超高压提取（ultrahigh pressure extraction，UHPE）[35, 54, 57-59]，也称超高冷等静压提取，指在常温条件下，对原料液施加 100～1 000MPa 的流体静压力，保压一定时间后迅速卸除压力，进而完成整个提取过程。其提取原理为：溶剂在超高压作用下可渗透到固体原料内部，使原料中的成分溶解在提取溶剂中，在预定压力下保持一定的时间，使成分达到溶解平衡后迅速卸压，在细胞内外渗透压的作用下，成分可迅速扩散到组织周围的提取液中。

该法特点如下。

（1）快速、高效：在超高压提取的升压和保压阶段，超高的压力差使提取溶剂迅速渗透到固体药物组织内部，成分快速溶解在提取溶剂中；在卸压阶段，超高的反向压力差为溶解在提取溶剂中的成分由固体组织内部向外的扩散提供了超高的传质动力，成分能够快速扩散到固体组织外，因此超高压技术能显著缩短提取时间。

（2）提取液稳定性好，小分子成分得率高、提取率高：①在超高压条件下，生物大分子的非共价键发生变化，使蛋白质变性、酶失活，而维生素、黄酮类、生物碱等小分子化合物是共价键结合，能够完整保留。②超高压提取温度低，通常维持在室温条件下进行，可避免热效应引起的有效成分结构改变、损失和生理活性降低，能最大限度地保留中药中的生物活性物质。

（3）绿色、环保：在密闭环境中进行，无溶剂挥发，不会对环境造成污染，且安全性较高。生产效率高，对热敏性成分保护好，并且具有可连续生产的优势，适于由实验室研发推广到大工业化生产中。

该法适用于下列中药的提取[54, 57-59]：中药小分子药效物质，如黄酮类、生物碱、皂苷、多酚类等的提取。有研究报道该技术适用于多糖类成分的提取，如从蛹虫草中提取多糖。值得注意的是，超高压技术也是一种新型的用于食品加工的冷杀菌技术，在食品的灭菌、钝化酶、促进溶出和保护食品风味方面具有很好的效果，因此在中药领域，超高压技术也被尝试用于杀菌、保护中药活性成分、中药材养护等[60]。

49. 超高压提取装置的基本构成是什么？操作中有哪些注意事项？

超高压提取装置如图 1-3-7 所示[35, 61]，主要包括压力容器、压力泵和增压泵。

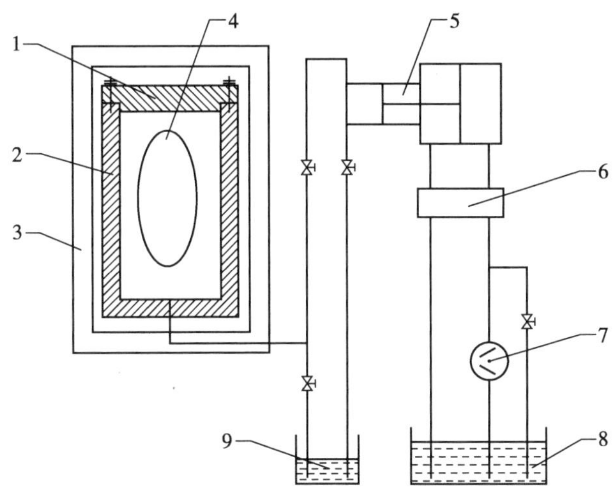

1. 顶盖；2. 压力容器；3. 机架；4. 药品原料；5. 压媒器；6. 油槽；7. 压力泵；8. 换向阀；9. 增压泵。

图 1-3-7　超高压提取装置示意图

按其组合方式主要分为：间歇式超高压设备、半连续式超高压设备、连续式超高压设备和脉冲式超高压设备，分别简述如下。

（1）间歇式超高压设备：工作时，先将液体物料或混有固体颗粒的悬浊液用耐压密封袋装好密封，避免物料被传压介质污染；然后打开高压容器的顶盖将其放入，密封，启动低压泵，开启增压器，向高压容器内注入高压的传压介质，在预定的压力保持预定的时间；然后卸压，打开顶盖，取出物料。

（2）半连续式超高压设备：间歇式超高压设备的高压容器底部增加一个活塞，该活塞将高压容器分隔成两部分。工作时，首先用低压泵在活塞上部注入欲处理的流体物料，待活塞上部充满后，启动增压器，向活塞下部注入高压的传压介质，推动活塞向上运动，使活塞上部物料的压力升高，在预定的压力保持预定的时间；然后卸压，打开顶盖，取出物料。

（3）连续式超高压设备：由多台间歇式或半连续式超高压设备组成，通常是 3 台——一台在升压阶段工作，一台在保压阶段工作，一台在卸压阶段工作。虽然每台设备都是间歇式工作，但整体是连续的。

（4）脉冲式超高压设备：使用间歇式或半连续式超高压设备对同一批物料作多次升压、保压、卸压。每个循环的升压时间、保压时间、卸压时间以及工作压力可以相同或不同。

超高压提取是在完全封闭的环境下进行，其操作经过升压、保压、卸压 3 个阶段，每个阶段的操作不当，均会引起提取效率的下降。因此，操作注意事项如下[54,57-61]。

（1）提取压力的选择：压力是超高压提取的一个重要因素，在溶剂通过药材颗粒表面毛细孔浸润到细胞内部的过程中，增加压力可以加快浸润速度；在溶剂浸润到细胞内部后，成分溶解在溶剂中，卸载压力可以加快成分向外扩散的速率。同时，超高压条件可以破坏细胞壁和细胞膜，降低成分的传质阻力。

（2）提取溶剂的选择：要综合考虑溶剂极性、目标成分及共存的其他成分性质，可依据"相似相溶"原理进行初步选择。若目标产物为生物碱或有机酸，建议针对提取溶剂的 pH 进行试验和筛选。

（3）溶剂 / 原料比例的选择：提取过程中，提取溶剂与原料的比值越大，则提取效率越高，但固 / 液比例过大时，成分在溶剂中的浓度过低，会导致分离纯化的困难，应通过试验筛选出适宜的溶剂与原料比例。

（4）提取温度的选择：如果提取时间比较长，尤其在超高压压差性提取过程中，温度会呈上升趋势。因此，对于热不稳定及挥发性的成分提取，需要控制提取釜内的温度，譬如应通过低温冷却单元控温。

50. 生物酶解提取的特点是什么？该法适用于哪些中药的提取？

生物酶解提取（enzymatic extraction）[3,35,62]指利用生物活细胞产生以蛋白质形式存在的一类具有生物催化的酶，对植物药材细胞壁的组成成分进行水解或降解，破坏细胞壁结构，使细胞内有效成分暴露、溶解、混悬或胶溶于溶剂中，从而达到提取细胞内有效成分的特殊方法。

生物酶解提取特点如下：

（1）酶具有催化效率高、反应专一性高、催化条件温和、酶解反应产物大多无毒等特点。利用上述特点，可较大幅度提高药用植物中有效成分的提取率，提高浸出物的纯度，改善生产过程中的滤过速度和纯化效果，提高产品纯度和药用质量。

（2）降低了溶剂用量，缩短提取时间，节约成本。

（3）生物酶解提取使用常规提取设备即可完成，操作简便。

该法适用于下列中药的提取[3,35,62]。

（1）广泛用于中药多糖类、黄酮类、生物碱类、萜类、挥发油类、有机酸类、皂苷类及蛋白质等多种活性成分的提取。

（2）适用于含杂质较多的中药预处理。中药成分复杂，常常含淀粉、果胶、黏液质、鞣质及蛋白质等，可利用酶解去除，提高有效成分的溶出。

值得注意的是，在生物酶解提取过程中，酶反应可能会导致个别目标成分的变化，造成产物与预期产物有所偏差。因此，目前生物酶解提取的应用研究多是针对单味中药的提取，此法对复方有效成分的影响还需进一步研究。

51. 连续逆流提取的特点是什么？该法适用于哪些中药的提取？

连续逆流提取（continuous countercurrent extraction, CCE）[2-3,63-64]是指提取溶剂与被提取物质向相反的方向连续流动而进行的提取过程。该过程充分利用两相间的浓度差，以增大浓度差来加快成分的扩散速度，提高提取效率。随着该技术的广泛应用，目前已开发出许多具有不同性能和特点的设备，主要有：连续逆流提取罐、螺旋式逆流提取器、连续逆流提取罐组。

连续逆流提取的特点如下[2-3, 63-64]。

（1）将煎煮提取、动态提取、逆流提取等工艺结合，属于连续式生产，处理能力大。

（2）该法在保留多种传统工艺优点的同时，具有提取速度快、有效成分提取充分、提取收率高、溶剂消耗量少、药液浓度高的优点，减少了蒸发浓缩等后续处理，从而根据中药特点调节提取时间的长短。

（3）在温和的动态环境下进行提取，加热温度较低，有效成分破坏较少。

连续逆流提取的适用范围如下。

（1）对根茎类药材浸提效果好，但由于其提取速度快，如果药材所含淀粉、果胶较多，后续则需要采取多种分离措施。

（2）适合单味中药的浸提。中药复方中常含有多种类型化合物，淀粉、果胶等大分子成分的存在可能会导致小分子有效成分溶出不完全，故不适合中药复方的浸提。

52. 连续逆流提取装置的基本构成是什么？操作中有哪些注意事项？

连续逆流提取装置如图 1-3-8 所示，通常由储液罐、连接阀门及管道、逆流提取单元组成[63-64]。

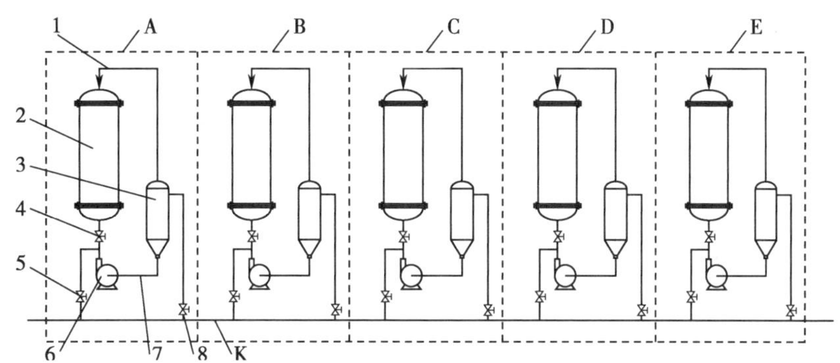

1，7. 管道；2. 提取罐；3. 储液罐；4，5，8. 阀门；6. 循环泵。
K：总管；A～E：各提取单元。

图 1-3-8 连续逆流提取装置示意图

提取机组一般由 4～9 个单元罐组成，以图中 5 个单元罐为例，成套设备通过总管 K 链接，循环泵 6 的进口通过进液管道 7 与储液罐 3 的底相连，循环泵 6 的出口通过阀门 4、5 分别与提取罐 2 的下封头和总管 K 连接，提取罐 2 的上封头通过管道 1 与储液罐 3 连接。储液罐 3 通过阀门 8 与总管 K 连接，管道连接可采用卡箍式快装接头，便于拆卸和清洗。

操作注意事项具体如下。

（1）合理选择提取溶剂：溶剂的选择要综合考虑溶剂的极性、密度差。应通过预实验进行筛选。

（2）制定标准操作规程（SOP），规范操作过程：①由于其特点为连续投料，因而投料过程应连续，不允许断断续续。②连续逆流提取设备在提取过程中应随时观看溶剂的液面，确保液面在正常高度。③实际操作中，需要结合试验数据确定两相的流速，并需要观察逆流提取设备出渣口的药渣含水情况，若药渣太湿则应降低转速，若药渣太干则应加快转速。

53. 破碎提取的特点是什么？该法适用于哪些中药的提取？

破碎提取（smashing tissue extraction）[3,65]是20世纪90年代初提出来的一种提取方法，经过近30年的发展，已经成为一种比较成熟的技术，在鞣质类（包括诃子酸类）、茶多酚类、苯丙酸类、黄酮类、皂苷类、萜类等成分的提取工艺研究方面均取得了较大的进展。其原理为：室温下，于适当的溶剂中，依靠设备破碎刀头的高速机械剪切力对药材进行快速破碎，在数秒钟内把植物的根、茎、叶、花或果实等物料破碎至细微颗粒，同时破碎刀头内刃的高速旋转还产生了高速搅拌、强力振动、负压、超速动态分子渗透等协同作用，使物料中成分迅速达到组织细胞内外平衡，分离溶剂与物料后达到提取目的。

破碎提取的特点如下[3,65-66]。

（1）快速、高效：一般几十秒至几分钟即可完成对物料的一次提取过程。

（2）成分保护：破碎提取是在常温条件下进行的，提取温度比较低，有利于热敏性成分的提取。

（3）节约能源：破碎提取法所用的设备功率较低，一般其额定功率＜1kW，且提取时间也非常短，因此耗电量非常小。

值得一提的是，由于破碎过程中药材被切割成细小的颗粒，因此提取液与药材组织之间的分离比较困难，可采用渗滤或离心等方法来解决。

该法适用于下列中药的提取。

（1）植物的根（饮片）、茎（饮片）、叶、花、果实等部位的快速提取。

（2）适用于鞣质类、苯丙酸类、黄酮类、皂苷类、萜类等多种成分的提取。

54. 破碎提取装置的核心组件是什么？操作中有哪些注意事项？

破碎提取装置最常见的是闪式提取器[3,65-66]，装置如图1-3-9所示，通常由破碎刀具、动力部分、升降系统、控制系统及物料容器组成。

破碎刀具和动力部分是关键部件。破碎刀头由内、外双刃组成，双刃通过精密的同心轴相连组成破碎刀具，外刃固定，内刃在高速电机的带动下旋转，从而使待破碎的材料产生破碎作用。内、外刃之间具有0.5～1mm间隙，这一间隙的大小不仅决定了破碎颗粒度的大小，而且影响双刃间的切割效率与锋利性。动力部分由单相高速电机完成，根据破碎刀具的大小配置不同功率的电机，电机通过电阻或电压控制系统实现无级连续变速或解体档位调速。

操作注意事项如下。

（1）物料容器的总装料要适宜：破碎提取时，物料容器中总装料系数要适宜，不宜大于60%。

（2）物料与溶剂的比例要合适：物料和溶剂的比例要合适，溶剂的比例直接影响浸提结果，需要预实验摸索。尤其遇到容易溶胀的中药，被粉碎物切记不能过浓，一定要让粉碎装置可以搅动为宜，过浓则影响破碎效率。

（3）待破碎物料粒度不宜过大：最好以小于破碎刀具刀片内围直径的1/3为宜，以免破碎过程中，因物料粒度太大不能被刀片破碎。

（4）特殊物料的处理：如含有矿物药或质地坚硬的药物，建议分开处理。

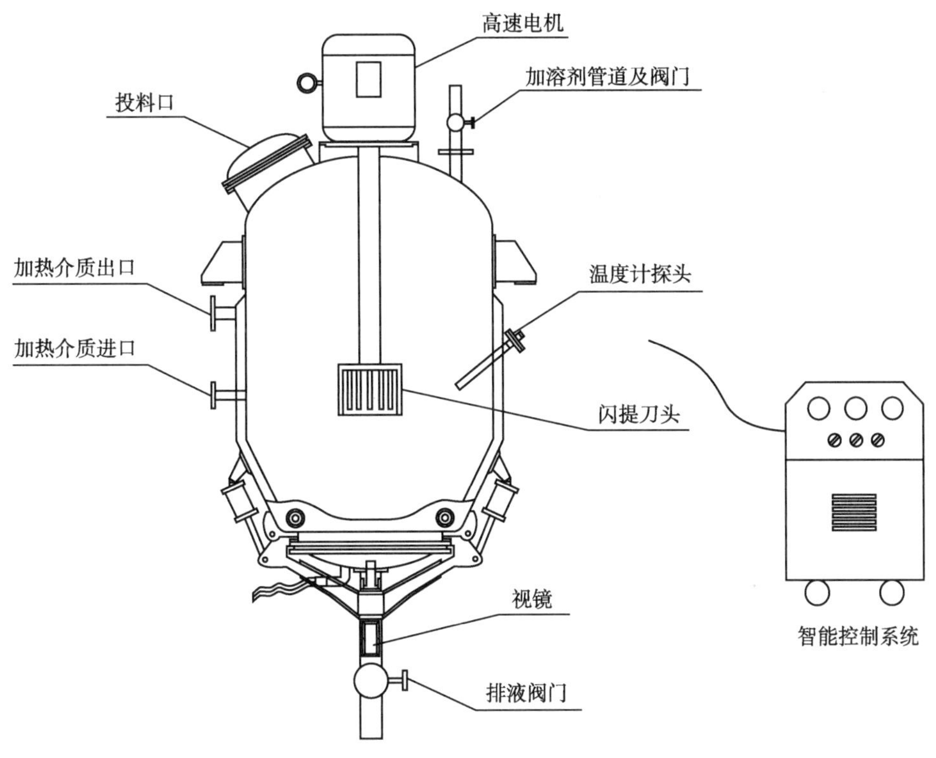

图 1-3-9　破碎提取装置示意图

55. 空气爆破法的特点是什么？该法适用于哪些中药的提取？

空气爆破法（gas pressure blasting method）[3, 67-68]是一种破坏植物药材组织和细胞壁、有利于植物组织细胞中有效成分溶出的一种提取方法。空气爆破法原理与蒸汽爆破法类似，是利用药材组织中的空气受压缩而后突然减压时释放出的强大力量冲破植物细胞壁，撕裂植物组织，使药材结构疏松，利用溶剂进入药材内部、大幅度增加接触表面积，同时利于溶剂在药材颗粒内部运动和输送。空气爆破法是一种药材破碎技术，属于提取工艺的前处理过程，需要与其他提取技术，如渗漉法集成使用，才能完成一个完整的提取过程。

该法特点如下。

（1）集成使用后浸提速度显著提高：引入空气爆破法后，由于药材得到了良好的粉碎，因而在使用空气爆破法后可大幅提高浸提速度。有爆破法处理的药材与无爆破法处理的药材相比，浸出率相同时，浸提时间可缩短 50% 以上。

（2）节省溶剂：由于药材已经经过空气爆破法粉碎，具有较高的浸提效率，实际应用中可以节省溶剂，减轻浓缩工序的负担。

（3）溶出杂质较多：由于药材在浸提时已经经过空气爆破法粉碎，因而浸出的杂质较多，对后续的精制分离过程要求较高。

该法适用于植物的根、茎、皮、叶等多纤维中药；不适用于短纤维和淀粉含量高的中药，否则爆破后的药渣过于细碎，不利于后续处理工序的进行。

56. 空气爆破提取装置的核心组件是什么？操作中有哪些注意事项？

空气爆破提取装置如图 1-3-10 所示[3, 67-68]，通常由爆破罐体、爆破发生装置、减压阀、承药器组成，部分简易的空气爆破提取装置中的爆破发生装置即为使用进气阀和出气阀配合压力表组成。其核心组件为爆破发生装置。

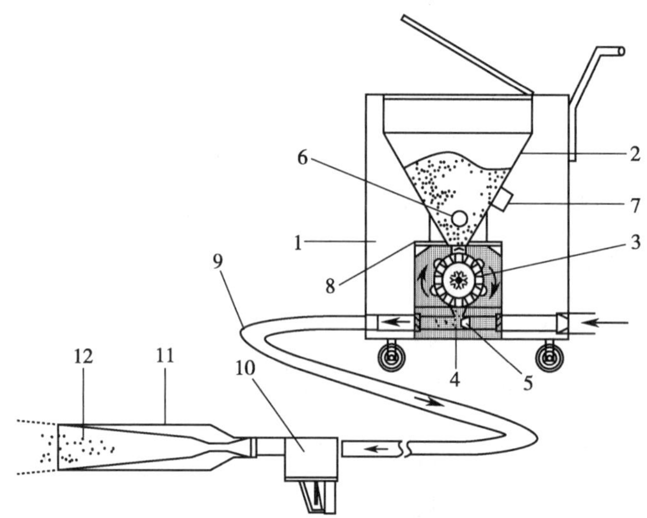

1. 爆破发生装置；2. 颗粒消耗传感器；3. 高压混合软管；4. 喷嘴枪；5. 分流喷嘴；6. 干冰颗粒；7. t形片；8. 混合高速空气喷嘴；9. 气锁送料器；10. 振动器；11. 料斗；12. 滚筒。

A. 料斗式爆破装置

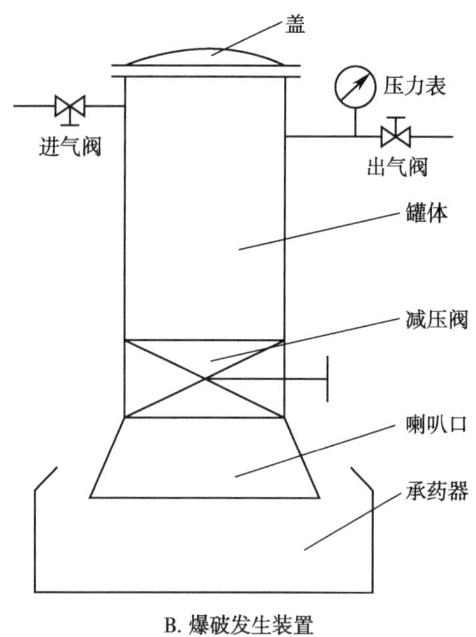

B. 爆破发生装置

图 1-3-10　料斗式爆破装置示意图

操作注意事项如下。

（1）关注中药质地和颗粒大小：空气爆破的效果与药材的质地密切相关。空气爆破过程中，药材组织形态和超分子结构的变化程度取决于药材的质地，药材质地疏松，孔隙度大，则有利于爆破处理；药材质地致密，孔隙度小，则要求更剧烈的爆破条件。此外，药粉颗粒大小也会影响爆破后的破碎程度。

（2）关注药材的湿润程度：进行空气爆破的药材粗粉需要预先润湿，常用水或含醇水，用量一般为药材质量的 35%～70%，润湿溶剂太少，湿润程度不够，会降低爆破程度；润湿溶剂太多，爆破程度过于剧烈，会使药材过烂，影响下一步提取。

（3）关注容器内压力及维压时间：在稳压阶段，润湿用的水或含醇水在高压状态渗入植物组织内部和细胞内，软化药材纤维组织和细胞壁，降低植物细胞组织间的黏附性和黏结程度，降低组织显微横向连接强度。这个过程与容器内压力大小与维压时间有关，容器内压力太小或维压时间过短，不利于上述过程的进行，爆破效果较差；容器内压力大小和维压时间的选择，可参考药材质地的致密和疏松程度，维压时间一般为 30～60 分钟。

（4）关注爆破时间：爆破时间是设备固有参数。依据爆破原理，在同等能量下为了取得最大的爆破功率，则需要爆破时间趋近于零。因此，在同等的容器内压力和维压时间条件下，不同的爆破设备会因为自身不同的爆破时间而产生不同的破碎效果，草本类药材的蒸气渗透时间一般小于 1 秒，因此爆破设备的放气时间不能大于 0.1 秒，才能产生瞬间巨大的压差，起到爆破作用。一般爆破设备的放气时间要小于 0.01 秒，才能达到良好的破碎效果。

57. 半仿生提取法的特点是什么？该法适用于哪些中药的提取？

半仿生提取法（semi-bionic extraction method）是药物研究法与分子药物研究法相结合，从生物药剂学的角度，模拟口服给药及药物经胃肠道转运的过程，为经消化道给药的中药及其复方制剂设计的一种提取方法[69]。已有应用研究的方法包括半仿生提取法、半仿生提法醇提取法、微波辅助半仿生提取法、超声波辅助半仿生提取法、酶辅助半仿生提取法等。

半仿生提取法的特点如下。

（1）在具体工艺选择中采用灰度思维方式，体现了“有成分论，不唯成分论，重在机体的药效学反应”的观点。既考虑到单体成分，又考虑到活性混合成分，以单体成分作考察指标和/或适宜的药理模型作考察指标，提取活性混合物，使单体寓于混合物之中，既体现了中药治病多成分、多靶点的作用特点，又有利于用单体成分控制质量。

（2）模拟口服给药及中药经胃肠道转运的过程，所得提取物更接近药物在体内达到平衡后的有效成分群，且尽量保持了中药、方剂原有的功能与主治。

（3）该法一般是在煎煮条件下进行提取，温度明显高于人体胃肠道内的温度条件时，对热敏性的活性物质有影响。

（4）人体的内环境比较复杂，中药活性物质除了受胃液、肠液酸碱度的影响外，还有多种酶也起着一定的催化作用，故中药或中药复方半仿生提取法提取物的药效难以等同于其原中药的口服治疗效果。

该法不适宜热敏性活性物质的提取，在中药黄酮类成分的提取中有较广泛的应用[70]。

58. 双水相萃取法的特点是什么？该法适用于哪些中药的提取？

双水相萃取法（aqueous two-phase extraction method）又称水溶液两相分配法，是利用物质在互不相溶的两水相间分配系数的差异进行萃取的分离方法。

与传统的分离方法比，双水相萃取法具有以下特点[2-3, 71]。

（1）两相间的界面张力小，一般为 10^{-7}～10^{-4}mN/m，而一般体系的张力为 10^{-3}～10^{-2}mN/m，因此，它比一般有机两相萃取体系间的界面张力小得多，两相易分散，溶质容易在两相间传递。

（2）双水相间的传质和平衡速度快，分相时间短，自然分相时间一般为 5～15 分钟，因此可实现快速分离。

（3）萃取相含水量高，一般为 75%～90%，在接近生理环境的体系中进行萃取，不会引起生物活性物质的失活或变性。

（4）大量杂质能够与不溶性固体杂质一起除掉，同时一般不存在有机溶剂的残留问题，可减少分离步骤，产品品质好。

（5）高分子聚合物的相对分子量大小及其浓度、无机盐的种类及其浓度、双水相体系的 pH 等因素都对被萃取物质在两相间的分配产生影响，因此可以采用多种手段来提高选择性和回收率。

（6）操作条件温和，设备简单，易于连续化操作，有利于该方法的推广和应用。

双水相萃取法的适用范围如下。

（1）萃取条件温和，特别适用于生物活性物质，如蛋白质、生物酶、菌体、细胞及抗生素、氨基酸等的分离、纯化。

（2）适合于中药小分子化合物的萃取分离。目前已在分离纯化各种小分子有机物方面已取得了较为理想的效果。

（3）与传统的分离工艺相比，双水相体系对贵金属及稀有金属的分离与检测具有环境友好、废弃物少、对人体无害、运行成本低及工艺简单等优点，因此适用于提取分离金属离子。

59. 液泛法的特点是什么？该法适用于哪些中药的提取？

液泛法（flooding method）是利用液泛加快提取进程的一种重要提取方法[72-73]。该法充分利用溶剂加热时所产生的向上运动的蒸气，与回流的冷凝液逆向接触，发生液泛，增加了药粉层中溶剂的湍动程度，提高药材中溶质的扩散速率。

与传统的回流提取法相比，该法的特点如下。

（1）提取速度较快，提取效率和成分提取率均较高。

（2）提取时间短。

（3）溶剂用量少。

（4）在较高温度条件下进行，不适用于热不稳定成分的提取。

液泛法一般用于极性较小的成分，如麻黄碱、桦木醇等的提取。由于提取时温度较高，适用于提取具有一定热稳定性的成分，不适用于热敏性成分。

60. 动态提取的特点有哪些？动态提取时主要考虑哪些问题？

动态提取是相对于静态提取而言的，基本特征是利用机械手段、采用强制循环方式等提取手段，增加药料与提取溶剂的固 - 液相接触，在动态下药料中的溶质与溶剂中的溶质持续保持相对浓度差，从而提高了溶出效率。据文献报道[6,74]，中药动态提取发展经历了动态提取、动态逆流提取、动态循环连续逆流提取 3 个阶段，简述如下。

（1）动态提取阶段：相对于浸渍法来讲，主要有渗漉法、回流法和多功能提取罐提取法等。

（2）动态逆流提取阶段：是在动态提取的基础上，根据现代提取技术和工艺设备的要求发展起来的，主要是通过多个（或多段）提取单元之间物料和溶剂的合理的浓度梯度排列和相应的流程配置，结合物料的粒度、提取单元组数、提取温度和提取溶媒用量，循环组合，对物料进行提取。

（3）动态循环连续逆流提取阶段：于20世纪90年代初开始应用，是通过多个提取单元之间物料和溶剂的合理的浓度梯度排列和相应的流程配置，结合物料的粒度、提取单元组数和提取温度，循环组合，以最大限度转移物料中的溶解成分。

由此可见，动态提取的特点可归纳为：有效节约能源、提高生产效率和有助于改善工作环境。

然而，动态提取也存在着不足，如在提取的过程中很多蛋白质类化合物、鞣质类化合物及其他化合物会被提取出来，对后续的分离过程造成困难。加之，由于中药材和饮片性质差异较大，需要选择匹配的浸提方法才能实现预期的提取目标，如：动态逆流提取常使用乙醇等有机溶剂，较适用的、可操作性强的是根茎类中药[6,75]。因此，动态提取时需要主要考虑以下问题：①提取中药材和饮片的形状、性质是否适宜；②提取过程始终处于连续、高温、高压的状态下，中药的化学成分是否会发生变化；③提取工艺参数是否适宜，对后续的处理过程是否有显著性影响；④提取装备是否节能、环保，是否能有效提高产品质量，最大限度地降低生产成本。

四、经典名方研发中的浸提问题解析

61. 如何设计经典名方的浸提工艺？

2008年发布的《中药注册补充管理规定》第七条将“来源于古代经典名方的中药复方制剂”定义为经典名方，是指目前仍广泛应用、疗效确切、具有明显特色与优势的清代及清代以前医籍所记载的方剂。《中华人民共和国中医药法》第三十条指出“古代经典名方，是指至今仍广泛应用、疗效确切、具有明显特色与优势的古代中医典籍所记载的方剂”。

2018年4月，国家中医药管理局发布了《古代经典名方目录（第一批）》100首，包括汤剂、煮散、散剂、膏剂四种剂型，除4首散剂外，其余的都需要煎煮服用。2022年9月，国家中医药管理局发布了《古代经典名方目录（第二批儿科部分）》7首，包括散剂4首、丸剂2首、汤剂1首。可见，煎煮对于中药药效的发挥至关重要，清代徐大椿于《医学源流论》中即言“煎药之法，最宜深讲，药之效不效，全在乎此”。

2022年12月，首个按古代经典名方目录管理的中药复方制剂（即中药3.1类新药）苓桂术甘颗粒通过技术审评，获批上市。

那么，经典名方应如何煎煮？根据《古代经典名方中药复方制剂简化注册审批管理规定》（2018年第27号）第三条第三款规定：制备方法与古代医籍记载基本一致。《古代经典名方中药复方制剂及其物质基准的申报资料要求（征求意见稿）》（2019年3月），指出“煎煮方法等原则上应与经典名方古代医籍记载一致”。古代医籍中关于煎煮的记载，通常有以下两种情况，举例如下：①《古代经典名方目录（第一批）》100首中出自《伤寒论》的“芍药甘草汤”，其煎服法的描述为“上二味，以水三升，煮取一升五合，去滓，分温再服”；②出自《傅青主女科》的“易黄汤”，其煎服法的描述为“水煎服”。由此可见，两者均未明确煎煮器具、加热设备及加热条件，以及煎煮用水、浸泡条件、煎煮次数、加水量、煎煮时间、是否加盖等。

可见，进行经典名方煎煮工艺的设计[76]，可理解为对古医籍中记载的煎煮方法进行现代诠释。进行煎煮设计前，均需明确经典名方的相关考证信息。如处方药味的基原、剂量、炮制规格、加水量等，《中药注册分类及申报资料要求》（2020 年第 68 号）中已明确经典名方关键考证信息由国家统一发布。煎煮工艺设计可以分为以下两种情形分别考虑。

（1）古代医籍仅记载为“水煎服”者：此类名方属于原始出处中无明确记载。因此，有专家建议[77]参照该方的后世记载，或者可参考其同时代的通用煎服方法。通常情况下，一些医籍中虽无具体处方的煎服法，但可能在该书总论或凡例中提及，可作为主要的参考依据。另外还要结合剂型、煎服法对药性的影响、容器的度量衡、不同时代煎煮法演变及现代通用方法综合考量来确定制备和服用方案。如《简明医彀》保元汤方中仅有“水煎服”三字，而后世则有“用水一盅半，生姜一片，煎至五分”等的记载，且在该书卷一“要言”煎丸服法中载“煎药大法：每剂水二钟，煎八分。渣用水钟半，煎七分。如剂大，再水一钟，煎半钟，剂轻水减。小儿药水量用之”，这些都为保元汤煎煮法的确定提供了有力证据。

若无上述可参考、借鉴的信息，可以按照《医疗机构中药煎药室管理规范》（国中医药发〔2009〕3 号）中第二章“设施与设备要求”和第四章“煎药操作方法”的技术条款来进行设计，并同时结合《中药配方颗粒质量控制与标准制定技术要求》（2021 年第 16 号）[78]进行设计，但通常需要考虑以下因素对煎煮结果的影响。

1）煎药容器：与传统贴近，建议选择“陶瓷”材质的，大小须通过研究考察确认。

2）加热设备：建议选用电磁炉并有档位控制，以确保煎药时可以根据电流或电压的大小对“武火”“文火”进行量化表征，武火、文火的选择，与煎煮时间要相匹配；型号选择需要考察与煎药容器的匹配性。

3）前处理[78]：待煎饮片除应符合临床汤剂的规格外，还应视饮片质地按中药调剂“逢壳必捣，逢籽必破”等传统经验对饮片进行必要的处理，破壳率应不低于 90%。

4）煎煮用水：煎煮用水最好采用经过净化或软化的饮用水，以减少杂质混入，防止水中钙、镁等离子与中药成分发生沉淀反应。水的质量不低于“符合国家卫生标准的饮用水”[77]或制药用水[78]的要求。

5）煎煮次数：每剂药一般煎煮两次。

6）煎药量：两煎合在一起，儿童每剂一般煎至 100～300ml，成人每剂一般煎至 400～600ml。

7）煎煮时间：一般药物煮沸后再煎煮 20～30 分钟；解表类、清热类、芳香类药物不宜久煎，煮沸后再煎煮 15～20 分钟；滋补药物先用武火煮沸后，改用文火慢煎 40～60 分钟。药剂第二煎的煎煮时间应当比第一煎的时间略缩短。

8）加水量：在确保煎煮开始时的用水量浸过药面 2～5cm、煎煮时间和煎取量符合要求的情况下，通过考察饮片饱和吸水量、煎煮过程水分蒸发速率，明确加水量。

9）浸泡时间：一般不少于 30 分钟，对武火、文火的煎煮控制与煎煮时间的合理选择进行关联考察，在保证“药料应当充分煎透，做到无糊状块、无白心、无硬心”的前提下，合理选择浸泡时间。

10）加盖与否：通过加水量、煎药量、煎煮时间、火候控制、水分蒸发率的相关性考察，合理选择。

11）固液分离：应趁热进行固液分离，滤材目数应在100目以上，要固定方法、设备、耗材和条件。

12）特殊煎煮：对处方药味的特点进行分析，有先煎、后下、另煎、烊化、包煎、煎汤代水等特殊要求的中药饮片，应进行特殊处理。

（2）古代医籍中有煎煮方法记载：在确认相关考证信息的前提下，进行煎煮工艺设计，需要考虑以下因素对煎煮结果的影响[76]。

1）煎药容器：同上。

2）加热设备：同上。

3）前处理：除“同上”外，对药味破碎程度，如㕮咀、锉、剉、散、粗末、细末等，依考证而定[77]。

4）煎煮用水：同上。

5）煎煮次数：以经典记载为准，记载“一煎”的，只煎一次，像“芍药甘草汤”应为一次。

6）煎药量：依考证信息确认，若一升为200ml，一升为10合，则“煮取一升五合”，应为300ml。

7）煎煮时间：煎煮时间要保证合理，应当根据方剂的功能主治和药物的功效确定，符合《医疗机构中药煎药室管理规范》的一般要求；通过对武火、文火的控制，加盖与否，浸泡时间，饮片饱和吸水率，加水量与煎药量的匹配性研究来确定。

8）加水量：依考证信息确认，若一升为200ml，则“以水三升”，应为加600ml。

9）浸泡时间：一般不少于30分钟，在保证“药料应当充分煎透，做到无糊状块、无白心、无硬心”的前提下，通过对武火、文火的控制，加盖与否，饮片饱和吸水率，煎煮时间，加水量与煎药量的匹配性研究来实现，合理选择浸泡时间。

10）固液分离：同上。

11）特殊煎煮：是否有先煎、后下、另煎、烊化、包煎、煎汤代水等特殊要求的中药饮片，依考证，结合传统用药习惯而定。

62. 经典名方基准样品的质量关键控制要点有哪些？

经典名方基准样品可理解为《中药注册分类及申报资料要求》（2020年第68号）中的“按照国家发布的古代经典名方关键信息及古籍记载制备的样品”，是衡量是否与经典名方一致性的标准参照。其是在传统中药的大生产过程中，为保证临床疗效不降低、毒性不增加而设计的一个中间过渡对照物。经典名方基准样品不以某些成分高低论质量，强调传统的才是最佳的选择[79-80]。

按照审批要求，研究提交的注册申报资料，应能明确说明药材、饮片、按照国家发布的古代经典名方关键信息及古籍记载制备的样品、中间体、制剂之间质量的相关性。其质量关键控制要点主要包括：制备用原料质量的控制，制备过程工艺的控制，确保其质量稳定的基本形态的选择，关键质量属性的确认及对其质量评价的有效性。上述质量控制点即是可全面、准确地阐明“药材－饮片－基准样品”的成分群量值传递规律的质量控制技术[81]。研究中应主要注意以下几点。

（1）在考证确认经典名方药味基原、剂量、炮制规格的基础上，应对不少于 3 个产地总计不少于 15 批次药材的质量进行研究分析，确定药材产地、生长年限、采收期、产地加工及质量要求等信息[82]。应使用研究确定的药材开展饮片研究，并建立完善药材和饮片质量标准。选择质量符合要求的饮片投料，进行基准样品研究。

（2）对于需煎煮的经典名方，其基准样品在制备工艺上保证原料前处理、炮制、煎煮等步骤符合国家的相关标准，操作与古代医籍记载基本一致，并实施规范化管理；同时，在保证关键质量属性不受影响的前提下，优选固液分离、浓缩、干燥等工序的现代设备可批量、重复的生产条件，确保制备的"物质基准"与按古代医籍记载制法所得的"传统煎剂"在质量上保持基本一致。《中药配方颗粒质量控制与标准制定技术要求》（2021 年第 16 号）[78]对"标准汤剂"的制备方法为：浓缩可采用减压浓缩方法进行低温浓缩，温度一般不超过 65℃；干燥采用冷冻干燥或适宜的方法干燥，以保证其质量的稳定和易于溶解及免加辅料[83]。也有专家建议浓缩温度≤50℃[68]，原则上在确保浓缩清膏的质量与"传统煎剂原液"一致的前提下，兼顾浓缩效率，通过选择合适的真空度，选择合适的温度，且浓缩时间适宜，尽量降低浓缩过程的热效应对产品质量的影响。

（3）经典名方基准样品的关键质量属性应能客观、准确地评价制剂工艺的稳定性，与"药材 - 饮片 - 基准样品"所对应实物量值传递规律相关联，与经典名方的安全性、有效性，基准样品的质量稳定性有明确的相关性。在明确质量概貌、质量属性的基础上，确定其关键质量属性和质量标准的质控指标，合理确定其波动范围。评价的指标应包括但不限于水分（水分上下限）、干膏率（散剂可不要求）、浸出物 / 总固体、多成分含量测定、指纹图谱或特征图谱，化学成分的分析应包括功效物质成分、指标成分、大类成分等[83]，以尽可能全面地反映"经典名方物质基准"的整体质量状况。

（4）在经典名方制剂研究中，除汤剂可制成颗粒剂外，剂型应当与古代医籍记载一致[83]。在确保与传统用药形态质量一致的前提下，经典名方基准样品应方便留样与储存[83]。若经典名方本身为散剂，其物质基准形态宜选择散剂。若为煎剂，应与古代医籍记载的制法，以及经典名方复方中药制剂剂型的选择保持较好的对应关系。建议选择相对密度适宜的清膏（煎膏）或干膏粉，保证其在研究期间有足够的稳定性。

63. 如何进行经典名方基准样品的研究？

"经典名方基准样品"是以古代医籍中记载的古代经典名方制备方法为依据，制备而得的中药药用物质的标准。除成型工艺外，其余制备方法应当与古代医籍记载基本一致[84]。应按照国家发布的古代经典名方关键信息及古籍记载，研究、制备基准样品，以承载古代经典名方的有效性、安全性[82]。

（1）基准样品制备工艺研究：应根据国家发布的古代经典名方关键信息及古籍记载内容研究制备基准样品。若国家发布的古代经典名方关键信息或古籍记载内容中仅为"水煎服"等无详细工艺制法的表述，应参照《医疗机构中药煎药室管理规范》并结合具体情况，合理确定制备工艺。基准样品一般为煎液、浓缩浸膏或干燥品，原则上不加辅料，可考虑采用低温浓缩、冷冻干燥或其他适宜的方法，并选择适宜的贮存容器、贮存条件，保证基准样品在研究期间质量稳定。应固定炮制、前处理、煎煮、滤过、浓缩、干燥等制备方法和工艺参数（范围），重点关注滤过、浓缩、干燥等工艺对质量的影响[82]。

（2）15 批基准样品的制备：应制备不少于 15 批样品，并根据研究结果确定煎液得量和干膏率范围。研究制备基准样品时，应关注饮片取样的代表性[82]。

（3）基准样品的质量研究：应开展基准样品的质量研究，采用专属性鉴别、干膏率、浸出物 / 总固体、多指标成分的含量、指纹 / 特征图谱等进行整体质量评价，表征其质量。对研究结果进行分析，确定各指标的合理范围，如：干膏率的波动范围一般不超过均值的 ±10%，指标成分的含量波动范围一般不超过均值的 ±30%。针对离散程度较大的，分析原因并采取针对性措施，控制其波动范围，研究确定基准样品的质量标准[82]。

参考文献

[1] 万海同. 中药制药分离工程学[M]. 北京：化学工业出版社，2019.

[2] 郭立玮. 制药分离工程[M]. 北京：人民卫生出版社，2014.

[3] 赵余庆. 中药及天然产物提取制备关键技术[M]. 北京：中国医药科技出版社，2012.

[4] 周丽莉. 制药设备与车间工艺设计[M]. 2 版. 北京：中国医药科技出版社，2011.

[5] 陈平. 中药制药工艺与设计[M]. 北京：化学工业出版社，2015.

[6] 杨晓晨，卢鹏伟. 中药动态提取设备应用现状及其特点分析[J]. 机电信息，2016(17)：30-35.

[7] 李佳佳，郑鹏，顿佳颖，等. 提取 - 共沸精馏耦合技术与水蒸气蒸馏法提取中药挥发油比较研究[J]. 中国现代中药，2018，20(11)：1436-1439.

[8] 张学彬，陈孟涛，杨宇奇，等. 均匀设计法优化超临界 CO_2 萃取丁香精油工艺研究[J]. 食品研究与开发，2017，38(17)：50-54，84.

[9] 伍振峰，王赛君，杨明，等. 中药挥发油提取工艺与装备现状及问题分析[J]. 中国实验方剂学杂志，2014，20(14)：224-228.

[10] 李晶峰，张辉，孙佳明，等. 我国药用动物资源近三年研究进展与展望[J]. 中国现代中药，2017，19(5)：729-734.

[11] 孙继鹏，易瑞灶，吴皓，等. 海洋药物的研发现状及发展思路[J]. 海洋开发与管理，2013，30(3)：7-13.

[12] 王艳，杨培民，代龙，等. 水蛭提取方法及生理活性的研究[J]. 中国生化药物杂志，2012，33(1)：27-29，33.

[13] 杨丰云，付廷明，郭立玮，等. 响应面分析法优化湿法超微粉碎地龙蛋白的提取工艺[J]. 中国实验方剂学杂志，2012，18(10)：33-37.

[14] 国家药典委员会. 中华人民共和国药典：2020 年版[S]. 一部. 北京：中国医药科技出版社，2020.

[15] 缪晓东，汤书婉，宿树兰，等. 基于响应曲面法的乳香有效部位提取纯化工艺优化研究[J]. 中草药，2020，51(5)：1214-1225.

[16] 梁慧，倪兆成，颜美秋，等. 乳香超微粉的制备工艺及理化性质研究[J]. 中草药，2017，48(7)：1321-1326.

[17] 侯世祥. 现代中药制剂设计理论与实践[M]. 北京：人民卫生出版社，2010.

[18] 奉建芳，毛声俊，冯年平，等. 现代中药制剂设计[M]. 北京：中国医药科技出版社，2020.

[19] 潘林梅，傅佳，朱华旭，等. 黄连解毒汤提取动态过程及沉淀产生机制的初步研究[J]. 中国中药杂志，2010，35(1)：40-43.

[20] 朱红梅，王姚，曾奇璐，等. 基于星点设计：效应面法和正交设计的中药类风湿复方提取工艺研究[J]. 成都大学学报(自然科学版)，2018，37(3)：264-268.

[21] 杨俊杰. 制药工程原理与设备[M]. 重庆：重庆大学出版社，2017.

[22] 阎怡竹. 年产 400 吨葛根黄酮装置工艺设计及优化研究[D]. 西安：西北大学，2019.

[23] 周长征. 制药工程原理与设备[M]. 北京：中国医药科技出版社，2013.

[24] 马祖达，沈永贤 王晓春，等. 全自动锥形动态中药提取设备的创新设计[J]. 医药工程设计，2011，

32(1): 37-42.
[25] 张孟琴，文小艺. TQ-1.0多功能提取罐优化改进设计[J]. 山东化工，2018，47(20): 75-76.
[26] 熊超. 多功能提取罐优化改进设计[J]. 化学工程与装备，2011，40(1): 93-95.
[27] 朱宏吉，张明贤. 制药设备与工程设计[M]. 2版. 北京：化学工业出版社，2011.
[28] 朱立刚，刘威. 浅析热回流提取技术在中药生产中的应用[J]. 黑龙江中医药，2013，43(3): 56.
[29] 柯刚，伍振峰，王雅琪，等. 中药减压提取应用现状与方法分析[J]. 中国实验方剂学杂志，2014，20(20): 230-233.
[30] 傅保庚，杨青. 一种真空减压回流式中药提取罐：201920255106.4[P]. 2019-10-29.
[31] 李小芳. 中药提取工艺学[M]. 北京：人民卫生出版社，2014.
[32] 森克·恩迪，邓肯·洛，乔斯·C·梅内塞斯，等. 过程分析技术在生物制药工艺开发与生产中的应用[M]. 褚小立，肖雪，范桂芳，等译. 北京：化学工业出版社，2019.
[33] 魏增余. 直筒式提取罐在中药制剂提取应用中的利与弊[J]. 机电信息，2010(8): 32-34.
[34] 梁志国，刘利科. 中药多功能提取罐自控要求的有关问题探讨[J]. 化工与医药工程，2015，36(6): 56-60.
[35] 郭立玮. 中药分离原理与技术[M]. 北京：人民卫生出版社，2010.
[36] 郑晓娟，吴启坤，魏振奇，等. 中草药提取方法研究进展[J]. 吉林医药学院学报，2016，37(4): 290-293.
[37] 徐莲英，侯世祥. 中药制药工艺技术解析[M]. 北京：人民卫生出版社，2003.
[38] 王艳艳，王团结，陈娟. 连续动态逆流提取技术及其设备研究[J]. 机电信息，2015(5): 1-9，14.
[39] 郭立玮，朱华旭. 基于膜过程的中药制药分离技术：基础与应用[M]. 北京：科学出版社，2019.
[40] 朱华旭，唐志书，郭立玮，等. 中药挥发油膜法高效富集的油水分离原理研究及其新型膜分离过程的探索实践[J]. 南京中医药大学学报，2019，35(5): 491-495.
[41] 张浅，朱华旭，唐志书，等. 蒸汽渗透技术用于细辛挥发油含油水体分离的可行性研究[J]. 中草药，2019，50(8): 1795-1803.
[42] 毕寒，阎峰. 我国植物性天然香料提取技术的发展现状及趋势[J]. 辽宁化工，2017，46(7): 714-716，738.
[43] 梁志国，刘利科. 中药多功能提取罐自控要求的有关问题探讨[J]. 化工与医药工程，2015，36(6): 56-60.
[44] 周秀芳，王跃武，李晓旭，等. 阿那日五味散挥发油不同提取工艺比较及包合工艺研究[J]. 中国医药导报，2013，10(35): 126-129.
[45] 王雅琪，杨园珍，伍振峰，等. 中药挥发油传统功效与现代研究进展[J]. 中草药，2018，49(2): 455-461.
[46] 王庆玲，倪健，张欣，等. 桂芍子喘颗粒中挥发油包合工艺及稳定性研究[J]. 现代中药研究与实践，2017，31(5): 48-51，55.
[47] 李怡，伍振峰，况弯弯，等. 纳米结构脂质载体提高精油稳定性及其应用研究[J]. 中国中药杂志，2020，45(3): 523-530.
[48] 王玉，郑欣，唐宝珠. 超临界流体萃取技术在天然药物提取中的分析[J]. 中国现代药物应用，2013，7(17): 226-227.
[49] 刘伟，韩伟. 试验设计及优化方法在超临界流体萃取中的应用[J]. 机电信息，2016(5): 33-40.
[50] 吴芳，李雄山，陈乐斌. 超临界流体萃取技术及其应用[J]. 广州化工，2018，46(2): 19-20，23.
[51] 曹洪斌，申明金，陈莲惠. 微波萃取在中药提取中的应用[J]. 广州化学，2013(1): 72-76.
[52] 冯年平，范广平，吴春兰，等. 微波萃取技术在中药提取中的应用[J]. 世界科学技术：中药现代化，2002，4(2): 49-52.
[53] 张卫红，吴晓霞，马空军. 超声波技术强化提取天然产物的研究进展[J]. 现代化工，2013，33(7): 26-29.
[54] 李翠丽，王炜，张英，等. 中药多糖提取、分离纯化方法的研究进展[J]. 中国药房，2016，27(19):

2700-2703.

[55] 杨胜丹，付大友. 超声波、微波萃取及其联用技术在中药有效成分提取中的应用[J]. 广东化工，2010，37(2)：120-122，130.

[56] 吕波特. 超声波双频萃取软测量建模及其系统实现[D]. 北京：北京化工大学，2018.

[57] 赵鹏，任秋霞，杨晋. 超高压提取技术在中药提取中的应用[J]. 中国医药生物技术，2008，3(4)：301-303.

[58] 邵怡嘉，张志祥，尚海涛，等. 多种因素影响下的超高压提取工艺改良及应用研究[J]. 农产品加工(下半月)，2018(3)：58-62，68.

[59] 陈静雯，韩伟. 超高压技术在天然产物提取中的应用[J]. 机电信息，2018(26)：29-37.

[60] 郭赛，张雨婷，张莉，等. 超高压技术中药领域研究进展[J]. 广东化工，2017，44(1)：53-54.

[61] 韩奇钢，班庆初. 小型超高压装置的设计原理及研究进展[J]. 高压物理学报，2015，29(5)：337-346.

[62] 王忠雷，杨丽燕，曾祥伟，等. 酶反应提取技术在中药化学成分提取中的应用[J]. 世界中医药，2013，8(1)：104-106.

[63] 王翔，卢晓江. 中药连续动态逆流提取过程控制技术[J]. 轻工机械，2014，32(4)：61-64.

[64] 韩伟，夏玉婷，谷旭晗，等. 对中药提取分离新技术及其设备的研究[J]. 机电信息，2013(32)：1-9.

[65] 李精云，刘延泽. 组织破碎提取法在中药研究中的应用进展[J]. 中草药，2011，42(10)：2145-2149.

[66] 程振玉，杨英杰，成乐琴，等. Box-Behnken 响应面法优化组织破碎提取龙胆苦苷[J]. 中成药，2016，38(6)：1408-1412.

[67] 陈洪章，彭小伟. 汽爆技术促进中药资源高值化利用[J]. 化学进展，2012，24(9)：1857-1864.

[68] 李冰. 亚麻籽蒸汽爆破处理及其活性成分变化研究[D]. 洛阳：河南科技大学，2017.

[69] 王秋红，赵珊，王鹏程，等. 半仿生提取法在中药提取中的应用[J]. 中国实验方剂学杂志，2016，22(18)：187-191.

[70] 杨姜德，刘可越，何明，等. 半仿生技术在中药黄酮类成分提取中的应用进展[J]. 南昌大学学报(医学版)，2015，20(5)：87-89，100.

[71] 刘磊磊，李秀娜，赵帅. 双水相萃取在中药活性成分提取分离中的应用进展[J]. 中草药，2015，46(5)：766-773.

[72] 骆沙曼，丁为民，于涛，等. 桦木醇的液泛提取工艺研究[J]. 林产化学与工业，2013，33(1)：54-58.

[73] 姜秀海，孙月华，胡子昭，等. 醇提麻黄碱的液泛法工艺研究[J]. 天津化工，2004，18(4)：45-47.

[74] 王晓武，赵明，高瑞华. 中药动态提取及产业化研究进展[J]. 北方药学，2011，8(2)：49-50.

[75] 郭明明. 中药提取工艺对药品质量的影响分析[J]. 黑龙江科学，2016，7(12)：130-131.

[76] 中华人民共和国中央人民政府. 中共中央国务院关于促进中医药传承创新发展的意见：2019 年 10 月 20 日[EB/OL].[2023-05-05]. http：//www.gov.cn/gongbao/content/2019/content_5449644.htm.

[77] 李兵，侯酉娟，刘思鸿，等. 经典名方复方制剂研发的文献考证要点与策略[J]. 中国实验方剂学杂志，2019，25(21)：1-5.

[78] 国家药品监督管理局综合司. 中药配方颗粒质量控制与标准制定技术要求[EB/OL].[2023-05-05]. https：//www.nmpa.gov.cn/yaopin/ypggtg/20210210145453181.html.

[79] 杨立伟，王海南，耿莲，等. 基于标准汤剂的中药整体质量控制模式探讨[J]. 中国实验方剂学杂志，2018，24(8)：1-6.

[80] 梁爱华，韩佳寅，陈士林，等. 中药经典名方的质量与安全性考量[J]. 中国食品药品监管，2018，17(6)：4-10.

[81] 樊启猛，贺鹏，李海英，等. 经典名方物质基准研制的关键技术分析[J]. 中国实验方剂学杂志，2019，25(15)：202-209.

[82] 国家药品监督管理局药品审评中心. 古代经典名方目录管理的中药复方制剂药学研究技术指导原则(试行)[EB/OL].[2023-05-05]. https：//www.cde.org.cn/main/news/viewInfoCommon/1c18d-d163e7c9221786e5469889367d0.

[83] 国家药品监督管理局综合司. 古代经典名方中药复方制剂物质基准的申报资料要求(征求意见

稿)[EB/OL].[2023-05-05]. https://www.nmpa.gov.cn/directory/web/nmpa/xxgk/zhqyj/zhqyj-yp/20190327150101694.html.

[84] 高喜梅,贾萌,赵晓莉,等. 经典名方传统制法向现代生产工艺转化关键问题探索[J]. 南京中医药大学学报,2019,35(5):601-605.

(朱华旭　唐志书　陈周全　陈世彬　林丽娜　伍振峰　张继芬　张彤　路璐)

第四章　分离纯化技术

分离纯化是将混合物分为组成互不相同的两种或几种目标产物的过程。中药制药生产过程中的提取、过滤、纯化、浓缩与干燥等工艺流程均属于物质进行分离纯化的过程，譬如，提取工序是将药效物质从构成中药材和饮片的动、植物组织器官中分离出来；过滤工序是将药液与药渣进行分离；纯化工序是实现细微粒子及某些大分子非药效物质与溶解于水或乙醇等溶剂中的其他成分分离；浓缩、干燥工序是实现溶剂与溶质的分离。可见，分离纯化过程贯穿整个中药生产全流程，是中成药生产中的主体部分。本章重点介绍用于中药材和饮片提取后物料（本章统称为“中药提取物”）进行分离纯化的技术。

值得注意的是，中药制药工艺是影响中药质量最为关键的因素之一。近年来，在传统分离纯化技术的基础上，中药提取物分离纯化技术不断汲取化学工程、材料科学、信息科学中的新技术、新方法、新理论，从信息化、智能化入手形成了系列中药制药关键技术，为中成药制剂的安全、有效、稳定、可控提供了重要支撑，为新剂型的研发和应用提供了新路径、新策略。本章重点对传统和新型分离纯化技术的基本原理、应用范围及其应用中存在的技术问题进行解析，以期使读者能够在掌握技术基本原理和应用规范的基础上，结合研发和生产实际，对技术进行集成应用和创新，为新产品研发、新工艺应用、新装备创制储备专业知识和技能。

一、分离纯化工艺设计问题解析

1. 设计分离纯化工艺时选择的依据是什么?

分离纯化是将混合物分离为目标产物的过程，中药制药分离纯化的目标是获取符合临床需求、可用于成型制剂的药效物质或部位。分离之所以能够进行，是由于混合物待分离的组分之间在物理、化学、生物学等方面的性质至少有一个存在着差异。中药制药分离纯化过程即根据中药提取物中各成分、各部位之间物理、化学、生物学性质的差异，运用一定的方法使各成分、各部位彼此分开，获得单一化合物、有效部位及其配伍组合的过程。因此在进行工艺设计时，可以从以下两方面进行考虑[1-3]。

（1）依据分离纯化原理进行工艺设计：混合物根据其溶解状态下是否存在相界面，可分为均相混合物（溶质和溶剂相互溶解）和非均相混合物（物质互不相溶，以不同的形态或相形成）。中药分离纯化工艺常根据被分离药效物质处于均相体系还是非均相体系而被分为机械分离和传质分离两大类。机械分离是将两相或两相以上的混合物通过机械处理加以分离，此过程不存在传质过程，如过滤、沉降、离心等，是建立在场分离原理上的分离技术。传质分离是建立在相平衡原理基础上的分离技术，一般是依靠平衡和速率两种途径来实现，如蒸馏、萃取、色谱、吸附、结晶、离子交换等，是以各组分在媒介中分配系数的差异而实现分离；又如分子蒸馏、超滤、反渗透等，是以各组分扩散速率的差异而实现分离。

表 1-4-1 列出了待分离组分在物理、化学和生物学方面可能存在的性质差异。其中，属于混合物平衡状态的参数有溶解度、分配系数、平衡常数等；属于各成分、各部位自身所具有的性质有密度、迁移率、电离电位等；属于生物学方面的性质有由生物体高分子这样的极大分子复合后的相互作用、立体构造、有机体的复杂反应，以及三者综合作用产生的特殊性质等。

表 1-4-1　可用于分离的待分离组分性质差异

	物理方面的性质
力学性质	密度，摩擦因数，表面张力，尺寸，质量
热力学性质	熔点，沸点，临界点，转变点，蒸气压，溶解度，分配系数，吸附平衡
电、磁性质	电导率，介电常数，迁移率，电荷，淌度，磁化率
输送性质	扩散系数，分子飞行速度
	化学方面的性质
热力学性质	反应平衡常数，化学吸附平衡常数，电离常数，电离电位
反应速度性质	反应速度常数
	生物学方面的性质
	生物学亲和力，生物学吸附平衡，生物学反应速度常数

中药提取物分离纯化工艺设计主要考虑两方面的问题[1]：一是能否根据粗提取物的性质，选择相应的分离方法与条件，提取药用物质；二是能否除去无效和有害组分，尽量保留有效成分或有效部位，即采用各种净化、纯化、精制的方法提高提取物中有效成分的含量。

（2）依据生产实际情况进行工艺设计：分离工艺的选择一般是根据上述混合物的性质，对工艺可行性进行评价后，再进行工艺筛选和集成以获得最优工艺。鉴于中药物质基础的复杂性，为适应中药制药分离工程的需要，可借鉴系统科学的原理，如系统性、相关性、有序性、可行性等原则，从系统的角度评价工艺的可行性。中药分离工艺评价的主要指标是：降低总成本；减少样品处理体积；稳定性，即承受操作条件微小波动的能力；缩短分离过程所需时间，以降低产品的降解和提高生产率；高收率；高可靠性和高重现性等。同时，中医药配伍理论指出，君、臣、佐、使的实质在于各效应成分的合理组合。工艺设计时应考虑君、臣、佐、使之间的关系，以不违背传统中医药理论为原则。

由此可见，安全、有效、质量稳定，是工业化生产工艺设计的基本原则，主要需要考察的内容有：分离技术的关键性能参数对中药实验体系的适用性；分离所得中药提取物的安全性、有效性、稳定性；分离工艺的经济性和环保性。

鉴于新技术、新理论、新方法日趋增多，在工艺设计时，应优先考虑所选择的技术是否可确保中药成方制剂的临床安全、有效和生产稳定、可控；与此同时，在工业化大生产中，应考虑新技术与传统技术之间技术集成的可行性和设备的兼容性等，以确保新技术应用可有效提高生产效率。

2. 用于分离纯化的方法有哪些？目前常用于工业化大生产的有哪些？

用于中药分离纯化的方法有[2-8]：沉淀分离、离心分离、吸附分离等传统分离技术，以及膜分离、分子蒸馏、析晶分离、反应分离等新型分离技术，简述如下。

（1）沉淀法：在本章第10～14题论述。

（2）超速离心法：是通过离心机的高速运转，使药液中杂质沉淀一并除去的一种方法。其原理是利用混合液密度差来分离料液，比较适合于分离含难以沉降过滤的细微粒或絮状物的悬浮液。如：以白屈菜碱转移率、干膏得率为评价指标，分别考察平板直联式离心、高速管式离心、碟片式离心三种不同离心技术方法对痛安注射液组方药材白屈菜提取物精制纯化效率，结果表明，采用碟片离心技术对白屈菜酸沉液分离效果最好；高速管式离心对白屈菜酸水溶解液分离效果最好[9]。

（3）凝胶色谱法：交联葡聚糖LH-20和LH-60是适合中、小分子化合物分离纯化的介质，其分离机制是分子筛效应，即被分离的物质由于分子量不同，能够渗入凝胶颗粒内部的程度不同，在凝胶柱中层析时被洗脱下来的速度不同，从而因移动速率差异实现不同分子量化合物的分离。如：以黑果枸杞花色苷提取物为原料，研究Sephadex LH-20葡聚糖凝胶富集纯化花色苷的工艺条件，分别考察不同上样液浓度、pH和上样流速对花色苷的吸附率影响，同时考察不同洗脱液浓度、pH和洗脱流速对花色苷的解吸效果，并比较不同产物的总花色苷含量和抗氧化性。结果表明，富集后产物的总花色苷含量高于树脂纯化物，同时抗氧化性优于树脂纯化[10]。

（4）膜分离法：以选择性透过膜为分离介质，当膜两侧存在某种推动力（如压力差、浓度差、电位差等）时，原料侧组分选择性地透过膜，以达到分离、提纯的目的。该技术具有可常温操作、分离过程不发生相变化（除渗透汽化外）、能耗低、分离系数较大的特点。如：采用膜分离法建立一种适合于工业化生产的同步分离纯化甘草中甘草酸和甘草苷的工艺路线，在无机陶瓷膜孔径为10nm、压力0.12MPa和温度25℃的条件下，分离氨水提取后甘草水提液，甘草酸和甘草苷平均保留率分别为99.3%、98.9%，且平均除杂率为23.3%；该方法实现了甘草酸和甘草苷的同步提取和纯化，且工艺生产成本低，安全性好，适合工业化应用[11]。

（5）大孔吸附树脂法：是一种不含离子基团的网状结构高分子聚合物吸附剂，具有吸附性强、解吸附容易、机械强度好、可反复使用、流体阻力小等优点，其分离性能与树脂本身性质、溶剂因素和被分离的化合物性质等有关。其原理是采用特殊的吸附剂，利用其吸附性和筛选性相结合，从混合组分溶液中有选择地吸附其中有效成分，去除无效成分。特别适用于从水溶液中分离低极性或非极性化合物。如：采用AB-8大孔吸附树脂自荔枝核中分离总黄酮，最优工艺为树脂与药材的质量比3∶1，上样液质量浓度为4～6mg/ml，上样体积流量1ml/min，上样体积2BV（BV为树脂床体积），径高比1∶12，上样液pH=2，洗脱时先以20%乙醇3BV除杂，再用60%乙醇3BV洗脱，洗脱体积流量4ml/min；该条件下总黄酮质量分数从29.22%升至平均67.37%，固形物由1.25g减少至0.40g；研究证明该工艺稳定、可行，可作为荔枝核总黄酮的纯化工艺[12]。

（6）高速逆流色谱法（high-speed countercurrent chromatography，HSCCC）：是在液液分配色谱的基础上建立的一项分离技术。它依靠聚四氟乙烯（PTFE）蛇形管的方向性及特定的高速行星式旋转产生的离心场作用，使无载体支持的固定相稳定地保留在蛇形管中，并使流动相单向、低速通过固定相，在短时间内实现样品在互不相溶的两相溶剂系统中高速分配，继而达到连续逆流萃取分离物质的目的。HSCCC 分为正交轴逆流色谱（cross-axis counter current chromatography，cross-axis CCC）、双向逆流色谱（dual counter current chromatography，Du CCC）和 pH 区带精制逆流色谱（pH-zone-refining counter current chromatography，PZRCCC），不仅适用于非极性化合物的分离，也适用于极性化合物的分离，还可以应用于进行中药粗提物中各组分的分离或进一步的纯化精制。如：采用 HSCCC 分离黄酮类物质，目前已经成功分离得到槲皮素、槲皮苷、木犀草素等近百种化合物[13]。

（7）分子蒸馏（molecular distillation，MD）：又称短程蒸馏（short-path distillation）。该技术特别适合对高沸点、热敏性物料进行有效无损分离，尤其是那些具有挥发性的、成分活性对温度极为敏感的天然产物的分离，如玫瑰油、藿香油、桉叶油、山苍子油等。如：采用分子蒸馏技术纯化广藿香挥发油，在蒸发温度 65℃、进料速度 120ml/h、刮膜速率 150r/min 时，广藿香挥发油质量分数和提取率分别为 40.71% 和 76.55%。又如：采用超临界 CO_2 流体萃取（SFE-CO_2）和分子蒸馏（MD）联用技术对杭白菊精油进行萃取与分离，杭白菊精油得率为 0.418%[14]。

（8）双水相萃取（aqueous two-phase extraction，ATPE）：是一种固液分离方法。其应用原理与常规的液 - 液溶剂萃取原理相似，当目标分子进入双水相系统后，在分子间氢键、电荷相互作用、范德华力、疏水作用、界面性质作用的影响下，目标分子从一相传质到另一相，导致其在两相间的浓度产生差异，从而实现分离。双水相萃取是一种易于放大、可连续化操作、易于集成、绿色环保的新型液 - 液萃取分离技术，在分离纯化蛋白质、基因、生物纳米分子、细胞和天然产物等领域有着广泛应用。如：9 种黄酮包括金丝桃苷、橙皮苷、芦丁、葛根素、黄芪苷、金雀异黄酮、鹰嘴豆素 A、芹黄素和异槲皮苷通过双水相萃取从中药中分离纯化获得[15]。

（9）分子印迹技术（molecular imprinting technology，MIT）：是以待分离的化合物为印迹分子（也称模板、底物），制备对该类分子有选择性识别功能的高分子聚合物——分子印迹聚合物（molecular imprinting polymer，MIP），然后以这种分子印迹聚合物为固定相来进行色谱分离的技术。其特点是分子识别性强、选择性高，而且制得的 MIP 有高度的交联性，固定相不易变形，有良好的机械性能和较长的使用寿命，是一种高效的中药有效成分分离技术。如：以木犀草素为模板合成的 MIP，用柱层析法分离花生壳中的木犀草素，结果其对木犀草素的特异性识别很强并且吸附量明显高于常规分离方法[16]。

（10）澄清剂法：指在中药提取液中加入澄清剂使之与提取液中部分杂质絮凝沉淀，从而达到精制纯化目的的方法。目前常用的澄清剂有壳聚糖澄清剂、101 果汁澄清剂和 ZTC1+1 系列天然澄清剂。如：选用含异黄酮和黄酮类中药中常用的葛根、黄芩，考察壳聚糖絮凝沉降法对异黄酮和黄酮的纯化效果，结果证明，壳聚糖絮凝沉降法对葛根和黄芩水提液的澄清工艺稳定可行；同时对比了壳聚糖絮凝沉降法与醇沉法、自然沉降法和高速离心法的纯化效果，结果证明壳聚糖絮凝沉降法对葛根和黄芩的水提液优于其他 3 种方法，且稳定可行。中药复方葛根芩连汤处方中含有葛根、黄芩、黄连，按照单味药的试验操作，对葛根芩连汤水提液进行壳聚糖絮凝沉降和醇沉，比较复方中有效成分的含量、浸膏率的大小和与原药液指纹图谱的相似度，得出壳聚糖絮凝沉降法对葛根芩连汤复方的澄清工艺同样稳定可行[17]。

目前常用于工业化大生产的分离纯化方法有：①沉淀法。其中，水提醇沉是最常使用的方法。②高速离心法。高速离心作为一种物理分离技术，在其分离过程中能有效地防止中药中成分的损失，最大限度地保存活性成分，且还可缩短工艺流程，降低成本。③膜分离法。以超滤为代表的膜分离技术，包括半透膜、超滤膜、微孔滤膜、反渗透膜等，特点是有效膜面积大，分离效率高，滤速快，不易形成表面浓度极化现象，无相态变化，能耗小，可在常温下进行操作，对分离热敏性、保味性的物料更为适用，在中药成分的分离纯化中已显示出极大的优越性。④大孔吸附树脂法。已被广泛应用于中药药效成分的分离与纯化、药用部位的制备，已经成为中药制药工业实用的新技术之一。

二、常用分离纯化技术问题解析

3. 使用板框压滤机预滤时，滤液中炭末如何解决?

使用板框压滤机预滤时，由于炭末很细，最小的仅 1～2μm，而滤布的孔径均达到 40μm 以上，因此仅对＞10μm 的炭末有滤除效果，＜10μm 的炭末容易漏过。解决的办法是[1,18-19]：①使第一次滤液回到原来的料液中作二次或多次循环过滤，以逐渐提高滤液的澄清度；②滤液中有炭末，应停机检查滤布是否破损或有皱褶未铺平，如有，应重新换上滤布或将原有皱褶铺平后再滤；③可对滤液采取复滤的办法解决，其复滤介质多采用不再生的纤维黏结过滤管与折叠式微孔滤芯，多次复滤可保证滤液的质量，但操作复杂，成本高；④可加装精密过滤器，去除滤液中的炭末。

板框压滤机的装置示意图[2,7]如图 1-4-1 所示。

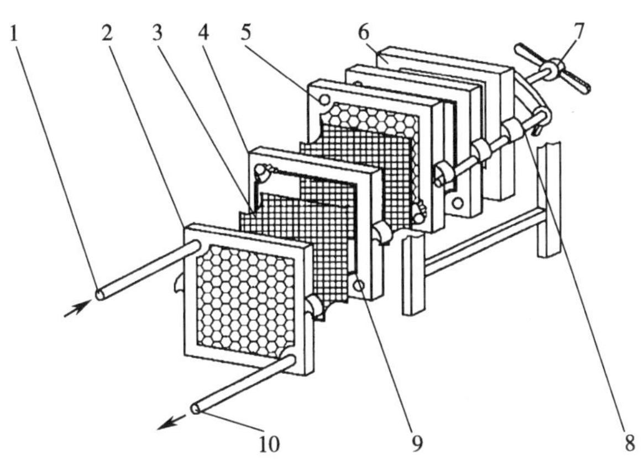

1. 滤浆进口；2. 滤板；3. 滤布；4. 滤框；5. 通道孔；6. 终板；7. 螺旋杆；8. 支架；9. 密封圈；10. 滤液出口。

图 1-4-1 板框压滤机装置示意图

4. 离心法的特点及其选择的原则有哪些?

离心法是利用各成分的密度差异，借助离心机的高速旋转产生不同离心力，使被分离物中大分子杂质沉降速度增加、杂质沉淀加速并被除去的一种方法。离心分离技术与其他技术相比，有以下几方面的特点[20-21]：占地面积小；停留时间短；无须助滤剂；系统密封性好；放大简单；过程连续；分离效率易于调节；处理量大；有效成分的损失小；药液澄明度改善度高。

离心机是制药企业应用离心法的主体设备，离心法的选择与离心机类型紧密相关。一般而言，会根据不同制剂的剂型和工艺要求选用离心机。主要有：

（1）中药片剂、颗粒剂、胶囊剂等固体制剂，在制备过程中需除去药液中的杂质、减少浸膏的黏度和引湿性，降低药液的含固量，同时要使得有效成分尽可能多地保留，此时可先选用普通三足式离心机对提取液进行离心滤过、除去其中纤维性杂质和较大颗粒，再选用高速管式离心机进行离心沉降分离，以除去普通离心机难以处理的稀薄、微细悬浮颗粒，从而达到去除杂质、保持疗效而又减少服用量的目的。

（2）中药口服液、酒剂、露剂等液体制剂，常因含有极微细的杂质悬浮于其中而影响制剂的稳定性，可选用碟片式离心机除去液体中悬浮的微细杂质，提高液体制剂的稳定性和澄清度。

（3）对于一些颗粒较大，含固量较大且固体密度差$>0.05g/cm^3$的悬浮液，可选用卧式螺旋沉降式离心机，不仅可用于分离，还可用于分级；其沉渣被螺旋输送离开液面后，在排出转鼓之前，经过一段脱水区进一步脱水，故沉渣含湿量较其他类型沉降离心机低，且在一定范围内可保持不变。

（4）对于某些有特殊要求的制剂和对热极敏感的物料，如生物制品、血液制品及酶类等则应选用真空冷冻高速离心机，既能除去杂质，又能使其有效成分不被破坏。

5. 离心法工艺操作中有哪些注意事项？

离心法是目前工业化大生产中最普遍采用的分离纯化方法，操作中的注意事项如下[20-23]：①使用过程中，无论是在什么样的环境下开展工作，机体都要水平放置。②电压要匹配，如果相差较大，建议不再使用。③接通电源时，一定要接好接地线。④在开机使用前，应检查转鼓是否出现伤痕、腐蚀等现象，发现问题应立即停止使用。⑤在将一些腐蚀性液体进行离心时，除使用带盖的离心管以外，还要保证管口与机体连接处不渗漏。⑥开机后，离心机转速还未达到预置转速时，操作者不要离开离心机，直到运转正常方可离开，要随时观察运行情况。⑦绝对不允许超过转子的最大转数、能承受的最大离心力和最大允许速度而使用；不能在高速运转时使用低速度转子。⑧绝对不允许不平衡运行离心机。样品务必在离心管重量平衡后对称放入转子内，否则在非对称的情况下负载运行，会使轴承产生离心偏差，引起离心机剧烈振动，严重的会使离心机转轴断裂。⑨不得在机器运转过程中或者转子未停稳的情况下打开防护门，以免发生事故。⑩分离结束后先关闭离心机，在离心机停止转动后，打开离心防护盖，清洁机腔。

6. 离心法的常用设备有哪些？如何进行选型？

离心分离的原理是利用混合液密度差来分离料液，比较适合分离含难以沉降过滤的细微粒或絮状物的悬浮液。常用的离心机按分离方式不同可分为[2, 20-24]：过滤式离心机、沉降式离心机和分离式离心机。此外，真空冷冻离心机，其转速可达 60 000r/min，离心温度可降到 –40℃，常用于热敏性物质和生物药品的分离纯化。

（1）过滤式离心机：分离固液两相体系的机械，对所要分离的固液两相没有密度差要求，鼓壁有孔。常用类型有三足式离心机和卧式刮刀卸料离心机。①三足式离心机：是一种间歇操作的离心机（图 1-4-2），适用于分离固相颗粒粒径$>$10pm 的悬浮液，如粒状、结晶状或纤维状物料，也可供纺织物的脱水、金属切削铁屑和润滑油的回收等。该类机型具有结构简单、操作方便、适应性强、过滤时间可根据物料特性及分离要求灵活掌握、滤渣洗涤充分、固体颗粒不易破碎等优点。②卧式刮刀卸料离心机：是一种间歇操作的离心机（图1-4-3），该机适用于分离固相颗粒粒径＞10pm 的悬浮液，固相可得到较好的脱水和洗涤效果，但刮刀卸料会使部分颗粒被破碎。该类机型具有处理量大，分离效果好，对悬浮液的浓度变化适应性强等优点。

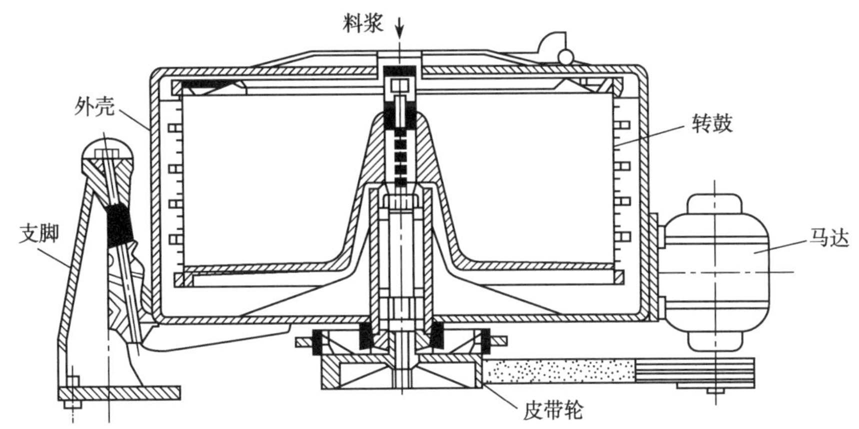

图 1-4-2　三足式离心机装置示意图

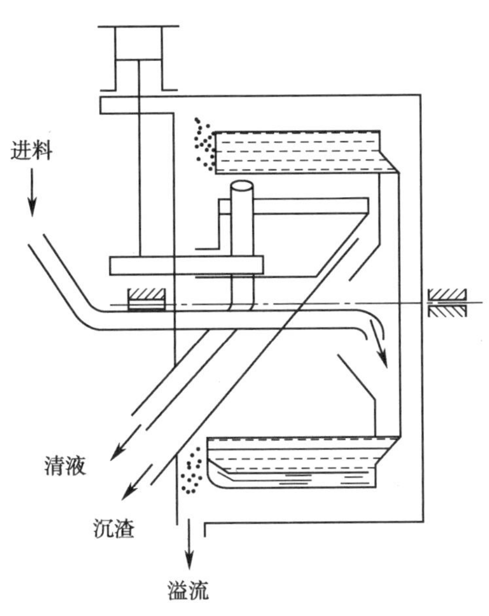

图 1-4-3　卧式刮刀卸料离心机装置示意图

（2）沉降式离心机：工作原理是利用固、液比重差，并依靠离心力场使之扩大几千倍，固相在离心力的作用下被沉降，从而实现固液分离，鼓壁无孔。常用类型有螺旋卸料沉降离心机和碟片式离心机。①螺旋卸料沉降离心机：有卧式和立式两种结构，工业上以卧式为主，简称“卧螺”。立式螺旋卸料沉降离心机适用于分离固相颗粒粒径为 10～60pm 的悬浮液，被分离的固相重度应大于液相重度，且为不易堵塞滤网的结晶物料或短纤维状物料。卧式螺旋卸料沉降离心机适用于分离固相颗粒粒径≥5pm 的悬浮液，以及固相脱水、液相澄清，液 - 液 - 固、液 - 固 - 固三相分离和粒度分级等分离过程。②碟片式离心机（图 1-4-4）：是以轴带动复叠的碟盘，产生的离心力使经过碟孔的药液沉降距离变小，分离效果提高，也使被处理的液 - 液混合液或液 - 固悬浮液达到澄清、分离、浓缩的目的。

（3）分离式离心机：亦称超速离心机（图 1-4-5），适用于乳浊液及含少量固体颗粒的乳浊液，鼓壁无孔。常用类型主要有高速管式离心机，其转速一般在 10 000r/min 以上，分离因素可达 15 000～65 000。由于转速很快，悬浮液在管状转鼓中行程长，因此能够分离一般离心机难以分离的物料，特别适用于分离乳浊液、细粒子的悬浮液（固体颗粒直径 0.1～100μm）或分离两种不同密度的液体。

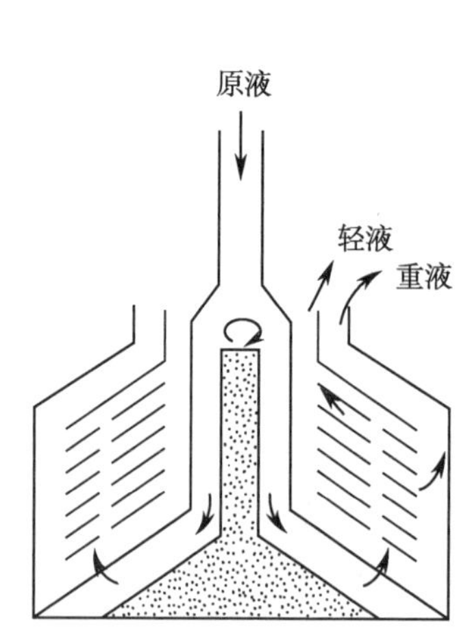

图 1-4-4　碟片式离心机装置示意图

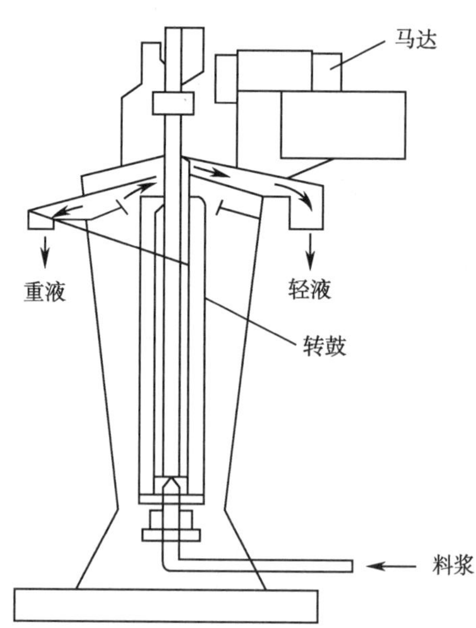

图 1-4-5　高速管式离心机装置示意图

（4）冷冻离心机：指为防止在离心过程中温度升高造成酶等生物分子的变性失活，配备有制冷控制系统的离心机。按转速不同分为低速冷冻离心机（＜10 000r/min）、高速冷冻离心机（10 000～30 000r/min）、超速冷冻离心机（＞30 000r/min）。超速冷冻离心机为减少离心过程中的空气阻力和摩擦，常配备真空系统，离心过程中保持真空状态，此类超速冷冻离心机亦称真空冷冻离心机。

离心机的选型实质上是根据物料的物性参数和工艺要求，在各种离心机机型中寻找一种能符合工艺要求的特定机器，故，在选型过程中要求工艺和设备工程技术人员能很好地结合。选型时可参考的指标主要是：①物料物性参数。主要有悬浮液的固相浓度、固相颗粒粒径范围、固液两相比重差和液相黏度。液液分离的参数是液液两相的浓度、比重差和黏度。②与机器材料和结构有关的参数。如 pH、是否易燃易爆，以及磨损性等。③分离目的。明确是为取得含水率低的固相、澄清度高的液相，还是固液两相均有要求，或对一相要求高，对另一相可适当放宽要求。根据分离纯化目标，选择不同的机型。

7. 管式超速离心机在使用中应注意哪些问题？

管式超速离心机是工业用离心机中分离因数最高的机型，它能分离一般离心机难以分离的物料。由于管式离心机属于可以连续分离、停机清渣的超高速分离机器，因此使用过程应特别注意以下问题[2,20-24]。

（1）液料的预处理：进入管式超速离心机前的液料应预先经过澄清或滤过处理，去除大粒径杂质或沉淀，使其含固量减少，否则经常停机清渣，将会降低分离效果和延长分离时间。一般来说，待分离料液中所含杂质的百分率若低于 0.5%，则能发挥理想的分离效果。

（2）进料压力和进料速度的控制：根据物料的特性及工艺条件，采用高位槽进料或用泵进料。在喷嘴直径固定的情况下，进口压力越大则产量越高。根据物料特性控制好进料流速，在分离因数相同的情况下，流速越小，离心机的产量越小，而料液的分离效果越好。由于随着沉渣的增加转鼓内径的中空直径越来越小，料液所受的离心力也随之减小，分离效果也随之下降，故，为了保持同一分离效果，分离操作时的进料量应该在开始时较大，而最后较小为宜。

（3）减少中途停机：在分离操作中，除因转鼓沉淀太多，离心机已不能继续分离，必须停机清渣外，一般情况下不要中途停机，否则会影响分离效果。

（4）安全防护：高速管式离心机工作过程中，操作人员不能擅自离开。一旦出现异常，不要直接关闭总电源，而是应该按下急停停止键。高速管式离心机在未可靠停稳的情况下不能打开机盖，以免发生事故或危险。

8. 真空冷冻离心机在使用中应注意哪些问题？

真空冷冻离心机属超高速离心机类型[24-27]，其转速一般在 40 000～80 000r/min。由于转速很高，因此要特别注意防止转头因金属疲劳或机械疲劳而造成的损坏。使用过程应特别注意以下问题。

（1）选择合适的转头。转头是真空冷冻离心机最重要的组成部分。高速旋转的转头由于受强大离心力的作用，在转子内部形成很大压力，导致转子径向扩展、轴向缩短，开始产生弹性应变，随着转速增加，这种弹性应变也随之增加。当转速达到某一数值，转子材料开始塑性应变。同时，转子在加速过程中，材料内部多次重复受到拉伸和松弛的交变应力作用，引起材料结构细微变化，经过一定次数的交变应力循环，这些细微变化导致极细微的裂纹，最后使转子失效。这种疲劳裂纹是由循环变应力、拉伸力和塑性应变三者同时作用而造成的。循环变应力使裂纹形成，拉伸力使裂纹扩展，塑性应变影响整个疲劳过程。因此，选择合适的转头是真空冷冻离心机使用过程中最重要的问题。一般钛合金材料制成的转头比最好的铝合金转头所能经受的离心力场要大 1 倍，钛还具有较好的化学耐蚀性和相当好的抗拉特性，适合于任何介质。

（2）防止转头损坏。①超速造成损坏。超速离心机内部装有光学测速装置，并通过其检测限制转子速度。在使用过程中要保养好测速盘，为保证转子正常运行，使用前必须检测是否有磨损。转子使用后，将转子清洗倒放或放置于专用转子架。②装料不平衡造成损坏。装料时要注意保持样品离心管的最佳平衡，离心管的放量要对称，否则会因转头不平衡而造成损坏。一般离心管平衡误差为 0.01g 左右。③日常保养。要特别注意加强对离心机转头的维护保养，所有转头使用后均应立即用温水洗净并干燥，注意洗涤时不要用碱性去污剂，严禁将转头浸泡在去污剂中清洁。干燥后的转头外表可稍涂些硅脂抛光，转头内壁腔可用硅油涂刷保护。

（3）操作注意事项。①注意防止化学腐蚀，装料时尽量防止样品外溢或渗漏，同时注意严格按照各种塑料管的物理特性和化学稳定性认真选择适合分离样品的塑料离心管，以免造成化学腐蚀。②真空冷冻离心机在预冷状态时，离心机盖必须关闭，离心结束后取出转头要倒置于实验台上，擦干腔内余水，离心机盖处于打开状态。③真空冷冻离心机在离心时，液体一定要加满离心管，只有加满才能避免离心管变形。如离心管盖子密封性差则液体不能加满，以防外溢，而影响感应器正常工作。玻璃离心管绝对不能在超速离心机上使用。

9. 碟片式离心机在使用中应注意哪些问题？

碟片式离心机作为一种高效的分离机械，按其操作原理可分为两类：液 - 固分离，是低浓度悬浮液的分离澄清操作；液-液或液-液-固分离，是乳浊液的离心分离操作。该机在使用中应注意以下问题[2,21]。

（1）启动前的准备工作：①碟片式离心机首次开机前，必须先对油箱内进行检查并清理干净，然后加入润滑油，油位加至油标中部刻线。机盖安装前应该检查转鼓周围有无杂物，然后松开刹车用手顺时针方向拨动转鼓，应尝试转动灵活无异常，方可安装上盖、进出口装置，连接好管道。②检查操作水压力，打开操作供水阀。

（2）启动电机及正常操作：①转动电机检查转鼓的旋转方向。②按下电机启动开关，观察电流表，一般启动电流不超过30A，全速后的工作电流不超过20A。其过载保护器选用时启动和正常工作用的应分开，由时间继电器切换。注意当机器通过临界转速时振动稍大属于正常现象，待机器到达全速后便恢复正常状态。③启动时间一般为5min左右，机器到达全速后，其转速指示盘的转速约为65r/min，操作的密封阀自动开启，滑动活塞封闭。这时便可打开进料管道上的热水阀门，先用热水预热转鼓，大约需要30分钟，待转鼓的温度升到工艺要求的温度时，便可打开进料阀门，同时关闭热水阀门。④根据生产工艺要求，待流量基本稳定后，调节分离机出口压力、通过量（单位时间流量）和分离效果，并通过化验轻相和重相的质量来逐渐调整各工艺参数，确定好排渣周期、排渣时间，以使分离机达到最佳的分离效果。同时在正常生产过程中要经常观察各参数的稳定性。⑤经常观察分离机的工作电流、振动烈度、齿轮箱润滑油的油位等，如发现异常情况要及时排除。

（3）停机程序操作：①关闭进料管阀门，同时打开热水管阀门，冲洗转鼓。②按“全排渣”按钮，将转鼓内残余油脚等重相排出机外，间隔一定时间再进行一次全排渣（待电流表恢复至正常值后）。如此重复直至重相出口的水透明为止。③关闭热水供应阀。④关闭电机及自动控制器，关闭操作水阀门。待分离机转速降到2 000r/min左右时可以使用制动器制动，使机器尽快通过临界转速，但禁止在高速时使用制动装置。

10. 沉淀法主要有哪几类？

沉淀法又称沉淀分离法，是经典的重力沉降分离，其原理是利用非均相混合物间的密度差使颗粒在重力作用下发生下沉或上浮来进行分离。操作过程是在样品溶液中加入某些溶剂或沉淀剂，通过化学反应或是改变溶液pH、温度等，使分离物质以固相物质形式沉淀而析出。

沉淀法根据其加入的沉淀试剂可分为以下几种类型[1-2]。

（1）水醇沉淀法：在沉淀过程中涉及水和乙醇两种溶剂，一般有两种沉淀方式。①水提醇沉法：将药材加水煎煮提取，然后将提取液适当浓缩，向其中加入适量乙醇使达到一定含醇量，某些成分在醇溶液中溶解度降低析出沉淀，固液分离后使水提液得以纯化的方法。一般乙醇浓度达60%以上，难溶于乙醇的成分如淀粉、树胶、黏液质、蛋白质等杂质从溶液中沉淀出来，实现待纯化部位与杂质的分离。②醇提水沉法：将药材用一定浓度的乙醇提取，回收部分乙醇后再加水处理，并静置冷藏一定时间，可使杂质沉淀除去。主要用于除去醇提液中脂溶性杂质如油脂、叶绿素等。

（2）酸碱沉淀法：指利用酸性成分在碱中成盐而溶解、在酸中游离而沉淀，而碱性成分在酸中成盐而溶解、在碱中游离而沉淀的性质，来进行分离的一种方法。一般有3种沉淀方式。①酸提碱沉：用于生物碱的提取分离。②碱提酸沉：用于酚、酸类成分和内酯类成分的提取分离。③调节pH等电点：使蛋白质、多肽等酸碱两性的化学成分沉淀析出而分离。

（3）铅盐沉淀法：利用中性醋酸铅和碱式醋酸铅在水或醇溶液中能与多种化学成分生成难溶性铅盐或化合物沉淀，将待纯化部位与杂质分离。中性醋酸铅可以与酸性或酚性的物质结合成不溶性铅盐，因此可以沉淀有机酸、蛋白质、氨基酸、黏液质、鞣质、酸性皂苷、树脂、部分黄酮苷和花青苷等。碱式醋酸铅沉淀范围更广，除了上述能被中性醋酸铅沉淀的物质外，还可沉淀某些苷类、糖类及一些生物碱等碱性物质。

（4）专属试剂沉淀法：利用某些试剂能选择性地与某类化学成分反应生成可逆的沉淀，从而与其他成分分离的方法。如水溶性生物碱可加入雷氏铵盐沉淀获得[28]；甾体皂苷可被胆甾醇沉淀；鞣质可被明胶沉淀等。但在使用试剂沉淀法时要注意：若用试剂来沉淀分离待纯化成分，则生成的沉淀应是可逆的；若被沉淀成分是待去除杂质，则生成的沉淀应是不可逆的。

（5）盐析法：指在中药水提液中加入无机盐使之达到一定的浓度或半饱和或饱和状态后，使提取液中的某些成分在水中的溶解度降低而沉淀析出，或用有机溶剂萃取出来，从而使得其与水溶性大的杂质分开的一种分离方法。

除此之外，可用于蛋白质类成分的分离、除杂的方法，包括有机溶剂沉淀法、重金属盐沉淀法；亦有研究报道采用低温沉淀法[29]、石灰乳沉淀法[30]等获取中药有效部位。

11. 如何设计沉淀法工艺研究中的考察指标?

遵循“质量源于设计”的理念[31]，在工艺研究时，其考察指标的选择应以临床价值为导向，与产品的安全性、有效性、稳定性、可控性、服用依从性相关。一般而言，考察指标应与“中间体”的关键质量属性[32]（critical quality attribute，CQA）相关，通常可选择醇沉上清液总固含量、多个指标性成分转移率、醇沉后制得干膏粉作为醇沉后药液的考察指标，必要时增加指纹或特征图谱、成品吸湿性等指标进一步确定醇沉对整个生产过程的影响。

12. 水提醇沉法适用于哪些成分的精制? 醇提水沉法适用于哪些成分的精制?

中药中含有的生物碱盐、苷类、蒽醌类、有机酸盐、氨基酸、多糖等易溶于水的一些成分，适用于水提醇沉法。对于某些产品，可通过此法制备多糖等部位。利用上述成分溶于水的特性，用水将其自药材中提取出来，提取液浓缩，加入适量乙醇，搅拌，静置冷藏一定时间，使不溶于乙醇的杂质如蛋白质、黏液质、糊化淀粉、树脂或多糖等沉淀，达到分离精制的目的。

中药中含有较多蛋白质、黏液质、多糖等杂质，提取目标成分为生物碱、游离蒽醌、苷类等成分时采用该法提取和精制。采用一定浓度的乙醇提取药材，将生物碱、游离蒽醌、苷类等成分溶出，将醇提取液回收乙醇后，加水，搅拌，静置冷藏一定时间，将树脂、油脂、色素等杂质沉淀后滤除。

13. 水提醇沉法可能出现哪些问题?

水提醇沉法是中药生产中应用较为广泛的精制方法，从20世纪50年代后期至今被普遍采用，有的甚至把此工艺视为中药提取净制的“通则”，但在长期实践中发现可能出现如下问题，需要在工艺设计和应用时引起充分重视。

（1）对工艺成本的影响：醇沉工艺耗醇量大，回收乙醇耗能量多；醇沉过程需要采用专门的设备及安全措施，增加了固定投资成本。为降低成本，回收后乙醇一般将继续使用，但回收得到的醇浓度较醇沉加入时浓度（一般为95%以上）降低较多。为保持产品批间质量的一致性，醇沉时加入乙醇的浓度应始终保持不变，故需对回收后的乙醇进行进一步的蒸馏处理，耗能进一步增大，投资成本也相应增加。

（2）对传统药效的影响：传统上中药复方大多水煎服用。乙醇沉淀工艺会去除部分水不溶性成分，但该类成分尚未有充分的临床和药效实验证实其均为无效成分。如：现代研究发现乙醇沉淀去除的多糖多具有与治疗需求相匹配的生理活性[33-35]；四物汤中5-羟甲基糠醛、绿原酸、咖啡酸、芍药苷、阿魏酸、毛蕊花糖苷、洋川芎内酯A、藁本内酯等8种药效成分在水提醇沉过程损失比例高达15%～20%[36]；连翘水煎液经醇沉后有效成分损失率较大，抗菌活性亦随之降低[37]。可见，醇沉工艺对药效成分的影响及其两者之间的相关性还需进一步深入研究[38]。

（3）对制剂成型的影响：回收乙醇后的药液往往黏性较大，较难浓缩，且其清膏黏性也大，造成制粒较困难；另外，若醇沉工艺参数未经预实验充分优化，会明显影响制剂成型。如：研究水提醇沉中醇沉浓度对板蓝根泡腾片制备过程的影响，结果发现，醇沉浓度具有显著性影响[39]。可见，选择醇沉浓度时应兼顾整个中成药生产过程，并通过预试验来优选。

（4）对制剂稳定性的影响：大生产中发现，经醇沉处理后的液体制剂在保存期间容易产生沉淀或粘壁现象；有不少产品醇沉后制得的清膏在冷藏保存过程中出现一些难溶于水的胶状物。分析其原因应与水提液经醇沉后，其原来相对平衡的体系被打破有关。

综上，在没有充分的理论和实践依据之前，不宜盲目地套用本法。

14. 工业化大生产中水提醇沉法是最普遍采用的分离工艺，有哪些注意事项？

大生产中，水提醇沉工艺的操作流程是：中药水提液浓缩至1∶（1～2）（ml∶g），药液放冷后，边搅拌边缓慢加入乙醇使其达规定含醇量，密闭冷藏24～48h，滤过，滤液回收乙醇，得到精制液。研究表明，醇沉工艺的主要影响因素有：初膏浓度及温度、乙醇用量及乙醇浓度、醇沉温度及时间、加醇方式和搅拌速度。

因此，大生产中应注意以下问题：①药液应适当浓缩，以减少乙醇用量。但应控制浓缩程度，若过浓则有效成分易被包裹于沉淀中而造成损失。②浓缩的药液冷却后方可加入乙醇，以免乙醇受热挥发损失。③选择适宜的醇沉浓度。一般药液中含醇量达50%～60%可除去淀粉等杂质，含醇量达75%以上大部分杂质均可沉淀除去。④慢加快搅。应快速搅动药液，缓缓加入乙醇，以避免局部醇浓度过高造成有效成分被包裹损失。⑤密闭冷藏。可防止乙醇挥发，促进析出沉淀的沉降，便于滤过操作。⑥洗涤沉淀。沉淀采用乙醇（浓度与药液中的乙醇浓度相同）洗涤，可减少有效成分在沉淀中的包裹损失。⑦醇沉后的药渣要回收乙醇。⑧使用大量无水乙醇时，应注意操作空间通风、防火、防爆等安全问题。

15. 醇沉设备主要由哪些部件构成？

大生产中，醇沉工艺的设备主要有机械搅拌醇沉罐和浮球搅拌醇沉罐[2-3]，见图1-4-6，前者应用更多。

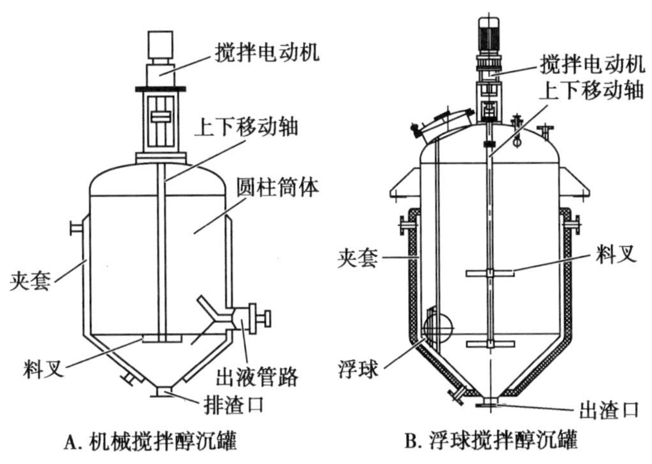

图 1-4-6 沉淀分离工艺设备示意图

醇沉罐由附夹套的椭圆封头，锥形底的圆筒体，筒体内装三叶式搅拌以及特殊的出液管路等组装而成。罐体内有动力机械搅拌装置，一般用于醇沉过程自动搅拌；罐顶的灯镜和视镜可观察罐内料液出料情况；夹套中可通低温冷却水或冷冻盐水，使料液间接冷却，控制醇沉液沉淀所需的温度；清洗球可旋转清洗设备以减轻工人劳动强度；出液管路上装有管路视镜，可观察、控制出液的状况；罐顶部一般装有高压水自动喷淋清洗系统，罐底有手动出渣门；有些醇沉罐内装有浮球出液装置，可减轻工人劳动强度，使出液过程自动完成。

16. 醇沉设备目前存在的主要问题有哪些？

目前常用醇沉设备存在的主要问题有：①乙醇加入方式单一、搅拌形式及搅拌速度不能柔性调节。应加装或改装乙醇分流器装置及可调节搅拌速度装置，使加入的乙醇均匀分散；同时，选择适宜的搅拌速度，提高药液与乙醇混合的均一性，以避免局部乙醇浓度过高而包裹提取液产生块状沉淀物。②出渣困难。罐底排沉淀物有两种形式：一种是气动快开底盖，用于渣状沉淀物排出；另一种是球阀，用于浆状或絮状沉淀物排出。事实上沉淀物由于黏性大而很难排除，可加大排料口或改变排料口形状；或在锥形底部安装切线蒸汽管道，通入蒸汽可使沉淀物软化，有利于沉淀物排出。③上清液不能抽净。可通过罐侧的出液管出料，调节出液管的倾斜角度可使上清液出尽。④抽液靠近沉淀底部时不易控制，常出现液渣混合、浊液带入清液中。⑤清洗不方便，长时间使用会出现药垢严重现象。

17. 如何减少醇沉过程中有效成分的损失？

从醇沉工艺优化入手，可有效解决有效成分的损失，主要有以下几方面。

（1）醇沉前清膏的浓度应适宜，若过浓，加乙醇沉淀时药液不易分散，有效成分易被包裹于沉淀中而造成损失。

（2）上清液充分转移。自醇沉罐内保证醇沉上清液能够完全放出；沉淀吸附的药液充分滤干；对沉淀进行洗涤，充分收集有效成分。

（3）醇沉后的清膏处理。清膏的浓度应适宜，有些具有生理活性的成分，如多种苷元、香豆素、内酯、黄酮、蒽醌、芳香酸等在水中难溶或溶解度低。若药液浓度太大，经醇沉回收乙醇后再进行滤过处理，则成分损失严重。

（4）改进加醇的方式。分次醇沉或以梯度递增方式逐步提高乙醇浓度而进行醇沉，有利于除去杂质，减少杂质对有效成分的包裹而被一起沉淀损失。

（5）醇沉工艺操作方式。醇沉操作时应将乙醇慢慢地加入浓缩药液中，边加边搅拌，使含醇量逐步提高，确保醇沉时在加乙醇搅拌过程中，体系处于高度分散状态，加入的乙醇与原药液体系中的物质有充分的接触机会。

（6）防止乙醇挥发，确保醇沉上清液乙醇浓度达到要求。加乙醇时药液的温度不能太高，太高乙醇易挥发，若按计算量加入乙醇，则最终药液中乙醇浓度偏低；加至所需乙醇含量后，将容器口盖严，以防止乙醇挥发。药液中乙醇浓度未达要求，若偏低，对目标成分的溶解能力可能降低。

（7）注意含醇药液的冷藏处理操作。一般要待含醇药液慢慢降至室温后再移至冷库中，于5～10℃下静置12～24小时，若含醇药液降温太快，微粒碰撞机会减小，沉淀颗粒较细，难以滤过，则影响转移率。

18. 如何改善醇沉工艺的稳定性，保证批间均一？

为保证醇沉工艺的稳定性，可以从人、机、料、法、环、测等6方面入手，制定醇沉操作规范，确保醇沉后中间体的稳定、可控。

（1）人：操作人员必须经过培训、考核上岗，严格执行生产操作规范。

（2）机：尽量按照设计好的工艺，并能够实现自动化操作，减少人为主观带来的影响；设计好的工艺能够很好地在设备上落实，如加醇的速度、搅拌速度、冷却效果等。

（3）料：生产投料用的药材或饮片的质量尽量做到批间均一；醇沉前制备的清膏批间质量均一，即要明确醇沉工艺与前端工艺执行的相关性，如药材或饮片的前处理、投料、提取、浓缩等批间一致，醇沉用乙醇的浓度批间也应保持一致。

（4）法：主要以物理和化学指标表征的清膏质量，批间难以完全一致，大生产时会在一个相对合理的区间内波动。为了更好地控制这种由中药材自然属性引起的质量波动，醇沉工艺在关键工艺参数的设置上应该具有一定的柔性，即制定一个合理的范围。主要应关注以下几点：①确定关键工序，如加醇的速度、搅拌速度、醇沉药液中乙醇含量等，三者均与醇沉前清膏质量相关，相互关联、相互匹配、可调节；②加醇量的计算方式应保持一致：可采用体积法、重量法。若要确保醇沉上清液中乙醇含量保持相对一致，需根据清膏中的实际含水量计算加入乙醇的量。在实际生产中，对同一中药制剂产品中间体清膏的含水量可以构建“相对密度 - 含水量”相关性模型，通过测定一定温度下清膏的相对密度，相对准确地计算清膏中的含水量；进而将加醇量控制在一定的范围内。

（5）环：醇沉过程的环境条件尽量保持一致，尤其是能够确保醇沉药液降温的速率一致，以及批间冷藏温度一致。

（6）测：明确成品（或中间体）的CQA与醇沉药液质量之间的相关性，在醇沉过程中，可能的条件下可以采用在线监测技术，及时表征醇沉药液的质量状况，并合理调整操作工艺。

19. 水提醇沉的工艺控制点、工艺参数的控制要求有哪些？如何合理规范？

为保证产品质量的一致性，应对水提醇沉的工艺控制点、工艺参数进行控制，主要要求如下。

（1）醇沉过程：①用于醇沉的乙醇浓度，保持批间一致。②醇沉温度控制在一个固定的温度，或者有较小波动的温度范围。③醇沉药液中的含醇量应为一个合理的范围，这个范围与醇沉前清膏的质量特性相关。④加入乙醇的速度及搅拌速度。两者应通过系统考察研究匹配性选择，一般宜慢加快搅，即快速搅动药液，缓缓加入乙醇，醇沉过程保证药液体系处于高度分散状态，加入的乙醇能够充分融入药液体系，以避免局部醇浓度过高造成有效成分被包裹损失；另外，分次醇沉或以梯度递增方式逐步提高乙醇浓度的方法进行醇沉，有利于除去杂质，减少杂质对有效成分的包裹。⑤含醇药液降温速度不宜太快，太快则微粒碰撞机会减少，沉淀颗粒较细，难以滤过。

（2）醇沉上清液处理过程：①冷藏温度应是一个合理的范围，如 5～10℃；冷藏时间在 12～24h 或更长的时间范围内，应结合生产实际的“质量、成本、效率”综合考虑。②清膏相对密度应适宜，在一定的温度下或温度范围内，如在醇沉确定的温度下，控制在一个相对合理的范围。清膏的相对密度用波美计测定，并与其实际含水量进行关联分析，构建预测模型，通过生产批次数据的积累对模型不断优化，确保预测准确。

合理规范包括以下几点。

（1）明确制剂成品的质量目标和醇沉所得“中间体”的质量目标，以及两者之间的相关性。

（2）明确醇沉工序与整个制剂过程其他工序，尤其是与其前后工序之间的相互关系。

（3）明确各参数检测条件：①工艺控制点、工艺参数的选择应通过生产验证。②采用气相色谱、水蒸气蒸馏法或其他方法测定药液中的实际含醇量，并与理论量比较，经多批验证，确认方法科学、合理、可行后，用于生产实际。③醇沉温度以温度计测定清膏的实际温度为准。④构建温度曲线与醇沉效果的模型，分析醇沉药液冷却速率与醇沉效果的关系。

20. 大孔吸附树脂的吸附与分离原理是什么？

大孔吸附树脂分离法是利用大孔吸附树脂的多孔结构和选择性吸附功能，从混合物（如中药提取液）中分离出所需要的成分（如中药单体有效成分或有效部位）的方法。其吸附与分离的原理如下[2-3, 40-41]。

（1）吸附原理：吸附作用是一种或多种分子组成较小的物质附着在另一种物质表面上的过程，是一种表面现象，是吸附表面界面张力缩小的结果。能使吸附表面界面张力降低越多的溶质，越容易被吸附剂吸附。大孔吸附树脂的吸附机制相对复杂，依照其作用力的差别，可分为物理吸附、化学吸附和离子交换吸附。

1）物理吸附：大孔树脂具有巨大的表面积，活性尖端没有被同种分子吸引，致使引力无法得到平衡，所以会吸引其他分子，表面积越大，吸附能力越强。吸附作用还与吸附剂和吸附质之间的范德华力和氢键有关。物理吸附和解吸速度很快，容易达到平衡，并且可逆。

2）化学吸附：在大孔树脂吸附过程中，吸附剂与吸附质之间产生了化学作用，生成了化学键。简单地说，化学吸附不易解吸，吸附与解吸的速率都很小，并且不易达到平衡状态。

3）离子交换吸附：大孔树脂吸附过程中，吸附质的离子在静电引力的作用下被吸附在吸附剂表面，此为离子交换吸附。当吸附质浓度相同时，离子带电荷多，吸附能力强；电荷相同的离子半径越小，越有利于吸附。

（2）分离原理（解吸原理）：大孔吸附树脂的解吸是吸附的逆过程，如果改变体系中介质的介电常数、亲水和憎水平衡以及吸附剂和吸附质之间的分子力，原来的吸附平衡即被打破，吸附质进入溶液，解吸也就发生了。对大孔树脂解吸剂的要求是：其对被解吸物质的亲和力大于大孔树脂对被解吸物质的亲和力。

实际应用中，一般采用水溶液上样，流过装有大孔树脂的柱，其解吸一般选用低沸点有机溶剂，将吸附于大孔树脂的有机物解吸下来。同时，根据吸附动力学的原理，一般情况下解吸温度高于吸附温度，因此，高温有利于解吸过程的进行。

21. 怎样应用大孔吸附树脂进行分离、纯化？

应用大孔吸附树脂进行分离、纯化，首先，其应明确物料是水为溶媒的溶液，如中药提取液。在应用前对水溶液中所含的主要成分及理化性质有比较全面的了解和认识，经系统的文献检索后，根据纯化目标筛选出树脂类型。一般来说，非极性树脂适于从极性溶液中吸附非极性物质；强极性树脂则相反；中等极性树脂不但能从非水介质中吸附极性物质，而且能从极性介质中吸附非极性物质。树脂确定后，分离、纯化操作步骤如下[1-2, 40-41]。

（1）前处理：主要是去除树脂中残留的未聚合单体、致孔剂、引发剂、分散剂和防腐剂等物质或其他杂质，确保经大孔树脂制备所得分离物质无有害物质残留。出厂前树脂的前处理通常由树脂生产厂家完成，并提供评价是否符合药用的指标与检测方法，但使用者也应复核、验收，对处理不合格的产品应进行再处理，以保证制剂的安全性。

实际应用中，一般选用药用级树脂，对其进行前处理，步骤包括有机溶剂除去脂溶性杂质、去离子水除去水溶性杂质、吸附介质饱和树脂床除去其他杂质等过程。具体处理方法为：初次使用的大孔吸附树脂，一般先用工业乙醇浸泡 24h，连续加热回流数次后湿法装柱，将树脂倾入树脂柱中，待树脂沉淀下来，覆以脱脂棉少许。用工业乙醇洗至流出液与水 1∶2 混合不产生混浊，且按厂家提供的检测方法分析符合要求后，改用大量水洗直至无醇味，水浸泡备用。也可用甲醇、丙酮等溶剂处理树脂，但由于不同溶剂溶出的物质不一样，若吸附在某一有机溶剂中进行，树脂前处理最后所用的有机溶剂可与其相同或相似。

（2）上样：装柱处理后的树脂，即可上样使用。通常是将样品溶于水中，将大孔树脂中的水排尽至树脂界面处，加入上样液，一边放出原来的水，一边加入上样液，流速适当，使样品缓慢、充分吸附于树脂为宜。上样液以澄清为好，故上样前应做好预处理，如上样液的预先沉淀、滤过处理、pH 调节，去除部分杂质，以免堵塞树脂床。若样品所含成分不易溶于水中或不能全部溶解，可将样品先溶于少量乙醇中，拌入适量树脂，挥去乙醇后，再将拌有样品的树脂放入树脂床的顶端，一边放出原来的水，一边缓缓加入上样液，待顶端样品完全吸附后再停止加入上样液。

（3）洗脱：待纯化成分经树脂柱吸附之后，在树脂表面或内部还残留许多非极性或水溶性大的强极性杂质成分（如多糖、无机盐等），这些非吸附性杂质必须在洗脱之前清洗除去，一般用水清洗即可。为避免清洗带来的损失，清洗过程中应配合适当的检测手段及时跟踪清洗的效果。若在树脂上黏附有悬浮物或不洁物，可用去离子水进行反洗，即将水从柱的底部流入，流速掌握在能让树脂全部移动，使所用树脂体积增加 4～6 倍为度，冲洗 10～30 分钟，直至柱中气体、悬浮杂质、破碎树脂等从柱顶顶出。清洗完毕后，即可用所选洗脱剂，在一定的温度下、以一定的流速进行洗脱。通常所选用的解吸剂应对待纯化成分有较大的溶解度，这样可以得到高浓度的洗脱液。若所选用的洗脱剂为能溶于水的溶剂，则用水清洗过的树脂可直接用洗脱剂（解吸剂）解吸；如果解吸剂所要求的有机溶剂部分浓度较高，解吸时应采用梯度洗脱，逐步增加至所需浓度，而不应将浓度一次性增加至最终所需浓度，否则易在树脂床中造成大量气泡而影响洗脱的效果。如果洗脱剂不溶于水，则将用水清洗过的树脂，再用 1～2 倍体积能同时溶于水及洗脱剂的介质通过，然后再用洗脱剂将被吸附物解吸洗出，在洗脱过程中可配合薄层（如硅胶薄层、纸层或聚酰胺薄层等）或其他检测手段，绘制洗脱曲线，以恰当地确定洗脱终点。

（4）再生：洗脱完成后，还有一些强吸附性杂质成分保留于树脂床中，这些杂质的存在会影响下一次使用过程中对待纯化成分的吸附。因此，必须对树脂进行再生处理，将此类成分除去。再生的方法应视具体情况而定，通常用 95% 乙醇洗脱至无色，树脂柱即已再生，然后以大量水洗去醇，即可用于相同成分的分离。如树脂受污染，颜色变深，吸附能力降低，应进行强化再生处理。其方法是：先在柱内加入高于树脂层 10cm 的 2%～3% HCl 溶液浸泡 2～4 小时，然后用同样浓度的 HCl 溶液进行淋洗，以 5 倍于树脂体积的 HCl 溶液淋洗为宜；淋洗完成后即可用净水淋洗，直至洗液接近中性；继用 5% NaOH 溶液以上同法浸泡 2～4 小时，并用同法继续以 6～7 倍于树脂体积的 NaOH 溶液淋洗，再用净水充分淋洗，直至洗液 pH 为中性，即可再次投入使用。如果柱上方沉积有悬浮物，影响流速，可用水或醇从柱下进行反洗，以便把悬浮物顶出。再生后树脂可反复进行使用，若停止不用且时间过长，应以大于 10% NaCl 溶液浸泡，以避免细菌在树脂中繁殖。经过多次使用后，树脂柱床挤压过紧或树脂颗粒部分破碎而影响流速，可自柱中取出树脂，盛于容器中用水漂洗除去太小的颗粒和悬浮物，再重新装柱。一般纯化同一品种的树脂，当其吸附量下降 30% 以上时不宜再使用。

22. 大孔吸附树脂的主要类型有哪些？各类型对哪类化合物的分离具有特异性？

大孔吸附树脂主要以一定比例的聚合单体、交联剂、致孔剂为原料，通过交联聚合形成多孔骨架结构。根据其化学结构中是否含有离子基团和配位原子，可分为非离子型、离子型和含配位原子型三种类型。本章所介绍的大孔吸附树脂是指非离子型大孔树脂，按照极性大小又分为非极性（弱极性）、中等极性、极性和强极性四种类型。

上述四种类型特异性分离的化合物类型如下[1-2, 40-41]。

（1）非极性（弱极性）大孔吸附树脂：主要以苯乙烯为聚合单体，以二乙烯苯为交联剂，以甲苯、二甲苯为致孔剂，在 0.5% 的明胶溶液中交联聚合而得。国产常用型号有 D101、AB-8、X-5、H107、H-103、D3520、NKA-2、HPD-100、HPD-300、LD-605、DM-130、DA101、HZ-802、HZ-803、SIP-3100 等，具有疏水性表面结构，适合从极性溶剂（如水）中吸附非极性或弱极性化合物，在中药及其复方水提液的纯化中使用广泛，如自黄连水提液中提取小檗碱、苦参水提液中纯化苦参总黄酮等。

（2）中等极性大孔吸附树脂：主要为聚丙烯酸酯型聚合物，如，以（甲基）丙烯酸（甲）酯为单体，以过氧化二苯甲酰为引发剂，以多官能团的甲基丙烯酸酯为交联剂，在甲苯和汽油的致孔作用下制得。国产常用型号有 HPD-400、DM-301、HZ-806、HZ-807、ADS-8 等，其表面同时存在疏水基团和亲水基团，可从极性溶剂中吸附非极性化合物或从非极性溶剂中吸附极性化合物，适用于具有一定弱极性、中极性的化合物分离、纯化，如茶多酚、银杏黄酮、甜菊苷等。

（3）极性大孔吸附树脂：主要是在聚苯乙烯骨架表面修饰二甲氨基、邻羧基苯甲酰基等含氮、氧、硫的极性基团，使树脂表面的极性增强。国产常用型号有 HPD-600、NKA-9、NKA-2、S-8、HPD-500、HPD-600、ZTC 等，适用于从非极性溶液中吸附极性化合物，如中药水提液中黄酮苷类、蒽醌苷类化合物的分离、纯化。

（4）强极性大孔吸附树脂：在非极性大孔吸附树脂的基础上，修饰强极性的功能基团，如季铵基、吡啶基、酮基等，使树脂具有更高的极性。国产常用型号有 DA-201、D390、D296、D280、ADS-7 等，适用于极性较大的化合物，如三七皂苷、甜菊苷、人参皂苷、绞股蓝皂苷、大豆异黄酮的提取，甘草浸膏中制备甘草酸等。

23. 影响大孔吸附树脂吸附率的主要因素有哪些？

实际应用中，通常用大孔吸附树脂分离所得产物的得率、纯度以及上样溶液的杂质去除率来评价树脂工艺的优劣，而上述结果与树脂吸附率紧密相关。一般来说，树脂吸附率是由树脂的吸附量、吸附速度和吸附选择性等来决定，影响主要因素总结如下[2-3, 40-41]。

（1）大孔吸附树脂的宏观结构

1）骨架结构：目前常用于中药成分提取、纯化的骨架结构多数属于聚苯乙烯型，少数属于聚丙烯酸型及酚醛类缩聚物；前者物理化学性质较稳定，后者物理稳定性较差。故在选用时要根据待分离成分的性质和预期目标确定树脂类型。

2）颗粒形状、大小：多制成球状，有利于装填、清洗、回收和活化等处理过程。颗粒的粒径越小，比表面积越大，传质速度越快，对有效成分的吸附量和吸附速度也越大，但不方便使用。色谱分离分析中，一般选用细颗粒，可采用高压措施，使吸附和解吸快速完成，从而提高柱效。大规模生产中，一般选用粒径较大的树脂，稳定性好，不易流失，透过率高，易操作。

3）比表面积：在树脂具有适宜孔径可确保溶质良好扩散的条件下，比表面积越大，吸附量越大，其吸附量与比表面积几乎呈线性关系。

4）孔隙率：主要对吸附量产生影响。增大孔隙率，也是增加比表面积的重要方法。但孔隙率升高后树脂的机械强度降低，在制备和使用过程易破碎，从而丧失大孔吸附树脂的性能，甚至影响正常操作（如柱床阻塞、破碎小颗粒带入产品等）。

5）孔的大小、形状和孔径分布：主要影响吸附选择性、被吸附成分的扩散过程和吸附速度。通常认为孔径与被吸附分子直径之比以（2～6）：1 为宜。孔径太大，比表面积较小，吸附量下降；孔径过小，虽然比表面积较大，但溶质扩散受阻，不利于吸附。

（2）大孔吸附树脂的化学结构

1）化学组成：大孔吸附树脂分子中如果含有 O、N、S、P 等配位原子，如螯合树脂，则对金属离子具有吸附作用，可用于中药提取液中重金属离子的去除。

2）功能基团与树脂极性：功能基团与极性直接相关，如本章 22 题所述。值得注意的是，无机化合物如酸、碱、盐等一般不能被非极性大孔吸附树脂吸附，非极性或极性、弱极性化合物溶解在非极性或弱极性有机溶剂中时，一般不能被非极性大孔吸附树脂吸附或吸附量很少。当化合物能和树脂形成氢键时，可以增加吸附量和吸附选择性；当化合物与树脂形成络合物，吸附量和吸附选择性增加，但吸附后树脂的解吸和再生较困难。

（3）被吸附分子的化学结构：一般情况下，分子形式的化合物有利于吸附；非极性化合物在极性介质（水）内易被非极性树脂吸附；极性物质在非极性介质内易被极性树脂吸附。化合物分子体积越大，在相同条件下吸附力越强。化合物在溶液中溶解度越大，吸附性越弱；在溶液中呈解离状态时，被吸附量呈明显下降趋势。

（4）大孔吸附树脂周围介质：由于待分离目标化合物与溶液中其他成分在树脂的吸附

点上存在或强或弱的竞争性吸附关系，故在工艺设计时，首先要对树脂类型进行优选，提高待分离目标化合物的选择吸附性。同时，溶剂也能被树脂吸附；且溶剂若与被吸附的待分离目标化合物存在某种作用力，这种作用力有将化合物拉回溶剂中的趋势。故，理想的溶剂是仅对待分离目标成分起分散作用。

（5）吸附和解吸操作温度：大孔树脂的吸附量和吸附力与温度成反比。温度升高后，吸附作用下降，会发生不完全吸附甚至解吸，故常在低温或常温条件下进行吸附，在较高温度下进行解吸。但解吸的温度要考虑到有效成分稳定性、溶剂挥发性和大孔吸附树脂的极限使用温度，若超过极限使用温度，会发生分解和化学反应。

（6）吸附和解吸工艺操作条件：吸附和解吸条件是影响分离纯化结果的重要因素，必须高度重视和严格控制。如优选吸附树脂的类型、型号，做好树脂的预处理，预实验优选出吸附时溶质的浓度、吸附液的 pH、吸附流速和温度、解吸剂的种类、解吸时的温度和流速等工艺操作条件。

24. 筛选大孔吸附树脂最优工艺时，应主要考虑哪些因素？

筛选大孔吸附树脂最优工艺时，应考虑以下几个因素。

（1）树脂类型的选择：根据待分离组分或部位的理化性质，筛选出合适的树脂类型。一般筛选时，选用静态与动态吸附 - 解吸方法，HPLC、LC-MS 等方法分析、跟踪上样溶液、洗脱溶液中各组分随时间的变化，绘制吸附等温线、解吸（洗脱）等温线，确定树脂类型。值得一提的是，中药组成复杂，树脂类型可以是单一型号，也可以是几种型号的组合。

（2）工艺过程参数的选择：分为吸附工艺和解吸（洗脱）工艺两方面，对影响这两方面的相关因素分别论述如下[2-3, 40-41]。

吸附工艺要充分考虑影响吸附率的因素，优选适宜的上柱工艺条件。

1）上柱液温度：低温有利于提高化合物的比上柱量，但在室温范围内（20～40℃），温度对比上柱量影响较小。因此，需要根据不同的实验体系进行不同温度的吸附实验，以吸附量对温度作图，确定最佳吸附温度。

2）上样液浓度：树脂吸附量是温度和溶液浓度的函数，遵守等温吸附方程，上样液的浓度不同，树脂的吸附量规律亦不同。从传质过程分析，上样液浓度越低，黏度越小，通过柱床流速较快，若流速大于传质速度则传质未进行彻底即可能造成泄漏；但是，上样液浓度过高，则黏度偏大，被吸附组分向树脂内部扩散传质速度变慢，且树脂周围的被吸附组分分子过多，使得某些分子尚未被吸附即流出，不能达到最大吸附量。因此，需对不同的样品确定最佳上样浓度。

3）上样液 pH：一般而言，酸性化合物在适当酸性条件下会充分吸附，碱性化合物在适当碱性条件下会较好地吸附，中性化合物可在大约中性情况下吸附。特殊情况下，如大多数化合物被吸附的情况下，可改变 pH，形成较强的离子型化合物而随溶液流出，达到提纯目的。

4）上样液的盐浓度：一定的盐浓度有助于组分在大孔吸附树脂上的吸附。但加入的盐离子需适量，应通过预试验考察不同盐离子浓度对吸附量的影响。

5）上柱流速：上柱时的流速需要根据每个特定品种及分离要求来控制，流速太快，吸附不完全；流速太慢，效率低下。通常流速可控制在 0.5～5ml/（cm^2·min），以上样液中待分离组分全部被吸附为宜。

解吸（洗脱）工艺要充分考虑分离所得产物的得率、纯度，优选适宜的条件。

1）洗脱剂的极性与浓度：常用的洗脱剂有甲醇、乙醇、乙酸乙酯、丙酮等。一般对非极性大孔吸附树脂，洗脱剂极性越小，洗脱能力越强；对于中等极性大孔吸附树脂和极性较大的化合物，极性较大的洗脱剂较适合。确定所需要极性的洗脱剂后可设几种不同浓度洗脱，确定最佳洗脱浓度。

2）洗脱剂的 pH：通过改变洗脱剂的 pH，可使吸附物形成离子型化合物，易被洗脱下来，提高洗脱率。

3）洗脱剂用量：洗脱剂的用量根据每个具体品种的吸附量来定，用量太多会造成浪费，不经济，用量不够则洗脱不完全，无法达到分离效果，须先进行预实验积累一定的数据再进行放大操作。

4）洗脱流速：不同的流速，解吸率略有不同，洗脱结果不同，故应通过各组分随时间的变化来确定。

25. 大孔吸附树脂上柱吸附困难的原因及解决办法有哪些？

原因及解决办法主要有下面几点[1-2, 40-41]。

（1）树脂类型选择不当：大孔吸附树脂是以物理吸附为其主要特征。流动相上样匀速，树脂颗粒内被吸附组分的扩散速度是影响吸附是否完全的主要因素。若所选用的树脂只以静态吸附法的结果而定，未结合动态吸附法的具体结果综合考虑，在上样吸附过程中往往因所选用的树脂不当而造成被吸附组分在树脂颗粒内扩散速度较慢，易形成泄漏现象而不利于完全吸附。因此，应在实验前通过静态吸附和解吸实验优选树脂种类，必要时可选用混合树脂。

（2）树脂柱选用不当：吸附时，化合物通过树脂的孔径扩散到树脂的内表面而被吸附，若树脂柱选用不当，树脂床的 $\Phi : L$（Φ，树脂柱内径；L，树脂柱长度）比例将过大或过小。如 $\Phi : L$ 过大，往往会因为吸附液在树脂床中保留时间过短，导致吸附药液中的组分还未来得及扩散至树脂表面被其吸附，就已通过树脂床；而 $\Phi : L$ 过小，吸附液通过树脂床的距离过长，纵向扩散明显，吸附色带前沿不规则，各纵向色带通过树脂床的时间不一，造成一侧泄漏而不利于吸附。因此，树脂柱的选用应根据树脂的用量、吸附液的多寡而定。

（3）树脂装柱不当：树脂装柱常采用湿法装柱，若在装柱过程中处理不当，造成树脂床松紧不一，吸附液流经树脂床所受阻力不均匀，流速不一，易造成侧漏。另外，树脂装柱后，为防止树脂柱松动，常要在顶面覆以少许棉花之类的滤材，若覆盖物厚度不均，松紧不一，吸附液在进入树脂床前所受阻力不同，易造成吸附液在树脂床中的不均匀吸附。因此，装柱应以树脂紧实、均匀，柱体中无气泡，树脂面水平，开启柱塞流速适宜为好。

（4）吸附液处理不当：上样前，常常需要对上样液进行一定的处理。如上样液的预先沉淀、pH 调节、滤过等，除去部分不溶解的杂质。若处理不当，药液中残留的杂质颗粒不仅会吸附于树脂的表面干扰药物成分的吸附，且易堵塞树脂床而不利于吸附液的流动。另外，上样液黏性不宜过大。因此，应对上样液进行离心、过滤等处理，以上样液无沉淀、浓度适宜为好。

（5）吸附液流速的控制：对于上柱吸附，吸附液流速直接影响吸附的效果。吸附液流速过快，被吸附物质的未完全被吸附；吸附液流速过慢，有利于吸附，但生产效率低，不利于生产。因此，应通过分析检测手段监测吸附过程，以流速适宜、吸附完全为好。

上述原因是影响上样吸附的主要因素，实际生产中，可能是一种或几种因素同时存在，故解决的方法因具体情况而异。一般情况下，大生产前，应通过预实验确定各工艺环节的参数范围，再通过正交设计或响应面曲线法来优选最优工艺参数和条件，并通过放大实验进行工艺验证。

26. 目前主要有哪些上市大品种采用大孔吸附树脂分离纯化药液，工艺操作中有哪些注意事项?

采用大孔吸附树脂法分离纯化的上市大品种主要有：参芪扶正注射液、乌鸡白凤片、六味地黄胶囊、骨疏康胶囊。

大孔吸附树脂分离技术的基本工艺流程如下。

树脂型号的选择→树脂前处理→考察树脂用量及装置（径高比）→样品液的前处理→树脂工艺条件筛选（浓度、温度、pH、盐浓度、上柱速度、饱和点判定、洗脱剂的选择、洗脱速度、洗脱终点判定）→目标产物收集→树脂的再生。

工艺操作中的注意事项主要包括以下几点。

（1）注意大孔吸附树脂保存的方式方法：树脂一般含水，并且是湿态保存，注意保存温度（一般为 0℃以上），严防冬季过冷将球体冻裂。

（2）树脂使用前，应根据具体使用要求进行程度不同的预处理，目的是将树脂内孔残存的惰性溶剂浸除。常用方法是在树脂柱内加入高于树脂层的乙醇浸渍几小时，然后用乙醇淋洗，洗至流出液用水稀释不混浊为止。最后用水反复洗涤至乙醇含量小于 1% 或无明显乙醇气味后，即可用于生产。

（3）上柱液温度、浓度、pH、盐浓度要适宜：需要根据不同实验体系进行吸附实验，确定最佳吸附温度、浓度、pH 和盐浓度。

（4）上柱流速要合适：通常流速会控制在 0.5～5ml/（cm^2·min）。

（5）洗脱时，要注意洗脱剂的极性和浓度、pH、用量、流速等条件：需要结合实际体系确定。

（6）树脂再生：使用一定周期后，需要将树脂进行再生。不同树脂有不同的再生方法，再生完成后，可使用清水清洗至 pH 中性，然后湿态保存。

27. 吸附澄清技术的特点及其适用性是什么?

吸附澄清技术是在中药浸出液中加入一定量的澄清剂，利用它们具有可降解某些高分子杂质的性质，降低药液黏度，或能吸附、包合固体微粒等特性来加速药液中悬浮粒子的沉降，经滤过除去沉淀物而获得澄清药液的一种方法。

（1）吸附澄清技术的特点

1）吸附澄清技术具有以下优点[2,42-43]。

①能较好地保留药液中的有效成分：与水提醇沉法相比，该法是在中药提取液中加入一种澄清剂，以吸附架桥和电中和方式除去溶液中的粗粒子，故不会影响到多糖、氨基酸、维生素、多肽等有效成分，因而能较多地保留有效成分。

②澄清效果好，稳定性好：吸附澄清剂能去除药液中不稳定的较大悬浮颗粒及大分子物质，使得到的药液澄明度高（趋于真溶液），故澄清效果好，长时间放置几乎无沉淀产生，稳定性好。

③操作简便，耗时少，成本低：多数澄清剂采取直接或简单配制后加入药液中的方法，搅拌数分钟即可，用量小，静置时间短，对所需设备及工艺条件要求不高，可操作性强，与水提醇沉法相比成本大大降低。

④安全无毒，无污染：目前常用的几种吸附澄清剂多为天然絮凝剂，属食品添加剂，能随絮团沉降并能够自然降解，不会产生二次污染。

⑤还可用于中药水提液中重金属离子的去除：如，研究壳聚糖用于精制中药水提液时对锌、锰、钙及重金属元素铅的影响，结果发现，与水提醇沉法相比，壳聚糖作为絮凝澄清剂，能明显提高锌、锰、钙等元素的转移率，同时对重金属元素铅有一定的去除作用，用于中药水提液的精制具有较好的前景。

2）吸附澄清技术有以下缺点[2,42-43]。

①与水提醇沉法相比，某些极性较低的成分在吸附澄清剂中可能损失较多，使用时应慎重。预试验过程中应加强对损失程度的考察，并采取适宜的处理方法，如通过调节 pH 等减小损失。

②吸附澄清剂对药效成分有一定的吸附作用，特别是对于一些水溶性较小的生物碱影响较大；同时药液浓缩程度、絮凝剂添加量等会对药效成分的含量产生影响。

（2）吸附澄清技术的适用范围：在中药分离纯化中，该法主要应用于去除药液中粒度较大及有沉淀趋势的悬浮颗粒，以获得澄清的药液。常用于中药口服液体制剂，如口服液、糖浆剂、药酒等的澄清工艺，同时适合于中药制剂，如颗粒剂、丸剂等的工艺改进。

28. 影响吸附澄清效果的因素主要有哪些?

吸附澄清技术目前在中药工业化生产中应用较少，主要影响因素如下[2,42-43]。

（1）澄清剂加入量：应适宜。过多，由于阳离子电荷的排斥作用，会增加体系浊度；过少，则使澄清剂与胶体粒子作用概率下降，电中和、吸附架桥、网捕和卷扫作用不充分。根据絮凝理论，一般胶体表面的 50% 被高分子链包裹时，絮凝效果最好，实际操作中可根据实验体系，设定加入量梯度进行实验优选。

（2）pH：若药液 pH 过低，体系中大部分粒子带正电荷，直接影响阳离子絮凝剂的电中和作用，会由于静电排斥作用使胶体粒子稳定于体系中，导致体系混浊；pH 过高时，体系中负电粒子增加，使电中和作用负荷增加，压缩双电层的作用减弱，从而影响絮凝效果。一般情况下，中药水提液呈弱酸性，大多数情况下无须调节 pH 即可获得良好的澄清效果。若需调节选择 pH 时可参考等电点时黏度最小的原理，黏度可用黏度仪或乌氏黏度计测定。

（3）絮凝温度：一般为 40～80℃。温度过低时热运动速度低，胶体粒子与絮凝剂粒子碰撞的概率较小，且温度低时水的黏度较大，水流剪切力较大，影响絮凝体的生长，絮凝效果较差；随絮凝温度增加，体系内粒子热运动的速度也逐渐增加，电中和、吸附架桥及网捕、卷扫作用比较充分，故絮凝比较彻底，体系的澄明度提高。若温度过高，絮凝剂高分子可能会出现老化，效果变差。

（4）搅拌速度：一般在 100r/min 左右为宜。一定范围内，随搅拌速度加快，澄清剂高分子与胶体粒子间碰撞概率增加，作用充分。但速度在 200～250r/min 或更快时，因剪切力过大，反而使刚形成的絮体破碎，导致体系浊度上升。

可见，实际应用中，应通过预实验优化上述参数，确保澄清过程高效、可行。

29. 目前应用于工业化大生产的吸附澄清剂主要有哪些？在工艺操作中主要注意哪些事项？

吸附澄清剂包括有机絮凝剂和无机凝聚剂。有机絮凝剂有明胶、海藻酸钠、丹宁、甲壳素类澄清剂、101 果汁澄清剂、聚凝净、琼脂及 ZTC 1+1 系列天然澄清剂等。无机凝聚剂包括碳酸钙、硫酸铝、硫酸钠、硅藻土、白陶土及皂土等。其中，工业化大生产常用的吸附澄清剂包括甲壳素类澄清剂、101 果汁澄清剂和 ZTC 1+1 系列天然澄清剂[2-3]。

工艺操作的注意事项分述如下。

（1）甲壳素类澄清剂：甲壳素是自然界甲壳类生物（如虾、蟹等）外壳所含的氨基多糖酸化处理后得到的物质，资源丰富，可生物降解，不会造成二次污染，无毒无味，在制药、食品、环保等行业应用较多。使用最为广泛的是壳聚糖，壳聚糖又称甲壳胺，是甲壳素 *N*- 脱乙酰基后的衍生物，为 α- 氨基 -D- 葡萄糖通过 β-1，4- 苷键连接而成的直链多糖，是甲壳素类中最常用的澄清剂。

应用注意事项：①药液的浓度应适当。一般每毫升药液含中药 0.5～1g 时，澄清效果明显，能达到成品质量要求。②用量应适当。壳聚糖的用量是影响澄清效果的主要因素，一般为药液的 0.03%～3%。③ pH 要求。中药提取液一般应小于 7。④不适用于脂溶性有效成分。该类成分一般损失量较大。⑤壳聚糖的脱乙酰度。是壳聚糖的溶解性、黏度、絮凝能力等性能的决定因素，直接影响澄清效果，是工艺质量控制的关键。通常情况下，壳聚糖脱乙酰度为 80% 左右时，作为中药提取液的澄清剂效果较好。⑥处理温度。应适宜，一般为 40～50℃。

（2）101 果汁澄清剂：是一种新型的食用果汁澄清剂，主要为变性淀粉，安全无毒，通过吸附与凝聚双重作用，使药液中大分子杂质快速聚凝沉淀，其本身可随处理后形成的絮状沉淀物一并滤去，故处理中不会引入杂质。

应用注意事项：①药液的浓度应适宜。中药浓缩药液一般以（1.5～2）g/ml 为宜，太浓不易沉淀和滤过。②用量应适当。以 5%～8% 较为合适，少量杂质去除不完全，影响产品的质量。③对药液成分的影响。需多次试验检测成分变化；和醇沉一样，也会产生絮凝沉淀，需关注沉淀的成分。

（3）ZTC 1+1 系列天然澄清剂：是一种新型的食品添加剂，以天然多糖等为原料制成，安全无毒，不引入异味，是人工合成絮凝剂的理想替代品。由 A、B 两种组分组成，第一组分加入后，在不同的可溶性大分子间架桥连接，使分子迅速增大，起主要絮凝作用；第二组分在第一组分所形成的复合物基础上再架桥，使絮状物尽快形成，起辅助絮凝作用；两种组分的合用大大加快了澄清过程。通常第二组分的加入量是第一组分的 50%，这个量可以保证第二组分的作用完全，在溶液中无残留。

应用注意事项：①加入次序的确定。取决于待处理溶液的 pH 环境。一般原则为：在碱性环境中，先加入澄清剂 B 后再加入澄清剂 A；在酸性环境中则与之相反；在中性环境中，须根据试验而定。溶液的酸性和碱性判断主要是相对于待处理溶液的蛋白质的等电点而言，若 pH 低于等电点，则药液偏酸性，反之偏碱性。②澄清剂用量、药液浓度、加入时的温度需考察。应以其加入待处理药液后形成的沉淀形状、沉降速度，以及药液的澄清度、指标成分的含量等为指标进行综合评判而确定。

三、新型分离纯化技术问题解析

30. 膜技术的种类有哪些，各类膜技术的分离原理是什么？

膜技术是以高性能膜材料为核心的一种新型流体分离单元操作技术。膜是一种具有一定物理和 / 或化学特性的屏障物，它可与一种或两种相邻的流体相之间构成不连续区间并影响流体中各组分的透过速度。膜分离过程进行时，在膜两侧给予某种推动力（压力梯度、浓度梯度、电位梯度、温度梯度等），原料侧的组分选择性透过膜，以实现料液中不同组分的分离、纯化和浓缩。膜技术的分离原理主要有两类[2,44-45]。①筛分机理：依靠分离膜上的微孔，使混合物各组成成分因质量、体积大小和几何形态的差异而实现分离。②溶解 - 扩散机理：利用待分离混合物各组分对膜亲和性的差异而实现分离。

依据膜过程不同，膜技术可分为微滤（microfiltration，MF）、超滤（ultrafiltration，UF）、纳滤（nanofiltration，NF）、电渗析（electrodialysis，ED）、反渗透（reverse osmosis，RO）、渗透汽化（pervaporation，PV）、气体分离（gas separation，GS）、液膜分离（liquid membrane permeation，LMP）等。现将常用于中药水提液分离、纯化的膜过程简述如下[1,44-45]。

（1）微滤：又称微孔过滤，是以压力梯度为推动力，利用膜孔筛分作用进行分离的膜过程。其分离机理是膜孔筛分，因膜结构差异，分为：①机械截留。膜能截留比其孔径大或与其孔径相当的微粒杂质。②吸附截留。使小于膜孔的微粒或溶质吸附（物理的或化学的）在膜内外表面和大微粒上而被截留。③架桥作用截留。在膜孔的入口处，小于膜孔径的部分微粒由于架桥作用被截留。④网络内部截留。颗粒并非截留在膜的表面，而是在膜的内部，这种内部截留称为网络内部截留。⑤浓差极化和膜污染截留。由于膜污染常造成膜孔径变小，从而使小于膜孔径的部分微粒也被截留。

（2）超滤：是通过膜的筛分作用将溶液中大于膜孔的大分子溶质截留，小分子溶质透过而实现组分分离的过程。超滤膜的型号标识通常以截留“相对分子质量”作为指标。“相对分子质量截留值”指截留率达 90% 以上的最小被截留物质的相对分子质量，是表示超滤膜所额定的截留溶质相对分子质量的范围，大于这个范围的溶质分子绝大多数不能通过该超滤膜。理想的超滤膜应该能够非常严格地截留与切割不同相对分子质量的物质。但是，由于额定截留相对分子质量的水平多以球形溶质分子的测定结果表示，而分子大小往往还与其分子形状、化学结合力、溶液条件有关，故由不同膜材料制备的具有相同“相对分子质量截留值”的超滤膜对同一物质的截留也不完全一致，故该值仅为选膜的参考，应用时须通过预试验来确定膜的材料。

（3）纳滤：膜的孔径范围在几纳米左右，是一种介于反渗透和超滤之间的压力驱动膜分离过程，主要用于无机盐的分离。纳滤膜大部分为荷电膜，其分离行为与膜材料荷电性能相关，且与溶质荷电状态相互作用。纳滤传质机理根据分离对象的不同，分为：①分离非电解质溶液，主要有溶解 - 扩散模型、空间位阻 - 孔道模型。②分离电解质溶液，主要有道南（Donnan）平衡模型、空间电荷模型、固定电荷模型、杂化模型。

（4）电渗析：在直流电场的作用下，离子透过选择性离子交换膜而迁移，使带电离子从水溶液和其他不带电组分中部分分离出来的一种电化学分离过程。ED 具有能耗低、操作简便、使用寿命长、无污染等特点，广泛应用于海水、苦咸水脱盐。

（5）反渗透：是借助半透膜对溶液中溶质的截留作用，以高于溶液渗透压的压差为推动力，使溶剂渗透通过半透膜，以达到溶液脱盐的目的。图 1-4-7 为反渗透过程的原理图，以只允许水透过的凝胶半透膜作为介质，两侧分别是海水和纯水。显然，右侧室纯水的浓度要高于左侧海水室中水的浓度，水会从右侧室向左侧室透过，这是渗透现象。当水不断地进入左侧，使左侧海水面升高，相应地膜面左侧的压力也升高，直至左侧水的化学势与右侧相等时，渗透即停止；此时海水面与纯水面之间的水位静压差与渗透压相等，若在左侧的海水面上施加大于渗透压的压力，水会从左侧室向右侧室渗透，这是反渗透过程的原理。

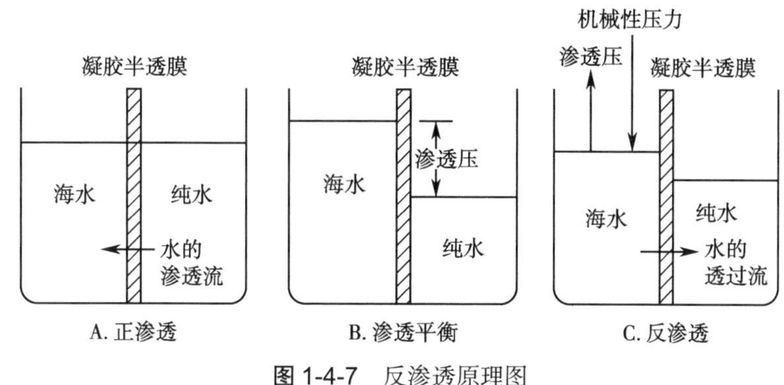

图 1-4-7　反渗透原理图

（6）渗透汽化：一种以有机混合物中组分蒸气分压差为推动力，依靠各组分在膜中的溶解与扩散速度不同来实现混合物分离的过程。具有致密皮层的渗透汽化膜将料液和渗透物分离为两股独立的物流，料液侧（膜上游侧或膜前侧）一般维持常压，渗透物侧（膜下游侧或膜后侧）则通过真空或载气吹扫的方式维持很低的组分分压。在膜两侧组分分压差（化学位梯度）的推动下，料液中各组分扩散通过膜，并在膜后侧汽化为渗透物蒸气。由于料液中各组分的物理化学性质不同，在膜中的热力学性质（溶解度）和动力学性质（扩散速度）存在差异，因而渗透通过膜的速度不同，易渗透组分在渗透物蒸气中的浓度增加，难渗透组分在料液中的浓度增加，从而使混合物达到分离的目的。

31. 膜材料有哪些？各类膜材料各有什么特点？

根据膜材料种类进行划分，可分为有机膜、无机膜、复合膜及混合基质膜等[2,44-45]。有机膜材料主要有醋酸纤维素、磺化聚砜、聚醚砜、聚偏氟乙烯、聚丙烯、聚碳酸酯、聚酰胺、聚硅氧烷、聚丙烯腈等高分子聚合物膜；无机膜材料主要有金属膜、陶瓷膜、分子筛膜等；复合膜材料主要有无机 - 有机复合膜（如 PDMS/ 陶瓷复合膜等）、有机 - 有机复合膜（如聚酰胺 / 聚砜复合膜等）以及无机 - 无机复合膜（如 ZrO_2/Al_2O_3 复合膜等）；混合基质膜材料指向有机聚合物基质中添加无机功能组分制备而成的以无机物为分散相、聚合物为连续相的有机 - 无机复合型膜材料，其中，无机相包括沸石分子筛、碳分子筛、碳纳米管、石墨烯、SiO_2、MOFs（金属有机骨架材料）、COFs（共价有机骨架材料）和 PIMs（高分子纤维微孔聚合物）等。

根据膜材料结构特点进行划分，膜材料可分为对称膜及非对称膜。其中，对称膜主要用于研究和实验室小规模应用，其渗透性能极低，基本不具有商业化价值。非对称膜是工业化应用的膜材料结构，其通常具有支撑体、过渡层及分离层结构，通过对各层结构进行逐层优化，可获得面向应用需求的膜材料。

膜材料在传统上只有无机膜、有机膜两大类，上述新兴材料均是在这两大类基础上发展而来，通过膜改性以强化膜分离性能。现将经典的两大类膜材料特点总结如下[2,44-45]。

（1）无机膜材料及其特点：陶瓷膜是代表，也是膜家族的重要成员，其构成基质为氧化锆（ZrO_2）、氧化铝（Al_2O_3）或氧化钛（TiO_2）等。陶瓷膜分离是“错流过滤”过程，可描述为：原料液在膜管内高速流动，在压力驱动下，含小分子组分的澄清渗透液沿着与之垂直的方向向外而透过膜，含大分子组分的浑浊浓缩液被膜截留，从而使流体达到分离、浓缩、纯化的目的。分离过程具有如下优点：①耐高温，适用于处理高温、高黏度流体。②机械强度高，具良好的耐磨、耐冲刷性能，可以高压反冲使膜再生。③化学稳定性好，耐酸碱、抗微生物降解。④使用寿命长，一般可用 3～5 年，甚至 8～10 年。与有机高分子膜相比较，这些优点使它在许多方面有着潜在的应用优势，尤其适合于中药煎煮液的精制。目前国内绝大多数中药厂家以水煎煮为基本提取工艺，因而陶瓷膜分离技术在我国中药行业具有普遍的适用性。商品化的陶瓷膜通常具有 3 层结构（支撑层、过滤层及分离层），呈非对称分布，孔径规格为 0.8nm～1μm，可实现微滤、超滤、纳滤级别的过滤。其中，孔径为 0.2μm 的微滤膜可用于除去中药提取液中的微粒、胶团等悬浮物，而孔径为 0.1μm、0.05μm 及更小的超滤膜则可用于不同分子量成分的分级处理。

（2）有机膜材料及其特点：有机膜即高分子膜材料家族，主要由以下 5 类成员组成。①纤维素类：包括醋酸纤维素（CA）、三醋酸纤维素（CTA）、醋酸丙酸纤维素（CAP）、再生纤维素（RCE）、硝酸纤维素（CN）、混合纤维素（CN-CA）。CA 主要用作反渗透膜、超滤膜和微滤膜材料，其优点是价格便宜、膜的分离与透过性能良好，缺点是 pH 使用范围窄（pH 4～8）、容易被微生物分解以及在高压操作下长时间容易被压密而引起膜通量下降。CN 常用作透析膜和微滤膜材料，一般与醋酸纤维素混合使用。②聚烯烃类：主要有聚丙烯（PP）、聚乙烯（PE）、聚偏氟乙烯（PVDF）、聚丙烯腈（PAN）、聚四氟乙烯（PTFE）、聚氯乙烯（PVC）。PVDF 具有较强的疏水性能，除用于超滤、微滤外，还是膜蒸馏和膜吸收的理想膜材料；PAN 是数量上仅次于 CA 和聚砜的超滤和微滤膜材料，也用来作为渗透汽化复合膜的支撑体；PTFE 可用拉伸法制成微滤膜，化学稳定性非常好，膜不易被堵塞和污染，且极易清洗。③聚砜类：主要有聚砜（PS）、聚醚砜（PES）、磺化聚砜（PSF）、聚砜酰胺（PSA）。PS 耐酸碱，缺点是耐有机溶剂的性能差，但 PSF 克服了上述缺点，一般用作超滤和微滤膜材料，也可用作复合膜的支撑层材料；PS 类材料亦可制成带有负电荷或正电荷、具有抗污染性能强的膜材料；PES 和酚酞型聚醚砜（PES-C）、聚醚酮（PEK）、聚醚醚酮（PEEK）也是制造超滤、微滤和气体分离膜的材料。④聚酰胺类：主要有芳香聚酰胺（PA）、尼龙 -6（NY-6）、尼龙 -66（NY-66）、聚醚酰胺（PEI）。聚酰亚胺（PI），耐高温、耐溶剂，具有高强度，是用于耐溶剂超滤膜和非水溶液分离膜的首选膜材料。另外，聚酯酰亚胺和聚醚酰亚胺的溶解性能较 PI 大有改善，已成为新兴的高性能膜材料。⑤聚酯类：主要有聚酯、聚碳酸酯（PC）等。PC 用于制造核辐射蚀刻微滤膜；聚酯无纺布是反渗透、气体分离等卷式膜组件的最主要支撑材料。据报道，目前中药生产中主要使用 PS、PSF，占总数的 26%；PSA 占 6%；纤维素材料，如 CA 占 13%，CTA 占 7%，PAN 占 6%。

近年来，二维膜材料、石墨烯、氧化石墨烯等新兴的高性能膜材料与日俱增，这些膜材料在水资源环境综合治理、能源结构调整及清洁利用、传统产业改造升级等领域中发挥着重要作用。在中药制药领域，由于中药(含复方)组成复杂，其成分与膜材料之间的构效关系尚不明确，新兴材料的研发尚处于起步阶段。

32. 膜技术常用的膜组件有哪些？各有什么特点？

根据膜组件几何形状进行划分，主要分为平板式、中空纤维式、管式、毛细管式、卷式、多通道式等型式。工业上常用的膜组件主要类型有 4 种：平板式、管式、中空纤维式和卷式，特点总结如下[2,44-45]。

(1) 平板式膜组件及其特点：又称板框式膜组件，图 1-4-8 为典型的平板超滤组件示意图。目前，许多新型的超滤组件都采用进料液隔网以改进局部混合，提高组件的传质性能，且进料液隔网也起到湍流促进器的作用。若干膜板、进料液隔网(或垫圈)有序叠放在一起，两端用端板、螺杆紧固便构成平板组件。

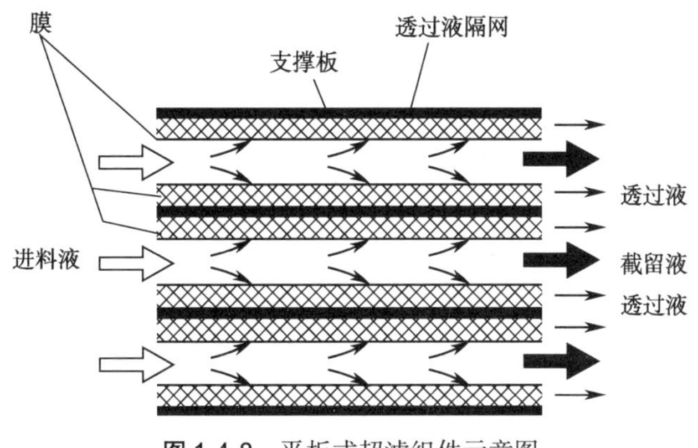

图 1-4-8 平板式超滤组件示意图

(2) 管式膜组件及其特点：形式很多，图 1-4-9 为典型的管式超滤组件示意图。管的组合方式有单管(管径一般为 25mm)及管束(管径一般为 15mm)；液流的流动方式有管内流和管外流；管的类型有直通管和狭沟管。

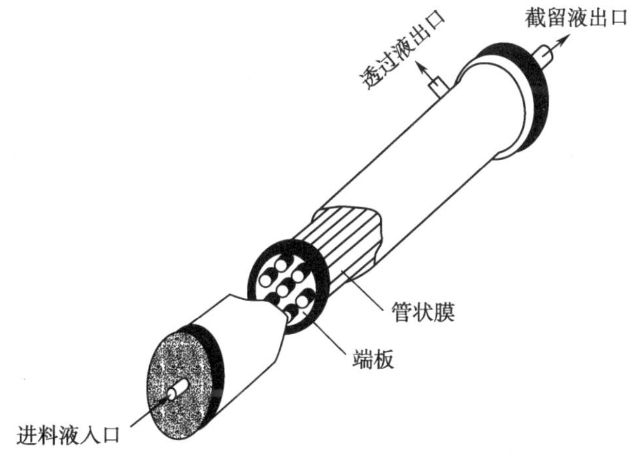

图 1-4-9 管式超滤组件示意图

（3）中空纤维式膜组件及其特点：实质是管式膜，两者的主要差异是中空纤维式膜为无支撑体的自支撑膜，其基本结构如图 1-4-10。膜的皮层一般在纤维的内侧，也有的在纤维内、外两侧，称双皮层。该双皮层结构赋予膜更高的强度和可靠的分离性。膜的直径通常为 200～2 500μm，壁厚约 200μm。由于中空纤维很细，它能承受很高压力而不需任何支撑物，使得设备结构大大简化。

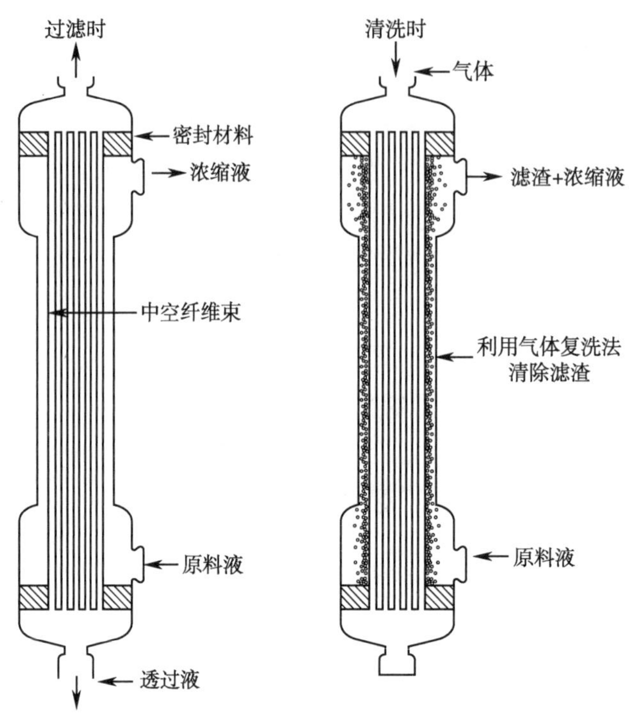

图 1-4-10　中空纤维式膜组件示意图

（4）卷式膜组件及其特点：主要元件是螺旋卷，它是将膜、支撑材料、间隔材料依次选好，如图 1-4-11A 所示；围绕一中心管卷紧，形成一个膜组，见图 1-4-11B。料液在膜表面通过间隔材料沿轴向流动，而透过液则以螺旋的形式由中心管流出。

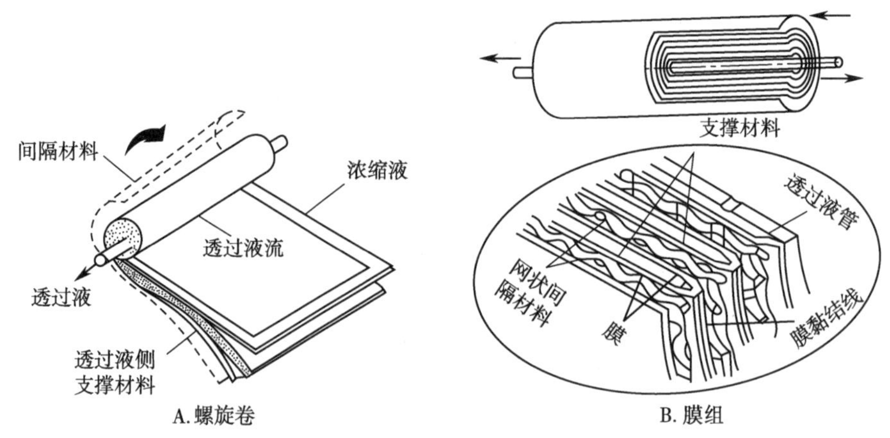

图 1-4-11　卷式膜组件示意图

该组件的优点是螺旋卷中所包含的膜面积很大，湍流情况较好，适用于反渗透；缺点是膜两侧的液体阻力均较大，膜与膜边缘的接连要求较高，以及制造、装配要求高，清洗、检修不便。

目前，无机膜常见平板式膜组件和管式膜组件，有机膜常见平板式膜组件、卷式膜组件和中空纤维式膜组件。不论何种形式，其使用和设计的共同要求是：①尽可能大的有效膜面积。②为膜提供可靠的支撑装置。这是因为膜很薄，其中还含有百分之几十的水分，仅仅靠膜本身难以承受很高压力。因此，除了增加膜本身强度外，还必须采用辅助支撑装置。③提供可引出透过液的方法。④使膜表面的浓差极化达最小值。实际生产中，根据不同应用领域需求，将膜材料组装为组件、成套装置时可选择不同型式，以在生产成本、装填密度、膜清洗、膜更换等方面进行权衡，使经济效益最优为宜。

33. 膜技术如何应用于中药体系的分离纯化？

膜技术在中药体系中的应用主要涉及中药有效部位的分离提纯、中药注射剂的除菌和除热原、中药药液的除杂与浓缩等[46-47]。

经系统的文献检索发现[46-47]：日本早在 20 世纪 80 年代已将膜分离技术成功应用于中药生产，如，葛根汤采用超滤技术去除水提取液中的高分子杂质，将其剂量由每副 18 片减少至 4 片，深受国际市场欢迎。20 世纪 90 年代，我国的中药企业亦开始尝试将膜技术用于中药生产，如在宫血宁胶囊、清开灵注射液、参麦注射液、舒血宁注射液、安神补脑液等品种的制备工艺中采用膜分离技术除杂，显著提升了生产效率，取得了可观的经济效益。

（1）中药有效部位的分离纯化：现代研究表明，中药有效成分如生物碱、黄酮、苷等，其分子量大多数不超过 1 000Da，它们是构成中药药效物质基础的主体；而非药效成分，如淀粉、蛋白质、果胶、鞣质等则属于分子量在 50 000Da 以上的高分子物质。故采用膜技术可以有效地将大于膜孔的大分子截留，使大、小分子组分分离。如：利用截留分子量为 1 000kDa 的超滤膜对蔓三七叶多糖进行分离，采用单因素及正交试验优化超滤膜分离工艺，并用硫酸 - 苯酚显色法测定截留液和透过液多糖的含量。结果显示：在料液流量 35ml/min、操作温度 45℃、时间 8min、压力 90kPa 时，膜通量为 0.84L/（min·m^2）时，产品得率为 10.0%，重现性良好[48]。

（2）中药药液浓缩：以膜为过滤介质，在一定的操作条件（如压力）下，当原液流过膜表面时，膜表面只允许水及小分子物质通过（透过液），原液中体积大于膜孔径或与膜材料不具亲和性的物质则被截留在膜的进液侧（浓缩液），从而实现对原液的浓缩。与传统的蒸发浓缩相比，该过程无相变；可以在常温及低压条件下进行，适合热敏性物质的处理[49]。该技术可用于中药传统工艺的升级改造，如：以丹酚酸 B 含量为指标，比较逆流提取与传统单罐提取的效果和经济指标，并对反渗透膜浓缩与蒸发浓缩进行比较。结果表明，逆流提取比传统单罐提取工艺提取率高，并且节能、生产周期短；反渗透膜浓缩获得的丹酚酸 B 保留量是蒸发浓缩的 1 倍以上，且比蒸发浓缩节省一半能耗并节省 30% 的时间。逆流提取反渗透浓缩工艺是一种比较科学的中药提取方法，适合在工业化生产中应用，可节能、提高产品品质[50]。

（3）中药注射剂的除菌、除热原：膜技术对于细菌、热原有着很好的处理效果。超滤膜除热原在中药注射剂中的应用较广泛，其原理是利用热原的可滤过性，选用截留分子量小于热原孔径的超滤膜去除。此过程无相变化、无须加热，能最大程度地保留有效成分[51]。

（4）中药药液的除杂：已有研究表明微滤 / 超滤可替代水提醇沉工艺除去高分子杂质，在提高中药药液澄明度与有效成分含量的同时，克服了水提醇沉法时间长、因耗费及回收乙醇而致成本高、对后续工艺与临床疗效具有不良影响等问题，可实现中成药生产的节能、降耗、工艺优化。同理，微滤 / 超滤工艺也可用于固体浸膏制剂的制备，在药效成分含量基本相同的前提下，服用量比常规方法制得的浸膏减少 1/5～1/3，并可使片、丸等剂型的崩解速度加快。如：采用微滤 / 超滤分离、纯化紫菀中有效部位，达到精制紫菀颗粒的目的。结果表明，成品服用量从每次 10g 降至 1.5g[52]。又如：比较分析陶瓷膜分离、乙醇沉淀法及大孔吸附树脂法对骨痹颗粒的精制效果，结果表明：陶瓷膜精制可较好地保留中药复方药效物质的完整性，避免了原方药效成分的损失；陶瓷膜分离技术在中药复方水提液药效物质群集筛选方面具有其他分离技术不可比拟的优势[53]。

34. 目前应用于工业化大生产的膜技术主要有哪些？

由于中药工业生产中制剂前处理环节存在生产效率低、药材利用率低，能耗大、污染高、灭菌效率低等共性问题，基于中成药生产过程特点、工程原理和规律，膜技术在近二十年的研究过程中，主要在以下几方面对工艺进行技术革新[47]：①改造中药传统工艺、推进技术进步；②降低中药工业能耗；③保障中药液体制剂安全；④治理中药制药环境污染；⑤富集回收中药挥发油。旨在建立符合中药特点的环境友好生产线，实现中药工业生产中制剂前处理“提取、精制、浓缩”等环节的高效、环保、稳定与智能控制。

目前，用于工业化大生产的膜技术主要有以下几种。

（1）陶瓷膜技术：用于“宫血宁胶囊”的过滤分离，以达到精制的作用。

（2）有机纳滤膜、反渗透膜技术：用于注射用水的制备，随着膜分离技术的飞速发展，膜技术可逐步取代传统的蒸馏制水方式。2005 年版《中国药典》开始将反渗透法作为制备纯化水的方法，充分发挥膜技术成本低、设备简单、污染小、节约能源的优势，与世界先进国家的药典实现接轨。

35. 膜技术应用于中药注射剂的生产，主要解决哪些技术问题？在工艺操作中主要注意哪些事项？

膜技术可富集有效成分、去除杂质。中药注射剂生产过程中，主要应用于解决以下两方面的技术问题。

（1）中药注射剂有效成分的分离：如前所述，与传统的分离、纯化方法相比，膜技术不仅效率高、操作简便，且成本低、经济效益好，可用于中药注射剂的中间体生产，提高生产效率和产品质量。

（2）中药注射剂热原的去除：热原的主要来源为内毒素，简称 LPS，分子量一般为（10～25）kDa，在水溶液中形成缔合体，分子量可达（50～500）kDa，具有耐热性和化学稳定性，不易被除灭。膜技术利用热原的可过滤性，选用截留分子量小于热原孔径的膜去除热原，在此过程中无相变，无须加热，可较好地保留有效成分。

工艺操作的注意事项如下[44,47]。①注意随时检查膜完整性：膜完整性监测是中药注射剂生产安全保障的重要手段。滤膜若出现破损而未及时发现并采取措施，终产品就会出现热原残留问题，导致产品质量不合格。②注意膜清洗和再生：在任何膜技术应用中，尽管选择了较合适的膜和适宜的操作条件，长期运行后，膜的水通量下降，膜污染问题就会发生。

因此必须采取一定的清洗方法，使膜面或膜孔内污染物去除，达到透水量恢复，延长膜的使用寿命。③注意膜的使用寿命并及时更换，确保出水水质安全特别是微生物安全。

36. 膜技术应用于中药口服制剂的生产，主要解决哪些技术问题？在工艺操作中主要注意哪些事项？

中药口服制剂的制备工艺通常包含水提取、乙醇沉淀、干燥、制粒、成型。水提醇沉工艺能耗高、乙醇消耗大、生产周期长，提取液中的淀粉、果胶、蛋白质、鞣质等不易除尽，故所获得的中间体黏度大，固体含量大，质量不稳定。已有研究证明[46-47]，膜分离技术用于固体浸膏中间体的制备，在有效成分含量基本相同的前提下，服用量比常规方法制得的浸膏减少 1/5～1/3，并可使片、丸、颗粒等剂型的崩解速度加快。

可见，膜技术应用于中药口服制剂生产可解决的技术问题是，替代水提醇沉去除中药提取液中的杂质，提高澄明度和有效成分含量，提高生产效率，降低生产成本。如，在陶瓷膜结构优选和工艺优化的基础上，建立年产万吨的中药口服液陶瓷膜成套设备，使得中药某产品的收率和品质得到了显著提高，经过长期运行考核，该装备的膜渗透通量稳定在 70L/(m^2·h)以上，生产周期由原来的 15 天缩短为 9 天，仅乙醇消耗每年可节约 180 万元[45]。

工艺操作中的注意事项主要有以下几点。

（1）膜种类的选择：根据分离目标，选用不同种类的膜。如果分离目标是固液分离，可以选用微滤膜；如果分离目标是精制，可以选用超滤膜；如果分离目标是浓缩，可以选择纳滤膜或者反渗透。

（2）操作参数的选择：应根据预实验确定操作参数的范围，再根据正交试验或响应面曲线法优选操作参数。①操作压力的选择：对于微滤和超滤，常见操作压力为 0.1～0.5MPa；对于纳滤或反渗透，通常操作压力为 0.5～3MPa。操作压力应该根据所选用膜的压力范围、工艺条件进行筛选。②操作温度的选择：一般情况下，膜通量与温度基本上呈线性关系。当温度升高时，由于悬浮液的黏度减小，分子布朗运动加剧，溶质扩散系数增大，膜通量会随之增大。但是对于某些溶液而言，由于在较高温度时料液中某些组分的溶解度下降、吸附增加，加重了膜污染，温度升高反而会使透过率下降。③流速（膜表面雷诺数）的选择：通常情况下，膜面流速为影响渗透通量的重要工艺参数之一，对于不同的分离体系对应着不同的最佳膜面流速，应根据预实验确定最佳流速。

（3）膜清洗和再生：清洗主要是去除膜面或膜孔内污染物，达到透水量恢复、延长膜寿命的目的。膜清洗和再生方法研究是国内外膜应用研究中的热点问题之一。实际应用中，可根据文献研究结果进行预实验，确定最优的膜清洗和再生方案。

（4）膜完整性监测：滤膜若出现破损会出现所得产品质量、澄明度下降，分离度不够等问题，故在生产过程中需要随时检查，制订预防措施。

37. 膜技术应用于中药液体制剂的生产，主要解决哪些技术问题？在工艺操作中主要注意哪些事项？

如本章问题 33、34 所述，膜技术应用于中药液体制剂的生产，主要解决的问题如下[46-47]。

（1）改善制剂澄明度：由于膜技术的“筛分机制”，选择了合适的膜种类与膜材料精制中药提取液后，经过膜技术处理的口服液等液体制剂澄明度明显提高、浊度大幅降低，长期放置也未有沉淀析出。

（2）生产成本降低：已有研究表明，利用膜技术替代水提醇沉工艺，在丹参、黄芪等提取物的生产中，同一产品单元平均生产周期由 7～12 天缩短为 0.5～2 天，能耗降低 10%～20%，资源利用率提高 15%～50%，劳动生产率提高 30%～70%。

工艺参数注意事项在本章第 36 题论述。

38. 在中药“节能减排、绿色发展”的过程中，如何发挥膜技术的优势？

中药绿色制造的技术关键是提高中药药效物质的分离效率。膜技术以其节约能源和环境友好等特征，已成为解决水资源、能源、环境及传统产业改造等领域重大问题的共性技术[46-47]。膜技术应用于中药制药工业，可有效保留中药传统用药的整体性、多元化特征；还可有效解决中药制药生产过程普遍存在的能耗高、药材利用率低、污染大等问题，对于推进我国中药行业可持续发展具有深远意义[54-55]。

膜技术可降低生产能耗[45,49]，如表 1-4-2 所示，膜浓缩具有能耗小、成本低等优点，浓缩 16 倍的水，纳滤浓缩与真空浓缩的能耗成本分别为 33 元 /t 和 360 元 /t，前者约为后者的 1/12；分离 1 000kg 水的费用，反渗透、超滤等膜法仅为其他工艺的 1.25%～30%。

表 1-4-2　膜技术与常用浓缩技术的费用比较

分离技术	分离 1 000kg 水费用 / 元
反渗透、超滤	0.44～11
真空蒸发	0.88～33
冷冻浓缩	0.99～99
凝胶过滤	440～880
离心分离	0.66～2.2

在中药“节能减排、绿色发展”中，膜技术可以从以下方面发挥其技术优势。

（1）在中药制剂生产的提取、精制与浓缩工艺等过程的技术突破。微滤、超滤、纳滤技术已在部分大中型中药企业中用于提取、精制与浓缩工艺，并产生了显著的经济效益及社会效益。以“宫血宁胶囊”为例，这是首个采用陶瓷膜过滤技术生产的中药产品，记载于 2010 年版《中国药典》。较传统工艺相比，其生产能耗降低 20%、资源利用率提高 50%。总体而言，国产陶瓷膜是目前应用最多的膜产品种类，超滤、纳滤膜则大多采用进口有机膜产品。

（2）尝试应用于中药挥发油富集、提取溶剂回收以及中药废水、废渣综合治理等过程，助推了我国中药制药工业的绿色发展[56-60]。采用优先透醇型渗透汽化等技术富集中药挥发油，有效解决现有挥发油提取工艺的收油率低、环境污染严重等问题，目前正处于实验室小试阶段；采用优先透水型渗透汽化技术应用于中药提取溶剂回收工艺，可有效降低能耗、减少环境污染。将微滤、超滤、膜生物反应器等技术应用于中药废水处理，可望实现中药废水中药效成分的资源化利用；采用超滤技术可对废渣中的多糖类大分子成分进行资源化回收利用；废水、废渣的资源化循环利用工艺目前尚处于小试、中试阶段。上述技术的实施对于

推动我国中药制药工业的绿色制造具有积极作用。

面向我国中医药工业绿色制造需求，膜技术未来应从研究方法科学化、工艺流程规范化、生产设备系统化等角度建立中药膜技术应用的国家标准，为新技术的应用提供示范，并确保中药生产过程的安全、稳定与质量可控。

39. 色谱分离技术的种类主要有哪些？各类技术的分离原理分别是什么？

色谱分离技术又称层析分离技术或色层分离技术，是一种分离复杂混合物中各组分的有效方法。它是利用不同物质在由固定相和流动相构成的体系中具有不同的分配系数，当两相做相对运动时，这些物质随流动相一起运动，并在两相间进行反复多次的分配，从而使各物质达到分离。用于中药体系分离时，根据固定相类型和分离原理的不同[2-3]，将色谱分离技术分为吸附色谱法、分配色谱法、凝胶色谱法、离子交换色谱法、亲和色谱法、离子交换聚焦色谱法、大孔吸附树脂法等。最常用的是吸附色谱法。

（1）吸附色谱法：指混合物随流动相通过吸附剂（固定相）时，由于吸附剂对不同物质具有不同的吸附力而使混合物中各组分分离的方法。吸附剂与被分离物质之间的作用主要有物理作用和化学作用两种，前者来自吸附剂表面与溶质分子之间的范德华力，吸附强弱顺序大体遵循“相似者易于吸附”的规律，后者主要是吸附剂表面的硅羟基与待分段、待分离物质之间的氢键缔合。此法特别适用于脂溶性成分的分离。被分离的物质与吸附剂、洗脱剂共同构成吸附层析的三要素，彼此紧密相连。

（2）分配色谱法：是将固定相溶剂涂布在支持剂的表面，采用另一种单一溶剂或混合溶剂进行洗脱，样品中各物质组分在两相液体中进行分配，最终实现分离的方法。

（3）凝胶色谱法：又称为分子筛色谱、凝胶过滤，是根据被分离物质的分子大小不同来进行分离的色谱学方法。色谱柱中的填料多为交联的聚糖类物质（如葡聚糖或琼脂糖），小分子物质能进入其内部，而大分子物质却被排除在外部，当混合溶液通过凝胶过滤色谱柱时，溶液中的物质由于分子量差异而产生运动轨迹的不同，实现筛分。

（4）离子交换色谱法：利用被分离组分与固定相之间发生离子交换能力的差异，实现离子或可离解化合物的分离。固定相为离子交换树脂，树脂分子结构中存在许多可以电离的活性中心，待分离样品组分中的离子会与这些活性中心发生交换，形成离子交换平衡，从而在流动相与固定相之间形成分配。待分离组分中的离子与固定相的固有离子之间相互争夺固定相中的活性中心，并随着流动相而运动，最终实现与流动相分离。如果有两种以上的离子时，待分离组分由于离子交换能力的差异，随流动相运动的速率产生差异，各成分分别洗脱，可实现成分分离。

（5）亲和色谱法：是根据生物大分子与配体之间的特异性亲和力，将某种配体连接在载体上作为固定相，而对能与配体特异性结合的生物大分子进行分离的一种色谱技术。亲和色谱是分离生物大分子最为有效的色谱技术，分辨率很高。亲和色谱的原理与众所周知的抗原 - 抗体、激素 - 受体和酶 - 底物等特异性反应的机制类似，所不同的是前者进行反应时，配体（类似底物）是固相存在；后者进行反应时，底物呈液相存在；混合物样品中对配体有亲和力的物质就可借助静电引力、范德华力，以及结构互补效应等作用吸附到固相载体上，而无亲和力或非特异吸附的物质则被起始缓冲液洗涤出来；然后，恰当地改变起始缓冲液的 pH 或增加离子强度或加入抑制剂等因子，即可把物质从固相载体上解离下来。显然，通过这一操作程序可把有效成分与杂质分离。如果样品液中存在两种以上与固相载体具有亲和力（其大小有差异）的物质时，采用选择性缓冲液进行洗脱，也可以将它们分离。用过的固相载体经再生处理后，可以重复使用。

（6）离子交换聚焦色谱法：又称色谱聚焦，是一种高分辨率的新型的蛋白质纯化技术。本法适用于任何水溶性的两性分子，如蛋白质、酶、多肽、核酸等的分离，是一种柱色谱，其流动相多为缓冲剂，固定相多为缓冲交换剂。其分离原理是根据蛋白质的等电点，结合离子交换技术的大容量色谱，洗脱峰被聚焦效应浓缩而分离得到几百毫克数量级的蛋白质，峰宽度仅在 0.04～0.05pH 单位，分辨率很高，操作简单，不需特殊的操作装置。

（7）大孔吸附树脂法：在本章第 20～26 题论述。

40. 应用于凝胶色谱分离的材料有哪些？各类材料对于哪类化合物具有较好的分离纯化效果？

凝胶色谱法又称凝胶色谱技术，是 20 世纪 60 年代初发展起来的一种快速而又简单的分离分析技术，由于设备简单、操作方便，不需要有机溶剂，对高分子物质有很高的分离效果，故又被称为分子排阻色谱法。凝胶色谱法主要用于高聚物的相对分子质量分级分析以及相对分子质量分布测试。根据分离的对象是水溶性的化合物还是有机溶剂可溶物，又可分为凝胶过滤色谱法（gel filtration chromatography，GFC）和凝胶渗透色谱法（gel permeation chromatography，GPC）。

用于凝胶色谱法的材料类型及分离化合物类型总结如下[61-65]。

（1）交联葡聚糖凝胶：是最为常用的凝胶，由葡聚糖和甘油基（交联剂）通过醚桥相交联而成，商品名为 Sephadex，葡聚糖用英文字母 G 表示。葡聚糖凝胶在水、盐溶液、弱酸溶液及弱碱溶液中稳定，遇强碱或氧化剂均可被破坏分解。葡聚糖凝胶具亲水性，但如在葡聚糖分子上引入有机基团，则可以增大其有机性质而使其呈亲脂性。如 Sephadex LH-20 是在 Sephadex G-25 凝胶结构中引入羟丙基基团，既具有亲水性，又有亲脂性，可以在多种溶剂中膨胀后应用。一般而言，交联葡聚糖凝胶适于分离黄酮、蒽醌类中药化学成分。

（2）聚丙烯酰胺凝胶：商品名为生物胶 -P（Bio-Gel P），为人工合成，是化学上最惰性的凝胶。它以丙烯酰胺为单位、亚甲基二丙烯酰胺交联，再经干燥粉碎或加工成型制成粒状。控制交联剂的用量可制成各种型号的凝胶，交联剂比例越大，孔隙越小。其一般性能及应用均与葡聚糖凝胶相仿，据报道，其稳定性可能比葡聚糖凝胶好。葡聚糖凝胶在洗脱过程中会有极少量的糖被洗脱下来，而聚丙烯酰胺凝胶不会有凝胶物质溶解下来。聚丙烯酰胺凝胶在 pH 2～11 范围内稳定，同样适合于分离黄酮、蒽醌类中药化学成分。

（3）琼脂糖凝胶：常见的有 Sepharose、Biogel-A 等。琼脂糖凝胶是乳糖的聚合体，依靠糖链之间的次级链，如氢键来维持网状结构，网状结构的疏密依靠琼脂糖的浓度调节。一般情况下，其结构稳定，可以在许多条件下使用，如水、pH 4～9 的盐溶液，但在 40℃以上开始熔化，故不能高压消毒，可经化学灭菌处理。目前被广泛运用于分离、鉴定纯化核酸片段。

（4）疏水性凝胶：目前常用的有聚甲基丙烯酸酯（polymethacrylate）凝胶或以二乙烯苯为交联剂的聚苯乙烯凝胶。聚苯乙烯凝胶（商品名为 Styrogel），具有大网孔结构，可分离分子量 1 600～4 000 000Da 的有机大分子，适用于有机多聚物分子量的测定和亲脂性天然化合物的分级。

41. 凝胶色谱怎样分离纯化中药成分?

凝胶色谱是根据被分离物质的分子大小不同来进行分离的一种技术。凝胶的种类繁多,其分离原理随凝胶的不同而不同,有的有离子交换作用,有的具有形成氢键的作用。其基本分离原理是:按照被分离物质体积(分子量)的大小先后被洗脱出柱,体积大的先出柱,体积小的后出柱。当两种以上不同体积的物质均能进入凝胶颗粒内部时,由于它们被排阻和扩散的程度不同,在柱内经过不同的时间和路程,从而得到分离。

中药成分加入色谱柱后,被分离物质会随洗脱液的流动而移动。但不同体积的分子移动的速度并不同,体积大的物质(阻滞作用小)沿凝胶颗粒间的空隙随洗脱液移动,流程短,移动速度快,会先被洗脱出色谱柱;体积小的物质(阻滞作用大)可通过凝胶网孔进入凝胶颗粒内部,然后再随洗脱液扩散出来,其流程长,移动速度慢,后被洗脱出柱。由此可见,其分离过程主要是分子筛作用,可广泛用于分离大、小分子化合物,但化学结构不同或相对分子质量相近的物质,不可能通过凝胶色谱法达到完全分离纯化的目的[58]。

实际应用中,我们可通过预实验确定流速、料液比等工艺参数范围,再通过正交设计或响应面曲线法来优选最优工艺参数和条件,并通过放大实验进行工艺验证。如:采用凝胶型阴离子交换树脂纯化从女贞子果皮中提取齐墩果酸粗品,通过单因素试验、正交试验确定最优纯化工艺条件为:树脂粒度 100 目,吸附和洗脱温度 30℃,洗脱液乙醇体积分数 80%;所得齐墩果酸含量>98%,回收率>96%[65]。

42. 工业化大生产中,如何应用凝胶树脂分离中药成分?

凝胶树脂在大生产中主要用于中药水溶性物质的分离。但随着科技的发展,凝胶种类的不断增加,其应用范围越来越广,不但可用于水溶性物质的分离,也可用于水不溶性有机物质的分离,如在葡聚糖上引入各种交换基的氨基乙基(AE)、磺基乙基(SE)、羧甲基(CM)等新型凝胶离子交换剂,既具有离子交换性质又有凝胶的一些优点,扩大了凝胶滤过的应用范围。

凝胶树脂在工业化大生产中的分离应用总结如下[61-65]。

(1)中药复杂体系的有效成分分离:凝胶树脂可广泛用于植物蛋白、多糖、黄酮类、苷类、生物碱类等成分的分离纯化,如:用 Sephadex LH-20 凝胶柱将大黄中含有的苷类成分按分子量由大到小的顺序分离出来;成功地用凝胶(Sephadex G-100)滤过法分离得到黄芪多糖 AH-1 和 AH-2;用 Sephadex G-150 柱分离得到当归多糖 As-a 和 As-b。

(2)脱盐:自中药提取液中脱除小分子盐类。如:在提取分离枸杞多糖时采用 Sephadex G-25 成功地进行了脱盐,从而得到了纯化枸杞多糖(LBP-X)。

(3)脱色:凝胶滤过法用于脱色有时优于其他方法。如:用透析法需长时间处理,有时并不能充分地去除色素;用活性炭脱色,有时会使有效成分明显损耗等。

43. 针对不同中药成分,离子交换树脂应如何选择?

(1)离子交换树脂的分类:离子交换树脂是带有官能团(有交换离子的活性基团)、具有网状立体结构、不溶性的高分子聚合物。在其网状结构上引入了不同的可被交换的基团,根据活性基团的不同及交换离子的电荷种类,可将离子交换树脂分为阳离子交换树脂和阴离子交换树脂[2-3]。

1）阳离子交换树脂：树脂中含有酸性基团，能交换阳离子。整个分子由两大部分组成，一部分是高聚物的骨架，另一部分是可解离的酸性基团，如磺酸基、羧基和酚羟基等。根据各种酸性基团的解离度不同、酸性强弱也不同，将树脂分为3类：①强酸性阳离子交换树脂。最常用的是磺酸型强酸性阳离子交换树脂，又称为苯乙烯强酸型树脂，是带有磺酸基的树脂；具有交换容量高、交换速度快、机械强度好，抗污染性强、再生效率高，稳定性好，不溶于水和一般有机溶剂，耐热性好，对酸、碱等均较稳定的特点。②中强酸性阳离子交换树脂。一般带有磷酸基团，特点是具有两个交换基团，交换量较大，兼备强酸和弱酸型树脂的特点。③弱酸性阳离子交换树脂。分为芳香族和脂肪族两种；芳香族的骨架多由二羟基苯甲酸和甲醛聚合而成，脂肪族的骨架多由甲基丙烯酸和二乙烯基苯聚合而成，交换基团均是羧基。由于弱酸性阳离子交换树脂连接单元分子量小，所以其具有交换容量好的特点。

2）阴离子交换树脂：树脂中含有碱性基团，能交换阴离子。根据各种碱性基团的解离度不同、碱性强弱也不同，将树脂分为两类：①强碱性阴离子交换树脂。该类树脂是带有季铵基的离子交换树脂，有Ⅰ型和Ⅱ型之分，Ⅰ型较Ⅱ型的碱性强。②弱碱性阴离子交换树脂。该类树脂是带有胺基，分为伯胺（$—NH_2$）、仲胺（—NHR）和叔胺（$—NR_2$），三者碱性依次递增，具有交换速度快、交换容量大、再生效率高、耐有机污染、机械强度好等特点。

（2）离子交换树脂的选用原则：不同的树脂材料依据它们所含官能团不同、交联度不同及树脂颗粒大小不同，适用于不同化合物的分离纯化。因此，对于不同的化合物，选择离子交换树脂时应遵循以下规律[2-3]。

1）被分离化合物为生物碱或无机阳离子，应选用阳离子交换树脂；被分离化合物为有机酸或无机阴离子，应选用阴离子交换树脂。

2）分子量大的化合物宜选用低交联度的树脂；化合物分子量小，则应选用高交联度树脂。如生物碱、大分子有机酸、多肽类应采用2%～4%交联度的树脂；氨基酸或小分子肽类应选用8%交联度的树脂；制备无离子水或分离无机成分，需用16%交联度的树脂。只要不影响分离操作的完成，一般应尽量采用高交联度的树脂。

3）被分离的离子吸附性强，应选用弱酸或弱碱性离子交换树脂。若用强酸或强碱性离子交换树脂，会因吸附性强而很难洗脱；被分离的离子吸附性弱，应选用强酸或强碱性离子交换树脂，若用弱酸或弱碱性则不能很好地交换或交换不完全。

44. 怎样应用离子交换树脂法分离纯化中药成分？

离子交换树脂的单元结构由3部分组成：不溶性的三维空间网状骨架、连接在骨架上的功能基团和功能基团所带的相反电荷的可交换离子。功能基团被固定于网状骨架上不能自由移动，但其所带的可离解的离子却能自由移动，可与其周围同类型的其他离子相互交换，所以被称为可交换离子。因此，离子交换树脂的分离原理为：通过控制树脂上的可交换离子，创造适宜条件，使其与相接近的同类型离子进行反复交换，以达到不同的使用目的。

基于上述分离原理，运用离子交换树脂对中药混合物进行分离纯化，达到离子的分离、置换，物质的浓缩，杂质的去除以及化学反应的催化等目的。目前，较多地应用于纯化生物碱类成分。如，采用阳离子交换树脂分离纯化钩藤总生物碱的工艺优选，结果表明，最佳工艺为钩藤药材提取液以6BV/h的体积流量通过001×7氢型阳离子交换树脂柱（径高比为 1 : 8)，树脂饱和后，水洗至中性，再用含 5% 氯化钠的 50% 乙醇溶液以 8BV/h 的体积流量洗脱，洗脱 10 倍量树脂柱体积[66]。此条件下，钩藤碱和钩藤总生物碱洗脱率分别为 88.2% 和 89.9%，钩藤碱、钩藤总生物碱的质量分数分别为 13.9%、47.6%，证明了 001 × 7 氢型阳离子交换树脂纯化钩藤总生物碱效率高，易实现管道化、连续化，具有广阔的工业应用前景。

此外，离子交换树脂还用于分离酚酸类成分，或者与其他技术集成进行除杂、脱色研究。如：采用 201 × 7 氢氧型阴离子交换树脂纯化绵马贯众总多酚，研究证明其分离效率高、成本低，具有广阔的应用前景；考察 8 种阴、阳离子交换树脂的静态吸附性能，证明 001 × 7 氢型阳离子交换树脂吸附分离 5- 羟色氨酸综合性能最好，是较为理想的介质，适合于 99% 规格 5- 羟色氨酸的规模化生产；采用阳离子交换树脂 JK008 能有效去除人参多糖中的蛋白质；优选竹节参总皂苷的分离、纯化工艺，研究证明，X-5 型大孔吸附树脂和 732 型阳离子交换树脂联用后，获得的精制竹节参总皂苷外观呈类白色至黄白色，其质量分数大于 85.0%，总转移率超过 70.0%，适用于工业化生产[67-71]。

45. 如何提高离子交换树脂的交换速度？

离子交换剂的交换速度决定工业化大生产的生产周期，因此，控制适宜的交换速度至关重要。在电解质溶液中，因离子交换剂的功能基团均要发生交换，故系统达到平衡状态的时间决定交换速度。各种类型的离子交换剂的交换速度有很大差别。一般来讲，天然泡沸石的交换速度很慢，而低交联或大孔型树脂的交换速度很快；阳离子交换树脂比阴离子交换树脂的交换速度快。

以阳离子交换树脂为例，根据交换平衡原理，交换的过程大致可分为 5 个阶段：① Na^+ 由溶液扩散到交换剂表面附近；② Na^+ 由交换剂表面扩散到功能基所带的可交换离子 H^+ 近旁；③ Na^+ 与 H^+ 在交换位置上发生化学交换；④ H^+ 由交换位置通过交换剂内部微孔扩散到交换剂表面；⑤ H^+ 由交换剂表面通过薄膜扩散到溶液中。在整个交换过程中，5 个步骤是瞬时完成的，步骤①⑤及②④应该同时发生、等速完成，因此，上述 5 步交换可以合并为 3 步，即膜扩散、粒扩散、化学交换，其中化学交换可以认为是很快的。所以，离子交换剂的交换速度实际上取决于膜扩散、粒扩散，而其中的慢者决定全程的交换速度。

通常情况下，离子交换剂表面外围存在一层厚度为 10^{-4}～10^{-3}cm 的膜层，在实际操作中，可应用加速搅拌来提高扩散速度。除此之外，一方面可以通过以下途径提高膜扩散速度：①提高溶液浓度；②增加离子交换剂的表面积；③提高温度。另一方面，可以通过以下途径加快粒扩散交换过程：①增加离子交换剂孔径；②减小粒度；③提高温度。

46. 工业化大生产中，如何应用离子交换树脂分离纯化中药成分？

离子交换树脂法分离机制明确、专属性强、成本低、操作简便，已广泛应用于氨基酸和氨基糖苷类抗生素的工业化大生产。中药生物碱类、有机酸类成分，可分别在酸性和碱性条件下产生可供交换的离子，可应用该法进行分离纯化。

以生物碱类成分为例，其离子交换过程可描述为：将生物碱类化合物酸化后的药液通过处理好的阳离子交换树脂柱，带正电荷的生物碱离子和极少量的氨基酸离子可以被吸附到树脂柱上，而其他带负电荷及不带电的淀粉、黏液质、黄酮、皂苷、有机酸、色素等成分不被交换吸附而流出；当树脂吸附达到饱和后，以去离子水冲洗树脂柱，即可将残留在柱内的非阳离子杂质成分洗涤除去；再选择一种合适的洗脱溶剂，将树脂柱所吸附的生物碱类成分交换洗脱下来，可使其与其他非阳离子成分分离而得到富集，从而达到精制纯化的目的。

47. 聚酰胺吸附法在中药分离中主要有哪些应用?

聚酰胺吸附法是以聚酰胺为填料，利用其对不同组分吸附性能的差异来达到分离纯化的目的。聚酰胺(polyamide)是通过酰胺基聚合而成的一类高分子化合物，分子结构中的酰胺基可与酚类、酸类、醌类和硝基类等化合物形成氢键，使得上述类型化合物被吸附，从而与不能形成氢键的化合物分离。化合物分子的吸附规律为：酚羟基越多，吸附力越强；芳环、共轭双键越多，吸附力越强；苯环对位、间位取代基团的吸附力大于邻位取代基；易形成分子内氢键的化合物，其吸附力减弱。

中药分离的应用有以下两个方面[2-3]。

（1）黄酮类化合物的分离：目前应用最为广泛，一般采用柱层析工艺进行。黄酮类化合物的层析行为与吸附强弱密切相关，主要有：①能形成氢键的基团数目越多，则吸附力越强。②易于形成分子内氢键，则吸附能力减小。③分子内芳香化程度越高，共轭双键越多，吸附力越强。④不同类型黄酮类化合物的被吸附强弱顺序为：黄酮醇＞黄酮＞二氢黄酮醇＞异黄酮。⑤与溶剂介质有关。在水中形成氢键的能力强，吸附力强；在有机溶剂中则较弱，在酸性溶剂中强，在碱性溶剂中最弱。各种溶剂在聚酰胺柱上的洗脱能力由弱至强的顺序为：水＜甲醇或乙醇(浓度由低到高)＜丙酮＜稀氢氧化钠水溶液或氨水＜甲酰胺＜二甲基甲酰胺＜尿素水溶液。因此，可以根据化合物的结构、溶剂溶解特性等选择适宜的分离纯化工艺。

（2）酚酸类化合物的分离：以茶多酚的分离为例，茶叶在 70℃条件下，以 70% 乙醇浸提，浸提液减压蒸馏回收乙醇，冷冻离心后，上清液过聚酰胺色谱柱，以氨水调 pH=8.5 的 70% 乙醇洗脱，洗脱液减压浓缩，低温冷冻干燥，得棕黄色固体，其茶多酚含量在 98% 以上。

48. 聚酰胺吸附法如何操作?

聚酰胺吸附法为柱层析操作，一般按如下步骤进行。

（1）装柱：首先将颗粒状聚酰胺混悬于水中使其充分膨胀，装柱，让聚酰胺自由沉降；当用非极性溶剂系统时，则用组分中低极性的溶剂装柱。

（2）上样：样品先用洗脱剂溶解，将样品溶液稀释到适当浓度，浓度为 20%～30%。水溶性化合物直接上样；若提取物水溶性不好，则用挥发性有机溶媒溶解、拌适量聚酰胺、挥干或减压蒸干、湿法装入柱顶。

（3）水洗：用水洗至无残留。

（4）醇洗：在水中递增乙醇浓度至浓乙醇溶液，或三氯甲烷、三氯甲烷 - 甲醇、递增甲醇至纯甲醇洗脱。若仍有物质未被洗脱，可用稀氨水或稀甲酰胺溶液洗脱，分段收集。

（5）聚酰胺的回收：使用过的聚酰胺一般用 5% 氢氧化钠溶液洗涤，然后水洗，再用 10% 醋酸溶液洗，最后用蒸馏水洗至中性即可。

操作中应注意：①吸附剂质量影响分离效果。聚酰胺原料中往往夹杂小分子杂质，使用前应除去，可用酒精洗，再用稀酸、稀碱洗至无气味、无小分子杂质。②避免由于吸附力太强导致不能洗脱的"死吸附"现象。如鞣质类成分与聚酰胺形成的氢键作用强，乙醇难以洗脱，必须用碱性溶液洗脱。

49. 硅胶吸附柱色谱在中药分离中主要有哪些应用?

硅胶即 $SiO_2 \cdot nH_2O$，为多孔、网状结构，其吸附作用的强弱与硅醇基的含量有关，硅醇基吸附水分后能够形成氢键，吸附力随着所吸附水分的增加而降低。硅胶属于极性吸附剂，因此在非极性介质中对极性物质具有较强的吸附作用。

硅胶有天然和人工合成之分。天然硅胶即多孔 SiO_2，通常称为硅藻土，人工合成的则称为硅胶。硅胶是一种酸性吸附剂，适用于中性或酸性成分的分离。同时硅胶又是一种弱酸性阳离子交换剂，其表面上的硅醇基能够释放弱酸性的质子，当遇到较强的碱性化合物，则可通过离子交换反应而吸附该类化合物，可用于该类化合物的分离纯化。

硅胶柱层析法是中药成分分离纯化最常用的方法之一。在传统的中药分离纯化应用中，硅胶主要以吸附柱色谱的形式与其他色谱技术集成应用，分离获得单体化合物或其有效部位，相关报道也比较多。如，采用硅胶柱色谱与高速逆流色谱相结合的方法，从羌活的根和根茎中分离佛手柑内酯，经气 - 质及核磁共振氢谱、碳谱鉴定化合物的结构证明，从300mg 样品中一次性分离得到佛手柑内酯 37.6mg，经 HPLC 检测其质量分数达到 99.1%。该方法操作简便、高效，为制备高纯度的佛手柑内酯提供了一条新途径[71]。

在现代分离技术应用中，硅胶的改性研究使得其分离范围不断拓展。如，利用表面分子印迹技术制备硅胶表面高良姜素分子印迹聚合物，用于高良姜素的选择性分离，为中药黄酮类化合物的分离提供了一种新方法[72]。又如，利用烷基硫脲功能化硅胶去除刺五加提取物中的重金属 Pb、Cd、Hg、Cu，该方法可以满足有选择性地高效脱除重金属元素，且对有效成分几乎无影响，操作简便、易行，可被推荐用于中药提取物中重金属元素超标时的前处理，为降低中药提取物中重金属元素含量开辟了一条新的思路和研究方法[73]。

50. 硅胶吸附柱色谱法如何操作?

硅胶吸附柱色谱法的操作，一般按如下步骤进行。

(1) 装柱：首先将色谱柱垂直地固定在支架上，在柱的下端塞少许棉花，使棉花成为一个表面平整的薄层，用干法或湿法装柱。①干法装柱：将硅胶均匀地倒入柱内，中间不应间断。通常在柱的上端放一个玻璃漏斗，使硅胶经漏斗呈一细流状慢慢地加入柱内。必要时可轻轻敲打色谱柱，使填装均匀。尤其是在填装较粗的色谱柱时更应小心。色谱柱装好后打开下端活塞，然后沿管壁轻轻倒入洗脱剂(注意在洗脱剂倒入时严防硅胶被冲起)，待硅胶湿润后，需保证柱内不能有气泡。如有气泡需通过搅拌等方法除去，也可以在柱的上端再加入洗脱剂，然后通入压缩空气使气泡随洗脱剂从下端流出。②湿法装柱：量取一定量体积准备用作首次洗脱的洗脱剂倒入色谱柱中，并将活塞打开，使洗脱剂滴入接收瓶内，同时将硅胶慢慢地加入；或将硅胶放置于烧杯中，加入一定量的洗脱剂，经充分搅拌，待硅胶内的气泡除去后再加入柱内。一边沉降一边添加，直到加完为止。硅胶的加入速度不宜太快，以免带入气泡。必要时可在色谱柱的管外轻轻敲打，使硅胶均匀下降，有助于硅胶带入的气泡外溢。

(2) 上样前洗脱：为了使色谱柱装得更加均匀，提高分离效果，同时也为了除去硅胶中含有的杂质，通常是色谱柱装好后先用洗脱剂洗脱 4～6 倍柱体积，待洗脱剂中无残渣时再上样。

（3）上样：可采用湿法或干法上样。①湿法上样：将样品溶解于用作首次使用的洗脱剂的溶剂中，而后将色谱柱中硅胶面上多余洗脱剂放出，再用滴管将样品溶液慢慢加入，在加入样品时勿使柱面受到扰动，以免影响分离效果。②干法上样：称取一定量硅胶（通常为色谱柱中硅胶量的 10%～15%）置于蒸发皿中，加入洗脱溶液，再慢慢加入样品，边加边搅拌，待硅胶完全被样品溶液湿润时，在水浴锅上蒸除溶剂。如果样品溶液还没有加完，则可重复上述步骤，直到加完为止。蒸除溶剂后的含样品的硅胶在 100℃中加热 3 小时，除去水分后，按湿法装柱的方法装入柱内，但要注意在加入样品时不要使柱面受到扰动。

（4）洗脱剂选择：洗脱剂的选择对分离影响很大，而通常又没有可循的规律，但一般会根据物质的极性选择相应的洗脱剂来进行洗脱。洗脱时，洗脱剂常按从低极性到高极性的梯度洗脱方式，使吸附在吸附剂上的成分逐个洗脱下来，从而达到分离的目的。如果样品极性小，可选用石油醚（或环己烷）作为起始溶剂；如果样品极性较大，则可选用三氯甲烷或苯或乙酸乙酯等作为起始溶剂，在洗脱实际工作中一般采用二元、三元或多元溶剂系统，在进行洗脱之前通过薄层色谱的方法寻找和确定色谱的洗脱剂。

（5）洗脱：分为常压和加压洗脱。常压洗脱指色谱柱上端不密封，与大气相通；加压洗脱指在 0.5～5kg/cm^2 压力下洗脱，所用色谱柱为耐压硬质玻璃柱，所用吸附剂颗粒直径较小（200～300 目）。洗脱时，为避免加入洗脱剂时冲起吸附剂，可在柱面上加入少许石英砂，或放入直径与色谱柱内径相同并扎有许多小孔的滤纸片。先打开柱下端活塞，保持洗脱剂流速 1～2 滴 /s，等份收集洗脱液。洗脱剂的洗脱能力由弱到强逐步递增。每份洗脱液采用薄层色谱定性检查，合并含相同成分的洗脱液。经浓缩、重结晶处理往往能得到目标化合物。

51. 氧化铝吸附柱色谱在中药分离中主要有哪些应用？如何操作？

氧化铝吸附剂为白色球状多孔性颗粒，不溶于水及有机溶剂，极性较强，分酸性、中性、碱性三类，可分别用于分离酸碱性物质。不加修饰的氧化铝一般偏碱性，最适于生物碱类的分离，不宜用于醛、酮、醋、内酯等类型的化合物分离。氧化铝用水洗至中性，称为中性氧化铝，中性氧化铝适用于酸性成分的分离。氧化铝用稀硝酸或稀盐酸处理，可使氧化铝颗粒表面带有硝酸根或氯离子，制成酸性氧化铝，酸性氧化铝具有离子交换剂的性质。

在中药分离中，中性氧化铝使用最多，常采用柱层析法进行。柱层析用的中性氧化铝粒度应在 100～200 目，其活化与硅胶相似，可用于中药成分或部位的分离纯化。

氧化铝柱色谱的操作方法和硅胶吸附柱色谱类似，分为：①装柱；②上样前洗脱；③上样；④选择洗脱剂；⑤洗脱等步骤，可参照本章第 50 题论述的步骤操作。

52. 高速逆流色谱分离技术主要设备是什么？在操作中要注意哪些事项？

高速逆流色谱法（high-speed countercurrent chromatography，HSCCC）是 20 世纪 80 年代由美国 Yoichiro Ito 博士发明的一种新的逆流色谱技术。它是基于液 - 液分配原理，利用螺旋管的方向性与高速行星式运动相结合产生一种独特的动力学现象，使两相溶剂在螺旋管中实现高效地接触、混合、分配和传递，从而对具有不同分配比的样品组分实施分离。

高速逆流色谱分离技术与制备高效液相色谱系统相似，核心区别在于把制备高效液相色谱的色谱柱部分用 HSCCC 的螺旋管式分离仪代替。HSCCC 设备主要由储液罐、恒流泵、螺旋管式分离仪、检测器、色谱工作站或记录仪、收集器等组成。

操作注意事项主要有如下几点。

（1）注意溶剂的选择：溶剂系统的选择是应用逆流色谱的关键，对于其溶剂系统的选择，目前尚无充分理论依据，一般根据实验积累经验而确定。溶剂应安全无毒、价廉易得。另外，溶剂必须不能和被提纯物质发生化学反应。

（2）注意转速的影响：螺旋管的转速对两相溶剂在流体动力学平衡时的体积比，也就是对固定相保留值的影响较大，从而影响分离效果。操作时需要注意，并不是转速越快越好。

（3）注意流速的影响：流动相流速也会影响两相的分布。一般情况下，流动相流速越快，固定相流失越严重，但流速过慢会导致分离时间过长，从而造成溶剂的浪费。

（4）注意温度对结果的影响：温度的提高对溶剂的黏度有很大影响，一般提高温度会获得高的保留值，而相反降低温度则得到低的保留值，但因所用的溶剂均为有机溶剂，沸点很低，一般温度不可能提高太多，应根据预实验确定合适温度。

53. 结晶分离技术的原理是什么？选择该技术的依据是什么？

结晶分离过程[74]是从溶液中制备一定纯度、晶型及粒度的晶体物质的过程，并伴随着复杂的相变传热、传质过程，此过程遵循一定的热力学规律。结晶分离技术的原理为：任何固体物质与其溶液相接触时，若溶液尚未饱和则固体溶解；若溶液恰好达到饱和则固体溶解与析出的量相等，此时固体与其溶液达到相平衡。若固体达到过饱和，即其实际浓度超过理论平衡浓度（溶解度），通常情况下，固体在结晶推动力的作用下析出，先后发生生成晶核、晶粒生长、生成结晶、结晶陈化的过程。

结晶分离技术是化工生产中从溶液中分离固体物质的一种单元操作。目前常用的结晶技术主要有：降温结晶法、蒸发结晶法、重结晶法、升华结晶法。选择该技术的依据主要有以下两点[2-3]。

（1）工业生产中一般情况下都希望生成粗大的结晶产品，有利于下一步的固液分离操作。

（2）中药生产中，当待分离纯化物质在中药混合物中纯度较高且有较大溶解度差异时，可采用结晶分离技术进行纯化分离。如，槐米中含芦丁较丰富，在提取分离后，可以利用芦丁在热乙醇和冷乙醇中溶解度的差异进行结晶分离；天然薄荷原油中含有薄荷酮、异薄荷酮等组分，精馏可获得含 70% 以上薄荷醇的混合油，通过冷冻结晶，即可获得纯品薄荷醇。

但需注意的是，当待分离成分结构不明确或受热易发生结构转化时，不宜选择条件过于激烈的结晶法进行分离纯化。

54. 影响结晶的主要因素是什么？

如本章第 53 题所述，结晶分离过程为复杂的传热与传质的过程，影响结晶的主要因素主要有以下几点[2-3]。

（1）过饱和度：增大溶液过饱和度可提高成核速率和生长速率，有利于提高结晶生产能力，但同时会引起溶液黏度增大，结晶受阻。过饱和度过大会出现成核速率过快，产生大量微小晶体，结晶难以长大等问题；结晶生长速率过快，影响结晶质量；结晶器壁容易产生晶垢。

（2）冷却（蒸发）速度：快速的冷却或蒸发将使溶液很快地达到过饱和状态，甚至直接穿过介稳区，达到较高的过饱和度而得到大量的细小晶体；反之，缓慢冷却或蒸发，常得到很大的晶体。

（3）晶种：器壁上加入晶种时应注意控制温度。如果溶液温度过高，加入的晶种有可能部分或全部熔化，因而不能起到诱导成核的作用；温度较低，当溶液中已自发产生大量细小晶体时，再加入晶种已不能起作用。通常在加入晶种时要轻微地搅动，使其均匀地分布在溶液中，以得到高质量的结晶产品。应引起注意的是，对于溶液黏度较高的物系，晶核很难产生，而在高过饱和度下，一旦已产生晶核，就会同时出现大量晶核，容易发生聚晶现象，产品质量不易控制。因此，高黏度物系必须用在介稳区内添加晶种的操作方法。

（4）溶剂与pH：应选择合适的溶剂与pH，以使目标产物的溶解度较低，从而提高结晶的收率。另外，溶剂的种类和pH对晶型也有影响，而晶型对药效作用的发挥有着重要影响。选择的溶剂沸点不宜太高，以免该溶剂在结晶和重结晶时附着在晶体表面而不易除尽。

（5）晶浆浓度：晶浆是在结晶器中结晶出来的晶体和剩余的溶液（或熔融液）所构成的混悬物。提高晶浆浓度，促进溶液中溶质分子间的相互碰撞聚集，可获得较高的结晶速率和结晶收率，但相应杂质的浓度及溶液黏度也增大。因此，晶浆浓度应在保证晶体质量的前提下尽可能取较大值。

（6）流速：提高循环流速，有利于以下几点。①消除设备内的过饱和度分布不均的现象，使设备内的结晶成核速率及生长速率分布均匀；②可增大固液表面传质系数，提高结晶生长速率；③提高换热效率，抑制换热器表面晶垢的生成。但流速过高会造成晶体的磨损破碎。循环流速应在无结晶磨损破碎的范围内取较大的值。如果结晶器具备结晶分级功能，循环流速也不宜过高，应保证分级功能的正常发挥为宜。

（7）搅拌：大多数结晶设备中都配有搅拌装置，搅拌能促进扩散和加速晶体生成。增大搅拌速度，可提高成核速率。工业生产中，为获得较好的混合状态，同时避免晶体的破碎，一般会通过预实验确定搅拌桨的形式、适宜的搅拌速度以获得需要的晶体。工艺设计中可以考虑采用直径及叶片较大的搅拌桨、降低转速或采用气体混合方式，以防止晶体破碎。

（8）结晶时间：包括过饱和溶液的形成时间、晶核的形成时间和晶体的生长时间。过饱和溶液的形成时间与方法有关，方法不同时间长短不同；晶核的形成时间一般较短；晶体的生长时间一般较长，要根据产品的性质、晶体质量的要求来选择和控制。

（9）杂质：某些微量杂质的存在可能影响结晶产品的质量。溶液中存在的杂质一般对晶核的形成有控制作用，对晶体生长速率的影响较为复杂，有的杂质能抑制晶体的生长，有的能促进晶体的生长。

（10）分离和洗涤：母液在晶体表面的包藏常常需通过洗涤或重结晶来降低，从而改善结晶成品的颜色并提高晶体纯度。洗涤常用的方法有真空过滤和离心过滤。母液在晶簇中的包藏，用洗涤的方法不能除去，只能通过重结晶来去除。洗涤的关键是确定合适的洗涤剂和洗涤方法。

（11）结晶系统的晶垢：结晶器壁及循环系统中产生的晶垢，将影响结晶效率。为防止晶垢的产生或除去已形成的晶垢，一般可采用下述方法：①器壁内表面使用有机涂料，以此保持壁面光滑，可防止在器壁上进行二次成核而产生晶垢。②提高结晶系统中各部位的流体流速，并使流速分布均匀，消除低流速区内晶体沉积结垢。③当外循环液体为过饱和溶液时，应使溶液中含有悬浮的晶种，以防止溶质在器壁上析出结晶。④控制过饱和形成的速率和过饱和程度。可采用夹套保温方式，防止壁面附近过饱和度过高而结垢。⑤增设晶垢铲除装置或定期添加晶垢溶解剂，除去已产生的晶垢。蒸发室壁面极易产生晶垢，可采用喷淋溶剂的方式溶解晶垢。

（12）晶体结块：晶体结块现象是一种导致结晶产品品质劣化的现象。防止晶体结块的方法通常是加入防结块剂。

可见，在结晶分离过程中，防止不需要的晶核生成、防止结晶的过快生长、操作过程防止杂质掺入是结晶工艺成败的关键环节。

55. 如何选择结晶分离的溶剂?

如本章第 53、54 题所述，选择合适的溶剂是形成结晶的关键。结晶分离要求溶剂对所需成分的溶解度随温度的不同而有显著的差别，即热时溶解、冷时析出，同时不产生化学反应。对杂质来说，在该溶剂中应不溶或难溶，亦可采用对杂质溶解度大而对欲分离物质不溶或难溶的溶剂，则可用洗涤法除去杂质后，再用合适溶剂结晶待纯化物质。

常用的结晶溶剂有甲醇、乙醇、丙酮和乙酸乙酯等，但所选溶剂的沸点应低于化合物的熔点，以免化合物受热分解变质。溶剂的沸点应低于结晶的熔点，以免混入溶剂的结晶。

选择结晶溶剂，可参照以下几点。

（1）查阅有关资料及参阅同类型化合物的结晶条件。

（2）依据“相似相溶”的溶解规律进行少量探索。如：极性的羟基化合物易溶于甲醇、乙醇或水，多羟基化合物在水中比在甲醇中更易溶解，芳香族化合物易溶于苯和乙醚，杂环化合物可溶于醇、难溶于乙醚或石油醚，不易溶解于有机溶剂的化合物可用冰醋酸或吡啶溶解。

（3）若不能选择适当的单一溶剂，可选用两种或两种以上溶剂组成的混合溶剂，要求低沸点溶剂对物质的溶解度大、高沸点溶剂对物质的溶解度小，这样在放置时，沸点低的溶剂较易挥发进而比例逐渐减少，易达到过饱和状态，有利于结晶的形成。选择溶剂的沸点不宜太高（60℃左右），沸点太高则不易浓缩，同时不易除去；沸点太低溶剂损耗大，难以控制。

（4）重结晶用的溶剂一般可参照结晶的溶剂。但形成结晶后其溶解度和原来混杂状态下的溶解度不同，有时需要采用两种不同的溶剂分别结晶才能得到纯粹的结晶，即在甲溶剂中重结晶除去部分杂质后，再用乙溶剂复结晶以除去另外的杂质。在结晶或重结晶时要注意化合物是否与溶剂结合成加成物或含有结晶溶剂的化合物，有时也利用此性质使本来不易形成结晶的化合物得到结晶。

56. 结晶分离应用于中药制药生产中，应注意哪些事项?

如本章第 53、54、55 题所述，在结晶分离过程中，防止不需要的晶核生成、防止结晶的过快生长、操作过程防止杂质掺入是结晶工艺成败的关键环节。

中药制药生产中，除注意上述三个关键环节外，还应注意以下几点。

（1）结晶溶剂的选择。中药体系组成复杂，且待分离纯化目标产物中可能还含有结构尚待明确的化合物。因此，在结晶分离开始前，要充分查阅有关资料，特别要关注同科属、同种植物、同类型化合物的结晶条件；同时要依据“相似相溶”的溶解规律进行预实验，必要时采用混合溶剂。

（2）工艺操作过程要制定标准操作规范（SOP），严格遵循各步操作规范，特别要保持环境洁净，规范晶种加入等操作规范。

57. 盐析分离技术的原理及其选择的依据是什么?

盐析分离技术是沉淀分离技术的一种，指在药物溶液中加入大量的无机盐，使某些高分子物质的溶解度减小并沉淀析出，而与其他成分分离的方法[1,5]。在药物分离纯化应用中主要用于蛋白质的分离纯化。常用作盐析的无机盐有氯化钠、硫酸钠、硫酸镁、硫酸铵等，其中使用最多的是硫酸铵。硫酸铵的优点是温度系数小而溶解度大（20℃时饱和溶解度为754g/L，0℃时饱和溶解度为706g/L），在可用的溶解度范围内，许多蛋白质和酶都可以盐析出来；且硫酸铵分段盐析效果也比其他盐好，不易引起蛋白质变性。

以蛋白质盐析为例，其分离原理可描述为：当溶液中的无机盐达到一定浓度时，可使蛋白质等分子表面的电荷被中和，同时使蛋白质胶体的水化层脱水，使之凝聚沉淀。蛋白质在水溶液中的溶解度取决于蛋白质分子表面离子周围的水分子数目，即主要是由蛋白质分子外周亲水基团与水形成水化膜的程度以及蛋白质分子带有电荷的情况决定的。蛋白质溶液中加入中性盐后，中性盐与水分子的亲和力大于蛋白质，致使蛋白质分子周围的水化层减弱乃至消失。同时，中性盐加入蛋白质溶液后其离子强度发生改变，蛋白质表面的电荷大量被中和，导致蛋白质溶解度更低，加速蛋白质分子之间聚集而沉淀。由于各种蛋白质在不同浓度盐溶液中的溶解度不同，不同饱和度的盐溶液沉淀的蛋白质种类不同，从而使之从其他蛋白质中分离出来。上述过程简而言之，即将硫酸铵、硫酸钠或氯化钠等加入蛋白质溶液，使蛋白质表面电荷被中和以及水化膜被破坏，导致蛋白质在水溶液中的稳定性因素被去除而沉淀。

由此可见，盐析分离技术的应用依据是待分离物质必须要在不同盐浓度下有不同的溶解度。理想的应用状态是在中药水提取液中加入无机盐，使之呈饱和状态或过饱和状态到一定浓度时，与蛋白质有类似结构的中药药效成分在水中溶解度减小而被沉淀出来。盐析法也可以与其他技术集成，如在中药油水混合物中加入盐，使挥发油盐析而形成一定粒径的油滴，再应用适当孔径的超滤膜截留而获得中药挥发油。

58. 影响盐析的主要因素是什么? 分离操作中需要注意哪些事项?

在盐析分离过程中，影响盐析的主要因素有以下几点。

（1）离子强度：离子强度越大，蛋白质的溶解度越小。盐析的效果取决于溶液的pH与离子强度，如果是用盐析法处理蛋白质，操作时需要注意溶液的pH越接近蛋白质的等电点，蛋白质越容易沉淀。

（2）氢离子浓度：溶液的pH距蛋白质的等电点越近，盐析时所需的盐浓度越低。

（3）待分离物质的浓度：如盐析蛋白质时，溶液中蛋白质的浓度对沉淀有双重影响，既影响蛋白质的沉淀极限，又影响其他蛋白质的共沉淀作用。蛋白质的浓度越低，所需盐的饱和度极限越低；但蛋白质的浓度越高，其他蛋白质的共沉淀作用越强；当溶液中蛋白质浓度太高时，应适当进行稀释，以防止发生严重的共沉淀作用。

盐析分离操作中应注意:①一般在室温下进行操作即可,但对于一些对热敏感的蛋白质和酶,最好在 4℃左右进行,并要求迅速操作。②在加入盐时速度应该缓慢均匀,搅拌也要缓慢,越到后来速度越应该注意缓慢,如果出现一些未溶解的盐,应该等其完全溶解后再加盐,以免引起局部的盐浓度过高,导致酶失活。③盐析后最好搅拌 40~60 分钟,且再在冰浴中放置一段时间。为了避免盐对酶的影响,一般脱盐处理后再测酶活性。④盐析后所获得的蛋白质最好尽快脱盐处理,一般可用超滤或凝胶色谱处理。

59. 工业化大生产中,如何优化盐析分离的条件?

工业化大生产中,主要从以下几个方面优化盐析分离的条件。

(1)盐析前准备:①首先确定被分离物质的浓度。被分离物质的浓度对于分离效果有较大的影响。若加入的盐浓度过高,容易产生共沉淀作用,使得除杂效果明显下降。如果加入的盐浓度过低,就需要更大的盐过饱和度,使回收率降低。②确定离子强度。不同待分离物质的沉淀需要不同的离子强度。选择适宜的离子强度,确保蛋白质溶解度合适且收率高。

(2)盐析时操作:①选择适宜的操作温度。一般可在室温下操作,若待分离物质的溶解度随温度变化较大,可以依照情况进行工艺优化。②优化溶液的 pH。pH 应选择在待分离物质的等电点附近。以蛋白质为例,蛋白质所带净电荷越多,它的溶解度就越大。改变 pH 可改变蛋白质的带电性质,因而改变了蛋白质的溶解度。远离等电点处溶解度大,在等电点处溶解度小,因此用中性盐沉淀蛋白质时,pH 常选在该蛋白质的等电点附近。

(3)盐析后操作:①盐析后搅拌 40~60 分钟,再在冰浴中放置一段时间。②所获得的蛋白质尽快脱盐处理,以免发生蛋白质变性。

60. 分子蒸馏技术如何应用于中药体系的分离?

分子蒸馏(molecular distillation, MD)又称短程蒸馏(short-path distillation),是一种新型分离技术[2,6]。不同于传统蒸馏依靠沸点差分离原理,分子蒸馏是依靠不同物质分子运动平均自由程的差别而实现分离的。分子蒸馏是一种特殊的液 - 液分离技术,其分离原理为:当液体混合物沿加热板流动并被加热,轻、重分子会逸出液面而进入气相,由于轻、重分子的自由程不同,因此不同物质的分子从液面逸出后移动距离不同,若能恰当地设置一块冷凝板,则轻分子到达冷凝板被冷凝排出,而重分子无法到达冷凝板而沿混合液排出。如此,便达到物质分离的目的。

分子蒸馏技术可用于以下中药体系的分离。

(1)中药挥发油的分离、精制:该类应用较多。①单一技术的应用:如,采用 MD 法纯化广藿香挥发油,发现广藿香挥发油的提取率和质量分数分别达到了 76.55% 和 40.71%,比传统的 SD 法分离纯化效果好。②集成技术的应用:如,采用 SFE-CO_2 萃取 -MD 集成技术对连翘中的挥发油成分进行分离纯化,结果表明,分子蒸馏后得到了 2 种馏分,分别是萜品醇 -4 和 α- 萜品醇;萜品醇 -4 和 β- 蒎烯。采用 SFE-CO_2 萃取 -MD 集成技术对川芎挥发油进行分离纯化,结果表明,分子蒸馏后,桧烯、α- 蒎烯、2, 3- 丁二醇等主要成分含量较单纯使用 SFE-CO_2 法明显提高。采用 SFE-CO_2 萃取 -MD 集成技术对香附中挥发油进行分离纯化,结果表明,分子蒸馏后,挥发油含量较单纯使用 SFE-CO_2 法明显提高(43.2% vs 86.0%),香附子烯和 α- 香附酮相对含量也从 20.2% 提高到 38.6%，且未检测到脂肪酸类无效成分。采用 SFE-CO_2 萃取 -MD 集成技术对金银花精油进行提取，结果表明，精油收率达 0.56%，高于 SD 法的收率 0.16%，质量分数超过 40%。

（2）其他成分的分离纯化：姜黄的主要成分是姜黄油和姜黄素，采用 SFE-MD 集成技术可同时对姜黄素和姜黄油进行提取、分离与纯化。结果显示，姜黄油提取率为 5.49%，姜黄素提取率达 93.6%。采用 SFE-CO_2 获得当归提取物后，测得其中脂溶性成分有 31 种，收率为 2.15%；将该提取物进行 MD 法纯化，测得其中脂溶性成分达 35 种，收率为 15.8%；与传统方法提取、分离所得的当归提取物相比，亲脂性成分有显著差异。

由此可见，MD 技术分离效率高，分离程度高于传统蒸馏及普通蒸馏，特别适宜于高沸点、热敏性、易氧化物质的分离。

61. 酶法在中药分离纯化中有哪些应用?

酶是一种生物催化剂，在食品和微生物制药领域已有大量酶法生产产品的研究报道，如采用双酶法新工艺生产硫酸软骨素。酶反应可较温和地将植物组织分解，较大幅度地提高了有效成分的溶出率，用于制剂生产的优势与成效不断凸显。因此，越来越多的研究者尝试将酶法用在中药的分离纯化中[2,6]。

采用酶法分离纯化中药有效成分或有效部位，如：①从虎杖中提取白藜芦醇，加入复合酶 SPE-002 或 SPE-007，可使植物细胞壁被破坏，使内容物溶出率增加；同时，虎杖中白藜芦醇苷在复合酶的作用下转化为白藜芦醇，酶解提取与单纯乙醇提取相比，得率明显提高。②从茶叶中提取茶多酚，加入复合酶 SPE-007 软化了植物细胞壁，茶多酚提取率可达 98% 以上，茶多酚中儿茶素相对含量较沸水提取高出 9%～10%；且原料茶叶无须粉碎，节省时间、降低成本。③从红景天中提取有效成分，加入复合酶 SPE-001 或 SPE-007，可以使植物细胞壁被破坏，可替代水提醇沉工艺，节省时间、降低成本；同时可降解红景天中的氨基酸、多肽、多糖，易于过滤。

可见，酶法工艺绿色、环保，在大幅提高有效成分或有效部位产率的同时，明显地提高了生产效率。近年来，亦不断有研究者尝试采用酶法取代醇沉法制备澄明度良好的口服液体制剂，如成功制备了生脉饮，节约工时、缩短周期、降低成本，有效成分含量高。值得注意的是：酶法工艺成功应用的关键是选用的酶是否合适，因此，酶法在中药分离纯化应用的核心关键问题是酶的选育、酶法工艺参数的优选与酶法提取物的纯化、富集。

62. 透析法在中药分离纯化中有哪些应用?

透析法是利用小分子物质在溶液中可通过半透膜，而大分子物质不能通过半透膜的性质，使大、小分子物质达到分离的方法[2,62-63]。如：分离和纯化皂苷、蛋白质、多肽、多糖等物质时，可用透析法除去无机盐、单糖、双糖等杂质；反之，也可将大分子的杂质留在半透膜内，而将小分子物质通过半透膜进入膜外溶液中，加以分离精制。

常用的透析膜有动物性膜、火棉胶膜、羊皮纸膜（硫酸纸膜）、再生纤维纸膜、玻璃纸膜和蛋白胶膜等。值得注意的是：透析膜的膜孔有大有小，要根据欲分离成分的具体情况进行选择，故透析是否成功与透析膜的规格关系极大。中药组成复杂且成分尚待明确，所以，透析法在中药材和饮片提取物分离纯化中的核心关键问题是：待分离目标产物的分子量确定；透析膜的选择。

四、联用分离纯化技术问题解析

63. 如何联用分离技术提高中药分离纯化的效率?

借助一定的分离剂,实现混合物中组分分级、浓缩、纯化、精制等的过程称为分离过程。在分离过程的工艺设计中,工艺要求所关注的主要指标是:总成本低;稳定性高,即体系承受较小的操作条件波动;分离时间短;产品收率高;工艺重现性高等。这些指标是分离过程选择的重要依据,也是分离纯化效率的具体体现。

近年来,为满足工艺设计的上述要求,联用分离技术引起了人们的重视,诸如催化剂精馏、膜精馏、吸附精馏、反应萃取、络合吸附、膜萃取、化学吸收等,并已成功地应用于生产。联用技术综合了两种或者两种以上分离技术的优点,具有简化流程、提高收率和降低消耗等优点;同时,联用技术还可以解决许多传统分离技术难以完成的问题。如:发酵萃取和电泳萃取在生物制品分离方面得到了成功的应用;采用吸附树脂和有机络合剂的络合吸附具有分离效率高和解吸再生容易的特点;电动耦合色谱可高效地分离维生素;超临界 CO_2 萃取和纳滤耦合可提取贵重的天然产品等。

联用分离技术提高分离纯化的效率,也已成为中药制药领域发展的新方向。如:大孔吸附树脂与超滤法联用对六味地黄丸进行精制,其提取物得率为原药材的 4.6%,且有 98% 的丹皮酚与 86% 的马钱苷被保留。又如:采用陶瓷膜与大孔树脂吸附技术集成分离纯化油茶饼粕提取液中的茶皂素。以茶皂素的收率、纯度为考察指标进行工艺优化,结果表明总茶皂素质量分数>95%;采用联用技术得到的茶皂素不仅纯度高、颜色淡,而且该技术生产成本低,污染小,可以成为工业上生产茶皂素产品的一种新技术[75]。

可见,联用分离技术有望成为提高产品选择性和收率、实现过程优化的新型技术,为中药分离纯化效率的提升提供新工艺、新方法。

64. 在工业化大生产中,目前应用于中药提取物生产的联用分离纯化技术有哪些?

过程工业对资源、能源的过度消耗和对环境的污染已经成为制约人类社会可持续发展的瓶颈问题。如本章第 63 题所述,联用分离技术形成新的工艺流程和集成技术,以达到高效、低耗、无污染的目的,已经成为中药产业升级与绿色发展的重要支撑。

用于中药提取物生产的联用分离纯化技术归纳为以下几点[47, 54-55, 76]。

(1)膜集成技术:是将膜分离技术与其他分离方法或反应过程有机地结合在一起,以充分发挥各个操作单元的特点。具体来说,膜集成技术可以分为两类:①膜分离与反应的集成,其目的是部分或全部地移出反应产物,提高反应选择性和平衡转化率,或移去对反应有毒性作用的组分,保持较高的反应速度。②膜分离过程与其他分离方法的集成,其目的是提高目的产物的分离选择性系数并简化工艺流程。如,膜和树脂分离的集成不仅有着更好的分离效果,并且可以解决树脂分离后的树脂残留,目前已经部分使用于中药注射液的生产中。

(2)超临界流体集成技术:目前主要有以下几个。①超临界流体色谱法(SFC):以超(亚)临界流体为流动相,分配系数小的物质首先离开色谱柱,分配系数大的物质较晚离开色谱柱。它兼具了气相色谱的高速，液相色谱的选择性强、分离效果好等特点。②超临界流体结晶技术：可用于超细颗粒材料的制备，其最大的优点是产品纯度高、形状规则、光泽度好、制造工艺简单、操作温度比较低、适用材料范围广。③超临界流体膜分离技术：超临界流体萃取技术与膜分离技术的集成。④超临界 CO_2 分子蒸馏集成技术。

（3）结晶集成技术：主要有两类。①减压精馏 - 熔融结晶集成技术。精馏是分离有机混合物最常用的方法之一，但当需分离的有机混合物为热敏性物质或接近沸点的物质（或共沸物）时，采用精馏的方法来分离常常不能达到预期的效果。熔融结晶技术是一种高效低能耗、低污染的分离技术。减压精馏与熔融结晶两种方法有机地结合在一起，取长补短，可用来分离易结晶、熔点差大、沸点接近的物质。②螯形包结 - 结晶集成技术。该技术是建立一种被称为整形主体分子的物质，具有良好的包结性能，并可对某类成分（客）进行选择性识别，从而形成结晶而达到分离目标。

基于上述分析和工业化生产的需求，联用分离技术还应从以下两方面实现[54-55, 76]。

（1）设备间的联用：通常采用两个独立的设备，通过物流（可以是气、液或固态）在两个设备间流动来完成过程耦合。

（2）设备内的联用：由于传热方式、传质方式、动量传递方式的不同，又有各自不同分类。设备内的联用根据其实现的功能，可分为如下几类：①反应与传热的联用。目的是供给或移走反应热。近年来发展了固体细粉移热的反应器、溶剂蒸发移热的反应器、周期性逆流的绝热床反应器等新型反应传热类型。②反应与传质的联用。该设想是在一个装置中同时进行反应与传质的过程，反应生成的某一组分通过传质过程移出反应体系，有利于可逆反应向产品生成方向进行。主要类型有色谱反应器、催化精馏反应器、膜反应器等类型。

由此可见，构建以联用分离技术为核心的新型分离过程、分离流程及其专属装备，必将为传统产业关键技术的更新换代、新兴产业重大关键技术的研发提供持续性的支持和引领。

参考文献

［1］阳长明. 中药复方新药研究的质量设计、质量完善与技术审评的分阶段要求［J］. 中草药，2017，48（16）：3253-3258.

［2］郭立玮. 制药分离工程［M］. 北京：人民卫生出版社，2014.

［3］侯世祥. 现代中药制剂设计理论与实践［M］. 北京：人民卫生出版社，2010.

［4］奉建芳，毛声俊，冯年平，等. 现代中药制剂设计［M］. 北京：中国医药科技出版社，2020.

［5］万海同. 中药制药分离工程学［M］. 北京：化学工业出版社，2019.

［6］赵余庆. 中药及天然产物提取制备关键技术［M］. 北京：中国医药科技出版社，2012.

［7］周丽莉. 制药设备与车间工艺设计［M］. 2 版. 北京：中国医药科技出版社，2011.

［8］陈平. 中药制药工艺与设计［M］. 北京：化学工业出版社，2015.

［9］杨绪芳，康小东，刘俊超，等. 痛安注射液组方药材白屈菜提取物精制工艺研究［J］. 中草药，2014，45（18）：2631-2635.

［10］朱玉洁. 葡聚糖凝胶柱层析富集黑果枸杞总花色苷工艺及其抗氧化性研究［J］. 食品研究与开发，2020，41（7）：12-18.

［11］朱应怀，刘晓霞，王继龙，等. 基于陶瓷膜超滤技术的甘草酸和甘草苷同步提取纯化工艺研究［J］. 中草药，2016，47（23）：4173-4178.

[12] 冯宇，刘雪梅，罗伟生，等. 大孔树脂纯化荔枝核总黄酮工艺研究[J]. 中草药，2019，50(9)：2087-2093.

[13] 邸多隆，郑媛媛，陈小芬，等. 高速逆流色谱技术分离纯化天然产物中黄酮类化合物的研究进展[J]. 分析化学，2011，39(2)：269-275.

[14] 李燕，刘军海. 分子蒸馏技术在天然产物分离纯化中应用进展[J]. 粮食与油脂，2011(3)：7-11.

[15] 刘磊磊，李秀娜，赵帅. 双水相萃取在中药活性成分提取分离中的应用进展[J]. 中草药，2015，46(5)：766-773.

[16] 廖辉，金晨，何玉琴，等. 分子印迹技术在中药化学成分富集分离中的应用进展[J]. 中国药房，2017，28(4)：543-546.

[17] 王鹏. 壳聚糖絮凝沉降法对异黄酮和黄酮类成分影响的研究[D]. 济南：山东中医药大学，2011.

[18] 冯云姝，田野. 精密过滤器在循环冷却水系统旁滤水处理中的应用[J]. 工业用水与废水，2016，47(1)：77-79.

[19] 林艳华，姜大公，尤丹. 大小容量注射剂配液系统所存缺陷及其改进方案[J]. 机电信息，2017(26)：28-32.

[20] 张剑鸣. 离心分离设备技术现状与发展趋势[J]. 过滤与分离，2014，24(2)：1-4，25.

[21] 王志祥，黄德春. 制药化工原理[M].2 版. 北京：化学工业出版社，2014.

[22] 陈仕均，唐海蓉，张兆沛，等. 离心机的原理、操作及维护[J]. 现代科学仪器，2010(3)：151-154.

[23] 崔泽实，郭丽洁，王菲，等. 实验室离心技术与仪器维护[J]. 实验室研究与探索，2016，35(6)：269-272，276.

[24] 周晶，冯淑华. 中药提取分离新技术[M]. 北京：科学出版社，2010.

[25] 吕炳辉. 实验室离心机使用、保养和维修探讨[J]. 中国医学装备，2012，9(1)：77-78.

[26] 全国化工设备设计技术中心站机泵技术委员会. 工业离心机和过滤机选用手册[M]. 北京：化学工业出版社，2014.

[27] 陈仕均，唐海蓉，张兆沛，等. J-25 高速冷冻离心机和 L-100K 超速离心机操作及维护[J]. 现代科学仪器，2011，(4)：124-127.

[28] 李峰，裴妙珠. 雷氏盐沉淀法对猪毛菜提取工艺的分析研究[J]. 中成药，2010，32(10)：1798-1800.

[29] 肖文婷，张帆，李燕，等. 低温沉淀法提取高纯度蛋黄卵磷脂的工艺研究[J]. 食品工业科技，2013，(15)：256-258，263.

[30] 沈金晶，龚行楚，潘坚扬，等. 基于质量源于设计理念的金银花水提液石灰乳沉淀工艺优化研究[J]. 中国中药杂志，2017，42(6)：1074-1082.

[31] 阳长明，王建新. 论中药复方制剂质量源于设计[J]. 中国医药工业杂志，2016，47(9)：1211-1215.

[32] 赵晓霞，赵巍，张永文. 中药制剂关键质量属性确认的思考[J]. 中草药，2019，50(17)：4008-4012.

[33] 曾金娣，刘微，谢茵，等. 不同醇沉浓度板蓝根浸膏粉中多糖寡糖含量测定[J]. 江西中医药，2014，45(7)：70-71.

[34] 权彦，何建军，刘靖丽，等. 水提醇沉法提取黄芪中黄芪多糖的工艺优化及含量测定[J]. 当代化工，2018，47(7)：1374-1376.

[35] 何洁，唐建红，刘川玉，等. 醇沉 4 组分芦荟多糖通过不同给药途径对 SD 大鼠深Ⅱ度烫伤创面愈合过程中纤维连接蛋白含量的影响[J]. 中国医药导报，2017，14(11)：22-25.

[36] 周菲，李杰，何瑶，等. HPLC 法同时测定四物汤中 8 个成分及其在水提醇沉过程中的传递[J]. 药物分析杂志，2019，39(6)：983-991.

[37] 常星洁，丁倩. 连翘水提醇沉工艺链中连翘酯苷 A 和连翘苷及抑菌活性的变化[J]. 中医药导报，2018，24(9)：39-41.

[38] 潘红烨，邓海欣，陈周全，等. 999 感冒灵醇沉工艺得失均衡研究[J]. 中国中药杂志，2016，41(8)：1376-1379.

[39] 何雁，辛洪亮，黄恺，等. 水提醇沉法中醇沉浓度对板蓝根泡腾片制备过程的影响[J]. 中国中药杂志，2010，35(3)：288-292.

[40] 张旭，王锦玉，仝燕，等. 大孔树脂技术在中药提取纯化中的应用及展望[J]. 中国实验方剂学杂志，2012，18(6)：286-290.
[41] 赖菁华，刘立科. 大孔吸附树脂在中药提取分离中的应用研究[J]. 海峡药学，2016，28(10)：34-36.
[42] 朱磊，刘婉莹，付利新，等. 提高中药口服液澄明度方法的研究进展[J]. 药物评价研究，2013，36(4)：315-318.
[43] 梁启超，李荣辉，刘爽. 降低中药中重金属含量方法的研究进展[J]. 微量元素与健康研究，2012，29(2)：48-50.
[44] 郭立玮，朱华旭. 基于膜过程的中药制药分离技术：基础与应用[M]. 北京：科学出版社，2019.
[45] 邢卫红，顾学红. 高性能膜材料与膜技术[M]. 北京：化学工业出版社，2017.
[46] LIU H B，LI B，GUO L W，et al. Current and Future Use of Membrane Technology in the Traditional Chinese Medicine Industry[J]. Separation & Purification Reviews，2021：1995875，1-19.
[47] 郭立玮，邢卫红，朱华旭，等. 中药膜技术的"绿色制造"特征、国家战略需求及其关键科学问题与应对策略[J]. 中草药，2017，48(16)：3267-3279.
[48] 李华勇，胡居吾. 膜分离技术纯化蔓三七叶多糖的研究[J]. 生物化工，2019，5(6)：7-11.
[49] 潘林梅，李博，郭立玮，等. 基于膜及其集成过程的中药"绿色浓缩"技术研究进展、关键科学问题与对策[J]. 中草药，2019，50(8)：1768-1775.
[50] 宋晓燕，罗爱勤，刘洁瑜，等. 肾石通颗粒提取浓缩工艺和节能性研究[J]. 中国执业药师，2013，10(07)：28-31.
[51] 谢志强，梁卓，李燕敏. 中药注射剂中热原的污染途径及处理方法的探讨[J]. 中国药事，2019，33(12)：1434-1437.
[52] 赵赫. 返魂草有效部位提取、纯化及制剂研究[D]. 沈阳：辽宁中医药大学，2017.
[53] 杨磊，宗杰，朱华旭，等. 陶瓷膜与醇沉等方法精制骨痹颗粒的药效学比较及其作用机理[J]. 膜科学与技术，2016，36(4)：110-118.
[54] 朱华旭，唐志书，潘林梅，等. 面向中药产业新型分离过程的特种膜材料与装备设计、集成及应用[J]. 中草药，2019，50(8)：1776-1784.
[55] 杨明，伍振峰，王芳，等. 中药制药实现绿色、智能制造的策略与建议[J]. 中国医药工业杂志，2016，47(9)：1205-1210.
[56] 朱华旭，唐志书，郭立玮，等. 中药挥发油膜法高效富集的油水分离原理研究及其新型膜分离过程的探索实践[J]. 南京中医药大学学报(自然科学版)，2019，35(5)：491-495.
[57] 周艺，吴倩莲，刘红波，等. 氧化铝陶瓷膜富集醋香附挥发油的工艺研究[J]. 中草药，2023，54(12)：3796-3805.
[58] 朱华旭，唐志书，李博，等. 中药制药废水膜法零排放的特种膜材料设计关键技术与实现途径探讨[J]. 南京中医药大学学报(自然科学版)，2020，36(5)：579-583.
[59] HUANG M C，HAN Q Y，CHEN Y X，et al. Role of competitive effect in the separation mechanism of matrine and oxymatrine using commercial NF membranes[J]. Separation and Purification Technology，2023(323)：124384.
[60] ZHANG X L，YING R X，CHEN X R，et al. A novel membrane-based integrated process for baicalin recovery from TCM Pudilan wastewater[J]. Journal of Water Process Engineering，2023(53)：103868.
[61] 叶庆国，陶旭梅，徐东彦. 分离工程[M]. 2版. 北京：化学工业出版社，2017.
[62] 森克·恩迪，邓肯·洛，乔斯·C. 梅内塞斯，等. 过程分析技术在生物制药工艺开发与生产中的应用[M]. 褚小立，肖雪，范桂芳，等译. 北京：化学工业出版社，2019.
[63] 严希康. 生物物质分离工程[M]. 2版. 北京：化学工业出版社，2010.
[64] 文喜艳，邵晶，王兰霞，等. 凝胶色谱法在中药多糖纯化及成分分析中的应用研究进展[J]. 亚太传统医药，2016，12(22)：34-36.
[65] 杨裕启，刘远河，王灿，等. 基于凝胶型阴离子交换树脂的齐墩果酸纯化工艺[J]. 化学与生物工程，2016，33(11)：36-39.

[66] 王信，代龙，孙志强，等. 阳离子交换树脂分离纯化钩藤总生物碱的工艺研究[J]. 中草药，2011，42(10)：1973-1976.
[67] 曹广尚，王信，杨培民. 阴离子交换树脂分离纯化绵马贯众总多酚的工艺研究[J]. 中草药，2014，45(9)：1265-1269.
[68] 冯建光. 离子交换树脂分离纯化加纳籽中 5- 羟基色氨酸[J]. 中草药，2013，44(17)：2410-2415.
[69] 陈巧巧，萧伟，万琴，等. 阳离子交换树脂去除人参多糖中蛋白质的研究[J]. 中草药，2012，43(5)：910-914.
[70] 何春喜，余泽义，何毓敏，等. 竹节参总皂苷的大孔吸附树脂纯化与离子交换树脂脱色工艺研究[J]. 中草药，2017，48(6)：1146-1152.
[71] 胡利锋，廖晓兰，柏连阳，等. 硅胶柱色谱 - 高速逆流色谱法分离纯化羌活中佛手柑内酯[J]. 中草药，2013，44(6)：701-704.
[72] 吕俊杰，薛燕斌，乔华，等. 硅胶表面高良姜素分子印迹聚合物的制备及其吸附性能[J]. 中草药，2018，49(21)：5093-5099.
[73] 张硕，刘利亚，郭红丽，等. 烷基硫脲功能化硅胶脱除刺五加提取物中重金属的技术适应性研究[J]. 中草药，2017，48(8)：1561-1570.
[74] 叶铁林. 化工结晶过程原理及应用[M]. 3 版. 北京：北京工业大学出版社，2020.
[75] 周昊，王成章，陈虹霞，等. 油茶中茶皂素的膜分离 - 大孔树脂联用技术的研究[J]. 林产化学与工业，2012，32(1)：65-70.
[76] 郭立玮. 中药分离原理与技术[M]. 北京：人民卫生出版社，2010.

（唐志书　朱华旭　陈丹菲　陈世彬　林丽娜　陈周全　于筛成）

第五章　浓缩干燥技术

浓缩与干燥是中药制剂生产过程中常用的基本单元操作，衔接着提取和制剂两道工序，既要减少提取液中不需要的成分（如溶剂），制备适应的物质形态便于后续制剂；又要尽可能保留提取液中需要的成分，保证药品疗效；同时，浓缩干燥环节的控制水平直接影响药品的性状、口感、溶化性等。《药品生产质量管理规范》（简称GMP）（2010年修订）对中药提取液浓缩操作作出详细规定，《中国制造2025》与《国务院关于加快发展节能环保产业的意见》要求加强技术创新。作为耗能较大的操作单元，浓缩干燥的技术、设备提升有利于制药企业实现“高效、节能、环保、绿色”的现代化制造理念。

制备中药制剂，一般都需用一定的提取介质和方法将原药材中所含有效成分提取出来。但获得的提取液往往由于浓度太低，既不能直接应用，又不便于制备其他制剂，若使用有机溶剂则还需要回收。因此，必须对提取液进行富集浓缩。广义的浓缩是指使溶液中不需要的部分减少，从而使需要部分的相对含量增加。狭义的浓缩是指从中药提取液中除去部分溶剂，使溶质和溶剂部分分离，从而使其浓度增加，以方便后续制剂工艺[1]。

干燥是指利用热能使被干燥物料中的水分或溶剂汽化，并利用气流或真空将产生的蒸汽除去，以获得干燥固体的过程。干燥的目的是使物料便于加工、运输、储藏和使用。干燥技术在中药生产过程中的应用十分广泛，如原药材、制剂原辅料的干燥，泛丸、制粒、压片与包衣等各种固体制剂半成品或成品的制备工艺和质量控制几乎都涉及干燥技术。近年来，许多适宜中药生产的干燥方法与设备问世，如真空带式干燥、流化床干燥、喷雾干燥、远红外辐射干燥、微波干燥和冷冻干燥等，大大提高了干燥效率与干燥质量。

浓缩干燥技术的应用是否适宜，将直接影响产品的质量。因此，在中药生产过程中如何根据不同的生产工艺要求、提取液的物性以及浓缩后物料的性质和剂型特点等，选择适宜的浓缩干燥技术与装备是十分重要的。

1. 浓缩中药浸提液的方法有哪些？

浓缩方法包括常压蒸发浓缩、减压蒸发浓缩、薄膜蒸发浓缩、冷冻浓缩、膜蒸馏浓缩、反渗透和超滤技术、离心浓缩、蒸汽机械再压缩和高真空热泵双效浓缩等。用于中药浸提液的浓缩均有相关报道[1]。

中成药生产中通常采用蒸发的手段来达到浓缩的目的。蒸发操作一般可在常压、加压及减压、冷冻条件下进行。

加压条件下的蒸发，会使得溶液的沸点升高，改善传热的效果，以提高热能的利用。但在中药生产过程中加压蒸发操作很少采用，通常采用常压操作，即采用敞口浓缩锅、夹套通蒸汽加热进行浓缩，这是典型的常压蒸发过程；更多采用的方法是减压浓缩，又称真空浓缩或真空蒸发。也就是使蒸发器内形成一定的真空度，将溶液的沸点降低，进行沸腾蒸发操作。采用真空蒸发的主要优点有以下 3 个方面。

（1）减压下溶液的沸点降低，增大了加热蒸汽与物料之间的传热推动力，即增大了温度差 Δt。表明传热量一定时，可以减少蒸发器所需要的蒸发面积。

（2）可以防止或减少热敏性物质的分解。如用水作为溶剂进行提取的提取液，在常压时，要在 100℃以上才能达到沸腾，但当减压到（53.3～93.3）kPa 时，在 40～60℃即可沸腾，这样可以大大减少提取液中有效成分的分解与破坏。

（3）由于减压后溶液的沸点降低，对加热热源的要求也可降低，有可能充分利用废气或二次蒸汽作为热源。同时蒸发器热损失也较小。

真空蒸发需要增设抽真空的装置，随着压力的减小，溶液沸点降低，黏度相应增大，对传热过程不利。此外，必须采用密闭的设备。

冷冻浓缩是近年来发展迅速的一种浓缩方式，是在常压下利用稀溶液与冰在冰点以下固液相平衡关系来实现的。由于在低温常压下操作，没有经过加热处理，避免了物料中热敏性成分的热分解、芳香物质的挥发，有效物质得到充分保存，且低温可抑制微生物的增殖、降低微生物带来的污染风险，因此具有可阻止不良化学变化和生物化学变化等优点。另外能耗方面，冷冻浓缩远低于蒸发浓缩，具有广阔的工业应用前景；在果汁、饮料、酿酒、医药生产以及废水处理[2]等方面已较为常见。有研究表明，冷冻浓缩有利于减少维生素 C 等热敏性成分的损失，所生产的果蔬汁能有效保留其营养及风味[3]。目前，冷冻浓缩技术应用于中药制药领域正在积极探索与实践，对提高中成药品质、促进中药制药技术进步有重要意义[4]。如中药口服液的制备中对栀子水提取液进行了冷冻浓缩和加热蒸发浓缩的对比研究，结果表明采用冷冻浓缩技术对中药有效成分含量和浓缩液性状影响较小[5]；冷冻浓缩制备即食速溶三七粉[6]、适用性设备的开发[7]等也有文献报道。

中药提取液体系非常复杂，主要有水提取液和醇提取液等；提取液中除含有起治疗作用的功效类物质外，还含有一定量的鞣质、蛋白质、胶类、糖类和树脂等非药用活性成分或杂质。不同的浓缩方法与工艺参数肯定会对产品的质量带来不同的影响，原因至少包括以下两方面：其一，不同的浓缩方法由于工作原理以及采用的浓缩温度与时间参数的不同，尤其可能使浓缩液中的热敏性成分发生不同程度的氧化、水解、聚合、结构变化等，最终影响到产品质量；其二，药液浓缩过程中，随着溶剂的减少，部分化学成分的溶解度降低而析出结晶，而温度及时间是影响化学成分的洁净度及晶型的最主要因素，因此不同工艺参数能对浓缩液中化学成分的存在状态产生影响，进而影响中间产品及最终产品的质量[8]。需要根据中药提取液的性质及终浓缩液的质量要求，结合生产成本和效率选择合适的浓缩方法，以及与适宜方法相匹配的浓缩设备。

2. 适用于中药提取液的蒸发浓缩方法有哪些?

蒸发是指物质从液态转化为气态的相变过程。

蒸发浓缩是指通过加热、蒸发溶液中的溶剂，从而使溶质浓度增大。也有定义为，蒸发浓缩是指使不含挥发性溶质的溶液沸腾汽化并移除溶剂，从而使溶液中溶质浓度提高的单元操作。所用的设备称为蒸发器。既符合实验室小批量浓缩和中试浓缩的要求，也适合工厂大规模浓缩生产，是目前主要的浓缩手段[1]。

中药生产普遍采用蒸发浓缩方式，按操作室压力，分为常压、加压、减压（真空）蒸发；按二次蒸汽的利用情况，分为单效、多效蒸发等。以下介绍几种适用于中药提取液的常用蒸发浓缩方法。

（1）常压蒸发浓缩：常压蒸发是一种在大气压下加热使溶剂汽化的浓缩方法。常压蒸发有较大的负载量，可浓缩大量药液，适用于有效成分热稳定，且溶剂不易燃、挥发性低、无毒害、经济价值低。但常压浓缩存在加热时间长、温度高、均匀性差等缺点，不适用于热敏性或挥发性成分。

常压蒸发浓缩是最为传统的浓缩技术，操作简单，但由于受热面积小，因此效率较低，同时能耗大、成本高，不利于药品生产企业实现可持续发展。目前，常用的常压蒸发浓缩设备有蒸发锅、敞口倾倒式夹层锅、球形浓缩器等。

（2）减压蒸发浓缩：减压蒸发又称真空蒸发，是指使蒸发器内形成一定的真空度，抽掉液面上的空气和蒸汽，使溶液的沸点降低，进行沸腾蒸发操作。由于溶液沸点降低，能防止或减少热敏性成分的分解，增大传热温度差（加热蒸汽的温度与溶液的沸点之差），强化蒸发操作，并能不断地排出溶剂蒸气，有利于蒸发顺利进行，适于热敏药液的蒸发或含有机溶剂的药液的浓缩。如用减压浓缩方法对感冒退热颗粒处方进行浓缩，发现 3 种指标成分表告依春、连翘酯苷 A、连翘苷的含量高于常压浓缩[9]。

减压蒸发操作在密闭的环境中进行，能减少对环境的污染及微生物对物料的污染，同时生产效率高、操作条件好。但是，由于蒸发后期水分大量减少、溶液黏稠、流动性差，会导致蒸发速度减慢。此外，减压蒸发浓缩时，溶液沸点降低，汽化潜能增大，浓缩所需加热蒸汽量大，耗能增加。旋转蒸发仪、真空减压浓缩罐和超真空减压浓缩器等均是常用的减压浓缩设备。

新型的浓缩工艺与设备有机械蒸汽再压缩（MVR）浓缩、高真空热泵双效浓缩。高真空热泵双效浓缩技术改变了传统浓缩的冷凝方式，采用改进后的热泵双效技术，特别适合皂苷类、糖类、热敏性等成分的浓缩，其设备由高真空喷雾传质式冷凝器与热泵双效浓缩机相配套组成。高真空热泵双效浓缩的特点为：采用喷雾技术避免药液起泡；二次蒸汽得到有效利用，具有明显节能效益；强制外循环提高浓缩效率。

（3）薄膜蒸发浓缩：薄膜蒸发浓缩系指药液在快速流经加热面时，形成薄膜并且因剧烈沸腾产生大量泡沫，达到增加蒸发面积，显著提高蒸发效率的浓缩方法。薄膜蒸发浓缩具有药液受热温度低、时间短、蒸发速度快、可连续操作和缩短生产周期等优点，可实现真空操作，尤其适宜热敏性物料、高黏度物料及易结晶含颗粒物料的蒸发浓缩。如采用降膜式薄膜蒸发浓缩妇炎康片的处方药味提取液时，随着水分蒸发量增多，药液浓度增加，有效成分分解率明显低于减压浓缩。

薄膜蒸发浓缩热量传递快而均匀，能够很好地防止物料过热现象，但对设备的要求高、投资大、成本高。薄膜蒸发浓缩设备按照成膜原因及流动方向的不同，分为升膜式、降膜式、刮板式 3 种常见类型。卧式离心真空薄膜蒸发浓缩器也有报道[10-11]，该设备易清洗与消毒，操作过程直观；借助离心作用，其成膜情况更好，蒸发效率更高，抑泡性优，但在蒸发温度下物料的黏度超出 200mPa·s，则不宜采用离心式薄膜真空蒸发器。

实际应用中，除蒸发浓缩外，还有膜浓缩、冷冻浓缩和离心浓缩等。①膜浓缩：是利用有效成分与液体的分子量不同实现高效纯化浓缩的技术，是一种对传统工艺改革的技术，分为膜蒸馏、反渗透、纳滤、超滤及膜联合技术等。其中，膜蒸馏、反渗透、超滤及膜联合技术对中药提取液浓缩有借鉴意义。②冷冻浓缩：是利用冰与水溶液之间固液相平衡原理的一种浓缩方法。20 世纪 50 年代末，学者们开始关注冷冻浓缩工艺；70 年代，荷兰埃因霍芬理工大学的 Thijssen 等成功地利用奥斯特瓦尔德熟化效应设置了再结晶过程造大冰晶，并建立了冰晶生长与种晶大小及添加量的数学模型，自此冷冻浓缩技术开始应用于工业化生产。根据结晶方式的不同，冷冻浓缩可分为悬浮结晶冷冻浓缩和渐进冷冻浓缩。③离心浓缩：是在负压条件下利用高速旋转产生的离心力使样品中的溶剂与溶质分离的浓缩方法。对于生物样本、脆弱样本以及采用电泳、气相色谱（GC）、高效液相色谱（HPLC）等方法分析和处理的样本，离心浓缩都很适用。离心浓缩可在室温条件下进行，特别适用于处理热敏感性的样品。

3. 膜式蒸发器适用于哪些物料的浓缩？

膜式蒸发器是指为了解决加热室内滞料量大，使物料在高温下停留时间长，特别不适于处理热敏性物料这些问题而制造的蒸发器。其特点是溶液仅经过加热管一次，不循环。操作中溶液沿加热管壁呈加热效果最佳的薄膜形式流动[12]，蒸发速度快、传热效率高，对于处理热敏性物料及黏度较大、容易起泡的物料较为适用。膜式蒸发器不适用于易结晶、易结垢物料的浓缩。

如前所述，膜式蒸发器常用的有升膜式蒸发器、降膜式蒸发器、刮板式薄膜蒸发器、离心式薄膜蒸发器（图 1-5-1），其工作原理、特点如下[13]。

（1）升膜式蒸发器

1）工作原理：升膜式蒸发器是料液在低于其沸点温度下进入加入管，在加热室受热汽化，随着温度的上升，升至沸点时产生大量气泡，并分散于连续的液相溶液中，随着气泡增大，将形成蒸汽柱，产生的二次蒸汽在管内高速螺旋上升，拉拽料液使其贴内壁成薄膜蒸发面，沿管壁迅速上升，在加热室顶部可达到所需的浓度，完成液由分离室底部排出，产生的二次蒸汽经设在上部分离板组除去气泡、水珠、杂物后成为下一效的热源。

操作中，当上升的气速增大到一定程度，雾沫夹带现象会在气柱内形成带有液体雾沫的喷雾流，此时以环状流动的传热系数最大，也是膜式蒸发器控制的理想区域。因此，升膜式蒸发器操作的成功与否，在于二次蒸汽的上升速度能否保持将料液拉拽成膜状。在常压下出口管内气速不低于 10m/s，适宜的气速为 20～50m/s；在减压下出口管内气速达 100～160m/s，甚至更高。如果料液中溶剂量不大，蒸发后的出口流速达不到适宜气速的要求，将不宜采用升膜式蒸发器。因为随着蒸汽上升速度的增加，液膜因蒸发而逐渐变薄，可能使局部区域内产生干壁现象，导致的后果将降低传热系数，局部产生结垢，严重的甚至造成加热管堵塞。此外，蒸发量过大，管子过长，在管子顶部会造成液体量不足，也会导致干壁现象。

2）特点：操作稳定，传热效果好，传热面积大，适合大规模生产。可组成多效，以利用二次蒸汽降低能耗。适宜处理蒸发量较大、热敏性不大、黏性不大的溶液，但不适于高黏度、易结晶和易结垢的溶液。

升膜式蒸发器在生产过程中是连续进料连续出料，当蒸发参数稳定后，料液在蒸发器中不长时间循环，严格地说一次进料一次出料即能达到设计蒸发要求。这种蒸发器要求加热温差较大，二次蒸汽速度较高，二次蒸汽中易产生雾沫夹带，不易操作及控制，易造成跑料等现象的发生，对物料性质波动较大的中药提取液，其操作控制的要求更高，应用受到了限制，不及降膜式蒸发器应用广泛。

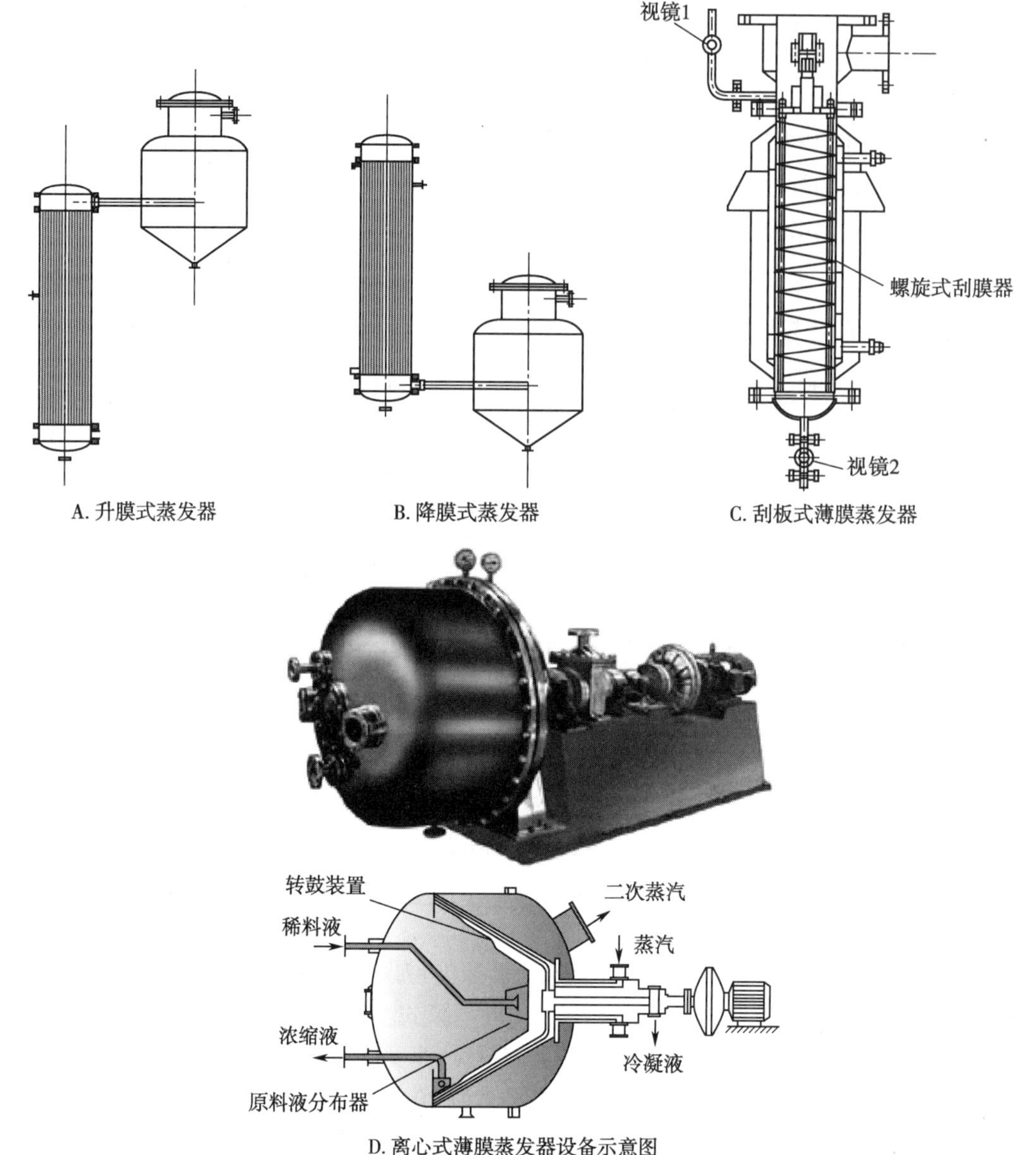

图 1-5-1　四种类型薄膜蒸发浓缩设备

（2）降膜式蒸发器

1）工作原理：降膜式蒸发器的结构与升膜式蒸发器基本相同，主要区别在于降膜式蒸发器料液由顶部经液体分布器均匀进入加热管内，在自身重力作用下沿加热管内壁呈膜状向下流动。液膜在向下流动的过程中因受热而蒸发，产生的二次蒸汽同液体一起由加热管底部进入蒸发室，然后分别排出。

在降膜式蒸发器中，液体分布器对传热效率有较大的影响，成膜是靠分布器将液体分布均匀形成膜状。分布不均匀会产生部分干壁现象，导致管内壁结垢，影响浓缩操作的进行。

2）特点：该设备在真空低温条件下进行连续操作，具有蒸发能力高、节能降耗、运行费用低，料液的停留时间较升膜式蒸发器短等特点，能保证物料在蒸发过程中不变性，更适合蒸发浓度较高、热敏性物料的浓缩，溶液的黏度通常在 0.05～0.45Pa·s 范围内。如

D- 核糖在高温（50℃以上）条件下容易降解，可合理地利用降膜式蒸发器来满足其浓缩的工艺要求[14]。但降膜式蒸发器中液膜分布不易均匀，液膜热阻较大，传热系数一般在 1 000～2 000W/（m^2·℃），且随黏度的增加而降低，这是降膜式蒸发器的致命弱点。因此，升降膜式蒸发器弥补了降膜式的弊端，适用于浓缩料液黏度变化较大的物系。

有报道，国内引进了一种喷射式降膜蒸发器[15]（图 1-5-2），料液从蒸发器顶部进料，采用文氏管向换热管中喷洒料液，在管内力求布膜，然后料液在自身重力及二次蒸汽流的作用下，自上而下运动，类似降膜式蒸发器，然而却没有料液分布器，料液不能很好地沿管壁润湿成膜状向下运动，不仅蒸发速度比降膜式蒸发器要慢，而且在使用过程中，基本上不能消除或改善料液在换热管中的结垢结焦现象，现阶段在实际生产中并没有得到广泛应用。

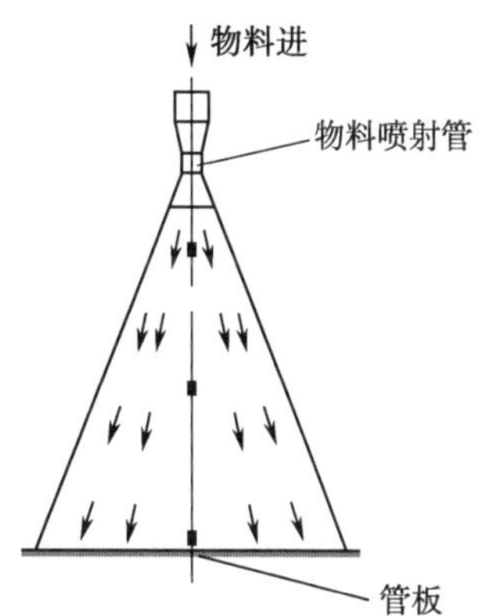

图 1-5-2 喷射式降膜式蒸发器结构示意图

（3）刮板式薄膜蒸发器

1）工作原理：刮板式薄膜蒸发器的料液由进料口切线进入或经器内固定在旋转轴上的分布器均匀地分布在内壁四周，由于重力和刮板的离心力作用，料液在内壁形成螺旋上升或下降的液膜而形成膜状沸腾。液膜在上升或下降过程中得到蒸发，使料液浓缩。

2）特点：突出优点是对物料的适应性强且停留时间短，一般为数秒或几十秒，具有高传热系数、高蒸发强度，可在真空条件下低温蒸发，故可适用于高黏度（如栲胶、蜂蜜等）和易结晶、结垢、热敏性的物料。刮板式薄膜蒸发器分固定刮板式和活动刮板式，如转子式刮板蒸发器和固定间隙刮板蒸发器。

刮板式薄膜蒸发器使用较广泛、应用时间较长，根据已公布专利申报情况，针对使用中存在的问题，对设备的改进、创新案例较多，如通过对刮板进行调节，避免筒壁发生磨损或毛刺时，刮板无法正常运转[16]；设计一种加热性能好的刮板式薄膜蒸发器[17]，通过旋转管上刮板机构、定位弹簧、物料刮板及波纹管，以及两端的旋转接头设计，使得旋转管、物料刮板受两端定位弹簧的弹力作用与内筒内壁贴合，确保物料刮板与蒸发器内壁各处接触部位的受力均匀，避免了物料刮板卡住的现象，有效地保障了物料刮板正常刮料，同时物料刮板与蒸发器内壁的磨损度相应减小，进一步保障了物料的质量合格；一种高效刮板式薄膜蒸发器[18]，通过实用新型装置设计使刮板转动，对薄膜蒸发筒的内壁进行清理，从而达到了清理效率高的效果，解决了现有的薄膜蒸发器清理效率低的问题；也有设计新型喇叭状冷凝板将从气液分离器与分离筒之间的间隙排出的蒸汽或刚从进料口进入的物料给阻挡下来，减少物料损失，圆形冷凝板将从喇叭状冷凝板与传动轴之间间隙排出的蒸汽或物料给拦截下来，进一步减少物料损失，实现高效蒸发的效果[19]等。

（4）离心式薄膜蒸发器

1）工作原理：离心式薄膜蒸发器的蒸发面由多组固定于转鼓并随空心轴旋转的锥形盘构成。料液由蒸发器顶部进入，由分配管均匀地将料液喷至各锥形盘蒸发面，利用高速旋转产生的离心力将料液分散成均匀的薄膜而蒸发，使料液得到迅速蒸发。

2）特点：离心式薄膜蒸发器具有高传热系数，防止了料液结垢，使其适合高黏度料液的浓缩。但文献报道在蒸发温度下物料的黏度超出 200mPa·s 时，则不宜采用离心式薄膜蒸发器[10]。

尽管膜式蒸发器具有许多的优点，但在中药生产过程中，由于提取液的性质差异较大，且含有较多的黏性物质，往往也影响膜式蒸发器的使用；加上各种膜式蒸发器本身具有各自的特征，故需根据被浓缩料液的溶液性质进行选用。一般来说，提取液应满足以下要求：①料液比较澄清，没有高度分散的微小固体颗粒；②在浓缩过程中黏度随浓度增加变化较小；③在浓缩过程中料液不易结晶、不易结垢；④浓缩比要求不高。

4. 如何根据提取液的物性选择适宜的蒸发设备？

蒸发浓缩是目前中药生产普遍采用的方式。自 20 世纪 70 年代以来，在中药生产的实践中不断探索，开发应用了多种类型的中药提取液蒸发浓缩装置，以使设备更好地匹配不断提升产品品质的生产工艺要求，提高其性价比。

（1）蒸发设备的分类：根据不同的工艺可以分类出形式多样的设备。

1）根据压力分类：分为常压浓缩设备、真空浓缩设备。

a. 常压浓缩设备中浓缩汽化后直接排入大气，蒸发面上为常压。这种设备结构相对简单，投资少，维修方便，但蒸发速率低，目前生产较少用。

b. 真空浓缩设备中蒸发面上压力状态为真空，溶剂从蒸发面上汽化后由真空系统抽出。蒸发温度低，速率高，制药工业中常用。其优点有：①物料沸腾温度降低，可避免或减少物料受高温影响所产生的质变；②沸腾温度降低，提高了热交换的温度差，增加了传热强度；③由于物料沸腾温度降低，蒸发器热损失减少。

2）根据蒸汽利用次数分类：分为单效浓缩设备、多效浓缩设备。多效浓缩可以有效提高热能的利用效率。

3）根据料液流程分类：分为不循环式浓缩设备、循环式浓缩设备，循环式浓缩设备又分自然循环蒸发器和强制循环蒸发器。

a. 自然循环蒸发器：在加热时，因被加热的溶液内各部分的密度不同，而产生溶液的循环。如中央循环管式蒸发器、悬筐式蒸发器、外加热式蒸发器及管外沸腾式蒸发器。

b. 强制循环蒸发器：主要依靠泵的汲压作用，迫使溶液沿着一定的方向循环，以此来提高传热系数。

c. 不循环蒸发器：主要指膜式蒸发器，膜式蒸发器的特点是溶液仅通过加热面一次，溶液不作循环。溶液在加热管中呈薄膜形式，蒸发速度快，传热效率高。如升膜式蒸发器、降膜式蒸发器及升降膜式蒸发器等。

4）根据加热器内料液的状态分类：分为薄膜式浓缩设备、非膜式浓缩设备。

a. 薄膜式浓缩设备：料液在蒸发时被分散成薄膜状。薄膜式蒸发器又可分为升膜式、降膜式、刮板式、离心式。

b. 非膜式浓缩设备：料液在蒸发器内聚集在一起，只是翻滚或在管中流动形成大蒸发面。非膜式蒸发器又可分为中央循环管式和盘管式浓缩设备等。非膜式浓缩设备的加热时间比薄膜式浓缩设备要长，故对于对温度比较敏感的物料一般采用薄膜式浓缩设备。

5）根据热源分类：分为蒸汽热源蒸发器、纯电热源蒸发器等。相比于蒸汽热源蒸发器，纯电热源蒸发装置不仅环保，可以有效地节省能源，降低企业运营成本，而且特别适合易燃易爆溶剂的蒸发[20]。也有报道开发微波加热的浓缩装置[21]。

无论是何种类型的蒸发器，都必须满足以下基本要求：①充足的加热热源，以维持溶液的沸腾和补充溶剂汽化所带走的热量；②保证溶剂蒸汽，即二次蒸汽的迅速排出；③一定的热交换面积，以保证传热量。

中药提取液体系非常复杂，主要有水提取液和醇提取液等；提取液中除含有生物碱类、黄酮类、蒽醌类、木质素、香豆素、皂苷类等起治疗作用的功效类有机物质外，还含有一定量的鞣质、蛋白质、胶类、糖类和树脂等非药用活性成分或杂质，以及无机盐类成分。溶剂不同，物质组成不同，提取液的性质会存在或多或少的差异；不同剂型，不同成型工艺，后续处理工艺的不同，对浓缩液的质量要求也有区别，如相对密度。浓缩时间和浓缩温度是影响浓缩液质量的关键因素，尽量低的浓缩温度、尽量少的浓缩时间、尽量降低浓缩过程的热效应等，对产品质量的影响至关重要。

（2）蒸发设备的选择原则：在选择蒸发设备时应考虑蒸发操作中泡沫夹带造成物料损失和冷凝设备污染问题、能源二次利用的特点，还需要考虑浓缩物料的物性，如热敏性、腐蚀性、结晶性、结垢性、泡沫、黏度等，使选用的浓缩设备能符合工艺生产的要求，能保证产品的质量，并具有较大的生产强度和经济上的合理性。选择蒸发设备的基本原则如下。

1）提取液的黏度：物料在蒸发过程中黏度的变化范围是选型的关键因素之一，溶液的黏度随着溶剂的不断蒸发而逐渐增大，黏度的增大导致流动性变差，直接影响着传热过程，生产能力下降。因此，提取液在浓缩过程中应将黏度的变化作为选型的关键因素考虑。针对黏度较高或受热浓缩后黏度增大的料液，可选用强制循环型、刮板式、降膜式浓缩设备。

MVR 蒸发器在中药提取液浓缩中的应用越来越广泛，虽说适用性比较强，但药液黏度超过 400mPa·s 时，MVR 应用受到限制[22]，实践中可以采用多级浓缩的方式处理高黏度液体的蒸发浓缩操作[23]。

2）提取液的热稳定性：热敏性物料在较长时间受热或在较高温度时，物料成分容易发生分解、异构化、聚合或将要保留的低沸点成分蒸出。因此，一般选择储液量少，停留时间短的蒸发器，如膜式蒸发器，而且可采用真空操作，以降低料液的沸点和受热温度。非膜式蒸发设备中也有适用于热敏性物料的蒸发装置。如物料仅对温度敏感，而允许在较低温度下较长时间受热，或物料浓度很低而浓缩倍数又不很高时，也可采用非膜式蒸发器在高真空条件下操作，如外加热式蒸发器，强制循环式蒸发器。

一种茶多酚浓缩设备[24]，通过离心刮板的方式，将料液在蒸发面上形成一层均匀的、厚度只有 80～100μm 的薄膜，可将最低浓缩温度控制在 25～30℃，真正做到了常温浓缩，料液在蒸发面停留的时间只有 15～30 分钟，在浓缩过程对茶多酚有效成分做到了零破坏，保证了提取后的茶多酚主体色泽、品质等关键性物质的活性。

3）物料的易发泡性：某些中药提取液，尤其是含皂苷类成分丰富的中药提取液，由于物料的黏度大、表面张力小，若有高分散度的固体颗粒以及胶状物的存在，在浓缩过程中往往容易起泡。其泡膜强度较大，不易破碎，而且往往又会发生泡的重叠，以致逐渐充满蒸发器顶部的气液分离空间，并随泡膜内二次蒸汽排出，造成料液的大量夹带损失。对于易发泡物料的蒸发，可采用升膜式蒸发器、强制循环式蒸发器，以及设有破沫装置的外加热式蒸发器。

对于易起泡物料的浓缩，真空条件会加速溶液的发泡。因此，在制订此类提取液的浓缩工艺条件时，应充分考虑设备的选型和操作工艺条件。升膜式蒸发器产生的高速二次蒸汽具有破泡作用；强制循环式及外加热式蒸发器具有较大的料液循环速度，也具有破泡作用。同时对易起泡料液的浓缩可加大气液分离的空间及增加除沫装置，也可起到阻止起泡及破泡的作用。有企业在实践中设计了一种具有消泡功能的 MVR 中药浓缩系统[25]：该设备以冷水为消泡剂，在分离器顶部设有泡沫探测器，消泡剂喷淋泵进出口与消泡剂储罐及分离器相连，具有节能、高效、绿色等特点。

4）有结晶析出的物料：在提取液浓缩过程中若有结晶析出，或者作为蒸发结晶器使用时，大量结晶沉积会影响热传导，严重时会导致加热管堵塞。一般应采用管外沸腾型蒸发器，如强制型蒸发器，外循环式蒸发器等。这些蒸发器的加热管内始终充满料液，管内不蒸发从而阻止了结晶的析出，同时由于物料在管内有较大的流速（≥2m/s），使结晶无法附着于管壁。

5）易结垢物料：物料在传热面上结垢的原因是料液被浓缩后的黏度增大，悬浮的微粒沉积，无机盐的晶析以及局部过热焦化等。无论溶液的性质如何，长期使用后的蒸发器传热面总有不同程度的结垢。垢层的产生导致传热系数的变小，导热性变差，明显影响了蒸发效果，严重的甚至造成堵塞，使蒸发操作无法运转。因此，对于十分容易结垢的物料蒸发应考虑选择容易清洗和清除结垢的蒸发设备，以及流速较大的蒸发设备或强制循环的蒸发设备，用高流速来防止积垢生成。如外加热式蒸发器、强制循环式蒸发器等。设计一种强制循环工艺的 MVR 蒸发器，结合降膜蒸发，较好地克服了料液结垢的问题[26]。但如果严格控制出料的浓度，不使料液有较大黏度和固含量，也可使用管内沸腾的蒸发器，如升膜式蒸发器。此时需将浓缩液的相对密度控制在 1.1 以下，超过 1.1 时结垢现象十分严重，以致无法进行操作。

6）处理量的大小：物料处理量也是选型考虑的主要因素。一般而言，传热面积>$10m^2$ 时可采用强制循环式及外加热式蒸发器，不宜采用刮板式、离心式、甩盘式、旋液式蒸发器。传热面积在 $20m^2$ 以上时，可采用高效的升膜式、降膜式、外加热式、强制循环式蒸发器及多效蒸发器等。

另外，蒸发腐蚀性强的料液时，应选用防腐蚀材料制成的设备，还要综合考虑热能利用率、浓缩工艺要求、动力消耗、设备的制作精度，以及气候、水源等条件，以选择合适的蒸发设备；对浓缩含乙醇或其他易燃易爆有机溶剂中药提取液时，需要在设备上做好防爆，确保操作安全。

由于蒸发设备应用范围很广，中药提取液的物性差异又很大，一般应在实验室试验基础上进行比较，以选择符合工艺技术要求的蒸发设备。表 1-5-1 供选择时参考。

表 1-5-1　浓缩用蒸发设备选型基准表

蒸发器的形式		适用黏度范围 /Pa·s	造价	停留时间	浓缩比	处理量	不同料液性质的适用性					
							稀溶液	高黏度	易起泡	易结垢	易结晶	热敏性
自然循环	夹套釜式	≤0.05	低	长	较高	小	适用	较适用	较适用	尚适用	尚适用	不适用
	标准式	≤0.05	低	长	较高	中	适用	较适用	尚适用	尚适用	尚适用	不适用
	带搅拌标准式	≤0.05	较低	长	较高	中	适用	较适用	尚适用	较适用	较适用	尚适用
	外加热式	≤0.05	较低	长	较高	大	适用	适用	较适用	较适用	适用	较适用
强制循环	立式	0.10～1.00	较高	长	较高	大	适用	适用	较适用	适用	适用	较适用
	卧式	0.10～1.00	较高	长	较高	大	适用	适用	较适用	适用	适用	较适用
膜式	升膜式	≤0.05	较低	短	一般	大	适用	适用	适用	尚适用	不适用	适用
	降膜式	0.01～1.00	较低	短	一般	大	较适用	适用	适用	较适用	不适用	适用

5. 提取液合并与不合并浓缩的生产变更问题如何评价?

已上市中成药，涉及提取、浓缩的，多为提取二次或二次以上，其注册标准【制法】项通常表述为“多次提取液合并后，再进行浓缩处理”，类似“……合并煎液，滤过……”“……合并煎液，静置，滤过……”“……合并滤液，浓缩成稠膏状……”等描述已约定俗成为中成药制剂标准的“规范语言”。这种工艺设计，分析其背景有其合理性。①比较切合中医临床煎服用药的习惯：临床上，中药处方一剂通常为一天服药量，多为煎煮 2 次或 3 次，合并混匀后按医嘱分次服用。②解决批量与设备匹配的问题：我国中成药工业经历了从小作坊到现代工业，规模不断壮大的过程，起初受生产条件、供求关系影响，比较普遍的情况是“品种多、批量小、批次少”，生产中上下工序设备产能匹配性较差，包装前的制剂成品一般也没有总混操作，实际生产中多采用合并煎液后再做下一步处理。③有助于改善产品品质：受多种因素影响，用于中成药生产投料用的药材，其净制程度整体上还有待提高，合并煎液，有助于在体系均一的同等环境下，通过冷却静置让杂质沉降，结合滤过除去；由于批量小，滤液短时间内降温效果明显，可规避提取液变质风险。

随着市场需求的增加、产品批量增大、全产业链管控能力的提升、生产设备的日益成熟与高效，“提取液合并后再浓缩”的工艺不利于生产的流畅性，因其效率低、不经济，具体包括：①需要投入更多的设备、更大的生产场地：以第一次提取液量为 42 吨、第二次提取液量为 30 吨计算，若合并静置后再浓缩，则意味着需要总量≥75 吨的提取液储罐，以及安装储罐的场地。②不必要的热能损失，生产不连续，甚至影响产品质量：中药提取后，在后续没有其他必要处理的情况下，不能立即转移到下一浓缩工序，因“煎液合并”要求的“等待”让整个生产流程不顺畅，且药液温度降低需要后续浓缩提供更多的能量补偿。不便于智能化连续生产方式的推广，降低了生产周转效率，随着产量的增加将进一步制约生产交付，长周期、高能耗增加了产品的成本压力。另外，大产量的药液常态下不易冷却，等待时间长，提取液变质风险也大。

针对此种情况，在实际生产中，不少品种有“将多次提取液合并浓缩，变更为每次提取液直接浓缩”的需求。据了解，也有个别品种有“将每次提取液直接浓缩，变更为多次提取液合并浓缩”的需求。此变更虽然在《已上市中药药学变更研究技术指导原则（试行）》被界定为“报告类”的微小变更，但药品上市许可持有人（MAH）应依据《药品上市后变更管理办法（试行）》，结合《中华人民共和国药品管理法》、《药品生产监督管理办法》、《药品注册管理办法》、GMP 等相关要求，按照《已上市中药药学变更研究技术指导原则（试行）》开展全面、系统的研究，客观分析变更的必要性、合理性、可行性。笔者与团队成员以产品处方药味的安全性风险分析为基础，以浓缩清膏固含量、多指标成分转移率、指纹图谱相似性、浓缩清膏相同条件干燥所得干膏浸出物等为评价指标，在保证浓缩前提取液背景质量一致的前提下，开展了多个上市中药品种提取液合并浓缩、分开浓缩的对比研究，相关品种的变更报国家药品监督管理局药品审评中心，均已获批准。

6. 单效蒸发与多效蒸发有何区别?

在浓缩过程中，评价过程的两个主要技术指标是能耗与蒸发器的生产强度。能耗主要指加热蒸汽的消耗量，是关系到操作费用高低的主要指标之一；生产强度则决定了设备投资的大小。单效蒸发与多效蒸发的主要区别在于二次蒸汽的利用与否。

单效蒸发指料液在蒸发器内被加热汽化，产生的二次蒸汽由蒸发器引出后排空或冷凝，不再利用；多效蒸发器指将多个蒸发器连接起来，后一效的操作压力和溶液沸点均较前一效低，仅在压力最高的第一效加入新鲜的加热蒸汽，在第一效产生的二次蒸汽作为第二效的加热蒸汽，依此类推。也就是后一效的加热室成为前一效二次蒸汽的冷凝器。最末效往往是在真空下操作，只有末效的二次蒸汽才用冷却介质冷凝。

采用多效蒸发的目的是节省加热蒸汽的消耗量，从理论上讲 1kg 加热蒸汽大约可蒸发 1kg 水。但由于有热损失，而且蒸发室中水的汽化潜热要比加热室中蒸汽的冷凝潜热要大，表 1-5-2 列出了不同效数蒸发装置的蒸汽与冷凝水消耗量的比较。

表 1-5-2　多效蒸发与单效蒸发蒸汽与冷凝水消耗比较

	单效	双效	三效	四效	五效
单位蒸汽消耗量（D/W）min, kg/kg	1.1	0.57	0.4	0.3	0.27
冷凝水消耗量（G/W）/（$kg \cdot kg^{-1}$）	13.5	6.75	4.5	3.38	2.7

从表 1-5-2 可以看到：随着效数的增加，蒸汽消耗量与冷凝水消耗量也同时随着下降。因此，多效蒸发不但明显减少了加热蒸汽的用量，而且也明显减少了冷凝水的用量。同时从表 1-5-2 中也可看到：每千克加热蒸汽所能蒸发的水量（W/D），随着效数的增加，W/D 的增长率逐渐下降。从单效改为双效时，可节约加热蒸汽（1.1–0.57）/ 1.1 × 100%=48%，从四效改为五效时加热蒸汽可节约（0.3–0.27）/ 0.3 × 100%=10%。所以，采用多效蒸发操作，加热蒸汽的节省是有限度的，是以增加设备投资作为代价的。如果增加一效的设备费用不能与所省下加热蒸汽的收益相抵时，就没有必要增加效数。综合考虑性价比，最适宜的效数应该是设备费用与操作费用的总和最小。

一般工业生产中，蒸发压强和冷凝器的真空度都有一定限制。在一定操作条件下，蒸发器的理论总温度差为一定值，当效数增多时，由于各效温差损失之和增加，使总有效温差减少，一旦效数过多，则分配到各效温差可能将会小至无法保证各效发生正常的沸腾状态，蒸发操作将难以进行。

无论是多效还是单效，它们所加工使用的原料、工艺、流程等基本上也都完全相同，只是在原料的利用上存在一定的区别。所以在实际生产中，需要根据实际的情况来选择。

7. 采用多效蒸发器能提高生产能力吗？

蒸发浓缩是中成药生产中的一个高耗能操作单元，其操作经济性关系着企业的效益。该工序消耗的费用主要包括设备费用和操作费用（主要为能耗）。降低设备费用的主要途径是增大传热温差，提高蒸发强度，减少换热面积。降低操作费用的主要途径是提高加热蒸汽的效能，即每 1kg 加热蒸汽所能蒸发的水量。多效蒸发是提高加热蒸汽效能的重要方式[27]。

采用多效蒸发器不能提高生产能力，对于相同量提取液的蒸发浓缩，可以节省加热蒸汽的用量，但这是以增加设备投资，降低生产强度作为代价的。采用多效蒸发器很容易使人误认为多效蒸发器的生产能力比单效蒸发器的生产能力大若干倍。如用三效蒸发器是单效蒸发器生产能力的 3 倍，其实不然。在相同操作条件下，如单效蒸发器的蒸发器加热面积与三效蒸发器中的一效相同，单效蒸发器的温度差与多效蒸发器的总温度差相等，则单效蒸发器的蒸发能力与多效蒸发器的蒸发能力是相同的。

蒸发器的生产能力可用单位时间内蒸出的水分总蒸发量表示，也可用传热速率的大小来表示。从传热速率方程式可知：

$$Q=KF\Delta t \qquad \text{式(1-5-1)}$$

式中：Q 为传热速率；K 为传热系数；F 为传热面积；Δt 为温度差。

在三效蒸发器中，每一效单位时间内传热量为：

$$Q_1=K_1F_1\Delta t_1$$

$$Q_2=K_2F_2\Delta t_2$$

$$Q_3=K_3F_3\Delta t_3 \qquad \text{式(1-5-2)}$$

三效总的传热速率为：

$$Q=Q_1+Q_2+Q_3=K_1F_1\Delta t_1+K_2F_2\Delta t_2+K_3F_3\Delta t_3 \qquad \text{式(1-5-3)}$$

假定各效的传热面积及各效的传热系数相等，即

$$F_1=F_2=F_3=F,\ K_1=K_2=K_3=K$$

同时，不考虑各效的温度差损失，即

$$Q=KF(\Delta t_1+\Delta t_2+\Delta t_3)=KF\Delta t \qquad \text{式(1-5-4)}$$

式中，Δt 为总传热温度差，其值等于第一效加热蒸汽的温度与末效蒸发室压力下蒸汽饱和温度之差。同样，对一个单效蒸发器来说，其操作条件与三效蒸发器相同，即传热面积 F 与三效中任一效的传热面积 F 相同；温度差 Δt 相同，即单效的加热蒸汽温度和二次蒸汽温度差 Δt 与三效中第一效加热蒸汽温度和末效蒸发室压力下蒸汽饱和温度差 Δt 相等。此时，$Q=KF\Delta t$ 比较单效与三效蒸发器的传热速率方程式，可以看出：三效蒸发中的 3 个蒸发器其传热面积是单效的 3 倍，但生产能力和单效蒸发器的蒸发能力相同，可见，单效蒸发器的蒸发强度（Q/F）是三效蒸发器的蒸发强度的（$Q/3F$）的 3 倍。

尽管在上述的分析中作了一些假定，但是实际上如果考虑系统内沸点升高以及液柱静压头等其他一些因素，多效蒸发器的生产能力反而比单效蒸发器要小。因此，采用多效蒸发器不能提高其生产能力。在实际生产过程中，采用多效蒸发器也受到两方面的限制：一方面是设备投资与设备折旧费的限制。在多效蒸发操作中，设备投资几乎与效数成正比，能耗却与效数成弱比例。若节能省下的开支不足以补偿设备折旧的增加时，增加效数就失去了经济价值。此外，增加效数受到厂房场地等诸多方面的影响，在资金有限时，效数也会受到限制。另一方面是温度差的限制。前效的加热蒸汽和末效的真空度都有一定的限制，因此，装置的总温度差是一定的。在总温度差一定的条件下，效数增加，则总的有效温度差势必因温度差的损失增加而减小。效数的增加和温度差的减小都会使各效所分配到的温度差减小。根据经验，一般每效分配到的温度差不应小于 5～7℃，否则难以使料液维持在沸腾阶段；同时蒸发料液的性质对效数的确定也有很大的影响，如热敏性、高黏度、易结垢，易起泡料液的蒸发，一般采用单效蒸发器，尤其热敏性的料液大都采用单效真空操作。

一般传热面积>20m² 时可以考虑采用多效蒸发操作。

多效蒸发系统要做到总传热损失和生产能力的最优组合，以发挥其最佳效能，提升生产效益，需要在实践中构建不同产品的多效蒸发系统模型[28-29]，并运用积累的数据不断去优化，做好设备的选型设计，确定各效最优的传热温差、传热量及传热面积[30]，以及其他工艺参数，如进料方式、动态理想液位等[31]。

8. 多效蒸发操作有哪几种加料方式?

在多效蒸发操作中，根据加热蒸汽与料液的流向关系，可采用多种操作方式，以适应不同料液的浓缩。

（1）并流加料流程：并流加料即料液与蒸汽流向相同，都由第一效顺序流到最后一效，如图 1-5-3 所示。这种流程也是多效蒸发操作中最常见的流程。因为后一效蒸发室的压强较前一效的为低，故料液在各效间的流动不需要用泵来输送，这也是并流操作的优点之一；其次，后一效由于系统压力的降低，其料液沸点也较前一效低。因此，当料液自前一效进入后一效的蒸发室时，物料处在过热状态而立即自行蒸发，产生较多的二次蒸汽。缺点是后效的料液浓度要比前效高，而操作温度又较前效低，所以后效的传热系数要比前效低，随着料液浓度不断加大时，传热系数不断减小，影响着蒸发器的传热速率。

并流加料流程适用于处理高浓度热敏性料液的浓缩。有研究报道，结合蒸汽喷射式热泵技术和额外蒸汽预热两种节能的低温热泵并流多效蒸发系统，在最佳的热泵喷射系数和抽汽位置的条件下是高效节能的，特别适合于果汁等热敏性溶液的蒸发[32]。

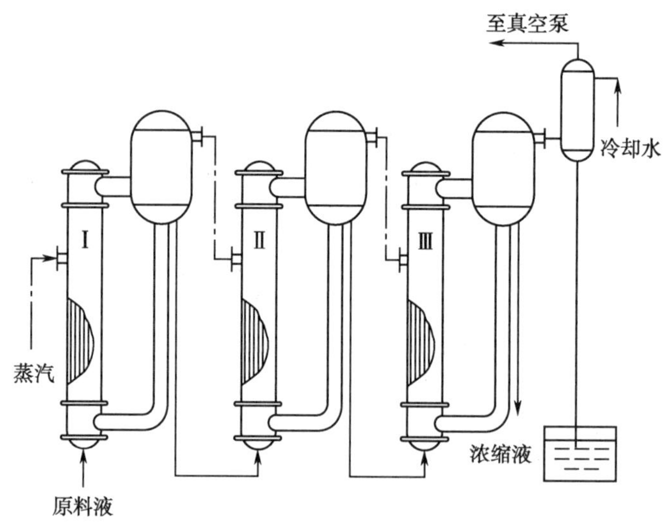

图 1-5-3　并流加料三效蒸发装置流程图

（2）逆流加料流程：逆流加料即料液由最后一效进入，依次用泵送入前一效，最后的浓缩液由第一效排出；蒸汽的流向与料液相反，由第一效依次送至最后一效，见图 1-5-4。在这种流程中，随着溶剂的蒸发，料液浓度逐渐提高，同时料液的蒸发温度也逐效上升。因此各效料液的黏度比较接近，传热系数也大致相同。

逆流加料流程适用于处理黏度随温度和浓度变化较大的料液，不易处理热敏性料液。

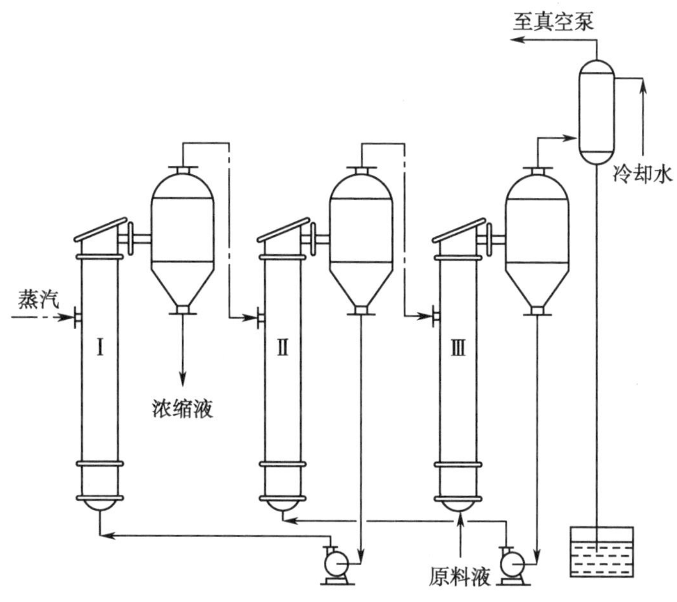

图 1-5-4 逆流加料三效蒸发装置流程图

（3）平流加料流程：各效都加入料液，又都放出浓缩液，蒸汽的流向仍由第一效至最后一效依次流动，见图 1-5-5。

平流加料流程适用于饱和溶液的浓缩，各效都可有结晶析出，又可及时分离结晶。

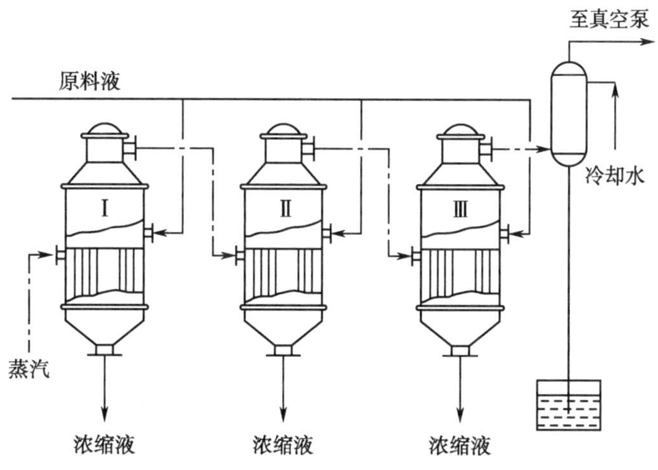

图 1-5-5 平流加料三效蒸发装置流程图

（4）错流加料流程：亦称混流流程，此法的特点是在各效间兼用并流和逆流流程，蒸汽依次流动，而料液的供料方式兼有并流与逆流的特点，见图 1-5-6。由于操作复杂，较少采用。

在选择多效蒸发操作时，应根据料液在蒸发过程中的具体情况来确定合适的加料方式。对蒸发没有固相析出的溶液而言，可选择的多效蒸发流程有并流加料流程、逆流加料流程、错流加料流程，有固相析出的可选择平流加料流程，即使同一溶液有多种流程均适用，但每种流程的能耗是不同的。蒸发操作要除去大量水分，需要消耗大量的加热蒸汽，是一种高耗能的过程，节能是其需要解决的重要问题，故在多效蒸发流程中往往还采用热泵技术、引出额外蒸汽预热原料液、冷凝水闪蒸和溶液闪蒸等 4 种节能措施。不同的节能措施分别适用于不同的流程，即使同一种节能措施对多种流程均适用，但它在不同流程中的节能效果是不同的。如何从包含不同节能措施的多效蒸发流程中筛选出能耗最低的多效蒸发最佳流程用于完成指定溶液的蒸发任务，是一件具有重要理论和实际意义的工作[33]。

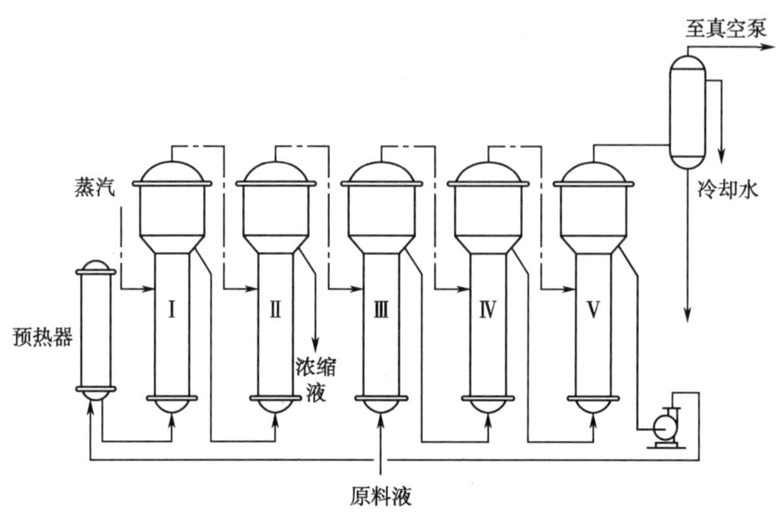

图 1-5-6　错流加料三效蒸发装置流程图

9. 怎样提高蒸发器的蒸发强度?

在比较蒸发器时，通常以单位加热面积每小时所能蒸发的溶剂或水的质量来表示，即（W/F），称为蒸发器的生产强度。用 U 表示。

$$U=W/F\,[\mathrm{kg/(m^2 \cdot h)}] \quad \text{式(1-5-5)}$$

蒸发器的生产强度 U 也是蒸发器操作的一个重要指标。

在工艺条件及蒸发器的形式确定以后，要提高蒸发器的生产强度，必须提高传热系数 K 或增大温度差，或两者同时提高。

在所浓缩的物料热敏程度允许的条件下，所提高的温度差 Δt，主要取决于加热蒸汽的压强和蒸发室的真空度。加热蒸汽的温度随压力增加而升高，但是水蒸气的温度随压力增加而升高的速率较慢，若想要通过增加压力来提高加热蒸汽的温度，则对锅炉和设备就有相应较高的要求。一般工厂使用的蒸汽压力在 294～490kPa，在多效蒸发系统中，采用热力蒸汽再压缩技术（TVR）、机械蒸汽再压缩技术（MVR）可以提高二次蒸汽的压力和温度，提高系统的蒸发强度[34-35]。提高蒸发室的真空度不仅要增加动力消耗，而且还受到冷凝水温度的影响。如在 9.47×10^4Pa 的真空度时，冷凝水的温度必须低于 32.6℃。在夏天要将二次蒸汽冷凝到这么低的温度也是比较困难的。因此综合起来考虑，工厂实际操作时一般真空度控制在（73.3～86.6）kPa 范围内。

从以上分析可知：提高蒸发器的蒸发强度主要途径应从提高传热系数 K 着手。在许多情况下，管内的污垢是影响传热系数 K 的主要因素。尤其是在处理容易结垢或结晶的料液时，为减少结垢产生的热阻，需要经常清洗。解决结垢的措施可分为两方面：

首先是改进蒸发器的结构。如提高溶液的循环速度，使料液在加热室内不产生沸腾，因为结垢是局部过热所致的。还有就是将蒸发器加热管的壁面上抛光，也能减少结垢的速度。

对于不易结垢和结晶的料液蒸发，影响传热系数 K 的主要因素是管内料液沸腾的对流给热系数。提高对流给热系数的主要方法是增加溶液循环的速度与湍流程度，当循环速度 >2.5m/s 时，传热情况与流体在管内进行强制对流传热时相同。因此，对易于结晶及结垢物料进行浓缩时，溶液的循环速度应保持在 2.5m/s 以上。此外，将料液预热到沸点进料也是提高对流传热系数的一种方法。

10. 易起泡料液在浓缩过程中应注意哪些问题?

气泡是气体和液体接触产生的。一般纯液体中，气泡存在时间较短，但在含有表面活性剂的溶液如发酵液、废水、生物药液、中药提取液中，气泡存在时间会较长。

（1）在浓缩过程中，气泡产生的主要原因如下。

1）撞击、冲击等作用，使气体相分散到溶液中。

2）物料中蛋白质、油脂、脂肪酸、聚乙二醇、硅氧烷、皂苷类化合物等表面活性剂，使物料本身容易起泡。

3）物料在输送、储存过程中，加热、蒸发等使液体中有气相的产生。

4）蒸发浓缩装置的位置不同，气泡产生的原因不同。在蒸发浓缩装置中，根据气泡的位置可分为：进料管的气泡、蒸发器中的气泡、分离器中的气泡、泵进口处的气泡以及管路中的气泡。进料管中的泡沫主要是由物料撞击管壁产生的。蒸发器中的泡沫或气泡是物料汽化产生的，对蒸发有利。分离器中的气泡一部分是由物料撞击分离器产生的，还有一部分是物料中的气体由于分离器中的压力突然降低从液体中溢出产生的。泵进口处的泡沫可能是物料夹带的原因，也有可能是由气蚀产生的，此气泡对泵是有害的[36]。

（2）易起泡料液在浓缩过程中的注意事项如下。

1）易起泡料液的浓缩在中药生产过程中经常会遇到，料液易起泡说明溶液的表面张力低。气泡的消除包括两方面，一是要抑制气泡的产生，二是要加快气泡的消除，使气泡存在的时间缩短。消泡的方法有物理消泡法、化学消泡法、机械消泡法。化学消泡法主要指使用消泡剂，但在中药生产中一般比较忌讳使用消泡剂。因此，正确选择适宜的操作方法与设备是处理易起泡料液的关键。

2）易起泡料液的浓缩，一般采用膜式蒸发器较为合适。在非膜式蒸发器中，带搅拌夹套釜式蒸发器与夹套式真空蒸发器，由于分离空间较小，且釜内无破乳装置或雾沫捕集装置，故此类蒸发器不宜采用。自然循环式或强制循环式蒸发器由于具有较大的分离空间，加上在分离器中可以设置合适的泡沫捕集装置或破乳装置，因此，采用单效自然循环式或强制循环式蒸发器较适合易起泡料液的浓缩。

3）在浓缩易起泡料液时，应根据料液的具体情况制订合适的浓缩操作条件。如改常压操作为真空操作，改连续操作为间歇操作。对于非常容易起泡的料液，开始操作时可先不加热，逐步增加真空度，在达到真空度要求时，缓慢分阶段进行加热、浓缩。此时，采用间歇操作可能较为合适。同时可在分离器中设置雾沫捕集装置，以减少雾沫夹带量。

4）经验表明，对易起泡料液的浓缩，采用外加热式自然循环蒸发器的效果更为理想。外加热式蒸发器由加热器与气液分离器两部分组成，加热管在分离器外面，故称外加热式蒸发器。在分离器中可以设置不同捕集装置或破泡装置，可以根据捕集或破泡的难易进行设计分离器的结构与大小；加热器根据料液的性质进行设计，可以用控制加热量来控制料液的循环速度，以使浓缩操作正常进行。

皂苷是中药中普遍存在的一大类化学成分，由疏水性的苷元和亲水性的糖基组成。这种类表面活性剂物质可以降低水溶液的表面张力，当皂苷水溶液经强烈振荡，气体进入料液后会分散形成大量持久性的泡沫，且泡沫不因加热而消失。皂苷的这一性质严重影响了制药过程中的浓缩效率。有研究探讨了含该类物质药液浓缩工艺参数与起泡之间的作用规律[37]，结果温度、投料量、皂苷浓度对起泡时长有一定影响，但对泡沫直径及数量变化影响不明确。

11. 怎样消除易起泡物料在浓缩时产生的"爆沸"现象？

在中药生产过程中，药材中有效成分的提取往往采用溶剂提取的方法，由于提取液浓度低，需要进一步浓缩，以便于制剂的制备。在浓缩单元操作中，一般采用蒸发装置以实现提取液的增浓。目前，大多数中药生产企业采用外循环蒸发器设备。外循环蒸发器在用于易起泡物料的浓缩操作时，经常会发生物料的"爆沸"。所谓"爆沸"是指在蒸发过程中，液体未经汽化而呈气泡形式随同蒸汽同时逸出。因此，消除或阻止物料在蒸发过程中产生的"爆沸"，是蒸发器稳定操作的关键所在。物料在蒸发过程中产生的"爆沸"现象主要是由物料受热后，在流体流动过程中发生了传质传热现象所导致的。

在浓缩过程中，发生"爆沸"现象无论对于传热还是传质都是不利的。据统计，在中药提取液浓缩时产生"爆沸"现象而引起的返工占25%～30%。为解决中药提取液在浓缩时产生的"爆沸"现象，可对现有外循环蒸发器进行改造，主要有：①将加热器（再沸器）的出料管从中部进入蒸发室，改由从蒸发室顶部进入。现有的外循环蒸发器，提取液从蒸发室下部引出，在加热器（再沸器）底部进入，经加热器（再沸器）加热后，提取液从加热器（再沸器）顶部流出，在蒸发室中部位置进入蒸发室。为了解决"爆沸"问题，把进入蒸发室的管道，改由蒸发室顶部位置进入。②增设环形分布器。现有的外循环蒸发器，提取液由直管进入蒸发室，改由环形分布器进入蒸发室。提取液从分布器向筒体射出，沿筒体内壁呈膜状流下。在流体沿筒体流下过程中，释放出热量而不形成泡沫，同时避免了汽化核心的生长和"爆沸"的产生，并达到了逐步浓缩或蒸发的目的。小孔的孔口流速建议控制在0.5～0.8m/s，如小孔的孔口流速过高，可增设分布器，小孔的开口向下喷淋，此时要注意单液柱喷淋高度。循环量以蒸发量的10倍计，则小孔的孔口流速可按下式计算：

$$V=G/(3\,600 \times N \times 0.785 \times d^2) \qquad \text{式(1-5-6)}$$

式中：V为小孔孔口流速，单位：m/s；G为循环量，单位：m^3/h；N为小孔个数；d为小孔直径，单位：m。

12. 怎样确定提取液的浓缩比？

提取液浓缩到怎样的程度才算合理，这要根据产品的生产工艺来确定，尤其是下一道工序的操作。在煎膏剂的浓缩中，在不产生焦化而影响产品质量的前提下，浓缩比尽可能高些。在流浸膏剂和浸膏剂生产过程中，浓缩程度要根据产品的要求而定。如流浸膏剂可直接浓缩到所需要的程度，而制备干浸膏剂或胶剂产品时，需要根据干燥设备的种类而定。如采用烘箱干燥、真空干燥则浓缩比尽可能高些，便于缩短干燥的操作时间。如采用喷雾干燥则提取液浓缩比不能太高，浓缩液太稠可能会给螺杆泵输送造成困难，更有害的是会使雾化器发生损坏。由于浓缩液太稠会使浓缩液在雾化盘内瞬间发生干燥，造成雾化器动态平衡被破坏，严重的甚至会使雾化器转轴发生变形而无法使用。如基于响应面分析法优化黄芪通便颗粒的喷雾干燥工艺[38]，研究确认料液密度为1.10g/ml。

对提取浓缩液进行纯化处理，浓缩比是考察的关键因素之一。如：Box-Behnken设计-响应面法优化参芪复方总多糖的醇沉工艺[39]，较优工艺选择浓缩比为1.0，即1ml浓缩液中含原药材1g；壳聚糖絮凝工艺纯化中药提取液，益肾降糖胶囊水提液澄清工艺优选的药液比为1∶2[40]，陈皮复方止咳含片纯化工艺优选药液比为1∶6[41]。

提取液的浓缩比应通过实验室系统的试验研究来选择，并在生产实践中通过数据的积累不断优化，在固体制剂的生产中要充分考虑后续干燥工艺与采用的设备情况。

13. 浓缩液过滤方式有哪些？

中药提取液成分复杂，经过浓缩环节，易产生焦屑或其他不溶性杂质而影响后续工序，尤其影响颗粒剂的溶化性、口服液的澄明度等，因此常常需对浓缩液进行过滤操作。浓缩液过滤的常用方式有振荡沉降、冷藏法、离心法、板框压滤、真空抽滤、超滤法等。通过在低温条件下静置浓缩液，可以明显除去部分沉淀；高速离心法通过离心机的高速运转，从而加快沉降速度，除去沉淀。中药水提液是一个存在大量非线性、高噪声、多因子复杂体系的溶液环境[42]，体系中除了一些大多数分子量小于1 000Da的药效化合物外，还存在大量鞣质、蛋白质、黏液质、多糖、果胶等大分子物质以及许多微粒、亚微粒、絮状物等，浓缩后溶液黏度进一步加大。由于各种因素影响和物料体系的多样性，要达到制剂目的，浓缩液的滤过处理难有通用的模型，实践中有人利用TRIZ theory（theory of inventive problem solving，发明问题解决理论）分析方法对中药混合提取液过滤技术改进的方向进行探讨[43]。为了将中药提取液经过超滤获得澄清溶液，一般经高速离心机或其他预处理滤过方式先粗滤除去大部分杂质后，再进行超滤。先粗滤，再精滤的方式在中药注射剂的配制中经常使用。

针对目前中药水提液因组成复杂而难以与新型分离接轨的问题，提出“中药溶液环境”概念，根据理论推导和大样本中药体系的数据，挖掘、筛选出可客观、准确、全面反映中药水提液分离性质的理化参数及其数据集，建立“中药溶液环境”表征技术系统，通过“理化参数-高分子组成-膜过程特征相关性”研究，以多尺度、多指标进行评价，设计中药生产“固液分离、纯化（精制）、浓缩”一体化膜工程[44]，相关研究实践[45-47]在方法学上对中药浓缩液合理选择滤过方式，有较好的借鉴。先粗后细、分级处理、方式组合。

如某大型中药配方颗粒生产企业，主要针对颗粒溶化性并确保产品收率，采用筛网目数分级的多层高频振动筛处理水提浓缩液；某口服液的生产，浓缩液经冷藏处理后，先离心，上清液再用不同孔径的滤膜板框压滤，药液澄明度好，以溶液外观性状、pH、多指标含量测定、特征图谱等为评价指标，货架期内质量稳定。

为提高中药产品药液的分离精度、纯度和有效成分，对药液中固相物质存在的形态、性质的不同带来的过滤分离特性与难点进行分析，采用机械截留和选择性吸附相结合的复合过滤技术，试验结果可有效除去胶状物、聚集物、非目的蛋白质、脂类和小颗粒，同时使目的产品能够顺利通过[48]。该研究指出采用单一的重力沉降不仅分离效率低，而且沉降时间长，提出应该采用集成过滤分离技术。对藿香正气水兑制液经离心分离后，再进行精密过滤，大大提高了药液的澄明度，且药液中有效成分保留较好。

14. 浓缩后清膏贮存条件及期限如何确定？

生产过程中因设备周转、产能分配等原因，常常出现中药提取浓缩后的清膏不能第一时间投入到后续生产工序中，需要对清膏进行贮存甚至转厂。因此，需进行清膏稳定性考察（运输及贮存条件），依据研究结果合理制订贮存条件及期限，并纳入产品的质量管理体系，按要求进行复检，进行质量回顾性分析，明确其质量风险，落实控制策略。

（1）制定浓缩清膏的质量控制标准：基于成品的质量目标，结合生产工艺，对生产过程关键质量属性的量值传递规律进行全面、系统地研究，制定清膏的质量控制标准，包括项目、方法和限度，并进行方法学验证，明确清膏得率范围。

（2）考察的主要内容

1）明确考察项目：浓缩清膏的考察项目应以成药和清膏质控标准，并参考与清膏形态类似的中药制剂在《中国药典》制剂通则中与稳定性相关的指标来确定，确保考察项目的全面性、宏观性、针对性[49]。

2）确定考察条件：考察清膏在模拟运输过程中的温、湿度对其质量的影响。如存放于稳定性试验箱（模拟运输条件），温、湿度设定值：温度为 60℃ ± 2℃，湿度为 80% ± 5%。

运输过程后，在阴凉条件下的储存期限考察。如存放在阴凉留样室，温、湿度设定值：温度≤20℃，湿度为 45%～75%。同时，进行与包装材料的相容性考察。

（3）考察方法：将 3 批清膏包装成储存包装，先模拟运输条件，放置在温、湿度恒定的仪器内，后放入阴凉留样室中，考察产品质量指标的变化。仪器定期维护，对温、湿度进行监控。

收到样品后，先在 60℃ ± 2℃，80% ± 5%（模拟运输条件）的稳定性试验箱中存放 1 天后，取出放置在阴凉留样室中，运输过程中分别对 0 天、1 天（或更多，依据实际情况而定）进行考察。模拟运输以后，考察的时间按照放置在阴凉留样室的日期为起点，分别在距离起点日期 1 个月、2 个月、3 个月、6 个月、9 个月、12 个月、15 个月（或更多，依据实际情况而定）进行一次检验。如考察过程发生偏差、变更、超标或超趋势等情况，必要时可增加检验频次。

鉴于中药研究对象是一个复杂的系统，在现阶段还难以确认其物质基础的情况下，稳定性考察项目难以全面做到安全、有效、质量可控等。为适应未来智能制造连续化生产的要求，建议生产企业尽量改善生产条件，做到生产一体化、连续化，实现中药生产的中间体，如浓缩清膏，在过程中“零”停留，以强化生产过程的管控，提高产品品质。

15. 浓缩设备的发展趋势如何？

随着工业技术的发展，生产规模的日益扩大，蒸发设备必将不断地改进与创新。目前，蒸发设备的发展有以下几个特点。

（1）设备的大型化：随着生产规模的扩大，蒸发设备的数量不可能成倍增加。综合考虑材料的耗量、安装的空间、能量的消耗等，装置的大型化、控制过程的自动化已被认为是最有效的方法之一。从操作方式的选择及从结构的改进入手，适应装置的大型化、增大传热管的传热系数和改善物料的流动状态，强化传热过程。如在管内放置一些辅件，如静态混合器元件，可以提高管内流体的湍流程度，消除管壁与管中心的轴向温差。

（2）操作状态的最佳化：浓缩过程是能量消耗的过程，蒸发器是个大的能量消耗装置。如何合理利用热能，提高热能的效率，是一个系统工程。降低和合理分配热能，有效地利用各种余热十分重要。目前，多效蒸发的研究仍然具有重大的应用价值，多效蒸发的效数、温差、浓缩比、总传热面积、设备的投资和操作费用都是最佳化的重要参数。整合实用的节能技术，如在多效蒸发流程中往往还采用热泵技术、引出额外蒸汽预热原料液、冷凝水闪蒸和溶液闪蒸等4种节能措施。

（3）设备结构的最优化：为了提高效率，优化设备结构，可以改进装置，在考虑操作单元模块化的同时，考虑与上下工序的集成柔性，将蒸发干燥、蒸发蒸馏、蒸发造粒等多种操作集于一个装置内。通过设置自动进出料系统，减少浓缩过程因人工操作不当造成的药品污染。在设备优化设计时，还需注意使设备紧凑，对增加液膜湍动、防止结垢、缩短接触时间等进行研究，以改进和创新蒸发浓缩设备的结构。

（4）减少蒸发器的结垢：到目前为止，对蒸发器结垢课题的研究一直没有中断过。面临的问题是如何合理地使蒸发器运行，使沉积在加热面上的污垢热阻增长为最小，且比较容易从加热面上去除。

（5）自动化与智能化：自动化与智能化控制体系对浓缩过程进行实时监控，已经成为中药制药设备发展的重要方向。在引进国外先进技术的同时，对现有技术进行创新。在传统分析手段的基础上，运用电导率检测、近红外检测等检测技术及神经元网络、支持向量机等计算机软测量技术。实现浓缩工艺和设备的自动化与智能化控制，完善中药提取液浓缩质量评价体系[1]。

16. 怎样理解干燥过程？

干燥是一种常用的除去湿分（水或有机溶剂）的方法，一般是指利用固形物料中的湿分在加热或降温过程中产生相变的物理原理将其除去的单元操作。

湿物料作热力干燥时，相继发生两种过程：能量（也即热量）从周围环境传递到物料表面，使湿分（指干燥欲除去的溶剂）受热汽化而蒸发；物料内部湿分传递到物料表面，进而由于上述过程又被汽化蒸发。因此，干燥过程中除去的湿分是通过物料内部到物料表面，然后由表面汽化而进入气相的。干燥速率是由上述两个过程中较慢的一个速率所控制。在整个干燥过程中，湿分在气体与物料间的平衡关系、干燥速率和干燥时间，不仅取决于气相的性质和操作条件，而且受到物料中所含湿分性质的影响。干燥过程一般分为两种控制过程：恒速干燥控制过程和降速干燥控制过程。所谓恒速干燥控制过程是指整个干燥过程由“湿分以蒸汽形式从物料表面去除”步骤所控制，此过程的速率取决于温度、湿度、空气流速、表面积和压力等外部条件，也称外部条件控制过程。降速干燥过程是指整个干燥过程由“物料湿分从内部迁移到物料表面”的步骤所控制，这是物料性质、温度和湿含量的函数，此过程也称内部条件控制过程。

在外部条件控制的干燥过程中，基本的外部变量为温度、湿度、空气的流速和方向、物料的物理形态以及在干燥操作时干燥器的持料方式等。外部控制条件的初始阶段，即在去除非结合表面湿分时特别重要，因为存在物料表面的湿分以蒸汽形式通过物料表面的气膜向四周扩散，这种传质过程的同时伴随着传热过程的进行。因此，强化传热可加速干燥的进行。

在内部条件控制的干燥过程中，在物料表面没有充足的自由湿分时，热量将传至物料内部，物料开始升温并在其内部形成温度梯度，湿分从物料内部向表面迁移，这个过程的机制因物料结构特征而异，主要为扩散、毛细管流，以及由干燥过程的收缩而产生的内部压力。在临界湿含量的出现至物料干燥到很低的最终湿含量时，内部湿分的迁移成为控制因素。此过程的强化手段是极为有限的。因为此时物料的干燥速率主要是由湿分在物料内部的迁移速率所决定的。外界的空气条件除了较高的空气温度有利于内部湿分迁移和提高汽化速率外，改变空气的其他条件不至于影响降速过程的速率。降速干燥控制过程仅取决于物料的结构、形状和大小。因此，只有改变或调节物料的物性，才有可能改变干燥速率。

对于中药清膏的干燥，有研究根据微波真空干燥与真空干燥的干燥过程的干燥速率变化规律，将干燥过程分为 3 个阶段，即加速、恒速以及降速干燥阶段[50]。由于降速干燥阶段物料温度快速升高至较高温度，因此将该阶段判定为质量控制段，据此制定“保质、提效”的干燥过程调控策略。

17. 常见的干燥方法有哪些?

按照热能传给湿物料的方式，干燥方法可分为以下几种。

（1）传导干燥：指热能以传导的方式传递给湿物料。热能通过安置在干燥器内的加热面供给湿物料，蒸发的湿分由真空操作或少量的气流带走。

传导方式的干燥器均属间接干燥器。如滚筒干燥器、桨式干燥器、转鼓干燥器、真空双锥干燥器等。

（2）对流干燥：指热能以对流方式由热气体传递给与其直接接触的湿物料。由热空气或其他气体流过物料表面或穿过物料层以此提供热能，蒸发的湿分由干燥介质带走。

最常用的干燥介质为空气，其次为惰性气体，直接燃烧气体或过热蒸汽（或溶剂蒸汽）均可作为对流干燥的加热介质。

对流方式的干燥器均属直接干燥器。如沸腾床干燥器、气流干燥器、真空干燥器、冷冻干燥器等，中药生产常用的如厢式干燥器、隧道式干燥器、喷雾干燥器等均属典型的直接干燥器，在工业生产中也是使用最广泛的一种干燥设备。

（3）辐射干燥：指热能以电磁波的形式由辐射器发射，入射至湿物料表面被其所吸收而转变为热能将湿分加热汽化，以达到干燥的目的。辐射器又分为电能和热能两种。电能辐射器的类型，采用专供发射红外线的电灯泡，照射被干燥物料表面进行加热干燥；热能辐射器的类型，即用热金属辐射或陶瓷辐射产生红外线，当辐射面温度达到 700～800K（426.85～526.85℃）时即产生大量的红外线，以电磁波形式照射湿物料表面进行干燥。辐射干燥器根据辐射加热器的不同有：碳化硅、乳白石英、陶瓷、电阻带式、搪瓷等多种红外线加热辐射器。

（4）介电加热干燥：指将需要干燥的物料置于高频电场内，由于高频电场的交变应力作用使物料加热而达到干燥的目的。

电场的频率低于 3×10^9Hz 为高频加热。频率在 3×10^9～3×10^{12}Hz 的超高频加热，称为微波加热。目前工业和科研上微波加热所采用的频率为 9.15×10^9Hz 和 2.45×10^{10}Hz 两种。在微波加热过程中，湿物料在高频电场中很快被均匀加热，由于水分的介电常数比固体物料的介电常数要大得多，因此在干燥过程中，物料内部的水分总比表面要多，物料内部所吸收的电能或热能也较多，此时物料内部的温度比表面要高。由于温度梯度与水分扩散的浓度梯度为同一方向，所以促进了物料内部水分的扩散速率，使干燥时间缩短，所得到的干燥产品均匀而洁净。微波干燥还有较好的灭菌效果。

介电加热干燥完全不同于传导、对流和辐射加热方式的干燥，后三者在干燥过程中，热能都是从物料表面传至内部，物料表面温度比内部要高，而水分是从内部扩散至表面，物料表面先变成干燥固体而形成绝热层，使传热和内部水分的汽化及其扩散至表面都增加了阻力，以致物料干燥时间也就大为延长。

干燥的目的是使物料便于贮藏、运输和使用，或进一步加工的需要。中药物料来源广泛，针对不同物料性质，以上干燥方法在中药材、中药饮片、中药制剂中间体、制剂成品等干燥中均有选择应用[51-54]。

18. 中药生产过程中常用的干燥设备有哪几种？如何选择？

在中药生产过程中，常用的干燥设备及选择原则具体如下。

（1）厢式干燥器与真空厢式干燥器：厢式干燥器是一种间歇式的干燥器，一般小型的称为烘箱，大型的称为烘房。这是一种最简单的间歇式干燥器。

厢式干燥器主要是以热风通过湿物料的表面，达到干燥的目的。热风沿着湿物料的表面通过，称为水平气流厢式干燥器（图 1-5-7）；热风垂直穿过物料，称为穿流气流厢式干燥器（图 1-5-8）。

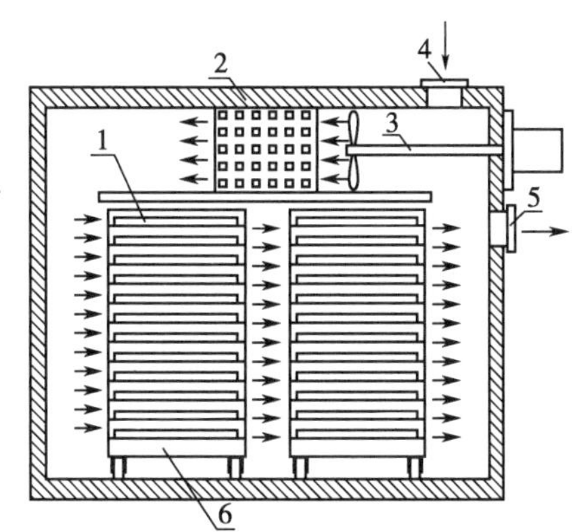

1. 物料盘；2. 加热器；3. 风扇；4. 进风口；5. 排气口；6. 小车。

图 1-5-7　水平气流厢式干燥器

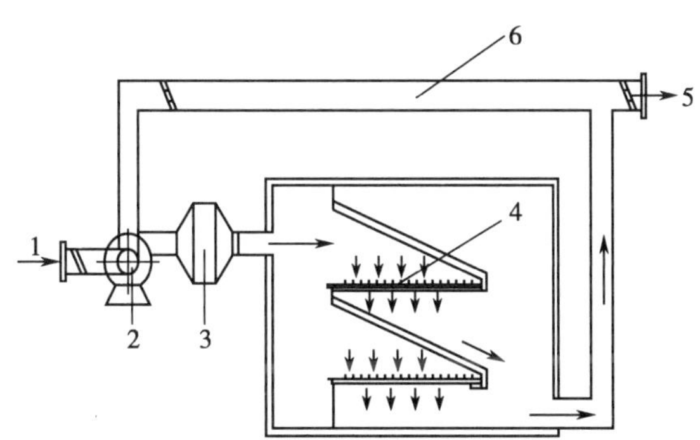

1. 进风口；2. 风机；3. 加热器；4. 物料；5. 出风口；6. 循环风道。

图 1-5-8　穿流气流厢式干燥器

厢式干燥器广泛应用于干燥时间较长，处理量较小的物料系统，主要适用于各种颗粒状、膏糊状物料的干燥。

当厢式干燥器处于真空条件下进行干燥时，称为真空厢式干燥器。可用于不耐高温、易于氧化的物料或以有机溶剂作为干燥介质的泥状、膏状物料的干燥。

真空厢式干燥器的优点是提高干燥速率，缩短干燥时间；缺点是操作较复杂、操作费用高、设备结构复杂、造价较贵。

厢式干燥器结构简单、设备投资少，适应性极为广泛，适用于小批量、多品种物料的干燥。实验室、中间试验厂、工厂等都有大小不同的厢式干燥器，是目前应用最多、最广的一种干燥器。笔者所在单位对于常规物料干燥失重法测定水分经常使用；由于物料在干燥过程中处于静止状态，特别适用于不允许破碎的脆性物料。其缺点是间隙操作，干燥时间长，干燥不均匀，每次操作都要人工装卸物料，劳动强度大[55]。

（2）隧道式干燥器：隧道式干燥器实际上是在厢式干燥器的基础上加以改进，发展而成的一种半连续式干燥器。隧道式干燥器为狭长的通道，里面铺设轨道或链条，一系列的小车装满物料后，借助于轨道或链条使物料与热空气接触进行干燥。装有物料的小车从干燥器的一端加入，经过一定的时间间隔以满足干燥的要求，将小车从干燥器的另一端拉出，以此形成一个循环。

在隧道式干燥器中，干燥介质的温度和湿度沿干燥室的纵长方向而变化，干燥介质通过物料表面时温度逐渐降低，而湿度量逐渐增加。隧道式干燥器设备简单，处理量大，干燥速率较高；缺点是体积庞大，热效率低。

（3）带式干燥器：带式干燥器是常用的连续式干燥器装置（图 1-5-9）。其形状为一长方形或隧道，在里面装有带式运输设备。带式干燥器内的传送带多为网状或多孔形制成，由电机经变速箱带动，可以调速。最常用的干燥介质是空气，空气由外部经空气过滤器抽入，并经加热器加热后经分布板由输送带下部垂直上吹。空气流过干燥物料层时，物料中的水分汽化，空气中的湿度增加，温度下降。部分湿空气排出箱体，部分则在循环风机吸入口前与新鲜空气混合后再循环。为了使物料层上下脱水均匀，空气继上吹之后向下吹。干燥产品最后经外界空气或其他介质直接接触冷却后，由出口端卸出。

带式干燥器又分为单级或多级带式干燥器。带式干燥器结构简单、安装方便、能长期运转，维修方便。缺点是占地面积大，运行时噪声较大。

带式干燥器对于脱水蔬菜、中药饮片等含水率高、热敏性物料尤为适合。其具有干燥

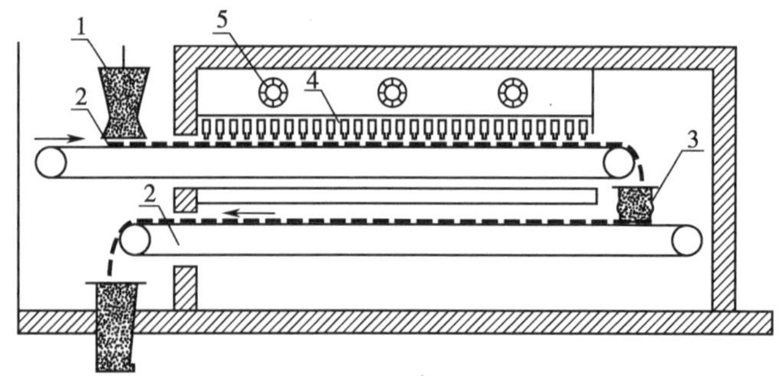

1. 加料器；2. 传送带；3. 压碎机；4. 热空气喷嘴；5. 风机。

图 1-5-9　带式干燥器

速率高、蒸发强度高、产品质量好等优点，在工业上的应用极广，主要用于干燥小块的物料及纤维质物料。总之，用带式干燥器干燥的物料必须有一定的形状，而且干燥后仍然保持一定的形状。

当带式干燥器处于真空条件下进行干燥时，称为带式真空干燥器，或真空带式干燥器。

（4）真空干燥与真空冷冻干燥：真空干燥与真空冷冻干燥都是常用的间歇式传导干燥机，均利用高真空将被干燥物料内部水分和表面水分由真空泵及时抽走，以此达到干燥的目的。

真空干燥机除真空厢式干燥机外，常用的真空干燥机还有：真空双锥干燥机、真空耙式干燥机等。这两种干燥机都是用蒸汽夹套间接加热物料，并在高真空条件下排走水分。因此，特别适用于热敏性、易氧化物料的干燥以及干燥过程中排出的蒸汽必须回收的物料干燥。

在真空双锥干燥机中，被干燥的物料从加料口加入，物料与壳体壁接触时，随着干燥器的不断转动，物料表面不断转动，被干燥的物料受到夹套蒸汽或热水的间接加热，物料中的水分或湿分不断汽化，并由真空泵及时抽走。由于操作真空度较高，一般控制在-0.10～-0.06MPa范围内。被干燥物料表面的水蒸气压力远大于干燥器壳体内蒸发空间的水蒸气压力，从而有利于被干燥物料内部和表面水分的排出，有利于干燥物料的水分子运动，以达到干燥的目的。

真空耙式干燥机与真空双锥干燥机的不同之处在于：真空耙式干燥机的壳体不运动，只有干燥器内的耙齿转动。两者比较：真空双锥干燥机较真空耙式干燥机清洗方便，适合多种产品的干燥。与真空厢式干燥机相比：物料表面不结皮，不需要进行粉碎操作。真空干燥机适用于浆状、膏状、颗粒状、粉状或纤维状等形态的物料干燥。

真空冷冻干燥是一种特殊的真空干燥方法。干燥时将被干燥物料冷冻到其结晶温度以下，使物料中的湿分冻结为固态的冰，然后再慢慢将物料中的湿分在较高的真空度下加热，使冰不经过液态直接升华为水蒸气排出，留下的固体即为干燥产品。

真空冷冻干燥由于物料处在冷冻状态、真空条件下进行干燥，能干燥热敏性的物料，能很好地保存物料的色、香、味等组分，同时能保持物料原来的固体结构。

（5）气流干燥：气流式干燥器（图1-5-10）是一种连续操作的干燥器。通过气体在管内流动来输送粉粒状固体的方法称为气流输送，在气流输送状态下进行干燥的方法称为气流干燥。气流干燥采用加热介质包括空气、惰性气体、燃气或其他热气体，在管内流动来输送被干燥的分离状颗粒的物料，并使被干燥固体颗粒悬浮于流体中，以此增加气固两相的接触面积，强化传热传质过程。因此，热效应利用率高，干燥时间短，处理量大。同时操作方便，易于控制，设备投资与操作费用较低。

气流干燥由于利用气流输送固体颗粒，因此气速高，流量大，动力消耗较大。气流式干燥器在制药工业中应用的形式有直管式、短管式和旋风式等。对于能在气体中自由流动的颗粒物料，均可采用气流干燥方法除去水分。它与沸腾干燥的不同之处在于其气速较高，当超过沸腾干燥的气速限度时，物料被带至管道中干燥[55]。气流式干燥器可以在正压或负压下干燥，主要取决于鼓风机系统的位置。气流干燥适用于粉末状或颗粒状物料的干燥，对于块状、膏糊状及泥状物料应配置粉碎机或分散器，使块状、膏糊状及泥状物料同时进行粉碎并干燥。对于易吸附的物料不宜采用气流干燥。

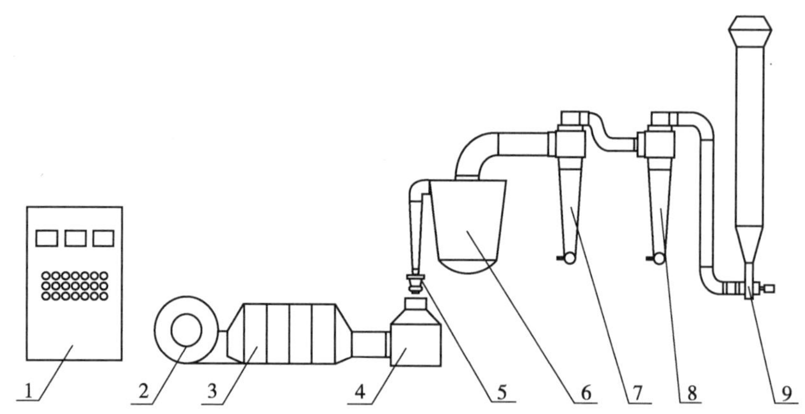

1. 电控柜；2. 鼓风机；3. 加热器；4. 气流主管；5. 螺旋加料机；6. 旋风干燥器；7. 旋风收集器；8. 关风机；9. 引风机。

图 1-5-10　气流式干燥器

（6）流化床干燥器：流化床干燥器结构简单，造价较低，可动部件少，维修费用低，物料磨损较小，气固分离比较容易，传热传质速率快，热效率较高，物料停留时间可以任意调节。常用流化床干燥器的类型，从其结构上大体可分为单层圆筒型、多层圆筒型、卧式多室型、喷雾型、惰性粒子式、振动型和喷洒型等。

流化床干燥器又称沸腾床干燥器，为单层圆筒流化床干燥器（图 1-5-11）。湿物料经进料器进入床层，热空气由下而上通过多孔式气体分布板，当气速（指空床气速）较低时，颗粒床层呈静止状态。气流穿过颗粒间的孔隙，此时颗粒床层称为固定床。当气速增加到一定程度后，颗粒床层开始松动并略有膨胀，在小范围内变换位置。当气速再增大到某一数值后，颗粒在气流中呈悬浮状态，形成颗粒与气体的混合层，恰如液体沸腾的状态，气固两相激烈运动相互接触，颗粒在热气流中上下翻动，彼此碰撞和混合，气 - 固间进行传热、传质，以达到干燥目的。这种状态的床层，称为流化床或沸腾床。由固定床转为流动床时的气速，称为临界流化速度。气速愈大，流化床层就愈高。当气速增大到颗粒的自由沉降速度时，颗粒开始同气流一起向上流动，呈气流干燥状态，此时的气速亦称流化床的带出速度。流化床的操作气速应在临界流化速度与带出速度之间。湿物料在流化床中与热空气之间进行热量及质量传递，达到干燥目的。干燥后的产品由床层侧面出料管溢流排出，气流由顶部排出，经旋风分离器或袋式除尘器回收其中夹带的粉尘。

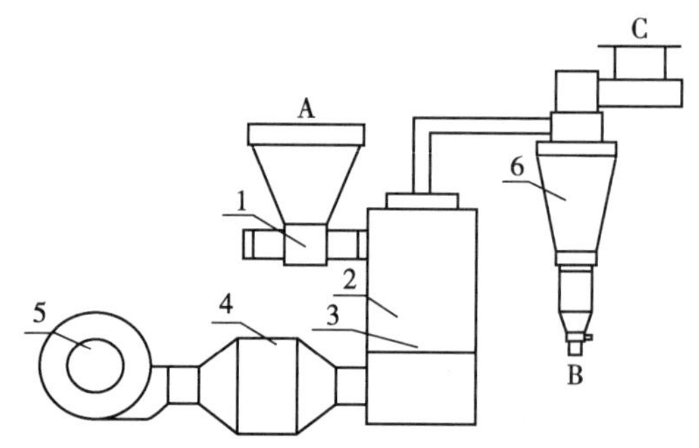

1. 进料器；2. 流化室；3. 分布板；4. 加热器；5. 风机；6. 旋风分离器。

图 1-5-11　单层圆筒流化床干燥器

A. 物料入口；B. 物料出口；C. 空气出口。

流化床干燥器已发展成为粉粒状物料干燥的最主要设备，在固体中药制剂生产中应用较广泛[56]。

（7）喷雾干燥：喷雾干燥是目前在中药生产过程采用较多的一种干燥装置。喷雾干燥是采用雾化器将物料分散成细小雾滴，并用热气体与雾滴接触，雾滴中湿分被热气流带走，从而实现干燥的一种方法。

雾化器是喷雾干燥的关键[55]。因为雾化效果的好坏不仅影响干燥速度，而且对产品质量有很大影响。对雾化器的一般要求是雾滴均匀、结构简单、生产能力大、能量消耗低及操作简单等。常用的雾化器有以下 3 种基本形式：离心式转盘雾化器、压力式雾化器、气流式雾化器。从发展趋势来看，离心式雾化器和压力式雾化器的工业应用较广泛，气流式雾化器动力消耗大，经济性差，适用于实验室和小批量生产。

喷雾干燥完全不同于其他类型的干燥器，它能直接处理各种流体物料如经提取浓缩后的浓缩液、浆液及悬浮液等。在喷雾干燥过程中，由于雾滴群的表面积很大，所以物料所需的干燥时间很短，只有数秒至数十秒钟，在高温气流中，雾滴表面温度不会超过干燥介质的温度，加上干燥时间短，最终产品的温度不高，也能适合于热敏性物料的干燥。由于喷雾干燥能直接将溶液干燥成粉末或颗粒状产品，且能保持物料原有的色、香、味以及生物活性，所以也是现代中药生产过程中推广使用的理想干燥设备[57-58]。除用于常规干燥外，喷雾干燥方式也是一种常用的制剂手段，如制备颗粒、固体分散体、微胶囊、干粉吸入颗粒等。

喷雾干燥的缺点是：加热介质低于 150℃时，容积的传热系数较低[23～116W/(m^2·K)]，所用的设备容积较大，热效率不高。由于中药提取液的性质差异很大，如有的脂溶性成分含量较高、有的含糖量较高、有的软化点较低等，在喷雾干燥操作过程中，塔壁会发生粘壁、吸湿及结块等现象，限制了喷雾干燥技术在中药生产过程中的应用。分析原因并针对性采取措施，如选择合适的工艺参数，对热熔性物料粘壁采取控制塔内温度、采用冷风夹套对塔内壁进行冷却、添加辅料等；稳定喷雾干燥工段前所有的工序操作和控制，可保证物料质量稳定；改进现有设备，对某类产品设计出专用或通用的喷雾干燥塔[59]。

（8）红外线干燥：红外线是一种看不见的电磁波，波长范围为 0.80～1 000μm。通常将波长在 5.6μm 以下的区域称为近红外线，波长在 5.6～1 000μm 的区域称为远红外线，工业上多用远红外线干燥物料。被干燥物料受到红外线能量的辐射后，物料中的水分汽化而干燥，故红外干燥亦称为红外辐射加热干燥。

红外干燥装置（图 1-5-12）是由红外辐射源、干燥室、排气系统及机械传递系统等组成。

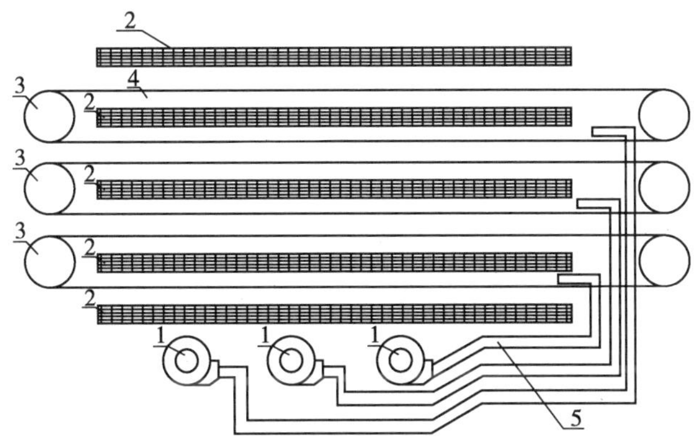

1. 鼓风机；2. 远红外源；3. 传送带；4. 干燥室；5. 鼓风管。

图 1-5-12　红外干燥装置

红外干燥器的特点：设备简单，成本低，操作方便灵活，可在短时间内调节温度，不必中断生产；干燥速率快，与热风干燥器相比，干燥时间可缩短 1/3 左右；热效率高，不需要干燥介质；干燥产品质量好，由于物料表层和表层下均吸收红外线，能保证在各种物料制成不同形状时，产品的干燥效果相同；能与其他干燥器连用，易于自动化控制；系统密闭性好，可以避免干燥过程中的溶剂或其他有毒物质挥发，不污染环境；无泄漏危险，易于维修；电耗较大；因固体的热辐射频率较高、波长短，故透入物料深度小，只限于薄层物料的干燥。红外干燥器适用于热敏性物料的干燥，在中药生产中应用于颗粒剂的湿颗粒干燥，具有色、香、味好及颗粒干燥均匀的效果，也可用于中药水丸的干燥。

（9）微波干燥器：微波干燥是以电磁波代替热源，其利用电介质加热的原理进行干燥。微波又称超高频电磁波，是指频率很高（300MHz～300GHz）、波长很短（1mm～1m），介于无线电波和光波之间的一种电磁波，它兼具这两者的性质和特点，如直线传播、反射等。现在使用的微波频率主要为 2 450MHz，少数场合下也有用 915MHz 的。若电磁波被电介质吸收，则电磁波的能量在电介质内部转换成热能。

微波干燥过程是将湿物料置于高频电场内，湿物料中的水分子在微波电场作用下被极化，并沿着微波电场的方向整齐排列。由于微波电场是一种高频交变电场，当电场不断交变时，水分子会迅速随着电场方向的交互变化而转动，并产生剧烈的碰撞和摩擦，使一部分微波能量转化为分子运动的能量，以热能的形式表现出来，使水的温度升高，达到干燥的目的。微波干燥是利用被干燥物料本身为发热体的加热方式，称为内部加热方式。微波干燥器主要由电源、微波发生器、干燥室、波导管及冷却系统等组成。其中，微波加热器（干燥室）是关键设备。微波加热器的类型较多，可根据被干燥物料的性质、种类、形状、含水量以及大小等分类，典型的加热器有下列几种：微波炉、辐射型加热器、慢波型加热器。

因为金属物体对微波几乎是全部反射的，其他材料如聚苯乙烯和聚四氟乙烯，微波虽能够传播，但物料吸收极少，因此微波加热很难应用于金属物体或金属材料上薄的涂层。微波干燥器的操作费用虽比其他干燥器要高，但从加热效率、安装面积、操作及环境保护等方面综合考虑，其优点仍然是主要的。若与其他方法并用，如先用热空气除去大部分水分后再用微波干燥，既可缩短热空气的干燥时间，还可节约微波能耗。

与传统的干燥方法相比，微波干燥具有高效、节能、经济的特点，在干燥同时还具有非常优异的灭菌效果，在中药领域使用较为广泛[60]。微波干燥对均相体系，其传质传热效果较好；对于非均相体系，其传质传热效果受到一定影响。用于中药干燥时，应考虑物料的适用情况，包括药物成分及其性质、含水量、物料形态、物料量、物料厚度等，选择温度分布均匀性符合微波干燥设备，开展干燥工艺研究，关注微波干燥的热效应，关注微波干燥对高分子物质（蛋白质等）、热敏性成分、挥发性成分、毒性成分等的影响，关注对药物成分的相互作用、生物活性等影响，确定合理的功率、功率密度、温度、时间等参数及终点判断等指标，并进行工艺验证。当微波干燥与其他干燥技术联合使用时，应根据所选设备、方法的特点等进行研究，并根据研究结果合理选择[61]。

19. 真空带式干燥有哪些特点？其在中药清膏干燥中的应用如何？如何选择真空带式干燥设备？

真空带式干燥是一种具有连续进料和出料形式的接触式真空干燥设备，在整个干燥过程中处于真空、密闭环境下，具有干燥时间短、干燥温度低、成分转移率高、可连续化生产的特点，既保证了产品质量，又提高了经济效益[62]。

在真空条件下，黏稠的液态物料经布料机较薄地涂在传送带上，物料先进入加热段，进行蒸汽和热水或热油等加热，水分很快被蒸发走；物料再进入冷却段，经冷却水或其他冷冻液冷却，使物料发泡变脆；在出料处，由剪切机将物料剪断，并利用破碎机将其破碎；最后进入螺旋输送机，使物料自动控制出料，所得产品是原色、原味的颗粒[63]。生产中根据下一工序需要，可通过管道连续输送到粉碎段进行加工。

目前真空带式干燥在中药清膏的干燥中使用较为广泛[64-66]，特别适合于喷雾干燥易塌床、粘壁，黏度较大，糖分较高的物料，对热敏性物料能够最大限度地保证产品质量。某品牌低温真空带式干燥器，适用于绝大多数天然产物提取物的干燥，尤其是黏性高、易结团、热塑性、热敏性的药料，以及不适于或者无法采用喷雾干燥的物料。干燥过程温和（20～80℃），对于天然提取物可以最大限度地保持其色、香、味。

一般对黏度较大清膏的干燥，温度要求较严格，熔点的控制要精确（尤其是多糖类的物料），真空度的控制范围要符合不同段加热温度的要求且要具备在线自动调整功能等。针对形式多样的产品，设备选型标准比较复杂，需要谨慎对待，多维评估和分析。

第一步，必须对干燥物料进行小样试验，设备制造商是否具有物料试验设备及经验丰富的试料人员，是客户衡量制造商真实能力的最直接途径。合格的真空带式干燥机制造商一般在物料试验后均能在最短的时间里向客户提供一份包括：物料实际蒸发量、动态干燥真空度、干燥温度的分配、投料量大小、实际干燥时间、实际产品产能、单位能耗消费比等技术参数报告，方便客户根据要求选择能够满足生产的设备型号及规格。

第二步，综合考察制造商的设计水平及制造能力。制造商一般会在物料试验报告的基础上，按照客户的生产指标及工况条件提供一份技术设计方案初稿并对方案中的设计理由进行详细陈述。技术设计方案是评定制造商在真空带式干燥机制造能力方面极为重要的组成部分，特别是制造商对设备关键技术的设计描述如真空系统、加热系统、纠偏系统、清洗系统及进料、出料系统的设计等。制造能力的另一方面是考察制造商用户的实际使用情况。客户可根据制造商提供的用户名单，要求赴现场实地考察，如果制造商确实具备足够实力则一般不会拒绝客户的这一合理要求，有的甚至能够提供多个参观目标供客户选择。

第三步，考察制造商的实际加工能力及生产规模。真空带式干燥机由于体积大、辅助设备多、配置要求高、中间环节复杂等特点，要保持设备运行状态的长时间稳定并非易事。在采购设备时一定要选择有规模、有实际设计制造经验并具备可靠的售后服务保证体系的制造商。

20. 真空冷冻干燥有哪些特点？其在中药干燥中的应用如何？

真空冷冻干燥是一种特殊的真空干燥方法。真空冷冻干燥时将被干燥物料冷冻到其结晶温度以下，使物料中的湿分冻结为固态的冰，然后再慢慢将物料中的湿分在较高的真空度下加热，使冰不经过液态直接升华为水蒸气排出，留下的固体即为干燥产品。

真空冷冻干燥过程是水的物态变化和移动的过程，在低温低压下进行，借助升华现象来实现。因此，又可称为升华干燥。

真空冷冻干燥由于物料处在冷冻状态、真空条件下进行干燥，可以干燥热敏性物料，能很好地保存物料的色、香、味等，同时能保持物料原来的固体结构。也是易氧化物料较为理想的干燥方式。低真空度下冷冻干燥的中药鲜药产品外观质量好、含水量低、显微结构完整、指标性成分保留率高、复水分性良好，是一种优良的干燥技术，在中药鲜品的保存中极具应用潜力[67]。真空冷冻干燥机的缺点是：干燥过程的成本高，投资、操作费用大，比一般干燥或喷雾干燥的产品贵至数倍之多。

真空冷冻干燥在中药粉针剂生产过程中使用较多。在中药方面，用于人参、鹿茸、冬虫夏草等少量中药材的冻干；笔者在进行经典名方基准样品的制备研究中，常采用真空冷冻干燥，尽量保证制得的基准样品与传统的水煎液在药用物质基础的质量上保持一致，最大可能地做到"形变而神似"。

21. 干燥设备的选择依据是什么？怎样选择适宜的干燥器？

在实际生产中，企业在选择干燥器时，以湿物料的形态、干燥特性、产品要求、处理量及所采用的热源等方面为出发点，进行干燥实验，确定干燥动力学和传热传质特性，确定干燥设备的工艺尺寸，并结合环境要求，选择适宜的干燥器类型。若几种干燥器同时适用，则进行成本核算及方案比较，按照"质量、成本、效率"综合效益最佳的原则选择[55]。

（1）被干燥物料的性质：湿物料不同，其干燥特性曲线或临界含水量也不同，可能所需的干燥时间差距悬殊，选择干燥器的最初依据是以被干燥物料的性质为基础的。选择干燥器时，首先应考虑被干燥物料的形态，物料形态不同，处理这些物料的干燥器也不同。在处理液态物料时，所选择的设备通常限于喷雾干燥器、转鼓干燥器和搅拌间歇真空干燥器；对黏性不大的液体物料，也可采用旋转闪蒸干燥器和惰性载体干燥器；对于膏状物的连续干燥，旋转闪蒸干燥器常是首选干燥设备；在需要溶剂回收、易燃、有致毒危险或需要限制温度时，真空干燥是常用的操作；对于颗粒尺寸＜300μm的湿粉、膏状物，可采用带垂直回转架的干燥器，而对于颗粒尺寸＞300μm的颗粒结晶物料，通常采用直接加热的回转干燥器；对于吸湿性物料或临界含水量高的难以干燥的物料，应选择干燥时间长的干燥器；而临界含水量低的易于干燥的物料及对温度比较敏感的热敏性物料，则可选用干燥时间短的干燥器，如气流干燥器、喷雾干燥器；对产品不能受污染的物料（如药品等）或易氧化的物料，干燥介质必须进行纯化或采用间接加热方式的干燥器；对产品要求有良好外观的物料，在干燥过程中干燥速度不能太快，否则可能会使表面硬化或严重收缩，这样的物料应选择干燥条件比较温和的干燥器，如带有废气循环的干燥器。

1）物料理化性质：首先必须考虑物料对热的敏感性，它限制了干燥过程中物料的最高温度，这是选择热源温度的先决条件。此外，还要考虑物料的重量、密度、腐蚀性、毒性、可燃性、粒子大小等。

2）物料状态：湿物料从形态上分，可能是块、颗粒、粉末、纤维，也可能是溶液、悬浮液或膏状物料，应充分了解物料从湿状态至干燥状态过程中的黏附性，尤其对连续式干燥器来说，物料能否连续不断地供料、干燥移动至产品卸料是十分重要的。

3）物料中水分结合的状态：由于物料内部结构以及水分结合强度的不同，它决定了干燥的难易和物料在干燥器内停留时间的长短，这与干燥器选型有很大关系。例如，对难以干燥的物料给予较长的停留时间，而不是强化干燥的外部条件。显然，气流式干燥器中物料的停留时间仅几秒钟，不适于干燥内部有结合水的物料。

4）干燥特性：确定湿物料的干燥条件时，必须考虑物料的干燥特性，如干燥所需的时间和操作条件（湿度、温度、气体压力与分压等）、所含水分性质（表面水、结合水）。对于粉粒状物料，可选用气流干燥器或转筒干燥器；对于堆积状态的物料，其临界含水量高、干燥速度慢，应设法求取其临界含水率及干燥特性曲线，并依此来选择干燥器。

（2）产品质量及规格要求：各种产品对质量和规格的要求各不相同，例如对最终含水量的高低、粉尘及产品的回收要求、能源供应条件等。

1）产品的均匀性：产品的几何形状、含水量应在允许范围内，因此干燥过程中产品的破碎、粉化也较为重要，如喷雾干燥不适于脆性物料。

2）产品的污染：对药品来说，产品的污染问题十分重要。选用干燥器时，应考虑干燥器本身的灭菌、消毒操作，防止污染。对热敏性物料要考虑变色、分解、氧化、碳化等问题。

3）湿物料的形态或产品规格要求：对液状或悬浮液状的物料，宜选用喷雾干燥器；冻结物料，可选用冷冻干燥器；糊状物料，可选用气流干燥器或隧道式、喷雾式、真空干燥或厢式干燥器；短纤维物料，可选用通风带式或厢式干燥器；有一定大小的物料，可选用并流隧道式、厢式、微波干燥器；粉粒包衣、胶膜状物料，可选用远红外干燥器。

（3）生产方式：当干燥器前后的工艺均为连续操作时，应考虑配套，选用连续式干燥器有利于提高热效率，缩短干燥时间；当干燥器前后的工艺不能连续操作时，宜选用间歇式干燥器；对于物料数量少、品种多的场合，最好选用间歇式干燥器；在要求产品含水量的误差小，或者遇到物料加料、卸料、在设备内输送等有困难时，均应选用间歇式干燥器。

（4）设备生产能力：影响设备生产能力的因素是湿物料达到指定干燥程度所需的时间。而提高生产能力的方法是尽可能缩短降速阶段的干燥时间。例如，将物料尽可能分散，既可以降低物料的临界含水量，使水分更多地在速度较高的恒速干燥阶段除去，又可以提高降速阶段本身的速率，这有利于提高干燥器的生产能力。

（5）能耗经济性

1）设置预脱水装置，机械脱水的操作费用比一般干燥方法便宜，若能利用机械脱水可达到低含水量，则应考虑设置预脱水设备。

2）产品要求颗粒状，则选用喷雾干燥、流化床干燥装置，可直接获得颗粒产品，省去制粒步骤。

3）提高干燥器热利用率的主要途径有：减少废气带热，干燥器结构应能提供有利的气固接触，在物料耐热允许的条件下，空气的入口温度尽可能高；在干燥器内设置加热面流向，可减少干燥空气的用量，减少废气带热损失；在相同的进、出口温度条件下，逆流操作可获得较大的传热（传质）推动力，设备容积较小；废热利用与废气再循环。

（6）环境保护：干燥过程的环境保护问题主要是指粉尘回收、溶剂回收，减少公害，如水、气污染及噪声、振动等。

中药材、中药饮片及中药制剂干燥工艺的选择，直接影响成品的品质。应针对所干燥中药的质量要求，选择适宜的干燥工艺技术和设备。各干燥工艺特点、适用范围和存在问题见表 1-5-3[54]。

表 1-5-3　各干燥工艺的优点、缺点及适用范围

干燥技术	优点	缺点	适用范围
喷雾干燥	干燥速度快，干燥时间短（3～10 秒），干燥效率高，制备的提取物流动性好、松散度好，液体可直接制取无菌粉	体积大、动力消耗大、传热系数低，热效率低，易粘壁	适用于含芳香性成分、热敏性成分的干燥，目前主要应用于中药提取液的干燥、喷雾干燥制粒、喷雾干燥制备微囊和喷雾包衣 4 方面
流化床干燥	干燥效率高，速度快，干燥均匀，产量大，适用于大规模生产	由于气泡现象造成流化不均匀，相间接触效率偏低且工程方法困难，动力消耗较大等	现主要用于片剂、颗粒剂制备过程中的制粒干燥及水丸、小蜜丸的干燥
微波干燥	不需预热，无热阻，干燥速度快；干燥温度低，有效成分不挥发，收率高；物料受热均匀，干燥时间短、能耗不高；微波干燥的同时也能完成灭菌功能，且灭菌效果比较好	微波干燥应用于提取物和浸膏时，在干燥速度上具有明显优势，但容易产生有效成分损失的问题	广泛用于中药材、中药饮片、中药提取物、浸膏、散剂、丸剂、胶囊剂、片剂等方面；富含挥发油或热敏性成分的中药材，含大量淀粉、树胶的天然植物都不适合使用微波干燥
真空冷冻干燥	低温、低压下脱水，可避免成分因高热而分解变质，能较好地保存物质的成分、结构、色、香、味	设备及操作工艺复杂，投资大，干燥速度较慢，能耗较高	适用于极不耐热物品的干燥，广泛用于西洋参、冬虫夏草、鹿茸等中药材；也是制备各种中药脂质体、纳米粒、纳米乳的常用方法
远红外干燥	所辐射出的能量与大多数被辐射物的吸收特性相一致，吸收率大，效果好，耗能少，质量高，成本也低	远红外波长短、透入物料深度小，适合干燥薄层药材，是否适用于所有类型药材的干燥还有待于更多深入研究	适用于含水量大，有效成分对热不稳定，易腐烂变质或贵重药材及饮片的快速干燥。目前，远红外技术主要用于中药材、丸剂、散剂、颗粒剂的干燥灭菌工艺

22. 如何判断和减少喷雾干燥过程中物料的粘壁现象？

喷雾干燥是中成药生产常用干燥方式之一，具有蒸发面积大，干燥时间短，对有效成分破坏少，生产效率高等特点。在中药提取浓缩液的喷雾过程中，产品堆积于干燥塔内壁表面上，称为粘壁，这是一个堆积性质和堆积厚度的问题。大量药粉粘壁后，由于长时间停留在热的塔壁上，从而影响产品质量，不利于生产的正常进行。物料的粘壁大致可分为以下几种情况。

（1）返顶粘壁：喷雾干燥过程中，干燥介质（热空气）与雾滴在塔内的运动方向相同。采用旋转式雾化器的离心塔，干燥介质与雾滴并流向下运动，这种运动比较复杂，既有旋转运动，又有错流和并流运动的组合。正常情况下，雾滴是向下运动被干燥的，但是部分雾滴会返至塔顶，形成粘壁，这种粘壁即使时间短暂，但对质量的影响，尤其是颗粒剂的影响较为严重，因为该区域温度高，粘壁物料极易焦化。此粘壁原因是由空气分布器的结构设计、安装的相对位置决定的。设计、安装失误将会使塔内的空气形成区部涡流，或者过度的空气旋转和不适当的雾炬（伞状雾滴云）分布；就操作而言，塔内负压较小，会导致较轻的物料可能返回塔顶，形成粘壁。

解决途径：

1）安装离心机及调整离心机与空气分布器的相对位置，解决好热空气如何进塔布风，防止或减少局部空气形成涡流。

2）明确热风分布器与塔的大小和进风量、风速关系，及其对干燥速度、干燥程度和颗粒形成的影响。

（2）半湿物料的粘壁：半湿物料粘壁是常见的，是雾滴在未达到表面干燥之前就和塔壁接触而粘在壁面上。其易造成产品烧焦、分解或湿含量过高。这种粘壁的位置，通常是在对着雾化器喷出的雾滴运动轨迹的平面上。此类粘壁原因，与喷雾干燥塔的结构，雾化器的结构、安装及操作，热风在塔内的运动状态等有关。

解决途径：

1）确认干燥塔的塔高与塔径：半湿物料粘壁应区分柱体粘壁和锥体粘壁，或者二者兼有。

对于柱体粘壁，在保证雾化效果的前提下，可以通过减小进料速度并降低离心机转速，如果粘壁现象消失但又不能满足预定产量，则可判断塔径偏小；如果转向锥体粘壁，则可初步认为是塔高偏小，雾滴干燥行程短，在没有完成干燥便接触塔壁。对于具备设计生产资质和生产经验的设备厂家，塔径与塔高的设计一般能够满足雾滴的干燥行程，并且在设计上还有一定的裕量。如果设备已进行安装确认和运行确认，造成粘壁的原因可能不在塔本身。

2）保持塔内负压稳定：严重的半湿物料粘壁，在物料表面不是疏松的孔隙，而是致密的，甚至是光滑的，这就要判断离心机的工况、观察塔内负压变化。在不调节塔内负压的情况下负压逐渐减小，足以证明排风管道堵塞导致湿空气无法及时排出。这时应停止生产，疏通排风管，否则不仅会产生更严重的粘壁，而且致使已生产的产品湿含量过高。排风管道堵塞在中药喷雾干燥过程中常见，尤其是干燥吸湿性强的物料。

3）确认离心机工况：如果排除排风管堵塞，就要考虑离心机工况。匹配塔的结构，雾化器有 3 种类型。旋转式雾化器的雾滴离开雾化器的运动是径向运动，若塔径小于喷雾锥的最大直径，就会在对着雾滴运动的最大轨迹平面的塔壁上产生严重的粘壁现象。中药喷雾干燥通常采用的是矩形通道的叶片盘旋转雾化器，如果给定进料速率，要获得最佳液滴尺寸的均匀性，必须保证以下 5 点：①雾化轮转动时无振动，离心机本身无振动；②与重力相比要有足够大的离心力，其判断指标为有足够大的圆周速度；③确保光滑的叶片表面；④液体在叶片上均匀分布；⑤完全润湿叶片表面。除此之外，还应该通过调节离心机的转速，提高料液温度或降低料液相对密度减小黏度，以此来保证雾化效果。

在实际生产过程中经常遇到的情况是随着生产的进行，料液会以大液滴的形式直接跌落至塔底，这种现象是能观察到的，也是常见的。其原因是离心机叶片盘处于塔顶高温区，随着生产的进行，部分料液在雾化盘上因水分蒸发而变得黏稠，无法连续保证雾化盘光滑。这时应停机，取出离心机并清洗雾化盘。

4）适宜的工艺控制条件：喷雾干燥操作控制参数主要有 5 个：进风温度、塔内温度、排风温度、离心机的变频器频率、塔内负压。提高进风温度可以减小雾滴干燥时间，增大蒸发强度，相对缩短雾滴的干燥行程，在其接触塔壁以前已完成干燥。此外，温度影响颗粒的粒径，对于干燥时膨胀的雾滴，升高干燥温度将产生松密度较低的大颗粒，不易粘壁。如果以塔内温度作为重要的控制参数，温度探头的安装位置尤为重要。从空气分布器到塔底的纵向上，温度逐渐降低。而横向水平上，温度是均匀的。提高离心机转速将会取得更好的雾化效果，但雾化半径也会增大。离心机的电流可以通过变频器得以显示，用于判断料液的黏度和进料速度等状况，根据空载时的电流变化趋势可判断离心机的润滑和磨损情况。在无法准确控制进料速度和进料量时，可以通过恒定料液密度和温度条件，用电流示值指示进料状况。在生产过程中，应积累并分析生产参数，当参数异常或有某种趋势时可以采取针对性的措施，提前预防粘壁的发生。

（3）低熔点物料的热熔性粘壁：热熔性是许多中药制剂药粉在干燥温度下的性质，尤其是含糖较多的物料及经过醇沉处理的物料。含有多糖的物料如黄芪、枸杞子等，其浸膏粉热熔性明显，这种物料在一定的温度（熔点温度）下熔融而发黏，黏附在热壁上。

解决途径：

1）控制塔内温度：通过控制进风温度，降低塔内温度，限制塔内高温分布区，除瞬间干燥区域外，其余区域的温度不超过物料的熔点或软化点。或者采用新型喷雾干燥塔，在塔底锥口即雾滴完成干燥的位置，加装冷空气入口，通过制冷设备将空气除湿制冷后送入塔内将物料迅速冷却。其难点在于空气分布和冷热风的风速、风量控制。

2）采用冷风夹套对塔内壁进行冷却：某中药浸膏专用喷雾干燥机，用冷空气冷却塔的内壁，保持低壁温，同时在夹套进行热交换的冷空气获得热量后，可返回加热器，作为新鲜空气的一部分。冷风入口的位置确定尤为重要。实践中发现，如果在锥口位置进风，将会加重物料粘壁程度，而且物料黏附于锥体部位后逐渐形成致密的药粉层，对产品质量和收率产生严重影响。

3）添加辅料法：通过在料液中添加合适的辅料以提高干燥后干粉的熔化点或软化点，从而解决粘壁问题。有研究对降糖通络颗粒喷雾干燥工艺进行优化，添加了 β- 环糊精、微粉硅胶、麦芽糊精 3 种辅料[58]。

为更好地处理喷雾干燥中物料热熔性粘壁问题，可设计一套可测定黏附力的新装置，利用其对中药提取液喷雾干燥热熔粘壁进行预测[68]。

对于含糖量较高，喷雾干燥时易熔化或软化而粘壁的料液，可以改变干燥方法，如带式真空干燥，结果均较好[69-70]。

（4）干粉的表面黏附：喷雾干燥粉末由于颗粒细小，比表面积大，在塔内的有限空间运动，总有些颗粒喷到塔壁而附着其上。干粉附着程度与塔壁的几何形状、粗糙程度、空气流速、塔内负压以及粉末带电有关。

解决途径：干粉黏附于塔内壁，在喷雾干燥过程中是正常现象。一方面提高内壁光滑度，另外可以采用振动将堆积的干粉振落，也可以采用压缩空气吹扫，转动刮刀连续清除、转动链条连续清除等。

对于粘壁的情况，实际生产过程中可能以一种粘壁类型为主，也可能几种类型的粘壁都比较严重，要根据具体情况关注现象，分析原因，有针对性地加以解决。对于无空气除湿配套设备的喷雾干燥塔，还应考虑环境湿度控制，有研究提示湿空气下制得的喷雾干燥粉体，其含水量高是导致浸膏粉玻璃化转变温度低从而造成其干燥粘壁和软化的主要原因[71]。此外，浓缩、醇沉等工段的操作和过程控制，会影响浓缩液的性质，从而影响喷雾干燥，故稳定喷雾干燥工段之前的所有工段操作和控制是必要的。有研究推测中药提取液中的小分子成分 L- 苹果酸、柠檬酸、果糖、葡萄糖为导致中药提取液热熔性粘壁的关键因素，而大分子成分可能起到改善粘壁的作用，部分中药提取液喷干表现为不粘壁但经醇沉后则粘壁[72-73]。必要时应改进设备，改变干燥方法。

23. 如何解决在喷雾干燥过程中干粉的吸湿与结块？

物料经喷雾干燥后，干粉一般经旋风分离器分离后在收料器中收集。在生产过程中经常会发现干粉在收料器中发生吸湿与结块现象，有的甚至在收料器内结成一大块，严重影响了生产的正常操作。吸湿与结块现象也给正常生产带来了许多麻烦，块状物要经过粉碎甚至还要进行筛分处理，既增加了生产成本，又增加了操作人员的劳动强度。干粉的吸湿与结块问题在中药生产工艺中也常常是厂家面临的一个难题。处理不好将会大大阻碍喷雾干燥技术在中药生产过程中的应用。

干粉吸湿与结块的主要原因有：干粉所处环境空气湿度比较高，甚至高于其临界相对湿度；与干粉本身的粉体特性有关，其临界相对湿度比较低，容易吸湿。

在喷雾干燥过程中干粉的吸湿与结块，具体解决措施如下。

（1）降低干粉所处环境的空气湿度，必须控制在其临界相对湿度以下。

将物料干燥产生的湿空气及时排出。干粉吸湿是由于干粉与喷雾干燥器内的热湿空气处于同一个容器内，热湿空气与干粉通过气流管道并经过旋风分离器分离，干粉在收料器中收集，热湿空气排出。此时干粉中水分含量很低，随着出料时温度的降低，热湿空气中的水分重新返回到干粉中，随着时间的延长，干粉与空气中的水分又会达到一个新的平衡。所以物料的吸湿性越强，干粉吸湿的水分越多，以致结成一个大块。

要解决干粉的吸湿就必须将干粉与热湿空气进行隔离，使干粉单独处于一个干燥系统，以杜绝干粉的吸湿。新型的中药喷雾干燥机独特的送风系统基本上可避免干粉的吸湿。

（2）优化生产工艺，改善干粉粉体特性，降低其吸湿性，提高玻璃化转变温度。

1）控制进风热空气的湿度：有研究[71]提示湿空气下制得的喷雾干燥粉体含量高而导致浸膏粉玻璃化转变温度低，在加工或贮藏过程中，环境温度一旦高于其玻璃转化温度，则易粘连或结块；采用高压缩比的干空气可降低粉体的含水量，提高其玻璃化转变温度。

2）适当提高粉体粒径：粉体越细、比表面积越大，越易吸湿。优选合适的料液相对密度、进料速度、雾化压力、进风温度、出风温度等参数组合，制得粒径适宜的粉体，改善粉体的吸湿性。

3）添加辅料：在料液中添加合适辅料再进行喷雾干燥，可对干燥粉体进行改性[74]。有研究中药提取液加入适量糊精后进行喷雾干燥，可降低制得粉体的含水量、提高其玻璃化转变温度、明显降低其水分吸附量，提高粉体品质[75]。

24. 干燥设备的发展趋势是什么？

中药生产的干燥对象主要包括中药材、中药饮片、制剂中间体（如清膏、湿颗粒等）、成品制剂等。

按干燥设备专利文献申请年份划段，归纳分析各阶段专利重点改进的技术方向，厘清干燥设备技术发展路线总体趋势为：提高干燥设备效率→节能环保绿化→集成化与智能化[76]。筛选出的 9 家全球知名干燥设备企业，包括丹麦企业 2 家、德国企业 2 家、日本企业 2 家、中国企业 2 家以及美国企业 1 家，其专利布局主要在喷雾干燥设备、流化床干燥设备、微波干燥设备、冷冻干燥设备 4 个重点技术领域。这 4 种干燥设备在中药产品的干燥工序中都有应用，各自特点明显，都具有比较优势的适用性。

中医讲究“天人合一”，用药讲究“原汁原味”，为更好地满足现代临床对中药使用的需求，推动中药制剂技术不断进步、发展，为保存中药“药性”，提升产品品质，提高产品临床疗效，基于质量源于设计的原则，应根据干燥产品的质量目标，选择适宜的干燥工艺技术和设备，在深入研究干燥机制和物料干燥特性的条件下进行干燥设备的开发和改进。基于“产品 - 工艺 - 设备”的创新研究模式，干燥设备技术研究向着集成化、节能化和智能化方向发展，设备大型化、高强度、高经济性，连续化生产，以及改进对原料的适应性，不断提升产品质量，实现绿色生产、数字生产、高质量生产，是干燥设备发展的基本趋势。

（1）新型干燥设备向大生产转化加快：微波干燥、冷冻干燥、远红外干燥等新型干燥工艺有其自身的特点，在中药产品的干燥中有一定的优势和适用性，但在基础研究与开发应用中还存在不少转化问题需要去解决，限制了在生产中的大规模使用。如冷冻干燥存在的干燥速率低、干燥时间长、能耗大、设备投资大等[77]，干燥效果评价方法的不断完善，干燥设备的适应性改进，有助于推进其在中药生产中的应用。

（2）组合干燥：由于各种物料的性质不同，用单一形式的干燥器干燥物料常不能达到干燥目的。如果采用两种或两种以上的干燥器，将它们连接起来，或者在机械方面增加特殊装置，使新的装置在干燥过程中兼有不同形式干燥器的性能，达到用单一的干燥器所不能达到的目的，这种干燥器系统称为组合式干燥器。如将冻干与喷雾组合在一起的喷雾冻干设备[78]，对中药浸膏采用组合干燥[54]。

有研究[50]选择含热敏性成分的丹参总酚酸提取物，以及较难干燥的含皂苷的甘草浸膏及富含多糖、高黏性的黄精水提取物作为模型药物，综合干燥性能、偏移活化能理论以及质量评价结果，提出“保质、提效”的干燥过程调控策略：采用适宜的变温、变压、变微波功率干燥工艺可以降低物料受热温度以保证干膏质量，同时提高干燥速率、缩短干燥时间、降低能耗以提高干燥效率。针对微波真空干燥在生产当中存在的问题，提出了真空 - 微波真空干燥联合干燥方式，可较好地解决真空干燥费时、微波干燥初期干燥箱排水困难导致的微波能有效利用率低下，从而引起的干燥速率低的问题。

（3）多工序集成的一体机：从药材种养殖到中成药制剂产品，中药的生产流程长、工序多，影响产品质量的因素多，为更好地控制生产过程对产品质量的影响，需要减少各工序之间信息连接的界面摩擦系数。工程上，对于长流程、多工序、多变量，一般是对相连的、工程特点具有相似性的工段，在模块化的基础上再进行集成。

中药生产“中药材产地加工 - 饮片炮制一体化”已在实践中探讨[79]，监管层面在法规上给予鼓励、支持；开发清洗、切制、干燥联动线设备以及控制系统，改变传统的人工物料运送和单机操作模式，提高产地加工生产效率，保证中药的品质[80]。

中成药提取 - 浓缩 - 干燥过程一体化智能生产线的研制融合了自动化控制技术、过程分析技术、信息化管理技术和大数据挖掘技术等，构建中成药提取自动化、一体化联动生产线和信息化管理技术，建立单元工艺实时放行控制策略，实现提取、浓缩、纯化、干燥和溶剂回收全流程的放行控制，使人员、设备、物料和产品在整个生产过程中按照工艺及预定的生产规程进行运作[1,80]。

（4）干燥过程更安全、更绿色环保、更节能[81-82]：在制药与化工行业生产中，被干燥物料使用的料液往往是含有机溶剂的物料，或者是易氧化、易燃、易爆的物料，有的还可能是有毒的物料。这些物料在常规干燥设备中使用会产生有毒物料泄漏的环保问题，另外一些高浓度挥发性或有些易氧化物料在干燥时极易爆炸，造成设备本身破坏或操作人员受伤，需改进干燥设备的环保措施以减少粉尘和废气的外泄。一种集真空过滤、洗涤、干燥等多功能于一体的双锥“三合一”干燥器，其生产系统实现了流程全封闭，能完全避免生产过程中溶剂对操作环境的污染，同时减少因与毒性物质接触而导致操作人员中毒事故的发生。药品回收率高，溶媒回收完全。

干燥设备的节能应包括过程节能、系统节能和单元设备节能几方面：①过程节能是指生产过程的节能，对整个生产而言，是要实现循环经济，如对干燥尾气的循环利用，既达到节能的目的，又防止了尾气的排放；②系统节能是对干燥系统进行总能分析，以实现对系统中各单元的优化配置；③单元设备节能包括干燥器本身和热源设备的节能改造。采用先进制造技术理念，如绿色制造、智能设计、并行设计技术，实现干燥设备的升级换代，如采用各种联合加热方式，移植热泵和热管技术，开发太阳能干燥设备等。

（5）自动化程度提高，生产更智能：干燥过程中对物料水分的实时监控以及药物关键质量属性参数的可视化表征，更好地掌握各中间体物料质量属性的变化规律及质量状况，有利于保证最终产品的质量。

中药制药工艺与装备高效化及低碳化、中药制药装备的集成化与自动化、中药生产控制系统智能化、中药制药过程数字化与网络化、中药智能制造示范应用的研究[81]，将推动整个中药生产自动化程度提高、生产更智能，包括干燥工序。

25. 中成药浓缩、干燥工艺变更分类需要研究哪些内容?

随着科技的进步，新技术、新设备、新的科技成果越来越多地应用在药品研究生产领域，对药品研发和已上市药品的质量提升起到了重要作用，由此带来的药品生产过程中的变更是生产常态，也是客观必然。国家药品监督管理局于 2021 年 1 月发布《药品上市后变更管理办法（试行）》，鼓励持有人不断改进和优化生产工艺，持续提高药品质量，提升药品安全性、有效性和质量可控性。中成药生产中，浓缩、干燥工艺变更比较常见。

国家药品监督管理局药品审评中心颁布了《已上市中药药学变更研究技术指导原则（试行）》，将变更划分为重大变更、中等变更、微小变更三类。重大变更是指对药品的安全性、有效性和质量可控性可能产生重大影响的变更。中等变更是指对药品的安全性、有效性和质量可控性可能有中等程度影响的变更。微小变更是指对药品的安全性、有效性和质量可控性基本不产生影响的变更。

（1）微小变更

1）仅因生产设备、规模的改变而引起液体物料静置存放的温度、时间发生变更，或浓缩、干燥所需时间等参数发生变更。

2）仅由多次提取的提取液合并浓缩变更为每次提取液直接浓缩，或仅由每次提取液直接浓缩，变更为多次提取的提取液合并浓缩。

3）为了适应后续制剂成型工艺需要，清膏相对密度适当降低或提高，对清膏中总固体量、活性成分或指标成分含量等基本不产生影响的变更（清膏需进一步纯化处理的不在此范畴）。

4）变更药液浓缩、干燥工艺参数。

5）变更口服固体制剂成型工艺中干燥工艺参数。

此类变更研究验证工作包括：①变更的原因、具体情况，说明变更的必要性和合理性；

②变更后工艺研究资料；③变更前后质量对比试验研究资料；④变更后连续生产的 3 批样品的检验报告书；⑤稳定性研究资料。

（2）中等变更

1）变更药液浓缩、干燥方法，对活性成分或指标成分含量等不产生明显影响的。

2）口服固体制剂变更成型工艺中干燥方法，对制剂质量不产生影响的。

此类变更研究验证工作包括：①变更的原因、具体情况，说明变更的必要性和合理性。②变更工艺资料，包括变更前后对比研究资料和变更后工艺研究资料、验证资料、批生产记录等。③变更前后质量对比研究资料。口服固体制剂尤其应关注对药物的溶化性、溶散时限或崩解时限的影响。提取的单一成分或提取物制成的制剂，应研究变更对溶出度的影响。④变更后连续生产的 3 批样品的自检报告书。⑤稳定性研究资料，包括与变更前药品稳定性情况的比较。

（3）重大变更：浓缩与干燥工艺不涉及此类变更。

研究实践中常以干膏得率、干膏浸出物、多指标含量测定、指纹图谱等为评价指标，并以“特征图谱相似度≥0.90，多指标含量相对偏差≤5%，干膏率及干膏浸出物相对偏差≤10%”作为工艺变更前后产品质量是否发生显著变化的判断依据。在实践中，随着技术进步、认识发展，应不断完善评价内容，优化评价方法。

参考文献

[1] 李舒艺，伍振峰，岳鹏飞，等. 中药提取液浓缩工艺和设备现状及问题分析[J]. 世界科学技术：中医药现代化，2016，18(10)：1782-1787.

[2] 陈晓远. 冷冻浓缩法废水处理及营养盐回收技术研究[D]. 上海：华东理工大学，2018.

[3] 翁万良，秦贯丰，梁瑞财，等. 冷冻浓缩过程中维生素 C 的变化及测定[J]. 广东化工，2017，44(13)：39-41.

[4] 邢黎明，赵争胜，白吉庆，等. 冰冻浓缩技术应用于中药制剂工艺的可行性分析[J]. 西北药学杂志，2012，27(5)：505-508.

[5] 何屹，邢黎明，王兴海，等. 栀子提取液冷冻浓缩工艺研究[J]. 吉林中医药，2013，33(9)：937-938.

[6] 熊相人，陈碧峰. 一种即食速溶三七粉及其制备方法：201911383045.0[P]. 2020-04-21.

[7] 俞继荣，俞桂荣. 一种中草药提取液的冷冻浓缩设备：201721717457.X[P]. 2018-08-07.

[8] 李远辉，伍振峰，杨明，等. 制备工艺对中药浸膏物理性质影响的研究现状[J]. 中国医药工业杂志，2016，47(9)：1143-1150.

[9] 杨贝贝，王宝华，李萍，等. 水煎提取及浓缩工艺对感冒退热颗粒有效成分的影响[J]. 中国中医药信息杂志，2016，23(1)：93-95.

[10] 田耀华. 离心真空薄膜蒸发浓缩器的特点与应用[J]. 机电信息，2010(17)：26-28.

[11] 刘必东，王庆，蔡静，等. 一种筒体快开式的离心式薄膜蒸发器：201720800231.X[P]. 2018-01-09.

[12] 夏青，姜峰. 化工原理[M]. 北京：化学工业出版社，2021.

[13] 吕少华，于颖，张利，等. 中药蒸发浓缩设备的应用[J]. 广东化工，2012，39(5)：175-176，182.

[14] 万响林. 降膜式蒸发器在 D- 核糖浓缩中的应用[J]. 广东化工，2014，41(9)：114，108.

[15] 刘殿宇. 喷射式蒸发器与降膜式蒸发器效果比较[J]. 化工设计，2020，30(3)：30-31.

[16] 杜志成，韩玲. 离心刮板式薄膜蒸发器：201922070786.5[P]. 2020-08-14.

[17] 王细花. 一种加热性能好的刮板式薄膜蒸发器：201921919429.5[P]. 2020-08-14.

[18] 梅东方，靳化龙，杨新建，等. 一种高效刮板式薄膜蒸发器：201921740555.4[P]. 2020-07-28.

[19] 余超. 一种高效刮板式薄膜蒸发器：201921636673.0[P]. 2020-07-28.

[20] 刘涛，朱亚文，王贺. 纯电蒸发模块的组成及其在中药浓缩中的应用[J]. 机电信息，2018(20)：15-16，27.

[21] 杜红娜，陆安，聂晓博，等. 一种微波加热式智能中药浓缩装置：201921067917.8[P]. 2020-06-30.
[22] 王国振，赵海栋，张丽琴，等. MVR 蒸发器应用与中药提取液相关物理特性研究（一种节能型中药浓缩技术）[J]. 中国医学装备，2014（B12）：133-134.
[23] 李荣杰，乔华军，宋家林，等. 一种高粘度液体浓缩蒸发装置：200920110277.4[P]. 2010-06-23.
[24] 帅涛. 茶多酚超低温浓缩设备研究[J]. 科技视界，2014（24）：51，132.
[25] 顾海鸥，迟玉明，李晚婧，等. 具有消泡功能的 MVR 中药浓缩系统：201720824066.1[P]. 2018-02-13.
[26] 王谷洪，郭亮，周齐. 浅析 MVR 浓缩技术在中药方面的应用[J]. 机电信息，2015（35）：22-24.
[27] 廖文华. 多效顺流蒸发节能工艺研究[J]. 江西化工，2016（6）：69-71.
[28] 黄向阳，莫柳珍，卢隆飞，等. 基于 PSO 算法的糖厂多效蒸发热能优化模型研究[J]. 广西蔗糖，2013（4）：14-18.
[29] 王桂芳，张东伟. 多效蒸发器的计算机模拟[J]. 工业技术创新，2015，2（5）：508-511.
[30] 王占军，张华兰，唐鸿亮，等. 水平管喷淋降膜蒸发器多效蒸发工艺的设计计算[J]. 化工装备技术，2020，41（1）：1-6.
[31] 李菊，张雷. 基于 LabVIEW 多效逆流蒸发工艺液位控制的研究[J]. 化工自动化及仪表，2017，44（7）：667-672，692.
[32] 冯小璐，阮奇，周守泉，等. 浓缩果汁的高效节能低温热泵并流多效蒸发系统[J]. 节能技术，2015，33（5）：436-442.
[33] 陈天明，阮奇. 选择热泵多效蒸发系统最佳流程的新方法[J]. 计算机与应用化学，2016，33（5）：600-608.
[34] 禤耀明，罗中良. 基于 MVR 技术的中药浓缩工艺设计及应用[J]. 内蒙古科技与经济，2020（13）：85-86，93.
[35] 刘勋，姚小平，王艳领，等. 机械式蒸汽再压缩技术（MVR）及其应用[J]. 重庆工贸职业技术学院学报，2020（1）：13-17.
[36] 王珣，陈晓庆，刘海禄，等. 多效蒸发装置中的起泡与消泡[J]. 石油化工设备，2016，45（2）：81-85.
[37] 贾广成，裴朝阳，王佩佩，等. 基于图像分析技术的甘草浓缩起泡过程实验探究[J]. 天津中医药大学学报，2019，38（2）：170-174.
[38] 肖兰英，刘洋，刘盼盼，等. 基于响应面分析法优化黄芪通便颗粒喷雾干燥工艺[J]. 江西中医药大学学报，2020，32（1）：65-69.
[39] 邵晶，孙政华，郭玫，等. Box-Behnken 设计 - 响应面法优化参芪复方总多糖醇沉工艺[J]. 中国医药工业杂志，2016，47（8）：1012-1015，1038.
[40] 黄燕，潘旭东，林雄，等. 益肾降糖胶囊水提液澄清工艺的优选[J]. 安徽医药，2019，23（12）：2356-2361.
[41] 谭娥玉，林信亨，马少锋，等. 陈皮复方止咳含片壳聚糖絮凝纯化工艺的优选[J]. 广东药科大学学报，2019，35（4）：480-484.
[42] 李博，张连军，郭立玮，等. 预处理对黄连解毒汤综合模拟体系陶瓷膜微滤过程的研究[J]. 中草药，2013，44（22）：3147-3153.
[43] 王丽娜，皇盖林. TRIZ 分析方法在中药混合提取液过滤技术中的应用[J]. 科技与创新，2018（7）：50-52.
[44] 朱华旭，郭立玮，李博，等. 基于“中药溶液环境”学术思想的膜过程研究模式及其优化策略与方法[J]. 膜科学与技术，2015，35（5）：127-133.
[45] 李存玉，支兴蕾，牛学玉，等. 基于成分状态分析溶液环境对三七总皂苷超滤分离行为的影响[J]. 中草药，2019，50（21）：5246-5252.
[46] 宋宏臣，王建明，郭立玮. 基于中药“非药效共性高分子物质”分子结构解析的膜材料设计与膜过程优化机制及方法探索[J]. 中国中药杂志，2019，44（18）：4060-4066.
[47] 刘静，郭立玮，朱华旭，等. 基于系统模拟方法的 3 种溶液环境对小檗碱膜过程的影响及其机理初探[J]. 膜科学与技术，2017，37（3）：104-111.

[48] 伍云涛. 中药生产中复合过滤分离集成工艺技术的研究[D]. 天津：天津大学，2004.

[49] 曲建博. 中药新药稳定性研究常见问题及案例分析[J]. 中南药学，2013，11(6)：477-479.

[50] 李远辉. “保质、提效”的中药浸膏干燥过程的调控策略研究[D]. 成都：成都中医药大学，2018.

[51] 詹娟娟，伍振峰，王雅琪，等. 中药材及制剂干燥工艺与装备现状及问题分析[J]. 中国中药杂志，2015，40(23)：4715-4720.

[52] 王学成，伍振峰，王雅琪，等. 中药丸剂干燥工艺、装备应用现状及问题分析[J]. 中草药，2016，47(13)：2365-2372.

[53] 李建林，杜健. 中药饮片干燥方法经验八则[J]. 天津药学，2019，31(5)：72-74.

[54] 詹娟娟，伍振峰，尚悦，等. 中药浸膏干燥工艺现状及存在的问题分析[J]. 中草药，2017，48(12)：2365-2370.

[55] 王艳艳，王团结，彭敏. 常用干燥设备的应用及其选用原则研究[J]. 机电信息，2017(2)：1-16，27.

[56] 曹程. 固体制剂生产用沸腾干燥机的改造方案[J]. 机电信息，2018(17)：12-15.

[57] 徐益清，杨辉，罗友华，等. 多指标综合优选复方板蓝根利咽颗粒浸膏喷雾干燥工艺[J]. 海峡药学，2018，30(10)：20-24.

[58] 段晓颖，邢慧资，刘晓龙，等. 降糖通络颗粒喷雾干燥工艺的优化[J]. 中成药，2018，40(10)：2317-2320.

[59] 王瑞，郭洁，沈锡春，等. 中药喷雾干燥粘壁原因与解决途径[J]. 临床医药文献电子杂志，2018，5(62)：193-194.

[60] 王爽，聂其霞，张保献，等. 微波干燥及灭菌技术在中药领域应用概况[J]. 中国中医药信息杂志，2017，24(11)：132-136.

[61] 徐卫国. CFDA 药审中心成功召开中药微波干燥研讨会[J]. 机电信息，2018(5)：58.

[62] 郭小莉，李红娟，高如意，等. 人参须浸膏真空带式干燥工艺优化及其总酚对酪氨酸酶的抑制活性[J]. 中成药，2019，41(11)：2741-2745.

[63] 董德云，关健，金日显，等. 带式真空干燥技术在中药浸膏干燥过程中的研究和应用[J]. 中国实验方剂学杂志，2012，18(13)：310-313.

[64] 姜国志，冯玉康，郝磊，等. 玄参配方颗粒真空带式干燥工艺研究[J]. 西部中医药，2017，30(7)：42-44.

[65] 苏红宁，王玉峰，李淳瑞，等. 连花清瘟胶囊带式真空干燥工艺优化研究[J]. 中国药房，2015，26(7)：964-966.

[66] 李雪峰，徐振秋，闫明，等. 效应面法优化芪白平肺颗粒中人参黄芪浸膏真空带式干燥工艺[J]. 中国中药杂志，2015，40(20)：3987-3992.

[67] 马茹，龚燚婷，刘璘，等. 低真空度下冷冻干燥技术在中药鲜药保存方面的应用分析[J]. 中国实验方剂学杂志，2017，23(21)：30-34.

[68] 王优杰，施晓虹，李佳璇，等. 黏附力测定新装置及其在预测中药喷雾干燥热熔型黏壁中的应用[J]. 中国中药杂志，2018，43(23)：4632-4638.

[69] 蔡向杰，屈云萍，冯玉康，等. 黄芪多糖的真空带式干燥工艺研究[J]. 食品工业，2017，38(5)：109-113.

[70] 李建国，赵丽娟，孔令鹏. 枸杞多糖在真空带式干燥机中的干燥工艺[J]. 天津科技大学学报，2013(3)：51-55.

[71] 何雁，谢茵，郑龙金，等. 空气湿度对中药浸膏喷雾干燥过程的影响及浸膏粉的稳定性预测[J]. 中国中药杂志，2015，40(3)：424-429.

[72] 李佳璇，施晓虹，赵立杰，等. 中药提取液化学成分与喷雾干燥黏壁现象的相关性研究[J]. 中国中药杂志，2018，43(19)：3867-3875.

[73] 施晓虹，杨日昭，赵立杰，等. 醇沉处理前后中药水提液理化性质的变化及其与喷雾干燥黏壁的关系[J]. 中国中药杂志，2020，45(4)：846-853.

[74] 韩丽，张定堃，林俊芝，等. 适宜中药特性的粉体改性技术方法研究[J]. 中草药，2013，44(23)：3253-

3259.
[75] 李聪，周沫，毕金峰，等. 麦芽糊精对喷雾干燥桃全粉物理性质的影响[J]. 中国食品学报，2019，19(5)：155-163.
[76] 曾洁，施晴，臧振中，等. 基于全球专利分析的中药制药装备产业技术发展趋势研究[J]. 中草药，2020，51(17)：4373-4382.
[77] 任红兵. 真空冷冻干燥技术及其在中药领域的应用[J]. 机电信息，2016(20)：12-21.
[78] 但济修，岳鹏飞，谢元彪，等. 喷雾冷冻干燥技术及其在难溶性药物微粒化中的应用[J]. 中国医药工业杂志，2016，47(1)：106-110，126.
[79] 张丽，丁安伟. 中药材产地加工 - 饮片炮制一体化研究思路探讨[J]. 江苏中医药，2016，48(9)：70-71，74.
[80] 秦昆明，李伟东，张金连，等. 中药制药装备产业现状与发展战略研究[J]. 世界科学技术：中医药现代化，2019，21(12)：2671-2677.
[81] 中华中医药学会. 中医药重大科学问题和工程技术难题[J]. 中医杂志，2019，60(12)：991-1000.
[82] 郭维图. 新技术装备助推中药工业现代化[J]. 机电信息，2014(2)：1-11，27.

（陈周全　林丽娜　于筛成　陈世彬）

第六章　制粒技术

制粒技术是指粉末状的药料中加入适宜的润湿剂和黏合剂，经加工制成具有一定形状与大小的颗粒状物体的技术。颗粒常指的是粒度为 0.1～3.0mm 的固体粒子，颗粒成型的途径大致有 3 种：①由微小粒子（粉末）聚集成型，或固体粒子表面被覆盖，使粒径变大；②由粒子的聚集物或成型物再碎解而得较小的粒状物；③由熔融物质分散、冷却、固化而得粒状物。因此从广义上说，结晶、粉碎也属于制粒的范畴。制得的颗粒状物料与粉末相比，粒径大，黏附性、凝聚性大为减弱，从而改善了物料的流动性、可压性；制粒尚可减少或消除混合物料中各成分之间因粒度、密度存在差异而产生的离析，避免制剂含量不均匀或重量差异过大；通过制粒还可以调整堆密度，改善溶解性能；可降低细粉飞扬和对器壁的黏附性，以防环境污染和粉料损失。

在中药制药生产中，制粒作为颗粒的加工过程，可达到某种工艺或剂型方面要求的相应目的，几乎与所有固体制剂的制备及质量相关，制成的颗粒可以是最终成型产品，也可以是中间体。如颗粒剂、微丸等通过制粒成型；片剂、胶囊剂等需借助制粒改善颗粒的流动性与可压性，以便于充填、分剂量和压片；可应用制粒方法使制剂产生预期的速效或长效作用等。

制粒技术是中药制药过程中极其重要的制备技术，由于不同制粒方法和制粒条件所获得的颗粒不同，因此如何根据不同制粒目的和物料性质选用合适的制粒方法与操作，对制剂的成型工艺起着举足轻重的作用。下面将针对中药制粒技术中的实际问题分别予以介绍。

一、中药制粒技术概况

1. 常用的中药制粒技术有哪些？

常用的制粒方法包括湿法制粒和干法制粒。湿法制粒包括：挤出制粒、高速搅拌制粒、流化喷雾制粒、喷雾干燥制粒、滚转制粒等。干法制粒包括：滚压法制粒、重压法制粒等[1]。另外还有熔融制粒、热熔挤出制粒、熔融高剪切制粒法和离心制粒法等制粒方法。可根据所需颗粒的特性选择适宜的制粒方法[2]。

（1）湿法制粒：应用最为广泛，其中挤压制粒一般是将处方中部分或全部中药饮片制成稠浸膏，另一部分中药饮片粉碎成细粉，稠浸膏与中药饮片细粉或辅料混合后若黏性适中，可直接制成软材供制颗粒；若两者混合后黏性不足，则需另加适量的黏合剂或润湿剂制粒；若两者混合后黏性太大以致难以制粒，需将稠浸膏与中药饮片细粉混匀，烘干，粉碎成细粉，再加润湿剂制软材，制颗粒，也可采用干燥浸膏粉制粒，即将干浸膏先粉碎成细粉，加润湿剂，制软材，再制颗粒。

1）挤出制粒：在药粉中加入适宜的润湿剂或黏合剂制成软材后，置于具有一定孔径的筛网或孔板上，用强制挤压的方式使其通过而制粒的方法。这类制粒设备有摇摆式制粒机、螺旋挤压制粒机、环模式辊压制粒机等。

2）高速搅拌制粒：是将药粉、药用辅料加入容器中，通过高速旋转的搅拌桨的搅拌作用和制粒刀的切割作用，完成混合并制成颗粒的方法。

3）流化喷雾制粒：是指利用气流使中药饮片粉末呈悬浮流化状态，再喷入黏合剂液体，使粉末聚结成粒的方法。由于混合、干燥、制粒在一台设备中完成，也称一步制粒或沸腾制粒，属于湿法制粒范围。

4）喷雾干燥制粒：是将中药饮片浓缩液送至喷嘴后，与压缩空气混合形成雾滴喷入干燥室中，干燥室的温度一般控制在120℃左右，在热气流的作用下雾滴迅速被干燥成球状颗粒，属于湿法制粒范围。

5）滚转制粒：是将浸膏和半浸膏细粉与适宜的辅料混匀，置包衣锅或适宜的容器中转动，在滚转过程中喷入润湿剂或黏合剂，使药粉润湿黏合成粒，继续滚转至颗粒干燥的制粒方法。

（2）干法制粒：是将中药饮片与辅料混匀后，压成大片或薄片，再经粉碎制成所需颗粒的方法。

1）滚压法制粒：将药物粉末和辅料混匀后使之通过转速相同的2个滚动筒间的缝隙压成所需硬度的薄片，然后通过颗粒机破碎制成一定大小的颗粒的方法，常用的设备有干挤制粒机。

2）重压法制粒：又称压片制粒法，是将药物与辅料混匀后，通过压片机压成大片，然后再破碎成所需大小的颗粒。

（3）熔融法制粒：是指通过熔融的黏合剂将中药饮片、辅料粉末黏合在一起制成颗粒的方法。该法又分为熔融搅拌制粒法和流化熔融制粒法，尤适于对水、热不稳定的药物。

2. 常用的中药制粒设备有哪些?

常用的中药制粒设备包括挤压制粒机、流化床制粒机、转动制粒机、高剪切制粒机等[3-4]。

（1）挤压制粒机：挤压制粒是将药物粉末用适当的黏合剂制备成软材后，强制挤压使其通过一定大小孔板或筛网而制粒的方法，其本质是固-液混合，因此常用的设备为混合机，如搅拌槽式混合机和立式搅拌混合机。

（2）流化床制粒机：也称“一步制粒机”，是在一台设备内完成混合、制粒、干燥等过程。该设备主要由容器、气体分布装置（如筛板等）、喷嘴（如雾化器）、气固分离装置（如捕集袋）、空气送排装置（如排风机）、物料进出装置等组成（图1-6-1）。空气由送风机吸入，经过空气过滤器和加热器流化床（又称“沸腾床”）下部通过气体分布装置吹入流化床内，热空气使床层内的物料呈流化状态，然后送液装置泵将黏合剂溶液送至喷嘴

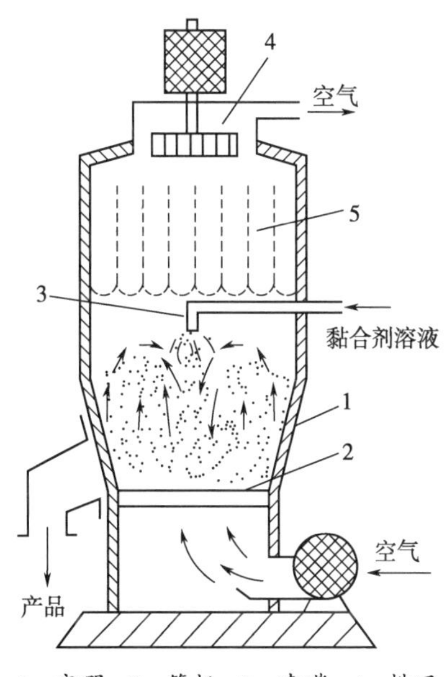

1. 容器；2. 筛板；3. 喷嘴；4. 排风机；5. 捕集袋。

图1-6-1 流化床结构示意图

管，由压缩空气将黏合剂均匀喷成雾状，散布在流态粉粒表面，使粉体相互接触凝集成粒。经过反复的喷雾和干燥，当颗粒大小符合要求时停止喷雾，形成的颗粒继续在床层内送热风干燥，出料。随着技术的进步，出现了一系列以流化床为母体的多功能复合型制粒设备，如搅拌流化制粒机、转动流化制粒机、搅拌转动流化制粒机等。

（3）转动制粒机：转动制粒是在药物粉末中加入黏合剂，在转动、摇动、搅拌等作用下使粉末聚结成球形粒子的方法。这类制粒设备有圆筒旋转制粒机、倾斜转动锅等。中药制粒也常选用离心制粒机，其结构见图 1-6-2。容器底部旋转的圆盘带动物料做离心旋转运动，并在转盘周边吹出的空气流的作用下使物料向上运动，同时在重力作用下物料上部的粒子往下滑动落入转盘中心，落下的粒子重新受到转盘的离心旋转作用，使物料不停地旋转运动而形成球形颗粒。

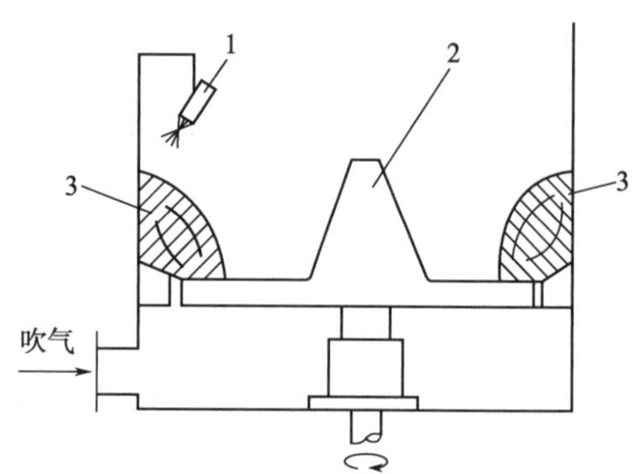

1. 喷嘴；2. 转盘；3. 粒子层。

图 1-6-2　离心制粒机示意图

（4）高剪切制粒机：高剪切制粒是将药物粉末、辅料和黏合剂加入一个容器内，靠高速旋转的搅拌器迅速混合并制成颗粒的方法。图 1-6-3 为常用高剪切制粒机的示意图。虽然搅拌形状多种多样，但其构造主要由容器、搅拌桨、切割刀和动力系统组成。操作时先将药物粉末和辅料倒入容器中，盖好，开动搅拌时物料混合、翻动、分散，甩向器壁后向上运动，在切割刀的作用下将大块颗粒绞碎、切割，并和搅拌桨的作用相呼应，使颗粒受到强大的挤压、滚动而形成致密均匀的颗粒。

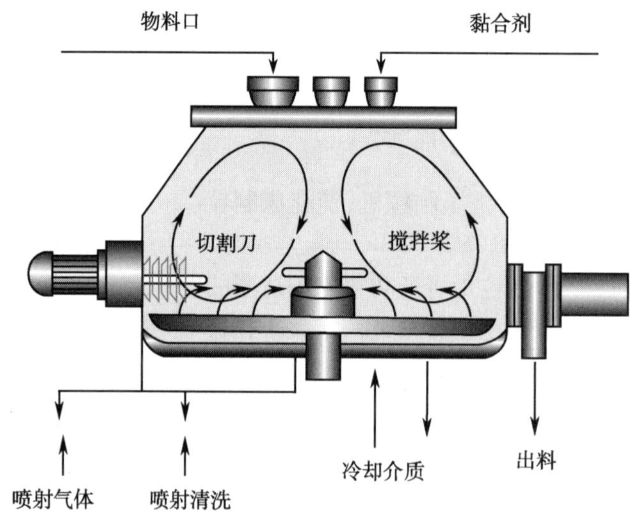

图 1-6-3　高剪切制粒机示意图

（5）干法制粒机：干法制粒是把药物和辅料的粉末混合均匀后直接压缩成较大片状物后，重新粉碎成所需大小颗粒的方法。常用的设备为滚压法干法制粒机，其结构示意图如图 1-6-4 所示。该设备利用两个转速相同、旋转方向相反的滚动圆筒之间的缝隙，将粉末滚压成薄片状，然后经粉碎、整粒后形成粒度均匀、密度较大的粒状制品，而筛出的细粉再返

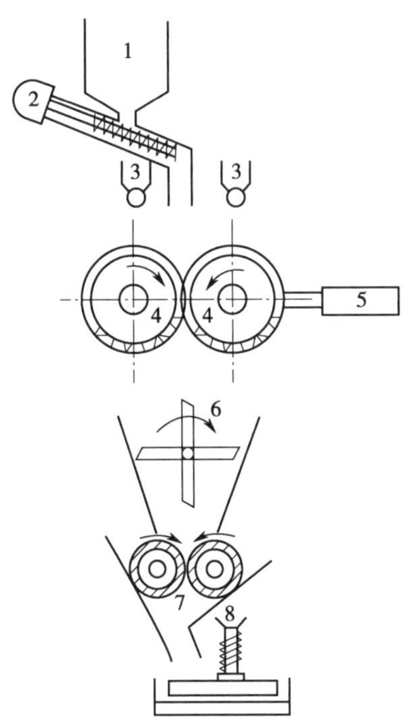

1. 料斗；2. 加料斗；3. 润滑剂喷雾装置；4. 滚筒；5. 滚压缸；6. 粗碎机；7. 滚碎机；8. 整粒机。

图 1-6-4 滚压法干法制粒机示意图

回重新制粒。

3. 如何选择合适的制粒技术？

在制剂实验设计过程中，首先应充分认识药物的性质，选择适宜的制粒技术。如对于热敏性物料和遇水不稳定、极易吸湿的药物，可选用干法制粒或熔融法制粒；而对于黏性大且对湿、热敏感的物料制粒，可选用流化床制粒；其次，根据药物性质及制剂类型选择适宜的辅料，并对辅料有充分的认识和应用；最后，根据药物性质及所选择制粒技术分析不同的制粒仪器，优选出高效、节能、简便的制粒仪器进行研究[5]。

4. 制粒用的中药物料有哪些类型？质量如何控制？

制粒用的物料一般有：①中药饮片细粉；②部分中药饮片细粉与稠浸膏（半浸膏）；③全浸膏；④提纯物等。

（1）中药饮片细粉：适用于剂量小的贵重细料药、毒性药及几乎不具有纤维性的中药饮片细粉制粒。药粉细度一般控制在 80～100 目；毒性中药饮片为 120 目以上。中药饮片全粉应灭菌，使其符合剂型的卫生标准。

（2）部分中药饮片细粉与稠浸膏（半浸膏）：适用于处方量较大的复方。将贵重中药饮片、毒性中药饮片及含淀粉较多的中药饮片打粉，兼作赋形剂；其余中药饮片制备浸膏，中药饮片细粉一般占处方量的 10%～30%。药粉应控制细度和卫生指标；稠浸膏应控制得膏率、相对密度，主药活性成分或指标性成分的含量以及溶解性、稳定性等；干浸膏应控制得膏率、含水量、粉末粒度、主药活性成分或指标性成分含量及溶解性等。

（3）全浸膏：全浸膏制粒适合于有效成分含量低，处方量较大的中药饮片。目前生产上有以下 3 种情况：一是将干浸膏直接粉碎成颗粒。此类干浸膏黏性适中，吸湿性不强，可直接粉碎成 40 目左右的颗粒，干浸膏应控制得膏率、杂质、含水量、色泽、吸湿性、溶解性等。采用真空干燥法所得浸膏疏松易碎，直接过颗粒筛即成颗粒。二是用浸膏粉制粒，当干浸膏直接粉碎成颗粒，颗粒过硬不利后期成型时，可打成 80～100 目粉用乙醇制粒。也可采用浓缩液经流化床制粒机一步制粒，或喷雾干燥成干粉后再经喷雾转动制粒机制粒。所用浓缩液应控制相对密度。三是用稠膏加赋形剂制粒，稠浸膏应控制得膏率、相对密度、主药活性成分或指标成分的含量以及溶解性、稳定性等。

（4）提纯物：适用于有效成分或有效部位明确的中药饮片制粒。提纯物应控制含量、重金属等，以有机溶剂纯化的提纯物还要控制有机溶剂的残留量。提纯物制成的颗粒剂剂量小，质量好，易成型。

5. 制备不同类型颗粒，应如何处理与选择原料及辅料？

不同类型颗粒的制备，对原料及辅料有不同要求，应针对性地予以处理与选择。

（1）制备水溶性颗粒：要求原料、辅料加水后能完全溶解，但对易吸湿的水溶性药物应选用临界相对湿度（critical relative humidity，CRH）尽可能大的赋形剂，单独提取的挥发性成分应密闭备用。制粒原料可以是中药饮片原粉，经灭菌，过六号筛；也可以是具有一定相对密度的浓缩液或稠浸膏；还可以用浸膏打成的细粉。辅料主要是蔗糖和高溶性糊精。以熔合法制粒可选用聚乙二醇（分子量 3 000Da 以上），必要时加润湿剂水或乙醇。也有用乳糖、甘露醇、山梨醇等为赋形剂的，制成品口感较好，但成本高。乳糖、甘露醇制的颗粒不易吸潮，山梨醇具吸湿性，所制颗粒易吸潮，应注意密封包装。

（2）制备酒溶性颗粒：制粒原料及辅料应能溶于白酒中，因此提取溶剂应与白酒的含醇量相同或略高（一般为 60%），制粒原料可以是中药饮片细粉（能溶于白酒）、浓缩液、稠浸膏或浸膏粉。赋形剂为蔗糖、蜂蜜、糊精等。润湿剂为乙醇或水。

（3）制备混悬型颗粒：原料若为含挥发性、热敏性或淀粉较多的中药饮片应灭菌、粉碎，过六号筛成细粉，既是药料又可兼作赋形剂；浓缩液或稠浸膏应具有一定的相对密度，并可兼作黏合剂；干浸膏打成细粉。辅料有蔗糖、淀粉、微晶纤维素、硫酸钙、磷酸钙、磷酸氢钙等，用前应充分干燥，吸湿性越低越好；也可用淀粉浆、糊精浆等作黏合剂；乙醇和水作润湿剂。

（4）制备泡腾颗粒：要求颗粒加水后能迅速崩解，原料、辅料完全溶解，并呈泡腾状。原料可按可溶性颗粒剂原料的要求处理。辅料除一般蔗糖、糊精外，关键是泡腾崩解剂决定了泡腾效果。起泡腾崩解作用的是酸、碱系统，常用的有枸橼酸、酒石酸等有机酸及碳酸氢钠、碳酸钠等弱碱。多数处方中有机酸的用量超过所需化学计算量，以增加颗粒剂的稳定性和调节口感，并可加入水溶性芳香矫味剂和甜味剂，可选用乙醇或水作润湿剂，将酸与碱分别和中药饮片及赋形剂混合、制粒。也有用聚乙烯吡咯烷酮（又称聚维酮，polyvinyl pyrrolidone，PVP）乙醇溶液作黏合剂，将酸与碱一起与中药饮片及赋形剂共同混合，一次制粒。

6. 浸膏黏性过大时，如何制粒？

颗粒剂、胶囊剂、片剂等制备都需要制粒工序，且制粒原料以浸膏为多。但在实际生产中，中药提取浓缩后的浸膏多较黏稠且量多，使制粒存在一定的难度。稠膏在制粒过程中，本身往往起着黏合剂的作用，当稠膏黏度过大时，稠膏易吸附赋形剂等辅料相互聚集成细小团块。若稠膏量小，不易搅拌均匀；稠膏量大，则物料易聚结成较大的团块，使制粒发生困难，过筛时筛面上会出现难搓的“疙瘩”，并且制得的颗粒粗硬，如用于压片则易产生花斑。

因浸膏黏性过大，尤其是醇沉浸膏黏性更大而影响制粒时，可以选用以下途径来解决。

（1）从浸膏的制备着手，根本上改善浸膏黏度。分析组方中药味所含成分性质，通过定性、定量或药效指标，采用正交设计试验或均匀设计试验优化提取与精制工艺，在最大限度保留浸膏中有效成分的同时，更多地去除黏性强的无效成分。如利用絮凝剂、大孔树脂吸附纯化或高速离心等方法处理，使浸膏黏性降低。

（2）在日服剂量允许范围内，选用或增加稀释剂与吸收剂，并依据浸膏黏性大小，确定所选用辅料的种类、用量及加入方法，可最终降低软材的黏性，便于制粒。

（3）可以将浸膏的相对密度增大，降低其含水量，用高浓度乙醇作润湿剂迅速制粒。此时软材易于挤压过筛，也易于干燥。本法应对乙醇浓度及加入量进行优选。

（4）可用纯水或稀乙醇稀释稠膏，直接降低其黏性来制粒。但应注意在制软材过程中，随着搅拌时间增加，机器发热，乙醇会不断挥发，致使软材越来越黏。可适当增加乙醇浓度或减少搅拌时间。

（5）稠膏黏性过大时，在加入润湿剂前，稠膏与其他赋形剂（稀释剂、崩解剂）应先充分搅拌混匀，可避免因搅拌不充分，稠膏与辅料未充分混匀而互相聚集生成细小团块。可将稠膏分次缓慢加入赋形剂中或将稀释的稠膏呈雾状喷入。

稠膏黏性大时，若赋形剂用量不足，浸膏润湿后也易于聚集成团，此时可采用二次制粒法。即先取半量的浸膏与全量的辅料混合制粒。烘干打粉后再与余下的全部浸膏混合制粒。也可将稠膏加部分稀释剂或中药饮片细粉混匀，烘干后直接粉碎成颗粒。

（6）改变制粒方法。如采用流化床制粒（又称一步制粒）。本法适于黏性较大而湿法制粒不易成型的浸膏制粒，有搅拌流化制粒、转动流化制粒、搅拌转动流化制粒等设备，适应范围广。但不适用于受热敏感及结块的物料，所选辅料的相对密度也不宜过大。也有将稠膏干燥成浸膏粉，用乙醇二次制粒或制成软材烘干再二次制粒的；也可用水稀释，用喷雾制粒法制粒。

7. 搅拌法制备软材时，出现较多的浸膏团块如何解决？

可针对团块产生的原因，分别处理。

（1）浸膏过于黏稠，与辅料未能充分混合而形成浸膏团块。可加入适量高浓度的乙醇作润湿剂，充分搅拌，降低黏性。

（2）搅拌时膏料加入速度过快，与辅料混合不均匀，产生团块。可先将辅料搅拌均匀后徐徐加入膏料，边加边搅拌，使原料与辅料充分混合均匀。

（3）辅料含水量太高，使稀释、吸收性能降低，与药料混合时产生团块。因此，制粒前辅料应先充分干燥。

8. 制粒过程中为什么要用辅料？常用哪些辅料？

中药饮片经提取制成浸膏或浸膏粉后，可根据制粒的目的选用不同的方法和制粒设备制成所需的颗粒。为使制粒操作顺利进行，制成的颗粒质量能达到预期要求，在制粒过程中常需选用一种或几种辅料，这是因为辅料的作用关系到颗粒粒子的形成。如湿法制粒是通过黏合剂或润湿剂中的液体将固体粉末表面润湿，使粉末间产生黏着力后，进一步在液体架桥与外加机械力的作用下制成粒子的，因此湿法制粒必须使用黏合剂或润湿剂等辅料。中药浸膏也可直接作为黏合剂使用，如用中药浸膏采用挤出制粒或流化床制粒时，则需加入一定量的填充剂或吸收剂。干法制粒是将中药浸膏粉直接压成较大的片剂或片状物后，再进一步粉碎成一定大小粒子的方法。因此，在压大片前也应加入润滑剂或助流剂等辅料。喷雾制粒是中药浓缩液经雾化后，在热气流中迅速除去水分而直接制粒的方法。为使药液符合喷雾液的要求，调节药液稠度与含固量，有时也要加入适当的辅料。熔融制粒法有熔融滴制法和熔融搅拌制粒法之分，熔融滴制法需要选择与熔融液相匹配的冷却剂，熔融搅拌制粒法则需要选择有适当熔点的黏合剂。

制粒常用辅料有：淀粉、可压性淀粉、糊精、蔗糖粉、乳糖、羟丙甲纤维素、聚乙二醇类、微晶纤维素及硬脂酸镁等[6-7]。

（1）淀粉：主要用玉米淀粉，常作稀释剂或吸收剂。

（2）可压性淀粉：亦称预胶化淀粉，是多功能辅料，可作填充剂，具有良好的流动性、可压性、自身润滑性和干黏合性，并有较好的崩解作用。若用于粉末直接压片时，硬脂酸镁的用量不可超过0.5%，以免产生软化效应。

（3）糊精：糊精是淀粉水解的中间产物。其成分中除糊精外，尚含有可溶性淀粉及葡萄糖等。用作填充剂时常与淀粉、糖粉蔗糖混合使用，可制成糊精浆或直接用干燥粉末作黏合剂，也常加入拟喷雾干燥或制粒的药液中，用于调节喷雾液的稠度。

（4）蔗糖粉：作稀释剂或吸收剂，并具有矫味功能，常与糊精混合使用。糖粉蔗糖作填充剂时兼有黏合作用，利于制粒。所制颗粒较紧密，表面光洁美观。由于糖粉蔗糖引湿性强，所以要注意其在处方中的用量。

（5）乳糖：常用乳糖为含有 1 分子结晶水的结晶乳糖，即 α- 乳糖。本品在空气中很稳定，不易吸收水分，与大多数中药饮片不起作用，可作填充剂。其性能优良，在制颗粒时便于操作。

（6）羟丙甲纤维素（hypromellose，HPMC）：本品为白色或乳白色、无臭无味、纤维状或颗粒状粉末，溶于冷水成为黏性溶液。作黏合剂与崩解剂，颗粒成粒性较好。并可减小药物与水之间的接触角，使药物易于润湿，所制颗粒易崩解。

（7）聚乙二醇类（PEG 4 000、PEG 6 000）：蜡状固体，熔点低（50～63℃），常作为搅拌熔融制粒的黏合剂，可明显改善某些难溶性药物的溶出，提高其生物利用度。

（8）微晶纤维素（MCC）：微晶纤维素是纤维素部分水解而制得的聚合度较小的结晶性纤维素，具有良好的可压性，有较强的结合力，压成的片剂有较大硬度，常用作填充剂，也可作为粉末直接压片的“干黏合剂”使用。

（9）硬脂酸镁：作润滑剂，干法制粒中常用。

9. 制粒时如何选用辅料？

选用合适的辅料是制得高质量颗粒的关键。对辅料不能片面地视为纯属无生理活性的物质，对药效和毒性没有影响。事实上绝对无活性的辅料是不存在的。辅料可通过多种方式起作用，可能会影响药物的稳定性，延缓或加速药物从制剂中释放或通过吸附作用减少药物的吸收等。因此，无论何种用途的辅料，选用时均应首先考虑辅料对制剂的影响，包括成型性、稳定性以及生物有效性等，故辅料应以最小应用量和无不良影响为原则，在充分满足制剂工艺要求、保证产品质量的前提下，通过预试，使辅料的用量减到最低限度；其次是应根据原料特性、制备方法及制粒目的来选用合适的辅料，常选辅料有吸收剂、润湿剂、黏合剂及崩解剂等类型[8]。

（1）吸收剂：稀释剂和吸收剂统称为填充剂，中药制粒常以中药饮片稠浸膏为原料，其中含一定水分，有的还含有挥发油、脂肪油，需加吸收剂吸收才能使之成型。选用时，应考虑吸收剂的吸湿性对颗粒的影响。若应用的吸收剂易于吸湿，则既影响颗粒的成型，又影响产品的质量，常见的是贮存期间含水量会超标。一般可用临界相对湿度（CRH）来衡量水溶性物质的吸湿性强弱，CRH 是物质吸湿与否的临界值，CRH 越大越不易吸湿。因此，若原料为易吸湿的水溶性药物，选用水溶性吸收剂时，应查阅或测定其 CRH 后，选用 CRH 值尽可能大的吸收剂为宜。而选用水不溶性吸收剂时，则应尽量选吸湿性低的为好。水溶性吸收剂有乳糖、蔗糖、甘露醇、山梨醇等；水不溶性吸收剂有淀粉、糊精、微晶纤维素、硫酸钙、磷酸氢钙等，糊精常与淀粉配合使用。若制成混悬型颗粒剂，还可用处方中某些出粉率高的中药饮片粉末作吸收剂。

（2）黏合剂与润湿剂：润湿剂的选用与物料性质、操作工艺及环境温度、湿度等因素有关。以中药浸膏为原料的制粒以用不同浓度乙醇作润湿剂者为多。一般乙醇浓度在30%～70%，黏性越强的原料所用醇的浓度则应越高，润湿后所制软材的黏性越小，制得的颗粒比较松散，具体用量在实际操作中主要凭经验掌握。由于中药浸膏本身具有一定的黏性，往往只要加入一定浓度的乙醇即能在润湿的同时诱发其本身的黏性，不必另加黏合剂即可制粒。只有当原料黏性不足时，才考虑选用黏合剂。如制粒用原料为含生药细粉的半浸膏或提纯物时，则需加入黏合剂。黏合剂可以是固体粉末直接加入，也可配成液料后再加入。因液体湿润、混合性好，其黏合作用相对比固体的强。常用的黏合剂有淀粉浆、炼蜜、糖浆、PVP 胶浆及不同黏度的纤维素衍生物等。其中 PVP 可溶于乙醇或水，而其3%～15% 的乙醇溶液，是作为对湿热敏感的药物原料制粒时合适的黏合剂，既可避免水分的影响，又可在较低温度下快速干燥。而对于疏水性药物原料制粒时，宜用 PVP 水溶液作黏合剂，能改善药物颗粒表面的亲水性，有利于颗粒中药物的溶出及制成片剂后的崩解。

（3）崩解剂：当制粒原料为黏性过大的浸膏，或制成的颗粒太硬，致使崩解、溶散缓慢，影响药物溶出时，需在制粒时加入崩解剂。所用崩解剂一般都具强吸湿性，遇水能迅速膨胀。如交联聚维酮（crospovidone，CPVP）用作崩解剂，吸水膨胀后不形成溶胶，不影响颗粒继续崩解；微粉硅胶的表面积大，有极强吸湿性，使形成的颗粒易崩解且流动性好；羟丙甲纤维素（HPMC）能溶于 60℃以下任何 pH 的水中，在制备泡腾颗粒时加入，可增强泡腾崩解效果。

10. 混悬型颗粒制粒时，是否要添加黏合剂?

关于混悬型颗粒在制粒时是否要加入黏合剂，不能一概而论。应针对不同处方及制粒原料特性分别对待。一般情况下，制混悬型颗粒时，粉料与膏料混合后若黏性适中，可直接制成软材再制粒，不需要加入黏合剂，因为浸膏本身一般都具有一定的黏合作用。但若出现以下情况，在制粒时需要考虑选用黏合剂。

（1）若处方中中药粉料较多，浸膏量偏少，相互间黏合力不够，软材干燥，制粒时不能成型，除追加润湿剂外，还应考虑加入黏合剂。

（2）混悬型颗粒制粒时，由于用作制粒原料的中药饮片细粉含有较多矿物质、纤维性及疏水性成分而本身缺乏黏性。加入浸膏后相互黏合力仍不强，难以成粒时，则应考虑加入适量黏合剂。

（3）有时混悬型颗粒虽然能够成型，但制成的颗粒质地疏松、易碎，硬度不好。此时亦应考虑加入适量黏合剂，以增加颗粒的黏性与硬度，相应提高颗粒的流动性与可压性。这对具有进一步填充胶囊或压片等后续工艺的颗粒更为重要。

11. 制备速溶颗粒有哪些注意事项?

颗粒迅速溶解，有利于药物的溶出与吸收。制备速溶颗粒有以下 3 点注意事项。

（1）提取溶剂与方法对处方中药味所含成分的适用性：水溶性颗粒一般应以水提取或醇提取为主，因此不适合脂溶性成分量大的处方。水提时最好采用亚沸或热浸法以减少大分子杂质。水提液醇沉时，醇沉浓度应适宜，过高会增加脂溶性杂质的转溶，使浸膏黏性增加，过低则使水溶性杂质除去不完全。也可不经醇沉工序，药液直接采用高速离心、膜滤过的方法除杂；醇提时，乙醇浓度不宜过高，以免脂溶性杂质带入过多，影响有效成分的提出。但乙醇浓度过低，水溶性杂质带入过多，同样会造成有效成分提取不完全。若浸膏杂质多、黏性大，则最终制成的颗粒易吸湿结块，从而影响溶解速度。

（2）赋形剂的选用：应采用可溶性辅料，并注意用法、用量。若以蔗糖和糊精作赋形剂，蔗糖应选择优质白砂糖，用前于 60℃干燥 1～2 小时，粉碎过四号筛，密封贮藏，以提高吸水率。为了减少蔗糖的用量，可用部分高溶性糊精代替，但糊精用量不宜过多，以免颗粒过硬，影响颗粒的溶解性。赋形剂的总量一般不超过稠膏量的 5 倍或干膏量的 2 倍。对于黏性大、剂量大的浸膏，可在制粒时加适量崩解剂，以加速颗粒崩解和溶解；对于水溶性差的药物可再加少量表面活性剂，以增加颗粒润湿性，使水分易透入颗粒内部，加速溶解；用泡腾性崩解剂也可达到颗粒速溶的目的。

（3）制粒方法及操作条件的选择：若以摇摆式制粒机制粒，粒度可选择 14～16 目，一次制粒为宜。避免采用多次制粒导致颗粒过硬，影响溶解速度。选用流化床制粒法制粒，颗粒疏松、易于溶解。但也应注意避免颗粒过于疏松易碎，使细粉过多。当固体物料的密度悬殊时不宜采用流化床制粒法，以免物料在被气流悬浮运动过程中出现轻浮重沉现象，造成颗粒含药量及色泽不均匀；以干浸膏为原料制粒时，一般不宜采用干压法制粒，以免颗粒过硬，造成溶解缓慢。可采用喷雾干燥成浸膏粉后再用摇摆式制粒机或喷雾转动制粒机制粒，后者制粒时还可用可溶性空白丸心，喷药液成粒，使药物层变薄，溶解加快；湿颗粒干燥时温度不宜上升过快、过高，以免蔗糖熔化使颗粒表面形成硬壳，影响溶解速度。

12. 制粒时如何防止芳香挥发性成分的损失？

因制粒过程大都有加热工序，故含挥发油或芳香挥发性成分的中药物料，制粒时若处理不当，其芳香挥发性成分含量会因受热，挥发逸失而下降。如湿法搅拌制粒时，制得的湿颗粒需在烘房中加热干燥；流化床制粒在整个制粒过程中都需加热。因此，挥发油或芳香挥发性成分不可加入软材中直接制粒，而应在颗粒干燥后加入，避免受热而损失。一般操作方法是在其他药料制粒、整粒后，将一定量的细颗粒筛出，另取挥发油或芳香挥发性成分拌入细颗粒中混合后，再与剩余颗粒混合均匀，密闭数小时即可。或将挥发油或芳香挥发性成分用少量乙醇稀释，喷入干颗粒中拌匀，密闭使穿透均匀。也可将挥发油或挥发性药料以少量乙醇溶解后，用 β- 环糊精（β-cyclodextrin，β-CD）制成包合物或用高分子材料制成微囊，加入稠膏中制成颗粒或直接与干燥颗粒混合（后法要注意混合后颗粒是否有色差）以可用于填充胶囊为宜；还可将蒸馏液直接制成包合物，加入浓缩液中喷雾干燥后干法制粒或者直接以流化床制粒机制粒。制成包合物和微囊可提高颗粒中挥发性药物的保留率。

13. 制备泡腾颗粒的技术关键是什么？

泡腾颗粒的制备方法有多种[1]。①湿法制粒：将酸碱系统中的碱和酸（碳酸氢钠与枸橼酸）分别与原料、辅料（蔗糖及稠浸膏）制粒，制成的两种颗粒经干燥后再混合均匀，整粒，分装。或将部分蔗糖与碳酸氢钠混匀，以蒸馏水喷雾湿润后制粒，干燥；剩余蔗糖与稠浸膏混匀，制软材、制粒，干燥；然后将两种颗粒整粒，合并、混匀，喷雾加入挥发油或香精，再加枸橼酸混合均匀，过 12 目筛 2～3 次后分装。也有用 PVP（聚乙烯吡咯烷酮）乙醇溶液作黏合剂，将酸和碱一起与中药 / 饮片及赋形剂共同混合，一次制粒。②非水制粒：用非水液体（如乙醇）作润湿剂，全处方混合制粒。③干法制粒：用滚压或重压法制粒。④用枸橼酸水合物代替无水物：控制制粒水分用量以便使部分成分溶解形成颗粒。通常用适宜量的枸橼酸水合物代替无水物。

无论采用何种制备方法，关键都在于如何在工艺过程中控制颗粒的含水量。具体包括：①必须严格防止操作中水分的吸收，生产车间要控制空气的湿度与温度。建议相对湿度为 20%～25%，温度为 18～21℃。②湿颗粒制成后尽可能迅速干燥，放置过久，湿粒易结块或变形。干燥时，温度应逐渐升高，否则颗粒表面迅速结成一层硬膜而影响内部水分的蒸发，且颗粒中糖分骤遇高温时能熔化，亦使颗粒坚硬。蔗糖与酸，尤其是与枸橼酸共存时，温度稍高即结成黏块。处理方法是先用空气去湿机使湿颗粒先静置去湿 6～8 小时，至颗粒表面近干，黏度减小，较原来疏松容易分散，含水量较原来降低至 1.5% 左右时，再经过孔径为 5mm 的筛片筛去僵块、条块，然后入振荡加料器，转送入振动式远红外烘箱中干燥。干燥一般控制含水量在 2% 以下为宜，然后再用 8～10 目筛或振动式筛整粒。

14. 制粒过程对环境有哪些要求？

环境因素对制粒的影响很大，制备颗粒首先应有符合颗粒生产要求、设计合理的厂房，人流、物流分开，车间设有更衣室。洁净车间墙壁和顶棚表面应光洁、平整、不起尘、不落灰、耐腐蚀、耐冲击、易清洗。地面应光滑、平整、无缝隙、耐磨、耐腐蚀、耐冲击、不积聚静电、易除尘清洗。车间内要有除尘和空气净化装置。

除上述基本要求外，还应特别重视环境的温、湿度要求。

（1）湿度影响：中药浸膏一般都具有较强的吸湿性，尤其是水提醇沉的浸膏吸湿性更强。若环境湿度过高，则浸膏极易吸湿结块，制得的颗粒色泽不均匀，颗粒偏硬，用于压片则产生花斑。制粒车间的相对湿度一般宜控制在 45%～65%；吸湿强的物料宜控制在 25% 左右。

（2）温度影响：温度偏高，则润湿剂易挥发。尤其是用较高浓度的乙醇作润湿剂制软材时，往往乙醇挥发，软材变黏或结块变硬，通过摇摆式颗粒机制粒时则在筛网上结块，严重者湿块全部黏附在筛网上使得制粒机无法启动，制得的颗粒偏粗。制粒车间的温度一般宜控制在 18～26℃；吸湿性强的物料，车间温度应控制在 20℃左右。

15. 为什么要整粒？如何整粒？

在干燥过程中，一部分湿颗粒彼此粘连结块，若直接分装颗粒剂、填充胶囊剂或压片，会造成粒度不均匀、剂量不准确、含量不均匀、成型困难及包装麻烦。故需过筛整粒，使成为均匀的颗粒。干颗粒的过筛一般用摇摆式制粒机（12～14 目），一些坚硬的大块和残料可用旋转式制粒机过筛或用其他粉碎机械磨碎，再通过四号筛（65 目）除去细小的颗粒和粉末。因为颗粒干燥时体积缩小，所以整粒用筛网的孔径一般较制湿粒时所用的小。但在选用时也应考虑干颗粒的松紧情况，如颗粒较疏松，宜选用较大的筛网以免破坏颗粒和增加细粉；若颗粒较粗硬，应用较小的筛网，以免过筛后的颗粒过于粗硬。

16. 什么情况下采用二次或多次制粒？

一般当制粒原料为浸膏，在湿法制粒所得颗粒粗细、大小不均匀，甚至出现条状物或者颗粒色差严重时，可采用二次或多次制粒。另外，一些黏性较强的药物有时难以制粒时也有采用二次制粒。方法为先采用多次制粒，使用 8～10 目筛网，通过 1～2 次后再通过 12～14 目筛网，可比单次制粒法少用润湿剂 15% 左右。再者，颗粒整粒过筛后的细小颗粒和细粉可二次制粒，或并入下次同批次药粉中，混匀制粒。经二次制粒后的颗粒，要求湿颗粒置于手掌簸动应有沉重感，细粉少，湿粉少，湿粒大小整齐，色泽均匀，无长条者为宜。

17. 制粒中的尾料应如何处理？

在中药制粒生产过程中，无论颗粒是作为中间产品还是作为最终产品，都必须按照制粒的目的或现行版《中国药典》的要求，用适当的方法对颗粒进行整粒。因此，每一批颗粒留下适量的“尾料”是难免的，生产中为保证同一产品批与批之间质量的均一性，对“尾料”的处理可采用如下方法。

（1）“尾料”部分重新粉碎成细粉后，再与同一批产品的下一料充分混合均匀。

（2）有明确的含量测定指标的制剂，必须对“尾料”进行含量测定，再按产品处方投料的要求，经过计算后与同一批产品的下一料进行混合。

（3）没有明确含量测定指标的制剂，应计算每 1g“尾料”相当于药物的量，然后与同一批产品的下一料每 1g 颗粒理论含药物量进行比较，若两者误差在允许范围内，可直接将“尾料”与同一批产品的下一料混合；若误差超过允许范围，应对同一批产品下一料配料中的辅料量进行调整，然后混合[9]。

二、湿法制粒技术常见问题解析

18. 湿法制粒时筛网上出现“疙瘩”，筛网下却颗粒松散，如何解决？

湿法制粒时，筛网上时常出现难搓的“疙瘩”，筛网下的颗粒松散，可就其成因，采取相应的解决措施。

（1）搅拌不充分，浸膏与辅料未充分混匀：当加入润湿剂时，浸膏多的部分物料湿润后诱发较强的黏性，互相聚集，过筛时网上出现难搓的“疙瘩”，而浸膏少的那部分软材黏性不足，所制颗粒松散。解决办法：加入润湿剂前先将原料、辅料充分搅拌混匀，然后将润湿剂呈雾状喷入。

（2）浸膏量过大，辅料量不足：辅料被大量浸膏润湿后易于聚集成团，形成“疙瘩”。解决办法：在不能再增加辅料用量的情况下，可采用二次制粒法。即先取半量的浸膏与全量的辅料混合制粒。烘干打粉后，再与余下的全部浸膏混合制粒。

（3）黏合剂黏性过强，用量过大：过多、过黏的黏合剂易在制软材时形成黏性很强的团块，过筛时则出现难搓的“疙瘩”。解决办法：降低黏合剂浓度，减少黏合剂用量。

（4）润湿剂乙醇含量偏高，辅料不足：为了降低浸膏黏性又不增加辅料用量，常采用高浓度乙醇作润湿剂，造成开始制得的颗粒松散易碎，慢慢地由于部分乙醇挥散，软材黏性开始明显增加，筛网上出现难搓的“疙瘩”。解决办法：降低乙醇浓度，增加辅料用量，密闭操作，快速制粒。

（5）环境湿度大：环境的湿度较大，导致边制粒边吸湿。解决办法：改善环境，加快制粒速度。

19. 湿法制粒时，如何把握软材的质量?

由于原料、辅料性质不同，软材的质量难以用统一标准评定。但软材的制备是湿法制粒的关键工序，关系到所制颗粒的质量或后续剂型的制备。制软材首先应根据材料的性质，选用合适的黏合剂与润湿剂。若粉料中含有较多矿物质、纤维性及疏水性成分，应选用黏合力强的黏合剂，如糖浆、炼蜜、饴糖，或与淀粉浆合用；若处方中含有较多黏性成分，可直接选用润湿剂。并注意润湿剂水、乙醇有较高极性，可引发亲水性高分子辅料（如淀粉、纤维素衍生物等）及浸膏粉本身的黏性。一般软材黏合力的大小可随下列条件而异：揉混强度、时间、润湿剂加入方式、黏合剂温度与用量及环境湿度等。若软材揉混强度越大，则黏性越大；混合时间越长，黏性越大，制成的颗粒亦越硬；黏合剂温度高时，黏合剂用量可酌情减少，反之可适当增加；对热不稳定的药物，黏合剂温度不宜高于 40℃，以免药物分解。软材的软硬度多凭手感确定，一般以手握紧能成团，而用手指轻压团块即散裂为宜。其次，软材的制备还应考虑所制剂型的辅料性质。如制备片剂用的淀粉量较多时，黏合剂的温度不宜太高，以免淀粉糊化影响崩解；对含有较多蔗糖、糊精及水溶性药物的颗粒，黏合剂温度也应较低，以免颗粒干燥后太硬，使有色片剂产生花斑及崩解困难。

20. 影响湿法制粒的主要因素有哪些?

（1）黏合剂的选择：黏合剂的选择是制粒操作的关键。如果选择不当，不仅影响颗粒质量，甚至根本不能制成颗粒。应根据药物粉末的润湿性、溶解性进行选择[10]。一般来说，亲水性、溶解性适宜的原料粉末的制粒效果较好；但溶解性过高时，在制粒过程中容易出现“软糖”状态。为了防止这些现象，可在原料粉末中加入不溶性辅料的粉末或加入对原料溶解性差的液体以缓和其溶解性能。

（2）黏合剂的加入量：黏合剂的加入量对颗粒的粉体性质及收率影响较大，因为黏合剂的加入量影响原料粉粒之间的黏着力。

（3）黏合剂的加入方式：黏合剂可一次加入或分次加入，可以溶液状态加入，也可呈粉末状态加入。把黏合剂溶液分批加入或喷雾加入，有利于核粒子的形成，可得到较均匀的粒子。黏合剂的分次加入量与加入时间根据药物的溶解性等物性来决定。

（4）原料粉末的粒度：原料的粒度越小，越有利于制粒，特别是结晶性的药品，经粉碎后制成的颗粒与未经粉碎制成的颗粒有很大的差别。大的结晶溶解性差，结合力弱，容易在干燥过程中从颗粒表面脱落以致影响粒度分布。

（5）搅拌速度：在物料中加入黏合剂后，开始以中、高速搅拌，制粒后期可用低速搅拌。根据情况也可用同一速度进行到底。搅拌速度大，粒度分布均匀，但平均粒径有增大的趋势。速度过大容易使物料粘壁。

21. 可用哪些经验指标判断湿颗粒的质量?

在制粒操作的连续生产中，湿颗粒的质量一般凭经验判断。常用指标有手感、粒度均匀性、细粉量、颗粒圆整性与松紧度、色泽均匀性等，视制粒目的而定。如用于制备微丸、缓释颗粒剂及包衣颗粒剂的湿颗粒，应观察是否表面致密、手感沉重、粒度均匀、颗粒圆整、色泽一致；用于压片的颗粒应色泽一致、粒度分布较集中、细粉量不能过多，颗粒松软多棱；用于制备胶囊剂的湿颗粒应粒子细而均匀、表面圆整、手感沉重；用于制备普通颗粒剂的颗粒应色泽一致、粒度均匀、表面圆整、颗粒不宜过紧。

22. 摇摆式颗粒机所制颗粒过粗、过细、粒度分布过大，颗粒过硬，色泽不均，颗粒吸湿，颗粒流动性差等，应如何解决？

湿法摇摆式制粒适合于稠膏制粒，一般所需辅料为稠膏量的 2～4 倍，甚至 5 倍以上；浸膏粉制粒所需辅料为浸膏量的 1～2 倍，混合与制粒分步进行，工艺繁杂，耗时长，成品质量稳定性难以控制[11]。所制颗粒出现质量问题的原因及解决办法具体如下。

（1）颗粒过粗、过细、粒度分布过大：产生颗粒过粗、过细、粒度分布过大的主要原因是筛网选择不当。具体解决办法是根据剂型要求选择筛网。如制备颗粒剂一般选择 12～14 目筛；制备 0.5g 以上的片剂选择 12～14 目筛；0.1g 以下或有色片剂用 18～22 目筛；制备胶囊剂选择 16～20 目筛；原辅料黏性强，质地轻的可选 14～16 目筛，反之选择 18～20 目筛。其次，应考虑黏合剂种类和用量。并注意若软材混合不均匀，也会造成颗粒粗细、松紧与大小不均。可增加混合时间或采用二次制粒。

（2）颗粒过硬：颗粒过硬的主要原因是黏合剂黏性过强及用量太多。应调整黏合剂种类、浓度和减少用量。若干浸膏较硬，用摇摆式颗粒机破碎，产生的颗粒也会较硬，可直接粉碎成浸膏粉，改用乙醇制粒。

（3）色泽不均：产生色泽不均的原因及解决办法，具体如下。①稠浸膏与辅料混合不均，特别是浸膏比重大、润湿剂未加足时，不能均匀地湿润物料。可通过小试，找出能够湿润物料的合适用量，使浸膏与辅料充分均匀混合；若制粒时发现湿颗粒色泽不均匀，可将湿颗粒再次通过筛网重复制粒，即得色泽均匀一致的颗粒。②湿颗粒较粗而紧，烘干整粒时，颗粒与筛网摩擦造成颗粒表面色深、断面色浅，导致颗粒色泽不均匀。一般是在湿颗粒八成干时将其整粒过筛、喷洒少许 95% 乙醇，闷润后再烘干，可得颜色均匀的颗粒。③原料、辅料颜色差别较大，制粒前未经研细或混匀。若制粒前将中药饮片或辅料粉碎后筛去较粗颗粒的细粉，再研细拌入，可有效地解决这一问题。④易引湿药物用金属筛网制粒时易产生色泽不均。解决办法是及时翻动或采用尼龙筛网制粒。⑤有色药物用淀粉浆制粒易产生色泽不均。解决办法为用乙醇作润湿剂多次制粒，或改用其他黏合剂，尽量不用淀粉浆制粒。

（4）颗粒吸湿：颗粒吸湿的原因很多，如药物本身吸湿、所含杂质吸湿、颗粒疏松、辅料（如山梨醇和微晶纤维素）吸湿等，以及制粒环境湿度较大等均易使颗粒吸湿。可相应采取加抗吸湿性辅料如微粉硅胶；精制除杂；增加混合搅拌时间或二次制粒使颗粒致密；改用吸湿性小的辅料及控制车间湿度等方法。

（5）颗粒流动性差：颗粒流动性差的原因及解决办法，具体如下。①黏合剂或润湿剂选择不当，用量不够；浸膏稠度不够、浸膏量较少、未补加黏合剂，使颗粒松散，细粉较多，流动性差。可重新选择黏合剂或补加黏合剂、增加浸膏稠度。②颗粒中重油药物较多，颗粒较软，易松散。可加吸收剂如无水磷酸氢钙，将油类吸收再制粒，或重油药物用 5%～10% 丙烯酸树脂乙醇溶液进行包裹，过 40 目筛。③纤维性药粉较多，颗粒易碎。可使用黏性较强的黏合剂，或对纤维性中药饮片采用提取法处理。④颗粒含水量过高。可采用适当干燥方法，降低含水量。

三、干法制粒技术常见问题解析

23. 何种情况下宜选用干法制粒?

干法制粒是指在不用润湿剂或液态黏合剂的条件下，将药物与辅料混匀直接干挤成颗粒，或用滚压法、重压法制成颗粒的制粒技术。滚压法是用特制的压块设备将物料压成硬度适宜的薄片，再碾碎、整粒。目前已有滚压、碾碎、整粒的整体设备，如国产干挤-30B型颗粒机，可直接干挤压成颗粒。重压法(又称大片法)，是用较强压力的压片机压成20～25mm的大片(胚片)，然后再粉碎成所需大小的颗粒。干法制粒的最大优点在于物料制粒时不经湿、热过程，不耐湿热的药物可直接制粒，提高对湿、热敏感的药物的化学稳定性；对具有吸湿性的药物，润湿会极易溶解的药物，或在直接压片时物料流动性差的情况下，适宜应用干法制粒[12]。

干法制粒可缩短工时，减少生产设备，节约辅料，降低成本。但有时颗粒较硬，影响药物的溶出速率，故不能用于水不溶性药物；所制颗粒颜色不易均匀，压片后片子可能会产生花斑，吸湿后色差更重；生产中要防止粉末飞扬，避免增加交叉污染。特别是重压法的大片破碎时易产生较多细粉，多次重压，物料损耗大，目前已少用，滚压法制小剂量薄片再碾碎成粒时，主药含量不易均匀。

24. 干法制粒技术要点有哪些?

在干法制粒整个工艺过程的操作中，应注意以下几点[13]。

(1)仪器设备：干法制粒可以分为重压法制粒和滚压法制粒。重压法主要设备是压片机，该设备操作简单，但由于压片机需要较大的压力，冲模等机械损耗较大，原料也有一定的损失；滚压法主要设备是干挤制粒机，它是将滚压、碾碎、整粒集于一体的整体设备，方法简单，省时省工。

(2)压片力度：重压法制粒要注意调节压力的大小，使压出的片剂不会过硬或松散，且一次压片成型，减少物料的流转次数。

(3)冲模速度：冲模的升降速度不宜过快和过慢，过快易造成粉尘飞扬，使原料损失过多，过慢会增加生产成本和降低生产效率。另外，应该对冲模进行剂量校正。

(4)温度：采用滚压法制粒时，滚筒之间的摩擦常使温度上升，有时制得的颗粒过硬，片剂不易崩解，影响药物的溶出速率。

25. 干法制粒常见问题有哪些? 如何解决?

干法制粒的过程中，粉末通过施加外力而压紧为密实状态，常出现的问题有以下几点[14-15]。

(1)所制得的颗粒过硬：在干法制粒过程中，如果仪器压力过高，导致颗粒过硬、可压性降低，在接下来的压片时，需要较大的压力才能压制成型；当部分颗粒过硬时，也易产生花片现象。当干颗粒过硬时，还使得颗粒难溶于水，影响到颗粒的崩解。因此，在制粒时要适当调整仪器压力。

(2)颗粒的圆整度低：颗粒的圆整度直接影响颗粒的流动性。干法制粒制得的颗粒的圆整度相对于湿法制粒要稍差，因此，制粒过程中可通过调节干法制粒机压片的片厚和整理器的结构来控制颗粒的圆整度。

（3）制粒后颗粒的细粉较多：细粉较多的原因之一是物料的可压性差，可更换可压性好的物料；若是因为黏合剂的用量较少，则增加黏合剂的用量。

（4）物料粘压辊：物料中润滑剂的用量较少，应增加润滑剂的含量，但应注意润滑剂的总用量，在能改善或解决物料粘压辊的前提下，能少加则少加。此外，物料中有吸湿性物料，也会引起物料粘压辊的现象。

（5）制粒过程中送料不连续导致压出的薄片不连续：原辅料混匀后流动性太差，更换流动性好的物料或物料中添加助流剂。采用多次制粒的方式，应先对物料或部分物料进行制粒，增加物料的流动性。

26. 干法制粒有哪些优点？

干法制粒适合于热敏性物料和遇水不稳定的药物的制粒[16]。中药浸膏粉干法制粒较多采用的是滚压法，即将浸膏粉加入适量辅料或药物细粉混匀，用干法制粒机制成颗粒。一般轧压力为 60～80kg/cm^2，转速为 4～8r/min。其优点是缩短了工艺路线，减少了辅料用量，尤其是可大幅度减少含糖量，制得的颗粒外观形状及溶解性都较好。例如：小青龙颗粒采用旧工艺湿法制颗粒，需加入 12 倍量的蔗糖，每包重 13g；采用新工艺干法制粒，只需加入 2.5 倍量的乳糖，每包重 3.5g。新工艺节省了辅料，减少了日服剂量，且便于禁糖患者使用。不同品种之间由于处方组成的不同，制成的干浸膏粉的性质也会有很大差异。在采用干法制粒工艺制粒时，每个工艺因素对不同品种影响大小亦不同。因此，要针对具体品种进行工艺条件的优化筛选，才能制得质量优良的中药颗粒。

四、流化床制粒技术常见问题解析

27. 流化床制粒机有哪些特点？

功能先进的流化床制粒机由数字控制台和制粒机两部分组成。生产物料准备就绪后，操作人员在控制系统中输入或修改生产参数，即可控制整个生产流程。同一般的流化床制粒机相比，有如下特点。

（1）安全操作有保障：流化床制粒机都有较重的捕集袋整体结构装置，它由钢丝绳悬挂在筒体的顶部。这个捕集袋整体对操作人员的人身安全构成了较大的威胁。一般的流化床制粒机在使用较长一段时间后钢丝绳易断裂，会使得捕集袋整体急速下坠。若此事故发生在安装或拆卸捕集袋整体时，极易造成人身伤害。安全性能高的流化床制粒机有很好的保险措施，当钢丝绳断裂，捕集袋整体急速下坠时，其保险装置能迅速收紧，减缓捕集袋整体下坠速度直至使其停止下坠。

（2）规范操作有保证：任何设备都有相应的设备操作标准操作规程（SOP），指导操作人员规范操作，以保证设备的正常运行和维护设备。功能先进的流化床制粒机有自动的保护装置，能保证操作人员严格按照设备 SOP 安装和操作机器。当操作人员有违规操作时，机器自动停止或拒绝下一步操作，并有相应的提示显示。例如，应在捕集袋整体安装到位后才能开启“上密封”充气；料车到位后，才能开启“下密封”充气。若以上两步未能按顺序操作，则会使密封圈充气膨胀爆裂。若操作人员未按上述顺序进行，机器就会不执行指令，并在控制面板中显示不执行的原因，待操作人员更正后方可进行下一步操作。

（3）产品质量稳定：由于该设备能严格控制生产过程中的技术参数，故产品质量有保证。因为功能先进的流化床制粒机能保证操作人员严格按照产品工艺规程操作。如操作该设备的人员，分为操作员、管理员和维护员 3 个不同级别，不同的使用级别拥有不同的使用权限。管理员和维护员级别者必须通过密码检测才能进入使用状态，可对生产参数进行设定和修改以及进行其他的授权操作；而操作员级别者无须密码检测，但权限窄，只可对部分参数做小范围的修改，保证能够按照工艺规程进行生产。

生产过程中若出现异常情况，就会在一些工艺参数中反映出来。如物料过湿且干燥不及时而结块时，物料负压会增大。此时可设置物料负压的最大值，生产时物料负压增大到此值时则机器会自动停止，并显示停机原因。还可设置进风温度上下限、物料温度上下限等，保证达到规定的生产条件，从而保证产品质量的稳定。

（4）有详细的生产记录：功能先进的流化床制粒机有联机打印机，能详细记录生产全过程中的温度、风门、压差、喷雾压力等技术参数，并绘出生产过程的参数变化曲线图，以备分析、提高产品质量。

28. 流化床制粒工艺的技术关键有哪些?

流化喷雾制粒时，先将药物粉末与各种辅料装入料车中，从床层下部通过筛板吹入适宜温度的气流，使物料在流化状态下混合均匀，然后均匀喷入黏合剂液体，粉末开始逐渐聚结成粒，经过反复喷雾和干燥，至颗粒大小符合要求时停止喷雾，形成的颗粒则继续在床层内送热风干燥，出料送至下一步工序。在整个工艺过程的操作中，应注意以下几点。

（1）压缩空气必须经过除湿除油处理，否则会造成机器损坏和产品污染。

（2）投料前须检查筛板，应完整无破损。若有破损则应更换后使用，以防断裂的细小金属丝混入颗粒中。

（3）流化床制粒又称沸腾制粒，是固体物料呈沸腾状态与雾滴接触聚集成粒。因此，必须注意观察物料是否保持沸腾状态，并要防止结块。当物料或物料中较大的团块出现不沸腾现象时应停止喷雾，进行干燥；必要时出料，取出结块物料，用快速整粒机将团块适当粉碎或干燥后再将团块粉碎，再与原物料混合后重新制粒。

（4）流化床制粒是颗粒成型与干燥一步完成，必须保持一定的进风温度与物料温度。因此，必须保证温度不能低于一定值，以防止结块。在流化制粒正常进行时，一般出风温度比物料温度低 1～2℃，两者不会相差很大。当两温度相差较大时，极有可能是物料已结块，应出料检查并采取相应措施。

（5）流化床制粒时，捕集袋两侧有较大的压差。若此时捕集袋有裂缝或密闭不严，则会造成大量的物料飞散。因此，必须注意随时观察上视窗内是否有物料飞扬。

（6）喷雾流速是影响雾化效果的一个重要因素，而输液泵的工作情况直接影响喷雾流速。因此，必须注意输液泵的工作状况，保证药液流速稳定。同时应将雾化压力调节至适宜值，并保持其稳定。因为雾化压力也是影响药液雾化效果的重要因素。

（7）为保证物料处于良好的沸腾状态，湿颗粒应及时干燥，流化床内必须保持一定的负压。可通过调节风门大小来调节负压大小，但风门不可设置过大，否则较大的负压会损坏料槽底网。

29. 影响流化床制粒质量的因素有哪些?

流化床制粒是流化床内的物料粉末受一定温度的气流鼓动，在流化床内呈沸腾状态悬浮、混合，与通过喷枪雾化的黏合剂接触，靠黏合剂的架桥作用相互聚结成粒的过程。根据此制粒机制，将影响流化床制粒的因素分述如下[17-18]。

（1）原辅料：原辅料中细粉、吸湿性材料多至超过 50% 时，易阻塞筛孔、结块成团；一般亲水性原辅料制粒时，粉末与黏合剂互溶，由粒子核凝集成粒，故此种材料较适宜流化床制粒；疏水性材料制粒时，粉粒之间靠黏合剂黏合架桥作用粘连在一起，干燥后溶剂蒸发，粉末间形成固体架桥，形成颗粒。

（2）黏合剂：黏合剂黏度大，经雾化形成的液滴也大，所制颗粒粒径增大、脆性减小、流动性下降。在中药制剂的流化床制粒中，由于中药浸膏本身有较强的黏性，往往兼作黏合剂，经雾化喷入，若浓度增大，黏性也会增大；黏合剂喷入速度增大则用量增加，形成的雾滴大，润湿和渗透辅料的能力大，制得的颗粒粒径也大，脆性小，松密度和流动性波动小，稳定性好；黏合剂喷入速度小，形成的雾滴小，制得的颗粒粒径小，细粉偏多，颗粒松散。

（3）温度：在颗粒形成过程中，进风温度高，则黏合剂溶剂蒸发速度快，使黏合剂对粉末的润湿能力和渗透能力降低，制得的颗粒粒径小，脆性增加，松密度和流动性减小；若进风温度过高，则黏合剂在雾化中被干燥，不能成粒，制得的颗粒带有较多的细粉；进风温度过高也易使热敏成分破坏，甚至使低熔点的物料熔融，黏结在物料槽的透风底网上，下面的热风透不上来，于是热量在底网附近积聚，将更多的物料熔融，直至底网被彻底封堵，沸腾停止，制粒过程被阻断。进风温度低，则制得的颗粒粒径大。但温度过低，颗粒不能及时被干燥，会逐渐形成大的、潮湿的团块，最终也会使沸腾停止[19]。

（4）喷雾空气压力：黏合剂的雾化多采用有气喷雾，雾化的程度是由喷嘴内空气和液体混合的比例决定的。增大喷雾空气压力，则空气比例增加，黏合剂雾滴变小，颗粒也变小，而脆性增大，松密度和流速波动小，稳定性好。但雾化压力过高会改变设备内气流的流化状态，气流紊乱，又可能导致湿粒局部结块。

（5）喷嘴在流化床中的位置：制粒时为了减少细粉的存在空间，喷嘴应朝下；喷嘴在流化床中的位置高低会影响颗粒的大小和脆性，对松密度和流化性的影响不大。喷嘴越接近流化床，越容易促进颗粒的形成，但过低时会影响雾滴形状，而且喷嘴经常受到粉末的冲击而易阻塞。若位置过高，雾滴会在喷飞过程中被干燥，对颗粒形成不利。

（6）床内负压：控制负压的目的是保持物料处于良好的流化状态，负压偏低，物料沸腾状态不佳，颗粒干燥不及时，易结块；负压偏高，会有更多的粉尘黏附在捕集袋上，影响收率及颗粒粒度。

（7）静床深度：是指物料装入流化床后占有的高度。它的大小取决于机械设计的生产量。若静床深度太小，则难以取得适当的流化状态，或者气流直接穿透物料层，不能形成沸腾状流化态。在确定静床深度时，必须考虑到物料的性状，如密度、粉末粗细、亲水性和亲脂性等影响因素。

（8）捕集袋振摇时间间隔与振摇次数：减少振摇时间间隔，增加振摇次数，可使更多的黏附在捕集袋上的细粉抖落至物料槽内，使制得的颗粒更加均匀，提高得率。

30. 流化床制粒设备的安装要点有哪些?

流化床制粒是利用气流使粉末悬浮呈流态状,喷入液态黏合剂使凝结成粒,即将混合、制粒、干燥等工序在一台设备中完成的方法。该法简化了生产工艺,自动化程度高,工艺参数明确,条件可控。由于边制粒边干燥,解决了半浸膏片中膏粉比例难以掌握,浸膏不能被药粉完全吸收的老大难问题。所制颗粒粒度均匀,流动性好,色差小,可塑性好。所制颗粒若用于压片,片剂硬度、崩解性、溶化性好,片面光洁。特别适宜于黏性大、湿法制粒不能成型及对湿、热敏感的物料制粒。有时制粒后还可在同机内包衣,是目前应用较多的一种制粒方法。

流化床制粒机主要构造由容器、气体分布装置(如筛板等)、喷嘴、气固分离装置(如捕集袋)、空气进口和出口、物料排出口组成。操作人员应掌握其安装与使用要点,以保证设备的完好和生产的顺利进行。关键安装步骤和使用注意事项如下。

(1)打开压缩空气开关后,应在压缩空气压力达到设备生产要求后方可继续下一步操作。

(2)捕集袋安装完毕后,应检查袋筒是否全部竖直向下,不得有倾斜和扭转,否则物料易于聚集在捕集袋的筒内。

(3)捕集袋整体安装到位后,方可打开"上密封"充气,否则会使其密封圈充气膨胀爆裂,或密封不严密,生产过程中可发生漏粉。

(4)"上密封"打开后,务必将绞车反转两圈,否则生产过程中捕集袋振摇时钢丝绳易被拉断。此外,也不可将钢丝绳松得过多,否则钢丝绳易扭曲缠绕。

(5)上升捕集袋整体时,头、手及人体其他部位严禁进入机体内部,防止部件意外高位坠落而造成人身伤害。

(6)停机、更换或清洗捕集袋时,在捕集袋整体尚未降到底部时,头、手及人体其他部位严禁进入机体内部。

(7)若捕集袋整体在高位被粘住不能降下时,应用长杆去顶松,手、头及人体其他部位严禁进入机体内部,防止松动后意外高位坠落,造成人身伤害。

(8)在料车移至正确位置后,方可开启"下密封",否则也会使其密封圈充气膨胀爆裂。

(9)卸下捕集袋整体时,先转动绞车拉紧钢丝绳,再关闭"下密封",松开锁扣,否则捕集袋整体急速下落时容易拉断钢丝绳。

31. 流化床制粒设备的使用要点有哪些?

流化床制粒过程中的进气条件,进风温度、进风湿度(露点)、喷雾速率、雾化压力以及流化风量,是影响制粒的关键因素[20]。在流化床制粒设备的使用过程中,应控制好这些因素。

(1)控制好进风温度:当温度较高时,溶剂蒸发快,降低了黏合剂对粉末的润湿和渗透能力,影响了颗粒的聚集及增长,所得颗粒粒径小、脆性大、松密度和流动性小;进风温度较高,还会使颗粒表面的溶剂蒸发过快,颗粒内表面水分得不到有效迁移,得到外干内湿、色深的大颗粒。此外,有些粉料高温下易软化且黏性增大、流动性变差,易黏附在容器壁上,逐渐结成大的团块;甚至物料熔融、黏结在筛板上,堵塞网眼造成塌床。同样,颗粒的大小与流化床内部的湿度成正比,当温度过低,溶剂不能及时挥去而使粉末过度润湿,粉末黏附在器壁上不能流化，容易造成粒子间粘连而成团，造成颗粒粒度分布不均，含水量较高等问题。

（2）控制好进风湿度：进风湿度对流化床的制粒效果有显著的影响。在不同的季节，空气的湿度显著不同，冬季1℃露点相当于每1kg空气中含4g水，而夏季20℃露点相当于每1kg空气中含15g水，如果没有加湿或除湿设备，可能导致工艺的重现性差。进风湿度和温度是制粒干燥过程中的关键因素。为保证干燥效率，需要平衡进风温度、露点、气流大小以及喷雾速率等因素。

（3）控制好喷雾速率及雾化压力：颗粒间液体桥的形成是颗粒增长的主要机制。喷雾速率影响制粒过程、颗粒大小和粒径分布。喷雾速率过快，单位时间内喷入的黏合剂量增大，雾化液滴较大，致使颗粒过快增长，制得的颗粒密度也更大。此外，当喷雾流速过大或雾化压力较小时，湿颗粒不能及时干燥会聚结成团块，造成塌床。喷雾压力过大或速率较小时，导致黏合剂在喷雾过程中干燥，表面未形成液体桥之前已干燥，制得的颗粒粒径小、脆性大。颗粒增长较慢甚至没有增长，细粉量增加。

（4）控制好流化风量：进风风量是指进入容器的空气量，保证物料在流化床设备中呈现出一种理想的流化状态。喷浆制粒时，热交换处于平衡状态，有利于制粒。风量过大，黏合剂水分挥发过快，黏合力减弱，同时黏合剂雾滴无法与物料充分接触，使颗粒粒度分布宽，细粉多；风量过小时，黏合剂中的溶媒不能及时挥去，物料细粉过分粘连，会出现粒径很大的大颗粒，甚至造成塌床。

32. 对流化床制粒用捕集袋的质量有何要求？

流化床制粒的捕集袋一方面可阻挡物料随风飞扬出筒体，另一方面又能让水分随空气穿透而挥发。因此，捕集袋质量对颗粒质量有一定的影响，应加以重视。①捕集袋的通透性对颗粒质量的影响：若捕集袋不够致密，则物料中的较细粉末会穿透捕集袋而飞扬出去，降低了颗粒的得率；捕集袋质地过于致密，则通透性不好，水分蒸发困难，颗粒不能及时被干燥，使制得的颗粒粒径大，流动性差，严重时会出现物料结块。②捕集袋黏附性对颗粒质量的影响：捕集袋的黏附性越小越好。在制粒过程中振摇时，使黏附在上面的细粉能尽可能地振摇下来，减少所制颗粒的细粉量，提高得率；若黏附性太强，捕集袋黏附的细粉过多，使制得的颗粒中细粉量偏多，粒度不均匀。另外，捕集袋黏附了过多的细粉时，也会影响其通透性，从而影响颗粒质量。由于捕集袋多因静电吸附而吸附粉尘，因此在安装捕集袋时应连接除静电的导线。

33. 流化床制粒过程中物料黏结在槽底如何解决？

流化床制粒过程中，时常会出现物料黏结在料槽底网上，影响底网的通透性，也影响流化床内的负压。要清洗并烘干后才能继续使用。可根据产生的原因相应解决如下。

（1）进风温度过高，使低熔点的物料熔融，黏结在物料槽的透风底网上。应适当降低进风温度。

（2）喷枪故障或大量物料聚集在喷嘴附近影响黏合剂的雾化，出现了滴液，形成了较大的湿块而黏结在槽底。应修理喷枪或清除喷嘴附近的聚集物。

（3）流化床内负压不够，物料不能形成良好的沸腾状态，湿颗粒聚集并黏附在底网上。可开大风门，但不可开得过大，否则会损坏底网。若开大风门仍不见效，极可能是由于风机出现故障。

34. 流化床制粒产生较多细粉或粗颗粒如何解决?

如果流化床制粒产生较多细粉或粗颗粒,则应当认真分析其产生原因,并分别找出解决的办法,具体如下。

(1)物料本身的原因:物料本身过细时,制粒过程中会有较多的细粉黏附于捕集袋,出料前抖袋时一并将其抖下,使得颗粒中细粉偏多;物料偏粗,在制粒过程中继续"长大",会有较多的粗颗粒。因此,物料在预先粉碎时须注意粉碎的细度应适当,不可过细或过粗。

(2)进风温度:进风温度偏高,黏合剂喷雾的雾滴被迅速干燥而变小,黏聚而成的颗粒也较小,形成了细颗粒。此类细小颗粒也被迅速干燥,无法再黏附细粉而增大;进风温度低,黏合剂雾滴相对也较大,形成的颗粒大,并且湿颗粒能继续黏附细粉而不断增大,产生了粗粒。因此,控制进风温度,以保证形成的颗粒既能及时干燥又不致干燥过快,在颗粒尚未形成时水分被蒸发。

(3)雾化压力:喷枪雾化压力大,黏合剂的雾滴小,形成的颗粒粒径也小;反之,雾化压力小,雾滴大,形成的颗粒也大。因此,需调节雾化压力至雾滴的粒径适当。

(4)黏合剂黏度:黏合剂黏度大,喷雾形成的雾滴也大,能黏附更多的细粉成为颗粒,使颗粒粒径增大;反之,雾滴小,成粒也小,细粉偏多。调节黏合剂黏度以调节雾滴粒径。

(5)喷雾流量:黏合剂喷雾流量小,喷雾液滴小,制得的颗粒粒径小,细粉偏多;流量大时雾滴大,黏附细粉多,颗粒大。并且流量大,颗粒不会被立即干燥,可继续黏附细粉而"长大"。因此,应调节喷雾流量,相应调节雾滴的粒径以便控制颗粒粒度。

35. 流化床制粒时,湿粒干燥时间过长是何原因?

流化床制粒的颗粒成型后,一般湿粒干燥 5～10 分钟即可。但有时干燥 30 分钟颗粒仍偏湿,分析原因有:①制粒过程中出现了大的结块,不能形成良好的沸腾状态,甚至大的结块附着在料车壁上使得其不能沸腾而影响被干燥;②长时间使用设备,使捕集袋上黏附了大量细粉,即使振摇仍不能将其抖落下来,捕集袋通透性变差,颗粒水分不能及时蒸发;③风门设置过小或风机出现故障,使风量偏低,颗粒水分蒸发慢;④进风温度偏低,颗粒水分蒸发慢[21]。

36. 怎样判断流化床制粒过程中物料是否结块?结块产生的原因是什么?

(1)判断结块的方法:流化床制粒最易出现且较严重的问题是物料结块,使制得的颗粒粒径偏大,流动性差,严重时会使沸腾过程停止,甚至整锅物料报废。因此,生产中对物料是否结块必须及时、正确判断,一般方法如下。

1)视镜观察:这是最为直接、简便的方法,透过观察镜可观察物料的沸腾状态,若出现结块现象,一般可以发现。

2)观察温度变化:在流化床制粒过程中,进风温度一般总在一恒定值上下浮动,偏差不会很大;物料温度和出风温度一开始下降,到一定的时候也会趋于稳定。若发现物料温度和出风温度持续下降,且和进风温度相差很大,极有可能是颗粒偏湿、干燥不及时而结块。

3)触摸料车外壁:正常生产时,料车外壁温度应均匀一致,手摸各处不会有明显的冷热差别。当手摸料车外壁的不同部位感觉有明显的冷热差别时，一定是产生了结块，并且非常严重，有大规模的结块紧紧黏附在料车壁上，才使得手摸此处外壁会明显感觉温度偏低。

（2）结块产生的原因：设备故障和操作错误均可产生物料结块，具体包括以下方面。①喷枪出现故障或雾化压力太小，不能有效地将黏合剂雾化，其间有黏合剂液体滴落，接触物料形成湿块，因不能及时被干燥又不断地黏附细粉而“长大”，形成大的结块。②制粒过程中，振摇时会自动停止喷雾。但若喷枪内部后端的弹簧弹性不够或其他的原因使得在振摇时仍有黏合剂液体流出，而此时喷雾压力也已自动降低，会形成严重的结块。③风门过小或风机出现故障，使得流化床内负压偏低，湿颗粒干燥不及时，不断“长大”而形成大的结块。④进风温度偏低或黏合剂喷雾速度过快，使得湿颗粒不断地长大，相互之间也易聚集、黏合而形成结块。⑤物料过多或风门过大，沸腾的物料与喷嘴过于接近，长时间生产后，在喷嘴周围会聚集大量的物料而影响黏合剂的喷雾效果，会出现黏合剂的大液滴滴落而形成结块。⑥连续生产时间过长，捕集袋上黏附有较多的细粉而使得捕集袋的通透性变差，水分不能及时被除去使得物料结块。一旦观察到物料有结块现象，应从上述可能性中分析、检查导致结块的原因，有针对性地及时解决。

37. 怎样解决流化床制粒过程中的喷枪堵塞？

在流化床制粒过程中，若发现出风温度和物料温度不降反升；输液泵工作正常，流量却非常小；手捏输液软管很难捏动；则此时极有可能产生了喷枪堵塞，应及时查找和分析产生原因，尽快解决。如：①黏合剂中有不溶性杂质，易堵在喷嘴的细小管道中。因此，在使用黏合剂前应滤过黏合剂中的杂质。②喷嘴位置偏低或风门过大，物料长时间冲击喷嘴而堵塞喷枪。可适当降低风门大小或生产一定时风后，清洗喷嘴枪。③顶针压力偏低，不能将堵在枪嘴的钢针顶起。可调高喷枪顶针压力。④喷枪内部后端的弹簧弹性过大，将枪针紧紧地顶在喷嘴上。应换用弹性较小的弹簧。

38. 何种物料不适宜采用流化床制粒？

由于流化床制粒的条件必须是气流使物料呈悬浮运动，且流化床制粒机的下部为漏斗状，气流形成速度梯度分布。因此，流化床内的物料也呈梯度分布。即粒径小的、轻的物料总是悬浮在上面，粒径大、重的物料在下面。当物料相对密度差异太大时，在同等风压下，造粒时将出现粒子的“轻浮重沉”现象，结果容易造成颗粒的含量差异超出规定。所以，当物料各成分比重差异太大时不宜采用流化床制粒法制粒。

五、其他制粒技术常见问题解析

39. 熔融制粒有哪些优势？适用于何种药物？辅料如何选择？

熔融制粒的机制与湿法制粒相似。熔融制粒过程是应用在相对较低的熔点（50～80℃）下可熔融的固体，或是在制备过程中熔融的固体为液体黏合剂，使粉末结块的一种技术。这种可熔融的黏合剂在室温下是固体，当温度升高后可以软化或熔融[22]。

（1）优势：熔融制粒过程不需要溶剂，不像湿法制粒，熔融制粒不在粉末中加入液体或溶液，如水、乙醇，而是包含了一种具有相对较低的玻璃化转变温度（Tg）或熔点的辅料。在高于 Tg 的条件下，聚合物处于橡胶态时，聚合物会包裹药物并使药物结块；随着材料的冷却，聚合物重新回到无定形态，有可能这种无定形态材料包裹到药物颗粒表面，以便在制粒时形成更强的颗粒间的黏结。这种物质可以以熔融态加入，也可以在加入之后再加热熔融。这种物质可作为一种液态黏合剂，不需要再加入水或有机溶剂等。由于不需要加入液体黏合剂，因此熔融制粒之后不需要干燥，与其他制粒方法比节省了时间和能源。所以制备过程简单、快速、经济，最终产品没有溶剂残留。

（2）熔融制粒适用于对湿敏感的药物[23]。

（3）辅料选择：相对较低的玻璃化转变温度（Tg）或熔点的辅料。

40. 热熔挤出制粒设备有什么优点？

热熔挤出技术（hot melt extrusion technology，HME）又称熔融挤出技术（melt extrusion technology）。该技术最初应用于塑料行业，在塑料工业中的应用已超过了 1 个世纪，在医疗器械制造中的应用也有几十年。近年来，热熔挤出技术在制药行业中的应用正逐步增加。热熔挤出设备是将药物、聚合物和其他功能性辅料粉末输送到挤压模头，使其在熔融状态混匀，经旋转螺杆推动通过一定孔径的筛孔挤出，挤出物在冷却过程中迅速固化。在此过程中，多组分物料粒径不断减小，同时彼此间进行空间位置的对称交换和渗透，从而使难溶性药物以分子形式分散在聚合物载体上，最终达到分子水平的混合，由入口处的多相状态转变为出口处的单相状态，并在出口处通过模孔对其剪切成粒。

由于热熔挤出制粒需要用到大量的辅料，因此其在中药制剂中的应用多集中于有效成分入药的情况。此类设备主要有以下优点[18]。

（1）可提高难溶性中药有效成分的溶出度，从而提高生物利用度。

（2）制粒过程中无须加入有机溶剂。

（3）生产效率较高，可连续生产。

（4）可根据辅料选择使制备的颗粒具备缓释或速释性能。

（5）挤出的颗粒流动性好，有利于后续处理的进行。

41. 高剪切制粒的适用性及操作要点有哪些？

高剪切制粒是将药物粉末、辅料和黏合剂加入同一容器内，在高速旋转的搅拌桨作用下使物料混合、捏合、翻动、分散，甩向器壁后向上运动，并在切割刀的作用下将大块颗粒绞碎、切割并和搅拌桨的作用相呼应，使颗粒受到强大的挤压、滚动而形成致密且均匀的颗粒[24]。通过改变搅拌桨的结构、调节黏合剂用量及操作时间，可制备致密、硬度高、适合于填充胶囊的颗粒，也可制备松软的适合压片的颗粒。高剪切制粒和传统挤压制粒相比，具有操作简单、快速，所得颗粒粒子大小均匀、流动性好、压缩性好的优点。适合于制粒原料中的固体物料为中药原粉及制粒原料为浸膏粉或辅料加一定相对密度稠浸膏或润湿剂的制粒。其操作要点如下。

（1）膏粉比例与润湿剂用量：干浸膏粉与生药粉或辅料配比中，当膏粉比例大，粉性强时，乙醇浓度宜高；黏性差时，乙醇浓度宜低，常用乙醇浓度 70%～90%。润湿剂用量要反复试验确定。稠膏制粒时，稠膏相对密度宜控制在 1.2～1.4（50～60℃），以能自然流动为宜，过稀需大量辅料；过稠不易从加入口加入，易搅拌不均匀，遇此情况，须加适量乙醇恢复其流动性方可加入。

（2）搅拌时间与转速：搅拌桨可设定在慢速挡，制粒切割刀设定在快速挡，搅拌时间视物料黏性及用量而定，多在1～10分钟。有色颗粒，可将物料先预混或分次搅拌，以免一次搅拌时间长造成过热、过黏，产生粘壁。

（3）投料量：一次投料量不宜过多，以免搅拌桨面被物料顶死难以启动且混合不均匀，若强制搅拌则产热严重，物料粘壁，影响颗粒成型。

（4）稠膏或黏合剂、润湿剂加入方式：可一次加入，也可以滴加方式加入，一般以一次加入较好，但须准确定量。滴加法易造成搅拌时间长，摩擦产热导致粘壁。

42. 高剪切制粒设备有什么特点？

高剪切制粒设备的特点有以下方面。

（1）节省工序，操作简单，快速：高剪切制粒设备由于在一个容器里进行混合、捏合、制粒过程，因此具有制粒时间更短的优点。但是对搅拌终点的判断更加复杂，且中试放大的效果不一定好。

（2）制成的颗粒圆整均匀：混合、制软材、切割制粒与滚圆一次完成。

（3）辅料用量小，黏合剂使用量更少。

（4）制粒过程密闭，产尘量更少，污染更小。

（5）应用广泛：改变搅拌桨的结构，调节黏合剂用量及操作时间既可制备致密、强度高的适用于胶囊剂的颗粒；又可制备适合压片的松软颗粒。因此，高剪切制粒设备在制药工业中应用非常广泛。

（6）会造成微量成分的“跑料”：为了防止物料跑到转轴中去，转轴会吹出压缩空气，当力度增大时容易跑料。此时应对加料顺序进行调整，将混合时间尽量缩短，将微量成分的料放在各成分中间段加入。

43. 哪些因素会影响熔融高剪切制粒的质量？

熔融高剪切制粒法是将熔融的黏合剂滴加入物料中或将固体黏合剂与其他固体辅料置于混合槽内，通过高速搅拌、剪切使摩擦生热或辅以加热，达到黏合剂熔点，通过黏合架桥作用，将原料制成颗粒小球的方法。该法与其他湿法制粒相比，省去了加液和干燥过程，可用水溶性或水不溶性材料作黏合剂。如选择聚乙二醇可改善某些难溶性药物的溶出量，用于制速释颗粒；也可用亲水黏合剂熔融制成核，再用核与疏水黏合剂进一步熔融造粒，制成缓释颗粒；用15%～20%的聚乙二醇6 000或聚乙二醇3 000作黏合剂，磷酸氢钙或乳糖作辅料，与浸膏粉混匀并高速搅拌熔合制成颗粒，适用于对湿、热不稳定的物料。在中药制粒工艺中具有广泛的应用前景。但影响该法制粒质量的因素也很多，应用中应予重视。

（1）物料粉末粒度大小的影响：粉末粒度越小，要达到相同大小颗粒所需的黏合剂越多，所制颗粒均匀、表面光滑；物料粉末粒度越大，所制颗粒均匀度越小且团块多，但粘槽壁的粉末量少。

（2）粉末粒子形状的影响：对物料粒子形状不可忽视，太不规则或太圆都可能对制粒不利。球状粉末制粒结果是会出现团块和粉末的混合物而无颗粒产生，形状不规则如片状或针状的物料制得的粒子形状也会不规则，且表面结构疏松、均匀度小、团块多，但所需黏合剂的量相对较少。

（3）黏合剂种类和黏度的影响：用于熔融高剪切制粒的黏合剂通常以熔点较低的为宜。一般疏水性黏合剂如蜂蜡、硬脂酸、微晶蜡，比亲水性黏合剂如聚乙二醇（polyethylene glycol，PEG）对槽壁的黏附性要大，制粒过程中应随时刮下壁上黏附的物料。

黏度对于制粒过程的影响比较复杂，一般来说黏度越小，塑性和变形性越大，粒子越易结聚而增长，而且所得粒子圆整；但另一方面黏度的影响与搅拌桨速度、搅拌时间、辅料是否含结晶水及粉末粒度等有关，黏度过高，所制颗粒均匀度差，物料粘壁量增多。

（4）固体黏合剂粉末粒度的影响：粒度小的黏合剂使物料流动性差而导致粘壁，如粉末状 PEG 比片状所致的粘壁多。但物料条件如（配比）改变后，粒度小的黏合剂也可能不易粘壁，如分别用 20～40 目、40～60 目、60～80 目蜡与硫酸钙（$CaSO_4$）制粒，结果粒度小的黏合剂粘壁量少。

（5）加热温度的影响：加热温度太高或太低时所得粒子都不太理想，实验发现加热温度接近黏合剂熔程低限时可以减少粘壁和团块的形成。如以熔程 50～65℃的 PEG 3 000 为黏合剂时，加热温度以 50℃较为理想，所得粒子均匀度大，无团块生成、无粘壁现象。

44. 高剪切制粒时如何防止出现粘壁？

用高剪切制粒机制粒时，若工艺条件掌握不当，极易产生粘壁现象。应注意从以下几方面加以防止。

（1）具有黏性成分的主药加润湿剂制粒，视黏性程度选择水或适宜浓度的乙醇，并要掌握好用量，这是关键。

（2）黏性差的主药可加黏合剂制粒，通过小样试验摸索黏合剂浓度和用量，试验时浓度和用量慢慢递增，并注意疏水性黏合剂对槽壁的黏性比亲水性黏合剂要大。当主药具一定黏性时，不宜选用疏水性黏合剂，若必须使用疏水性黏合剂，则操作中应适时刮下黏附物料，保证物料混合均匀和所制颗粒粒度的均匀性[25]。

（3）以熔融法制备颗粒剂时，使用的黏合剂粒度小，会降低物料的流动性，易导致粘壁。如粉末状 PEG 比片状 PEG 所致的粘壁严重。因此，一般不采用粉末状黏合剂。

（4）物料在混合槽内，加热温度过高或搅拌时间过长，会因摩擦生热而使黏合剂稠度降低，由于快速旋转的离心效应与水分的蒸发，黏合剂产生粘壁现象，因此应控制加热温度和搅拌时间。

（5）中药乳香、没药和全浸膏类，黏性大又不耐热的物料，不宜用本法制粒，以免粘壁和成分被破坏。

45. 如何合理应用喷雾制粒法？

喷雾制粒是将药物浓缩液、乳浊液、混悬液、糊状液等物料用雾化器喷雾于干燥室内的热气流中，雾滴迅速被干燥，直接制成球状细、中颗粒的方法。在中药制剂生产中，喷雾制粒适用于中药全浸膏片浓缩液直接制粒，制得的颗粒呈中空球状的粒子较多，具有良好的溶解性、分散性、流动性。近年来，喷雾制粒也用于制备微型胶囊，即将囊心物混悬在囊材溶液中，经离心喷雾器将其喷入热气流中，所得微囊可直接用于压片，制备胶囊剂、糖浆剂或混悬剂。

料液在干燥室内是经雾化器喷雾成微小雾滴而被干燥的。因此，如何根据物料的性质和不同的制粒目的选择雾化器，是合理应用喷雾制粒法的关键。常用雾化器有 3 种类型。

①压力式雾化器：是我国目前普遍采用的一种，它适用于黏性料液；②气流式雾化器：这种雾化器结构简单，适用于任何黏度或稍带固体的料液；③离心式雾化器：这种雾化器适用于高黏度或带固体颗粒料液的干燥与制粒。

雾滴的干燥与热气流及雾滴的流向有关，干燥室内热气流与雾滴流向安排有并流型、逆流型、混合流型3种形式，不同的流向安排所产生的热效应不同。一般热敏性的物料宜选用并流型，不宜选用逆流型或混合流型；若产品水分要求低，宜选用逆流型；料液不易干燥者，宜选用混合流型。

46. 转动制粒法的适用性如何？

转动制粒又称滚转制粒，属湿法非强制制粒，是利用一定量的黏合剂或润湿剂在转动、振动、摇动或搅动下使固体粉末黏聚成球形颗粒的方法。其制粒过程分为：母核形成、母核长大及压实3个阶段。适合于中药浸膏粉、半浸膏粉或黏性较强的药物细粉的制粒。本法也用于水丸、水蜜丸生产，故又称泛制法。常见设备有：圆筒旋转制粒机、倾斜回转锅，后者也可用包衣锅代替。操作时将浸膏或半浸膏粉与适宜的辅料混匀，置包衣锅中以一定速度转动，将适量润湿剂或黏合剂呈雾状喷入，同时加热、滚动、鼓风干燥，使粉末黏结成粒。制得的颗粒其大小、粒径分布、硬度、崩解度、溶出性等与设备的倾斜角度、旋转速度、润湿剂或黏合剂的种类及喷入量、喷雾条件等因素都有关系，应用时要充分考虑这些因素。近年出现的离心制粒机是一种新型的转动制粒设备，其容器底部安装有圆盘，通过圆盘的旋转带动湿润的物料做离心运动，在自身重力等作用下成粒。

47. 离心制粒时应掌握哪些主要的工艺参数？

离心制粒是通过高速旋转产生的离心力带动粉末运动，使粉末润湿后，在自身重力、摩擦力（与底盘和器壁摩擦）以及与挡板撞击时产生的冲击力的作用下，粉粒聚结、密化而成颗粒。离心制粒过程中的可变因素较多，操作应尽可能规范，注意掌握如下参数。

（1）药粉与辅料的配比：颗粒中药物的比例可高达80%以上。

（2）黏合剂的黏度与用量：可根据药物的性质及用量而定。

（3）底盘的转速：以200～300r/min为宜。

（4）黏合剂的加入速度：以10～12g/min为宜。

（5）喷枪喷雾条件：喷气流量以10～15L/min为宜。

（6）滚圆的时间：以1～5分钟为宜。

48. 使用离心制粒机的技术关键是什么？

离心制粒机由离心机、鼓风系统、喷枪系统、供粉机、压缩空气系统、电控台及抽风系统等组成。制粒时可将部分药物与合适辅料的混合细粉（或母粒）直接投入离心机流化床内并鼓风。粉料在离心力及摩擦力的作用下，在定子和转子的曲面上形成涡旋回转运动的粒子流，使粒子得以翻滚和搅拌均匀，通过喷枪喷射适量的雾化浆液，使粉料凝结成微小的球形母核（直径0.18～0.45mm），继续分别喷入雾化浆液和粉料，直至所需粒度，干燥即得球形颗粒（或小丸）。必要时喷入包衣液，则得包衣颗粒（或小丸）[26]。

颗粒质量主要由以下参数决定：①离心机转盘的转速；②喷浆流量；③浆液雾化喷气量；④鼓入流化床的气流量及气流温度；⑤供粉速度。其中最关键的技术参数是喷浆流量和供粉速度，必须随时调节并保持合理配比。喷浆流量过快，则粉料过湿，颗粒变大且易粘连、变形，干燥后硬度增加，影响后期工艺，致使成品释药速度也会变慢；喷浆流量过慢，粉料不能充分润湿，造成粒子粗细不等、色泽不均匀、易碎，细粉过多。因而准确掌握喷浆流量和供粉速度的恰当配合，使粉料达到最佳润湿程度，是使用离心制粒机制备粒度均匀、圆整等高质量颗粒的技术关键[27]。

49. 如何使用离心包衣造粒机进行中药物料制粒？

离心包衣造粒是以辅料作为颗粒的核，先置于圆形容器内，当容器的底部高速旋转时，辅料沿容器的周围旋转，在这种状态下，直接将药物提取液喷雾在母核表面，粉核润湿后，在自击时产生的冲击力作用下实现聚集和密化，鼓风机再吹入热风干燥，即可得到球形颗粒。制成颗粒剂成品收率较高，粒度比较均匀，圆整，流动性好，装量差异较容易控制。据文献报道，离心包衣造粒只有在底盘转速和喷枪喷气流量适宜的条件下才能保证与粉末混合均匀，并形成均匀的颗粒。药物性质和加工提取方法对颗粒流动性影响不大；而增加处方中的蔗糖含量、增大黏合剂加入速度均可使颗粒粒径增大和密度增加；黏合剂黏度、喷枪喷气压和滚圆时间对颗粒粒径和密度影响不大。

参考文献

[1] 傅超美，刘文. 中药药剂学[M]. 北京：中国医药科技出版社，2018.

[2] 李远辉，伍振峰，李延年，等. 基于粉体学性质分析浸膏干燥工艺与中药配方颗粒制粒质量的相关性[J]. 中草药，2017，48(10)：1930-1935.

[3] 吴司琪，伍振峰，岳鹏飞，等. 中药制粒工艺及其设备的研究概况[J]. 中国医药工业杂志，2016，47(3)：341-346.

[4] 把挹，徐玲玲，年华. 中药颗粒剂制粒技术综述[J]. 中国药师，2010，13(5)：733-736.

[5] 李远辉，李慧婷，李延年，等. 高品质中药配方颗粒与关键制造要素[J]. 中草药，2017，48(16)：3259-3266.

[6] 蔡伟庆. 中药颗粒剂辅料的研究进展[J]. 黑龙江医药，2008，21(3)：88-90.

[7] 刘莉，杨丽红. 中药颗粒剂辅料的现状调查[J]. 黑龙江医药，2011，24(2)：246-247.

[8] 张毓，钟晓明. 中药颗粒剂成型工艺的研究进展[J]. 海峡药学，2010，22(1)：27-28.

[9] 徐春宁，张仁芳. 中药颗粒剂尾料重新制粒问题的探讨[J]. 基层中药杂志，1998，12(3)：19.

[10] 岳国超，严霞，赵映波，等. 湿法制粒工艺参数对颗粒成型性的影响[J]. 中南药学，2015，13(6)：587-590.

[11] 薛迎迎，魏增余，陈春. 湿法制粒设备结构、原理及其在中药颗粒剂生产中的应用[J]. 机电信息，2017(8)：25-30.

[12] 况弯弯，伍振峰，万娜，等. 中药干法制粒的研究思路探讨：基于干法制粒技术研究的国内外研究进展[J]. 中国中药杂志，2019，44(15)：3195-3202.

[13] 高迪，王亚静，王雁雯，等. 基于失效模式与效应分析(FMEA)的中药干法制粒贝叶斯故障诊断研究[J]. 中国中药杂志，2020，45(24)：5982-5987.

[14] 张青铃，罗友华，许光辉，等. 干法制粒工艺在中药口服固体制剂制备中的应用[J]. 中国现代中药，2020，22(5)：827-834.

[15] 江宝成. 固体制剂不同制粒方法的常见问题及特点分析[J]. 机电信息，2018(29)：39-42.

[16] 蔡彦. 干法制粒技术在两款功能性食品中的应用研究[D]. 杭州：浙江工商大学，2016.

[17] 王正松. 药物流化床制粒过程建模与质量优化控制研究[D]. 沈阳：东北大学，2015.

[18] 尹玉斌，袁秀菊，姚亮元，等. 流化床制粒与热熔挤出技术的特点与影响因素[J]. 当代化工研究，

2018(4): 20-21.
[19] 周家辉. 制粒流化床造粒室温度控制研究[D]. 杭州: 浙江大学, 2019.
[20] 宫传波. 流化床技术代替传统制粒技术项目可行性研究[D]. 北京: 北京化工大学, 2015.
[21] 李民东, 王海燕, 陈庆伟, 等. 流化床制粒过程颗粒水分预测研究[J]. 应用化工, 2020, 49(5): 1325-1328.
[22] 许谙, 孙丹青. 熔融制粒法制备盐酸二甲双胍缓释片[J]. 中国现代应用药学, 2013, 30(7): 758-762.
[23] 刘泽华, 肖宛璐, 邸东华, 等. 易溶性药物酒石酸美托洛尔速释联合缓释片的制备[J]. 沈阳药科大学学报, 2016, 33(8): 604-608.
[24] 武晓景, 王莉, 赵海英, 等. 高剪切制粒工艺优化及质量评价[J]. 中国药剂学杂志(网络版), 2016, 14(2): 62-68.
[25] 谭奇爽, 郭朕, 常笛, 等. 高剪切方法制备穿心莲干浸膏颗粒的影响因素考察[J]. 沈阳药科大学学报, 2010, 27(2): 81-86.
[26] 李晓军, 崔静杰, 贺钟毅, 等. 离心造粒法制备孕妇金花微丸的研究[J]. 辽宁中医药大学学报, 2006, 8(5): 135-136.
[27] 王嘉伟. 离心法制备缓释微丸的处方优化及工艺筛选[D]. 青岛: 青岛科技大学, 2013.

（傅超美　刘怡　龙恩武　伍振峰　刘芳）

第七章　薄膜包衣技术

薄膜包衣是在底物(片剂、胶囊剂、微丸剂、颗粒剂等)上喷涂惰性高分子聚合物成膜材料,从而形成一定厚度的塑性薄膜层,干燥之后便形成了薄膜包衣。1954 年,第一个真正意义的薄膜包衣片在 Abbott 公司诞生。20 世纪 90 年代中期以后,随着高分子薄膜材料和高效包衣机的发展,薄膜包衣技术在我国制药工业迅速推广。现已广泛用于片剂、丸剂等。和过去的包糖衣技术比较,薄膜包衣技术具有加工周期短、产品外观和质量好、可自动化程度高等优点。薄膜包衣剂主要包含成膜剂、增塑剂、遮光剂和色素以及其他辅助材料等,在品种和数量上都有严格的配伍,以保证在片芯表面能形成一层或数层连续、致密、持久并具有特定功能的衣膜。

成功的包衣取决于良好的片芯和整个包衣过程中工艺参数的控制。良好的片芯质量对薄膜包衣起到决定性的影响,而薄膜包衣片面平整、细腻的关键在于整个过程中要掌握锅温、喷量、转速三者之间的关系,同时应考虑进风温度、进风风量、片床温度、喷液速度和锅体转速等各工艺参数间的关系,以及喷雾的雾化压片、扇面压片等,这些因素对薄膜包衣质量有着较大的影响。

1. 薄膜衣的基本配方是什么? 如何设计薄膜衣处方?

薄膜包衣膜的质量与包衣膜处方组成密切相关。由于薄膜包衣的工艺特点及每个被包衣品种均各具特性,所以要求膜衣不但要具备坚硬且坚韧的性质,还应具有一定的可塑性、不脆裂,有黏附性、不剥落,能抗湿,上色快、遮盖力强,易溶解等特点。但上述要求并不是用单一材料就能达到的,通常需多种不同材料配合使用,功能互补。因此,薄膜衣料的基本配方应由成膜剂、增塑剂、着色剂、抗黏剂组成。现举例分述如下:

(1)胃溶型基本配方

1)成膜剂:羟丙甲纤维素(HPMC)、Ⅳ号丙烯酸树脂、聚乙烯吡咯烷酮(PVP)等,羟丙纤维素(HPC)、共聚维酮、聚乙烯醇(PVA)等,比例约为 45%。

2)增塑剂:聚乙二醇、蓖麻油、枸橼酸三乙酯,中链甘油三酯、甘油等,比例约为 9%。

3)抗黏剂:滑石粉、硬脂酸镁、硬脂酸、微粉硅胶等,比例为 10%~25%。

4)着色剂:氧化铁(红、棕、黄、黑色)、色淀、钛白粉(二氧化钛,用作遮蔽剂),约为 11%。

5)其他:约为 10%。根据片芯特点,上述比例也可适当调整,如改变成膜剂 HPMC 与丙烯酸树脂的比例可调节崩解时限,前者用量高则崩解快[1-2];后者用量高,抗湿性强。也可增加其他材料,如聚山梨酯 80(作增塑剂),乙基纤维素(EC)、乳糖(作致孔剂,可调节通透性,提高衣膜附着力)等。

例：首乌薄膜包衣片

羟丙甲纤维素（HPMC）	25g
Ⅳ号丙烯酸树脂	15g
聚乙二醇	3g
滑石粉	30g
氧化铁红	0.1g
氧化铁黄	0.4g
聚山梨酯 80	0.5g
乙醇	适量

（2）肠溶型基本配方：同样由成膜剂、增塑剂、着色剂、润滑剂等材料组成。而它的成膜剂主要是肠溶性的Ⅱ号或Ⅲ号丙烯酸树脂、醋酸羟丙纤维素琥珀酸酯、羟丙甲纤维素邻苯二甲酸酯等肠溶型基本配方如下：

羟丙甲纤维素（HPMC）	6%
Ⅱ号丙烯酸树脂	68%
聚乙二醇	6%
滑石粉	13%
氧化铁黄	6%
苯二甲酸二乙酯	1%
乙醇	适量

例：木瓜酶肠溶片

羟丙甲纤维素	5g
Ⅱ号丙烯酸树脂	35g
聚乙二醇	3g
滑石粉	10g
氧化铁黄	0.4g
苯二甲酸二乙酯	0.4g
乙醇	适量

例：痢速宁肠溶片[3]

Ⅱ号丙烯酸树脂乙醇溶液（6%）	20L
Ⅲ号丙烯酸树脂乙醇溶液（2%）	5L
聚山梨酯 80	0.4kg
苯二甲酸二乙酯	0.4kg
蓖麻油	0.5kg
滑石粉	0.7kg
乙醇	适量

设计中药薄膜包衣时，必须根据片芯质量与特点调整处方。一般可从遮盖率、成膜速度、片面填充和润滑性 4 个方面切入、分析、调整薄膜衣配方。

（1）若片芯硬度不够，导致的片芯易松散、耐磨性差，则首先应考虑增加成膜剂用量或调整成膜剂，或用高固含量包衣液包衣，或用高浓度乙醇配制包衣液，加快成膜速度，减少片芯滚动时间，防止片芯松散。或者适当降低包衣锅转速，以防止片芯磨损，同时应适当增加抗黏剂，防止粘连。

（2）若由于片芯片面粗糙，造成遮盖不严、光洁度差时，则可先考虑增加润滑剂以减少摩擦、防止粗糙程度加剧。同时适当增加一些填充剂、着色剂或遮蔽剂钛白粉等，填充、遮盖片面，增加光洁度。

（3）若由于膜料黏度过小或过大，包衣时出现上膜速度慢或片与片之间发生粘连时，则可分别调整：①黏度过小，应增加成膜剂用量或减少润滑剂用量，也可减少溶剂（乙醇）用量，以增加薄膜液的含固量等，均可提高上膜速度；②黏度过大，只需适当增加润滑剂即可，但应注意膜的牢度，润滑剂的增加应适度。

（4）若由于片芯吸湿性较强，遇水不但产生粘片而且会使片面起毛，片角变圆，严重时还会出现返底。则应适当增加成膜剂和润滑剂用量，尽量提高上膜速度，防止水分渗入片芯，并适当增加抗透湿材料。

（5）若由于片芯吸附性很差，导致露边、露底，上色缓慢，则在配方中应适度增加成膜剂、着色剂和遮蔽剂，增加成膜速度和吸附性；或者调整成膜材料，如选用黏附性更强的成膜材料，如羟丙纤维素、共聚维酮等，也可以在配方中加入乳糖等材料，提高黏附性。

2. 配制薄膜包衣溶液 / 混悬液的操作要点是什么?

确定了薄膜包衣处方后，如何配制包衣溶液也是包衣操作中的重要工序。质量好的包衣溶液应该是色泽一致、充分溶解或混悬的液体。若配制不当，在包衣时会产生喷头阻塞、色差等质量问题。具体以下述某半浸膏片为例。

薄膜包衣处方：

成膜剂：羟丙甲纤维素（HPMC）	32%
Ⅳ号丙烯酸树脂	19.2%
增塑剂：聚乙二醇 6 000	3.9%
润滑剂：滑石粉	38.4%
着色剂：氧化铁红	1.3%
聚山梨醇酯 80	5.2%
溶剂：（按处方量计算）	8.6 倍

配制方法：

（1）预处理：①羟丙甲纤维素（HPMC）加 10～12 倍量水浸泡 12 小时以上，过 18～20 目筛；②Ⅳ号丙烯酸树脂加 10～11 倍乙醇浸泡 12 小时以上，过 60 目筛；③聚乙二醇加 5 倍量水搅拌溶胀 1 小时；④滑石粉、氧化铁红混合，过 100 目筛。

（2）操作：③加乙醇适量混合，过 60 目筛；再加入④及乙醇适量，混合过 60 目筛，加①和乙醇适量混合过 60 目筛，加②和剩余乙醇混合过 60 目筛，加聚山梨酯 80 搅拌 60 分钟，过 100 目筛即成。

配制中应注意成膜材料与增塑剂等必须配成液体才能进行包衣，可根据衣膜材料性质，所用溶剂的毒性、易燃性及蒸发干燥速度等考虑配成溶液或是稳定的混悬液；有报道 HPMC 先用 90℃左右热水浸泡，可加快其在水中的溶解[4]；抗黏剂滑石粉及着色遮蔽剂氧化铁红、钛白粉等固体辅料的粒度大小，直接影响到包衣后制剂表面的光洁度、粗糙程度，粒度越大者，包衣后制剂表面则越粗糙，故必须要求 100 目以上的细粉末才能使用；经混合后的包衣液全料若经胶体磨反复 3～4 次研磨则更好，可使包衣溶液均匀、稳定，有利于提高包衣质量，操作中也可减少喷嘴堵塞。

工艺流程图，见图 1-7-1。

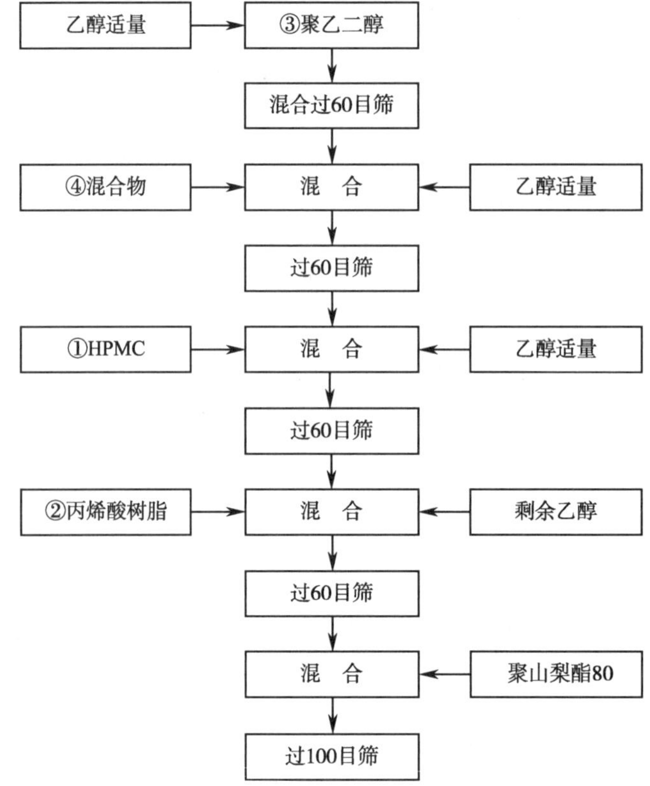

图 1-7-1　配制薄膜包衣溶液的工艺流程图

3. 薄膜包衣粉的作用及使用方法是什么?

薄膜包衣粉即薄膜包衣预混剂，是用于薄膜包衣的原材料，是各种成分经过科学合理配伍（有些成分还要进行预处理），经过充分混合的预混剂。配方成分由成膜材料、增塑剂、着色剂、抗黏剂等组成，全部配方成分经物理混合而成。

（1）薄膜包衣粉的特点：①操作简便：配液的固含量提高，包衣时间缩短。大量的以水为溶剂的包衣粉，成本更低，安全性更好。②使包衣缺陷减少：能够稳定包衣的机械性能、防潮、避光、抗氧化、美化外观等。

（2）薄膜包衣粉的使用：首先进行包衣粉的用量计算，由于片型大小不一，颜色深浅不一，中西药要求不一，所以片芯增重率也往往不同。原则上来讲：片型小，颜色反差大的中药片剂增重率较大，一般在 3%～5%，即用包衣粉量较多；反之，用量则较小，一般在 2%～4%。可通过预试验确定片芯增重率，包衣粉用量 = 片芯重量 × 片芯增重率。

例：100kg 牛黄解毒片，确定其片芯增重率为 3.5%

则：包衣粉用量 =100kg × 3.5%=3.5kg

使用时，用适宜的溶剂溶解包衣粉后，直接喷施于片剂、丸剂等进行包衣。

4. 薄膜包衣的工艺流程有哪些步骤?

薄膜包衣操作一般按下述步骤进行:

（1）试机：开启薄膜包衣机，确认各操作环节运转功能正常后停机。

（2）搅拌：将配制好的薄膜包衣液过 100 目筛，倒入搅拌机内搅拌 20～45 分钟。

（3）调整流量：将喷枪移至包衣锅外侧的固定位置，开启压缩空气，关闭雾化气阀后，开启输液泵调节喷枪（或多头喷枪）流量至等量后，关闭输液泵。

（4）调整雾化压力及扇面压力：开启输液泵及雾化气阀，调整雾化压力及扇面压力至最佳状态后，关闭压缩空气和输液泵。

（5）装片：根据包衣锅的容量，将适量片芯倒入包衣锅内，并将喷枪移至包衣锅内，调节喷枪与片芯的距离后固定喷枪位置。

（6）预热：预设温度（45～50℃），开启包衣锅使片芯翻动（此时包衣锅转速越慢越好，只要片芯能翻动即可），开启热风和吸尘机略呈负压，加热片芯，同时吸去片芯中残余细颗粒和细粉，至预设温度。

（7）喷液：加快包衣锅转速至片芯呈最佳翻滚状态，开启压缩空气、输液泵喷液，并根据片芯的特性调节流量，一般 50kg 一锅，正常流量为 200ml/min，从小到大逐渐增加至流量与温度达相对平衡状态，即达预设温度并保持不降后，连续喷液至符合该片包衣质量标准。

（8）结束：喷液至符合质量标准后，在逐渐降低流量的同时逐渐降温、慢慢冷却，停止喷液，关闭热风后 2～3 分钟，关闭吸尘机及包衣锅，出片。

按上述基本方法进行操作，一般应能达到薄膜包衣片的质量标准。但是由于中药片剂的原料及制剂较复杂，片芯的特性差异很大，如果仅按常规操作，往往不能达到质量要求，还会出现如露边、露底、粘连等各种质量问题。因此，必须根据片芯的特性，调整薄膜包衣操作方法的工艺条件或操作顺序。调整与否及如何调整的主要依据是片芯的热软化点、片芯表面的黏度和片芯表面的吸湿性等参数。因为片芯的热软化点与包衣操作温度有关，片芯表面的黏度和片芯表面的吸湿性与薄膜液的流量有关。

软化点是指片芯受热开始软化逐渐变形的温度。如易软化的全浸膏片一般软化点在 39～40℃，甚至更低，但也有个别全浸膏片高达 50℃也不软化。确定片芯软化点以后，可调整操作时预设温度，预设温度应低于软化点 2℃以确保片芯不软化。

片芯表面的黏度和片芯表面的吸湿性，是确定衣料喷雾流量、干燥温度、热风量的依据。一般全浸膏片片面的黏度大、吸湿率较高，喷薄膜液时流量宜小；纤维性、淀粉质较多的片芯表面的黏度差、吸湿率较低，喷薄膜液时流量宜大。而流量与干燥相关，干燥又与温度、风量相关。所以流量越大需要的干燥速度越快，干燥时间越短，需要的温度越高，风量越大；反之，流量越小，需要的干燥速度越慢，干燥时间越长，需要的温度低，风量小。流量、温度、风量三者密切相关。因此在操作时，特别在一开始喷薄膜液时，一定要根据片芯的特性来调节流量、温度与风量。待片芯表面有一层薄膜衣时再调整一次，直至找到最佳点，即当干燥温度、流量与风量三者达动态平衡时，可连续操作。

薄膜液喷完后的结束工作同样要根据片芯的特点进行操作，如软化点低的片芯喷完薄膜液后要放慢包衣锅转速，关闭热风，加大吸尘进行冷却，冷却后才能出锅，以防变形，特别是刻字片更应注意。

5. 非溶剂包衣工艺的包衣技术有哪些?

目前,溶剂包衣已逐渐被薄膜包衣取代。但是,薄膜包衣在使用有机溶剂时造成的生产操作问题以及残留的安全性问题依然存在。尽管水性薄膜包衣有效解决了薄膜包衣出现的问题,使之成为主流,然而还是存在包衣干燥时间很长和一些药物很敏感而不适用水性薄膜包衣的情况。对此,越来越多的厂家生产具有醇溶性和水溶性预包衣粉的包衣。近几年来很多非溶剂包衣技术不断成熟,逐渐由理论向具体的实践发展。非溶剂包衣工艺有很多优点[4],比如不需要溶剂蒸发的过程,生产时的工艺时间较短,对药物进行包衣时材料的利用率高,使生产成本大幅度降低等。非溶剂包衣工艺的包衣技术主要可分为以下形式。

(1)干粉包衣:干粉包衣技术最早起源于金属加工行业和木材加工行业,其原理为把非常细微的包衣材料喷射到材料表面,再对其进行加热时,粉末相互融合成为包衣膜。与金属底物经常使用热固性材料不同的是,固体口服制剂的包衣是具有热塑性的,所以很多时候都是加入一些增塑剂,使其玻璃化转化温度得到有效降低,降低成膜的温度,使包衣的强度与柔韧性得到有效增强。依据采用增塑剂的相关情况,干粉包衣分为两大类[5]。

1)热-干粉包衣:如果包衣分子材料的转化温度很低,那么不需要采用增塑剂,通过单纯的加热能包衣的可以使用这种方法。有国外学者采用转化温度约为50℃的聚丙烯酸树脂作为一种包衣材料,用红外线灯进行照射加热,采用水平旋转圆机制成包衣,使用扫描电镜对包衣膜进行观察,在80℃下静止放置,并向该包衣膜中加入少许羟丙纤维素的混合包衣粉,使其在中性与酸性尾部环境中可以很好地控释药物。

2)增塑剂-干粉包衣:这种方法是把包衣粉和增塑剂从两个不同的地方喷射到材料底物的表面,增塑剂为液态,可以很好地润湿粉末及材料底物的表面,使粉末黏附在制剂表面。然后在一定的转化温度下进行熟化,形成药物表面连续的包衣,其中薄膜转化温度为干粉包衣过程中最重要的参数,例如,在研究肠溶包衣材料HPMCAS与增塑剂TEC用于茶碱微丸流化床包衣的过程中,药丸包衣之后在一定的温度和时间内进行熟化,利用电镜对其表面和切面形态进行观察,使用相关仪器对其转化温度进行测量,还要检测出在胃酸溶液中的溶解情况[6]。最终的结果显示,肠溶衣形成需要的温度和这种包衣材料的转化温度很相近;如果延长熟化的时间,在熟化温度下也可以形成很好的包衣膜。

(2)热融包衣:这种方法是把处于融化状态的材料喷涂于底物,随后进行冷却成型,形成包衣膜的过程。这种方法对包衣材料有很高的要求,其熔点要高于85℃,而且要在150℃时有很好的物理和化学性质,由于包衣材料在喷涂时需要保证其温度在60℃左右,这样可以保障其流畅性和喷涂效果。热融包衣的材料在喷涂时经常发生固化凝结,为了有效避免这种情况,采用的热熔材料大都是熔点很低的来自植物的油脂。使用很多种材料进行混合,有利于药物的释放速度。热融包衣和缓释制剂很搭配,可以使得快速释放相存在于缓慢释放相之前。与其他工艺所不同的是热融包衣不需要把药物融合在其他聚合物中,缺点是这种方法对药物的稳定性有很高的要求。

(3)静电包衣:该工艺在国外主要用于汽车的电镀、喷漆行业等,其基本原理为利用高电压进行喷射,将包衣粉末带电,然后利用空气将粉末喷涂到底物的表面。底物需要接通地面以保证零势能,通过粉末喷枪喷出后,包衣粉末带电,带电的粉末可以在底物的表面进行黏附,随后进行加热熟化使其在表面形成包衣膜。在医疗药学的相关领域,这种方法可以应用于生产植入体内药物的支架。这种方法用在药物片剂包衣时,进行包衣的材料和片芯必须有足够的导电性能，这样才可以满足片剂包衣的要求。进行包衣之前，把片芯短时间放置在湿度较高的环境中，这样可以有效减少片芯的电阻值，也可以放在铵盐的溶液环境中。溶液的溶剂挥发之后，空气中变得潮湿，在片芯的表面形成一层电凝胶层，可以有效降低片芯的电阻率。

（4）压制包衣：又称为干压包衣，其原理和压制包芯片很相似，即把内层的片芯放置在外层的材料中，进行压片的过程。这种方法有很多缺点，不能保证芯片正确处于中心的位置从而使表面的厚度均衡，这种方法的应用在很长的时间内都是受到限制的。压制包衣技术是一种较为新型的压片包衣技术，把压片和包衣在一个设备当中一前一后完成，可以得到很稳定的药物缓释包衣。压制包衣可分为 3 个步骤：首先把 50% 以上的包衣材料粉末进行预先压制，然后把内层的材料粉末放入冲模压制，最后放入剩下的包衣材料粉末压成片，要使包衣上、下两层的厚度相同。经过压制的包衣层比上述增塑剂 - 干粉包衣的厚度更薄且有很好的药物缓释效果，同时可以通过调整包衣的厚度改变溶出时间。使用此技术能更好地控制药物的使用量，也提供了新的平台进行缓控释制剂的研究。

（5）超临界流体包衣：这种方法是应用原料药粉末产生的包衣，在一些包衣如片芯和大丸芯的包衣中很少使用，其按照严格的要求来说是使用溶剂的。一般要把包衣材料放在超临界的 CO_2 中进行溶解，然后把将要进行包衣的有效成分分布在该溶液中，利用喷雾的形式使其压力迅速降低，将 CO_2 挥发出去，在工艺最后包衣材料沉淀下来并形成包衣膜。但由于包衣材料的溶解性一般很差，通常加入一些溶剂如丙酮等。此外，一般活性成分不耐热而且呈大分子，因此还有一种方法是把包衣材料先进行溶解，然后使用处于临界范围的 CO_2 进行萃取再进行沉淀，得到包衣膜的工艺方法。该方法对包衣材料的溶解性要求不高。还有一些科研学者试图将共聚物与纤维素结合起来，作为一种包衣剂，和微丸相近的一些分子进行分散玻璃珠式的包衣。因为喷雾的方法也适用于粉末，在这个研究当中使用加热的方法来促进 CO_2 的挥发，使制剂包衣的可控性大幅度增加。

6. 什么情况下薄膜衣要分内层、外层？如何设计薄膜衣内层处方？

当制备薄膜包衣片时，一般遇到下述情况要考虑包裹内、外层薄膜衣：①中药薄膜包衣片片芯大多片面粗糙，而这种粗糙片面由于受处方组成和辅料用量的限制，在制粒、压片中又无法克服。为了使薄膜包衣片片芯达到表面光洁的要求，必须先包内层，对粗糙片面进行处理，使外层有色薄膜能顺利包裹。②中药薄膜包衣片片芯多数颜色较深，若要包浅色片，深色的底色难以包上鲜艳色彩的膜衣。为了达到色泽鲜艳的目的，必须先包上一层白色底色，然后再包有色层。因此对于片芯片面粗糙或略有松散、片芯颜色较深而要求包浅色片等情况，都必须分内、外二层衣膜。

为了改善薄膜包衣片片芯表面粗糙度和深色的底色，一般均需包内层。内层薄膜衣的设计应达到上膜快、增白快、填充好的目的。所用薄膜衣材料应包括成膜剂、抗黏剂和着色剂等三大类。

如胃溶型内层薄膜衣基本处方：

成膜剂：	羟丙甲纤维素	26%
	Ⅳ号丙烯酸树脂	10%
抗黏剂：	滑石粉	32%
着色剂：	钛白粉（二氧化钛）	32%

具体用量比必须根据片剂的特性，如片剂表面的粗糙程度、黏度、颜色的深浅度进行调整。若该片的片芯表面粗糙，则应增加抗黏剂滑石粉的用量；若片芯表面粗糙而黏度又较差，则应在增加抗黏剂用量的同时增加成膜剂羟丙甲纤维素的量；若片芯表面粗糙而黏度又较强，则应增加抗黏剂的滑石粉用量，同时减少成膜剂羟丙甲纤维素或Ⅳ号丙烯酸树脂的用量。若该片的片芯表面光洁，仅颜色太深，则应增加着色剂钛白粉（二氧化钛）用量；若片芯表面光洁、颜色深且黏度较强，则应减少成膜剂羟丙甲纤维素的用量；若片芯表面光洁、颜色深且黏度较差，则只需增加成膜剂羟丙甲纤维素的用量即可；若片芯表面光洁、颜色特别深、黏度适中时，则应增加着色剂钛白粉（二氧化钛）用量，减少润滑填充剂滑石粉的用量。

同时要注意对于根据片芯特性调整后的处方，必须做小样试验加以验证，然后放大生产，再根据大生产情况做一些微调，这样的配方比较成熟。需强调的是每一品种应有一张适合本品特性的处方，包了内层后的片剂片面应为白色而光洁，有利于包外层。

7. 中药片芯为什么不是都适宜用全水薄膜包衣?

用水配制薄膜包衣液进行包衣称为全水薄膜包衣。全水薄膜包衣有以下诸多优点：如薄膜包衣液配制操作简单，溶解、溶散时间快，只需将粉末材料混合过筛，加水混合后即可使用；喷膜时喷枪不容易阻塞；一般大多数成品光洁度比用乙醇的好；省去乙醇，可降低生产成本，减少环境污染，确保生产安全，有利于提高经济效益等。但部分全水薄膜包衣必须在45℃以上进行，以确保水分的蒸发干燥速度。为此，要求薄膜包衣的片芯需承受45℃温度而不软化、不变形，且吸湿率要低。而中药片剂大多数为易吸潮的全浸膏或半浸膏片，一般45℃以上都会出现不同程度的软化现象而产生变形，特别是刻字片上字上凹部位的水分因来不及挥发而会引发膨胀造成字体模糊不清，同时还会造成片与片之间发生粘连，而产生粘片、露边、露底，以及因为吸潮膨胀又产生胖片等一系列质量问题，使包衣无法进行。因此，部分全水薄膜包衣不适宜于大多数易吸潮的中药全浸膏或半浸膏片，更不适宜于含芳香性或易挥发性药物的片芯。如含挥发性药物冰片、薄荷脑等的中药片芯在45℃以上极易挥发，全水包衣时大量挥发逸出，造成片面表面无数小孔，冷却后出现白色的结晶体，不仅影响稳定性，还会使服用者误解；含纤维性成分较多的片剂遇水又易膨胀，使片剂失去漂亮的棱角。只有极少数具有抗湿、耐高温或一部分提取片片芯可采用全水薄膜包衣。

8. 薄膜包衣对片芯形状有什么要求?

片芯质量是影响薄膜包衣的主要技术因素。片芯的机械性质，特别是硬度、耐磨性、轮廓及表面的规整性对薄膜包衣的成效起着主要作用，这里面涉及片剂处方的黏合剂选择、颗粒粒度、水分、压片的机械性质，如压力等有关物理化学、化学工程学的研究，特别是中药片剂多由提取浸膏和药材细粉制成，其难度比化学药片更大，所以强调以最大限度满足片芯要求为准则。

薄膜片包衣的片芯形状和包糖衣片一样有一定的要求，而且在一定程度上关系到包衣的质量与成败。薄膜包衣对一般圆片要求是深胖片、浅胖片，直径超过10.5mm者最好选择深胖片。对特别是异形片者如三角形、椭圆形、方形、胶囊形、肾形、柳叶形等，其厚度要求适中，带角处应有一定的圆度，片中央应有适当的胖度，且胖度不得低于平胖片；肾形、柳叶形者还要有一定的弧度则包衣效果更好。因为片芯包衣时，在锅内要有流畅的自然翻滚，翻滚越好，薄膜衣料需用量少，膜衣色泽均匀，片重差异小，包衣操作时间短。反之，由于片形设计失误，造成翻滚不好，其结果是操作时间长，薄膜衣料用量大，色泽不均，片重差异大，甚至片芯贴着锅壁打滑，不但不能均匀上膜，而且还会使包上的膜被磨掉。一些有角的片芯，如三角片、方片由于角度设计过于追求美观或太尖，从而影响翻滚，容易产生断角，而且尖角不但包不住，还会产生片与片之间过分摩擦，擦伤片芯中央形成的薄膜衣，使包衣不能进行。因此要生产出美观、高质量的薄膜包衣片，片芯形状的设计也是重要的一环。

9. 如何对颗粒进行薄膜包衣？颗粒包衣与片剂包衣有何不同？

颗粒的薄膜包衣在产业化上应用非常少，多采用流化床包衣进行。和片剂薄膜包衣操作一样，包衣锅的转速以及喷枪的流量、温度、风量必须根据颗粒特性进行预选设定、调整。与片剂相比，区别在于颗粒不但体积小而且比重轻又易松散，因此在包衣时，包衣锅的转速相对要慢，特别是刚开机时更要慢，防止颗粒松散产生细粉；薄膜衣液的含固量要低、而溶剂乙醇的浓度相对要高些；喷枪的流量要小，雾化效果要好、雾化面要大，以防止颗粒粘连产生结块；温度相对偏高些，但风量要小，既要能保证及时干燥又要防止颗粒飞扬。必须注意，颗粒的包衣和片剂的包衣一样，一定要根据颗粒的特性，如颗粒的比重、黏度大小及吸湿率来确定包衣锅的转速、包衣液的流量、雾化的程度、温度的高低、风量的大小，才能确保薄膜包衣的顺利进行。

10. 为什么干法制粒的颗粒最适合颗粒薄膜包衣？

薄膜包衣的颗粒与压片的颗粒要求有明显的区别，压片的颗粒要求疏松又有弹性，颗粒与细粉要有一定的比例。而薄膜包衣的颗粒在保证溶散的前提下越硬越好，颗粒的粒度一般要求在10～24目，细粉越少越好。

制粒的方法很多，有湿法制粒、挤压法制粒、一步制粒、干法制粒等。但除干法制粒外，各法制得的颗粒一般都有一定数量的细粉而且颗粒疏松、多孔。薄膜包衣时不但薄膜液用量大，而且一经翻滚容易产生细粉和颗粒之间的粘连，增大了包衣的难度和影响成品得率。

干法制粒所制得的颗粒，结实不易松散，表面较光洁，颗粒在包衣锅内翻滚不易产生细粉，很大程度上防止了颗粒之间的粘连。包衣时薄膜液用料省，降低了原料成本，又由于干法制粒所制得的颗粒大小相对比较均匀，因此干法制粒的颗粒最适宜颗粒薄膜包衣。

11. 薄膜包衣机设备应具备哪些基本技术性能？

薄膜包衣机是对片剂、颗粒剂等进行糖衣、薄膜等包衣的设备，主要由主机（原糖衣机）、可控常温热风系统、自动供液供气的喷雾系统等部分组成。主电机可变频调速，它是用电器自动控制的办法将包衣液用高雾化喷枪喷到药片表面上，同时药片在包衣锅内作连续复杂的轨迹运动，使包衣液均匀地包在药片的片芯上，锅内有可控常温热风对药片同时进行干燥，使片芯表面快速形成坚固、细密、完整、圆滑的表面薄膜。配件：调速器、喷枪、液杯、包衣锅、鼓风机。一台好的薄膜包衣机除制作精良外，必须具备以下基本性能：①整机结构、材质符合中药GMP要求；②符合防爆要求；③清洗方便并具有自动放水装置；

④包衣锅具有变速功能（0～20r/min），同时能良好地翻滚；⑤喷枪雾化完全，断气必停喷，停喷时无滴漏现象，雾化度、雾化范围及离片芯的距离可自由调节；⑥具有薄膜液的流量显示，流量大小可自由调节，并应配备蠕动泵以便于清洁；⑦具有包衣锅内温度、压差及风量显示装置，并可自由调节；⑧搅拌桶内的搅拌桨上下、前后、速度可自由调节，搅拌桨应呈切削形，转速 0～100r/min；⑨有片剂实际温度显示，其温差不得大于 1℃，片温最高温度可高达 70℃；⑩具备良好且方便的吸尘、除尘、贮藏装置。

12. 高效薄膜包衣机具备哪些优点？

高效薄膜包衣机主要由主机、进风机、排风机、配液站、喷雾系统以及电器控制系统等组成。①主机：由全封闭不锈钢机壳、不锈钢滚筒、不锈钢清洗槽、减速机、电机以及电加热器等部分组成，是药片进行包衣的工作区。②进风机：由过滤器及风机组成，并通过不锈钢管道与主机的电加热器相连，风机将过滤后的洁净空气经主机的电加热器加热后送入滚筒内，在包衣过程中为药片加热，是包衣过程中的必备要素。③排风机：由风机、过滤器以及集灰斗组成，排风机中的风机将从滚筒内部产生的带有粉尘的废气，经过不锈钢管道吸入排风机，经过过滤器的过滤，将洁净空气排出室外，包衣完成后将集灰斗取出，进行清洗后以供下次使用，是包衣过程中的保障要素。④配液站：由配液桶、无级调速搅拌器、蠕动泵、管道等部分组成，包衣辅料按照工艺要求倒入配液桶内，利用搅拌器进行搅拌，使之充分溶解，然后使用蠕动泵将包衣辅料输送到喷雾装置中。⑤喷雾系统：由喷枪以及管道等组成，是包衣的关键因素。⑥电器控制系统：由可编程逻辑控制器（PLC）和人机交互界面（HMI）组成的控制系统，设计合理、编程灵活，可满足各种不同的制药工艺需要，工作可靠，性能稳定，符合 GMP 要求；使用按键控制简单、可靠、维护方便；热风温度数码显示，设定后可自动调节。

当药片装入滚筒内后，在重力、摩擦力的作用下，药片在不锈钢滚筒体内做复杂运动，当包衣辅料均匀地喷洒在药片表面后，由送入滚筒内的热风将药片干燥，这样经过多次循环使药片表面形成一层或数层的衣膜，使药片更加美观、便于保存及区分。素芯在流线型导流板搅拌器作用下，翻转流畅、交换频繁，消除了素芯从高处落下和碰撞现象，杜绝了碎片和磕边，提高成品率。导流板上表面窄小，避免了辅料在其表面的黏附，节约了辅料，提高了药品质量。此外，高效薄膜包衣机取消了回流管，采用恒压变量蠕动泵。滚轮的回转半径随压力变化而随时变动，输出浆料与喷浆量自动平衡，稳定了雾化效果，简化了喷雾系统，防止了喷枪堵塞，节约了辅料，且清洗简单，无死角。

总体来说，高效薄膜包衣机设计先进、操作方便、密封性能好、外形美观、清理方便。

13. 薄膜包衣片产生露边、露底，如何解决？

在薄膜包衣过程中，由于操作不当或薄膜液配方不合理，在片剂的边缘露出底色，称为露边；在片剂的中央露出底色称为露底。产生露边、露底的主要原因是在薄膜包衣过程中，由于对片芯的吸湿率没有充分了解，在喷薄膜液时流量过大，干燥速度一时跟不上造成露边；若露边情况很明显，甚至严重时会出现露底。如能及时发现，降低流量或提高干燥速度即可解决。但流量过小，干燥速度过快也会产生露边，这种露边不明显而是隐约出现，同时伴随出现隐约露底，包衣锅内可见粉尘飞扬严重、片剂的表面有残余粉末。如不及时发现，露底情况随着时间延长将会更加严重；如能及时发现，则只需增加流量或减慢干燥速度即可避免。

若在纠正了上述操作方法后仍出现露边或露底现象，证明产生原因不是操作问题，而是薄膜液的配方问题。如薄膜液的配方中成膜剂用量太少，造成黏度不够；或润滑剂过量，造成黏度降低。这时必须增加成膜剂用量或更换复合膜材料品种，必要时也可采用降低润滑剂用量的方法来解决。

14. 薄膜包衣产生粘片、粘锅及起泡，如何解决?

在包衣过程中，当作用于片与片界面的内聚力大于分子分离力时，会发生多个片芯(多个颗粒)短暂粘连而后又分开的现象[7]。当喷雾和干燥之间的平衡不好时，片芯过湿则会粘在锅壁或相互粘连，还会造成粘连处的衣膜破裂；在喷雾中当雾滴未充分干燥时，未破裂的雾滴会停留在局部衣膜中，存在小气泡，形成带泡衣层，使包衣片出现起泡。

这种包衣缺陷的程度和发生率主要取决于包衣操作条件，喷雾和干燥之间不平衡。喷雾速度过快或雾化气体体积过量，因进风量过小或进风温度过低，片床温度低，导致干燥速度太慢，片芯没有及时层层干燥而发生粘连或起泡。此外，由于喷雾角度或距离不妥，喷雾形成的锥面小，包衣液集中在某一区域，造成局部过湿，导致粘连包衣液的黏度太大，也是原因之一。包衣液黏度大，易形成较大的雾滴，它渗透进入片芯的能力较差，片面聚集较多而产生粘连，同时衣膜的致密度差，起泡多。但这点对短暂粘连的影响不是很大。另外，片型不合适也会出现粘连。如平片在包衣锅中滚动不好而重叠在一起，容易造成双层或多层片。还有包衣锅转速慢，离心力太小，片芯滚动不好也会产生粘连。

解决方法主要是调整喷雾与干燥速度，使之达到动态平衡。降低喷雾速度，提高进风量和进风温度，以提高片床温度和干燥速度[7]；还可以加大喷雾的覆盖面积，减小平均雾滴粒径或调整喷枪到片床的距离，使短暂的粘连发生率随着喷枪与片床距离的调整而下降；调整包衣液的处方，在黏度允许的范围内增加包衣液中的固体含量，减少溶剂用量或适当提高乙醇浓度；也可适当加入抗黏剂，如滑石粉、硬脂酸镁、微粉硅胶或二氧化钛等。可适当提高包衣锅的转速，增加片床的离心力；选择适当的片形包衣——对应平面片，像盐酸丁咯地尔片，采用高效包衣锅或在普通包衣锅中设置挡板来促进片床滚动，可成功进行包衣。

15. 包衣膜表面出现“标识架桥”的原因是什么？如何解决?

“标识架桥”的情况发生在片表面有刻痕或标识的药片。由于衣膜的机械参数欠合理，如弹性系数过高、膜强度较差、黏附性不好等，在衣膜干燥过程中产生高回拉力，将衣膜表面从刻痕中拉起，薄膜回缩而发生架桥现象，使片面刻痕消失或标识不清楚，产生这种现象的原因主要在于包衣液的处方。

调整包衣液的处方，如使用黏附力较强的成膜材料如羟丙纤维素、共聚维酮、聚乙烯醇等，或在配方中加入乳糖等材料可以增加包衣膜的黏附性；增加溶剂量，降低包衣液的黏度；增加增塑剂的用量，减少内应力。不同增塑剂效果不相同，聚乙二醇 200 优于丙二醇、甘油。也可降低喷雾速度。增加进风温度，提高片床温度，使形成的包膜坚固，但要防止边缘开裂。另外，在设计有标识的冲模时，应注意切角宽度等细微之处，尽量防止架桥现象发生。

16. 如何解决薄膜包衣片色泽不均匀的问题?

在薄膜包衣片成品中出现花片或色点，都称为色泽不均匀或色差。发生原因和解决办法如下。

（1）着色剂选用不当：在薄膜包衣液配方中一般都采用不溶物，如氧化铁、色淀等作着色剂，所以只要按照正确操作方法配制薄膜包衣液，一般不会产生色泽不均匀的质量问题。如果采用水溶性色素或叶绿素等一类着色剂则很容易产生色泽不均匀，因为此类着色剂与成膜材料或增塑剂及溶剂的亲和性或溶解性差，往往在包衣液中不能均匀分配而造成色差。因此，除全水薄膜包衣液外，在一般薄膜包衣液配方中不宜采用水溶性色素作着色剂。

（2）薄膜包衣液配制不当：在配制薄膜包衣液时由于预处理不规范或配方中着色剂用量不合适，均会造成包衣成品色泽不均匀。如：①预处理中材料溶散时间不够或膜料没有过筛；②钛白粉没有经过预处理，造成白点，解决方法是可用适量水胀透；③着色剂如钛白粉用量不够，增加到适度即可。

（3）包衣机本身翻滚性能不好或挡板设计不合理：片芯翻滚时有死角或有停顿，或操作时包衣锅转速没有根据片芯的大小、比重调到最佳翻滚转速，使薄膜液不能均匀地喷在片芯上，造成色泽不均匀，这点在包异形片时更应特别注意。另外，挡板设计不合理也会影响片芯翻滚。

17. 如何防止薄膜包衣片产生变形?

在薄膜包衣过程中由于包衣操作不当造成片剂无棱角、凹瘪、缩片、胖片等都称为变形。大多发生在全浸膏片的薄膜包衣，特别是全浸膏异形片包衣。变形一般都因包衣时操作不当造成，流量过大和温度过高是造成变形的主要原因。由于流量过大，一时来不及干燥，遇到高温浸膏软化，片芯失去棱角。此时虽及时降低流量，但大量水分已进入片芯，有些片芯在高温干燥下开始收缩，在片的边缘产生一条条收缩造成缩片；有的片芯在高温干燥下开始膨胀，如时间较长，片芯中间还会出现空心，造成胖片。因此，根据片芯的热软化点掌握流量和温度是防止变形的关键所在。包衣机内导向板和锅型的设计原因，造成的片剂翻滚不好，片剂翻滚时留有死角或出现停顿；或未根据片芯的大小、比重调到最佳翻滚转速，均可使薄膜液不能均匀喷在片芯上，部分片芯吸湿过分造成变形。此时出现的变形不是整锅而是部分，特别是异形片更明显。必须及时根据片芯的大小、比重调到最佳翻滚转速加以挽救。

18. 包衣中产生裂片的原因及解决方法有哪些?

在薄膜包衣操作过程中，时而出现从片的腰间开裂或顶部脱落一层的裂片，俗称壳片。这种现象都发生在片芯，在包衣前片芯质量检查时，一时很难发现，一旦遇到薄膜液中的水分、乙醇和包衣中翻滚的冲击，就开始裂片，这种现象称隐裂，俗称暗壳。发生这种现象时，应该从片芯的处方设计即辅料选用、原辅料配比以及制粒方法、颗粒含水量等方面找原因，并加以克服。如裂片不严重，压片时适当降低压力也能起到一定的作用。若包衣时发现这种片芯，开机后包衣锅转速要缓慢，甚至可降到 2r/min，同时包衣液喷雾流量要小，温度要控制在 40℃左右，使其慢慢上膜，防止水分的侵入和翻滚的撞击。待片芯上有一层薄薄的薄膜保护层时，才可恢复正常速度包衣。这种方法一般都能有效控制包衣中的裂片，但是要从根本上解决问题，还得从片芯着手。

19. 包薄膜衣后片重差异、崩解时限及含水量不合格，如何解决？

（1）片芯重量差异合格，但经包薄膜衣后包衣片重量差异不合格，即可定为成品重量差异不合格。因薄膜衣片和糖衣片不同，糖衣片只要片芯重量差异符合规定限度，包衣后不再检查重量差异。而薄膜衣片包衣前后，即片芯与成品均要检查重量差异，目的是确保包裹的薄膜衣厚薄均匀。包衣过程中主要有以下情况可能造成片重差异不合格，应针对解决。

1）薄膜液配制工艺不合理或未过 100 目筛，料液不均匀，且喷液时未执行边搅拌边喷液规定，使薄膜液中固体物沉淀，并且造成喷枪经常阻塞，使片芯上膜不均匀。应按规定工艺配制薄膜液，并执行边搅拌边喷液的规定。

2）包衣机本身翻滚不好，片剂翻滚时有死角或有停顿，或未根据片芯的大小、比重调整到最佳翻滚转速，从而使薄膜液喷在片芯上不均匀。应检查包衣机，重新调整包衣锅转速。

3）片芯未全部包裹就急于出锅，造成薄膜衣厚薄不均。因此包薄膜衣必须执行定量包衣，即按片芯量配制定量薄膜液，薄膜液必须全部喷完，包衣操作才能完成。

（2）片芯崩解时限合格，但经包薄膜衣后成品崩解时限超出规定。出现这种情况，首先应观察崩解全过程，确定超标的原因是薄膜衣还是片芯。根据所造成的原因，一般解决方法如下。

1）片芯崩解时限本身在规定的边缘，一经包衣即造成崩解不合格。应从片芯着手，调整片芯辅料与制粒工艺，使片芯有合适的、为薄膜崩解留有一定余地的崩解时限。薄膜衣崩解时限约为 5 分钟。

2）薄膜衣料配方不合理，使薄膜衣的崩解时限太长，影响包衣成品崩解。薄膜衣崩解时限一般应控制在 5 分钟以内，最长不得超过 8 分钟，若超过 8 分钟说明该薄膜衣配方中成膜剂用量过量，应调整；如因特殊需要不能减少成膜剂用量时可适当增加崩解剂，如羧甲基淀粉钠、交联羧甲纤维素钠、交联聚维酮等均可起到很好的崩解效果；着色剂中的钛白粉也具有崩解剂作用，在不影响色泽的情况下可适当增加用量。

3）由于操作时温度过高或有一段持续高温、其温度超过片芯的软化点温度，使片芯内的浸膏受热软化结块，冷却后将片芯中的毛细管作用破坏，使水分无法进入而造成崩解不合格。该情况较易发生在全浸膏片或含浸膏较多的半浸膏片包衣过程中。可降低温度、严格控制片芯的软化点，并应注意压片时压力不宜过高，一般都有可能得到解决。

（3）片芯含水量合格，但经包衣后成品含水量不合格，造成原因主要是操作方法问题。首先是包衣操作时薄膜液喷枪流量过大，薄膜液来不及干燥所造成。在薄膜包衣过程中，流量、温度、风量三者关系密切，三者配合不好，容易发生各种质量问题，成品含水量不合格是其中一种。一般为出现水分超标，解决方法是调整流量、温度与风量，使喷枪喷出的薄膜液用合适的温度、风量及时干燥，成品含水量不至于上升。其次是薄膜液中作为溶剂的乙醇浓度，过低的乙醇浓度不容易干燥，当薄膜液中的水分超过一定温度、风量的干燥能力时，多余的水分停留在片芯中，随着包衣时间的增加水分同时增加，导致成品含水量不合格。因此，可适当提高薄膜液的乙醇浓度，降低薄膜液中水分，在乙醇挥发干燥的同时又可带走水分。

20. 薄膜衣与糖衣对比，优势有哪些?

过去中药包衣片大多为糖衣片。由于包糖衣需要用大量辅料（一般为片芯重量的60%～70%），其中有大量的滑石粉、糖和合成色素，不但长期服用有损健康，某些病种患者服用包糖衣的药品还有相关限制；包衣过程所需操作时间长，需12～16小时，且生产环境粉尘飞扬严重，尘粒数可高出劳动保护规定标准的8～10倍，严重影响操作者健康和环保；包衣工艺中片料反复接触湿热，影响片中某些不耐湿热成分及所用色淀或其他着色剂的稳定性，极易造成裂片、变色，影响产品质量。故确实有必要将糖衣改成薄膜衣，以克服糖衣的上述不足，改善中药包衣片质量，提高产品技术含量和市场竞争力。薄膜包衣与包糖衣比较，总结有以下优点[8-9]。

（1）由于成膜剂和多数辅助添加剂都是理化性能优异的高分子材料，使得包成的薄膜衣片不但能防潮、避光、掩味、耐磨，而且不易霉变，容易崩解，大大提高了药物的溶出度、生物利用度和药物有效期，大大扩大了药物可销售的国家和地域，有力地促进了药物出口，特别是中成药。

（2）增重少：仅使片芯重增加2%～4%，而糖衣片剂（其中主要辅料成分是国外已淘汰的滑石粉）往往可使片芯重量增大50%～100%。

（3）干燥快：薄膜包衣干燥时间短，一般仅需2～3小时，而包糖衣一般需16小时。薄膜包衣干燥操作简便，易于掌握，特别是对高温易破坏的药物宜于保存其质量。

（4）形象美：片型美观，色泽鲜艳，标志清新，形象生动。片芯可以采用各种平曲造型，企业的商标、标志可直接冲在片芯上，包好薄膜衣后仍清晰明显，不仅可提高企业形象，同时可起到防伪作用。

（5）品种多：薄膜包衣有众多的材料可供选择，通过包衣处方的设计可制成不同特点的薄膜衣，以改变片芯的释药位置和药物的释放特性。现在除胃溶膜、肠溶膜外，还有口溶膜（含片）、缓释膜、控释膜、复合膜（除片芯外，膜中还含有另外主药）以及微孔膜、渗透泵包衣、靶向给药包衣，这使得包衣膜作用大大提高。

（6）稳定性好、防潮效果好：早期中药制剂防潮主要用包糖衣，然而这一技术存在诸多问题，如包衣过程复杂、工作量大、耗费时间长，且占总质量30%～50%的蔗糖和滑石粉等辅料会对人体健康造成威胁，尤其是对糖尿病患者及老年患者，且糖衣片的稳定性也较差。薄膜包衣技术在包衣的过程中，当片芯在包衣设备中转动时，包衣液同时以细小的液滴被喷出到达片芯表面，通过接触、铺展、液滴间的相互接合，溶剂挥发，高分子成膜材料形成致密衣膜，具有较好的稳定性和防潮吸湿性。

21. 新型“果衣膜剂”在制剂生产中的应用如何?

由于目前国际、国内所用的薄膜包衣材料均为合成或半合成的高分子材料，其合成过程中对环境造成的严重污染，以及服用这类辅料对人体产生的危害等，已引起人们的高度重视。回归大自然、崇尚绿色已成为时尚，受天然果皮保护果实和蜡光细腻、色泽鲜艳、果味宜人的启发，根据天然果皮中富含植物纤维、黏液质、果胶等具有很好成膜作用的纯天然高分子物质，经过对这些天然高分子物质的结构改造处理，对包衣处方及工艺的优化设计，研制了纯天然的“果衣膜剂”，已应用于固体制剂的薄膜包衣[10]，除具备上述合成高分子薄膜包衣剂的优点外，还有以下特点。

（1）纯天然的成膜材料：果实中的天然纤维素是由脱水葡萄糖单元环构成的链状线性分子。

（2）完善的果衣膜剂配方设计：采用正交试验设计与计算机辅助模拟薄膜包衣配方相结合的方法，模拟特定配方，操作方便。根据配方设计人员研究改变变量后的结果，可以优化配方。

（3）药食两用的天然原料，安全无毒：目前国内外所用的合成和半合成的高分子物质薄膜包衣材料，对人体的危害和制备中的环境污染令人担忧，以天然果皮为原料，经过特殊工艺加工而成的包衣材料，与当前人们崇尚绿色、回归自然、绿色消费相适应。

（4）天然果味宜人爽口：由于合成的高分子物质总给人一种不适感觉，采用果衣膜剂，呈现天然果衣色泽，光洁细腻，果味宜人。

22. 如何解决高固含量的薄膜包衣配方的颜色均匀度和表面光滑度问题？

某公司通过与基于聚乙烯醇（PVA）的高性能薄膜包衣系统进行比较，基于 PVA-PEG 共聚物开发的薄膜包衣系统具有低黏度的特性，实现了更高的配液固含量和高效的包衣效率。在固含量高于 20% 时，该包衣系统在 3% 增重时即能达到颜色均匀度要求，且片剂外观优美，表面光滑。将包衣液固含量从 20% 提高到 35% 可使包衣时间缩短 42%，同时仍然呈现出优异的片剂外观和颜色均匀度[11]。具体从以下几方面展开。

（1）包衣液黏度：通常推荐 450～500mPa·s 的极限黏度，低于该值能避免包衣液的泵液困难问题。

（2）包衣性能和颜色均匀：开发中的薄膜包衣系统在 20% 和 35% 的固含量下没有出现粘连问题。包衣液固含量的提高显著减少了需要使用的包衣液总量。PVA 包衣粉的包衣增重到 4% 的时间也能通过提高固含量来缩短，然而由于包衣液的黏度高，固含量高于 30% 时就无法包衣了。

开发中的薄膜包衣系统的包衣片剂，20% 固含量时，2.5% 增重实现颜色均匀；35% 固含量时，3.0% 增重实现颜色均匀；35% 的固含量虽然提高了包衣效率，但实现颜色均匀度的时间延长了 30%。

（3）外观评价：包衣液的黏度和表面张力是影响片剂表面粗糙度与光泽度的关键特性。较低黏度的包衣液更易于雾化，从而提高覆盖面，使液滴更易铺展，增强衣膜结合力。而降低表面张力可以使表面上的液滴更易铺展，并通过改善表面湿润增强衣膜结合力。开发中的薄膜包衣系统在固含量 20% 和 35% 时都呈现了优异的片剂外观和标识清晰度，并且具有高光泽度和低表面粗糙度。且其在固含量 35% 时包出的片剂外观（光泽度）与 PVA 包衣粉在固含量 20% 的结果相当，而且明显比 PVA 包衣粉在固含量 30% 的结果更好。

此外，目前也有上市的基于共聚维酮和羟丙纤维素混合物作为成膜材料的包衣粉，也能配制高达 35% 固含量的包衣液，同时达到均匀的颜色和光滑的外观。

23. 新型薄膜包衣材料有哪些？

（1）胃溶性薄膜衣材料：该类材料可以在水或胃液中溶解。

1）羟丙甲纤维素（HPMC）：本品能溶解于任何 pH、胃肠液内，以及 70% 以下的乙醇、丙酮、异丙醇中，不溶于热水及 60% 以上的糖浆；具有优良的成膜性能，膜透明坚韧、包衣时无黏结现象。

2）羟丙纤维素（HPC）：其溶解性能与 HPMC 相似，常用 2% 水溶液包薄膜衣，但在干燥过程中易产生较大的黏性，不易控制，可加入少量滑石粉改善或与其他薄膜衣材料混合使用。

3）Ⅳ号丙烯酸树脂：本品是丙烯酸与甲基丙烯酸酯的共聚物，具有多种型号。可溶于乙醇等有机溶剂，不溶于水。优点是形成的衣膜性质较好、无色、透明、光滑、平整，在胃中溶解迅速，且具有一定的防潮性能。

4）聚维酮（PVP）：本品易溶于水及多种溶剂，形成的衣膜坚固，但具有一定的吸湿性。

5）共聚维酮（PVP/VA）：是乙烯吡咯烷酮和乙烯醋酸酯按 3∶2 形成的共聚物，能溶于水和众多有机溶剂。多与羟丙甲纤维素合用于薄膜包衣，可以提高包衣液固含量，提高衣膜的柔韧性及黏附性。并能取代聚乙二醇（PEG）等增塑剂，防止 PEG 引起的有色包衣片褪色。

（2）肠溶性薄膜衣材料：是指具有耐酸性，在胃液中不溶解，但在肠液中或 pH 较高的水溶液中可以溶解的成膜材料。

1）丙烯酸树脂类聚合物：本品由于聚合组成比例不同而有两种规格，国内产品称Ⅱ、Ⅲ号丙烯酸树脂，可溶于乙醇、甲醇或异丙醇与二氯甲烷或异丙醇与丙酮的混合溶剂。成膜性良好，其中Ⅱ号树脂在肠液中的溶解时间比较容易控制，外观较差，但包衣时不易黏结；Ⅲ号树脂成膜性能较好，外观细腻，光泽优于Ⅱ号树脂，但包衣时易黏结。为获得较好的包衣效果，可将Ⅱ、Ⅲ号树脂混合使用。

2）醋酸纤维素邻苯二甲酸酯（CAP）：本品不溶于水和乙醇，但能溶于丙酮或乙醇与丙酮的混合溶剂。包衣时一般用 8%～10% 乙醇丙酮混合液，成膜性能好，操作方便。包衣后不溶于酸性溶液中，但能溶于 pH 5.8～6.0 的缓冲溶液中。同时胰酶促进 CAP 消化，因此在小肠上端能使 CAP 衣溶化。但 CAP 具有吸湿性，若发生水解则产生游离酸和醋酸纤维素，导致其在肠液中不溶解。因此，本品常与增塑剂或疏水性辅料配合应用，增加衣膜韧性及增强包衣层的抗透湿性。

3）其他：羟丙甲纤维素邻苯二甲酸酯（HPMCP）、醋酸羟丙甲纤维素琥珀酸酯（HPMCAS）等。

（3）水不溶型薄膜衣材料：乙基纤维素（EC）、醋酸纤维素等。

参考文献

[1] 董立彬. 药物制剂非溶剂包衣工艺的研究进展[J]. 生物化工，2017，3(2)：88-90.

[2] 左喜钊，宋安琪. 醇溶性包衣剂改水溶性包衣剂的包衣技术改进[J]. 临床医药文献电子杂志，2017，4(80)：15677-15678.

[3] 范碧亭. 中药药剂学[M]. 上海：上海科学技术出版社，1997.

[4] 黄合. 羟丙基甲基纤维素的速溶方法[J]. 中成药，1995，17(2)：3-4.

[5] CEREA M，FOPPOLI A，MARONI A，et al. Dry coating of soft gelatin capsules with HPMCAS[J]. Drug Development and Industrial Pharmacy，2008，34(11)：1196-1200.

[6] 陈燕忠，张均寿. 茶碱缓释微丸的水性包衣技术研究[J]. 广东药学院学报，1997(3)：14-16，29.

[7] 密善武，唐娜，徐琳琳，等. 薄膜包衣技术常见问题解决方法探索[J]. 齐鲁药事，2011，30(12)：728-729.
[8] SAUER D，CEREA M，DINUNZIO J，et al. Dry powder coating of pharmaceuticals：a review[J]. International Journal of Pharmaceutics，2013，457(2)：488-502.
[9] 张敏新，曾棋平，宋洪涛. 中药制剂防潮技术研究进展[J]. 药学实践杂志，2016，34(1)：16-18，71.
[10] 张成功. 固体制剂包衣中的果衣膜[J]. 机电信息，2005(1)：42-43.
[11] 上海卡乐康包衣技术有限公司. 高固含量的薄膜包衣配方对于包衣片颜色均匀度和表面光滑度的影响[J]. 中国医药工业杂志，2016，47(1)：135-136.

（管咏梅　刘怡）

第八章　固体分散技术

固体分散体是指通过溶剂法、熔融法或溶剂 - 熔融法将一种或几种活性成分分散于固态惰性载体材料或骨架结构中形成的分散体系[1]。固体分散体中，药物以无定型态或分子形式存在于载体材料中，相对于晶体药物，药物溶出得以显著改善。此外，选用 pH 依赖性溶解材料时，可以达到一定的缓释效果[2]。

在目前的科研及产业实践中，绝大部分的固体分散技术都是用于难溶性药物增溶，而固体分散体增溶主要应用于晶体难溶性药物。晶体是分子整齐排列的结构，药物加入水中时，晶体结构在水分子的作用下（并适当施加一定能量）被破坏，以分子形式存在于水中即达到溶解状态。而对于某些晶体药物，其晶体结构非常稳定，在常规的搅拌及加热操作下，晶体结构不能被水分子破坏，药物不能以分子形式存在于水中，即所谓的“难溶”。因此，固体分散技术的本质和核心是通过制剂的手段提前将药物晶体“破坏”（难溶性药物是指水无法在常规状态下“破坏”药物晶体），使之成为分子或无定型态存在于载体材料中，从而达到药物溶出的改善。

在固体分散体的制备中，晶体“破坏”的程度决定了固体分散体的增溶效果及物理稳定性。一般而言，在保证化学稳定性的前提下，应尽可能地“破坏”药物晶体，以达到最佳的增溶效果及物理稳定性。载体材料的选择也非常重要，载体材料与药物充分混合，并且产生氢键等相互作用，在常规状态下保持刚性的结构，有利于提高固体分散体的物理稳定性，防止重结晶。

固体分散体的制备方法主要有溶剂法、熔融法、溶剂 - 熔融法、研磨法、共沉淀法等。而产业化实践中主要应用的方法是热熔挤出法和喷雾干燥法。这两种方法各有优缺点，需要根据药物的理化性质与载体材料的性质等综合考虑，做出适当的选择。

固体分散体只是制剂中间体，需要进一步的下游操作制成最终制剂才能应用于临床。在下游操作中有粉碎、制粒、压片及包衣等，其中最为重要的考量是避免操作过程带来的药物重结晶。

随着中药物质基础研究的不断深入，越来越多的中药有效成分被发现。但也有较多的中药有效成分有着难溶性问题，无法很好地开发成制剂用于临床。固体分散技术及其产业化的不断发展，使其能很好地应用于中药有效成分的增溶，将会极大地促进中药制剂技术的发展。

1. 固体分散体中药物的存在形式是什么?

固体分散体的主要作用是对于难溶性药物的增溶。难溶性药物主要有两类，一类是高亲脂性药物，亲水性很差；另一类是晶体药物，分子排列非常整齐，常规状态下水无法破坏其晶体结构，从而难溶。固体分散技术主要针对晶体难溶性药物，改善其溶出，是使用制剂的手段，将晶体破坏，从而使之能够在水中溶解。绝大多数的固体分散体中，药物以无定型态存在，此时药物晶体被破坏成无定型态，溶出得以改善[3-5]。当药物晶体达到最大程度的破坏时，并且药物浓度低于其在载体材料中的溶解度，可以达到分子状态，与载体材料形成单相的体系，从而形成固体溶液。另外，经过低共熔混合制得的固体分散体，药物会以微晶的形式存在[5]。需要注意的是，药物以微晶形式存在时，一方面增溶效果有限；另一方面这些微晶会成为重结晶的“种子”，物理稳定性较差。

2. 固体分散体常用的载体材料有哪些?

固体分散体的主要作用是改善难溶性药物的溶出，因此一般选择水溶性材料，肠溶性材料也能应用于固体分散体的制备，有时具有多孔结构的不溶性材料也能作为固体分散体的载体材料。

（1）聚乙二醇（PEG）：在固体分散体早期研发中，PEG 常被用作固体分散体的载体材料。PEG 具有良好的水溶性，也能溶于多种有机溶剂，常用的是 PEG 4 000，PEG 6 000 或 PEG 8 000。有研究以 PEG 6 000 为载体，采用溶剂 - 熔融法制备川木香倍半萜固体分散体，与纯药物相比，药物溶出得到显著改善[6]。但 PEG 由于熔点低（50～63℃），不能有效抑制药物分子运动，无定型药物易重结晶，导致物理稳定性差，因此现已较少使用，尤其是商业固体分散体产品的开发中已不再单独使用。

（2）聚维酮（PVP）：是氮乙烯吡咯烷酮的高分子聚合物，能溶于水及多种有机溶剂，是制备固体分散体较常用的载体材料。根据分子量不同，一般常用的规格有 PVP K-12、PVP K-17、PVP K-25、PVP K-30、PVP K-90 等。聚维酮中的羰基是氢键的受体，与药物基团上氢键的供体间能产生氢键的相互作用，有利于药物在载体中保持无定型态。以 PVP K-30 为载体，采用溶剂法制备的高乌甲素固体分散体，药物以无定型态存在，溶出速率得到明显提高[7]。以 PVP K-30 为载体，分别采用超临界抗溶剂技术、喷雾干燥法和溶剂法制备的葛根素固体分散体，药物溶出均有明显改善，其中超临界抗溶剂法制得固体分散体的溶出速度和程度更高[8]。聚维酮的玻璃化温度较高，根据分子量不同，其玻璃化温度范围为 120～174℃，有较好的抑制重结晶作用。但聚维酮吸湿性强，吸湿后玻璃化温度降低，易导致药物重结晶，降低增溶效果。

（3）共聚维酮（PVP/VA）：是由两个单体即氮乙烯吡咯烷酮和乙烯醋酸酯按 3∶2 比例形成的共聚物。与聚维酮相比，共聚维酮多了乙烯醋酸酯单体，导致其玻璃化温度降低，约为 106℃，使其具有良好的热塑性，适于热熔法制备固体分散体。此外，共聚维酮在乙醇、丙酮、异丙醇等众多的有机溶剂中有着良好的溶解性，也适用于溶剂法制备固体分散体。除了氮乙烯吡咯烷酮中的羰基，乙烯醋酸酯中也有羰基，与药物基团中的氢键供体能产生氢键的相互作用。以共聚维酮为载体，采用喷雾干燥制备的丹参酮 II_A 固体分散体，并与聚维酮 K-30 比较，共聚维酮制得的固体分散体能显著改善药物溶出，引湿性相对较低，稳定性好[9]。以共聚维酮为载体，热熔挤出制备的厚朴酚固体分散体，血药浓度为单体的 5 倍，药时曲线下面积提高了 37.22%[10]。共聚维酮对于难溶性药物有着较强的促进溶出作用，但维持药物在溶出介质中的过饱和能力相对较弱。

（4）纤维素衍生物：是纤维素的葡萄糖单元骨架上的羟基被不同的基团取代后得到的不同的纤维素醚类的产品。用于固体分散体的载体材料包括羟丙甲纤维素（HPMC）、羟丙纤维素（HPC）、醋酸羟丙甲纤维素琥珀酸酯（HPMCAS）、羟丙甲纤维素邻苯二甲酸酯

(HPMCP)等。羟丙甲纤维素是羟丙氧基和甲氧基取代得到的纤维素醚产品，溶于水，但在有机溶剂中溶解性较差。因此，使用溶剂法制备固体分散体时溶剂的选择比较受限。羟丙甲纤维素的玻璃化温度为 170～210℃，热塑性较差，热熔法制备固体分散体难度也较大，需要在处方中加入增塑剂以降低体系玻璃化温度，从而降低熔融黏度才能较好地进行操作。近年来，也有企业推出低玻璃化温度的特殊规格的羟丙甲纤维素，可以用于热熔挤出制备固体分散体。研究报道不同的载体制备的 4 种熊果酸固体分散体，其中 HPMC 对溶出度的影响最大[11]。羟丙纤维素是仅由羟丙氧基取代的纤维素醚衍生物，在水和众多有机溶剂中均有较好的溶解性，可用于溶剂法制备固体分散体，但其溶液的黏度较大，操作性较差。另外，羟丙纤维素有着优异的热塑性，适用于热熔法制备固体分散体。以羟丙纤维素为载体，热熔挤出制备的厚朴酚固体分散体，血药浓度为单体的 2.3 倍，药时曲线下面积提高了 70.88%[10]。醋酸羟丙甲纤维素琥珀酸酯是肠溶聚合物，除了有羟丙氧基和甲氧基取代，还有醋酰基和琥珀酰基取代，根据醋酰基和琥珀酰基含量不同分为 L、M 和 H 规格。醋酸羟丙甲纤维素琥珀酸酯能够溶于多种有机溶剂，适用于溶剂法制备固体分散体。并且其玻璃化温度约 120℃，也能够用于热熔法制备固体分散体。醋酸羟丙甲纤维素琥珀酸酯用于固体分散体的一个重要优势在于其能有效维持药物在液体环境中的过饱和。不同规格的醋酸羟丙甲纤维素琥珀酸酯与聚维酮 K-30 合用制备胡椒碱固体分散体，发现 H 和 M 规格可以提高溶液的超饱和度，当载药量为 10% 时，其溶出速度和稳定性按比例顺序为 K-30/H＞K-30/M＞K-30/L[12]。使用醋酸羟丙甲纤维素琥珀酸酯 HF 规格为载体，制备蒿甲醚固体分散体，药物在 pH 7.6 环境下 2 小时内完全溶解，且喷雾干燥增溶效果优于共沉淀法和溶剂蒸发法[13]。羟丙甲纤维素酞酸酯又名羟丙甲纤维素邻苯二甲酸酯，是由羟丙甲纤维素与邻苯二甲酸酐酯化而成的邻苯二甲酸单酯，也是肠溶性材料。依据其溶解的 pH 不同，分为 HP50 和 HP55 两种型号，分别在 pH 5.0 和 pH 5.5 两种环境下溶解。

（5）甲基丙烯酸共聚物：是由不同单体聚合而成的一类高分子材料，包括：甲基丙烯酸 / 甲基丙烯酸甲酯聚合物，甲基丙烯酸 / 丙烯酸乙酯聚合物，丙烯酸乙酯 / 甲基丙烯酸甲酯 / 甲基丙烯酸氯化三甲胺乙酯聚合物等。因聚合物单体及比例不同而得到不同的材料，呈现出胃溶、肠溶等不同的理化性质。具有 pH 敏感特性的 Eudragit S100 为载体制备的盐酸小檗碱固体分散体，达到了缓释效果[2]。以 Eudragit EPO 为载体，热熔挤出制备的厚朴酚固体分散体，体外溶出相比纯药物有着明显的改善，但大鼠体内生物利用度并没有改善[10]。以 Eudragit EPO 为载体，热熔挤出制备的虎杖提取物固体分散体，可以有效提高其有效成分白藜芦醇和大黄素的溶出度[14]。

（6）二氧化硅：是无臭、无味、白色疏松的粉末，有一定的吸湿性，不溶于水以及乙醇等有机溶剂。由于其多孔结构，可以抑制药物结晶生成，二氧化硅也成为固体分散体的载体材料。以二氧化硅为载体，用溶剂蒸发法制备的姜黄提取物固体分散体，药物以无定型态存在，3 种不溶性成分双去甲氧基姜黄素、去甲氧基姜黄素和姜黄素的溶出均有所改善[15]。丹参酮 - 多孔二氧化硅固体分散体能提高丹参酮Ⅰ、$Ⅱ_A$ 的溶出度，但喷雾干燥法相对溶剂法改善效果更好[16]。以二氧化硅为载体，采用溶剂蒸发法制备的大豆苷元固体分散体，与原料药相比，体外溶出速率显著加快，大鼠药动学数据显示，固体分散体的相对生物利用度是原料药的 137.1%。在加速条件下放置 3 个月，固体分散体保持稳定[17]。

（7）交联聚维酮：是以氮乙烯吡咯烷酮为原料，经过“爆米花聚合化”得到的网状聚合物。其为疏松多孔结构，无定型态药物能被多孔结构吸附而保持稳定。此外，交联聚维酮的化学单体也是氮乙烯吡咯烷酮，与药物间也能产生氢键等相互作用。因此，交联聚维酮也能用作固体分散体的载体材料。有研究以交联聚维酮为载体材料，使用热熔挤出制备了吲哚美辛固体分散体，红外和电镜照片等证实了药物以无定型态存在并被交联聚维酮的多孔结构所吸附，并且药物与交联聚维酮之间也产生了相互作用[18]。与水溶性和肠溶性聚合物相比，以交联聚维酮为载体制得的固体分散体压制片剂，片剂能够更快崩解，从而更快释放药物。

（8）表面活性剂：也可作为固体分散体载体。以聚乙烯己内酰胺 - 聚乙酸乙烯酯 - 聚乙二醇接枝共聚物为载体制备的灯盏花素固体分散体，其体外溶出得到显著提高[19]。以泊洛沙姆 188 和硬脂酸聚烃氧（40）酯为载体制备的熊果酸固体分散体，对药物溶解度的影响较大[11]。

3. 固体分散体的制备方法有哪些?

固体分散体的制备方法一般包括溶剂法、熔融法、溶剂 - 熔融法、研磨法、共沉淀法等。

溶剂法一般是使用有机溶剂将药物与载体同时溶解，再采用适宜的干燥技术将溶剂去除，从而制得均匀的分散体系。根据干燥技术不同，有旋转蒸发法、喷雾干燥法等。溶剂法比较关键的因素是溶剂的选择，尽可能选择低沸点、低毒、低腐蚀性有机溶剂，并且溶剂能够同时溶解药物与载体材料。此外，溶液黏度尽可能低，以满足可操作性的要求。因此，在溶剂法制备固体分散体的工艺中，乙醇是首选溶剂，还可以选择丙酮、甲醇、二氯甲烷、异丙醇、四氢呋喃、乙酸乙酯等，必要时可以选择混合溶剂。如将和厚朴酚与载体材料等溶解在无水乙醇中，置于旋转蒸发仪中蒸去大部分溶剂后，再真空干燥，研磨过筛制得固体分散体[20]。使用羟丙甲纤维素为载体制备熊果酸固体分散体，由于羟丙甲纤维素不溶于乙醇，可使用乙醇 - 二氯甲烷（1 ∶ 1）混合溶剂使羟丙甲纤维素溶解，旋转蒸发后真空干燥得到熊果酸固体分散体[11]。喷雾干燥是制药工业常用的一种干燥技术，是将液体通过气压式、压力式或旋转式喷枪雾化后，雾滴与干热气体充分接触，溶剂被干热气体带出，与固体分离的技术。在喷雾干燥的工艺中，由于蠕动泵转运以及喷枪雾化的操作，因此喷雾干燥对液体黏度有较高的要求，一般在 15mPa·s 以下，以满足转运及雾化的要求。在制备固体分散体时，喷雾干燥并不能完全将有机溶剂除去，得到的粉体中还有部分溶剂残留，这些残留的溶剂一方面有生物安全性的问题，另一方面还会导致制得的固体分散体物理稳定性差，药物易重结晶，从而使溶出效果变差。因此，喷雾干燥得到的粉体往往还需要进一步干燥，一般采用真空干燥。干燥时真空度尽量高，干燥温度尽量低（一般低于 40℃），甚至真空常温干燥。若加热温度过高，会导致药物分子运动加快，重结晶的风险较大。也有较多文献报道通过喷雾干燥制备固体分散体，包括丹参酮 II_A 固体分散体[9]、田蓟苷固体分散体[21]、蒿甲醚固体分散体[13]、丹参酮固体分散体[16]、丹参提取物固体分散体[22]等。此外，冷冻干燥以及减压干燥法也可用于制备固体分散体[23-24]。制备固体分散体的一个基本要求是快速固化，以抑制药物的分子运动，使得药物以无定型态，而不是以结晶态析出。旋转蒸发（包括减压干燥）干燥速度慢，时间长，在较长时间内处于加热状态且有大量溶剂存在于体系中，此时药物分子处于高速运动状态，极有可能以结晶态析出，尤其在高载药量时。并且，旋转蒸发工艺放大困难，批间工艺的稳定性差。冷冻干燥的速度也比较慢，且成本较高。喷雾干燥是各种干燥方法中速度最快的工艺，可快速去除溶剂达到快速干燥，最终快速固化，有效防止药物以结晶形式析出，且不同批次间工艺稳定性也较好。因此，从产业化的角度来看，喷雾干燥是溶剂法制备固体分散体最优的工艺。

熔融法是通过加热将载体熔融，药物熔融或不熔融，并施以机械搅拌或剪切作用，熔融的药物与熔融的载体充分混合或未熔融的药物溶于熔融的载体中，并迅速冷却制得均匀的分散体系。熔融法最为成熟的工艺是热熔挤出技术，成熟的设备是双螺杆挤出机。工艺要点包括：①加热温度。一般加热温度为体系（包括载体聚合物和药物等）玻璃化温度的20～30℃及以上，使得载体材料熔融，并具有一定流动性和熔融黏度。较为适合热熔挤出的熔融黏度为700～10 000Pa·s，最高不要超过100 000Pa·s。熔融黏度太高，螺杆扭矩太大，对设备有损伤；若熔融黏度太低，熔融体无法随着螺杆旋转，导致无法被挤出。此外，加热温度不能太高，要考虑药物与载体材料所能耐受的最高加热温度，以防止加热导致的药物和聚合物降解及杂质的产生。②螺杆设计。双螺杆挤出机最核心的部件是经特殊设计、加工制造的捏合块。不同设计的捏合块有不同的输送、粉碎、混合等功能。通过将不同设计的捏合块组合形成完整的双螺杆用于热熔挤出，配以适合的加热能达到均匀分散体系的制备。尤其对于某些高熔点药物热熔挤出制备固体分散体，无法在更高温度下操作，可以通过合适的螺杆设计，加强机械剪切力，制得合格的固体分散体。在某些处方和加热条件下，特定捏合块的应用和螺杆的设计可以提高药物溶出及物理稳定性。③螺杆转速。螺杆旋转带动物料运动，并施加机械力在物料上，以充分混合、剪切并输送物料，此外还会影响物料在加热单元内的停留时间及受热时间，最终影响制得固体分散体的增溶效果。④冷却。如同溶剂法要快速固化，热熔挤出物挤出时保有一定的温度，此时分子运动快，药物易形成结晶。因此，热熔挤出物需要快速冷却以达到快速固化，从而保证药物以无定型态存在。一般可以通过压缩空气风冷或者液氮冷却等。此外，还有进料速度等其他因素也会影响制得的固体分散体。已有多个研究通过热熔挤出制备中药固体分散体，包括小檗红碱[25]、厚朴酚[10]、姜黄素[26]等。研究发现，热熔挤出制备虎杖提取物固体分散体，其活性成分白藜芦醇和大黄素的初期溶出速率是液氮冷却＞冰水浴冷却＞空气冷却。对白藜芦醇，螺杆转速为120r/min时溶出速率最快；而对于大黄素，转速为140r/min时溶出速率最快。挤出温度为120℃时，扭矩太大，挤出困难，160℃时白藜芦醇和大黄素的溶出效果好；180℃时，载体或者提取物中其他成分可能性质不稳定，从而影响药物的溶出[14]。此外，喷雾冷凝也属于热熔技术[27]，该技术也能很好地实现工业化生产，目前主要问题是设备供应受限。也有用微波 - 淬冷技术制备固体分散体[23]，该技术是通过微波加热使载体熔融，再通过液氮等快速冷却固化制备固体分散体，本质上也属于熔融法。

此外，还有溶剂 - 熔融法[28-29]，该技术是将药物溶于有机溶剂中，同时载体材料加热熔融。将上述溶液加入熔融的载体材料中，不断搅拌去除溶剂再冷却制得固体分散体。超临界抗溶剂技术[30]，该技术是将药物和载体材料溶于或混悬于有机溶剂中，经高压溶剂泵喷入结晶釜内，同时喷入超临界流体的CO_2，将溶剂带出以制得固体分散体。还有一种超临界流体技术是将药物与载体材料混合后置高压反应釜中，再注入超临界流体的CO_2，反应一段时间后快速减压，释放CO_2，制得固体分散体[31]。共沉淀法[13]，该技术是将药物与载体溶于有机溶剂，再滴入水中析出，干燥制得固体分散体。

另外，还有一些较新的固体分散体制备技术，微沉淀堆积粉末（microprecipitated bulk powder，MBP）技术是基于溶剂 - 非溶剂沉淀法，本质上也是共沉淀法，将药物与载体材料（一般是肠溶性材料，如HPMCAS、HPMCP、CAP、丙烯酸树脂等）溶于溶剂（*N*- 甲基吡咯烷酮、二甲基甲酰胺、二甲亚砜等），在搅拌状态下加入低温酸性水中，药物与载体共同沉淀出来，再用冷水洗涤、过滤、干燥即得固体分散体。该技术适于无法在低沸点有机溶剂中溶解且熔点太高或热敏感的难溶性药物，并且已有上市品种使用该技术[32]。最近这几年也发展出了 KinetiSol 的新技术。该技术是将药物与载体材料混合，并施加强大的摩擦能和剪切能在混合物上，再经冷却制得固体分散体。该技术无须加热，适合热敏感及高熔点药物制备固体分散体，其本质上是研磨法[32]。该技术已有企业提供产业化设备，可进行商业化生产。

有研究比较了喷雾干燥和热熔挤出法制备布洛芬固体分散体，发现喷雾干燥更能显著提高药物的溶解度和溶出度[33]。当采用共沉淀法、旋转蒸发法和喷雾干燥法制备蒿甲醚固体分散体时，喷雾干燥技术的固体分散体更加显著提高药物溶出[13]。通过旋转蒸发法，冷冻干燥法和微波 - 淬冷法制备姜黄素固体分散体时，微波 - 淬冷法比其他方法能更显著地改善姜黄素的溶出及溶解度[23]。

4. 固体分散体的评价及表征方法有哪些?

固体分散技术的主要作用是改善难溶性药物溶出，因此几乎所有制备固体分散体的研究都采用体外溶出的方法评价制得的固体分散体，将固体分散体与相应的物理混合物以及纯药物进行溶出的检测并比较，以评价制得固体分散体提高溶出的效果。此外，固体分散体增溶的最终目的是提高药物吸收，提高药物的生物利用度从而提高临床疗效，也有相关动物实验的研究报道。有报道采用大鼠在体单向肠灌流模型，研究了雷公藤固体分散体在各肠段的吸收，发现药物制成固体分散体后，雷公藤各成分在全肠段的吸收速率常数较原料药显著增大，在各肠段均有吸收且存在一定差异[34]。姜黄素 - 胡椒碱制成固体分散体后，姜黄素的生物利用度提高至 2.71 倍，胡椒碱的生物利用度提高至 2.68 倍[4]。木犀草素制成固体分散体后与原料药相比，生物利用度提高至 150.10%，木犀草素磷脂复合物固体分散体的生物利用度提高至 204.52%[3]。动物实验研究，尤其是动物体内药动学研究结果，进一步证实了固体分散技术能有效提高难溶性药物的生物利用度，为开发上市产品奠定了坚实的基础。

固体分散体制备技术的核心是通过制剂手段将药物的晶体结构破坏，使之以无定型态（或分子态）存在于载体材料中。因此，也有众多的手段对固体分散体中药物存在形式进行研究。此外，药物制成固体分散体，药物与载体间也有分子间的相互作用，如氢键，以保证无定型态的稳定性，也有相关的方法进行分子间相互作用的研究。

（1）热分析法[35]：显示所测量体系的热焓随着温度变化的特征，其中差示扫描量热法（DSC）最常用于固体分散体物态的研究[12, 20, 31]。其基本原理是测量升温过程中为保持样品与参比物相同温度所需的热量补偿变化。如果受试物发生吸热的相变，则受试物需要补偿额外的热量以保持与参比物相同的升温速率，记录在程序升温过程中的热补偿变化，可反映受试物的热变化情况。若 DSC 曲线中有药物在熔点处的吸热峰，则表明有药物晶体存在，增溶效果有限，并且在贮藏过程中会有更多的药物结晶产生。若药物晶体吸热峰消失，表明药物均转化为无定型态，可以达到较好的增溶效果，DSC 曲线中显示出体系（药物与载体）的玻璃化温度。

（2）X 射线衍射法[35]：指将能量在 10～50keV 范围的 X 射线射入晶体，使原子周围的电子做周期振动而产生相应的电磁辐射，形成散射现象，通过 X 射线的互相干扰和叠加作用，使散射在某一方向加强而出现衍射。物质晶体经 X 射线衍射后可在衍射图上呈现该受试晶体的特征性指纹区，故而可以将药物晶体从载体中区别出来，进而可分辨药物是以晶体还是以无定型态存在。X 射线衍射法也被广泛用于固体分散体的研究中，以考察制得固体分散体中药物的物态，晶体药物有 X 射线的衍射峰，而无定型态则无衍射峰[3,26,31]。

（3）固相核磁共振：也可用于固体分散体的鉴别。药物与载体材料形成固体分散体后，在核磁共振谱上可观察到峰的位移或消失[35]。差示扫描量热法和 X 射线衍射法都有检测限，当残留晶体低于检测限时这两种方法无法检测到。对于难溶性晶体药物，晶体结构是长程有序排列（long range order），固体分散体制备的实质是通过制剂的手段将晶体破坏，即将长程有序排列破坏成短程有序排列（short ranger order），有时在固体分散体制备中并不能完全将药物破坏成短程有序排列，而形成中程有序排列（medium ranger order）。差示扫描量热法和 X 射线衍射法不能完全探测到中程有序排列。而固相核磁共振有着更低的检测限，可以解决上述问题。有研究采用不同工艺条件制备了曲格列酮固体分散体并考察了其稳定性，在某些样品间，差示扫描量热法和 X 射线衍射法不能发现其差异，而固相核磁共振能有效发现其中的差异[36]。

（4）红外光谱法：药物与载体都含有各种化学基团，表现各种基团的振动形式，因此红外光谱法一直都是经典的结构分析方法。它具有特征性强、取样量小、简便迅速、准确等特点。不同的载体材料制备的厚朴酚固体分散体，经红外光谱检测，药物与共聚维酮制得的固体分散体在 3 157cm^{-1} 处的伸缩振动几乎消失，说明两者间可能存在氢键。药物分别与羟丙纤维素和丙烯酸树脂制得的固体分散体在 3 157cm^{-1} 处的伸缩振动都消失不见了，说明药物与两个载体间都可能形成了氢键[10]。傅里叶变换红外光谱是一种定性、定量分析和研究分子相互作用的有效手段。它具有噪声低、沟通量高、测量速度快、波数精度高、频率测量范围宽等优点[37]。以聚维酮为载体制备的和厚朴酚固体分散体，通过傅里叶变换红外分析，原料药特征峰 3 299cm^{-1}（O—H 伸缩振动峰）消失，载体的特征峰 3 467cm^{-1}（O—H 伸缩振动峰）移动到 3 432cm^{-1}，且峰宽变钝，原料药特征峰 1 218cm^{-1}（酚羟基伸缩振动峰）消失，推断固体分散体中原料药与载体之间发生了氢键效应[20]。

（5）拉曼光谱：是与红外吸收光谱类似的分子振动光谱，通过分子官能团的振动转变定性描述分子的结构，更重要的是拉曼光谱具有无损测量、样品制作简单、操作简便等优点[38]。以聚维酮为载体，用溶剂法制备的黄芩苷固体分散体，经拉曼光谱检测，固体分散体中黄芩苷的特征峰都没有出现，而物理混合物中则出现黄芩苷的特征峰。可能是由于聚维酮在溶液中呈网状结构，黄芩苷分子进入聚维酮的网状骨架中，其特征结构被聚维酮掩盖，拉曼特征消失。由于黄芩苷与聚维酮之间的相互作用，并且在溶剂共蒸发过程中聚维酮溶液黏度增大，抑制了黄芩苷晶核形成和结晶的生长，使得黄芩苷以无定型态分散在载体材料中[39]。

（6）扫描电镜：是将电子光学技术、真空技术、精细机械结构、现代计算机控制技术集于一身的复杂系统。电子枪发射一束具有一定能量、强度、直径的微细电子束到样品表面，不同样品表面激发出不同次级电子，经数据处理系统处理后得到其表面形貌的二次电子成像。结合显微镜高分辨率将该技术应用于固体分散体中药物分散状态测定时，可准确定性地描述药物存在形态[38]。已有多篇研究报道使用扫描电镜观察制得固体分散体的微观结构[14-15,20]，能够辨认出药物晶体，以及制得固体分散体后药物晶体消失。

（7）偏振光显微镜：是以偏振光为光源进行镜检的一种方法，通过物质对其产生的是单折射（各向同性）或双折射（各向异性）的现象来鉴别物质的形态。晶体物质产生双折射现象，而非晶体则没有，根据这种特性将该技术运用于固体分散体中药物状态的研究，可准确地定性描述药物状态[38]。使用偏振光显微镜观察丹皮酚固体分散体，当药物与载体比例为 1∶1 时，得到的产物具有双折射现象，表明产物为晶体；当药物与载体比例为 1∶3 和 1∶5 时，产物没有双折射现象，表明得到了无定型态[40]。此外，还可以在偏振光显微镜上加载热台，利用控温程序，控制温度这一重要影响因素来观察药物的结晶速率，从而定性描述药物形态随温度的变化和相转变的快慢[38]。

（8）原子力显微镜：是一种新型的纳米显微技术。其工作原理是：对微弱力极其敏感的弹性微悬臂一端被固定，另一端则有一微小的针尖。当针尖对样品进行扫描时，同距离有关的针尖 - 样品间相互作用力（既可能是吸引的，也可能是排斥的）会引起微悬臂发生形变。由激光源发出的一束激光照射到微悬臂的背面，微悬臂将激光束反射到一个光电检测器，信号输入微机，经处理得到样品表面形貌或其他表面性质[41]。使用原子力显微镜研究并筛选固体分散体药物与辅料的可混合性及其稳定性，工作效率能得到极大提高[42]。

5. 制备固体分散体如何选择合适的载体材料？

制备固体分散体选择合适的载体材料须从多方面考虑，包括原料理化性质、辅料理化性质、原辅料相容性、具体的制备工艺及其可操作性，以及法规、成本、供应链等。

固体分散技术的主要作用是难溶性药物增溶，因此载体材料根据其溶解性主要分为两类，即水溶性材料和肠溶性材料。有时，具有多孔结构的不溶性材料也可作为载体材料。水溶性材料包括聚维酮、共聚维酮、羟丙甲纤维素、羟丙纤维素等；肠溶性材料包括醋酸羟丙甲纤维素琥珀酸酯、羟丙甲纤维素邻苯二甲酸酯、醋酸纤维素酞酸酯、甲基丙烯酸共聚物等。需要注意的是，若药物的主要吸收部位是胃部，则不适合用肠溶性材料制备固体分散体。

固体分散体中药物与载体材料间往往会有氢键的相互作用[10, 20, 39]，这对于保持固体分散体的物理稳定性非常重要，因此可选择能与药物产生氢键相互作用的载体材料。聚维酮中有羰基，是氢键的受体，能与药物的羟基等氢键的供体间产生氢键的相互作用。共聚维酮中的乙烯吡咯烷酮单体和乙烯醋酸酯单体中都有羰基，能与某些药物产生氢键的相互作用。纤维素衍生物如羟丙甲纤维素，既有氢键的供体，也有氢键的受体，有时也能用作固体分散体的载体材料。肠溶性材料，如醋酸羟丙甲纤维素琥珀酸酯，其中有疏水性基团，能与某些药物间产生疏水相互作用，有利于药物稳定及维持溶液中药物的过饱和。在碱性条件下可离子化，与某些药物产生离子间相互作用，也有利于维持溶液中药物的过饱和。

此外，在固体分散体开发中也可以考量药物与载体材料的可混合性。判断药物与载体材料可混合性的一个重要指标是两者溶解度参数的差值，差值越小意味着两者的可混合性越好。因此，通过计算药物和载体材料的溶解度参数也可用于载体材料的选择。有研究计算了厚朴酚和各种材料的溶解度参数，并计算了溶解度参数的差值。厚朴酚和共聚维酮、HPC、EPO 和 Soluplus 的溶解度参数差值小于 $7MPa^{1/2}$，表明这些载体与药物有很好的可混合性；而药物与乳糖、葡萄糖的溶解度参数差值大于 $10MPa^{1/2}$，表明药物与乳糖、葡萄糖可能不相混合，会有相分离。因此初步选择了共聚维酮、HPC、EPO 和 Soluplus 这 4 种载体材料[10]。

固体分散体是将药物晶体破坏成无定型态，体系能量高，药物有着较强的分子运动，是热力学不稳定体系。对于固体分散体稳定性而言，体系较高的玻璃化温度能够有效抑制药物的分子运动，从而抑制药物重结晶，提高物理稳定性。一般经验而言，固体分散体的贮藏温度在体系玻璃化温度 50℃以下为宜。因此，选择载体材料时应选择高玻璃化温度的聚合物，如共聚维酮（玻璃化温度 106℃），醋酸羟丙甲纤维素琥珀酸酯（玻璃化温度一般在 120～125℃），聚维酮（玻璃化温度一般在 120～174℃），甲基丙烯酸共聚物（玻璃化温度一般在 110～150℃）。在众多的文献报道中，表面活性剂常被用作载体材料。而大多数表面活性剂的玻璃化温度或熔点偏低，如泊洛沙姆的熔点均低于 60℃，各规格 PEG 的熔点均低于 63℃[43]。用这些表面活性剂为载体制得的固体分散体，药物分子运动不能被有效抑制，在贮藏过程中药物重结晶的风险很大。因此，在产业实践中，表面活性剂一般不单独用作固体分散体载体，可与其他高分子材料联合应用，起到辅助的作用。如改善热熔挤出的可操作性，提高药物与聚合物的可混合性，进一步改善固体分散体及其片剂的增溶效果等。

热熔挤出是能够有效产业化制备固体分散体的方法之一，目前已有多个上市的固体分散体产品采用了此技术，包括以共聚维酮为载体的洛匹那韦利托那韦片，以醋酸羟丙甲纤维素琥珀酸酯为载体的泊沙康唑肠溶片。热熔挤出的基本操作是通过加热使载体材料熔融，在双螺杆作用下与药物充分剪切，混合后挤出并快速冷却。为满足热熔挤出工艺要求，熔融的载体材料应具有合适的熔融黏度，为达到此要求，一般的经验是挤出温度高出载体材料玻璃化温度的 20～30℃（但不能超过载体材料的降解温度，如聚维酮和共聚维酮的降解温度是 180℃，以及药物的降解温度）。因此，玻璃化温度太高的聚合物并不适合热熔挤出。结合固体分散体稳定性对玻璃化温度的要求，玻璃化温度适中的聚合物适于热熔挤出制备固体分散体，如共聚维酮（玻璃化温度为 106℃）、醋酸羟丙甲纤维素琥珀酸酯（玻璃化温度 120～125℃）、低黏度的聚维酮 K-12（玻璃化温度为 116℃）、K-17（玻璃化温度为 126℃）、C 型甲基丙烯酸共聚物（玻璃化温度为 110℃）。玻璃化温度太高的聚合物，要达到合适的熔融黏度进行热熔挤出操作则需要较高的加热温度，一方面易导致材料或药物的降解，另一方面也不符合环保、经济的要求。羟丙甲纤维素（玻璃化温度 170～180℃）、高黏度的聚维酮 K-25（玻璃化温度 160℃）、K-30（玻璃化温度 164℃）、K-90（玻璃化温度 174℃）、醋酸纤维素酞酸酯（玻璃化温度 175℃）、甲基丙烯酸共聚物 A 型和 B 型（玻璃化温度超过 150℃），这些聚合物不适合热熔挤出操作。若在特定条件下要用于热熔挤出操作时可加入增塑剂，降低玻璃化温度，即降低热熔挤出时的熔融黏度，则可以进行热熔挤出操作。

另一个常用的固体分散体的产业化生产技术是喷雾干燥，也有成功上市的喷雾干燥制得的固体分散体产品，如阿帕他胺片，以醋酸羟丙甲纤维素琥珀酸酯为载体。选择喷雾干燥载体材料需重点考虑的因素是该材料能溶于常用的低沸点有机溶剂，且溶液黏度不能太高。常用的溶剂包括乙醇、丙酮、甲醇、异丙醇、二氯甲烷、四氢呋喃、乙酸乙酯等。共聚维酮、聚维酮、羟丙纤维素、醋酸羟丙甲纤维素琥珀酸酯、羟丙甲纤维素邻苯二甲酸酯、醋酸纤维素酞酸酯、部分甲基丙烯酸共聚物等聚合物能溶于大部分上述有机溶剂，可用于喷雾干燥法制备固体分散体。羟丙甲纤维素在较多的有机溶剂中都无法溶解，因此并不适合喷雾干燥制备固体分散体。另外，考虑到溶液黏度，一般选择低分子量规格聚合物。

以上讨论的是基于聚合物的理化性质和固体分散体制备的工艺要求选择载体材料的基本考量。在产品开发实践中还需要以体外溶出行为以及体内生物利用度为评价指标进行详细的处方筛选。同时还需要考虑原辅料相容性、稳定性、法规要求、供应链等诸多因素。

6. 开发固体分散体时增溶效果不理想，应该如何调整？

固体分散体的主要作用是提高难溶性药物溶出，以提高生物利用度。但有时在开发过程中，溶出的提高程度并不一定能达到治疗效果所需的血药浓度，因此需要进一步调整处方工艺以进一步提高药物的溶出。

（1）选择合适的载体材料：载体材料在固体分散体中的作用一方面是与药物充分混合形成固体混悬液或溶解药物形成固体溶液；另一方面是与药物间产生氢键等相互作用以抑制药物分子运动，抑制重结晶。另外，多数载体材料都有良好的亲水性，能改善疏水性难溶性药物的润湿性以提高其溶出。不同的载体与药物的相互作用不同，制得固体分散体增溶效果也不同，选择合适的载体材料是提高增溶效果常用的方法。制备联苯双酯固体分散体，不同载体的增溶效果为：气相二氧化硅＞泊洛沙姆 188＞PVP K-30＞PEG 6 000[31]。以共聚维酮、羟丙纤维素（HPC）、丙烯酸树脂 Eudragit EPO 和 Soluplus 为载体制备厚朴酚固体分散体时，结果显示共聚维酮、HPC 和 Eudragit EPO 都能明显改善药物的体外溶出，而 Soluplus 的改善效果不明显。大鼠药动学实验结果显示，相较于其他载体，共聚维酮制得固体分散体的 C_{max} 最高，HPC 制得固体分散体相对生物利用度最高，而 EPO 制得固体分散体相对原料药在这两方面没有改善[10]。有时还可以选择辅料联用，有研究使用聚维酮 PVP10 和泊洛沙姆 F127 为载体制备丹参提取物固体分散体，发现脂溶性成分无法在单一辅料制备的固体分散体中完全释放；当联用辅料，PVP10 与 F127 的质量比为 5：4 时，脂溶性成分可完全快速释放[22]。制备齐墩果酸固体分散体时，选择 PVP K-30 和 Soluplus 的复合载体制得固体分散体的溶出明显高于单一载体制得的固体分散体[44]。在固体分散体中加入表面活性剂有利于溶出的进一步提高，但需要注意表面活性剂可能对固体分散体的物理稳定性有负面影响。

（2）选择合适的载药量：如前所述，载体材料在固体分散体中有着重要的功能，为达到这些功能，载体材料必须要有量的保证，因此不同载药量的固体分散体对药物的增溶效果不同。使用共聚维酮为载体制备丹参酮 $Ⅱ_A$ 固体分散体时，随着载体材料用量的增加，药物溶出度增大[9]。联苯双酯固体分散体的药物溶出率也随着载体材料的增加而增加，但药辅比为 1：17 时 90 分钟的溶出率低于药辅比为 1：15 时的溶出率，可能是由于过多的载体成团聚集，减缓了药物的溶出[31]。以 PVP K-30 为载体制备咖啡酸苯乙酯固体分散体时，总体上随着载体用量增加，溶出加快，但药辅比为 1：10 时溶出最快，药辅比为 1：12 时的溶出甚至略慢于 1：8[45]。这些研究结果也提示，固体分散体增溶效果并不总是随着载体材料用量的增加而增强，对于亲水性高分子材料，若用量过大，溶出时容易水化形成凝胶，聚集成团，溶出反而变慢。

（3）选择合适的制备工艺：固体分散技术的实质是通过制剂的手段破坏药物晶体，使之成为无定型态或分子态存在于载体材料中，达到增溶的效果。不同的制备工艺对晶体破坏的程度不同，制得固体分散体粉末的粒径、孔隙率、粉体微观结构等也不同，从而导致增溶效果不同。热熔挤出和喷雾干燥制得的布洛芬固体分散体，虽然都得到了无定型的固体分散体，但喷雾干燥工艺在提高布洛芬溶解度和溶出度方面均优于热熔挤出。这是由于喷雾干燥得到的粉体疏松多孔、亲水性表面积大，而热熔挤出制得的粉体致密性高、孔隙率低，亲水性比表面积小[32]。例如喷雾干燥制备的丹参酮固体分散体丹参酮Ⅰ和丹参酮 $Ⅱ_A$ 的溶出度明显高于旋转蒸发法制得的固体分散体（$P<0.01$）[16]。采用冷冻干燥法，旋转蒸

发法和微波-淬冷法制备姜黄素固体分散体时，微波-淬冷法制得固体分散体微晶最少，无定型化程度最高，显示出更显著的溶解度增强（$P<0.05$）[23]。

（4）制备工艺的调整：正如前述，不同的制备工艺对药物晶体破坏程度不同，导致增溶效果不同。对于特定的制备工艺，工艺参数的不同也会对晶体有不同程度的破坏，或粉体形态不同，从而制得固体分散体的增溶效果不同。采用超临界 CO_2 流体技术制备固体分散体时，药物溶出随压强增加而提高，反应时间 2 小时与 4 小时的增溶效果优于 1 小时，温度越高，增溶效果越强[31]。溶剂法制备马甲子总三萜固体分散体时，以无水乙醇作溶剂时，马甲子素和白桦脂酸的溶出率最高，明显高于 75% 乙醇、95% 乙醇[29]。喷雾干燥溶液固含量不同，溶液黏度不同，干燥时药物在液滴迁移析出速度不同，会导致制得固体分散体中药物以无定型态或以结晶态析出的量不同，从而导致增溶效果及物理稳定性不同。有研究考察了工艺条件（冷却方式、螺杆转速和机筒温度）对双螺杆热熔挤出制备虎杖提取物固体分散体的影响，发现白藜芦醇和大黄素的初期溶出速率是液氮冷却＞冰水浴冷却＞空气冷却。一般情况下，冷却速度越快，药物固化越快，药物与载体的分散性更好，药物溶出越快。快速冷却还可减少药物与载体间的相分离或者药物的重结晶。螺杆转速对药物的溶出也有影响，转速为 120r/min 时白藜芦醇溶出速率最快，而转速为 140r/min 时大黄素的溶出速率最快。这可能是因为提高转速时剪切力增加，降低载体的黏度，增加药物与载体混合对流的可能性，同时也减少滞留时间；当转速超过一定值后，虽然剪切力增加，但机械能可能转化为热能，降低体系的稳定性；混合物挤出时间缩短，药物受热时间减少，药物与载体的混合变差。此外，机筒温度（140℃、160℃、180℃）也可以影响药物的溶出，机筒温度为 160℃时，白藜芦醇和大黄素的溶出效果最好。这可能是因为在一定范围内提高机筒温度，药物更易熔融，药物分散程度越大，药物的溶出率提高；另一方面，温度越高，载体的黏度越低，流动性越大，越有利于药物分散在载体中，提高药物溶出率。而当温度增大至一定程度后，溶出率不再随着温度的升高而升高，药物受热降解的可能性增加，影响药物溶出[14]。双螺杆挤出机最核心的部件是经特殊设计加工制造的捏合块。不同设计的捏合块有不同的输送、粉碎、混合等功能，不同捏合块的组合形成一个完整的螺杆设计。热熔挤出制备对乙酰氨基酚固体分散体时，发现选择合适的螺杆设计可以显著改善在挤出时的溶解速率；此外，若需要在远低于药物熔点的温度下进行热熔挤出，将药物事先微粉化也能显著改善溶解速率[46]。热熔挤出实质上是施加热能和机械能在晶体药物上，破坏药物晶体使之成为无定型态或分子态以达到增溶的目的。热熔挤出时的加热温度、螺杆设计、螺杆转速等因素最终影响了施加在晶体药物上的总能量（热能和机械能），从而影响固体分散体的增溶效果甚至稳定性。

7. 如何提高固体分散体的物理稳定性？

固体分散体是药物晶体被破坏，以无定型态或分子态高度分散在载体材料中。无定型态或分子态的药物体系能量高，分子运动快，药物分子的运动会导致重新聚集形成结晶态，这就是固体分散体所谓的药物重结晶，俗称“老化”。因此，固体分散体是热力学的不稳定体系，如何防止药物的重结晶，提高物理稳定性，是开发固体分散体产品必须面对的问题。

（1）选择合适的载体材料或添加剂：固体分散体中载体的作用是与无定型态或分子态的药物充分融合，并与药物间产生氢键、离子键、离子-偶极等分子间相互作用，抑制药物分子运动，抑制药物重结晶，提高物理稳定性。用高玻璃化温度的聚合物作载体材料，能够有效地抑制药物的分子运动，对于提高固体分散体的物理稳定性也有着重要的意义。此外，药物与载体材料间更高的可混合性也有利于固体分散体的稳定性。例如，以 PVP K30、PEG 8 000、泊洛沙姆 P188 和 Soluplus 为载体制备穿心莲内酯固体分散体，加速稳定性考察 60 天后，结晶峰强度由强到弱依次为 PVP K30、Soluplus、PEG 8 000、泊洛沙姆 P188[47]。究其原因，应是四种聚合物中 PVP K30 的玻璃化温度最高，造成了最佳的稳定性。制备穿心莲内酯固体分散体时，由于 PEG 8 000 二十二酸酯强亲脂性使其与穿心莲内酯的相容性更高，以其为载体制备的固体分散体的相对结晶度低于以 PEG 8 000 十二酸酯、PEG 8 000 十六酸酯为载体制备的固体分散体，且初始晶种数量少，重结晶速率慢，在高温、高湿条件下放置 60 天后，始终保持较低的相对结晶度[48]。采用不同载体（聚维酮、共聚维酮、维生素 E 琥珀酸聚乙二醇酯和泊洛沙姆 407）制备葫芦素 B 固体分散体，共聚维酮制得的固体分散体晶体生长缓慢，结晶度较低[49]。Soluplus 为载体制备的螺内酯固体分散体的稳定性优于 HPMC E5 制得的固体分散体，这是由于 Soluplus 与药物间的氢键结合力比 HPMC E5 更强[50]。此外，对于同一种聚合物，随着分子量的增加，抑制药物的重结晶能力增强。例如，随着聚维酮分子量增加，玻璃化温度越高，抑制药物分子运动的能力越强[51]。在固体分散体制备时，尤其是热熔挤出制备固体分散体，有时会加入增塑剂以提高热熔挤出的可操作性。增塑剂对固体分散体稳定性的影响比较复杂，一方面，增塑剂能增加药物在载体材料中的溶解性，使之更加均匀地分散在载体材料中，提高固体分散体的物理稳定性；另一方面，增塑剂会增强体系的吸湿性并降低玻璃化温度，又可能导致药物重结晶[52-53]。因此在选择增塑剂时需要进行处方筛选。

（2）选择合适的载药量：正如前述，聚合物是防止药物重结晶的重要因素，一般而言，降低载药量更能有效地抑制药物重结晶。例如，分别以聚维酮、羟丙甲纤维素、醋酸羟丙甲纤维素琥珀酸酯为载体制备非洛地平固体分散体，药物结晶速率随着各载体用量增加而降低[54]。虽然提高载体材料的用量有利于固体分散体的物理稳定性，但在溶出时载体材料水化聚集形成凝胶，过高的载体用量反而会减慢药物溶出速率。另外，载体材料用量过大，会造成制得的最终制剂（如片剂）尺寸过大，不方便患者用药。因此，载药量的选择应综合考虑稳定性、药物溶出、制剂成型等各方面因素。

（3）选择合适的制备工艺及工艺条件：制备工艺不同，工艺条件不同，制得固体分散体的分散状态及药物的物态也不同，也会影响固体分散体的稳定性。例如，分别以真空干燥法和冷冻干燥法制备穿心莲内酯固体分散体，在加速实验条件下放置 60 天后，以 PEG 8 000、PVP K30 和泊洛沙姆 P188 为载体材料时，真空干燥法所制备的固体分散体的结晶峰强度最高；以 Soluplus 为载体时，冷冻干燥法所制备的固体分散体的结晶峰强度最高[47]。此外，由于喷雾干燥法制备固体分散体时，乙醇高度雾化，溶剂迅速气化，导致大部分药物以无定型态固化，而真空干燥过程中溶剂挥发速率较慢，药物在溶剂挥发时易重新结晶，因此，喷雾干燥法制备的穿心莲内酯固体分散体在高温、高湿条件下放置 60 天后，相对结晶度更低，穿心莲内酯溶出曲线变化更小[48]。同一工艺的工艺条件不同，对晶体破坏程度也不同。有时残留的微晶是重结晶的“种子”，不利于固体分散体的物理稳定性。采用研磨法制备曲格列酮固体分散体时，研磨时间越短，重结晶的速率越大[36]。对于熔融法或溶剂法（除喷雾干燥）制备的固体分散体，得到的固体物往往要进行粉碎处理得到一定粒径的粉体，固体分散体的物理稳定性与粉体的粒径相关。粒径越小，比表面积越大。对于药物而言，有一个表面结晶强化现象，即粉体表面结晶生成速度要远高于粉体内部。有研究制备的非洛地平固体分散体，粉体粒径越小，重结晶速率越快[55]。此外，若载体材料是吸湿性的聚合物，粉体粒径越小，吸湿性越强，药物重结晶风险越大。在工业化生产中，粉体粉碎粒径越小，粉碎过程产热量越高，药物重结晶的风险越大。

（4）避免高温高湿环境：热和湿是导致固体分散体中药物重结晶的两个重要因素。温度越高，药物分子运动越快，越易重结晶。一般而言，固体分散体的贮藏温度需在体系玻璃化温度50℃以下。水分是导致药物重结晶的另一个重要因素，一方面，水分会导致体系玻璃化温度降低，加快分子运动，促进药物重结晶；另一方面，水分会破坏药物与载体之间的氢键，影响固体分散体的物理稳定性。穿心莲内酯固体分散体在高湿条件下贮藏，药物出现了重结晶，溶出速率及程度均下降[56]。共聚维酮和聚维酮为载体制备的丹参酮$Ⅱ_A$固体分散体的稳定性研究发现，共聚维酮制得的固体分散体3个月加速试验后溶出度与0个月比无显著变化，而聚维酮制得的固体分散体60分钟时的溶出度下降约21%。可能是聚维酮吸湿性更强，降低体系玻璃化温度，增加分子迁移，诱导发生相分离，导致部分药物发生重结晶，溶出度下降[9]。

8. 固体分散体体外溶出明显增加，但体内生物利用度并未提高，是什么原因？

难溶性药物开发成固体分散体能够有效地增加体外溶出，最终目的是提高药物在体内的生物利用度，改善疗效。但在固体分散体开发过程中，有时会遇到药物的体外溶出明显增加，但体内生物利用度并未提高的现象，原因很可能是发生了体内重结晶。药物经过增溶处理后溶解在胃液或肠液中，处于过饱和状态。过饱和是一个高能量、不稳定的体系，已溶解的药物若不能被胃肠道及时吸收，则会在胃肠道中重结晶而沉淀出来，药物浓度快速下降。一般而言，过饱和度越高，沉淀速度越快[57]，这是所谓的“弹簧”效应。此时药物无法再溶解被吸收，从而达不到提高生物利用度的目的。因此，在产品的开发过程中，为达到最终的提高生物利用度的目的，增溶技术除了要有效地提高体外溶出，另一个重要的考量是选择合适的聚合物（沉淀抑制剂），帮助药物在体液环境中延缓沉淀，维持足够时间的过饱和状态，使之通过胃肠道吸收，以达到最终提高生物利用度的目的，这是所谓的“降落伞”效应。丹参酮的二元固体分散体（药物+PEG 6 000）与三元固体分散体（药物+PEG 6 000+十二烷基硫酸钠）相比较，三元固体分散体溶解度改善更显著，并且随着十二烷基硫酸钠用量的增加，溶解度改善更显著。少量表面活性剂的加入能显著加快药物的溶出，并且有效抑制了沉淀的析出。大鼠药代动力学研究结果显示三元固体分散体的药时曲线下面积和血药峰浓度显著高于二元固体分散体[58]。

因此，对于固体分散体产品的开发，除了选择合适的载体材料以达到有效的增溶效果，还需要选择合适的材料（沉淀抑制剂）以发挥“降落伞”功能，维持药物在体液环境中的过饱和，以最终提高生物利用度。作为沉淀抑制剂的材料包括HPMC、HPMCAS、PVP、表面活性剂、环糊精等，抑制沉淀的机制包括形成氢键、疏水基团相互作用、聚合物具有一定的刚性、聚合物分子量和空间位阻均较大，以及增加溶液黏度等[57]。尤其是HPMC，普通规格的HPMC由于其玻璃化温度高，并且在众多有机溶剂中溶解性差，并不适宜单独用作固体分散体的载体材料，但它是优异的沉淀抑制剂。有文献报道，HPMC抑制双嘧达莫沉淀的效果优于Eudragit S100、PVP K90、Eudragit L100和PEG 8 000[59]。这是由于HPMC既有亲水性基团羟丙氧基，又有疏水性基团甲氧基，而且 HPMC 有氢键的受体和供体；此外，HPMC 有着较好的亲水性，尤其高分子量规格，溶解在体液环境中可以形成局部高黏度液体，这些都有利于其成为优异的沉淀抑制剂。对于不同取代度规格的 HPMC，2910 系列（即商业的 E 规格）的高分子量 HPMC 有着相对更强的抑制沉淀的效果。因此 HPMC 可以和其他材料（如共聚维酮）合用开发固体分散体产品，达到良好的增溶效果，而 HPMC 达到在体液环境中抑制沉淀，维持过饱和的效果。HPMCAS 是近年来很多上市固体分散体产品选用的载体材料，它既有良好的增溶效果，又有着很强的抑制沉淀能力。

9. 固体分散体开发成最终制剂产品，需要注意哪些方面？

固体分散体只是制剂中间体，还需要进行进一步的加工，成为最终制剂才能用于患者。由于固体分散体中无定型态药物对湿、热敏感，固体分散体的最终制剂一般为口服固体制剂。常用的口服固体制剂一般为颗粒剂、片剂和胶囊剂。颗粒剂的服用方式一般是热水溶解后服用，而溶解到服用之间会放置一段时间，在这个时间段内，已溶解的药物沉淀出来的风险很大。因此，固体分散体的最终制剂以片剂更为适宜。

固体分散体的第一步加工是粉碎（喷雾干燥固体分散体除外）。由于固体分散体中聚合物含量较高，聚合物本身有着一定的韧性，因此粉碎比较困难。可以使用低温粉碎，设备的选择上可以选择切刀式的粉碎机。正如前述，粉体粒径过细，不利于固体分散体的物理稳定性，并且粉碎粒径过细，产热量高，也不利于固体分散体的物理稳定性。因此，固体分散体粉碎时无须过度粉碎，粉碎粒径可在 40～80 目，同时满足后期进一步制剂的要求。

另外，应注意尽量减少对于固体分散体粉体后期的加工操作，以降低操作工艺带来的重结晶风险。例如，由于明胶胶囊壳中一般含有较多的水分，贮藏过程中，囊壳中的水分会迁移至内容物，造成无定型态药物重结晶，较少见胶囊剂用于固体分散体产品。但目前也有 HPMC 植物胶囊应用于药品，由于其含水量低，可以尝试用于固体分散体制剂。

片剂是目前上市的固体分散体产品中最主流的剂型。喷雾干燥得到的固体分散体粒径过细，流动性可能相对较差，可以进行制粒以改善其流动性。由于固体分散体对湿、热敏感，因此不能使用湿法制粒工艺，可选用干法制粒。但干法制粒时长时间的辊压操作会导致产热，对固体分散体的物理稳定性有着不利影响。因此，一方面尽量降低辊压压力；另一方面，压轮可安装水冷装置。固体分散体片剂最适合的工艺是直接压片。对于片剂处方，可选择直压规格的填充剂，如喷雾干燥乳糖、102 规格的微晶纤维素、颗粒规格的甘露醇或山梨醇等。同样，压片操作也是一个产热的工艺过程，对于固体分散体的物理稳定性也有潜在的不利影响。以 PVP K30 为载体制备穿心莲内酯固体分散体，并与乳糖、交联聚维酮和硬脂酸镁混合后压片。初步稳定性考察结果显示片剂的重结晶程度比粉末更高，尽管两者溶出稳定性差别不大，但还是提示压片操作对于稳定性的潜在影响[60]。究其原因，可能是压片过程中的产热导致微量无定型态药物重结晶，从而贮藏过程中更容易形成结晶。针对这一问题，必要时可加入干性黏结能力强的直压黏合剂以尽量降低压片力，如羟丙纤维素（低黏度细粒径规格 EXF），减少压片时的产热，从而有利于片剂的物理稳定性。此外，固体分散体片剂处方中高分子聚合物的含量往往比较高，溶出时高分子聚合物水化形成凝胶，片剂崩解时间较长，药物的溶出反而较慢。可以筛选合适的崩解剂，如交联聚维酮、交联羧甲纤维素钠和羧甲淀粉钠等，有时可以加入一些具抗黏作用的辅料，如微粉硅胶，甚至无机盐、表面活性剂、糖醇类成分等，以破坏凝胶的形成，利于片剂的崩解和药物的溶出。

另外，以多孔结构的交联聚维酮为载体制备固体分散体，再压制片剂，由于交联聚维酮不会水化形成凝胶，并且自身有很强的崩解能力，制得的片剂能快速崩解，快速释放药物。

若无必要，不建议对固体分散体片剂进行薄膜包衣。目前工业化生产多是水性薄膜包衣，而包衣是一个经历湿和热的过程，在包衣过程中有时会有少量水分渗入片芯内部，并且一般包衣过程中片床温度较高，约 40℃，包衣时间也比较长，因此在包衣过程中药物重结晶的风险比较大。若确需要薄膜包衣的制剂，需要严格控制工艺参数，防止包衣过程导致的药物重结晶。目前也有上市的预混薄膜包衣粉，能配制高达 35% 固含量的包衣液，可有效地缩短包衣时间，并且减少甚至避免水分渗入片芯，同时也能进行低温操作，这样能极大地降低包衣过程中药物重结晶的风险。

10. 固体分散体的产业化现状如何？如何选择适合的产业化生产技术与载体材料？

固体分散体的理论与实验室研究已有数十年的历史，但产业化的发展相对缓慢。最近十几年来是固体分散体产业化大发展的时期，有较多的化药固体分散体产品上市。包括利托那韦 / 洛匹那韦片，使用共聚维酮为载体，采用热熔挤出法制备固体分散体；维莫非尼片，以醋酸羟丙甲纤维素琥珀酸酯为载体，采用共沉淀法制备固体分散体；伊伐卡托片，以醋酸羟丙甲纤维素琥珀酸酯为载体，采用喷雾干燥法制备固体分散体；泊沙康唑肠溶片，以醋酸羟丙甲纤维素琥珀酸酯为载体，采用热熔挤出法制备固体分散体；苏沃雷生片，以共聚维酮为载体，采用热熔挤出法制备固体分散体；奥拉帕尼片，以共聚维酮为载体，采用热熔挤出法制备固体分散体。

近年来固体分散体产业化的良好发展，得益于技术及装备的发展、固体分散体载体材料的发展。在众多的文献报道中，很多采用旋转蒸发法，也有采用真空干燥等方法。但这些方法工业放大比较困难，工艺重复性差，更为重要的是不符合固体分散体制备的基本要求，容易在制得的固体分散体中存在微晶或亚晶，影响增溶效果和物理稳定性。目前，最广泛被工业化采用的技术是热熔挤出和喷雾干燥。热熔挤出的优势在于成本较低，能够实现连续化操作，可直接成型等，但不适合热敏感和剪切敏感药物以及熔点特别高的药物，混合性较喷雾干燥法差；喷雾干燥的优势在于混合性强，可连续操作，工艺温度低（一般进风温度 80～90℃），适合热敏感药物，制得产品为疏松多孔粉末，一般无须再进行粉碎处理，产品溶解性好，但其成本较高，尤其涉及有机溶剂的处理，有安全和环保等问题，并且制得产品中有残留溶剂风险。但两种技术并不存在优劣问题，要根据具体药物性质、载体材料性质、工艺条件等综合考虑。在目前的产业实践中，一般将热熔挤出作为首选，这是由于热熔挤出无论是设备成本还是生产成本，相对喷雾干燥更为低廉。但药物热稳定性差时或药物熔点特别高，通过加入增塑剂，药物先微粉化再热熔挤出仍达不到很好的增溶效果时，或热熔挤出的增溶效果达不到临床疗效时，可以选择喷雾干燥法，或尝试 KinetiSol 技术。选择喷雾干燥首先要找到低沸点有机溶剂将载体和药物同时溶解，在配制相对高固含量溶液时溶液黏度较低，满足喷雾干燥的要求。有的药物既热稳定性差或熔点特别高，又无法完全溶解在各种低沸点有机溶剂中，此时则可以选择微沉淀堆积粉末（MBP）技术。

另外，在产业实践中也有采用流化床制粒的方法制备固体分散体，如伊曲康唑、尼莫地平。这种方法是将药物与载体材料溶于有机溶剂，在流化床中喷入底物制粒，药物以无定型态存在于最终制剂中，形成固体分散体。

随着材料科学和化学工业的发展，有了更好的聚合物用于商业化固体分散体的生产。纵观近几年上市的固体分散体品种，主要的载体材料是共聚维酮或醋酸羟丙甲纤维素琥珀酸酯。这些材料一方面玻璃化温度较高，另一方面能与药物间产生氢键、疏水基团等相互作用，能够提高固体分散体的稳定性，以及维持体内的过饱和。另外，玻璃化温度合适，可用于热熔挤出制备固体分散体；能溶于众多的低沸点有机溶剂，也可用于喷雾干燥制备固体分散体。此外，聚维酮、羟丙甲纤维素邻苯二甲酸酯、醋酸纤维素酞酸酯、甲基丙烯酸共聚物、羟丙甲纤维素、羟丙纤维素等也适用于商业化固体分散体的开发与生产。

中药滴丸也是一种固体分散体制剂，药物以分子、微晶等形式高度分散于基质中，具有溶解速度快、作用迅速、生物利用度高等优点。近年来，中药滴丸上市品种超过 100 种，包括复方丹参滴丸、柴胡滴丸、益肝灵滴丸、元胡止痛滴丸、银杏叶滴丸、冠心舒合滴丸等。也有较多的中药滴丸工艺及处方的研究报道。有文献以 PEG 为基质制备二氢杨梅素磷脂复合物滴丸，经 X 射线粉末衍射检测，药物以无定型态存在。体外溶出检测显示二氢杨梅磷脂复合物滴丸的溶出度明显高于二氢杨梅磷脂复合物，体内药动学结果显示，与磷脂复合物比较，滴丸生物利用度是其 2.21 倍[61]。以 PEG 4 000 和单硬脂酸甘油酯为基质制备的雷公藤红素缓释滴丸，经差示扫描量热分析，药物以非晶形态存在，溶出检测显示药物的释放更完全[62]。此外，文献报道还包括参附滴丸[63]、天吴止痛滴丸[64]、香酚滴丸[65]、大蒜油滴丸[66]、芹菜总黄酮滴丸[67]等。上述研究主要考察了滴丸的制备工艺，由于采用的有效成分主要是中药提取浸膏或挥发油，未能对药物进行物态表征，因此也无法得知其成分是否转化为固体分散体一般需要达到的无定型态。滴丸常用的基质主要是 PEG、聚氧乙烯单硬脂酸酯、泊洛沙姆等材料[61]，这些材料熔点或玻璃化温度偏低，即使制备时将药物转变为无定型态，也无法有效抑制药物分子运动，在贮藏时药物极易重结晶，导致增溶效果下降。期待未来有更好的聚合物用于制备中药滴丸，以解决这一问题。

随着化学组学、药效学、提取分离等技术的发展，越来越多的中药或天然药物中的有效部位或活性单体被发现。这些活性成分中有的也存在着难溶性问题，固体分散技术可以尝试应用于这些来源于中药或天然药物的难溶性活性成分。但还未见经过结构验证的中药有效成分的固体分散体的商业化产品，原因可能是产品的稳定性、在体内的表现、工业化放大等方面还存在一些技术问题。另外，固体分散体产品的商业化生产成本相对较高，相较于这些活性成分本身的价值或面临的市场竞争，制成固体分散体制剂的临床优势或商业价值可能并不大。相信在未来随着更加安全、有效，并且具有高附加值的中药或天然药物的难溶性活性成分被发现，选择合适的辅料和工艺，一定能开发出商业化的固体分散体产品应用于临床。

参考文献

[1] CHIOU W L, RIEGELMAN S. Pharmaceutical applications of solid dispersion systems [J]. Journal of Pharmaceutical Sciences, 1971, 60(9): 1281-1302.
[2] 王冠华，王金悦，黄金，等. 盐酸小檗碱 -Eudragit S100 固体分散体的制备及评价[J]. 沈阳药科大学学报，2019，36(1)：1-6.
[3] 邓向涛，郝海军，陈晓峰，等. 木犀草素 2 种固体分散体制备、表征和大鼠体内药动学行为研究[J]. 中草药，2018，49(24)：5787-5793.
[4] 黄容，陆昕怡，韩加伟，等. 姜黄素 - 胡椒碱固体分散体的制备与生物利用度研究[J]. 中草药，2018，49

(19): 4528-4534.
[5] LEUNER C, DRESSMAN J. Improving drug solubility for oral delivery using solid dispersions[J]. European Journal of Pharmaceutics and Biopharmaceutics, 2000, 50(1): 47-60.
[6] 强永在，屈晓梅，王阳. 川木香倍半萜组分固体分散体的制备及体外溶出度考察[J]. 中国医药导报，2019，16(1): 28-32.
[7] 崔锋，候佳威，孙文霞，等. 高乌甲素固体分散体的表征及其体外溶出度测定[J]. 中药材，2016，39(9): 2072-2074.
[8] 雷华平，张珂榕，汪杰，等. 葛根素固体分散体制备方法的比较[J]. 中国医药工业杂志，2018，49(3): 354-357.
[9] 蒋艳荣，张振海，夏海建，等. 基于共聚维酮的丹参酮 $Ⅱ_A$ 固体分散体的研究[J]. 中国中药杂志，2013，38(2): 174-178.
[10] 李杰，杨军辉，蒋志涛，等. 厚朴酚固体分散体的制备及生物利用度研究[J]. 中草药，2019，50(14): 3337-3344.
[11] 祁雯，陈明，姜嫣嫣，等. 4 种熊果酸固体分散体的体外特性[J]. 中国医院药学杂志，2013，33(2): 108-111.
[12] 梁淇，朱成豪，邓月义，等. HPMCAS/PVP K30 胡椒碱双载体无定型固体分散体的制备及其体外溶出测定[J]. 广西科学院学报，2019，35(1): 71-77.
[13] 李文婷，张国丽，张锐武，等. 不同工艺制得蒿甲醚 pH 依赖型固体分散体的比较研究[J]. 云南中医中药杂志，2018，39(6): 65-67.
[14] 徐艳，张心怡，狄留庆，等. 基于热熔挤出技术的虎杖提取物速释固体分散体制备研究[J]. 中草药，2017，48(23): 4865-4871.
[15] 姜红，张定堃，柯秀梅，等. 姜黄提取物二氧化硅固体分散体的制备与表征[J]. 中成药，2018，40(2): 320-325.
[16] 蒋艳荣，张振海，丁冬梅，等. 不同方法制备的丹参酮 - 多孔二氧化硅固体分散体的比较研究[J]. 中国中药杂志，2013，38(19): 3271-3276.
[17] 王志，叶贝妮，冯年平. 大豆苷元固体分散体的制备及生物利用度研究[J]. 上海中医药杂志，2018，52(9): 86-91.
[18] SHIBATA Y, FUJII M, SUGAMURA Y, et al. The preparation of a solid dispersion powder of indomethacin with crospovidone using a twin-screw extruder or kneader[J]. Int J Pharm, 2009, 365(1-2): 53-60.
[19] 解仲伯，李远达，林华庆，等. 新型载体 Soluplus(R)制备灯盏花素固体分散体及其体外溶出行为研究与表征[J]. 中国新药杂志，2018，27(5): 566-573.
[20] 赵娜，史雨，王中彦. 和厚朴酚固体分散体的制备及表征[J]. 沈阳药科大学学报，2019，36(6): 469-473.
[21] 陈晓敏，崔伟峰，李琦. 田蓟苷固体分散体的制备及其体内药动学研究[J]. 中成药，2021，43(12): 3265-3269.
[22] 熊秀莉，郑颖，王一涛. 辅料联用固体分散技术在丹参提取物多组分释放中的研究[J]. 中草药，2011，42(1): 50-55.
[23] 时念秋，张勇，冯波，等. 不同制备工艺制得姜黄素固体分散体的性质比较研究[J]. 中国药学杂志，2016，51(10): 821-826.
[24] 柴书彤，陈玉叶，贺靖，等. 正交优化水飞蓟素固体分散体制备工艺研究[J]. 广州化工，2019，47(17): 56-58，108.
[25] 马丽，李新悦，梁春霞，等. 热熔挤出技术制备小檗红碱固体分散体及其体外评价[J]. 天津中医药大学学报，2019，38(5): 501-505.
[26] 徐艳，张心怡，狄留庆，等. 热熔挤出技术制备热敏性姜黄素固体分散体的研究[J]. 中草药，2018，49(17): 4014-4021.
[27] 郭珏铄，董佳乐，杨秀芳，等. 喷雾冷凝技术制备穿心莲内酯固体分散体的研究[J]. 中药材，2019，42

(9): 2113-2117.
[28] 霍涛涛,张美敬,陶春,等. 基于多组分评价的雷公藤提取物固体分散体的制备及体外表征[J]. 中草药,2018,49(1): 128-134.
[29] 任娟,孙兴,阮佳,等. 马甲子总三萜固体分散体的制备及其溶出性能研究[J]. 中草药,2018,49(17): 4038-4044.
[30] WON D H, KIM M S, LEE S, et al. Improved physicochemical characteristics of felodipine solid dispersion particles by supercritical anti-solvent precipitation process[J]. Int. J. Pharm, 2005, 301(1/2): 199-208.
[31] 裴英,单冬媛,孟晴,等. 超临界 CO_2 流体技术制备联苯双酯固体分散体的考察[J]. 中国医药工业杂志,2016,47(10): 1270-1274.
[32] NAVNIT SHAH, HARPREET SANDHU, DUK SOON CHOI, et al. Amorphous solid dispersion dispersions, theory and practice[M].New York: Springer, 2014.
[33] 李朋朋,卢恩先,周丽莉. 热熔挤出法和喷雾干燥法制备布洛芬固体分散体的比较[J]. 中国药剂学杂志(网络版),2015,13(4): 126-133.
[34] 吴珏,刘志宏,林兵,等. 雷公藤固体分散体大鼠在体肠吸收研究[J]. 中草药,2019,50(2): 462-470.
[35] 崔福德. 药剂学[M]. 8 版. 北京: 人民卫生出版社,2016.
[36] ITO A, WATANABE T, YADA S, et al. Prediction of recrystallization behavior of troglitazone/polyvinylpyrrolidone solid dispersion by solid-state NMR[J]. Int J Pharm, 2010, 383(1/2): 18-23.
[37] 刘明杰,王钊,孙素琴. 傅里叶变换红外光谱法在药学研究中应用的最新进展[J]. 药物分析杂志,2001,21(5): 373-377.
[38] 曾庆云,祝婧云,赵国巍,等. 固体分散体中药物分散状态测定方法的研究进展[J]. 中成药,2019,41(1): 146-150.
[39] 王玮,李晓曼,田京辉,等. 振动光谱法研究黄芩苷固体分散体的分散性[J]. 中国中药杂志,2011,36(5): 573-575.
[40] 张泸,刘新湘,余红,等. 丹皮酚固体分散体的制备和表征[J]. 中国医药工业杂志,2015,46(3): 261-264.
[41] 吕正检,王建华,徐世荣. 原子力显微镜在药学研究中的应用[J]. 中国药学杂志,2006,41(7): 490-492.
[42] LAUER M E, GRASSMANN O, SIAM M, et al. Atomic force microscopy-based screening of drug-excipient miscibility and stability of solid dispersions[J]. Pharm Res, 2011, 28(3): 572-584.
[43] SHESKEY P J, COOK W G, CABLE C G. Handbook of Pharmaceutical Excipients[M]. 8th ed. London: Pharmaceutical Press, 2017.
[44] 赵强,武倩,刘喜纲. 齐墩果酸固体分散体的制备[J]. 中成药,2018,40(10): 2170-2176.
[45] 王兰,张德辉,沈文,等. 咖啡酸苯乙酯固体分散体的制备[J]. 中成药,2019,41(1): 12-15.
[46] LI M, GOGOS C G, IOANNIDIS N. Improving the API dissolution rate during pharmaceutical hot-melt extrusion Ⅰ: Effect of the API particle size, and the co-rotating, twin-screen extruder screw configuration on the API dissolution rate[J]. Int J Pharm, 2015, 478(1): 103-112.
[47] 曾庆云,赵国巍,欧丽泉,等. 不同制备方法、载体材料对穿心莲内酯固体分散体重结晶稳定性的影响[J]. 中成药,2021,43(1): 11-16.
[48] 欧丽泉,曾庆云,赵国巍,等. 不同载体材料、制备方法对穿心莲内酯固体分散体稳定性的影响[J]. 中成药,2020,42(12): 3117-3122.
[49] 武倩. 葫芦素 B 固体分散体稳定性研究及大鼠体内药动学[D]. 承德: 承德医学院,2017.
[50] 宋航,高利芳,付强,等. 以 Soluplus 为载体的固体分散体提高螺内酯体外溶出和物理稳定性[J]. 药学学报,2019,54(1): 14-21.
[51] KHOUGAZ K, CLAS S D. Crystallization inhibition in solid dispersions of MK-0591and poly(vinylpyrrolidone)polymers[J]. J Pharm Sci, 2000, 89(10): 1325-1334.
[52] GHEBREMESKEL A N, VEMAVARAPU C, LODAYA M. Use of surfactants as plasticizers in preparing

solid dispersions of poorly soluble API: stability testing of selected solid dispersion [J]. Pharmaceutical Research, 2006, 23 (8): 1928-1936.
[53] SMRUTI C, ROHIT D. Application of surfactants in solid dispersion technology for improving solubility of poorly water soluble drugs [J]. Journal of Drug Delivery Science and Technology, 2017, 41: 68-77.
[54] KONNO H, TAYLOR L S. Ability of different polymers to inhibit the crystallization of amorphous felodipine in the presence of moisture [J]. Pharmaceutical Research, 2008, 25 (4): 969-978.
[55] KESTUR U S, IVANESIVIC I, DE ALONZO, et al. Influence of particle size on the crystallization kinetics of amorphous felodipine powders [J]. Powder Technology, 2013, 236: 197-204.
[56] 衷友泉, 张守德, 赵国巍, 等. 湿度对穿心莲内酯固体分散体稳定性的影响[J]. 中国医药工业杂志, 2019, 50(3): 308-314.
[57] XU S, DAI W G. Drug precipitation inhibitors in supersaturable formulations [J]. Int J Pharm, 2013, 453 (1): 36-43.
[58] 刘文静, 蒲君峰, 惠娜, 等. 丹参酮固体分散体的制备衣其体内外评价[J]. 海峡药学, 2021, 33(1): 8-13.
[59] CHAUHAN H, HUI-GU C, ATEF E. Correlating the behavior of polymers in solution as precipitation inhibitor to its amorphous stabilization ability in solid dispersions [J]. J Pharm Sci, 2013, 102 (6): 1924-1935.
[60] 蔡萍, 曾庆云, 赵国巍, 等. 穿心莲内酯固体分散体片的处方优化及初步稳定性考察[J]. 中国医药工业杂志, 2021, 52(7): 928-933.
[61] 魏永鸽, 黄贺梅, 徐凯, 等. 二氢杨梅素磷脂复合物及其滴丸的制备及其体内药动学比较[J]. 中成药, 2021, 43(12): 3270-3274.
[62] 夏海建, 张振海, 贾晓斌. 雷公藤红素缓释滴丸的研究[J]. 中草药, 2013, 44(7): 834-838.
[63] 杨琦, 于凤波, 佟雷, 等. 参附滴丸的成型工艺研究[J]. 牡丹江医学院学报, 2021, 42(5): 19-21.
[64] 杨弦, 李江. 天吴止痛滴丸的制备工艺研究[J]. 黔南民族医专学报, 2021, 34(4): 302-304.
[65] 杜卓, 叶泉英, 林洁, 等. 正交设计优先丁香酚滴丸的制备工艺[J]. 医药导报, 2021, 40(8): 1100-1104.
[66] 周振华, 王文渊. 正交试验法优选大蒜油滴丸制备工艺[J]. 亚太传统医药, 2021, 17(10): 51-53.
[67] 宋萍, 高建德, 薛晶晶, 等. 芹菜总黄酮滴丸的制备工艺及质量标准初步研究[J]. 甘肃中医药大学学报, 2022, 39(1): 24-29.

（刘怡　何军　张良珂）

第九章　包合技术

包合技术是指一种药物分子被全部或部分包合于另一种物质的分子腔中而形成包合物(inclusion compound)的技术，具有包合作用的外层分子称为主分子(host molecule)，被包合到主分子空间中的小分子物质，称为客分子(guest molecule 或 enclosed molecule)。包合过程是物理过程而不是化学过程，主分子和客分子间不发生化学反应。包合物形成条件主要取决于主分子和客分子的立体结构和两者的极性。包合物的稳定性依赖于两种分子间范德华力的强弱，如色散力、偶极间引力、氢键和电荷迁移力等，这种结合力有时为单一作用力，但多数为几种作用力的协同作用。作为主分子既可以是单分子，也可以是多分子形成晶核，但必须提供一定大小和形状的空间，从而形成特定的笼格、空腔、洞穴或沟道用于容纳客分子；而客分子的大小、形状则必须适合主分子提供的空间。包合物按几何形状可分为笼状包合物、管状包合物和层状包合物；按主分子的构成又可分为单分子包合物、多分子包合物和大分子包合物。目前常用的包合方法有饱和水溶液法、研磨法、溶剂 - 熔融法及溶剂 - 喷雾(冷冻)干燥法等。

包合物具有“分子胶囊”的特性，不仅对化学药物具有良好的包合性能，能增加难溶性药物的溶解度和生物利用度，使液态药物固体粉末化，防止药物挥发、提升药物稳定性，同时还能掩盖某些成分固有的不良气味、降低刺激性。在中药制剂中，主要用于包合挥发油和挥发性药物，防止挥发性成分在生产和贮藏过程中的挥发、升华或氧化变质。

包合技术已经越来越广泛地运用于中药制剂研究中，然而由于 β- 环糊精(β-CD)自身局限引起的溶解度低、包合物的包合率和得率较低、稳定性差及工艺复杂等问题，可通过选择适当的添加剂来提高药物的包合效率。因此，在实际应用中，应针对不同的药味、不同的处方，采用正交设计或均匀设计优选包合物的制剂处方，以获取更高的包合效率。包合技术作为一种常用的制剂技术，被广泛用于药物的制剂研究中，包括片剂、颗粒剂、口服液等，同时由于其对药物的增溶效果较好，对于用药制剂体积较小、药物浓度高的滴眼液、鼻腔和肺部给药制剂方面具有较好的应用前景。同时，在现代制剂研究报道中，包合物还可被进一步开发成缓控释制剂或者靶向制剂，用于疾病的治疗。

1. 哪些药物需要考虑采用包合技术制备包合物?

包合技术是将药物作为客分子被主体材料如环糊精、淀粉、纤维素等包合，形成“分子胶囊”包合物，具有增加药物溶解度，提高药物的稳定性、药物分散度和生物利用度，掩盖药物不良反应，减少刺激性和副作用，使液态药物粉末化等优点。目前，2015 年版《中国药典》共收载使用包合技术的中成药 20 余种，如三拗片、乙肝宁颗粒、小儿柴桂退热颗粒、清开灵颗粒和复方丹参胶囊等[1-2]；2020 年版《中国药典》在此基础上，增加了芩暴红止咳分散片、苏黄止咳胶囊等品种，其中芩暴红止咳分散片是在 2015 年版《中国药典》基础上，采用β-环糊精包合满山红挥发油工艺，从而替代原有的包衣片工艺[3]，详见表1-9-1。

表1-9-1　包合技术在2020年版《中国药典》中的应用

序号	品种	β-环糊精包合制剂方法	客体药物	主体材料
1	三拗片	取麻黄、生姜用水蒸气蒸馏，提取挥发油2小时，收集挥发油，备用；称取6倍挥发油量的β-环糊精制60℃的饱和水溶液，边搅拌边加入挥发油，并在60℃保温条件下连续搅拌2小时，冷藏24小时，抽滤，室温干燥，备用	麻黄、生姜提取的挥发油	β-环糊精
2	小儿柴桂退热颗粒	取柴胡、桂枝等7味中药，桂枝、柴胡粉碎，80℃加水温浸1小时，再蒸馏4小时，馏出液加10%氯化钠，冷藏12小时，分取上层油液，用β-环糊精包合，包合物50℃干燥，粉碎，过筛，备用	桂枝、柴胡馏出液	β-环糊精
3	小儿消积止咳口服液	取山楂、槟榔等10味中药，加水煎煮2次，合并煎液，滤过，滤液减压浓缩至适量，加乙醇使含醇量达60%，静置，滤过，滤液回收乙醇并浓缩适量，加水适量，搅拌，冷藏，滤过，滤液加入β-环糊精，搅拌包合，再加入蔗糖，搅匀，加水至1 000ml，滤过，灌装，灭菌，即得	炒山楂、枳实、瓜蒌、炒葶苈子、连翘、槟榔、蜜枇杷叶、炒莱菔子、桔梗、蝉蜕水提醇沉提取液	β-环糊精
4	正天胶囊	取钩藤、川芎等15味中药，红花粉碎成细粉，过筛；钩藤粉碎成最粗粉，用75%乙醇浸渍2次，每次24小时，滤过，合并滤液，回收乙醇，浓缩成稠膏，70℃以下减压干燥，粉碎成细粉；药渣与其余白芍等十三味，加水煎煮2次，每次2小时，同时收集馏出的挥发油，挥发油用7倍量的β-环糊精包合	药渣与川芎、麻黄、细辛、黑顺片、白芍、羌活、独活、防风、地黄、当归、鸡血藤、桃仁、白芷提取的挥发油	β-环糊精
5	抗病毒口服液	取板蓝根、石膏等9味中药，加水煎煮2次，第一次3小时，收集挥发油，用羟丙基-β-环糊精（HP-β-环糊精）包合	板蓝根、石膏、芦根、地黄、郁金、知母、石菖蒲、广藿香、连翘提取的挥发油	羟丙基-β-环糊精
6	灵泽片	莪术水蒸气蒸馏12小时提取挥发油，药渣和蒸馏后的水溶液备用，挥发油加入β-环糊精的饱和水溶液中（挥发油、β-环糊精及水的比例为1∶6∶24）搅拌3小时，静置过夜，弃去上清液，抽滤下层沉淀的包合物至无水滴抽出，收集包合物，备用	莪术提取的挥发油	β-环糊精
7	复方丹参胶囊	冰片用乙醇溶解，用β-环糊精包合，备用	用乙醇溶解的冰片	β-环糊精
8	清开灵颗粒	①滤液浓缩至相对密度为1.36～1.40（60℃），用β-环糊精包合，干燥，得水牛角、珍珠母包合物。猪去氧胆酸、胆酸用适量乙醇溶解，滤过，取滤液，或在滤液中加入橙油香精，用β-环糊精包合，干燥，得胆酸、猪去氧胆酸包合物。 ②黄芩苷研成细粉；水牛角和珍珠母磨粉后制成水解液；猪去氧胆酸、胆酸溶于碱性水溶液中，加入β-环糊精，包合	①水牛角与珍珠母的混合滤液，用乙醇溶解的猪去氧胆酸、胆酸 ②猪去氧胆酸、胆酸的碱性水溶液	β-环糊精

续表

序号	品种	β- 环糊精包合制剂方法	客体药物	主体材料
9	颈痛颗粒	羌活、威灵仙提取挥发油，挥发油用β- 环糊精包结成包合物，于50℃减压干燥，粉碎，备用	羌活、威灵仙提取的挥发油	β- 环糊精
10	舒筋通络颗粒	乳香以水蒸气蒸馏法提取挥发油，收集挥发油，以β- 环糊精包合	乳香以水蒸气蒸馏法提取的挥发油	β- 环糊精
11	感冒清热咀嚼片	荆芥穗、薄荷、紫苏叶混合后加水浸泡 2 小时，水蒸气蒸馏 6 小时，提取挥发油，用β- 环糊精包合，冷藏过夜，滤过，包结物低温（40℃）干燥，粉碎成细粉	荆芥穗、薄荷、紫苏叶提取的挥发油	β- 环糊精
12	豨莶通栓胶囊	酒当归、川芎、秦艽水蒸气蒸馏提取挥发油 4 小时，挥发油以β- 环糊精包合，冷藏，抽滤，吹干，粉碎，制成包合物细粉	酒当归、川芎、秦艽水蒸气蒸馏提取的挥发油	β- 环糊精
13	芩暴红止咳分散片	满山红酌予碎断，采用水蒸气蒸馏法提取 3.5 小时，将所得挥发油用β- 环糊精包合后，备用	满山红水蒸气蒸馏提取的挥发油	β- 环糊精
14	苏黄止咳胶囊	紫苏叶、前胡加水浸泡 1 小时，提取挥发油 8 小时，收集挥发油，蒸馏后的水溶液另器收集；挥发油用β- 环糊精包合，在 40℃以下干燥，粉碎成细粉	紫苏叶、前胡提取的挥发油	β- 环糊精
15	连参通淋片	白术、石菖蒲提取挥发油，蒸馏后水溶液另取收集，挥发油以β- 环糊精包合，备用	白术、石菖蒲提取的挥发油	β- 环糊精
16	和胃止泻胶囊	鱼腥草加水提取挥发油 4 小时，石菖蒲加水提取挥发油 6 小时，合并挥发油，以β- 环糊精（1∶10）包合，研磨 45 分钟，包合物在 40℃以下干燥 2 小时，备用	鱼腥草、石菖蒲提取的挥发油	β- 环糊精
17	复方益母草胶囊	取当归加水，浸泡 2 小时，提取挥发油 4 小时，收集挥发油，用无水硫酸钠脱水，用 9 倍量的β- 环糊精包合（60℃搅拌 3 小时，搅拌速度 800r/min），包合物于 40℃干燥，备用	当归提取的挥发油	β- 环糊精
18	脉络舒通丸	金银花、苍术、玄参、当归、白芍加水浸泡 3 小时，蒸馏提取 7 小时，收集挥发油，加β- 环糊精适量制成包合物	金银花、苍术、玄参、当归、白芍提取的挥发油	β- 环糊精
19	消瘿丸	香附、青皮、川芎、莪术和当归水蒸气蒸馏 6 小时提取挥发油，蒸馏后的水溶液滤过，备用；挥发油用β- 环糊精包结，包合物低温干燥	香附、青皮、川芎、莪术和当归水蒸气蒸馏提取的挥发油	β- 环糊精
20	蒲元和胃胶囊	香附用水蒸气蒸馏提取挥发油，用β- 环糊精按 1∶10（V/W）比例包结，干燥，粉碎，备用	香附水蒸气蒸馏提取的挥发油	β- 环糊精

（1）挥发性药物：包括挥发油和挥发性成分，如紫苏油、莪术油、红花籽油、生姜油、薄荷油等挥发油，陈皮、川芎、当归、广藿香、苍术、石菖蒲、厚朴、丹皮、冰片等含有的挥发性成分。通过β- 环糊精、羟丙基 -β- 环糊精（HP-β-CD）包合，减少药物在生产和贮藏过程中

挥发损失，提高药物的稳定性，使液体药物固体粉末化，便于各类固体制剂的制备。2020年版《中国药典》一部中主要采用 β- 环糊精对茵陈提取的挥发油（乙肝宁颗粒），麻黄、生姜提取的挥发油（三拗片），桂枝、柴胡提取的挥发油（小儿柴桂退热颗粒），挥发性成分冰片（牛黄解毒胶囊）等进行包合，提高该类药物中挥发油和挥发性成分的稳定性。同时 2020年版《中国药典》二部记载的西地碘含片采用环糊精包合分子碘，防止碘的挥发，提高其稳定性[4]。

（2）刺激性药物：包括含有对胃肠道具有刺激性的成分和具有不良臭味、苦味、涩味的药物，如大蒜油、巴豆油、阿魏油、蟾酥、胆酸、无花果提取物、人参提取物等。通过 β- 环糊精包合，可掩盖药物的不良臭味，降低对机体的刺激性，便于制剂的制备和应用。如清开灵颗粒采用 β- 环糊精包合猪去氧胆酸、胆酸，掩盖猪去氧胆酸和胆酸的不良苦味，改善其溶解性。

（3）难溶性药物：通过包合物的制备可以有效地改善药物的溶解度，如紫杉醇、熊果酸、岩白菜素、齐墩果酸、冬凌草甲素、雷公藤内酯醇等。美国采用 HP-β-CD 增溶的伊曲康唑口服液和静脉注射液在 20 世纪 90 年代被美国 FDA 批准上市，也是第一个上市的含有 HP-β-CD 的静脉注射液。HP-β-CD 包合物解决了难以吞咽的重症患者及有侵袭性感染需尽快达到最低稳态浓度的患者的治疗难题[5]。吴茱萸次碱是源自吴茱萸的一种吲哚喹唑啉类生物碱，抗肿瘤作用是其最受关注的药理活性之一，但高度难溶性正是其口服吸收应用的主要障碍，导致了其生物利用度低。通过制备 HP-β-CD 包合物可明显改善吴茱萸次碱的溶解性[6]。将见光易分解、水溶性差的姜黄素制备成 HP-β-CD 包合物，溶解度可提高 400倍，生物利用度也得到了改善[7]。

中药提取物或中药成分被环糊精包合后，以此为原料进行各种剂型的制备，具有实际推广应用价值，如将包合物制成颗粒剂、胶囊剂、散剂、袋泡冲剂、片剂、栓剂等有许多成功应用的报道。当然，采用包合技术进行包合物的制备，对被包合的药物也有一定的要求，如水溶性大、分子量大、服用剂量大的药物，不宜制成包合物；药物分子结构特殊、侧链或取代基较多的也无法制成稳定的包合物。

2. 如何选用包合物主体材料？

包合物主体材料的选用，需要考虑主体材料本身的包容性、溶解性、刺激性、稳定性，以及对包合工艺条件及包合物所要达到技术指标的影响。客分子的大小、分子形状应与主分子所提供的空间相适应，若客分子小，选择的主分子较大，包合力弱，客分子可自由进出洞穴；若客分子太大，嵌入空腔内困难或只有侧链进入，包合力也弱，均不易形成稳定的包合物。只有当主客分子大小、间隙适合时，产生足够强度的范德华力，才能获得稳定的包合物。环糊精（cyclodextrin，CD）是目前主要的药物包合材料[8]。

（1）天然环糊精：天然环糊精有 α、β 和 γ 三种，分别由 6 个、7 个、8 个葡萄糖组成，通过 α-1，4- 糖苷键连接而成环状化合物，具有 18、21、24 个羟基，分别被称为 α-CD、β-CD 和 γ-CD。X 射线衍射和核磁共振研究证明，CD 的立体结构是上宽下狭、两端开口的环状中空圆筒形，可通过疏水相互作用、范德华力等分子间力使药物或聚合物包载于疏水内腔中，形成包合物。α-CD、β-CD 和 γ-CD 三种环糊精的空洞内径及物理性质有很大差别，见表 1-9-2。在几种天然 CD 材料中，β-CD 的疏水内腔大于 α-CD，可以与更多的药物分子形成有效的主客体结构；相比而言，尽管 γ-CD 的疏水内腔大于 β-CD，但由于 γ-CD 的价格远高于

β-CD，因此β-CD仍是口服给药途径中使用最为广泛的一种天然CD辅料。目前，以天然的α-CD、β-CD为药用辅料的国外上市制剂见表1-9-3。

表1-9-2　α-CD、β-CD和γ-CD的性质特点

性质	α-CD	β-CD	γ-CD
疏水内腔/Å	4.7～5.3	6.0～6.5	7.5～8.3
相对分子质量	972	1 135	1 297
质量分数/%	14.5	1.85	23.2
熔点/℃	250～260	255～265	240～245
含湿量/%	10.2	13.0～15.0	8.0～18.0
水中溶解度(25℃)/($g \cdot L^{-1}$)	145	18.5	232

表1-9-3　以天然CD为辅料的国外上市药物制剂

CD种类	药物	剂型	给药途径	CD的作用
α-CD	前列地尔	注射剂	海绵体注射	稳定剂
	盐酸头孢替安酯	片剂	口服	加速溶出
	利马前列素	片剂	口服	稳定剂
	地塞米松	滴眼剂/药膏	眼部外用	增溶
	碘	含漱剂	口腔内局部外用	增溶剂、稳定剂
	尼古丁	舌下片	口服	稳定剂
	尼美舒利	片剂	口服	提高溶解度、加速溶出
	硝酸甘油	舌下片	口服	抑制挥发
β-CD	奥美拉唑	片剂/肠溶胶囊	口服	稳定剂
	吡罗昔康	胶囊	口服	增溶、降低毒副作用
	噻洛芬酸	片剂	口服	提高溶解度、加速溶出
	苯海拉明	咀嚼片	口服	掩味剂
	头孢妥仑匹酯	片剂	口服	提高溶解度、加速溶出
	盐酸贝萘克酯	胶囊	口服	增溶、降低毒副作用

在实际应用中，发现未修饰的天然CD，尤其是α-CD和β-CD，注射给药时肾毒性较大，故大部分用于口服和外用制剂。非肠道给药的α-CD、β-CD因其溶解度低，在肾脏中以不溶性的胆固醇复合物的晶体形式存在，会导致严重的肾损伤，且该结晶与注射的CD呈剂量依赖。同时，注射给药天然CD后，还会引起细胞溶血、脂膜结构破坏等不良反应。相反，如果采用口服给药，CD表现的毒性较小，主要是因为CD分子结构相对体积大且疏水性强，不利于肠道系统吸收，也不易被唾液淀粉酶、胰淀粉酶水解，对胃酸稳定，因此，进入机体内的90%的环糊精以原型被代谢排出，相对注射给药更为安全。

（2）改性环糊精：20多年来，为了进一步改善环糊精的性质，关于β-CD衍生物的制备、性质和潜在应用，已经发表了数以百计的研究论文和专利。目前市场上常用的有甲基

化-β-环糊精（RM-β-CD）、羟丙基-β-环糊精（HP-β-CD）、磺丁基醚-β-环糊精（SBE-β-CD）、羟丙基-γ-环糊精（HP-γ-CD）等。其中HP-β-CD和SBE-β-CD是目前美国FDA批准仅有的2种可注射型CD辅料。与β-CD相比，HP-β-CD的安全性高，水溶性强，但对于药物的包合能力随之下降，且羟丙基的取代度越高，包合能力越弱，需要在“有效性”与“安全性”之间寻找一种平衡。SBE-β-CD则不同，其结构中具有羧基，故与药物间的相互作用既可通过疏水作用，亦可借助药物与材料间的静电相互作用，且本身由于带电而水溶性大幅度提高，故在适宜的pH条件下（需调节药物分子带正电），采用SBE-β-CD包合难溶性药物，可同时提高有效性和安全性。迄今为止，以改性CD作为辅料上市的制剂已达10余种，如表1-9-4所示。由于改性后的HP-β-CD和SBE-β-CD等的卓越性能，已有多种注射剂、输液剂被批准进入临床。

表1-9-4　以CD衍生物为辅料的国外上市药物制剂

CD种类	药物	剂型	给药途径	CD的作用
HP-β-CD	吲哚美辛	滴眼剂	眼部外用	增溶剂
	伊曲康唑	口服液 注射剂	口服 静脉注射	增溶剂
	丝裂霉素	注射剂	静脉输液	提高溶解度、降低毒副作用
SBE-β-CD	阿立哌唑	注射剂	肌内注射	增溶剂
	伏立康唑	冻干粉	静脉输液	增溶剂
	甲磺酸齐拉西酮	注射剂	肌内注射	增溶剂
RM-β-CD	17β-雌二醇	鼻腔喷雾剂	局部	提高溶解度、生物利用度
	氯霉素	滴眼剂	眼部外用	增溶剂
HP-γ-CD	双氯芬酸	滴眼剂	眼部外用	增溶剂

（3）环糊精在我国上市制剂中的使用现状：目前，国家药品监督管理局（NMPA）网站公布了5种CD辅料，分别为α-CD、β-CD、HP-β-CD、SBE-β-CD及甲基CD，其中β-CD和HP-β-CD已收载于2020年版《中国药典》中。目前，国内部分药物制剂使用CD的情况整理见表1-9-5。

表1-9-5　以CD及其衍生物为辅料的国内产品研发情况

药物	CD种类	剂型	给药途径	CD的作用	研究情况
利马前列素	α-CD	片剂	口服	稳定剂	批准临床
盐酸贝萘克酯	β-CD	胶囊	口服	增溶剂	验证性临床
美洛昔康	β-CD	微丸胶囊	口服	增溶剂	批准临床
甲磺酸齐拉西酮	SBE-β-CD	注射剂	肌内注射	增溶剂	国内上市
丁苯酞	HP-β-CD	注射剂	静脉滴注	增溶剂	国内上市
乙肝宁颗粒	β-CD	颗粒剂	口服	稳定剂（包合挥发油）	国内上市
三拗片	β-CD	片剂	口服	稳定剂（包合挥发油）	国内上市

续表

药物	CD 种类	剂型	给药途径	CD 的作用	研究情况
小儿消积止咳口服液	β-CD	合剂	口服	稳定剂（包合醇沉液）	国内上市
抗病毒口服液	HP-β-CD	合剂	口服	稳定剂、增溶剂（包合挥发油）	国内上市
复方丹参胶囊	β-CD	胶囊	口服	稳定剂（包合冰片）	国内上市
清开灵颗粒	β-CD	颗粒剂	口服	稳定剂（包合猪去氧胆酸、胆酸）	国内上市

国内采用 CD 包合技术的新药研发品种给药途径和给药剂型均较为单一。现有的中药制剂大部分采用 β-CD 包合挥发油或挥发性成分（冰片等），增强包合物的稳定性。西药制剂也主要是利用 CD 良好的增溶能力。而对于 HP-β-CD 和 SBE-β-CD 的注射给药，国外上市的某伏立康唑制剂采用 SBE-β-CD 增溶，但是国产的伏立康唑注射液仍采用丙二醇和乙醇混合液进行增溶。再如丝裂霉素，国外采用 HP-β-CD 以提高药物溶解度、降低其毒副作用，但国内丝裂霉素冻干粉剂的辅料中并无 CD。和国外相比，我国在 CD 的研究和应用方面还存在一定差距，这可能与国内 CD 辅料的发展水平有一定的关系。

3. 怎样合理选择环糊精包合物的包合方法?

环糊精包合物的制备过程主要分为制备包合物的预处理、包合物的制备过程、包合物后处理三部分。

（1）制备包合物的预处理：根据主、客体特性选择适宜的溶媒种类、用量、浓度，使客体在主体中均匀分散以利于包合，通常通过开展各种溶媒对主、客体进行预处理实验，研究溶媒种类、用量、浓度对包合效果的影响。

（2）包合物的制备过程：将客分子及其溶液与环糊精水溶性溶液（冷的或温的；中性或酸性）进行搅拌或振摇。然后通过冷冻干燥法、喷雾干燥法或其他适当方法可以除掉其中的水，或通过过滤使母液分离。

目前制备环糊精包合物的常用方法有饱和水溶液法、研磨法、超声法、冷冻干燥法、喷雾干燥法或气 - 液法等[9]。

1）饱和水溶液法：此法也称为共沉淀法或重结晶法。操作时，一般先将环糊精配制成饱和水溶液，然后加入客分子药物，搅拌混合 30 分钟左右，药物即可被包合。制备过程中，水溶性药物或水难溶性液体药物均可直接加到环糊精饱和水溶液中。对于水难溶性固体药物，可先将药物溶于少量有机溶剂，然后再加到环糊精饱和水溶液中。该方法所得包合物若为固体，可先过滤，再用适当溶剂洗去未被包合的药物，干燥即可；若包合物的水溶性较大，则应将溶液浓缩，或加入一种适当的有机溶剂，促使其析出沉淀，然后滤取固体包合物，用前述方法处理即可。在溶液法包合过程中，主要影响因素有挥发油与环糊精投料比、温度、包合时间、搅拌速度和方式等，一般认为投料比和温度最为重要。

2）研磨法：操作时，取环糊精加 2～5 倍量水研匀，加入客分子药物充分混合，并研磨成糊状，干燥后用适当溶剂洗去未被包合的药物，再干燥即得包合物。若客分子药物难溶于水，也可先将其溶解于少量有机溶剂，再加入环糊精中。手工研磨费力费时，仅适于小量进行。采用机械研磨法如胶体磨或碾磨机研磨进行制备环糊精包合物快速、简便，比较适合工业化生产，挥发油利用率也较高。影响研磨法制备包合物的挥发油利用率的因素有研磨时间、挥发油与环糊精投料比以及溶媒的种类。

3）超声波法：操作时，将环糊精先配制成饱和水溶液，然后加入客分子药物，搅拌使其溶解，用适当强度的超声波处理一定时间，析出沉淀后，分离固体物，洗涤干燥，得环糊精包合物。此法具有操作简便快捷、包合率高且便于工业化生产等特点。影响超声法制备包合物的因素有超声时间、温度、物料比等。

4）冷冻干燥法：将环糊精配制成饱和水溶液，加入药物溶解，搅拌一定时间使药物被环糊精包合，置于冷冻干燥机中冷冻干燥，即得。此法适于干燥过程中易挥发、分解或变质，且所制得的包合物溶于水，在水中不易析出结晶而难以获得包合物的药物。所得包合物外形疏松，溶解性能好，常用于制成粉针剂。

5）喷雾干燥法：将环糊精配制成饱和水溶液，加入药物溶解，搅拌一定时间使药物被环糊精包合，然后用喷雾干燥设备进行干燥，即得。此法适用于对遇热性质稳定、所制得的包合物溶于水的药物进行包合。目前利用此法制备固态乳的研究较多，应用于油性成分包合的潜力较大，特别是对于一些高沸点中药种子油脂性药物尤为适用。

（3）包合物后处理：包合过程完成后，为了消除包合客体对包合物得率、含量测定等的影响，多以有机溶剂进行洗脱。同时为了提高客体在包合物中的保留率，在包合物干燥前通过各种吸附剂促进包合物表面对未包合客体的吸附作用。包合物的干燥方法主要包括冷风吹干、真空干燥、喷雾干燥、冷冻干燥或自然干燥等。

以下列举一些典型药物包合物的具体制备过程：

1）胃舒颗粒挥发油-β-环糊精包合物的制备（饱和水溶液法）[10]：胃舒颗粒中挥发油主要来源于当归、广藿香、白术、陈皮、莪术，采用β-环糊精包合技术分散、固化挥发油，增加成品中挥发油的稳定性。采用磁力加热搅拌器，分别取β-环糊精20g，加水250ml，加热搅拌使溶解，当温度降至40℃时，分别精密吸取挥发油2.0ml，加入上述β-环糊精饱和溶液中，保持40℃，400r/min搅拌1小时，置冰箱10℃以下放置24小时，抽滤，残渣用乙醚洗涤3次，每次10ml，于40℃干燥4小时，即得胃舒颗粒挥发油-β-环糊精包合物。

2）感冒清热颗粒挥发油-β-CD包合物的制备（研磨法）[11]：取β-CD，精密称定，加蒸馏水适量，搅拌均匀，置循环胶体磨中研磨（磨面间隙5μm，转速1 000r/min）；取感冒清热颗粒挥发油，加少量无水乙醇溶解后，缓缓加入胶体磨中连续研磨10分钟，收集研磨液，用少量无水乙醇洗涤胶体磨内部，洗出液加入研磨液中，4℃下静置2小时，抽滤，滤饼加无水乙醇洗至无油味，于40℃干燥至恒重，得感冒清热颗粒挥发油-β-CD包合物。

3）大蒜油HP-β-CD包合物的制备（超声法）[12]：取HP-β-CD溶解在纯净水中制成5%的饱和溶液，用适量乙醇稀释大蒜油后，加入饱和的HP-β-CD水溶液中，用搅拌器连续搅拌。采用超声法制备大蒜油混合物，将制备好的混悬液在5℃冰箱中冷藏12小时。接下来用真空泵抽滤，无水乙醇洗涤4次直至表面干净，滤渣于40℃电热恒温鼓风干燥箱中干燥，取出固体研细，即得大蒜油HP-β-CD包合物。

4）都梁方中挥发油β-环糊精包合物的制备（磁力搅拌法）[13]：称取β-环糊精2g，置于100ml锥形瓶中，加入40ml蒸馏水并加热溶解，制备饱和水溶液，转移至恒温磁力搅拌器中，搅拌下逐滴加入0.5ml挥发油（等量无水乙醇溶解），投料比为4∶1，转速300r/min，温度40℃，包合2小时，待其冷却至室温后，于4℃冰箱中冷藏24小时，布氏漏斗抽滤，依次用 10ml 蒸馏水、无水乙醇（约 30ml，10ml / 次）洗涤，置于 45℃烘箱中干燥 4 小时，即得都梁方中挥发油 β- 环糊精包合物。

5）肉桂醛 -HP-β-CD 包合物的制备（喷雾干燥法）[14]：称取 13g HP-β-CD，用适量蒸馏水溶解后于 55℃下恒温搅拌 20 分钟，获得澄清透明溶液。称取 6.5g 肉桂醛，加入 HP-β-CD 水溶液中，定容至 100ml，然后于 55℃下恒温搅拌 5 小时形成初乳液，常压均质至乳白色后制得乳化液。采用喷雾干燥法制备包合物，设定进料速度为 20ml/min，进风温度为 180℃，控制进风速度，使其出风温度稳定在 85～100 ℃，进行喷雾干燥，获得肉桂醛 -HP-β-CD 包合物。

6）薏苡素 HP-β-CD 包合物的制备（冷冻干燥法）[15]：称取 75g HP-β-CD 加 100ml 蒸馏水，置于 250ml 烧杯中，恒温磁力搅拌至溶解。按照 HP-β-CD 与薏苡素物质的量之比为 3∶1，精密称取 2.55g 薏苡素，用少量无水乙醇溶解后缓慢滴入上述溶液中，继续搅拌 5 小时后停止加热，分装后放入 –80℃冰箱中预冻 24 小时后冷冻干燥 48 小时，即得薏苡素 HP-β-CD 包合物。

4. 怎样优化环糊精包合的工艺条件?

包合物制备过程中，在确定了主分子与客分子材料及包合方法后，以包合物中客体含量、包合率、包合物得率和产品稳定性等为指标，可综合考虑各因素（投料比、包合温度、包合时间、搅拌研磨的速度），溶剂系统（包括溶剂的种类、用量、pH）等对包合效果的影响。一般先通过单因素实验确定包合过程中的主要影响因素，再通过正交试验法或均匀设计法进行最佳包合物制备工艺条件的筛选。

（1）环糊精包合物制备工艺条件优化的主要指标：评价包合工艺的效果一般采用包合率和包合物得率进行综合评价，包合率为衡量包合效果的重要指标，其越高则证明包合工艺效果越好；包合物得率在实际生产中也是重要的参考指标。综合考虑到以上两个指标的重要性，采用加权综合评分法筛选环糊精包合物的最佳制备方法[16]。下面以挥发油包合物为例，介绍包合物包合率和得率的计算方法。

1）挥发油密度的测定：挥发油用无水硫酸钠干燥（用装有无水硫酸钠的小柱滤过，除去水分）。精密吸取 2ml，测定重量，求得挥发油密度。挥发油密度 =（油和容器重量－容器重量）/2.0 × 100%。

2）挥发油包合率和包合物得率的测定：取干燥的挥发油 β- 环糊精包合物，加蒸馏水，照 2020 年版《中国药典》[17]中挥发油测定方法测定包合物中挥发油的含量，并按下述公式，计算包合物中挥发油的包合率（%）和得率（%）。

挥发油包合率（%）= 包合物中挥发油的含量 / 挥发油加入量 × 空白回收率 ×100%

得率（%）= 包合物量 /（环糊精量 + 挥发油加入量 × 挥发油密度）×100%

（2）油状液体类药物包合物制备工艺条件的筛选：中药挥发油是从芳香类天然药物中提取出来的一类化学成分复杂、药理活性广泛的油状液体，但存在易挥发、溶解度差、化学性质不稳定等问题，环糊精包合中药挥发油可提高其稳定性，便于药物固体化。在通络祛痛膏中挥发油 - 羟丙基 -β- 环糊精包合物的制备工艺研究中，以挥发油包合率和包合物得率为指标，比较了超声法、研磨法和搅拌法对挥发油的包合效果。结果显示超声法和研磨法的包合物得率及挥发油利用率明显低于搅拌法，可能是研磨法下包合物结构容易被破坏，挥发油置于敞口环境中易挥发，而超声法中振幅有可能将包合后的挥发油重新萃取出来；因此，选择搅拌工艺法进行通络祛痛膏挥发油 - 羟丙基 -β- 环糊精包合物的制备。采用正交试验法考察通络祛痛膏挥发油与 HP-β-CD 的比例、包合温度、包合时间对包合工艺的影响。最佳包合工艺为：挥发油 /HP-β-CD 为 1 ∶ 15（ml/g）；包合温度为 30℃；包合时间为 1 小时；挥发油 HP-β-CD 包合物得率为 43.86%，包合率为 90.25%。在挥发油包合物处方优选过程中，包合物与环糊精的物料比是影响包合物的重要参数，本文对 2020 年版《中国药典》中 30 余种包合物处方进行了整理，其挥发油（体积）与环糊精（质量）的物料比为 1 ∶（6～15），其中 1 ∶（6～10）是制备挥发油包合物的常用比例。

（3）难溶性药物包合物制备工艺条件的筛选：中药中有效成分主要包括黄酮类、生物碱类、萜类和多酚类难溶性成分，其难溶性和低生物利用度直接影响药物的药效作用。通过制备包合物可提高药物的溶解度和生物利用度。目前检索到姜黄素、蛇床子素、薏苡素和隐丹参酮等多种包合物的制备。如姜黄素（CUR）- 羟丙基 -β- 环糊精包合物的工艺研究中，采用潜溶剂孵育 - 冻干法制备 CUR-HP-β-CD 包合物。以包合率为评价指标，采用正交试验法考察包合温度、包合时间、包合溶剂比（无水乙醇 / 水）和投料比（CUR 与 HP-β-CD 物质的量之比）对制备工艺的影响，优化 CUR-HP-β-CD 包合物的制备工艺为 CUR 与 HP-β-CD 物质的量之比为 1 ∶ 3，包合温度 40℃，包合溶剂比（无水乙醇 / 水）1 ∶ 9，包合时间 12 小时，经验证 CUR 被成功包合到环糊精腔内。CUR-HP-β-CD 在强光照射、高温、高湿和不同 pH 溶液中的稳定性明显高于 CUR，溶解度和溶解速率也明显高于 CUR[18]。

采用搅拌 - 冷冻干燥法制备隐丹参酮羟丙基 -β- 环糊精包合物，并以包合率和包合物得率为指标，以配料比、包合温度、包合时间为变量，以包合率和包合物得率的综合评分（综合评分 = 包合物得率 ×30% + 包封率 ×70%）为响应值，根据响应面分析法中 Box-Behnken 中心组合设计的原理，采用 Design-Expert（Version 8.0.6）分析软件设计三因素三水平试验，响应面法优化了包合工艺。最佳制备工艺为：配料比为 6.04 ∶ 1（质量比），包合温度为 30℃，包合时间为 3.1 小时，在此条件下获得包合物的包合率为 70.83% ± 0.15%，得率为 92.68% ± 0.53%，载药量为 7.08% ± 0.24%；红外光谱法和紫外光谱法证明隐丹参酮与羟丙基 -β- 环糊精通过氢键缔合成包合物[19]。在上述实验研究的基础上，优化确定的包合工艺条件也应当根据实际条件，充分考虑制备工艺的可操作性与良好的重现性。

5. 如何增强环糊精的包合作用？

环糊精包合物的形成过程受到许多因素的影响，通过优化包合工艺条件，可以提高包合效率及包合物质量。但是由于天然的环糊精在水中的溶解度有限，药物 - 环糊精包合物往往容易从溶液中沉淀析出，从而使其应用受到限制。同样在包合过程中，添加适当的水溶性高分子聚合物也可以增加药物与环糊精的包合作用。Soliman 等[20]研究了 5 种高分子聚合物：聚乙二醇 -4 000（PEG 4 000）、聚乙烯吡咯烷酮 K-30（PVP K-30）、壳聚糖、羟乙纤维素、羟丙甲纤维素对阿伐那非的 β- 环糊精包合物的包合效果。结果显示 10%（质量分数）PEG 4 000 可显著性降低阿伐那非的溶解度，并通过红外光谱和差热扫描技术证明了 PEG 4 000 与阿伐那非的相互作用阻碍了环糊精对阿伐那非的包合作用。相反，7%（质量分数）PVP K-30 可以促进环糊精对阿伐那非的包合，可以明显改善阿伐那非的溶解度和体外释放度，该处方形成的阿伐那非 -β- 环糊精包合物 6 个月内稳定性良好，其生物利用度相比传统片剂提高了 1.25 倍。

对于弱酸型药物，在包合过程中使药物成盐，或者加入一定浓度的水溶性高分子，可以增加包合效率，进一步提高药物在水中的溶解度。如齐墩果酸（OA）水溶性较差，其现有口服制剂溶出度低，限制了其制剂的临床推广使用。在制备齐墩果酸-β-环糊精包合物时，利用其弱酸性，包合过程中加入与药物等物质的量的氢氧化钠，使OA在水中的溶解度较纯药物提高107倍，较包合过程中未加氢氧化钠的OA包合物提高31倍。值得注意的是，在制备包合物时加入聚乙烯吡咯烷酮（PVP），PVP浓度低（≤1%）时，对药物溶出度没有明显影响。当有PVP存在并且浓度较大时，PVP与OA的分子间相互作用影响药物进入β-环糊精包合物的空腔，从而使包合效率下降，使药物的溶解度反而降低[21]。

在包合物中加入PVP，可以将龙血竭包合率提高到90%以上，PVP可以促进包合物的形成，从而提高包合效果。推测原因为PVP作为水溶性聚合物，可与环糊精药物包合物形成三元复合物，增加包合物表观稳定性，从而大幅地提高了包合率[22]。

上述研究显示通过添加适当的水溶性高分子聚合物，可以增加药物与环糊精的包合作用。然而，目前中药挥发油和其活性成分的环糊精包合物研究仅主要关注其制备工艺的优化，采用上述添加物提高中药环糊精包合物包合性能和稳定性，将有待进一步研究。

6. 怎样进行环糊精包合物中药物成分的含量测定？

对包合物中的客分子药物进行含量测定，是评价包合工艺是否合理的重要指标，也是以包合物为原料设计制剂处方，进行制剂制备的依据。包合物的形成是包合物主体材料分子的空间结构对客分子材料的全部或部分包入的过程，主分子和客分子产生的包合作用是一种物理现象，相互之间不发生化学反应，也不存在离子键、共价键或配位键等化学键的作用。客分子化合物被环糊精包合后，其光谱特征会发生较大变化，如紫外最大吸收波长和摩尔消光系数的改变等。此外，脂溶性化合物经β-环糊精包合后，分子极性会发生较大的改变，因此其在色谱分离中的分配系数也会存在明显差异，即色谱行为也会发生改变。测定包合物中药物成分的含量时，应当注意两方面的问题：一是排除主体材料对药物含量测定的干扰；二是分清药物成分是被包含在主体材料的环内，还是仅仅被吸附在主体材料的表面，并采取针对性的有效措施，以保证测定结果的准确性。由于β-环糊精不溶于无水乙醇，所以测定时可将包合物溶解于50%乙醇溶液中，然后用无水乙醇稀释。对于那些高度稳定而又难溶解的包合物，建议先将其溶解于0.5～1.0ml二甲亚砜（DMSO），然后用50%乙醇溶液稀释。

在具体研究与操作过程中，首先应该通过比较试验，选择合适的溶剂和提取方法，所选用的溶剂对客分子药物应有较大的溶解度，所选用的提取方法应保证包合物中药物转移的完全。如测定包合物中挥发性药物成分的含量时，一般可选用石油醚、乙酸乙酯、甲醇等为溶剂，先洗涤包合物，以去除吸附在包合物主体材料表面的药物成分，然后可选择超声提取、索氏提取、热回流提取或水蒸气蒸馏等方法进行药物成分的提取，得到供含量测定用的样品[16,23-24]。如通络祛痛膏挥发油利用率与包合物得率的测定，按照挥发油测定法提取挥发油，提取4.5小时至挥发油不再增加时停止加热，静置30分钟至读数稳定无变化后进行读数，测出包合物中包含挥发油的体积，可计算包合物挥发油的包合率（%）和包合物得率（%）。

其次，应该选择操作简便、数据可靠、重现性好的测定方法，对提取物进行药物相关成分的测定。目前文献报道的方法主要有挥发油回收率法、比色法、紫外分光光度法、气相色谱法、薄层扫描法、液相色谱法、气相色谱 - 质谱联用法等。

7. 包合物的物相鉴定怎样进行?

包合物主体分子与客分子药物通过包合技术是否已形成稳定、适宜的包合物，这是进行包合物制备工艺研究必须考察的一个试验指标，包合物的物相鉴定方法能够对此作出正确的验证与评价，具体方法如下。

（1）相溶解度法：难溶性药物形成包合物后一般溶解度呈增大趋势，因而通过测定药物在不同浓度环糊精溶液中的溶解度，绘制溶解度曲线，以药物浓度为纵坐标，环糊精浓度为横坐标作相溶解度图，可从曲线判断包合物是否形成，并获得包合物的溶解度，计算包合常数 K。包合常数也称为包合物的表观稳定性常数。

（2）热分析法：包括差示热分析法和差示扫描量热法，是鉴定药物和环糊精是否发生包合作用常用的方法。差示热分析是在程序控温下，测量试样与参比物的温差随温度而变化的情况。差示扫描量热法是在程序控温下，测量输入到参比物和样品的能量随温度变化的情况。通过热分析首先可以区分包合物和物理混合物，其次也可以表征分子包裹（合）所引起的特定热效应。差示扫描量热法比差示热分析法反应更灵敏、重现性更好、判断更准确。

（3）红外光谱法：通过比较药物包合前后在红外区吸收的特征差异，根据吸收峰的变化情况（吸收峰的降低、位移和消失），判断药物与环糊精是否产生包合作用，并可确定包合物的结构。药物作为客分子的谱带变化往往会被分子量大的环糊精掩盖，故本法多用于结构中含羰基基团的药物包合物的检测。

（4）薄层色谱法：选择适当的薄层色谱溶剂系统，对药物、环糊精、其物理混合物以及包合物，在同样的薄层色谱条件下进行展开，观察色谱展开后的斑点位置，此时药物和物理混合物有可见斑点。而环糊精及包合物在药物相应位置无斑点。包合物没有斑点，可以说明没有游离型药物存在，即药物已经与环糊精形成了包合物。本法常用于中药成分包合物的鉴定。

（5）紫外 - 可见光谱法：通过药物与包合物在紫外 - 可见光吸收曲线、吸收峰位置处显示出的差异，可以判断药物是否被包合。

（6）X 射线衍射法：X 射线衍射法是鉴别药物 - 环糊精包合物的主要方法之一，分为单晶 X 射线衍射法和粉末 X 射线衍射法。单晶 X 射线衍射分析是检测包含物是否形成的最佳方法，其通过药物与包合物显示出不同的衍射峰和衍射图形，验证包合物是否形成。但对于那些不能被完全包合的客分子（几乎包括所有的药物分子）而言，分离得到具体适合大小的单晶非常困难。因此，粉末 X 射线衍射分析是用于包合物鉴定的常用方法。

（7）核磁共振波谱法：可从核磁共振（NMR）谱上碳原子的化学结构位移大小，推断包合物形成与否。可根据药物化学结构有选择性地采用，一般对含有芳香环的药物可采用 ^{1}H NMR 技术，而对于不含有芳香环的药物可采用 ^{13}C NMR 技术。随着高分辨率核磁共振仪的发展和二维核磁共振技术的引入，NMR 光谱法的分析能力有了较大提高。目前也能通过 NMR 光谱法对环糊精包合物的立体结构、热力学和动力学参数进行定量分析。

（8）显微镜法和扫描电子显微镜法：药物分子进入环糊精空腔后，其结晶性会降低，或失去结晶性；同时环糊精分子本身也会因包合了药物分子而使其自身结构的特定位置、空间结构以及分子晶格等发生改变。因此可通过显微镜或扫描电子显微镜来观察药物的环糊精包合物和环糊精、药物的形态变化，从而初步判断是否形成了包合物。

上述包合物物相鉴定方法，应根据药物性质合理选用，同时可以选择几种方法联合应用，以提高验证评价的准确性。如在白术、木香混合挥发油 β-CD 包合物的制备与鉴定研究中，通过薄层色谱（TLC）、差示扫描量热法（DSC）、气质联用（GC-MS）、X 射线粉末衍射（XRD）或显微成像法对包合物进行鉴定。这表明 TLC、DSC、GC-MS、XRD、显微成像法图谱有明显特征，直观地反映了包合物的形成[25]。

8. 应该从哪几方面评价包合物的质量？

包合物形成后，应采用适当方法对包合物的质量进行系统的评价，以检验包合工艺的合理性、包合物质量的稳定性和临床应用的可行性。

包合物的质量评价体系一般包括以下方面。

（1）物理性状评价：包括包合物的外观色泽、熔点、溶解度、溶出速度、相对密度、折光率、颗粒大小、流动性等项目。

（2）包合效果评价：包括包合物的物相鉴定、包合物的包合率、包合物的得率等项目。

（3）化学性质评价：包括包合物中所含药物的定性鉴别、含量测定等项目。

（4）包合物的稳定性考察：主要包括光稳定试验、高温试验、高湿试验。

（5）生物有效性评价：可根据包合物中所含药物的作用特点，进行相应的药效学实验，如大蒜油 -β- 环糊精包合物进行抗深部真菌的作用研究；萘普生 -β- 环糊精包合物的镇痛抗炎作用研究等。也可对包合物进行动物体内生物利用度和药动学研究，确定包合物的生物有效性及相关的药物动力学参数。

（6）安全性评价：应根据包合物的使用途径进行相关的安全性研究，包括急性毒性、慢性毒性、皮肤刺激性、黏膜刺激性、溶血试验、过敏试验等项目。

只有通过对上述多方面内容考察结果的综合分析，才能客观评价包合物的质量，并为包合物的合理应用提供科学依据。

9. 如何考察包合物的稳定性？

包合物的稳定性与其应用价值的大小具有直接关系。考察包合物的稳定性包括两方面的内容：一是考察包合物的包合率是否发生变化；二是考察包合物中所含的药物是否发生氧化水解等不稳定反应。

一般稳定性考察可通过高温试验、高湿试验、强光照射试验、加速稳定性和长期稳定性试验等方法完成。通过对包合物理化性质的测定和比较，评价其稳定性，并找出影响稳定性的主要因素，以便采取有效措施，提高包合物的稳定性。如姜黄挥发油 HP-β- 环糊精包合物的制备、稳定性及其抗真菌活性研究中，放置于光照强度 4 500lx ± 500lx、放置于稳定性试验箱（60℃）、放置于稳定性试验箱（RH75%，25℃），分别放置 10 天，第 0 天、5 天、10 天取样，按包合物中“挥发油的测定”项下方法分别测定姜黄挥发油相对含量，评价姜黄挥发油 HP-β- 环糊精包合物的稳定性[26]。同时，包合物作为一种药物制剂，应按照药物制剂稳定性要求开展影响因素试验、加速试验与长期试验。其中包合物稳定性试验中重点考核的指标为包合物中药物含量变化、包合率等指标，同时包合物如果被进一步做成其他制剂如颗粒剂、胶囊剂等，还需按照该制剂的稳定性试验和重点检查指标进行研究。

10. 环糊精在药物新剂型、新技术中有哪些应用?

药物制成环糊精包合物后，将显著改善其理化性质。在药物制剂研究中，环糊精包合技术的应用主要有：①改变药物的溶解性能，促进药物吸收和提高药物生物利用度；②提高药物稳定性，掩盖药物的不良气味和味道、降低刺激性和减轻毒副作用；③将液态药物粉末化，防止药物相互作用等。环糊精的这些应用通常会因药物的理化性质和环糊精种类的不同而不同，在药物制剂中环糊精常发挥不同的作用。目前中药成分包合物大部分进一步被制成颗粒剂、胶囊剂、片剂或者口服液，见表1-9-1。

为了进一步改善环糊精的性质，不少环糊精衍生物被研制出来，促进了多种新制剂的发展。利用亲水性环糊精及其衍生物对难溶性药物进行包合，可增加药物的溶解度和水溶性，改善药物的溶出性能，将此包合物通过固体分散技术或微粉化技术制备成速释制剂，可达到药物在给药部位的快速溶解和释放，提高难溶性药物的生物利用度。相反，采用疏水性环糊精及其衍生物将水溶性药物包合后，则能延长药物的释放，制备成缓释制剂。同时，药物经环糊精包合后，药物在体内的分布发生明显变化，能增加给药时药物的某些特定靶向性。HP-β-环糊精可以使亲脂性药物定向地到达脑及脂质丰富的器官，增加药物在靶器官中的浓度。目前，环糊精包合技术已被用于鼻腔、眼部和肺部给药，因为这些部位给药的药物体积都要求比较小，例如鼻腔给药通常为0.3ml，眼部给药通常为0.04ml，因此要求药物的溶解度在递药体系中要足够大才能满足临床治疗作用。磺丁基-β-环糊精因为其水溶性较好，用作鼻腔给药的包合物辅料，如通过制备咪达唑仑-磺丁基-β-环糊精包合物可以提高药物的溶解度和生物利用度，平均生物利用度可以达到73%，在治疗过程中对鼻黏膜无刺激性和其他损伤作用。而在眼部给药系统设计中，由于结膜上皮的复杂结构，要求药物应该同时具有亲水性和亲脂性，一般滴眼液在给药几分钟后从眼结膜前区排出，而药物的包合物还来不及释放药物发挥治疗作用。解决该问题的方法包括使用黏液黏附聚合物来增加药物在眼结膜表面的停留时间，以及使用药物复合微粒和纳米颗粒作为药物库，以扩大药物在眼内的吸收。地塞米松-γ-环糊精复合物形成的微纳米聚集体，提升了药物的溶解度，增加了药物与眼表的接触时间，从而增加了药物的眼后传递效率[27]。此外，环糊精还被用于蛋白质和治疗基因的运载，同时也被用于基于环糊精包合的水凝胶、纳米粒或者纳米海绵等制剂的研究。

11. 环糊精包合工艺对药物的药动学和药效学有何影响?

药物的溶解性和经胃肠道壁的透过性大小直接影响药物的生物利用度和药效发挥。通常将难溶性药物制成环糊精包合物可提高其在水中的溶解度，进一步提高其生物利用度，从而达到减少药量、增强药效、降低毒副作用的目的。基于代表性抗肿瘤药物多西他赛的低溶解度和低生物利用度，通过制备多西他赛环糊精包合物，相较于市售的以聚山梨酯80和乙醇作为溶剂的多西他赛注射剂，多西他赛包合物的药时曲线下面积明显提高(约8倍)，生物利用度得到显著提高[28]。通过环糊精包合技术提高隐丹参酮的生物利用度，在相同的给药量下，隐丹参酮-羟丙基-β-环糊精包合物对H22荷瘤小鼠的抑瘤率明显高于隐丹参酮溶液组($P<0.05$)[29]。在香附四物汤挥发油(XFSWO)包合物的制备研究中发现：将XFSWO制成β-CD包合物能显著提高其主要活性成分在体外的透膜转运与吸收；XFSWO/β-CD包合物在SD大鼠体内的药动学实验结果显示，通过β-CD包合，XFSWO的

口服生物利用度明显提高[30]。

通常情况下，环糊精包合后可提高难溶性药物的溶解度，增加药物的体内吸收，从而提高其生物利用度。但也有文献报道，某些药物经环糊精包合后其生物利用度并没有达到明显改善，反而有所下降。如在研究都梁方挥发油不同制剂时，发现挥发油制成包合物及微囊后其稳定性得到了显著提高，还可提高其在人工胃液及人工肠液中的释放度，都梁方挥发油微囊和包合物在人工胃液中 90 分钟内累积释放度分别是都梁方挥发油的 53.15 倍、10.1 倍。然而，对都梁方挥发油及其制剂进行大鼠体内药动学研究，结果表明包合物组和微囊组达峰时间（T_{max}）较挥发油组显著延长。而包合物组最大血药浓度（C_{max}）远低于挥发油组及微囊组，说明微囊可以促进挥发油的吸收，而包合物降低了挥发油的吸收。对比药时曲线下面积 $AUC_{(0\to\infty)}$，微囊组＞挥发油组＞包合物组，结果表明相对于挥发油，微囊的生物利用度提高了，而包合物的生物利用度反而降低了[31]。

目前研究认为，环糊精包合物能增加药物的溶解度、促进药物的溶出、使药物易透过不流动水层，是其促进药物吸收、提高生物利用度的主要原因。环糊精包合技术主要用于生物药剂学分类系统中以低溶解性、高渗透性为特征的药物，因为此类药物的吸收主要以被动转运的方式进行，环糊精包合能解决其溶解性问题，从而促进药物吸收，提高其生物利用度。然而，某些药物与环糊精相互作用较强而难以释放出来，因此降低了其生物利用度。故不同结构类型的药物与环糊精间的结合能力及其对包合物中药物释放的影响尚待进一步研究。

12. 如何评价环糊精包合物的溶出度和释放度？

口服给药时，药物在胃肠道的吸收情况会直接影响药效。体外释放试验可以用于评价制剂的质量以及预测制剂在体内的生物效应。因此，环糊精包合物的体外释放率将决定包载其中的客体药物分子的体内药效作用的发挥。目前根据包合物的制剂形式，其体外释放率的评价方法主要有两种。包合物进一步被制备成片剂、颗粒剂等，可参考 2020 年版《中国药典》四部通则 0931 进行溶出度的测定，同时还可采用透析袋扩散法测定其释放率。

（1）溶出度的测定：采用桨法测定龙血竭环糊精包合物的溶出度[32]，结果表明，龙血竭 -HP-β-CD 包合物体外溶出性能显著高于龙血竭；且龙血竭包合物的溶出度及溶出速率均随着 HP-β-CD 用量的增加而提高。

（2）释放率测定：胡英等[33]采用动态透析法测定槲皮素包合物微球的释放率。结果发现槲皮素包合物微球释放速度较快，在 72 小时左右即可释放完全。将累积释放率与时间进行线性回归后，得到其释放速率为 1.799 2/h，而槲皮素微球释放速率为 0.775 9/h，前者释放速率明显更快。

参考文献

［1］国家药典委员会．中华人民共和国药典：2015 年版［S］．一部．北京：中国医药科技出版社，2015.
［2］陆彬．药物新剂型与新技术［M］．2 版．北京：人民卫生出版社，2005.
［3］国家药典委员会．中华人民共和国药典：2020 年版［S］．一部．北京：中国医药科技出版社，2020.
［4］国家药典委员会．中华人民共和国药典：2020 年版［S］．二部．北京：中国医药科技出版社，2020.
［5］杨丽，李雅．伊曲康唑注射液制备研究［J］．药学与临床研究，2015，23（3）：254-255.
［6］严春临，张季，侯勇，等．吴茱萸次碱羟丙基 -β- 环糊精包合物的制备工艺研究［J］．中国中药杂志，

2014，39（5）：828-832.
[7] 高振珅，王兰. 姜黄素羟丙基-β-环糊精包合物的制备及其性质研究[J]. 中草药，2012，43（10）：1951-1956.
[8] 钱康，孙海锋，慈天元，等. 环糊精在上市医药产品中的应用研究进展[J]. 药学进展，2016，40（7）：483-489.
[9] 杨欢，詹雪艳，林宏英，等. 中药挥发油环糊精包合物研究现状[J]. 中国中医药信息杂志，2015，22（10）：129-133.
[10] 王光函，姜鸿，刘晶，等. 基于多指标综合评分法优选化胃舒颗粒挥发油包合工艺[J]. 中草药，2020，51（6）：1537-1541.
[11] 王艳艳，刘长河，葛文静，等. 感冒清热颗粒挥发油的β-环糊精包合工艺比较及稳定性研究[J]. 上海医药，2020，41（17）：65-70.
[12] 周振华，王文渊，骆航. 大蒜油 HP-β-CD 包合物超声波法制备工艺的研究[J]. 中国医药科学，2018，8（19）：58-60，82.
[13] 韦小翠，杨书婷，张焱，等. 都梁方中挥发油β-环糊精包合物的制备[J]. 中成药，2019，41（4）：721-726.
[14] 赵厚菲，呼芷晴，徐永霞，等. 肉桂醛-羟丙基-β-环糊精包合物的喷雾干燥法制备及表征[J]. 包装与食品机械，2020，38（1）：25-29.
[15] 徐蓉蓉. 薏苡素羟丙基-β-环糊精包合物制剂研究[D]. 扬州：扬州大学，2018.
[16] 罗梓欣，张杨，韩慧玲，等. 通络祛痛膏中挥发油-羟丙基-β-环糊精包合物的制备及鉴定[J]. 时珍国医国药，2019，30（9）：2137-2139.
[17] 国家药典委员会. 中华人民共和国药典：2020 年版[S]. 四部. 北京：中国医药科技出版社，2020.
[18] 李宁. 姜黄素-羟丙基-β-环糊精包合物的制备及药代动力学研究[D]. 合肥：安徽医科大学，2018.
[19] 张强. 隐丹参酮环糊精包合物的制备及其抗肝癌活性研究[D]. 济南：山东中医药大学，2018.
[20] SOLIMAN K A，IBRAHIM H K，GHORAB M M. Effect of different polymers on avanafil-β-cyclodextrin inclusion complex：*in vitro* and *in vivo* evaluation[J]. International Journal of Pharmaceutics，2016，512（1）：168-177.
[21] 李蔚雯，赵鹏飞，余华等. 齐墩果酸β-环糊精包合物的制备[J]. 南昌大学学报（医学版），2015，55（5）：10-13，18.
[22] 赵天爽. 龙血竭包合物制备工艺及质量评价的研究[D]. 昆明：云南中医学院，2015.
[23] 李俊江，刘向娥，李季文，等. 紫草总色素β-环糊精包合物的定性鉴别及左旋紫草素含量测定[J]. 中国药业，2020，29（3）：47-49.
[24] 张壮丽，王亚飞，荣晓哲，等. 鱼腥草挥发油羟丙基-β环糊精包合物的制备[J]. 中成药，2017，39（5）：926-933.
[25] 桂卉，刘东文，颜红，等. 白术、木香混合挥发油β-CD 包合物的制备与鉴定[J]. 中成药，2009，31（6）：863-867.
[26] 王晓娟，王魁麟，陆兆光，等. 姜黄挥发油羟丙基-β-环糊精包合物的制备、稳定性及其抗真菌活性[J]. 中国新药与临床杂志，2019，38（7）：433-439.
[27] JANSOOK P，OGAWA N，LOFTSSON T. Cyclodextrins：structure，physicochemical properties and pharmaceutical applications[J]. International Journal of Pharmaceutics，2018，535（1/2）：272-284.
[28] 王冠茹. 多西他赛包合物及纳米乳新剂型的研究[D]. 上海：中国医药工业研究总院，2016.
[29] 张强. 隐丹参酮环糊精包合物的制备及其抗肝癌活性研究[D]. 济南：山东中医药大学，2018.
[30] 席骏钻. 香附四物汤挥发油包合物的制备及体内过程研究[D]. 南京：南京中医药大学，2015.
[31] 韦小翠. 都梁方挥发油的制备及其不同制剂对比研究[D]. 南京：南京中医药大学，2019.
[32] 钟鸣，林忆龙，李世杰等. 龙血竭 HP-β-环糊精包合物的制备、表征及其抗炎作用研究[J]. 中药材，2018，41（5）：1166-1169.
[33] 胡英，孙宝莹，高珊. 槲皮素包合物微球的制备及其体外释放研究[J]. 中国药房，2012，23（33）：3105-3107.

（丁越　蔡贞贞　张良珂）

第十章　乳化技术

乳化是指将互不相溶的两种液体（通常称为油相和水相）制成具有特定粒径分布的非均相分散系统的工艺过程。所制得乳剂中一种液体以细小液滴的状态均匀地分散在另一种液体中，形成小液滴的液体称为内相或分散相，另一种液体则称为外相或连续相。

根据分散相粒径大小，乳剂可分为普通乳，乳滴大小一般在 1～100μm，呈乳白色不透明的液体；亚微乳，乳滴大小一般在 0.1～1.0μm，常作为胃肠道给药的载体，同时临床上应用广泛的静脉注射乳剂也为亚微乳，粒径一般在 0.1 ～0.6μm[1]；微乳或纳米乳，乳滴大小一般在 10～100nm。根据连续相是水相或油相，通常将乳剂分为水包油型（O/W 型）或油包水型（W/O 型）。复乳是由普通乳剂进一步乳化而形成的复杂乳剂体系，又称多层乳。如果是 W/O 型乳剂进一步乳化分散在水中，则形成 W/O/W 型复乳；O/W 型乳剂进一步乳化分散在油中，则形成 O/W/O 型复乳。

1. 乳剂及乳化技术在药学中有哪些应用?

应用乳化技术制成不同类型的乳剂作为药物载体具有明显的优点，可应用于不同的给药途径。口服乳剂大部分为 O/W 型乳剂，可以起到掩味或提高药物生物利用度的目的。当乳剂用于非胃肠道给药时，O/W 型乳剂可作为营养剂（如英脱利匹特）或药物载体（如前列地尔乳剂），而 W/O 型乳剂可用于肌内注射或皮下给药，达到缓释给药的目的。外用乳剂通常细分为搽剂、洗剂和乳膏剂等，可促进药物渗透进入皮肤。近年来，乳剂也常被用于眼用制剂和临床造影剂等。

将乳剂应用于中药制剂领域的例子也有很多，已上市的中药乳剂包括康莱特注射液、鸦胆子油乳注射液、沙棘干乳剂等。如康莱特注射液是从中药薏苡仁中提取的有效成分，采用乳剂工艺技术制备成水包油型白色乳液。使用 Pickering 乳化技术对中药中挥发油进行包裹，可显著提高原本稳定性较差挥发油的稳定性，增强挥发油的作用效果和提升应用价值[2]，目前已成功将其运用于牛至、茶树、百里香、薄荷、香茅等中药挥发油的后续加工中。使用自乳化释药系统[3-4]（self-emulsifying drug delivery system，SEDDS）的方法对于中药中难溶性成分进行包载，提高药物的体内外溶出速度，以提升药物生物利用度。该技术已成功应用于水飞蓟宾、岩黄连生物碱、长春西汀、重楼总皂苷[5]等水溶性差的中药化合物。

除了制备乳剂外，乳化技术的应用也非常广泛，如采用复乳技术制备微球、脂质体等，采用 O/W 型乳化制备白蛋白纳米粒等，乳化技术在药物新剂型制备方面发挥着越来越重要的作用。

2. 乳剂的形成应具备什么条件?

乳剂的乳化与稳定通常必须具备两个条件，一是有外力的作用，如通过机械力做功，提供足够的能量使内相分散成微小的乳滴；二是提供乳剂稳定的必要条件。通常乳剂的形成理论主要有以下内容[6]。

（1）降低表面张力：两种液体形成乳剂的过程是两相间形成大量新界面的过程。乳滴越小，新增界面越大，乳滴颗粒的表面自由能也越大，而乳剂有降低表面自由能的趋势，促使乳滴合并。因此，为保持乳剂的分散状态和稳定性，必须降低界面自由能。通过加入乳化剂，使其吸附于乳滴界面，有效地降低表面张力或自由能。

（2）形成牢固的乳化膜：乳化剂吸附于乳滴周围，定向排列成膜称为乳化膜。乳化剂在乳滴表面上排列越整齐，乳化膜就越牢固，乳剂也越稳定。乳化膜有 3 种类型：表面活性剂类乳化剂吸附于乳滴表面形成单分子乳化膜，若乳化剂是离子型表面活性剂，乳化膜的离子化可使其本身带电荷，由于电荷互相排斥，阻止乳滴的合并；亲水性高分子化合物类乳化剂吸附于乳滴表面形成多分子乳化膜，强亲水性多分子乳化膜不仅阻止乳滴的合并，而且能增加分散介质的黏度；作为乳化剂使用的固体微粒吸附于乳滴表面形成固体微粒乳化膜。

3. 乳剂的类型取决于哪些因素?

在乳剂处方尚未明确的情况下，决定最终乳剂类型的因素包括选用的乳化剂、相容积比、制备温度和制备方法等，其中最主要的是乳化剂的性质及其形成乳化膜的牢固性。

首先，乳化剂亲油、亲水性是决定乳剂类型的主要因素。当乳化剂为表面活性剂时，若其亲水基大于亲油基，则使水相的表面张力降低较大，形成 O/W 型乳剂，反之则形成 W/O 型乳剂；天然或合成的亲水性高分子乳化剂的亲水基特别大，而亲油基很弱，因而形成 O/W 型乳剂；固体微粒乳化剂若亲水性大则被水相湿润，形成 O/W 型乳剂，反之则形成 W/O 型乳剂。

其次，乳化剂的溶解度也能影响乳剂的形成。通常易溶于水的乳化剂有助于形成 O/W 型乳剂，易溶于油的乳化剂有助于形成 W/O 型乳剂。油、水两相中对乳化剂溶解度大的一相将成为外相，即分散介质。乳化剂在某一相中的溶解度越大，表示两者的相溶性越好，表面张力越低，体系的稳定性越好。但乳化剂的亲水性太大则极易溶于水，反而使形成的乳剂不稳定。

此外，制备乳剂时应考虑油、水两相的相容积比。不论是 O/W 型或 W/O 型，乳剂的类型还取决于每种乳粒的相对合并率，较快融合的乳滴将形成持续相。根据 Ostwald 的“相体积理论”，理论上分散相所占的最大体积分数可达 74%，但要制备如此高分散相的 O/W 型，需要采用合适的表面活性剂或高能量的输入才能制得。由于乳粒的相互作用，分散相体积超过 50% 的 W/O 型乳剂较难制得，并且有额外的水相存在时可使其转变为 O/W 型乳剂。相体积理论与实际情况并不完全相符，当两相体积比例相差较大时，体积分数大的液体倾向于成为外相。一般而言，目前上市的 O/W 型乳剂产品中，常见的油相体积比为 10%～30%，油相比例越大，需要形成稳定乳剂的能量输入也越大，且稳定性也越差。

4. 如何鉴别乳剂的类型?

由于乳剂的类型可以明显地影响其在体内的过程和作用，因此对于乳剂类型的鉴别是非常必要的。乳剂形成后，可用下列方法进行乳剂类型的定性鉴别，以判断或检验是否按照设计要求形成O/W型或W/O型。

（1）稀释法：利用乳剂能被外相（连续相）液体稀释而不会影响其稳定性的原理。当用水稀释乳剂时，除了黏度等性质有变化外，仍然是稳定的，则为O/W型乳剂；反之，在水中不易分散均匀而容易在“油”中分散的是W/O型乳剂。但是，应注意的是过多地加入内相，可导致乳剂转相，影响正确判断。通常可将一滴乳液滴入水中，若能快速扩散开，则为O/W型乳剂，否则为W/O型乳剂。

（2）电导法：通常油类的导电性差，而水的导电性较好，一般而言，如果水是连续相，则乳剂的电导接近于水的电导；如果油是连续相，电导率很低，接近或略大于油的电导（这可能与油相中存在少量的表面活性剂有关）。但由于影响因素较多，包括体系存在形式（形成液晶相）、所用表面活性剂的种类、内相体积、乳剂中的电解质浓度等，此法准确度较差。

（3）染色法：利用色素在外相或内相是否溶解染色来判断乳剂的类型，当乳剂外相被染色时整个乳剂都会显色，而内相染色时只是分散的液滴显色。当向乳剂中加水溶性染料或油溶性染料，如果水溶性染料扩散溶解，而油溶性染料不扩散溶解的是O/W型乳剂；若油溶性染料扩散溶解，而水溶性染料不扩散溶解的是W/O型乳剂。染色法一般使用的水溶性染料是甲基蓝，油溶性染料是苏丹红Ⅲ和油红XO。如同时将油溶性和水溶性分别加入乳液中，其结果将会更准确。

（4）滤纸润湿法：此法适用于水和重油组成的乳剂，原因在于二者对滤纸的润湿性不同，水在纸上有很好的润湿铺展性能，将乳剂滴于滤纸上，如果液体迅速铺展开，中心留有一小滴油的是O/W型乳剂。如果液滴不铺展的是W/O型乳剂。但对于轻油如苯而言，因为苯可以润湿滤纸，此法并不适用于苯-水乳状体系。

（5）荧光法：利用许多有机物在紫外线照射下会呈现荧光的现象，在荧光显微镜下观察乳液是否有荧光，以此来鉴别乳剂类型的方法。如乳剂全部呈现荧光，则为W/O型乳剂；如只有一些亮点发荧光，则为O/W型乳剂。但并非所有油相均有荧光，所以此法并不适用于无荧光的乳剂。

除上述方法外，用折射率法、黏度法也可以对乳剂的类型进行鉴别。此外，还可以利用分层现象和两组分的相对密度与离心的方法来判断乳剂类型。在实际应用中，常常采用两种或以上的方法可得到比较可靠的结果。

5. 乳化剂有哪些种类?

适宜的乳化剂不仅有利于提高乳剂制备时的乳化效率，还能增加乳剂储存期间的稳定性。目前常见乳化剂可以分为非离子型表面活性剂、阴离子型表面活性剂、阳离子型表面活性剂、两性离子型表面活性剂、天然高分子乳化剂、固体微粒乳化剂和助乳化剂[7]。

（1）非离子型表面活性剂：在水溶液中不会解离，而是以中性非离子分子或胶束状态存在的一类表面活性剂。其疏水基是由含活泼氢的疏水性化合物如高碳脂肪醇、烷基酚、脂肪酸等提供，亲水基是由能与水结合形成氢键的醚基、羟基的化合物如环氧乙烷、多元醇、乙醇胺等提供。如多元醇型表面活性剂失水山梨醇脂肪酸酯（Span），常作为W/O型乳化剂使用；聚氧乙烯失水山梨醇脂肪酸酯（即聚山梨酯类，Tween），常作为O/W型乳化剂使用。

（2）阴离子型表面活性剂：在水中电离生成带阴离子的亲水基团，如脂肪酸皂、烷基硫酸盐（如十二烷基硫酸钠）、烷基苯磺酸盐（如十二烷基苯磺酸钠）、磷酸盐等。阴离子型乳化剂要求在碱性或中性条件下使用，不能在酸性条件下使用。也可与其他阴离子型乳化剂或非离子型乳化剂配合使用，但不得与阳离子型乳化剂一起使用。

（3）阳离子型表面活性剂：在水中电离生成带阳离子亲水基团，如 *N*- 十二烷基二甲胺及其他胺衍生物、季铵盐等。阳离子型乳化剂应在酸性条件下使用，不得与阴离子型乳化剂一起使用。

（4）两性离子型表面活性剂：是指具有表面活性的分子残基中存在不可电离的正、负电荷中心的表面活性剂，又分为甜菜碱型、氨基酸型、咪唑啉型与氧化胺型。

（5）天然高分子乳化剂：是指天然高分子材料，亲水性较强，黏度较大，可以形成多分子乳化膜，稳定性较好。多为 O/W 型乳化剂，且使用时需要搭配防腐剂，常见的如阿拉伯胶、西黄蓍胶和明胶等。

（6）固体微粒乳化剂：为不溶性固体微粒，吸附于油水界面上形成固体微粒乳化膜，形成乳剂的种类由接触角决定。接触角＜90° 时易被水润湿，作为 O/W 型乳化剂；接触角＞90° 时易被油润湿，作为 W/O 型乳化剂。O/W 型固体微粒乳化剂常用的有氢氧化镁、氢氧化铝、二氧化硅等；W/O 型乳化剂常用的有氢氧化钙、氢氧化锌等。此外，有研究表明使用单种固体微粒乳化剂便可制备 O/W/O 型及 W/O/W 型乳剂。

（7）助乳化剂：与乳化剂产生协同作用，进一步降低界面张力，并在界面膜中引入柔性元素。如中链醇或脂肪酸（如脂肪酸乙酯）通常用作助乳化剂，它们不仅降低了界面张力，同时为界面膜带来了弹性。此外，助乳化剂还可以通过改变乳化剂的分配特性来调整体系的亲水亲油平衡值（hydrophile-lipophile balance value，HLB 值），防止乳状液形成凝胶或产生晶相，降低乳剂对结构波动的敏感性，提升乳剂的稳定性。

6. 选用合适的乳化剂，有哪些基本原则?

乳化剂的选用以制成安全稳定的乳剂为基本目的，一般应综合考虑药物的性质、乳剂的应用要求、油的类型等因素，通常基本原则主要有以下方面。

（1）首先要注意制成乳剂的药用性质和给药途径，应根据乳剂的实际用途考察其毒性、刺激和溶血等安全性。如外用乳剂可选用阴离子型乳化剂或非离子型乳化剂；内服乳剂可选用阿拉伯胶、琼脂等天然水溶性高分子乳化剂或聚山梨酯类非离子型乳化剂；供肌内注射用的乳剂可选用非离子型乳化剂；供静脉注射用的乳剂可选用精制大豆磷脂、蛋黄卵磷脂等天然乳化剂，或非离子型乳化剂泊洛沙姆（Pluronic F-68）、聚乙二醇（PEG）- 十五羟基硬脂酸酯（Solutol HS 15），其中 Solutol HS 15 已收载于《美国药典》和《欧洲药典》。

（2）同时也必须注意制成乳剂的类型，表面活性剂的亲水亲油平衡值（HLB 值）是选择的重要依据。一般 HLB 值 3～6 的乳化剂，用于 W/O 型乳剂的制备；HLB 值 8～18 的乳化剂，用于 O/W 型乳剂的制备。

（3）所选用的乳化剂具有较强的乳化能力，能在油水界面形成牢固的乳化膜。并且乳化剂本身物理化学性质稳定，受外界因素影响小，与药物有良好的相容性。

（4）单一乳化剂的 HLB 值不能满足使用要求或单一乳化剂不能制成稳定的乳剂时，应考虑选择两种以上乳化剂混合使用。混合乳化剂不仅能有效调整其 HLB 值，还能提高乳剂界面膜的强度、调节乳剂的稠度，以增强乳剂的稳定性。混合乳化剂的使用必须注意配伍乳化剂之间的相互作用。一般原则是非离子型乳化剂互相混合使用或与离子型乳化剂混合使用；天然乳化剂与其他类型的乳化剂也可混合使用，而类型相反的如 W/O

型和 O/W 型离子型乳化剂不能混合使用；阳离子型乳化剂与阴离子型乳化剂也不能混合使用。

正确选用乳化剂，对于乳剂的制备具有重要的实际意义。只有在运用乳化理论的同时重视实际经验的总结，才能真正做到合理选用乳化剂。

7. 如何测定乳化剂的亲水亲油平衡值?

表面活性剂亲水或亲油程度可以依据 HLB 值来判定。一般而言，表面活性剂的 HLB 值在 1～40，HLB 值越大代表亲水性越强，反之则亲油性越强。将疏水性最大、完全由饱和烷烃组成的石蜡 HLB 值定为 0，十二烷基硫酸钠的 HLB 值为 40。常见非离子型表面活性剂的 HLB 值为 1～20，离子型表面活性剂 HLB 值为 1～40。HLB 值转折点为 10，HLB 值低于 10 则表面活性剂亲油性较强，大于 10 则亲水性较强。不同 HLB 值的表面活性剂有不同的应用。

混合乳化剂的 HLB 值有加和性，计算公式为：

$$HLB_{AB}=(HLB_A \times W_A+HLB_B \times W_B)/(W_A+W_B) \qquad 式(1\text{-}10\text{-}1)$$

式中 HLB_A 和 HLB_B 分别代表 A、B 两种乳化剂的 HLB 值，W_A、W_B 分别代表 A、B 两种乳化剂的重量，HLB_{AB} 代表混合乳化剂的 HLB 值。例如，用 45% 的硬脂山梨坦（司盘 60，HLB 值 =4.7）和 55% 的聚山梨酯 60（HLB 值 =14.9）组成混合乳化剂，经计算其 HLB 值为 10.31。该公式一般仅适用于非离子型混合乳化剂 HLB 值的计算，而不能用于离子型乳化剂 HLB 值的计算。

尽管相关公式可以计算乳化剂 HLB 值，但在无法获取数据时，能通过实验方法测定乳化剂 HLB 值，常见方法如下。

（1）乳化法：乳化法原理是通过乳化剂来乳化油相介质时，当表面活性剂的 HLB 值与油相所需乳化 HLB 值相同时，生成的乳液稳定性较高，对于特定的油相有特定的最佳 HLB 值。例如将已知 HLB 值的乳化剂与未知 HLB 值乳化剂以及已知所需 HLB 值的油相混合，采用代数加合法配制成一系列不同组成的乳液，找出其中稳定性最好的一组即可计算出未知乳化剂的 HLB 值。

（2）气相色谱法：气相色谱法分离样品的能力取决于固定液与样品中各组分极性的大小。可采用未知 HLB 值表面活性剂作为固定液，根据不同有机溶剂的保留时间即可测定 HLB 值。如根据乙醇与乙烷在非离子型表面活性剂上的保留时间，通过公式计算表面活性剂 HLB 值：

$$HLB=8.55\rho-6.56$$

$$\rho=t_{R乙醇}/t_{R乙烷} \quad (t_R 为保留时间)$$

（3）浊点法：浊点法的原理是聚氧乙烯醚型非离子型表面活性剂的 HLB 值同其水溶液发生混浊时的温度具有关联性，通过测定其浊点可以确定 HLB 值。浊点法测定时，将装有 1% 表面活性剂水溶液的试管或烧杯在甘油浴中边搅拌边加热，当溶液透明度降低变混浊时，试管内温度即为表面活性剂的浊点。后通过相关公式计算出 HLB 值。如环氧乙烯（EO）- 环氧丙烯（PO）共聚物，10% 表面活性剂水溶液的浊点为 X，则 HLB 值计算公式为：$HLB=0.098X+4.02$。

8. 如何根据亲水亲油平衡值选用乳化剂?

在长期的研究中发现，不同种类的油相需要对应 HLB 值的乳化剂进行乳化才能得到稳定的乳液。乳化剂选用的第一步是确定乳化油溶液所需的最佳 HLB 值，目前常使用的方法如下：在固定乳化油种类、剂量、使用方法以及乳化剂使用剂量不变的情况下，将固定量的水、油以及一系列 HLB 值不同的乳化剂相混合，观察所得乳液的稳定性；以 HLB 值为横坐标，乳液稳定性为纵坐标作图即可得出最佳 HLB 值。小于或大于最佳 HLB 值时，乳液稳定性都将下降，越接近最佳 HLB 值时，乳液越稳定。目前已有关于部分油溶液形成最稳定 O/W 型及 W/O 型乳剂所需乳化剂 HLB 值的相关报道。

在确定油相最佳 HLB 值后，因具有相同 HLB 值的乳化剂种类较多，同时存在使用不同 HLB 值的乳化剂通过混合得到所需 HLB 值的混合乳化剂。在保持最佳 HLB 值的情况下，对使用不同种类及不同配比的乳化剂形成的乳液稳定性进行对比，从而选用较理想的乳化剂。

除根据 HLB 值选用乳化剂外，也可采用相转变温度（PIT）法、乳液转变点（EIP）法、内聚能比（CER）法、临界胶束浓度（CMC）法等进行乳化剂的选择。

相转变温度（PIT）法可作为 HLB 法的补充与验证方法。这种方法运用的原理是含有非离子型表面活性剂特别是聚氧乙烯型乳化剂所形成的 O/W 型乳剂的稳定性与界面膜的水合作用程度紧密相关。提高温度时，乳化剂中氧原子与水分子形成的氢键断裂，会降低乳液稳定性，减少界面膜水合作用的程度。由于非离子型乳化剂在低温时易形成 O/W 型乳剂，温度升高时乳液转相形成 W/O 型乳剂，乳液在特定温度时会发生相转变，这一温度对于特定的非离子型乳化剂是固定的，可以通过试验测定。作为一般的规律，乳剂的存放和使用温度在 20～65℃且低于 PIT 时，能得到相对稳定的 O/W 型乳剂，可能是由于此温度范围界面膜能够充分水合。

乳剂中添加剂和组分间的相互作用影响的是 PIT 而非 HLB，具有相同 HLB 乳化剂混合物形成的乳剂具有不同的 PIT。一般而言，乳化剂 HLB 值越高则形成的乳液 PIT 越高。

9. 影响乳化剂选择的其他重要因素是什么?

除上述选择的基本原则外，在实际研究过程中还有许多因素制约着乳化剂的使用，常见的有乳化剂安全性、离子型乳化剂的带电作用、乳化剂用量等。

（1）乳化剂安全性：尽管大部分乳化剂是合成和半合成的表面活性剂且其中很多已上市，但是由于溶血性和对皮肤及胃肠道黏膜的刺激等毒性问题，它们在药用乳剂中的应用大大受到限制。表面活性剂作为乳化剂时，一般毒性大小排序遵循以下准则：阳离子型表面活性剂＞阴离子型表面活性剂＞非离子型表面活性剂；其中离子型表面活性剂有较强的溶血作用，而非离子型表面活性剂的溶血作用较轻微；常见的聚山梨酯类表面活性剂毒性排序为：聚山梨酯 20＞聚山梨酯 40＞聚山梨酯 60＞聚山梨酯 80。

目前表面活性剂主要以较低的浓度用于局部给药的制剂中。季铵类化合物是皮肤科外用制剂的重要阳离子型乳化剂，因为它们除有 O/W 型乳化作用外还有抗菌的特点。由于每种脂肪族原料均可通过引入环氧乙烷基来改变聚氧乙烯链的长度，所以有许多具有不同油水溶解性的非离子型表面活性剂上市，目前仅有少部分的聚山梨醇表面活性剂应用于口服乳剂，聚山梨酯 80 与聚氧乙烯蓖麻油可用于肌内注射等非血管给药途径，植物或动物来源的磷脂表面活性剂或非离子型表面活性剂泊洛沙姆 188、Solutol HS 15 可用于血管注射给药的制剂。

（2）离子型乳化剂的带电作用：从乳剂稳定的角度来看，乳剂中的液滴带电有利于乳液的稳定性，所以部分乳剂选用离子型乳化剂较为合适，同时应该注意使用的乳化剂所带电荷与乳液自身所带电荷一致，以免造成电荷中和而降低乳液的稳定性。

（3）乳化剂用量：乳化剂使用较少时不能在界面上形成稳定的界面膜，造成乳液稳定性下降；增大乳化剂用量可显著增加乳液稳定性，但同时造成制备成本的升高和体内安全性的担忧；因此确定最佳乳化剂用量，不仅能保证乳液稳定性，同时也可以大大节省制备成本和降低体内安全性潜在的风险。

10. 乳剂中应当怎样添加药物?

制备药用乳剂时，应根据所含药物的理化性质，尤其是溶解性能，采用合理的方式加入药物，才能保证乳剂的质量与稳定，满足临床用药的要求。

按一般方法，在不影响药物稳定性的前提下，若药物为水溶性，可将药物先溶解于水制成水溶液，再与水相其他物质混合，或直接加入水相之中，混合均匀后制备乳剂；若药物为油溶性，则可将药物先溶解于油制成油溶液，再与油相其他物质混合，或直接加入油相之中，混合均匀后制备乳剂。若药物既不溶于水也不溶于油，制备乳剂时应按固体分散的方法进行处理，即用适当的方法将药物粉碎成细粉，或用加液研磨的方法研成糊状再加入已制成的乳剂中，使药物均匀分散混悬即可。

可溶性药物，无论是在乳剂的油相还是水相，成品的质地均匀细腻，稳定性好；而不溶性药物混悬于乳剂中，应注意粉末的细度和混悬的均匀性、稳定性，也要注意固体粉末的加入，可能引起的乳剂黏度和外观的变化。

11. 乳剂制备时怎样添加乳化剂?

乳剂制备时，可根据制备乳剂的类型、乳化剂和乳化设备的种类，通过实验比较研究的结果合理选用。一般常用的乳化剂添加方法如下。

（1）乳化剂加入水相法：又称湿胶法，先将乳化剂分散于水中研磨均匀，再在激烈的搅拌下把油相加入水相，搅拌成为初乳，加入水稀释至全量，混匀，这样可直接制成 O/W 型乳剂。若要得到 W/O 型乳剂，则应向水相中连续加油相直至发生转相变型。这种方法制成的乳剂，颗粒均匀性较差，乳剂外观较粗糙，稳定性较差。为克服上述缺点，乳剂形成后可使用胶体磨或均质器进行处理。本法特点是先制备初乳，在初乳中油、水、乳化剂三者的比例是：油相为植物油时 4∶2∶1；油相为发挥油时 2∶2∶1；油相为液体石蜡时 3∶2∶1。

（2）乳化剂加入油相法：又称干胶法，先将乳化剂分散于油相中研磨均匀，再将水相加入，搅拌成初乳，加入水稀释至全量，混匀，这样可直接形成 W/O 型乳剂。若要制成 O/W 型乳剂，则继续加水直至发生转相变型。这种方法制成的乳剂，一般液滴比较细小均匀，质量也比较稳定。初乳中油、水、乳化剂的比例与上法相同。

（3）两相交替加入法：向乳化剂中每次少量交替加入水或油，边加边搅拌，即可成为乳剂。以 O/W 型为例，将一部分油加于乳化剂中混合均匀，再加入与油等量的水研磨乳化，然后再交替加入油和水 3～4 次，即可制成。天然胶类、固体微粒乳化剂等可用本法制备乳剂。当乳化剂用量比较大时，本法较为适宜。此法常用于食品的制备，体系的黏度较大，有利于乳化和乳剂的稳定。

（4）新生皂法：将油水两相混合时，利用在两相界面上生成的新生皂类为乳化剂制备乳剂。植物油中含有硬脂酸、油酸等有机酸，加入氢氧化钠、氢氧化钙、三乙醇胺等溶于油中，把碱溶于水中，在高温条件下（70℃以上）生成的新生皂为乳化剂，经搅拌即成乳剂。在界面上形成的肥皂具有乳化作用，使乳剂形成并保持相对稳定。配制时，一般是将乳剂的内相加到外相中，也可以外相加到内相中。生成的一价皂为O/W型，二价皂为W/O型乳化剂。本法适用于乳膏剂的制备。

（5）直接匀化法：也称机械法，将乳剂中的油相、水相、乳化剂混合在一起，直接用匀化器械乳化制备。此法适用于表面活性较强的乳化剂。

（6）纳米乳/微乳制备法：纳米乳除含有油相、水相、乳化剂，还含有辅助乳化剂。纳米乳的乳化剂主要是表面活性剂，其HLB值应在15～18的范围内，通常使用的乳化剂是聚山梨酯60和聚山梨酯80，乳化剂和辅助乳化剂成分应占乳剂的12%～25%。制备时取1份油和5份乳化剂混合均匀，然后加入水中，如不能形成澄明乳剂，可增加乳化剂的用量；如能很容易形成澄明乳剂，可减少乳化剂的用量。

（7）复乳制备法：采用二步乳化法制备，第一步先将水、油、乳化剂制成一级乳，再以一级乳为分散相与含有乳化剂的水或油再乳化制成二级乳。如制备O/W/O型复合乳剂，先选择亲水性乳化剂制成O/W型一级乳剂，再选择亲油性乳化剂分散于油相中，在搅拌下将一级乳加入油相中，充分分散即得。

12. 怎样选用合适的乳化设备?

乳剂的制备，尤其是大规模生产，正确地选择乳化设备并合理地应用于生产实践，对于乳剂的形成与稳定具有十分重要的作用。不同的乳化设备，由于功率大小不同，乳化操作时形成的乳剂，其内相分散粒径具有明显的差异。

选用乳化设备[8]，首先应当考虑制备的剂型、给药途径对乳剂分散相粒径大小的要求，其次应注意制剂处方中乳化剂乳化能力的大小、药物的性质以及乳剂黏滞度大小等因素。常用设备类型有机械搅拌器、高压均质机、微射流均质机、超声波乳化装置、胶体磨等。

（1）机械搅拌器：常规搅拌器一般转速在1 000r/min以下，包括实验室用的研钵，能满足一般口服或外用剂型对乳化的要求。由于搅拌工作时剪切作用力不大，内相分散粒径多数在10μm以上，形成的乳剂属于普通乳的粒径范围。利用高速搅拌装置例如组织捣碎机，转速一般可达5 000r/min。高速组织捣碎机主要是由电机与金属钢刀构成。钢刀轴由电机带动作高速旋转，物料被剪切力破碎（分散）成微细的液滴。用此类乳化设备时，乳剂中常形成较多的气泡，因而对于处方中含有易氧化药物的乳剂不宜选用。在一定范围内，机器的转速越高，操作时间越长，内相分散粒径越小，一般可达到0.65μm。

该方法所需设备简单、操作方便，是工业生产和实验室中最易实现的一种方式。但是此法所制的乳状液往往分散度低、均匀性差且容易混入空气，需要用胶体磨或均质机后续处理。

（2）高压均质机[1]：高压均质机作为一种新型的乳化设备，它的细化作用在各种乳化设备中效果最为明显，是利用强大的挤压力使初乳通过细孔进一步破碎乳滴而制备乳剂的设备，可有效提高产品的均匀度和稳定性，减少反应时间，从而节省大量乳化剂或添加剂。高压均质机是目前静注脂肪乳制备的首选设备。高压均质机应用时一般先将制备乳剂的液体混合，或先制得初乳，然后再经高压均质机的高压泵强行高速通过匀化阀的狭缝，通过剪切、撞击和空穴效应后乳粒被匀化。高压均质机由于设备的工作压力大、泵速快，形成的乳剂均匀细腻且稳定，内相分散粒径可达到 0.3μm 左右，属亚微乳状态。本设备方法的特点是先用其他方法初步乳化，再用均质机乳化，效果比较好，制备的乳剂粒径小且均匀。

（3）微射流均质机[1]：主要是将液滴经湍流分散后，再高速通过喷嘴产生的空穴效应将乳滴初步剪切分散，同时分散后的乳滴经撞击反向后，双向运动的液滴剪切碰撞使乳滴进一步粉碎，从而形成更小的乳滴。使用时，粗乳首先通过单向阀，在高压腔内被加压（最高达 310MPa），然后通过喷嘴的微孔被挤压出来，形成高速喷射流进入反应腔，喷射流在反应腔内对流剪切，形成湍流并相互对撞，同时由于施加在物料的压力急剧下降，产生空穴效应，通过剪切、对撞和空穴效应，使乳滴达到粒径减小和均匀分散的效果。

（4）超声波乳化装置：超声波乳化器常用频率＞20kHz 的超声波发生器产生的超声波作为乳化的能源，乳化时间短，液滴细而均匀，内相分散粒径可达 1μm 左右，但因能量大，乳化过程中可引起乳剂温度提高，所以对于处方中含有遇热易分解药物的乳剂不宜选用。可制备 O/W 型和 W/O 型乳剂，但黏度大的乳剂不宜用本法。目前，本法仅适用于实验室制备小批量乳剂，同时应关注可能的金属离子的引入。

（5）胶体磨：均质机依靠压力的迅速改变来影响液体的分散。与此相反，胶磨棒是根据在胶体磨的转子与定子间产生高速剪切力的原理进行操作的。胶体磨可用于制备较黏的乳状液，形成的乳剂内相分散粒径一般可达到 5μm 左右。立体胶体磨主要由电机与研磨器组成，研磨器又分为内、外两部分。内研磨器（转子）为一有斜沟槽的锥体，由电机转轴带动作高速旋转；外研磨器内壁具有斜沟槽，其圆锥空腔与转子具有相同锥角。两者之间形成可调节间距的细缝，当转子高速旋转时，物料即在该缝隙间被研磨粉碎。

上述几类乳化设备属于目前较为常用的乳化设备，但随着工业生产需求的改变及连续制造概念的提出，制药工业界也出现了成熟的自动化生产线路，目前已开发出了如抗肿瘤中药乳剂自动化生产线，可以最大程度地消除传统设备人为操作可能出现的误差，解决配制工艺系统中的搅拌、高剪切机、均质机、阀门等参与生产的工艺设备均需要手动控制的问题，进一步保证生产系统中数据的完整性、审计追踪等功能完全符合 GMP 的法规要求[9]。

13. 哪些因素会影响乳剂的稳定性？

乳剂的不稳定现象在制备和贮藏过程中随时可能出现，而乳剂的稳定性与物料性质、处方组成、制备工艺、包装方式和贮藏方式等都密切相关。结合乳剂的形成过程，这些因素中主要应当注意以下方面。

（1）乳化剂的性质：乳化剂的 HLB 值要与乳剂中油相所要求的最佳 HLB 值相符合，并且不能在油水两相中都易溶解，否则形成的乳剂不稳定。

（2）乳化剂的用量：乳化剂的用量与分散相的量及乳滴粒径关系很大。若乳化剂用量太少，乳滴界面上的膜密度过小，甚至不足以包裹乳滴，乳剂不稳定；若乳化剂用量过多，不能完全溶解，有的还会造成外相过于黏稠，使乳剂不易倾倒。乳化剂用量一般控制在 0.5% ～10%。

（3）相体积分数：乳剂相体积分数是指分散相占乳剂总体积的分数，一般上市的 O/W 型乳剂产品中，常见的油相体积比为 10%～30%。乳剂随着放置时间的延长可出现转相、破裂或分层现象。

（4）乳化温度与时间：升高温度有利于乳剂的形成，但也增大了乳滴的动能，使乳滴易于聚集合并，稳定性降低。通常乳化温度控制在 50～70℃，非离子型乳化剂使用时，温度不能超过其昙点。乳化时间不宜过长，因为乳化开始阶段，充分搅拌可使乳滴均匀分散，但继续搅拌则增加乳滴间的碰撞机会，可使乳滴聚集合并，乳剂的稳定性反而下降。

（5）电解质的存在：乳剂中的各类组分如药物、附加剂或杂质均可能是电解质，电解质的存在可以使乳化剂产生盐溶或盐析，从而影响乳剂的稳定性。不同电解质对乳剂稳定性影响的结果也不相同，一般乳剂中存在能使乳化剂盐溶的电解质，该乳剂的稳定性较好；而存在能使乳化剂盐析的电解质，该乳剂的稳定性就降低。

（6）剪切乳化的方式、时间、速率：在制备过程中选用较高能量的剪切方式，在一定范围内剪切时间与转速的增加可以使乳状液的平均粒径减小，稳定性增强。这是因为随着输入能量的增加，油滴的粒径减小，在水相中的分布更加均匀，且比表面积增大，乳化时所做的功以表面能形式存在油 / 水界面上，乳状液稳定性增强[10]。

（7）增稠剂的存在：乳剂在贮藏过程中，乳液粒径会随着时间的增加而变大，可能是乳液受到重力、布朗运动或者自身体系的溶解度、黏度的影响；在添加增稠剂后，乳液的流动速度降低，分子间的作用力更强，减少了布朗运动，但是油相与油相、水相与水相之间的相互作用力随之增强，在受到重力的作用条件下反而更容易聚集，使乳液不稳定性增加[11]。

总之，要制备粒径适宜的稳定的乳剂，首先要设计合理的处方组成，包括根据乳剂的类型和分散相的化学结构、性质如对 HLB 值的要求，确定乳化剂的种类、用量，油水两相的比例及其他附加剂如防腐剂、抗氧剂等的用量，同时必须选用适当的乳化方法和最佳的工艺条件及乳化设备。

14. 乳剂有哪些不稳定现象？

乳剂是一种非均相分散体系，属于热力学不稳定体系和动力学稳定体系，新配制的乳液在长期放置过程中将会出现如下几种不稳定现象[6]。

（1）分层：乳剂分层指乳剂放置后出现分散相粒子上浮或下沉的现象，又称乳析。分层的主要原因是分散相和分散介质之间的密度差。乳滴上浮或下沉的速度符合斯托克斯定律。乳滴的粒子愈小，上浮或下沉的速度愈慢。减小分散相和分散介质之间的密度差、增加分散介质的黏度都可以减小乳剂分层的速度。分层的乳剂经振摇仍能恢复成均匀的乳剂。

（2）絮凝：乳剂中乳滴发生可逆的聚集现象称为絮凝。如果乳滴的 ζ 电位降低，乳滴聚集而絮凝，由于乳滴荷电以及乳化膜的存在，絮凝状态仍保持乳滴及其乳化膜的完整性，阻止了乳滴的合并。乳剂中的电解质和离子型乳化剂是产生絮凝的主要原因，同时絮凝与乳剂的黏度、相容积比以及流变性有密切关系。乳剂的絮凝作用限制了乳滴的移动并形成网状结构，可使乳剂处于高黏状态，有利于乳剂稳定。絮凝不同于乳剂的合并，但絮凝进一步变化也会引起乳滴的合并。

（3）转相：由于某些条件的变化而改变乳剂的类型称为转相，由 O/W 型转变为 W/O 型或由 W/O 型转变为 O/W 型。转相主要是由乳化剂性质改变而引起的。如油酸钠是 O/W 型乳化剂，油酸遇氧化钙后生成油酸钙，变为 W/O 型乳化剂，乳剂则由 O/W 型变为 W/O 型。向乳剂中加入相反类型的乳化剂也可使乳剂转相，特别是两种乳化剂的量接近时更易转相。转相时，两种乳化剂的量之比称为转相临界点。在转相临界点上乳剂不属于任何类型，处于不稳定状态，可随时向某种类型的乳剂转变。

（4）合并与破裂：乳滴周围有乳化膜破裂导致乳滴合并变大，称为合并。合并进一步发展使乳剂分为油、水两相称为破裂。乳剂的稳定性与乳滴的大小有密切关系，乳滴越小乳剂越稳定，乳剂中的乳滴大小是不均一的，小乳滴通常填充于大乳滴之间，使乳滴的聚集性增加，容易引起乳滴的合并。所以为了保证乳剂的稳定性，制备乳剂时尽可能地保持乳滴的均一性。此外，增加分散介质的黏度，可降低乳滴的合并速度。影响乳剂稳定性的各种因素中，最重要的是形成乳化膜的乳化剂的理化性质，乳化膜越牢固，越能防止乳滴的合并和破裂。

（5）Ostwald 熟化：Ostwald 熟化是一种描述固溶体中多相结构随着时间变化而变化的一种现象。当一相从固体中析出时，一些具有高能的因素会导致大的析出物长大，而小的析出物萎缩。它的实质是小粒子的溶解，大粒子依靠摄取小粒子的质量进行生长。Ostwald 熟化过程发生的驱动力是粒子相总表面积的降低所产生的总界面自由能的降低。在乳剂中由于乳滴的大小不同，像固体粒子一样，小的乳滴逐渐会转化为大的液滴，以减小乳滴的总表面积，并降低体系的界面能。这也是一个不可逆过程，随着 Ostwald 熟化的进行，小乳滴减小，大乳滴增加。

（6）酸败：乳剂受外界因素及微生物的影响，使油相或乳化剂等发生变化而引起变质的现象称为酸败。乳剂中通常须加入抗氧剂和防腐剂以防止氧化或酸败。

15. 怎样评价乳剂的稳定性?

乳剂稳定性的考察是药用乳剂质量评价的重要内容，也是决定其使用期限的基本依据。药用乳剂稳定性考察的重点项目为乳剂的形态、分层速率以及其中药物的含量。

乳剂稳定性的考察，可按照 2020 年版《中国药典》规定的对制剂稳定性影响的试验要求与方法进行[12]：高温试验（设置温度一般高于加速试验温度 10℃以上），强光照试验（照度为 4 500lx ± 500lx，且光源总照度应不低于 1.2×10^6lux·hr、近紫外线灯能量不低于 200W·hr/m^2）；加速试验可在 30℃ ± 2℃、相对湿度 65% ± 5% 的条件下进行。

乳剂样品在上述条件下放置后，进行相关项目的测定比较，并考察其稳定性，评价其质量。一般包括以下内容。

（1）乳剂分层现象的观察：考察乳剂是否存在分层现象，或分层速度快慢，是乳剂稳定性的重要指标，也是一种非常简单实用的评价方法。可采用离心法处理样品，进行加速试验，一般可将乳剂置于离心机中，以 4 000r/min 的速度离心 15 分钟，若乳剂不分层则可认为样品的质量较好；同时也可以 15 000r/min 的转速离心 15 分钟，如有轻微分层，通过振摇恢复原状后静置 24 小时，如未见分层，也可认为乳剂稳定性良好[13]。

（2）分散相乳滴的大小及其分布的测定：在一定时间内，测定乳剂中分散相乳滴大小的变化，可反映乳剂界面膜的机械强度，也是乳剂稳定性的考察指标之一。一般分散相乳滴大小的测定，可用普通显微镜法、透射电镜法、扫描电镜法、库尔特计数法、激光测定法等。

（3）流变性考察：质量好的乳剂，应在静置时保持适当的黏稠度与相对稳定。振摇时能即刻分散均匀，容易倾倒。也可通过流变学特性的比较考察，评价乳剂的质量。

（4）乳剂中药物和有关物质含量的测定：乳剂中含有的药物可以因氧化、水解、光解等反应而变质，也可因乳化剂形成的胶束的催化作用而加速分解。因而，必须根据药物的性质采用适当的方法，测定其药物和有关物质含量，通过考察药物含量的变化情况，评价乳剂的稳定性。

（5）乳滴合并速度：乳滴合并速度符合一级动力学规律，即

$$\lg N=-\frac{Kt}{2.303}+\lg N_0 \qquad 式（1-10-2）$$

式（1-10-2）中，N、N_0 分别为时间 t 和 t_0 的乳滴数，K 为合并速度常数，t 为时间。测定随时间 t 变化的乳滴数 N，求出合并速度常数 K，可估算乳滴合并速度，用于评价乳剂的稳定性。

（6）稳定常数：乳剂离心前后的光密度变化百分率称为稳定常数，用 K_e 表示，如下：

$$K_e=\frac{(A_0-A)}{A_0}\times 100\% \qquad 式（1-10-3）$$

式（1-10-3）中，A_0 为未离心乳剂稀释液的吸光度，A 为离心后乳剂稀释液的吸光度。测定时，取乳剂适量于离心管中，以一定速度离心一定时间，从离心管底部取出少量乳剂；稀释后，用比色法在可见光波长下测定吸光度 A，同法测定原乳剂稀释液的吸收光度 A_0，计算 K_e。离心速度和检测波长的选择可通过试验确定。K_e 值越小，则乳剂越稳定。

16. 近年来新发展的乳剂类型及乳化技术有哪些？

（1）药物纳米晶自稳定 Pickering 乳液（nanocrystalline self-stabilized Pickering emulsion，NSSPE）：20 世纪初，Ramsden 发现固体微粒可稳定乳液，之后由 Pickering 对该现象进行了系统研究，证明超细的固体微粒可以稳定地存在于油 / 水界面，起到稳定乳液的作用，这种乳液被称为“Pickering 乳液”。与以传统表面活性剂为稳定剂的乳液相比，Pickering 乳液的优势在于：①显著降低乳化剂的用量，降低毒性，节约成本，对环境友好。②乳液稳定性强，不易受体系 pH、盐浓度、温度及油相组成等因素的影响。因此该技术在石油化工、食品、化妆品和药品等领域应用广泛。近年来有学者提出 NSSPE，该乳液仅由水、油和难溶性药物 3 种成分组成，药物部分分布于油相，部分吸附于乳滴的油水界面，具有较高的安全性和载药量[14]。该技术同时在化妆品领域也有所应用，Pickering 乳化技术采用固体微粒乳化剂代替传统的表面活性剂，使配方的温和性大大提高，在防晒配方中尤为适用，固体微粒乳化剂本身作为防晒剂使用，与其他防晒剂有协同增效作用，可有效降低配方中防晒剂的总用量。固体微粒乳化剂的使用可以改善产品的肤感和涂抹性，且稳定性不受油脂性质和电解质的影响，针对不同的护肤产品油脂的选择性更广。目前使用该技术已上市的产品有 Candau、Ziemelis 等[15]。

（2）膜乳化技术[16]：膜乳化的概念由日本学者 Nakashima 于 20 世纪 90 年代首次提出，近年来日益受到关注，并在食品、化妆品、医药领域均有广泛应用。相比其他乳化方法，膜乳化技术最大的优势在于应用不同孔径的膜可制得不同尺寸的液滴，且粒径均一可控。乳滴大小主要取决于膜孔尺寸，且整个过程操作方便、能耗低、条件温和。膜乳化装置主要包括膜管、压缩氮气、循环泵和储槽等。近年来，膜乳化技术常用于制备载药微球、乳剂、纳米粒和脂质体等，如采用膜乳化技术制备丹参酮 Ⅱ_A 聚乳酸 - 羟基乙酸微球和汉防己甲素 - 丹参酮 Ⅱ_A 二元微球[17]，工艺简单方便，可减少药物损失并提高产率，为中药复方制剂的研究提供了新的思路和方法。

（3）微流控乳化技术[18-19]：随着微流体技术的发展，微流控乳化技术取得了很大的进步，同时其也是一种逐滴技术。与传统方法相比，基于微流体的过程可以产生可控的液滴尺寸和分布。微流控装置由一个微米级的通道组成，通道内具有特定的几何形状，流体在其中循环，通过在另一种液体中形成液滴而产生乳液。在层流流体中，液滴在简单的剪切力或拉伸力的作用下变形和破碎。微流控乳化技术是目前唯一一种可以生产多种乳液，并且控制被包裹的内液滴数量及其包裹率的制备技术。

微流控乳化技术具有以下优点：没有机械的剪切作用，因此在乳化过程中对易碎颗粒或颗粒复合物没有明显的破坏作用；能够实现对乳滴尺寸的良好控制；与膜乳化法相比，单分散性更好；比均质技术能耗低；需要样品量少；在乳化过程中不产生热量。而该技术也存在一些缺点，例如通量低，导致产量低，增加了工业化生产的难度；液滴和通道之间存在相互作用的风险；要求流体黏度能够通过微通道。目前微流控乳化技术已运用于中药样品的前处理，如血根碱和白屈菜红碱的分离，人参皂苷和生物碱的快速萃取。若对该技术进行优化以适用于中药制剂的生产，将会进一步提高中药制剂的开发水平。

（4）乳剂固体化技术[20]：在贮藏过程中，乳剂存在诸多稳定性问题，如药物降解（如水解）、粒径增大、分布变宽、Ostwald 熟化效应等。故考虑通过不同方法将乳剂固体化制成干乳剂，避免以上问题的发生。

干乳剂具有许多优点：①药物以分子形态溶于乳滴中，可增加药物溶解度，提高生物利用度；②提高制剂的稳定性、抗氧化性，避免分层破裂；③可降低乳化剂及助乳化剂的用量，提高药物制剂的安全性，降低毒性。

制备干乳剂的方法较多，常见的有吸干乳法和干燥法。吸干乳法主要针对 W/O 型干乳剂，制备的乳剂一般具有缓释作用，乳滴粒径一般为 90～2 000μm，如茶碱吸干乳。干燥法主要针对的是 O/W 型干乳剂，乳滴粒径一般为 0.3～3μm，包括减压干燥法、喷雾干燥法和冷冻干燥法等。喷雾干燥法和冷冻干燥法各有其优缺点：喷雾干燥法不适用于热敏物质；得到的粉末黏附性大、流动性较差、易结块，须进一步处理；再分散后难以维持乳滴粒径。冷冻干燥法的优势如下：①在低温条件下干燥，对热敏物质具有保护作用；②在真空条件下干燥，减少药物氧化变质的可能性；③得到的制剂为多孔性结构，保持了原本形态，加溶剂后能快速复溶。李明等[21]研制了复方丹参冻干乳剂，较好地解决了原剂型中脂溶性成分溶出差的问题，同时冻干乳室温条件下放置 1 年后稳定性良好。然而，由于冷冻干燥法制备干乳剂的速度慢，相对会消耗更多的能量与时间。因此，干乳剂的制备常会根据实际情况选择适宜的方法。

参考文献

[1] 张奇志，蒋兴国．新型药物递释系统的工程化策略及实践[M]．北京：人民卫生出版社，2019.

[2] 谢锦，罗怡婧，刘阳，等．Pickering 乳化技术及其在中药挥发油中的应用进展[J]．中草药，2020，51（5）：1343-1349.

[3] 蔡晓婧，张华．中药自微乳化释药系统的研究进展[J]．中国药房，2017，28（25）：3586-3589.

[4] 叶珍珍，张建，崔升淼．自乳化释药系统在难溶性中药制剂中的应用[J]．中华中医药杂志，2012，27（7）：1882-1885.

[5] 张小飞，果秋婷，史亚军，等．重楼总皂苷自微乳化颗粒剂的制备及体外溶出研究[J]．中国药师，2017，20（7）：1210-1214.

[6] 方亮. 药剂学[M]. 8版. 北京：人民卫生出版社，2016.
[7] ALLEN L V，POPOVICH N G，ANSEL H C. 安塞尔药物剂型给药系统：第9版[M]. 王浩，侯惠民，译. 北京：科学出版社，2012.
[8] 王军. 乳化与微乳化技术[M]. 北京：化学工业出版社，2012.
[9] 陈建华，刘耀. 抗肿瘤中药乳剂成功实现自动化生产技术转型升级案例浅析[J]. 化工与医药工程，2019，40(4)：42-45.
[10] 刘杨，王占胜，杨杰，等. 影响水包油型乳化液稳定性的因素研究[J]. 应用化工，2017，46(7)：1266-1269.
[11] 王毅，罗绍强，朱林静，等. 水包油型纳米乳的影响因素及稳定性研究[J]. 应用化工，2019，48(8)：1825-1829.
[12] 国家药典委员会. 中华人民共和国药典：2020年版[S]. 四部. 北京：中国医药科技出版社，2020.
[13] 王金悦，叶青卓，武琰琛，等. 栀子苷乳剂的制备工艺及质量评价[J]. 中草药，2019，50(2)：375-381.
[14] 王帆，王帅，易涛，等. 药物-油相性质对药物纳米晶自稳定Pickering乳液构建的影响研究[J]. 中国中药杂志，2017，42(19)：3739-3746.
[15] 刘丽仙，岳娟，蒋丽刚，等. 新型乳化技术在化妆品中的应用[J]. 日用化学品科学，2017，40(7)：40-43，52.
[16] 曹文佳，栾瀚森，王浩. 膜乳化法在药学中的应用[J]. 中国医药工业杂志，2014，45(6)：582-588.
[17] 陆瑾，张梦，朱华旭，等. SPG膜乳化制备汉防己甲素-丹参酮$Ⅱ_A$-PLGA二元微球及其体外表征[J]. 中国中药杂志，2015，40(6)：1091-1096.
[18] LIU Y C，LI Y L，HENSEL A，et al. A review on emulsification via microfluidic processes[J].Frontiers of Chemical Science and Engineering，2020，14(8)：350-364.
[19] ALBERT C，BELADJINE M，TSAPIS N，et al. Pickering emulsions：Preparation processes，key parameters governing their properties and potential for pharmaceutical applications[J]. Journal of Controlled Release，2019，309：302-332.
[20] 王冠茹，卞玮，倪美萍，等. 冷冻干燥法在乳剂固体化中的应用研究[J]. 中国医药工业杂志，2016，47(2)：217-224.
[21] 李明，侯世祥，毛声俊，等. 复方丹参冻干乳剂的制备及其体外溶出特性研究[J]. 中草药，2017，48(13)：2632-2637.

（何军　丁越）

第十一章　洁净与灭菌技术

药品生产要保证药品的安全性、有效性和稳定性。生产过程中的人员、机器、物料、环境都应该要做到洁净，采用合理的方法进行生产，控制药品的微生物限度或无菌保证水平[1]。

药品生产中的空气洁净净化，是指采用某种手段、方法和设备控制室内空气浮游微粒及细菌悬浮粒子和微生物对生产的污染，使室内生产环境的空气洁净度符合工艺要求的过程[1]。为达到上述目的，一般采取以下 3 种措施。

（1）空气过滤：利用粗效（初效）、中效、亚高效或高效过滤器将空气中的悬浮粒子和微生物滤除，得到洁净空气。

（2）组织气流排污：利用特定形式和强度的洁净空气排除室内产生的污染物。

（3）正压控制：使室内空气维持一定静压差（正压），防止外界污染物从门窗或各种缝隙侵入室内；必要时，某些特殊生产区保持相对负压防止污染或混染。

空调净化系统是保证药品生产环境的关键设备。相比于其他普通空调系统，空调净化系统控制要求更为严格，不仅对空气的温度、湿度和风速有严格要求，还对空气中所含悬浮粒子、微生物浓度均有明确限制。在日常运行过程中，空调净化系统和洁净区都需要进行清洁和消毒，才能持续保证生产环境的可控，保证药品不受到外源性污染[1]。

中成药的生产原料基本来源于天然界，在采收、运输、存储过程中会受到不同程度的微生物污染，虽然经过一些前处理的方法可以降低微生物污染程度，但真正能达到卫生标准的很少，所以灭菌技术在药品的生产中显得尤为重要。

中药灭菌除菌目前主要有 6 种方法：湿热灭菌、干热灭菌、微波灭菌、气体灭菌、辐照灭菌和过滤除菌。各种方法在杀除微生物机制、操作参数、适用性方面都是不同的，需要根据实际选用。此外，对灭菌除菌进行验证以正确评价方法的效果也是一个需要注意的问题。

1. 什么是空气洁净？洁净技术有哪些应用？

“空气洁净”有两个概念：一是指干净空气所处的状态；二是指空气“净化”这一净化空气的行为。空气洁净的目的是使受到污染的空气被净化到生活、生产所需的状态。空气洁净技术经过几十年的发展，其应用的范围越来越广，技术要求也越来越高。目前空气洁净技术主要应用在以下几个领域[2]：

（1）医药工业：我国现行的《药品生产质量管理规范》（GMP）（2010 年修订）明确对不同生产工艺药品的生产环境提出了不同洁净度的要求。合理设计、建设洁净厂房和有效管理可以避免药品在生产过程中被微生物污染或发生交叉污染。

（2）医院：在医院的重症监护室、手术室等区域进行空气净化处理，可以使患者被空气中细菌污染的可能性大大降低，减少了抗生素的使用。

（3）生物实验：分子生物学、遗传工程、药品及病理检验等的实验操作往往要求在洁净环境下进行，一方面是为了避免试验样品不被外来微生物污染，另一方面是为了避免高危试验材料如病原菌、病毒等不会外溢而危害操作员健康和污染环境。

（4）实验动物饲养：为了保证食品、药品长期实验的安全性，以及病理方面研究结果的可靠性，要求实验动物在空气洁净的环境中饲养。

（5）食品工业：为了保证食品的风味与营养成分，食品工业中无菌灌装的应用也越来越广泛。此外，食品发酵中的菌种培养、分离、接种等过程，为避免菌种被外来细菌污染，空气净化技术也得到了大力应用。

此外，空气洁净技术还在微电子行业、精密机械加工、精细化学、航天工业等领域都有大量应用。

2. 洁净室（区）的概念是什么？有什么特点？

洁净室（区）是指空气悬浮粒子浓度和含菌浓度得到控制，达到一定要求或标准的限定空间。该限定空间的建造和使用要尽可能地减少引入、产生与滞留悬浮粒子和细菌等。此外，洁净室（区）的温湿度、压力也要按照相关的要求进行控制。洁净室（区）的目的是使产品在一个良好可控的环境中生产，确保产品的质量。

洁净室（区）具有以下特点：

（1）洁净室（区）的空气洁净不是指空间内的空气被净化到了某一级别，而是指该空间具抗外界干扰的能力，具有控制微粒和微生物的能力，能够持续达到预定空气净化等级要求。

（2）洁净室（区）是一个多种功能设备、设施的综合体，包含建筑、空调、净化、洁净气体、纯化水等多种系统。这些系统的正常运转才能保证洁净室（区）持续洁净。

3.《药品生产质量管理规范》（GMP）中空气洁净度级别是怎样划分的？

我国现行2010年修订的《药品生产质量管理规范》（GMP）结合了美国食品药品管理局（FDA）、欧洲药品管理局（EMA）、世界卫生组织（WHO）等相关组织的《药品生产质量管理规范》要求，引入了静态、动态标准的概念，将药品生产洁净室（区）空气洁净度划分级别做了调整，空气悬浮粒子标准见表1-11-1，洁净室（区）微生物检测动态标准见表1-11-2。

表1-11-1　各洁净室（区）空气悬浮粒子标准级别表

洁净度级别	每立方米悬浮粒子最大允许数			
	静态		动态	
	≥0.5μm	≥5.0μm	≥0.5μm	≥5.0μm
A级	3 520	20	3 520	20
B级	3 520	29	352 000	2 900
C级	352 000	2 900	3 520 000	29 000
D级	3 520 000	29 000	不作规定	不作规定

表 1-11-2 各洁净室(区)微生物动态标准

洁净度级别	浮游菌 / (cfu/m³)	沉降菌 / (cfu/4h)	表面微生物	
			接触(φ55mm)/(cfu/碟)	5 指手套 /(cfu/套)
A 级	<1	<1	<1	<1
B 级	10	5	5	5
C 级	100	50	25	—
D 级	200	100	50	—

"静态"是指生产结束、人员撤离后,洁净区(室)经过 15～20 分钟自净所达到的标准[3]。

美国 FDA 没有静态标准,但建议周期性地进行静态微粒浓度检测,以监测洁净区的总体状况。

4. 国际主要组织法规对药品生产环境有哪些要求?

各主要国家及 WHO 对药品生产受控环境的空气悬浮粒子指标均以 ISO 的分级标准为准(表 1-11-3)。ISO 将空气悬浮粒子浓度作为洁净室受控环境的唯一标准,并且涵盖了 0.1～5.0μm 的粒子浓度范围[4]。各国的 GMP 仅对 0.5μm 和 5.0μm 两种粒子浓度有规定。WHO 则分为 0.5～5.0μm 和>5.0μm 两种规格(表 1-11-4)。此外,各国和 WHO 的 GMP 还对洁净区的微生物限度有规定,如浮游菌、沉降菌等(表 1-11-5)。

欧盟 GMP 与我国的 GMP 在洁净室的分级、空气悬浮粒子浓度、微生物限度等指标上完全一致。但中国 GMP 对非无菌药品的生产环境明确规定参照 D 级标准,而欧盟无此规定。

表 1-11-3 美国 GMP 对空气悬浮粒子和微生物限度的要求

空气洁净度分级	ISO 分级	>0.5μm 微粒数	浮游菌行动限 /(cfu/m³)	沉降菌行动限(φ90mm 沉降碟)/(cfu/4h)
1 00	5	3 520	1	1
1 000	6	35 200	7	3
10 000	7	352 000	50	5
100 000	8	3 520 000	100	50

表 1-11-4 WHO 对空气悬浮粒子的要求

级别	静态		动态	
	每立方米最大允许微粒数		每立方米最大允许微粒数	
	0.5～5.0μm	>5.0μm	0.5～5.0μm	>5.0μm
A 级	3 500	0	3500	0
B 级	3 500	0	350 000	2 000
C 级	350 000	2 000	3 500 000	20 000
D 级	3 500 000	20 000	不作规定	不作规定

表 1-11-5 WHO 对微生物限度的要求

级别	空气样 / (cfu/m^3)	沉降碟(φ90mm)/ (cfu/4h)	接触碟(φ55mm)/ (cfu/碟)	5 指手套 / (cfu/手套)
A 级	<1	<1	<1	<1
B 级	10	5	5	5
C 级	100	50	25	—
D 级	200	100	50	—

5. 气流组织有哪些常见类型?

为了特定目的在室内造成一定的空气流动状态与分布通常称为气流组织。组织气流的原则是:要最大限度地减少涡流;使射入气流经过最短流程尽快覆盖工作区,希望气流组织方向能与尘埃的重力沉降方向一致;使回流气流能有效地将室内灰尘排出至室外。按照气流流型分类,洁净室可分为 4 类:

(1)单向流洁净室(层流洁净室):单向流,是流向单一、速度均匀、没有涡流的气流,也称为层流。单向流洁净室按照气流方向又分为垂直单向流洁净室、水平单向流洁净室、局部单向流洁净室。

垂直单向流多用于无菌制剂的灌封工位的局部保护和层流工作台。垂直单向流洁净室高效过滤器布置于顶棚上,由侧墙下部或整个栅格地板回风,空气经过工作区时带走污染物。要求有足够的气流速度以克服空气对流,垂直断面风速在 0.25m/s 以上,换气次数 400 次 /h 左右。可控制多方位的污染、同向污染、逆向污染,并满足适当的自净时间,可实现工作区的无菌,无尘达到 A 级洁净度。缺点是造价和运行成本较高。

水平单向流多用于洁净室的全面洁净控制。其高效过滤器布置在侧面墙上,对面墙上布满回风栅格作为回风墙。洁净空气沿水平方向均匀从送风墙流向回风墙。离高效过滤器越近,空气洁净度越高,可达 A 级洁净度,依次可能是 B 级。室内不同地方的洁净度是不同的,用于洁净室的全面洁净控制。

局部单向流(层流)是在局部区域内提供垂直单向流空气,如洁净工作台、层流罩等带有层流装置的设备,如无菌制剂的灌装工位等。一般局部层流布置于 B 级或 C 级洁净背景下使用,使之达到稳定的洁净效果,并减少整个洁净室设置为 A 级洁净区的硬件投入和运行费用。

(2)非单向流洁净室(乱流洁净室):非单向流洁净室是指在整个洁净区的横截面上通过的气流为非单向流。非单向流是方向多变,速度不均,伴有涡流的气流,又称乱流。送风气流方向多变,存在涡流区,非单向流洁净室最高只能达到 B 级洁净度。一般有顶送侧下回、侧送侧回、顶送顶回 3 种气流形式。由于非单向流洁净室的造价和运行成本低于单向流洁净室,一般药厂均采用此种气流形态,对高风险的工位采用布置局部单向流来解决。

(3)混合流洁净室:在整个洁净室内既有非单向流又有单向流。同时存在两个互不干扰的气流形态,混合流不是一种独立的气流流型。混合流比单向流洁净室简单便宜,比非单向流洁净室可得到更高的洁净度。

(4)辐(矢)流洁净室:送风为辐射状不交叉的气流,流线既不交叉也不平行,靠斜推将室内含尘空气沿洁净室纵断面排到室外。洁净效果介于单向流和非单向流之间。

6. 无菌和非无菌药品生产环境的空气洁净度级别有什么要求?

我国 GMP 明确规定,药品的生产分为一般控制区域和洁净控制区域。其中中药材的前处理、提取、浓缩、纯化可以布置在一般控制区,但要减少暴露,避免受到外源性污染,药液的输送宜采用密闭的管道系统输送。口服药物、一般外用药物的制剂过程至少要在 D 级洁净环境下生产。中药浸膏收膏也要在 D 级环境进行。口服化学原料药最后的精制、干燥、包装工序也必须在 D 级环境进行[5]。

无菌药品,可分为非最终灭菌型和最终灭菌型两种产品,它们所对应的洁净度级别要求如下(表 1-11-6,表 1-11-7):

表 1-11-6　非最终灭菌型产品的洁净度级别

洁净度级别	非最终灭菌产品的无菌生产操作示例
B 级背景下的 A 级	1. 处于未完全密封①状态下产品的操作和转运,如产品灌装(或灌封)、分装、压塞、轧盖②等。 2. 灌装前无法除菌过滤的药液或产品的配制。 3. 直接接触药品的包装材料、器具灭菌后的装配以及处于未完全密封状态下的转运和存放。 4. 无菌原料药的粉碎、过筛、混合、分装
B 级	1. 处于未完全密封①状态下的产品置于完全密封容器内的转运。 2. 直接接触药品的包装材料、器具灭菌后处于密闭容器内的转运和存放
C 级	1. 灌装前可除菌过滤的药液或产品的配制。 2. 产品的过滤
D 级	直接接触药品的包装材料、器具的最终清洗、装配或包装、灭菌

注:①轧盖前产品视为处于未完全密封状态。②根据已压塞产品的密封性、轧盖设备的设计、铝盖的特性等因素,轧盖操作可选择在 C 级或 D 级背景下的 A 级送风环境中进行。A 级送风环境应当至少符合 A 级区的静态要求。

表 1-11-7　最终灭菌型产品的洁净度级别

洁净度级别	最终灭菌产品生产操作示例
C 级背景下的局部 A 级	高污染风险①的产品灌装(或灌封)
C 级	1. 产品灌装(或灌封)。 2. 高污染风险②产品的配制和过滤。 3. 眼用制剂、无菌软膏剂、无菌混悬剂等的配制、灌装(或灌封)。 4. 直接接触药品的包装材料和器具最终清洗后的处理
D 级	1. 轧盖。 2. 灌装前物料的准备。 3. 产品配制(指浓配或采用密闭系统的配制)和过滤。 4. 直接接触药品的包装材料和器具的最终清洗

注:①此处的高污染风险是指产品容易长菌、灌装速度慢、灌装用容器为广口瓶、容器须暴露数秒后方可密封等状况;②此处的高污染风险是指产品容易长菌、配制后需等待较长时间方可灭菌或不在密闭系统中配制等状况。

7. 典型的空气过滤器有哪些结构?

空气过滤器是洁净空调系统中的关键部件。它的性能直接影响洁净空调系统的洁净度级别和空气净化效果。常见的空气过滤器有以下几种。

（1）纤维填充式过滤器：纤维填充式过滤器由框架和滤料组成，采用不同粗细的纤维材料作为填料，如合成纤维、玻璃纤维。要根据阻力要求和净化效率选择填料，填充密度对效率和阻力有很大影响。

（2）纤维毡过滤器：纤维毡过滤器的滤料是由各种纤维做成的无纺布，一般做成卷绕式或袋式。

1）自动卷绕式过滤器：用泡沫塑料或无纺织布做成滤料，滤料积尘后可自动卷动更新，到整卷滤料积尘后取下来更换。常用作粗效空气过滤器。

2）袋式纤维过滤器：用无纺布做成折叠或 V 形滤袋，净化效率高于自动卷绕式过滤器，常用于中效过滤器。

（3）泡沫塑料过滤器：泡沫塑料过滤器采用聚乙烯或聚酯泡沫塑料作为过滤层。泡沫塑料应预先进行化学处理，将内部气孔薄膜穿透，使其具有一系列连通的空隙，其孔径一般为 200～300μm。可分为卷绕式和箱式两种结构。泡沫塑料层厚度一般为 10～15μm，终阻力为 200Pa。

（4）纸过滤器：纸过滤器是用植物纤维滤纸、蓝石棉纤维滤纸、超细玻璃纤维滤纸为滤料。滤纸可做成折叠式，以增大过滤面积。过滤器端外部框架与滤纸间必须用密封胶密封，其前面应设粗、中效过滤器保护。

（5）静电过滤器：静电过滤器采用电场产生的电荷使尘粒从气流中分离出来，采用双区结构，由电荷区和收尘区组成。电荷区是由一系列等距离平行安装的流线型管柱状接地电极组成，管柱之间安装电晕线，电晕线连接正极，放电极电压为 10～20kV，收尘区的集尘极用铝板制成，极板间距 10mm，极间电压为 5～7kV，在极板间构成均匀电场，尘粒在电荷区获得正离子，随后进入收尘区。需要定期用水或油清洗极板上的尘粒。

8. 空气过滤器有哪些性能指标?

评价任何空气过滤器，最重要的特性指标有 4 项：面速和滤速、过滤效率、阻力、容尘量。

（1）面速和滤速：过滤器的面速和滤速可以反映过滤器通过风量的能力。面速是指过滤器迎风断面通过气流的速度 u，一般以 m/s 表示，即

$$u=Q/F \qquad \text{式(1-11-1)}$$

式（1-11-1）中，Q 为风量；F 为过滤器断面面积（迎风面积）。

滤速是指滤料面积上气流通过的速度 v，一般以 cm/s 表示。即

$$v=Q/f \qquad \text{式(1-11-2)}$$

式（1-11-2）中，f 为滤料净面积（除去黏结等占去的面积）。

在指定的过滤器结构条件下，同时反映过滤器面速的是过滤器的额定风量。当已知需要过滤的空气量时，可根据所选过滤器的额定风量，确定所需过滤器的个数。

（2）过滤效率：过滤效率是衡量过滤器捕获尘粒能力的一个特性指标。它是指在额定风量下，过滤器捕获的灰尘量与过滤器前将进入过滤器的灰尘量之比的百分数，亦即过滤器前后空气含尘浓度之差占过滤器前空气含尘浓度的百分数，即过滤效率 η（%）为：

$$\eta=\frac{VC_1-VC_2}{VC_1}\times100\% \qquad \text{式(1-11-3)}$$

式（1-11-3）中，V 为通过过滤器的风量；C_1、C_2 分别为过滤器前后的空气含尘浓度。

当空气含尘浓度分别以质量浓度、计数浓度和粒径颗粒浓度表示时，则所得的效率相应为质量效率、计数效率和粒径分组计数效率。

过滤器的过滤效果还可以用过滤器的穿透率和净化系数表示。

过滤器的穿透率 K 是指过滤后空气含尘浓度 C_2 与过滤前空气含尘浓度 C_1 之比的百分数，即

$$K=(C_2/C_1)\times 100\% \qquad 式(1\text{-}11\text{-}4)$$

可见，

$$K=(1-\eta)\times 100\% \qquad 式(1\text{-}11\text{-}5)$$

过滤器的穿透率能明确地表明过滤器后的空气含尘量，例如有两台高效过滤器，其过滤效率分别为 99.99% 和 99.98%，过滤性能似乎差不多，但就穿透率来看，前者为 0.01%，后者为 0.02%，说明后者穿透率比前者大 1 倍，用后者这个过滤器，穿透过来的微粒要比前者那个过滤多 1 倍。

净化系数 K_c 以穿透率的倒数表示，即

$$K_c=1/K \qquad 式(1\text{-}11\text{-}6)$$

净化系数 K_c 表示经过过滤器以后微粒浓度降低的程度。

当 K=0.01% 时，K_c=1/0.01%=10^4，说明过滤前后微粒浓度相差 10 000 倍。

（3）阻力：空气流经过滤器所遇的阻力是空调净化系统总阻力的组成部分。阻力随过滤器通过的风量增加而加大，所以评价过滤器的阻力须以额定风量为前提。过滤器的阻力又随容尘量的增加而升高。一般把过滤器未沾尘时的阻力称为初阻力，把需要更换时的阻力称为终阻力，终阻力值须经综合考虑后决定，通常规定终阻力为初阻力的 2 倍（表 1-11-8）。

表 1-11-8　终阻力建议值

过滤器效率规格	建议终阻力 /Pa
粗效	100～200
中效	250～300
高中效	300～400
亚高效	400～450
高效	400～600

（4）容尘量：当过滤器的阻力（额定风量下）达到终阻力时，过滤器所容纳的尘粒质量称为该过滤器的容尘量。实验表明，当风量为 1 000m^3/h 时，亚高效过滤器的容尘量为 160～200g，一般折叠泡沫塑料过滤器容尘量为 200～400g，玻璃纤维过滤器的容尘量是 250～300g，无纺布过滤器的容尘量是 300～400g，高效过滤器容尘量是 400～500g。

9. 空气净化系统中不同类型的过滤器分别用于哪些范围?

空气过滤器根据其初阻力、过滤效率及截留尘埃粒子的粒径大小不同，一般分为粗效过滤器、中效过滤器、高中效过滤器、亚高效过滤器、高效过滤器、超高效过滤器。

（1）粗效过滤器：又称初效过滤器。主要用作新风机大颗粒尘埃的控制，靠尘粒的惯性沉淀，滤速可达 0.4～1.2m/s。粗效过滤器过滤对象一般为 5μm 以上的沉降性粒子及各种异物，其过滤效率以截留 5μm 为准。其要求阻力小、容尘量大、价格便宜、结构简单、可清洗重复使用。

（2）中效过滤器：流速可取 0.2～0.4m/s，主要用于截留 1～10μm 的悬浮性微粒，其过滤效率以截留 1μm 为准。

（3）高中效过滤器：高中效过滤器可以用作一般净化系统的末端过滤器，也可以提高空调净化系统的净化效果，更好地保护高效过滤器，主要用于截留 1～5μm 的悬浮性微粒，其过滤效率以截留 1μm 为准。

（4）亚高效过滤器：亚高效过滤器既可以作为洁净室的末端过滤器使用，也可以作为高效过滤器的预过滤，进一步提高和确保送风的洁净度。主要用于截留 1μm 以下的微粒，其过滤效率以 0.5μm 为准。

（5）高效过滤器：高效过滤器（HEPA）是洁净室最常用的末端过滤器，必须在初效和中效过滤器的保护下使用。主要用于截留 1μm 以下的微粒，其过滤效率以 0.3μm 为准。高效过滤器滤过的空气可基本视为无菌。

（6）超高效过滤器：实现 0.1～0.3μm 的微粒过滤，其过滤效率以 0.12μm 为准。

一般药品生产的空调净化系统设计为三级过滤，即粗效过滤器处理新风、中效过滤器进行预过滤、高效过滤器作为末端过滤。该设计能满足绝大多数医药厂房的净化需求。

10. 什么情况下应该清洗或更换空气过滤器？

空气过滤器达到额定容尘量的时间即为空气过滤器的寿命。由于过滤器不合格或集尘过多，可能出现压降过大，此时应考虑清洗或更换过滤器，以防止粗效（或称初效）、中效、高效过滤器的终阻力同时出现。

在实际应用中，各种过滤器设计容尘量只能作为参考，采用压差测量装置测量过滤器是否达到设计终阻力，是确定过滤器寿命更为准确的方法。只要达到了设计终阻力，过滤器就需要清洗或更换。

（1）无纺布粗、中效过滤器：在额定风量下，当滤袋阻力达到初阻力的 1.5～2 倍时，可将滤袋取下在 5%NaOH 水溶液中浸泡 8 小时后，用清水清洗，再用洗涤剂揉洗，最后用清水洗净，将水挤出，若无破损可晾干后继续使用。

（2）高效过滤器：有下列情况之一时应更换。①在额定风量下，当过滤阻力达到初阻力的 2 倍时；②气流速度降到最低限度，即使更换预过滤器后气流速度仍不能增大时；③高效过滤器出现无法修补的渗漏时。高效过滤器更换后应进行检漏及堵漏工作。

11. 为什么要对高效过滤器检漏？发生泄漏的原因及补漏方法分别是什么？

高效过滤器作为洁净区空气净化的最后一道过滤，其过滤效果直接影响到洁净区的洁净状态。因此，安装完高效过滤器后必须要进行检漏确认，保证高效过滤器没有发生泄漏。

（1）高效过滤器发生泄漏的原因主要如下。

1）安装人员的责任心不强，造成安装不当。

2）高效过滤器本身漏，缺陷出厂。如出厂检验不严、滤材质量不佳、运输不当、滤材与边框连接不严等。

3）静压箱质量原因：如普通静压箱材质选用 1.0mm 镀锌板，材质太薄和高效过滤器连接时不易受力，容易变形；静压箱压边框折边后通过焊接与静压箱体连接，因焊接易造成边框扭曲及不平整，故容易产生漏点；高效过滤器和静压箱连接时需配 4 个压片，分别将高效过滤器 4 个边角和静压箱压住，压片对过滤器的压力不均匀，故连接不密封。

4）高效过滤器检漏周期：新安装的高效过滤器、更换或补漏后的高效过滤器都应进行检漏。正常使用条件下一年至少进行一次检漏，无菌生产应半年进行一次检漏。

（2）补漏方法：经检测确有漏点的高效过滤器可以进行补漏处理。国家标准 GB/T 13554—2020《高效空气过滤器》规定，每个过滤器修补面积不应超过 400mm^2，修补的总面积不应超过过滤器端面净面积的 1%。

高效空气过滤器最有效的补漏方法：首先要挑出有漏点的高效过滤器，还要确定漏点的位置。一般而言，高效空气过滤器多数漏点发生在过滤器边沿滤材与边框的结合处。检漏可以采用激光粒子计数器扫描，或光度计扫描，也可以通过发烟目测。找到了漏点位置，要判断是否可以修补，若修补会造成明显外观缺陷，或修补工作过于费时而不值得修补，则该高效空气过滤器就应该报废。

漏点修补用的胶，不能与滤纸、密封胶发生化学反应，且对外框没有腐蚀性，否则原漏点没补好又添新漏点。胶的颜色要与滤纸接近，否则会影响外观。明处的漏点，用胶将漏点堵住即可。过滤器内部如存在漏点，需要将过滤器倾斜放置，用流动性好、固化时间短的胶从一面一次性足量灌入。

12. 常见的高效过滤器检漏方法有哪些？

高效过滤器检漏用于验证过滤器系统安装正确，过滤系统不存在影响设施洁净状况的渗漏。检测中，在过滤器的上风向注入气溶胶，在下风向紧靠过滤器和安装框架的地方扫描。这项检漏包括滤材、过滤器边框、密封垫和支撑架在内的整个过滤系统。常用的气溶胶有邻苯二甲酸二辛酯（DOP）和聚 α- 烯烃（PAO）。无论用哪种方法，高效过滤器检漏都需要有发尘、测试过滤器上游端浓度、测试过滤器下游端浓度、计算比较这几个基本步骤[5]。

（1）光度计法（《洁净室及相关受控环境第 3 部分：检测方法》GB/T 25915.3—2010）：在过滤器上游端产生气溶胶，测试上游端气溶胶浓度，要求达到 10～100mg/m^3，宜控制在 20～80mg/m^3，然后锁定上游浓度。以此上游浓度在过滤器下风口扫描包括滤芯、框架、密封垫等。泄漏率超过上游端气溶胶浓度的 0.01% 即认为存在泄漏。

（2）尘埃粒子计数器法（《洁净室及相关受控环境第 3 部分：检测方法》GB/T 25915.3—2010）：在过滤器上游端产生气溶胶，测试上游端气溶胶浓度 C。根据采样口宽度计算出采样速度 S，再根据过滤器大小计算出扫描一块过滤器需要的时间 T。根据上游浓度 C、过滤器额定（或标准）泄漏率 P、粒子计数器流量 q 计算出：在 T 时间内该过滤器下游允许的最高颗粒数 N。在 T 时间内匀速扫描该过滤器，当下游颗粒数不大于 N 时，则认为不泄漏。当下游颗粒数大于 N 时，将采样口放在疑似泄漏点处重新静止测试，测试时间也为 T，若在 T 内的数值不大于 N，则确认该处无泄漏；若数值大于 N，则认为该处存在泄漏。

上述两种方法的对比，见表 1-11-9。

表 1-11-9　光度计法和尘埃粒子计数器法的对比

项目	光度计法	尘埃粒子计数器法
气溶胶粒径	中值粒径在 0.5～0.7μm	中值粒径在 0.1～0.5μm
上游浓度	质量浓度	颗粒浓度，多以 0.3μm 通道计
上游浓度大小	较高	较低
稀释器	不需要	可能需要
结果数据	实时读数	累计读数
环境干扰	非常小，仅识别 PAO 颗粒	环境颗粒对边框结果有较大影响
检漏效率	高	较低
检测灵敏度	较高	非常高

13. 高效过滤器有哪些送风结构？送风口应该怎样选择？

高效过滤器送风结构包括散流板、压框等部件，有以下几种形式。

（1）带扩散板的送风口：扩散板的开孔一般为 8mm，扩散板呈凸形结构，对洁净气流的扩散效果好。

（2）带平面形扩散板的送风口：这种送风口的扩散板在一个平面上，周边开设斜向条缝出风口，中间开设孔径为 3mm 左右的圆孔组。

（3）保温送风口：在洁净室中，夏季送风温度低于室内温度，而冬季一般都高于室内温度。因此，需对送风口的壁面进行绝热处理，保证送风参数符合设计要求。保温送风口是在高效过滤器送风口内的静压箱内壁面上，粘贴符合要求的保温材料，在保温材料的外面再覆盖薄镀锌钢板，以防止保温材料掉尘。

（4）顶进风送风口，侧进风送风口：这两种送风口在工程中应用得很普遍。顶进风送风口要求有较大的安装空间，即在吊顶以上应留有较大的空间，其进风气流在静压箱内扩散较好，这种送风口适合新建建筑或高层建筑。

高效过滤器送风口是用于非单向流洁净室的末端送风设备。非单向流洁净室的原理概括地讲就是“稀释”原理，哪种送风口扩散、稀释效果好，该洁净区的洁净度就越高。送风口的选择要注意以下几点：安装空间足够时尽量选择顶进风的送风口；应选用保温型送风口；送风口表面涂层应尽量选用不易剥落的工艺；选用受力均匀的压条式压紧机构的送风口；选用凸形扩散板的送风口。

14. 风机过滤单元有哪些结构？

风机过滤单元（fan filter unit，FFU）。FFU 为不同尺寸大小，不同洁净度等级的洁净室、微环境提供高质量的洁净空气。在新建洁净室、洁净厂房式改造翻新中，既可提高洁净度级别，降低噪声和振动，也可大大降低造价，安装维护方便，是洁净环境的理想部件。

FFU 由外壳、离心后倾式直驱风机组、无隔板高效过滤器、阻尼层等部件组成。FFU 有带初、高效两级过滤器，也有单装高效过滤器的。风机从 FFU 顶部将空气吸入并经过滤器过滤，过滤后的洁净空气在整个出风面以 0.36～0.54m/s 的风速匀速送出。适用于在各种环境中获得高级别的洁净环境。

风机进风有不装风管的（自循环），也有连接空调系统的进风支管的。其中自循环式 FFU 必须在洁净室回风口处加装粗效过滤器进行保护。FFU 可以通过中央控制系统对 FFU 逐台控制，实现其连片安装、大面积的应用。

15. 洁净层流罩结构是什么样的？又有哪些分类和应用？

层流罩是一种可提供局部高洁净环境的空气净化设备。它主要由外壳、风机、初效过滤器、高效过滤器、阻尼层、均压箱、灯具等部件组成，外壳喷塑。该产品既可悬挂安装，又可落地支撑安装，结构紧凑，使用方便。可以单个使用，也可多个连接组成带状洁净区域。

层流罩是将空气以一定的风速通过高效过滤器后形成均流层，使洁净空气呈垂直单向流，从而保证了工作区内达到局部 A 级的洁净度要求。

洁净层流罩有风机内装和风机外接两种，安装方式有悬挂式和落地支架式两种。层流罩是将空气经风机以一定的风压通过高效空气过滤器后，由阻尼层均压，使洁净空气呈垂直层流型气流送入工作区，从而保证了工作区达到工艺所需的高洁净度。

层流罩与洁净室相比，具有投资省，见效快，对厂房土建要求低，安装方便，省电等优点，目前广泛用于精密机械、电子、制药、食品、精细化工等部门。层流罩结构比 FFU 复杂，为局部净化设备，使用环境条件要求比较低，用于提供局部比较高的洁净度，适合改造工程，整体要求不是很高，只是满足局部要求的工程。

例如无菌药品生产的灌装等工序需要在 A 级背景下进行，可以在 B 级洁净区安装层流罩，对暴露工序进行局部保护。

16. 空气吹淋室有哪些分类和应用？

高级别洁净区的物料通道、人流通道的布置有极其严格的要求，要有严格的措施隔绝不同级别洁净区的交叉污染。空气吹淋室可以起到减少物料、人员进出带来的大量尘埃粒子，隔绝交叉污染的作用。空气吹淋室主要由预过滤器、风机、高效过滤器、喷嘴、互锁机构等构成。空气吹淋室使用风速＞25m/s 的洁净空气，在 30～60 秒内吹走物料表面或人体衣物上的异物和表面微粒，达到保护洁净区免受污染的目的。

空气吹淋室按结构分为小室型和通道型两种。小室型的吹淋过程是间歇式的，通道型的吹淋过程是连续式的。小室型的吹淋效果更好。

空气吹淋室按喷口分为喷嘴型、可动条缝喷嘴型和管式喷嘴型。喷嘴型：风量中等，使用小型风机，方向可调节范围大。可动条缝喷嘴型：风量最大，剪切力衰减慢，条缝方向可做 90° 自动扫吹，作用面积大，吹淋效果好，需要使用大风量离心风机。管式喷嘴型：风量小，射流速度高，剪切力大，需要使用压缩机。

单人式吹淋室适合工作人员少于 30 人的车间使用，当人员超过 30 人时采用单人小室型并联或多人小室型；当单班使用人员超过 80 人时，建议采用通道型吹淋室。

17. 气锁室有哪些分类和应用？

制药行业的空调净化系统从防止交叉污染和节约成本的角度，在低级别的洁净区一般通过设置气锁室来实现两个不同洁净房间的联系。气锁室按其压力和气流方向可分为梯度气锁室、正压气锁室、负压气锁室 3 种类型(图 1-11-1)。其中梯度气锁室是最常用的形式,用于不同洁净区之间的隔离,但不能阻止高级别区含产品空气的扩散。而正压气锁室和负压气锁室则既可用于分隔不同区域之间的气流,又可有效阻止含产品空气从高级别区向低级别区的扩散,这种形式常用于强效药品的气锁中。

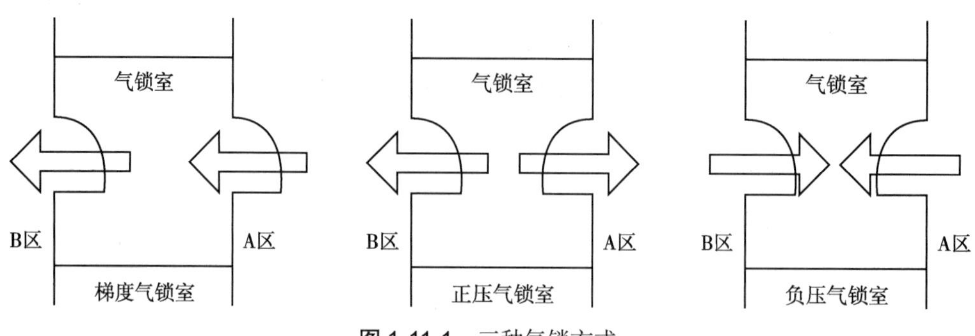

图 1-11-1　三种气锁方式

注:箭头所示为空气流向。

梯度气锁室在气锁门关闭时,A 区的空气可以通过门缝泄漏到 B 区。当 A 区属于产尘、产湿房间时,房间内的粉尘或水汽会通过气锁室泄漏到 B 区,造成污染,则这种气锁方式就不适用。这种气锁方式适用于压力高的房间,仅仅是洁净级别高且不产尘、产湿的房间。例如洁净区的更衣区域。

正压气锁室在气锁门正常关闭时,可以有效分隔不同区域之间的气流,可有效阻止含产品空气从高级别区向低级别区的扩散。但是当有人或物料从 B 区到 A 区,B 区侧气锁门打开时,B 区内空气会迅速与气锁室的空气混合,可以理解为气锁室与 B 区为同一洁净级别。关上气锁门,气锁室进行自净,压差梯度将很快恢复。在此期间,气锁室相对于 A 区为正压,气锁室内的空气将会向 A 区泄漏,造成 B 区空气污染了 A 区空气。反之从 A 区到达 B 区也是如此。这种隔离方式适用于 A、B 两区均属于不产尘、产湿区域,仅仅是因为洁净等级不同而需要隔离的区域。

负压气锁室在气锁门正常关闭时,可以有效分隔不同区域之间的气流,可有效阻止含尘空气从高级别区向低级别区的扩散。当 B 区侧气锁门打开时,B 区内空气会迅速与气锁室空气混合,可以理解为气锁室与 B 区为同一洁净级别。关上气锁门,气锁室进行自净,压差梯度将很快恢复。自净期间气锁室相对于 A、B 区均为负压,气锁室的空气不会进入 A、B 区,不容易引起污染。

18. 传递窗(柜)有哪些类型?它们有什么作用?

传递窗是一种洁净室的辅助设备,用于不同的洁净区之间,洁净区与非洁净区之间小件物品的传递,具有气闸的作用,防止非洁净的空气进入洁净室。传递窗按用途分为标准型传递窗、洁净型传递窗(带空气自净装置)、灭菌型传递窗 3 种。

传递窗利用内外两道窗扇对污染物进行隔离,按门互锁形式分为机械互锁和电子互锁两种。机械互锁装置:内部用机械的形式来实现联锁,当一扇门打开时,另一扇门无法打开,必须把另一扇门关好后再开另一扇门。电子互锁装置:内部采用集成电路、电磁锁、控制面板、指示灯等实现联锁,当其中一扇门打开时,另一扇的开门指示灯不亮,告知这门不能打开，同时电磁锁动作实现联锁。当该门关闭时，另一扇的电磁锁开始工作，同时指示灯会发亮，表示另一扇门可以打开。

标准型传递窗不能完全阻止污染物进入洁净室，在药品生产中已经被淘汰。洁净型传递窗是在标准型传递窗中增加了风机和高效过滤器，使传递窗内的空气形成自循环，当污染空气随着物体传递过程进入传递窗内时，通过洁净空气的稀释作用来消除污染。但是该方法并不能杜绝物体表面可能的微生物污染物，在这种情况下需要用到灭菌型传递窗。灭菌型传递窗是在该基础上还增加了紫外线灭菌灯，物体在传递过程中需要在传递窗内被紫外线灭菌30分钟以上，可以杀灭绝大部分物体表面的微生物，杜绝微生物污染洁净室。

19. 如何进行洁净室（区）悬浮粒子、浮游菌、沉降菌的测试?

（1）洁净室悬浮粒子的测试：在进行洁净区悬浮粒子测试之前，要对洁净区进行一定的预测试。这些测试将提供悬浮粒子测定的环境条件。比如这种预先测试或包括：

1）温度和湿度的相对测试，一般要求控制在温度18～26℃，相对湿度45%～65%为宜。

2）室内送风量和风速的测试，各功能房间压差的测试。

3）高效过滤器的泄漏测试。

只有完成这些预测试后，才能参见国家标准《医药工业洁净室（区）悬浮粒子的测试方法》（GB/T 16292—2010），通过粒子计数采样器进行采样，并通过计算判定洁净区悬浮粒子是否符合预定要求。

（2）洁净室检测的浮游菌测试：空气微生物大多依附在尘埃粒子上，形成生物活性粒子，通过浮游菌采样仪收集一定数量的空气，一般是100～1 000L，空气中的活性粒子被事先安装好的培养基平皿捕获，达到采样的目的。每个测试点一般测试一次。浮游菌采样数参照尘埃粒子测试点数取样，在工作台面上均匀分布。

浮游菌采样量，参见国家标准《医药工业洁净室（区）浮游菌的测试方法》（GB/T 16293—2010）。最小采样量为A级1 000L、B级500L、C级100L、D级100L，试验时取对照皿作为阴性对照，对照皿与采样皿同法操作。洁净室检测的浮游菌测试平皿，采样后被放置于培养箱中，在30～35℃的培养箱内培养48～72小时。培养结束后，用肉眼对培养皿上所有的菌落直接计数、标记，然后用5～10倍放大镜检查有无遗漏。通过计算培养基上微生物的数量判断空气中浮游菌的数量，以证明洁净室检测验证结果，浮游菌符合相应洁净度的要求。

（3）洁净室检测中的沉降菌测试：为了证明洁净室中的沉降菌符合设计要求，沉降菌的检测方法参考《医药工业洁净室（区）沉降菌的测试方法》（GB/T 16294—2010）。这种采集方法依靠空气中的粒子自然沉降于琼脂平板，由于粒子沉降的速度很慢，所以培养基平皿需要在空气中暴露很长时间，一般培养平皿暴露时间不超过4小时。

洁净室检测时，把培养皿放在工作台面或者地面上，位置和布点参考尘埃粒子数测试的采样点，等待细菌自然沉降；取样完成后，将培养皿放入培养箱中，在30～35℃培养48～72小时。培养结束后，用肉眼对培养皿上所有的菌落直接计数、标记，然后用5～10倍放大镜检查有无遗漏，统计结果并填写测试记录。沉降菌培养皿一般90mm大小，沉降菌接受标准参照我国GMP及相关指南等，沉降菌的动态指标如下：A级洁净度级别，沉降菌<1cfu/4h；B级洁净度级别，沉降菌<5cfu/4h；C级洁净度级别，沉降菌<50cfu/h；D级

洁净度级别，沉降菌<100cfu/4h。采用对照培养皿为阴性对照。

20. 空调净化系统有哪些分类?

采暖通风与空气调节(heating ventilation and air conditioning, HVAC)系统，在GMP中又称空调净化系统，其与一般空调系统在设计与安装上都具有较大区别。一般空调房间的送风量仅仅能维持房间温度、湿度的最低需求，并未对空气洁净度作要求。而经过滤处理送入洁净室内的清洁空气除了要承担保证室内的温度、湿度的送风量外，还要排除、稀释室内空气的污染物，以维持室内的空气洁净度，保证洁净室内的换气次数，以满足室内气流组织的需要。典型的空调净化系统有以下分类：

(1)封闭式系统：空调净化机组所处理的空气基本来源于空调房间内部，经过循环过滤后再进入空调房间，整个过程几乎没有室外空气的补充。房间和空气处理形成了一个封闭环路。这种封闭式系统适用于无须采用室外新风的场合，其热、冷耗量最低。这种封闭式系统一般用于极少人员出入的场合。

(2)直排式系统：空调净化机组处理的空气全部来自室外。室外空气经过处理后源源不断地进入室内，并通过排风口全部排出室外。这种系统适用于不允许采用回风的场合。如固体制剂的称量、粉碎、混合、制粒、包衣等产尘房间；使用有机溶剂的原料药精制、干燥房间以及其他工艺过程可能产生大量有害物质、挥发性气体的工序。直排式系统的冷热负荷大，初投资和运行成本都较高。直排前端也需要加过滤器等措施以避免对外界造成环境污染。

(3)混合式系统：当封闭式系统不能满足卫生级压差要求，直排式系统的投资及运行成本都较高时，大多数制药厂房洁净区采用混合式空调净化系统。混合式系统采风是新风和部分回风。回风的利用又分为一次回风和二次回风：一次回风是指未经冷热处理，仅进行了过滤处理的回风与新风混合后利用；二次回风是指将部分回风与新风混合后，经过冷却干燥或加热处理后再与未经处理的剩余回风进行混合利用。二次回风系统是目前应用最多的空调净化系统。

21. 空调净化系统主要装置有哪些?

空调净化系统(HVAC)主要由空气处理单元(AHU)、送回排风管路、风管附件及终端过滤装置等构成。

(1)空气处理单元(AHU)：空气处理单元是指具有对空气进行一种或几种处理功能的单元体。其通常包含空气混合、冷却、加热、加湿、送风机、均流、过滤、消声等单元体。

1)混合段：该段在空气回流系统中很常见。回风与室外的新风在该位置进行混合，混合后的气流称为“混合空气”，可调节回风与新风的比例，以满足洁净环境的需要。在极端天气(极冷或极热)条件下，由于回风已经经过了空气处理单元的处理，在洁净度和温度、湿度方面都要优于新风，这样可以大大降低空调的运行成本。

2)初效段：初效段的主要功能是捕集新风中的大颗粒尘埃(>5μm)以及各种空气悬浮物，目的在于延长中效过滤器的使用寿命和确保机组内部及换热器表面的清洁。其结构有板式、折叠式、袋式3种形式。

3)冷却段：冷却段是利用表冷器来降低新风、回风的温度和相对湿度，通常采用铜管串铝箔的结构。向表冷器中通入冷冻水，当含有大量水蒸气的热空气通过表冷器时，热空气的温度会急剧下降，从而达到降低温、湿度的目的。另外表冷分一次表冷和二次表冷，一次表冷主要起除湿作用，二次表冷一般在蒸汽加热难以控制的情况下起冷却控温作用。

4）加热段：采用内置钢管绕钢片式或铜管串铝箔式高效热交换器，内部通动力热水（或者电加热、低压蒸汽）来对空气升温加热，通过调节阀门开启度可调节加热量。

5）加湿段：在气候干燥的地区通常使用干蒸汽加湿器或电加湿来对空气进行加湿，干蒸汽加湿器由干蒸汽喷管、分离室、干燥室、调节阀（电动、气动）组成。

6）风机段：风机段通常设有电机、离心风机和减振底座，主要为输送的空气提供动能，由于空调机组需要的风压高达 1 500～1 800Pa，所需风机的尺寸、电负荷往往较大。

7）均流段：通常设置在风机段之后，风机出风口的高速气流经均流段和导流板之后趋于平衡，能大大提高换热和过滤效率。

8）中效过滤段：能有效过滤 1μm 以上的粒子，大多数情况下用于高效过滤器的前级保护，通常置于空调机组的末端。

9）消声段：噪声要求较严格的洁净室，净化机组内应设置消声段。常见的消声器有管式、片式和格式、折叠式、弧形声流式、共振式、膨胀式、复合式等多种。

（2）送回排风管路：空调机组通过送风风管将处理后的空气送至各洁净房间，再通过回风风管的连接将室内的空气送至空调机组，形成一个完整的风系统。

净化风管：空调净化风管通常采用 0.6mm 镀锌钢板制作而成。风管制作和清洗的场地应在相对较封闭、无尘和清洁的环境中进行，同时应对镀锌钢板进行脱脂和清洁处理。风管制作完成后，应对清洁后的风管进行密封处理，避免污染。为保证合适的送风温湿度和降低能耗，需要对送回排风管的外表面进行保温处理。

（3）风管附件：通常指风阀，通过风阀开启量对风量进行调节控制。常见的风阀有手动风量调节阀、自动变风量阀（电动、气动）、定风量阀。

（4）终端过滤装置：终端过滤装置通常由高效静压箱、高效过滤器、散流板构成。

1）高效静压箱：静压箱可以把部分动压变为静压以获得均匀的静压出风，提高通风系统的综合性能，同时还可以降低噪声。

2）高效过滤器：一般是指对粒径≥0.3μm 粒子的捕集效率在 99.97% 以上的过滤器，通常作为制药企业洁净车间的末端过滤装置，用于提供洁净的空气。按照密封方式可分为压条密封和液槽密封过滤器。液槽密封过滤器密封性能高，通过 PAO 检漏的测试成功率高。

3）散流板：是空调送风的一个末端部件，它可以把送风气流均匀地向四周分布。常见的散流板可分为螺旋流式散流板和平板式散流板。

22. 空调净化系统如何进行维护和保养？

要保证洁净室的洁净环境持续满足生产需求，空调净化系统的保养维护是必不可少的。除了在设计时应考虑到一些空调通风、电器、控制的合理配置外，还会有一些必须考虑到空调净化系统的保养维护工作。

（1）送风系统的维护保养：空调净化系统的送风量不同于一般的空调房间，空调净化系统在正常运行时，要定期对系统的送风量进行检测，检测点一般选择在送风口处。洁净空调的送风量在设计时是从能量的消耗量、室内应有的气流组织等诸多方面来综合考虑的。如果系统送风量过低，则会使洁净室内送风口处的气流速度降低，从而破坏室内的气流组织形式，影响洁净室内工作人员的正常工作，致使污染的空气无法排出，达不到室内要求的洁净度标准。要经常检查各个软连接的连接情况和风管的漏风量，发现问题及时解决。漏风量过大，洁净室房间内的送风量就无法保证。送风风机在运行一段时间后由于皮带拉长，风机转速下降，风机输送风量减少。空气过滤器容尘量达到最大值，从而使空气阻力加大，风送不出去。因此，洁净空调系统和洁净室在运行中应经常性地注意检查各级空气过滤器的空气阻力情况和容尘量，判断决定各级空气过滤器是否应该更换，使系统的送风量基本保持不变。

（2）空气过滤器的维护保养：空调净化系统中所使用的空气过滤器在经过一段时间运行后，其容尘量和空气阻力都会达到允许的最大值。此时必须进行更换，否则洁净空调系统将无法正常运行，致使送风量减小，风速和换气次数不足，洁净室也将不能达到使用效果。在高效过滤器拆除之前，要对室内的设备等采取保护措施，防止末端空气过滤器拆除中和拆除后，风道、静压箱等处积存的灰尘落下对设备和地板造成污染，在更换洁净空调系统中各级空气过滤器时应注意：洁净空调系统中所使用的各级空气过滤器在什么情况下应该更换，应根据各自的具体条件决定。粗效过滤器和中效空气过滤器的更换，可以在空气阻力为初阻力值的1.5～2倍时进行。空调净化系统末端空气过滤器更换非常麻烦，更换周期也较长。因此，建议在更换末端空气过滤器的同时，对系统中的所有设备进行一次大修，清理风管内的灰尘。在空调净化系统各级空气过滤器的安装中，对保证洁净室洁净度起关键作用的是末端高效过滤器。特别是安装完毕末端高效过滤器后一定要进行检漏，按部就班地按照操作规程进行高效过滤器的安装、检漏、测试。

（3）空调系统易出现的问题及解决措施：目前，很多企业在空调净化系统使用中存在以下问题。①各级过滤器清洗更换的时间不固定或没有更换的依据，更换时间短，会造成运行成本的增加，更换时间过长，会带来系统阻力增大，送风量变小，影响送风机寿命，房间洁净度难保证等问题。②风机的日常维护不及时，传送带不能及时检查，随着使用时间的延长出现松弛打滑，送风量不能满足要求。另外，各轴承的滑润不及时，出现轴承非正常磨损，甚至出现划伤传动轴的情况。③热交换器表面积聚灰尘，影响换热效果，使得能耗增加，不能做到定期冲洗热交换器，也不能做到及时用药剂对其进行杀菌消毒。④输送管道漏风量增加，不能满足送风量的要求。⑤换热器在不使用的季节没有采取可靠的保护措施，出现锈蚀，特别在北方，表冷器常因没有及时排净积水而出现冻裂现象。

针对上述问题应做到以下几点：①建立空调系统的详细操作和维护保养规程，并认真执行；②结合实际情况，规定做各种保养工作的时间、责任人，并有相应的记录，以保证其可操作性。

23. 不同洁净级别区域的静压差有何规定？如何控制？

我国《药品生产质量管理规范》（GMP）（2010年修订）第四十八条规定：洁净区与非洁净区之间、不同级别洁净区之间的压差应当不低于10Pa。必要时，相同洁净度级别的不同功能区域（操作间）之间也应当保持适当的压差梯度。欧盟及美国规定不同级别压差应大于12.5Pa。在相同级别的洁净区内不同功能区域内进行的操作，有产生交叉污染潜在风险或储存的物料或器具有受到其他功能区域的污染的潜在风险时，应保持一定的压差，以防止污染和交叉污染的发生。例如工艺过程产生大量粉尘、有毒物质、易燃、易爆物质的工艺区，其操作室与其他房间之间应保持相对负压。

设置相同洁净度级别的不同功能区域的压差时，企业应对整个区域内的压差数值进行全面计算评估，一般可以小于不同洁净级别的压差，通常设置在2～5Pa。同时还应对关键区域的气流组织形式进行研究，以防压差梯度不合理或过大而产生污染或交叉污染。

由于空调净化系统中过滤器阻力的变化及室内可能有排风柜的排风，因此，维持一定的正压必须有相应的措施和控制。通常用余压阀、回风口阻尼层，以及用手动或自动控制回风阀来维持室内正压。对一般空调房间，维持室内正压的渗出风量与各风量 $L_{渗}$之间的关系为：$L_{渗}$（正压）=$L_{送}-L_{回}-L_{局排}$。正压渗透风量可根据房间结构的密封性能来确定（每米缝隙在一定压差下通过的风量），一般可按房间换气次数取值。但由于洁净室房间建筑比较严密，且正压要求严格，所以采用余压阀或压差式电动风门调节阀较为可靠。

24. 进入洁净区的生产人员和物料有什么要求？

药品生产的风险主要在于“污染、混淆和差错”，药品生产的风险因素包括“内源性”和“外源性”。内源性的影响因素包括“厂房、设施、设备、系统、原辅料质量、包装材料质量、工艺规程、操作 SOP”。外源性的影响因素主要是“人员”带来的风险。“人员”是最不可控的风险因素。

人员进入洁净区一般要求如下。

（1）禁止患流行性感冒、痢疾、皮肤病、眼科疾病或其他传染病的人员，以及有开放性创口的人员等进入生产洁净区。

（2）禁止携带食品饮料、个人生活用品、电子产品、书籍等与生产无关的物品进入生产现场。凡进入洁净区的人员禁止化妆和佩戴饰品，如有化妆和佩戴饰品者必须事先洗手和洗脸、卸妆，并摘取饰品。

（3）进入 A、B、C 和 D 级的人员须经过相应的培训及考核。原则上 A 级区域都是高风险控制区域，需要与操作人员进行隔离操作。离开 B 级区域需从专门的出洁净区通道。

（4）进入洁净区的人员数量必须进行控制，不得超过验证最大人数。计划以外的人员需要进入洁净区时，应填写“非计划人员进入洁净区申请表”，经审核批准后方可进入。由生产人员或质量保证（QA）人员引导，按文件规定的要求进入车间，且不得进行直接接触设备的操作及其他可能影响洁净区环境或产品质量的行为或活动。

（5）维修人员、校准人员、QA 人员、管理人员进入洁净区，也应严格遵守车间所有相关的 SOP。

生产用的原、辅料及包装材料，一般通过专门的物流通道进入洁净区。在脱去外包装后，需要在缓冲间对内包装再进行表面消毒处理。如紫外线灯照射、臭氧杀菌、75% 乙醇擦拭等。生产区所使用的记录本、笔及其他小型工用具可经灭菌型传递窗传入洁净区。

25. 洁净室的清洁与消毒常用哪些方法？

洁净室清洁的目的是要降低或消除微生物污染、消除药物活性成分的交叉污染以及消除异物。制药企业所需防范的污染物主要是“粒子”和微生物。污染物的来源是多方面的，包括：空气中带入的空调净化系统终端高效过滤器未能完全截留的尘粒；人员活动带来的尘埃及微生物污染；物料在加工过程中产生的“粒子”等；设备设施在运行过程中产生的“粒子”等。对于洁净室内的人员和物料必须严格按照其进出的规定程序进行，才能有效减少洁净室的尘埃粒子和微生物负荷。

洁净室的清洁包括天花板、墙面、地面、室内管线、设备表面等。洁净室的表面清洁主要用湿法拖洗或擦洗（可能会用到清洗剂），可以有效减少洁净室相关物件表面附着粒子。要减少洁净室的微生物污染物，还需要对洁净室空间进行消毒。洁净室的空间消毒常用方法有紫外线杀菌、气体消毒、消毒剂消毒。

气体消毒主要常用甲醛熏蒸、乳酸熏蒸、戊二醛熏蒸、邻苯二甲醛熏蒸、臭氧消毒、环氧乙烷消毒等。

消毒剂消毒常用有过氧化氢、苯扎溴铵、75% 乙醇、异丙醇，以及针对洁净区微生物孢子杀灭更有效的杀孢子剂等。

洁净区理想的消毒方法应用消毒气体或消毒剂，要作用迅速，易挥发、无残留，不会对人体造成伤害，尽量对洁净区彩钢板、生产设备等不会造成腐蚀、成本低。同时，为了避免洁净区的微生物产生耐受性，消毒方法需要不定期更换或联合使用。

26. 紫外线消毒有什么注意事项?

紫外线主要作用于微生物的 DNA，破坏 DNA 结构，使失去繁殖和自我复制的功能，从而达到杀菌消毒的目的。洁净区一般是在物料通道或者灭菌传递窗使用紫外线对进入洁净区的物料表面进行消毒。使用紫外线消毒有以下注意事项。

（1）紫外线只能沿直线传播，穿透能力弱，任何纸片、铅玻璃、塑料都会大幅降低照射强度。因此，消毒时应尽量使消毒部位充分暴露于紫外线下。

（2）定期擦拭灯管。使用过程中应保持灯管表面清洁，每周用酒精棉球擦拭一次，发现灯管表面有灰尘、油污时应随时擦拭，以免影响紫外线穿透率及照射强度。

（3）要求照射功率每平方米不少于 1.5W，照射时间不少于 30 分钟，灯管距离地面小于 2m。房间内应保持清洁干燥，减少尘埃和水雾。温度低于 20℃或高于 40℃，相对湿度＞60% 时，应适当延长照射时间。

（4）物体表面消毒：灯管距离物体表面不得超过 1m，应使照射表面受到直接照射，且应达到足够的照射剂量（杀细菌芽孢时应达到 100 000$\mu W \cdot s/cm^2$）。单独使用紫外线对进入洁净区的物料表面进行消毒时，需要人员定时对物料进行翻转，避免照射死角。

（5）在使用紫外线灯照射消毒时应当禁止有人员在场，以避免因紫外线直接照射到人的眼睛和皮肤上而受伤，更不要用眼睛直视工作中的紫外线灯管。

27. 臭氧消毒有什么注意事项?

臭氧是一种强氧化剂，具有强烈的消毒杀菌作用。同制药用水系统中的臭氧杀菌不同的是，洁净区的空间消毒所使用的原料主要是空气和电能，一般通过高频臭氧发生器来获得。洁净区使用臭氧消毒有以下注意事项：

（1）臭氧的杀菌效率与空间中臭氧的浓度和消杀时间有很大关系。在密闭空间臭氧浓度达到 5～10mg/m^3，作用 30 分钟才能起到很好的杀菌效果。洁净区是具有不同功能房间的建筑综合体，要保证每个房间都能达到有效臭氧浓度，一般是通过在空调净化系统的送风管道内安装臭氧发生器，利用空调净化系统的送风和回风使整个洁净区达到理想浓度对整个空间进行消毒。臭氧杀菌一般要采用洁净区的回风，全直排房间的臭氧浓度不易达到有效杀菌浓度。

（2）臭氧对人体呼吸道黏膜有刺激性，空气中臭氧浓度达 0.15ppm 时即可嗅出；按照国际标准，达 0.5～1ppm 时可引起口干等不适；达 1～4ppm 时可引起咳嗽；达 4～10ppm 时可引起强烈咳嗽。故用臭氧消毒空气，必须是在无人员的条件下，停止后至少要送新风超过 30 分钟才能进入。

（3）臭氧为强氧化剂，对多种物品有损坏作用，浓度越高对物品损坏越重，可使铜片出现绿色锈斑，橡胶老化、变色、弹性降低，以致变脆、断裂，使织物漂白褪色等。

28. 甲醛熏蒸消毒有什么注意事项?

甲醛通过固化微生物蛋白质、还原氨基酸、烷基化蛋白质分子，而起到杀灭微生物的作用。在使用甲醛对洁净区空间进行消毒时有以下注意事项。

（1）当相对湿度在65%以上，温度在20～40℃时，甲醛气体的消毒效果最好。

（2）需要按照 7ml/m³ 的比例量算出 36% 甲醛用量。房间熏蒸消毒时间为 4 小时以上。同臭氧消毒不同的是，甲醛熏蒸时在洁净区每个功能房间和走廊都需要布点熏蒸。

（3）消毒完成后，需要开启空调净化系统置换以新鲜空气（2 小时以上）。非生产运行的成本较高，同时因为甲醛被排出室外，会对环境造成二次污染。

（4）甲醛本身对物品无害，但甲醛溶液中存在的甲酸会使金属生锈，对橡胶和塑料也有轻微损害。此外，使用过量还会因甲醛聚合析出白色粉末而附着在建筑物和设备表面。

（5）甲醛有强烈的刺激性气味，消毒灭菌后去除残留气味时间长，对生产操作人员身体有害，有致癌作用。

美国食品药品管理局（FDA）及欧洲药品管理局（EMA）对甲醛熏蒸后的残留检测要求很高，同时因为甲醛对人体的伤害和环境的污染，甲醛熏蒸消毒几乎不被 FDA 及 EMA 认可。我国卫生部于 2012 年发布的《医疗机构消毒技术规范》提出“甲醛致癌作用，不宜用于室内空气消毒”。我国的制药企业也已逐步淘汰了甲醛熏蒸的方法。因此，与甲醛熏蒸具类似杀菌作用，但毒性更低的戊二醛、邻苯二甲醛等逐渐被开发利用。

29. 电动气溶胶喷雾消毒有什么特点和注意事项?

为了达到更理想的洁净区空气杀菌效果，杀菌技术在不断进步，目前较为前沿的是电动气溶胶喷雾消毒法。该法主要研究在两方面：获得更小的雾化粒径，研究更为安全、高效、无残留的消毒剂。

电动气溶胶喷雾消毒法指用电动气溶胶喷雾器，将消毒液喷雾制成直径＜20μm 者超过 90% 的气溶胶雾粒。由于气溶胶雾粒小，悬浮于空气中的时间长，与空气中的微生物及其芽孢充分接触而起到强烈的杀菌作用。电动气溶胶喷雾器由气泵、导气管、喷头及药液瓶 4 部分组成。接通电源，气泵产生气流，经导气管进入喷头，在喷头内形成高速旋转的涡流区，药液在旋涡气流的作用下进入喷头，并与气流混合由喷嘴喷射而出，形成气溶胶。使用电动气溶胶喷雾器有以下注意事项。

（1）电动气溶胶喷雾器为非连续运转机器，不同型号机器的连续工作时间略有不同，达到持续喷液时间时应停机休息，以防机器过热烧毁电机。

（2）机器长期使用后需要更换电刷，新换的电刷其型号规格要与原电刷相同。

（3）使用中如发现风速降低或雾量减少，应停机断电检查气泵进风口有无堵塞，清洗或更换防尘海绵。

（4）喷雾完毕，关闭电源，须待导气管内余气排尽后方可放下喷头，以免药液回流到气泵内损坏电机。

气溶胶喷雾最常用的消毒剂有过氧乙酸、过氧化氢、次氯酸水以及一些专业消毒公司开发的高效、低毒、低腐蚀、易挥发的复配型消毒剂等。

使用过氧乙酸气溶胶法消毒时应注意：过氧乙酸对人体有较强烈的刺激性，最好在无人状态下操作。使用不当会出现黏膜刺激、流泪流涕、咽部干涩感等不适。

使用过氧化氢气溶胶消毒时也要注意做好对操作者的保护，一般配制成 30g/L 的过氧化氢溶液使用，在配制过程中要注意避免溅洒造成人体表面刺痛以及对金属器具的表面腐蚀。

使用次氯酸水气溶胶消毒时要注意次氯酸水有效氯浓度，同时由于次氯酸水在光照条件下不稳定，因此在开启气溶胶喷雾器后最好关闭房间光源，在达到消毒时间要求后再开启房间光源。

30. 中药生产过程的灭菌、除菌主要有哪几种方法？选择原则是什么？

在 2015 年版《中国药典》一部收载的制剂中，含原生药粉的品种高达 893 种，占制剂总量的 59.81%；2020 年版《中国药典》一部又增加了 52 种含原生药粉制剂。中药原生药粉或者是中药饮片的含菌多少严重影响了制剂、成品质量。因此，在中药原生药粉或者是中药饮片入药前，对微生物限度超标的中药原生药粉或者是中药饮片，一定要采用合适的方式进行杀菌或灭菌。

针对易清洗、干燥的根茎类药材，通过彻底的清洗和适宜的干燥，可以有效降低微生物负荷，在洁净车间粉碎也可以使中药原粉的微生物限度达标，但是更多的中药材无法通过传统炮制方法使微生物限度达标。目前国内大多数药厂针对原生药粉的灭菌，采用最多是湿热灭菌、微波灭菌、辐照灭菌、气体灭菌等方式。

此外，在中药制剂生产过程中，特别是中药注射剂的生产，更需要使用合适的灭菌、除菌方法才能保证药品的安全性。

2020 年版《中国药典》收载的灭菌方法有湿热灭菌法、干热灭菌法、辐射灭菌法、气体灭菌法、过滤除菌法、汽相灭菌法、液相灭菌法，在中药生产中还常用到微波灭菌。此外，超高压灭菌、超高温瞬间灭菌、连续过热式蒸汽灭菌等新方法在制药行业的研究和应用也日渐增多[6-7]。

（1）湿热灭菌：又分为热压蒸汽灭菌、流通蒸汽灭菌、过热水灭菌和煮沸灭菌。

（2）干热灭菌：是指利用干热空气达到杀灭微生物或消除热原物质的方法，适用于耐高温但不宜使用湿热灭菌的物品灭菌。

（3）辐射灭菌：是指采用电离辐射杀灭微生物的方法，常用的是 ^{60}Co 辐射，电子束灭菌以及 X 射线装置产生的 X 射线灭菌。

（4）气体灭菌法：常用的是臭氧灭菌、环氧乙烷灭菌等。由于气体穿透力差的原因，气体灭菌法多用于物体表面杀菌。因此，采用气体灭菌法对中药粉进行灭菌要充分考虑气体与药粉的接触面积和接触时间。此外，容易被氧化的药物不适宜采用该方式进行灭菌。

（5）过滤除菌：主要是指采用 0.22μm（更小孔径的滤材或等同过滤效力）的滤材，对水、气体、药液等进行过滤除菌。

（6）汽相灭菌法：利用分布在空气中的灭菌剂杀灭微生物的方法，过氧化氢、过氧乙酸为常用杀菌剂，主要用于空间灭菌。

（7）液相灭菌法：是指将物体完全浸没到灭菌剂中，从而杀灭物体表面微生物的方法，常用有乙醇、甲醛、过氧化氢、氢氧化钠、次氯酸钠等灭菌剂。要结合物品的耐受性选择灭菌剂、灭菌浓度、时间、温度等。有研究利用乙醇对当归进行灭菌，对比湿热灭菌法和干热灭菌法，灭菌效果：乙醇灭菌法＞湿热灭菌法＞干热灭菌法；乙醇灭菌法的当归原生粉挥发油提取率相比未处理组提高了94.44%，且所含的阿魏酸仅减少8%，而湿热灭菌法及干热灭菌法处理后挥发油提取率分别下降了55.56%及100%，且阿魏酸完全被破坏[8]。

（8）微波灭菌：是利用电磁场的热效应和生物效应来杀灭微生物的方法，因其同时具有加热干燥和杀灭微生物作用，在中药药粉及丸剂干燥灭菌方面的研究和应用较多。

（9）超高压灭菌：主要是指采用针对软包装的物料，采用水为介质，对物料施加400～600MPa的压力杀死其中的霉菌、细菌、酵母菌等。目前该方法在药品生产中研究和应用还比较少，在保鲜软包装食品特别是高档鲜果汁饮料的使用比较多。

（10）超高温瞬间灭菌：是将流体态的灭菌物在板式换热器或管式换热器中迅速加热到150℃以上，经2～4秒的瞬间便可达到杀灭微生物的目的。20世纪60年代，此方法在国外用于牛奶的灭菌，日本目前在液体中药制剂的灭菌已有所应用。

有研究开发了连续式过热蒸汽灭菌方法，并对熟地黄、山药等药材采用该方法灭菌与臭氧灭菌、辐照灭菌等进行了比较[9]。连续式过热蒸汽灭菌技术具有的优点包括：①连续性，适合大批量生产；②灭菌效果好；③节约人力成本等。

各种灭菌、除菌方法在去除微生物的机制、操作参数、适用性方面不同，但选择灭菌方法的原则是基本相同的，即要综合考虑被灭菌物品的性质、灭菌方法的有效性、灭菌后物品的完整性和稳定性，其中被灭菌物品的性质为最主要因素。由于中药品种多、成分复杂、污染面广等原因，在进行灭菌工艺开发时更要充分研究和评价灭菌方法对产品成分、药效、安全性和稳定性的影响。如富含淀粉的中药原粉灭菌，不适宜采用湿热灭菌和微波灭菌的方式，因为此两种灭菌方式的"加热"过程会导致药粉中的淀粉糊化，由"生粉"变为了"熟粉"而改变了中药药性，更为适宜采用辐照灭菌或气体灭菌等"冷处理"灭菌方式。同样，富含挥发油和主要有效成分为热敏性成分的药材，也不宜采用"加热"灭菌的方式。此外，龙胆科植物药材龙胆、药材秦艽、饮片、药粉及含有龙胆、秦艽的半成品原粉不得辐照，因为其有效成分龙胆苦苷在5kGy、8kGy、10kGy辐照后均会发生显著变化[10]。

如灭菌工艺不合理，经研究要变更灭菌工艺，必须根据《已上市中药生产工艺变更研究技术指导原则》，对变更程度进行分类，进行充分研究和向监管部门提交补充申请，获得批准后方能商业化应用。

31. 生物指示剂有哪些种类？如何选用？

生物指示剂被定义为一种对特定的灭菌程序有确定、稳定的耐受性的特殊微生物制成品。根据GMP（附录1：无菌药品）的要求，"第六十三条　任何灭菌工艺在投入使用前，必须采用物理检测手段和生物指示剂，验证其对产品或物品的适用性及所有部位达到了灭菌效果。"因此在验证某一灭菌工艺时，不仅要采用物理的检测手段（对于湿热灭菌而言，主要是温度，还包括压力、蒸汽质量等），还需要采用生物指示剂进行检测，以确保灭菌工艺达到预期的灭菌效果。

不同灭菌工艺使用不同的生物指示剂，制备生物指示剂所选用的微生物应具备以下特征。

（1）菌种的耐受性应大于需灭菌物品中所有可能污染菌的耐受性。

（2）菌种应无致病性。

（3）菌株应稳定，存活期长，易于保存。

（4）易于培养。生物指示剂的芽孢含量要在90%以上。

根据《保健品灭菌生物指示剂第一部分：一般要求》ISO 11138-1：2017 的分类，生物指示剂有环氧乙烷灭菌用生物指示剂、湿热灭菌用生物指示剂、干热灭菌用生物指示剂、过氧化氢低温等离子灭菌生物指示剂和甲醛灭菌用生物指示剂等（表 1-11-10）。

表 1-11-10　不同灭菌方法生物指示剂的选用

灭菌方法	生物指示剂
湿热灭菌	嗜热脂肪地芽孢杆菌、生孢梭菌、枯草芽孢杆菌、凝结芽孢杆菌
干热灭菌	萎缩芽孢杆菌 大肠埃希菌内毒素（除细菌内毒素）
环氧乙烷灭菌	萎缩芽孢杆菌
过氧化氢灭菌	嗜热脂肪地芽孢杆菌、生孢梭菌、萎缩芽孢杆菌等
辐照灭菌	短小芽孢杆菌
紫外线表面消毒	枯草芽孢杆菌
过滤除菌	缺陷短波单胞菌

在生物指示剂验证试验中，需确定孢子在实际灭菌条件下的 D 值，并测定孢子的纯度和数量。验证时，生物指示剂的微生物用量应比日常检出的微生物污染量大，耐受性强，以保证灭菌程序有更大的安全性。

32. 湿热灭菌有哪些方式？分别有什么特点？

湿热灭菌是指将物品置于灭菌设备内，利用饱和蒸汽、蒸汽 - 空气混合物、蒸汽 - 空气 - 水混合物、过热水、液体煮沸等手段，使微生物菌体中的蛋白质、核酸发生变性，而杀灭微生物的方法。湿热灭菌为热力学灭菌中最有效、应用最广泛的灭菌方法[6]。热稳定的药粉、制剂、生产用容器、培养基、无菌衣、胶塞以及其他遇高温和潮湿不发生变化或损坏的物品，均可用本法灭菌。流通蒸汽不能有效杀灭细菌孢子，一般作为不耐热无菌产品的辅助处理手段。

（1）热压蒸汽灭菌的灭菌条件通常采用 121℃、15 分钟，121℃、30 分钟或 116℃、40 分钟的程序，也可采用其他温度和时间参数，必须保证物品灭菌后的灭菌保证水平（SAL）$\leqslant 10^{-6}$。总之，必须验证所采用的灭菌条件能达到无菌保证要求。在实际应用中，对热稳定的产品或物品可采用过度杀灭法灭菌，其 SAL 应$\leqslant 10^{-12}$。对热极为敏感的产品，可允许标准灭菌时间（F_0）低于 8 分钟。但对 F_0 低于 8 分钟的灭菌程序，要求应在生产全过程中对产品中污染的微生物严加监控，并采取各种措施防止耐热菌污染及降低微生物污染水平，以确保被灭菌产品达到无菌保证要求。

采用热压蒸汽灭菌时，被灭菌物品应有适当的包装和装载方式，保证灭菌的有效性和均一性。热压蒸汽灭菌在工艺验证时，应进行热分布试验、热穿透试验和生物指示剂验证试验，以确定灭菌柜空载及不同装载时腔室中的热分布状况及可能存在的冷点；在空载条件下，确认 121℃时腔室中各点的温度差$\leqslant \pm 1$℃；使用插入实际物品或模拟物品内的温度探头，确认灭菌柜在不同装载时，最冷点物品的标准灭菌时间（F_0）达到设定的标准；用生物指示剂进一步确认在不同装载时冷点处的灭菌物品达到无菌保证水平。

（2）过热水灭菌采用的灭菌条件与所需开展的验证工作和热压蒸汽灭菌基本一致。热压蒸汽灭菌过程中因蒸汽冷凝出现的冷点而导致温度偏差的现象，在采用过热水灭菌时不易出现。

热压蒸汽灭菌和过热水灭菌除了在灭菌釜中进行终端灭菌外，还用于制药用水系统的储罐和管道、配液罐、药液管道等的在线灭菌。

湿热灭菌的特点是需要较高的温度和一定的时间，对热敏感的药物不适宜采用该法进行灭菌。中药原粉采用湿热灭菌时，往往灭菌结束出现“板结”的情况，需要对结块的药粉进行再粉碎才能使用。可在通蒸汽升温前先对药粉进行预热，从而减少其吸湿量；在真空干燥过程中，通过其他辅助加热功能，加快其中水分的挥发；也可通过真空排除冷空气的干扰和吸热，有效降低湿度等方式来改善结块现象。

33. 干热灭菌有哪些注意事项?

干热灭菌是指物品于干热灭菌柜、隧道灭菌器等设备中，利用干热空气达到杀灭微生物或消除热原物质的方法，在干热灭菌柜、连续性干热灭菌系统或烘箱等设备中进行灭菌。可适用于耐高温但不宜用湿热灭菌法灭菌的物品，也是最为有效的除热原方法之一，如玻璃器具、金属制容器、纤维制品、固体试药、液状石蜡等均可采用本法灭菌。

干热灭菌条件一般为 160～170℃、120 分钟以上，170～180℃、60 分钟以上，或 250℃、45 分钟以上，也可采用其他温度和时间参数。总之，应保证：灭菌后产品的 SAL≤10^{-6}，干热过度灭菌杀灭后产品的 SAL≤10^{-12}。灭菌条件为 250℃、45 分钟时，可除去无菌产品包装容器及有关生产灌装用具中的热原物质。

采用干热灭菌时，被灭菌物品应有适当的包装和装载方式，保证灭菌的有效性和均一性。灭菌的物品表面必须洁净，不得污染有机物质，必要时外面应用适宜的包皮宽松包裹。干热灭菌箱内物品排列不可过密，以保证热能均匀穿透全部物品。

干热灭菌法的验证与蒸汽湿热灭菌法相同，应进行热分布试验、热穿透试验、生物指示剂验证试验或细菌内毒素灭活验证试验，以确认灭菌柜中的温度分布应符合设定的标准、确定最冷点位置、确认最冷点标准灭菌时间（FH）能保证达到设定标准并达到 SAL 要求。常用的生物指示剂为萎缩芽孢杆菌。细菌内毒素灭活验证试验是证明除热原过程有效性的试验。一般将不小于 1 000U 的细菌内毒素加入待去热原的物品中，证明该去热原工艺能使内毒素至少下降 3 个对数单位。细菌内毒素灭活验证试验所用的细菌内毒素一般为大肠埃希菌内毒素，一般采用最大装载方式进行验证。

34. 辐射灭菌有哪些方式和特点? 有哪些注意事项?

适用于中药辐照的辐射源有：

（1）^{60}Co 等放射性核素产生的 γ 射线。

（2）电子加速器产生的能量低于 5MeV 的 X 射线。

（3）电子加速器产生的能量低于 10MeV 的电子束。

可采用静态辐照、动态辐照（包括动态步进辐照及产品流动辐照）等辐照方式。

采用辐照灭菌的无菌产品应保证其 SAL≤10^{-6}，同样要考虑装载方式和包装方式的影响，进行生物指示剂的验证。

根据国家食品药品监督管理总局发布的《中药辐照灭菌技术指导原则》（2015 年

86 号通告），中药采用辐照灭菌应以不影响原料或制剂的安全性、有效性及稳定性为原则[11]。

拟采用辐照灭菌的产品应进行辐照前后的对比研究，包括采用指纹图谱等方法，尽可能全面地反映辐照灭菌前后药品所含成分种类或含量的变化情况。必要时，应采用与适应证相关的药效指标，比较辐照灭菌前后药品有效性的差异，或开展安全性研究。

对于毒性饮片或处方中含有毒性饮片的半成品，药材制剂的辐照灭菌，应关注辐照灭菌对药品安全性的影响。

应分析产品特征，综合考虑处方组成、所含成分类别、微生物负载及抗性等情况，以及国内外的研究报道和实际生产中积累的数据，全面分析和评估辐照对药用物质基础、药物安全性和有效性的影响，确定拟采用的最大总体平均辐照剂量。建议尽可能采用低剂量辐照灭菌，中药最大总体平均辐照剂量原则上不超过 10kGy。紫菀、锦灯笼、乳香、天竺黄、补骨脂等药材、饮片、药粉，以及含有前述一种以上或多种原料的中药半成品原粉，建议辐照剂量不超过 3kGy。

生产企业可根据品种的特点建立相应的辐照检测方法，对经辐照的原辅料、半成品进行辐照检测。对含有药材原粉的原料及半成品，若经过 1kGy 或以上剂量辐照的鉴别，可参考国家已发布的有关鉴别方法，如光释光鉴别法、热释光鉴别法等。

卫生部曾于 1997 年发布《^{60}Co 辐照中药灭菌剂量标准》通知，允许艾叶、安息香等 197 种中药材进行辐照，另有安宫牛黄丸等 70 种中成药允许进行辐照。凡灭菌工艺未被明确注册批准为辐照灭菌的已上市中药，若要采用辐照灭菌，应按《已上市中药药学变更研究技术指导原则（试行）》的相应要求进行研究。

35. 进行辐照灭菌时，需要考虑哪些因素？

中药的微生物污染具有多样性、复杂性、污染程度不同的情况，因此在研究制订辐照工艺条件时，需要考虑不同的影响因素。

（1）剂型对辐照条件的影响：根据文献报道，同一菌株在不同介质中的抗辐照能力是不同的。因此，不同剂型对辐照条件要求不同。有研究表明固体制剂辐照剂量大小顺序为：蜜丸＞水丸＞片剂＞散剂。当然，根据新的 GMP 指南等要求，中药制剂原则上已不允许辐照灭菌，应从中药材、中药饮片、中药原生药粉进行微生物控制，在生产过程中做到有效控制防止污染。

（2）品种对辐照条件的影响：中药材组成复杂，有的中药材组分可以耐受较高的辐照强度，有的在低强度辐照条件下也会发生变化。在目前的研究基础上，法规已明确龙胆等药材不能辐照，紫菀等药材只能低剂量辐照[11]。

（3）污染程度对辐照条件的影响：中药材来源不一，污染程度不一，微生物污染程度高的药材，往往一次辐照不能达到目的，需要进行二次、三次辐照，这样处理又可能会导致辐照残留超限，同时涉及变更工艺的法规风险。针对辐照处理的中药材，需要研究确定可接受的最大微生物污染程度，超过此限度的中药材，可以结合拣选、清洗、烘干等合理净制工艺，有效地降低其微生物负荷。

（4）微生物种类对辐照条件的影响：微生物类别的不同，微生物生长周期、状态及所处环境的不同等，导致微生物对辐照的敏感程度不一样。一般认为细菌芽孢比繁殖体抗辐照，革兰氏阳性菌比革兰氏阴性菌抗辐照，病毒比细菌更抗辐照。

36. 环氧乙烷灭菌有什么注意事项？

环氧乙烷灭菌属于气体灭菌法的一种，不同于臭氧、醛类熏蒸等常用于空间和表面灭菌，环氧乙烷更多地用于医疗器械和塑料药品包装的灭菌。采用环氧乙烷灭菌时，灭菌柜内的温度、湿度、灭菌气体浓度、灭菌时间是影响灭菌效果的重要因素。可采用下列灭菌条件。

（1）温度：54℃ ± 10℃。

（2）相对湿度：60% ± 10%。

（3）灭菌压力：8×10^5Pa。

（4）灭菌时间：90 分钟。

灭菌时，先将灭菌腔室抽成真空，然后通入蒸汽使腔室内达到设定的温湿度平衡的额定值，再通入经过滤和预热的环氧乙烷气体。灭菌过程中，应严密监控腔室的温度、湿度、压力、环氧乙烷浓度及灭菌时间。必要时使用生物指示剂监控灭菌效果。本法灭菌程序的控制具有一定难度，整个灭菌过程应在技术熟练人员的监督下进行。灭菌后应采取新鲜空气置换，使残留环氧乙烷和其他易挥发性残渣消散。并对后通入环氧乙烷残留物和反应产物进行监控，以证明其不超过规定浓度，避免产生毒性。

环氧乙烷灭菌法验证时应进行如下试验：①泄漏试验，以确认灭菌腔室的密闭性；②生物指示剂的验证试验，指示剂一般采用枯草芽孢杆菌孢子；③灭菌后换气次数的验证试验，确认环氧乙烷及相应的反应产物含量在限定的范围内。验证设计时，还应考虑物品包装材料和灭菌腔室中物品的排列方式对灭菌气体的扩散和渗透的影响。

37. 微波灭菌有什么特点和注意事项？

微波灭菌是利用电磁场的热效应和生物效应共同作用的结果[6]。微波对细菌的热效应是使蛋白质变性，使细菌失去营养、繁殖和生存的条件而死亡。微波对细菌的生物效应是微波电场改变细胞膜断面的电位分布，影响细胞膜周围电子和离子浓度，从而改变细胞膜的通透性能，细菌因此营养不良，不能正常新陈代谢，细胞结构功能紊乱，生长发育受到抑制而死亡。此外，微波能使细菌正常生长和稳定遗传繁殖的核糖核酸 RNA 和脱氧核糖核酸 DNA 氢键松弛，断裂和重组，从而诱发遗传基因突变，或染色体畸变甚至断裂。

微波灭菌是对物料内外同时进行加热，内部温度高，热传导是由内向外的，升温均匀且加热迅速，时间较短，如采用微波灭菌，可使大肠埃希菌和枯草杆菌在微波场中只要加温至 70℃，保持 2 分钟就能被全部杀死；湿热枯草脂肪杆菌在微波场中温度 70℃保持 2 分钟，即被杀死。用 5kW 的微波设备进行灭菌，50 秒即可杀灭细菌，8kW 微波设备 30 秒可杀灭细菌。

微波灭菌在中药生产中有大量的研究和应用，在中药原生药粉的灭菌、中药丸剂的干燥灭菌、中药口服液的灭菌中，都有一定的应用案例。在使用微波灭菌时，有以下注意事项。

（1）被灭菌物料的尺寸和装载方式。由于微波电场的热效应，物料内部被先加热，物料的尺寸越大或装载越紧密，热传导效应就越差，内外部温度差越高，不易被温度传感器采集到真实温度，甚至出现药物内部燃烧或炭化的风险。

（2）随着微波灭菌的研究应用越来越多，发现微波灭菌对部分中药材的有效成分存在着显著影响。因此，在拟采用微波灭菌时也必须进行充分的研究，保证药物的安全性、有效性及稳定性。

38. 过滤除菌有哪些方式和注意事项？

过滤除菌是指采用物理截留的方法去除液体或气体中的微生物，以达到无菌药品相关质量要求的过程。常用于洁净区的终端过滤器和无菌制剂的终端过滤。当然，对热敏感的非无菌液体药品更可以采用过滤除菌方式降低微生物污染水平。国家药品监督管理局发布了《除菌过滤技术及应用指南》，该指南于 2018 年 10 月 1 日实施。

根据指南《除菌过滤技术及应用指南》，过滤除菌工艺应根据工艺目的，选用 0.22μm（更小孔径或相同过滤效力）的除菌级过滤器。0.1μm 的除菌级过滤器通常用于支原体的去除。对无菌药品生产的全过程进行微生物控制，避免微生物污染。最终除菌过滤前，待过滤介质的微生物污染水平一般不超过 10cfu/100ml。可以采用多级除菌过滤或热处理结合的方式来减少最终过滤前的微生物污染水平。终端过滤器的位置要尽可能靠近灌装点或使用点。

选择过滤器材质时，应充分考察其与待过滤介质的兼容性。过滤器不得因与产品发生反应、释放物质或吸附作用而对产品质量产生不利影响。除菌过滤器常用的滤膜材质有：聚偏氟乙烯（PVDF）、聚醚砜（PESF）、尼龙滤膜（N6/N66 膜）、混合纤维素酯、聚丙烯（PP）、聚四氟乙烯（PTFE）。此外，截留孔径在 0.22μm 以下的钛棒和无机陶瓷膜也有在除菌过滤上的使用案例。

合理的过滤膜面积需要经过科学的方法评估后得出。面积过大可能导致产品收率下降、过滤成本上升；过滤面积过小可能导致过滤时间延长、中途堵塞甚至产品报废。应注意过滤系统结构的合理性，避免存在卫生死角。过滤器进出口存在一定的限流作用，应根据工艺需要选择合适的进出口大小。过滤器位置设计时应该考虑有菌气体或液体的释放，并且根据产品批量、管路长短、安装和灭菌方便性等，确认过滤器安装的区域和位置。

选择过滤器时，应根据实际工艺要求确定过滤温度范围、最长过滤时间、过滤流速、灭菌条件、进出口压差范围或过滤流速范围等工艺参数，并确认这些参数是否在可承受范围内。

除菌过滤器必须进行性能确认和过滤工艺验证。除菌过滤器本身的性能确认一般由过滤器生产商完成，主要的确认项目包括微生物截留测试、完整性测试、生物安全测试（毒性测试和内毒素测试）、流速测试、水压测试、多次灭菌测试、可提取物测试、颗粒物释放测试和纤维脱落测试等。过滤工艺验证是指针对具体的待过滤介质，结合特定的工艺条件而实施的验证过程，一般包括细菌截留试验、化学兼容性试验、可提取物或浸出物试验、安全性评估和吸附评估等内容。

除菌过滤器必须经过灭菌处理（如在线或离线蒸汽灭菌，辐射灭菌等）后使用。在线蒸汽灭菌的设计及操作过程应重点考虑滤芯可耐受的最高压差及温度。

除菌过滤器使用后，必须采用适当的方法立即对其完整性进行测试并记录。常用的完整性测试方法有起泡点测试、扩散流 / 前进流试验或水侵入法测试。

实际工作中，有时过滤器被使用在多批次、同一产品的生产工艺中。要重复利用过滤器，必须在充分了解产品和工艺风险的基础上采用风险评估的方式，对能否反复使用过滤器进行评价。风险因素包括：细菌的穿透，过滤器完整性缺陷，可提取物的增加，清洗方法对产品内各组分清洗的适用性，产品存在的残留（或组分经灭菌后的衍生物）对下一批次产品质量风险的影响，过滤器过早堵塞，过滤器组件老化引起的性能改变等。评估应考虑个体化差异，提供充分的验证和数据支持，在使用过程中应持续监测。

39. 在线灭菌有什么特点和注意事项?

在线灭菌（steam in place，SIP）是与离线灭菌相对的一种灭菌操作，主要用在设备、设施的灭菌。典型的应用是制药用水的储存与分配系统，药品生产中的配液罐、过滤器、药液输送管路等的在线灭菌。在线灭菌（SIP）是无菌产品生产过程中无菌处理的关键环节。无菌产品的生产过程中，对药液管道、储罐、呼吸过滤器、无菌气体过滤器、阀门等进行 SIP 是十分重要的。随着制药装备研发制造技术的发展，冻干机、灭菌柜、胶塞清洗机等设备也已具备在线灭菌功能。值得注意的是，用于对无菌生产部件、无菌药品内包材（如胶塞）灭菌的灭菌柜，其安装的除菌级过滤器或呼吸阀也需要进行在线灭菌。离线灭菌无法避免这些部件或材料在完成灭菌后，在安装过程中导致新的微生物污染。

国家标准化管理委员会发布了《制药机械（设备）在位清洗、灭菌通用技术要求》（GB/T 36030—2018）。该标准规定了药品生产过程中进行在线清洗与在线灭菌的通用技术要求，该国家标准于 2018 年 10 月 1 日实施[12]。

在线清洗、灭菌的制药机械（设备）的设计、制造、检验、安装、运行、维护及验证应符合药品生产工艺和《药品生产质量管理规范》（2010 年修订）及《制药机械（设备）实施　药品生产质量管理规范的通则》（GB28670—2012）的清洗、灭菌规定。

要求设备表面粗糙度（Ra）：无菌产品，Ra≤0.4μm；其他产品，Ra≤0.8μm。管道应有 0.5%～2%（5～21mm/m）的坡度。

在线灭菌（SIP）常用纯蒸汽进行在线循环灭菌，具体操作和使用注意事项见本书上篇第十二章制水技术中“21. 纯蒸汽怎样制备，怎样用于制药用水系统的灭菌?”

在线灭菌属于湿热灭菌的方式之一，也需要采用嗜热脂肪地芽孢杆菌或生孢梭菌作为生物指示剂进行灭菌效果确认。生物指示剂安放在灭菌系统最冷点和最难灭菌位置的温度探头旁边。例如，安放在滤芯里、针头、罐子最高点，蒸汽难以达到的死角或者低的排水点、冷凝水阀门。

要达到理想的 SIP 效果，都需要先进行设备、管路的在线清洗（clean in place，CIP），去除可能为微生物提供营养的药物或药液残留；降低设备、管路、阀门等的微生物污染水平。

参考文献

[1] 中华人民共和国卫生部．药品生产质量管理规范（2010 年修订）[EB/OL].[2023-11-19].https://www.samr.gov.cn/zw/zfxxgk/fdzdgknr/bgt/art/2023/art_d5e1dbaa8f284277a5f6c3e2fc840d00.html.

[2] 张素萍，康彦芳．药厂空气净化与水处理技术[M]. 北京：化学工业出版社，2016.

[3] 中华人民共和国住房和城乡建设部，国家市场监督管理总局. 医药工业洁净厂房设计标准：GB 50457—2019[S]. 北京：中国计划出版社，2019.

[4] 何国强．欧盟 GMP/GDP 法规汇编（中英文对照版）[M]. 北京：化学工业出版社，2014.

[5] 国家食品药品监督管理局药品认证中心. 药品 GMP 指南[M]. 北京：中国医药科技出版社，2011.

[6] 冯少俊，伍振峰，王雅琪，等. 中药灭菌工艺研究现状及问题分析[J]. 中草药，2015，46(18)：2667-2673.

[7] 黄李强，李江海，杨涛，等. 中药材灭菌工艺单元模块的选型及技术经济分析[J]. 清洗世界，2020，36(3)：39-40.
[8] 康超超，王学成，伍振峰，等. 当归原生粉乙醇灭菌工艺优化及其品质比较研究[J]. 中草药，2019，50(6)：1341-1347.
[9] 周友华，王谷洪，冷胡峰，等. 连续式过热蒸汽灭菌技术在中药粉体生产中的应用[J]. 机电信息，2018(8)：20-22.
[10] 孙建宇，何富根，陈红梅，等. ^{60}Co-γ 射线辐照对中药地黄和龙胆有效成分的影响[J]. 中国医院药学杂志，2009，29(1)：39-41.
[11] 国家食品药品监督管理总局. 中药辐照灭菌技术指导原则[EB/OL].[2023-11-19]. https://www.nmpa.gov.cn/xxgk/ggtg/ypggtg/ypqtggtg/20151109120001767.html.
[12] 中华人民共和国国家质量监督检验检疫总局，中国国家标准化管理委员会. 制药机械(设备)在位清洗、灭菌通用技术要求：GB/T 36030—2018[S]. 北京：中国标准化出版社，2018.

（刘锦　杨金敏）

第十二章 制水技术

制药用水通常是指药品生产过程中用到的各种质量标准的水。制药用水是制药生产过程中用量最大、用途最广的原料。制药用水参与了药品生产的整个过程,包括原料生产、中药材的净制、中药的提取纯化、制剂的生产、制药装备的清洗和消毒过程等。制药用水的质量直接影响和决定了药品的质量。

通常情况下,制药行业的制药用水系统还包括制药用纯蒸汽。纯蒸汽是湿热灭菌的一种介质,主要用于注射用水系统、配液罐、储存与分配系统等的灭菌。此外,纯蒸汽还用于部分对洁净室相对湿度有低限要求的环境加湿。

制药用水的质量必须符合《中国药典》中制药用水的要求,要做到这一点必须充分贯彻质量源于设计(quality by design)的理念,对原水水质要有充分的分析,选择合适的水处理工艺、清洗消毒方法以及最合适的水处理设备,合理地布局储存与分配管路,确保设备与管路的安装、焊接质量,做好管路的酸洗钝化。

制药用水系统的设计确认、安装确认、运行确认及性能确认也要遵从我国《药品生产质量管理规范》(GMP)(2010 年修订)的要求[1]。要制得高质量的制药用水,本质是要减少或消灭潜在的污染源,持续稳定地提供符合药品质量要求的水源,确保药品生产的正常进行[2]。

在制药用水系统完成性能确认后,应对系统进行综合评价并根据性能确认的结果建立一个日常监测方案,并且每年至少进行一次水系统质量回顾[1,3],分析水系统随时间的变化趋势,基于数据分析调整警戒限度。同时,要严格按照系统维护程序对制药用水系统进行定期维护,保证各个工作单元状态正常。此外,还要针对水系统进行周期性的再验证,综合评估系统使用情况,分析系统性能是否变更,评估未来变更预期等。只有做到这些综合性的工作,才能持续生产出可靠的制药用水。

1. 制药用水的分类及其应用范围是怎样的?

制药用水通常指药品生产过程中用到的各种质量标准的水。对制药用水的定义和用途,通常以药典为准。各国药典对制药用水通常有不同的定义和分类。2020 年版《中国药典》将制药用水分为饮用水、纯化水、注射用水和灭菌注射用水(表 1-12-1)。

欧盟和 WHO 将制药用水分为饮用水、纯化水、高纯水和注射用水;《美国药典》中制药用水的分类更多,可分为饮用水、纯化水、灭菌纯化水、注射用水、灭菌注射用水、抑菌注射用水、灭菌冲洗用水、灭菌吸入用水、血液透析用水、特殊制药用途水[4]。

表 1-12-1　中国制药用水的定义和应用范围

制药用水类别	定义	应用范围
饮用水	为天然水经过净化处理所得的水，其质量必须符合国家标准《生活饮用水卫生标准》(GB 5749—2022)	1. 制备纯化水的水源。 2. 药品包装材料、制药用具的粗洗。 3. 药品生产设备、容器的初洗。 4. 中药材、中药饮片的清洗、浸润，提取溶剂
纯化水	为饮用水经蒸馏法、离子交换法、反渗透法或其他适宜方法制得的制药用水。不含任何附加剂、其质量应符合《中国药典》纯化水项目下的规定	1. 制备注射用水的水源。 2. 配制普通药物制剂的溶剂或试验用水。 3. 直接接触非无菌药品的设备、器具和包装材料的精洗。 4. 中药注射剂、滴眼剂等灭菌制剂所用饮片的提取溶剂。 5. 纯化水不得用于注射剂的配制和稀释
注射用水	为纯化水经蒸馏所得的水，应符合细菌内毒素试验要求。注射用水必须在防止细菌内毒素产生的设计条件下生产、贮藏及分装。其质量应符合《中国药典》注射用水项目下规定	1. 无菌原料药精制工艺用水。 2. 无菌制剂的配料用溶剂或稀释剂。 3. 直接接触无菌药品的设备、容器、包装材料的精洗
灭菌注射用水	为注射用水按照注射剂的生产工艺制备所得。不含任何添加剂，其质量应符合《中国药典》灭菌注射用水项下规定	注射用灭菌粉末的溶剂或注射液的稀释剂，主要供临床使用

2. 我国的制药用水标准和主要国际组织制药用水标准有什么区别?

我国制药用水中饮用水应符合国家标准《生活饮用水卫生标准》(GB 5749—2022)，纯化水、注射用水、灭菌注射用水应符合 2020 年版《中国药典》相关项目下的要求。

我国制药用水中纯化水、注射用水的质量标准要求与欧盟和美国的纯化水、注射用水质量标准要求略有差异(表 1-12-2，表 1-12-3)。

表 1-12-2　纯化水质量对照表

项目	2020 年版《中国药典》	10.0 版《欧洲药典》	40 版《美国药典》
制备方法	纯化水为符合标准的饮用水经蒸馏法、离子交换法、反渗透法或其他适宜方法制得	纯化水为符合标准的饮用水经蒸馏法、离子交换法、反渗透法或其他适宜方法制得	纯化水的原水必须为饮用水；无任何外源性添加物；采用适当的工艺制备
性状	无色澄明液体、无臭	—	—
pH/酸碱度	符合要求	—	—
氨	≤0.3μg/ml	—	—
不挥发物	≤1mg/100ml	—	—
硝酸盐	≤0.06μg/ml	≤0.2μg/ml	—
亚硝酸盐	≤0.02μg/ml	—	—
重金属	≤0.1μg/ml	≤0.1μg/ml	—

续表

项目	2020 年版《中国药典》	10.0 版《欧洲药典》	40 版《美国药典》
铝盐	—	≤10μg/L，生产渗析液时控制此项目	—
易氧化物	符合规定	符合规定	—
总有机碳	≤0.5mg/L	≤0.5mg/L	≤0.5mg/L
电导率	符合规定	符合规定	符合规定（三步法测定）
细菌内毒素	—	<0.25EU/ml，生产渗析液时控制此项目	—
微生物限度	需氧菌总数≤100cfu/ml	需氧菌总数≤100cfu/ml	菌落总数≤100cfu/ml

表 1-12-3　注射用水质量对照表

项目	2020 年版《中国药典》	10.0 版《欧洲药典》	40 版《美国药典》
制备方法	注射用水为纯化水经蒸馏所得的水	注射用水通过符合官方标准的饮用水制备，或通过纯化水蒸馏制备。2017 年 4 月正式增补相当于蒸馏的如反渗透等纯化方法	注射用水的原水必须为饮用水；无任何外源性添加物；采用适当的工艺制备（如蒸馏法或纯化法），制备方法需得到验证
性状	无色澄明液体、无臭	无色澄明液体	—
pH/ 酸碱度	5.0～7.0	—	—
氨	≤0.2μg/ml	—	—
不挥发物	≤1mg/100ml	—	—
硝酸盐	≤0.06μg/ml	≤0.2μg/ml	—
亚硝酸盐	≤0.02μg/ml	—	—
重金属	≤0.1μg/ml	≤0.1μg/ml	—
铝盐	—	≤10μg/L，生产渗析液时控制此项目	—
易氧化物	—	—	—
总有机碳	≤0.5mg/L	≤0.5mg/L	≤0.5mg/L
电导率	符合规定（三步法测定）	符合规定（三步法测定）	符合规定（三步法测定）
细菌内毒素	<0.25EU/ml	<0.25EU/ml	<0.25EU/ml
微生物限度	需氧菌总数≤10cfu/100ml	需氧菌总数≤10cfu/100ml	菌落总数≤10cfu/100ml

3. 常用纯化水制备工艺有哪些?

纯化水的制备应以饮用水为原水[1]，并用合适的单元操作或组合的方法。纯化水的制备工艺流程选择需要考虑到以下因素：原水水质、产水水质、设备工艺运行的可靠性、系统微生物污染预防措施和消毒措施、设备运行及操作人员的专业素质等[5]。

虽然蒸馏法也被认可用于制备纯化水，但多效蒸馏水机的出水温度和能耗比较高，维护保养成本也比较高，现阶段蒸馏法在纯化水的制备过程中应用不普遍，常见于实验室制备纯化水。因此，用于制药生产的纯化水机主要功能是将原水通过各种“净化”工艺转化为纯化水。

纯化水机的工艺主要经过了 3 个阶段。第一代纯化水机采用离子交换树脂法，即“预处理→阴床 / 阳床→混床”工艺，系统需要大量的酸、碱化学药剂来再生阴阳离子树脂；第二代纯化水机采用“预处理→反渗透（RO）→混床”工艺，反渗透技术的应用极大降低了纯化水机制备工艺中化学药剂的用量，但还是需要化学药剂处理混床；第三代纯化水机采用“预处理→ RO →离子交换（EDI 技术）”工艺，有效避免了再生化学药剂的使用，现已成为纯化水机制备的主流工艺[6]。几种常用的纯化水制备工艺流程比较，见表 1-12-4。

表 1-12-4　几种常用的纯化水制备工艺流程比较

工艺方法	纯化水电阻率 /（$M\Omega\cdot cm^{-1}$）	投入成本	能耗	再生用化学试剂
离子交换树脂	约 10	中等	较少	有
一次蒸馏冷凝法	0.29～1.13	较大	多	无
电渗析法	1～10	中等	多	有
一级 RO+ 离子交换	≤10	中等	少	少
二级 RO	≥15	中等	少	无
一级 RO+EDI	10～17	中等	少	无
二级 RO+EDI	15～18	中等	少	无

制得的合格纯化水一般要求当日制当日用，利用分配系统循环供给到各个用水点，在纯化水罐中和分配系统的循环储存时间不超过 24 小时。确实需延长循环储存时间的，必须经过严格的验证来确认。

4. 反渗透设备前为什么多选软化而不是加阻垢剂?

反渗透膜是反渗透系统的关键设备，系统长时间运行时，水中的钙、镁离子会不断地析出并在反渗透膜表面附着，形成结垢堵塞膜孔，这样会影响反渗透系统的出水效率，损坏反渗透膜。由于反渗透膜比较昂贵，所以在系统运行中往往要增加一段加药系统，在水中投加反渗透阻垢剂，延缓钙、镁离子的析出和膜面结垢。

阻垢剂的作用原理是使易结垢物质暂时不结垢而随浓水排出，使用方便但验证困难。由于阻垢剂生产厂家往往不公开其专利，不能明确阻垢剂的成分，不易在后续环节证明其是否有效去除，因此更提倡在反渗透机组前加软化器，提前对易结垢离子进行置换，达到软化目的，从而减少系统结垢[7]。

软化器通过离子交换过程去除原水中的钙、镁离子，其所采用的树脂为钠型阳离子交换树脂。在软化器的离子交换过程中，水中钙、镁离子被 RNa 型树脂中的 Na^+ 置换出来后留在树脂中，使离子交换树脂由 RNa 型变为 R_2Ca 型或 R_2Mg 型树脂，使原水变成软化水后出水硬度大大降低。软化树脂通常使用氯化钠进行再生处理。一般软化器需布置两个，当其中一个进行再生时，系统可切换至另一个继续运行。

5. 注射用水的生产方法有哪些?

注射用水是无菌生产工艺中最为重要的一种原料,同时在设备或系统的清洗过程中会被大量使用。由于注射用水储存与分配单元无任何净化功能,因此注射用水制备系统的产水水质均需要高于 2020 年版《中国药典》要求。如药典要求注射用水细菌内毒素极限值为 0.25EU/ml,企业注射用水产水内控标准一般不会超过 0.1EU/ml。

注射用水可通过蒸馏法、纯化法(反渗透 + 终端超滤)等获得,各国明确规定了注射用水生产方法。

《中国药典》规定:注射用水为纯化水经蒸馏所得的水。

《美国药典》规定:注射用水经蒸馏法,或与蒸馏法相比,在移除化学物质和微生物水平方面效果相当或更优的纯化工艺制得。

《欧洲药典》规定:注射用水通过符合官方标准的饮用水制备,或者通过纯化水蒸馏制备,蒸馏设备接触水的材质是中性玻璃、石英或合适的金属,装有预防液滴夹带的设备。2016 年 3 月 15—16 日,欧洲药典委员会特别针对注射用水进行专项修订,允许采用相当于蒸馏法的纯化工艺制备注射用水。

6. 多效蒸馏水机有什么特点?

我国目前仅认可纯化水蒸馏法生产注射用水。随着技术的进步,蒸馏法大致经历了单效蒸馏、热压蒸馏、多效蒸馏 3 个阶段[3]。多效蒸馏水机是目前最常用的注射用水生产设备,与单效蒸馏和热压蒸馏相比有以下特点(表 1-12-5)。

表 1-12-5 蒸馏设备的比较

性能	单效蒸馏(塔式)	热压蒸馏水机	多效蒸馏水机
电耗	低	高	低
蒸汽消耗	非常高	低	高
冷却水消耗	非常高	低	高
原水要求	高	中	高
投资成本	低	高	低
运行温度	中	中	高
单台产能	低	高	高
运行噪声	低	高	低
结垢风险	中	中	高

多效蒸馏水机的工作原理是让充分预热的纯化水通过多级蒸发和冷凝,排除不凝性气体和杂质,从而获得高纯度的注射用水。多效蒸馏水机属于塔式蒸馏水机(单效蒸馏)在节能环保方面的升级产品。经过每效蒸发器所产生的纯化蒸汽都是下一效加热所用,未被蒸发的纯化水会被输入下一效作为原水,直至最后仍未蒸发的作为废液排出。被蒸发的纯蒸汽继续在蒸发器底部的汽 - 液分离装置进入纯蒸汽管路,进入下一效被吸热后凝结成注射用水。注射用水和纯蒸汽混合物经过第二级冷却(纯化

水为冷媒）和第一级冷却（冷却水为冷媒）后，经在线电导率检测后按设定温度进入分配系统。常规多效蒸馏水机效数为 3～8 效，效数越多，节能效果越好。但是效数越多会增加投资成本，需要根据注射用水所需用量、投资成本、蒸汽和冷却水消耗综合考虑。

7. 多效蒸馏水机的双管板机构是什么样的？有什么特点？

为了避免工业蒸汽泄漏于纯化水之间或窜入二效造成交叉污染，多效蒸馏水机的一效蒸发器、全部的预热器和冷凝器均需要采用双管板结构设计（双管板换热器）。双管板是指在两块板片之间有一定的间隙可以方便观察、检测是否发生泄漏。泄漏直接接通大气而非进入工艺流中。当然，双管板结构设计并不能解决管路故障产生的相关问题。如果能够确保较高纯度的流体始终具有相对更高的压力，可以使用单管板换热器，如多效蒸馏水机的二效与末效之间。

换热管与管板的连接方式有胀接、焊接、胀焊并用等型式，也有其他可靠的连接方式。常用的术语包括：强度胀接、贴胀、强度焊及密封焊。

强度胀接：系指为保证换热管与管板连接的密封性能及抗拉脱强度的胀接。

贴胀：系指为消除换热管与管孔之间缝隙的轻度胀接。

强度焊：系指保证换热管与管板连接的密封性能及抗拉脱强度的焊接。

密封焊：系指保证换热管与管板连接密封性能的焊接。

对于双管板换热器，内、外管板的连接形式主要有两种。第一种是采用焊接与胀接结合的方式，目前国内大多数企业都采用内管板胀接与外管板焊接相结合的方式（内胀外焊）。第二种是内管板和外管板都采用胀接的方式（双胀接）。双胀接法加工精度要求较高，属于物理加工方法，为国际上较先进的热交换器加工工艺。胀接法通过胀管器将列管与管板进行连接固定，能够很好地杜绝换热器焊接引起的化学晶间腐蚀。

8. 多效蒸馏系统的基本要求有哪些？

多效蒸馏系统要正常运行，必须满足以下基本要求：

多效蒸馏水机必须承受 0.8MPa 或更高的压力；压力容器设计符合 GB/T 150.3—2011《压力容器 第 3 部分：设计》或其他可被接受的压力容器法规标准。

多效蒸馏水机应具有在线消毒功能，蒸馏水机的一效、末效应有液位超高自动排放功能。

各效具有下排功能，末效浓水应具有防倒流功能。

冷凝器应采用双管板结构，且冷却水和蒸馏水双侧应检测压力，保证蒸馏水一侧具有较高压力，防止冷却水和蒸馏水可能出现的交叉污染；冷却水最好是软化水或纯化水，减少冷凝器内管结垢而影响传热效率；冷凝器的安装要有一定的倾斜角，控制残留量≤3%；冷凝器排空装置应装有 0.22μm 的疏水性除菌过滤器。

9. 多效蒸馏水系统运行控制要求有哪些？通常的检测和报警项目有哪些？

多效蒸馏水机应实时记录出水温度、电导率（在线或离线）、总有机碳（TOC）等注射用水水质指标监测。

如果没有电导率、总有机碳的监控手段，一般至少应检查 pH、氯化物、氨、易氧化物等指标。检测频次应该根据验证来确定，一般至少每 2 小时检测一次。应特别关注检查氨对照管所用的无氨水的制备或来源、现场无氨水的储存条件、无氨水的规定有效期等。

同时工业蒸汽的压力、原水进水压力、一效液位、冷凝器冷却水的进出压力和温度等系统运行参数也需要进记录。

每次停机或开机，应将冷凝器、进水管道和水泵、排水管等滞留纯水排空；每隔 1～2 年应使用清洗剂对设备进行除垢。

目前多效蒸馏系统一般都具备了在线检测功能，提供警戒限度和纠偏限度报警（表 1-12-6），并能实时存储数据备查，同时具有数据输出或打印功能。

表 1-12-6　多效蒸馏系统通常的在线检测和报警项目

检测项目		报警项目
温度	各效蒸发器的温度检测	
	原料水的温度检测	
	原料水预热终端温度检测	
	注射用水的温度检测	高低报警提示、不停机
	一效蒸发器凝结水温度检测	超设定值报警、停机
压力	工业蒸汽的压力检测	压力低报警提示、不停机
	冷却水压力检测	压力低报警提示、不停机
	压缩空气的压力检测	压力低报警、停机
液位	原料水进水液位检测	液位低报警、停机
	一效蒸发器液位检测	液位升高报警提示，不停机，延时后如不回落自动下排
	末效蒸发器液位检测	液位升高报警提示，不停机，延时后如不回落自动下排
	注射用水储罐液位	上限报警提示、停机
水质监控	原水电导率检测	超设定值报警、停机
	注射用水电导率检测	超设定值报警、停机
	注射用水 pH 检测	超设定值报警、停机
	注射用水 TOC 检测	超设定值报警、停机

10. 制药用水系统设计应遵循什么原则？

制药用水作为制药工业中应用最广泛的工艺原料，参与了制药工业生产过程。其包括中药材的清洗、提取、纯化，原料药的生产，制剂的生产等工程。它同时用作药品的组成成分、溶剂、稀释剂等；同时用于制药设备的清洗和系统的清洗，是药品生产过程中直接影响因素。维持制药用水系统质量的稳定、可控，必须在设计阶段进行充分考虑，贯彻质量源于设计的理念。在制药用水系统设计过程中，必须遵循防止微生物污染和控制颗粒物符合要求的原则[7-8]。

微生物污染是制药工业工艺用水中特别关键的问题，无论要求最高的注射用水还是普通的纯化水，都应该严格控制水系统中的微生物污染水平。

制药用水系统包含制水单元、储存单元和分配单元，一个良好的制药用水系统的设计需兼顾法规、系统质量安全、投资和实用性等多方面，必须杜绝设计风险和设计过度的发生。在合理的成本投入下，采用能最大限度降低运行风险和微生物风险的设计特性。

制药用水系统的设计必须考虑到以下几个因素：原水水质、水质质量要求、工艺选择、安装要求、运行及验证要求等，要尽量避免死角、盲管和水滞留部位的产生。

11. 制药用水系统发生微生物污染的原因有哪些？怎样有效预防制药用水系统的微生物污染？

制药用水系统发生微生物污染的原因分为外源性原因和内源性原因。外源性原因又分为以下几方面[7]：

（1）原水（进料水）的质量必须达到饮用水的要求。饮用水中的大肠埃希菌已经得到控制，但是还可能存在其他大量微生物，如革兰氏阴性菌和嗜热菌。这些微生物可能不利于下一步制药用水的生产。

（2）储存罐的排气口没有使用带除菌过滤器的呼吸阀，或者除菌过滤器有破损。

（3）水系统的出水口被污染，且发生了倒吸。

（4）水系统管道连接有泄漏。

内源性微生物污染主要出现在分配系统上。在分配管道不够光洁的内表面、阀门和其他区域可能的死角处，微生物容易大量繁殖，形成生物膜，成为制药用水系统内部持久性的微生物污染源。

要预防制药用水的微生物污染，首先，应该在设计方面进行考虑，计算好制水能力、储罐周转率；其次在制造阶段要注意设备、储罐、管路的材质和表面处理工艺；再次，在制药用水系统的安装过程中要避免水系统管路出现死角，要符合 3D 标准（$L/D<3$），且管路应该有符合要求的坡度；最后，在制药用水系统运行过程中要始终维持系统的正压，保持系统处于高于或低于微生物易繁殖的温度（注射用水静态保存条件为高于 80℃或低于 4℃、循环温度为高于 70℃或低于 4℃），保证有足够的循环流速，不超过验证确定的用水时限，定期按照规定对系统进行清洗、消毒和维护保养。

12. 纯化水和注射用水有哪些典型的分配方式？

纯化水和注射用水的储存与分配系统是整个制药用水系统中的关键部分，直接影响到药品生产的合格与否。制药用水系统根据使用温度的不同分为 3 种，包括：热水系统、常温水系统、冷水系统[9]。国际制药工程协会（ISPE）推荐了 8 种常用的典型制药用水分配形式。

（1）热储存、热分配：适用于要求很严格的微生物控制，制得水为热水，所有使用点要求是热水的情况。其优点是储罐和管路需要的消毒频率较低，缺点是无法提供常温水。

（2）热储存、冷却分配再加热储存：适用于要求严格控制微生物，制得水为热水且没有时间来进行消毒的情况。其优点是不需要冲洗，水消耗量小；缺点是能量消耗大，不论是用水点、在用水都需要启动冷却与再加热。

（3）热储存、冷却分配：适用于制得水为热水、用水点要求水温较低，能量消耗控制严格的情况。其优点是不需要消耗大量的能量，缺点是不适用于微生物控制要求高的使用点，比如注射剂。

（4）常温储存、灭菌冷却常温分配：适用于水在常温制得，且在常温下使用，有足够消毒时间的情况。其优点是系统资金投入和运营成本最低，缺点是消毒时间较长，仅适用于对微生物要求相对较低的药品生产，如普通口服制剂、普通外用制剂。

（5）单罐储存、冷分配和热分配平行管路系统：适用于需要提供多种水温要求的场合，制药用水在平行分配管路上分别通过加热器经用水点后回储罐，或通过冷却器经用水点后回储罐。其优点是一次性投资成本和运行成本相对较低，可同时满足多个温度要求，缺点是热循环和冷循环的流量平衡要求很严格。

（6）分批多储罐再循环系统：适用于较小的制药用水系统，用水前需要做水质检查。其缺点是投资和运行成本较大，不能满足较大用水需求。

（7）带臭氧处理的储存与分配系统：适用于生产允许周期性的自动化消毒，所有用户都不在现场。其优点是 0.02～0.2mg/L 的臭氧浓度能防止水的二次污染，缺点是产品受臭氧影响，使用前臭氧需完全除尽。

（8）带节流限制的分支 / 单向系统：适用于资金投入小，对微生物要求不严格、持续不断用水、管道经常进行冲洗消毒的情况。其缺点是管路存在死水，需要经常冲洗消毒而影响使用。目前在制药工厂中已经很少见这一种分配系统，部分研究机构或实验室可以用这一系统制备试验用水。

制药用水储存与分配系统还要根据实际用水点的多少和循环距离来选择，一般不建议整个循环管路超过 400m。如果确实有较多、较长的用水点需求，宜采用独立的循环管路设计。

13. 制药用水储存与分配系统有哪些主要组件?

制药用水储存与分配系统所涉及的主要组件有：储罐及储罐附件、输送泵、换热器、阀门、循环管路、使用点等[9]。

储罐广泛采用立式储罐和卧式储罐两种类型，根据是否进行在线灭菌又分为受压储罐和常压储罐。储罐的附件有呼吸过滤器、在线清洗装置（喷淋球）、取样阀、温度指示装置、液位计、压力表、安全阀等。国内部分企业对受压储罐的要求仅为耐正压，存在瘪罐的风险。

输送泵应采用 316L 不锈钢制造（接触水部位），电抛光并钝化处理，具有易拆卸的结构，能耐受热压消毒的工作压力，能在含蒸汽的湍流热水下稳定工作。此外，注射用水输送泵的密封应尽量采用加注射用水润滑冲洗的双端面密封结构。输送泵体的底部应有排余水的排水阀。输送泵的最大流量和扬程要能满足峰值用水需求，且能保证喷淋球 CIP 工作压力达到 0.15MPa 以上。

换热器应为卫生级结构，常用的有双管板管壳式换热器、双壁板板式换热器、卫生级套管式换热器等。换热器的接头应为卫生级接头，某些热交换器用于冷却使用点的水温，在不适用冷注射用水时，冷却水不得排出。

纯化水注射用水系统目前的趋势是采用隔膜阀。水平方向上的隔膜阀必须旋转一定角度安装，才能保证没有积液。

制药行业的国际管道工业标准有德国卫生级管道连接标准（DIN11850）、日本不锈钢卫生管标准（JIS G3447—2012）、日本配管用不锈钢钢管标准（JIS G3459—2018）、标准卫生管

（ISO2037）、瑞典不锈钢管道及接头标准（SMS3008）、美国机械工程协会生物加工设备标准（ASMEBPE—2005）等。国内制药行业常选用ISO2037标准，循环管道和阀门在选用时应采用统一标准，以免焊接困难。循环管路在安装时一般要取1%的排水坡度。ASMEBPE标注要求较短管道坡度应>2%，较长管道坡度为0.5%～1%。管路除了焊接，还有卫生快开连接和法兰连接方式。循环管路系统常用垫片及优缺点，见表1-12-7。

表1-12-7　循环管路系统常用垫片及优缺点

项目	行业实例	优点	缺点
垫片	人造橡胶	耐高温、不贵	不耐化学品
	硅橡胶	耐高温、不贵	不耐化学品
	三元乙丙橡胶	耐高温、不贵	不适宜蒸汽灭菌
	聚四氟乙烯	最耐高温、惰性的	材料贵
	聚四氟乙烯夹层	耐高温好、耐化学品	材料较贵，不抗解压

14. 制药用水储存与分配系统的材质选用应注意什么？

制药用水储存与分配系统的储罐、管道、阀门、管配件等一般采用SUS304或316L的不锈钢材质，内壁抛光并做钝化处理。管道采用焊接（氩弧焊、高频焊、激光焊）或双面抛光卡箍式快接不锈钢管道。与SUS304不锈钢相比，316L不锈钢具有含碳量和含硫量更低，更容易获得优质焊接质量，更耐腐蚀的特性。因此，316L不锈钢在国内外制药用水系统中得到了更广泛的应用。

常温制药用水系统中也可以使用非金属材料的管道与管件。对于非药典规定的制药用水系统，如纯化水机的预处理阶段，可使用较便宜的塑料进行制造。如聚丙烯（PP）、聚氯乙烯（PVC）、聚乙烯（PE）、聚四氟乙烯（PTFE）、ABS合成树脂等。聚偏氯乙烯（PVDF）具有较好的化学惰性和耐腐蚀性，抗微生物黏附性能优异，耐温性和耐压性也能满足常规灭菌条件，同时由于焊接容易、易于安装，无须钝化，也可以用于输送高纯度的制药用水。

15. 制药用水生产过程中容易出现长死水段的部位有哪些？

制药用水系统生产过程中有一些出现长死水段的部位，如制水机出水口至储罐段，多效蒸馏水机原水的接入处。不合理的纯蒸汽接入方式，选用不恰当的储罐呼吸器、压力表也会因凝水滴落产生死水。此外，配料、料桶自动清洗机、超声波洗瓶机、液体灌装机、洁净衣洗衣机等用水点也容易出现长死水段。

如果死水段不可避免，应该安装余水排放装置。对于洗瓶机、灌装机之类的用水对象，设备往往布置在洗瓶房间的中央，循环管布置为靠墙铺设，因此死角很难避免。当设备停止工作时会有一段积水，应采用特殊的消毒手段进行处理（如方便拆卸的快接方式，管路可拆卸清洗消毒）。

16. 制药用水系统的消毒与灭菌方法有哪些？

制药用水系统中的微生物指标会随着时间的推移而增长，微生物污染是制药用水系统最常见、最易发生的污染。2020年版《中国药典》规定，纯化水微生物限度为100cfu/ml，注射用水微生物限度为10cfu/100ml。要保证纯化水和注射用水系统中的微生物指标能满足《中国药典》和生产质量的限度要求，使用者应采用合适的微生物抑制手段进行周期性的消毒或灭菌，以保证水中的微生物符合《中国药典》的要求。消毒或灭菌的方法分为物理法和化学法两类[10]。

制药用水系统常用的物理消毒与灭菌方法有热力法（巴氏消毒、纯蒸汽灭菌、过热水灭菌）和紫外线辐射法。这类物理消毒与灭菌方法的优点是不会在工艺用水系统中产生影响水质的残留物。因此，物理法是制药用水系统消毒与灭菌的首选方法。生产中可根据被灭菌物品的特性，采用一种或多种方法的组合。

制药用水系统另一消毒与灭菌方法是化学法，使用化学试剂消毒。常用消毒剂有次氯酸钠、次氯酸钙、次氯酸水、二氧化氯、臭氧、过氧化氢和高锰酸钾等。由于这些化学物质的半衰期较短，特别是臭氧，在消毒过程中要不断地补充这类消毒剂。

17. 使用巴氏消毒时，要注意哪些问题？

巴氏消毒是由法国科学家巴斯德发明的。巴氏消毒主要利用高温凝固微生物细胞内部的一切蛋白质，钝化其酶系统，造成细菌细胞的死亡来达到消毒目的。巴氏消毒利用的是病原体不耐热的特点，用适当的温度和保温时间处理将其全部杀灭。需要注意的是，经过巴氏消毒后仍保存了小部分无害或有益、较耐热的细菌或细菌芽孢。因此，巴氏消毒不是无菌处理过程。

纯化水的储存与分配系统主要通过储罐的夹套通入工业蒸汽加热或者循环管路主管上的热交换器进行加热升温。由于储存与分配系统整个循环管路较长，导致其消毒操作的时间相对较长，常采用80℃以上的热水循环1～2小时来进行该系统的巴氏消毒过程。

在进行纯化水储存与分配系统的巴氏消毒过程中，各用水点要停止使用。要保证工业蒸汽的压力稳定，且要选择加热面积足够的换热器才能保证循环管路中的水温达到巴氏消毒设定温度。如果仍出现个别部位水温不够的情况，还需要对循环管路进行保温，增加了整个制水系统的投资，这也是巴氏消毒的另一个缺陷。

18. 使用臭氧杀菌时，应注意哪些问题？

臭氧是一种广谱杀菌剂，通过氧化作用破坏微生物膜的结构而达到杀菌效果，可有效杀灭细菌繁殖体、芽孢、病毒和真菌等，并可以破坏肉毒杆菌毒素。

作为制药用水系统消毒剂的臭氧浓度常在0.02～2ml/m³，通常使用的浓度范围在0.08～0.2ml/m³。在使用臭氧杀菌时有以下问题需要注意。

（1）臭氧灭菌适用于水质及用水量相对稳定的系统，当水质或用水量发生变化时要及时调整臭氧用量。

（2）由于臭氧的不稳定性，极易与水中的TOC发生反应，降低臭氧的有效浓度，因此需要在长管道或者多管道系统的多个点注入臭氧来保证臭氧目标浓度。

（3）臭氧能刺激人的呼吸系统，造成呼吸系统的应激反应，严重时会造成可逆性伤害，因此在进行臭氧消毒时要注意对操作人员的保护。一般会在储罐的呼吸器出口采用活性炭吸附避免臭氧外溢。

（4）在用水前要注意监测制药用水系统中的臭氧残留，避免残留臭氧对人员和药品造成不良影响（臭氧的强氧化性会氧化药物）。一般采用加热方式或 253.7nm 的紫外线灯照射对臭氧进行破除。

目前制药用水系统上已广泛采用电解水臭氧发生器，利用循环管路的纯化水进入反应单元的阳极室，在较低电压下电解产生臭氧，臭氧直接进入循环管路来进行杀菌。在使用电解水臭氧发生器时，也要注意电极使用寿命，发生器工作电压、电流是否稳定等事项。

19. 使用紫外线杀菌时，应注意哪些问题？

紫外线杀菌是通过减慢系统中新的菌落生长速度从而抑制生物膜的生成，但其只对浮游生物部分有效。足够剂量的紫外线会破坏微生物的 DNA 结构而起杀菌作用，但是紫外线并不能消除已经形成的生物膜。因此紫外线杀菌不是一个有效的消毒方法，必须和常规的热力或化学消毒法联用[10]。此外，使用紫外线杀菌可以促进臭氧和过氧化氢降解，降低二者在水系统中的残留。

紫外线的强度、光谱波长和照射时间是紫外线杀菌的决定性因素。研究表明波长在 253.7nm 的紫外线杀菌能力最强，因此要求紫外线杀菌灯的辐射光谱集中在 253.7nm 左右。此外，还有以下问题需要注意。

（1）流量：在紫外线杀菌器的功率不变情况下，水系统的流量对紫外线杀菌效果有较显著的影响，流量越大，流速越快，被紫外线照射的时间越短，杀菌效果越弱。因此要尽量稳定水系统的流量。

（2）紫外线灯灯管功率：灯管实际点燃功率对杀菌效率影响很大。随着灯管工作时间的增加，灯管实际辐射能量也随之降低。试验证明，1 000W 的紫外线灯灯管工作 1 000 小时后，其辐射能量降低 40% 左右。要注意灯管实际工作时间和辐射能量，一般低于原功率的 70% 必须更换。目前常用的紫外线杀菌装置均带有累计时间和强度报警功能，要按照使用规定及时更换灯管。

（3）水层的厚度：水层的厚度同紫外线杀菌效果有很大关系。稳定的流速和紫外线灯灯管功率情况下，水层越厚则杀菌效果越差。要根据系统流量选择合适直径的紫外线杀菌装置。

（4）紫外线杀菌器的安装位置：要严格按照进出水的方向安装，不能将紫外线杀菌器安装在紧靠水泵出口处，防止损坏石英玻管和灯管。

20. 纯蒸汽怎样制备？怎样用于制药用水系统的灭菌？

纯蒸汽灭菌是采用湿热灭菌的原理和方法，对主要工艺用水系统进行灭菌处理。纯蒸汽为纯化水在换热器中通过工业蒸汽加热到 121℃以上制得。进行纯蒸汽灭菌时，主要有 4 个阶段。

（1）排气阶段：在罐体内通入纯蒸汽，置换罐体内部不凝性气体。

（2）加热阶段：关闭呼吸器，继续通入纯蒸汽，将系统温度从 90℃加热至 121℃。

（3）灭菌阶段：在 121℃温度下维持 30 分钟。确保罐体温度、管网温度和呼吸器及其他疑似冷点灭菌温度都能达到 121℃才能开始计时。

（4）冷却阶段：关闭纯蒸汽阀门，采用自然降温或洁净压缩空气降温，按照预定速度降温至设定温度。

纯蒸汽灭菌的优点是时间短、汽化潜热、系统简单。纯蒸汽本身无残留，不污染环境，不破坏产品表面，容易控制和重现，被广泛用于纯化水系统和注射用水系统以及无菌制剂配液、灌装等设备的灭菌过程。纯蒸汽可以杀死一切微生物，包括细菌的芽孢、真菌孢子或其他休眠的耐高温个体。若增加灭菌温度，灭菌时间还能大大缩短。但是，使用纯蒸汽灭菌时要及时排放温度低的冷凝水。

21. 过热水灭菌是怎样进行的？有什么优点？

过热水灭菌是另一种典型的湿热灭菌法，其原理是利用高温、高压的过热水进行灭菌处理，可以杀灭一切微生物。注射用水系统过热水灭菌过程主要有以下4个阶段。

（1）注水阶段：在罐体内注入约1/3体积的注射用水。

（2）加热阶段：启动循环系统，利用双管板换热器或罐体夹套中通入工业蒸汽，将注射用水从80℃加热到121℃。

（3）灭菌阶段：在121℃温度下维持30分钟。确保罐体温度、管网温度和呼吸器及其他疑似冷点灭菌温度都能达到121℃才能开始计时。

（4）冷却阶段：开启冷却水控制程序，循环注射用水按预定温度降温至设定温度。

与纯蒸汽灭菌相比，过热水灭菌不用考虑最低点冷凝水排放问题。因为高压热水循环流经整个系统，不会因为冷凝水排放不及时而引起灭菌死角的产生。此外过热水灭菌时，容器内气相为高压饱和蒸汽，可有效实现注射用水储罐或配液储罐的反向在线灭菌。

22. 储罐和管道阀门怎样清洗和消毒？

纯化水系统连续运行时，需要每周定期对储罐及管道、阀门进行一次清洗消毒，系统运行超过15天、系统停止运行24小时以上，水质超过警戒线时［电导率：2.0μs/cm（25℃），细菌、霉菌和酵母菌总数：50cfu/ml］，须及时消毒。即在生产前配制1%氢氧化钠溶液循环冲洗，具体操作如下。

（1）开启纯化水泵，使氢氧化钠溶液在储罐内混合均匀后开启供水阀，使氢氧化钠溶液在管路中循环30分钟以上。

（2）开启纯化水制备，使用新制备的纯化水对储罐和管道进行冲洗，反复冲洗至符合纯化水标准要求的pH，清洗用水排尽。

（3）制备约2/3储罐的纯化水，开启电解水臭氧发生器，关闭紫外线杀菌器，开启循环泵将纯化水在管道中循环消毒1小时。

（4）开启紫外线杀菌器，继续保持水循环，破坏水中残留臭氧。

（5）排尽储罐和管道中被消毒纯化水，重新制备纯化水，反复冲洗储罐和管道30分钟以上。

23. 活性炭过滤器怎样消毒？

纯化水系统的活性炭过滤器应通过验证来确定消毒频次，一般情况下1个月1次。活性炭过滤器消毒采用巴氏消毒法，消毒的具体步骤如下。

（1）关闭原水泵，停止运行。

（2）排尽活性炭过滤器中残留的水，关闭活性炭过滤器进水和出水阀门。

（3）先开启排气阀，再缓缓打开蒸汽进气阀，控制蒸汽进气压力为0.1～0.15MPa。

（4）开启循环泵，观察排气口排气温度达到 80℃时开始计时，消毒时间应在 30 分钟以上。

（5）消毒结束后，关闭蒸汽进气阀门和排气阀门，并将上排阀保持开启，待过滤器罐体冷却至室温后关闭上排阀。将活性炭过滤器的余水排尽，再对其进行反、正冲洗。

活性炭根据日常监测的数据来判断是否更换（余氯≥0.1%，COD 超过标准），一般使用 6～12 个月要更换一次。

24. 反渗透装置怎样清洗消毒？

反渗透装置随着系统运行性能会有一定的下降，当出现出水量下降明显、给水压力明显增大、产品水质明显降低等情况，应对反渗透（RO）系统进行化学或物理清洗。

确定清洗前对 RO 膜上附着污染物的化学分析十分重要，根据分析结果选择合适的清洗剂和清洗方法。最简单的物理清洗方法是采用低压高流速的膜透过水冲洗 30 分钟，这可使膜的透水性能得到一定程度的恢复，但时间长了透水率仍然下降，也可用水和空气混合流体在低压下冲洗膜表面 15 分钟，用这种方法清洗初期受有机物污染的膜是有效的。当污染严重时需要采用化学清洗方法，化学清洗法又分为如下几类：

（1）枸橼酸溶液：在高压或低压条件下，用 1%～2% 枸橼酸水溶液对膜进行连续或循环冲洗，这种方法对 $Fe(OH)_3$ 污染有很好的清洗效果。

（2）枸橼酸铵溶液：枸橼酸的溶液中加入氨水或配成不同 pH 的溶液，也可在枸橼酸铵的溶液中加 HCl，调节 pH 至 2～2.5，用这种溶液在膜系统内循环清洗 6 小时。该溶液对金属氧化物的污染清洗效果均很好，但清洗时间较长。

（3）加酶洗涤剂：用加酶洗涤剂处理膜，对有机物污染，特别是对蛋白质、油类等有机物污染特别有效，若在 50～60℃条件下清洗效果更好，一般在运行 10 天或半个月后用 1% 加酶洗涤剂在低压条件下对膜进行一次清洗，由于所用加酶洗涤剂浓度较低，所以要求浸渍时间长一些。

（4）浓盐水：对胶体污染严重的膜采用浓盐水清洗是有效的，这是由于高浓度盐水能减弱胶体间的相互作用，促进胶体凝聚形成胶团。

（5）水溶性乳化液：用于清洗被油和氧化铁污染的膜十分有效，一般清洗 30～60 分钟。

当系统内细菌或有机物污染已达到无法接受的程度时，就必须对 RO 系统进行消毒。常用的消毒液有 2.0% 甲醛溶液、0.3% 漂白粉溶液、3.0% 过氧化氢溶液。

25. 制药用水系统要做哪些维护和保养？

制药用水系统的制水性能、产品水质与系统的维护保养是离不开的。系统或各单元的维护周期应该通过验证来确认，形成可靠的维护保养计划并严格执行。系统的维护和保养主要有以下内容。

（1）机械过滤器的维护和保养：机械过滤器的保养属于日常保养，每天开机前按其操作程序进行反洗和正洗。

（2）活性炭过滤器的维护和保养：活性炭过滤器每周需按照保养程序进行反洗和正洗，每次 15～20 分钟。达到验证确定的消毒周期时，还需要对活性炭过滤器进行消毒。每半年或一年还应该更换活性炭。

（3）钠离子软化器的维护和保养：钠离子软化器经过一段时间运行后树脂会失效，必须进行再生。系统运行时每年还应补充约 5% 的新树脂，如果添加树脂或再生都达不到合格要求，则需要更换新的树脂。

（4）保安过滤器的维护和保养：当保安过滤器进水压力大于 0.1MPa 时，应清洗或更换滤芯，以确保 RO 装置正常运行。清洗时可将过滤器出水口连接进水管进行反向冲洗 30 分钟以上，冲洗完检测压差仍大于 0.1MPa 则应对滤芯进行更换。若进出水压力为 0MPa 时，应检查滤芯是否破损并及时更换。

（5）反渗透装置的维护和保养：反渗透装置的维护和保养分为运行保护与停机保护两种情况。其中，运行保护主要有开停机时使用低压水对膜元件的预冲洗，定期对原水的水质进行检测，根据实际情况在原水处理时调整絮凝剂、杀菌剂等的加药量，减少反渗透膜的各种负载。停机保护又分为短期停运和长期停运，一般不建议反渗透装置长期停运。无论是运行保护或停机保护，都应该按照设备制造商提供的维护保养手册来严格执行。

（6）精密过滤器的维护和保养：当精密过滤器进水压力大于 0.1MPa 时，应清洗或更换滤芯。清洗时需将滤芯取出，用清水将滤芯外表面洗净后，在 1%～3% 的草酸溶液中浸泡 24 小时以上，取出再次用纯化水冲洗干净后再安装。滤芯清洗后压差仍然很大或有损坏就应更换滤芯。

（7）多效蒸馏水机的维护和保养：在机器的运行过程中，应随时检查蒸发器及一效预热器疏水阀的排水效果，并视情况进行清洗或更换疏水阀。应定期提拉安全阀手柄以检查该阀的效果。蒸馏水机在长期运行后，如果生产能力下降或水质下降，确信有污垢沉积在换热管表面时（重点是一效蒸发器与冷凝器），应考虑机器清洗，使之恢复正常状况。

26. 多介质过滤器在制药用水生产中常见有哪些故障？如何解决？

多介质过滤器是利用一种或几种过滤介质，在一定的压力下使浊度较高的水通过一定厚度的粒状或非粒状材料，从而有效除去悬浮杂质使水澄清的过程，常用的滤料有石英砂、无烟煤、锰砂等。多介质过滤器主要用于制药用水制备时的原水预处理。在制药用水生产过程中，多介质过滤器常发生的故障和解决办法如表 1-12-8 所示。

表 1-12-8　多介质过滤器常见故障及解决办法

进出水压力	流量	现象	解决办法
过高	下降	流量下降	大反洗
不变	不变	滤料跑漏	检查水器
不变	不变	过滤效果差	更换滤料

27. 活性炭过滤器在制药用水生产中常见有哪些故障？如何解决？

活性炭过滤器在运行过程中会出现压力增加、流量减小、水质变差等不良现象。操作者要随时根据日常监测情况对活性炭过滤器进行维护处理，其常见的故障及解决办法如表 1-12-9 所示。

表 1-12-9　活性炭过滤器常见故障及解决办法

压力	流量	现象	解决办法
过高	下降	流速降低	对过滤器进行大反洗或检查上部水器是否堵塞
不变	不变	水质下降，余氯>0.1%	更换活性炭
不变	不变	水质下降，细菌超标	进行巴氏消毒
不变	不变	净水出口有炭粒	更换上部封头滤网
不变	不变	反冲洗排污出现炭粒	更换下部封头滤网

28. 反渗透装置在制药用水生产中常见有哪些故障？如何解决？

反渗透装置是制药用水系统中最重要的工作单元，其常见故障有以下几方面。

（1）反渗透盐透过率增高，产水量下降，段间压力增大，膜组件质量显著增加。故障原因往往是金属氧化物污染、胶体污染、无机盐或淤泥污染，需要通过解析被污染的膜元件，选择合适的清洗方式，同时要改善预处理工艺。

（2）反渗透盐透过率和产水流量增加，但进水和浓水压力差正常。故障原因主要是膜元件发生了有机物污染，需要改善系统预处理工艺，并同时采用碱性清洗液进行系统清洗。

（3）开始盐透析率不变，运行一段时间后持续增加，进水和浓水压力差增大，产水量下降。故障原因主要是膜元件发生了生物污染，需要改善预处理工艺，并对系统进行碱洗，再用杀菌清洗剂配制清洗液进行消毒处理。

（4）盐透过率高，产水量正常，各段间压力差增大。故障原因主要是设计或运行不合理，引起反渗透系统的过分浓度差极化。需要核验反渗透系统浓淡水比例和运行回收率，进一步确认，通过加大反渗透浓水运行流量，降低系统回水率。另外，系统膜元件的 U 形密封圈损坏或系统配管方式不合理也可能引起该现象，若有发现需立即更换或调整。

（5）盐透过率增大，产水量增大，压力差降低。故障可能原因是膜元件被浓水中无机盐结晶划伤，需要通过改善预处理系统、调整系统水回收率，选择更有效的阻垢剂。

（6）盐透过率增大、产水量增大，进水和浓水压力略降低或正常。故障原因是 RO 膜被水中氧化物质氧化引起性能退化。需要改善预处理系统，增加氧化还原电位检测，更换严重退化的膜元件。

29. 多效蒸馏水机常见有哪些故障？如何解决？

多效蒸馏水机是生产注射用水的关键设备，生产过程中常见的问题如下。

（1）一次凝结水堵塞。

原因：由于蒸汽管道多用铁制品，锅炉原料水为软化水，其中含有化学介质，长期运行会把蒸馏水机一次凝结水阀门处堵塞（或疏水器）。

现象：视镜水位上升，蒸汽压力表显示极高，各效温度下降。

解决办法：把疏水器（阀门）拆下来清洗后，重新安装即可运行。

（2）水样中有红黄色物质。

原因：一效蒸发器内壳层有渗漏。一次凝结水管路与浓水管路连接后产生负压。纯化水中的总固物超标。

现象：水样经 0.22μm 滤膜，滤膜上出现淡黄色或肉红色物质。

解决办法：对蒸发器做气密试验。给一效蒸发器加满水后，从一次凝结水管路打压并保压30分钟。把一次凝结水与浓缩水管路分开安装，重新生产纯化水。

（3）水泵声音异常。

原因：纯水罐中无水。水泵没有排空。水泵中进入杂质。

现象：水泵声音异常，纯水压力表无显示。电机温度迅速上升或电控箱自动断电。

解决办法：检查纯水罐、生产足够的纯化水。停机给水泵排空。检查电源、确认无断相。把泵体拆开、清除杂物。

（4）密封处漏气、渗水。

原因：聚四氟乙烯垫片受热定型所致。

现象：漏点渗水或漏气。

解决办法：用扳手等工具重新紧固即可。

（5）连续性热源不合格。

原因：冷凝器中的冷却水管或纯化水管路有渗漏。预热器有渗漏。

现象：如果冷却水管路渗漏，在给冷却水时电导率会升高，直至超线，用硝酸银做沉淀试验会有白色沉淀物出现，做水质检测热源超标，其他生化指标不稳定。

解决办法：把取样阀门打开以排净蒸馏水机内部的余水，把预热器后部的出蒸馏水管打开，用盲垫把进入一效蒸发器上部的纯水管堵死，手动开启水泵，待压力稳定后保压30分钟，如果取样阀处滴水，说明冷凝器中的纯水路径有渗漏，五个预热器中哪个出蒸馏水管滴水，说明哪个预热器有渗漏，把漏的部件拆下用氩弧焊重新焊接一次，待试压没有渗漏即可重新投入生产。

30. 分配系统常见有哪些故障？如何解决？

合格的制药用水要通过合理的分配系统送达各用水点，其常见的故障和解决办法如表1-12-10所示。

表1-12-10　制药用水分配系统常见故障及解决办法

系统分类	异常项目	解决办法
纯化水分配系统	储液罐液位高	储液罐液位达到设定值95%时，系统发出警报，停止二级反渗透和预处理
	储液罐液位低	储液罐液位低于10%时，开启预处理补水，低于5%时自动停机，待补水达到20%时启动设备
	储液罐压力高	压力达到设定值，利用饮用水通过换热器进行降温
	系统循环流速低	设定流速为1.5m/s，当系统流速低于1.0m/s时，系统发出警报，变频器自动调速使泵机加速提高流速
	电导率超标	电导率达到警戒值时系统报警并自动排放30秒，如还偏高，则系统停机。此时检查：①电导率仪有无异常。②进水过滤器的出水压力是否正常。③检查反渗透设备有无异常
注射用水分配系统	用水点温度低	①降低冷却水流量，控制蒸馏水机出口温度在92～99℃，并保证排空口流畅，使不凝性气体顺利地排出机外。②检查循环管路保温层是否脱落
	储液罐液位问题	同纯化水分配系统
	系统循环流速低	同纯化水分配系统
	隔膜阀渗漏	长期高温情况下，隔膜阀膜片老化，需要更换耐高温膜片

31. 制药用水系统产生红锈的原因有哪些？怎么去除红锈？

在制药行业中，红锈属于颗粒物污染的范畴，属于环境引起的金属材料退化，是一种常见的工程现象。在制药用水系统的泵腔、管壁、喷淋球、膜片等位置经常发现各自的红锈[11]。

红锈的产生分为外源性红锈和内源性红锈。

（1）外源性红锈：主要由外部迁移、环境腐蚀、机械加工缺陷、焊接和钝化操作不当等引起。外部迁移是指非金属材料部位本身不产生红锈，而是制药用水系统其他工作单元产生的红锈迁移过来的。

（2）内源性红锈：是指洁净流体系统自身建造材料或运行参数而导致的红锈。内源性红锈生成的主因是铬氧化物为主的钝化膜被破坏，导致内部富铁层和外部氧化层相接触并发生氧化还原反应形成了铁的氧化物。制药行业常见的促进内源性红锈产生的因素主要包括系统的运行参数（如温度、压力、流速等），长时间停机、不锈钢材料、喷淋死角和喷淋球干转等。

红锈的去除主要为先通过碱洗，去除生物膜或蛋白质杂质，再进行酸洗的氧化反应或机械方法去除红锈，最后进行钝化处理。

32. 制药用水系统的管路为什么要钝化？有哪些主要钝化方法？

管道钝化处理的目的是在光滑的不锈钢管道内表面上形成一层均匀的氧化铬保护层，以抵抗高纯度的高温水对不锈钢表面可能造成的晶间腐蚀。钝化的方法主要分为硝酸法（表 1-12-11）、枸橼酸法（表 1-12-12）、其他化学试剂法。

表 1-12-11　硝酸法

浓度	钝化条件
20%～25% 硝酸溶液和 2.5% 重铬酸钠溶液	49～54℃，至少反应 20 分钟
20%～45% 硝酸溶液	21～32℃，至少反应 30 分钟
20%～25% 硝酸溶液	49～60℃，至少反应 20 分钟
40%～55% 硝酸溶液	49～54℃，至少反应 30 分钟

表 1-12-12　枸橼酸法

浓度	钝化条件
4%～10% 枸橼酸	60～71℃，至少反应 4 分钟
4%～10% 枸橼酸	49～60℃，至少反应 10 分钟
4%～10% 枸橼酸	21～49℃，至少反应 20 分钟

此外，还有使用磷酸、硝酸磷酸混合物、磷酸枸橼酸混合物、螯合剂等钝化方法。管道钝化之前要进行纯化水循环冲洗、碱洗、纯化水再冲洗后才能开始钝化操作；钝化完成排空钝化溶液后再次进行纯化水冲洗，注射用水系统管路还需要使用注射用水冲洗。管道钝化效果需要通过目视检测（检测管路内壁清洁程度、残余红锈程度、焊接回火色、色斑等）或高精度检测。

参考文献

[1] 中华人民共和国卫生部．药品生产质量管理规范（2010 年修订）[EB/OL].[2011-03-01].https://www.moj.gov.cn/pub/sfbgw/flfggz/flfggzbmgz/201108/t20110823_145022.html.
[2] 张功臣．制药用水系统[M].2 版．北京：化学工业出版社，2016.
[3] 张素萍，康彦芳．药厂空气净化与水处理技术[M]．北京：化学工业出版社，2016.
[4] 何国强．欧盟 GMP/GDP 法规汇编（中英文对照版）[M]．北京：化学工业出版社，2014.
[5] 国家食品药品监督管理局药品认证中心．药品 GMP 指南[M]．北京：中国医药科技出版社，2011.
[6] 靖大为，席燕林．反渗透系统优化设计与运行[M]．北京：化学工业出版社，2016.
[7] 于恒宾，贾晓艳，马义岭．基于风险评估的制药用水系统验证[J]．机电信息，2013(11)：18-21.
[8] 王立江．制药用水质量标准及制备系统技术的探讨[J]．中国医药工业杂志，2018，49(9)：1230-1237.
[9] 严留俊．制药用水分配系统的分析[J]．化工与医药工程，2016，37(5)：24-29.
[10] 李名流．制药用水系统的消毒与灭菌方法[J]．机电信息，2013(14)：11-14.
[11] 张功臣．不锈钢红锈形成的机理及其处理技术[J]．机电信息，2015(14)：12-15.

（刘锦　刘彬）

第十三章 清洁生产

人类社会在产业革命后，工业得到了快速发展，极大地提高了社会生产力，创造巨大物质财富，但由于资源消耗和排放废弃物大量增加，加上对环境保护认识的局限，使环境问题日渐突出。工业生产排放的废气、废水、废渣和烟尘等污染物带来了诸如臭氧层空洞、全球变暖、生物多样性锐减、海洋污染、公害病、酸雨烟雾、土壤沙漠化等各种环境恶化问题，威胁着社会与经济的发展，并危及人类生存。因此，如何使经济发展与环境保护有机地结合起来，促进建立一个可持续发展的社会，已经引起世界各国的重视并取得共识。自 20 世纪 90 年代以来，以"气候谈判"为标志，绿色低碳发展成为国际大趋势。1992 年在巴西里约热内卢召开的联合国环境与发展大会上通过的《21 世纪议程》中，制定了可持续发展的重大行动计划。其中将清洁生产（cleaner production）视作实现持续发展的关键因素。1994 年，我国制定的《中国 21 世纪议程》，把建立资源节约型工业生产体系和推行清洁生产列入了可持续发展战略的重大行动计划。2008 年，联合国环境规划署发出了《绿色倡议》，绿色发展和可持续发展成为当今世界的时代潮流。我国现阶段的发展理念是"创新、协调、绿色、开放、共享"，推动全社会高质量发展。

清洁生产不同于就污染抓污染，先污染后治理的单纯的"三废"处理。清洁生产是指将综合预防的环境策略持续地应用于生产过程和产品中，即要在生产全过程和产品全生命周期中，持续预防污染，实现经济与环境的协调发展。把对污染物（或"三废"）的末端治理上升为对产生污染的产品和产品生产过程进行连续控制，使污染物的产生削减到最少或消灭于生产过程之中。对生产过程而言，清洁生产包括节约原材料和能源，淘汰有毒材料，改进工艺和设备等，使在生产过程排放污物之前就能减少污物的数量和毒性；对产品而言，清洁生产旨在减少产品在整个生命周期内对人类和环境的危害。清洁生产是节能、降耗、减污、高产出，实现经济效益、社会效益和环境效益相统一的 21 世纪工业生产的基本模式。

制药行业由于医药产品品种多、生产流程和工艺技术复杂、应用有毒原料或溶剂、留有蒸馏残渣和废料等生产特点，增加了开展清洁生产的难度，也增加了制药行业的环保压力[1]。清洁生产在我国已是有法可依，相关法规有《中华人民共和国清洁生产促进法》《清洁生产审核办法》《中华人民共和国循环经济促进法》《中华人民共和国环境保护法》等。为落实生态环境保护，国家发布《关于深化生态环境保护综合行政执法改革的指导意见》，建立健全区域协作机制，推行跨区域环境污染联防联控，做到"统一规划、统一标准、统一环评、统一监测、统一执法"，牢固树立"全国一盘棋"思想。企业应通过采用原材料替换、工艺改进、选用高效节能设备、综合利用及加强管理等多种创新措施，切实做好和实施清洁生产。

随着中药制药产业化规模的形成与发展，中药制药工业的"三废"防治工作已普遍在中药厂开展，并在不断完善、规范"三废"处理技术的基础上，结合 GMP 改造，通过厂区重新规划、生产工艺改进、回收与综合利用等清洁生产措施进一步防止或减少污染。2017 年，中华人民共和国工业和信息化部开始推行用地集约化、原料无害化、生产洁净化、废物资源化、能源低碳化的“国家绿色工厂”评选，对推进中药制药企业的绿色化改革有积极意义。目前，已有不少中药制药企业获评“国家绿色工厂”。

根据中成药生产的原、辅料来源和制备特点，中药厂“三废”中，以废水的数量最大，种类最多，危害最为严重，对生产的持续发展影响也最大，是“三废”处理的重点。废水中的有机物是造成水污染的主要污染物，有机物在水中以悬浮物、胶体物或溶解性有机物的方式存在，一般用生物方法处理，如属于好氧处理工艺的活性污泥法及厌氧生物处理法等。

应该指出，清洁生产是一个相对的、动态的概念，本身是一个不断完善的过程，随着社会经济的发展和科学技术的进步，需要适时地提出新目标，不断采取新方法和手段，争取达到更高水平。

本章在介绍清洁生产以及与其相关政策法规的同时，主要对中药制药企业目前在清洁生产方面的实践经验作简要归纳，期望推动中药制药行业全产业链清洁生产的与时俱进、不断完善，助力中药行业绿色、可持续发展，不断提升产业竞争力。

1. 清洁生产和末端治理有何区别？

《中华人民共和国清洁生产促进法》对清洁生产的定义：“指不断采取改进设计、使用清洁的能源和原料、采用先进的工艺技术与设备、改善管理、综合利用等措施，从源头削减污染，提高资源利用效率，减少或者避免生产、服务和产品使用过程中污染物的产生和排放，以减轻或者消除对人类健康和环境的危害。”它从资源节约和环境保护两方面对工业产品生产从设计开始，到产品使用后直至最终处置，给予全过程的考虑和要求。可具体概括为“清洁的能源、清洁的生产过程、清洁的产品”，包含生产者、消费者、全社会对于生产、服务和消费贯穿于产品全生命周期的清洁诉求。

清洁生产是一项系统工程，以节能、降耗、减污、增效为目标，以技术、管理为手段，通过对生产全过程的排污审核筛选并实施污染防治措施，实现“自然资源和能源利用的最合理化，经济效益最大化，对人类和环境的危害最小化”。

“清洁生产”概念提出之前，工业的发展模式经历了工厂废料直接排放、稀释排放、末端治理的过程。

末端治理又称末端控制或处理，是指在生产过程的终端或是在废弃物排放到自然界之前，采取一系列措施对其进行物理、化学或生物过程的处理，以减少排放到环境中的废物总量。常见的废物有废气、废水和废渣，简称“三废”。这种治理仅仅把注意力集中在对生产过程中已经产生的污染物的处理，没有将污染控制与生产过程控制密切结合起来，资源和能源不能在生产过程中得到充分利用。另外，污染物产生后再进行处理，处理设施基建投资大，运行费用高。“三废”处理与处置往往只有环境效益而无经济效益，因而给企业带来沉重的经济负担，使企业难以承受。

就清洁生产的内涵而言，是不包括“三废”处理如污染控制、废水处理、固体废弃物焚烧、填埋等末端治理技术的。但因为工业生产无法完全避免污染的产生，最先进的生产工艺也不能避免产生污染物；用过的产品还必须进行最终处理、处置。所以，推行清洁生产还需末端治理，末端治理是清洁生产的补充，是清洁生产的最后环节，两者应长期并存，将两者统筹于发展“循环经济”，实施生产全过程和治理污染过程的双控制，实现环境保护与经济高质量发展的和谐统一。

清洁生产与末端治理的比较可见表 1-13-1[1]。

表 1-13-1　清洁生产与末端治理的比较

类别	清洁生产	末端治理（不含综合利用）
思考方法	污染物消除在生产过程中	污染物产生后再处理
产生时代	20 世纪 80 年代末期	20 世纪 70—80 年代
控制过程	生产全过程控制，产品生命周期全过程控制	污染物达标排放控制
控制效果	比较稳定	产污量影响处理效果
产污量	明显减少	间接可推动减少
排污量	减少	减少
资源利用率	增加	无显著变化
资源耗用	减少	增加（治理污染消耗）
产品产量	增加	无显著变化
产品成本	降低	增加（治理污染费用）
经济效益	增加	减少（用于治理污染）
治理污染费用	减少	随排放标准严格，费用增加
污染转移	无	有可能
目标对象	全社会	企业及周围环境

2. 中药制药清洁生产的指标体系以及相关法律法规有哪些？

“田间地头”是中药制药的“第一车间”。中药制药应践行“绿水青山就是金山银山”的发展理念，走绿色发展的道路。从全产业链来设计产品质量，其清洁生产应包括中药材种养殖的清洁、中药饮片生产的清洁、中成药生产的清洁。

中药生产企业清洁生产应符合如下要求：①符合国家和地方相关环境法律、法规，污染物达标排放，通过了 GMP 认证。②使用清洁的能源，提高能源和资源的利用率。③采用先进的工艺技术和设备。④采用可降解或可回收的包装材料。⑤对冷凝水、冷却水、有机溶剂和无毒无害药渣等进行充分回收利用。⑥废渣做到减量化、资源化和无害化。

中药材种养殖的清洁，应符合《中药材生产质量管理规范》的要求，推行中药材生态种养殖。北京市于 2015 年实施的清洁生产标准[2]，对中药饮片加工和中成药生产分别对生产工艺及装备、资源能源消耗、资源综合利用、污染物产生和排放、产品特征、清洁生产管理制定了指标要求。

具体指标见表 1-13-2 至表 1-13-4。

表 1-13-2 中药饮片加工清洁生产评价指标项目、权重及基准值

序号	一级指标	一级指标权重	二级指标		单位	二级指标权重	Ⅰ级	Ⅱ级	Ⅲ级
1	生产工艺及装备指标	20	净制	拣选	—	3	具备机选条件的原料全部机械拣选，人工拣选时使用可调速皮带传送	80% 具备机械拣选的原料机械拣选	人工拣选
2				清洗	—	3	具备机械清洗条件的原料全部机械设备清洗	80% 具备机械清洗条件的原料机械设备清洗	人工清洗
3			切制成品率		—	2	≥95%	≥93%	≥90%
4			粉碎		—	2	使用密闭设备且安装除尘装置		
5			粉碎收率		—	2	≥95%	≥90%	≥85%
6			炒制		—	3	使用电力或燃气炒制设备		
7			工艺、设备先进程度		—	2.5	采用国内先进水平工艺，主要生产设备 85% 以上为先进水平	采用国内先进水平工艺，主要生产设备 80% 以上为先进水平	采用国内先进水平工艺，主要生产设备 70% 以上为先进水平
8			淘汰落后设备、生产工艺执行情况(*)		—	2.5	不应使用国家和地方明令淘汰或禁止的落后工艺和设备		
9	资源能源消耗指标	17	单位产品新鲜水消耗		m^3/t	8	≤1.25	≤2	≤3.75
10			单位产品综合能耗		tce/t	9	≤0.05	≤0.1	≤0.2
11	资源综合利用指标	13	冷却水循环利用率		—	5	≥99%	≥97%	≥95%
12			水资源梯级使用		—	4	原料清洗过程中，水资源梯级使用		
13			锅炉能源消耗种类		—	4	燃气		

续表

序号	一级指标	一级指标权重	二级指标	单位	二级指标权重	Ⅰ级	Ⅱ级	Ⅲ级
14	污染物产生和排放指标	30	单位产品废水产生量	m^3/t	4	≤1.0	≤1.5	≤3.0
15			单位产品 COD 产生量	kg/t	4	≤0.2	≤0.5	≤1.0
16			水污染物排放(*)	—	4	符合 GB 21906—2008、DB11/ 307—2013 的要求		
17			粉尘排放(*)	—	6	符合 DB11/ 501—2017 的要求		
18			非甲烷总烃排放(*)	—	4	符合 DB11/ 501—2017 的要求		
19			恶臭污染物排放(*)	—	8	符合 GB 14554—2018 的要求		
20	产品特征指标	4	产品一次生产合格率	—	2	≥99%	≥98%	≥97%
21			一次包装合格率	—	2	≥99%	≥98%	≥97%
22	清洁生产管理指标	16	详见表 1-13-4					

注：1. 带(*)为限定性指标。

2. 单位产品新鲜水消耗指标和单位产品废水产生量指标不适用于毒性饮片生产。

表 1-13-3 中成药清洁生产评价指标项目、权重及基准值

序号	一级指标	一级指标权重	二级指标	单位	二级指标权重	Ⅰ级	Ⅱ级	Ⅲ级
1	生产工艺及装备指标	20	提取	—	3	动态提取		静态提取
2			粉碎收率	—	2	≥99%	≥98%	≥95%
3			制粒	—	3	一步制粒		混合、制粒、干燥分步操作
4			压片	—	2	使用密闭操作设备，安装配套除尘装置		
5			和坨	—	2	使用密闭操作设备，安装配套除尘装置		
6			灌封	—	3	联动装置		使用密闭操作设备，安装配套除尘装置
7			工艺、设备先进程度	—	2.5	采用国内先进水平工艺，主要生产设备 85% 以上为先进水平	采用国内先进水平工艺，主要生产设备 80% 以上为先进水平	采用国内先进水平工艺，主要生产设备 70% 以上为先进水平
8			淘汰落后设备、生产工艺执行情况（*）	—	2.5	不应使用国家和地方明令淘汰或禁止的落后工艺和设备		
9	资源能源消耗指标	17	单位原料煮提阶段用水量	m^3/t	5	≤22	≤25	≤30
10			单位产品综合能耗	tce/t	8	≤1	≤3	≤5
11			纯化水产水率	—	4	≥90%	≥85%	≥75%
12	资源综合利用指标	13	乙醇回收率（*）	—	3	≥90%	≥80%	≥70%
13			冷却水循环利用率	—	4	≥99%	≥97%	≥95%
14			锅炉能源消耗种类		3	燃气		
15			浓缩工序余热余能利用率（*）	—	3	≥80%	≥50%	≥30%

续表

序号	一级指标	一级指标权重	二级指标	单位	二级指标权重	Ⅰ级	Ⅱ级	Ⅲ级
16	污染物产生和排放指标	30	单位产品废水产生量	m^3/t	2	≤25	≤35	≤45
17			单位产品 COD 产生量	kg/t	3	≤15	≤30	≤50
18			单位产品 NH_3-N 产生量	kg/t	3	≤0.5	≤1.0	≤2.0
19			水污染物排放(*)	—	2	符合 GB 21906—2008、DB11/ 307—2013 的要求		
20			粉尘排放(*)	—	6	符合 DB11/ 501—2017 的要求		
21			非甲烷总烃排放(*)	—	8	符合 DB11/ 501—2017 的要求		
22			恶臭污染物排放(*)	—	6	符合 GB 14554—2018 的要求		
23	产品特征指标	4	产品一次生产合格率	—	2	≥99%	≥98%	≥97%
24			一次包装合格率	—	2	≥99%	≥98%	≥97%
25	清洁生产管理指标	16	详见表 1-13-4					

注：带(*)为限定性指标。

表 1-13-4　清洁生产管理指标项目、权重及基准值

序号	一级指标	一级指标权重	二级指标	单位	二级指标权重	Ⅰ级	Ⅱ级	Ⅲ级
1	清洁生产管理指标	16	环境法律法规标准执行情况(*)	—	1.5	符合国家和地方相关环境法律、法规		
2			产业政策执行情况(*)	—	1.5	符合国家和地方相关产业政策		
3			开展清洁生产审核情况	—	1.5	企业开展了清洁生产审核，设有清洁生产管理部门管理人员	企业开展了清洁生产审核，并建立了持续清洁生产机制	企业开展了清洁生产审核
4			岗位培训	—	1.5	对所有岗位进行定期培训	对 80% 岗位进行定期培训	对 50% 岗位进行定期培训
5			环境管理	—	1.5	通过环境管理体系认证	健全、完善环境管理制度并纳入日常管理	较完善的环境管理制度
6			能源计量管理	—	1.5	能源计量器具配备符合 GB17167—2006 的要求；配备专职管理人员；制定年度、月度能源使用计划，能源指标在公司内部分解	能源计量器具配备符合 GB17167—2006 的要求；配备专职管理人员，制定年度、月度能源使用计划	能源计量器具配备符合 GB17167—2006 的要求；配备兼职管理人员
7			环境监测及信息公开(*)	—	2	建立主要污染物监测制度，按相关部门要求进行环境监测和信息公开		
8			固体废弃物处理处置情况(*)	—	2	对一般固体废弃物进行分类、收集、回收、处理；危险废弃物按照《国家危险废物名录》进行辨识、分类管理，按照 GB 18597—2023 相关规定贮存，按照《中华人民共和国固体废物污染环境防治法》进行处置		
9			排污口规范化管理(*)	—	2	排污口设置符合《排污口规范化整治技术要求(试行)》相关要求		
10			环境应急预案有效	—	1	编制系统的环境应急预案并定期开展环境应急演练		

注：带(*)为限定性指标。

中药制药清洁生产的指标体系的编制应根据《清洁生产评价指标体系编制通则》(试行稿)[3]，结合行业特点，做到科学、合理并具备可操作性。

多头管理在我国现阶段还存在，企业编制清洁生产评价指标体系应与多部委发布的国家相关法律法规和政策保持一致，使清洁生产在落实过程中不仅做到合规、合法，而且能够得到更多政策支持，为企业、为社会创造更好的经济效益和社会效益。相关政策包括但不限于产业政策，资源与能源的开发利用与节约政策，有关技术装备的示范推广、改造应用、限制淘汰等政策，生态建设与环境保护政策，资源综合利用政策等。

3. 中药生产企业常用节能降耗的手段有哪些？

节能降耗是"节约能源、降低能耗"的简称。对于中药生产企业来讲，是在日常生产经营活动中，围绕水、电、汽、气、办公用品等，从管理和技术两方面着手，落实到人、机、料、法、环、测各环节，全员参与，进行节能降耗，杜绝浪费，降低生产成本，提高企业经济效益。在综合费用合理的前提下，生产、办公用产品可以采购经认证的节能产品、环境标志产品。

(1)用电管理：随着科学技术的发展，在照明方面可根据环境亮度不同，自动调节LED照明的开关和亮度。在设备用电方面，也可以根据所需来调节开关的闭合，如比较常用的空调、生产所用制冷机组等，采用环境匹配性柔性用电管理系统。一般企业，现阶段可以做好以下几点，达到节约用电的目的。

1)灯具：采用节能灯。

2)用电时间控制：①夜间照明，禁止长明灯和视线好的时候亮灯，要做到人走灯关；厂区内路灯采取间隔照明；②泵房或机房晚上若无人值守，尽可能少开灯或不开灯，天黑后巡检时开灯，天亮后及时关灯；③办公楼、分析室和研发走廊灯不全开，采取间隔亮灯、无人时不开灯。

3)待机用电控制：①减少电子办公设备电耗和待机能耗，合理开启和使用计算机、打印机、复印机等用电设备，下班时要关闭电源，防止待机；②长时间不使用的电气设备应关闭电源，以节省待机时的耗电，长时间不工作的电气设备要关闭总电源。

4)制冷设施效率最优使用：①空调的运行温度要合适，夏季不要过低，冬季不要过高。进出使用空调的工作场所应随手关门，降低空调运行负荷。②制冷机组或设施应根据冷媒温度和环境温度采取间断运行方式，合理开机停机，避免在已经达到制冷要求的工况下仍开机运行。

5)生产设备用电：设备空转时间合理。

6)其他：严禁私用电器。

(2)用水管理：用水主要涉及公共用水、生产用水，可以对各种用水的用途、水质的要求进行分类、分级，内部优化用水管网，内部实行"递级使用、替代使用"。如实验室、生产常用的冷却水收集后集中另作他用，如绿化用水、厕所冲洗的用水等。现阶段可采用以下措施，达到节约用水的目的。

1)公共用水：包括绿化用水、公共场所的冲洗用水、公共循环系统用水等，全员管理并制止跑、冒、滴、漏现象，出现情况及时处理。公用工程循环水系统补水在不必要的情况下尽可能减少。

2）生产用水：在保证正常生产的情况下，对各工序的设备及工艺用水进行优化，尽量减少用水量。节约各类用水的措施有所不同。①清洗用水：包括生产现场地板、设备清洗，实验用仪器、设备清洗，投料用药材、饮片的清洗等。药材、饮片清洗，可采用高频振动清洗设施，减少用水；有些清洗用水可适当处理后或直接用于绿化。②制剂用水：改善制水设备性能，提高制水率；水提取液浓缩回收水可以收集，另作他用。③冷却用水：各种制冷系统用水，包括公共设施、设备的冷却用水以及生产、实验室的冷却用水，在达到冷却目的时及时关闭；冷却水通过单独水网收集，集中使用。

（3）用蒸汽管理：中药生产企业的蒸汽主要用于生产，如提取、浓缩、干燥等工序。此环节的节能降耗，一是要做好对供热管网的保温；二是按照工艺规程严格执行蒸汽"因需而用"，具体如下。

1）各设备蒸汽阀压力适中，使用中根据需要及时调整阀门大小，避免过热使用。

2）生产装置在工艺处理结束后要及时关闭蒸汽阀门，降低蒸汽消耗。

3）明确各工序供热温度要求，可以采用高温凝结水回收及热能的梯级利用。

（4）用气的管理：生产中常用的气有工业风、仪表风、氮气等，加强对其管理，也是节能降耗的重要环节。

1）对生产用气的各装置应加强日常检查，发现有漏气的地方要及时处理。

2）氮气储罐压力处于设计的微正压力值，不应过高，减少氮气消耗。

（5）生产的改进：生产上可以通过新设备、新技术、新工艺、新方法的应用，提高资源、能源的利用效率，提升产品质量，提高成品率等，企业应重视技术创新对节能降耗的贡献。其实，对于中药生产企业来讲，提高每批生产的成品率，是最直接、最有效的节能降耗。

1）连续化生产已成为制造企业节能降耗的有效手段，也适用于中药企业：如中药提取液与药渣分离后直接进入下一道工序浓缩，尽量避免药液流转时间太长，温度降低过多，待浓缩时需补偿更多热量；用于制剂成型的浓缩清膏，尽量一批用完，避免冷藏消耗能源。

2）改进生产布局，生产过程中充分利用重力传送物料。

3）优化生产工序，简化生产工艺：随着技术的发展、认识的深入，在保证物质基础不变或产品质量更优的前提下，可以优化现有的生产工艺，如中药颗粒剂，若采用相对密度较大的清膏进行湿法挤出制粒，或先制成干膏再进行湿法制粒成型，可以根据膏与辅料的比例，浓缩成相对密度较低的清膏，采用一步制粒；或制成干膏后采用干法制粒。

4）"两化融合"促推中药"智造"，实现生产节能降耗：相关报道[4-6]如 MES 系统应用、在线监测技术、新设备使用等。

5）节能降耗技术及设备的应用[3]：如二次蒸汽循环利用技术的集成与创新、中药材及制剂的低温节能干燥技术、中药材及生药粉低温灭菌技术及设备的应用等。中药提取液的浓缩，采用机械蒸汽再压缩（MVR）相关设备，可节能 60%～70%，MVR 设备可以将二次蒸汽循环利用，通过压缩机做功将二次蒸汽升温再重复利用，可以大大降低能源消耗。

（6）其他

1）生产办公用品的管理：通过倡导无纸化办公，强化对纸、打印机墨盒、墨带等耗材的管理，包括不同文本打印格式的要求，如文件初稿尽量采用草稿模式，缩小行距，并使用小号字打印，达到省纸、省墨又节电的效果。

2）实验耗材的管理：包括采购、验收、仓管、使用等。

（7）物料回收管理：除了废纸、废包材外，中药生产企业最需回收管理的是药渣。采用现代科学技术将药渣二次利用，能最大程度减少中药材资源的浪费。构建从中药材种植到中药饮片加工、药材提取、药渣二次利用的循环产业链。

（8）计量管理：计量器需定期校验，保证计量准确；生产中能源的消耗要由专人负责计量统计，确保准确并时时分析，发现异常要及时查找出异常原因。

（9）设备维护管理：加强日常维护保养，定期检修。

节能降耗是企业的生存之本，树立一种"点点滴滴降成本，分分秒秒增效益"的节能意识，用与自身业务内容、企业文化最合适的管理方式来实现节能效益的最大化。

4. 挥发性药物制剂、粉尘车间的废气如何处理？

废气处理主要是指针对工业场所产生的工业废气诸如粉尘颗粒物、烟气烟尘、异味气体、有毒有害气体进行治理的工作。

制药废气的排放已成为制药行业重要污染源之一，也给制药行业带来不少难题。中药生产企业挥发性药物制剂、粉尘车间的废气处理工艺，从处理的机理考虑，主要分为以下4类[7]。

（1）物理法：物理法治理废气时，不改变废气物质的化学性质，只是用一种物质将它的臭味掩蔽和稀释，或者将废气物质由气相转移至液相或固相，如挥发性药物制剂废气的处理。常见的方法有掩蔽法、稀释法、冷凝法和吸附法等。

（2）化学法：该法是使用另外一种物质与废气物质进行化学反应，改变废气物质的化学结构，使之转变为无毒害的物质、无臭物质或臭味较低的物质。常见方法有燃烧法、氧化法和化学吸收法（酸碱中和法）等。

（3）生物法：生物法净化无机或有机废气是在已成熟的采用微生物处理废水的基础上发展起来的。其实质上是一种氧化分解过程：附着在多孔、潮湿介质上的活性微生物以废气中的无机或有机组分作为其生命活动的能源或养分，将其转化为简单的无机物（CO_2、H_2O）或细胞组成物质。

（4）物理化学法：该法主要是针对目标废气的特性，采用一系列物理和化学处理相结合的方法，运用一些特殊处理手段和非常规处理方法，对其进行深度处理，以达到高去除率和无害化的目的。目前常采用的简单物理化学方法，主要有酸碱吸收、化学吸附、氧化法和催化燃烧等，或几种方法有机结合起来。

考虑到实际运营成本和处理效果，采用单纯的物理、化学和生物方法常常达不到理想的去除效果，因此需根据产生废气的物理性质、化学性质，进行综合治理。

无论采用何种处理方式，最好、最有效的方法是着眼于源头，降低废气的产生。如提高制剂过程的冷凝效果，降低制剂过程挥发性废气量；基于连续生产的物料密闭管道输送，改进粉碎设备、粉尘除尘器装置等，降低废气中的粉尘量。如有企业[8]对净化区内粉碎机通过引风机负压输送原理，收集物料，结合室外取风和室外排风方式，进风经恒温恒湿机，经引风机排放后的风再进入水沫除尘器消除粉尘进行排放，整改过程无粉尘外泄现象。

5. 怎样才能使企业顺利地实施清洁生产？

清洁生产是以节能、降耗、减少污染为目的，以科学管理、技术进步为手段，来保护生态环境和发展社会的。一家企业要顺利地实施清洁生产，必须按照清洁生产的程序进行。该程序主要分5个阶段：准备阶段，审计阶段，制订、实施方案，编写清洁生产阶段报告和总结报告。

准备阶段：主要是宣传教育，企业领导和群众对清洁生产的必要性应有初步且比较正确的认识，在此基础上，组建主要由生产、技术、环保、企管和财务部门以及审计重点单位和相关人员组成的审计小组。

审计阶段：是开展清洁生产的核心阶段，应对企业现状包括企业发展沿革、所在地理位置与生态环境、产值利税、主要原辅料流程及三废排放、工艺中污物的明显产生点与流失点的环保现状等有较全面的了解，然后在分析的基础上确定审计重点，实施审计，对审计重点的全过程全面评估，分析物料、能量损失和污物排放环节及原因，设置清洁生产目标，并将其中的长期目标纳入企业发展规划。

审计对象即审计重点，一般应为污染物超标严重、毒性大、生产效率低、构成企业瓶颈的部位，可以是企业的生产线、车间、工段或操作单元。选准审计对象是企业成功实施清洁生产的良好开端。

制订、实施方案：在审计的基础上制订清洁生产方案，对每一个清洁生产技术问题，至少要产生 3 个以上供选择的方案，经对方案的技术、环境和经济可行性诸多方面进行综合分析后，筛选出最佳、可实施的清洁生产方案，制订方案实施行动计划，组织实施。在实施清洁生产技术方案过程中或方案实施后，均要跟踪调研、评估统计实施前后的技术情况及预期和实际取得的经济、环境效益。最后，编写清洁生产阶段报告和总结报告。

要注意的是，一家企业的某一个清洁生产项目，相对于清洁生产只是局部，推行清洁生产本身是一个不断完善的过程。企业应建立和完善清洁生产组织，明确任务、落实归属、定岗定人，完善清洁生产制度，不断研究与开发新的清洁生产技术与项目，持续清洁生产，才能在社会经济可持续发展的前提下实现企业的可持续发展。

6. 中药制药企业如何着手实施清洁生产?

清洁生产是一项系统工程，以节能、降耗、减污、增效为目标。对于中药生产企业而言，实施清洁生产，应紧紧围绕“清洁的能源、清洁的生产过程、清洁的产品”，将目标落实到日常生产经营管理中的每一项工作任务中。

对于生产过程，要求节约原材料和能源，淘汰有毒原材料，使得所有废物的数量减少和毒性降低。

对于产品，要求减少从原材料提炼到产品最终处置的全生命周期的不利影响。

对于服务，要求将环境因素纳入设计和所提供的服务中。

实施清洁生产，主要包括以下几方面的内容[9]：①政策和管理研究；②企业审计；③宣传教育；④信息交换；⑤清洁生产技术转让与推广；⑥清洁生产技术研究、开发和示范。

中药制药企业实施清洁生产，在组织管理上，首先应在组织层面将清洁生产制度化，成立由全产业链各业务部门参与，由业务骨干组成的清洁生产审核小组和清洁生产工作组，兼顾经济效益、社会效益和环境效益的协调一致，作为公司长期可持续发展的一项战略，制订好工作计划。

在技术实施层面，工作小组应首先系统梳理与中成药生产、清洁生产相关的法律、法规、政策、条例、条款，并分析其之间的相互关系，以便在实施方案中将各法律、法规的要求有机融合，不仅将清洁生产的目的、目标与公司长期的以及各阶段的经营目标协同统一，而且将清洁生产的实施、企业战略的实现更好地得到政府、政策的支持与帮助，做到知法、懂法、守法、用法。相关法律、法规、政策、条例、条款整理如表1-13-5。

表1-13-5 中药制药清洁生产相关(部分)的法律、法规、政策、条例、条款

类别	实施时间	名称
	2008年6月	《中药类制药工业水污染物排放标准》(GB 21906—2008)
	2009年1月	《中华人民共和国循环经济促进法》
		《药品生产质量管理规范》(2010年修订)
	2011年3月	《药品生产质量管理规范》(2010年修订)附录1:中药饮片
		《药品生产质量管理规范》(2010年修订)附录5:中药制剂
	2012年7月	《中华人民共和国清洁生产促进法》
	2015年1月	《中华人民共和国环境保护法》
	2015年9月	《生态文明体制改革总体方案》
	2016年7月	《清洁生产审核办法》
	2018年1月	《中华人民共和国水污染防治法》(2017修正)
	2018年10月	《中华人民共和国大气污染防治法》(2018修正)
	2018年12月	《中华人民共和国环境影响评价法》(2018修正)
	2018年 12月	《绿色工厂评价通则》(GB/T 36132—2018)
	2019年6月	《绿色产品标识使用管理办法》
	2020年9月	《中华人民共和国固体废物污染环境防治法》
	2022年3月	《中药材生产质量管理规范》
	2022年6月	《中华人民共和国噪声污染防治法》
	2023年3月	《药品共线生产质量风险管理指南》
国际	1992年6月	《21世纪议程》
	1996年9月	ISO 14000环境管理体系标准

梳理清楚清洁生产的法规依据后，下一步则是进行清洁生产审核。清洁生产审核又称为污染预防评价或废物最小化评价，是评价企业生产的清洁与否或清洁程度的一种方法或手段。通过审核，掌握企业生产、服务过程中原材料、能源、废物的资料；确定废物的产生、数量，制定废物的消减目标和经济有效的对策；提高企业生产、服务效率；改善企业管理不善造成的能源资源浪费与产污；提高企业对清洁生产的认识。基于中药产品的特点，针对每一种具体的中成药产品，审核的内容应包括中药材种养殖生产、中药饮片炮制生产、中成药生产工艺和过程的调查及分析，即审核应从"第一车间"田间地头开始，做好全产业链的控制，保证中药材、中药饮片、中成药生产规范化，既针对各环节的特点制订好各自清洁生产的方案，又从全产业链整体考虑，做到各环节统一、协调，整体上经济、高效。

质量源于设计，以临床价值为导向，生产优质的中成药产品，是企业实施清洁生产的核

心目标。中药制药企业实施清洁生产必须着眼于生产本身，研究应用新技术、新辅料、新设备，重视中药制药工艺技术的提高与发展。在重视工艺匹配性的基础上，通过设备更新与改造，融合信息化、智能化技术，在智能制造提升产品质量、丰富生产技术内涵的同时，提高清洁生产的实际效果。

据了解，国内不少中药制药企业已实施精益生产、5S 或 6S 管理、环境、健康与安全（EHS）或环境、健康、安全与质量（EHSQ）等多年。这些管理都或多或少地包含了清洁生产的内容，企业实施清洁生产，可以借鉴这些管理工作的经验，并将其融入清洁生产实施方案中，既保持管理上的延续，又针对新的要求提质增效。

7. 什么是ISO 14000环境管理体系标准?

ISO 14000 标准是环境管理体系（EMS）标准的总称，是国际标准化组织（ISO）于 1996 年在国际社会对环境保护普遍重视并形成实施清洁生产、环保与发展必须相结合共识的形势下发布的序号为 14000 的又一国际性管理系列标准。其内容包括环境管理体系、环境审核、环境绩效评价、产品生命周期评估等方面。在环境管理体系原则部分项下又分为环境方针、策划方案、实施和运行、检查和纠正及管理和评审等 5 个方面，具体由环境方针、环境因素、环境管理方案、目标与指标等 17 个要素组成。该标准不同于水、气、渣、声等具体的质量和排放标准，它没有绝对量的设置，但侧重于采用标准、先进的环境管理来促进技术改造，强调污染预防，为清洁生产提供了机制与组织保证，对节约资源、降低成本、提高产品的市场竞争力有重大意义。该标准被视为 21 世纪的绿色通行证，现已被近百个国家和地区采用。我国为推行 ISO 14000 环境管理体系标准，成立了“中国环境管理体系认证指导委员会”，部署、规范论证工作。从我国已经通过试点认证的企业来看，达到环保要求的绿色产品贸易额迅速增长，经济效益和环境效益都有提高。

8. 清洁生产与ISO 14000环境管理体系标准的关系如何?

（1）清洁生产：清洁生产是指以节约能源、降低原材料消耗、减少污染物的排放量为目标，以科学管理、技术进步为手段，目的是提高污染防治效果，降低污染防治费用，消除或减少工业生产对人类健康和环境的影响。即利用清洁能源、原材料，采用清洁生产的工艺技术，生产出清洁的产品。清洁生产的定义包含两个全过程控制：生产全过程和产品整个生命周期全过程。其主要内容包括：①清洁的能源；②清洁的生产过程；③清洁的产品。

清洁生产要求把污染物消除在它产生之前，谋求达到以下两个目标。

1）通过资源的综合利用，短缺资源的代用，二次能源的利用，以及节能、降耗、节水，合理利用自然资源，减缓资源的耗竭。

2）减少废物和污染物的排放，促进工业产品的生产、消耗过程与环境相容，降低工业活动对人类和环境的风险。

（2）ISO 14000 环境管理体系：ISO 14000 环境管理体系是集近年来世界环境管理领域的最新经验与实践于一体的先进体系，它旨在指导并规范企业（及其他所有组织）建立先进的体系，引导企业建立自我约束机制和科学管理的管理行为标准，达到持续改进、预防污染的目的。它适用于任何规模的组织，也可以与其他管理要求相结合，帮助企业实现环境目标与经济目标。ISO 14000 环境管理体系的核心内容包括持续改进、污染预防、环境政策、环境项目或行动计划，环境管理与生产操作相结合，监督、度量和保持记录的步骤；纠正和预防行动 EMS 审计、管理层的评审；厂内信息传播及培训，厂外交流等。ISO 14000 环境管理体系的基本特征如下。

1）将末端污染治理转为全过程的污染控制。

2）强调建立完整的环境管理体系，纳入总体管理。

3）预防污染必须持续改进提高，不能一劳永逸。

4）处理任何一件事都要讲究程序，做到文件化。

5）以现行环保法规为依据，重在环境因素控制。ISO 14000 环境管理体系的实施对我国的环境保护工作起到积极的推动作用，主要体现在：

①有利于实现环境与经济的协调发展。

②有利于加强政府对企业环境管理的指导，提高企业的环境管理水平。

③有利于提高企业及其产品在市场上的竞争力，促进国际贸易。

④有利于提高全民的环境保护意识。

（3）清洁生产与 ISO 14000 环境管理体系的关系：清洁生产和 ISO 14000 环境管理体系是从经济与环境协调可持续发展的角度提出的新思想、新措施，两者都以加强环境保护，实现可持续发展为目的，它们之间是相辅相成的。清洁生产虽然也强调管理，但技术含量较高，其主要缺点是：①对重要环境问题评估方法过于复杂；②控制方式单一；③文件化管理制度要求不够，持续推动清洁生产的机制不完善。ISO 14000 环境管理体系强调污染预防技术的采用，不足之处是：①作为管理标准，技术方面相对薄弱；②标准针对性偏弱；③以认证为目的，功利性强。因此，只有将两者有机结合，才能优势互补。

为使清洁生产和 ISO 14000 环境管理体系有机结合，需要同时在宏观层面和微观层面进行有效的改进。在宏观层面，政府和有关部门要做一些推动企业积极进行清洁生产的工作，包括制定鼓励企业开展清洁生产的政策导向、技术导向，编制工业清洁生产指南，提供先进技术与管理信息，加强培训、宣传、教育等，同时要参照 ISO 14000 环境管理体系标准，建立起符合我国国情的标准体系，使它与清洁生产有机结合起来。在微观层面，企业在实施 ISO 14000 环境管理体系标准中，在清洁生产思想的指导下，通过各方面的努力预防污染的产生，不断取得环境质效的改进。

ISO 14000 为清洁生产提供了机制、组织保证；清洁生产为 ISO 14000 提供了技术支持。推行清洁生产和 ISO 14000 环境管理体系认证工作的有机结合，可以使两者优势互补，为促进经济发展与环境保护“双赢”战略的实施，提高企业运行质量做出贡献，从而实现可持续发展[10]。

9. ISO 14000 环境管理体系标准与中药制药企业有什么关系？

现今全球消费已将产品的环境影响作为衡量产品质量和档次的重要尺度。更多中成药品种期望进入世界主流医药市场，除了确认可接受的临床证据外，其生产还需确认符合 ISO 14000 环境管理体系标准的要求，取得国际贸易认可的绿色通行证，突破国际贸易的“绿色壁垒”。

中药制药在我国是个传统行业、新兴产业，是为更好满足现代医疗，从前“店后坊”模式发展而来的中成药工业。从 20 世纪 90 年代起，在 GMP 认证、环境保护、清洁生产、全产业链可溯源等政策的驱动下，借鉴全球化学制药工业，日本汉方药、德国植物药等生产经验，我国中药制药的水平取得了全方位的进步，但在保护环境、生产清洁产品方面仍有不少需要改进的地方。

在加入人用药品注册技术要求国际协调会（ICH）的大背景下，我国制药企业取消 GMP 证书认证，更加强调企业的日常生产符合动态药品生产管理规范（cGMP）的国际一贯要求，一个主要的内容是清洁生产，包括三废处理等清洁生产问题。cGMP 与 ISO 14000 环境管理体系标准在制药环境、空气净化、纯水系统及注射用水系统、三废处理等方面的目标是一致的。制药企业实施 ISO 14000 环境管理体系标准认证，对在日常生产中实施 cGMP 可以起到强有力的支持作用，支持制药企业实施清洁生产，从而对企业产生积极的影响。

医保控费、药品集采、两票制等“三医联动”医改措施有力促进医药创新，推动医药高质量发展供给，加剧了行业竞争。面对新形势，中药制药企业更应该针对自身产业链的整体性和完备程度形成高要求，任何一个薄弱环节都可能影响整个产业的竞争力和盈利能力。在企业技术改造、扩张生产或在老产品二次开发和新产品研制中，具体的诸如在厂房选址、改造，设备选用、布局，新老产品开发、改进，制剂原料与制备工艺，包装材料及排废与治理等方面加强环保意识，重视考虑如何结合中药 cGMP 的要求，将清洁生产与环境管理体系相结合，在实施清洁生产方案的同时，提高企业综合管理水平，不仅保证达到现代制药企业规范要求，而且做到生产出的中成药能以绿色产品身份进入国际市场，参与全球竞争。

我国工业和信息化部从 2017 年开展“国家绿色工厂”评选以来，不少实现了用地集约化、原料无害化、生产洁净化、废物资源化、能源低碳化的中药制药企业获评“国家绿色工厂”的称号。

10. 什么是产品环境标志？

环境标志是一种印刷或粘贴在产品或其包装上的证明性标志。环境标志表明获准使用该标志的产品不但质量符合标准，而且在生产、使用、消费及处理过程中符合环保要求，与同类产品相比具有低毒少害、节约资源等环境优势，对生态环境和人类健康均无损害。该标志可引导消费，一定程度上为产品的生产者提供了在市场上的竞争优势和机遇。

环境标志产品认证是国内最权威的绿色产品、环保产品认证，又被称为十环认证，代表官方对产品的质量和环保性能的认可，由相关认证机构通过文件审核、现场检查、样品检测 3 个阶段的多准则审核来确定产品是否可以达到国家环境保护标准的要求。

环境标志图形中心由青山、绿水、太阳组成，表示人类赖以生存的环境，外围十个环紧密结合，环环相扣，表示公众参与，共同保护环境。其寓意为“全民联合起来，共同保护人类赖以生存的环境”。该标志具有明确的产品技术要求，对产品的各项指标及检测方法进行了明确的规定，已升格为国家环境保护标准。Ⅰ型中国环境标志是一种证明性标志，它作为官方标志，表明获准使用该标志的产品不仅质量合格，而且在生产、使用和处理处置过程中符合环境保护要求，与同类产品相比，具有低毒少害、节约资源等环境优势。正是由于这种证明性标志，使得消费者易于了解哪些产品有益于环境并对自身健康无害，进行绿色选购。另外，在政府采购产品的清单中，有节能产品认证、环保产品认证的标志，成为入围的基本条件。中国政府采购网、中国政府购买服务信息平台会实时发布“节能产品政府采购清单”“环境标志产品政府采购清单”，要求各部门各单位在产品采购时遵照执行。进行环境标志产品认证应依据相关标准的最新版本，中国政府采购网、中国政府购买服务信息平台公布的历次采购清单中没有“中药产品”相关的环境标志产品目录清单。

而通过消费者的选择和市场竞争，可以引导企业自觉调整产业结构，采用清洁生产工艺，生产对环境有益的产品，最终达到环境保护与经济协调发展的目的。中国环境标志在认证方式、程序等均按照 ISO 14020 系列标准及 ISO 14024：2018《环境管理 环境标志和声明 Ⅰ型环境标志 原则和程序》标准规定的原则和程序实施，与各国环境标志计划做法相一致，在与国际“生态标志”技术发展保持同步的同时，积极开展环境标志互认工作，已经与德国、韩国、日本以及澳大利亚等签订了环境标志互认合作协议，成为中国企业跨越绿色技术壁垒的有力武器。

11. 产品的生命周期评价有何作用?

产品生命周期（product life cycle），亦称“商品生命周期”。是指产品从准备进入市场开始到被淘汰退出市场为止的全部运动过程，是由需求与技术的生产周期所决定。产品生命周期是产品或商品在市场运动中的经济寿命，也即在市场流通过程中，由于消费者的需求变化以及影响市场的其他因素所造成的商品由盛转衰的周期。主要是由消费者的消费方式、消费水平、消费结构和消费心理的变化所决定的。延长产品的生命周期，可采用“第二曲线”策略，通过技术创新赋能实现。

产品的生命周期评价（LCA）或产品寿命分析（PLA），主要是评价各阶段对环境造成的影响以及潜在的影响。ISO 定义为：LCA 是汇总和评估一个产品体系在其整个生命周期内的所有投入及产出对环境造成的影响以及潜在的影响的方法。不同产品不同的生命周期阶段对环境造成的影响是不同的。通过对产品生命周期中各阶段、各环节对环境影响的定性评价和量化评价，可以识别对环境影响最大的工艺环节和产品寿命阶段，再以环境影响最小化为目标加以改进。也有在新产品研究开发的设计阶段就考虑到产品使用后资源的回收利用，考虑到产品的技术规范要符合清洁产品设计的要求。

中药产业是典型的资源依赖性产业，新医疗环境下以“临床价值为导向”，做好对中药产品的生命周期评价尤为重要。在中国已加入 ICH，中医药主动走向世界服务人类健康的新历史时期，中药产品不仅要按照 ICHQ10 和 ICHQ12 的要求做好对产品全生命周期的质量管理，也要遵从《国务院办公厅关于加快推进重要产品追溯体系建设的意见》（国办发〔2015〕95 号）、《中华人民共和国中医药法》、《中共中央 国务院关于促进中医药传承创新发展的意见》等要求，结合中药产品产业链较长的特点，建立中药材、中药饮片、中成药生产流通使用全过程追溯体系，实现中药产品来源可查、去向可追、责任可究，保证中药产品质量。主要体现在以下几方面：①中药材的绿色、无害化种植养殖；②选择无毒、无害的原辅材料和包材；③在生产过程中，使用清洁的能源，高效、节能、降耗的先进设备；④优化生产工艺，节约资源和能源；⑤在整个制造过程中将环境污染最小化，符合环境保护要求；⑥发展再生资源产业及绿色产业生态链等。并在产品的生命周期通过创新持续改进，不断运用清洁生产技术的具体落实丰富中药产品“天人合一”的绿色内涵，将清洁生产、绿色发展的理念真正内化于心，外化于行。

12. 工业废水处理的基本原则是什么?

由于工业废水对环境的影响大，而且处理难度大，所以在生产和处理时应该遵循一些基本原则。大致总结为以下 7 点。

（1）最根本的是改革生产工艺，尽可能在生产过程中杜绝有毒有害废水的产生。如以无毒用料或产品取代有毒用料或产品。

（2）在使用有毒原料以及产生有毒的中间产物和产品的生产过程中，采用合理的工艺流程和设备，并实行严格的操作和监督，消除漏逸，尽量减少流失量。

（3）含有剧毒物质的废水，如含有一些重金属、放射性物质、高浓度酚、氰等废水应与其他废水分流，以便于处理和回收有用物质。

（4）一些流量大而污染轻的废水如冷却废水不宜排入下水道，以免增加城市下水道和污水处理厂的负荷。这类废水应在厂内经适当处理后循环使用。

（5）成分和性质类似于城市污水的有机废水，如造纸废水、制糖废水、食品加工废水等，可以排入城市污水系统。应建造大型污水处理厂，包括因地制宜修建生物氧化塘、污水库、土地处理系统等简易可行的处理设施。与小型污水处理厂相比，大型污水处理厂既能显著降低基本建设和运行费用，又因水量和水质稳定，易于保持良好的运行状况和处理效果。

（6）一些可以生物降解的有毒废水如含酚、氰废水，经厂内处理后，可按容许排放标准排入城市下水道，由污水处理厂进一步进行生物氧化降解处理。

（7）含有难以生物降解的有毒污染物废水，不应排入城市下水道和输往污水处理厂，而应进行单独处理。

13. 工业废水的检测指标有哪些?

根据《中药类制药工业水污染物排放标准》（GB 21906—2008）对现有企业水污染物排放限值、新建企业水污染物排放限值、水污染物特别排放限值的要求，中药类制药工业废水的检查指标见表 1-13-6 至表 1-13-8[11]。

表 1-13-6 现有企业水污染物检测指标及排放限值

单位：mg/L（pH、色度除外）

序号	项目（检测指标）	排放限量	污染物排放监控位置
1	pH	6～9	企业废水总排放口
2	色度（稀释倍数）	80	
3	五日生化需氧量（BOD_5）	70	
4	悬浮物	30	
5	化学需氧量（COD_{Cr}）	130	
6	动植物油	10	
7	氨氮（以 N 计）	10	
8	总氮（以 N 计）	30	
9	总磷（以 P 计）	1.0	
10	总有机碳	30	
11	总氰化物	0.5	
12	急性毒性（$HgCl_2$ 毒性当量）	0.07	企业废水总排放口
13	总汞	0.05	车间或生产设施废水排放口
14	总砷	0.5	
	单位产量基准排水量 /（m^3/t）	300	排水量计量位置与污染物排放监控位置相同

表 1-13-7　新建企业水污染物排放浓度限值及单位产品基准排水量

单位：mg/L（pH、色度除外）

序号	污染物项目	限值	污染物排放监控位置
1	pH	6～9	企业废水总排放口
2	色度（稀释倍数）	50	
3	悬浮物	50	
4	五日生化需氧量（BOD_5）	20	
5	化学需氧量（CODcr）	100	
6	动植物油	5	
7	氨氮	8	
8	总氮	20	
9	总磷	0.5	
10	总有机碳	25	
11	总氰化物	0.5	
12	急性毒性（$HgCl_2$ 毒性当量）	0.07	企业废水总排放口
13	总汞	0.05	车间或生产设施废水排放口
14	总砷	0.5	
	单位产品基准排水量 /（m^3/t）	300	排水量计量位置与污染物排放监控位置一致

表 1-13-8　水污染物特别排放限值

单位：mg/L（pH、色度除外）

序号	污染物项目	限值	污染物排放监控位置
1	pH	6～9	企业废水总排放口
2	色度（稀释倍数）	30	
3	悬浮物	15	
4	五日生化需氧量（BOD_5）	15	
5	化学需氧量（CODcr）	50	
6	动植物油	5	
7	氨氮	5	
8	总氮	15	
9	总磷	0.5	
10	总有机碳	20	
11	总氰化物	0.3	
12	急性毒性（$HgCl_2$ 毒性当量）	0.07	企业废水总排放口
13	总汞	0.01	车间或生产设施废水排放口
14	总砷	0.1	
	单位产品基准排水量 /（m^3/t）	300	排水量计量位置与污染物排放监控位置一致

14. 制药工业废水的污染控制指标是什么？

制药工业废水中的污染物多属于复杂结构、有毒害作用和生物难以降解的有机物质。制药工业水污染物排放标准除控制常规因子外，还需针对各类制药生产的具体情况，对特征污染因子加以控制，否则也将对生态环境和人类健康造成严重危害。制药工业水污染物排放标准的控制指标包括以下3类[7]。

（1）常规污染物：TOC、COD、BOD_5、SS、pH、氨氮、色度、急性毒性。

（2）特征污染物：总汞、总镉、烷基汞、六价铬、总砷、总铅、总镍、总铜、总锌、氰化物、挥发酚、硫化物、硝基苯类、苯胺类、二氯甲烷。

（3）总量控制指标：单位产品基准排水量。

《中药类制药工业水污染物排放标准》（GB 21906—2008）规定监测的污染物项目有：pH、色度、悬浮物、五日生化需氧量、化学需氧量、动植物油、氨氮、总氮、总磷、总有机碳、总氰化物、总汞、总砷、急性毒性。

制药工业水污染物排放标准对新建企业提高了行业环保的准入门槛，对现有企业废水排放标准有期限的要求达到愈加严格的限值标准；而在国土开发密度较高，环境承载能力开始减弱或环境容量较小，生态环境脆弱从而容易发生严重水环境污染问题，需要采取特别保护措施的地区，现有和新建制药企业均应执行水污染物特别排放限值。见表1-13-9。

表1-13-9　制药工业一些主要水污染物排放限值

单位：$mg \cdot L^{-1}$

制药废水类别	排放点源分类	悬浮物（SS）	五日生化需氧量（BOD_5）	化学需氧量（COD_{Cr}）	氨氮（以N计）	总有机碳（TOC）	备注②
发酵类	现有企业	100	60（50）①	200（180）	50（45）	60（50）	略（品种不同，要求不同）
	新建企业	60	40（30）	120（100）	35（25）	40（30）	
	特别排放	10	10	50	5	15	
化学合成类	现有企业	70	40（35）	200（180）	40（30）	60（50）	略（品种不同，要求不同）
	新建企业	50	25（20）	120（100）	25（20）	35（30）	
	特别排放	10	10	50	5	15	
提取类	现有企业	70	30	150	20	50	$500m^3/t$
	新建企业	50	20	100	15	30	
	特别排放	10	10	50	5	15	
中药类	现有企业	70	30	130	30	30	$300m^3/t$
	新建企业	50	20	100	8	25	
	特别排放	15	15	50	5	20	
生物工程类	现有企业	70	30	100	15	30	略（品种不同，要求不同）
	新建企业	50	20	80	10	30	
	特别排放	10	10	50	5	15	
混装制剂类	现有企业	50	20	80	15	30	$300m^3/t$
	新建企业	30	15	60	10	20	
	特别排放	10	10	50	5	15	

注：①括号内数值适用于同时生产该类产品原料药和混装制剂的联合生产企业。

②备注栏为规定的单位产品基准排水量，其计量位置应与污染物排放监控位置一致。

15. 制药工业废水处理有哪些主要技术?

制药工业废水主要包括发酵与生物工程类制药废水、化学合成类制药废水、提取与中药类制药废水以及混装制剂类制药废水[7]。

其废水的特点是成分复杂、有机物含量高、毒性大、色度深和含盐量高,特别是生化性很差且间歇排放,属难处理的工业废水。

制药废水的处理方法可归纳为以下几种:物化处理、化学处理、生化处理以及多种方法的组合处理等,各种处理方法具有各自的优势及不足[7,12]。

(1)物化处理:根据制药废水的水质特点,在其处理过程中需要采用物化处理作为生化处理的预处理或后处理工序。目前应用的物化处理方法主要包括混凝、气浮、吸附、电解、离子交换和膜分离法等。

1)混凝法:混凝法顾名思义是将凝聚和絮凝相结合的方法,是目前国内外普遍采用的一种水质处理方法,广泛用于制药废水预处理及后处理过程中,如硫酸铝和聚合硫酸铁等用于中药废水等。高效混凝处理的关键在于恰当地选择和投加性能优良的混凝剂。近年来混凝剂的发展方向是由低分子向聚合高分子发展,由成分功能单一型向复合型发展。有报道,某制药企业[13]车间原水以聚丙烯酰胺(PAM)作为絮凝剂,添加氯化钙可获得较高 COD_{Cr} 去除效率及较大的絮凝体分形维数值。压滤气浮后出水以 PAM 作为絮凝剂,添加石灰乳浊液加粉末活性炭(PAC),可获得较好的 COD_{Cr} 去除效率及较大的絮凝体分形维数值。

2)气浮法:气浮法通常包括充气气浮、溶气气浮、化学气浮和电解气浮等多种形式。某制药厂采用 CAF 涡凹气浮装置对制药废水进行预处理,在适当药剂配合下,COD 的平均去除率在 25% 左右。

3)吸附法:常用的吸附剂有活性炭、活性煤、腐殖酸类、吸附树脂等。武汉某制药厂采用煤灰吸附 - 两级好氧生物处理工艺处理其废水。结果显示,吸附预处理对废水的 COD 去除率达 41.1%,并提高了 BOD_5/COD 值。

4)膜分离法:膜技术包括反渗透、纳滤膜和纤维膜,可回收有用物质,减少有机物的排放总量。该技术的主要特点是设备简单、操作方便、无相变及化学变化、处理效率高和节约能源。有研究[14]针对综合性制药废水成分复杂的特点,采用纳滤、反渗透对氧化处理后的制药废水进行深度处理,测定了原液、浓缩液、透过液的 COD、总硬度、氨氮、pH、电导率指标。结果表明,COD 去除率达 85%,总硬度去除率达 98%,氨氮去除率达 42%,经过纳滤处理,总硬度达到标准,纳滤对高浓度废水中杂质截留效果好,反渗透对低浓度废水中杂质截留效果好。综合性制药废水经过膜法深度处理后的主要指标符合工业循环冷却水标准,可回用于生产过程。

5)电解法:该法处理废水因具有高效、易操作等优点而得到人们的重视,同时电解法又有很好的脱色效果。有研究[15]选用 Ti/PbO_2 为阳极材料,在差别化控制条件下,可实现对制药废水中污染物的高效除去,并获得高电流效率,COD、NH_4^+、NO_3^-、NO_2^-、总氮(TN)的去除率分别达到 68.0%、100.0%、50.9%、100.0% 和 88.5%,而电流效率更是达到了 84.8%。

(2)化学处理:应用化学方法时,某些试剂的过量使用容易导致水体的二次污染,因此在设计前应做好相关的实验研究工作。化学法包括铁炭法、化学氧化还原法(Fenton 试剂、

H_2O_2、O_3）、深度氧化技术等。

1）铁炭法：工业运行表明，以铁炭（Fe-C）作为制药废水的预处理步骤，其出水的可生化性可大大提高。研究报道[16]原料药企业产生的废水经铁炭、Fenton 氧化、混凝沉淀、ABR 反应器、接触氧化、二沉池、Fenton 氧化、曝气生物滤池、终沉池处理后，各项水质可满足广东省地方标准《水污染物排放限值》（DB 44/26—2001）和《化学合成类制药工业水污染物排放标准》（GB 21904—2008）的较严者的要求。

2）Fenton 试剂处理法：亚铁盐和 H_2O_2 的组合称为 Fenton 试剂，它能有效去除传统废水处理技术无法去除的难降解有机物。随着研究的深入，又把紫外线（UV）、草酸盐（$C_2O_4^{2-}$）等引入 Fenton 试剂中，使其氧化能力大大加强。以 TiO_2 为催化剂，9W 低压汞灯为光源，用 Fenton 试剂对制药废水进行处理，取得了脱色率 100%，COD 去除率 92.3% 的效果，且硝基苯类化合物从 8.05mg/L 降至 0.41mg/L。

3）氧化法：采用该法能提高废水的可生化性，同时对 COD 有较好的去除率。如杨文玲等[17]采用 NiO_x-FeO_x/ 陶粒催化剂在大高径比的管式反应器中进行臭氧催化氧化连续性实验，研究催化剂投加量、臭氧投加量、反应停留时间、气液接触方式等工艺条件对制药废水的处理效果和稳定性的影响。实验最佳工艺条件为：停留时间 90 分钟，臭氧气体通量为 1L/min，臭氧浓度为 96.61mg/L，臭氧利用率可达到 92.8% 左右，气液接触方式逆流略优于并流效果。在臭氧催化氧化连续运行 96 小时，臭氧催化氧化去除制药废水 COD 可稳定在 58% 以上。

4）氧化技术：又称高级氧化技术，它汇集了现代光、电、声、磁、材料等各相近学科的最新研究成果，主要包括电化学氧化法、湿式氧化法、超临界水氧化法、光催化氧化法和超声降解法等，实践中采用一种或两种及以上方法结合使用，此方面研究报告及申请专利较多[18-21]。

（3）生化处理：生化处理技术是目前制药废水广泛采用的处理技术，包括好氧生物法、厌氧生物法、好氧 - 厌氧等组合方法。

1）好氧生物处理：由于制药废水大多是高浓度有机废水，进行好氧生物处理时一般需对原液进行稀释，因此动力消耗大且废水可生化性较差，很难直接生化处理后达标排放，所以单独使用好氧处理的不多，一般需进行预处理。常用的好氧生物处理方法包括活性污泥法、深井曝气法、吸附生物降解法（AB 法）、生物接触氧化法、序批式间歇活性污泥法（SBR 法）、循环式活性污泥法（CASS 法）等。

a. 深井曝气法：深井曝气是一种高速活性污泥系统，该法具有氧利用率高、占地面积小、处理效果佳、投资少、运行费用低、不存在污泥膨胀、产泥量低等优点。此外，其保温效果好，处理不受气候条件影响，可保证北方地区冬天废水处理的效果。东北制药总厂的高浓度有机废水经深井曝气池生化处理后，COD 去除率达 92.7%，可见用其处理效率是很高的，而且对下一步的治理极其有利，对工艺治理的出水达标起着决定性作用。

b. AB 法：AB 法属超高负荷活性污泥法。AB 工艺对 BOD_5、COD、SS、磷和氨氮的去除率一般均高于常规活性污泥法。其突出的优点是 A 段负荷高，抗冲击负荷能力强，对 pH 和有毒物质具有较大的缓冲作用，特别适用于处理浓度较高、水质水量变化较大的污水。天津某制药企业采用 AB 法两级强化生物处理工艺处理高浓度制药废水取得良好效果[22]，COD_{Cr}、氨氮、SS 的降解率分别达到了 97.6%、55.3%、89.9%，出水水质满足排放要求，对处理高浓度制药废水具有一定的推广意义。

c. 生物接触氧化法：该技术集活性污泥和生物膜法的优势于一体，具有容积负荷高、污泥产量少、抗冲击能力强、工艺运行稳定、管理方便等优点。很多工程采用两段法，目的在于驯化不同阶段的优势菌种，充分发挥不同微生物种群间的协同作用，提高生化效果和抗冲击能力。在工程中常以厌氧消化、酸化作为预处理工序，采用接触氧化法处理制药废水。哈尔滨某制药厂采用水解酸化 - 两段生物接触氧化工艺处理制药废水，运行结果表明，该工艺处理效果稳定、工艺组合合理。

d. SBR 法：SBR 法具有耐冲击负荷强、污泥活性高、结构简单、无须回流、操作灵活、占地少、投资省、运行稳定、基质去除率高、脱氮除磷效果好等优点，适合处理水量水质波动大的废水。有研究针对某制药公司生产盐酸溴己新所产生的含高浓度聚乙二醇有机废水 pH 低、色度大、COD 浓度高、难生化降解等特点[23]，采用了 Fenton-SBR 组合以最佳工艺参数处理实际生产中的废水，连续运行 30 天，结果组合工艺稳定，废水处理效果好，出水 COD、氨氮和总磷浓度值分别稳定在 92mg/L、4.3mg/L、0.5mg/L，符合出水要求，总体 COD 去除率高于 98%。

2）厌氧生物处理：目前国内外处理高浓度有机废水主要是以厌氧法为主，但经单独的厌氧方法处理后出水 COD 仍较高，一般需要进行后处理（如好氧生物处理）。目前仍需加强高效厌氧反应器的开发设计及进行深入的运行条件研究。在处理制药废水中应用较成功的有上流式厌氧污泥床（UASB）、厌氧复合床（UBF）、厌氧折流板反应器（ABR）、水解法等。

a. 上流式厌氧污泥床法：UASB 反应器具有厌氧消化效率高、结构简单、水力停留时间短、无须另设污泥回流装置等优点。天津市某医药产业园区污水处理站利用传统 UASB 法进行改良并结合其他组合工艺[24]，对设计进水水质指标为“pH：5～6，COD_{Cr}（mg/L）≤3 000，BOD_5（mg/L）≤1 000，NH_3-N（mg/L）≤55，总氮（mg/L）≤70”的制药废水进行处理，污水站运行稳定情况下，COD_{Cr} 去除率≥91%，BOD_5 去除率≥85%，总氮去除率≥58%。处理后的水质高于天津市地方标准《污水综合排放标准》（DB 12/356—2018）中的三级排放标准。

b. 厌氧复合床法：UBF 反应器是由上流式污泥床（USB）和厌氧滤器（AF）构成的复合式反应器[25]，该反应器整合了 UASB 和 AF 的技术优点，相当于在 UASB 装置上部增设 AF 装置，将滤床（相当于 AF 装置，内设填料）置于污泥床（相当于 UASB 装置）的上部，由底部进水，于上部出水并集气。

相比 UASB 反应器，增加的填料层使得 UBF 反应器积累微生物的能力大大增加，有机负荷更高，处理效果更好；且在启动运行期间可有效截留污泥，还可加速污泥与气泡的分离，降低污泥流失；启动速度快，处理率高，运行稳定，对容器负荷、温度、pH 的波动有较好的承受能力[26]。以微生物固定化和污泥颗粒化为基础所开发的 UBF 工艺，是一种高效厌氧废水处理工艺。厌氧生物反应器是将去除废水中的有机物和沼气能源的回收利用相结合的一种有效、经济的废水处理技术[27-28]。

c. 水解酸化法：一般来讲，制药废水中有机物的完全厌氧分解（又称厌氧消化）过程可分为 3 个阶段，即水解酸化，产氢、产乙酸和产甲烷阶段。污水中的不溶性大分子有机物如多糖、淀粉、纤维素等借助于从厌氧菌分泌出的细胞外水解酶得到溶解并通过细胞壁进入细胞，在水解酶的催化下将复杂的多糖、蛋白质、脂肪分别水解为单糖、氨基酸、脂肪酸等，并在产酸菌的作用下降解为较简单的挥发性有机酸、醇、醛类等。通常，在水解酸化阶段

COD、BOD_5值的变化都不大。

水解池全称为水解升流式污泥床（HUSB），它是改进的UASB。通常水解池较之全过程厌氧池有以下优点：不需密闭、搅拌，不设三相分离器，降低了造价并利于维护；可将污水中的大分子、不易生物降解的有机物降解为小分子、易生物降解的有机物，改善原水的可生化性；反应迅速、池子体积小，基建投资少，并能减少污泥量。

作为水质成分复杂的制药废水常用的预处理方法之一，水解酸化经常被采用[29-32]，尤其是在抗生素废水处理中体现了广泛的适用性，其作用是减弱或消除抗生素废水的生物毒性并提高废水的可生化性，同时对有机物有15%～20%的去除率。实际应用中都必须与好氧法结合形成“水解酸化-好氧”组合工艺，常用主要组合有水解酸化-SBR组合工艺、水解酸化-接触氧化组合工艺等。

3）厌氧-好氧及其他组合处理工艺：由于单独的好氧处理或厌氧处理往往不能满足要求，而厌氧-好氧、水解酸化-好氧等组合工艺在改善废水的可生化性、耐冲击性、投资成本、处理效果等方面表现出了明显优于单一处理方法的性能，因而在工程实践中得到了广泛应用。如某制药厂采用厌氧-好氧工艺处理制药废水，BOD_5去除率达98%，COD去除率达95%，处理效果稳定；采用微电解-厌氧水解酸化-SBR工艺处理化学合成制药废水，结果表明，整个串联工艺对废水水质、水量的变化具有较强的耐冲击能力，COD去除率可达86%～92%，是处理制药废水的一种理想的工艺选择；在对医药中间体制药废水的处理中采用水解酸化-A/O-催化氧化-接触氧化工艺，当进水COD为12 000mg/L左右时，出水COD达300mg/L以下；采用生物膜-SBR法处理含生物难降解物的制药废水，COD的去除率能达到87.5%～98.31%，远高于单独的生物膜法和SBR法的处理效果。

此外，随着膜技术的不断发展，膜生物反应器（MBR）在制药废水处理中的应用研究也逐渐深入。MBR综合了膜分离技术和生物处理的特点，具有容积负荷高、抗冲击能力强、占地面积小、剩余污泥量少等优点。采用厌氧-膜生物反应器工艺处理COD为25 000mg/L的医药中间体酰氯废水，系统对COD的去除率均保持在90%以上；利用专性细菌降解特定有机物的能力，采用萃取膜生物反应器处理含3，4-二氯苯胺的工业废水，水力停留时间（HRT）为2小时，其去除率达到99%，获得了理想的处理效果。尽管在膜污染方面仍存在问题，但随着膜技术的不断发展，将会使MBR在制药废水处理领域中得到更加广泛的应用。

（4）制药废水的处理工艺及选择：制药废水的水质特点使得多数制药废水单独采用生化法处理根本无法达标，所以在生化处理前必须进行必要的预处理。一般应设调节池，调节水质水量和pH，且根据实际情况采用某种物化处理或化学法作为预处理工序，以降低水中的SS、盐度及部分COD，减少废水中的生物抑制性物质，并提高废水的可降解性，以利于废水的后续生化处理。

预处理后的废水，可根据其水质特征选取某种厌氧和好氧工艺进行处理，若出水要求较高，好氧处理工艺后还需继续进行后处理。具体工艺的选择应综合考虑废水的性质、工艺的处理效果、基建投资及运行维护等因素，做到技术可行，经济合理。总的工艺路线为预处理-厌氧-好氧-（后处理）组合工艺。采用水解吸附-接触氧化-过滤组合工艺处理含人工胰岛素等的综合制药废水，处理后出水水质优于《污水综合排放标准》（GB 8978—1996）的一级标准。气浮-水解-接触氧化工艺处理化学制药废水、复合微氧水解-复合好氧-砂滤工艺处理抗生素废水、气浮-UBF-CASS工艺处理高浓度中药提取废水等，都取得了较好的处理效果。

制药废水由于具有水质复杂、水量变化大、有机物浓度高以及较强的生物抑制性等特点，大部分制药废水都需要借助物理或化学方法处理来改变有机物成分、降低有机物负荷、提高废水的生化性之后，再通过生物法进行处理[33]。

16. 中成药生产废水的来源主要有哪些？有哪些特点？如何处理中药废水？

（1）中成药的生产大部分都采用水溶法：水溶法的生产过程包括洗药、煮提和制剂3个步骤。在中成药的生产提取过程中会产生大量的废水，废水主要包括原料的清洗水、原药煎汁残液和地面的冲洗水。

目前，在国内的大多数中药生产企业排放出的废水主要来源有9部分：①前处理车间洗药、泡药废水；②提取车间煎煮废水和部分提取液；③分离车间的残渣；④浓缩、制剂车间废水；⑤车间部分蒸汽冷凝水和处理离子交换树脂酸碱液的中和水；⑥罐清洗、管道及地面冲洗水；⑦酸水解；⑧过滤后产生的污水；⑨生活污水等。

（2）中成药生产废水有以下特点：经成分分析，中成药生产废水中主要含有各种天然有机污染物，如糖类、蒽醌、生物碱、蛋白质、色素、木质素和它们的水解产物。

废水主要含中药有效成分残留物、纤维素、半纤维素、老化的大孔树脂、有机溶剂（乙醇）、苷类、蒽醌类、生物碱及其水解产物等。

其组成特点：① COD浓度高、波动范围大，一般在7～40g/L；②可生化性差，BOD_5/COD<0.2，难以生物降解；③处理水量大，且为间歇排放；④污染物种类繁多、成分复杂，且因含有苷类物质而在流动或曝气时常出现大量泡沫；⑤缺少氮、磷等营养元素，对生物处理不利；⑥常含有泥沙、药渣或漂浮物；⑦毒性较低[15]。

（3）中药废水的处理：有人[7]对国内部分中药类制药企业废水处理的情况进行了调研，见表1-13-10。

表1-13-10 中药类制药企业废水处理情况

单位：$mg \cdot L^{-1}$

生产企业		SS	COD_{Cr}	BOD_5	处理工艺
吉林	进水	60～120	800～900		活性污泥法
	出水	20～50	30～90		
石家庄	进水	400	1 200	680	水解酸化-三级氧化
	出水	59	143	47.95	
湖北	进水	100	122	150	WSZ一元化污水处理设备
	出水	60	90	20	
南京	进水		1 000～3 000		气浮-好氧
	出水	30	60	5	
山西	进水	100～165	400～1 000	80～100	生物曝气
	出水	30～50		18～30	

续表

生产企业		SS	COD_{Cr}	BOD_5	处理工艺
昆明	进水		1 738～513		水解 -SBR
	出水		145～50		
黄石	进水	85	952	346	气浮 -ICEAS 池
	出水	36	98	28.8	
通化	进水	1 643.8	984.9	153.9	水解 - 生物接触氧化
	出水	57.5	82.7	12.5	

中药制药工业原料广泛，产品种类繁多，排出废水的水量、水质差异较大。目前中药制药过程废水处理的工艺流程主要包含：采用 1 级处理去除中药提取工艺残留的细小药渣等悬浮物，由提取和分离所得残留物产生的胶体等；采用 2 级、3 级处理去除各类有机污染物，其中也包括溶解于废水中未被提取出的中药水溶性有效成分，常见工艺流程见图 1-13-1。

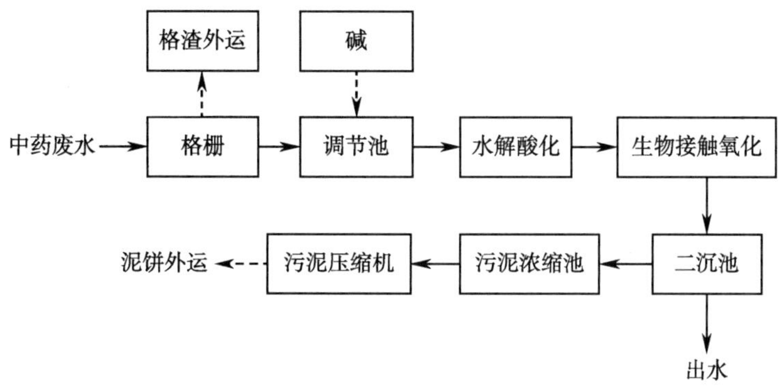

图 1-13-1　中药制药过程废水处理的工艺流程

上述工艺流程的缺点在于[34]：①处理时间长，单独二沉池的单元操作即需要 1 周左右；②由于中药废水的水质不稳定，其出水水质亦不稳定，甚至有时难以达到排放标准；③废水处理成本高，全程无产出。针对上述缺点和不足，有人提出中药制药过程废水资源化循环利用的指导思想[35]，其原则是实现中药有效物质的资源化回收利用或实行闭路循环。因此，中药制药过程废水资源化循环利用的基本思路：在 1 级处理技术的基础上，借鉴 2 级、3 级处理的相关技术，即采用离子交换、大孔树脂吸附、渗透汽化等分离技术获取其中的可回收药效组分，进而采用 3 级处理技术实现达标排放。根据上述处理原则可归纳为基于清洁生产的“1 级处理用于药效组分回收的 2 级处理 -3 级处理”基本思路，工艺流程见图 1-13-2。

中医药产业是我国医药核心产业之一，为实现中药产业绿色、可持续发展，对于中药生产废水的处理研究也成为业界重要的课题[36-40]。

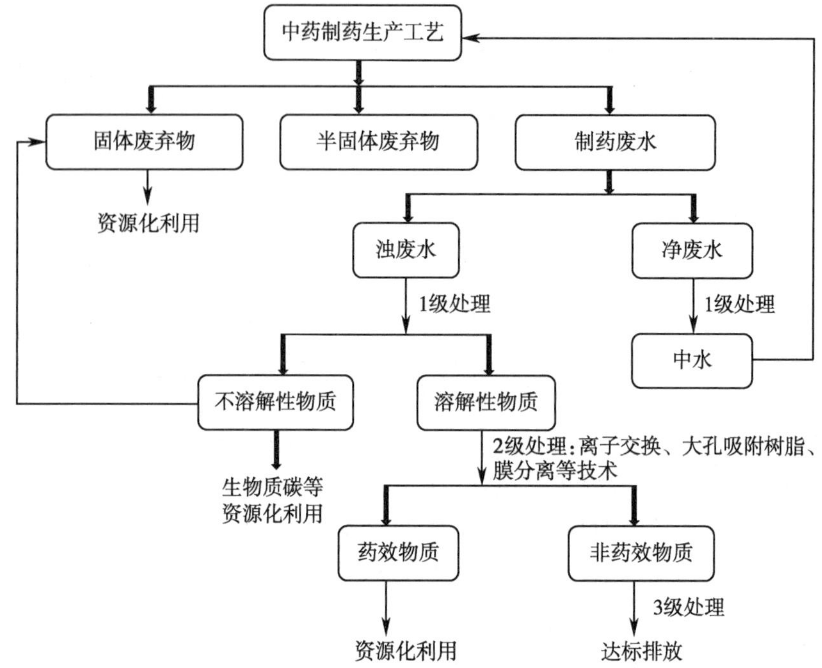

图 1-13-2　基于清洁生产的中药制药过程废水资源化循环利用工艺流程

17. 活性污泥是怎样净化废水的？如何制备？

活性污泥的显著特点为：一是好氧，二是悬浮在液体相中，三是具有很大的比表面积，四是具有一定的流动性。基于以上特点，所以活性污泥法是目前工作效率最高、应用范围最广的废水人工生物处理法。

活性污泥净化废水主要通过 3 个阶段来完成。

（1）吸附阶段：废水主要由于活性污泥的吸附作用而得到净化，吸附作用进行得相当迅速，往往在 10～30 分钟完成，基本在曝气池内完成。水质分析证明：在这一阶段，废水的 COD 去除率在 85%～90%，这与活性污泥有很大的比表面积和很强的流动性以及悬浮在废水中等诸多特点有一定的关系。

（2）氧化阶段：这一阶段主要是继续分解氧化前阶段被吸附和吸收的有机物，同时也继续吸附前阶段未吸附和吸收的残余物质。这个阶段进行得相当缓慢，实际上，曝气池的大部分容积都用在进行有机物的氧化和微生物细胞质的合成，氧化作用在污泥同有机物开始接触时进行得最快，之后氧化速率逐渐降低。

（3）污泥活性恢复阶段：吸附达到饱和后，污泥就失去活性，不再具有吸附能力，但通过氧化阶段除去了所吸附的大量有机物，污泥又将重新呈现活性，恢复吸附和氧化能力。在这一阶段，往往需要借助人工手段为微生物生命活性的恢复助力，比如污泥回流、加大曝气等。

活性污泥是通过向废水中连续通入空气，经一定时间后因好氧性微生物繁殖而形成的污泥状絮凝物[41]。活性污泥是通过一定的方法培养与驯化出来的，活性污泥培养驯化的目的是通过一定的方法培养活性污泥，使其微生物增殖，达到一定的浓度；再通过活性污泥驯化对混合微生物群体进行淘汰和诱导，最终使其具有能处理本装置废水的微生物优势群体[42]。

不同行业的废水因其成分不同，而导致水质千差万别，而在废水处理中活动菌泥的培养与驯化因为水质不同，其方法也有所不同[43]。

18. 评价活性污泥性能的指标有哪些？

活性污泥是人工培养的生物絮凝体，它是由好氧微生物一起吸附的有机物组成的，活性污泥具有吸附和分解废水中的有机物（也有可能利用无机物）的能力，显示出生物化学活性。

活性污泥是否驯化培养成功与其废水处理效率密切相关。活性污泥是否形成主要由微生物特性决定，并受其他诸如营养、环境因素的影响。一般有下列评定指标。

（1）镜检观察：当污泥中出现菌丝体、菌胶团，说明污泥已基本驯化。

（2）干重：亦称污泥浓度及混合液悬浮固体（MLSS），系指每升混合液所含污泥的干重（g/L），用作指示污泥中微生物量。

（3）挥发性污泥：亦称混合液挥发性悬浮固体（MLVSS），系上述干污泥于 600℃灼烧后所失重量（g/L）。其为活性污泥中所含有机质的量，能更准确地反映微生物的量。

（4）污泥沉降比（SV）：指曝气池混合液在 100ml 量筒中静置 30 分钟后，沉淀污泥体积占混合液体积的体积比（%）。由于正常的活性污泥在静置 30 分钟后一般可以接近它的最大密度，故 SV 可反映曝气池正常运行时的污泥量，可用于控制剩余污泥的排放，也能及时发现污泥膨胀等异常现象，便于查明原因，及时采取措施。一般曝气池混合液宜保持沉降比在 15%～20%。

（5）污泥容积指数（SVI）：简称污泥指数，是指曝气池出口处混合液经 30 分钟静置沉淀后，1g 干活性污泥所占的容积（ml）。SVI 能较好地反映出活性污泥的松散程度（活性）和凝聚、沉淀性能；SVI 过低，说明污泥颗粒细小、紧密，无机物较多，缺乏活性和吸附能力；SVI 过高则说明污泥难以沉淀分离并使回流污泥的浓度降低，甚至出现“污泥膨胀”，导致污泥流失等后果。一般以 SVI<100 为宜；SVI>200 时，多数情况下已发生污泥膨胀。

（6）预试：取经驯化培养污泥上清液与驯化培养前该污水，比较 BOD_5、COD_{Cr}，去除率达 90% 左右，可认为该活性污泥驯化培养成功。

19. 中药废水在处理过程中为什么要调整水中的营养比例？如何调整？

废水处理的基本方法包括物理法、化学法、物化法和生化法。各种方法均有优势和不足，处理效果和应用也有区别。工程实践中，目前中药废水的处理基本都会组合性地用到以上提到的各种方法。

生物处理法是利用微生物的代谢作用氧化、分解、吸附废水中呈溶解和胶体状态的有机物及部分不溶性有机物，并使其转化为无害的稳定物质从而使水得到净化的方法。这里的微生物主要是细菌，其他微生物如藻类和原生动物也参与该过程。

当废水与微生物接触后，水中的可溶性有机物透过细菌的细胞壁和细胞膜从而被吸收进入菌体内；胶体和悬浮物有机物则被吸附在菌体表面，由细菌的外酶分解为溶解性的物质从而进入菌体内。

废水好氧生物处理中的生化反应可粗略地用下列二式表示（COHNS 代表废水中复杂的有机物）。

$$微生物细胞+COHNS+O_2 \longrightarrow 较多的细胞+CO_2+H_2O+NH_3$$

$$硝化细胞+NH_3+O_2 \xrightarrow{(NO_2)} 较多的硝化细胞+NO_3+H_2O$$

这些反应依赖于生物体系中的酶来加速，按其催化反应分为氧化还原酶和水解酶，还包括脱氨基酶、脱羧基酶、磷酸化酶和脱磷酸化酶等。许多酶只有在一些辅酶或活化剂存在时才能进行催化反应，如钾、钙、镁、锌、钴、锰、氯化物、磷酸盐离子在多种酶的催化反应中是不可或缺的辅酶或活化剂。

中药生产废水主要来自生产车间，在洗泡蒸煮药材、冲洗、制剂等过程中产生。废水包括生产过程中的原药洗涤水、原药药汁残液，过滤、蒸馏、萃取等单元操作中产生的污水；生产设备洗涤和地板冲洗用水。中药废水水质成分复杂，水溶性污染物主要成分有糖类、纤维素、蛋白质、木质素、淀粉、有机酸、生物碱等有机物，带有颜色和气味；水不溶性污染物主要来自洗药、煎煮等工序，主要构成为泥沙、植物类悬浮物及无机盐的微细颗粒等；另外，废水中 COD 浓度高，如提取类制药为 200～40 000mg/L，有些浓渣水甚至更高。大多数中药废水可生化性较差，总体上废水中含碳量高，相对而言氮、磷的量就低。碳、氮、磷均为微生物生长必需营养物，而且三者的比例有具体要求，C∶N∶P 以 100∶5∶1 为宜，而中药废水本身往往达不到。为提供微生物生长合适的营养比，保证废水处理效果，必须在运行中随时监测 BOD_5、COD_{Cr} 及总磷、总氮，并按要求调整氮、磷的量。

另外，在进行废水处理时，还需要供给微生物充足的氧和各种必需的营养源如钾、镁、钙、硫、钠等元素，同时应控制微生物的生存条件如 pH 宜为 6.5～9、水温为 10～35℃。调整方法是废水中添加适量尿素或磷酸盐，也有将化粪池出水及食堂生活用水引入污水处理池来调节。

通常，为保证中药废水符合生化处理的要求，一般会在废水处理过程中，先通过格栅除去废水中较大的悬浮或漂浮物，然后通过调节池、加药气浮区、水解区等，使废水中难以降解的大分子有机物转化成易于被后续微生物群降解的底物，达到均衡水质、水量，提高废水的可生化性。

有调查[7]表明，哈尔滨某中药厂虽然废水中含有害物质很少，但有机杂质浓度高、可生化性很差，在处理上是先将高浓度原废水进行沉淀、适当稀释、调整 pH 等预处理。

20. 污水处理后产生的大量污泥如何处置？

污泥是污水经过物理法、化学法、物理化学法和生物法等方法处理后的副产物，是一种由有机残片、细菌菌体、无机颗粒、胶体等组成的极其复杂的非均质体，悬浮物浓度一般为 1%～10%，并呈介于液体和固体两种形态之间的胶体状态。污泥存在运输成本高、堆放占地面积大；可能污染土地；易腐败散发恶臭，影响大气质量；含有难降解的有毒有害物质，会造成二次污染甚至传染病；难以通过沉降进行固液分离等问题。

污泥已成为继固体垃圾之后的第二大城市固体垃圾污染源，对污泥的处置也是废水处理系统工程中必须面对的挑战，常作为核心技术申请专利[44-46]。其处理与处置的目的主要有以下几方面[47]：①稳定化，通过处理使污泥停止降解；②无害化，杀灭寄生虫卵和病原微生物；③减量化，减少污泥最终处置的体积，降低污泥处理及最终处置费用；④资源化和最终处置，在处理污泥的同时实现化害为利、循环利用、保护环境的目的。

污泥的处置方法：具体如下。

1）污泥稳定化处理的方法：来自污水处理厂初次沉淀池和二次沉淀池（剩余活性污泥或者生物滤池污泥）的混合污泥通常含有 60%～80% 的有机物，如碳水化合物、脂肪、蛋白质，而且还含有大量的多种微生物，这种污泥在堆放时极易自发地进行厌氧生物反应，产生异味并导致污泥脱水性质恶化。稳定化处理的目的是充分利用污泥中的微生物降解污泥中的有机物质，进一步减少污泥含水量，杀灭污泥中的细菌、病原体等，消除臭味，使污泥中的各种成分处于相对稳定的状态。稳定化的方法主要有堆肥化、干燥、厌氧消化等。

a. 堆肥化：堆肥是利用污泥微生物进行发酵的过程，在污泥中加入一定比例的膨松剂和调理剂（如秸秆、稻草、木屑或生活垃圾等），使微生物群落在潮湿环境下对多种有机物进行氧化分解并转化为类腐殖质。研究表明，经过堆肥的污泥质地疏松、阳离子（CEC）交换量显著增加、容重减少、可被植物利用的营养成分增加、病原菌和寄生虫卵几乎全部被杀灭。目前世界各国采用的堆肥方法有静态和动态两种，如自然堆肥法、圆柱形分格封闭堆肥法、滚筒堆肥法、竖式多层反应堆肥法等。污泥经堆肥化处理后，物理性状改善，质地疏松，易分散，含水率小于 40%，根据使用目的不同可以进一步经制粒、干燥后装袋贮存。

b. 干燥：干燥是将已经脱水的污泥饼（含水率在 75% 左右）进一步降低其含水率，以利于贮存和运输，避免因微生物的作用而发霉发臭，使污泥处于稳定状态。干燥工艺除了最简单的日晒外，常用的是热干燥技术，干燥热源以蒸汽或导热油作介质，间接供热。热干燥过程相当于对污泥进行了 1～2 小时的灭菌处理（干燥温度≥95℃），完全可以达到杀灭病原菌的卫生要求。干燥后的污泥含水率在 10% 左右，可以使污泥处于稳定化状态。干燥使污泥性能完全改善，干燥后的污泥量仅是最初污泥量的 4.5%，干燥污泥量热值提高，相当于劣质煤，可提高污泥的有效利用价值。

c. 厌氧消化：厌氧消化主要是通过兼性厌氧细菌和厌氧细菌的作用使有机物分解，最终生成以甲烷为主的沼气，沼气可作为燃料和动力资源，还可作为重要的化工原料。厌氧消化一般是在密闭的消化槽内，在 30℃下贮存 30 天左右。如何提高污泥消化整体水平、提高产气率与能源回收率并尽量减少污泥体积，成为该领域的研究重点。目前的研究主要有利用各种前处理（碱处理、超声波处理等）来改善污泥的厌氧消化性能、探索高效可靠的新型污泥厌氧消化处理工艺。此外，利用生物技术（如酶催化技术）来进一步提高污泥的产气量也引起了研究者的重视。

2）污泥无害化处理的方法：污泥无害化处理往往包括在稳定处理之中，无害化处理的目的是去除、分解或者“固定”污泥中的有毒、有害物质（重金属、有机有害物质）及消毒灭菌，使处理后的污泥在污泥最终处置中不会对环境造成危害。主要灭菌的方法有加热巴氏灭菌、加石灰、长期贮存（20℃，60 天）、堆肥（55℃，大于 30 天）、加氯或者加其他药品等。

3）污泥减量化的方法：污泥减量化分为质量的减少和体积的减少，前者包括稳定和焚烧，后者主要是指通过浓缩、脱水、干化使污泥的含水率降低。

污泥焚烧的优点是可以迅速和最大限度地实现减量化，它既解决了污泥的出路，又充分利用了污泥中能源，且不必考虑病原菌的灭活处理。污泥焚烧的热能可回收利用，有毒污染物被氧化，灰烬中的重金属活性大大降低，焚烧灰可以作为建筑材料。缺点是高成本和可能产生污染（废气、噪声、震动、热和辐射）。

4）污泥资源化利用及处置方式

a. 污泥资源化利用：城市污泥既是污染物又是一种资源，污泥经过减容、稳定和无害化处理后，可以作为资源综合利用，如土地利用和热能利用，污泥资源利用方案的选择应根据环境卫生、资源回收、资源投入产出比和收益影响比等4个方面的情况进行。

b. 污泥最终处置：污泥处置是解决处理后污泥的最终出路，现在我国对污泥的处置已采用了填埋、农用和园林、花卉绿化等方式。①填埋：我国目前采取的污泥填埋一般是运至垃圾填埋场，与城市垃圾一起进行处置。这种方式的问题是，污泥中的氮、磷和重金属在无防渗情况下污染地下水，同时污泥填埋需要投入运输和管理费用，并且填埋将占用大量土地，在目前我国城乡耕地越来越少的情况下，显然不符合社会持续发展的要求。②农用和园林、花卉绿化：污泥中含有丰富的各种微量元素，如钙、镁、铜、铁等，施用在土地上可以改善土壤的土质，促进农作物和苗木花卉的增长。另外，施用污泥可以减少化肥和农药的使用量，减少环境污染。

21. 常用的水解-好氧生物法的主要处理构筑物及设备有哪些？

目前国内对中成药类制药废水采用的处理方法大多为悬浮物预处理→水解酸化→好氧生物（或好氧生化）→物化后续处理，工艺流程图见图1-13-3[7]。

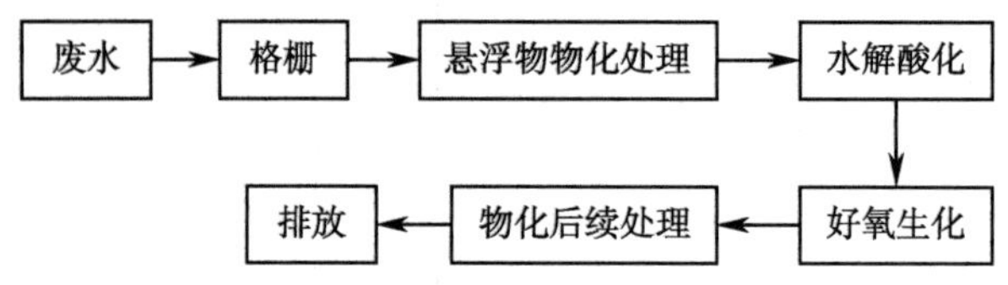

图1-13-3　中成药类制药废水处理工艺流程图

该处理方法其主要构筑物及设备如下。

（1）中和池：进水前调节水的pH至7左右。系内衬玻璃钢的钢筋混凝土构筑物。

（2）集水池：收集废水。在废水入池前设两道格栅截留粒径较大的悬浮物，系钢筋混凝土地下构筑物。

（3）水解调节池：主要功能为调节水质水量；兼作水解池，使有机污染物先小分子化，局部降低水的CODcr。系钢筋混凝土构筑物。

（4）沉淀池：主要功能是分离水中夹带的SS。可根据出水情况，必要时投加絮凝剂。系钢筋混凝土构筑物。

（5）予曝池：与水解调节池组合成一段水解好氧生化工艺。内设SH-Ⅱ型醛化维纶填料，用膜式中微孔曝气器曝气。系钢筋混凝土构筑物。

（6）接触氧化池：在好氧微生物为主体的菌群作用下，水中有机污染物降解，用膜式中微孔曝气器曝气。系钢筋混凝土构筑物。

（7）气浮池：主要功能为分离接触氧化池出水中夹带的污泥，采用部分回流（回流比35%）加压加药工艺。系钢筋混凝土结构。

（8）清水池：作出水监测用及作滤池反冲洗水的贮水池。系钢筋混凝土构筑物。

（9）动力装置：有提升泵、三叶风机、回流泵、空压机、污泥泵、刮沫机、加药泵等。

22. 如何处理中药废渣？

中药废渣是指在药材生产、饮片加工、中药提取制备等过程中未被开发利用的生物组织器官，通常是植物的根茎叶、动物残体、矿物药等经过提取后的混合物[48]，根据

GMP 的要求，中药生产企业应制定中药废渣处理管理规程，减少废渣污染环境，避免废渣流入市场。《药品生产质量管理规范》（2010 年修订）在附录“中药制剂”中规定：中药提取后的废渣如需暂存、处理时，应当有专用区域。中药材和中药饮片废渣处理应当有记录。

废渣处理的管理规程，一般应明确以下几点。

（1）与具备接受和处理废渣能力的机构签订药渣处理协议，协议规定按照相关法律法规的要求进行废渣处理。

（2）提取车间在中药提取工序结束后，应指定专人负责对提取后的废渣进行收集。

（3）收集后的废渣应定点存放，做好登记、标识。

（4）立即通知废渣处理协议合作单位前往药渣存放现场清理药渣，并做好交接记录。

（5）协议合作单位接收废渣后，必须按照协议规定对废渣立即处理。

（6）本公司 QA 应每次对废渣处理进行监控，并做好记录。

（7）废渣处理必须保存记录。处理记录应包括废渣名称、数量、处理单位、处理时间、处理方法、监控人等。

对废物的再利用和资源化已写入《中华人民共和国循环经济促进法》。该法鼓励生产经营者对废物进行综合利用，支持其建立产业废物交换信息系统，促进企业交流产业废物信息。要求“不具备综合利用条件的，应当委托具备条件的生产经营者进行综合利用或者无害化处置”，同时明确“在废物再利用和资源化过程中，应当保障生产安全，保证产品质量符合国家规定的标准，并防止产生再次污染”。

据报道，我国每年产生的植物类中药药渣高达 66.5 万吨[49]。对中药废渣有效利用，对提高资源利用效率，保护和改善环境，实现中药产业可持续发展等都有重要意义。通过专利信息分析[50]，目前对中药废渣再利用主要有加工动物饲料或饲料添加剂、有机肥、栽培食用菌，制备活性炭[51-52]、再提取其他有效成分、造纸、制沼气或乙醇、处理废水、催化热解制取生物油等，与文献报道的情况一致[53]。如：进行的中药废渣用于生物堆肥试验[54-56]，结果表明，废渣中所含木质素等芳香环结构化合物，在共堆肥过程中可以减少氮素损失，加速腐质化过程。这提示富含芳香环结构化合物的中药废渣是很好的共堆肥原料，含该类成分较少的中药废渣则不适合作为共堆肥原料。有人根据富含灵芝中药渣的特性，开展了将其用于制浆造纸和制备多孔炭材料的试验及应用研究[57]，灵芝药渣多孔炭电极材料表现出较高的比电容和良好的充放电可逆性。气化废渣无害化处理[58]也是方向之一，某制药公司对中药渣进行气化循环利用[49]。既有选用合适的菌种对中药渣进行发酵处理[59]，然后将半发酵的中药渣与污泥适当配比混合作为基质，养殖的地龙均符合国家标准且品质较高；据此，也有利用中药药渣改善盐碱地土质的报道[60]。报道将黄芪药渣发酵处理后用于喂养青脚麻鸡[61]，与未发酵药渣相比，发酵黄芪药渣能够提高青脚麻鸡的生产性能以及免疫力水平。有人将参附注射液的人参药渣添加到动物饲料喂饲动物[62]，具有增强动物抵抗力和改善肉质的作用，且长期喂饲无明显毒性，可作为动物饲料添加剂开发。

随着实践经验的不断积累，认识的不断提升，科学技术的不断发展，对中药废渣采用生物转化、化学转化、物理转化三位一体的循环利用综合适宜技术[63]将得到大力推广，中药废渣转化为其他资源性产品的效率进一步提高，更好地服务于我国中药资源全产业链的提质增效与绿色发展。

23. 如何降低中药生产的噪声危害?

实施清洁生产的终极目标是要尽可能地减少生产过程对人类和环境产生的危害，保护人类与环境，提高企业的经济效益。在实际生产过程中，除了产生的废水、废气、废渣会对人类和环境产生危害外，产生的噪声同样会对人体和环境产生危害[64-67]，其危害涉及人的听觉器官、神经系统、心血管系统、内分泌系统、消化系统、视力、睡眠等，导致人工作质量、生活质量的降低，影响人的健康，甚至造成一些严重的社会问题，因此对清洁生产过程中的噪声问题必须予以重视。

基于噪声对人类的危害，清洁生产过程使“三废”最少化的前提应是建立在保证噪声对周围人群不产生危害或基于现有条件确保危害最小化的基础之上。企业应遵循《中华人民共和国噪声污染防治法》、《工业企业厂界环境噪声排放标准》(GB12348—2008)、《社会生活环境噪声排放标准》(GB22337—2008)的相关要求落实。

工艺生产的噪声是指工程机器在运转过程中，由于机器的振动、摩擦、撞击以及空气扰动等产生的声音[68]。噪声的产生主要分为空气动力性噪声、机械性噪声、电磁性噪声3种。中药生产过程中的噪声主要包括中药饮片生产过程中来自风选、筛药、切药等生产设备运转的噪声，中成药生产过程中来自压片、粉碎、空压、包装、风机以及其他机器运转的噪声[69]。

总体而言，生产过程中的噪声问题，可以看作为一个由声源、声音传播途径和接受者3部分组成的系统。在生产实践中，当针对此三方面采用一定的措施后，噪声对人健康的干扰和危害问题是完全可以防治和减少的。当然，控制噪声最根本的方法是从声源上控制噪声，减少噪声源或减少噪声强度，它比产生噪声后再去治理更为有效和节省资金。控制噪声源要在生产中采用新技术、新设备、新工艺，使生产过程不产生噪声或尽量少产生噪声[68]。

通常根据噪声源，首先考虑合理安排建筑物功能，在平面布局上尽可能实现“动静分开”；其次考虑采用合理的降噪技术，一般多采用吸声、消声、隔声或综合性措施[70]。有人总结了以下几点对策[71]。

(1)控制噪声来源：结合实际情况可以发现，工业生产中噪声主要由设备运转及高速气流所致。为达到控制噪声的效果，可以从改良设备设计方式，合理安排生产时间等方面进行。针对气流所导致的噪声，需要对工厂自身排风管道加以优化，对排风设施结构加以完善，尽量选择转速高、制造工艺精良的设备。

(2)控制噪声传播：对工程整体布局进行完善，做到生产场地与工作人员居住场所完全分开。此外，工作人员居住场所应以小空间为主，并注重对门窗的隔音质量进行有效控制，尽量采用多孔吸声材料，主要为石棉板、木屑板等。同时，做到将车间设备安装进行优化，将大型设备与小型设备完全分开。

(3)做好设备处理：设备噪声为工业生产噪声的主要来源，在实际中从设备角度出发，可实现对噪声的有效控制。如可将消声器安置在进风口以及排风口的对应部位，实现对空压机工作时噪声的有效控制。同时可把引风机放置在隔声效果好的房间，并建设专用进风口，都能起到消除噪声的作用。

(4)优化生产环境：合理生产布局可以起到降低噪声的效果，在进行工厂建设的过程中，需尽量使用高性能隔声材料，同时将相近运转频率设备分开放置，以免出现设备共振。

（5）做好个人防护：为降低噪声对现场工作人员的损伤，在日常工作中需要指导工作人员佩戴专用隔音设备，如耳塞、防声耳罩或防声帽等。

（6）利用绿化对噪声加以控制。

参考文献

[1] 李树经. 浅析清洁生产及其重要意义[J]. 安全，2004，25(5)：30-32.

[2] 北京市质量技术监督局. 清洁生产评价指标体系 医药制造业：DB11/T 675—2014[S/OL].[2023-04-24]. https://std.samr.gov.cn.

[3] 中华人民共和国国家发展和改革委员会，中华人民共和国环境保护部，中华人民共和国工业和信息化部. 清洁生产评价指标体系编制通则(试行稿)[EB/OL].[2023-04-24]. http://www.gov.cn/zwgk/2013-06/14/content_2425771.htm.

[4] 蔡向阳. 一种利用MES执行节能降耗的方法[J]. 中国科技信息，2018(13)：47-48.

[5] 程赛，韩孟，徐志文，等. 面向特殊医学用途配方食品智能制造的MES系统构建与实施[J]. 化工与医药工程，2020，41(3)：37-41.

[6] 杨明，伍振峰，王芳，等. 中药制药实现绿色、智能制造的策略与建议[J]. 中国医药工业杂志，2016，47(9)：1205-1210.

[7] 王效山，夏伦祝. 制药工业三废处理技术[M].2版. 北京：化学工业出版社，2018.

[8] 冷胡峰，万小伟，龙勇涛. 净化区内粉碎机组的选型应用[J]. 机电信息，2019(30)：48-49.

[9] 顾曾一. 中药制药行业清洁生产审核的技术研究与应用[D]. 西安：长安大学，2010.

[10] 顾晓扬，简磊，姜元臻，等. 推进清洁生产与ISO14000：实现可持续发展浅论[J]. 广东化工，2014，41(22)：202-203.

[11] 环境保护部，国家质量监督检验检疫总局. 中药类制药工业水污染物排放标准：GB 21906—2008[S/OL].[2023-04-24]. https://std.samr.gov.cn/gb/search/gbDetailed?id=71F772D7FE82D3A7E05397BE0A0AB82A.

[12] 王香爱，张红利，杨珊，等. 工业污水处理技术及前景[J]. 应用化工，2017，46(3)：563-568.

[13] 王文浩，唐春晖. 混凝法预处理高浓度有机制药废水[J]. 资源节约与环保，2015(7)：34-35.

[14] 赵平，王振，吴赳，等. 制药废水膜法深度处理效果分析[J]. 应用化工，2020，49(2)：522-526.

[15] 姚佳超. 电化学同步去除废水中COD和TN的研究[D]. 杭州：浙江工业大学，2019.

[16] 冼超彦. 原料药生产废水处理工艺研究及工程实例[J]. 广东化工，2018，45(6)：162-164.

[17] 杨文玲，吴赳，王坦，等. 臭氧催化氧化处理制药废水连续性实验研究[J]. 应用化工，2019，48(2)：365-368.

[18] 王永磊，杜振齐，王洪波，等. 一种超声波和紫外高级氧化耦合净水系统：201821643853.7[P]. 2020-07-10.

[19] 蔡兰花. 一种处理含吡啶有机废水的高级氧化技术：202010315741.4[P]. 2020-07-03.

[20] 周婷. 关于高级氧化技术处理抗生素废水的研究进展[J]. 环境与发展，2020(1)：89，92.

[21] 谷得明. 高级氧化技术对典型精神活性物质的降解机理研究[D]. 徐州：中国矿业大学，2019.

[22] 魏铮，庞维亮，冯丽霞. AB法污水处理工艺处理制药废水的应用实例[J]. 资源节约与环保，2014(3)：117.

[23] 刘媛. Fenton-SBR工艺处理高浓度聚乙二醇废水的研究[D]. 南昌：南昌大学，2018.

[24] 赵浩宁，王敏，翟华宁，等. UASB厌氧法处理医药废水工程实例[J]. 科技风，2020(21)：111.

[25] 孙剑辉，倪利晓. 新型高效厌氧反应器UBF的研究进展[J]. 环境污染治理技术与设备，2000，8(6)：22-26.

[26] 孙根行，王丹. 新型厌氧反应器UBF的发展及应用[J]. 安徽农业科学，2011，39(28)：17420-17422.

[27] 王森，张安龙，王学川，等. 一种利用秸秆联合剩余污泥制备沼气的方法：CN105969809B[P]. 2019-11-05.

[28] 徐仙峰．一种利用自来水厂污泥生产沼气工艺：201710536878.0[P]. 2017-09-15.
[29] 侯宇，王治江，汪道涵，等. 维生素类制药废水深度处理中试研究[J]. 安全与环境学报，2012，12(1)：45-48.
[30] 冯占广．水解酸化法预处理制药废水的研究[J]. 科技信息，2014(1)：1，15.
[31] 邵林广，李春娟．水解酸化法预处理生物制药废水的试验研究[J]. 工业安全与环保，2014，40(10)：6-7，15.
[32] 肖洁松．浅析抗生素制药废水处理技术[J]. 科技展望，2016，26(10)：290.
[33] 张岩．制药废水处理技术研究进展[J]. 工业水处理，2018，38(5)：5-9.
[34] 朱华旭，唐志书，段金廒，等. 面向清洁生产的中药制药过程废水资源化循环利用基本思路及其关键技术[J]. 中草药，2017，48(20)：4133-4138.
[35] 段金廒．中药资源化学：理论基础与资源循环利用[M]. 北京：科学出版社，2015.
[36] 孙鹏，张志华，张长. 基于分质分类处理的中药生产废水处理技术的应用[J]. 河南科技，2020(4)：145-148.
[37] 肖青峰．中成药废水处理中水解酸化 +UASB 工艺的应用研究[D]. 南昌：南昌大学，2018.
[38] 冯苗苗．中成药制药废水处理的研究：以西安某制药厂为例[D]. 西安：西安建筑科技大学，2018.
[39] 张宁. 复合水解酸化：好氧 MBBR 工艺处理中药废水的效能研究[D]. 哈尔滨：哈尔滨工业大学，2018.
[40] 张华．中药饮片废水处理工程实例[J]. 辽宁化工，2017，46(3)：232-233，236.
[41] 张志航．活性污泥法在污水处理中的问题及措施[J]. 环境与发展，2019(6)：55，57.
[42] 张永胜．高污染水源快速培养、驯化活性污泥[J]. 石油化工应用，2015，34(5)：117-121.
[43] 程垒，胡智东．氨氮废水处理中活性污泥的培养驯化研究[J]. 资源节约与环保，2018(5)：104-105.
[44] 天津裕川锦鸿环保科技有限公司. 污泥多级热水解处理装置、处理方法及全资源化利用方法：202010254871.1[P]. 2020-07-14.
[45] 李魁晓，蒋勇，贺赟，等．污泥资源化利用的方法：202010218579.4[P]. 2020-07-03.
[46] 黄柱坚，罗雪文，陈紫莹，等．一种污泥资源化处理利用方法及重金属吸附复合材料：202010097453.6[P]. 2021-05-25.
[47] 印献栋．污泥处理方法与资源化利用[J]. 中国资源综合利用，2020，38(7)：91-93.
[48] 秦梦，黄璐琦，裴林，等．中药废弃物的开发与利用[J]. 中国医药导报，2017，14(9)：38-41.
[49] 尹阳阳．中药渣气化循环利用系统的生命周期评价[J]. 云南民族大学学报(自然科学版)，2019，28(4)：331-336.
[50] 王月茹，谢伟，王剑龙，等. 基于专利文献谈中药药渣资源的再利用问题[J]，世界中医药，2015，10(9)：1421-1423.
[51] 陈梁．高湿中药废渣制备活性炭工艺及其性能研究[D]. 武汉：江汉大学，2017.
[52] 范玮．黄芪废渣活性炭的制备、改性及其吸附性能研究[D]. 银川：宁夏医科大学，2017.
[53] 杨绪勤，袁博，蒋继宏．中药渣资源综合再利用研究进展[J]. 江苏师范大学学报(自然科学版)，2015，33(3)：40-44.
[54] 宿程远，郑鹏，阮祁华，等．中药渣与城市污泥好氧共堆肥的效能[J]. 环境科学，2016，37(10)：4062-4068.
[55] ZHOU Y，SELVAM A，WONG J W C. Evaluation of humic substances during co-composting of food waste，sawdust and Chinese herbal residues[J]. Bioresource Technology，2014(168)：229-234.
[56] WU D L，LIU P，LUO Y Z，et al. Nitrogen transformations during co-composting of herbal residues spent mushrooms，and sludge[J]. Zhejiang Univ Sci B，2010，11(7)：497-505.
[57] 吕毅东．富含灵芝的中药渣用于制浆造纸和制备多孔炭材料的研究及应用[D]. 广州：华南理工大学，2018.
[58] 刘阳．基于化学链的中药废渣气化利用技术研究[D]. 徐州：中国矿业大学，2019.
[59] 毛歌．利用中药渣养殖参环毛蚓技术研究[D]. 咸阳：西北农林科技大学，2019.

[60] 白明生，姚云鹤，王佳. 中药废渣对干旱区弃耕盐碱地土壤理化性质及微生物数量和酶活性的影响[J]. 水土保持通报，2014，34(6)：13-17.
[61] 闫先超. 黄芪药渣发酵制剂对青脚麻鸡生长性能及部分血清生化指标的影响[D]. 合肥：安徽农业大学，2016.
[62] 宋玉琴. 人参药渣添加到动物饲料调节动物抵抗力和肉质的实验研究[D]. 成都：成都中医药大学，2016.
[63] 段金廒，唐志书，吴启南，等. 中药资源产业化过程循环利用适宜技术体系创建及其推广应用[J]. 中国现代中药，2019，21(1)：20-28.
[64] 周洁娜，王枫，竺鸿雁，等. 某制药厂噪声与工人听力测试结果分析[J]. 中国听力语言康复科学杂志，2016，14(6)：440-441.
[65] 王致，麦诗琪，廖阳，等. 某中药厂职业病危害关键控制点的动态研究[J]. 职业卫生与应急救援，2011，29(2)：81-84.
[66] 兰利民，付志娟，烟志刚. 谈谈环境噪声对人体的危害及防治[J]. 中小企业管理与科技(下旬刊)，2011(4)：205-206.
[67] 武旭东. 噪声的危害与防治[J]. 河南农业，2011(5)：30.
[68] 储荣邦，吴双成，王宗雄. 噪声的危害与防治[J]. 电镀与涂饰，2013，32(12)：52-57.
[69] 吴雪琳. 清洁生产中中药生产工艺和污染控制分析[J]. 企业技术开发，2014，33(16)：33-34.
[70] 夏兰生. 化工企业噪声污染控制方法与实例[J]. 大氮肥，2018，41(4)：278-282.
[71] 闵庆霞. 噪声污染的危害及防治措施分析[J]. 中国医药指南，2017，15(7)：297-298.

（陈周全）

第十四章　生产过程控制技术

药品研发时设计的生产工艺决定着产品质量的等级或水平，生产过程则是使产品质量可控并稳定重现的必经之路。常规的中药生产过程控制是按照已建立的程序（如 SOP）进行操作和记录，并由质量控制（QC）人员进行中间体或成品的取样和检测，以确保产品在其放行和销售期间符合既定的质量标准，即“质量源于检验”。随着仪表、传感器、自动化控制技术和制药装备的发展，允许在线检测物料属性，并能持续监控和确认工艺，即“质量源于生产”。人用药品注册技术要求国际协调会（ICH）在其质量系列指南 ICH Q8（R2）中提出“质量源于设计（quality by design，QbD）”，QbD 的方法专注于采用日益复杂的过程控制系统和 IT 基础设施装备制药工艺设备与厂房，收集数据，加强工艺理解，并提供关键质量属性（CQA）实时放行检验，开展持续性工艺监测及验证。

本章首先对中药生产过程控制的基本概念进行了介绍，如生产过程控制、质量风险、关键工艺参数等。梳理了与生产过程控制软硬件相关的词条，如仪表、控制器（PLC、DCS）、传感器等生产过程控制硬件，以及制造执行系统（manufacturing execution system，MES）、产品生命周期管理（product lifecycle management，PLM）、电子批记录（electronic batch record，EBR）、实验室信息管理系统（laboratory information management system，LIMS）等生产过程控制软件。以物料水分、均匀度、粒径等关键质量属性的控制为例，介绍了相关工艺控制策略。介绍了体现中药制造数字化和智能化最新进展的先进过程控制策略，如过程分析技术（process analytical technology，PAT）、数字化工厂、生产大数据等。

1. 什么是中药生产过程控制?

中药生产过程控制，是指从中药原材料入厂到制成中药成品整个过程的控制，实现生产过程安全平稳运行，产品质量批内批间一致可控。中药生产过程控制的内容包括以下方面的内容。①物资控制、可追溯性和标识：投产前，所有的材料和零件均应符合相应的规范和质量标准。对过程中的物资进行标识，以确保物资标识和验证状态的可追溯性。②设备的控制和维护：对影响产品质量特性的生产设备，包括机器、夹具、工装、工具样板、模具和计量器具等；制订预防性设备维修计划，保证设备的精度、生产能力和持续的过程能力。③生产关键过程控制管理：对不易测量的产品特性，对有关设备保养和操作所需特殊技能以及特殊过程进行重点控制；在生产过程中，以适当的频次监测、控制和验证过程参数，以把握所有设备及操作人员等是否能满足产品质量的需要。④文件控制：保证过程策划的要求得以实现，并保证在过程中使用的与过程有关的文件都是有效版本。有关质量体系的文件应按照质量体系的规定、指导书、技术规范和图纸进行控制。⑤变更控制：确保过程变更的正确性及其实施，明确规定变更职责和权限，变更后对产品进行评价，验证变更的预期效果。⑥验证状态的控制：采用适当的方法对过程的验证状态进行标识，通过标识区别未经验证、合格或不合格的产品，并通过标识识别验证的责任。⑦不合格品控制：制定和执行不合格品控制程序，及时发现不合格品，对不合格品加以明确的标识并隔离存放，决定对不合格品的处理方法并加以监督。生产过程的控制作用在于对生产过程的质量控制进行系统安排，对直接或间接影响过程质量的因素进行重点控制并制订实施控制计划，确保过程质量[1]。

2. 中药制剂生产过程中可能的风险来源有哪些？

受制于中药制剂原料的不确定性，工艺操作环节的复杂性，中药制剂的生产过程存在不同层次质量风险来源。根据风险类型可以归纳为 4 个主要方面：原料、工艺、设施、管理风险等。①原料来源及辅料选择的风险：我国幅员辽阔，中药材分布地域广阔，同一药用植物产地多样，加之多地气候、土壤、采收期的不确定性，导致制剂原料质量差异较大。除此之外，辅料品种不同、性能不同，在制剂中所起的作用也不同，辅料选择不当会影响其质量。②工艺风险：主要有中药饮片产地加工与炮制的影响、中药制剂生产工艺的影响。提取工艺中的设备设施、中药的性质、提取时间、提取温度、提取次数、提取压力、pH 等工艺参数都会影响提取效率。制剂过程中，方法的选择、参数的设定和操作均会对制剂质量产生影响。根据中药的理化性质，选择合适的纯化工艺方法尤其重要。不同工艺参数及操作控制水平对制剂提取物中指标性成分的含量影响甚大，必然会引起产品质量及疗效的改变。应根据不同的制剂要求、物料性状等，选择合适的浓缩干燥工艺方式。干燥时间过长，温度过高，压力不当，都容易引起质量风险。③硬件设施风险：药品生产条件是影响药物质量的外在条件，硬件设施是制药公司生产最基本条件，是实施 GMP 的三要素之一。实施 GMP 的三要素包括生产环境（厂房和车间）、机械设备和环境卫生等。GMP，第三十八条明确规定："厂房的选址、设计、布局、建造、改造和维护必须符合药品生产要求，应当能够最大限度地避免污染、交叉污染、混淆和差错，便于清洁、操作和维护。"第一百三十九条规定："企业的厂房、设施、设备和检验仪器应当经过确认，应当采用经过验证的生产工艺、操作规程和检验方法进行生产、操作和检验，并保持持续的验证状态。"卫生包括生产厂房卫生，生产工艺卫生，原辅料与包装材料的卫生，人员卫生等，必须维持环境卫生。④管理风险：管理大致可以分为 4 类，即人员、物料、技术、文件等管理。产品质量的好坏是全体员工工作质量好坏的反映；产品质量基于物料质量，形成于药品生产的全过程，物料质量是产品质量先决条件和基础。质量风险较高的两个方面，即工艺变更和供应商变更。企业必须建立完善的切实可行的工艺技术规范，关键环节都要有具体的参数要求规定。从原料的采购、进厂、投入生产、包装、出厂前的检验，到产品的售后服务，都应有文件跟踪，做到有据可查[2]。

3. 如何确定关键工艺参数？

根据 ICH Q8（R2）指南术语，关键工艺参数（critical process parameter，CPP）的定义为：其变动会对关键质量属性产生影响，因此应对该参数进行监测或控制，以保证工艺能够产出预期的产品质量。关键工艺参数的辨识依赖对工艺参数的关键性的评估，评价工艺参数是否关键的依据为该工艺参数对关键质量属性影响的程度。关键工艺参数辨识可基于先验知识或实验数据。也可参照 ICH Q9 质量风险管理有关风险识别、评价和控制的要求，采用石川图、危害分析与关键控制点（hazard analysis and critical control point，HACCP）、故障模式与效应分析（failure mode and effect analysis，FMEA）、控制图等风险分析工具。

FMEA 法中，工艺参数常伴随错误或缺陷。失效模式或风险大小由风险优先数（risk priority number，RPN）表示，计算方式如下：

$$\mathrm{RPN}=S\times O\times D \qquad 式(1\text{-}14\text{-}1)$$

其中 S 代表严重度（失效模式对关键质量属性的影响）；O 代表频度（具体错误或故障发生的频率）；D 代表检出度（失效模式检测出的可能性）。根据 RPN 值可确定工艺参数风险等级。依据风险分析的结果，工艺参数分为潜在关键工艺参数（pCPP）和非关键工艺参数（non-CPP）。CPP 源自潜在关键工艺参数，可进一步采用实验的方法，如进行筛选型实验设计（部分析因设计、Plackett-Burman 设计等），确定对产品质量影响具有统计学意义的关键工艺参数。应当注意随着对工艺和产品质量理解的加深，pCPP 和 non-CPP 可相互转化，需采用风险管理方法评估变化的级别，促进工艺质量持续改进。

4. 如何构建关键物料属性、关键工艺参数和产品质量属性的关联模型？

工艺过程建模是流程模拟、过程控制和优化的核心。通过建立工艺模型，能够表征关键物料属性、关键工艺参数和关键质量属性之间的关系及相互作用，解释制药质量传递规律，实现产品关键质量属性和生产关键绩效指标的预测等，进而辨识工艺流程风险关键点，筛选关键物料属性或关键工艺参数，以及量化关键变量的控制范围等[3]。

数学模型运用于药品开发与生产的各阶段，中药制药工艺建模方法主要包括机理模型、统计模型和半机理半统计模型（即混合模型）。①机理模型：机理模型即符合第一性原则的模型，能够根据过程机理机制，对所研究的工艺进行透彻的解释，又称“白箱”模型。工艺机理模拟方法包括离散元和有限元方法，粒数衡算模型，计算流体动力学等。②统计模型：统计模型不考虑过程机理，又称“黑箱”模型或数据驱动型模型，主要包括回归模型、人工神经网络、支持向量机等。③混合模型：混合建模方法一般将机理模型与非机理模型通过串联、并联或混联的方式组合得到，又称“灰箱”建模。混合模型是将理论知识与经验数据相结合，基于混合模型的计算通常是为了预测工艺参数以及评估产品质量性能[4]。

5. 数据驱动型模型的优势与局限是什么？

数据驱动型模型可用于过程质量属性在线监测和工艺优化控制。数据驱动型模型可用于实时在线预测难以直接测量的关键变量信息，进而实现产品质量的在线优化和控制，是传统软测量技术和现代过程分析技术中的关键部分。随着信息技术的发展，来自工业现场的生产过程参数、设备状态参数以及产品质检数据都可以较好地存储和管理，这些数据中隐含着大量信息。利用数据分析技术揭示生产工艺的内在规律，把数据转化为生产知识，将有助于提高产品质量和生产效率。在质量源于设计和过程分析技术的实施过程中，合理运用数据驱动的过程建模技术将有助于生产过程的理解和控制。数据驱动型模型是目前中药工艺研究中使用最多的模型，其优点是能在过程机制不清晰的情况下建立定量模型。对于中药复杂的化学成分组成和复杂的过程机制来说，数据驱动型模型是现阶段比较合适的方法。

数据驱动型模型的开发和维护却面临很多挑战，尤其是对于工业数据的研究和应用方面。其主要原因是工业历史数据虽然数量非常庞大，但是数据中含有的有效信息却很少。从信息质量角度，工业数据不仅存在噪声、缺失、离群值、高度相关及不同源不同步等数据问题，还存在多样化、异常、开停车等生产工况问题。为了得到成功的数据驱动型模型，建模数据应尽可能多地包含多样化的生产状况数据，并对模型进行定期的维护。

6. 常用的化学计量学模型有哪些?

瑞典科学家 Svante Wold 首先提出了“化学计量学（chemometrics）”这一概念，将研究从化学实验产生的数据中提取相关化学信息的学科分支称之为化学计量学。化学计量学运用数学、统计学、计算机科学等学科的理论与方法，优化化学量测过程，并从化学量测数据中最大限度地获取有用的化学信息[5]。

化学计量学是一门利用统计学或数学方法对化学体系的测量值与体系之间建立联系的学科，主要用于分析采样、实验设计与优化、信号处理与辨别、化学模式识别等需要处理复杂数据的研究领域。化学计量学可以贯穿于中药生产工艺的全过程，包括制备工艺的设计及优化、样品的分析检测和数据的处理挖掘等。中药制药领域中常用的化学计量学方法主要有正交设计、响应面设计、多元线性回归法、聚类分析法（cluster analysis，CA）、主成分分析法（principal component analysis，PCA）、偏最小二乘回归法（partial least squares regression，PLSR）、因子分析法、相关分析法、线性判别分析法（linear discriminant analysis，LDA）、人工神经网络法（artificial neural network，ANN）、簇类独立软模式法（soft independent modeling of class analogy，SIMCA）等（表 1-14-1）[6]。

表 1-14-1　常用化学计量学方法的介绍

编号	名称	定义	常见用途
1	正交设计	根据正交原理从全面试验中选择有代表性的点，研究多因素、多水平对结果的影响	研究不同工艺参数对中药产品质量的影响，建立数学模型，预测最优生产工艺参数
2	响应面设计	采用多元二次回归方程拟合试验中因素与响应值间的关系，解决多变量问题	同正交设计
3	多元线性回归法	通过确定多个自变量与因变量之间的线性相关数学表达式，预测因变量	同正交设计
4	聚类分析法	找出能度量样品或指标间相似度的统计量，作为划分依据，衡量不同数据源间的相似性	研究不同产地、不同厂家、不同批次、不同生产工艺所制备中药产品质量的差异性，鉴别优劣。也可用于研究关键工艺对产品质量的影响
5	主成分分析法	利用降维思想，将多个变量通过线性变换以选出较少个数重要变量	同聚类分析法
6	偏最小二乘回归法	求各个因变量与自变量的主成分之间的回归方程。集多元回归分析、相关分析和主成分分析于一体	同聚类分析法
7	因子分析法	在多变量中找出具有代表性的因子，将相同本质的变量归入因子	同聚类分析法

续表

编号	名称	定义	常见用途
8	相关分析法	研究随机变量间是否存在某种依存关系，并探讨相关方向及相关程度	同聚类分析法
9	线性判别分析法	按照一定的判别准则，建立一个或多个判别函数，用大量资料确定判别函数中的待定系数，并计算判别指标	同聚类分析法
10	人工神经网络法	以数学网络拓扑结构为理论基础，对模型不确定的数据进行大规模非线性自适应信息处理，自动调节不同类型的非线性响应	同聚类分析法
11	簇类独立软模式法	一种基于主成分分析的有监督模式识别方法，弥补主成分分析在建模时不包含分类信息的缺点	同聚类分析法

7. 什么是设计空间？构建方法有哪些？

在 ICH Q8（R2）中，设计空间被定义为：可以确保产品质量的输入变量（例如原材料属性）和工艺参数之间的多维结合与相互作用。在设计空间范围内的工艺参数变化不影响药品质量。设计空间的意义在于增加工艺参数设置的灵活性，减少不必要的监管。如果在中药制剂工艺中借鉴设计空间的理念，充分研究中药原材料质量属性、工艺参数和产品质量属性之间的关系，在生产中采用基于设计空间的可调工艺，则可较好地应对原料的质量波动，并达到稳定中药制剂质量的目的。

工艺设计空间的有效性只有在生产规模条件下得到确认，才能用于生产质量控制策略。但在制药生产规模条件下，难以实现覆盖开发过程中建立的设计空间范围，因此并不需要对整个设计空间进行有效性确认；在产品生命周期中，可选择性地对设计空间的不同区域进行确认。设计空间根据制药过程数学模型计算获得。计算获得设计空间的前提是工艺建模准确可靠，目前主要的方法为叠加法和概率法。叠加法先计算符合各工艺评价指标标准的参数范围，然后求这些范围的交集得到设计空间。叠加法的优点在于方法简单。概率法则是采用概率表示设计空间内参数组合能使工艺品质达标的可靠程度，常用方法包括蒙特卡洛仿真抽样法、贝叶斯后验预测概率法等。

8. 什么是过程分析技术？

过程分析技术（PAT）指的是通过对原材料、中间物料以及工艺过程的关键质量属性和性能进行实时快速测量，准确判定中间产品和最终产品质量的状况，从而分析和控制生产加工过程。过程分析技术因为在分析技术前面加了“过程”二字，表明该技术是主要用于在线测量的分析技术，其技术特点之一是采用原位（in-line）或在线（on-line）分析仪对过程物流中的物料进行物理和化学分析。

为了推动技术进步，美国食品药品管理局（FDA）提出了 PAT 计划。FDA 的 PAT 计划是基于“质量源于设计”的理念提出的，鼓励生产过程的设计、控制和质量保证的创新性与高效性。PAT 强调的是在药品生产过程的各环节上（原料、生产和包装等）在线对产品质量参数和过程关键参数及时测量并调控，加深对过程在原理上的深度了解，找到设计空间，减少和消除产品生产的批次差异[7-8]。

实现过程在线检测的方法包括工业传感器、过程检测仪表及过程分析仪器等。近红外光谱法（near infrared spectroscopy，NIR）作为近年来最受欢迎的质量在线检测技术，在制药过程原料性质表征、萃取过程、干燥过程、混合过程等环节中应用广泛，如表 1-14-2 所示。

表 1-14-2　在线检测技术在制药过程的应用

应用领域	技术手段
原料的表征	NIR、拉曼（Raman）光谱
间歇反应器的加料	中红外光谱法（Mid IR）、NIR
反应过程的检测	Mid IR、UV
发酵过程的检测	NIR、质谱（MS）
蒸馏过程检测	NIR
萃取过程的浓度检测	NIR
结晶工艺检测	聚焦光束反射测量法（FBRM）、Mid IR
干燥工艺检测	NIR、Raman 光谱
混料过程检测	NIR、荧光光谱法、Raman 光谱
药片和其他产品均一度测量	NIR、Raman 光谱、太赫兹光谱法

9. 如何实现生产过程质量属性的快速监测?

中药制剂关键质量属性的提取和确认应以保证药物有效性和安全性为前提，在药物本身的性质、制备工艺、制剂要求和整体性特征表述研究的基础上，全面考虑。过程质量属性监测系统涉及多学科理论方法，集成了传感器、控制原理、统计分析、模式识别、信号处理、专家知识、机器学习等多个领域的知识。过程监测模型主要被分为以下 3 种：①基于解析模型的过程监测，是在对过程反应变化、变量之间关系深入理解的基础上，通过构建详细的数学模型实现的。它能够通过具体的数学模型表述生产过程的物理化学反应，从而能够反映出生产过程中所伴随的能量变化以及输入输出变量之间的关系。②基于知识的方法，是通过一些专家经验知识对过程运行状态给出定性的分析，从而达到过程监测的目的。该方法适用于一些比较难以获取具体数学模型的生产系统，通过建立专家知识库，整合历史先验知识，对故障进行监测、诊断和恢复。③基于数据驱动方法，目的是利用这些数据构建各种统计分析模型，从中挖掘出生产过程中的有效信息，从而帮助操作人员实现对过程状态的监测[9]。

10. 药品连续制造与间歇制造有什么区别?

药品连续制造（pharmaceutical continuous manufacturing，PCM）指在一段时间内不间断地提供原料并生产出终产品的过程[10]。在连续生产工艺中，通过集成控制系统将 2 个或 2 个以上单元进行高度整合，生产过程实施高强度 PAT 监控，整个生产过程始终处于受控状态。而在传统的批生产（即间歇生产）中，物料在每一步单元操作后，经收集然后转至下一单元操作，收集的中间物料一般存在存储和检测的过程。

与间歇（batch）生产相比，连续生产的优势主要表现在[11-12]：消除了工艺步骤中的间歇和停顿，生产周期缩短，生产效率极大提高；生产设备自动化、封闭化程度高，人工干预少；设备体积小，占地面积少，批量易于调节，适应变化的市场需求；减少浪费，物料损耗少，生产成本低；整个药品生产过程实施高强度过程分析和先进工艺控制，实时进行质量监控和前馈反馈控制，产品质量一致性较高。

在连续制造中，连续制造设备关键部件和控制模型均针对给定的生产对象进行高度的个性化的定制和开发。一般来说，一套连续制造装备仅适合生产某一特定品种。而间歇制造生产线通过不同单元操作的组合，适合多品种切换生产。

11. 中药生产过程常用仪表有哪些类型?

在中药实际生产应用中，常用一些物理量或化学量（如温度、压力、流量、物位、成分等）来表征生产过程是否正常、产品质量是否合格，自动化仪表主要用于温度、压力、流量和液位等工艺参数的控制，以及成分浓度、含量等质量参数的控制。仪表是中药过程控制系统的重要组成部分，没有仪表无法实现真正的过程控制。在中药自动化过程系统中，先由检测仪表将生产过程中的工艺参数转换为电信号或气压信号，并由显示仪表显示或记录，以反映生产过程的状况；与此同时，还将检测信号通过变换或运算传递给控制仪表，以实现对生产过程的自动控制。

工艺仪表种类繁多，根据不同的原则可以进行相应的分类。如按能源形式，可分为气动、电动、液动等；按信号类型，可分为模拟式和数字式两大类；按结构类型，可分基地式控制仪表、单元组合式控制仪表、组装式综合控制装置、集散控制系统以及现场总线控制系统；按照信息的获得、传递和处理过程，可分为检测仪表、显示仪表、控制仪表和执行器。

12. 中药生产过程中常用的在线检测装备有哪几种?

在线检测装备是中药生产过程在线质量控制的基础。过程分析技术（PAT）中除了包含对工艺参数（温度、压力、转速、液位等）的在线监测外，主要还包括对药品质量的监测。在药品质量监测中，所采用的分析方法有气相色谱（GC）、质谱（MS）、核磁共振（NMR）、高效液相色谱（HPLC）、红外光谱（IR）、近红外光谱（NIR）、紫外 - 可见吸收光谱（UV-Vis）、拉曼光谱和射线荧光光谱等。

近红外光谱在线分析技术，因其仪器较简单，分析速度快，非破坏性和样品制备量小，适合各类样品如液体、黏稠体、涂层、粉末和固体的分析，多组分多通道同时测定等，已广泛应用于制药生产的各环节。常用的近红外光谱仪器如傅里叶变换光谱仪（配 InGaAs 检测器），便携式微型光谱仪和超微型光谱仪等。在应用中，应最小化环境的干扰或通过数据处理滤除噪声。

13. 什么是软测量模型?

软测量（soft sensor）是由软件（software）和传感器（sensor）结合而成的专业术语，即利用计算机软件程序实现硬件测量仪器的功能。软测量通过建立难以测量的变量（主导变量）和与其高度相关的易于测量的变量（辅助变量）之间的关系，从而实现利用辅助变量估计主导变量。常用的软测量方法主要有两大类：机理模型和基于数据模型[13]。机理模型通常是从过程系统的物理和化学机理上进行描述，建立数学函数关系。基于数据的模型是根据实际生产过程产生的历史数据建模，对比机理模型可以更真实地描述实际工况。常用的基于数据的过程模型建模方法有主成分分析法（PCA）、偏最小二乘法（PLS）、人工神经网络法（ANN）和支持向量机（support vector machine，SVM）等。

软测量技术最原始并且最重要的应用领域是对过程关键的难测变量进行预测。工业生产中这些难测变量通常难以在线得到，需要通过较低频率的离线采样化验分析得到，而它们又与过程生产的产品质量密切相关，所以及时获取它们的值对于工业质量的优化和控制来说十分重要。这种应用领域的建模方法主要是统计或者计算机监督学习方法。软测量技术另外一个重要的应用领域是过程监测和故障诊断[14]。

14. 如何理解过程分析技术在中药浓缩工艺中的应用？

中药提取液的浓缩不仅是中药生产能耗最大的操作单元，而且由于工艺变量多、扰动大，一旦遇到不良因素，势必会引起结焦、液冷或热分解等问题，严重影响中药成品质量与疗效，需要对浓缩过程进行实时监测与管理。相比传统的蒸发器，MVR 蒸发器节能优势明显，目前在中药浓缩中使用较为广泛。自动化程度高的 MVR 蒸发器，其系统通过 DCS/PLC、工业计算机与组态软件的形式来控制系统温度、压力与转速等，保持系统蒸发平衡[15]，有利于产品质量控制；统计某公司中药浓缩工艺中传感器使用数量，达到 20 多个，见表 1-14-3，覆盖整个自动控制装置系统，不仅涵盖了整个浓缩生产流程，而且对各个控制点的参数进行精密自动化控制，进而大大提高了浓缩控制系统的效率与质量，同时减少了许多人为因素的干扰[16]。

表 1-14-3 基于中药浓缩工艺的传感器监测指标

浓缩设备	监测点	监测指标
进料泵	进料泵管道	瞬时流量、累计流量、温度、压力
浓缩蒸发器	加热器蒸汽管道	蒸汽压力、流量
	浓缩罐内部	温度、真空度
	浓缩罐内部	药液比重
循环泵	循环泵	转速、耗电量
冷却系统	冷却管道	冷却水温度、压力
出料泵	出料管道	温度、压力、药液比重
蒸汽压缩机	机头	震动量、温度、电流
润滑系统	机箱	油温度、压力

将过程分析技术应用于中药浓缩过程，通过在线检测水分或目标成分含量、密度、固含量、pH 等参数，可实现对浓缩过程终点的快速、准确判断。目前在中药浓缩过程中使用广泛是采用近红外在线检测[17]，如：在感冒灵颗粒生产的浓缩设备循环通道上设计搭建了近红外检测管路，通过远程连接光谱仪和自控系统等设备，实现了 NIR 技术与自动化控制技术的结合[18]；针对热毒宁注射液青蒿金银花醇沉液的浓缩过程[19]，对其生产线的减压浓缩

设备进行改造，增加 2 个外部回路，实现近红外探头自动采集样本获取在线光谱并及时建模；某些中成药生产企业通过搭建在线 NIR 检测装置[20]，使之应用于中药工业现场的浓缩环节，均实现了快速、高效地对提取浓缩过程的质量进行实时监测和控制。

浓缩作为中药提取液向现代中成药制剂转化的第一道工序，通过技术创新，应用电导率检测、近红外检测等检测技术及神经元网络、支持向量技术等计算机软测量技术，可实现浓缩工艺与设备的自动化和智能化控制，完善中药提取液浓缩质量评价体系，对浓缩过程进行在线监控，规避浓缩时液泛、局部过热导致的活性组分氧化、热分解等非稳态现象的发生，对浓缩终点进行精准控制，确保浓缩清膏质量有较好的重现性，稳定、均一，降低最终产品质量的波动幅度。

15. 如何理解过程分析技术在干燥工艺中的应用?

在中药干燥过程中应用过程分析技术，可科学、有效、严格地监测和控制中药干燥过程的工艺参数和质量参数，实现干燥生产的连续化、智能化，从而提高生产效率、降低生产成本。中药物料含水率作为干燥过程终点判定的关键指标，在干燥效率提升、能源节约方面发挥着重要作用。目前主要采用恒温干燥法、快速水分测定法对中药物料干燥过程含水率进行取样离线测量，给 GMP 要求下的中药连续生产带来不便。近年来涌现出一系列物料水分在线高效检测方法，为其在中药干燥领域的应用提供了借鉴和参考。

（1）在线称重法：通过电子天平或者称重单元对物料干燥过程质量进行实时测定，可直接获取干燥过程失水量随时间的变化，是一种直接测量法。其具有结构简单、检测高效及适用范围广等优势。

（2）电阻法和电容法：基于被测物料中干物质的电阻和电容值与水相比差异很大，故电阻法和电容法可以反映物料含水率的大小。此类方法具有设备体积小优势，但测量精度容易受物料成分、堆积密度以及环境温度、湿度等外界因素的影响。在应用过程中，须将检测探头与中药物料直接接触或浸入中药物料内部进行检测。

（3）微波技术检测法：在中药研究领域中，高功率微波技术常用于炮制、萃取、干燥、灭菌等工艺单元，具有高效、节能等优势。微波除了常见的加热应用外，还可应用于物料含水率的无损检测。检测元件与物料无须直接接触，降低中药干燥过程被污染的风险。

（4）低场核磁共振分析与成像技术：是近年来逐渐兴起的水分检测技术。因其不仅能够检测物料中的水分含量，而且能够通过成像技术直观地分析水分动态分布情况，广泛应用于干燥过程水分迁移研究。此类方法具有信息丰富、受物料形状影响小等优点，在干燥终点判断、干燥工艺调控等领域颇具潜力。

（5）近红外光谱技术：通过测定被测物料表面发射的近红外能量值，推算出物料水分含量。该技术属于不接触、无损伤检测技术，具有反应灵敏、无污染等优点[21]。

除水分检测外，针对中药物料的特点，利用表面声波式电子鼻在线采集恒温干燥过程中的气味，通过分析气味特性、气味峰面积曲线、气味散失强度寻找气味散失规律，结合干燥后的品质确定一种较优的干燥方案[22]。“色、味、形”作为控制中药产品质量的传统方法，经大量事实、研究验证是有效的，该项研究对中药产品的干燥控制有较好的启发意义。另外，可设计一种基于温度、湿度、流速、物料水分、气味、机器视觉等多传感器融合的技术，将多源信息融合起来，用高精度实时模式分类系统来处理多信息系统数据，对比数据库中的已存储信息，从而实现中药物料干燥的智能化监控[23]。

16. 如何实现混合过程均匀度在线控制?

混合过程是中药制药过程中至关重要的操作环节，对药品中各成分分布均匀性起决定性作用。在 PAT 指南的推动和影响下，近红外光谱（NIR）、拉曼光谱（Raman spectroscopy，RS）、化学成像（chemical imaging，CI）、热传感等在线分析技术被应用于药物混合过程监控。NIR 技术在制药混合过程中的应用报道最为广泛，具有实时快速、不破坏样品、不污染环境等特点；光导纤维或无线数据传输方式的应用可使 NIR 扩展至远程分析。拉曼光谱由于信号较弱，信噪比高，主要用于纯度较高的化学药品分析和监控。化学成像技术将常规光谱技术和成像技术集成，可获取待分析目标的空间分布信息。

混合过程终点判断是混合过程在线分析的重要任务，其实现需要采用适当的化学计量学方法对过程数据进行解析。

（1）混合过程样品间比较法：此类方法比较 2 张或 *n* 张连续光谱间的差异，差异随时间的变化而变化，当差异低于设定的阈值时，认为样品混合均匀。主要方法有连续光谱间均方差法（mean square differences between consecutive spectra，MSD），移动块标准偏差法（moving block standard deviation，MBSD）和移动块相对标准偏差法（moving block relative standard deviation，MBRSD）。

（2）与训练集样品比较法：对不同时间点记录的光谱信息和标准终点样本光谱信息进行比较，当差异逐渐减小至接近于零，表明混合状态达到稳定。该类方法主要有谱间差异法（dissimilarity between spectra and ideal mixture），欧式距离（Euclidean distance，ED）或马氏距离（Mahalanobis distance，MD）法，以及基于“质量源于设计”理念所建立的混合过程终点设计空间的判断方法等。

当体系有效成分或指标性成分较为明确时，也可借助训练集和参考值建立成分定量模型，实时分析混合过程中成分含量的变化，结合相对标准偏差法（relative standard deviation，RSD）和标准值的均方根误差（root mean squared error from the nominal value，RMSNV）来判断混合终点。

17. 粉体粒径在线检测方法有哪些?

粉体粒径在线检测分析是指在制备粉体的生产过程中对粉体进行实时粒度检测分析。目前使用较多的在线监测技术有超声法、计算机动态图像法、近红外光谱法和光散射法等。

（1）超声法：主要包括声速法和衰减法两类，声速法是基于不同频率声波在颗粒中的传播速度不同而发展的；衰减法是基于不同频率声波在颗粒中的衰减不同而发展的，衰减法要求要有合适的理论模型对颗粒中的声波动进行描述和预测。有研究表明，声波发射探头在流化床制粒机上使用，可通过光波信息预测颗粒分布，同时对过程差异进行较早的预警。但也有学者使用声波发射探头预测颗粒大小没有取得成功，分析原因可能是空气的流动会影响声波信号传递。由于干扰较多，超声法在实际制药过程中使用较少。

（2）计算机动态图像法：是在显微镜法的基础上发展来的，传统的图像法一般是颗粒在静止的状态下通过高像素相机拍摄，使用图像处理技术处理，得到颗粒粒径。但在线颗粒多为流动颗粒，因此传统方法会导致图像模糊不清，使用超光频闪光源进行拍摄得到“冻结”图像，再使用图像处理方法分析，得到粒径分布。主要的案例有 Eyecon 系列的 3D 颗粒表征仪，使用 1 秒的光照脉冲捕捉颗粒移动到 10m/s 的清晰图像。该方法可以从二维图像中提取三维信息，用于改进边缘检测，特别是重叠粒子的边缘检测。然后利用三维投影图像的大小来获得最佳拟合椭圆的等效直径。通过计算粒子边缘上拟合椭圆的最大和最小直径之比来估计粒子的形状，同时依据相机拍摄的粒子大小，可得到粒子的大小分布。该系统适用的粒径范围为 50～3 000μm，测得的尺寸值与空间滤波测速法测得的尺寸值吻合较好[24]。

（3）近红外光谱法：是指在给定波长下，不同大小粒子对红外光的吸收强度不同，通过分析红外光谱的变化间接得到粒径的变化。该方法通常使用主成分分析或偏最小二乘回归模型预测粒径大小及水分含量，有学者使用带有探头的 NIR 分析仪测定中试规模的制粒机中的粒子在 12 000～4 000cm^{-1} 波数范围内的吸收强度，结果表明在选定的 10 000cm^{-1} 波数下测量的吸光度与粒径变化有很好的相关性。但缺点在于粉末易沉积在探头表面，影响测定的准确性。

（4）光散射法：目前使用最多，原理是光束射到颗粒上时会发生散射现象，散射光的特性参数与粒径大小存在着密切关系，可以通过散射光特性得到粒径大小及分布。光散射法在实际使用上较多，仪器以操作快速、自动化程度高的特点实现商用，如在线性型激光衍射粒径分布仪可实现在线监测，操作时可通过取返样系统将粉体从生产线中自动抽取出来进行分析，分析完成后又被直接送回[25]。整个过程在密闭条件下完成，无污染残留，体现了在线控制的特点，主要适用于干法粉体生产领域，拥有较广泛的应用前景。

18. 包衣厚度在线检测的方法有哪些？

目前对于片剂包衣厚度的检测方法有显微图像测量法、近红外光谱法、X 射线荧光光谱法、拉曼光谱及太赫兹光谱，其中在线监测使用较多的有近红外光谱、太赫兹光谱和透射拉曼光谱。

（1）近红外光谱：是介于可见光和中红外光之间的电磁辐射波，具备无损、快速、多参数测定、无污染和可在线分析等优点，通过建立模型、选择参数可准确测出片剂包衣的厚度，也可采用近红外光谱技术的光纤探头在线监测包衣过程。以 9 批天舒片样品为研究对象，通过傅里叶变换近红外光谱仪采集红外光谱数据，建立偏最小二乘法模型，对红外光谱在线监测包衣厚度的可行性进行了分析。结果表明模型的验证预测值与实测值的相关系数为 0.991，表明预测值与实测值的相关性良好，即红外光谱用于检测包衣厚度的准确性较高，可进一步用于在线包衣厚度检测[26]。

（2）太赫兹光谱：太赫兹波通常指的是频率范围为 0.1～10THz，波段位于远红外和微波之间的电磁波。太赫兹成像技术在药物分析以及无损检测等方面有着十分广泛的应用，可以为拉曼成像、X 射线荧光成像、核磁共振成像以及红外成像提供补充。药片包衣中的空腔或者异物都能改变太赫兹射线脉冲照射时间的长短，太赫兹成像利用脉冲成像探测待测物质的折射率变化，得到药片包衣膜的成分及厚度等一系列信息实现在线监测。太赫兹检测仪可以在不破坏药片包衣的前提下，在片剂包衣过程中快速检测出包衣的厚度，无须复杂的多变量校正。使用太赫兹检测仪在线监测包衣厚度的研究较多，对包衣的结构情况和包裹情况进行检测分析，并通过传感器进行记录，可用于厚度＞50μm 的包衣检测[27]。

（3）透射拉曼光谱（TRS）：多适用于胶囊剂和片剂等散装成分的定量评估。TRS 比近红外光谱具有更高的化学特异性，对水不敏感，有提高分析速度的潜力。所得到的透射拉曼光谱对样品混合物具有高度的代表性，能够对整个物体进行灵敏、准确、快速的定量测量。研究表明，TRS 中的绝对传输信号随着样品厚度的增加而显著降低，可使用拉曼光谱在线监测包衣厚度。实际应用的仪器有 Renishaw 激光拉曼光谱仪，包括激光器、集光系统、双联单色仪、光电倍增管、放大器和记录仪 6 部分，操作过程即是使用 300μm 的光束扫描药片的两个表面得到拉曼信号，随之将收集的拉曼光信号转换为电信号输入记录仪中，使用偏最小二乘法描述得到的包衣厚度。

19. 胶囊装量差异能否实现在线控制?

对胶囊装量控制的方法主要有两种，即间接控制方法和直接控制方法。胶囊装量的间接控制方法是用传感器等测量与胶囊重量有关的物理特征，而这种特征与胶囊装量的关系已知，通过物理特征推断出胶囊的装量，胶囊的装量的直接控制方法是用称量秤直接对胶囊装量进行测试。间接控制方法，如电容传感器，电场的变化和通过传感器的产品质量之间的关系已经确定，当胶囊通过传感器时电场发生变化，通过该关系计算出胶囊的重量；基于 X 射线的高分辨率成像技术，将被测产品的密度与装量之间的关系备份到模型软件中，通过被检测胶囊的吸收系数计算出胶囊重量；直接控制方法，如称重传感器，将填充胶囊人为从胶囊填充机运送到检重秤进行检查，在预定时间间隔中进行样本采集，检重站反馈于胶囊填充机中的剂量调整在时间延迟上发生[28]。胶囊填充机将一排称重单元设计成了填充机的辅助单元，安装在机器出口处，直接将胶囊通过套管送到称重传感器，如 CT 系列胶囊片剂检重秤，可用于片剂和胶囊的重量检测，可剔除不合格样品，自动化程度较高。CMC 系列胶囊粒重检测机，从胶囊填充机出料口处自动取样检测粒重，实时监控画面动态显示粒重情况，对粒重差异进行监控，自动剔除不合格样品。

20. 生产过程中能否预测片剂的溶出度?

药物溶出度是指药物在规定的介质中，从片剂、胶囊剂或颗粒剂等固体制剂溶出的速率和程度，它是评价药物制剂质量的一个重要指标。目前片剂的溶出度都是采用溶出度仪 - 液相的传统分析方法，这种方法具有破坏性，且分析时间长、成本高[29]。

在线近红外和在线紫外等光谱分析技术，具有高速采集、非破坏性和几乎不需要样品制备的特点。在实际应用中，将样品光谱与溶出过程中溶液浓度参数进行关联，建立数学校正模型，可以对溶出过程进行在线监测。有学者采用拉曼成像技术预测了盐酸青藤碱缓释片的溶出曲线，并验证了预测结果的准确性和精密度，所建方法具有较好的推广应用前景[30]。

另外，日本药品与医疗器械管理局(Pharmaceuticals and Medical Devices Agency, PMDA)发布的基于质量源于设计的 Sakura 片开发模板，以原料药粒径、中间体颗粒粒径和素片硬度 3 个关键物料属性(critical material attribute, CMA)为自变量，建立了预测片剂溶出度的二次多项式方程，作为实时放行检验模型。该预测模型不包含工艺参数，以排除生产规模、场地和设备因素对模型的影响，这有利于该法由研发向中试和生产规模的转移[31-32]。

21. 近红外光谱分析建模的基本流程是什么?

近红外光谱分析需要预先建立光谱特征与待测量之间的关系模型，即信息关联。建立关系模型之前，一般要对样品光谱数据进行预处理：通过对样品光谱的前处理来恢复表观光谱的真实性；通过对光谱特征的抽取来压缩光谱集数据。根据模型建立的实际需要，近红外光谱分析建模操作流程有：谱区选择、光谱预处理、数据降维、数据模型的建立与优化、模型检验和奇异点剔除。

（1）谱区选择：谱区的选择是对光谱数据集压缩的一种方法。对于波长连续的近红外光谱，为了保证对样品光谱的分辨，光谱的数据一般有数百到数千个数据点，但谱区中各个数据点包含的信息是不同的，有的频段因为检测器响应的问题噪声较大。可以运用算法在全光谱中选择部分谱区用于建立数学模型。谱区的选择要根据分析对象的不同进行优化。

（2）光谱预处理：光谱预处理主要是对光谱背景的校正。因为光谱的总信息分为确定信息与不确定信息，光谱的背景信息也分别包含在确定信息与不确定信息中。确定信息的背景校正主要是校正或扣除各种光谱的失真，使表观光谱得以恢复（或称为复原），提高光谱的可靠性；不确定信息的背景校正是采用不同的物理、化学或数学手段，主要从背景的来源予以控制并调整背景范围，以变更模型分析样品的适配范围，调整模型的稳健性。

（3）数据降维：数据降维时主成分的个数，也即建模时的阶数，一般情况下，建模样品数少于 100 时，所选的阶数大体上不超过样品数的 1/10～1/6。阶数过小称为模型的欠拟合；过大的阶数所建的模型称为过拟合，过拟合的模型虽然对模型内部的样品预测效果可能较好，但预测其他样品时误差较大。

（4）数据模型的建立与优化：对于数据模型的建立与优化，光谱矩阵经过谱段和预处理方法的选择，并建立较低维的光谱特征空间后，即可应用回归方法建立光谱特征与待测量之间的关系模型，这些方法主要属于统计方法，建立的模型属于统计模型。线性回归的过程已比较成熟，模型的建立与优化过程，就是要选择最佳的谱区、最佳的光谱预处理方法，以及最佳的主成分个数。

（5）模型检验：模型建立后，一般以决定系数和误差等参数共同衡量建模的效果。好的数学模型一般不可能一次建成，是一个反复检验、优化的过程，需要采用不同的样品进行检验，检验模型的稳定性与可靠性，然后根据试样的结果进一步修改建模的预处理方法、谱区与其他参数，并剔除建模样品中的异常样品，提高模型的稳定性与可靠性。近红外光谱分析有一系列措施对模型进行检验，以衡量是否需要进一步优化模型。

（6）奇异点剔除：剔除模型中的异常值样品也是优化数学模型的一项技术。建模过程中，某些样品加入模型后所建的模型的预测精度会大大降低，这些样品的化学值或光谱值称为异常值。异常值有两类，一类是这些异常值样品的化学值分析或光谱的扫描有较大误差；另一类异常值样品的化学值与光谱值数据都是准确的，但这些样品和建模的大部分样品有较大差异，其化学值或光谱与其他样品相比有特殊性[33]。

22. 在线质量分析方法如何验证？

在线质量分析方法验证，一种是依靠传统的化学计量学参数；另一种是以 ICH Q2 为指导进行验证，或采用准确度曲线（accuracy profile，AP）作为决策工具进行验证。

（1）传统近红外分析方法的验证：传统的化学计量学方法对于 NIR 的多元校正模型的验证主要包括两步。第一步使用校正集数据并使用留一法交叉验证（leave-one-out cross validation，LOO）计算常规指数来评价模型的适用性。这些标准主要有校正集误差均方根（root mean square error of calibration，RMSEC）、交叉验证误差均方根（root mean square error of cross validation，RMSECV）、预测误差均方根（root mean square error of prediction，

RMSEP）等。画出 RMSEC 和 RMSECV 随因子数变化的趋势图可以确定校正集的最佳潜变量，用于校正集的优化。事实上，RMSEC 通常会随着潜变量因子数（latent variables，LVs）的增大而减小并选出最佳的偏最小二乘（PLS）模型。第二步是使用不包含在校正集内的另外一组数据进行进一步验证 NIR 模型对于将来得到的数据的预测能力。模型的预测性能用预测误差均方根（RMSEP）表示。通常 RMSECV 和 RMSEP 比值越接近 1，表明 NIR 模型越稳健。RMSEC、RMSECV、RMSEP 值越小也表示模型有更好的定量性能。此外，模型性能偏差比（ratio of performance to deviation，RPD）大于 3 时表示模型性能较好。

（2）基于 ICH Q2（R1）标准的验证：除了上述化学计量学指标验证 NIR 多元模型的有效性，也可使用 ICH Q2 规定的验证标准进行方法验证，全面评价方法的真实性、精密度（重复性和中间精密度）、准确性、定量限和耐用性等。

准确度曲线（AP）验证策略由法国药物科学与技术学会（La Societé Francaise des Sciences et techniques pharmaceutiques，SFSTP）在 2003 年推荐用于分析方法的验证。AP 方法是基于统计学中的容许区间，可以判断分析方法是否足够有效来保证分析结果的质量、可靠性和准确性，并确定分析方法的定量限。AP 完全服从 ICH Q2，该方法采用准确度曲线进行图形化决策。

23. 统计过程控制如何应用?

统计过程控制（statistical process control，SPC）包括单变量统计过程控制（univariate statistical process control，USPC）和多变量统计过程控制（multivariate statistical process control，MSPC）。在中药生产过程中引入统计过程控制技术，不仅可以有效利用生产过程中的大量相关数据进行过程监控，还能及时对过程中可能出现的故障进行原因分析，并针对故障原因采取及时、有效的纠正措施，确保中药生产的各环节在一定范围的控制限内，最终确保产品质量的稳定性和均一性。

单变量统计过程控制技术（USPC）对生产过程中的一些重要指标单独实施统计过程控制，常用的控制图有 Shewhart 控制图、适用于检测工序小偏移的累积和图（cumulative sum chart，CUSUM）和指数加权移动平均图（exponentially weighted moving average chart，EWMA）。在对产品变量进行监控时如果发现异常情况，通过在生产过程中的中间变量寻找故障原因，并加以消除；如果发现是生产过程本身的问题，则通过各种方法分析、改进生产过程，这个过程实际上是一个反馈控制的过程。这个反馈过程不同于自动化的仪器控制，而是通过 SPC 技术环节间接实现。USPC 只能用于监控某一时刻某一质量变量或过程变量，而不适于分析多变量过程数据间存在的大量相关性问题。

多元统计过程控制又称多变量统计过程控制（MSPC），是把主成分分析（principal component analysis，PCA）和偏最小二乘（partial least square，PLS）等多元统计投影方法融入传统的统计过程控制而形成的一种对存在多个相关变量的生产过程进行监控、分析、控制的方法和技术。MSPC 将生产过程中存在的大量高度相关过程变量通过多元统计投影映射到由少量隐变量定义的低维空间中去，使过程监控、故障检测和诊断以及相应的研究得以简化。多元投影映射方法不需要知道生产过程的精确模型，只需要根据生产过程采集的数据，提取过程数据的主要特征，既保留了生产过程的重要信息，又摒弃了冗余信息，是一种高维数据分析的有效工具。

24. 故障诊断的常用方法有哪些?

质量相关的故障检测与诊断技术是保证安全生产及获得可靠产品质量的有效手段。故障检测与诊断方法主要包括基于系列 PLS 模型方法的故障检测技术和基于贡献图的质量相关的故障诊断技术。

基于 PCA 的方法而言，首先对生产过程中采集到的正常数据进行主成分分析，建立主成分模型，然后将过程中新得到的数据向量投影到两个正交的子空间（主成分子空间和残差子空间）上，并分别在相应的空间上使用 Hotelling T^2 统计量和平方预测误差（squared prediction error，SPE）统计量来进行假设检验，如果检测到数据偏离正常统计模型，即可判断有故障发生。然后借助贡献图分析每个过程的变量对 Hotelling T^2 和 SPE 统计量的贡献大小。贡献图法的核心思想是当与质量相关的故障发生后，通过计算每一个变量的平方预测误差和 Hotelling T^2 统计量的贡献，进行故障识别，具有较大贡献的变量很可能是质量相关的故障变量。相对贡献图在传统贡献图法的基础上引入贡献图期望值的概念，并将其作为比例因子。在实际的应用中，因为计算期望值比采用控制限的方法更容易，所以使用基于期望值的相对贡献图法更简单，更适用于复杂工业过程的故障诊断[34]。

25. 什么是实时放行检验?

2009 年 8 月，ICH Q8（R2）药物开发指南将实时放行检验（real time release test，RTRT）定义为：在过程数据的基础上，评估和保证中间过程和 / 或最终产品质量的能力，通常包含测量的物料属性与过程控制的有效组合。2015 年 12 月，欧盟委员会发布的 EU GMP 附录 17 将最终灭菌产品的参数放行修订为实时放行检验，将 RTRT 应用范围扩展到药品制造的全阶段。在药品生产过程中实施实时放行检验，可替代终产品检验，将质量控制点前移，有利于预测性调控，降低发生质量问题的风险，并提高生产的连续性和效率。

实施药品关键质量属性 RTRT 的方法主要有两类，一类为采用过程分析技术实现关键质量属性的实时分析和监控；一类是在对药品生产质量传递规律理解透彻的基础上，基于常规中间过程测量建立替代关键质量参数常规检验方法的预测模型。参数放行属于 RTRT 的一种，主要用于最终灭菌工艺生产的无菌制剂，是为保证最终灭菌产品在用药方面的安全性[30]。ICH Q8Q&A 中指出参数放行是基于工艺数据（如温度、压力、最终灭菌时间、理化指标），而非针对一个特定样品属性进行检测。

26. 什么是可编程逻辑控制器?

可编程逻辑控制器（programmable logic controller，PLC）是一种专门为在工业环境下应用而设计的数字运算操作电子系统[35]。它采用一种可编程的存储器，在其内部存储执行逻辑运算、顺序控制、定时、计数和算术运算等操作的指令，通过数字式或模拟式的输入输出，有效控制各种类型的机械设备或生产过程。

PLC 由中央处理器（central processing unit，CPU）、存储器、输入输出单元（I/O 单元）、电源、编程器等部分组成（图 1-14-1）。其中输入单元包括开关、按钮、传感器等，输出单元多为指示灯、电磁阀以及其他输出设备等；存储器即系统存储器和用户存储器；分别存放系统管理程序和用户编制的控制程序；编程器一般为外围设备或个人计算机，利用编程器可以将用户程序保存至用户存储器，检查程序。

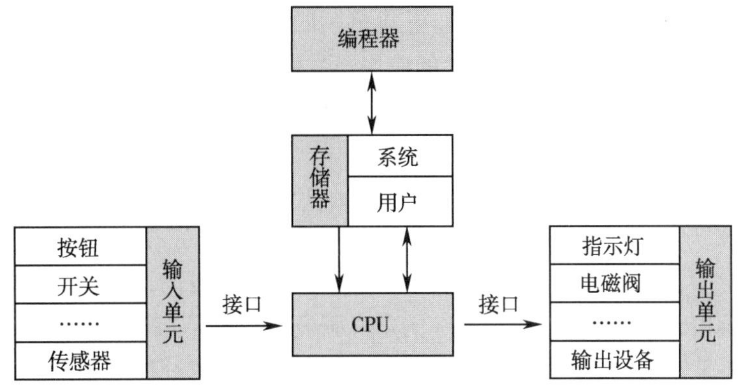

图 1-14-1　PLC 系统结构简图

PLC 系统采用循环扫描的工作方式，包括内部处理、通信操作、输入处理、程序执行和输出处理几个阶段，且由于其在硬件上采用了接地、屏蔽和滤波等抗干扰措施，故 PLC 系统在强电磁干扰、粉尘或高温高湿恶劣环境下工作时，具有可靠性高、抗干扰能力强的优点[36]。此外，PLC 还具有编程直观、简单，使用方便；对环境要求低，适应性好；组合灵活，功能完善，接口功能强的特点，可以针对不同工业现场或使用目的灵活搭配组合，提高工作效率。PLC 的应用范围包括通信、运动控制、数据处理、逻辑控制等。

27. 什么是分布式控制系统?

分布式控制系统（distributed control system，DCS）或集散控制系统是以微型计算机为基础，将分散型控制装置、通信系统、集中操作与信息管理系统综合在一起的新型过程控制系统。其主要功能为数据采集、监视操作和过程控制。从综合自动化的角度出发，DCS 以分散控制、集中显示、分级管理、配置灵活和组态方便为原则，具有控制风险分散和管理集中的优势，综合计算机、通信、显示、控制技术，由过程控制级和过程监控级组成的以通信网络为纽带的多级计算机控制系统，从而实现工业生产过程或对工厂的控制管理，包括数字控制、顺序控制、批量控制、数据采集与处理、多变量解耦控制和最优控制等生产需求，还包含指挥、调度和管理生产的功能。DCS 系统通信采用局域网通信技术，信息传输速度快，应用标准的应用模块、标准的 I/O 卡和插接件，可实现系统的灵活扩展。有价值的信号通过通信网络向系统发送，由各操作站按预定要求对数据进行分析、计算和处理，并进行显示、报警或存储等。

DCS 的基本结构可以由分散控制装置、集中操作与管理系统和通信系统三部分组成。系统结构中的硬件和软件都是按模块化结构设计的，其层次结构可以分为过程控制级和控制管理级两个基本环节，控制管理级一般包括操作员站和工程师站等，而过程控制级在不同的 DCS 系统中，控制装置不同。DCS 控制站会根据检测和控制要求而配置不同规模的过程控制单元，一般采用微型计算机为主控单元，多由模块化的可编程逻辑控制器来进行生产或其他过程测量和控制，实现功能分散，降低控制高度集中带来的系统不稳定的风险，避免仪表控制功能单一的局限。运用计算机、显示设备、打印输出设备等构成操作站，包括操作员站和工程师站，实现对生产操作参数的采集、显示、监控、报警和系统组态、编程等功能。

随着局域网络（local area network，LAN）、开放系统互联（open system interconnection，

OSI）和信息集成技术的发展，DCS 已经更新至第四代，并将对可编程逻辑控制器技术、智能控制技术与过程控制软件等高新技术的应用及发展起到推动作用。

28. 什么是制造执行系统？

制造执行系统协会（Manufacturing Execution Systems Association，MESA）将制造执行系统（MES）定义为：通过信息传递对从订单下达开始到产品完成的整个生产过程进行优化管理。当工厂发生实时事件时，MES 可以及时作出反应和报告，并用当前准确的数据对其进行相应的指导和处理。MESA 对 MES 的定义强调：MES 是对整个车间制造过程的优化，而不是单一解决某个生产瓶颈；MES 必须提供实时收集生产过程数据的功能，并作出相应的分析和处理；MES 需要与决策层和控制层进行信息交互，通过企业的连续信息流来实现企业信息集成[37]。

目前 MES 主要参照国际自动化学会（International Society of Automation，ISA）编制的《ISA-95 企业控制系统集成标准》，其定义了 MES 集成时使用的模型和术语。ISA-95 的生产对象模型根据功能分成了 4 类和 9 个模型。4 类分别为资源、能力、产品定义和生产计划；9 个模型分别是人员、设备、材料、过程阶段对象、生产能力、过程段能力、产品定义信息、生产计划和生产性能。9 个模型构成了 ISA-95 的基本模型框架，从不同角度阐明了 MES 所需要解决的问题。此外，ISA-95 标准将制造业务划分为 13 个功能，其中 MES 负责的业务包括生产业务管理、库存业务管理、设备维护业务管理和质量业务管理。

在制药行业，MES 作为企业资源计划（enterprise resource planning，ERP）和过程控制系统（process control system，PCS）的连接层，使企业的计划管理层和控制执行层之间实现数据实时共享和流通，集成了数据采集、质量追溯、生产管理、物料管控、质量管控、设备管理和文档管理等功能，从而帮助制造企业实现生产的自动化、智能化和网络化，有效指导生产，提高交货能力，改善物料的流通性能和生产回报率，在企业内部和产品供应链中双向提供有关产品行为的关键任务信息，并反馈和传递上层、下层的处理结果与生产指令，提高企业信息间的连续性和实时性，从而达到提高企业制造能力和生产管理能力的要求[38-40]。

29. 什么是电子批记录？

批记录是药品生产企业获得产品和质量系统相关数据，进行分析评价从而持续改进的重要依据[41]。电子记录是指依靠计算机系统进行创建、修改、维护、存档、找回或发送的诸如文字、图表、数据、声音、图像及其他以电子形式存在的信息的任何组合[42]。

电子批记录系统（electronic batch record system，EBRS）通过自动对生产过程中设备运行参数的连续实时采集，记录整个药品生产中各工序设备参数及环境参数，并将数据以数值、曲线、图表等形式展现在相应位置，以生成完整的电子批生产记录。其格式可与纸质批记录相同，实现整个生产过程的规范化、电子化、可视化，确保生产数据的可靠性和完整性。

与传统纸介质记录相比，电子批记录的优势在于，良好的电子批记录系统能够有效减少对人员的依赖，具有很好的客观性，满足《药品记录与数据管理要求（试行）》对于数据真实、准确、完整和可追溯等基本要求，保证数据的可靠性。

30. 什么是实验室信息管理系统?

实验室信息管理系统(LIMS)是将以数据库为核心的信息化技术与实验室管理需求相结合的信息化管理工具，是信息技术与先进管理理论融合的产物[43-44]。目前，实验室信息管理系统不仅在实验室中应用，还在药品生产企业中应用[45]。该系统按照功能一般可以分为两大类：纯粹数据管理型和实验室全面管理型。

第一类是数据管理型，这类 LIMS 软件主要功能一般包括：数据采集、传输、存储、处理、数理统计分析、数据合格与否的自动判定、输出与发布、报表管理、网络管理等模块。其功能单一，容易实现。

第二类是实验室全面管理型，除了具有第一类的功能外，还增加了以下管理职能：样品管理、资源(材料、设备、备品备件、固定资产管理等)管理、事务(如工作量统计与工资奖金管理、文件资料和档案管理)管理等模块，组成了一套完整的实验室综合管理体系和检验工作质量监控体系。其功能比较全面，除了能够实现对检验数据的严格管理和控制外，还能够满足实验室的日常管理要求；网络结构相应要复杂一些，且需要专业单位与实验室合作开发设计。

在实验室中使用 LIMS，将会给实验室管理和工作质量控制产生较大的效益，是实验室必然的发展趋势。各类检测实验室的改造、提升，均离不开 LIMS。LIMS 对于提高效率、降低成本、提高产品质量，起到重要作用。而在制药行业，药品生产企业应对自身质量管理体系存在的问题进行全面分析，并进行合理设置与完善，在全面落实 GMP 管理的基础上，有效提高药品的生产质量，促进企业的健康发展[46]。

31. 什么是产品生命周期管理?

随着制造业信息化的稳步推进，产品生命周期管理(PLM)已经成为复杂产品制造企业加速产品创新、降低研发成本、缩短产品上市周期的利器。当下制造业普遍存在各式各样的问题制约着其进一步发展，例如产品被过度设计却无法很好地满足客户需求，产品的相关商业过程不透明、信息流不连续，市场和销售对于下一代产品缺乏认识等。因此需要借助 PLM 技术对过程、资源和数据信息进行整合，将现存的局域商业过程和架构拓展为连续的商业过程，基于对产品全生命周期的优化以改善工业过程，采用革新技术为产品开发寻求新的应用领域。

PLM 是全公司级的产品与流程数据集成型信息管理。它包括产品的规划、管理和组织，以及对整个产品生命周期中所有数据、文档、资源和流程进行必要的全面管理。参与此工作的所有人员，无论他们的位置和从属关系，都将在 PLM 中一起工作，解决特定问题。

PLM 对公司生产运行管控的主要增值有：对产品全生命周期的支持，特别是在早期产品工程阶段；与产品相关的全公司级信息管理；在整个产品生命周期中管理产品记录；跨企业的工程支持；全面的规划、管理、组织和流程需求考虑；连接所有需要的人员一起解决特定的任务。总之，PLM 是产品工程中的经营和管理主干，是综合性的跨学科的联合。

要实现产品全生命周期管理，首先需要梳理生产运行管控的流程。流程分析和优化的目标包括：提高生产力、改进质量、提高顾客导向、加强员工满意度、提高透明度、减少流程时间、降低成本、避免重复工作等。流程优化在 IT 系统中非常重要，因为“新技术（PLM 系统）+ 旧的流程和组织（未修改的流程和组织）= 非常昂贵的旧组织”，PLM 成功实施的必要条件是“在有效性和高效性基础上对流程进行优化”。理解什么是流程，即在什么时间，由谁，在哪里，用什么工具做什么事情。理解流程管理中的角色及其职责，包括流程总监、流程顾问、流程控制者、流程专家、流程所有者和流程执行者[47]。

32. 计算机如何实现过程控制系统?

计算机控制系统是当前自动控制系统的主流方向。它以自动控制技术、计算机技术、检测技术、计算机通信与网络技术为基础，利用计算机快速强大的数值计算、逻辑判断等信息加工能力，使得计算机控制系统除了可以实现常规控制策略外，还可以实现复杂控制策略和其他辅助功能。

计算机控制系统由两个基本部分组成，即硬件和软件。硬件是指计算机本身及其外部设备，软件是指管理计算机的程序及生产过程应用程序。只有软件和硬件有机地结合，计算机控制系统才能正常运行。

硬件及工作原理：计算机控制系统由控制计算机（包括硬件、软件和网络）和生产过程（包括被控对象、检测传感器、执行机构）两大部分组成。典型计算机闭环控制系统，该系统的过程（被控对象）输出信号 $y(t)$ 是连续时间信号，用测量传感器检测被控对象的被控参数（如温度、压力、流量、速度、位置等物理量），通过变送器将这些参数变换为一定形式的电信号，由模 / 数（A/D）转换器转换成数字量反馈给控制器。控制器将反馈信号对应的数字量与设定值比较，控制器根据误差产生控制量，经过数 / 模（D/A）转换器转换成连续控制信号来驱动执行机构工作，力图使被控对象的被控参数值与设定值保持一致。这就构成了计算机闭环控制系统。计算机开环控制是直接根据给定信号去控制被控对象，这种系统在本质上不会自动消除控制系统误差。

软件：除硬件外，计算机控制系统的核心是控制程序。计算机控制系统执行控制程序的过程如下。①实时数据：采集被控参数并按照一定的采样时间间隔进行检测，并将结果输入计算机。②实时计算：对采集到的被控参数进行处理后，按照预先设计好的控制算法进行计算，决定当前的控制量。③实时控制：根据实时计算得到的控制量，通过 D/A 转换器将控制信号作用于执行机构。④实时管理：根据采集到的被控参数和设备的状态，对系统的状态进行监督与管理。

计算机控制系统是一个实时控制系统。计算机实时控制系统要求在一定的时间内完成输入信号采集、计算和控制输出；如果超出这个时间，也就失去了控制时机，控制也就失去了意义。上述测、算、控、管过程不断重复，使整个系统按照一定的动态品质指标进行工作，并且对被控参数或设备状态进行监控，及时监督异常状态并迅速做出处理[48]。

33. 什么是数字化工厂?

数字化工厂（digital factory，DF）是一种以信息化、自动化为基础，将设计模型、生产线、单个制造单元、制造工艺、物流、装配工艺、检测、试验、分析、优化等流程高度集成的新型生产组织方式，是现代数字制造技术和计算机仿真技术相结合的产物，目的是提高生产效率与自动化制造水平，降低企业成本，提高企业利润。通常情况下，是将流程工厂作为核心，结合工厂的各个生产流程，建立具有工程属性以及工厂属性的智能化数字平台，通过该平台可以将大量数字信息进行有效识别并很好地联系到一起，从而根据所获取的信息，更好地满足各种设计需求。数字化工厂的核心特点是：产品的智能化、生产的自动化、信息流和物资流合一[49-50]。

数字化工厂技术依赖 3 种平台：PDM 数据平台（产品数据管理），ERP 数据平台（企业资源计划），MES 制造平台（制造执行系统）。①PDM 数据平台：是一种数字模型管理系统，解决做什么的问题。②ERP 数据平台：是一种企业资源计划系统，解决何时何地由谁做的问题，实现物流、资金流、信息流的统一管理[51]。③MES 制造平台：是数字化制造的执行平台，解决怎么做的问题。

中药制药领域已建设了数字化工厂。如热毒宁注射液前处理过程是在某药企现代化中药数字化提取精制工厂完成。该工厂于 2015 年 7 月被列入工业和信息化部首批智能制造试点示范项目“中药智能工厂试点示范”。在硬件方面配置自动化、智能化设备 700 余套，采用 DCS 自动化控制技术将提取、浓缩、醇沉、热处理、萃取、干燥等单元过程集成，实现温度、流量、pH、真空度、密度等工艺参数的在线调控；在软件层面配置了制造执行系统（MES）和企业资源计划管理系统（ERP）等生产信息管理系统，建立了高频次分布式实时数据库（real-time data base，RTDB）平台和中药制药过程知识管理系统（process knowledge system，PKS），每年产生有效质控数据逾 700 亿个；在质量控制方面，对其原料、生产过程、成品等环节，设置 860 个质量监控项目和 468 个标准操作规程[52]。数字化工厂对比传统的工程设计有着很多天然的优势，最明显的方面是在工业数据提取、检索以及整合等方面，而这些将会为企业开展后期维护以及生产活动提供帮助，不仅能够很好地减少企业成本，还可以有效地增强企业的管理效率[53]。

34. 中药生产大数据的价值是什么？

工业大数据是智能制造的核心驱动力，是制造系统产生智能行为的基础和原材料。从海量数据中挖掘质量传递规律，扩充知识边界和工艺解析力，有利于实现产品质量的追溯与控制，促进中药制造过程精益操作、优化和持续改进。高效管理制造数据流，收集大数据，有助于应对中药制造系统的不确定性挑战，为破解中药研发和制造系统的内在矛盾提供可行方案。

中药工业大数据分析包括数据准备、特征提取、模型构建、验证、配置和维护，各分析模块不断交互和循环，构成模型生命周期。中药工业大数据本身并不重要，利用大数据创造价值才是根本目的。以下案例介绍了工业大数据在中药生产场景中的应用[54]。

数据描述：某工厂 A（常规工厂）3 年间 115 批清开灵注射液中金银花前处理生产历史批记录数据，包括 9 个工艺单元，40 个工艺变量，总计 4 600 个数据点。分析前将数据进行均值标准化处理，以消除量纲差异。

工艺诊断：对数据进行主成分分析，计算各主成分贡献率，选择累积百分比＞85% 的主成分个数。根据多变量统计过程控制（MSPC）中的 Hotelling T^2、SPE 统计量是否超出其控制限，判断金银花前处理生产工艺是否出现了异常状况。当异常批次出现时，采用贡献图确定异常情况发生的原因。如图 1-14-2 是工厂 A 应用场景中的 SPE 贡献图，该异常批次主要与变量 A（代表金银花药材中绿原酸的含量）有关，并且与工艺参数 F3、E1 和 G5 有一定关联。

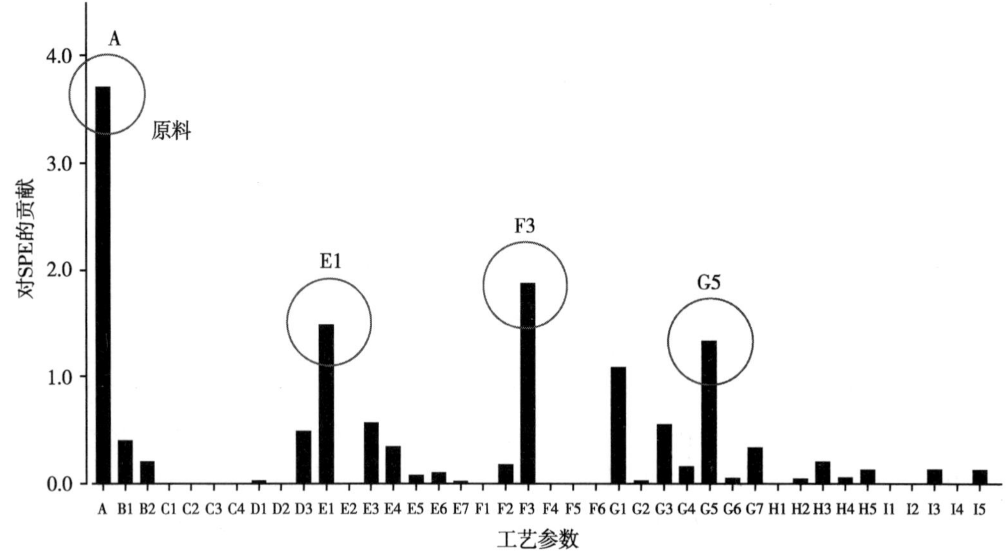

图 1-14-2　工厂 A 应用场景中的 SPE 贡献图

中药工业大数据是中药产品制造过程中信息系统和物理系统交互的桥梁。在中药产品制造过程中，工艺系统的不确定性导致输出产品质量的分散性，中药工业大数据中蕴藏的丰富信息，为解决过程质量控制问题提供新的可能。基于工业大数据的系统建模是研究中药制造系统结构与功能、发现过程质量传递一般规律、探究如何消除或减小不确定性对输出性能分散性的影响，以及从全局角度实现中药生产过程质量可靠性设计和控制的关键手段。

35. 生产过程控制与智能制造的关系是什么?

智能制造是将制造技术、信息技术、智能科学技术、系统工程技术及产品有关专业技术等融合运用于产品制造全系统及全生命周期活动，对制造全系统、全产业链活动中的人、机、物、环境、信息进行智能化感知、互联、协同和智能处理，使制造企业的人、组织、经营管理、设备与技术及信息、物流、资金流、知识流、服务流集成优化，进而改善产品及其开发时间、质量、成本、服务、环境清洁和知识含量，以实现企业市场竞争能力提高的制造新模式、新技术、新手段和新生态。

中药智能制造的技术主要包括：①制药信息处理、信息解释、信息利用、知识发现与管理等关键技术；②“测、管、控”信息融合智能管理技术；③中药产品质量智能预测技术；④质量风险智能预警及预控技术；⑤制药过程智能预测控制技术；⑥制药过程轨迹智能追踪分析技术；⑦“水、汽、电”系统智能化管理技术；⑧精益生产智能管理技术等。

在智能制造进入中药制造领域时，主导我国中药产业创新升级的是工艺的提升和生产过程智能质量控制技术[55]。要通过制药过程中智能制造技术的融合与创新，提升中药产业的整体质量，以智能制造为核心的中药智能制造技术才能在中药制药领域真正发挥作用。因此，在中药“制造”向中药“智造”转向发展中，不仅需要智能制造思维，而且需要结合现代信息生产技术；不仅需要实现中药制药工艺能力与药品质量的控制，而且需要达到智能管理化的要求，实现优质、绿色、高效制药，走向中药智造的道路。人工智能和先进制造技术的深度融合将催生新一代中药智能制造模式，实现工艺知识和模型的应用，以及形成生产过程感知和控制决策的闭环[56]。

参考文献

[1] 史新元，张燕玲，王耘，等. 中药生产过程中质量控制的思考[J]. 世界科学技术：中医药现代化，2008，10(5)：121-125.

[2] 杨明，杨园珍，王雅琪，等. 中药制剂生产过程中的质量风险分析与对策[J]. 中国中药杂志，2017，42(6)：1025-1030.

[3] 龚行楚，陈滕，瞿海斌. 基于质量源于设计理念的中成药二次开发研究进展[J]. 中国中药杂志，2017，42(6)：1031-1036.

[4] 石国琳，徐冰，林兆洲，等. 中药质量源于设计方法和应用：工艺建模[J]. 世界中医药，2018，13(3)：543-549.

[5] 于洋，李军，李宝国. 化学计量学在中药质量控制研究中的应用[J]. 中成药，2018，40(5)：1139-1142.

[6] 张慧，汪佳楠，陈燕，等. 化学计量学在中药配方颗粒制备工艺与质量评价中的应用[J]. 中药材，2019，42(2)：474-478.

[7] 王馨，徐冰，徐翔，等. 中药质量源于设计方法和应用：过程分析技术[J]. 世界中医药，2018，13(3)：527-534.

[8] KATHERINE A B. 过程分析技术：针对化学和制药工业的光谱方法和实施策略：第2版[M]. 姚志湘，褚小立，粟晖，等译. 北京：机械工业出版社，2014.

[9] 刘玥. 基于集成学习的工业过程监测[D]. 杭州：浙江大学，2019.

[10] 袁春平，时晔，王健，等. 口服固体制剂连续制造的研究进展[J]. 中国医药工业杂志，2016，47(11)：1457-1463.

[11] 王芬，徐冰，刘雨，等. 中药质量源于设计方法和应用：连续制造[J]. 世界中医药，2018，13(3)：566-573.

[12] 胡延臣. 药品连续生产及全球监管趋势[J]. 中国新药杂志，2020，29(13)：1464-1468.

[13] 赵荣荣，赵忠盖，刘飞. 基于k-近邻互信息的发酵过程高斯过程回归建模[J]. 化工学报，2019，70(12)：4741-4748.

[14] 李杰. 基于工业数据的过程模型以及产品质量在线预测应用研究[D]. 广州：华南理工大学，2016.

[15] 张功臣. MVR蒸发器的节能特点及其在中药浓缩中的应用[J]. 机电信息，2015(8)：25-28.

[16] 欧祖勇，高锡斌. 传感器技术在中药智能制造中的应用[J]. 自动化应用，2018(11)：126-127.

[17] 吴志生，史新元，徐冰，等. 中药质量实时检测：NIR定量模型的评价参数进展[J]. 中国中药杂志，2015，40(14)：2774-2781.

[18] 刘雪松，陈佳善，陈国权，等. 近红外光谱法结合自动化控制系统在感冒灵颗粒浓缩过程中的在线检测技术研究[J]. 药学学报，2017，52(3)：462-467.

[19] 王永香，郑伟然，米慧娟，等. 热毒宁注射液青蒿金银花浓缩过程近红外快速定量检测方法的建立[J]. 中草药，2017，48(1)：102-107.

[20] 封义玲，罗晓健，赖衍清，等. 近红外光谱在线采集技术检测华盖散提取液浓缩过程中的相关指标[J]. 中国药房，2020，31(3)：303-308.

[21] 王学成，王雅琪，李远辉，等. 水分在线检测技术及其在中药干燥领域应用展望[J]. 中国中药杂志，2021，46(1)：41-45.

[22] 张玲聪，刘思幸，何光宇，等. 基于药材干燥的实时信号采集反馈系统设计[J]. 农业装备技术，2019，45(6)：47-49.

[23] 李丽丽，李臻峰，李静，等. 基于气味在线检测的苦瓜微波干燥过程[J]. 江苏农业学报，2018，34(1)：179-185.

[24] 骆宇峰. 工业微细粉尘在线监测技术的研究[D]. 北京：华北电力大学，2015.

[25] 杨冬霞，王天旸，苏鲁阳，等. 粉体生产流程中粒径检测的方法研究[J]. 林区教学，2015(7)：77-79.

[26] 夏春燕，徐芳芳，张欣，等. 近红外光谱快速测定天舒片包衣终点研究[J]. 中草药，2019，50(21)：5223-5230.
[27] 陆庆华，陈玉洁，严盈富. 薄膜包衣厚度测量方法分析[J]. 南昌航空大学学报(自然科学版)，2014，28(4)：76-82.
[28] BERTUZZI G，BARZANTI S. Filling of Hard Shell Capsules and Packaging Aspects of Multiparticulate Systems[M]// Rajabi-Siahboomi A R. Advances in Delivery Science and Technology：Multiparticulate Drug Delivery. New Delhi：Springer，2017.
[29] ELÇIÇEK H，AKDOĞAN E，KARAGÖZ S，et al. The Use of Artificial Neural Network for Prediction of Dissolution Kinetics[J]. The Scientific World Journal，2014：194874.
[30] ZENG Q，WANG L，WU S，et al. Dissolution profiles prediction of sinomenine hydrochloride sustained-release tablets using Raman mapping technique[J]. International Journal of Pharmaceutics，2022，620：121743.
[31] 夏春燕，徐冰，徐芳芳，等. 天舒片素片崩解时间实时放行检验研究[J]. 中国中药杂志，2020，45(2)：250-258.
[32] 连传运，徐冰，王秋平，等. 中药质量源于设计应用：工艺控制策略[J]. 世界中医药，2018，13(3)：561-565，573.
[33] 严衍禄，陈斌，朱大洲，等. 近红外光谱分析的原理、技术与应用[M]. 北京：中国轻工业出版社，2013.
[34] 彭开香，马亮，张凯. 复杂工业过程质量相关的故障检测与诊断技术综述[J]. 自动化学报，2017，43(3)：349-365.
[35] 任建勋，尹作重，郭栋，等. 工业控制系统及其互操作研究[J]. 制造业自动化，2020，42(4)：154-156.
[36] 李文武，游文霞，王先培. 电力系统信息安全研究综述[J]. 电力系统保护与控制，2011，39(10)：140-147.
[37] 何国强. 制药行业制造执行系统实施手册[M]. 北京：化学工业出版社，2016.
[38] 王晋. 制造执行系统的研究现状和发展趋势[J]. 兵器装备工程学报，2016，37(2)：92-96.
[39] 唐堂，滕琳，吴杰，等. 全面实现数字化是通向智能制造的必由之路：解读《智能制造之路：数字化工厂》[J]. 中国机械工程，2018，29(3)：366-377.
[40] 杨裕相，谢康. 制造执行系统(MES)在制药行业中的实施应用[J]. 机电信息，2018(32)：27-35.
[41] 柳涛，刘伟强，颛孙燕. 浅谈电子批记录系统在药品质量保证中的作用[J]. 中国医药工业杂志，2018，49(10)：1469-1473.
[42] 王鑫，颜华辉，王昊，等. 制药行业电子批记录的设计与应用[J]. 工业控制计算机，2019，32(8)：156-157，160.
[43] 高环，董海燕. 药品生产企业在实施 GMP 过程中的问题及建议[J]. 中国卫生产业，2016，13(22)：181-183.
[44] 丘茂盛，李慧，袁润权，等. 浅谈实验室信息管理系统 LIMS 在实验室的应用[J]. 化工管理，2016(15)：32.
[45] 王世峰. 实验室信息管理系统在药品生产质量保证体系中的应用分析[J]. 世界最新医学信息文摘，2019，19(51)：293，295.
[46] 王岩. 实验室信息管理系统的架构选择[J]. 化学工程与装备，2020(1)：240.
[47] 金晖，牛薇，黄飞淋. 产品全生命周期管理(PLM)与企业生产运行管控[J]. 经营管理者，2020(7)：82-83.
[48] 丁建强，任晓，卢亚平. 计算机控制技术及其应用[M]. 2 版. 北京：清华大学出版社，2017.
[49] 樊少冬. 面向智能制造的数字化工厂实现技术分析[J]. 技术与市场，2019，26(10)：173.
[50] 龚涛，杨小勇. 数字化工厂助力智能制造的探析[J]. 中国石油和化工标准与质量，2018，38(24)：46-47.

[51] 亚楠．数字化工厂核心：MES与制造企业方案[J]．中国工业评论，2017(10)：92-96.
[52] 辛国斌．智能制造探索与实践：46项试点示范项目汇编[M]．北京：电子工业出版社，2016.
[53] 张鹤，曹建宁，王永涛，等．数字化工厂与数字化交付的技术探讨[J]．中国建设信息化，2020(16)：76-78.
[54] 徐冰，史新元，罗赣，等．中药工业大数据关键技术与应用[J]．中国中药杂志，2020，45(2)：221-232.
[55] 唐雪芳，齐飞宇，王团结，等．中药生产过程智能质量控制专利技术进展[J]．中国中药杂志．2023，48(12)：3190-3198.
[56] 于佳琦，徐冰，姚璐，等．中药质量源于设计方法和应用：智能制造[J]．世界中医药，2018，13(3)：574-579.

（徐冰　董自亮　王雅琪　陈周全）

第十五章 包装与贮藏技术

药品质量关系着公众用药安全，而药品包装与贮藏是保证药品质量的两大重要因素。药品包装是指用适宜的材料或容器，利用包装技术对药物制剂的半成品或成品进行分（灌）封、装、贴签等操作，为药品提供品质保证、鉴定商标与说明的一种加工过程的总称[1]。而药包材作为药品的一部分，药包材本身的质量、安全性、使用性能以及药包材与药物之间的相容性对药品的质量有着十分重要的影响[2]。对药品进行包装，是为药品在运输、贮藏、管理和使用过程中提供保护、分类和说明。同时药品的贮藏也尤为重要，由于中药材和饮片的种类繁多，基质复杂，成分各异，若无科学的贮藏方法，易受自然界中温度、湿度、空气、光照、微生物等多种物理、化学及生物因素的影响而出现变质的现象，进而污染其产品。这不仅影响中药材和饮片的质量，造成巨大的资源浪费和经济损失，而且严重威胁人类的身体健康和生命安全。我国医药工业的迅速发展促进了药品包装材料、包装技术、包装设备和贮藏技术的进一步发展，同时国家对药品包装与贮藏管理也更加规范与严格。因此，正确选择药品包装材料，了解常用包装机械的原理，学会判断和解决使用中的常见问题，以及掌握药物贮藏的正确方法是很有必要的。

本章主要介绍：常见的药品包装材料和技术等内容，常见包装设备及其常见问题的解决方法，中药材和饮片的贮藏技术。

一、包装技术常见问题解析

1. 我国对药包材是如何进行分类的？

药包材即直接与药品接触的包装材料和容器，系指药品生产企业生产的药品和医疗机构配制的制剂所使用的直接与药品接触的包装材料和容器。作为药品的一部分，药包材本身的质量、安全性、使用性能以及药包材与药物之间的相容性对药品质量有着十分重要的影响。药包材是由一种或多种材料制成的包装组件组合而成，应具有良好的安全性、适应性、稳定性、功能性、保护性和便利性，在药品的包装、贮藏、运输和使用过程中，起到保证药品质量，保障药品使用安全、有效，以实现给药目的（如气雾剂）的作用。

药包材可以按材质、用途和形制进行分类[3]。

（1）按材质分类：可分为塑料类、金属类、玻璃类、陶瓷类、橡胶类和其他类（如纸、干燥剂）等，也可以由两种或两种以上的材料复合或组合而成（如复合膜、铝塑组合盖等）。常用的塑料类药包材如药用低密度聚乙烯滴眼剂瓶、口服固体药用高密度聚乙烯瓶、聚丙烯输液瓶等；常用的玻璃类药包材有钠钙玻璃输液瓶、低硼硅玻璃安瓿、中硼硅管制注射剂瓶等；常用的橡胶类药包材有注射液用氯化丁基橡胶塞、药用合成聚异戊二烯垫片、口服液体药用硅橡胶垫片等；常用的金属类药包材如药用铝箔、铁制的清凉油盒。

（2）按用途和形制分类：可分为输液瓶（袋、膜及配件）、安瓿、药用（注射、口服或者外用）瓶（管、盖）、药用胶塞、药用预灌封注射器、药用滴眼（鼻、耳）剂瓶、药用硬片（膜）、药用铝箔、药用软膏管（盒）、药用喷（气）雾剂泵（阀门、罐、筒）、药用干燥剂等。

药包材的命名应按照用途、材质和形制的顺序编制，文字简洁，不使用夸大修饰语言，尽量不使用外文缩写，如口服液体药用聚丙烯瓶。

2. 完整的药品包装包括哪些？分别有哪些要求？

药品包装主要分为内包装和外包装，内、外包装标签，药品说明书。

（1）药品的内包装：系指直接与药品接触的包装，如注射剂容器、铝箔等。内包装应能保证药品在生产、运输、贮藏及使用过程中的质量，并便于医疗使用。药品内包装材料、容器的选择变更，应根据所选用药包材的材质做稳定性试验，考察药包材与药品的相容性。

（2）药品的外包装：系指内包装以外的包装，由里向外又可分为中包装和大包装。外包装应根据药品的特性选用不易破损的包装，以保证药品在运输、贮藏、使用过程中的质量。

（3）内、外包装标签：药品内标签指直接接触药品的包装的标签，外标签指内标签以外的其他包装的标签。

药品的内标签应当包含药品通用名称、适应证或者功能主治、规格、用法用量、生产日期、产品批号、有效期、生产企业等内容。包装尺寸过小无法全部标明上述内容的，至少应当标注药品通用名称、规格、产品批号、有效期等内容。

药品外标签应当注明药品通用名称、成分、性状、适应证或者功能主治、规格、用法用量、不良反应、禁忌、注意事项、贮藏、生产日期、产品批号、有效期、批准文号、生产企业等内容。适应证或者功能主治、用法用量、不良反应、禁忌、注意事项不能全部注明的，应当标出主要内容并注明“详见说明书”字样。

用于运输、贮藏的包装的标签，至少应当注明药品通用名称、规格、贮藏、生产日期、产品批号、有效期、批准文号、生产企业，也可以根据需要注明包装数量、运输注意事项或者其他标记等必要内容。

同一药品生产企业生产的同一药品，药品规格和包装规格均相同的，其标签的内容、格式及颜色必须一致；药品规格或者包装规格不同的，其标签应当明显区别或者规格项明显标注。同一药品生产企业生产的同一药品，分别按处方药与非处方药管理的，两者的包装颜色应当明显区别。

对贮藏有特殊要求的药品，应当在标签的醒目位置注明。

药品标签中的有效期应当按照年、月、日的顺序标注，年份用四位数字表示，月、日用两位数表示。其具体标注格式为“有效期至 ××××年 ××月”或者“有效期至 ××××年 ××月 ××日”；也可以用数字和其他符号表示为“有效期至 ××××.××.”或者“有效期至 ××××/××/××”等。

预防用生物制品有效期的标注按照国家药品监督管理局批准的注册标准执行，治疗用生物制品有效期的标注自分装日期计算，其他药品有效期的标注自生产日期计算。

有效期若标注到日，应当为起算日期对应年月日的前一天，若标注到月，应当为起算月份对应年月的前一个月。

（4）药品说明书：药品说明书包含药品安全性、有效性的重要科学数据、结论和信息，用于指导安全、合理使用药品。

药品说明书对疾病名称、药学专业名词、药品名称、临床检验名称和结果的表述，应当采用国家统一颁布或规范的专用词汇，度量衡单位应当符合国家标准的规定。并应当列出全部活性成分或者组方中的全部中药药味。注射剂和非处方药还应当列出所用的全部辅料名称。药品处方中含有可能引起严重不良反应的成分或者辅料的，应当予以说明。药品说明书还应当充分包含药品不良反应信息，详细注明药品不良反应。药品说明书核准日期和修改日期应当在说明书中醒目标示。

药品说明书的具体格式、内容和书写要求由国家药品监督管理局制定并发布。

3. 药包材在应用中应符合哪些要求?

药品应该使用有质量保证的药包材，药包材在所包装药物的有效期内应保证质量稳定性，多剂量包装的药包材应保证药品在使用期间质量稳定。不得使用不能确保药品质量和国家公布淘汰的药包材，以及可能存在安全隐患的药包材。

药包材与药物的相容性研究是选择药包材的基础，药物制剂在选择药包材时必须进行药包材与药物的相容性研究。药包材与药物的相容性试验应考虑剂型的风险水平和药物与药包材相互作用的可能性（表 1-15-1），一般应包括以下几部分内容[3]：①药包材对药物质量影响的研究，包括药包材（如印刷物、黏合物、添加剂、残留单体、小分子化合物以及加工和使用过程中产生的分解物等）的提取、迁移研究及提取、迁移研究结果的毒理学评估，药物与药包材之间发生反应的可能性，药物活性成分或功能性辅料被药包材吸附或吸收的情况和内容物的逸出以及外来物的渗透等；②药物对药包材影响的研究，考察经包装药物后药包材完整性、功能性及质量的变化情况，如玻璃容器的脱片、胶塞变形等；③包装制剂后药物的质量变化（药物稳定性），包括加速试验和长期试验药品质量的变化情况。

表 1-15-1　药包材风险程度分类表

不同用途药包材的风险程度	制剂与药包材发生相互作用的可能性		
	高	中	低
最高	①吸入气雾剂及喷雾剂；②注射剂、冲洗剂	①注射用无菌粉末；②吸入粉雾剂；③植入剂	—
高	①眼用液体制剂；②鼻吸入气雾剂及喷雾剂；③软膏剂、乳膏剂、糊剂、凝胶剂及贴膏剂、膜剂	—	—
低	①外用液体制剂；②外用及舌下给药用气雾剂；③栓剂；④口服液体制剂	散剂、颗粒剂、丸剂	口服片剂、胶囊剂

不同给药途径的药包材，其规格和质量标准要求亦不相同，应根据实际情况在制剂规格范围内确定药包材的规格，并根据制剂要求、使用方式制定相应的质量控制项目。在制定药包材质量标准时，既要考虑药包材自身的安全性，也要考虑药包材的配合性和影响药物的贮藏、运输、质量、安全性和有效性的要求。

4. 如何进行药品包装设计?

药品包装设计一般需要经历以下过程：

研究了解药物制剂的质量特征
（物理、化学、生物学性质；温湿度、光、氧等对主药稳定性影响）

↓

研讨包装方案
（根据药物制剂形态及商品计划进行包装材料、结构、形态及装潢设计选择）

↓

苛刻（加速）试验
（不良环境下，使用包装及不用包装对药物性质及其稳定性的影响）

↓

运输、贮藏、流通环境下的货物及存放试验
（抗冲击、抗振动、抗压力试验，堆码、滚动、耐候等试验）

↓

决定包装形态、包装规格

5. 如何根据药物剂型来选择包装材料及结构?

表 1-15-2 列出了目前常用药物剂型应用的包装材料及结构，可供选择时参考。

表 1-15-2　常用药物剂型的包装材料及结构

药物剂型	应用药品包装材料名称
注射剂（体积≥50ml）	①输液瓶、胶塞（硅橡胶或丁基）、铝盖（合金、铝塑）； ②输液膜、袋（包含密封件）； ③塑料输液瓶（包含密封件）
注射剂（体积＜50ml）	①冻干注射剂瓶、胶塞（硅橡胶或丁基）、铝盖（合金、铝塑）； ②模制注射剂瓶、胶塞、铝盖（合金、铝塑）； ③管制注射剂瓶、胶塞、铝盖（合金、铝塑）； ④安瓿
滴眼剂	①玻璃管、橡胶； ②滴眼剂用塑料瓶（三件套）； ③滴眼剂用塑料瓶（二件套，需带开启方式）； ④复合硬片（仅适用一次用量）
片剂、胶囊剂、丸剂、栓剂	①塑料瓶、充填物（干燥材料）、封口膜（可不用）； ②玻璃药瓶、充填物（干燥材料）、封口膜，盖； ③螺纹口玻璃药瓶、充填物（干燥材料）、封口膜（可不用）、盖（可加密封件）； ④铝塑泡罩包装（常用 PVC 和铝箔热封）； ⑤双铝包装（常用 PA/Al/PET，又称易撕包装）； ⑥冷冲压成型泡罩包装（常用 PA/Al/PVC 和铝箔热封）

续表

药物剂型	应用药品包装材料名称
散剂、颗粒剂	①复合膜； ②复合膜与泡罩包装复合； ③铝管
糖浆剂、口服溶液剂、混悬剂、乳剂	①玻璃药瓶、盖、密封件； ②液体塑料瓶； ③管制口服液瓶、口服液铝盖（铝塑盖）
酊剂、洗剂	①玻璃药瓶、盖（密封件）； ②液体塑料瓶
软膏、眼膏剂	①玻璃药瓶、瓶盖； ②铝管； ③铝塑管
气雾剂、喷雾剂	罐、阀门、导向管（可不用）
贴剂	铝箔 - 聚乙烯复合膜、防黏纸、乙烯 - 乙酸乙酯共聚物、丙烯酸或聚异丁烯压敏胶、硅橡胶和聚乙二醇
贴膏剂	①支撑层； ②背衬层（棉布、无纺布、纸等）； ③盖衬层（防黏纸、塑料薄膜、铝箔 - 聚乙烯复合膜、硬质纱布）
膜剂	聚乙烯醇、丙烯酸树脂类、纤维素类及其他高分子材料

注：少数出口的中药大蜜丸品种亦使用蜡壳内包装。

6. 如何对药品包装进行质量评价？

药品包装的质量评价，一般通过包装试验进行评价。通过各种包装试验，主要就包装对药品的保护效果，不同环境条件下、长期贮藏过程中对药品稳定性的影响等进行评价。

药品包装的质量评价试验一般涉及外观、物理性能、化学性能和生物性能等方面，如表1-15-3所示。

表 1-15-3　包装试验的种类与对象

试验种类及项目		评价对象
外观试验	外观质量	色泽、平整度、光洁度、气泡、结石、裂纹等
	规格尺寸	长、高、宽、径（内径、外径、球径等）、厚度、直线度等
	密（配）合性试验	瓶塞和瓶的密合性
物理试验	机械性质（强度）试验	①拉伸强度、延伸率、落球冲击破损率、折断力等
		②涂层牢固度、开启力、强度
		③热封合强度、剥离力
		④热稳定性、抗热震性、耐内压力、内应力
		⑤硬度、穿刺落屑、穿刺力、硬度密封性和穿刺器保持性等

续表

试验种类及项目		评价对象
物理试验	透过性试验	水蒸气渗透量、气体透过性，光透性
	应变试验	高、低温交变
化学试验	鉴别试验	燃烧试验、可溶性试验、红外光谱（IR）、热分析等
	纯度试验	有毒元素、重金属、不挥发物、炽灼残渣、还原物质、浊度等
	耐药（液）性试验	耐水性、耐油性、耐酸 / 碱性、耐有机溶媒性等
	稳定性试验	耐热性、耐湿性、耐光性、吸附与反应等
生物学试验		急性毒性、溶血性、热原等
包装强度试验		振动、冲击、压缩、堆码、耐候等
经时试验		阻隔性、泄漏性、腐蚀性、耐应力断裂性等

例如对塑料输液容器，除外观检查应符合有关规定外，物理性能评价试验主要有：适应性试验（包括温度适应性、抗跌落和不溶性微粒）；穿刺力；穿刺部位不渗透性；悬挂力；水蒸气透过量；透光率等。

化学性能评价项目主要有：包装材料的炽灼残渣和金属铜、镉、铬、铅、锡、钡测定；包装的供试液的澄清度、颜色、pH、吸光度、易氧化物、重金属、铵离子及金属铝离子、钡离子、镉离子、铬离子、铜离子、铅离子、锡离子测定等。

生物性能的评价项目主要有：细菌内毒素检测、细胞毒性检测、皮肤致敏检测、皮内刺激检测、急性全身毒性检测、溶血检测等。

再如药用铝箔，在自然光线明亮处，正视目测，表面应洁净、平整、涂层均匀，文字图案印刷应正确、清晰、牢固。

物理性能评价试验主要有：阻隔性能（水蒸气透过量）、黏合层热合强度、保护层黏合性、保护层耐热性、黏合剂涂布量差异、开卷性能和破裂强度等。

化学性能评价项目主要有：荧光物质、挥发物、溶出物试验（包括易氧化物、重金属）等。

生物性能的评价试验主要有微生物限度和异常毒性试验等。

7. 如何选用药品缓冲包装材料？

常用的药品缓冲包装材料分为直接接触药品的和非直接接触药品的两类。直接接触药品的缓冲包装材料，常用脱脂药棉和干净的碎纸或纸卷；非直接接触药品的缓冲包装材料及其性质则如表 1-15-4 所示，可根据需要选用。

8. 如何选择药品的外包装及运输包装？

药品外包装和运输包装，目前最为常用的是瓦楞纸箱。此外，也可使用纸板、金属、塑料及竹、木和竹木复合材料制成的桶、箱等容器。这里主要介绍如何选择使用瓦楞纸箱。

根据使用瓦楞纸板的种类、包装物的最大重量及综合尺寸（箱内长、宽、高之和），瓦楞纸箱分为 20 种，见表 1-15-5。

表 1-15-4 非直接接触药品的缓冲包装材料及其性质

缓冲材料	密度 /($g \cdot cm^{-2}$)	缓冲系数	复原性	抗蠕变性	耐疲劳性	最佳使用温度 /℃	含湿量 /%（质量分数）	吸水性	腐蚀性	抗霉性	耐候性
瓦楞纸板	0.2～0.3	—	差	较差	较差	—	8～10	高	小	较差	好
泡沫橡胶	0.17～0.45	3.0～3.5	好	较好	好	-10～60	≤3	低	小	好	好
黏胶纤维	0.06～0.09	2.3～3.3	好	好	好	-30～60	6～8	高	小	好	较好
聚苯乙烯泡沫	0.015～0.035	3.0～3.5	差	好	差	-30～70	6～12	低	小	好	差
聚乙烯泡沫	0.03～0.40	3.0～3.3	好	好	好	-20～60	7～8	低	无	极好	好
聚丙烯泡沫	0.015～0.030	3.0～3.2	好	好	好	-30～60	7～9	低	无	极好	好
聚氨酯泡沫	0.02～0.09	2.0～3.0	好	较好	好	-20～60	10～18	高	小	好	差
EVA 泡沫	0.045	3.0～3.5	好	好	较好	—	—	低	无	极好	好
聚氯乙烯泡沫	0.05～0.10	—	较好	较好	较好	≤60	低	低	较小	好	差
聚乙烯气泡薄膜	0.01～0.03	4.0～4.5	较好	好	差	—	极低	低	无	极好	好

表 1-15-5　瓦楞纸箱的种类

种类	内装物最大质量 /kg	最大综合尺寸[a]/mm	1 类[b]		2 类[c]	
			纸箱代号	纸板代号	纸箱代号	纸板代号
单瓦楞纸箱	5	700	BS-1.1	S-1.1	BS-2.1	S-2.1
	10	1 000	BS-1.2	S-1.2	BS-2.2	S-2.2
	20	1 400	BS-1.3	S-1.3	BS-2.3	S-2.3
	30	1 750	BS-1.4	S-1.4	BS-2.4	S-2.4
	40	2 000	BS-1.5	S-1.5	BS-2.5	S-2.5
双瓦楞纸箱	15	1 000	BD-1.1	D-1.1	BD-2.1	D-2.1
	20	1 400	BD-1.2	D-1.2	BD-2.2	D-2.2
	30	1 750	BD-1.3	D-1.3	BD-2.3	D-2.3
	40	2 000	BD-1.4	D-1.4	BD-2.4	D-2.4
	55	2 500	BD-1.5	D-1.5	BD-2.5	D-2.5

注：当内装物最大质量与最大综合尺寸不在同一档次时，应以其较大者为准。a 综合尺寸是指瓦楞纸箱内尺寸的长、宽、高之和；b1 类箱主要用于储运流通环境比较恶劣的情况；c2 类箱主要用于流通环境较好的情况。

瓦楞纸板有 3 种结构：单瓦楞、双瓦楞和三瓦楞。在药品包装中多选用单、双瓦楞纸箱。

瓦楞纸箱的外尺寸应符合 GB/T4892—2021 的规定，瓦楞纸箱的长、宽之比一般不大于 2.5∶1；高、宽之比不大于 2∶1，一般不小于 0.15∶1。

包装较重的物品时，宜选用具有较高强度的三瓦楞纸箱。

瓦楞纸箱的基本箱型有：开槽型（02 型）、套合型（03 型）和折叠型（04 型）。①开槽型：通常由一片瓦楞纸板组成，由顶部及底部折片（俗称上、下摇盖）构成箱底和箱盖，通过钉合和黏合等方法制成纸箱。运输时可折叠平放，使用时把箱底和箱盖封合。②套合型：由几片箱坯组成的纸箱，其特点是箱底、箱盖等部分分开。使用时把箱底、箱盖等几部分套合组成纸箱。③折叠型：通常由一片瓦楞纸板折叠成纸箱的底、箱体和箱盖，使用时不需要钉合及黏合。

瓦楞纸箱内通常应使用隔挡、衬垫、底座等纸箱附件，以提高对包装药品的保护能力。瓦楞纸箱在储运过程中应避免雨雪、暴晒、受潮和污染，不得采用有损瓦楞纸箱质量的运输、装卸方式及工具。瓦楞纸箱应贮藏在通风干燥的库房内，底层距地面高度不少于 100mm。短期露天存放应有必要的防雨防晒措施。

9. 药用复合膜有哪些分类?

复合膜系指各种塑料与纸、金属或其他塑料通过黏合剂组合而形成的膜，其厚度一般不大于 0.25mm。复合袋系将复合膜通过热合的方法而制成的袋，按制袋形式可分为三边封袋、中封袋、风琴袋、自立袋、拉链袋等。

根据国家药包材标准《药用复合膜、袋通则》（YBB00132002—2015）[2]（适用于非注射剂用的药用复合膜、袋），药用复合膜可按材质组合分成 5 类，如表 1-15-6 所示。

表 1-15-6　药品包装用复合膜分类

种类	材质	典型示例
Ⅰ	纸、塑料	纸或 PT/ 黏合层 /PE 或 EVA、CPP
Ⅱ	塑料	BOPET 或 BOPP、BOPA/ 黏合层 /PE 或 EVA、CPP
Ⅲ	塑料、镀铝膜	BOPET 或 BOPP/ 黏合层 / 镀铝 CPP BOPET 或 BOPP/ 黏合层 / 镀铝 BOPET/ 黏合层 /PE 或 EVA、CPP、EMA、EAA、离子型聚合物
Ⅳ	纸、铝箔、塑料	纸或 PT/ 黏合层 / 铝箔 / 黏合层 /PE 或 EVA、CPP、EMA、EAA、离子型聚合物 涂层 / 铝箔 / 黏合层 /PE 或 CPP、EVA、EMA、EAA、离子型聚合物
Ⅴ	塑料(非单层)、铝箔	BOPET 或 BOPP、BOPA/ 黏合层 / 铝箔 / 黏合层 /PE 或 CPP、EVA、EMA、EAA、离子型聚合物

注：①玻璃纸简称 PT(cellophane)；双向拉伸聚丙烯薄膜(BOPP)；双向拉伸聚酯薄膜(BOPET)；双向拉伸尼龙薄膜(BOPA)；聚乙烯(polyethylene，PE)；流延聚丙烯(casting polypropylene，CPP)；乙烯与醋酸乙烯酯共聚物(ethylene-vinyl acetate copolymer，EVA)；乙烯与丙烯酸共聚物(ethylene acrylic acid，EAA)；乙烯与甲基丙烯酸共聚物(ethylene methyl acrylate，EMA)。②复合时可用干法复合或无溶剂复合，这时黏合层为一般的黏合剂。也可用挤出复合，这时黏合层为 PE 或 EVA、EMA、EAA 等树脂。

10. 药用复合膜有哪些技术要求?

药用复合膜使用较多的外层材料有聚酯、尼龙、拉伸聚丙烯，玻璃纸、铝箔等，内层材料主要是聚乙烯、未拉伸聚丙烯、乙烯 - 醋酸乙烯酯等热塑性薄膜(便于制带和热封)。为了提高防潮、阻气或形状稳定性，多采用铝箔等金属箔或真空镀铝层作为中间层材料。

对药用复合膜，有以下几方面的技术要求。

(1)外观：在自然光线明亮处，正视目测。不得有穿孔、异物、异味、粘连、复合层间分离及明显损伤、气泡、皱纹、脏污等缺陷。复合袋的热封部位应平整、无虚封。

(2)阻隔性能：水蒸气透过量和氧气透过量应符合表 1-15-7 的规定。

(3)机械性能：内层与次内层剥离强度和复合袋的热合强度的材料测定值应符合表 1-15-8 规定。

表 1-15-7　阻隔性能

种类	水蒸气透过量 / [$g\cdot(m^2\cdot24h)^{-1}$]	氧气透过量 / [$cm^3\cdot(m^2\cdot24h\cdot0.1MPa)^{-1}$]
Ⅰ	≤15	≤4 000
Ⅱ	≤5.5	≤1 500
Ⅲ	≤2.0	≤10
Ⅳ	≤1.5	≤3.0
Ⅴ	≤0.5	≤0.5

表 1-15-8　机械性能

单位：N/15mm

项目		指标
内层与次内层剥离强度	Ⅰ类、Ⅱ类、Ⅲ类(双层复合)	≥1.0
	Ⅲ类(多层复合)、Ⅳ类、Ⅴ类	≥2.5
热合强度	Ⅰ类、Ⅱ类、Ⅲ类(双层复合)	≥7.0
	Ⅲ类(多层复合)、Ⅳ类、Ⅴ类	≥12

（4）袋的耐压性能：袋的耐压性能应符合表1-15-9的规定。

（5）袋的跌落性能：袋的跌落性能按照表1-15-10规定的总质量和跌落高度进行检测，目视，不得破裂。

表1-15-9　袋的耐压性能

袋与内装物总质量/g	负荷/N	
	三边封袋	其他袋
<30	100	80
31～100	200	120
101～400	400	200
401～1 000	600	300

表1-15-10　袋的抗跌落

袋与内装物总质量/g	跌落高度/mm
<100	800
101～400	500
401～1 000	300

（6）微生物限度：应符合表1-15-11的规定。

表1-15-11　微生物限度

项目	一般复合膜、袋	外用药复合膜、袋	栓剂用复合膜、袋
细菌数/（$cfu\cdot100cm^{-2}$）	≤1 000	≤100	≤100
霉菌和酵母菌/（$cfu\cdot100cm^{-2}$）	≤100	≤100	≤10
大肠埃希菌	不得检出	—	—
金黄色葡萄球菌	—	不得检出	不得检出
铜绿假单胞菌	—	不得检出	不得检出

注："—"为每$100cm^2$中不得检出。

（7）尺寸偏差：应符合表1-15-12的规定。

（8）溶出物：应符合表1-15-13的规定。

表1-15-12　尺寸偏差

项目	膜	袋
厚度偏差/%	±10	—
平均厚度偏差/%	±10	±10
热封宽度偏差/%	—	±20
热合边与袋边的距离/mm	—	≤4

表1-15-13　不溶物限度

项目	指标
不挥发物	
正己烷，58℃±2℃，2小时①	≤30mg
65%乙醇，70℃±2℃，2小时	≤30mg
水，70℃±2℃，2小时	≤30mg
易氧化物（硫代硫酸钠消耗量）	≤1.5ml
重金属	百万分之一

注：①限于以聚乙烯为内层材料的复合膜。

此外，溶剂残留总量不得过$5.0mg/m^2$，其中苯及苯类每个溶剂残留量均不得检出。异常毒性检验应符合相关规定。

11. 玻璃包装材料主要有哪些分类和特点？

药用玻璃材料和容器用于直接接触各类药物制剂的包装，是药品的组成部分。玻璃是经高温熔融、冷却而得到的非晶态透明固体，是化学性能最稳定的材料之一。该类产品不仅具有良好的耐水性、耐酸性和一般的耐碱性，还具有良好的热稳定性、一定的机械强度、光洁度、透明度，易清洗消毒、高阻隔性、易于密封等一系列优点，可广泛地用于各类药物制剂的包装[3]。

药用玻璃材料和容器可以从化学成分和性能、耐水性能、成型方法等进行分类。

（1）按化学成分和性能分类：药用玻璃国家药包材标准（YBB 标准）根据线热膨胀系数和三氧化二硼含量的不同，结合玻璃性能要求将药用玻璃分为高硼硅玻璃、中硼硅玻璃、低硼硅玻璃和钠钙玻璃 4 类。

（2）按耐水性能分类：药用玻璃材料按颗粒耐水性的不同分为Ⅰ类玻璃和Ⅲ类玻璃。Ⅰ类玻璃即硼硅类玻璃，具有高的耐水性；Ⅲ类玻璃即钠钙类玻璃，具有中等耐水性。Ⅲ类玻璃制成容器的内表面经过中性化处理后可达到高的内表面耐水性，称为Ⅱ类玻璃容器。

（3）按成型方法分类：药用玻璃容器根据成型工艺的不同可分为模制瓶和管制瓶。模制瓶的主要品种有大容量注射液包装用的输液瓶、小容量注射剂包装用的模制注射剂瓶（或称西林瓶）和口服制剂包装用的药瓶；管制瓶的主要品种有小容量注射剂包装用的安瓿、管制注射剂瓶（或称西林瓶）、预灌封注射器玻璃针管、笔式注射器玻璃套筒（或称卡氏瓶），口服制剂包装用的管制口服液体瓶、药瓶等。不同成型生产工艺对玻璃容器质量的影响不同，管制瓶热加工部位内表面的化学耐受性低于未受热的部位，同一种玻璃管加工成型后的产品质量可能不同。

12. 金属包装材料主要有哪些分类和特点？

金属包装材料主要有锡、铝、铁，目前应用最多的是马口铁和铝[4]。常用于软膏剂、片剂、气雾剂、泡罩等包装。

锡具有良好的冷锻性，稳定性好，还可以牢固地包附在很多金属的表面。

马口铁是涂有纯锡的低碳钢皮，在刚性很强的铁上镀锡后又可以具有良好的抗腐蚀力，同时在马口铁表面涂漆可改性，使之能适应各种物品的包装要求，例如内涂衬蜡可盛装水性基质制剂；涂酚树脂可装酸性制品；涂环氧树脂可装碱性制品。

铝是应用最多的金属包装材料，且使用形式多样[5]。铝具有金属光泽，无毒、无味，具有优良的导电性和遮光性；防潮性及气体阻隔性良好，印刷适应性好，导热性大，良好的耐热耐寒性，不易生锈，氧化物无毒，加工性能好，铝箔经处理后具有良好的延展性。因此，铝箔作为阻隔层广泛地应用到需要遮光和阻隔性高的复合包装材料中，常与纸、高分子聚合物或其他金属薄板等制成复合材料，成为综合性能优异的包装材料。

值得注意的是，金属包装材料需要考察金属被药物的腐蚀，金属离子对药物稳定性的影响，以及金属上保护膜的完整性等[6]。

13. 塑料包装材料主要有哪些分类和特点？

塑料包装材料常用于片剂、胶囊剂、滴眼剂、注射剂等包装[7]。国内的药品包装多用聚乙烯、聚丙烯、聚氯乙烯，现在，聚酯材料也逐步得到了广泛应用。

（1）聚乙烯（polyethylene，PE）：由乙烯单体聚合而成，有低密度和高密度之分，是用得较多的药品包装材料。

（2）聚丙烯（polypropylene，PP）：由丙烯单体聚合而成，是最轻的塑料。PP 是一种优质的输液包装材料，具有无毒、无臭、无味、力学性能优良、耐腐蚀、性质稳定等优点。目前多数液体制剂药用塑料瓶采用PP为主要原料。

（3）聚氯乙烯（polyvinyl chloride，PVC）：由氯乙烯单体聚合而成，可制成无色透明、不透气而坚硬的瓶子。但在成品过程中应特别注意基本单体（氯乙烯）的残存。

（4）聚苯乙烯（polystyrene，PS）：是坚硬、无色、透明的塑料，价值低廉，常用于包装固体制剂。

（5）聚酰胺[biaxially oriented polyamide（nylon）film，BOPA]：俗称尼龙，是由双盐基酸与双胺结合而成，种类很多，可以制成薄型容器，能经受热压灭菌，非常坚固不易损坏，而且能耐受很多无机和有机的化学药品，因而被广泛应用。

（6）聚对苯二甲酸乙二醇酯（polyethylene terephthalate，PET）：是一种可回收利用的环保材料，制成的容器清澈透明，无论在外观、光泽还是理化性能等质量相关指标上都有一个飞跃。

（7）聚碳酸酯（polycarbonate，PC）：可制成清澈透明的容器，且坚硬似玻璃，可以代替玻璃小瓶或针筒，但价格较贵。

塑料具有良好的柔韧性、弹性和抗撕裂性，抗冲击能力强，用作包装材料既便于成型，又不易破碎，体轻好携带。

14. 泡罩包装有什么特点？其基本成型工艺是什么样的？

泡罩包装之所以迅猛发展，是因为这种包装形式具有十分明显的优势[8]。

（1）药品稳定可靠：泡罩包装的板块与板块、药品与药品之间互相隔离，杜绝了药品在服用和携带过程中造成的污染，使药品受到很好的保护，且稳定可靠。

（2）密封性好、储存期长：由于泡罩包装材料所具备的性能，药品在包装后的密封性和保质性好，延长了药品的保质期，最长保存期可达3～5年。

（3）携带和使用方便：药品泡罩包装板块尺寸小，携带方便，便于取用。

（4）实现少剂量包装：利用泡罩实现了药品出厂前按常规药方的剂量进行包装，并用原包装卖给消费者，给患者提供了一次剂量包装。

（5）易实现系列化包装：泡罩包装可通过板块尺寸及铝箔画面的变化，采用统一或相近的包装要素格局对药品进行包装，从而实现药品包装系列化。

（6）工艺先进、高速高效、安全卫生：全自动泡罩包装联动机可实现泡罩的成型、药品填充、封合、批号打印、板块冲裁、包装纸盒成型、说明书折叠与插入、泡罩板入盒以及纸盒的封合等，药品泡罩包装全过程一次完成，既缩短了生产周期，又减少了环境及人为因素对药品可能造成的污染，减少了对药品生产过程的影响，最大限度地保证了药品及包装的安全性，符合GMP要求。

其基本形成工艺如下：

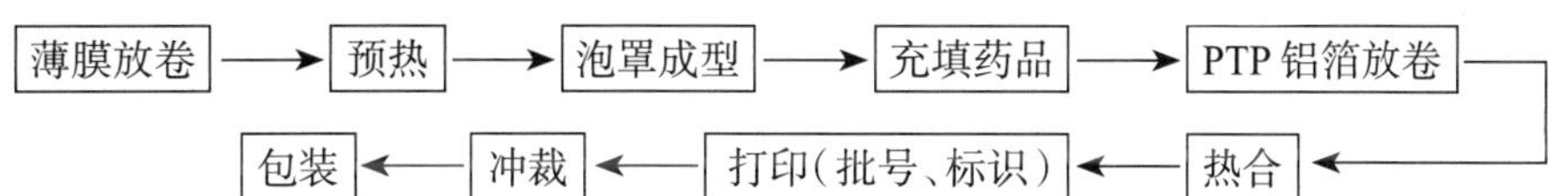

15. 药品包装中使用的主要防伪包装技术有哪些？

药品包装中主要使用的防伪包装如下[9-10]。

（1）破坏性防伪包装：是指药品进行包装时采用一次性防伪包装，包装物在完成一次包装功能后其关键部位被完全破坏掉，不能再重复用于同一种产品的包装。

（2）油墨防伪：是将具有特殊性能的油墨印刷到包装上，从而达到防伪效果的技术。

（3）包装材料防伪：利用内、外包装材料难以仿造或无法仿冒的特点来达到防伪的目的。

（4）印刷防伪：在包装材料印刷的过程中采用特殊的印刷工艺，使包装在印刷后具有防伪的作用。常用的印刷防伪主要有胶凸结合印刷、胶凹结合印刷 、胶丝结合印刷、一次多色印刷等。

（5）包装结构防伪：药品包装过程中采用特殊的包装结构，使包装具有不易仿制的特点，从而达到防伪的目的。

（6）激光全息防伪：利用激光全息防伪技术制作防伪标识（激光全息图像）贴于商品包装上，或对包装材料进行处理，使之具有防伪和装潢两方面的功能。

（7）条形码防伪：在设计与制作防伪包装时，通过条形码的有关标准、印刷位置、印刷油墨以及隐形等方式，达到防伪目的。

二、包装设备常见问题解析

16. 全自动硬胶囊填充机是如何工作的？

硬胶囊填充基本上均由以下几道工序组成：排列、校准方向、帽体分离、药物填充、帽体闭合、胶囊排出。这几道工序在设备上一步完成时，为全自动填充。

在全自动硬胶囊填充机上，空胶囊由贮料斗经顺向器定向排列后进入填充转台的模孔内，经真空吸附使胶囊帽、体分离，囊帽模板移开，囊体模板自动转入充填机构，进行药粉或药物颗粒的充填，完成充填并转出充填区域后，上、下模板重新合并进行胶囊的闭合，然后胶囊被推出或吹出模孔，进入收集管道，经粉末清除装置吸除黏附于胶囊表面的粉末后，从成品出口排出。

药物填充是其中最重要的工序。现有机型采用的填充方式常见有以下几种：间隙式压缩法、连续式压缩法和真空填充法。

（1）间隙式压缩法：主要用于全自动间隙操作，是靠剂量器定量吸取药物并填入胶囊的方法。剂量器由活塞、校正尺、重量调节环、弹簧和剂量头等组成，填充剂量的调节可由控制活塞在剂量头中的高度来实现。

（2）连续式压缩法：也是用剂量器将药物粉末压制成块状物后填充入胶囊，但操作时剂量器的运行为连续动作，操作速度较大。

（3）真空填充法：主要利用真空系统将药物粉末吸附于剂量器内，再用压缩空气将药粉吹入胶囊内。调节活塞在圆筒内的位置即可控制药物填充量。

17. 全自动硬胶囊填充机使用中常出现哪些问题？如何解决？

全自动硬胶囊填充机使用中常出现以下问题（表 1-15-14），生产中要随时进行检查，出现问题应查清原因，及时调整，加以解决。

表 1-15-14　全自动硬胶囊填充机使用中的常见问题、原因及解决办法

问题	原因	解决办法
装量差异过大	①环境湿度过大；	①控制环境湿度；
	②药粉流动性不好；	②增加药粉流动性；
	③颗粒不均匀；	③调整颗粒粒度；
	④计量斗表面有沉积物	④清除沉积物
送入胶囊不足	①胶囊尺寸不一，个别胶囊外径过大；	①使用合格胶囊；
	②异物阻塞；	②取出异物，疏通滑道；
	③簧片变形、不齐或位置不当；	③矫正、更换簧片后调整簧片位置；
	④挡轮位置不对；	④调整位置；
	⑤胶囊料斗无料；	⑤加足胶囊料；
	⑥胶囊料斗闸门开口过小	⑥调整开口
囊体、囊帽分离不良	①真空分离器表面有异物致上、下囊板贴合不严；	①排除废囊，清除异物；
	②上、下囊板错位；	②调整位置，紧固囊板；
	③囊板孔中有异物；	③清理；
	④真空管路密封不严；	④检查真空系统并调整、清理；
	⑤真空度不足	⑤调整真空度
离合器过载	①计量模板错动使摩擦力增加；	①调整后紧固；
	②药粉黏、潮致计量模板与密封环摩擦力增加；	②调整药粉黏度和含水量；
	③计量盘与密封环间隙不当；	③调整计量盘与密封环间隙；
	④离合器力矩变小	④转动离合器螺母，增加摩擦力
运行中突然停机	①料斗中药粉用完；	①添加药粉；
	②料斗中混入异物、阻塞出料口；	②排除异物；
	③电控系统元器件损坏或湿度过大，控制失灵	③查找排除
填充量不当	①填充杆高度不当；	①调节填充杆；
	②充填位置不对	②校正充填位置
剔废囊不好	①剔囊机构阻塞；	①润滑剔囊机构；
	②真空度不足	②调整真空度
胶囊锁合不紧或有凹点	顶针杆长度过短或过长	调节顶针杆长度

18. 铝塑泡罩包装机的工作原理是什么?

铝塑泡罩包装机主要采用聚氯乙烯（polyvinyl chloride，PVC）塑料薄膜与铝箔对片剂、胶囊等药品进行压合包装。全机主要由机体、放卷部、加热器、成型部、充填部、热封部、夹送装置、打印装置、冲裁部、传送系统和气压、冷却、电气控制、变频调速等系统组成。

PVC 塑料膜从卷筒上拉出，经检测器检查其完整程度后送入上下预热板间预热，并立即送入成型台。在成型台内，利用真空或压缩空气对热塑料薄膜进行负压成型或吹塑成型，获得可容纳所包装药品的气泡眼。成型的 PVC 膜经过加料部分时，加料斗中的药物靠振动落入气泡眼中，经缺片检测器后，送入封合部分。铝箔从卷筒上拉出，经破损检测、印字后覆盖于加有药品的 PVC 膜表面，一起送入封合台。在封合台上，经加压与加热，铝箔与 PVC 相互黏合。封合后的包装经冷却后，根据一日或数日剂量裁切成适当大小的板块。之后利用手工或机械包装于纸盒中。

总控制台主要调节控制铝塑泡罩包装机的运行参数，如上下预热台温度、封合台温度、包装材料递送速度等。

铝塑泡罩包装机的一般工作过程如下：

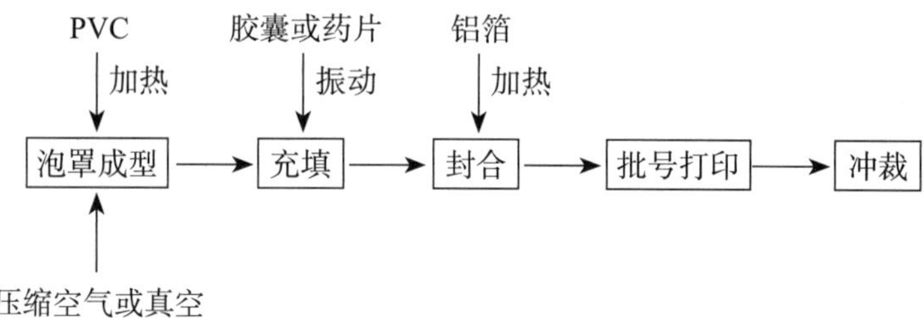

19. 如何处理铝塑泡罩包装机使用中的常见故障和质量问题？

铝塑泡罩包装机具有包装速度快、包装美观等特点，但也常出现很多故障和质量问题。物料性质是影响包装质量的首要和重要的因素。片剂的硬度、含较多细粉的胶囊剂等掌握不好，都可能出现包装质量问题。包装过程中，也会因机械、电子方面的故障产生包装质量问题，因此生产中要随时进行检查，及时调整。铝塑泡罩包装机使用中常出现的问题、原因和解决办法列于表 1-15-15 中。

表 1-15-15 铝塑泡罩包装机使用中的常见问题、原因和解决办法

问题	原因	解决办法
泡罩成型不良	①下加热板或滚筒温度不够或冷却水流量过大；	①提高温度或调节水冷；
	②上、下加热板间隙过大；	②调节间隙；
	③空气压力过低或过高；	③调节气压；
	④ PVC 质量不好；	④更换 PVC；
	⑤上、下加热板间有异物	⑤清理加热板
热封合不好	①热合板温度不够；	①提高温度；
	②密封压力不够；	②增加压力；
	③铝箔质量不好；	③更换铝箔；
	④上、下网纹板间有异物	④清理网纹板
PVC 成型变薄	①上、下加热板间隙过小；	①调整间隙；
	②上、下加热板温度过高	②调整温度

续表

问题	原因	解决办法
铝塑板不平整	①铝箔导辊不平行； ②热压轮与支承轮不平行	调整至平行
出现碎片	①片剂硬度不够； ②车速不当； ③冲裁错位	①适当增加片剂硬度，或片剂筛选后装料； ②调整车速； ③调整冲裁使同步
PVC 走带不正	① PVC 辊安装不正； ②上、下加热板不平行	①调节 PVC 调节钮； ②调整上、下加热板
主电机运行中突然停机	① PVC 用完； ②铝箔用完； ③温度不够； ④主电机过载	①重新安装 PVC； ②重新安装铝箔； ③检查并排除该路加热元件故障； ④检查各运行站是否有过载现象、检查仪表内程序是否有变化，调整
运行中进给量变化	①薄膜固定夹或进给夹薄膜气缸漏气； ②进给量调节杆松动； ③控制薄膜气缸电磁阀故障； ④微动开关故障	①更换气缸； ②紧固； ③更换新电磁阀； ④更换微动开关

20. 立式全自动颗粒包装机是怎样进行工作的？

颗粒包装设备根据包装形式不同而有所区别。常用的颗粒剂包装设备主要是制袋包装机（又称制袋充填封口包装机），是将可热封的薄膜材料制袋成型、药物填充、封口和切断的多功能包装机。制袋包装机按制袋方向可分为立式和卧式，这里主要介绍立式全自动颗粒包装机[4]。立式全自动颗粒包装机的工作过程主要包括以下内容。

（1）通过无级调速机构调整机器包装速度。

（2）用间隔齿轮改变包装袋尺寸规格，由容杯计量装量，齿轮调整下料时间。

（3）用偏心轮结构调整各机构的同步运行，主要是保证袋长在一定范围内变化时横封辊封合时的圆周线速度与纵封辊的圆周线速度相适应。

（4）通过纵封辊进行连续滚动拉袋，纵封辊及横封辊封合、切断，并通过温度调节仪分别实现纵封辊及横封辊的温度控制。

（5）通过光电继电器及“凸轮 - 微动开关”机构使纵封辊实现增速或减速（即光电微调），以达到包装纸袋长与纵封速度同步，确保切断位置固定。

此外，由于包装纸的透明度不同，光电系统还设有“感度”调整旋钮，当薄膜透明度差时可增强感度（但感度不宜过强，以免包装纸上的污点引起误动作）。

其包装工作程序如下：

制袋（材料引进、成型、纵封，制成一定形状的袋）⟶ 计量与充填 ⟶ 封口与切断

21. 全自动颗粒包装机使用中常出现哪些问题？如何解决？

全自动颗粒包装机具有分装、包装速度快的特点，但也常出现很多质量问题。物料性质是影响包装质量的首要和重要的因素。散剂或颗粒剂物料的相对密度、粒度分布、堆密度和流动性等掌握不好，将直接影响分装的准确性，造成装量差异不合格，因此物料性质是生产中第一个要解决好的问题。包装中也会因机械、电子方面的问题产生包装质量问题，如因装袋时间与热封合时间不协调造成包装物料混入热封合部位；因热调节不良，推簧压力不足或压力不均造成封口不良等。因此，生产中要随时进行检查，及时调整。全自动颗粒包装机使用中常出现的问题、原因和解决办法列于表 1-15-16 中。

表 1-15-16　全自动颗粒包装机使用中常出现的问题和解决办法

问题	原因	解决办法
部分机构不能开动	①电源线断，电机故障； ②保险丝熔断； ③齿轮各连接螺丝、键等松动； ④异物啮入齿轮及其传动部位； ⑤异物啮入裁刀； ⑥两刀刃配合过紧	①接线或更换电机； ②更换保险丝； ③重新紧固，从电机开始，按传动次序进行检查； ④取出异物（不及时处理将烧毁电机）； ⑤取出异物； ⑥适当加大刀刃间隙
包装物料混入热封合部位（夹料）	装袋时间与热封合时间不协调	调节与转盘齿轮连接的二档齿轮，改变齿的咬合
定时装袋调节后，再次失常	①转盘固定不良； ②键和固定螺丝松动或固定位置不对； ③转盘内的开闭器开闭不良； ④颗粒较小或比重差异较大	①固定转盘在正确位置； ②重新固定键和螺丝； ③将开闭机构调节到正确位置后将开闭器固定； ④减慢包装速度
不能切断薄膜	①动刀与定刀间隙不当； ②裁刀刀刃破损； ③裁刀安装不良，裁刀离合器离合动作不良，定位键脱开； ④横封头黏附有异物	①调节动刀刃与静刀刃间隙； ②油石研磨或磨床修复； ③认真检查各部分，重新紧固； ④立即清除异物
横封切断位置不正确	薄膜被牵拉供送过程中定位不准确	①调节光电检测器； ②适当增大送料辊或同步齿形带对薄膜的压力
封口不良	①热风加热器的加热温度偏低或封口时间偏短； ②推簧压力不足或压力不均； ③封辊不平； ④颗粒中粉末含量高	①根据包装材料种类及厚度，选择适当的热封温度和封口时间； ②调整各热封辊压力； ③修理或更换； ④筛除颗粒中的粉末，或采用静电消除装置

续表

问题	原因	解决办法
薄膜不能咬入上部热辊或脱离热辊或两端不齐	①薄膜、薄膜导槽、纵横封热辊中心不一致； ②薄膜导槽过于靠前或过于倾斜； ③横封热辊偏心链轮速度失常	针对原因进行相应调整
热封电流过大或保险丝熔断	电热器内部或热封线路有短路	更换或修理
热封辊不热	电热丝烧断，热封保险丝熔断或炭刷接触不良，继电器故障，温度控制器故障	更换或修理
热封辊温度不能自控（温度过高）	①测温器线路不通； ②纵封测温器与纵封辊接触不良； ③温度控制器内部故障	更换或修理
增、减速指示灯不亮	①制器保险断开或内部故障； ②纸未装好； ③点中心位置不对（未对准光电小孔）； ④感度旋钮未调好	针对原因进行相应调整
袋长不稳	①光电位置不对； ②纵封压力过小； ③供纸电机不工作	针对原因进行相应调整
包装袋错边	制袋器位置不对	调整制袋器位置

22. 软膏剂自动灌装机是如何进行灌装的？

软膏剂自动灌装机按功能分为 5 部分：上管机构、灌装机构、光电对位装置、封口机构和出管机构[11]。

（1）上管机构：软膏空管进入空管输送道后，上管机构完成将软膏管插入管座的动作。空管在输送道的斜面上靠自身重力下滑，至出口处被挡板拦住；进料凸轮带动杠杆作用，使空管越过挡板进入翻身器，翻转 90° 后滑入管座，通过压管板将其固定并保持一致高度。

（2）灌装机构：灌装机构负责将定量软膏装入软膏管。由凸轮带动的牵手将管座托起，套入喷嘴，与释放环接触，释放环抬高后带动活塞杆运动，将软膏灌入空管。从料斗吸入软膏并挤出喷嘴由泵阀控制系统带动的活塞泵和吹气泵完成，灌装完毕，活塞泵和吹气泵又将喷嘴外残余物料吸回灌装器内。料斗外可加装电热装置，以保证软膏以适宜黏度灌装。

（3）光电对位装置：光电对位装置是使软管在封尾前，管外壁的商标图案都排列成同一个方向。软管被送到光电对位工位时，对光凸轮使提升杆向上抬起，带动提升套抬起，使管座离开托杯；再由对光中心锥凸轮工作，在光电管架上的圆锥中心头压紧软管。此时通过接近开关控制器，使步进电机由慢速转动变成快速转动，管子和管座随之旋转。当反射式光电开关识别到管子上预先印好的色标条纹后，步进电机就能制动，停止转动。再由对光升降凸轮的作用，提升套随之下降，管座落到原来的托杯中，完成对位工作。光电开关离开色标条纹后，步进电机仍又开始慢速转动，等待下一个循环。

（4）封口机构：封口装置主要完成软膏管尾端的闭合。软膏经过封口机架上的平刀站、折叠刀站和花纹刀站，经压平、折尾和轧紧而完成封闭，再经出料顶杆推出并落进斜槽，由输送带送出。

（5）出管机构：封尾后的软管由凸轮带动出管顶杆，从管座中心顶出，并翻落到斜槽，滑入输出输送带，送到下面包装工序。

软膏剂自动灌装机的生产效率高低取决于充填嘴的数量、充填物料的品种和软管的规格尺寸等因素。一个充填嘴一般每分钟可以完成40～100支软管的填充工作，两个填充嘴每分钟则可以达到80～200支。上述生产效率指标，低值适用于黏稠性产品填充入大容量软管的情况，高值则适用于低黏稠度产品填充入小容量软管的情况[10]。

23. 如何处理软膏剂自动灌装机使用中的常见故障或质量问题？

软膏剂自动灌装机常常会因软膏的均匀度、黏度等影响灌装的准确性而造成装量差异不合格，因此，严格控制、及时调整软膏物料的性质如均匀度、黏度、比重、温度等是解决灌装质量问题的首要措施。机械方面的问题也会导致灌装的质量问题。软膏剂自动灌装机生产中常见故障或质量问题、产生原因及解决办法列于表1-15-17中。

表1-15-17　软膏剂自动灌装机生产中常见故障、质量问题及解决办法

问题	原因	解决办法
自动进管装置失灵	①翻管动作调整不当； ②软管变形； ③软管表面油漆未干引起粘连	①改进进管装置； ②剔除变形软管； ③延长油漆干燥时间
灌装量不准确，灌装结束后喷嘴拖丝	①活塞行程调节不当； ②物料中存在气泡； ③回吸动作和吹气装置调整不好； ④物料黏度不当	①操作中经常检查装量并及时调整； ②消除物料中气泡； ③适当调整回吸等装置； ④控制物料温度、黏度
光电对位不正	①色标颜色与软管底色反差过小； ②管径过小，对位困难	①改变印刷颜色，增加反差； ②适当改进装置及色标
封尾不整齐，轧尾刀印深浅不一	①自动进管装置未将软管压平； ②灌装时拖丝使软管外壁粘料； ③轧尾刀架调整不当； ④轧尾刀磨损	①调整自动进管装置； ②消除拖丝现象，擦净轧刀； ③调整轧尾刀架； ④更换轧尾刀片
出料时顶不出软膏管或被顶歪	①管座位置不正，顶杆不在中心； ②软膏盖不正； ③出管口导向板安装不正	①校正管座与顶杆位置； ②检查进料软管盖子； ③重装导向板

24. 如何处理散剂(粉末)分装过程中的常见问题?

散剂(粉末)分装过程中常见的问题、原因及解决办法[12],见表1-15-18。

表1-15-18　散剂(粉末)分装过程中常见的问题及解决办法

问题	原因	解决办法
物料在充填腔内烧结或者产生物料黏结螺杆无法计量	①出料问题;	①选择出料嘴,出料口结构以简单、流畅、没有死角为好;
	②压力问题;	②搅拌桨角度及搅拌速度要一定,使充填压力保持一定;
	③充填量问题;	③保证充填料斗内物料高度在标示的2mm内;
	④桨的形状	④桨的形状以紧贴螺杆为宜,并与转动切向呈30°～40°
装量偏差	装量跨度大	①在制袋器增加一套敲打器,降低制袋器漏斗中药粉的积聚,保证分装精度;
		②对出料嘴进行敲打,使药粉排出顺畅

25. 如何处理颗粒剂分装过程中的常见问题?

颗粒剂分装过程中的常见问题及解决办法[13],见表1-15-19。

表1-15-19　颗粒剂分装过程中的常见问题及解决办法

问题	原因	解决办法
颗粒剂装量及装量差异超限	①颗粒大小不均匀、细粉多	①颗粒大小不均匀、细粉多时,先用不锈钢筛在中转桶内对干混后物料进行均匀搅拌后,再向料斗中上料,要求每5分钟称量一次装量,对装量的快速变化进行及时调节,从而将装量差异控制在合格范围内
	②用于调节装量的涡轮有自转现象	②在涡轮上打一个小孔,安装上顶丝,当装量调至最佳时,将顶丝拧紧,将涡轮固定住,防止涡轮自转现象的发生,从而保证颗粒剂装量在合格范围,减少了不合格品的产生
颗粒剂包装外观不符合质量要求	①颗粒剂包装成品出现偏离,成型器松动或安装不正,以及热封器的纵封处粘有颗粒	①用适宜的工具、力度将成型器的左侧向下敲或将其右侧向上敲,当颗粒剂包装成品反面出现偏离时,同理反之。当颗粒剂包装成品正、反两面无规律出现偏离时,可适当调节成型器的位置,减小复合膜与成型器之间的缝隙
	②颗粒剂包装有漏气现象	②在生产过程中,要经常用双手对颗粒剂包装成品进行挤压,检查产品是否漏气,如发现产品横封、纵封处稍有一点热合不好但还没有漏气时,应及时采取措施,上调横封表或纵封温度,或对热封器适度加压。当热封器的横封、纵封压力不均匀时,可通过在硅胶条与热封器之间压力小的位置加多层纸,来保证热封器横封、纵封压力均衡
	③打批号时复合膜被漏打产品批号	③发现固定圆形挡片的螺丝露出多半时,表明色带已使用完,当圆形挡片上的螺丝露出一半时,要求操作人员放下其他工作,到颗粒包装机前专心等待色带使用完并及时更换色带,大约需要等待5分钟。这样避免了复合膜上漏打批号的情况,从而保证了产品质量,节约了复合膜

此外，在人员管理上细化了操作规程，发现问题及时采取措施进行处理，避免不合格产品的产生。同时对岗位操作人员进行培训，提高他们的专业技能水平。

26. 如何处理液体（口服液、小水针）洗、灌、封联动生产线的常见问题？

液体（口服液、小水针）洗、灌、封联动生产线的常见问题及解决办法，见表 1-15-20。

表 1-15-20　液体（口服液、小水针）洗、灌、封联动生产线的常见问题及解决办法

问题	原因	解决办法
洗瓶机喷淋板水压变小，局部无喷淋水	水箱内循环玻璃屑堵塞滤芯	连续生产一定批次后进行清洗
洗瓶机进瓶螺杆机封漏水	螺杆轴承磨损导致螺杆偏磨	定期检查，磨损后更换
提升鸟笼处碎瓶（瓶身碎瓶）	提升鸟笼侧挡板和鸟笼提升块间隙位置不当	调整侧挡板，使间隙恰好为 1 个安瓿大小
提升鸟笼和机械手处碎瓶（瓶颈部碎瓶）	提升鸟笼和机械手时间不同步；洗瓶机水箱碎瓶多，鸟笼时间提前；机械手转盘水槽碎瓶多，鸟笼时间迟	调整鸟笼同步带时间
机械手和烘箱进瓶大拨盘碎瓶	机械手和烘箱进瓶大拨盘位置错位，进瓶拨盘时间推迟，碎安瓿主要掉在机械手水槽里；进瓶拨盘时间提前，安瓿瓶颈碎瓶主要掉在拨盘上	根据现场故障现象调整拨盘位置
洗瓶机喷针弯曲、断裂	鸟笼侧挡板和提升块距离过大，导致机械手夹安瓿错位，翻转后安瓿错位导致喷针损坏	调节鸟笼侧挡板和提升块距离
洗瓶机机械手不夹安瓿，安瓿完好掉入水槽	机械手扭簧断裂，为设备易损件	发现后及时更换
灌封针头挂液	针头和安瓿位置不正确，或针头花纹磨损	应先调整针头位置，针头下去后是否在瓶口的正中心，针头是否淹没在药液中 / 太高，如以上都不是，应及时更换针头。针头挂液易造成焦头和封口不良，且焦头不易观察

三、贮藏技术常见问题解析

27. 药品包装上常见有哪些储运标志？

根据中华人民共和国国家标准《包装储运图示标志》（GB/T 191—2008）的规定[14]，药品包装上常见的储运标志如图 1-15-1 所示。

28. 特殊药品标志是怎样规定的？

特殊药品标志如麻醉药品、精神药品、医疗用毒性药品、放射性药品、外用药品和非处方药品等国家规定有专用标识的，其说明书和标签必须印有规定的标识。国家对药品说明书和标签有特殊规定的，从其规定。这些特定标识如图 1-15-2 所示。

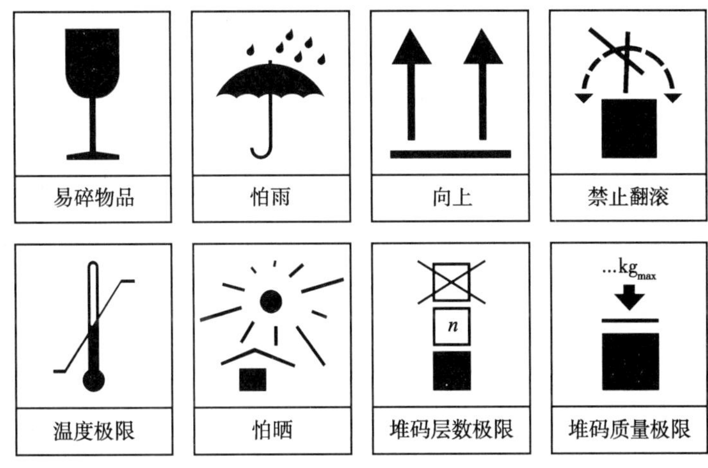

图 1-15-1 常见的药品包装储运标志

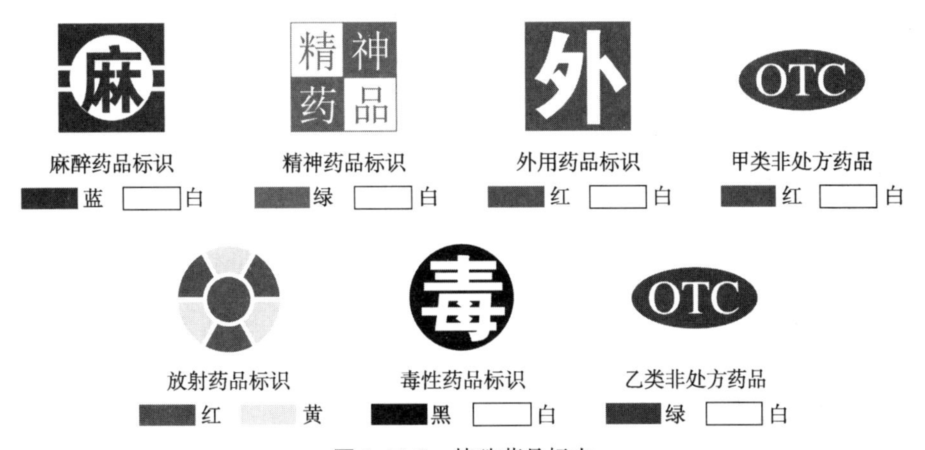

图 1-15-2 特殊药品标志

此外，对贮藏有特殊要求的药品，必须在包装、标签的醒目位置和说明书中注明。

29. 中药材和饮片在贮藏过程中存在哪些常见问题?

（1）存放管理方式不当：由于中药材和饮片在构成成分和制作方法上存在着差异，所以对于湿度和温度等条件有着不一样的要求。应根据其性质进行分类保存，防止统一存放管理引起的部分中药材和饮片发生质变、性变，从而影响到其他药物。

（2）贮藏时间长：当采购药品的量比较大，而某些中药材和饮片使用量比较少时，造成了积压情况，长时间积压下的中药饮片经常会因为存放时间过长而易出现质变、性变。

（3）摆放错误和分类不清：中药材和饮片的种类繁多，特性不一，如有些具有挥发性，在空气中扩散容易对其他药物造成污染，所以在中药饮片的贮藏过程中，不根据分类随意进行摆放，非常容易引发危险[15]。

30. 中药材和饮片贮藏过程中的养护方法有哪些?

（1）优化贮藏环境：有区别地进行分类贮藏，建立科学化的库房贮藏环境和贮藏管理方式，根据不同种类的中药材和饮片设置不同的贮藏环境，针对普通的没有特殊要求的中药材和饮片，需要贮藏在通风效果好、具有避光与遮阴效果的库房中。其湿度与温度的控制都要在合适的范围之内。一般对库房的温度要求在20℃以内，对湿度的要求为相对湿度在45%～75%；对贮藏环境有特殊要求的中药饮片应该配备特殊设备和环境进行贮藏[16-17]，如挥发性强的或有毒的中药材和饮片设立独立包装和空间进行存放，对于需低温保存的中药材和饮片可以采取冷库贮藏，对于易回潮、易虫变的中药饮片应进行防潮防虫处理；对于耐高温的中药饮片可以通过高温处理杀死饮片表面和内部存在的微生物及虫卵，降低虫害、发霉、变质情况的发生；需要低温冷藏的药品则进行冷藏，降低霉变等现象。

（2）严格遵守执行中药材和饮片入库的要求和制度：对即将入库的中药材和饮片进行严格的筛查检测，按照入库标准对需要入库的中药材和饮片进行含水量的检查，含水量控制在9%～13%，干燥入库；如果含水量不合格，则不允许入库。

（3）合理摆放及注意贮藏时间：中药材和饮片要根据性质和分类，合理、安全地摆放，不同药材和药材之间，药材和墙壁之间，以及药材和地面之间都要保持一定的安全距离，严禁直接接触；对于同一种中药材和饮片要根据生产日期的不同进行分开存放，并且要用标签标示到明显位置，便于查找；对于不易贮藏或保质期较短的中药材和饮片，要进行特殊存放与管理。

（4）多种方法并行，实施综合养护：中药材和饮片养护的方法有很多种，常用的有干燥防潮养护、清洁安全养护、封闭养护、低温或高温养护、药剂熏蒸养护等。要做到保证贮藏环境的干净卫生，保持通风，降低微生物密度，防止细菌滋生；同时要在库房等贮藏中药饮片的地方安置风扇、换气扇、放置干燥剂等措施，加强通风干燥力度；最后再结合中药材和饮片的属性，采取针对性的特殊贮藏与处理措施，保证所有药物都得到合理的养护。

31. 影响中药材和饮片贮藏的因素有哪些?

（1）温度：温度对于中药材和饮片的贮藏影响最大。中药对气温有一定的适应范围，在常温（5～20℃）条件下，药材成分基本稳定，利于贮藏。当温度升高时，中药材和饮片易出现水分蒸发、失去润泽甚至干裂等情况，同时中药材和饮片的氧化、水解反应、泛油，气味散失加快。动物胶类与部分树脂类中药材和饮片也会出现变软、变形、黏结、融化等现象。

（2）湿度：湿度对中药材和饮片贮藏能直接引起潮解、溶化、糖质分解、霉变等各种变化。中药材和饮片的含水量与空气中的湿度有密切关系。若湿度过高可引起含淀粉、黏液质、糖类等成分霉变，含盐类的药物易潮解溶化。而当相对湿度不到60%时，对含结晶水的药物易失结晶水而风化。

（3）空气：空气中的氧气最易与药物发生氧化反应，可以加速药材中有机物质特别是脂肪油的变质，还可使中药材和饮片的颜色变深。因此，饮片一般不宜久贮，贮藏时应包装存放，避免与空气接触。

（4）日光：长时间日光照射会促使中药材和饮片成分发生氧化、分解、聚合等光化反应，如油脂的酸败、苷类及维生素的分解、色素的破坏等，从而引起中药材和饮片变质。

（5）霉菌：霉菌极易使药物发霉、腐烂变质而失效。如淡豆豉、瓜蒌、肉苁蓉等很容易感染霉菌而发霉、腐烂变质。

（6）虫害：含蛋白质、淀粉、油脂、糖类的炮制品最易受虫蛀，如蕲蛇、泽泻、党参、芡实、莲子等。所以炮制品入库贮藏一定要充分干燥，密闭保管。

32. 中药材和饮片如何贮藏管理?

（1）净选类：虽然加工时经过整理除杂，但自然属性未变，贮藏在外因条件下，仍会产生虫蛀、霉变、泛油、变色等质量变异，故宜贮阴凉干燥处。

（2）切制类：此类中药材和饮片经烘烤干燥，成品含水量低，但由于表面积增大，若贮藏期过长或保管不善，仍易受潮、虫蛀、霉变等。

1）含淀粉较多：如山药、泽泻、白芍、葛根等，切片后要及时干燥并防止污染，宜贮通风干燥阴凉处，防虫蛀。

2）含挥发油较多：如当归、川芎、木香、薄荷、荆芥等，贮藏室温不宜过高，反之易丧失香气或导致泛油，温度高则易吸潮霉变和虫蛀，故宜贮阴凉干燥处，防蛀。

3）含糖及黏液质较多：如熟地黄、肉苁蓉、天冬、党参等，应贮通风干燥处，密封贮藏，防霉蛀。

4）种子果实类：种子果实类中药材和饮片有的经炒制后增强了香气，如莱菔子、紫苏子、扁豆、薏苡仁等，若包装不坚固则易受虫害或鼠咬，故宜贮藏在缸、罐中。

（3）炮炙类

1）酒炙：如大黄、黄芩、当归等。

2）醋炙：如大戟、芫花、甘遂、香附等，均应贮于密闭容器中，置阴凉处。

3）盐水炙：如知母、泽泻、巴戟天、车前子等，易吸收空气中的湿气而受潮，如贮藏温度过高且而又过干则盐分从表面析出，故应贮密闭容器内，置通风干燥处，以防受潮。

4）蜜炙：如甘草、款冬花、枇杷叶等，炮制后糖分大，较难干燥，易受潮返软或粘连成团，若贮藏温度过高则蜜可融化，易被污染、虫蛀、霉变或鼠咬，通常贮于缸、罐内，尽量密闭，以免吸潮；置通风、干燥、凉爽处贮藏，蜜炙品每次制备不宜过多，贮藏时间不宜过长。

5）蒸煮类：常含有较多水分，如熟地黄、炙黄精、制玉竹等，蒸煮后易受毛霉侵染，表面附着霉菌菌丝体，宜密闭贮藏，置干燥通风阴凉处。

6）矿物类：如芒硝、硼砂、胆矾等，在干燥空气中易失去结晶水，故宜贮于缸、罐中，密闭，置阴凉处，防风化、潮解[18]。

33. 对抗贮藏法可用于哪些中药材和饮片的养护?

对抗贮藏也称异性对抗驱虫养护，其作用机制是利用一些中药材和饮片所散发的特殊气味、吸潮性能或特有的驱虫去霉化学成分等性质，来防止另一种中药材和饮片发生虫蛀或霉变等现象[19]。

（1）含蛋白质的中药材和饮片：动物类中药富含蛋白质易生虫，不同动物类药物生虫的部位也不同。如蛤蚧、壁虎的尾巴最易虫蛀；蕲蛇、乌梢蛇等全体都易受虫蛀；狗肾等在缝隙深处有虫害。

药物贮放前也要注意干燥，贮藏用铁皮桶或铝箱等坚固容器盛放，在容器内四角和药物的上下面放入花椒、吴茱萸、细辛或大蒜瓣，密封放置阴凉干燥处。

（2）含糖的中药材和饮片：如党参、天冬，遇热受潮易发霉、泛油、走糖及生虫，可选用一小型广口器皿，内盛95%乙醇，瓶口用纱布包扎好（10kg中药饮片放置95%乙醇25ml）

置于密封性较好的器皿底部，让乙醇挥发形成乙醇蒸气，防止药材发霉生虫。

（3）含胶类的中药：阿胶、鹿角胶等胶类中药在夏季高温或受潮时易软化、粘连，甚至发霉，与适量蒲黄炭相间存放，可避免其软化、粘连。

（4）其他中药材和饮片

1）人参：把人参放进瓷坛内，在坛中心放上盛有 95% 乙醇的杯子（每 1kg 人参用 10ml 乙醇），杯口用纸封牢，并在纸上扎孔数个，封严坛口置阴凉处保存。该法能使人参不生虫、发霉，并保持其原有的色、味和重量。另将细辛与人参两药同存也可防止人参被虫蛀。

2）冬虫夏草[20]：冬虫夏草与藏红花同储于低温干燥处。此外，冬虫夏草在装箱时，先于箱内底端正置放用纸包好的木炭，再放些碎牡丹皮，然后在其上放冬虫夏草并密封，即可防止霉蛀的发生；另外，用 95% 乙醇（每 1kg 药物用 20ml 乙醇）喷洒于干燥冬虫夏草，装入坛或箱内密封，置于干燥处也可防冬虫夏草蛀虫。

3）泽泻、山药与牡丹皮：泽泻和山药易虫蛀，牡丹皮易变色，三者交互层层存放，既可使泽泻和山药不虫蛀，又能使牡丹皮不变色。

4）蜂蜜与生姜：在夏季蜂蜜易“涌潮”（即发酵上浮），可将生姜洗净，晾去水分，切片，撒布于蜂蜜上（每 50kg 蜂蜜用生姜 1.5kg）后盖严密封，可防止发酵。“涌潮”上涨时也可用生姜压汁滴入坛内使“涌潮”低落，然后在蜜上再放些姜片，贮于阴凉处，可防“涌潮”再起。

5）麝香与当归：麝香与当归两药一起贮藏，当归的挥发油能抑制麝香成分的挥发，并可保持麝香湿润。贮藏时，先把当归切片晾干，麝香用薄皮油纸包裹数层，把当归放入陶瓷罐内，麝香包埋其中，密闭置阴凉干燥处。此法忌用火烤日晒，以防变色和失去香气。

6）桂圆或肉桂与蜂蜜：可将晒干不粘手的桂圆或肉桂放入容器中，加适量的蜂蜜拌匀，倒入陶瓷缸内密封，置阴凉干燥处贮藏。此法可有效延长桂圆的保质期和保证肉桂的质量。

7）陈皮与高良姜：陈皮与高良姜均含有不同的挥发成分，并有一定的吸潮作用，两者在同一密封容器中贮藏，可以互相防止生虫和发霉。

8）金银花与干木炭：金银花放入缸内或木箱内，再放入用纸包好的干木炭数枝，然后密闭，可以防潮、防变色。

采用对抗贮藏法，最好在生虫发霉季节之前，将一些易生虫霉变的中药材进行烘烤、日晒或熏杀等处理。同时也要注意防止药材之间的掺混和串味，如人参不宜与冰片、樟脑、薄荷脑等药材同储。

34. 不同剂型的药品，贮藏要求有哪些？

不同剂型的药品，贮藏要求见表 1-15-21。

贮藏项下的规定，系为避免污染和降解而对贮藏与保管的基本要求，以下列名词术语表示。

（1）遮光：系指用不透光的容器包装，例如棕色容器或黑色包装材料包裹的无色透明、半透明容器。

（2）避光：系指避免日光直射。

表 1-15-21 常见药品剂型贮藏要求

剂型	贮藏要求
贴剂、贴膏剂、灌肠剂、片剂、膜剂	①应注意贮藏环境中温度、湿度以及光照的影响；②除另有规定外，应密封贮藏；③膜剂防止受潮、发霉和变质
胶囊剂	除另有规定外，胶囊剂应密封贮藏，其存放环境温度不高于30℃，湿度应适宜，防止受潮、发霉、变质
颗粒剂	除另有规定外，颗粒剂应密封，置干燥处贮藏，防止受潮
丸剂	除另有规定外，丸剂应密封贮藏，防止受潮、发霉、虫蛀、变质
酊剂	除另有规定外，酊剂应遮光，密封，置阴凉处贮藏
合剂、煎膏剂（膏滋）、酒剂、露剂	除另有规定外，应密封，置阴凉处贮藏
注射剂	除另有规定外，注射剂应避光贮藏
口服溶液剂、口服混悬剂、口服乳剂、眼用制剂、喷雾剂、植入剂、搽剂	除另有规定外，应避光、密封贮藏
鼻用制剂、耳用制剂、洗剂、胶剂	除另有规定外，应密闭贮藏。胶剂防受潮
栓剂	除另有规定外，应在30℃以下密闭贮藏和运输，防止因受热、受潮而变形、发霉、变质
软膏剂、乳膏剂	除另有规定外，软膏剂应避光密封贮藏。乳膏剂应避光密封置25℃以下贮藏，不得冷冻
冲洗剂	除另有规定外，冲洗剂应严封贮藏
糊剂	除另有规定外，糊剂应避光密闭贮藏；置25℃以下贮藏存，不得冷冻
气雾剂	应置凉暗处贮藏，并避免暴晒、受热、敲打、撞击
膏药、酒剂、露剂	除另有规定外，应密闭，置阴凉处贮藏
凝胶剂	除另有规定外，凝胶剂应避光、密闭贮藏，并应防冻
散剂	除另有规定外，散剂应密闭贮藏，含挥发性原料药物或易吸潮原料药物的散剂应密封贮藏
糖浆剂	除另有规定外，糖浆剂应密封，避光，置干燥处贮藏
锭剂	除另有规定外，锭剂应密闭，置阴凉干燥处贮藏
涂膜剂	除另有规定外，应采用非渗透性容器和包装，避光、密闭贮藏
涂剂	除另有规定外，应避光、密闭贮藏。对热敏感的品种，应在2～8℃保存和运输
流浸膏剂与浸膏剂	除另有规定外，应置遮光容器内密封，流浸膏剂应置阴凉处贮藏

（3）密闭：系指将容器密闭，以防止尘土及异物进入。

（4）密封：系指将容器密封，以防止风化、吸潮、挥发或异物进入。

（5）熔封或严封：系指将容器熔封或用适宜的材料严封，以防止空气与水分的侵入并防止污染。

（6）阴凉处：系指不超过20℃。

（7）凉暗处：系指避光并不超过20℃。

（8）冷处：系指2～10℃。

（9）常温：系指10～30℃。

除另有规定外，贮藏项下未规定贮藏温度的一般系指常温。

35. 中药材和饮片有哪些新的贮藏技术？

随着技术的进步，中药材和饮片的养护技术也在不断发展。现代中药材和饮片常见的贮藏技术如下[21]。

（1）低温贮藏技术：常见的是冷库贮藏，是将中药材和饮片贮藏在2～10℃的冷库中。冷库贮藏既能防霉、防蛀、防泛油、防变色，又不影响药材品质，无污染，安全性高，效果十分理想。但是冷库的建设和运行耗资巨大，成本较高，比较适合价格较昂贵的中药材的养护。冷库贮藏还需要注意药材出库以后由于温差变化产生的结露，结露会使中药材从冷库转入常温库后的贮藏变得更为不易。

（2）气调贮藏技术：目前常用的气调贮藏主要是调控贮藏密闭空间中的空气组分，通过充二氧化碳、充氮气，以及通过化学反应降低氧气含量等，人为地营造一个害虫及霉菌无法存活的密闭环境，达到防治害虫、防止霉变、保持品质的一种贮藏养护方法。该技术适用于中药材和饮片的综合贮藏养护，不仅能够解决其仓储过程中发生的虫蛀、霉变、氧化变色、走油、泛糖、变茬等突出问题，而且还能保持良好的内在品质和有效成分基本不变，从而不影响药材品质，无污染，安全性高，药材贮藏期长。但是，养护周期内需要定期测量水分、温度、气压等，并且需要注意防范外部老鼠咬破或内部不规则药材刺破密封包而导致漏气。在气调养护过程中，药材查看、交易、取用较为不便，一旦打开，需要对剩余药材重新进行气调养护。目前，气调贮藏技术的整体成本还是偏高，比较适合较贵重中药材的长期贮藏养护。

（3）精油熏蒸贮藏技术：精油缓释熏蒸贮藏源于古法对抗同贮法，又融合了现代科学配方，是近年出现的一种全新的药材贮藏方法。其原理是，提取某些药材中的浓缩精油，采用缓释技术进行固化造粒，通过缓释精油气体破坏细胞壁，致使霉菌等微生物死亡并抑制酶的活性，以达到防霉、防泛油作用。同时，特定的挥发精油还有驱虫抗虫作用，能有效防止外源性虫害入侵，大大降低蛀虫发生率，延长药材贮藏时间。缓释的精油不与药材发生化学反应，不影响药材主要成分含量，对人体无害，无污染，安全性高，防霉、防泛油、防虫效果理想。但是，目前的缓释熏蒸方法对已长虫的中药材只有驱虫作用，并不能直接杀死害虫，所以要在蛀虫、霉变、泛油发生之前实施养护，以保证效果。中药材熏蒸过后，部分药材表面会留下少量精油残余味道，需要通风放置一周左右消除串味影响。缓释熏蒸养护技术成本低廉，适用性强，适合中药材中短期贮藏和长距离运输过程中的养护。

（4）干燥贮藏技术：干燥养护技术包括微波干燥技术、远红外线干燥技术、除湿机干燥贮藏技术等。

1）微波干燥技术：微波干燥是指采用波长为1mm～1m（不含）的高频（300MHz～300GHz）电波对中药材进行加热干燥灭菌杀虫。该技术作为一种高效能、低能耗、无污染、安全性高的新型干燥养护技术，不影响药材气味和外观，比较适用于新鲜药材的干燥加工，是取代传统硫黄熏蒸干燥养护技术的一种选择。但由于水能强烈吸收微波能，所以微波干燥技术不适合热不稳定性和不宜加热处理的中药材，在加热过程中应避免温度过高对药效产生影响。同时该技术还存在干燥终点判断困难、对物料的尺寸和形状有一定要求等缺点，不适合中药材在贮藏阶段的养护。技术操作员应做好有效防护措施，以保证人身安全。

2）远红外线干燥技术：主要通过远红外线辐射中药材产生热能而达到干燥、灭菌、杀虫的目的，不影响中药材的气味和外观。远红外线干燥技术不适合热不稳定性中药材和不宜加热处理的中药材，在加热过程中应避免温度过高对药效产生影响。该技术对物料的尺寸和形状有一定要求，不适用于不易吸收远红外线的药材。远红外线干燥技术作为一种高效能、低能耗、无污染、安全性高的新型干燥养护技术，比较适用于新鲜药材的干燥加工，是取代传统硫黄熏蒸干燥养护技术的一种选择，但并不适合中药材在贮藏阶段的养护。

3）除湿机干燥贮藏：相当于传统仓库通风除湿的升级加强版，其工作原理是在制冷系统作用下，将表冷器的温度降至空气露点温度以下，由风扇将潮湿空气抽入机内与表冷器进行热交换，湿空气中的水汽遇冷凝结成水珠排出，产生干燥空气排入室内，如此循环使室内湿度降低。该技术在高温、高湿季节能有效防止中药材返潮，通过控制湿度抑制霉菌生长，但对蛀虫、泛油等效果不明显。除湿机干燥贮藏对仓库有一定要求，并且需要根据仓库实际空间大小选择合适功率的仓库专用除湿机，使用过程中安排定期维护清洗，以保证除湿效果。如果中药材本身水分含量偏高，则会影响实际使用效果。

需要注意的是，无论采取何种技术来贮藏中药材和饮片，一定要在其霉变、泛油、蛀虫之前进行，以防为主，防治结合，确保中药材的质量和安全性不受影响。

参考文献

[1] 朱必林．药品包装的安全性探究[J]．求医问药(下半月刊)，2011，9(12)：380-381.
[2] 中国食品药品检定研究院．国家药包材标准[S]．北京：中国医药科技出版社，2015.
[3] 国家药典委员会．中华人民共和国药典：2020年版[S]．四部．北京：中国医药科技出版社，2020.
[4] 孙怀远．药品包装技术与设备[M]．北京：印刷工业出版社，2008.
[5] 何子骞．药品包装材料对药品质量的影响[J]．生物化工，2020，6(2)：112-114.
[6] 张颖，王瑞红．变更药品包装材料补充申请相容性试验基本技术考虑[J]．黑龙江医药，2018，31(4)：760-762.
[7] 李晓春，王莉芳，徐长根．4种药品包装材料的生物安全性评价[J]．中国医药指南，2019，17(12)：48-49.
[8] 孙怀远，顾青青，孙波，等．药品泡罩包装技术及工艺分析[J]．机电信息，2015(8)：16-19，24.
[9] 韩春阳，孙炳新，李冰．我国食品与药品防伪包装现状及发展趋势[J]．包装工程，2009，30(5)：93-95.
[10] 廖跃华，孙怀远．药品包装辅助技术应用研究[J]．包装工程，2009，30(1)：199-201.
[11] 孙智慧．药品包装学[M]．北京：中国轻工业出版社，2018.
[12] 廖国雄．中药散剂内包装机械化的实践体会[J]．医药工程设计，2010，31(6)：31-33.
[13] 许大鹏，沈德凤，张启兴，等．中药颗粒剂包装过程中常见质量问题和解决方法[J]．中国实用医药，2011，6(4)：150-151.
[14] 全国包装标准化技术委员会．包装储运图示标志：GB/T 191—2008[S/OL]．[2023-05-05].http：//www.360doc.com/content/18/0806/21/34836513_776194462.shtml.
[15] 李泽．中药饮片储存过程中的常见问题与养护方法[J]．中国现代药物应用，2019，13(4)：152-153.
[16] 李会银．浅谈中药饮片的贮存与养护[J]．湖南中医药大学学报，2013，33(6)：99-100.
[17] 郭明研．浅谈中药饮片类药物储藏中的问题及解决对策[J]．中国医药指南，2012，10(30)：612-613.

[18] 张林娜. 浅谈中药饮片的储存管理[J]. 民营科技，2013(7): 97.
[19] 沈燕飞. 浅谈中药材的对抗储藏养护法[J]. 心理医生，2018(4): 352.
[20] 应光耀，赵雪，王金璐，等."药对"技术在中药材防霉养护中的应用与展望[J]. 中国中药杂志，2016，41(15): 2768-2773.
[21] 张益斌. 适合的才是最好的[N]. 中国医药报，2016-07-12(4).

（杨金敏　董帅）

第十六章　中药成品检验及质量评价

药品质量是反映药品符合法定质量标准和预期效用的特性之总和。其内涵包括：药品质量与标准的符合性、疗效的确切性、使用的安全性以及储存的稳定性。为了确保中药质量，保证中药制剂的安全、有效、质量可控，中药成品的检验及质量评价工作极为重要。

中药成品的检验依据是药品标准。根据药品标准的适用范围，可以将其划分为国家药品标准、地方药品标准和企业药品标准。药品经国家药品监督管理部门核准上市后，企业提交的该药品注册标准上升为国家标准，成为国家药品标准的重要组成部分。企业药品内控标准是生产企业制定的工艺参数控制标准，一般为严于国家药品标准的产品质量检验标准。中药成品出厂前需达到的标准包括药品注册标准和企业内控标准。

中药成品的检验主要包含 4 方面：性状、鉴别、检查及含量测定。性状和检查项的检测与中药成品的剂型关系比较密切。鉴别和含量测定与中药成品的化学成分相关。随着科学的发展，近年来各种现代化的检验技术和检验手段都逐步运用到中药成品的检验过程中。薄层色谱（TLC）、高效液相色谱（HPLC）、气相色谱（GC）等分析方法已占中药成品质量控制的主导地位。超临界流体色谱法、高效毛细管电泳法、分子生物学技术、新兴的光谱技术、联用技术和中药特征图谱等新技术和新方法也逐步进入常规中药成品检测和质量控制中。这些新技术、新方法的应用，将为中药成品全面检测及整体质量评价提供强有力的保证。

中药的质量标准制定和检验贯穿于产品设计、研制、生产、贮藏、运输及临床使用的全过程，而中药成品检验和批准审核放行是出厂前的最后一道关口，是防止风险、确保产品安全有效的重要手段之一。

1. 什么是药品标准？药品注册标准与企业内控标准有何区别？

药品标准是监督与控制药品质量的法定技术依据，是药品生产、经营、使用、监督和检验共同遵循的质量标准，是国家药品质量保证体系的重要组成部分[1]。

从药品标准的适用范围上，可以将其划分为国家药品标准、地方药品标准和企业药品标准[2]，如表 1-16-1 所示。

表 1-16-1　我国药品标准的分类及举例

分类	举例
（1）国家药品标准	①药典：《中华人民共和国药典》 ②部颁成册标准：《化学药品及制剂》、《抗生素药品》、《生化药品》、《蒙药分册》、《藏药分册》、《维吾尔药分册》、《中药材》、《中药成方制剂》、《新药转正标准》第一册至第十五册 ③局颁成册标准：《国家药品标准 化学药品地方标准上升国家标准》、《国家中成药

续表

分类	举例
（1）国家药品标准	标准汇编 中成药地方标准上升国家标准》、《新药转正标准》第十六册至第八十八册、《进口药品复核标准汇编》等 ④药品注册标准等：药品注册标准批准件、进口药品注册标准批准件。药品标准修订件、补充批件（药品检验补充检验方法和检验项目批准件）、国家药品监督管理部门颁布的新药转正标准颁布件、药典委员会颁布的药典委发文所附的标准勘误件等
（2）地方药品标准	省级中药材或中药炮制规范、省级医院制剂规范
（3）企业药品标准	企业内控质量标准

药品注册标准，为特定申请人在提交药品注册申请时一并提交的，须经国务院药品监督管理部门核准的药品质量标准[3]。

新修订的《中华人民共和国药品管理法》（中华人民共和国主席令第 31 号，2019 年）第二十八条第一款规定“药品应当符合国家药品标准。经国务院药品监督管理部门核准的药品质量标准高于国家药品标准的，按照经核准的药品质量标准执行；没有国家药品标准的，应当符合经核准的药品质量标准。”“经国务院药品监督管理部门核准的药品质量标准”，为特定申请人在提交药品注册申请时一并提交的经核准的标准，即药品注册标准[2]。另一方面，药品经国家药品监督管理部门核准上市后，企业提交的该药品注册标准上升为《中国药典》标准，成为国家药品标准的重要组成部分。

药品生产的企业内控质量标准是生产企业制定的工艺参数控制标准和严于国家药品标准的产品质量检验标准。内控标准包括原辅料、包材、中间体、半成品和成品的质量内控标准，工艺参数的上、下控制限度。在我国现行的《药品生产质量管理规范》（GMP）（2010 年修订）中提出的警戒限度与纠偏限度，也应该是企业内控标准的一部分[3]。

中药成品出厂前需达到的标准包括药品注册标准和企业内控质量标准。

药品注册标准和企业内控质量标准的区别在于：

（1）药品注册标准是具有法定意义的，是强制执行的最低标准。每批都必须按法定检测，确保符合法定标准。

（2）药品注册标准是最后药品有效期标准，内控标准一般高于此标准，以控制有效期内药品质量在注册标准范围内。

（3）内控质量标准仅是企业内部使用，不需要注册，而且是严于注册标准的。内控标准应高于法定标准，是为了确保在检测误差、波动等情况下还能满足于注册标准。如果按内控标准发货，需要重新检测放行。

（4）内控质量标准是企业为确保药品的质量而制定的高于法定标准或国际标准和国外先进标准的标准，是企业组织生产判断产品出厂合格的标准。内控标准与药品注册标准不同，一般由生产企业通过一定手续厂内备案即可，企业内控标准一经批准发布，全厂必须严格执行。

2. 如何建立企业内控质量标准？建立企业内控质量标准有何重大的意义？

（1）建立企业内控质量标准：制定中药内控质量标准，应注重建立企业内控质量标准

体系，注重源头控制、整体控制和过程控制，主要包括增订控制项目、修订检验方法和限度标准、方法学验证等几方面，还应考虑可行性、必要性和经济性[4]。

1）药材和饮片标准：属于源头控制，是整个控制体系中非常重要的一环。中药材基原复杂，化学成分复杂，有效成分多且绝大多数还不明确。因此，在药材质量控制中，除制定一个专属性强、内容完善的内控标准外，还应固定药材基原（尤其是多来源品种），固定药材产地，固定采收季节，严格控制产地加工工艺、炮制工艺，保障药材和饮片质量。

2）中间体、半成品质量：主要为成品各质控指标的前提保证，特别是口服液的 pH、胶囊剂的水分、颗粒剂的粒度等与操作和中间控制关系较大的指标，应根据其在生产过程中的变化，根据成品标准（内控标准）中的相关限度规定，制定严格的中间体内控标准。例如，当一批胶囊剂产品生产结束，经检验水分符合法定标准规定但超过内控标准规定的 0.2% 时，是销毁、彻底返工（回收药粉）？还是放行销售？只有严格控制充填前颗粒的水分，进而确保成品水分，杜绝此类事情发生，才是解决问题的根本办法。

3）工艺流程和工艺参数：药品质量是生产出来的，不是检验出来的。就化学药品而言，不同的制备工艺将产生不同的溶剂残留和不同的有关物质。中药也是同样的道理，参数不同，必将导致物质基础、质量指标的变化，比化学药品更为复杂的是，这种物质基础的变化很难通过常规检验得以发现和控制。因此，中药的生产工艺及其控制参数是制定标准的前提，更是产品质量的根本保证，没有科学合理、稳定可控并被严格执行的生产工艺及相应的控制参数，药品的有效性、安全性和均一性就难以保证，内控标准和相应检验的作用就会大大降低。对于中药，提取（前处理）收率、有效成分（含量测定成分）转移率、成品率、物料平衡率等经济、技术指标本身就是很好的、非常重要的质量控制指标，它们的变化同样反映产品质量的异同。例如，提取物和成品的含量指标，中药一般只规定低限且限度较低，往往很容易达到。若随意提高提取温度甚至改变提取溶剂组成，如将乙醇浓度由 75% 降为 60%、50%，甚至用水提取，则很容易使收率提高。又如，在前处理的浓缩和干燥、制剂的灭菌或颗粒干燥等工序，温度的高低与药品质量有着非常密切的关系。为此，除车间质量保证（quality assurance，QA）加强现场监督，使用自动记录设备外，可以将生产过程经济技术指标纳入内控标准体系中，制定提取收率的上下限度、含量测定成分转移率上下限、pH 变化幅度等规定，还可以进一步进行类似指纹图谱式的整体控制，与检验指标一起控制生产过程和结果，确保药品质量。

4）成品质量：成品的质量控制虽说是事后把关，但对保证产品安全、有效是非常重要的。国家药品监督管理部门市场抽检的批次是非常有限的，对于绝大多数药品，成品检验和批准审核放行是出厂前的最后一道关口，较法定标准适当增订一些控制项目和指标，制订全面可控的内控标准以加强整体控制，是防止风险、确保产品安全有效的重要手段之一。

（2）建议企业内控质量标准的意义[4]

1）确保产品安全有效，保证药品安全、有效和均一。

2）确保产品在有效期内符合法定标准规定。药品的法定标准是药品在整个有效期内都必须达到的标准，根据产品在生产过程中和贮存期间的变化，制定企业内控标准，并按照内控标准组织生产和出库销售，是确保药品在有效期内均符合法定标准规定的主要措施之一，具有重要意义。

（3）提高企业经济效益，增强企业核心竞争力。制定内控标准，可以在预防采购到假冒伪劣原辅料、减少不合格品、降低生产成本、降低检验成本、缩短检验时间等方面起到重要作用，产生直接的经济效益。更重要的是，在市场化非常充分的中药行业，企业间竞争一个很重要的方面是质量的竞争，内控标准是企业参与市场竞争最重要的竞争力之一，对企业的生存和发展具有重要意义。

3. 什么是留样观察？留样观察与稳定性考察、持续稳定性考察的差别是什么？

GMP 第二百二十五条明确了"留样"的概念："企业按规定保存的、用于药品质量追溯或调查的物料、产品样品为留样。"并特别指出，"用于产品稳定性考察的样品不属于留样。"这说明企业在实际工作中容易将两者混淆。

对于"稳定性考察"，GMP 专辟"持续稳定性考察"一节，详细规定了各项要求。在有关"持续稳定性考察"条款中，还有关于稳定性试验、长期稳定性试验等的表述。留样与稳定性考察、持续稳定性考察等概念有必要进一步厘清，使其更具可操作性。三者的关系与区别见表 1-16-2[5-7]：

表 1-16-2　留样与稳定性考察、持续稳定性考察的关系与区别

项目	留样	稳定性考察[5]	持续稳定性考察[6]
考察目的	用于药品质量追溯和调查物料、生产	考察原料药或药物制剂在温度、湿度、光线的影响下随时间变化的规律，为药品的生产、包装、贮存、运输条件提供科学依据，同时通过试验建立药品的有效期	在有效期内监控已上市药品的质量，以发现药品与生产相关的稳定性问题（如杂质含量或溶出度特性的变化），并确定药品能够在标示的贮存条件下，符合质量标准的要求
考察对象	主要针对每批生产的市售产品和工艺中涉及的物料（原辅料、与药品直接接触的包装材料等）	①产品研发阶段需要进行影响因素试验（除去外包装，并根据实验目的和产品特性考虑是否除去内包装）、加速试验（市售包装）、长期稳定性研究试验（市售包装）；②产品批准上市后首次投产前三批应进行长期稳定性试验；③产品生产过程中如发生重大变更，或生产工艺、包装材料发生变更时需要进行稳定性考察；④重新加工、返工或回收工艺考察时应进行稳定性考察；⑤需要对中间产品的稳定性进行考察，确定中间产品的贮存期限	主要针对市售包装产品，但也需兼顾待包装产品
考察时间检验次数	留样应保存至药品有效期后 1 年；除稳定性较差的原辅料外，用于制剂生产的原辅料留样至少保存至产品放行后 2 年；每年需要进行目检观察	①影响因素试验：高温试验于第 0 天、5 天、10 天、30 天取样，高湿试验于第 5 天、10 天取样，强光照射试验于适宜时间取样，按照稳定性重点考察项目检测；②加速试验考察 6 个月，于第 0 个	持续稳定性考察的时间应涵盖药品有效期，取样时间参照长期稳定性考察取样时间间隔

续表

项目	留样	稳定性考察[5]	持续稳定性考察[6]
		月、3个月、6个月末分别取样一次，按照稳定性重点考察项目检测；③长期稳定性考察：为确定药品有效期提供依据，前12个月，每3个月取样一次，之后于第18个月、24个月、36个月分别取样进行检测，将结果与第0个月比较以确定有效期	
考察环境	与产品标签上贮存条件一致	①影响因素试验（高温、高湿、强光照射）；②加速试验（隔水式电热恒温培养箱）；③长期稳定性考察试验接近药物的实际贮存条件进行，应考虑药物销售不同地区温、湿度对产品的影响	贮存条件应采用药品标示贮存条件
考察批次	每批产品均有留样，用于制剂生产的原辅料每批均应留样	除影响因素试验为一批产品外，其他考察均需要进行三批产品的稳定性考察	至少每年应考察一个批次，除非当年没有生产
考察项目	目检观察或对物料进行鉴别	对质量标准中的重点项目进行考察，与质量标准的项目不完全一致	与稳定性考察项目相似
考察需量	全检两倍量（无菌检查和热原检查等除外）	按照取样频次、考察项目所需的检验量、产品批准上市前预先确定的产品有效期确定稳定性考察所需供试品量	与长期稳定性考察类似

注：原辅料及中药材、中药饮片的留样根据其留样的目的可提高存储条件（如阴凉储存）；稳定性考察与持续稳定性考察用于考察本企业生产的中间产品或成品。

4. 影响中药成品质量的因素有哪些?

由于中药成品从原料、前处理、剂型设计、生产工艺、贮藏运输到临床使用是个环环相扣的过程，任何一环出现问题最终都会影响终产品的质量，影响中药成品的安全。影响中药成品质量的因素主要有以下5个方面[8]。

（1）原料药材的影响：原料药材的品种、规格、产地、药用部位、采收季节、加工方法的不同，都会对中药成品的化学成分和含量造成较大的影响。

（2）炮制工艺的影响：中药制剂是以中药饮片为原料进行制备的。中药经加工炮制后，其化学成分都可能发生一定的变化，性味、功效也会改变。

（3）生产工艺的影响：中药制剂的剂型种类繁多，制备方法各异，工艺复杂，很多在原料药中存在的化学成分，在制剂的生产制备过程中，成分的挥发、分解、沉淀等，可致使有些成分消失、含量下降或结构发生改变，使质量分析更加困难。

（4）辅料的影响：辅料是制剂存在的重要基础，药用辅料与药物活性物质一样参与人体吸收、分布、代谢、排泄等过程，同时由于药用辅料来源广泛，制备工艺复杂，生产过程中难免引入杂质成分，增加了辅料的使用风险。因此辅料与中药成品的质量息息相关。

（5）中药成品的包装、贮藏、保管的影响：中药成品若包装、贮藏、保管不当，既可因有效成分发生聚合、氧化、水解等反应而失效，也可因虫蛀、霉变等引起变质。

5. 中药成品的检验工作程序是什么？中药成品检验取样有哪些要求？

中药检验的程序为[9]：取样、供试品溶液的制备、供试品溶液的测定（定性鉴别、检查和含量测定）、撰写原始记录和出具检验报告。

（1）取样要求：取样系指从整批成品中按取样规则，取出一部分具有代表性的供试样品的过程。取样看似简单却很重要，样品的代表性将直接影响检验结果的准确性。因此对取样的要求为：科学、真实、样品具有代表性。

（2）取样原则：要遵循随机、均匀合理的原则。应严格按照《药品质量抽查检验管理办法》[10]及《药品抽样原则及程序（征求意见稿）》[11]的有关规定操作。

（3）取样注意事项[12]：①取样前应检查药品的品名、厂家、批号、规格及包装样式等是否一致，检查包装的完整性、清洁程度及有无污染、水迹或霉变等情况，检查药品贮存条件是否符合要求，药品包装是否按规定印有或贴有标签并附有说明书，字样是否清晰。同时，应核实被抽取药品的库存量，有异常情况者应另行处理。凡从外观看出长螨、发霉、虫蛀及变质的药品，可直接判为不合格，无须再抽样检验。②取样时应规范、迅速、注意安全，取样过程应不影响所抽样品和被拆包装药品的质量。直接接触药品的取样工具和装样器具应不与药品发生化学反应，使用前应洗净并干燥。用于取放无菌样品或者需做微生物检查的样品的取样工具和装样器具，须经灭菌处理。③各类中药制剂取样量至少够 3 次检测的用量，贵重药可酌情取样。取得的样品应妥善保管，同时注明品名、批号、数量、取样日期及取样人等。供试品检查完毕后，应保留一半数量作为留样观察，保存时间为半年或一年，并对该中药制剂质量情况定期检查。凡有异常情况应单独检验。

6. 常用的取样方法有哪些？具体如何操作？

常用的取样方法有 3 种[9]。①抽取样品法：当样品经包装为箱或袋时，且数量较大，可随机从大批量样品中取出部分箱或袋，再从留取的箱或袋中用专用的取样工具从各个部位随机取出一定样品，以备检验。②圆锥四分法：适用于样品量不大的粉末状、小块状以及小颗粒状的样品取样。其操作方法为：用适当的器皿将样品堆积成正圆锥形状后，再将圆锥的上部压平，然后从圆锥上部被压平的平面上十字状垂直向下切开，将其分成均等的四份，取出对角的两等份，并将其混合均匀，如此重复操作，直至最后所得的样品量符合检验的需要。③分层取样法：液体样品各组分的分散均匀性比固体样品好，一般容易得到均匀的样品，检验误差也比固体小。但浑浊液和浓度大的糖浆剂等均匀性较差，对这类样品取样时，可用吸管从容器中分层取样，然后将取出的样品混匀。当样品有沉淀时，要摇匀后再取样。

7. 不同剂型的取样量和对应的取样方法是什么？

不同剂型的取样量也是不同的，各类中药制剂取样量至少够 3 次检测的用量，贵重药可酌情取样。一般要求如下[12]。

（1）粉末中药制剂（散或颗粒剂）：一般取样 100g，可在包装的上、中、下层及间隔相等的部位取样若干。将取出的供试样品混匀，然后按“四分法”从中取出所需的供试量。

（2）液体制剂（口服液、合剂、酊剂、酒剂、糖浆剂等）：一般取样量为200ml，取样时要彻底摇匀，均匀取样。

（3）固体制剂（丸剂、片剂、胶囊剂）：一般片剂取样量200片，未成片前已制成颗粒可取100g；丸剂一般取10丸，随机取样；水蜜丸、水丸等，取样量为检验量的10～20倍，样品要粉碎、混匀，再按"四分法"从中取出所需供试的量；胶囊剂按《中国药典》规定取样不得少于20个胶囊壳，倾出其中药物并仔细将附着在胶囊上的药物刮下，合并，混匀，称定空胶囊的重量，由原来的总重量减去，即为胶囊内药物的重量，一般取样量为100g。

（4）注射液：取样两次，第一次在配液滤过后、灌注前，取样200ml；第二次在消毒灭菌后，取样200支。

（5）其他剂型中药制剂：可根据具体情况随意抽取一定数量作为随机抽样。

8. 中药成品检测时常用供试品溶液的制备方法有哪些？

由于中药成品化学成分复杂，被检成分含量往往很低，因此需要采用适宜的方法将待检测成分从样品中提取出来，然后对其进一步分离富集，以供检测使用。供试品溶液制备原则：根据被测成分的性质、存在剂型的特点及干扰成分的特性、分析仪器的灵敏度等，最大限度地保留被测成分，除去干扰物质，将被测成分浓缩至分析方法最小检测限／定量限所需浓度。常用的提取方法有溶剂提取法、水蒸气蒸馏法、升华法及微波辅助萃取法等[12]。

（1）溶剂提取法：是选用适当的溶剂将中药制剂中的被测成分溶出的方法。溶剂的选择应遵循"相似相溶"原则。通常选择那些对被检测成分溶解度大，对非检测成分或杂质溶解度小的溶剂作为提取溶剂。溶剂提取法又可分为浸渍法、回流提取法、连续回流提取法和超声提取法。①浸渍法：将样品粉碎后精密称取一定量，置具塞容器内加入溶剂，浸泡一定时间。浸泡期间应注意振摇，浸泡后再称重，补足溶剂且充分摇匀，滤过或离心或长时间放置。按提取温度不同有冷浸（2～10℃），放置（室温）或指定温度（25℃±2℃）、温浸（40～50℃）、热水（70～80℃）浸泡提取，而且还经常与加热回流或超声联合使用。浸泡后的溶液可采取部分测定法和全部测定法进行测定。冷浸法适用于遇热不稳定成分的提取，且提取的杂质少，样品纯净。②回流提取法：本法是以有机溶剂作溶媒，用回流装置加热回流提取，提取至一定时间后滤出提取液，经处理后制成供试品溶液。该法为热提取，提取效率高于冷浸法，且可缩短提取时间，但提取杂质较多。本法主要用于固体制剂的提取，对热不稳定或具有挥发性的组分不宜用回流提取法提取。③连续回流提取法：将样品置于索氏提取器中进行连续回流提取。该法操作简便，节省溶剂，提取效率高，遇热易破坏的成分不宜用此法。④超声提取法：超声波提取法是将样品置适当的容器中，加入提取溶剂，置于加入适量水的超声振荡器中提取。值得注意的是，超声波会使大分子化合物发生降解和解聚作用，或者形成更复杂的化合物，也会促进一些氧化和还原过程，所以在提取时应对超声频率、超声功率、提取时间、提取溶剂等进行考察。本法特点是提取效率高，操作简便。⑤超临界流体萃取法（SFE）：该法是以超临界流体（常用CO_2）作为溶剂的样品提取新技术，能快速、有效地提取固体或者半固体中的被测成分。超临界流体具备的特点包括：速度快、萃取效率高、方法准确、选择性强、节省溶剂、易于自动化，而且可以避免使用易燃、易爆、有毒的有机溶剂，并且能够与色谱和光谱等分析仪器联用。该方法不仅适用于热不稳定成分或挥发性成分的萃取，而且越来越多地用于热稳定成分的萃取。

（2）水蒸气蒸馏法：适用于能随水蒸气蒸馏而不被破坏的成分。此类成分具有挥发性，在 100℃时有一定蒸气压，当水沸腾时可随水蒸气蒸出。挥发油、一些小分子的生物碱如麻黄碱、槟榔碱，某些酚类物质如丹皮酚等可用本法提取。

（3）升华法：利用某些成分具有升华性质的特点，使其与其他成分分离，再进行测定，如游离羟基蒽醌类化合物、斑蝥素等成分可用升华法提取。

（4）微波辅助萃取法：该法是将样品置于不吸收微波的容器中，用微波加热进行萃取的一种方法。该法和传统的索氏提取等萃取方法相比，具有以下特点：萃取时间短，效率高；溶剂用量少，污染小；可实现多个样品的同时萃取。

9. 供试品溶液的精制方法有哪些？如何选择？

中药成品经提取后，得到的常是含有较多杂质和色素的混合物，而且所得的提取液一般体积较大，被测成分含量较低，尚存较多杂质，需要经过净化分离后才能分析测定。通常要依据被测成分和杂质在理化性质上的差异，结合测定方法的要求，从提取液中除去对测定有干扰的杂质，而又不损失被测成分。常用的净化分离方法有以下 4 种[12]。

（1）液 - 液萃取法：该法是利用试样中被测成分与干扰成分在有机溶剂（取剂）中的溶解度不同，通过多次萃取达到分离精制的目的。实际工作中主要根据被检测成分的溶解性及其酸碱性，遵循“相似相溶”规律，选择适宜的溶剂系统对其进行萃取分离。

（2）液 - 固萃取法：该法也称固相萃取法或柱色谱法。其具有设备简单、使用方便、快速、净化效率较高，并且消除了液 - 液萃取法易产生乳化现象的主要缺陷等特点。该法通常是把样品与溶液或吸附剂混匀后，加到装有合适固定相的干柱或湿柱上，将被测成分保留于柱上，洗去杂质后再洗脱被测成分，或者是使杂质强烈保留于柱上，直接洗脱被测成分。现行 2020 年版《中国药典》（通则 0511 柱色谱法）对有关操作有明确规定，例如柱色谱的内径，吸附剂的种类、型号和粒度，装柱方法，柱床高度，洗脱剂的种类和用量，洗脱液的收集量等。目前常用的柱填料有硅胶、氧化铝、大孔吸附树脂和聚酰胺。

（3）沉淀法：该法是基于被测成分或杂质与某些试剂产生沉淀，分离沉淀或保留溶液，以精制被测成分的方法。

（4）盐析法：该法是在样品的水提液中加入无机盐至一定浓度或达到饱和状态，使水溶液中的某些成分溶解度降低析出而进行分离。

10. 中药成品的鉴别方法有哪些？使用时有何注意事项？

中药成品的鉴别主要是利用处方中各药味的组织学特征，所含成分的化学、光谱和色谱学特征，对其真伪进行鉴定。主要分为性状鉴别、显微鉴别、理化鉴别、色谱鉴别等。

鉴别中药成品应遵循以下原则：①应选取君药、臣药、贵重药（如天然牛黄、天然麝香、冬虫夏草、人参、西红花、血竭等）、毒性药；②原粉入药需要做显微鉴别；③选取尽可能多的药材进行鉴别。

中药成品的性状鉴别包括对外观、色泽、形状、气味、表面特征、质地等方面的观测，以及溶解度、物理常数的测定。性状鉴别时，以药品标准所描述的性状及 2020 年版《中国药典》四部制剂通则项下对制剂外观的要求相一致。色泽的描述可规定一定的范围，胶囊剂等应就其内容物的性状进行描述。外用药、剧毒药不描述味觉。

中药成品的显微鉴别是利用显微镜直接观察成品中原料药粉末的组织、细胞或内含物，从而达到鉴别成品处方组成真伪的一种鉴别方法。一般凡以原料药粉碎成细粉后直接制成制剂或添加部分原料药粉末的制剂，由于制成后原药材的显微特征仍保留在制剂中，因此均可用该方法鉴别。

中药成品的理化鉴别是利用制剂所含化学成分的理化性质，通过化学反应法、光谱法和色谱法等分析方法与技术检测有关成分是否存在，从而判断成品的真伪。2020年版《中国药典》收载的理化鉴别方法有一般理化鉴别、荧光鉴别法、光谱法（UV-VIS，IR）和色谱法（TLC，HPLC，GC）等。理化鉴别应选择专属性强、反应明显的显色反应、沉淀反应等鉴别方法，必要时写明化学反应式。一般用于制剂中矿物药的鉴别；尽量避免用于中药复方制剂中共性成分的鉴别，若要采用，应进行专属性研究的有关说明。

色谱鉴别一般为首选方法，包括薄层色谱、气相色谱、液相色谱等。其中薄层色谱（TLC）是最常用的鉴别方法。色谱鉴别研究必须设置空白样品，以避免假阳性，同时一般应以对照药材或对照品作对照。

总之，鉴别是中药成品质量检验工作的首项任务，只有在鉴别项合格的情况下，再进行检查与含量测定才有意义。

11. 什么是检查项？中药成品检查包括哪些内容？杂质检查的方法有哪些？

检查项系指对药品基本品质和纯度的检测，包括以下4个方面。

（1）制剂通则检查：所谓制剂通则检查，是根据不同剂型不同的存在形式，不同给药途径、不同使用方法、不同释药方式等特点，为保证药物的安全、有效及稳定，按照2020年版《中国药典》的规定和要求，对中药成品进行的理化检查或微生物检查。包括的内容有：崩解时限检查，相对密度测定，重（装）量差异检查，外观均匀度和粒度的检查，溶化性和不溶物检查，pH的测定及乙醇量的测定。通常检查项目与剂型有关，例如：丸剂、片剂的重量差异检查；注射剂的可见异物检查；糖浆剂的相对密度和pH的测定等。

（2）一般杂质检查：系指自然界中分布比较广泛，普遍存在于药材之中，易在中药制剂的生产过程中引入的杂质。中药成品的一般杂质检查项目包括：水分、重金属、砷盐、铁盐、氯化物、硫酸盐、农药残留量等的限量检查，其中重金属、砷盐、农药残留量等又称污染型杂质。一般杂质的检查方法收载于2020年版《中国药典》四部中。

（3）特殊杂质检查：系指仅在某些制剂制备和贮存过程中产生的杂质。采用《中国药典》有关制剂项下规定的方法进行检查。特殊杂质的检查方法根据检查对象不同，有物理方法、化学方法、药理学方法及微生物学方法等。例如：乌头碱的检查、土大黄苷的检查、士的宁的检查、安宫牛黄丸中猪去氧胆酸的检查、牛黄中游离胆红素的检查、清开灵注射液中山银花的检查等。

（4）卫生学检查：包括微生物限度、无菌、热原及细菌内毒素检查4种类型。其中微生物限度检查用于检查非灭菌制剂及其原、辅料受到微生物污染的程度，包括菌量及控制菌的检查。

常用的杂质检查方法主要有3种。①限量检查法：此法是取限度量的待检杂质对照品配成对照溶液，与一定量供试品溶液在相同条件下处理，比较反应结果，从而判断供试品中所含的杂质是否超出限量。此法操作简便，无须测定杂质的准确含量。例如重金属、砷盐检查所用的目视比色法，特殊杂质的薄层色谱检查法。②含量测定法：此法可测定杂质的准确含量，如重量分析法检查灰分；气相色谱法测定农药残留量、甲醇量；蒸馏法测定二氧化硫残留量；原子吸收分光光度法测定重金属及有害元素。③灵敏度法：此法是以检测条件下反应的灵敏度来控制杂质限量。即在供试品中加入检测试剂，在一定反应条件下，不得出现正反应。

12. 如何对中药成品中残留溶剂进行检查？溶剂残留检查时需要注意哪些事项？

中药成品中的残留溶剂系指在中药的提取分离过程中，以及在辅料的生产、制剂制备过程中使用或产生的，但在工艺过程中未能完全去除的有机溶剂。这些残留溶剂不仅可以增加药品的不良反应发生的概率，而且一定程度上还能够影响药品的稳定性，甚至危害使用者的身体健康。因此，各类药物都需要进行有机溶剂残留量的研究和控制，中药、中成药也不例外。残留溶剂的控制已经成为药品质量控制的重要组成部分[13]。

若想做好中药成品中溶剂残留的检查，首先要对中药有机溶剂残留的引入途径进行分析。从理论上讲，在中药提取分离、辅料生产、制剂制备过程中所使用的有机溶剂均有残留的可能。其次，药品研究者可以通过对药品制备工艺、有机溶剂的性质等进行分析，提出科学合理的依据，有选择性地对某些溶剂进行残留量研究。因此，药品研究者在进行有机溶剂残留量的研究之前，需要对药品中可能存在的残留溶剂进行分析，以确定何种溶剂需要进行残留量的检测和控制。在确定了需要进行研究的溶剂后，需要通过方法学研究建立合理、可行的检测方法。具体问题参见相关指导原则。

溶剂残留检查时需要注意以下问题。

（1）进行残留量研究及确定残留量限度需要结合品种具体情况进行考虑。

1）剂型、给药途径：不同制剂发挥疗效的机制不同，对其有机溶剂残留量的要求也可能有所不同。例如注射剂与某些局部使用局部发挥药效的皮肤用制剂相比，有机溶剂残留量的要求可能相对比较严格。

2）适应证：出于治疗一些特殊疾病的考虑，有时候较高水平的溶剂残留量也可能被允许，如肿瘤或艾滋病用药等，但需要有相关的利弊分析报告。

3）剂量、用药周期：低剂量、短期用药的制剂，允许存在的残留溶剂水平可以相对高一些。

（2）有机溶剂残留量表示方法

1）允许日接触量：允许日接触量（permitted daily exposure，PDE）是指某一有机溶剂被允许摄入而不产生毒性的日平均最大剂量，单位为mg/天。某一具体有机溶剂的PDE值是由不产生反应量、体重调整系数、种类之间差异的系数、个体差异、短期接触急性毒性研究的可变系数等推算出的。部分有机溶剂的PDE值可参考ICH（International Council for Harmonization）有机溶剂残留量研究指导原则中的数据。

2）浓度限度：在PDE表示方法的基础上，为了便于计算，引入了浓度限度（%）表示方法，其计算公式为浓度限度（%）={PDE（mg/天）/[1 000×剂量（g/天）]}×100%，其中剂量初步定为10g/天。以上两种表示方法在有机溶剂残留研究中均可行，其中以PDE值来计算更精确。而对于某一具体制剂来说，以浓度限度来表示更为简便；未超过浓度限度时，只要日摄入总量不超过10g，就无须进一步计算。但中药日服用量往往超过10g，在制定限度时应考虑其服用量。

（3）无限度规定的有机溶剂：对于目前尚无充分的毒理学研究资料而未规定其

PDE 值和浓度限制的有机溶剂，若在药物制备过程中使用到了这类溶剂，建议药品研发者尽量检索有关溶剂的毒性等研究资料，关注其对临床用药安全性和药品质量控制的影响。

（4）多种有机溶剂综合影响：在最终制剂中，可能会有多种有机溶剂残留，目前对有机溶剂残留量的控制基本是控制每种溶剂的残留量不超过各自规定的浓度限度，也就是说暂时没有考虑多种有机溶剂的综合影响。但当使用的溶剂很多，或残留量较大，或每日摄取量高于 10g 时，建议关注多种有机溶剂的综合影响。如采用大孔吸附树脂纯化中药的制剂中，苯乙烯骨架型大孔吸附树脂残留物可能有苯、甲苯、二甲苯、苯乙烯、烷烃类、二乙基苯类（二乙烯基）等多种有机溶剂共存，也还有可能在提取、分离及制剂制备中有其他的有机溶剂残留、所用辅料的有机溶剂残留等，而且中药制剂的日服用量有可能超过 10g，直接参照 ICH 中的相关限度标准不一定合适。

在中药制剂工艺中应尽量避免一、二类溶剂的使用，维护中药“绿色、环保、健康”的形象。但由于中药制剂工艺的发展，中药制剂中残留溶剂问题难以避免。对于中药制剂中残留溶剂问题应逐步予以重视，并相应开展研究工作，制定相应的检查项目，以保证中药制剂的质量。

13. 什么是中药成品含量测定？含量测定的指标一般如何选择？常用的含量测定方法有哪些？

中药成品的含量测定技术是指用适当的方法对制剂中某种或某几种有效成分或特征性成分进行定量分析的技术。通过测定结果判定是否符合药品标准的规定，以对中药成品进行质量评价[12]。中药成品含量测定的指标选择时，应遵循以下原则。

（1）复方制剂应首选君药及贵重药建立含量测定方法。

（2）含有毒性药材的必须建立含量测定项目，应进行重点研究。

（3）有效成分或指标成分清楚的，应首选测定其含量。

（4）测定成分应尽量与中医理论、用药的功能主治相近。

（5）测定成分应考虑与生产工艺的关系。

（6）测定应归属于某单一药材，若复方中多种药材都含有则不应选为定量指标。

（7）确实无法知道成分的，可测定药物的总固体量，也可测定浸出物的含量。

用于含量测定的方法主要有化学分析法（包括容量分析法和重量分析法）、紫外 - 可见分光光度法、薄层扫描法、高效液相色谱法、气相色谱法、原子吸收分光光度法等。值得一提的是，《中国药典》从 2000 年版开始，逐步已将原专属性不强的测定方法（紫外、重量、体积法）修改为 HPLC、GC 等专属性强的方法。

14. 如何利用特征图谱、中药指纹图谱技术来对中药成品质量进行控制？

按照《国家药品标准物质技术规范》[14]中规定，中药指纹图谱系指中药经适当处理后，采用一定的分析方法得到的能够体现中药整体特性的图谱。其目的在于反映中药多成分特点，整体控制中药质量，确保其内在质量的均一、稳定。根据质量控制目的，可分为指纹图谱和特征图谱。指纹图谱是基于图谱的整体信息，用于中药质量的整体评价。特征图谱是选取图谱中某些重要的特征信息，作为控制中药质量的鉴别手段[15]。

中药指纹图谱 / 特征图谱测定方法较多，主要有色谱法、光谱法和生物学方法。其中色谱法又包括薄层色谱法、液相色谱法、气相色谱法及高效毛细管电泳法等；光谱法包括紫外 - 可见光谱法、红外光谱法、核磁共振波谱法、质谱法及 X 射线衍射法等。在这些方法中，以色谱法的应用更为广泛，尤其是薄层色谱、液相色谱及气相色谱技术，是目前研究中药指纹图谱优先考虑的方法。

中药指纹图谱 / 特征图谱的研究程序包括设计方案、样品收集、方法建立、数据分析、样品评价、方法验证和建立标准指纹图谱和其技术参数等。供试品收集是研究指纹图谱最初也是最关键的步骤，因此收集时要保证样品具有代表性。一般要求不少于 10 批样品的收集量，每批供试品中取样量应不少于 3 次检验量，同时要有翔实的记录。一般选取样品中容易获取的一个以上主要活性成分或指标成分的对照品作为参照物。如果没有对照品，也可以选择适宜的内标物作为参照物；如果无参照物，也可选择指纹图谱中稳定的色谱峰作为参照峰，说明其色谱行为和有关数据。

指纹图谱评价的技术参数包括①共有峰：也称共有指纹峰。指多个样品所具有的相同保留值的色谱峰；通常根据 10 次以上供试品的检测结果，标定共有峰。色谱峰采用相对保留时间标定指纹峰，光谱法采用波长或者波数等相关值标定指纹峰。②共有指纹峰峰面积的比值：以对照品作为参照物的指纹图谱，以参照物峰面积作为 1，计算各个共有指纹峰面积与参照物峰面积的比值；以内标物作为参照物的指纹图谱，则以共有指纹峰中其中一个峰（要求峰面积相对较大，较稳定的共有峰）的峰面积为 1，计算其他各共有峰面积的比值。各共有指纹峰的面积比值必须相对固定，并允许有一定的幅度范围。③非共有峰：供试品图谱与指纹图谱比较，相对保留时间不同的（共有指纹峰以外的峰）即为非共有峰。对中药材而言，非共有峰峰面积不得大于总峰面积的 10%；对中药注射剂或有效部位而言，非共有峰峰面积不得大于总峰面积的 5%。④ N 强峰：按照峰面积的大小，选择列前的 n 个色谱峰为强峰，其总峰面积占整个总峰面积的 70% 以上。n 值的大小取决于出峰数的多少，一般占总峰数的 1/5～1/3，同时还要考虑 n 个强峰总峰面积的大小。⑤特征指纹峰：指一系列特征指纹峰所组成的固定峰群，指全部样品所共有的（或者 90%）峰，是从多组分角度来反映中药内在的特征。

指纹图谱与特征图谱的评价模式主要有 3 种。①随行对照评价：是指采用对照提取物或对照药材或对照品作为随行对照，将待测样品的图谱与随行对照图谱进行比较，应具有保留时间一致的特征峰。该法因不受色谱柱、仪器设备等因素影响，不同实验室均有较好的重现性，避免了采用相对保留时间判断复杂样品的不确定性，从而提供了特征图谱的专属性、重现性、准确性和实用性。②特征峰分析评价：是指从指纹图谱中选择若干具有鉴别属性的特征峰，确定其特征参数，包括相对保留时间和相对峰面积。因不同实验室、不同仪器、不同色谱柱对相对保留时间有一定的影响，所以在标准中规定了相对保留时间允许偏差范围，一般在规定值的 ±10% 范围内。③相似度评价：是利用相似度软件对样品指纹图谱和对照指纹图谱进行整体比较获得的相似度。指纹图谱相似性的计算是通过量化比较各张指纹图谱上相互对应峰的差异，计算出各指纹图谱间的相似性。一般情况下，当成品的相似度在 0.9～1.0（90%～100%）视为符合规定。

目前国家药典委员会颁布的指纹图谱相似度评价软件主要有两个版本。①《中药色谱指纹图谱相似度评价系统》2004 版（V1.0）：2004 版又分为 A 版本和 B 版本。A 版本是研究版，B 版本是检验版本。两个版本的最大差别在于 B 版本不具有生成对照图谱的功能，可以说 A 版本的功能较多涵盖了 B 版本的所有功能。②《中药色谱指纹图谱相似度评价系统》2012 版(V2.0),此版本是 V1.0 版本的升级,将之前的 A、B 两个版本的功能融合在一起,根据需求来切换不同的工作状态(生成对照、分析检验),使用起来更为方便。

参考文献

[1] 于娜,邵蓉. 我国药品标准管理研究现状分析[J]. 西北药学杂志,2010,25(2):139-140.

[2] 谢金平,邵蓉. 按新修订《药品管理法》探讨我国药品注册标准的法律定位[J]. 中国医药工业杂志,2020,51(1):136-140.

[3] 徐立民,张来俊,梁建贞,等. 基于六西格玛管理的药品生产内控标准制定方法研究[J]. 首都医药,2012(8):22-24.

[4] 杨增明. 中药生产企业内控质量标准的制订[J]. 中国药事,2012,24(2):149-152.

[5] 国家食品药品监督管理局. 中药、天然药物稳定性研究技术指导原则[EB/OL]. [2022-12-30]. https://www.nmpa.gov.cn /xxgk /fgwj /gzwj/gzwjyp/20061230010101209.html.

[6] 国家药典委员会. 中华人民共和国药典:2020 年版[S]. 四部. 北京:中国医药科技出版社,2020.

[7] 胡士高,窦颖辉,罗京京,等. 药品留样、稳定性试验与持续稳定性考察的关系与区别[J]. 机电信息,2016(20):9-11,25.

[8] 刘莹,封亮,贾晓斌. 中药制剂质量的影响因素探析[J]. 中国中药杂志,2017,42(9):1808- 1813.

[9] 蔡宝昌. 中药制剂分析[M].2 版. 北京:高等教育出版社,2012.

[10] 国家药品监督管理局. 药品质量抽查检验管理办法[EB/OL]. [2023-05-05]. https://www.nmpa.gov.cn/xxgk/fgwj/ gzwj/gzwjyp /20190819083201949.html.

[11] 国家药品监督管理局. 药品抽样原则及程序(征求意见稿)[EB/OL]. [2023-05-05]. https://www.nmpa.gov.cn/directory/web/nmpa/xgk/fgwj/gzwj/gzwjyp/20191230143101899.html.

[12] 张钦德. 中药制剂分析技术[M]. 北京:中国中医药出版社,2018.

[13] 刘颖,王志军,董欣,等.《中国药典》2015 年版残留溶剂测定法的应用[J]. 中国药学杂志,2017,52(17):1558-1562.

[14] 国家药典委员会. 国家药品标准工作手册[S]. 4 版. 北京:中国医药科技出版社,2013.

[15] 姚令文,刘燕,郑笑为,等. 指纹图谱、特征图谱技术在中药材和中成药中的应用[J]. 中国新药杂志,2018,27(8):934-939.

(冯瑞红 姚仲青 张彤)

第十七章　制药工艺技术研究中数理统计方法的应用

中药制药工艺研究中，需要通过实验来寻找制药过程的变化规律，并通过规律指导制剂处方和工艺优化。特别是中药新药工艺开发过程中，未知的东西很多，需要大量实验摸索工艺条件。科学的实验设计，能采用较少的实验次数，在有限的时间和资源约束下，最大化有关研究对象的信息，并帮助达到预期的目标。随着实验的运行，将得到大量有关工艺的实验数据，合理地运用数理统计的方法和工具，有助于获得对研究对象变化规律的认识。

最优实验方案的获得，需兼顾实验设计方法和数据分析两方面，两者相辅相成、缺一不可。实验设计和工艺建模方法是达成药品质量源于设计（quality by design，QbD）的重要工具。本章在实验设计方面重点介绍了中药制药工艺研究中常用的实验设计方法，如正交设计、星点设计、混料设计、响应面法等。在数据分析方面，重点以方差分析和回归分析为主，引入偏最小二乘、多指标综合评分和多目标优化等，体现中药制剂工艺多变量、多目标的特点。此外，本章对实验设计和统计分析常用软件也进行了介绍。

1. 选择实验设计方法时，应考虑哪些因素？

制药工艺实验设计的任务是根据研究项目的需要，应用数理统计作出周密安排，力求用较少的人力、物力和时间，最大限度地获得丰富而可靠的资料和制药过程信息，通过分析数据得出正确的结论，明确回答研究项目所提出的问题。通过合理选择实验设计方法，可有效避免系统误差，控制、降低实验随机误差，从而对样本所在总体作出可靠、正确的推断。如果设计不合理，不仅达不到实验的目的，甚至可能导致整个实验失败。在选择实验设计方法时，应考虑以下因素。

（1）明确实验目的：明确实验设计要解决什么问题，或探索验证什么结论。只有明确实验目的，才能进一步选择运用哪一原理进行实验设计，才能明白实验设计中哪一因素是实验变量。

（2）找准实验要素——变量：变量亦称因子，指实验操纵控制的特定因素或条件。按性质不同，通常有以下几类：

1）实验变量与响应变量：实验变量，亦称自变量，指实验中由实验者所操纵、给定的因素或条件。响应变量，亦称因变量，指实验中由于实验变量而引起的变化和结果。通常，实验变量是原因，响应变量是结果，二者具有因果关系。

2）无关变量与额外变量：无关变量也称控制变量，指实验中除实验变量以外的影响实验结果的因素或条件。额外变量，亦称干扰变量，指实验中无关变量所引起的变化和结果，额外变量会对响应变量起干扰作用。

3）连续变量、离散变量和分类变量：连续变量是在任意两个值之间具有无限个值的数值变量，如加水量、提取时间等。离散变量也称非连续变量，是指只能用自然数或整数单位计算的变量，如提取次数。分类变量的值是定性的，表现为互不相容的类别或属性，如药材产地A、B、C，操作人员甲、乙、丙等。

（3）实验约束条件

1）实验次数：一般而言，若实验涉及离散变量和分类变量会使响应面类型的实验设计次数成倍增加，故适合选择正交设计。若实验因素均为连续变量，以3因素为例，选择$L_9(3^4)$正交设计需要9次实验，选择2^3两水平析因设计需要8次实验，选择星点设计需要至少17次实验，选择Box-Behnken设计需要15次实验。应综合考虑实验资源和时间，以及实验难易和复杂程度，选择可接受次数的实验设计方案。

2）实验变量数：当考察的实验因素较多时，若直接采用正交设计或响应面设计，会导致实验次数增多。假设某制药过程含7个连续型工艺参数，若选择星点设计需要至少175次实验，选择Box-Behnken设计需要62次实验，这在中药制药工艺研究中通常是难以应用的。可行的方案是选择筛选型实验设计，如采用Plackett-Burman设计仅需要12次实验，帮助从7个参数中筛选得到2～4个关键工艺参数，为进一步实验提供基础。

（4）数据统计和建模方法：目前，中药制药工艺实验设计数据的分析通常采用回归分析或方差分析。若实验目的是获得响应变量的连续估计，即通过响应曲面分析自变量对因变量的影响，则应选择基于回归分析的实验设计方案，如星点设计、Box-Behnken设计、D-优化设计、均匀设计等，基于回归方程还可开发工艺设计空间。若采用正交设计则只能采用方差分析，并获得有限水平的组合对应的工艺条件方案。因此在实验设计初期就应考虑采用何种数据统计和建模方法，以达成实验目的。

2. 选择和确定考察因素、水平和测评指标时，应遵循哪些基本原则?

考察因素及其水平和测评指标（以下简称指标）的选取是实验设计成功与否的关键。在设计中，一般应遵循以下一些原则。

（1）选好因素：尽可能选择那些可能对指标发生显著影响的因素作为考察因素，一定不要将关键性因素漏掉；同时实验中将非考察因素固定在相同水平或条件下以便获得可比较性；有时也把了解不多但需要了解的因素作为考察因素。

根据实验目的和实验条件，必要时可将多个因素合并为一个因素，或将一个因素分解为多个因素来进行考察。

（2）定好水平：考察因素确定后，应根据考察因素的拟考察范围确定适宜的水平数和水平值。

水平与水平间的距离不宜过大亦不宜过小，要根据可操作性和可能的影响大小而定。初次实验可定2～3个水平数；深入细致考察时，则可取4～5个甚至更多的水平数。水平数和水平间距亦与选择实验设计类型有关。

水平可根据需要设计为有确定数值的固定水平或依赖其他因素水平而定的相对水平。例如在因素的综合和分解中，可考虑使用适宜的相对水平，消除或减弱因素间交互作用的影响，并使某些实验便于安排。

（3）选好测评指标：应根据实验目的、专业知识、以往经验及预实验结果，选择尽可能正确的、可精确测量的、实验误差小的、不带或少带主观意向的客观指标来评价实验结果的优劣，不得已而必须选取主观指标时，要制订细致、明确的评定细则，避免主观随意性，减少评定误差。误差太大，容易掩盖实验的真实性，轻则造成重复实验，重则带来错误结论。

选择的测评指标应客观反映工艺过程的变化，能够反映药物质量的整体性、一致性和药效物质的转移规律，保证工艺过程可控。如中药制剂提取工艺优选中，测评指标应同时兼顾提取物收率、指标成分转移率和提取物纯度；选择的特征成分指标应能充分准确地反映药效情况；再如用全概率评分法进行多指标正交设计时，应注意多个指标间相互独立的先决条件。

3. 考察因素较多时，常用的筛选实验设计方法有哪些？

复杂多因素的中药制剂工艺满足 Pareto 原则（也称 80/20 原则），即存在少数关键工艺参数对过程的影响起决定作用。筛选实验设计（screening design）是通过少量实验，从众多影响因素中辨识出具有显著性影响因素的实验方案。筛选实验设计主要用于识别主因素或主效应，而一般忽略因素交互作用。主要包括以下几种。

（1）部分析因设计：部分析因设计（fractional factorial design，FFD）是指对因素的主效应和部分因素之间的交互效应进行分析与考察，进而筛选确定哪些变量需要进一步研究。部分析因设计允许多个因素包含在实验设计中，而无须运行所有可能的组合，因而可用较少次数的实验检测大量的潜在因素。部分析因设计将因素与交互作用混合，因此某些被混淆的因素的作用无法明确地看到。

（2）正交设计：正交设计（orthogonal design，OD）是处理多因素优化问题的有效方法之一。其特点为：①有固定的表格，便于多因素实验的设计与数据分析；②由于有正交性，易于分析出每个因素的主效应；③数据点分布均匀且整齐可比，因此可应用方差分析对实验数据进行分析。通过对实验结果的分析，能清楚各因素对实验指标的影响程度，确定因素的主次顺序。正交设计会牺牲部分交互作用，一般要有充分理由认为哪些因素之间有交互作用，把必须考虑的交互作用纳入正交表。

（3）Plackett-Burman 设计：Plackett-Burman（PB）设计是一种 2 水平的设计，主要针对因素数较多，且未确定众多因素对于响应变量的显著影响而采用的实验设计方法。Plackett-Burman 设计通过对每个因素取两水平进行分析，比较各因素两水平的差异与整体的差异来确定因素的显著性，从中筛选出对结果影响显著的少数重要因素。Plackett-Burman 设计不能区分主效应与交互作用的影响，但对显著影响的因素可以确定出来，从而达到筛选的目的。

1）设计原则：在 Plackett-Burman 设计中，对于 N 次实验至多可研究（N-1）个因素，但实际因素应该要少于（N-1）个，至少要有 1 个虚构变量用于估计误差。Plackett-Burman 实验设计矩阵可以由软件产生，也可以手工构造，每个设计矩阵有 N 行，（N-1）列，设计矩阵可以每次都不同，但需要遵循 3 个原则：①每行高水平的数目为 N/2 个；②每行低水平的数目为（N/2）-1 个；③每列包含的高、低水平数相等，均为 N/2 个。满足上述原则的前提下，第一行任意排列，最后一行全部为低水平，其余的行将上一行的最后一列作为本行第一列，上一行第一列为本行第二列，上一行第二列为本行第三列，以此类推。在 N 次实验中，每个因子高、低水平分别出现 N/2 次。所有空项的效应用于估计实验误差。

每个因素取两个水平：低水平为原始条件，高水平取低水平的 1.25～1.5 倍，一般不超过 2 倍。但对某些因素高低水平的差值不能过大，以防掩盖了其他因素的重要性，应依实验条件而定。对实验结果进行分析，得出各因素的 t 值和可信度水平（采用回归法）。一般选择可信度＞90%（或 85%）的因素作为重要因素。

2）示例：采用 Plackett-Burman 设计确定银杏叶片高速剪切湿法制粒关键工艺参数[1]。

通过风险评估获得高速剪切湿法制粒过程的潜在关键工艺参数（potential critical process parameter，pCPP）包括干混时间、干混搅拌桨转速、喷雾压力、黏合剂用量、湿混时间、湿混搅拌桨转速和切割刀转速。采用 Plackett-Burmann 设计从 pCPP 筛选出对颗粒性质影响最为显著的过程参数作为关键工艺参数。采用 SAS-JMP（version 7.0）软件将 7 个 pCPP 纳入 Plackett-Burman 实验设计中，因素水平见表 1-17-1。

表 1-17-1　Plackett-Burmann 实验设计因素水平表

变量	参数	单位	水平	
			低水平（−1）	高水平（+1）
x_1	干混时间	min	3	5
x_2	干混搅拌桨转速	r/min	300	500
x_3	喷雾压力	MPa	0.1	0.4
x_4	黏合剂用量	ml	37	45
x_5	湿混时间	min	3	7
x_6	湿混搅拌桨转速	r/min	300	1 100
x_7	湿混切割刀转速	r/min	500	2 000

选取颗粒的粒径（中值粒径 D_{50}）和密度（松装密度 Da）作为关键质量属性（CQA），并进行测定。Plackett-Burman 实验结果见表 1-17-2，中值粒径 D_{50} 和松装密度 Da 的回归模型分别为：

$$D_{50}=891.0-99.05x_1-9.705x_2-87.89x_3+116.2x_4+106.2x_5+370.7x_6+9.820x_7$$

$$Da=0.48+0.002\ 5x_1+0.006\ 1x_2+0.008\ 1x_3+0.008\ 6x_4+0.073x_5+0.12x_6+0.030x_7$$

上述两方程的决定系数分别为 0.971 6 和 0.973 5，表明响应值 D_{50} 和松装密度的实际值与预测值之间拟合度良好。由模型的方差分析绘制 Pareto 图（图 1-17-1）并分析各因素对响应值的影响，确定关键工艺参数（$P<0.05$ 的因素）。由 ANOVA 分析刻画的 Pareto 图可知 D_{50} 主要受黏合剂用量、湿混时间和湿混搅拌桨转速影响；松装密度主要受黏合剂用量和湿混搅拌桨转速的影响。综合考虑选取黏合剂用量、湿混时间和湿混搅拌桨转速为关键工艺参数。

表 1-17-2　Plackett-Burman 筛选实验设计结果

序号	模式	x_1	x_2	x_3	x_4	x_5	x_6	x_7	D_{50}/μm	Da/（g·cm^{-3}）
1	−+−−+−+	−1	+1	−1	−1	+1	−1	+1	1 200.9	0.513 9
2	−+++−−−	−1	+1	+1	+1	−1	−1	−1	403.9	0.363 0
3	+−−−+−−	+1	−1	−1	−1	+1	−1	−1	1 245.9	0.446 8
4	+−+++−−	+1	−1	+1	+1	+1	−1	−1	1 198.2	0.675 3

续表

序号	模式	x_1	x_2	x_3	x_4	x_5	x_6	x_7	D_{50}/μm	Da/(g·cm^{-3})
5	−−+−+++	−1	−1	+1	−1	+1	+1	+1	1 398.2	0.531 7
6	−+−+++−	−1	+1	−1	+1	+1	+1	−1	1 315.9	0.691 6
7	−−+−−+−	−1	−1	+1	−1	−1	+1	−1	230.9	0.341 9
8	+++−−−+	+1	+1	+1	−1	−1	−1	+1	383.8	0.298 6
9	++−−−+−	+1	+1	−1	−1	−1	+1	−1	244.0	0.309 8
10	−−−+−−+	−1	−1	−1	+1	−1	−1	+1	849.3	0.401 3
11	+−−+−++	+1	−1	−1	+1	−1	+1	+1	1 009.6	0.468 4
12	+++++++	+1	+1	+1	+1	+1	+1	+1	1 201.6	0.718 3

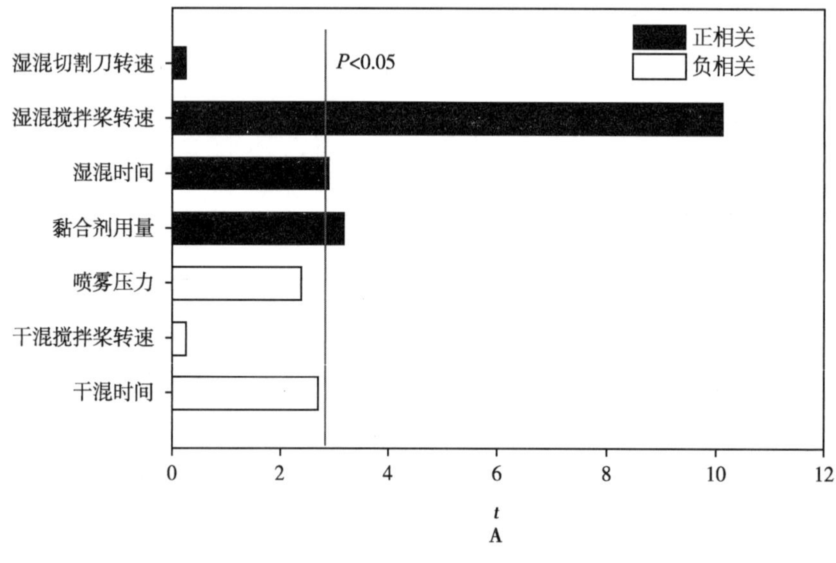

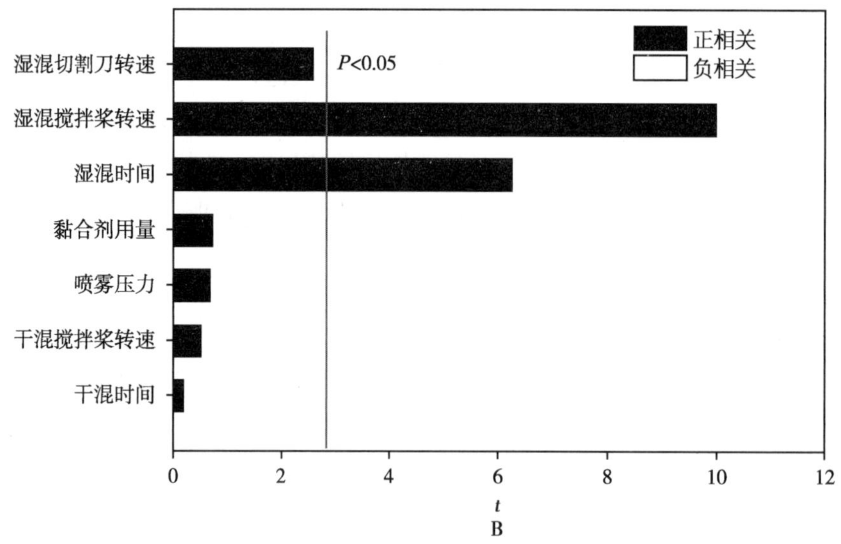

图 1-17-1　中值粒径（A）和松装密度（B）的过程参数 Pareto 图

4. 正交实验设计的一般步骤是什么?

正交实验设计的一般步骤如下:

(1) 明确实验目的,确定考察因素与水平。首先在明确实验目的和研究分析的基础上,确定拟考察哪些因素。一般来说,肯定没有影响的因素不要考察;影响尚不清楚的因素应尽可能加以考察;对已掌握了的因素,固定在较好水平,不列入考察。同时,对每个因素根据经验、预实验或条件,确定因素的水平数及相应取值。

(2) 明确测评指标。应根据实验目的、专业知识、以往经验及预实验结果,选择尽可能正确的、可精确测量的、实验误差小的、不带或少带主观意向的客观指标来评价实验结果的优劣。

(3) 选表,作表头设计。首先根据水平个数选择相应正交表,如水平均为 2 时,在二水平表中进行选择。如果需要考虑因素间的交互作用,交互作用也应算作为因素。

把因素安排到选好的正交表上,即作表头设计。不考虑交互作用时,可把各因素随意安排在表头的各列上;若考虑交互作用,则必须借助于相应正交表的交互作用表来确定因素的交互作用列,再依次安排其他因素。

(4) 按表做实验,获得实验测评值。根据考察因素及其水平的实际意义和做好表头设计的正交表,实施各号实验,记录各号实验的实验测评值。实验时,应注意实验顺序的随机化。

(5) 进行直观或方差分析,得出因素显著性及显著因素最好水平组合的结论。

(6) 通过重复实验,对最优水平组合进行验证,或对未达到要求、发现的问题等制订新一轮实验方案。

5. 把考察因素排到正交表的表头上去时,是否一定要预留空白列?

正交实验的表头设计时,一般要预留空白列,以便起到对照和排除误差干扰的作用。

当实验设计不合理,如漏掉了某些对实验指标影响显著的因素或交互作用时,预留空白列的极差或离差平方和就会较大,甚至超过考察因素的极差或离差平方和。因此,通过空白列可以分析影响指标的考察因素选择是否合适,是否考虑得较为完全。

虽然也可以把正交表表头排满因素,并将极差最小的列作误差估计,但该列的差异既包括随机误差引起的差异,也包括该列所代表因素所引起的差异。该因素尽管是全部因素中影响相对较小的,但若该因素对实验考察指标也有较大影响时,将其作为误差估计容易使误差扩大,得出错误结论。故以预留空白列为好。

6. 正交设计时,是否一定要考虑考察因素间的交互作用?

在实际工作中运用正交设计,并非一定要考虑考察因素间的交互作用。

如果不能肯定但又需要确定因素间是否存在交互作用,在安排实验时就要进行考察。这时,尽量不要采用 $L_{12}(2^{11})$、$L_{18}(3^{7})$等无交互作用的正交表安排实验,也不宜用无法查阅交互作用的混合型正交表来安排实验。此时,若交互作用列的极差 R 值或离差平方和 S 值较大,则说明该交互作用是存在的。

如果仅仅需要获得一个比较粗糙的优选结果,不着重分析因素间是否存在相互作用,且希望通过较少的实验考察较多的因素时,在安排实验时也可以不考虑交互作用。这时,既可以采用无交互作用的正交表，也可以使用有交互作用的正交表安排实验；进行表头设计时，既可以考虑空出交互列，也可以按列号顺序排列因素。但是在使用有交互作用的正交表安排实验时，只要有可能，就应该尽可能将最有可能存在的交互作用列空出来，以便由实验数据进一步分析因素间的关系。

预留了空白列的正交表中，若空白列的 R 较大或 S 有显著性差异（与 S_e 相比），则说明空白列不能单纯作为误差估计列，应考虑因素间的相互作用，这时，可以采用大表套小表的方法把主要交互作用找出来。如果将其作为误差，可能得出错误结论。

7. 某因素的水平数比其他因素的水平数多或少时，如何进行正交设计？

某因素的水平数比其他因素的水平数多或少时，可采用直接套表法、并列法、拟水平法、拟因子法、部分追加法和直和法进行正交设计。

（1）直接套表法：是直接查找与考察因素及其水平相适应的混合水平正交表，再将考察因素安排到表头上去的方法。

（2）并列法：是在较少水平的正交表上安排少数较多水平的因素的方法。其基本思想是：根据较多水平的自由度，将正交表中的某几列并为一列，确定新列的水平组合原则后，就形成了一张混合水平的新表。

例如，拟在 $L_8(2^7)$ 上安排一个 4 水平因素，由于该因素自由度为 3，而二水平表各列自由度为 1，故需要用 3 列并为 1 列，若选择第 1、2、3 列并列，则按规则组合为新列水平 1、2、3、4（表 1-17-3），从而获得新表 $L_8(4^1\times2^4)$（表 1-17-4）。

表 1-17-3　新列水平组合

列 1	列 2	列 3	⟶	新列 1
1	1	1	⟶	1
1	2	2	⟶	2
2	1	2	⟶	3
2	2	1	⟶	4

表 1-17-4　$L_8(4^1\times2^4)$

实验号	列号				
	1	2	3	4	5
1	1	1	1	1	1
2	1	2	2	2	2
3	2	1	1	2	2
4	2	2	2	1	1
5	3	1	2	1	2
6	3	2	1	2	1
7	4	1	2	2	1
8	4	2	1	1	2

用并列法组成的混合水平正交表，仍然具有正交性。

（3）拟水平法：是在水平数较高的正交表上，安排部分水平数较少的因素的方法。拟水平法把较少水平因素中的一个水平，看成两个水平代入某一列实验。拟水平法的计算与相同水平的正交表基本一致，只是组成拟水平的那一列，仍应保留在正交表中（此时，正交表的列数等于原列数加上拟水平因素数），以便计算拟水平误差和实验误差。

（4）拟因子法：也是在水平数较少的正交表上安排水平数较多的因素，是将水平数较少的正交表的某些列加以改造，使得改造后的列能排下水平数较多的因子。最常见的是把二水平正交表改造成既能排二水平因素，又能排三水平因素的表。但是，拟因子法经组合后所得的正交表，正交性不如并列法完整。

（5）部分追加法：是在原选定的正交表上，再对比其他因素多1～2个水平的因素增加部分实验的方法。应注意，在部分追加的实验中，其他因素的水平保持不变，且因素误差和实验误差的计算有特殊的公式。部分追加法可以解决并列法或拟因子法增加实验次数过多的问题。

（6）直和法：是当某些因素水平较多且难以确定取哪种水平，或正交表列数不够和水平不够时采用的方法。其基本思想是分阶段实验：先把部分因素和水平安排在第一张正交表上实验，再利用第一阶段实验提供的信息，用第二张正交表安排实验，最后对两张表的结果进行统一分析。

8. 正交表“均匀分散、整齐可比”的特点对正交实验设计及其数据分析有什么意义？

用正交表安排实验，既可以减少实验次数，又能进行较全面的比较，这与正交表“均匀分散，整齐可比”的特点密切相关。

常用的正交表记作 $L_n(p^r)$，这里 L 表示正交表；下标 n 表示正交表的行数，也是实验次数；r 表示正交表的列数，也是正交表最多能安排的因素个数，p 表示各因素的水平数。

正交表具有以下性质：

（1）表中任一列的不同数字，出现次数相同。

如表 $L_9(3^4)$中的数字“1”“2”“3”在每列中出现次数均为3。当这些数字代表因素所取水平时，即表示任一因素的不同水平数在实验中出现次数相同。

（2）表中任两列数字组成的有序数对，出现次数相同。

如表 $L_9(3^4)$的任两列中，有序数对有9种：(1，1)，(1，2)，(1，3)，(2，1)，(2，2)，(2，3)，(3，1)，(3，2)，(3，3)，它们均各出现1次。当这些数字分别代表任意两个因素所取的水平时，即表示任一因素的某个水平与其他因素的不同水平均碰过头，且搭配是均匀的。这样，尽管其他因素的水平不同，但由于搭配均匀，数据均值具有可比性，即比较该因素各水平的指标均值，就可以比较该因素取不同水平时对实验测评指标的情况。

这就是正交表“均匀分散、整齐可比”的特点。

由于“均匀分散”，正交表所安排的实验是从全部实验中挑选的具有充分代表性的实验；由于“整齐可比”，正交实验结果的分析非常简单，只要通过比较各因素各水平均值，即可对因素的主次和水平的优劣作出评价。

9. 什么是响应面设计？有哪些方法？

响应面法（response surface methodology，RSM）是一种通过少量实验获得数据和估计参数，并能够有效地建立实验响应指标和连续变量之间定量关系的方法。它的适用条件与范围为：①因素个数为 2～7 个，一般不超过 4 个，且均为连续变量；②实验区域已接近最优区域。其目的为：①建立响应变量（y）与各自变量（x）间的数学关系：$y=f(x)+e$；②根据数学关系式构造响应面对自变量和因变量之间的关系进行可视化，也可在实验区域内或近边界附近进行响应预测；③根据响应目标优化工艺参数。

回归建模是实现响应面分析最常用和最有效的方法之一。对于非线性体系可作适当处理化为线性形式。假设指标与因素之间的关系可用线性模型表示，应用最小二乘法即可求出模型回归系数，进而可以图形方式绘出响应与因素的关系图。模型中如果只有 1 个因素（自变量），响应（曲）面是二维空间中的 1 条曲线；当有 2 个因素时，响应面是三维空间中的曲面（或在二维空间中以等高线图展示）。

响应面设计的方法有中心复合设计（central composite design，CCD）、Box-Behnken 设计（Box-Behnken design，BBD）、均匀设计、D- 优化设计（D-optimal design）等。

10. 什么是 Box-Behnken 设计？如何应用？

（1）设计原则：Box-Behnken 设计（BBD）实验点的坐标有 –1，0，1 三个，即各因素有 3 个水平。若中心条件重复 5 次，则因素数为 3 时，实验次数 17 次；因素数为 4 时，实验次数 29 次；因素数为 5 时，实验次数 46 次；因素数为 6 时，实验次数 54 次；因素数为 7 时，实验次数 62 次。这里 3 个水平的安排是以任 2 个水平间差的比值与对应坐标差的比值相等为原则。BBD 没有将所有的实验因素同时安排为高水平的实验组合，对某些有安全要求或特别需求的实验尤为适用。在相同因素数目下，Box-Behnken 设计的实验次数比中心复合设计少，因而更经济。

（2）例：Box-Behnken 设计 - 响应面法优化滇龙胆药材产地初加工工艺[2]。

采用高效液相色谱法测定滇龙胆中马钱苷酸、獐牙菜苦苷和龙胆苦苷的含量，再以上述 3 种成分含量的总评归一值（OD 值）为评价指标，对热烫温度、热烫时间和干燥温度进行单因素实验；在此基础上，采用 Box-Behnken 设计 - 响应面法，以热烫时间（A）、热烫温度（B）、烘干温度（C）为自变量，以 OD 值为因变量（Y），设计 3 因素 3 水平的实验。因素与水平见表 1-17-5，实验设计与结果见表 1-17-6。

表 1-17-5　Box-Behnken 设计因素与水平

水平	因素		
	A/min	B/℃	C/℃
–1	3	50	40
0	4	60	50
+1	5	70	60

表 1-17-6　实验设计与结果

实验号	A	B	C	马钱苷酸 /%	獐牙菜苦苷 /%	龙胆苦苷 /%	OD 值
1	1	0	1	0.409 2	0.225 0	6.802 7	0.310 2
2	0	–1	–1	0.463 4	0.206 3	6.173 9	0.253 6
3	0	1	1	0.424 6	0.202 1	6.516 7	0.265 7

续表

实验号	A	B	C	马钱苷酸 /%	獐牙菜苦苷 /%	龙胆苦苷 /%	OD 值
4	0	0	0	0.440 1	0.227 2	6.265 9	0.301 0
5	−1	0	−1	0.387 0	0.191 4	6.388 1	0.171 9
6	0	0	0	0.463 5	0.207 0	6.658 9	0.249 4
7	1	0	−1	0.323 2	0.196 9	5.715 3	0.095 7
8	0	1	−1	0.400 9	0.219 1	5.913 9	0.244 0
9	0	0	0	0.418 9	0.231 3	6.158 9	0.290 4
10	0	−1	1	0.516 1	0.249 9	7.279 3	0.451 4
11	−1	0	1	0.374 1	0.197 6	6.098 0	0.187 1
12	0	0	0	0.381 1	0.232 6	6.546 7	0.282 5
13	1	1	0	0.411 5	0.226 7	6.044 5	0.266 6
14	1	−1	0	0.892 8	0.253 0	6.374 6	0.514 9
15	−1	−1	0	0.520 1	0.228 1	6.295 3	0.339 6
16	0	0	0	0.384 4	0.224 1	6.147 1	0.259 1
17	−1	1	0	0.416 2	0.227 1	6.116 3	0.280 6

对实验数据进行拟合，并建立二次多元回归方程：

Y=0.276 5+0.026 0A−0.062 8B+0.056 2C−0.047 3AB+0.049 8AC−0.044 0BC−0.019 3A^2+0.093 2B^2−0.066 0C^2

模型 R^2=0.965 6，说明因变量的变化有 96.56% 来源于自变量。采用此模型预测滇龙胆药材产地初加工的工艺条件为：热烫时间 5 分钟，热烫温度 40℃，烘干温度 60℃。验证实验结果显示，滇龙胆药材中 3 种成分的平均 OD 值为 0.565 2，与预测值（0.570 6）的偏差为 0.94%。优化的工艺稳定、可行，可用于滇龙胆药材的产地初加工。

11. 星点设计的一般步骤是什么？

星点设计，即中心复合设计（CCD），是响应面设计法中最常用的二阶设计，是由 2 水平析因设计加轴点及中心点组成，是多因素 5 水平的实验设计。它具有实验次数少、实验精度高等特点，其在药学领域的应用已比较成熟。

CCD 设计由三部分组成：① 2^k 或 2^{k-1} 析因设计。②极值点。2 水平的析因设计只能作线性考察，加上第二部分极值点才适合非线性拟合。如果以坐标表示，极值点在坐标轴上的位置称为轴点（axial point）或星点（star point），表示星点的组数与因素数相同。③一定数量的中心点重复实验。中心点的个数与 CCD 设计的特殊性质如正交（orthogonal）或均一精密（uniform precision）有关。星点设计的一般步骤如下。

（1）根据研究目的，在单因素考察等预实验的基础上，确定考察因素及其水平范围，明确测评指标。也可从任一水平入手，但可能离较优区较远，响应面的弯曲度不大。

（2）在确定各因素水平的极大值（+λ）和极小值（−λ）之后，依据水平代码分别求出 −1、0、+1 所代表的水平值。2 因素的 CCD 设计中，λ 为 1.414；3 因素的 CCD 设计中，λ 为

1.682。注意 $\pm\lambda$ 值对应的参数应在实验中能够实现或准确控制。生成 CCD 响应面设计表，实验表通常以代码的形式编排，实验时再转化为实际操作值。

（3）开展实验获取响应数据，可用较简单的线性模型模拟，通过线性模型采用最速下降法（steepest descent）向较优区逼近。当进入较优区后，若该处面弯曲度增大，表明线性模型模拟已不再适合，须用两次以上的多项式模型拟合，选取该处因素水平范围以获得较佳优化效果。

（4）根据所建立的数学模型描绘二维或三维响应面，从响应面的较优区域直接读取较佳工艺条件范围或设计空间。或采用优化算法，根据优化目标获取最佳工艺条件的组合。

（5）在得到较佳工艺条件之后，为了考察该条件的正确性，须对模型进行预测性考察，按优化条件进行实验，得效应观察值（observed value），与数学模型预测值（predicted value）进行比较，观察值与预测值的偏差（bias）表示实验值偏离预测值的程度，绝对值越小，预测性能越好。

（6）经过以上步骤，最终确定模型以及相关工艺参数。

下面通过微晶纤维素高速剪切湿法制粒工艺优化例子来说明星点设计 - 响应面法的应用[3]。

以微晶纤维素 - 去离子水体系为载体，在优化实验设计前，首先利用 Plackett-Burman 设计筛选实验关键因素，结果水用量和湿混时间作为关键工艺参数。接着采用中心点复合设计对水的用量和湿混时间进行工艺优化。CCD 的实验点分为以下 3 种：2 水平的全析因设计或部分析因设计点，星点和中心点，故每个因素采取 5 个水平，以编码值计 $-\alpha$，-1，0，$+1$，$+\alpha$。该实验采用 2 因素的中心点复合设计，中心点重复 4 次（α=1.414），因素水平见表 1-17-7。以颗粒 D_{50} 和松装密度为响应变量，其余工艺参数在 CCD 实验中保持恒定。CCD 实验结果见表 1-17-8。

表 1-17-7　中心点复合设计因素水平表（α=1.414）

因素简称	因素	单位	低水平（−1）	高水平（+1）	$-\alpha$	$+\alpha$
X_1	水用量	BV	0.80	1.20	0.72	1.28
X_2	湿混时间	min	3.00	7.00	2.17	7.83

采用二次多项式回归模型对 D_{50} 和松装密度分别进行拟合，以编码值计算的 D_{50} 和松装密度的二次多项式回归模型分别为：

$$D_{50}=312.32+120.57x_1-0.97x_2+32.68x_1x_2-6.00x_1^2-11.16x_2^2$$

$$松装密度=0.54+0.078x_1-0.004\,138x_2+0.061x_1x_2-0.008\,664x_1^2-0.007\,892x_2^2$$

对于颗粒中值粒径 D_{50}，模型的 P 值为 0.004 4 小于 0.05，而模型的失拟值为 0.355 7 大于 0.05；对于颗粒的松装密度，模型的 P 值为 0.012 9 小于 0.05，而模型的失拟值为 0.288 9 大于 0.05，可知二者的模型均显著，失拟值均不显著。此外，上述两个方程的决定系数分别为 0.909 0 和 0.867 9，表明响应值 D_{50} 和松装密度的实际值与预测值之间具有较好的拟合度，故可使用此模型来预测 D_{50} 和松装密度的实际情况。

优化目标是将 D_{50} 控制在 250～355μm，松装密度控制在 0.4～0.6g/cm^3。在设定的参数空间内搜索同时满足两个目标的所有因素组合，即构成设计空间。在设计空间内选取 3 个新的实验点进行验证实验，用来检验建立的过程模型的预测能力，结果见表 1-17-9。

表 1-17-8　中心点复合设计实验结果及优化目标

序号	x_1 水的用量 /BV	x_2 湿混时间 /min	D_{50}/μm	松装密度 /(g·cm^{-3})
1	0.80	3.00	184.0	0.49
2	1.00	2.17	338.5	0.50
3	1.00	7.83	274.4	0.56
4	1.00	5.00	313.2	0.59
5	1.28	5.00	506.9	0.60
6	1.00	5.00	366.5	0.52
7	0.72	5.00	126.7	0.45
8	1.00	5.00	295.7	0.52
9	1.00	5.00	273.9	0.54
10	1.20	7.00	438.7	0.68
11	0.80	7.00	160.0	0.35
12	1.20	3.00	332.0	0.57

点 1 属于 95% 置信区间设计空间内的点，点 2，3 属于原设计空间内，95% 置信区间外的点。由表 1-17-9 可知，点 1，2 均符合工艺目标，点 3 不符合。95% 置信区间的加入缩小了原有设计空间的面积，在缩小部分的点（点 2，3）有 5% 的可能性是不符合工艺要求的。可见置信区间的加入可提高工艺过程的稳健性。

表 1-17-9　验证实验点的过程参数及实验结果

序号	x_1 水的用量 /BV	x_2 湿混时间 /min	D_{50}/μm	松装密度 /g·cm^{-3}
1	1.0	4	331.05	0.57
2	1.0	5	327.10	0.59
3	1.1	3	569.26	0.62

12. 均匀设计有什么特点？有哪些基本步骤？

均匀设计（uniform design，UD）指可用较少的实验次数，安排多因素、多水平的实验，它的基本思想是抛开正交设计中“整齐可比”性，只考虑实验点的“均匀分散”性，即让实验点在所考察的范围内尽量均匀地分布。由于不再考虑“整齐可比”性，那些在正交设计中为整齐可比性而设置的实验点可不再考虑，因而实验次数大大减少，且实验次数与因素所取的水平数相等。用均匀设计可适当增加实验的水平数，而不必担心像正交设计那样，由于水平数增加而导致实验次数呈平方次增长的现象。其特点有：①实验次数少，均匀设计让实验点在其实验范围内“均匀分散”；②因素的水平数可多设，可适当调整，可避免高低水平相遇。

当水平数≥5 时都可采用均匀设计。由于每个因素的每个水平只做一次实验，故要求处理因素与非处理因素均能实现严格控制，如果实验条件不易严格控制或考察因素不易数量化者不宜用均匀设计。如在临床上，由于患者个体差异极大，治疗过程中非处理因素的干扰也较难控制，所以临床疗效研究不宜采用均匀设计。此外，在采用动物进行研究时，若动物间个体差异较大，也不宜采用均匀设计进行实验。

遵循“均匀分散”的原则，由一定的布点规则可计算出一系列的均匀设计表，即U表。结合考察因素及水平，按适宜的U表做实验，即所谓的“均匀实验”。

（1）均匀设计的基本步骤

1）根据研究目的，确定考察因素及其水平（或确定各因素考察范围），明确测评指标。

2）选择均匀表，根据因素数目 p 及其水平数 L，查阅并选择相应的均匀设计表即 $U_L(L^p)$ 表。

3）按均匀设计表做实验，获取各实验测评值 y_i，i=1，2…，n。

4）对数据进行多元的线性或非线性回归，求 y 与各因素间的回归方程：$y=f(x_1, x_2, ..., x_p)$。

5）以回归方程为目标函数，根据期望方向在实验范围内进行优选。

6）通过对“最优”点的重复实验，验证回归方程及“最优”点的可靠性。

（2）均匀设计示例：下面通过一个中药提取工艺优选的例子来说明均匀设计的全部过程。

1）考察因素及水平见表1-17-10。

2）由因素数4，水平数5，查得均匀表为表1-17-11。

3）综合表1-17-10、表1-17-11，得实验方案并实施，见表1-17-12。

表1-17-10　因素水平表

水平	因素			水平	因素		
	乙醇浓度/%（x_1）	浸泡时间/h（x_2）	溶媒用量/ml（x_3）		乙醇浓度/%（x_1）	浸泡时间/h（x_2）	溶媒用量/ml（x_3）
1	10	12	400	4	70	21	550
2	30	15	450	5	90	24	600
3	50	18	500				

表1-17-11　$U_5(5^4)$表

实验号	列号				实验号	列号			
	1	2	3	4		1	2	3	4
1	1	2	4	3	4	4	3	1	2
2	2	4	3	2	5	5	5	5	5
3	3	1	2	4					

表1-17-12　醇浓度、浸泡时间及用量与白术出膏率

实验号	变量 x_j			响应
	x_1/%	x_2/h	x_3/ml	y/%
1	10	15	550	10.8
2	30	21	500	8.5
3	50	12	450	7.2

续表

实验号	变量 x_j			响应
	x_1/%	x_2/h	x_3/ml	y/%
4	70	18	400	5.7
5	90	24	600	2.3
$\sum$	250	90	2 500	34.5
x	50	18	500	6.9

例如 1 号实验如下进行：称取白术 50g，用 10% 乙醇 550ml 浸泡 15 小时后，测定白术出膏率。再如 4 号实验如下进行：称取白术 50g，用 70% 乙醇 400ml 浸泡 18 小时后，测定白术出膏率，等。所得实验数据见表 1-17-12 最后一栏。

4）对数据进行多元逐步线性回归（选入门限值取为 5，剔除门限值亦取为 5），求 y 与各因素间的回归方程，得

$$\hat{y}=15.05-0.099x_1-0.006\,4x_3\ (P<0.01)$$

5）用回归方程进行预报与控制，取预报点为

$$x_{10}=10,\ x_{20}=12.16,\ x_{30}=404$$

则：

$\hat{y}_0=15.024-0.096\,01\times10-0.040\,05\times12.16-0.005\,198\times404$

$=11.5$

所得出膏率的 95% 置信区间为：

$10.7\leqslant y\leqslant12.3$

6）对预报点进行实验，结果为 12.0%。

13. 混料设计有什么特点？如何应用？

混料设计（mixture design）是一类特殊的响应面设计，主要用于制剂配方设计。按照响应值只依赖混料的比例或者是与混料的总量及比例均有关联，可分为一般混料设计和有附加约束条件的混料设计[4]。混料设计有以下特点。

（1）在最简单的混料实验中，响应（如制剂产品的关键质量属性）取决于处方组分的相对比例。

（2）混料设计中各种分量不能完全自由地变化，受到基本的约束条件：每种成分的比例必须是非负的，且在 0～1 变化，各种成分的含量之和必须等于 1（即 100%）。

混料设计的各分量受到基本的约束条件：

$$x_i\geqslant0,\ i=1,2,\cdots,q$$

$$x_1+x_2+\cdots+x_q=1 \qquad 式（1-17-1）$$

其中，q 为混料成分个数。x_i，$i=1,2,\cdots q$ 为每个分量所占比例。

在一些混料问题中，由于物理、化学环境或经济技术要求等方面的限制，各分量比率 x_i 中有一部分除了要满足以上基本约束条件外，还要有附加的上界或下界限制、线性约束条件和非线性约束[5]。

（3）混料设计实验空间可用三元图表示，是加和为常数的三个混料成分的二维表示法。三元图表为一个等边三角形，每条边对应一个组分，每个顶点对应一个纯组分，即一个成分为 1（100%），其他两个成分比例为 0。

（4）混料实验设计不能采用一般多项式作为回归模型，否则会由于混料条件的约束而引起信息矩阵的退化。混料实验设计常采用 Scheffé 多项式回归模型、含倒数项的混料模型、Becker 模型等。

常用的混料设计类型有单纯形重心设计、单纯形格点设计、极端顶点设计和组合混料设计等。混料设计在中药制剂处方设计中有较多的应用，如以崩解时间为考察指标，分别采用单因素实验及混料设计实验，对感咳双清分散片进行处方筛选及溶出度的测量[6]。通过 D- 最优混料设计（D-optimal mixture design）对处方中微粉硅胶、低取代羟丙纤维素（L-HPC）、硫酸钙的用量配比进行筛选，规定了每种辅料在处方中的上下限。进行混料实验得到实验结果，最优组合为微粉硅胶 4.1%，L-HPC 11.3%，硫酸钙 22.1%。按优化后的配方进行 3 批验证，崩解时间的均值为（48 ± 1）秒。

14. 如何检验或判断实验结果的系统误差或随机误差?

（1）系统误差：系统误差是指在同一条件下多次测量同一量时，误差的大小和符号均不变或按一定规律变化的测量误差。根据系统误差的来源，可将其分为方法误差、仪器或试剂误差及操作误差 3 种。从理论上讲，系统误差具有规律性，较易于发现和消除或补偿。

按照系统误差的特征可以将其分为：定值系统误差和变值系统误差。测得的数据中有没有系统误差须进行检验与判断，进而才能为消除系统误差打下基础。

1）定值系统误差：在同一条件下，多次测量同一测量值时，误差的绝对值和正负符号保持不变。

定值系统误差的检验，包括以下方法。

a. 理论分析法：凡是由实验原理、方法以及实验条件的变化引起的系统误差，不仅能通过对实验的定性定量分析发现，而且能计算其大小。

b. 对比检定法（校准法）：改变测量条件进行测量，一般更换更精密的仪器，求出两次测量的算术平均值之差，即为定值系统误差。

c. 分布检验法：常用的方法有正态分布检验法（Shapiro-Wilk test）、卡方检验法（适用于任何理论分布规律的检验）。

2）变值系统误差：在整个测量过程中，误差的大小和方向随测试的某一个或某几个因素按确定的函数规律而变化，可分为 3 种。①线性系统误差（累进系统误差）：在整个测试过程中，随某因素而线性递增或递减的系统误差。②周期系统误差：在整个测量过程中，随某因素做周期变化的系统误差。③复杂系统误：在整个测试过程中，误差按确定的更为复杂的规律变化的系统误差。

变值系统误差的检验，包括以下方法。

a. 剩余误差观察法：剩余误差观察法是根据测量列出的各个剩余误差大小和符号的变化规律，直接由误差数据或误差曲线来判断有无系统误差。这种方法主要适用于发现有规律变化的系统误差。

若对测量值 x 进行 n 次测量，得到实验数据 $x_1, x_2, \cdots, x_n$，计算其剩余误差：

$$V_i = x_i - \bar{x}\ (i=1, 2, 3, \cdots, n) \quad \text{式(1-17-2)}$$

式(1-17-2)中，$\bar{x}$ 为 n 次测量均值，若剩余误差的大小有规则地向一个方向变化或其符号有规律地变化，则测量当中含有线性变化的系统误差或含有周期性变化的系统误差。

b. 马林科夫判据法：马林科夫判据法用于检验线性系统误差，不适合检验周期性系统误差。

具体方法为：按先后顺序将测量数据分 2 组，前一半和后一半的残差分别求和，然后求其差值 D。如果不存在线性系统误差，该差值 D 应近似为 0；否则，测量数据存在线性系统误差。

$$D = \sum_{i=1}^{n/2} v_i - \sum_{i=1+\frac{n}{2}}^{n} v_i \ (n \text{为偶数}) \quad \text{式(1-17-3)}$$

$$D = \sum_{i=1}^{(n+1)/2} v_i - \sum_{i=\frac{n+1}{2}}^{n} v_i \ (n \text{为奇数}) \quad \text{式(1-17-4)}$$

此外，阿贝 - 赫梅特准则可用于检验周期性系统误差。

（2）随机误差：随机误差是指在同一条件下多次测量同一量时，误差的大小和符号以不可预定的方式变化的测量误差。随机误差主要是由测量中一些偶然性因素或不稳定因素引起的。随机误差的大小可用多次重复实验数据的精密度来反映，而精密度的好坏可用方差来度量，所以，对测试结果进行方差检验，即可判断各实验方法或实验结果的随机误差之间的关系。

1）卡方检验（χ^2 检验）：（χ^2 检验适用于单个正态总体的方差检验，即在实验数据的总体方差 σ^2 已知的情况下，对实验数据的随机误差或精密度进行检验。

有一组实验数据 $x_1, x_2, \ldots, x_n$ 服从正态分布，则统计量

$$\frac{(n-1)s^2}{\sigma^2} \sim \chi^2(n-1) \quad \text{式(1-17-5)}$$

对于给定的显著性水平 α，由 χ^2 分布表查得临界值进行比较，即可判断两方差之间有无显著性差异。

2）F 检验：F 检验适用于两组具有正态分布的实验数据之间的随机误差或精密度的比较。

设有两组实验数据 $x_1, x_2, \ldots, x_{n_1}$ 与 $y_1, y_2, \ldots, y_{n_2}$，两组数据都服从正态分布，样本的方差分别为 s_1^2 和 s_2^2，则

$$F = \frac{s_1^2}{s_2^2} \sim F(n_1-1, n_2-1) \quad \text{式(1-17-6)}$$

对于给定的检验水平 α，将所计算的 F 值与临界值比较，即可得出检验结论。

就某一次具体测量而言，随机误差的大小和符号是没有规律的。但采用同样方法对同一量进行多次重复测量，则可发现随机误差的分布是符合统计规律的。且经大量的实验表明，随机误差通常服从正态分布规律，并具有如下 4 个基本特性：①绝对值相等的正误差与负误差出现的次数相等，称为误差的对称性。②绝对值小的误差比绝对值大的误差出现的次数多，称为误差的单峰性。③在一定测量条件下，误差的绝对值不会超过一定的界限，称为误差的有界性。④随着测量次数增加，误差的算术平均值趋向于零，称为误差的

抵偿性。

15. 如何剔除异常实验数据?

异常值又称离群值,是指在对一个被测量重复观测所获得的若干观测结果中,出现了与其他值偏离较远并且不符合统计规律的个别值,他们可能来自不同的总体,或属于意外、偶然的测量错误,也称为存在着"粗大误差"。如果一系列测量数据中存在异常值,必然会歪曲测量的结果。在正态分布的样本中,利用统计的方法来检验观测样本中异常数据的常用方法有以下几种。

(1)拉依达(PauTa)准则:又称 3σ 准则,适用于测量次数较多(超过 10 次)或要求不高时,是最常用的异常值判定与剔除准则。μ 与 σ 分别表示正态总体的数学期望和标准差。取值落在 $(\mu-3\sigma,\ \mu+3\sigma)$ 区间内的置信概率为 99.73%,超出该范围的可能性仅占不到 0.3%。把大于 $(\mu+3\sigma)$ 或小于 $(\mu-3\sigma)$ 的实验数值作为异常值,将其剔除。

(2)格拉布斯(Grubbs)准则:设在一组重复观测结果 x_i 中,其残差最大者为可疑值 x_d,在给定的置信概率为 P=0.99 或 P=0.95,也就是显著水平 α=0.01 或 α=0.05 时,如果满足下述公式,可以判定 x_d 为异常值。

$$|x_d-\bar{x}|/s \geqslant G(\alpha, n) \qquad \text{式(1-17-7)}$$

式(1-17-7)中,s 为实验数据的标准差,$G(\alpha,\ n)$ 为与显著水平 α 和重复观测次数 n 有关的格拉布斯临界值。

(3)狄克逊(Dixon)准则:设所得的重复性观测值按由小到大的规律排列为:$x_1, x_2, \cdots, x_n$,其最大值为 x_n,最小值为 x_1。按照以下几种情况计算统计量 γ_{ij} 或 γ'_{ij}

在 n=3~7 时:$\gamma_{10}=\dfrac{x_n-x_{n-1}}{x_n-x_1}$,$\gamma'_{10}=\dfrac{x_2-x_1}{x_n-x_1}$;

在 n=8~10 时:$\gamma_{11}=\dfrac{x_n-x_{n-1}}{x_n-x_2}$,$\gamma'_{11}=\dfrac{x_2-x_1}{x_{n-1}-x_1}$;

在 n=11~13 时:$\gamma_{21}=\dfrac{x_n-x_{n-2}}{x_n-x_2}$,$\gamma'_{21}=\dfrac{x_3-x_1}{x_{n-1}-x_1}$;

在 $n\geqslant$14 时:$\gamma_{22}=\dfrac{x_n-x_{n-2}}{x_n-x_3}$,$\gamma'_{22}=\dfrac{x_3-x_1}{x_{n-2}-x_1}$。

以上的 $\gamma_{10}, \gamma'_{10}\cdots, \cdots\gamma_{22}, \gamma'_{22}$ 分别简化写成 γ_{ij} 和 γ'_{ij}。设 $D(\alpha, n)$ 为狄克逊检验的临界值。判定异常值的狄克逊准则为:

$\gamma_{ij}>\gamma'_{ij}$,$\gamma_{ij}>D(\alpha, n)$,则 x_n 为异常值;

$\gamma_{ij}<\gamma'_{ij}$,$\gamma_{ij}>D(\alpha, n)$,则 x_1 为异常值。

使用狄克逊准则,可以多次提出异常值,但每次只能剔除一个,并重新排序计算统计量 γ_{ij} 或 γ'_{ij},然后再进行下一个异常值的判断。

(4)Hotelling T^2 统计量:Hotelling T^2(简称 T^2)统计量是每一个观测量与数据样本中心的距离的统计度量,即 Mahalanobis 距离的统计量。Hotelling T^2 统计量多用于检验多元变量的稳定性,如果一个观测量的主成分全部保持稳定,那么该观测量的 T^2 统计量应保持在稳定的水平,T^2 统计量多用于进行异常情况的检测。当观测样本数较多时,T^2 统计量表现为一个卡方分布,所以临界值由卡方分布加以逼近,可以将 Hotelling T^2 统计量的 99% 置信区间或95%置信区间作为控制上限。根据主成分分析构造T^2统计量，某观察值的T^2统计量超出T^2控制图的控制上限，则被视为是异常值。

此外，常用的检验样本中异常数据的统计方法还有t检验准则，肖维勒准则（Chauvenet criterion）等。

（5）实例：在测量过程中得到10个值，按从小到大排列为：8.75，8.76，8.78，8.79，8.80，8.82，8.83，8.91，8.92，9.13。观测值算术平均值$\bar{x}$=8.849。观测值实验标准偏差s=0.114。

1）根据拉依达准则计算，可疑值x_d=9.13与10个结果的算术平均值之差的绝对值最大，$|x_d-\bar{x}|$=0.281，$3s$=0.114×3=0.342，$|x_d-\bar{x}|<3s$，因此得出结论可疑值9.13不是异常值。

2）根据格拉布斯准则计算：计算各个观测值的残差$v_i=x_i-\bar{x}$，发现残差的绝对值最大值为0.281，则相应的观测值x_d=9.13为可疑值。

$|x_d-\bar{x}|/s$=0.281/0.114=2.465

按P=0.95，即α=0.05，n=10，查表得G（0.05，10）=2.176

按P=0.99，即α=0.01，n=10，查表得G（0.01，10）=2.410

发现$|x_d-\bar{x}|/s>$G（0.05，10）并且$|x_d-\bar{x}|/s>$G（0.01，10），因此得出结论，可疑值9.13在任何置信概率下都是异常值，此结论与拉依达准则的判定结论截然相反。

拉依达准则和格拉布斯准则得出的结论截然相反，原因在于观测值的个数并不大。当n比较小时，求得的实验标准偏差值比较大。此时若依照拉依达准则的3σ做判断依据并不可靠，当以3σ为界限时，即使有粗大误差也发现不了；而格拉布斯准则在理论上给出了严格而具体的判定标准，所以两者之间得出的结论截然相反[7]。

16. 如何分析多组比较实验数据，判断各组优劣？

在研究及生产中，常常需要通过多组比较实验来分析，影响某一研究指标（如产品质量、产量）的众多因素中，哪些是起显著作用的，进而分析起显著作用的因素，在什么条件下对研究指标产生最好的影响。例如在提取研究中，常常需要比较不同药材粉碎度、混合溶剂的不同比例、不同提取方法、不同温度和时间对某种有效成分提取得率的影响，从而获得最适宜的提取条件，以提高收率，降低能耗、费用和缩短生产周期等。

对多组比较实验数据进行分析，判断各组优劣的步骤一般为：

对多组实验数据进行方差分析，获得组间差异显著性结论；若组间差异显著，进行组间两两比较，找出差异显著的那些组别，并根据水平均值结合期望方向，确定最好的组别和相应水平；若组间差异不显著，则各组间不存在明显的优劣差异。

（1）方差分析的基本步骤

1）计算组间离差平方和、组内离差平方和及其自由度。

2）计算F值。

$$F=\frac{\text{组间离差平方和 / 组间自由度}}{\text{组内离差平方和 / 组内自由度}}=\frac{\text{组间方差}}{\text{组内方差}} \qquad \text{式（1-17-8）}$$

3）给定显著性水平α，按自由度$f_1=k-1$，$f_2=N-k$，查F_α。

4）比较F与F_α，若$F>F_\alpha$，则称考察因素的各水平间有显著性差异，即考察因素对实验测评值有显著影响，显著性水平为 α；否则，称考察因素的各水平间无显著性差异，即考察因素对实验测评值无显著影响。

（2）两两间的多重比较（Newman-Keuls 法）：若因素对实验测评值有显著影响，还要进一步分析差异发生在哪些组之间，哪些组对实验测评值的影响最为有利。通常用 q 检验法来完成。计算步骤如下：

1）计算各组均数和组内标准差 S_e。

2）将各组均数由大到小排列，并重新标记为 A，B，C……。

3）对任意两个不同水平组，计算 q 值：

$$q=\frac{|x_i-x_j|}{\sqrt{\frac{S_e}{2}\left(\frac{1}{n_i}+\frac{1}{n_j}\right)}} \quad \text{式(1-17-9)}$$

这里，n_i、n_j 分别是第 i 组和第 j 组的重复实验次数。

若各组重复实验次数相同时，即 $n_1=n_2=\cdots=n_k=n$，有

$$q=\frac{|x_i-x_j|}{\sqrt{\frac{S_e}{n}}} \quad \text{式(1-17-10)}$$

4）给定显著性水平 α，按自由度（$N-k$）及处理数 a，查临界值 q_α。

其中，处理数 a 是正在比较的两组间包含的组数。如对已排序的 A，B，C，D 四个均数，比较 A，B 时，a 为 2；比较 A，C 时，a 为 3；比较 A，D 时，a 为 4。

5）若 q 值 $<q_\alpha$，则 $P>\alpha$，水平 i 与水平 j 间差异不显著；若 q 值 $\geq q_\alpha$，则 $P<\alpha$，水平 i 与水平 j 间存在显著性差异，显著性水平为 α。α 通常取为 0.05 或 0.01。

举例说明上述步骤及应用如下：

【例】研究乙醇浓度对某中药浸出物量的影响。在 50%、60%、70%、90%、95% 五个水平下进行重复实验，得数据如表 1-17-13。

表 1-17-13 不同浓度乙醇的条件下某中药浸出物量数据

实验号 j	水平 i				
	1	2	3	4	5
	50%	60%	70%	90%	95%
1	67	60	79	90	98
2	67	69	64	70	96
3	55	50	81	79	91
4	42	35	70	88	66
合计	231	214	294	327	351
均数	57.75	53.50	73.50	81.75	87.75

用表 1-17-14 所示的表格进行计算。

表 1-17-14　方差分析计算表

重复序号	水平 i					左边各数之和
	1	2	3	4	5	
1	67	60	79	90	98	
2	67	69	64	70	96	
3	55	50	81	79	91	
4	42	35	70	88	66	
各列数据之和	231	214	294	327	351	1 417
各列和的平方	53 361	45 796	86 436	106 929	123 201	415 723
各列平方的和	13 767	12 086	21 798	26 985	31 457	106 093

所以，组间离差平方和 =415 723/4−（1 417）^{2}/20=3 536.3

组间自由度 $=k-1=4$

组内离差平方和 =106 093−415 723/4=2 162.25

组内自由度 $=N-k=20-5=15$

F=（3 536.3/4）/（2 162.25/15）=6.13

给定显著性水平 α=0.05，0.01，按自由度 $f_1=4$，$f_2=15$，查得 $F_{0.05}=3.06$，$F_{0.01}=4.89$。

因此，乙醇浓度变化对浸出物量有极显著影响，或记为“$P<0.01$”，此时需要进一步查明对浸出物量最为有利的水平。

注意到，各水平下的重复实验次数相等，即 $n_1=n_2=n_3=n_4=n_5=n=4$。

又

$$S_e=\sqrt{2\ 162.\ 25/15}=\sqrt{144.\ 15}$$

$$\sqrt{S_e/n}=\sqrt{144.\ 15/4}=6.\ 003\ 12$$

对任两个不同水平组，计算得 q 值列于表 1-17-15。

表 1-17-15　q 值表

x_j	x_i			
	A x_5 =87.75	B x_4=81.75	C x_3=73.50	D x_1=57.50
B　x_4= 81.75	0.999 5（2）			
C　x_3= 73.50	2.373 8（3）	1.374 3（2）		
D　x_1=57.50	5.039 1（4）*	4.039 6（3）*	2.665 3（2）	
E　x_2= 53.50	5.705 4（5）**	4.705 9（4）*	3.331 6（3）	0.666 3（2）

给定显著性水平 α=0.05、0.01，按自由度 15 及 a=2，3，4，5，查 q_α，得

a=2：$q_{0.05}=3.01$　$q_{0.01}=4.17$

a=3：$q_{0.05}=3.67$　$q_{0.01}=4.83$

$$a=4: q_{0.05}=4.08 \quad q_{0.01}=5.25$$
$$a=5: q_{0.05}=4.37 \quad q_{0.01}=5.56$$

由此可得，第五水平（乙醇浓度为 95%）、第四水平（乙醇浓度为 90%）分别与第一、二水平（乙醇浓度分别为 50%、60%）的浸出物量间有显著差异；其余水平间浸出物量无显著差异。又由于第四、五水平的浸出物量间无显著差异，因此，若需要保持较高浸出物量又便于溶剂回收利用，取第四水平为好。

应该注意：方差分析的两个重要前提是正态性和方差齐性。正态性即各水平下的重复实验数据服从同一正态分布；方差齐性则是指不同水平所对应的正态总体，数据的离散程度即方差应相等。严格说来，这两个前提应通过数据的正态性检验和方差齐性检验来证实，但在实际工作中若能做到：除了所考察的因素在变化之外，其他因素、条件均控制相同，使得实验数据间的差异仅仅由不可控制的随机因素所致，也常常可以直接用方差分析来进行数据分析。

17. 多组比较实验中，组间差异和组内差异分别代表什么含义？

多组比较实验中，导致实验结果间差异的原因不外来自两方面：各考察因素导致的差异，称为因素变差；随机因素（包括不可控制和未加控制的因素）导致的差异，称为随机误差。

例如，研究 50%、60%、70%、90%、95% 五个乙醇浓度对某中药浸出物量的影响，得重复实验数据如表 1-17-16（此表与表 1-17-13 相同，此处为便于说明，用表 1-17-16 列出）。

表 1-17-16 不同浓度乙醇下某中药浸出物量数据

实验号 j	水平 i				
	1	2	3	4	5
	50%	60%	70%	90%	95%
1	67	60	79	90	98
2	67	69	64	70	96
3	55	50	81	79	91
4	42	35	70	88	66
合计	231	214	294	327	351
均数	57.75	53.50	73.50	81.75	87.75

可见，在相同乙醇浓度下，各重复实验数据间存在差异，这种差异显然是由随机因素即不可控制和未加控制的因素造成的，称为随机误差；在不同乙醇浓度间，各重复实验的数据平均值之间亦存在差异，这种差异则是由乙醇浓度变化和随机误差共同造成的，即因素变差与随机误差之和。

实际上，在数据分析中，很难把因素变差与随机误差这两部分严格分开，一般只能获得数据的组间差异和组内差异值，但这对于分析已经足够了。

组内差异代表随机因素引起的实验结果的差异，组间差异则代表了各考察因素变化引起的数据波动和随机因素引起的数据波动之和。因此，将组间差异与组内差异进行比较，如果组间差异相对要大得多，就可以获得“与实验误差相比，因素作用显著”的结论。

18. 如何对正交实验的结果进行分析？

对正交实验的结果，可采用直观分析法和方差分析法进行分析。

（1）直观分析法的基本步骤

1）计算各因素的相同水平所对应的测评指标值之和，K_1 表示因素的 1 水平所对应的指标值之和，K_2 表示因素的 2 水平所对应的指标值之和，等。

2）计算极差 R，即因素水平指标均值的最大值与最小值之差的绝对值。

3）比较 R 值大小，得出因素影响显著性的主次。R 较大的影响较大，反之较小。

4）根据指标期望方向和各显著因素 K 值大小，确定最好水平，进而得到最好的水平组合。

（2）方差分析法的基本步骤

1）计算各因素的相同水平所对应的测评指标值之和，计为 K_i。

2）计算各因素的离差平方和 S_i，误差的离差平方和 S_e。计算公式如下：

修正项 $CT=(\Sigma Y_i)^2/N$　　N 为总的实验次数　　式（1-17-11）

$S_i=(\Sigma K_i^2)/n-CT$　　n 为相同水平重复数　　式（1-17-12）

以空白列作为误差列时，

$$S_e=S_{空白}$$ 式（1-17-13）

无空白列但有重复实验时，

$$S_e=S_{总}-\Sigma S_{列}$$ 式（1-17-14）

3）计算因素或误差的自由度 f_i 及其方差 MS_i

f_i= 相应列中水平重复次数 −1　　式（1-17-15）

因素或误差的离差平方和除以其自由度，得相应的方差（或称均方）MS_i

$$MS_i=S_i/f_i$$ 式（1-17-16）

4）计算各因素的 F 值 F_i

$$F_i=MS_i/MS_e$$ 式（1-17-17）

5）各 F_i 值与临界值 F_α 比较，得出显著性结论。

F_α 可取为 $F_{0.01}$、$F_{0.05}$、$F_{0.10}$、$F_{0.25}$ 等，结论分别为：极显著性、显著性、一定显著性和一定差异。

现以表 1-17-17 的实验结果为例说明上述分析过程。

表 1-17-17　实验结果 $L_9(3^4)$

实验号	列号 1	2	3	4	提取物得量
	A	B	C		
1	1	1	1	1	3.18
2	1	2	2	2	2.57
3	1	3	3	3	3.09
4	2	1	2	3	3.22
5	2	2	3	1	3.48
6	2	3	1	2	3.56
7	3	1	3	2	4.00
8	3	2	1	3	4.29
9	3	3	2	1	3.45
K_1	8.84	10.40	11.03	10.11	Σ=30.84
K_2	10.26	10.34	9.24	10.13	
K_3	11.74	10.10	10.57	10.60	
R	2.9/3	0.3/3	1.79/3	0.49/3	

由直观分析，可得：

因素影响的显著性依次为：A>C>B

最好水平组合为：$A_3B_0C_1$（B_0 表示可在 3 个水平中任选）

由方差分析，有以下数据：

$$CT=(\Sigma Y_i)^2/N=(3.18+2.57+3.09+3.22+3.56+\cdots)^2/9$$
$$=951.10/9=105.68$$

$S_A=(\Sigma K_i^2)/n-CT$

$=(8.84^{10.26}+10.26^2+11.74^2)/3-105.68$

$=321.24/3-105.68=1.40$

$MS_A=S_A/f_A=1.40/2=0.70$

$F_A=MS_i/MS_e=0.70/0.0076=92.10$

依次计算，并以空白列作误差估计，列出方差分析表。见表 1-17-18。

表 1-17-18　方差分析表

变异来源	S	f	MS	F
A	1.40	2	0.70	28.22
B	0.015 2	2	0.007 6	0.306
C	0.574	2	0.287	11.57
误差$_{空白列}$	0.049 7	2	0.024 8	

注：$F_{0.05}(2, 2)=19.0$。

因素 B 与误差比较不显著，故可与误差合并。合并后方差分析表为 1-17-19。

表 1-17-19　合并误差后的方差分析表

变异来源	S	f	MS	F
A	1.40	2	0.70	43.75
C	0.574	2	0.287	17.94
合并误差	0.064 9	4	0.016	

注：$F_{0.05}(2,4)=6.49$。

所以，因素 A、C 对提取物得量有显著影响，B 无显著影响。最好水平组合为：A_3C_1B。B 可在 3 个水平中任意选择。

19. 预留了空白列的正交表，应该怎样进行数据分析？

对既有重复实验，表头设计又留有空白列的正交设计，方差分析中有两个误差项——实验误差项和空白列（即未加考察因素）的误差。

原则上，应将考察因素以及空白列的方差先与实验误差比较，得出显著性结论。若空白列不显著，将其并入实验误差，再作显著性检验；若显著，则应进一步分析空白列中包含了哪些对指标影响显著但未加考察的因素。

在没有重复实验的正交设计中，一般是把离差平方和较小的空白列合并作为误差估计，并利用其对被考察因素的显著性进行检验。但应注意，这种情况下，仅当空白列的误差较小时，才能作为误差估计列；否则，若其极差较大或离差平方和较大，或与某些因素列相比有显著性差异时，就要考虑该空白列不是只包含了实验误差，很可能实验设计漏掉了重要的影响因素或因素的交互作用。

可见，对预留了空白列的正交设计，有重复实验和无重复实验情况下的结论是有区别的。对有重复实验的正交设计，显著性结论是相对于实验误差而下的；对无重复实验的情况，结论则是相对于实验误差以及所有未加考察的因素而下的。

20. 如果正交实验表明所考察的因素间存在交互作用，如何分析交互作用下最优水平的搭配？

实际工作中，正交实验所考察的交互作用通常为一对因素的交互作用。一对因素的交互作用可视为一个考察因素，只是交互作用在正交表上所占的列数不一定与单纯因素所占列数相同，由因素自由度的乘积而定。当交互作用列的极差（或 F 值）值较各单纯因素的极差（或 F 值）值还大时，说明两考察因素间存在明显的交互作用。

当因素 A 和 B 存在明显交互作用时，A、B 最优水平的确定要用二元表来计算和确定。所谓二元表，是两因素各种搭配下对应数据之均值（或对应数据之和）而列成的表。

下面是一个实例，见表 1-17-20。

表 1-17-20　表头设计、测评值、直观分析计算

实验号	因素 A	B	A×B	C			D	收率 /%
	1	2	3	4	5	6	7	
1	1	1	1	1	1	1	1	65
2	1	1	1	2	2	2	2	74
3	1	2	2	1	1	2	2	71
4	1	2	2	2	2	1	1	73
5	2	1	2	1	2	1	2	70
6	2	1	2	2	1	2	1	73
7	2	2	1	1	2	2	1	62
8	2	2	1	2	1	1	2	67
Ⅰ	283/4	282/4	268/4	268/4	276/4	275/4	273/4	∑555
Ⅱ	272/4	273/4	287/4	287/4	279/4	280/4	282/4	
R	11/4	9/4	19/4	19/4	3/4	5/4	9/4	

可见，由极差所得考察因素的显著性依次为：

A×B，C＞A＞B，D

应注意到，因素 A、B 的交互作用 A×B 对收率的影响显著大于因素 A、B 的单独作用，因此，应确定 A、B 的最佳搭配。

对本例，有因素 A、B 的二元表见表 1-17-21：

表 1-17-21　因素 A、B 二元表

A	B1	B2
A1	（65+74）/2=139/2	（71+73）/2=144/2
A2	（70+73）/2=143/2	（62+67）/2=129/2

可见，A1 与 B2 或 A2 与 B1 搭配有较高的收率。

21. 只用成分转移率作为中药提取工艺优选的测评指标，存在什么弊病？

中药成分复杂，药效各异，组成的复方亦非药物的简单相加。因此，在“中药新药研究的技术要求”中，要求采用准确、简便、具有代表性、可量化的综合性评价指标和方法，优选合理的提取工艺条件。

大量实践表明，中药制剂提取工艺优选，用单一测评指标——某有效成分或特征成分的转移率或收率来评价实验的好坏时，可能会得出错误的结论。例如：一些比较稳定的可溶性成分，提取溶剂用得越多，提取次数越多，提取时间越长，转移率或收率越大。从专业知识来看，这是显而易见的。但是由于中药的多元性和复杂性，中药总提取物不仅含有所考察的有效或特征成分，同时还含有其他成分或杂质。因此，比较合理的测评指标，既要考虑收率的高低，还要考虑杂质的多少。

大量实践还表明，提取工艺优选用有效成分或特征成分作评价指标时，有时会与主要

药效学指标有较大的差距。因此，有提倡用主要药效学指标作为工艺优选的评价指标。但是，目前主要药效学指标在实践中还存在诸多问题需要认真解决，如精确量化难、个体差异大、测定费用高、实验周期长等。

综上，在对中药制剂的提取工艺进行优选时，评价指标要尽量兼顾有效成分或部位收率的高低和杂质的多少，还要尽可能考虑与主要药效的一致性。否则，得出的结论将不全面甚至产生误导。

22. 正交实验最优条件确定之后，如何估计该条件下测评指标的期望值？

在正交设计中，最佳水平组合确定后，通常应计算该条件下的指标均值（又称工程平均），然后做该条件下的重复或放大实验，比较计算值和实测值，从而验证所得最优条件的可靠性。

最优条件下的指标均值为$\mu_{条件}$，有：

$$\mu_{条件}=数据总平均+显著因素优选水平的效应之和 \quad 式(1\text{-}17\text{-}18)$$

其中，因素优选水平的效应 = 因素优选水平的数据均值 – 数据总平均

这里，显著因素也包括显著交互作用。

例如，上例中汉防己甲素、乙素提取条件的最佳水平组合为：A_4C_2，再取较短浸泡时间即B_1，则该最优条件下的指标均值如下计算。

因为本例中数据总平均 =4.486/8=0.561，

所以，对甲素有

$$\begin{aligned}\mu_{A4B1C2}&=0.561+(1.284/2-0.561)+(2.165/4-0.561)+(2.467/4-0.561)\\&=0.561+0.081-0.020+0.056\\&=0.678\end{aligned}$$

$$\begin{aligned}\mu_{A4B1C2}&=0.561+(1.284/2-0.561)+(2.321/4-0.561)+(2.467/4-0.561)\\&=0.561+0.081+0.020+0.056\\&=0.718\end{aligned}$$

同理对乙素有

$$\begin{aligned}\mu_{A4B1C2}&=0.404+0.146\,5-0.028\,5+0.1\\&=0.622\end{aligned}$$

$$\mu_{A4B1C2}=0.679$$

23. 用分割法安排时间长、工序多的正交实验是怎么回事？

对周期较长的实验，若实验分为若干道工序，各工序又只包含了部分考察因素，则应考虑用分割法安排实验，以减少实验次数，缩短实验周期。

下面是一个用分割法安排正交实验的例子。

优选某中药片剂的生产工艺，考察因素水平如表 1-17-22。

如选用$L_8(2^7)$表并将因素 A、B、C、D、E 分别排在第 1、2、3、4、5 列上，则用分割法安排实验如下：第 1、2 号，第 3、4 号，第 5、6 号，第 7、8 号按 2 倍量投料，加崩解剂、黏合剂等

制粒，至湿粒干燥时均分为两份，再继续按各自规定的条件做实验。

表 1-17-22　某中药片剂成型工艺优选的因素水平表

水平	因素				
	A	B	C	D	E
	崩解剂用量[①]（内加量：外加量）	淀粉浆浓度／（g·ml^{-1}）	聚山梨酯80／%	干粒含水量／%	滑石粉用量[②]／%
1	3：4	4	0	8～10	1
2	2：5	6	0.1	6～8	0.5

注：①总用量为原料量的 1/6；②固定硬脂酸镁用量为 0.1%。

应注意：分割法安排的实验因较复杂、工序多、周期长，应特别强调实验的随机化。此外，用分割法安排的实验，由于某些因素各水平的重复次数少了，因此，重复次数不同的因素在进行方差分析时，检验用的误差是不同的。

24. 中药制药研究中，怎样应用回归分析？

在中药制药工艺技术研究中，常见的回归模型有线性回归模型，非线性回归模型等。

线性回归模型假定因变量与自变量间存在线性关系，即：

$$y=b_0+b_1x_1 \qquad （一元） \qquad 式（1-17-19）$$

或

$$y=b_0+b_1x_1+b_2x_2+\cdots+b_px_p \qquad （多元） \qquad 式（1-17-20）$$

非线性模型中最为常见的是指数模型和二次多项式模型。指数模型如：

$$y=a\mathrm{e}^{bx} \qquad 式（1-17-21）$$

$$y=a_1\mathrm{e}^{b_1x_1}+a_2\mathrm{e}^{b_2x_2} \qquad 式（1-17-22）$$

二次多项式模型如：

$$\hat{y}=b_0+b_1x_1+b_2x_2+b_3x_1^2+b_4x_2^2+b_5x_1x_2 \qquad 式（1-17-23）$$

按自变量数目，回归模型又可分为一元回归模型和多元回归模型。

（1）一元线性回归分析方法：主要有以下步骤。

1）计算回归系数 b_0，b 及相关系数 r，建立变量 y 与 x 的回归方程。

2）计算各种离差平方和及 F 值，由显著性水平 α 及自由度 $f_1=1$、$f_2=n-2$，查临界值 F_α，比较 F 与 F_α，得出回归方程的显著性结论。

3）回归方程建立并检验为显著后，用回归方程进行预报与控制。

必要时，对变量先进行变量替换，建立新变量的线性回归方程，再转换为原变量的非线性回归方程。

（2）多元线性回归分析方法：主要有以下步骤。

1）建立多元线性回归方程：包括列表计算相关系数，建立标准回归方程，转化为原变量的回归方程。

2）对多元线性回归方程进行统计检验：计算各种平方和如 $S_{回}$、$S_{剩}$、$S_{总}$及 F 值，给定显著性水平 α，由自由度 $f_1=p$，$f_2=n-p-1$，查 F 表，比较 F 与临界值 F_α，得出回归方程的显著性结论。

3）利用回归方程进行预报与控制：必要时，对变量先进行变量替换，建立新变量的线性回归方程，再转换为原变量的非线性回归方程。

（3）逐步回归分析方法：注意，在研究工作中，常常是从可能影响因变量 y（如收率）的许多因素中挑选一批因素作为自变量，然后通过实验数据建立回归方程。由于认识的局限性，事先挑选的这些自变量有的对 y 有显著影响，而有的则不起作用或作用很小；又由于自变量间的相互影响，有些自变量单独看对 y 有影响，而与其他自变量共存时，其影响又变得无足轻重。因此，常常要用逐步回归分析方法来建立这样一个"最优"回归方程：它包含了所有对 y 影响显著的变量，而不包含对 y 影响不显著的变量。这样，既可使预报点的自变量测定数达到最小，又不致因多余的不显著变量的存在而影响回归方程的稳定性，从而提高预报效果。

常用的逐步回归分析方法有后退法和前进法。

1）后退法：从包含全部自变量的回归方程中逐个剔除不显著因子。首先建立全部自变量的线性回归方程，然后对每个因子做显著性检验，剔除最不显著的因子，重新建立回归方程。重复上述过程，直至所建立的回归方程中所有因子都显著为止。这种方法在不显著因子不多时，可以采用。

2）前进法：从一个自变量开始，将变量逐个引入回归方程，引入的自变量应是未引入自变量中对 y 作用最显著的；同时，每引入一个新的自变量，要逐个检验已引入的变量，将其中对 y 作用变得不显著的剔除掉。此过程重复进行，直至所有未引入自变量中不再有作用显著的且所有已引入自变量中不再有不显著的时候，就得到了"最优"回归方程。这是目前广泛使用的逐步回归分析方法。

25. 偏最小二乘回归模型有何特点？如何应用？

偏最小二乘回归（partial least squares regression，PLSR），是工业研究和生产过程中应用最为普遍的化学计量学工具之一。通常，工业历史生产数据没有经过实验设计（即不满足正交性），含有共线性变量和大量的噪声。而 PLSR 算法可以利用工业数据中过程参数变量和产品质量参数变量之间的潜在关系，建立过程模型。与传统的经典回归分析相比，PLSR 有以下特点。

（1）经典回归模型系数的估计基于最小二乘（least squares）法，其前提假设是变量间不存在多重共线性（multicollinearity）。当变量之间存在高度相关性时，用偏最小二乘回归进行建模，可获得回归系数的稳健估计。

（2）PLSR 可以在样本容量小于变量个数的情况下进行回归分析。

以下简述 PLSR 算法的基本原理。

假定自变量数据为矩阵 X（大小 $m\times n$，即含 m 个观测和 n 个变量），响应变量为 Y（大小 $m\times q$，q 为响应变量的数目），则 PLSR 可以建立 X 和 Y 之间的关系模型：

$$Y=XB+E \tag{1-17-24}$$

式（1-17-24）中，B（大小为 $n\times q$）为回归系数矩阵，E 为误差项（大小 $m\times q$）。PLSR 算法

的基本假设是存在少量潜变量(latent variable，LV)，作为原始变量 X 的线性组合，并保留 X 中的大部分能够预测 Y 的信息。利用这些潜变量(得分，scores)可建立 PLSR 模型如下：

$$Y=TV+E \qquad 式(1\text{-}17\text{-}25)$$

式(1-17-25)中，T(大小 $m\times p$，p 为潜变量数)为得分矩阵；V(大小 $p\times q$)为内部回归系数矩阵。PLSR 算法通过权重向量 W 和负荷向量 P 生成得分矩阵 T：

$$T=XW(P^TW)^{-1} \qquad 式(1\text{-}17\text{-}26)$$

式(1-17-26)中，W(大小 $n\times p$)通过最大化得分矩阵和响应矩阵之间的协方差的方式计算；P 为大小 $n\times p$ 的矩阵。采用非线性迭代偏最小二乘法(non-linear iterative partial least squares，NIPALS)或简单偏最小二乘法(simple partial least squares，SIMPLS)可以对得分矩阵 T 进行估计。一旦获得 T，即可通过普通最小二乘根据公式 $Y=TV+E$ 计算内部回归系数 V：

$$\hat{V}=(T^TT)^{-1}T^TY \qquad 式(1\text{-}17\text{-}27)$$

给定一个样本向量 x(大小 $n\times 1$)，则 x 被首先投影到潜变量空间，产生得分向量 t(大小 $p\times 1$)：

$$t=(W^TP)^{-1}W^Tx \qquad 式(1\text{-}17\text{-}28)$$

然后，相应的响应变量 $\hat{y}$ 可以通过式(1-17-30)进行估计：

$$\hat{y}=t^T\hat{V} \qquad 式(1\text{-}17\text{-}29)$$

响应变量 $\hat{y}$ 的估计也可以根据原始变量和外部回归系数计算，外部回归系数 B 可以由式(1-17-30)估计：

$$\hat{B}=W(P^TW)^{-1}V \qquad 式(1\text{-}17\text{-}30)$$

潜变量的数目决定了 PLSR 模型的复杂程度，因此需要对潜变量数目进行优选。通常在模型的构建过程中采用交叉验证的方法(如留一交叉验证法，LOO)或独立测试集验证的方法来考察所建模型的预测性能。例如，一般情况下，预测误差平方和(predicted residual error sum of square，PRESS)值随着潜变量的增加而降低，当 PRESS 值达到最低或变化基本稳定时，可以获得最优潜变量数。

以下通过不同批次羟丙甲纤维素(HPMC)物性差异对三七总皂苷(PNS)凝胶骨架片质量一致性的影响为例，介绍 PLSR 模型的应用[8]。

PNS 凝胶骨架片的制备：三七总皂苷凝胶骨架片处方组成为 PNS 提取物 57%(质量分数)，乳糖 23%(质量分数)，HPMC K4M 19%(质量分数)和 HPMC K15M 1%(质量分数)。按照处方量称取 PNS 提取物、乳糖、HPMC K4M 和 HPMC K15M，采用等量递增法将原辅料充分混合均匀后，加入 0.3% 硬脂酸镁混合均匀，φ10mm 粉末直接压片，压片厚度和预压厚度分别为 3.0mm 和 3.4mm，制备 PNS 凝胶骨架片。

不同批次 HPMC K4M 物性表征：测试辅料的 15 个粉体指标，包括 D_{10}、D_{50}、D_{90}、失水山梨醇脂肪酸酯、松密度、振实密度、粒径<50μm 百分比、相对均齐度指数、豪斯纳比、休止角、颗粒间孔隙率、卡尔指数、内聚力指数、干燥失重和吸湿性，分别反映粉体堆积性、均一性、流动性、可压性和稳定性等。从各 HPMC K4M 样品的检验报告中收集羟丙氧基含量（HP%）、甲氧基含量（MeO%）和黏度（viscosity）参数信息。

PNS 凝胶骨架片人参皂苷 Rg_1 的 12 小时溶出度预测模型：以人参皂苷 Rg_1 在 12 小时的累积释放度为因变量，以 HPMC K4M 的 15 个粉体指标以及 HP%、MeO% 和黏度为自变量，建立 PLSR 模型以理解辅料变异对 PNS 凝胶骨架片溶出性能的影响。采用 R^2 和 Q^2 作为评价模型拟合性能优良的指标，共选择 2 个潜变量（LVs），模型评价结果如表 1-17-23 所示。由表中数据可得，PLSR 模型的累积 Q^2Y 为 54.7%，表明模型具有一定的预测性，但预测性较差。所建模型的累积 R^2Y 为 84.4%，表明模型的拟合性能良好，解释了因变量 84.4% 的变异信息。模型的累积 R^2X 为 73.1%，表明 PLSR 模型解释了自变量 73.1% 的变异信息。

表 1-17-23　PLSR 模型评价结果指标值

LVs	R^2X /%	R^2X_{cum} /%	R^2Y /%	R^2Y_{cum} /%	Q^2Y /%	Q^2Y_{cum} /%
1	54.5	54.5	57.7	57.7	38.1	38.1
2	18.6	73.1	26.7	84.4	16.6	54.7

计算各自变量的 VIP 值，VIP>1 的变量包括 D_{10}、D_{90}、失水山梨醇脂肪酸酯和水分，表明辅料 HPMC K4M 的这些物理性质是决定人参皂苷 Rg_1 在 12 小时的累积释放度的主要因素，即影响 PNS 凝胶骨架片溶出性能的关键因素。

26. 如何由均匀设计实验数据建立多元回归方程?

均匀设计实验数据通常构成一 $n\times p$ 矩阵，其中 n 是实验次数，p 是考察因素数目 +1（测评指标）。记测评指标为 y，考察因素为 x_1，x_2，……，x_p，则实验数据矩阵的一般形式为

$$
\begin{matrix}
x_{11} & x_{12} & \cdots & x_{1p} & y_1 \\
x_{21} & x_{22} & \cdots & x_{2p} & y_2 \\
\cdots & & & & \\
x_{n1} & x_{n2} & \cdots & x_{np} & y_n
\end{matrix}
$$

由均匀实验数据建立多元回归方程，就是利用统计分析手段，建立 y 与 x_1，x_2，……，x_p 之间的数学关系。

假定 y 与 x_1，x_2，…，x_p 间存在线性关系，则建立如下回归方程：

$$\hat{y}=b_0+b_1x_1+b_2x_2+\cdots+b_px_p \qquad 式(1\text{-}17\text{-}31)$$

假定 y 与 x_1，x_2 间存在二次多项式关系，则建立如下回归方程：

$$\hat{y}=b_0+b_1x_1+b_2x_2+b_3{x_1}^2+b_4{x_2}^2+b_5x_1x_2 \qquad 式(1\text{-}17\text{-}32)$$

亦可通过逐步回归分析来建立一个“最优”回归方程：它包含了所有对 y 影响显著的变量，而不包含对 y 影响不显著的变量。这样，既可使预报点的自变量测定数达到最小，又不

致因多余的不显著变量的存在而影响回归方程的稳定性，从而提高预报效果。

实验数据的回归分析包括逐步回归分析通常是借助计算机统计软件来完成的。下面是一个分析实例（表 1-17-24）。

表 1-17-24　回归分析实验设计表

实验号 k	变量 x_j			
	x_1/%	x_2/h	x_3/ml	y/%
1	10	15	550	10.8
2	30	21	500	8.5
3	50	12	450	7.2
4	70	18	400	5.7
5	90	24	600	2.3

注：x_1 为醇浓度，x_2 为浸泡时间，x_3 为溶剂用量，y 为白术出膏率。

其数据矩阵即

$$\begin{matrix} 10 & 15 & 550 & 10.8 \\ 30 & 21 & 500 & 8.5 \\ 50 & 12 & 450 & 7.2 \\ 70 & 18 & 400 & 5.7 \\ 90 & 24 & 600 & 2.3 \end{matrix}$$

用统计软件将表中数据输入后进行多元线性回归，得 y 与各因素间的回归方程：

$$\hat{y} = 15.020\,4 - 0.096x_1 - 0.040\,1x_2 - 0.005\,2x_3$$

进行多元逐步线性回归（选入、剔除门限值均取为 5），得 y 与各因素间的回归方程：

$$\hat{y} = 15.05 - 0.099x_1 - 0.006\,4x_3 \qquad (P < 0.01)$$

27. 如何评价回归模型的可靠性？

评价回归模型可靠性的方法和指标有很多，常用的有以下几种。

（1）回归模型检验：检验回归模型的好坏常用的是 F 检验，F 检验验证的是偏回归系数是否不全为 0（或全为 0）。

$$y=\beta_0+\beta_1x_1+\beta_2x_2+\beta_3x_3+\cdots+\beta_nx_n+\varepsilon \quad \rightarrow \quad y=X\beta+\varepsilon$$

其中 β 为 $n\times 1$ 的一维向量。

F 检验假设：

$$H_0: \beta_0=\beta_1=\cdots=\beta_p=0$$
$$H_1: \text{系数 } \beta_0, \beta_1, \cdots, \beta_p \text{ 不全为 } 0$$

H_0 为原假设，H_1 为备择假设。F 检验拒绝原假设的条件为计算的 F 检验的值大于查到的理论 F 值。

计算公式为：

$\Sigma_{i}^{n}(y_i-\hat{y}_i)^2=ESS$　真实值和估计值差的平方和

$\Sigma_{i}^{n}(\hat{y}_i-\bar{y})^2=RSS$　估计值和平均值差的平方和

$\Sigma_{i}^{n}(y_i-\bar{y})^2=TSS$　真实值和平均值差的平方和

其中 *ESS* 和 *RSS* 都会随着模型的变化而发生变化（估计值变动）。而 *TSS* 衡量的是因变量和均值之间的离差平方和，不会随着模型的变化而变化。

由以上公式构造 *F* 统计量：

$$F=\frac{RSS/p}{ESS/(n-p-1)}\sim F(p,n-p-1)$$　式（1-17-33）

式（1-17-34）中，n 为数据集向量的行数，p 为列数（自变量的个数），n 为离差平方和 *RSS* 的自由度，$n-p-1$ 为误差平方和 *ESS* 的自由度，模型拟合越好，*ESS* 越小，*RSS* 越大，*F* 值越大。

（2）回归模型失拟检验：回归模型失拟检验是一种用于判断回归模型是否可以接受的检验。判断模型好坏主要通过残差分析，而残差是由两部分组成的：一部分是随机的，即使模型拟合得再好，它也消除不了，称为随机误差或纯误差；另一部分与模型有关，模型合适，这部分的值就小，模型不合适，这部分的值就大，称为失拟误差。失拟检验是以失拟误差对纯误差的相对大小来作判断的。假如失拟误差显著大于纯误差，那么放弃模型；如并不显著大于纯误差，那么可以接受该模型。失拟检验的前提是要求在自变量的若干值处进行重复实验。

在研究因变量 y 与自变量 x 的相关关系表达形式时，若在同一 x 有重复实验或观察时，可以对回归函数是否为 x 的线性函数进行检验，称为失拟检验。即要检验的假设为：

$H_0: Ey=\beta_0+\beta_1x \quad H_1: Ey\neq\beta_0+\beta_1x$　（1）

设这时所收集的观察数据为 (x_i, y_{ij})，$j=1,2,\cdots,m_i$，$i=1,2,\cdots,n$，其中至少一个 $m_i\geqslant 2$，记 $N=\sum_{i=1}^{n}m_i$，则可以先对 N 组数据建立 y 关于 x 的一元线性回归方程 $\hat{y}=\hat{\beta}_0+\hat{\beta}_1x$，并作平方和分解 $SST=SSR+SSE$，那么检验假设（1）的统计量是：

$$F=\frac{S_{Lf}/f_{Lf}}{S_e/f_e}$$

拒绝域为：

$$\{F>F_{1-a}(f_{Lf},f_e)\}$$

其中

$$S_e=\sum_{i=1}^{n}\sum_{j=1}^{m_i}(y_{ij}-\bar{y}_i)^2, f_e=N-n$$

分别称为误差的偏差平方和与它的自由度，而 $\bar{y}_i=\frac{1}{m_i}\sum_{j=1}^{m_i}y_{ij}$；

$$S_{Lf}=\sum_{i=1}^{n}m_i(\bar{y}_i-\hat{y}_i)^2=SSE-S_e, f_{Lf}=n-2$$

分别称为失拟平方和与它的自由度，而 $\hat{y}_i=\hat{\beta}_0+\hat{\beta}_1x_i$。

尽管失拟检验原则上能够检验任何种类的回归模型，但通常用它来检验模型的线性假设是否合理。

（3）模型评价指标：模型评价指标又称模型的品质因数，包括决定系数和各种误差和偏差的计算方法。

R^2（决定系数）

$$R^2=1-\frac{\sum(Y_a-Y_P)^2}{\sum(Y_a-Y_m)^2} \tag{式(1-17-34)}$$

式中，Y_a 为实际的 Y 值，Y_p 为预测的 Y 值，Y_m 为 Y 值的平均值。

分母为原始数据的离散程度，分子为预测数据和原始数据的误差，二者相除可以消除原始数据离散程度的影响。

决定系数是通过数据的变化来表征一个拟合的好坏。正常取值范围为[0，1]，越接近1，表明方程的变量对 y 的解释能力越强，这个模型对数据拟合得也较好；越接近0，表明模型拟合得越差。其缺点为数据集的样本越大，R^2 越大。决定系数代表预测的扩展，在模型评价时需结合误差和偏差指标综合考虑。如高的预测误差平方和（PRESS），而 R^2 可能接近1。

平均绝对误差：平均绝对误差（MAE）就是指预测值与真实值之间平均相差多大。

$$\text{MAE}=\frac{1}{n}\sum_{i=1}^{n}|Y_P-Y_a| \tag{式(1-17-35)}$$

式中，Y_a 为实际的 Y 值，Y_p 为预测的 Y 值。

MSE（mean square error）为均方误差，是回归任务最常用的性能度量。常用其开平方形式，即RMSE（root mean square error）均方根误差。

$$\text{MSE}=\frac{1}{n}\sum_{i=0}^{n-1}(Y_a-Y_P) \tag{式(1-17-36)}$$

$$\text{RMSE}=\sqrt{\text{MSE}} \tag{式(1-17-37)}$$

式中，Y_a 为实际的 Y 值，Y_p 为预测的 Y 值。

28. 制药工艺多指标综合评分如何实现？

（1）指标的无量纲化：指标的无量纲化可以消除指标间量级不同的影响，可以使各指标转化成可以直接加减的数值，常用的消除定量指标无量纲化的方式如下。

1）阈值比较法

$$y_i=\frac{x_i}{x_0} \tag{式(1-17-38)}$$

x_0 表示阈值，阈值设置得越大，评价指标的反应越迟钝，过小会过于灵敏，需根据实际需求确定，动态评价可以是被评价对象的历史最优水平，也可以是基期水平，若为计划完成情况，可以为计划数，对实际水平的评价可以是同类被评价对象的最好水平或平均水平，阈值大小是可以不断调整的。

2）中心化（均值化）

$$y_i=\frac{x_i}{E} \qquad 式(1\text{-}17\text{-}39)$$

此处的 E 可以是算术平均值，也可以是中位数、总数，根据实际需求来定。

3）规格化

$$y_i=\frac{x_i-\min}{\max-\min} \qquad 式(1\text{-}17\text{-}40)$$

无量纲化之后，数据范围 0～1，表明了数据在全距中的相对位置。

4）标准化

$$y_i=\frac{x_i-\bar{x}}{s} \qquad 式(1\text{-}17\text{-}41)$$

该方法适用于数据量较大的情况，样本数要在 30 以上，评价值在 -1～1。

5）比重法

$$y_i=\frac{x_i}{\sum_{i=1}^{n}x_i}或\ y_i=\frac{x_i}{\sum_{i=1}^{n}x^2} \qquad 式(1\text{-}17\text{-}42)$$

应用数据的结构指标来消除量纲的影响，前一种不适用于有负值的情况，后一种可以根据具体情形用于含负值的情况。以上均为直线型处理方法，也较为常用，其他分段处理的情况可以再扩展。

（2）指标权重设置：基本思想是利用各指标间的相互关系或提供的信息量来确定，实际通过对原始数据经过数学处理获取权重，原始数据所包含的信息包括两种，一种是指标变异程度上的信息差异，一般通过指标的标准差或变异系数来反映；另一种是指标间的相互影响程度，这种信息一般隐含在指标间相关关系矩阵中，以下几种赋权方法均是基于该两点进行的。

1）变异系数法

$$v_i=\frac{s_i}{\bar{x}_i} \qquad 式(1\text{-}17\text{-}43)$$

式中，s_i 表示标准差，i 表示指标，分母表示均值，标准差的计算中，30 个以上的数据使用 n，30 个样本以内使用 $n-1$。标准差反映了数据的平稳性，由变异系数来反映数据所含信息量的大小。

2）相关系数法：相关系数法是根据指标间的相关程度来确定各指标重要性程度的方法。一般来说，某一个评价指标与指标体系中的其他指标信息重复越多，说明该指标的变动越能被其他指标的变动所解释，所以赋给其的权重越小。

3）熵值法：熵值法本质上和变异系数法相类似，通过指标的离散程度来划分权重，熵值越大所包含的信息量就越大，对综合评价的影响越大。

（3）综合评价方法

1）综合评分法：对各项指标的实际值，以同类指标的标准水平 x_0 为基础进行打分，可取均值也可为其他值，每高出或低于标准水平，则分数对应提高或减少，程度由分母 D 决定，具体公式如下：

$$F_i=\left[\frac{x_i}{x_0}\right]+\frac{x_i-x_0}{D} \qquad 式(1\text{-}17\text{-}44)$$

最后基于每个指标的得分，进行线性加权得到综合得分。其缺陷为存在评价对象区分不明显的现象。

2）综合指数法：实际值与标准值进行对比后，再使用线性综合汇总得到综合评分。

$$z=\sum_{i=1}^{p} w_i \frac{x_i}{x_0} \qquad \text{式(1-17-45)}$$

其中 x_0 为标准值，需根据实际需求灵活设置，p 表示评价指标个数，w 表示权重，若把最小值设为 0，则该公式等同于规格化后然后进行线性加权。其缺点是存在线性替代的现象。

3）秩和比评价方法：对各指标或处理后的指标进行排秩，然后对秩进行加权综合处理，进行综合评价，但对于大数据量来说成本较高。秩和比计算公式如下：

$$z=\frac{100}{np}\sum_{i=1}^{p} w_i r_{ij} \qquad \text{式(1-17-46)}$$

秩和比的值越小越好。

4）功效系数法：其实质为规格化后增加 2 个调整参数，参数可以灵活设置，可以用来限定功效系数的取值范围。然后计算功效系数的综合值，可以采用线性综合法，也可采用几何综合法。有一点不同于其他方法的权重设置，一般指标权重可以设置为任意实数，而功效系数法指标权重制定时，一般取 1、2、3，1 表示与其他评价指标相关的指标，2 表示一般重要的指标，3 表示比较重要的指标。

$$d_i=\frac{x_i-x_i^{(s)}}{x_i^{(h)}-x_i^{(s)}}\alpha+\beta;\ \alpha+\beta=1 \qquad \text{式(1-17-47)}$$

5）灰色关联度评价法：两个系统之间的因素，随时间或不同对象而变化的关联性大小的量度，称为关联度。在系统发展过程中，若两个因素变化的趋势具有一致性，即同步变化程度较高，即可谓二者关联程度较高；反之，则较低。因此，灰色关联分析方法，是根据因素之间发展趋势的相似或相异程度，亦即“灰色关联度”，作为衡量因素间关联程度的一种方法。

29. 制药工艺多目标优化如何实现?

数学优化问题一般地是指通过一定的优化算法获得目标函数的最优化解。当优化的目标函数为一个时，称为单目标优化（single-objective optimization problem，SOP）。当优化的目标函数有两个或两个以上时称为多目标优化（multi-objective optimization problem，MOP）。通过多指标综合评分可以将多目标优化转换为单目标优化。但不同于单目标优化的解为有限解，多目标优化的解通常是一组均衡解。因此，多目标优化问题比单目标优化问题更接近工程实践，同时更加复杂，对多目标优化问题的深入研究对于实践应用更具价值。

多目标优化的实现依靠多目标优化算法。目前多目标优化算法归结起来有传统优化算法和智能优化算法两大类。传统优化算法包括加权法、约束法和线性规划法等。智能优化算法包括进化算法（evolutionary algorithm，EA）、粒子群优化算法（particle swarm optimization algorithm，PSOA）、人工免疫系统（artificial immune system，AIS）和蚁群优化算法（ant colony optimization algorithm，ACOA）等。传统优化算法实质上是将多目标函数转化为单目标函数，通过采用单目标优化的方法达到对多目标函数的求解。这样得到的解往往与最优解相去甚远，远远满足不了工程实践的应用要求。智能优化算法通过对自然现象的模拟，从而抽象出符合一定规律的数学模型。智能优化算法具有自组织、自适应等特征，为解决复杂的工程实践提供了重要的技术方法。常用的多目标优化算法具体如下。

（1）线性规划：下面介绍最常用的线性规划。在数学中，线性规划（linear programming，LP）特指目标函数和约束条件均为线性的最优化问题。线性规划是最优化问题中的一个重要领域，很多最优化问题算法都可以分解为线性规划子问题，然后逐一求解。

描述线性规划问题的常用和最直观形式是标准型。标准型包括以下 3 个部分。

1）一个需要极大化的线性函数，例如：

$$c_1x_1+c_2x_2$$

2）以下形式的问题约束，例如：

$$a_{11}x_1+a_{12}x_2\leqslant b_1$$

$$a_{21}x_1+a_{22}x_2\leqslant b_2$$

$$a_{31}x_1+a_{32}x_2\leqslant b_3$$

3）非负变量，例如：

$$x_1\geqslant 0$$
$$x_2\geqslant 0$$

线性规划问题通常可以用矩阵形式表达成：

maximize $c^{\mathrm{T}}x$

subject to $Ax\leqslant b,x\geqslant 0$

其他类型的问题，例如极小化问题，不同形式的约束问题和有负变量的问题，都可以改写成其等价问题的标准型。

以下是一个线性规划的例子。假设一个农夫有一块 A 平方千米的农地，打算种植药材 A 或药材 B，或是两者以某一比例混合种植。该农夫只可以使用有限数量的肥料 F 和农药 P，而单位面积的药材 A 和药材 B 都需要不同数量的肥料和农药，药材 A 以（F_1，P_1）表示，药材 B 以（F_2，P_2）表示。设药材 A 和药材 B 的售出价格分别为 S_1 和 S_2，则药材 A 和药材 B 的种植面积问题可以表示为以下的线性规划问题：

$$\max Z=S_1x_1+S_2x_2\text{（最大化利润——目标函数）}$$
$$\text{s.t.}x_1+x_2\leqslant A\text{（种植面积的限制）}$$
$$F_1x_1+F_2x_2\leqslant F\text{（肥料数量的限制）}$$
$$P_1x_1+P_2x_2\leqslant P\text{（农药数量的限制）}$$
$$x_1\geqslant 0,x_2\geqslant 0\text{（不可以栽种负数的面积）}$$

增广矩阵（松弛型）

在用单纯型法求解线性规划问题之前，必须先把线性规划问题转换成增广矩阵形式。增广矩阵形式引入非负松弛变量，将不等式约束变成等式约束。问题就可以写成以下形式：

maximize Z in：

$$\begin{bmatrix} 1 & -c^T & 0 \\ 0 & A & I \end{bmatrix}\begin{bmatrix} Z \\ x \\ x_s \end{bmatrix}=\begin{bmatrix} 0 \\ b \end{bmatrix}$$

$$x, x_s \geqslant 0$$

这里 x_s 是新引入的松弛变量，Z 是需要极大化的变量。

例子：

以上例子转换成增广矩阵：

maximize　$S_1x_1+S_2x_2$（目标函数）

subject to　$x_1+x_2+x_3=A$（augmented constraint）

$F_1x_1+F_2x_2+x_4=F$（augmented constraint）

$P_1x_1+P_2x_2+x_5=P$（augmented constraint）

$x_1, x_2, x_3, x_4, x_5, \geqslant 0$

这里 x_3, x_4, x_5，是（非负）松弛变量。

写成矩阵形式：

maximize　Z in：

$$\begin{bmatrix} 1 & -S_1 & -S_2 & 0 & 0 & 0 \\ 0 & 1 & 1 & 1 & 0 & 0 \\ 0 & F_1 & F_2 & 0 & 1 & 0 \\ 0 & P_1 & P_2 & 0 & 0 & 1 \end{bmatrix}\begin{bmatrix} Z \\ x_1 \\ x_2 \\ x_3 \\ x_4 \\ x_5 \end{bmatrix}=\begin{bmatrix} 0 \\ A \\ F \\ P \end{bmatrix}, \begin{bmatrix} x_1 \\ x_2 \\ x_3 \\ x_4 \\ x_5 \end{bmatrix}\geqslant 0$$

对偶：

每个线性规划问题，称为原问题，都可以变换为一个对偶问题。可将“原问题”表达成矩阵形式：

maximize　c^Tx

subject to $Ax\leqslant b, x\geqslant 0$

而相应的对偶问题可以表达成以下矩阵形式：

minimize　y^Tb

subject to $y^TA\geqslant c^T, y\geqslant 0$

这里用 y 来作为未知向量。

上述线性规划例子的对偶问题：

假如有一个种植园主缺少肥料和农药，他希望同这个农夫谈判，付给农夫肥料和农药的价格。可以构造一个数学模型来研究如何既使得农夫觉得有利可图肯把肥料和农药的资源卖给他，又使得自己支付的金额最少？

问题可以表述如下：

假设 y_1, y_2 分别表示每单位肥料和农药的价格，则所支付租金最小的目标函数可以表示为：

$$\min E=Fy_1+Py_2$$

$$\text{s.t.}$$

$F_1y_1+P_1y_2\geqslant S_1$（控制肥料与农药的价格，使得农夫觉得比起拿那些肥料和农药去种植

药材 A，卖给园主更有利可图）

$F_2y_1+P_2y_2 \geqslant S_2$（与上相似，但改为药材 B）

$y_1 \geqslant 0$，$y_2 \geqslant 0$（不可用负数单位金额购买）

其余精确算法做简要介绍：①非线性规划：研究的是目标函数或是限制函数中含有非线性函数的问题。②二次规划：目标函数是二次函数，而且集合 A 必须是由线性等式函数和线性不等式函数来确定的。③动态规划：研究的是最优策略基于将问题分解成若干个较小子问题的优化问题。④组合最优化：研究的是可行解是离散或是可转化为离散的问题。

（2）智能优化算法：适用于多目标优化问题的智能优化算法不再单纯地从纯数学的推导演化中寻求 Pareto 最优解，而是借鉴于生命科学与信息科学的发展而形成的交叉领域中衍生而来。智能优化算法通过模拟生物进化以及群体动物活动等生命特征，运用迭代计算实现对多目标优化问题的求解。

1）进化算法：进化算法以生物学领域的进化理论为基础，通过模拟生物进化过程与进化机制实现对多目标优化问题的求解。不同于传统优化算法，进化算法不直接处理多目标优化问题的数学描述，而是根据各个子目标进行编码形成初始个体，然后利用遗传操作算子（选择、重组、变异）在进化过程中产生适应度较高的个体，通过逐代进化，最终搜索到满足多目标优化问题的 Pareto 最优解。

进化算法的流程包括以下几部分：个体编码、设计适应度函数、建立遗传操作算子、设定终止条件。个体编码是将多目标优化问题中各子目标函数进行编码形成个体，在算法运算时不再处理子目标函数，而是处理各个体。设计适应度函数则是根据决策变量和约束条件等对各个体达到最优解的程度进行评价而建立相关的适应度函数。在进化的过程中，通过计算各个体的适应度对个体进行评价，这样不需要外部信息的参与即可实现对群体进化的控制。建立遗传操作算子的过程实际上是进行迭代运算的过程，通过选择、重组、变异操作实现个体的不断优化，当优化后的由个体组成群体满足终止条件时，将群体中的最优个体输出即为求得的 Pareto 最优解。

进化算法（EA）根据不同的进化侧重点，又可分为遗传算法（genetic algorithms，GA）、遗传规划（genetic programming，GP）、进化策略（evolution strategies，ES）和进化规划（evolution strategies，EP）4 种典型方法。遗传算法的主要进化操作有选择、重组和变异，而进化策略和进化规划主要的进化操作是选择和变异。目前的进化算法主要以遗传算法作为主流，遗传算法的发展也较为迅速，其中非支配排序遗传算法（non-dominated sorting genetic algorithm，NSGA）及带精英策略的非支配排序遗传算法 NSGA Ⅱ在处理多目标优化问题时经常被采用。

2）粒子群优化算法：粒子群优化算法是一种典型的群智能方法。与蚁群优化算法类似，粒子群优化算法是利用计算机模拟鸟群的飞行行为和捕食行为，通过研究鸟群在飞行和捕食中个体（称为微粒）之间如何相互配合和协作来实现整个种群的优化。因此粒子群优化算法有所谓的两个版本，即全局版本和局部版本。二者的侧重点并不相同：全局版本中，微粒跟踪的两个极值为自身最优位置（pbest）和种群最优位置（gbest）；而在局部版本中，微粒跟踪的两个极值为自身最优位置和拓扑领域中所谓微粒的最优位置（nbest）。应用于多目标优化问题的粒子群优化算法一般以全局版本为主。

粒子群优化算法基于集群人工生命系统的 5 个重要原则来构建其数学模型。这 5 个重要原则分别为：①邻近原则，即群体应该能够执行简单的空间和时间运算；②质量原则，即群体应该能感受到周围环境质量因素的变化并作出响应；③反应多样性原则，即群体不应将获取资源的途径限制在狭窄的范围内；④稳定性原则，即群体不应随着环境的每一次改变而改变自己的行为模式；⑤适应性原则，即当改变行为模式带来的回报是值得的时候，群体应该改变其行为模式。根据以上原则可以对粒子群优化算法建立数学模型。

由于其个体数目小、迭代收敛速度快、运算简单、易于实现等优点，粒子群优化算法具有很广的应用范围。但是由于粒子群优化算法局部优化能力差，不能同时实现Pareto前端最优解，因此粒子群优化算法在应用于多目标优化问题时还有待进一步提高。目前常采用的方法是粒子群优化算法与进化算法相结合，利用粒子群优化算法快速获得部分最优解，然后利用进化算法实现Pareto前端全部最优解。

3）蚁群优化算法：蚁群优化算法是一种通过模拟蚂蚁的觅食机制逐渐形成的分布式智能模拟算法。不同于进化算法和粒子群优化算法从群体入手去求解多目标优化问题，蚁群优化算法从个体着手，利用所谓的信息素以及信息素更新机制实现个体与个体间的间接联系，最终实现复杂问题的求解。由于蚁群优化算法的分布性及自组织性，使得其易于与其他优化算法相结合。

蚁群的觅食行为具有以下特征：蚁群中的每个蚂蚁在经过的路径上会留下可以被其他蚂蚁所感受的信息素；当经过某条路径的蚂蚁增多时，信息素也会增加形成正反馈，这样其他蚂蚁会优先选择该路径；信息素并不是永久的，而是可以挥发的，这就是所谓的信息素挥发机制，这样有利于蚂蚁发现新的食物源；蚁群中的蚂蚁以分布方式寻找食物，这样可以利用蚂蚁寻找到更多的食物源。正是基于以上特征建立的蚁群优化算法也具有相应的特征：其一是蚂蚁群体中体现出的正反馈机制，使蚁群优化算法可以有效地搜索到最优解；其二是单个蚂蚁表现出的分布式寻优方式，使得蚁群优化算法可以在全局的多点进行搜索，从而避免了搜索到的解是局部最优解的可能。

30. 为什么加热加速实验的结果必须用留样观察法加以验证？

用恒温加速实验法进行稳定性研究基于两个规律。其一是动力学规律，它描述了恒定温度下，药物反应过程中，药物浓度 C 与时间 t 的关系。例如对于0级、1级动力学过程，C-t 关系式如下：

$$C=C_0-kt\text{；0级过程} \qquad \text{式（1-17-48）}$$

$$C=C_0\mathrm{e}^{-kt}\text{；1级过程} \qquad \text{式（1-17-49）}$$

对一组恒定温度下的实际观测数据（t_i, C_i），i=1，2…，n，用一元线性回归方法可获得反应速率常数 k，从而确立 C-t 关系。

其二是Arrhenius规律，它描述了反应速率常数 k 与温度 T（℃）间的关系，方程如下：

$$k=A\mathrm{e}^{-E/(RT)} \qquad \text{式（1-17-50）}$$

式中，E、A 分别为反应活化能、频率因子，对特定物质，在一定温度范围内，E、A 可视为常数。R 为气体常数，注意与 E 的单位保持一致。

恒温加速实验研究稳定性的基本原理是两个规律的结合应用。其研究分析的基本过程如下。

（1）在各提高了的温度 T_i 下实验，收集观测数据，确定反应级数，求解各温度下的 k_i。

（2）对上步所得数据（T_i, k_i）按 Arrhenius 方程回归，从而建立 k-T 回归方程（可进而求 E、A）。

（3）对 k-T 回归方程，外推得室温（T=298K=25℃）下的反应速率常数 k_{298K}，再将 k_{298K} 回代到相应的动力学方程中，预报各特征时间。

以上过程可表为：

动力学方程　　Arrhenius 式

$$(C,t)_T \xrightarrow[\text{数据　回归}]{} (k,T) \xrightarrow[\text{数据　回归}]{} k\text{-}T\text{方程} \longrightarrow k_{298K} \xrightarrow[\text{回代}]{} \text{特征时间}$$

数据　回归　数据　回归　　　　回代　　回代

从理论上讲，回归方程的应用范围应仅限于观测数据的变化范围内。而加速实验法则是通过较高温度的加速实验在短时间内获得反应进行的规律，进而外推获得室温下的情形，亦即预报点选在直线外推线上，可能会因远离观测数据范围使预报区间扩大，也可能因不同温度下反应机制不同而有相当大的偏差，因此，必须用室温留样观察加以验证。

下面的实例说明了室温留样观察的必要性。

对某处方维生素 C 注射液进行恒温加速实验，数据分析后得反应速率常数：

$k_{298K}=1.210\,5\times10^{-5}(\text{h}^{-1})$

进一步计算得 k_{298K} 的 95% 置信区间

$9.340\,8\times10^{-7}<k_{298K}<1.568\,7\times10^{-4}$

可见，当预报点远离回归方程范围时，预报范围变得很大。因此，室温留样观察的验证是不可缺少的。

31. 常见的实验设计和数据分析软件有哪些？具有哪些统计分析功能？

（1）商业软件

1）实验设计类的软件主要有 Design Expert（是目前使用最广的实验设计软件）、SAS-JMP、MODDE、浙江大学 DPS 等。各软件中的实验设计方法、数据分析功能、优化方法、设计空间图形化介绍如下。

a. Design Expert：是目前使用最广的实验设计软件，其功能分为设计实验、回归分析、预测优化 3 部分。Design Expert 提供以下实验设计方法：析因设计、部分析因实验、响应面设计、混料设计。另外提供综合设计，将流程变量、混料变量以及类型变量等不同的因子放在一个实验方案中一起考虑。Design Expert 提供了多达 50 个因素的测试矩阵用于筛选。这些因素的统计意义通过方差分析（analysis of variance，ANOVA）确定。图形工具有助于识别每个因素对预期结果的影响，支持工艺设计空间的构建和展示，以及设计空间边界不确定性的估计。

b. SAS-JMP：该软件支持所有常用的分析工具（包括统计分析方法、分析图形等）；提供诸多实用的高级功能，包括高级实验设计、数据挖掘（决策树、神经网络）、专业模拟功能等；软件本身对数据表的大小没有限制。可以用生动的图形表现几乎所有复杂统计模型；JMP 脚本语言 JSL 能实现分析自动化（analysis automation），开发拓展功能；具备全面的质量管理及六西格玛工具集，全面满足六西格玛改进（DMAIC）和六西格玛设计（DFSS）对统计分析工具的要求。

c. MODDE：是一款专门用于实验设计与优化的软件，包含先进的 DOE 软件包，帮助理解复杂的工艺和产品。可以快速、有效地识别关键工艺参数（CPP），建立设计空间，以降低工艺的复杂性并提高对工艺的理解。基于概率的过程设计空间构建工具提供了一个可操作区域，不仅满足风险分析规范，还能指导确定实验真正识别最可靠操作区域的可能性。

d. 浙江大学 DPS：是目前国内具自主知识产权的实验设计和统计分析软件，包括均匀设计、混料均匀设计在内的丰富的实验设计功能。在均匀设计中采用了独创算法，实现了大型均匀设计表（最大可达 100 个因子 8 000 个水平）。混料均匀设计可适合任意约束条件的情形，具上下限约束的极端顶点设计。DPS 的一般线性模型（GLM）可以处理各种类型实验设计方差分析，特别是一些用 SPSS 菜单操作解决不了、用 SAS 编程难以实现的多因素裂区混杂设计、格子设计等方差分析问题。模糊数学方法、灰色系统方法、各种类型的线性规划、非线性规划、层次分析法、BP 神经网络、径向基函数（RBF）、数据包络分析等，在 DPS 里可以找到。不断吸纳新的统计方法，如适用于大数据分析的 LASSO 回归、面板（空间面板）数据分析、时间序列奇异谱分析、结构方程模型、小波分析，偏最小二乘回归，投影寻踪回归，投影寻踪综合评价，灰色系统方法，混合分布参数估计，含定性变量的多元逐步回归分析，三角模糊数分析，优势分析，稳健回归，随机前沿面模型，面板数据统计分析，向量自回归模型，格兰杰因果关系检验，协整检验及误差修正模型等。

2）专用于数据统计和分析的软件：包括 SAS、SPSS、SIMCA-P 等。

a. SAS：SAS 是一个模块化、集成化的大型应用软件系统，由数十个专用模块构成，功能包括数据访问、数据储存及管理、应用开发、图形处理、数据分析、报告编制、运筹学方法、计量经济学与预测等。SAS 系统主要完成以数据为中心的四大任务：数据访问、数据管理、数据呈现、数据分析。

b. SPSS：SPSS 是最早采用图形菜单驱动界面的统计软件，其基本功能包括数据管理、统计分析、图表分析、输出管理等。SPSS 统计分析过程包括描述性统计、均值比较、一般线性模型、相关分析、回归分析、对数线性模型、聚类分析、数据简化、生存分析、时间序列分析、多重响应等几大类，每类中又分若干统计过程，如回归分析中又分线性回归分析、曲线估计、Logistic 回归、Probit 回归、加权估计、两阶段最小二乘法、非线性回归等多个统计过程，而且每个过程中又允许选择不同的方法及参数。SPSS 有专门的绘图系统，可以根据数据绘制各种图形。

c. SIMCA-P：最早为推动偏最小二乘回归的应用发展而开发的数据分析软件。提供了主成分分析、偏最小二乘回归分析等模型的有效算法。在计算的同时给出了模型的各类统计量，提供了强大的辅助分析功能。有着强大的图形显示功能，能绘制出分析中所需的图形，将提取的信息以直观的形式表现出来。

（2）开源软件：包括 R（R 语言）、Python 和 WEKA。

1）R（R 语言）：R 是一个有着强大统计分析及作图功能的软件系统，在 GUN 协议 General Public Licence 下免费发行，最先是由 Ross Thaka 和 Robert Gentlemen 共同创立，现在由 R 开发核心小组（R development core team）维护。R 有着许多优点，主要包括：

浮点运算功能强大：①R 可以作为一台高级科学计算器，同 MATLAB 一样不需要编译就可执行代码。②不依赖于操作系统：R 可以运行于 UNIX，Linux，Windows 和 Macintosh 等操作系统。③帮助功能完善：R 嵌入了一个非常实用的帮助系统——随软件所附的 pdf

或 html 帮助文件，可以随时通过主菜单打开浏览或打印。通过 help 命令可随时了解 R 所提供的各类函数的实用方法和例子。④作图功能强大：其内嵌的作图函数能将产生的图片展示在一个独立的窗口中，并能将其保存为各种形式的文件。⑤统计分析能力尤为突出：R 内嵌了许多实用的统计分析函数，统计分析的结果也能被直接显示出来，一些中间结果（如 *P* 值、回归系数、残差等）既可保存到专门的文件中，也可以直接用于进一步的分析。⑥可移植性强：R 程序容易移植到 S-PLUS 程序中；反之 S-PLUS 的许多过程直接或者稍作修改可用于 R；许多常用的统计分析软件（如 SPSS，SAS，Stata 及 Excel）的数据文件都可读入 R。⑦强大的拓展与开发能力：R 是一个非常好的工具，可开发新的交互式数据分析方法。支持编制自己的函数来扩展现有的 R 语言，或制作相对独立的统计分析包。

2）Python：Python 是一种广泛使用的解释型、高级编程、通用型编程语言，由吉多·范罗苏姆（Guido van Rossum）创造，第 1 版发布于 1991 年。Python 支持多种编程范式，包括面向对象、命令式、函数式和过程式编程，本身被设计为可扩展的。Python 提供了丰富的 API 和工具，以便程序员能够轻松地使用 C、C++、Cython 来编写扩展模块。使用 Python 将其他语言编写的编程进行集成和封装。Python 的 Statsmodels 模块支持探索性分析、回归建模（线性回归模型、非线性回归模型、广义线性模型、线性混合效应模型等）以及方差分析、时间序列分析等其他功能。此外，Python 语言支持机器学习和人工智能（AI）建模等。

3）WEKA：WEKA 是一款免费的，非商业化的，基于 JAVA 环境下开源的机器学习（machine learning）以及数据挖掘（data mining）软件。主要开发者来自新西兰的怀卡托大学。WEKA 作为一个公开的数据挖掘工作平台，集合了大量能承担数据挖掘任务的机器学习算法，包括对数据进行预处理、分类、回归、聚类、关联规则以及在新的交互式界面上的可视化[9-10]。

这些软件在中药制药工艺中的研究和应用可参阅有关文献。

参考文献

[1] 崔向龙，徐冰，孙飞，等. 质量源于设计在银杏叶片制粒工艺中的应用（Ⅲ）：基于设计空间的过程控制策略[J]. 中国中药杂志，2017，42（6）：1048-1054.

[2] 吴昕怡，刘秀嶶，屈云慧，等.Box-Behnken 设计 - 响应面法优化滇龙胆药材产地初加工工艺[J]. 中国药房，2020，31（15）：1830-1835.

[3] 罗赣，徐冰，孙飞，等. 基于 QbD 理念的微晶纤维素高速剪切湿法制粒过程实验研究[J]. 药学学报，2015，50（3）：355-359.

[4] 高中滨 . 混料均匀试验设计方法研究[D]. 广州：华南理工大学，2011.

[5] 刘妙玲 . 具有相关性的混料试验设计[D]. 广州：广州大学，2019.

[6] 张芳，韩丽，张定堃，等. 混料设计优化感咳双清分散片的制备工艺[J]. 中药材，2014，37（3）：499-503.

[7] 孙培强 . 正确选择统计判别法剔除异常值[J]. 计量技术，2013（11）：71-73.

[8] 张毅 . 原辅料变异对中药片剂质量一致性的影响及控制研究[D]. 北京：北京中医药大学，2017.

[9] 阮敬，纪宏 . 实用 SAS 统计分析教程[M]. 北京：中国统计出版社，2013.

[10] 邓维斌，唐兴艳，胡大权，等 . SPSS 19（中文版）统计分析实用教程：SPSS 19 统计分析实用教程[M]. 北京：电子工业出版社，2012.

（徐冰　张彤）

下 篇
成型技术

“成型”是指用上篇中的基本技术将中药材或中药饮片制成的半成品，经加工制备成所需要形式（状）的过程，这一形式即药剂学中所称的剂型，完成这一过程的技术就是成型技术。

具有保健和治疗作用的物质称为药物；但药物并不都是药品，只有那些有规定适应证、用法和用量的药物才能称为药品；并非一切药物均可直接供临床患者应用，只有那些根据法定标准制成的、有一定规格标准的、适合患者应用形式的药品——剂型及其制剂才能直接用于患者，中西药物亦然。社会的进步与现代文明，已远离了“㕮咀”时代，犹如粮食、蔬菜、肉类必须经高级厨师精心烹调才能变成美味佳肴一样，剂型及其制剂已经成为药品用于患者的必备形式。药物必须通过剂型发挥疗效，古人云“病势深也，必用药剂以治之”。

药物经成型技术制备成剂型及其制剂有以下 5 个方面的作用：①保障药物的有效性；②提高药物的稳定性；③降低药物毒、副作用；④掩盖，改善药物不良臭味；⑤方便药物应用，发挥药物最大作用。中药药剂工作者不能做无米之炊，必须以中医方剂学、中药学、中药化学等的研究成果为基础，在有限的药物原料条件下，创制多种剂型及其制剂，以满足日益扩大的临床需要。

其实，剂型的作用远不止于此。药物与人体疾病的复杂性，也决定了剂型的多样性，药剂工作者可以利用剂型因素，影响和改变药物的疗效。剂型影响药物作用主要表现在以下 3 个方面。

（1）剂型及其制剂可以控制药物显效的速度与部位：临床疾病有缓急，治疗急性病的药物，可以通过成型技术制成迅速显效的剂型，如注射剂、气雾剂、舌下片等速效剂型；治疗慢性疾病的药物，则可制备成丸剂、混悬剂、缓释片剂、缓释胶囊剂等缓释延效剂型；治疗器官肿瘤的药物，由于很多抗肿瘤药物为无特异选择性的细胞毒类药物，为降低全身的毒、副作用，提高疗效，可用靶向技术将药物导向病变部位（靶区），如微球、纳米粒、脂质体等靶向制剂。

（2）制剂处方、工艺（即成型技术）可影响药物疗效：如双香豆素为一种有效的抗凝血药，为了便于分服，厂家将 17 年来疗效稳定的双香豆素片的处方重新设计，变动工艺，制备成凹痕片，但因溶出度低而无抗凝血作用；后来为解决溶出度低的问题，设计了第 3 种片剂，又因溶出快、药效强而产生了出血倾向。这一片剂处方与成型工艺的变动致药效作用的变化是人们熟知且必须引起高度重视的实例。

（3）不同剂型可以使同一药物显现不同的治疗作用：如依米丁，将其制备成散剂或溶液剂，口服具有催吐作用；若将其制备成注射剂，则可治疗阿米巴痢疾。又如动物脏器药品胰酶，将其制备成肠溶衣片，口服具有助蛋白质、淀粉及脂肪消化的作用；若将其制备成注射用胰蛋白酶冻干剂，体腔、患部或肌内注射可治疗胸腔积液、血栓性静脉炎与毒蛇咬伤。

可见，药物剂型及其制剂不仅是药品直接应用于临床的必备形式，而且成型技术改变可影响药物的临床作用与疗效，药物活性的充分发挥已不仅取决于有效成分的含量与纯度，制剂已成为发挥理想疗效的一个重要方面，越来越多的事实证明，一个老药的新剂型、新制剂的开发与利用所产生的价值并不亚于一个新药的创制。

药物剂型及其制剂发展十分迅速，随着科学技术的飞速发展与现代文明的进步，作为保障人们生命健康与生活质量的医药事业亦得到了迅速发展。其中，西药制剂已经历了四个时期，四代制剂的发展历程：第一代为一般常规制剂（亦称普通制剂），这个时期的特点是以工艺学为主，属技术与工艺范畴，生产以手工为主，质量以定性评价为主；第二代为一般缓释长效制剂，这个时期将单纯工艺学提高到以物理化学为基础理论指导的水平，生产以机械化为主，质量控制以定量、定性相结合；第三代为控释制剂，其特点是制剂质量的评价，不仅要有体外的物理化学指标，而且还应有制剂在体内的生物学指标，既要解决体外的成型、稳定、使用方便、质量可控，又要解决体内的安全、有效；第四代为靶向制剂，其特点是将有效药物通过制剂学方法导向病变部位（靶区），防止或避免与正常的细胞作用，以降低毒性并获得最佳治疗效果，这个时期是把临床药学的知识和理论落实到剂型的设计与用药方案的个体化上。

制剂的发展时期与分代不是绝对的，从药剂学和制剂发展的现状与趋势看，应是利用近期的发展成果提高第一、二代制剂水平，促进第三、四代制剂的发展，以达到制剂研究的宗旨：安全、有效、稳定、方便，使用药科学化、准确化、精密化、理想化，获得临床最佳治疗效果。近年发展的应答式给药系统（responsible delivery drug system），有人称为第五代制剂，它是借助发病机制或病理过程变化的关键环节，或影响因素产生的信息来控制或自动调节药物释放的给药系统，又称自调式给药系统。而上述的给药系统一旦药物进入体内，不论病情是否发生或需要，仍按设计模式释放药物，发挥作用。相比较而言，应答式给药系统使用药更为理想化、准确化。

制剂的发展并不意味着后者完全替代前者，而是新一代制剂的出现丰富了前一代制剂的内容，前一代制剂的提高促进后一代制剂的发展，在相当长的时期内，普通、长效、控释与靶向制剂将共存并发展。

中药在继承、发扬传统剂型特长的基础上，融合了现代药剂学理论与技术，已有了长足的进展。虽然与西药制剂的发展比较尚有差距，但一定要在提高现有中药制剂质量与水平的同时，顺应药物制剂发展趋势，向创制具有中药自身规律与特色的新剂型、新制剂方向发展。

中药制剂的现状、特点及现代科学技术的飞速发展，必定促进中药制剂按照自身客观规律发展的进程，其成型工艺的科学性、合理性、成熟程度不仅影响后续研究结果的可靠性、准确性，同时也影响成品生产、检验、临床应用的全过程，并在这一过程中受到成型工艺可重复性的检验，其重要性不言而喻。

本篇结合中药制剂的特点，就中药常见剂型：散剂、颗粒剂、胶囊剂、片剂、丸剂、外用制剂（含软膏剂、贴膏剂等）、腔道用制剂、液体制剂、无菌制剂、气雾剂、喷雾剂与粉雾剂，以及其他制剂（含茶剂、胶剂、煎膏剂、曲剂、锭剂等）的处方设计及成型工艺等进行阐述，并结合研究与生产实际情况，提供中药制剂生产过程中常见问题的解决办法并予以解析，以期为中药制剂的生产提供有益的参考。

第一章　制剂处方设计与成型工艺概述

中药制剂(preparation of traditional Chinese medicine)是指根据《中国药典》《中华人民共和国卫生部药品标准 中药成方制剂》《中国医院制剂规范》等规定的处方，将中药加工或提取后制成的具有一定规格，可以直接用于预防和治疗疾病的药品。中药饮片(the prepared slices of Chinese crude drugs)系指药材经过炮制后可直接用于中医临床或制剂生产使用的药品[1]。中成药(traditional Chinese patent medicines and simple preparations)是指以中药饮片为原料，在中医药理论指导下，按照法定处方大批量生产的具有特有名称，标明功能主治、用法用量和规格的药品。

中药制剂的研发、中试放大、商业化生产是一个系统工程。就制剂学研究而言，成型技术是在药材的鉴定与前处理，药材的提取，提取液的分离与纯化、浓缩与干燥，直至获得半成品后，根据半成品的物理化学性质与医疗要求，将其制成能直接供临床应用剂型的工艺过程。与化学药制剂比较，化学药制剂的原料药通常成分单一、明确；而中药制剂往往含有多种活性成分且可能具有协同治疗作用，同时提取出的半成品具有一定的特殊性，这也给中药制剂的成型技术增加了难度。《古代经典名方中药复方制剂简化注册审批管理规定》第三条规定，实施简化注册审批的经典名方制剂，制备方法、给药途径、功能主治三个方面均要求与古代医籍记载基本一致；除汤剂可制成颗粒剂外，剂型应当与古代医籍记载一致。如何做到既与古代文献记载基本一致，又符合现代中药制剂发展要求？这就给中药制剂，尤其是药物新载体和新型给药系统的成型工艺设计带来了挑战。

药物的化学结构是决定其临床疗效和毒副作用的主要因素，新型给药系统(novel drug delivery system，NDDS)的设计成型，可以改变药物的体内动力学过程，有望提高药物的治疗效果、降低毒副作用、改善临床用药的依从性。与传统药物制剂相比，其主要优势有[2]：①改善药物的体内分布，增加病灶部位的药物浓度；②有望实现定时、定位和缓慢释药，更有利于满足临床的用药需求；③解决难溶性药物的溶解度，提高其生物利用度；④降低环境对药物的降解作用，提高药物稳定性。中药有效成分的新型给药系统的设计和研究与化学药类似。但对于中药而言，中药有效部位、中药及其复方提取物才能体现中药“多成分、多途径、多靶点”的特点和“整体性与模糊性”的治疗思想，它们在临床应用中更为广泛，对于此类中药的新型给药系统设计，可将结构类似或理化性质相近的组分包裹于给药载体中，以多组分为评价指标；如中药有效部位分为水溶性和脂溶性两部分，则可分别作为水相和油相制成新型给药系统。目前文献研究报道的中药新型给药系统主要有：中药缓控释给药系统[3]、中药靶向给药系统(纳米粒、脂质体、胶束和凝胶等)[4]、中药透皮给药系统[5]等。随着中药有效成分提取和分离技术的进步，围绕中药组分的新型给药系统的设计大有可为。

目前，国内中药注册最新要求按照中药创新药、中药改良型新药、古代经典名方中药复方制剂、同名同方药等进行分类，前3类均属于中药新药。无论什么注册分类的剂型，成型过程一般包括两步：一是剂型及其制剂的处方设计，二是成型工艺。本章将围绕这两个方面提出问题，解析相关内容，为中药制剂在处方设计与成型工艺中一般应考虑的问题提供参考思路与原则，各剂型具体成型技术问题的解析将在下述各章详细阐述。

1. 将一个有效方剂制成成方制剂，剂型选择的一般性考虑有哪些?

要将一个有效方剂制备成成方制剂，一般宜先通过预试确定剂型，然后进行成型工艺合理性的研究。通常可从以下7个方面综合考虑[6-7]。

（1）根据疾病治疗的临床需求：临床疾病有缓急，而在众多剂型中，由于分散度与给药途径不同，发挥疗效的速度有快有慢。原则上，治疗急性病的制剂应选用注射剂、舌下片、口服溶液剂、合剂、气雾剂、保留灌肠剂、固体分散法制备的滴丸剂等，溶出速度、吸收速度相对较快的速效剂型；治疗慢性疾病的制剂则宜选用胶囊剂、片剂、丸剂、煎膏剂等，释放速度相对较慢的缓效剂型；皮肤疾患用药一般选用软膏剂、橡胶膏剂、外用膜剂、涂膜剂、洗剂、搽剂等；某些局部黏膜用药可选用栓剂、膜剂、条剂、线剂、钉剂等；对恶性肿瘤，药物无选择性时，宜选用纳米粒、脂质体、胶束和纳米乳等具有一定靶向性（定位性）的给药系统，以提高疗效，减少毒副作用。此外，改变剂型可能扩大适应证，如枳实煎剂具有行气宽中、消食化痰的作用，改制成枳实注射剂则具升血压、抗休克的作用。

（2）根据药物性质：药物能否制成安全、有效、稳定的剂型，很大程度上取决于制备工艺技术是否适用于药物性质，这也是制备工艺研究的重点和难点。这里所说的药物性质系指处方中各药材所含成分及成型前所用物料（药物的半成品和药用辅料）的物理、化学与生物学性质，因为中药制剂的疗效是由这些成分的综合作用所体现的。在符合临床用药要求的前提下，充分考虑设计剂型对活性成分溶解性、稳定性、刺激性的影响，再通过预试验决定。如药物的溶解特性，一般溶解度大的，能达到有效浓度者，可制成液体制剂；溶解度小的药物制成液体制剂，欲达要求的治疗浓度难度较大，若采取增加药物溶解度措施，又可能增加服用的单剂量，在这种情况下可考虑做成固体剂型；若为油状液体，可选择乳浊液型，制成W/O型、O/W型或W/O/W型等不同类型的乳剂。若药物进入体内易与酶等内源性物质发生生物化学反应，则可采用包衣等成型技术予以克服。

又如药物的稳定性对剂型的影响，中药成分复杂，结构各异，在各种因素影响下易发生氧化、水解、复分解等反应。因此，应尽可能选择可避免和克服这些因素的剂型。例如，易水解的药物不宜制成水性液体剂型，选择固体剂型为好；易氧化的药物除使用抗氧剂外，以选择具遮蔽作用的包衣片剂、胶囊剂等剂型为宜。

（3）根据用药对象：老年人、儿童和昏迷患者常常吞服困难，分剂量较大的固体剂型如片剂、胶囊剂、丸剂等一般不太适合，宜选用注射剂、透皮制剂或栓剂；对于老年人和儿童而言，若口服给药，则液体剂型较固体剂型更为适宜，散剂、颗粒剂较片剂、胶囊剂更为适宜。在充分考虑药物性质的前提下，能够根据临床用药需求对剂型进行改良，可以提供更多治疗方案，提高药物适应性，改善患者的生活质量。

（4）根据服用剂量：目前中药制剂服用剂量的确定主要根据方剂一日剂量与制剂工艺浸膏收率而决定，若收率偏高，日服用剂量较大，则不宜选择片剂、胶囊剂、丸剂等分剂量固体剂型，更无法制成载药量受到限制的膜剂、缓释长效制剂等。这种情况可考虑制成颗粒剂、液体制剂等剂型。例如：一方剂日剂量含药材31.5g，其浸膏收率22%，若将其制成胶囊剂，假定 0 号胶囊可装 0.4g，则一日应服用 17 粒，一日 3 次，每次 5 粒以上，显然难以被患者接受；若用 85% 乙醇将其醇沉以除去杂质，其收率为 12.4%，每次服用 0 号胶囊至少也要 3 粒，仍不便于吞服，可考虑选择颗粒剂或液体制剂等其他适宜剂型。

（5）根据可供选用的辅料种类：辅料是剂型成型时加入处方中的除主药以外的一切非活性药用物料的总称。可见，剂型的设计与成型很大程度上依赖于辅料的恰当选用，因此在筛选剂型时，要充分考虑可供选用辅料的种类、性能、标准、价格。若无相关的药用标准，则应有为之制定标准的人力、物力投入的充分准备。

（6）根据设备条件：合理的制备工艺若无先进的设备条件保证，一般是不易获得高质量产品的，当然也就谈不上产业化、规模化与高效益。如要制备高质量的颗粒剂，一般应配备先进的浸出、分离、浓缩、干燥、分装的成套生产线。因此，通常要根据设备的实际条件，权衡投入与产出比，恰当地选用适宜剂型，以求最高的社会、经济效益。

（7）根据医药商品消费心理：药品是商品，但其治病救人的专属性，治病与致病（命）的两重性，不是病等药而是药等病的限时性，用药在于治病而不在于药品价格高低的无价性，这四个特性又决定了药品是一个极为特殊的商品。随着人类文明社会的发展，人们对药品的期望值更高，不仅需要治疗性药品，也需要增强心理健康、维持正常工作、延缓衰老的保健药品，在剂型及其设计上不仅要安全、有效，也需要应用方便，便于接受。

剂型选择的原则主要以前四个方面为主，辅料与设备是可通过创造条件达到的。剂型无先进落后之分，只要选择恰当，能充分发挥药效，患者乐于接受，就是这个药物的最佳剂型。

2. 设计中药制剂处方应考虑哪些问题?

制剂处方设计是根据药物性质、医疗要求、用药对象、给药途径、剂型特点等来筛选辅料的过程。其目的在于解决制剂的成型性、有效性、安全性、稳定性与使用方便性。中药制剂处方设计由中药制剂的特点决定，一般应考虑如下 3 个方面的问题[6]：①制剂处方设计与剂型、提取、纯化工艺和疗效间的关系；②物料（药物与辅料）的物理、化学与生物学特性；③中药制剂的生物安全性和有效性问题。

制剂处方主要由两部分组成：一是主药，二是辅料。与化学药制剂比较，中药制剂是在中医理论指导下，以中医方剂为基础，中药材或饮片为原料，通过前述制药基本技术获得半成品（即制剂处方的主药），再经成型技术制成各种剂型的制剂。中药制剂所含药材成分复杂，一味药常含多种性质各异的成分，这些成分是发挥中医方剂预期疗效的物质基础，而正是这些复杂成分的综合作用，体现了中药制剂有别于化学药的独到之处。

辅料除了赋予制剂成型的作用外，还可能改变药物的理化性质，调控药物在体内的释放过程，影响甚至改变药物的临床疗效、安全性和稳定性等。所用辅料应符合药用要求。辅料选择一般应考虑以下原则：满足制剂成型、稳定、作用特点的要求，不与药物发生不良相互作用，避免干扰药品的检测。考虑到中药的特点，减少服用量，提高用药对象的依从性，应注意辅料的用量，制剂处方应能在尽可能少的辅料用量条件下获得良好的制剂成型性。

制剂处方筛选研究，可根据药物、辅料的性质，结合剂型特点，采用科学、合理的试验方法和评价指标进行。制剂处方筛选研究应考虑以下因素：临床用药的要求、制剂原辅料性质、剂型特点等。通过处方筛选研究，初步确定制剂处方组成，明确所用辅料的种类、型号、规格、用量等。在制剂处方筛选研究过程中，为减少研究的盲目性，提高工作效率，获得预期的效果，可在预试验的基础上应用各种数理方法安排试验。如采用单因素比较法、正交设计、均匀设计或其他适宜的方法。

此外，中药复方制剂设计应该基于临床价值和传承创新，以制剂安全有效为基础，尊重传统用药经验，以质量源于设计（QbD）、整体质量评价、质量均一稳定等作为中药复方制剂设计的基本原则[8]。

3. 中药儿童用药剂型设计和评价应考虑哪些问题?

中药儿童用药剂型总体设计原则与化学药基本一致。无论从生理学还是药理学的角度看，儿童都不仅仅是缩小版的成人，要依据相应的临床试验数据调整剂量。儿童用药依从性和定量准确性困难仍然是儿科药物发展的两大挑战，也是开发“儿童友好型”药物剂型的重大障碍。儿童用药剂型设计要考虑到的因素：①患者的依从性；②剂量的准确性；③辅料的安全性，尤其是防腐剂和调味剂；④吞咽问题[9]。各年龄段儿童适宜剂型如表 2-1-1[10]。

表 2-1-1　各年龄段儿童适宜剂型

年龄段	适宜剂型
1～4 周	无特定
1 个月～2 岁	小剂量液体
2～5 岁	液体、可成液体的分散剂型、可混合食物类剂型
6～11 岁	固体（咀嚼片、口腔崩解片、口腔膜剂）
12～18 岁	固体（常规成人剂型：片剂、胶囊剂等）

中药儿童剂型以传统口服剂型为主，如糖浆剂、合剂、口服液、颗粒剂等，由于中药组分复杂，首要问题即解决不良味道和难闻气味。同时，也可考虑采用其他新剂型，如丁桂儿脐贴为中药透皮制剂，治疗小儿腹泻，解决了婴幼儿服药的难题。此外，中药凝胶膏剂在儿童用药中的研究近年来也备受关注[5, 9, 11]，如复方丁香开胃贴、小儿清热宣肺贴膏、清紫巴布剂、红外止咳贴等。

4. 处方设计如何处理好剂型、提取、纯化工艺与疗效间的关系?

中药制剂欲满足“三效（高效、速效、长效）、三小（剂量小、副作用小、毒性小）、五方便（生产、贮藏、运输、携带、使用方便）”的要求，改变“粗、大、黑”面貌，应处理好制剂处方设计与剂型、提取纯化工艺和疗效间的关系。对一个中药复方来说，显然所含的不是 1 种或 2 种单一化学成分。因此，若能了解方剂中各药材含哪些成分，研究哪些是有效成分，在浸出方法中各成分间有无相互作用，作用产物是有害的还是有益的，然后设计浸出方法和工艺，使其尽可能多地浸出有效中药成分，而不浸出无效成分。因此，目前需要从实际出发，首先应设计能保留尽可能多的中药成分的提取工艺，然后再根据剂型要求采用相适宜的纯化方法，以体现中医药综合疗效的特色[6]。

无论半成品的成分是否清楚，纯度如何，在设计制剂处方时，一般宜据此半成品的特性分析和方剂的功能主治，首先经预试验筛选相适宜的剂型，再根据该剂型要求和物料特性设计制剂处方。若未充分了解、分析方剂组成和半成品特性，不先做剂型选择的可行性预试验便确定剂型，让其他工艺程序适应剂型要求的设计思路，就中药制剂制备工艺研究而言，似乎欠妥。

5. 制剂处方设计前为什么首先要对物料的物理、化学与制剂学特性进行研究？中药制剂处方前研究应注意哪些问题？

处方前研究是制剂成型研究的基础。一般在制剂处方确定之前，应针对不同药物剂型的特点及其制剂要求，进行制剂处方前研究。设计的制剂处方是否符合该种剂型基本要求，能否成型，分剂量是否准确，含量是否均匀，能否崩解、释放、充分发挥药效，成型后是否稳定、不变质，这一系列的质量问题均与物料的物理、化学、制剂学性质密切相关。半成品的物理、化学与制剂学特性通常是筛选辅料的主要依据，应在此基础上有针对性地设计处方、选用辅料，以解决制剂在成型性与稳定性方面存在的问题。

与药物的成型性、稳定性、有效性有关的主要物理化学性质包括[12]：外观性状、组成与结构、粒子大小与晶形、密度、熔点、药物蒸气压、相律、膜渗透性、溶解度与溶解速度、解离常数与分配系数、酸碱性、吸湿性、化学稳定性（降解机制等）、生物学稳定性等；对于复方中药制剂，其中一些性质的研究，如晶形、溶解度、分配系数等，较成分单一的化学药有相当的难度，其结果多具“表观性”。药物的制剂学性质主要是指与剂型成型质量有关的性质，剂型不同，所要研究的相关性质不一样。固态剂型应研究药物的粉碎、分散特性，粒子大小与溶出、疗效的关系，堆密度、流动性、吸湿性、可压性、可混合性等相关性质。液态剂型应研究药物的溶解性及其影响因素、物理稳定性及其影响因素、化学稳定性及其影响因素、生物稳定性及其影响因素，掩味和/或矫味、矫嗅、着色特性等相关性质。

中药制剂的原料药包括中药饮片、植物油脂（含植物挥发油和植物脂肪油）、中药提取物（包括总提取物，有效部位和有效成分）。除中药有效成分因化学结构明确、纯度高，可直接测定上述各物理、化学、生物学性质参数外，其余中药制剂原料药的处方前研究均有一定难度，如晶型、溶解度、分配系数、解离常数、膜渗透性等诸多性质多具“表观性”；此外，由于有效部位、总提取物等中药制剂原料是一个复杂的多成分体系，其中某一有效成分的性质可能会受到其他有效成分或杂质的影响而发生显著改变，因此，需基于中药制剂原料的整体进行相应的处方前研究，才更具有指导意义。

6. 中药制剂处方设计如何考虑生物药剂学的问题？

为了阐明中药有效成分或有效部位的分布特点、被机体利用的程度和速度、量-效或量-时关系及其与药效或毒副作用间的关系等，通常要用生物利用度和溶出度对中药制剂的生物有效性进行评价。

（1）药物吸收的基本原理：给药后，药物在到达作用部位发挥疗效时必须通过若干生物屏障——生物膜，如胃肠道上皮细胞、皮肤、肺泡、血管内皮细胞和血脑屏障等。药物跨膜转运的途径包括：被动扩散和特殊转运机制。药物在体内的溶出和吸收与药物的理化性质密切相关，如药物颗粒的表面积、结晶型或无定形、盐型或其他（如水合状态），这些理化性质均需在处方前研究进行，同时对于药物转运机制的研究，可以揭示药物在体内的吸收机制和吸收瓶颈，为剂型设计提供理论依据。

（2）生物利用度（bioavailability，BA）与生物等效性（bioequivalency，BE）：当药物的溶出为体内吸收的限速步骤时，可用体外溶出方法反映其生物等效性。

生物利用度是指活性物质从药物制剂中释放并被吸收后，在作用部位可利用的速度和程度，通常用血浆浓度 - 时间曲线来评估。在生物等效性试验中，一般通过比较受试药品和参比药品的相对生物利用度，根据选定的药动学参数和预设的接受限，对两者的生物等效性做出判定。在化学药制剂的研究中，通常以药时曲线下面积（AUC）、达峰浓度（C_{max}）、达峰时间（T_{max}）为评价指标，当参比和受试制剂 AUC、C_{max} 和 T_{max} 的几何均值比的 90% 置信区间在接受范围 80.00%～125.00%，即认为两种制剂生物等效性[13]。鉴于中药制剂的复杂性，目前用血药浓度法或生物效应法测得的药动学参数均具有表观性，一般只代表一种成分的体内过程，或一种生物效应的表观参数，仅以此难以评价复方中药制剂的整体生物效应。因此，应根据中药制剂的特点，在研制过程中从体内、体外两个环节主动考虑制剂的生物等效性问题，并努力探讨适合中药制剂特点的生物等效性评价指标与评价方法。

中药制剂的研制是在有效中医方剂基础上进行的，“有效”是中药制剂开发的前提，因此中药制剂的生物等效性研究至少应进行与原方剂、原剂型的比较。就制剂处方设计而言，通过炮制、加工、浸出、纯化所得半成品是否保留了体现原中医方剂功能主治的中药有效组分的种类和数量；与原剂型比较，所选辅料对药物的崩解、释放、溶出是否产生不良影响等，这些问题直接关系到中药制剂的生物等效性，必须认真考虑。比如当制剂分剂量与服用剂量确定时，若没有足够的药理或药动学研究依据，就应以中医方剂处方组成与一日剂量为基础，根据制备工艺中半成品的收率和辅料用量来确定，应使成品的服用量相当于方剂一日药材量，这样方能保证生物等效性。这一点常被有的研制者忽略，应引起重视。总之，中药特别是中药复方制剂是否生物等效，恐怕不能仅用最终产品血药浓度参数来评价，而宜在整个研究过程中用多指标、多方法、多途径来控制，并用药效研究与临床研究来证实。

7. 为什么中药制剂处方设计时一般都需考虑辅料的应用？

辅料是制剂处方设计时，为解决制剂的安全性、有效性、稳定性、成型性等问题而加入处方中的除主药以外的一切非活性药用物料的统称。中药制剂处方设计过程实质是依据半成品特性与剂型要求，筛选、应用药用辅料的过程。因此，应熟悉、了解辅料在制剂中的作用。

辅料在药物剂型中起两方面的作用：一是药品必须通过辅料形成剂型后方能发挥疗效，古人早有明示“病势深也，必用药剂以治之”，这是辅料对药物疗效的被动影响作用；二是受辅料制约的剂型因素可影响和改变药物的疗效，这是辅料对药物疗效的主动影响作用。

药物借辅料形成剂型，那么，辅料在剂型形成中的主要作用应是保证药物的有效性。如从动物药材胰脏中提取的胰酶，使用肠溶包衣辅料制备成肠溶衣片，可使其不受胃酸破坏，保证了其在肠中充分发挥消化脂肪的疗效。然后是提高药物的稳定性，降低药物的毒、副作用，掩盖、改善药物不良臭味，提高或延长药物疗效。这样的例子有很多，如：治疗咳喘的芸香草油，用硬脂酸钠与虫蜡为基质制成滴丸，使其具肠溶性，既掩盖了不良臭味，也避免了对胃的刺激性，克服了引起恶心、呕吐的副作用等。借助辅料使药物能安全、有效、稳定、方便地应用于临床。

辅料对药物疗效的主动影响主要是根据医疗要求，通过辅料改变药物的理化特性，控制药物释放、溶出性能，从而有目的地把握药物显效速度，甚至改变药物的疗效。如急症患者需速效剂型，设计液体剂型，若主药为难溶性药物，则以筛选能增加药物溶解度的辅料为处方设计的主要内容。若设计为固体剂型，则应以筛选能使药品从剂型中迅速分散、释放、溶出的辅料为主；选用固体分散体载体材料，使药物成无定形、微晶甚至分子分散，制成具固体分散体特性的滴丸、片剂等固体剂型，同样具有速效作用。又如慢性病患者，需要用药持久、缓和，宜采用缓慢释放剂型，在处方设计时，以筛选能降低药物溶出速度和减小药物扩散速度的辅料为主。

同一药物因使用辅料不同，制备成了不同剂型，可使其药物功效发生变化。如前述胰酶用肠溶衣为辅料制备成包衣片，口服具有助脂肪消化的功效；若将其制备成胰蛋白酶注射液，则对胸腔积液、血栓性静脉炎和毒蛇咬伤有明显疗效。

8. 制剂处方设计中辅料应遵循的原则和用量依据是什么？

选用辅料有 2 个最基本的原则：一是满足制剂成型、有效、稳定、方便要求的最少用量原则，即用量要恰到好处，用量最少不仅可节约原料，降低成本，更主要是可减少剂量，使应用方便；二是无不良影响原则，即不降低药品疗效，不产生毒副作用，不干扰质量监控。

在选用辅料时，一般可先做原辅料相容性试验，考察辅料对主药的物理稳定性、化学稳定性与生物学稳定性是否有影响，因为主药的稳定性直接影响其疗效。若辅料自身具有一定的有利于主药疗效的生理活性，则一般应在药效学研究中设计辅料空白、半成品（浸出物）、成品的对比试验，以说明辅料选用的合理性。例如，某外用制剂以洁肤、止痒为其主要功效，主药以药材量计仅 6%，但其中加入作为起泡剂的辅料聚氧乙烯月桂醇醚的量高达 15%，却未提供辅料空白对比试验数据，像这样的设计难以说明辅料选用的合理性。此外，还应根据选用辅料的目的设计相应的试验方法与评价指标，以优选辅料的种类与用量。

9. 选择中药制剂成型工艺一般应考虑哪些问题？

中药制剂成型工艺是指在制剂处方设计基础上，将原料或半成品（提取物等）与辅料制备成剂型并形成最终产品的加工处理过程。一般应根据物料特性，通过试验选用先进的成型工艺路线，通常制备工艺路线及其各工序的技术条件将随剂型与品种的不同而异，例如颗粒剂的成型工艺路线是：

药物（浸膏粉或稠浸膏）+ 赋形剂→粉碎→混合制粒→整粒→质检→分装。

制粒是颗粒剂成型的关键工艺，制粒方法不同则筛选的工艺技术条件不一样。若用普通湿法制粒，一般应筛选稠浸膏的相对密度、膏粉用量比、混合的方式与方法、时间、筛网规格、干燥温度与时间、一次制粒还是二次制粒等；若用流化喷雾制粒（一步制粒），一般应筛选喷雾药液的相对密度、流化底料的粒度与用量、喷雾压力、进出风温度与流速等；若用干法制粒，则一般应筛选干膏粉与辅料的比例、压力、破碎程度等，这些均是不同制粒工艺应该考虑筛选的技术参数。

分装是颗粒剂成型为合格产品的重要工序之一，其流动性、吸湿性、颗粒的均匀性直接影响分装工艺的质量，即分剂量的准确性。因此，制备好颗粒后，对其相关的物理特性进行研究与考察仍属颗粒剂成型工艺研究的内容之一。

剂型不同的成型工艺需要研究的内容不一样，应该有针对性地设计方案，选择指标，进行试验，筛选相应的工艺技术条件。

成型工艺设计一般应考虑 3 个方面的问题：第一是成型工艺路线的选择与制剂处方设计间的关系；第二是成型工艺与生产设备间的适应性；第三是力求工艺流程简练，并通过中试研究验证和完善成型工艺设计。

10. 处方设计与成型工艺路线不相适应怎么办?

制剂在进行处方设计时，应考虑与之匹配的成型工艺路线，不同的剂型，其成型工艺迥然不同，就是同一剂型亦可有不同的成型工艺路线。虽然药剂学已为目前常用剂型提供了较为成熟的多种成型工艺路线，例如丸剂的制备就可用塑制法、泛制法与滴制法 3 种成型工艺路线。但选择何种工艺路线为佳，一般要受制剂处方中物料性质的影响，在处方设计时就应考虑选择适合的制剂成型工艺。

制剂处方中半成品的物理性状、化学性质与生物学特性通常是选择成型工艺路线的依据，例如以干膏为半成品制备颗粒剂时，一般只需加少量辅料，采用一定浓度乙醇，以湿法制粒工艺路线制备。同时，工艺路线的改进又可能使处方中辅料的组成与用量发生变化。以清膏为半成品制备颗粒剂时，若采用湿法制粒，即使将清膏浓缩成稠浸膏，也势必要用大量辅料作为吸收剂方能成型，例如在感冒退热颗粒剂中糖粉、糊精等辅料的用量超过 80%[1]。若采用以流化喷雾制粒，即一步制粒工艺路线代替稠浸膏湿法制粒，其辅料用量将大大减少，降低患者服用剂量的同时也能降低生产成本。又如以油脂类为其有效成分的方剂，既可通过增溶工艺制备成为合剂，亦可通过乳化工艺制备为乳剂。可见成型工艺与制剂处方设计二者相辅相成，并非一成不变。

11. 如何处理成型工艺与生产设备间的适应性?

现代制药企业要形成规模化生产，必定要使生产设备程控化，工艺流程自动化、智能化。即使现阶段实验室采用机械化实验设备，但仍然受条件限制，样本量小，代表性相对较差，与上一定规模的中试生产会有一定差距。因此，为使实验研究的成型工艺适应规模生产设备的要求，一般要通过中试调整成型工艺路线和技术参数，并为成型设备选型提供依据。例如硬胶囊剂的成型工艺，系将物料充填入选定的硬胶囊壳，看似简单，但物料的流动性与均匀性却直接影响充填的质量。因此，物料的粒度要求、是否制粒等物料加工处理工艺便成为胶囊剂成型工艺研究的主要内容，而这些又应结合胶囊填充机的类型统筹考虑。一般若选用自由流动型填充机，而物料流动性又差者，则应考虑采用制粒成型工艺；若选用螺旋钻压进式填充机，因机械往复运动挤压式充填，能避免分层和充填不均的现象，只要物料混合均匀，也可用直接填充成型工艺等。至于所选设备的型号、性能、生产能力等要求，一般应由预计产量和中试研究结果确定。

12. 制剂中试生产中应考虑哪些问题?

中试研究是对实验室处方工艺合理性的验证和完善，是保证工艺处方达到生产稳定性 / 可操作性的必经环节，直接关系到药品的安全性、有效性和质量可控。同时，中试将为大生产设备选型提供依据。因为中药制剂生产用提取、分离、浓缩、干燥获得半成品清膏或浸膏所需设备，以及由半成品制备为成品所需成型设备（随剂型不同而异），如制粒机、压片机、包衣机、胶囊填充机等，其型号、性能、生产能力只能由预计产量和中试研究结果确定。

中试研究应考虑如下问题。

（1）中试生产规模：通常情况下中试批量应为制剂处方量（以制成 1 000 个制剂单位量计算）的 10 倍以上，或者为商业化生产批量（不低于 10 000 个制剂单位量）的 1/10，按照此原则可制订中试生产规模大小。

（2）关键工艺和设备及其性能的适应性：实验室设备受制于生产规模，其与中试设备的生产原理可能存在差异，但中试生产的设备应与商业化生产采用的设备原理一致，设备的基本参数应相符合。以小试阶段结果为基础，结合中试设备进行工艺优化，不同的工艺步骤其质控点不同。例如采用湿法制粒工艺时，其搅拌桨转速、切割刀转速及制粒时间等关键性参数需结合小试结果在中试设备上进一步确认其关键工艺参数范围。

（3）过程中的质量控制：加强中间体及半成品产量、质量对比分析，为制订（制法）关键工艺技术条件提供可靠依据。除关注中试与小试阶段的工艺变化，也应重点关注其变化对产品质量的影响。因中试设备及条件的改变，提取、分离、纯化、浓缩、干燥所得半成品，以及经成型工艺所得成品的工艺条件、技术参数可能与实验室小试研究不同，故应加强在中试研究中半成品的质量对比分析及原始数据的收集整理。

（4）生产可行性及成本核算：中试生产中需要对处方工艺的放大生产可行性进行研判，例如在中药材和饮片提取、分离、浓缩等阶段使用有机溶剂浸提、萃取时，需考虑其放大生产的风险控制。同时根据中试生产的最终处方工艺核算其生产成本，为后续大生产提供参考。

（5）产品注册：中试生产是中药制剂开发的重要阶段，中试生产的数据、结果也是申报资料的重要组成部分，因此需对中试生产中的原辅料来源证明、批生产记录、样品检测记录及报告等资料严格管控并及时整理，为制剂产品申报做充分准备。

13. 中药制剂成型技术实验方法与指标选择宜遵循哪些原则？

成型工艺不仅是由物料变成成品的一瞬间，而且包含了将主药（半成品）与辅料加工处理成待成型物料的全过程。虽然不同剂型对成型物料有不同的要求，但在设计方法和选择指标时均需遵循以下原则。

（1）针对性原则：应根据拟制备的剂型和要求，针对具体物料，设计相应的方法和有针对性的指标。忌“杀鸡用牛刀”，方法设计不切实际，不合理；亦忌方法、结论与结果不符，出现文不对题现象。例如：用 3 个月室温留样初步稳定性实验方法及结果作为成型工艺筛选的方法与评价指标，该方法显然是将成品稳定性考察方法用于成型工艺筛选，既费时又不切实际，此种设计不够合理；若工艺条件对药品稳定性影响较大，需要稳定性作为指标评价时，以设计加速稳定性实验方法为宜。

（2）实验设计合理性原则：影响成型工艺的因素常不止一种，也可用多种试验方法优选成型工艺技术条件。应充分考虑因素间是否存在交互作用，若存在交互作用，单纯使用单因素筛选方法其局限性较大，不能充分研究各因素间的交互影响，此时推荐使用正交试验设计、星点设计、析因试验设计等设计方案。例如：在湿法制粒工艺中搅拌桨转速、切刀转速、制粒时间 3 个参数间存在交互作用，同时影响最终制得的软材质量，若采用单因素筛选的方法，其各因素间存在交互作用，可能并不能获得最优结果，此时可使用部分析因试验设计研究其三者间的交互作用，最终筛选合适的工艺参数范围。

（3）单因子变量原则：在用单因素筛选法考察某一因素影响程度时，其他因素所取水平应相对固定，若几个因素所取水平同时变化，其结果显然难以正确判断，无可比性可言。例如：用机械湿法制粒，影响颗粒质量的因素有黏合剂的黏性与用量，软材搅拌时间，加料量，筛网装置的松紧度等。若以单因素筛选软材搅拌最佳时间，则应固定其他影响因素的条件，如变动搅拌时间（如 5 分钟、10 分钟、15 分钟这 3 个水平），以颗粒松紧度与粒度为指标，确定较佳时间，以此为固定水平，如此逐一筛选其他因素的较佳条件。忌做后面试验时，不用前面已筛选的最佳条件而任意设置一条件，如此既无可比性，又做无用功，应该避免这种设计思路。

（4）对照试验原则：遵循“有比较才有鉴别”的原理，在中药制剂成型工艺中更应采用对比研究的基本实验方法，那种“有制无研”或“研而不严谨”的成型工艺难以对其合理性作出评价。例如：某口服液在配液成型工艺中，规定调 pH 至 5.5，实验者用 10% 盐酸或氢氧化钠，将药液 pH 从 2.5 调至 9.5 共 8 个梯度，以是否产生沉淀或混浊为其指标，将其作为 pH 调节的依据。但此试验未测定原药液 pH 作为对照，显然此口服液必须调节 pH 的依据不足。

（5）平行操作原则：凡是外界因素影响较大，又需进行多因素对比试验者，一般应在同一时间，在同样实验条件、环境下，同一人操作，避免带来主观误差，使结果科学、可信。

（6）重复性试验原则：成型工艺必须具备可重复性，这样的工艺才具生产、实用价值。欲达此要求，在实验研究中应贯彻重复性实验原则。如片剂分剂量的确定，决定片重的因素有浸膏收率、辅料用量及相当方剂一日药材剂量，一般应由方剂量与浸膏收率决定辅料用量和片重。若不经多次重复、计算并控制一定误差范围，而是以一次结果匆忙决定，难以使质量稳定。

（7）取样随机性和代表性原则：实验样品的研究应是从总体样品中随机抽取，取样随机性可以消除或减少系统误差，平衡检测条件，避免检测结果的误差。实验样品是否有代表性，直接关系到所得技术条件或参数的可靠性、准确性与可重复性。欲使取样具有代表性，取样方法、方式和取样量的设计与确定既要考虑样品本身的均匀性、保存性、质量稳定性与经济价值，又应注意试验方案设计的目的与要求，是定性还是定量及要求的精度和准确度；同时还应考虑取样量器自身的准确度与精密度。例如做复方中药制剂提取工艺研究时，一味药材取样量以毫克计可能是难以具有代表性的。

（8）创新性与灵活性原则：以中药作为制药原料制备剂型及其制剂，较之以单一化学成分为原料具有明显的特殊性与复杂性。在用现代科学技术研究、发掘、整理、提高的过程中，应发挥高度创新性与灵活性，既不能“依古炮制”，也不能完全“西化”，而是灵活运用传统中医药学中的精华与现代科学中的高新技术和测试手段，有创造性地开拓新领域、进行科学试验设计。在方法上，必须针对具体研究对象，确定欲达到的目标与要求，有选择地、灵活地运用相关理论知识与技能，设计有创建性的实验方案，决不能一切照搬。

14. 制剂处方设计与成型工艺研究中应关注的新理念是什么？

随着制剂处方工艺的不断进步，新的技术理念也不断被引入，近年来在中药制剂的处方工艺设计研究中需要关注的理念总结如下。

（1）质量源于设计（QbD）：系 20 世纪 70 年代 Toyota 汽车公司为提高汽车质量提出的创新性理念，2004 年由美国食品药品管理局（FDA）正式将其引入药品处方工艺设计之中，并被纳入 ICH 质量体系当中成为指导原则和指南。QbD 理念将药品的质量控制提前到药品的设计及开发阶段，消除由药品处方及其工艺设计不合理而导致可能对产品质量带来的不利影响。QbD 具体实施步骤分为产品理解、过程理解、过程控制 3 部分。首先确定产品的关键质量属性（CQA），再利用风险分析确定关键工艺参数、物料属性与关键质量属性的关系，从而开发出产品生产工艺的设计空间。在确定设计空间后再确定其控制策略，形成控制空间。在大生产时，对生产过程实行检测和控制，持续改进生产工艺，保证质量的稳定性。例如：在开发某一中药颗粒剂产品时，以干膏为半成品湿法制粒，其关键质量属性可能为颗粒流动性、颗粒溶出速率等，在此基础上通过研究其关键质量属性，确定处方及工艺中可能对其关键质量属性产生影响的参数，如润滑剂用量、崩解剂用量、湿法制粒参数等进行风险性分析，确定其对质量属性的影响，从而设计合理的实验筛选其参数范围。

按照"质量源于设计"的模式思路[14]，中药复方制剂质量设计的内容主要包括：①处方中各味药材的基原、产地、采收及加工炮制、使用方法及所含主要成分及其理化性质的研究，从而明确其基原、产地、采收及加工炮制，为药材的提取纯化等处理及制定药材、提取物的质量标准提供依据；②提取纯化等工艺路线设计、工艺过程质量控制研究，包括工艺路线的选择依据、评价指标与测定方法的研究、工艺参数的优化以及提取物等中间体质量标准的制定；③制剂成型工艺的质量控制研究，包括剂型选择研究，用于制剂成型的中间体理化性质研究、制剂处方设计及辅料选择，以及成型工艺选择及参数优化研究等；④制剂的理化特性，质量控制项目、方法等研究及质量标准的制定；⑤制剂稳定性及包装材料的选择等研究。

（2）体内 - 体外相关性（IVIVC）：体内 - 体外相关性的建立用于评价药品的质量属性十分重要，特别对于非静脉注射给药的制剂来说，建立体内 - 体外相关性可以通过药品在体外的数据预测其在体内的药动学行为。例如：在开发某一中药口服片剂时，通过足够多的临床数据和体外溶出数据建立其产品的 IVIVC，筛选出一个合适的溶出方法可以代表体内药物释放的行为，在此后药品生产中可以通过测定在此溶出条件下药物释放行为来预测体内药动学行为，在生产中工艺及处方的改变均可以通过此体外释放条件来评价其是否对体内药动学产生影响，从而降低后续研发成本及控制产品质量。

（3）药动学 / 药效学（PK/PD）结合模型：这个模型不仅能阐明药物在体内动态变化的规律性，而且能揭示药物在效应部位作用的特性，是研究药物剂量与药物效应之间定量关系的有效工具，能较客观地阐明"时间 - 浓度 - 效应"之间的三维关系，在优选临床用药剂量、提高疗效和减少毒副作用等领域具有重要的参考价值。对于中药制剂来说，由于大部分制剂均具有多组分多靶点活性的特点，在中药制剂中指标性物质的选择一直是中药新药开发及其质量控制中的难点，通过 PK/PD 建模对中药进行整体评价，最终根据模型拟合的结果优选出多个与药效密切相关的定量和定性指标，确定足以代表全药生物效应的物质基础，最终实现对中药制剂质量的整体控制，也使中药制剂质量控制的指标性成分的选择有据可依[15]。

参考文献

[1] 国家药典委员会. 中华人民共和国药典：2020年版[S]. 一部. 北京：中国医药科技出版社，2020.

[2] 张奇志，蒋新国. 新型药物递释系统的工程化策略及实践[M]. 北京：人民卫生出版社，2019.

[3] 唐勤，张继芬，侯世祥，等. 中药口服缓控释制剂的研究进展[J]. 中国药学杂志，2013，48(12)：953-957.

[4] 曾华婷，郭健，陈彦. 淫羊藿素药理作用及其新型给药系统的研究进展[J]. 中草药，2020，51(20)：5372-5380.

[5] 许娜，潘华金，傅超美，等. 中药凝胶膏剂的研究进展概述[J]. 中药材，2020，43(5)：1256-1260.

[6] 侯世祥. 现代中药制剂设计理论与实践[M]. 北京：人民卫生出版社，2010.

[7] 奉建芳，毛声俊，冯年平，等. 现代中药制剂设计[M]. 北京：中国医药科技出版社，2020.

[8] 阳长明. 基于临床价值和传承创新的中药复方制剂设计[J]. 中草药，2019，50(17)：3997-4002.

[9] 余坤娇. 儿童用药制剂现状及剂型设计[J]. 上海医药，2017，38(15)：91-94.

[10] 苏敏. 儿童药物的剂型设计[J]. 药学进展，2019，43(9)：655-666.

[11] 王艳宁，闫莲姣，吴曙粤. 婴幼儿支气管炎中药凝胶膏剂基质处方的优选[J]. 中国医药导报，2017，14(34)：21-24，49.

[12] ALLEN JR L V，POPOVICH N G，ANSEL H C. 安塞尔药物剂型给药系统：第9版[M]. 王浩，侯惠民，译. 北京：科学出版社，2012.

[13] 国家药典委员会. 中华人民共和国药典：2020年版[S]. 四部. 北京：中国医药科技出版社，2020.

[14] 阳长明，王建新. 论中药复方制剂质量源于设计[J]. 中国医药工业杂志，2016，47(9)：1211-1215.

[15] 张忠亮，李强，杜思邈，等. PK-PD结合模型的研究现状及其应用于中医药领域面临的挑战[J]. 中草药，2013，44(2)：121-127.

（何军　张继芬　毛声俊）

第二章 散剂成型技术

散剂系指原料药物或与适宜的辅料经粉碎、均匀混合制成的干燥粉末状制剂[1]。散剂属于传统剂型之一，迄今仍为常用剂型，除作为药物剂型直接应用于患者外，粉碎了的药物也是制备其他剂型如片剂、胶囊剂、混悬剂及丸剂等的半成品。

“散者散也，去急病用之”。在2020年版《中国药典》一部1 600余个成方和单味药制剂中，散剂近60个[2]。随着现代科技的发展，散剂尤其是发展迅速的微粉散剂(又称细胞级微粉，粒径可达5μm及以下)，具有粒度更小、更方便等优势。散剂的优势有：①比表面积大，易分散、药物溶出和奏效迅速；②制法简便，剂量可随意调整，运输携带方便；③尤其适用于小儿及不便服用丸剂、片剂、胶囊剂等剂型的患者；④散剂可对外伤起到保护、吸收分泌物、促进凝血和愈合等作用。散剂一般不含液体，故相对稳定。由于药物粉碎后比表面积增大，其臭味、刺激性及化学活性等也相应增加，部分药物易发生变化，某些挥发性成分也易散失，故此类药物一般不宜制成散剂。另外，一些剂量较大的散剂，有时不如丸剂、片剂或胶囊剂等剂型容易服用。

散剂按医疗用途可分为内服散剂与外用散剂；按药物组成可分为单散与复散；按药物性质可分为含毒性药、含液体成分、含低共熔成分等散剂；按剂量形式可分为单剂量散剂和多剂量散剂。

供制散剂的药物均应粉碎，除另有规定外，一般散剂应为细粉六号筛(100目)，用于消化道疾病应通过七号筛(120目)；儿科及外用散剂应通过七号筛(120目)；眼用散剂则应通过九号筛(200目)。

散剂的成型工艺路线一般为：物料→前处理→粉碎→过筛→混合→分装→质检→包装→成品。其中散剂的物料可分为药材、浸膏和辅料(稀释剂)3种。

1. 散剂物料需作哪些前处理?

散剂物料若以中药材为原料，应按有关要求处理成净药材。无论药材、浸膏或辅料(稀释剂)均应干燥，控制含水量至符合粉碎要求。在按处方用量投料时，直接取用经前处理的物料粉碎，才不致出粉率太低。

中药材传统干燥方式有自然干燥和烘干，对于散剂中间体及成品的干燥，现代干燥技术有喷雾干燥、辐射干燥(红外、远红外、微波)、真空冷冻干燥、热泵干燥以及多种方法结合，如微波真空冷冻干燥[3]。采用分类恒温烘干法，能保持中药材原有的有效成分不受高温和其他因素影响而破坏或散失，粉碎时无黏附和堵筛，贮存时未发现发霉和变质现象[4]。例如，张琪等[5]对枸杞子粉碎前几种预处理方法进行比较，改善其粉碎过程中出现的黏附、粘连等现象。

2. 选择散剂物料粉碎设备的主要依据是什么?

在固体剂型中,通常将药物与辅料总称为物料。物料前处理是指将物料处理到符合粉碎要求的程度,对于中药应根据处方中各药材的性状进行适当处理,使之干燥成为净药材以供粉碎。被粉碎物料的性质、产品的粒度要求,粉碎设备的性能及作用原理是选择不同粉碎设备的主要依据。本书上篇"第二章 粉碎技术"中已详细描述。其中值得注意的是,目前我国已有自行设计、生产的各类特种超微粉碎设备数百种,根据破坏物料分子间内聚力方式的不同,超微粉碎设备主要有机械粉碎机、振动磨、流能磨[6]。

粉碎设备的选择应根据被粉碎物料的特性,特别是其硬度与脆裂性来选用:特别坚硬的药物,以撞击和挤压的器械效果好;坚硬而贵重的药物,可选用锉削器械;韧性药物,以研磨机为好;而脆性药物,以劈裂作用的器械为宜。选择的主要依据有:产品规格(粒度范围、粒度分布、形状、含水量及物料的其他理化性质);粉碎设备的生产能力和对生产速度的要求;操作的适应性(湿研磨和干研磨,其速度和筛网的迅速更换及安全情况);粉尘控制(贵重药物的损失,劳动保护,环境污染);环境控制(易于清洗与消毒);辅助装置(冷却系统、集尘器、强迫进料、分级粉碎);分批或连续操作;经济因素(能源消耗、占地面积、劳动力费用)等[7]。例如油脂量大的种子类药材宜采用低温粉碎,含糖量高、黏性大的药材可采用冻干粉碎方式[8]。

根据粉碎程度不同,所得粉体的名称也略有不同,如有些中药材经超微粉碎后得到粒径>1μm 的粉体,这种中药粉体常被称为中药微粉;而粒径≤1μm 的粉体,被称为中药超微粉[9]。根据中药超微粉碎的研究进展,虽然研究者对于中药超微粉碎的定义各有所见,但大体一致,认为中药超微粉碎更倾向于细胞级别的粉碎程度[10]。超微粉碎技术改变了传统粉碎方法粉碎的药材颗粒较大且不均匀的局面,提高了细胞破壁率、比表面积、有效成分溶出度[11-12]、生物利用度等。药材粒度更细、更均匀,从而减少用药量,由此延伸和发展出中药超微饮片,如珍珠、麝香、贝母等珍贵药材,超微粉碎技术还可用于强韧性、纤维性、有效成分受湿热易破坏药材的粉碎[13-14]。在粉体改性技术研究中使用超微粉碎技术,能解决传统散剂制备过程中易出现的粉体学缺陷[15]。

3. 哪些粉末需要测定粒径大小?测定方法有哪些?

药物经粉碎、筛分后的粉末,其粒径分布范围仍然较宽,而粉末的粗细、密度、形态等又与混合均匀度密切相关。粉粒的流动性与粒子的大小及其分布、粒子形态等有关。在一定范围内,粒子大,流动性好。在流动性好的颗粒中混入较多的细粉末,有时会使其流动性变差,而流动性差则直接影响分剂量的准确性。一般发生离析的粉体多是流动性好、粒径>100μm、粒形类似于球形且最大粒径与最小粒径之比在 6 倍以上的粒子[14]。同时,由于难溶性药物的吸收受药物的溶解及溶出速度的影响,而难溶性药物的溶解又与其比表面积有关,粒子小则比表面积大,溶解性能好,可改善其疗效[7]。因此,凡涉及需要解决散剂物料的分层、均匀度、流动性及提高散剂溶解度与溶出速度等问题的,均可考虑从测定粒子的粒径及其分布入手。另外,为保证药物的有效性和安全性,在制剂研究中也应做粒度检查,了解其是否符合用药要求。一般来说,200 目以上的粒子可通过机械过筛粗略测定其粒度及分布,不超过 200 目(含 200 目)的粒子则需要通过适宜方法测定其粒径[16-17]。有报道利用色彩色差计量化散剂颜色,采用近红外漫反射光谱法、近红外漫反射光谱法结合移动窗 F 检验分析样品及进行化学成分含量均匀度检查等[17-18]。王瀛峰等[19]以人工麝香为模型探索贵重中药材的混合方法，人工麝香质地黏湿，流动性不佳，将其与适宜辅料混合进行物理性质改善，再用等量递增法使之与其他成分混合，能解决该类药材粉末难以混合的问题。

4. 固体粉末混合常用的方法有哪些？其适用性如何？

散剂制备过程中，目前常用的混合方法有搅拌混合、研磨混合与过筛混合等[2]。

（1）搅拌混合：多是将物料置于容器中，用适当器具搅拌混合。此法较简单但不易混匀，多作初步混合之用。大量生产中常用混合机搅拌混合，经过一定时间的混合，亦能够达到混合均匀的目的。故搅拌混合常用于批量混合，多用混合筒（机），如槽形混合机、双螺旋锥形混合机、气流混合机等。混合筒（机）中以多向运动混合机与 V 形混合机的混合效率较高，其中 V 形混合机又分为有螺旋与无螺旋两种，前者适合于比重较轻的物料的混合，后者适合于一般比重和比重大的物料的混合。而槽形混合机、双螺旋锥形混合机、气流混合机等适于润湿、黏性物料粉末的混合，而且可密闭操作，改善环境，减轻劳动强度[20]。

（2）研磨混合：系指将被混物料的各组分置于乳钵或球磨机中，在研磨的过程中混合的方法。研磨有两种作用，一方面将物料研细，另一方面将物料分散混合。此法适用于药房制剂与调剂工作中小剂量药物的混合，且与粉碎同时进行，尤其是结晶性物料及矿物药的混合，但不适于具有吸湿性及爆炸性成分的混合。研磨混合又可分为打底套色法和等量递增法。

1）打底套色法：“打底”系指将量少、色深的药粉先放入研钵中（在混合之前应先用其他量多的药粉饱和研钵）作为基础，即“打底”；然后将量多、色浅的药粉逐渐分次加入研钵中，轻研使之混匀即“套色”。此法缺点是侧重色泽，而忽略了粉体粒子等比较容易影响混合均匀的因素。

2）等量递增法：两种物理状态和粉末粗细均相似的药物容易混匀，两种药粉等量混合时也容易混匀。若含有毒性药、贵重药或药物各组分比例量悬殊、不易混合均匀时，应采用“等量递增法”混合，习称“配研法”。其方法是取量小的组分及等量的量大组分，同时置于混合器中混合均匀，再加入与混合物等量的量大组分稀释均匀，如此倍量增加直至完全加入量大的组分为止，混匀、过筛，即得。

若各组分的密度悬殊时，一般将密度小者先放于研钵内，再加等量密度大者研匀，这样可避免密度小的组分浮于上部或飞扬，而密度大的组分沉于底部则不易混匀；若各组分的色泽深浅悬殊时，一般先将色深的组分放于研钵中，再加等量色浅的组分研匀。若以上比例量、密度、色泽三因素在各组分中出现矛盾时，则应酌情处理[21]。

（3）过筛混合：系将各组分的粉末初步混合在一起后，移置筛中使通过即得。中草药粉、非结晶性药物及其他轻质的药物都可用本法混合。尤其是含植物性及各组分颜色不同的药料，采用过筛混合能达到混合均匀和色泽一致的要求。过筛混合时由于较细而较重的药粉先通过，故过筛后仍须适当搅拌混合。为使充分混合，粉末最好通过两三次筛网。过筛混合时所选用的筛网目数一般较所要求的粉末目数低 20～40 目。如：要求粉末的粒度为 100 目，则选用 80 目或 60 目的筛网进行过筛混合。

在实际工作中，除少量药物配制时用搅拌混合或研磨混合外，大批量生产中的混合过程多采用搅拌或容器旋转使物料产生整体和局部的移动而达到混合的目的，一般为几种方法的联合操作，如研磨或搅拌混合后再经过筛混合，或过筛混合后再经搅拌，以确保混合均匀。

近年在超微粉碎技术发展的基础上，出现了利用搅拌球磨机、冲击式粉碎机、气流粉碎机及振动磨等混合机械，其中搅拌球磨机能够实现多种粉体的有序排列、精密重组。从而产生了中药粒子设计技术，通过控制药物的粉碎顺序，利用不同药物粉体互相分散、包裹而形成特定的结构与功能，从而改善粒子的大部分物理性质。

5. 常用的固体物料混合设备有哪些？各有何特点？

在药物制剂的大量生产中，固体物料的混合可采用各种类型的混合机或混合筒。此类设备的种类很多，根据机器的构造分类，可分为容器旋转型（是靠容器本身的旋转作用带动物料上下运动而使物料混合的设备）、容器固定型（混合容器固定，物料在容器内依靠叶片、螺旋推进器或气流等进行混合的设备）和气流混合机。根据操作方式的不同分类，可分为间歇式和连续式。其中间歇式混合设备容易控制混合质量，适用于固体物料的配比及种类经常改变的情况，故在制药工业中用得较多。连续式混合设备可以显著地缩小固体混合设备的有效容积，混合设备有类似于流体混合的过程，但要求在少量混合物料有较恒定的组成时，要考虑混合的均一性。这类设备中的混合效率，最后必须由成品剂型的质量分析来控制。因此连续混合过程是否可行，取决于有无快速的分析方法[7]。

根据机器构造分类的常用混合设备有容器旋转型混合机和容器固定型混合机两种类型。

（1）容器旋转型混合机：多为回转型混合机，其形式多样，有水平圆筒形、倾斜圆筒形、V 形、双锥形、立方体形等，主要依靠重力在转股内翻动达到混合目的。混合效果主要取决于旋转速度，转速应小于临界转速；速度过大，产生离心力作用大，降低了混合效果。机械结构简单，混合速度慢，混合度较高，混合机内部容易清扫。适用于性质差异小、流动性好的粉体间混合。不适用于含有水分、附着性强的粉体混合。空间利用率低，转速和混合时间对混合效果影响显著。常用的有以下几种。

1）水平圆筒形混合机：水平圆筒形混合机是过去使用最多的混合机，是筒体在轴向旋转时带动物料向上运动，并在重力作用下往下滑落的反复运动中进行混合。主要以对流、剪切混合为主，轴向混合仅以扩散混合为主，故混合作用很低；但构造简单、成本低。对于块状物料的混合，有时加入一些球体，可借其粉碎作用以提高混合机的性能，但此法可引起细粉末的粘壁和降低粒子的流动性。水平圆筒形混合机的最适宜转速可取临界转速的 70%～90%，最适宜的充填量或容量比（物料的容积 / 混合机全容积）约为 30%，容量比低于 10% 或高于 50% 的粒子的混合程度均较低。

2）V 形混合机：由两个圆筒以 V 形交叉结合而成。从各种混合筒的形式来看，以 V 字形混合筒较为理想，在旋转混合时可将物料分成两部分，然后再将两部分物料重新汇合，这样循环反复地进行混合，一般在短时间内即可混合均匀。V 形混合机最适宜转速为临界转速的 30%～40%，最适宜充填量或容量比为 30%。本混合机以对流混合为主，与水平圆筒形混合机相比，最大混合系数高，且混合速度快，在容器旋转型混合机中效果最好，应用广泛。V形圆筒的直径与长度之比一般为0.8～0.9，两圆筒的交角为80°或81°，对结团性强的粒子，减小交角可提高混合程度。V形转筒的容积为0.03～7mm^3，转速6～25r/min。目前的V形混合机又分为无螺旋与有螺旋两种，前者适于比重较轻的物料的混合，后者系在容器内穿过传动轴安装一个与容器逆向旋转的搅拌器，在旋转的同时进行搅拌，如此不仅可防止物料在容器内部结团，也可缩短混合时间，适合于一般比重和比重大的物料的混合。另外，对于易氧化或吸潮的物料也可在真空中进行混合。因此，V形混合机在制药工业中得到了广泛的应用。

3）双锥形混合机：双锥形混合机系在短圆筒两端各与一个锥形筒结合而成，旋转轴与容器中心线垂直。混合机内粒子运动的状态、最大混合系数、混合时间、混合效果与回转速度之间关系等均与V形混合机相似，也是一种常用的混合机械。

4）多向运动（三维）混合机：该机由机座、传动系统、电器控制系统、多向运动机构及混合筒等部件组成。其混合筒体在主动轴的带动下，做周而复始的平移、转动和翻滚等可多方向运转的复合运动，使筒体内的各种物料做环向、径向和轴向的三向复合运动，使物料在混合过程中的交叉混合点多，从而加速了流动和扩散作用，同时避免了一般混合因离心力作用产生的物料比重偏析和积聚现象，混合无死角，其混合的各组分可有悬殊的重量比，混合率可达99.9%以上，能有效确保物料达到最佳混合状态，亦能达到《药品生产质量管理规范》（GMP）规定的总混要求。它的另一个特点是筒体装料率大，最高可达80%～90%（普通混合机为30%～60%），混合时间短，效率高，是目前各种混合机中的一种较理想设备。

（2）容器固定型混合机：能处理附着性、凝聚性强的粉体，湿润粉体和膏状物料。优点是装填率高、操作面积小、占用空间小、操作方便，另外，可制成密闭式和安设夹套。缺点是维修和清洗困难，故障率高，容器及搅拌器上会固结粉体。常用的有以下几种。

1）搅拌槽式混合机：主要部分是断面为U形的固定混合槽和内装螺旋状二重带式搅拌桨。槽内轴上的螺旋状二重带式搅拌桨为一“∽”形、与旋转方向成一定角度的搅拌桨，可使物料不停地在上下、左右、内外各方向运动的过程中达到均匀混合。混合时以剪切混合为主，混合时间较长，但混合度与V形混合机类似。混合槽及盖均由不锈钢制成。槽可以绕水平轴转动，以便在需要时自槽内卸出物料。

2）双螺旋锥形混合机：主要由锥体、螺旋杆、转臂、传动部分等组成。容器的圆锥角约35°，充填量约30%。工作时由锥体上部加料口进料，装到螺旋叶片顶部。启动电源，由电机带动双级摆线针轮减速器，经套轴输出公转和自转两种速度。分别使两根螺旋杆以60～180r/min的速度自转搅拌和提升物料，并以2～5r/min的速度带动转臂作公转。双螺旋的快速自转将物料自下而上提升，形成两股对称的沿臂上升的螺旋柱物料流，转臂带动螺旋杆公转，使螺旋柱体外的物料相应地混入螺旋柱形物料体内，以使锥体内的物料不断地掺和错位，由锥形体中心汇合向下流动，在全容器内产生旋涡和上下的循环运动，使物料能在短时间内达到混合均匀。

双螺旋锥形混合机与其他类型混合机相比有以下优点：①品种适应性广、混合均匀、混合速度快、混合量比较大也能达到均匀混合、混合度高，一般2～8分钟可达最大混合系数，其效率比卧式搅拌机提高3～5倍；②动力消耗较其他混合机小，传动机构采用先进的摆线针轮减速机，传动效率高，可减少能耗2/3以上；③装载系数高，最高可达60%～70%，与翻

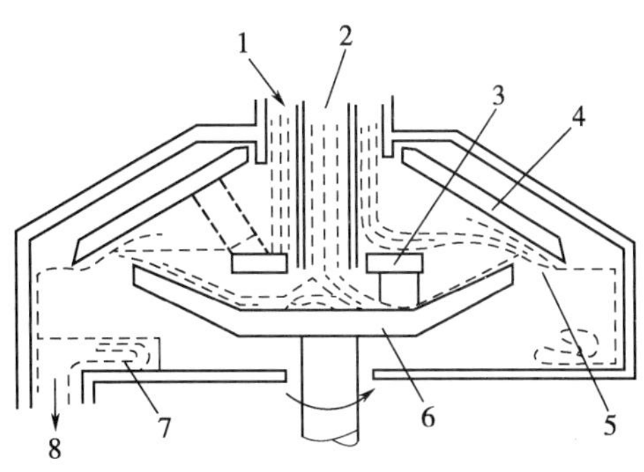

1，2. 加料口；3，6. 圆盘；4. 挡板；5. 混合的粉末；7. 出料口挡板；8. 出料口。

图 2-2-1　回转圆盘形混合机

转式混合机和 V 形混合机相比可增加 1 倍以上；④进出料口固定，便于安排工艺流程；⑤密闭操作，劳动保护好等。

3）回转圆盘形混合机：如图 2-2-1 所示，被混合的两种粉末加到高速旋转的圆盘 3、5 上，由于离心力的作用，粒子被散开，在散开的过程中粒子间相互混合。混合后的粒子由出口 8 排出。回转圆盘的转速为 1 500～5 400r/min；处理量根据回转圆盘的大小而定。此种混合机处理量较大，可连续操作，混合时间短，混合程度与加料是否均匀有关。一般来说，物料的加入可通过加料器以调节流量。

4）流动型混合机：如图 2-2-2 所示，混合室内有高速回转的搅拌叶，固体粒子由顶部加入，受到搅拌叶的剪切与离心作用，在整个混合室内产生对流而混合。混合结束时将排出阀开启，调慢搅拌叶的回转速度，混合好的粒子即可由排出口排出。搅拌叶转速一般为 500～1 500r/min。流动型混合机混合速度快，一般在 2～3 分钟内即可完成。

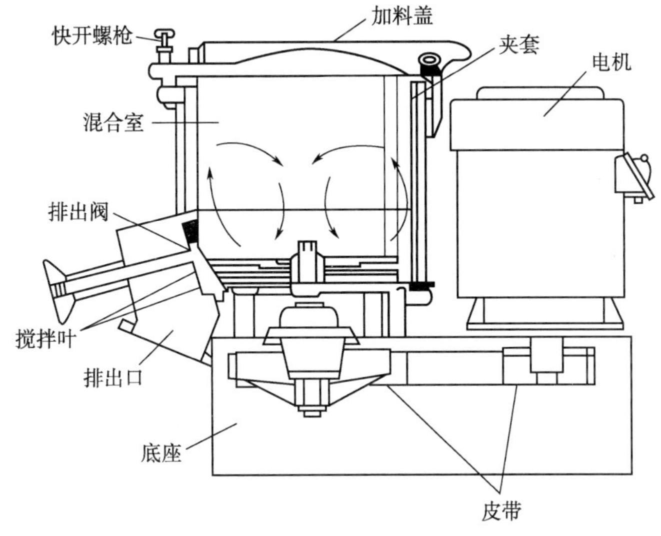

图 2-2-2　流动型混合机

5）粉碎 - 搅拌真空干燥混合机：是带搅拌装置的卧式筒体真空装置，在搅拌装置上同时设置了高速的粉碎桨，强化粉碎在混合或干燥过程中形成的团块状物料，并能同时保证成品散剂的水分要求。它适用于带黏性的中药浸膏粉、膏状、团块状物料及热敏性、吸湿性、强刺激性和含毒性药等物料的混合。

6. 含毒性药、贵重药的散剂应怎样混合？

毒性药，药理作用很强的药物以及贵重药的剂量往往很小，称取、服用不便。因此，若含毒性药、贵重药的单散，常在此类剂量小的药物中添加一定比例的赋形剂制成稀释散（倍散），便于临时配方，故又称贮备散。常用的有 5 倍散、10 倍散，亦有百倍散或千倍散。倍散的比例可按药物剂量而定，如剂量在 0.01～0.1g 者，可配制 10 倍散；剂量在 0.01g 以下，可配成百倍散或千倍散[22]；若为含毒性药、贵重药的复散，则用处方中色浅、量大的药物替代单散中的赋形剂进行混合。此类散剂的配制属多组分分散，其组分量比差异很大，与等量组分混合比较，在相等时间下难以混合均匀，应该采用打底套色法或等量递增法混合。为保证其均匀性，有时可加着色剂如胭脂红、亚甲蓝等指示混合的均匀程度。此外，含毒性药、贵重药的散剂在选用混合设备时，应注意选用密闭性能较好的机械，以减少药物的损失和环境污染，增强劳动保护。此外，混合含毒性药物料的散剂，应注意所用器具、设备的清洗，废水应稀释处理，并达到排放标准。

倍散的辅料应无显著药理作用，且其本身应为较稳定的惰性物质。常用的有乳糖、淀粉、蔗糖、糊精、葡萄糖以及其他无机物如碳酸钙、磷酸钙、碳酸镁或白陶土等。

7. 散剂出现色差、分层等不均匀问题时，如何解决？

散剂出现色差、分层等不均匀问题，属于明显的质量问题。主要由于混合过程中多种固体物料常常伴随着离析（segregation）所致。离析是与粒子混合相反的过程，妨碍有效混合，也可使已混合好的混合物料重新分层，降低混合均匀度。在实际的混合操作中，影响混合速度及均匀度的因素很多，使混合过程相对复杂，很难用单独因素来考察。总体而言，此类质量问题应该与“料、机、法、环”因素有关。

（1）设备因素：目前制药行业中主流的混合设备分为 3 大类，即容器旋转型、容器固定型和复合型[23]。

因为容器旋转型混合机（V 形、双圆锥形）的剪切混合作用小，所以在防止分离、微量混合和微细粉末混合方面存在问题[24]。其他还包括混合机的形状及尺寸，内部插入物（挡板，强制搅拌等），材质及表面情况等。应根据物料的性质选择适宜的混合设备。如流动性较好的物料，选用多向运动混合机等容器旋转型混合机即可；易形成团块的物料，则宜选用具螺旋搅拌的混合设备，其中较新的设备有前面介绍过的粉碎搅拌真空干燥混合机等。

（2）操作条件的影响

1）设备转速的影响：转动型混合机，以圆筒形混合机为例，回转速度过低时，粒子在物料层的表面向下滑动或流动，物理性质不同的粒子流动速度不同，故造成显著的分离现象；当回转速度过大时，粒子受离心力的作用随转筒一起旋转，失去混合作用。所以设备的转速必须适当，适宜转速一般取临界转速的 70%～90%。使粒子随转筒升到适当的高位，然后循抛物线轨迹下落，相互堆积进行混合。此外，V 形混合机的转速和搅拌式混合机的搅拌器同样也存在最适宜转速。对同一台混合机，当混合要求不同时，所选用的适宜转速也各不相同。在制造混合机时，所选用的转速不仅考虑混合所能达到的最佳均匀度，而且要考虑混合机的生产能力。

2）混合时间的影响：一般来说，混合时间越长混合越均匀。但实际上所需的混合时间应由混合药物量的多少及使用机械的性能所决定。在小量混合时，一般不少于 5 分钟。混合机械性能差的，混合时间要长些；机械性能好的，混合时间可短些。具体物料混合时间的长短，应根据物料的性质、机械的性能来决定。

3）物料充填量的影响：V 形混合机内的充填量约为 10%（相当体积百分数为 30%）时的混合效果最好，回转圆筒形混合机的充填量一般小于固定容器型混合机（如搅拌式混合机）的充填量。

4）混合比的影响[7]：物理状态和粉末粗细均相似的两种药物，经过一定时间的混合即可混合均匀。若组成的混合比改变时将影响粒子的充填状态，图 2-2-3 表示在 V 形混合机旋转 50 圈后，3 种不同粒径比的物料混合比对混合系数 M 的影响。由曲线可见，粒径相同的两种粒子混合时，混合比与混合系数几乎无关，曲线 2 或 3 说明粒径相差越大，混合比对混合系数的影响越显著。由图 2-2-3 可见，大粒子的混合比为 30% 时，各曲线的混合系数 M 处于极大值，这是因为粒子的混合比在 30% 左右时粒子间的空隙率最小，粒子处于密实的充填状态不易移动，从而抑制了离析作用，因此混合比在 30% 左右可获得良好的混合状态。当组分的比例量悬殊时，一般多采用打底套色法或等量递增法进行混合。在大生产中，由于多向运动混合机等高效混合机械的使用，除非特殊剧毒药品，其他一般药品并不一定需要严格采用等量递增法操作[25]。

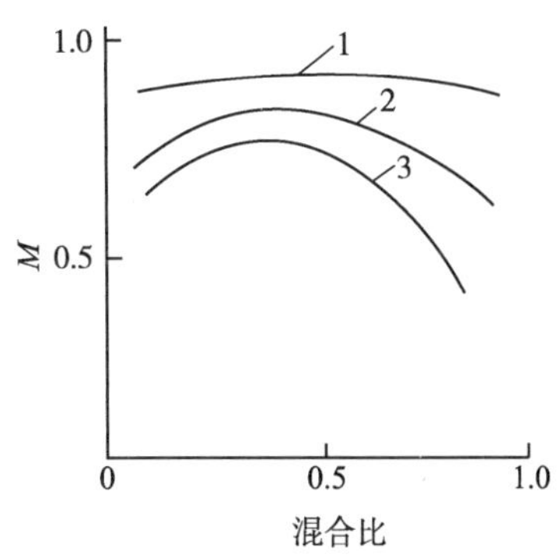

粒径比：曲线 1 为 1∶1；曲线 2 为 1∶0.85；曲线 3 为 1∶0.67。

图 2-2-3 混合比与混合系数关系图

5）装料方式的影响：各成分间密度差及粒度差较大时，应先装密度小的或粒径大的物料，后装密度大的或粒径小的物料。

（3）物料的粉体性质的影响：如粒度及粒度分布，粒子形态及表面状态、粒子密度及堆密度、含水量、流动性（休止角，内部摩擦系数等）、黏附性、凝集性等都会影响混合过程。特别是粒子径、粒子形态、密度等在各成分间存在显著差异时，混合过程中或混合后容易发生离析现象而难以均匀混合。

1）粒径与粒子密度的影响：一般情况下，小粒径、大密度的微粒易于在大微粒的缝隙中往下流动而影响均匀混合。要减少小粒子通过大粒子所形成的间隙而造成的大小粒子分离、分层的现象，必须使粒度分布的最大粒径与最小粒径之比在 6 以下。所以当粒径相差较大时，在混合之前应先将它们重新粉碎处理，使各成分的粒子都比较小并力求大小一致，或除去压缩性、附着性、凝聚性的粉体（5μm 以下的微粉），然后再进行混合，这样混合效果将会得到改善。但当粒径＜30μm 时，粒度的大小将不会成为导致分离的因素；当粒径＜5μm 的粉末和较大（如植物药材细粉）的组分先放于容器内，再加堆密度大（质重，如多数矿物药材细粉）的组分。这样可避免密度小的组分浮于上部或飞扬，而堆密度大的组分沉于底部则不易混匀。

2）粒子形态的影响：粉末粒子的形态对能否混合均匀有一定的影响。如粉末粒子的形态比较复杂，表面粗糙，则粒子间的摩擦力较大，混合均匀后不易再分离，有利于保持均匀状态；反之则难以保持均匀的状态，从而难以混合均匀。一般颗粒形状差异愈大愈难混合均匀，但一旦混合均匀后就不易再分层。

3）粉末带电性的影响：药物粉末表面一般不带电，但在混合摩擦时往往产生表面电荷而阻碍粉末的混匀，同时还可能引起因静电而导致的粉尘爆炸事故。解决粉末带电性的问题，可加入少量表面活性剂以提高表面导电性或在较高湿度（40% 以上）下混合。应用润滑剂作抗静电剂，如用硬脂酸镁，可呈现抗静电活性。另外，控制 100μm 以下的微粉总量，亦可减少粉末带电。粉体在空间浮游、扩散时，还可使用空气离子化后加速粉体电荷泄漏的除电方法[16]。

4）其他：在保证物料稳定的前提下，混合物料中含有适量水分可有效地防止离析[22]。

8. 含液体成分的散剂应如何混合？

复方散剂中有时含有液体组分，如挥发油、非挥发性液体药物、酊剂、流浸膏、药物煎汁及稠浸膏等。这些液态药物的处理应该视药物性质、用量及处方中其他固体组分的多少而定。一般可利用处方中其他固体组分吸收后研匀；但如液体组分含量较大而处方中固体组分不能完全吸收时，可另加适当的赋形剂（如磷酸钙、淀粉、蔗糖、葡萄糖等）吸收，至不呈潮湿为度；当液体组分含量过大且属非挥发性药物时，可采用常规加热浓缩法除去大部分水分，热敏性药物可采用低温浓缩至适宜量，再加入固体药物或赋形剂，低温干燥、粉碎、筛析、混匀即可[2]。

9. 混合过程中出现粉末吸湿或结块现象怎么办？

混合过程中出现粉末吸湿或结块现象的原因主要有以下几种。

（1）散剂中含有液体或吸湿性组分：如中药浸膏粉易于吸湿，挥发油是液体成分，散剂中含这类组分，若直接加入不易混合均匀，容易出现粉末吸湿、结块的现象，一般应用其他组分吸收液体组分，或外加吸收剂（如磷酸钙、白陶土、蔗糖或葡萄糖等为常用），也可考虑用出粉率高的植物药材细粉。若本身含结晶水（如芒硝），则可用等物质的量的无水物（玄明粉）代替。若本身是具强吸湿性的清膏，一方面，用不吸湿的组分与之混合改善其吸湿性；另一方面应做药物吸湿特性的测定（可通过吸湿曲线与临界相对湿度曲线表示），尤其是通过混合物临界相对湿度的测定来控制混合、分装操作环境的相对湿度，使环境相对湿度在临界相对湿度以下，并密闭包装，以防吸潮。从混合机械方面考虑，亦可选择干燥混合机及粉碎搅拌真空干燥混合机等。

（2）散剂中含有可形成低共熔混合物的组分：药剂学上将一种以上药物按一定比例混合时，在室温条件下出现的润湿或液化现象，称为低共熔现象。显然若产生此现象则不适于含这类组分散剂的混合，中药薄荷脑与冰片混合共研即可液化，是否发生润湿或液化，与混合物组成比和温度密切相关，可用热分析法，通过制备低共熔相图来判断。

对于可形成低共熔物的散剂，应根据形成低共熔物后对药理作用的影响及处方中其他固体成分的数量而采取相应措施。

1）共熔后如药理作用几乎无变化且处方中固体成分较多，可将共熔成分先共熔，再以其他组分吸收、分散，以克服不利于混合的问题，并使分散均匀。

2）共熔后，形成的低共熔物可使药物分散度极大地增加，有利于药效的发挥，从而使药理作用较单独应用吸收快、药效高者，则宜采用共熔法。但应通过试验确定减小剂量。

3）共熔后药理作用减弱者，应分别用其他成分（辅料）稀释，避免出现低共熔。

当处方中含有挥发油或其他足以溶解共熔组分的液体时，可先将共熔组分溶解，再借喷雾法或一般混合法与其他固体成分混匀。

（3）粉末的带电性及混合时间的影响：在粉碎、混合等加工过程中，由于机械摩擦和粒子间相互摩擦产生的静电荷，一方面使粉粒的流动性变差，另一方面可以引起粉粒之间的排斥造成混合不均匀，尤其在长时间的混合过程中，摩擦引起电荷的积累，这种现象会愈加明显，并伴随有团块的形成，所以需要对混合时间予以控制。并非混合的时间越长对物料混合越有利。适宜的方法是做出混合程度对时间的曲线，以定量地选择适宜的混合时间。对于大多数混合设备而言，实际混合时间一般小于15分钟。有时在处方许可的条件下加入少量液体，如醇或表面活性剂，或适度提高环境湿度（>40%），有针对性地加入抗静电剂或采用不同性质粉粒混合等方法均可以减弱粉粒及结块现象，提高混合效果[26]。其他消除粉末电荷的方法可参见本章第7题。

（4）温度：高温情况下粉粒可能软化，冷却时可能产生相变。在冷热交替时，严重的可导致高程度的密实甚至结块。这种情况对于那些刚刚加热干燥或在粉碎过程中产生大量热量而又未经散热冷却的物料的流动性是一个尤为重要的因素[17]。

另外，在混合中易出现吸湿、结块的物料，除参考上述方法解决以外，亦可采用适宜混合机械，如采用粉碎搅拌真空干燥混合机等设备进行混合。

10. 如何测定物料的吸湿曲线与临界相对湿度？

吸湿曲线的测定，是将药物置于固定相对湿度（RH）下，一定时间间隔测定吸湿量，以吸湿量对时间作图，即得，如图2-2-4所示。吸湿曲线可以表明药物粉末的吸湿速度，通过吸湿曲线可了解吸湿至药粉流动性改变或达到吸湿平衡所需的时间。临界相对湿度的测定则是在系列RH条件下，求出其平衡吸湿量，再以平衡吸湿量对RH作图，即得，如图2-2-5所示。系列RH条件的选择、平衡吸湿量及CRH的测定方法可参考有关文献[26]。

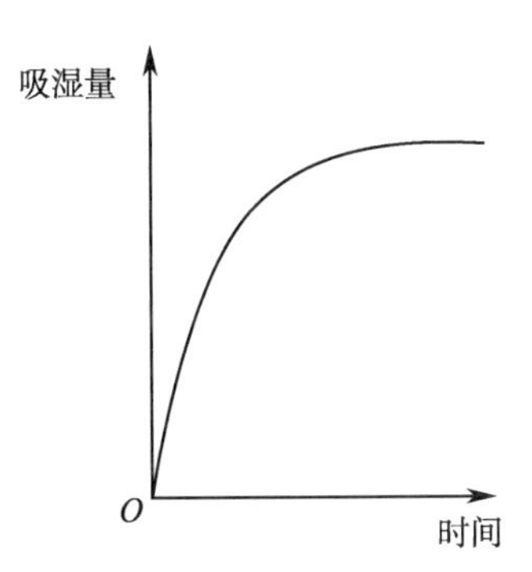

图2-2-4 吸湿曲线示意图

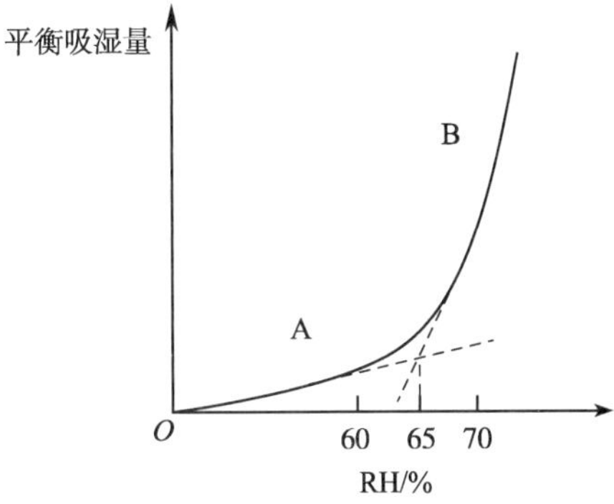

图2-2-5 CRH测定曲线示意图

浸膏粉在RH 60%以下吸湿极少，至70%吸湿逐渐增加，超过70%显著吸湿，作此曲线两端的切线，其交点对应的RH（65%）称为临界相对湿度（critical relative humidity，CRH）。通常单一水溶性药物的突跃明显，且有其固定CRH[26]，没有A至B的渐变过程；而中药系复合成分，不同成分性质各异，使吸湿突跃不明显，故用上法求CRH，可能导致同一物料CRH测定出现差异。若不是以平衡吸湿量作图，差异可能会更大。

吸湿曲线和CRH测定有如下意义：①可掌握物料吸湿性能，以便设计处方，一般吸湿速度快，CRH低的药物通常应加吸收剂，以改善吸湿性；②用于指导生产、控制贮存环境条件，对易吸湿物料，应将粉碎、混合、分剂量、包装与贮存环境的RH控制在CRH以下；③为选择防湿性辅料提供参数，根据Elder假说，混合物的CRH大约等于各组分CRH的乘积，而与各组分的比例量无关，此假设仅适用于水溶性物料，且水溶性药物的混合物的 CRH 比其中任何一个药物的 CRH 都低，故若选择水溶性辅料作防湿剂，则应选 CRH 高者，而水不溶性物料混合后的吸湿量具有加和性，与用量有关，即恰好与各成分的含量及吸湿量计算的结果一致。

11. 如何减小混合机械对物料的吸附造成的损失？

减少混合机械对药物粉末的吸附，可以从混合机械、药物粉末两方面来考虑。

（1）混合机械

1）若混合机械表面比较粗糙，将量小的药物先加入混合机械时，易被器壁表面吸附造成较大的损失，故应先取少部分量大的药物或辅料如淀粉、乳糖等，于容器内先行研磨以饱和混合机械的表面能，以减少对量小药物的吸附。

2）可能的情况下更换设备，选用器壁光滑的混合机，以减少吸附作用造成的量小药物的损失[7]。

3）在混合过程中，药粉与设备碰撞、摩擦，以及粉体微粒之间的碰撞、摩擦会产生静电，可考虑设备接地线或采用静电消除器。

（2）药物粉末：混合机械吸附药物粉末，与粉体性质有直接关系。

1）控制粉体粒径：通常粉体粒径越小，比表面积越大，表面能越大，流动性越差，越容易被吸附。在满足产品质量目标的前提下，尽量控制较小粒径微粉的比例。

2）消除粉体静电：可参考本章第 7、9 题中的相关内容。

3）分析复方制剂各粉体的特性：可将附着性强的微粉与流动性较好的粉体混合后，再通过高速粉碎机，所得粉体再用离心流动包衣装置包在粒度较大的粒子表面做成一次原料再混合，以减少吸附损失。

12. 用体积法分剂量的散剂，出现装量差异较大的原因有哪些？如何解决？

散剂的机械自动分装多用体积法（又称容量法），此法分剂量的准确性受药粉的均匀性、流动性、吸湿性及堆密度等理化特性的影响很大，涉及物料的水分、黏度、粉末间的吸附作用及环境温度、湿度等多方面。若这些因素不加以测定和准确控制，就会导致装量差异大。因此在采用体积法分剂量时，需预先考察粉末的均匀性并测定粉末的流动性、吸湿性及堆密度。影响粉末均匀性的因素与解决办法及吸湿性测定已分别在本章相关问题中做了详细阐述，此处仅对粉末的流动性和堆密度的测定及对装量差异的影响与解决办法做简要介绍。

（1）流动性：药粉的流动性不好是产生装量差异的最主要因素，除此之外，亦会造成贮槽堵塞、粉末离析和残留等现象，因此，需先测定粉末的流动性。药剂上常用测定休止角表示药粉的流动性，一般认为休止角$<30°$的，粉末流动性良好；休止角$>40°$时则不好。测定流动性的方法，常用固定漏斗法（Ⅰ）、固定圆锥底法（Ⅱ）、倾斜箱法（Ⅲ）和转动圆柱体法（Ⅳ）等 4 种[18]。用Ⅰ或Ⅱ时，量出堆高 H 和堆底半径 R，则休止角 α 有如下关系式：

$$\tan\alpha = \text{对边}/\text{邻边} = H/R \qquad \text{式(2-2-1)}$$

计算比值后，查正切余切表或用计算器，按“$\tan^{-1}$”键可获得休止角值。例如用固定漏斗法测得某浸膏粉的 H=40mm，R=48mm，则 $\tan\alpha$= 对边 / 邻边 =40/48，查正切余切表得 α 或计算器计算 α，可见该药粉流动性差。

此外，还可用单位时间内粉粒由一定孔径的孔或管流出的速度即流速来反映粉粒的流动性[26]。要解决因粉末流动性不好造成的装量差异大的问题，除了改进设备和工艺外，亦可考虑加入助流剂等辅料。流动中的振动将改善粉末的流动性，减少粉末床形成漏斗流的可能，但是对于静止的物料或趋于停止流动的物料，振动只能起到密实的作用而阻止流动的发生[13]。分装时环境的温度变化亦会导致流动性的改变：在高温情况下粉粒可能软化，而冷却时可能产生相变。在冷热交替时，严重的可导致高程度的密实甚至结块。这种情况对于刚刚加热干燥或在粉碎过程中产生大量热量而又未经散热冷却的物料流动性是一个重要的因素[13]。因此，温度变化原因引起的物料结块，可通过控制物料及环境温度（一般为15～25℃）得到解决。分装环境的相对湿度要求一般应控制在45%～60%，可满足一般中药散剂分装的流动性环境湿度要求。

（2）堆密度：堆密度是指单位容积物料粉粒的质量，又称松密度（bulk density）。堆密度的测定是为散剂、颗粒剂在分剂量时设计量器容积和分装袋规格提供准确依据。2020年版《中国药典》新增堆密度测定法用于测定药物或辅料粉体在松散状态下的填充密度[2]。松散状态是指将粉末样品在无压缩力的作用下倾入某一容器中形成的状态。

另外，除以上药物粉末的均匀性、流动性、吸湿性等理化特性对装量差异造成较大的影响外，分剂量的速度亦能影响其准确性，在机械分装过程中应注意及时检查并加以调整[18]。

13. 如何防止微粉及超微粉在分剂量或填充时出现的喷流现象？

微粉及超微粉在粉碎的过程中容易夹带大量空气，因此容易产生填充比重的变化，尤其是粒径200目以下的微粉容易发生喷流现象[27]。填充比重的大幅度变化，不仅成为操作过程中产生故障的原因，而且还会导致散剂剂量的波动问题。防止喷流现象最简单的方法是水平振动，使粉粒脱气；此外，还可采用螺旋推进压缩脱气系统、双辊压缩脱气或者采用增密装置法，此法是螺旋在滚筒外壁上安装了多孔材质的圆筒，从滚筒外壁用真空泵脱气[11]。也可采用可进行真空混合的混合机械及国产粉粒真空输送机，粉粒先经脱气再行分装，可基本防止喷流，同时也可防止易氧化和易吸潮药物的氧化与吸潮。另外，应根据粉末的流动条件和投入条件决定是否用旋转阀封口以防止喷流。

14. 如何防止散剂在贮存过程中出现潮解、结块、变色、霉变及分层现象？

散剂因高度粉碎，尤其是超微粉碎，其比表面积增大，既不稳定，也易吸湿，一旦吸湿可出现潮解、结块、变色、分解或效价降低，及霉变、虫蛀等物理、化学与生物学的不稳定现象，严重影响用药安全[28]。因此，散剂吸湿特性及防止措施成为散剂在成型工艺研究中的重要内容，在分剂量工艺中已述及；散剂包装和贮存的重点是防湿和选择防湿性材料。用于散剂的包装材料有多种，可选用聚酯/铝/聚乙烯药用复合袋、聚酯/低密度聚乙烯药用复合袋、双向拉伸聚丙烯/低密度聚乙烯药用复合袋、双向拉伸聚丙烯/真空镀铝流延聚丙烯药用复合袋等，可参考《国家药包材标准》等资料选用。可针对具体品种、不同包装的吸湿性比较测定来最终确定。复散用瓶装时，瓶内药物应当填满，否则在运输过程中由于复方成分相对密度的不同，相对密度较大的成分下沉而发生分层现象，破坏了散剂的均匀性。此外，温度和紫外线照射等对散剂的质量也有一定影响，贮存时应加以注意。因此，贮存场所要选择干燥、避光、空气流通的库房，分类保管并定期检查。除另有规定外，散剂应密闭贮存，含挥发性原料药物或易吸潮原料药物的散剂应密封贮存。

15. 散剂在生产过程中如何防止染菌？成品出现微生物限量检查不合格怎么办？

散剂可分为口服散剂和局部用散剂。2020 年版《中国药典》规定：用于烧伤[除程度较轻的烧伤（Ⅰ度或浅Ⅱ度）外]、严重创伤或临床必须无菌的局部用散剂，按无菌检查法（通则 1101）进行检查，应符合规定。其他的除另有规定外，均按非无菌产品微生物限度检查（通则 1105 和通则 1106）。

中药散剂是中药饮片经粉碎加工制得，微生物控制难度较高，一般散剂在生产过程中应从以下环节控制管理。

（1）操作人员应严格执行 GMP 要求，进行生产工具的清洗灭菌管理及工作人员的着装清洁管理。直接接触药品的工具应选用不锈钢制品。每次生产前使用饮用水、纯化水清洗，75% 乙醇擦拭。所使用的棉质打粉布袋宜采用水清洗、湿热灭菌、烘干的方法进行清洁灭菌。

（2）中药饮片在粉碎前需经过净制，一般可先用快速水淘洗再进行烘干处理，减少微生物的存留。净制后中药饮片贮存应注意防霉防菌，控制贮存时间与贮存的温度、湿度。

（3）制剂操作应在清洁符合 GMP 要求的洁净环境下进行；生产操作，前粉碎、混合及分装设备与药物直接接触的腔面，应经过彻底清洁，每批生产结束后，应尽可能取下设备所有可拆卸的部分进行清洁，分去污、除菌、干燥三步骤。

散剂在分装前采用的灭菌方法常为：将散剂粉末置洁净搪瓷盘内，摊成薄层，紫外线照射 30～60 分钟后再行分装。此法对散剂灭菌并不可靠，且如果该粉末的吸湿性较强，还需注意控制环境的相对湿度。

若成品出现微生物限量检查不合格，可采用低温间歇灭菌法、紫外线照射灭菌法、紫外线照射加 75% 乙醇灭菌法、辐射灭菌法。上述 3 种方法各有优缺点，可将它们组合使用，起到协同作用。灭菌法选择成功与否，不仅与制剂的使用安全性有关，而且与制剂疗效维持的长短也有密切关系。

辐射灭菌法为辅助灭菌法，早在 1997 年卫生部颁布的《^{60}Co 辐照中药灭菌剂量标准》中规定散剂不超过 3kGy（辐射能力吸收剂量单位），还规定含有紫菀、锦灯笼、乳香、天竺黄、补骨脂一种以上（含一种）药材的中药辐照灭菌时，最大吸收剂量不得超过 3kGy，秦艽、龙胆及其制品不得辐照灭菌。

《中药辐照灭菌技术指导原则》指出：中药采用辐照灭菌应充分说明其必要性。应针对辐照灭菌对产品质量、稳定性、生物学性质等方面的影响进行全面研究和评估，通过提供的研究资料说明采用辐照灭菌的必要性、科学性和合理性。因此在采用辐射灭菌法对成品进行灭菌时，应参考有关资料[13]，在进行必要的实验研究后，才能确定是否可以采用这种灭菌方法及辐射的剂量。

16. 散剂的质量如何评价？

散剂在生产与贮藏期间应符合下列有关规定。

（1）供制散剂的原料药物均应粉碎。除另有规定外，口服用散剂为细粉，儿科用和局部用散剂应为最细粉。

（2）散剂中可含有或不含辅料。口服散剂需要时亦可加矫味剂、芳香剂、着色剂等。

（3）为防止胃酸对生物制品散剂中活性成分的破坏，散剂稀释剂中可调配中和胃酸的成分。

（4）散剂应干燥、疏松、混合均匀、色泽一致。制备含有毒性药、贵重药或药物剂量小的散剂时，应采用配研法混匀并过筛。

（5）散剂可单剂量包（分）装，多剂量包装者应附分剂量的用具。含有毒性药的口服散剂应单剂量包装。

（6）除另有规定外，散剂应密闭贮存，含挥发性原料药物或易吸潮原料药物的散剂应密封贮存。生物制品应采用防潮材料包装。

（7）散剂用于烧伤治疗如为非无菌制剂的，应在标签上标明“非无菌制剂”；产品说明书中应注明“本品为非无菌制剂”，同时在适应证下应明确“用于程度较轻的烧伤（Ⅰ度或浅Ⅱ度）”；在注意事项下规定“应遵医嘱使用”。

除另有规定外，散剂应进行以下相应检查：粒度、外观均匀度、水分、干燥失重、装量差异、装量、无菌、微生物限度等。

因给药过程的一致性要求在整个生产批次或多个批次的药物产品中精确地控制每个剂量单位含量的变化，2020 年版《中国药典》增加了“剂量单位均匀度”要求。剂量单位均匀性通常由两个指标来证明：含量均匀度或重量（装量）差异。含量均匀度系指小剂量的固体制剂、半固体制剂和非均相液体制剂的每个剂量单位的含量符合标示量的程度。除另有规定外，每一个单剂标示量小于 25mg 或主药含量小于每一个单剂重量 25% 的散剂应检查含量均匀度。凡检查含量均匀度的制剂，一般不再检查重（装）量差异；当全部主成分均进行含量均匀度检查时，复方制剂一般亦不再检查重（装）量差异。

参考文献

[1] 国家药典委员会. 中华人民共和国药典：2020 年版[S]. 四部. 北京：中国医药科技出版社，2020.

[2] 胡小苏，赵立杰，冯怡，等. 中药散剂的历史沿革与发展趋势[J]. 世界科学技术：中医药现代化，2018，20(4)：496-500.

[3] 桑迎迎，周国燕，王爱民，等. 中药材干燥技术研究进展[J]. 中成药，2010，32(12)：2140-2144.

[4] 吕清华，王永华. 中药散剂在加工过程中应分类干燥[J]. 基层中药杂志，2001，15(4)：43-44.

[5] 张琪，赵宗阁，叶晨，等. 枸杞子粉碎前几种预处理方法的比较研究[J]. 中草药，2018，49(24)：5812-5816.

[6] 王奕. 超微绿茶粉在化妆品和食品中的应用研究[D]. 杭州：浙江大学，2010.

[7] 庄越，曹宝成，萧瑞祥. 实用药物制剂技术[M]. 北京：人民卫生出版社，1999.

[8] 张琪，叶晨，王丽，等. 中药对照药材粉碎的经验总结及方法探究[J]. 中国药事，2013，27(12)：1301-1304.

[9] 刘大伟，武文斌. 浅谈中药超微粉碎技术的现状与发展[J]. 黑龙江医药，2010，23(5)：763-765.

[10] 杨艳君，邹俊波，张小飞，等. 超微粉碎技术在中药领域的研究进展[J]. 中草药，2019，50(23)：5887-5891.

[11] 赵芳，于有伟，张少颖，等. 超微粉碎协同微波提取番茄中番茄红素的研究[J]. 中国调味品，2020，45(6)：170-173.

[12] 李琼，赵磊，王权. 不同粒度黄芪三七胶囊粉体学性质及质量的初步对比[J]. 现代中药研究与实践，

2019，33（6）：32-35，39.
［13］甄真．中药超微粉碎技术的应用［J］．卫生职业教育，2014，32（24）：156-157.
［14］株式会社医药杂志编辑部．最新药物制剂技术及应用［M］．安书麟，王宪洪，等译．北京：中国医药科技出版社，1992.
［15］杨艳君，李婧琳，王媚，等．粉体改性技术在中药制剂中的应用研究——以参苓白术散为例［J］．中草药，2020，51（15）：3884-3893.
［16］王建明，王和平，田振坤，等．分散体系理论在制剂学中的应用［M］．北京：北京医科大学中国协和医科大学联合出版社，1995.
［17］张定堃，杨明，林俊芝，等．中药散剂的制法研究［J］．中华中医药杂志，2014，29（1）：21-24.
［18］杨婵，徐冰，张志强，等．基于移动窗 F 检验法的中药配方颗粒混合均匀度近红外分析研究［J］．中国中药杂志，2016，41（19）：3557-3562.
［19］王瀛峰，张继全，赵春草，等．中药贵重药材的等量递增混合法实践［C］// 第十二届全国青年药学工作者最新科研成果交流会论文集．南京：［出版者不详］，2014：1-8.
［20］南京药学院药剂学教研组．药剂学［M］．2 版．北京：人民卫生出版社，1985.
［21］范碧亭．中药药剂学［M］．上海：上海科学技术出版社，1997.
［22］毕殿洲．药剂学［M］．4 版．北京：人民卫生出版社，1999.
［23］赵双春，赵红菊．美国 FDA 混合均匀性取样和评价指南对我国制药混合设备及工艺验证的意义［J］．机电信息，2015（14）：1-3.
［24］王红武，吴军．国产 QH 型混合机混合均匀度影响因素分析［J］．玻璃，2012，39（10）：3-8.
［25］平其能．现代药剂学［M］．北京：中国医药科技出版社，1999.
［26］崔福德．药剂学［M］．7 版．北京：人民卫生出版社，2013.
［27］RHODES M J. Principles of Powder Technology［M］. New York：John Wiley & Sons Ltd，1991.
［28］殷恭宽．物理药学［M］．北京：北京医科大学中国协和医科大学联合出版社，1993.

（龙恩武　陈周全　陈逸红　白兰）

第三章　颗粒剂成型技术

颗粒剂系药材提取物与适宜的辅料或与部分药材细粉混匀，所制成的干燥颗粒状制剂。它是利用现代科学技术，结合汤剂、糖浆剂、酒剂的特点而发展起来的一种中药剂型。它既保留了汤剂吸收快、能迅速发挥药效的特点，又克服了汤剂服用前临时煎煮、久置易霉败变质的缺点；与散剂相比，颗粒剂的飞散性、附着性、聚集性、吸湿性等较小，有利于分剂量；将药物制成颗粒剂还能掩盖某些中药的苦味；加入多量糖粉制成的颗粒剂又具有糖浆剂的特点。而酒溶性颗粒剂用酒冲化溶解服用，既保持了药酒的治疗作用，又提高了稳定性。此外，颗粒剂中药材全部或大部分经过提取精制，体积缩小，运输、携带、服用方便，味甜适口，患者乐于接受，是近年来发展迅速的剂型[1]。

颗粒剂按溶解性能和溶解状态分为以下几种类型：可溶性颗粒剂、混悬型颗粒剂及泡腾颗粒剂等。而可溶性颗粒剂又分为水溶性颗粒剂和酒溶性颗粒剂。目前大多数可溶性颗粒剂属于水溶性颗粒剂，如感冒退热颗粒、板蓝根颗粒等。酒溶性颗粒剂是近几年研制的新一类颗粒剂，如养血愈风颗粒、野木瓜颗粒。

颗粒剂的一般制备工艺过程分为提取、精制、制粒、干燥、整粒、包装等步骤。

中药颗粒剂因携带、服用方便，且兼有汤剂、糖浆剂、散剂等优点，在 20 世纪 80 年代的中药工业生产中以每年递增 41.9% 的速度发展。随着科学技术的进步，颗粒剂从提取、精制工序开始进行革新。仿生提取、生物发酵技术、超微粉碎等逐渐运用于大生产；大孔吸附树脂分离技术、超滤、高速离心技术也成功地解决了颗粒剂日服剂量大的问题。为满足老年糖尿病患者的治疗需要，20 世纪 80 年代出现了无糖颗粒。随着制药行业新辅料的不断涌现，乳糖、甘露醇等新辅料的广泛应用，必将使颗粒剂质量更上一个新的台阶。新型的喷雾干燥、薄膜包衣、微囊、脂质体、缓释、控释技术将逐渐运用于颗粒剂的生产，将有利于颗粒剂品质的改善，相信颗粒剂将会有更大的发展前途。

1. 如何设计颗粒剂的制剂处方和确定剂量?

中药颗粒剂常采用以水作溶媒提取、浓缩、干燥而成的浸膏为原料，吸湿性强，富含黏液质及多糖类物质，宜加入适量的辅料以改善吸湿性、成型性、崩解与溶出度等性质。在设计制剂处方时，一般的步骤是：首先，全面掌握提取有效成分的方法，提取物的理化特性及提取物的日服剂量，再用制剂学参数考察选用单一或多种辅料；其次，用粒径、比表面积、休止角、溶化性、堆密度、临界相对湿度等参数指导处方设计并作为指标，选择辅料的用量及加入方法；最后，经小试并用中试验证，以确定颗粒剂的制剂处方。

形成颗粒剂的制剂处方后，联系中药材汤剂处方的日服生药量及提取物的回收率，确定颗粒剂的每日剂量，由日服次数确定颗粒剂的每次服用剂量。

例如：某颗粒剂的制剂处方如下。

干浸膏粉 830g	乳糖 70g	羧甲纤维素钠 60g
羟丙纤维素 14g	硬脂酸镁 10g	微晶纤维素 16g

制成 1 000g，日服中药材处方 83g，干浸膏粉的回收率为 10.0%，一日 2 次。

由以上计算可得，日服干浸膏粉为 83 × 10.0%=8.3g，根据干浸膏粉在制剂处方中的比例，则日服颗粒剂用量为 10.0g。故此颗粒剂服用剂量为一日 2 次，一次一袋（5g）。

2. 颗粒剂提取工艺路线设计时应遵循哪些原则？

颗粒剂提取工艺路线设计以保证其处方功能主治为目的，一般应遵循以下几个原则。

（1）以中医基础理论为指导，充分发挥颗粒剂的复合作用。颗粒剂的处方多由汤剂改变而来，而中医处方结构严谨，在设计提取工艺路线时，应充分考虑处方的组成，运用方剂的理、法、方、药理论，强调颗粒剂药味的复合作用。例如，将芍药甘草汤改成颗粒剂，在提取设计时则应考虑合煎，而不能将药味单煎，或将甘草打粉加入，因为有研究发现芍药甘草汤对疼痛的抑制率为 48%，单用芍药的抑制率为 35%，单用甘草仅为 9%。总之，中成药成分复杂，药效各异，组成复方并非药物简单相加，对复方中药一般应复方提取[2]。

（2）运用现代科学技术，尽量保留有效成分。处方中药材的有效成分在最终成品中含量的多少，将决定药效，而不同提取方法、提取工艺路线将影响有效成分的提取。设计提取工艺路线时，应以有效成分为指标，选择和比较提取方法，再确定工艺路线。如中药黄芩的提取，为防止有效成分黄芩苷被水解，在工艺设计时应选用沸水投料，在此基础上对水提工艺路线进行研究。

（3）对特殊药材、特殊有效成分进行特殊处理。处方中含挥发性或热敏性成分，应考虑药材全部或部分粉碎成细粉，或用“双提法”先提取出挥发油，过去大多数颗粒剂均将提取的挥发油待颗粒干燥后雾化加入，均匀混合制成颗粒剂。现将挥发油用 β- 环糊精包合，使其避免与氧和光直接接触，防止氧化和光解，同时使其挥发性降低，热稳定性增加，还能提高挥发性成分在水中的溶解度和溶解速度，增加药物吸收，提高生物利用度，若处方中含有朱砂、炉甘石等，则应考虑水飞成细粉当作辅料应用[3-4]。

（4）设计工艺路线时应与本厂的生产设备、生产条件相适应，注重制粒工艺与装备的升级，保障颗粒质量均一，并最终能运用于大生产，简单可行，这样生产的药品生产成本低，能更好地服务于中药产业化[5-6]。

3. 如何确定泡腾颗粒剂中酸、碱赋形剂的用量？泡腾颗粒剂对生产与贮存环境有什么特殊要求？

泡腾颗粒剂是利用有机酸与弱碱遇水作用产生二氧化碳气体，使药液产生气泡而呈泡腾状态的一种颗粒剂。由于酸与碱发生中和反应，产生的二氧化碳使颗粒疏松、崩裂，故泡腾颗粒剂具速溶性。同时，二氧化碳溶于水后呈酸性，能刺激味蕾，因而可起矫味的作用。

制备泡腾颗粒剂常用有机酸 - 弱碱系统，有机酸常用枸橼酸、酒石酸，弱碱常用碳酸氢钠、碳酸钠等。一般根据制剂处方的药物总量，参考有机酸作酸性泡腾剂时的常用剂量，确定有机酸的处方用量，再考虑碱性泡腾剂，利用酸碱中和反应计算，以酸碱完全反应后呈弱酸性，来确定弱碱的用量。如在制备阿胶泡腾颗粒时，加入枸橼酸与碳酸氢钠的比例为

150∶110；若处方中含有的中药材或中药材提取物有效成分呈酸性或碱性，应在酸碱中和反应时考虑其酸或碱发挥的作用大小，再确定弱碱的用量。

泡腾颗粒剂一般由酸性颗粒与碱性颗粒组成，其对生产环境的特殊要求是：首先，酸性、碱性颗粒在湿润状态下应严格地分开，因为酸碱颗粒一起在湿润状态下易发生化学反应，从而降低或消除了泡腾颗粒剂的泡腾作用；其次，酸碱性颗粒的粒度应比较均匀一致，并能保证在干燥的环境下混合均匀；最后，周围的环境应保持干燥，以减少颗粒的吸湿性，并且不能与其他的酸碱性物质混淆发生反应而减弱了泡腾作用。

泡腾颗粒剂对贮存环境的特殊要求：防潮、保持良好的通风、低温保存，主要为了防止颗粒吸湿后发生酸碱中和反应减弱泡腾作用；泡腾颗粒剂一般较疏松，贮存应轻拿轻放，避免挤压或撞击，主要为了防止颗粒破碎，成品粒度达不到质量要求。

4. 颗粒剂在什么情况下需加入赋形剂?

赋形剂：赋予制剂以一定的形态和结构。颗粒剂中加入赋形剂，利于成型和分剂量。赋形剂应与提取物主药混匀，具有良好的流动性，吸湿性低，易成型，有润滑性，有利于溶出和崩解，应不影响指标成分的检出，不干扰指标成分的含量测定，不与指标成分起相互作用，最终不影响疗效为原则。颗粒剂需加入赋形剂的几种情况。

（1）颗粒剂中含有油脂性、挥发性成分，吸湿性较强，加入少量的稀释剂，可以吸收这些成分，也可以减少其吸湿性，便于制粒、分装。

（2）颗粒剂处方中含有剧毒药品且剂量小，为保证分剂量的均一性，用等量递增法加入一定量的稀释剂增大体积后，再与其他辅料或浸膏制成颗粒。如处方中含马钱子、砒霜等。

（3）颗粒剂制粒前，制成的中药流浸膏比例较大，或制成的浸膏粉其吸湿性、黏性较大，较难制粒，应添加适量稀释剂，减小浸膏的黏性，便于颗粒成型。

（4）中药浸膏的有效成分含量有一定的限度，为满足颗粒剂分剂量能达到质量要求或制成的成品剂量满足标准要求，需加适量稀释剂，调整颗粒剂的体积与重量至标定重量。

5. 如何进行颗粒剂常用辅料的筛选评价？

颗粒剂常用的辅料有稀释剂、填充剂、润湿剂、黏合剂等。筛选方法有：单因素筛选法、正交实验法、均匀试验设计法。一般根据选用辅料种类、剂量及对成品质量的影响程度来选择筛选方法，颗粒剂常用辅料的评价指标[7-8]如下。

（1）有效成分含量：是辅料筛选的重要评价指标。辅料制成成品后，辅料的理化性质将影响有效成分的溶出、吸收等，最终影响药物的临床疗效。以有效成分含量为评价指标，能科学、合理地选择适合本处方的辅料，保证颗粒剂的临床效果。

（2）临界相对湿度（CRH）、均一性、水分：颗粒剂成品外观性状要求是颗粒干燥、均匀、色泽一致，无吸潮、软化、结块、潮解等现象。在筛选辅料时，以临界相对湿度、均一性、水分作为评价指标，用具体抽象的制剂学参数替代了常规的目测，保证颗粒剂的质量稳定、均一。

（3）休止角或流速：颗粒剂成品质量中要求重量差异，在筛选辅料时，以休止角（或流速）为评价标准，能够说明颗粒剂的流动性好坏，以此保证其分剂量的准确，并持续稳定地保证颗粒混合均一，最终确保重量差异在控制范围内。

（4）溶化性：是指加水后颗粒溶化的情况。可溶性颗粒剂应全部溶化（酒溶性应加白酒），混悬型颗粒剂应混悬均匀，泡腾颗粒剂应立即产生二氧化碳并成泡腾状。因为溶化性是确保颗粒剂发挥疗效的质量要求，不同的辅料其溶化性也不一样，以此作辅料筛选的评价指标，能合理地选择适合本药的辅料，确保颗粒剂的临床要求。

（5）颗粒的易碎性：颗粒经研磨后，容易粉碎的程度。一般用脆度指数来表示。脆度指数是指颗粒研磨前后粒径的算术平均值之差值除研磨前的平均粒径。

（6）颗粒粒径分布：是指某一粒子群中，不同粒径的粒子所占比例。颗粒粒径分布即不同大小颗粒的百分比。

（7）堆密度：又称表观密度或松密度，系单位体积颗粒的质量。堆密度所用的体积是指颗粒及其本身的孔隙以及颗粒与颗粒之间空隙存在的总体积。

除上述常用的筛选指标外，对某些特殊的辅料筛选，也可应用较为特殊的评价指标：如以挥发油的回收率确定β-环糊精的选用；也有用口尝来筛选矫味剂、矫臭剂等。

6. 颗粒剂的常用辅料有哪些？一般如何选择？

（1）稀释剂（填充剂）：蔗糖、糊精和淀粉是传统的稀释剂，但蔗糖有吸湿性，糖尿病、肥胖症、高血压、冠心病、龋齿等患者不宜长期服用，糊精和淀粉的冲溶性不甚理想。而可溶性淀粉或水溶性糊精作稀释剂，其溶解性比淀粉好。

1）乳糖：易溶于水，性质稳定，无吸湿性，与大多数药物不起化学反应，对主药含量测定的影响较小，是很好的稀释剂。

2）甘露醇、木糖醇、甲壳胺、双歧糖：抗病毒颗粒的辅料糊精改为甘露醇后，在冷、热水中均可溶解，且不影响疗效，对需控制糖摄入的患者增加了一种选择。

（2）润湿剂与黏合剂：此类辅料能使药物细粉湿润、黏合，以便制成合格的颗粒，在使用时应考虑其种类、浓度及药粉的混合均匀度等因素。

1）乙醇：为半极性润湿剂，当原料含浸膏较多时，用水润湿易结块，故常用不同浓度的乙醇作润湿剂。在研究抗感颗粒的工艺时发现乙醇浓度直接影响颗粒剂的外观：当乙醇浓度低于 85% 时，颗粒颜色深，干燥时出现软化结块现象；当乙醇浓度为 90% 时，颗粒颜色浅，易干燥。

2）聚乙烯吡咯烷酮（PVP）：是一种合成高分子聚合物，性质稳定，能溶于水或醇，PVPk30 有良好的溶解性和稳定性，对很多品种有较佳的黏合性和崩解性。

（3）崩解剂：因中药浸膏黏度较大，为提高中药颗粒剂特别是无糖型颗粒剂的崩解度和释放度，常需加入淀粉作崩解剂。目前较优的崩解剂主要有以下 3 种。

1）羧甲基淀粉钠（CMS-Na）：属离子型淀粉衍生物，是一种多用途药用辅料，为优良崩解剂，在水中分散成网络结构的胶体溶液，不溶于乙醇和乙醚，具有良好的润湿性和膨胀性，吸水膨胀后体积可增大 200～300 倍，且颗粒本身不破裂。膨润度是淀粉的 3～5 倍，膨胀性优于微晶纤维素，作为崩解剂用于中药醇提物较佳。

2）微晶纤维素（MCC）：用作片剂填充剂和崩解剂，性能良好，特别适合作为混悬型颗粒剂的稳定剂。现有 PH101、PH102、PH103、PH105、PH301、PH302、R91 和 Emcocel 等规格。微晶纤维素可大幅度降低颗粒的吸湿性，增加药品稳定性。

3）泡腾崩解剂：一般是由 $NaHCO_3$ 和有机酸组成的混合物，当它们遇水时即起酸碱反

应产生 CO_2 而起泡腾崩解作用。另外，微粉硅胶可吸收水分高达 39%，仍能保持毫无黏性的可流动状态，若加入颗粒剂中可阻止结块；羟丙基淀粉崩解性好，最适合作喷雾制粒用赋形剂；可溶性淀粉和水溶性糊精可提高颗粒剂的崩解效果。

（4）甜味剂：甜味剂正从合成甜味剂向功能性天然甜味剂的方向发展，新型甜味剂主要有以下几种。

1）甜菊苷：甜度是蔗糖的 200～300 倍，价格是蔗糖的 30 倍，有苦味或异味感（特别是超量 15% 时），对热、酸、碱稳定，安全性较好，已批准药用。溶液制剂用量一般为 0.07%。

2）阿斯巴甜：是含有天冬氨酸和苯丙氨酸的蛋白质类化合物，甜度是蔗糖的 180～300 倍，价格是蔗糖的 80 倍，甜味好，不耐高温，超过 120℃就会被破坏，安全性好，代谢不需胰岛素参与，已批准药用。用量在 0.01%～0.6%。

3）木糖醇：甜度与蔗糖相当，价格是蔗糖的 6～7 倍，味质好，安全性好，代谢不需胰岛素参与。用量大，成本高。

4）高果糖：主要成分为果糖和葡萄糖，是一种营养型新型甜味剂，甜度视其含果糖量而定（果糖甜度为蔗糖的 1.5 倍），味质好，安全性好，代谢不需胰岛素参与。用量较大。

5）甜蜜素：是化学合成物，成分为环己基氨基磺酸钠，甜度是蔗糖的 50 倍。成本低廉，用量受限，一般不超过 0.1%。

（5）包衣剂：薄膜包衣技术已广泛用于片剂，近年来也用于中药颗粒剂。其优点主要有：①能明显提高抗湿性；②掩盖苦味或不良口感；③对胃有较强刺激性或在胃中易被破坏的药物可包肠溶衣，制成吞服型颗粒剂，避免了药物的副作用，并提高疗效。目前中药颗粒剂的薄膜包衣材料主要有：羟丙甲纤维素（HPMC）、聚乙二醇（PEG）、丙烯酸树脂等。

7. 混悬型颗粒制粒是否要加入黏合剂?

混悬型颗粒制粒是否要加入黏合剂不能一概而论。一般来说，混悬型颗粒制粒时不需要加入黏合剂，因为浸膏经溶媒提取浓缩后一般都具有黏合作用。若出现以下情况，在制粒时考虑加入一定量的黏合剂。

（1）由于浸膏量少，药材细粉辅料较多，相互间黏合不够，制粒时不能成型，应考虑加入黏合剂，增加辅料、药粉间的结合。

（2）能够制成颗粒，但颗粒脆硬度不好，较易松散、碎裂时，应考虑加入适量黏合剂，增加硬度，以保证成品便于贮存和运输。

8. 干式造粒与离心包衣造粒的原理及优点有哪些?

干式造粒是将干浸膏粉加入适量辅料或药材细粉，用干式造粒机制成颗粒。一般轧辊压力为 60～80kg/cm^2（1kg/cm^2=0.098MPa），转速为 4～8r/min。其优点是缩短了工艺路线，有利于中药颗粒生产的机械化和 GMP 改造，制得的颗粒外观形状及溶解性都较好，可大幅度减少含糖量。例如：小青龙颗粒采用旧工艺湿法造粒，需加入 12 倍量的蔗糖，每包重 13g；而采用新工艺干式造粒，只需加入 2.5 倍量的乳糖，每包重 3.5g。新工艺节省了辅料，减少了日服用剂量，且适用于禁糖患者。要对每个具体品种进行工艺条件的优化筛选，确定每个品种最优的干式造粒工艺条件，并以此制得质量优良的中药颗粒。

离心包衣造粒是以辅料为颗粒的核，先置于圆形容器内，当容器的底部高速旋转时，辅料沿容器的周围旋转，在这种状态下，直接将药材提取液喷雾，粉末湿润后，在自击时产生的冲击力作用下实现聚集和密化，鼓风机再吹入热风干燥，如此下去，即可得到球形的颗粒剂。其优点是制成的成品颗粒剂中颗粒回收率较高，粒度比较均匀，圆整，流动性好，装量差异较容易控制，混合比较均匀。离心包衣造粒只有在底盘转速和喷枪喷气流量适宜的条件下才能保证黏合剂与粉末混合均匀，并形成均匀的颗粒。药物性质和加工提取方法对其流动性影响不大，而增加处方中的蔗糖含量，增加黏合剂等均可使颗粒粒径增大和密度增加，黏合剂黏度、喷枪喷气压和滚圆时间对颗粒粒径和密度影响不大。

9. 如何确定颗粒剂干燥的温度?

湿颗粒应迅速干燥，放置过久湿粒易结块或变形。颗粒剂干燥时一般操作温度为60～80℃，可以根据颗粒中有效成分与辅料的性质对温度进行调节控制，其干燥程度一般应控制水分在2%以内。

颗粒剂干燥升温的方法是：干燥颗粒时缓缓加热，并不超过最高限度温度。颗粒剂干燥中温度控制的目的：①干燥升温时使颗粒温度缓缓上升，颗粒内外均匀受热，水分由内向外蒸发出来，若温度升高得太快，颗粒剂的表面干燥过快，易结成一层硬壳而影响颗粒内部水分的蒸发，导致颗粒溏心；②颗粒剂成型时的某些辅料如糖粉，在高温条件下易溶化或黏结成块，冷时变得坚硬，从而影响颗粒成型后的粒度及溶化性；③颗粒剂中含有一些有效成分，在高温条件下易被破坏或挥发，并最终影响颗粒剂的临床疗效。

沸腾干燥是湿颗粒干燥最常用的一种方法。它利用热空气流使湿颗粒悬浮，气流变化，似“沸腾态”，热空气在湿颗粒间通过，在动态的环境中进行热交换，带走水分而达到干燥目的。其特点是气流阻力较小，物料磨损较轻，热利用率较高，干燥速度快，产品质量好。一般湿颗粒流化干燥时间为20分钟左右，制品干湿度均匀，没有杂质带入，干燥时不需翻料且能自动出料，节省劳动力，适合大规模生产，能满足GMP条件要求。但热能消耗大，清洁设备较麻烦，尤其是有色颗粒干燥时给清洁工作带来困难。

10. 如何将芳香挥发性成分加入颗粒剂中?

芳香挥发性成分（主要指挥发油）是中药中一类常见的重要有效成分。挥发油大多在常温下为流动性液体，有的在低温下可析出固体成分，在常温下较易挥发，影响药品含量的均一性；与空气、光线接触易氧化变质、不稳定，影响药品的稳定性。如何将芳香挥发性成分加入颗粒剂中且有效防止散失，是颗粒剂成型的重要环节，目前在制剂工序中有不同的处理方法。

（1）挥发油喷雾法喷入颗粒表面：待颗粒制成后，用喷雾法将挥发油喷入颗粒表面，并密闭一定时间，让芳香挥发性成分在颗粒剂中分散均匀，再进行分装。有学者认为这种方法避免了挥发油在颗粒干燥受热过程中的损失，有利于挥发油成分的保存。

（2）挥发油加入清膏中：研究人员发现，将“挥发油加入清膏中”搅拌均匀后，再制粒、干燥所得的颗粒剂在冲泡时挥发油气味更浓郁，其挥发油的含量较“挥发油喷雾法喷入颗粒表面”方法制备的颗粒剂样品高。认为喷洒在颗粒表面虽然避免了添加挥发油后的受热过程，但是由于挥发油只是吸附于颗粒的表面，因此在包装和贮存过程中，挥发油极易从颗粒表面脱附而挥散。而将挥发油加入清膏后再制粒，虽然在干燥过程中有部分损失，但是包裹于颗粒内的挥发油却能在颗粒中保留较长的时间。

（3）挥发油制备β-环糊精包合物：环糊精（CD）是由淀粉经酶环合而成，具有环状中空筒形的特殊结构，是一类良好的包合材料，最常见的是由 6 个、7 个、8 个葡萄糖分子构成，分别称为α-CD、β-CD、γ-CD，其中以β-CD 孔隙适中，较为常用。挥发油的不稳定部分被包合在β-CD 的空穴中，从而切断了挥发油分子与周围环境的接触，提高挥发油的稳定性和药物疗效，且有利于与其他组分均匀混合以制备药剂。

常用的包合方法有饱和水溶液法、研磨法、超声法、冷冻干燥法、喷雾干燥法等。

1）饱和水溶液法：取规定量β-CD（60℃干燥 2 小时），加适量水加热溶解制成饱和或近饱和溶液，冷却至规定温度。取挥发油 1 份并加等量乙醇制成稀释液，缓慢滴入β-CD 饱和水溶液中，边加边搅拌，滴完后加塞，恒温电动机械搅拌（转速：300r/min）包合至规定时间，再置冰箱静置冷藏 24 小时，抽滤，少量滤液清洗，抽干，少量石油醚洗，抽干，收集滤渣，40℃减压干燥 2 小时得白色粉末，精密称重。

2）研磨法：取挥发油 1 份并加等量乙醇制成稀释液，另取β-CD 和水适量，置于研钵中，研磨均匀后再缓缓加入稀释好的挥发油溶液，连续研磨一定时间，静置冷藏 24 小时，滤过，置于减压干燥箱中低温干燥，即得。

（4）混悬型颗粒剂：含有芳香挥发性成分的药材在药物性质和处方剂量许可的情况下，将其粉碎成细粉或极细粉，在制粒时可以将细粉当作辅料加入，制成混悬型颗粒剂。

（5）制成微囊：采用微囊、微球等现代科学技术将芳香挥发性成分制成固体粉末或颗粒，再均匀混入颗粒剂中，也是含挥发油处方较好的选择。微囊的生物利用度良好，可提高药物的稳定性。微囊可将液态药物转变成固体剂型，并可掩盖药物的不良臭味，改善口服药的消化道副作用。

11. 颗粒剂在中试研究过程中应考核哪些制备工艺关键技术参数？

中试研究是指在实验室完成系列工艺研究后，采用与生产基本相符的条件进行工艺放大研究的过程。在颗粒剂研制中，实验室研究结果常受设备条件及其性能的限制，样本量小，代表性相对较差，因而需要进行中试以对实验室工艺的合理性、可行性加以验证、修订、补充和提高。同时，通过中试也可对生产设备选择型号及生产成本预测提供必要的参考数据。中试研究是对实验室工艺合理性的验证与完善，是保证工艺达到生产稳定性、可操作性的必要环节，是药物研究工作的重要内容之一，直接关系到药品的安全、有效和质量可控。在认真分析总结中试条件和结果的基础上，对生产工艺条件和设备进行必要的调整、修正和补充，为今后放大样品生产及制订生产工艺规程提供有效数据。

中试研究应注意以下问题。

（1）投料量、半成品率、成品率是衡量中试研究可行性、稳定性的重要指标。一般情况下，中试研究的投料量为制剂处方量（以制成 1 000 个制剂单位计算）的 10 倍以上。装量大于或等于 100ml 的液体制剂应适当扩大中试规模；以有效成分、有效部位为原料或以全生药粉入药的制剂，可适当降低中试研究的投料量，但均要达到中试研究的目的。

中试研究一般需经过 3 个批次试验，以达到半成品率、成品率应相对稳定的目的。申报临床研究时，应提供至少 1 批稳定的中试研究数据，包括批号、投料量、半成品量、辅料量、成品量、成品率等。

（2）中试研究过程中应考察各关键工序的工艺参数及相关的检测数据，注意建立并验证中间体的内控质量标准。

中试研究由于批量加大，实验设备条件的改变，其技术参数可能与实验室小样研究有所差异，故应加强中试研究中提取、分离、纯化、浓缩、制粒、干燥等制备工艺关键技术参数的考核。在原料提取阶段应着重考核药材粉碎的粒度、药材投料量、溶剂的用量和提取次数、温度、时间、压力、浓度差、纯化剂加入量、过滤速度、浓缩温度、浸膏量、浸膏相对密度及收膏率等工艺参数，同时还应对其有效成分的定性和定量指标进行考核。在制剂成型工艺阶段，应对制粒工艺中浸膏相对密度、浸膏用量、辅料用量、混合搅拌速度、搅拌时间、制粒筛目及过筛压力、干燥温度和时间，或一步制粒机的喷嘴流量、进风量、进出风温度、振荡时间、投料量及其成品回收率等工艺参数进行考核，同时还应对颗粒的水分、粒度、松紧度、色泽、溶化性、装量差异、卫生指标和有效成分的定性、定量测定等进行质量考核。如李兆翌等[8]以浸膏得率、流动性、成型率、溶化率、堆密度、吸湿性、含量测定等对中试工艺的技术参数进行考察，并按照颗粒剂相关检查项目对中试产品进行粒度、水分、溶化性、装量差异检查，对其制备工艺进行综合评价。

（3）与样品含量测定相关的药材，应提供所用药材及中试样品含量测定数据，并计算转移率。

12. 怎样解决一步制粒机制备颗粒的粒度不符合规定的难题？

粒度作为颗粒的一个重要物理属性，用于评价产品的外观。颗粒粒度若不符合要求，对于产品装量、吸潮性能、溶化性、含量均匀度及释放等都可能会产生重要的不良影响。颗粒粒度不合格主要有两种情况：一是颗粒粒径大小差异太大，二是细粉过多。产生的原因包括处方不合理，未根据药物特性选择辅料，操作方法（参数）不当等[9]。

（1）制备适合的物料：一步制粒集合了混合、制软材、制粒和干燥的过程，原、辅料的一些性质往往决定了制粒的过程。中药浸膏的复杂性质常常是造成制粒困难的重要原因，一步制粒虽然在很大程度上解决了这一问题，但浸膏必须达到一定细度。一般要求浸膏以80～100目为宜，该细度范围的浸膏含量在40%～60%为宜，以便于雾化和制粒。在制粒有困难的情况下可喷入黏合剂；也可加入糊精、淀粉、蔗糖等辅料，利于成型。一般制粒过程中对原、辅料的细度要求必须达到80目以上，大多数品种都要求在100目，否则制得的颗粒有色斑，产品中有较大颗粒，使粒度分布不均匀，进而对药物的溶出度、吸收有影响。

（2）物料的量：一般与设备型号、生产能力有关，一步制粒机内物料的多少直接影响流化状态。当投药量增加时，为了使物料流化，需要增加进风量，同时物料接受润湿的概率减小，喷液速率要相应调整。但是物料量过大，物料粉末不易达到流化状态，而且影响制粒。太少则流化剧烈，物料易被气流带走，细粉过多。所以流化床内物料量应适宜，根据机器性能和物料性质合理控制物料量。物料量一般占容器室容积的1/3～2/3。物料量与一步制粒情况详见表2-3-1。

（3）控制影响颗粒大小的因素：浸膏被雾化后，与沸腾的底料接触，黏结成大颗粒并同时被干燥，其中较大的颗粒会再次遇到浸膏雾滴，并进一步增大。因此，控制好颗粒的大小对提高产品合格率很重要。粒度大小主要受以下几个因素的影响。

表 2-3-1　物料量与一步制粒情况

物料量占容器室容积的比例	一步制粒情况
<1/3	难以制粒，物料容易吹向一边露出底部筛网，物料在机内无法形成有效的流化状态
1/3～2/3	容易制粒，物料流化状态好，制成的颗粒均匀、粒度适中、细粉少
>2/3	难以制粒，制成的颗粒不均匀，制粒中后期因进风量不足，无法形成很好的流化状态，容易塌床

1）黏合剂的种类和浓度：一般中药制粒不需要另外添加黏合剂，但如果浸膏的黏性太弱，则需要根据药剂材料的不同性质选择合适的黏合剂（一般为纯化水、不同浓度的乙醇）。当使用高浓度黏合剂溶液时，即单位时间内喷雾量增多，平均粒径变大但均一性下降，所制得颗粒的脆性低；反之，当黏合剂浓度较低时，颗粒粒径变小，喷雾时间太长，能耗也增加。只有选择适当的黏合剂浓度，才能制得粒度适宜、分布均匀的颗粒。

2）雾滴的大小及分布：雾滴的大小直接决定了黏结的辅料量，雾滴的粒径分布控制半成品粒径的分布，而雾滴的水分挥发速度又受到物料温度的控制。雾滴运行时由于干燥速度过快而不能黏结更多的辅料或物料，因此温度越高成粒粒径越小。这里，雾化喷枪是设备的关键部件。因此，中药生产厂家一般应将特定品种的浸膏拿到一步制粒机设备生产厂家去量身定做设备，以减少不必要的损失。最后是对喷枪的选择。一般来讲，喷枪的位置越高，制成的颗粒越小；喷枪的位置越低，制成的颗粒越大；与物料也有关系，物料较多时，建议喷枪装高一些。理想的喷枪应该是使雾滴粒径均一的喷枪，它直接决定了生产效率、干燥速度和制粒过程的稳定性。所以应选择雾化压力低、雾粒粒径分布窄、雾锥对称的喷枪，通常喷枪的喷嘴孔径为 1～3mm 较好。喷枪的种类很多，常有单气流喷枪、双气流喷枪、高速飞轮喷枪和高压无气喷枪。

（4）进液量（进液速度）：进液量是影响中药制粒关键因素之一，进液量是通过蠕动泵或其他物料泵调节的，蠕动泵一般为转速调节。在中药制粒过程中，进液速度可由慢至快最后慢，制得的颗粒细粉少，粒度与色泽均匀。蠕动泵的进料频率在生产刚开始时控制转速为 50～70r/min，生产中控制转速为 70～90r/min，含中药原粉的物料进液时转速可为 90～120r/min。

（5）进风温度与物料温度的控制：进风温度与物料温度是相辅相成的，在颗粒形成过程中提高进风温度使浸膏或黏合剂溶液蒸发加快，而使浸膏对底料的润湿能力和渗透能力降低，制成的颗粒直径小，易形成脆性颗粒，堆密度和流动性减小。因此，要考虑进风温度和物料熔点。控制物料的熔点是操作的关键，同时要注意对进风温度的掌握。如果进风温度过高，则浸膏或黏合剂在雾化时即被干燥，无法浸入底料颗粒内部，不能成粒；另外，进风温度一旦大于物料局部的熔点，就会引起物料黏结，导致“塌床”，而物料的熔点又受制于水分的含量，其随水分含量增大而迅速降低（有时为使雾滴更小而降低浸膏浓度，这往往不可取，因为带入大量水分）。操作中还必须保持水分的蒸发速度与进料带入水分的速度一致，若水分含量增加会导致制粒过程崩溃。操作温度还影响成粒过程，如果雾滴在空中运行过程中过早干燥，就不能黏结辅料，制出的颗粒会过细。在温度降低时，浸膏或黏合剂溶液蒸发较慢，颗粒的平均直径增大，堆密度也增加，可产生较硬颗粒，流动性较好；当温度过低时，溶液的蒸发速度太慢，物料过湿，药物细粉凝聚后难以干燥，粉末不能保持流化，影响制粒的顺利进行，严重者亦可造成塌床。一般应选择较高的温度，以获得较高的干燥速度而缩短生产周期，随着制粒的进行，应逐渐调低操作温度，以免引起前述的塌床。

（6）控制相对湿度：相对湿度是制粒能否顺利进行的主要条件之一。中药浸膏粉及中药颗粒极易吸潮，制粒过程中潮湿的空气虽然进行了加热干燥，但是如果制粒环境相对湿度过大也会造成空气的含水量过高，潮湿的空气没有完全被干燥就进入筒体内与物料接触，而导致结块、塌床等现象，因此制粒无法完成。用除湿机进行除湿，可以有效地控制相对湿度。

（7）干燥时间和温度：干燥时间和温度应视物料品种而定。一般颗粒制成后，应提高热空气的温度，以加快湿颗粒的干燥速度，缩短干燥时间，减少产生细粉的量，提高物料中颗粒的比例。如果检测颗粒水分含量较高或难以干燥，可适当提高干燥温度，延长干燥时间。干燥后颗粒冷却时必须通过室内洁净风帮助降温，以防止颗粒吸潮。

13. 颗粒剂半成品的理化性质研究的意义何在?

为保证颗粒剂成品质量的一致性及稳定性，在制剂制备过程中，需要对半成品的质量进行控制，为此应对颗粒的休止角、堆密度和临界相对湿度进行测定，以便在生产过程中有效控制产品的生产环境和装量。

明确掌握半成品的理化特性，对于剂型选择、成型工艺路线选择、制剂分剂量规格的确定，以及对辅料的选择、制剂处方设计研究、成型工艺研究等均具有较好的指导作用。一般来说，在半成品理化性质研究的基础上制成不同的固态制剂，还需要研究半成品的成型性、稳定性等有关的理化性质及其影响因素。

首先，颗粒剂半成品的理化性质影响物料的筛选和剂量的确定。药物制成半成品，再直接制成颗粒剂较困难甚至不能制成颗粒，因此必须考虑加入辅料。颗粒剂的辅料主要是由半成品的吸湿性、黏性大小来确定的，而辅料直接影响着制剂的成型和稳定、成品的质量和使用，以及在体内起效的快慢、作用强弱和持续时间的长短。

其次，颗粒剂半成品理化性质影响制剂工艺。颗粒剂半成品的粗细、密度、大小、形态等均与混合均匀程度相关，上述相关的理化参数若不适宜，都可能使混合发生困难，或已混匀的半成品在加工制剂中因分层而不均匀。半成品的湿度对混合也有影响。另外，颗粒剂的分装一般按容积分剂量，半成品的堆密度对分剂量的准确性有影响。而堆密度除取决于药物本身的密度外，还与粒子大小、形态有关。分剂量的过程中一般是使粉粒自动流满定量容器，所以其流动性与分剂量的准确性有关。而半成品的流动性则与粒子大小及分布、粒子形状相关联。研究半成品的有关理化性质，是保证颗粒剂的混合均匀和分剂量准确的重要环节。

最后，颗粒剂半成品理化性质影响制剂疗效。颗粒剂要发挥其疗效，则应先溶于相应的介质中，或混悬于一定的液体介质中。而半成品理化性质如粒径、比表面积、沉降速度将影响上述的溶解或混悬状态，从而对制剂的有效性、稳定性等产生影响。半成品相关理化性质的研究，是颗粒剂安全、稳定地发挥药物疗效的保证。

14. 颗粒剂半成品吸湿性评价的目的、方法及有关参数有哪些?

颗粒吸湿会影响到产品本身的外观、成型、稳定性、安全性、有效性等物理、化学及生物学特性；生产时颗粒流动性降低、黏冲、重量差异不合格；同时颗粒更容易氧化、水解及霉变，从而影响药品的质量和疗效，给生产和储存带来困难。

颗粒剂半成品吸湿性的研究目的是：便于选择颗粒剂的稀释剂、吸收剂等辅料，并选择适宜的颗粒分装环境和适当的包装材料，保证颗粒剂成品的均一性及重量差异，从而保证产品安全、有效、质量可控，提高经济效益。

对于吸湿性的研究，首先要确定其评价方法。当前主要是通过测定样品在一定温度和湿度下，一定时间内的吸湿量，制订吸湿曲线，通过吸湿曲线评价药物的吸湿行为。颗粒半成品吸湿性测定，具体操作如下。

将干燥的半成品放入已干燥至恒重的扁形称量瓶中（厚度≤10mm）准确称量，分别置于盛有不同恒湿溶液的容器内，于25℃（或37℃）恒温放置，按时称重，求吸湿百分率，以吸湿百分率为纵坐标，不同恒湿溶液的相对湿度为横坐标，得吸湿平衡曲线，再从该曲线两端的切线交点垂直于横坐标，即得临界相对湿度[10-12]。

（1）吸湿百分率：吸湿百分率（%）=（吸湿后样品质量－吸湿前样品质量）/ 吸湿前样品质量 ×100%。

吸湿百分率直接反映物料吸湿性的强弱，量化物质的吸湿特性，是最直接反映物料吸湿性的参数。

（2）吸湿速率：以吸湿百分率为横坐标，以时间为纵坐标，建立吸湿速率曲线，可以计算任意时刻的吸湿速率。吸湿速率属于动力学范畴，反映物料在一定温度和湿度环境下，特定时间内物料吸湿的快慢。分析吸湿量与时间的关系，从速率常数上描述物质吸湿的过程和限速阶段，能更好地控制其生产周期。

（3）临界相对湿度：是衡量水溶性药物的固有特征，属于热力学范畴，是研究半成品吸湿性的主要参数。

当中药颗粒剂在较低相对湿度时，一般吸湿不明显。提高相对湿度到一定程度后，能迅速增加吸湿量。通常用CRH作为颗粒剂吸湿性大小的指标。CRH越大，越不易吸湿，即吸湿性越小。因此，当环境相对湿度大于CRH时，药物吸湿迅速增加，故测定CRH对药物稳定性研究十分重要。研究药物的CRH，可为生产、贮存环境提供参考。临界相对湿度可以用来定量研究湿度对药物的影响，为制订产品的工艺条件提供依据，药物的生产和贮存环境的湿度必须控制在CRH以下。常用的吸湿曲线可以直观地比较不同药物处方吸湿程度的强弱，而对吸湿曲线二项式回归处理可以为比较不同吸湿性药物处方提供丰富的理论数据。提取吸湿参数，有客观数据作为参考，可以较准确地直接表征药物处方的吸湿能力，更有利于分析辅料的吸潮特性和趋势，对后续的防潮工艺也有直接的指导作用。在实际生产中，药物的提取和精制工艺不便改动，通常以筛选辅料的种类和用量来降低制剂的吸湿性。

通常吸湿性是以吸湿等温曲线、吸湿时间曲线、临界相对湿度和吸湿平衡量等作为判断指标，但是上述指标各有其表征上的不足。中药固体制剂的吸湿性方面已经引入多个数学模型，常用的有Henderson模型、modified-Henderson模型、Chung-Pfost模型、Halsey模型、Oswin模型、BET模型、GAB模型等。可以以此效仿，通过比较不同湿度条件下物料的拟合度R^2、显著性水平P、方差比F，选择F值最大、P值最小，找出最可行、最接近的吸湿百分率随CRH变化的数学模型，可为物料防潮研究提供重要的理论支持。

15. 如何改善颗粒剂的流动性?

流动性是颗粒剂的重要性质之一，半成品流动性的好坏与颗粒剂的分剂量准确与否、混合均一与否息息相关。

辅料粉体流动性与粒子的形状、大小、表面状态、密度、空隙率等有关，加上颗粒之间的内摩擦力、黏附力、范德华力、静电力等的复杂关系，很难用单一的物性值来表达其影响因素。

（1）粒子大小：一般粉状物料流动性差，大颗粒能有效降低粒子间的黏附力和凝聚力等，有利于流动。在制剂中造粒是增大粒径、改善流动性的有效方法，例如常规型号的玉米淀粉流动性很差，但是胶囊型玉米淀粉拥有更大的粒径，流动性得到很大改善。

（2）粒子形态及表面粗糙度：球形粒子的光滑表面，使颗粒剂粒子的形状较圆些，粒度均匀，消除形态不规则的粒子间的机械力，减少粒子间的摩擦力以改善颗粒的流动性。例如喷雾干燥的微晶纤维素呈球体状，其流动性更好或更有利于颗粒包衣等。

（3）密度：在重力流动时，粒子的密度大有利于流动。一般粉体的密度＞$0.4g/cm^3$时，可以满足粉体操作中流动性的要求。

（4）含湿量：由于粉体的吸湿作用，粒子表面吸附的水分增加粒子间黏着力，因此适当干燥、降低颗粒剂半成品中的水分，有利于减少粒子间的表面张力及毛细管引力，以改善其流动性。

（5）助流剂的影响：在粉体中加入 0.5%～2% 滑石粉、二氧化硅等助流剂时可大大改善粉体的流动性。助流剂的粒径较小，因此能填入粒子粗糙表面的凹面而形成光滑表面，减少阻力，提高流动性，而且有一定的抗黏作用，但过多的助流剂反而增加阻力。

加入适量的润滑剂和助流剂，如硬脂酸、滑石粉、微粉硅胶，让其与半成品混合均匀，能改善半成品的流动性。

在药剂学中常用休止角和流速大小来表示颗粒剂的流动性。

1）休止角：是表示粉粒流动性最常用的方法之一，即将粉粒堆成尽可能陡的堆（圆锥状），堆的斜边与水平线的夹角即为休止角。休止角的测定，一般用固定漏斗法。上、下两个锥形漏斗（70°）固定在圆形平皿盘的中心点上面，250g 样品由第一个锥形漏斗边上逐渐落入第二个锥形漏斗边上，再落入下面的平皿盘内，样品在平皿盘内堆积成山形，通过此山形高度 h 和已知平皿盘的半径 γ，按 $\tan\theta=h/\gamma$ 公式计算休止角 θ。休止角越小，流动性越好。通常粒度越小或粒径分布越宽的颗粒，休止角越大。而粒径分布越窄、粒度越大且均匀的颗粒易流动，休止角小。还可用固定圆锥底法、倾斜箱法、转动圆柱体法测定休止角。

2）流速：指单位时间内粉粒由一定孔径的孔或管中流出的速度。流速是反映粉粒流动性的重要方法之一，其测定方法是测定一定量的样品通过孔（或管）流出所需时间。其测定仪由下列元件组成：一个铝盘接附于装有 4 个能测定微秒间重量差异的应变仪杆上，一个应变仪启动单元及测量单元，测量单元能将应变仪的信号转换成电脉冲，并在具有不同速度的条状记录仪上显示结果。将供试品置于装有电动闸门的锥形漏斗中（70°），此锥形漏斗安装于铝盘上方，条状记录仪调节至能显示 250g 样品为 100%。使样品自漏斗中流入铝盘，记录漏斗排空所需要的时间，流动的速度由条状记录仪测定流速。流速以 g/s 表示，流速越大，流动性越好。

16. 怎样测定颗粒剂半成品中的水分?

水分对颗粒剂的稳定性影响特别大，水是化学反应的媒介，颗粒吸附了水分以后，在表面形成一层液膜，分解反应就在膜中进行。因此，水分是颗粒剂半成品质量标准的一项重要检测指标。由于中药颗粒剂成分的性质特殊，因此对其水分的控制是保障制剂质量的关键。为确保中药颗粒剂中颗粒的流动性，防止颗粒间聚合黏结，《中国药典》2020 年版颗粒剂项下要求：中药颗粒剂照水分测定法（通则 0832）测定，除另有规定外，水分不得超过 8.0%。中药颗粒剂水分测定通常采用烘干法、减压干燥法和甲苯法，具体方法应根据具体颗粒剂品种中是否含有挥发性物质进行选择。

（1）烘干法：本法适用于不含或少含挥发性成分的药品。测定方法：取供试品 2～5g，平铺于干燥至恒重的扁形称量瓶中，厚度不超过 5mm，疏松供试品不超过 10mm，精密称定，开启瓶盖在 100～105℃下干燥 5 小时，将瓶盖盖好，移至干燥器中放冷 30 分钟，精密称定，再在上述温度下干燥 1 小时，放冷，称重。至连续两次称重的差异不超过 5mg 为止。据减失的重量，计算供试品的含水量（%）。

（2）减压干燥法：本法适用于含有挥发性成分的贵重药品。减压干燥器备用；取直径 12cm 左右的培养皿，加入五氧化二磷（干燥剂）适量，铺成 0.5～1cm 的厚度，放入直径 30cm 的减压干燥器中。测定方法：取供试品 2～4g，混合均匀，分别取 0.5～1g，置已在供试品同样条件下干燥并称重的称量瓶中，精密称定，打开瓶盖，放入上述减压干燥器中，抽气减压至 2.67kPa（20mmHg）以下，并持续抽气半小时，室温放置 24 小时。在减压干燥器出口连接无水氯化钙干燥管，打开活塞，待内外压一致，关闭活塞，打开干燥器，盖上瓶盖，取出称量瓶迅速精密称定重量，计算供试品的含水量（%）。

（3）甲苯法：本法适用于含有挥发性成分的药品。仪器装置如图 2-3-1。

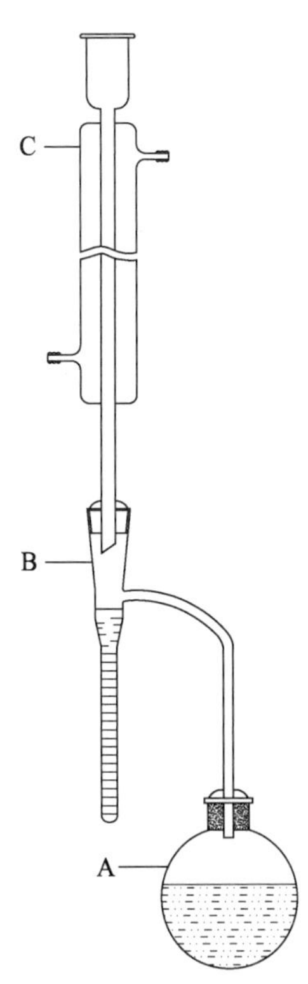

A. 500ml 的短颈圆底烧瓶；B. 水分测定管；C. 直形冷凝管。

图 2-3-1　甲苯法仪器装置

测定方法：取供试品适量（相当于含水量 1～4ml），精密称定，置 A 瓶中，加甲苯约 200ml，必要时加入干燥、洁净的无釉小瓷片数片或玻璃珠数粒，连接仪器，自冷凝管顶端加入甲苯至充满 B 管的狭细部分。将 A 瓶置电热套中或用其他适宜方法缓慢加热，待甲苯开始沸腾时，调节温度，使每秒馏出 2 滴。待水分完全馏出，即测定管刻度部分的水量不再增加时，将冷凝管内部先用甲苯冲洗，再用饱蘸甲苯的长刷或其他适宜方法将管壁上附着的甲苯推下，继续蒸馏 5 分钟，放冷至室温，拆卸装置，如有水黏附在 B 管的管壁上，可用蘸甲苯的铜丝推下，放置使水分与甲苯完全分离（可加亚甲蓝粉末少量，使水染成蓝色，以便分离观察）。检读水量，并计算供试品的含水量（%）。

17. 口感特别差的颗粒剂怎样矫味、矫臭?

颗粒剂一般用水溶化后冲服,为保证患者的服用依从性,对于口感特别差的颗粒剂,通常可考虑用以下方式来矫味、矫臭[13]。

(1)在不改变药物疗效的情况下,对原材料进行加工炮制,或改变提取、精制工艺,去除或掩盖产生口感较差的成分。

(2)在颗粒剂日服剂量允许的情况下,考虑不加大辅料的用量,在制粒成型时选用一些新型的矫味剂、矫臭剂。最常用的矫味剂、矫臭剂有:①甜味剂,如蔗糖、橙皮糖浆、枸橼糖浆等,可掩盖咸味、涩味和苦味;②芳香剂,如薄荷油、桂皮油、橙皮油、枸橼油、茴香油等,可掩盖药物的不良臭味;③胶浆剂,如西黄芪胶浆、琼脂胶浆、海藻酸钠液等,能减轻某些药物的刺激性,掩盖辛辣味。

(3)考虑用β-环糊精对产生不良气味的药物成分进行包裹,制成β-环糊精包合物,再与其他颗粒混合均匀。

(4)将制成的颗粒剂以羟丙基甲基纤维素(HPMC)作透明衣的主料或其他包衣材料包衣,通过包衣工序后,掩盖了颗粒剂的不良气味,最终起到矫味、矫臭作用。

(5)在药物有效成分理化性质不受影响的前提下,考虑将颗粒剂制成泡腾颗粒剂,利用泡腾剂酸碱中和产生的二氧化碳,其溶于水后显酸性,刺激味蕾,起到矫味、矫臭作用。

(6)利用微囊等新型技术,将口感特别差的药物成分先制成微囊后再与其他颗粒混合均匀,起到矫臭、矫味作用。

18. 混悬型颗粒剂制粒时常出现哪些问题,应如何解决?

混悬型颗粒剂制粒系部分药材细粉与稠浸膏混合制成的颗粒剂。这类颗粒剂应用较少,当处方中有名贵药材,或有挥发性、热敏性成分含量较多的药材,且是主要药物时,应将这部分药材粉碎成极细粉加入。这些药物既起治疗作用,又是赋形剂,可节省其他赋形剂,降低成本。这类颗粒剂常出现的问题是:制粒不成型,溶化性、脆硬度等不符合质量要求。

(1)制不成颗粒的解决方法:①若浸膏黏性太大难以制粒,常将稠浸膏与药材细粉混匀,烘干,粉碎成细粉,再加润湿剂制软材,制颗粒,或改用其他的制粒方法;②若两者混合后粉性不足,不能制粒,则须另加适量的黏合剂或润湿剂制粒,并确定其剂量;③在保证处方的功能与主治前提下,根据药材性质及出膏率重新确定药材细粉量,力求稠浸膏与药材细粉混合后制成颗粒。

(2)能制成颗粒,但溶化性不符合质量要求的解决方法:①可加入适量的崩解剂如羧甲基淀粉钠或选用溶化性较好的辅料,如微晶纤维素、淀粉、乳糖等;②在药物性质允许的情况下,制成泡腾颗粒剂,可加入有机酸碱系统;③可考虑采用新型设备或新型的制粒方法。

(3)能制成颗粒,但脆硬度不符合质量要求的解决方法:①可考虑加入适量的黏合剂,加强分子之间的黏合;②可选用新的制粒方法;③可考察烘干温度及制粒烘干方式是否合适。

(4)能制成颗粒,但颗粒不符合质量要求的解决方法:①颗粒的粗细不均匀,差异较大,可将药粉与辅料充分混合均匀,再加稠浸膏混合均匀;②制粒时加适量浓度的乙醇调整,并将制得的湿颗粒在此时过筛,若要二次制粒,制出的颗粒大小不一致,应考虑在湿颗粒未干前进行整粒,再均匀喷洒乙醇然后烘干。

19. 如何解决颗粒色泽不均匀的问题?

在中药颗粒剂生产中，有时会出现颗粒色泽不均匀的现象，原因可能有以下几方面：一是中药稠浸膏本身的理化性质所引起的，例如浸膏中含糖分太多，浸膏黏度及相对密度过大等；二是制粒时原、辅料混合不匀，其中包括粉末细度不合格、比重差异大，及原、辅料受潮结块未过筛等；三是颗粒干燥时受热不均匀，例如采用干燥箱干燥时颗粒未及时翻滚。因此，要解决颗粒色泽不均匀的问题，应当根据具体品种产生问题的原因，采取针对性措施。

中药提取液中含有较多的糖类、树脂类等成分，其黏性强。这种黏稠度较大的浸膏难以分散和与辅料混合均匀，很容易产生颗粒色泽不均匀的现象。解决的办法：首先，应针对中药材原料中所含成分的性质，选择适宜的提取工艺条件，如水提工艺中采取离心、乙醇沉淀、絮凝沉淀和大孔吸附树脂等方法，降低提取液中糖类、树脂类等成分的含量，从而降低浸膏的黏度；其次，黏性太大的浸膏制粒时，也可在浸膏中加入少量乙醇以降低其黏度，也可采用多次通过筛网制粒的方法，即先使用 8～10 目筛网，通过 1～2 次后，再通过 12～14 目筛网，即可制成色泽及大小均匀的颗粒；最后，应注意原、辅料混合要充分，防止死角，制软材时多加搅拌，搅拌速度不宜过慢，时间不宜过短，使润湿剂与原、辅料充分搅匀制成恰到好处的软材，即以“用手握紧能成团，手指轻压团块即散裂”为宜。湿颗粒干燥时，应注意干燥室内热空气的上下循环，并注意翻动颗粒，使湿颗粒受热均匀，干燥速度一致。此外，选用新型制粒设备如一步制粒机，设置合适的工艺参数可使湿颗粒在干燥室内保持较好的翻滚状态，受热均匀，制出的颗粒色泽均匀。

20. 颗粒剂在贮存过程中易碎的原因与解决办法有哪些?

颗粒剂在贮存过程中易碎的原因有以下方面：一是颗粒太疏松，二是颗粒水分含量偏低。解决方法应根据具体原因进行分析。

（1）颗粒太疏松：处方中黏合剂黏度不够以及操作不当，成型不好。解决方法依制粒工艺有所不同。若采用一步制粒机制粒，可在浸膏中加入少许糊精溶液混匀后喷于细粉上，以增加颗粒的黏性，制出的颗粒就不会太疏松。对已制成的易碎颗粒，将其碾碎后重新进行制粒即可。若采用湿法制粒机制粒，可适当延长软材的混合时间，但时间不宜过长，以防溶散时限不合格。因为软材混合时间越长、黏性越大，制成的颗粒亦较硬。制粒时，软材加入料斗中的量与筛网装置的松紧对所制成颗粒的松紧、粗细有关。如加入料斗中软材的存量多而筛网装得较松，滚筒往复转动、搅拌、揉动时可增加软材的黏性，制得的湿粒粗而紧，反之制得的颗粒细而松。若用调节筛网松紧或增加料斗软材的内存量仍不能制得适宜的湿粒时，可调整黏合剂用量，或通过增加过筛次数解决。一般过筛次数不宜过多，以防制得的颗粒过硬。

（2）颗粒水分含量偏低：通常中药颗粒剂的含水量保持在 3%～4% 为宜，水分含量过低则易松碎。因此需要控制好干燥工艺的参数，使颗粒剂的水分含量保持在合理范围。

21. 可溶性颗粒剂溶化性差应怎样解决?

可溶性颗粒剂中主要有效成分多为水溶性成分。颗粒的溶化性是可溶性颗粒剂在生产过程中一个重要的质控点，也是成品质量标准的一个检测指标。溶化性差的具体表现为颗粒剂溶化后药液混浊，有肉眼可见的漂移固形物，药液底部有焦屑、纤维、毛发等异物。要解决颗粒剂溶化性差的问题，应针对产生该问题的原因来解决。

首先，是中药材的前处理。药材投料前必须根据其特性分别进行前处理，包括清洗、浸润、切制饮片、低温干燥等，按中药材炮制规范进行炮制加工后，除去原料药材表面的灰尘、泥沙及容易脱落的腺毛和木栓组织等杂质。

其次，是在分离纯化工艺中要特别注意加强煎液的初滤、续滤和精滤。初滤可利用多功能罐的抽滤器加适当滤网过滤，经过初滤的药液再经过离心沉降，也可采用乙醇沉淀或絮凝澄清技术、高速离心技术等尽可能除去水提液中的黏液质、糖类等物质，用澄清滤过后的提取液进行浓缩。

再次，是提取液在浓缩时需注意温度不能过高，最好采用减压浓缩，一般温度控制在80℃以下，以免在浓缩过程中局部焦化产生焦屑而影响产品质量。注意：浓缩收膏时，稠膏的相对密度不应过大，一般控制在1.25～1.28即可。

最后，在颗粒干燥时也要注意控制好温度，避免升温过快和局部温度过高，否则颗粒表面会形成一层硬膜或含糖成分焦化而影响颗粒的溶化性。采用喷雾干燥或一步制粒工艺所制得的颗粒溶化性通常较好。

22. 如何开展颗粒剂的生物有效性研究与评价工作？

颗粒剂的生物有效性研究系以中医药理论为指导，结合中医临床疗效，运用现代科学技术方法，研究有效成分在体内外的转运以及被机体利用的速度和程度。进行颗粒剂生物有效性研究时，既要借鉴制剂研究的现代技术和方法，又要保证中医药理论的指导，设计出反映中医药特色的研究方法。目前，颗粒剂生物有效性的研究，归纳起来有以下3种情况。

（1）有效成分明确，且有可供定量检测分析方法的颗粒剂，可以按照化学药物制剂研究生物有效性的一般方法进行。有效成分是中药治病的物质基础：麻黄能平喘，因其含有麻黄碱；延胡索能够止痛，因其含有延胡索乙素；熟大黄泻下力缓，因其不但含有蒽醌类成分，且含有多量鞣质。因此，对制剂中的有效成分进行生物有效性研究，可以反映颗粒剂的疗效。

（2）组成成分比较复杂，但能选择其中某个或某类反映颗粒剂药效的化学成分作为检测的指标，进行制剂的生物有效性研究，例如香连颗粒中的小檗碱；防风通圣颗粒中的黄芩苷、总蒽醌，都曾被当作制剂生物有效性的研究对象。

（3）组方复杂、有效成分不明确或未能建立灵敏、专一、定量检测方法的颗粒剂，可以从中医整体观念出发，选择生物效应指标，定量地反映体内过程。

评价中药颗粒剂生物有效性的体内量化指标是生物利用度，体外量化指标是溶出度，若经过试验证明二者间具有良好的相关性，则可以利用体外测定方法代替体内测定，控制制剂质量。颗粒剂在到达胃肠道上皮细胞被吸收之前，首先要崩解，即分散成细小颗粒，然后药物从细小颗粒中释放，溶于胃肠液，再通过胃肠道上皮细胞进入血液循环而发挥疗效。颗粒剂的颗粒大小对药物的溶出速度和吸收速度都有影响。中药颗粒制剂生物有效性的研究，通过对中药有效成分，包括其合成代用品和衍生物或中药有效部位的体内过程及药动学的研究，可以阐明以下几方面的问题。

第一，根据体内过程的研究结果，阐明某些成分的分布特点与药效或毒副作用的关系。

第二，根据药动学的研究结果，阐明某些成分的量效和量时关系。半衰期（$t_{1/2}$）很长的药物短时重复用药易发生蓄积，故给药间隔要长，维持量宜少。半衰期（$t_{1/2}$）短的药物消除快，临床应以短时重复给药为宜。

第三，根据体内药物化学结构的转化，阐明某些成分与生物活性的关系。

第四，通过测定生物利用度和溶出度，掌握中药颗粒剂在体内被利用的程度和速度，为指导临床合理用药提供依据。

进行生物利用度试验时，可以通过测定患者血液中的药物浓度，衡量制剂中药物的作用；也可以通过测定患者的尿液或其他体液中的药物或代谢物的浓度，了解制剂中药物被利用的情况。生物利用度的研究，能反映中药制剂的体内量变情况，是制剂的生物学标准，能为临床疗效提供直接的证明。药物的吸收速度和程度又取决于制剂中药物在胃肠内溶出的速度和程度。因此，将一定量的药物制剂置于适宜的介质中，定时取样精密测定其中药物的浓度，以药物的溶出量对时间作图，即可绘制颗粒剂中药物的溶出曲线。其目的包括：①研究中药原料不同提取方法、共存成分、粉末的粒度与溶出度的关系；②考察颗粒剂中的赋形剂、制备工艺过程对主药成分溶出度的影响；③寻找颗粒剂在临床使用无效或疗效不理想的原因；④比较不同工艺制备的颗粒剂体外溶出曲线，建立颗粒剂的质量控制指标；⑤探索颗粒剂的体外溶出度与体内生物利用度的关系。

23. 为防止颗粒剂吸潮、结块，应采取哪些措施?

颗粒剂吸潮后常会产生结块、流动性差、潮解、变质、发霉等现象，防止颗粒剂吸潮、结块一般应采取以下几方面的措施[14]。

（1）减少颗粒剂原料提取物中的有关杂质，以降低其吸湿性。中药干浸膏吸湿性一般较强，因此在颗粒剂原料制备过程中应该设法尽量去除其引湿性杂质，例如采用静置沉淀法、水提醇沉法、加入澄清剂过滤法、高速离心过滤法等，除去提取液中的淀粉、糖类和黏液质类，常可降低其吸湿性。

（2）制粒时加入适宜的辅料如磷酸氢钙、淀粉、糊精、乳糖等，亦可加入部分中药细粉，一般为原料量的 10%～20%，对降低吸湿性可起到一定作用。

（3）采用防潮包衣。例如将胃溶型Ⅳ号丙烯酸树脂溶于乙醇（浓度 4%～6%）中，以喷雾法加至包衣锅中即可制成薄膜衣，不仅可改善其外观，且能提高其抗湿性。

（4）控制生产环境中的空气湿度。可加强环境通风或在室内安装空气除湿机，以控制空气湿度，避免吸湿引起颗粒剂结块。

（5）采用防潮包装。例如复合膜或铝箔包装都具有良好的防潮性能，能有效地防止颗粒剂吸潮结块。

24. 目前生产中常用的制粒设备有哪些？其优缺点情况如何?

新工艺与新设备的不断出现，大大促进了中药颗粒剂产业化的进程，目前企业常用的制粒设备主要有以下几种[15-16]。

（1）摇摆式造粒机

特点：①是目前国内医药生产中最常用的制粒设备；②具有结构简单、操作方便、装拆和清理方便等特点；③适用于湿法制粒、干法制粒，且适用于整粒。

缺点：生产效率低，劳动强度大，清洗死角多，易交叉污染，成型效果差，流动性不好。

（2）高速混合制粒机

特点：①混合均匀，在辅料和辅料比重差异较大的情况下能达到良好的混合效果，制成的颗粒粒度均匀且混合、切割两道工序一步完成；②颗粒效果好，粒度均匀；③低耗能，能控制制粒的全过程，减少了黏合剂的用量。

缺点：黏性大的料液易沾壁，导致设备清洗困难；制粒后需要将湿颗粒转移至干燥设备中进行干燥，转移过程中颗粒存在被污染的风险；对制粒物料有一定要求。

（3）干法辊压式制粒机

特点：①适用于热敏性物料；②设备少，占地面积小，省时省工。

缺点：压片时“逸尘”严重、易造成交叉污染，压制颗粒的溶出较慢。

（4）湿法混合制粒机

特点：①能一次完成混合、加湿、制粒、清洗工序，生产效率高，制粒效果好，无交叉污染，符合 GMP 标准；②物料锅及盖采用旋压及拉伸技术，几何形状好，整体强度高；③设备安全、可靠。

缺点：对制粒物料有一定要求。

（5）流化喷雾制粒设备

特点：①将混合、制粒、干燥在一套设备完成，自动化程度高，缩短了操作周期，从而提高了生产能力；②通过粉体造粒改善流动性，并可以改善药物溶解性能；③设备无死角，装卸物料轻便快速，易清洗干净，符合 GMP 生产要求。

缺点：耗电较高，控制参数因品种而异。

（6）喷雾干燥制粒机

特点：①由液体原料直接得到粉状固体颗粒；②热风温度高，雾滴比表面积大，干燥速度快，物料的受热时间短，干燥物料的温度相对低，适用于热敏性物料的制粒。

缺点：设备高大、气化大量液体，因此设备费用高，能量消耗大，操作费用高，黏性大的料液易粘壁。

25. 如何选择含挥发性成分颗粒剂的包装材料？

部分处方药物中含有较多的挥发性成分且具有明显的药理作用，必须予以保留才能充分发挥原方的治疗作用。含挥发性成分的颗粒剂，穿透力强、易挥发、易氧化变质而降低疗效。故在选择包装材料时要特别注意，除了考虑包装材料的化学稳定性好、无毒、无味、不易破损外，更要特别强调包装材料对水分、气味及氧气的阻隔性能好等优点。一般玻璃容器具有优良的保护性能，其化学稳定性好，气、液不能穿透，质硬、价廉，但其缺点包括重量较大、脆性大、运输携带不便。所以一般应选用铝箔或复合材料以尼龙膜、聚丙烯、无毒聚氯乙烯等透明纸为基纸并喷涂高压聚乙烯的复合材料作为颗粒剂包装袋，特别是铝箔和铝塑复合膜包装材料有良好的隔气性、防潮性、密封性及避光效果，能使含挥发性成分的颗粒剂的保质期大大延长，并且包装的外观效果极佳。

26. 怎样选择颗粒剂类型？

颗粒剂是按照溶解性能和溶解状态来分类的，在选择颗粒剂类型时应先考虑颗粒剂的溶解性能和溶解状态，与药物性状及临床需要的关系。

一般就处方药物的性质来讲，首先要考虑处方中药物的有效成分及其性质。若处方中有效成分全部或大部分易溶于水（稀乙醇），可以用水（稀乙醇）提取后，加入适宜的辅料制成水（酒）溶性颗粒剂。如感冒退热颗粒，将药材加水煎煮浓缩，乙醇沉淀后加入辅料制成颗粒剂；养血愈风颗粒，将药材粉碎、渗漉后加入辅料制成颗粒剂，用酒溶解后服用，为酒溶性颗粒剂；若处方中药材有效成分的口感较差或具有特殊气味，可选用泡腾颗粒剂，颗粒剂加水溶解后产生二氧化碳，溶于水后呈酸性，能刺激味蕾，可达到矫味作用，如阿胶泡腾颗粒。

其次，应考虑处方中药物的理化性质，若处方中药物坚硬，含油性成分，多用溶媒提取制成可溶性颗粒剂；若处方中药物含淀粉，粉性足，可以将其粉碎后作辅料制成混悬型颗粒剂；若处方中含挥发性或热敏性成分药材，或含有名贵中药，且在处方中为君药或臣药，可以将这部分药材粉碎成细粉或极细粉加入，制成混悬型颗粒剂，这样既起到了治疗作用，又节省了赋形剂，降低了成本，如四君子颗粒，将人参打粉，茯苓、甘草、白术水煎浓缩而制成颗粒。

从临床需要来讲，主要考虑颗粒剂的临床治疗作用。酒大辛大热，能通血脉、行药势、散寒，故治疗风寒湿痹，具有祛风活血、散瘀止痛功效的方剂可制成酒溶性颗粒剂，应用效果更佳；若用于夏季解暑，健脾，助消化的可以制成能作为饮料饮用，迅速溶解产生二氧化碳气体的泡腾颗粒剂；临床上药材细粉作用明显的可制成混悬型颗粒剂。

综上所述，颗粒剂的类型选择，主要是根据临床需要、药物性质、用药对象与剂量，通过文献研究和预试验等，予以确定[17]。

27. 哪些半成品适宜制成无糖颗粒剂?

目前所谓的无糖颗粒剂主要是指不含糖，特别是不含蔗糖，甜度较低，辅料用量较少，每次服用剂量较小（一般为2～5g/次）的颗粒。无糖颗粒剂对半成品的要求有如下几点。

（1）半成品口感应较好或能用除糖粉外的矫味剂调节口感。

（2）半成品的溶化性较好，具有一定的黏合性，能成粒，其中药材细粉不宜过多。

（3）半成品加入少量辅料即能成粒，或是直接烘干成浸膏粉。采用干式造粒工艺制粒。无糖颗粒剂所用的辅料，要求有一定的黏合性，水溶性好且不易吸潮，价格便宜，口味良好。目前常用乳糖、糖精、甘露醇、山梨酸、木糖醇、阿斯巴甜、甜味素等作辅料，但个别价格昂贵。

28. 颗粒剂生产过程中分剂量不准确应如何解决?

造成颗粒剂分剂量不准确的原因，大多是颗粒剂的颗粒大小不匀、松紧不一，或细粉太多；其次是颗粒流动性差、机械故障或磨损等。

解决的根本办法：首先，从制粒、干燥、整粒工艺抓起，严格控制颗粒的质量，使制成的颗粒大小均匀、松紧一致、粗细适宜，才有利于保证分装工序分剂量的准确度。对已制成的不均匀颗粒，则应重新进行筛分，剔除过大的颗粒和细粉，将不同粒径的颗粒分别进行分装，过大的颗粒碾碎过筛后与细粉重新制粒。其次，加强分装工序的管理，增强操作人员的责任心，经常检查，发现故障及时排除，认真调整好定量杯的准确度，确保颗粒剂分剂量的准确性。

29. 不同国家或地区的药典对颗粒剂的通则有哪些规定?

随着现代科技的飞速发展和医药生产技术的不断提高，为了保证和提高颗粒剂质量及其治疗效果，确保用药安全，各国药典都对收载的颗粒剂制定了严格的制剂通则和要求。

首先，在对颗粒剂的定义上，各个国家药典大同小异。

2020 年版《中国药典》对颗粒剂的定义：原料药物与适宜的辅料混合制成具有一定粒度的干燥颗粒状制剂。分为可溶颗粒、混悬颗粒、泡腾颗粒、肠溶颗粒和缓释颗粒。

《英国药典》和《欧洲药典》对颗粒剂的定义：颗粒剂系由固态干燥粉末聚结的足以耐受贮运操作的颗粒组成。用于口服，其中有些可吞服，有些可嚼服，有些可溶解或分散于水或其他合适的液体中服用。颗粒剂含有一种或多种有效成分，视需要而定。可含有或不含其他辅料，包括法定的着色剂和矫味剂。

颗粒剂可有单剂量或多剂量制剂。对于单剂量制剂，每一剂量均应包装于单独容器中，如一袋、一纸包或一小瓶。多剂量制剂服用时，每一剂量应采用适宜的装置以量取所需的药量。

颗粒剂可分为以下几类：不包衣颗粒剂、泡腾颗粒剂、口服溶液用颗粒剂、包衣颗粒剂、肠溶颗粒剂及改良释放颗粒剂。改良释放颗粒剂系通过包衣或采用辅料（或两种方法并用），或采用其他方法，以控制活性成分的释出速率和作用部位的制剂。

《日本药局方》第 18 版对颗粒剂的规定：通过造粒制备的制剂，用于口服给药。通常颗粒剂的制备，系将药物或其混合物混合均匀，或与稀释剂、黏合剂、崩解剂或其他辅料均匀混合，然后采用适宜的方法制粒，以使其成品在颗粒大小方面基本保持一致。如有必要，可加入着色剂、芳香剂、矫味剂等。亦可采用适宜的包衣材料制成包衣颗粒。

其次，在"颗粒剂检查项目"中，各国药典也各有侧重。

《英国药典》和《欧洲药典》规定：除[重量差异]外，根据颗粒剂类别的不同还须做[含量均匀度]和[崩解试验]。

[重量差异]单剂量包装的颗粒剂应符合下述规定：任取 20 袋分别称定其重量，计算平均重量。按表 2-3-2 规定的差异限度进行结果判断。超过平均重量差异限度者不得超过 2 包，并不得有超过平均重量差异限度 2 倍者。

表 2-3-2　重量差异限度

颗粒剂平均重量 /mg	差异限度 /%
＜300	10
≥300	7.5

[含量均匀度]除另有规定外，有效成分在 2mg 以下或有效成分含量低于 2%（质量分数）的单剂量制剂应进行下述含量均匀度试验。含有多种有效成分的制剂，其每一种有效成分相当于上述单剂量制剂的情况，应进行测定。非包衣的改良释放颗粒剂，所有的活性成分需做含量均匀度检查。

任取 10 个包装容器中的 1 袋，采用适宜的分析方法测定其有效成分的含量。超过平均含量的 85%～115% 者不得多于 1 袋，并不得有超过平均含量的 75%～125% 者。如超过平均含量的 85%～115% 者有 2～3 袋，但没有超过平均含量的 75%～125% 者，则另取 20 袋重复上述试验。在全部 30 袋中，超过平均含量 85%～115% 者不得多于 3 袋，且不得有超过平均含量的 75%～125% 者。

凡做均匀度检查者，可免做重量差异检查。含有多种维生素和微量元素的颗粒剂可不做含量均匀度检查。

在检查项目中，《日本药局方》则强调颗粒剂的[崩解时限检查][溶出度检查]及[粒度试验]等。《日本药局方》指出：除另有规定外，颗粒剂应进行崩解时限检查。对已做溶出度检查，及按“颗粒大小分布试验”，以 30 号筛（500μm）进行振摇后存留在筛网上的量不超过 5% 的颗粒剂，可不必做崩解时限检查。

关于颗粒剂的粒度要求，《日本药局方》第 18 版规定：颗粒剂在进行“颗粒大小分布试验”时，可采用 10 号筛（1 700μm）、12 号筛（1 400μm）及 42 号筛（355μm）。所有颗粒均应通过 10 号筛，不通过 12 号筛的颗粒不得多于 5%，且通过 42 号筛的颗粒不得多于 15%。

参考文献

[1] 姚瑶. 复方柴胡颗粒制备工艺研究[D]. 长春：吉林农业大学，2014.

[2] 吴建兵. 抗哮喘颗粒的研究[D]. 上海：上海交通大学，2007.

[3] 王艳艳，刘长河，葛文静，等. 感冒清热颗粒挥发油的 β- 环糊精包合工艺比较及稳定性研究[J]. 上海医药，2020，41(17)：65-70.

[4] 林瑞东. 川芎配方颗粒生产工艺和质量标准的研究[D]. 长春：吉林大学，2015.

[5] 杨明，伍振峰，王雅琪，等. 中药制药装备技术升级的政策、现状与途径分析[J]. 中草药，2013，44(3)：247-252.

[6] 曾丽华，伍振峰，王芳，等. 中药制剂质量均一性的现状问题及保证策略研究[J]. 中国中药杂志，2017，42(19)：3826-3830.

[7] 高梦洁. 苍桂颗粒制备工艺及质量标准研究[D]. 乌鲁木齐：新疆医科大学，2018.

[8] 李兆翌，施军平，包剑锋，等. 复方楂金颗粒中试生产及质量评价研究[J]. 中国现代应用药学，2016，33(9)：1152-1157.

[9] 蓝义琨，郑文红，范日洪，等. 应用一步制粒机制备中药颗粒的影响因素探讨[J]. 内蒙古中医药，2015，34(5)：140-141.

[10] 伍振峰，邱玲玲，郑琴，等. 中药提取物及其制剂防潮策略研究[J]. 中国医药工业杂志，2011，42(1)：66-69.

[11] 宗杰. 不同精制工艺条件对骨痹颗粒喷干粉吸湿性能的影响及吸湿性物质基础的初步研究[D]. 南京：南京中医药大学，2014.

[12] 江宁. 4 种中药固体制剂吸湿性分析[J]. 当代医学，2015，21(7)：118-119.

[13] 颜洁，谌志远，关志宇，等. 制粒技术在药物掩味方面的研究进展[J]. 中国实验方剂学杂志，2019，25(18)：221-226.

[14] 王文化，葛少波，张杰，等. 中药颗粒剂的防潮措施[J]. 临床合理用药杂志，2015，8(9)：174-176.

[15] 吴司琪，伍振峰，岳鹏飞，等. 中药制粒工艺及其设备的研究概况[J]. 中国医药工业杂志，2016，47(3)：341-346.

[16] 罗超，罗越，陈麒同，等. 颗粒剂制备方法的研究进展[J]. 甘肃科技，2014，30(21)：140-141.

[17] 吴逢波，徐珽，唐尧. 中药固态制剂成型性设计思路与方法[J]. 中国药房，2009，20(3)：236-238.

（伍振峰　傅超美　龙恩武　林丽娜　陈世彬）

第四章　胶囊剂成型技术

胶囊剂（capsule）系将原料药物或与适宜辅料填充于空心胶囊中或密封于软质胶囊中而制成的固体制剂，中药胶囊剂系中药用适宜方法加工或与适宜辅料填充于上述胶囊中而制成的制剂。近年来我国中药胶囊剂发展迅速，《中国药典》收载的中药胶囊剂数目逐步增长，2005 年版收载中药胶囊剂 37 种，2010 年版收载 144 种，2015 年版收载 269 种，2020 年版收载 302 种[1]。

中药胶囊剂因具有可掩盖药物不适气味、易服用、崩解快、溶出度高、生物利用度高、可定时定位释放药物等优点，而成为中药制剂中广泛应用的剂型之一。随着药剂学的发展，逐步形成一套中药胶囊剂生产的工艺条件，使中药胶囊剂从品种到产量都取得了快速的提高。与此同时，生产过程中存在的吸湿、吸附现象和渗漏等问题逐渐得到改善，更好地改进了药物的稳定性，确保临床用药的安全、有效。此外，还涌现出一些新的制剂技术如新型的肠溶包衣、微囊、缓释、控释技术，使得中药胶囊剂在临床的应用也越来越广泛。

一、胶囊剂的概述

1. 中药胶囊剂的特点及分类是什么？

（1）中药胶囊剂的特点。

1）能掩盖药物的不良臭味、增加患者的依从性。

2）与片剂、丸剂相比，在胃肠道中崩解快，吸收、显效也较快，生物利用度高。

3）延缓或定位释放药物：中药胶囊剂在一定时间内溶化崩解，适用于需要一定时间后起效的中药，制成不同释药速度和释药方式的胶囊剂，定时定位释放。

4）液态药物固体剂型化：含油量高的药物或液态药物难以制成丸剂、片剂等，但可以制成胶囊剂。

5）利于识别：胶囊剂囊壁能着色、印字，便于识别。

6）可提高药物的稳定性，保护药物不受氧气、水分、光线的影响。

（2）分类：中药胶囊剂按囊壳材质可分为硬胶囊剂和软胶囊剂（胶丸），根据释放特性的不同又可分为肠溶胶囊、缓释胶囊和控释胶囊。

1）硬胶囊剂（hard capsule）：指采用适宜制剂技术，将中药或与适宜辅料制成的均匀粉末、颗粒、小片、小丸等，充填于空心胶囊中的胶囊剂。

2）软胶囊剂（soft capsule）：又称胶丸，指将一定量的油类或对明胶等囊材无溶解作用的中药提取液，或将固体原料药溶解或分散在适宜的辅料中制备成溶液、混悬液、乳状液或半固体，密封于软质囊材中而成的一种圆形或椭圆形制剂。

3）肠溶胶囊：指用肠溶材料包衣的颗粒或小丸充填于胃溶胶囊而制成的硬胶囊剂，或用适宜肠溶材料制备而得的硬胶囊剂或软胶囊剂。

4）缓释胶囊：指在规定的释放介质中缓慢地非恒速释放药物的胶囊剂。

5）控释胶囊：指在规定的释放介质中缓慢地恒速释放药物的胶囊剂。

2. 根据胶囊剂的特点，有哪些中药不适宜制成胶囊剂？

近年来，中药或中药复方制备成胶囊剂出现在市场上的情况逐渐增多，但不是所有的中药都能制成胶囊剂，当中药具有以下情况时，不适宜制成胶囊剂。

（1）能使胶囊壁溶解的液态药物，如中药的水或乙醇提取液，均不宜填充于胶囊中，因其对囊壳（主要由明胶制成）有溶解作用。

（2）易溶解及剂量小的刺激性中药，因其在胃中溶解后造成局部浓度过高而刺激胃黏膜。

（3）毒性大的中药，因其可能存在较强的毒性，在胃中释放后会造成局部浓度过高且产生毒副作用。

（4）与囊壁接触后不稳定、易使明胶发生交联反应、影响药物崩解的中药。

（5）易风化的中药，可使空心胶囊软化变形。

（6）易潮解的中药，可使空心胶囊过分干燥而脆裂。

二、胶囊剂的制备及其问题解析

3. 空心胶囊的组成成分有哪些？

空心胶囊按照组成的囊材不同，可分为明胶空心胶囊和植物空心胶囊两大类，现阶段以明胶空心胶囊占据大部分市场份额，植物空心胶囊份额较小，但具发展潜力[2]。空心胶囊常用的有以下几种。

（1）明胶（gelatin）空心胶囊：明胶是胶原通过水解衍生而来的水溶性多肽，根据原料种类及相应的生产工艺，可分为 A 型明胶（猪皮明胶）和 B 型明胶（骨明胶），其中 A 型明胶可塑性强、透明度高，而 B 型明胶质地坚硬，性脆且透明度低，两者可以单独选用，亦可根据需要混合使用。

（2）羟丙甲纤维素（hydroxypropyl methyl cellulose，HPMC）空心胶囊[3]：HPMC 是通过天然纤维素聚合物合成修饰产生，是一种半合成高分子聚合物，广泛应用于医药行业，各国药典均有收载，是一种常用的药用辅料。HPMC 与明胶相比，不存在交联反应、受温度的影响小、与内容物相互作用小、无动物源性病毒。HPMC 空心胶囊除了与明胶空心胶囊有相似的溶解性、崩解性和生物利用度外，具有对药物崩解、溶出影响更小，用药依从性更高等优点。

（3）羟丙基淀粉（hydroxypropyl starch）空心胶囊[4]：羟丙基淀粉是以天然木薯淀粉、玉米淀粉或马铃薯淀粉为原料，通过对淀粉进行分子链改性引入羟丙基制备而成的。与明胶空心胶囊相比，羟丙基淀粉空心胶囊无动物源性病毒和不会发生交联反应；与 HPMC 空心胶囊相比，羟丙基淀粉空心胶囊生产具有易于成型、价格低廉等优势，是近年兴起的胶囊新囊材。

（4）普鲁兰多糖（pullulan）空心胶囊[5]：普鲁兰多糖通常以玉米或木薯为原料，是在培养出芽短梗霉过程中产生的中性多糖。普鲁兰多糖安全无毒，作为药用辅料已广泛应用于医药领域。普鲁兰多糖空心胶囊在生产过程中其胶液黏度容易受温度影响，不利于成型，在制备时需要加入增塑剂、增稠剂和胶液稳定剂。

（5）海藻酸钠（sodium alginate）空心胶囊[6]：又称褐藻酸钠，属于海藻酸衍生物，是从褐藻类的海带或马尾藻中提取的一种多糖碳水化合物。海藻酸钠不仅可用于制备软、硬胶囊剂，也可以用于制备肠溶胶囊。与明胶空心胶囊相比，本品具备更好的耐氧化性及胶凝强度；与其他非明胶材料相比，本品具有良好的胶凝性、增稠性和成膜性。

4. 空心胶囊的规格标准是什么及如何选择空心胶囊？

（1）空心胶囊的规格标准：空心胶囊由大到小共有 8 种规格，依次是 000 号、00 号、0 号、1 号、2 号、3 号、4 号、5 号（特别的会有 0# 加长、00# 加长等），其装量依次递减。常用的 0 号、1 号、2 号、3 号空心胶囊的容积分别为 0.75ml、0.55ml、0.40ml、0.30ml（均可浮动 ± 10%），长度及囊壁厚度规定如表 2-4-1。

表 2-4-1　0 ~ 3 号空心胶囊长度和囊壁厚度规格标准

单位：mm

胶囊型号	口径外部		长度		全囊长度	囊壁厚度
	囊帽	囊体	囊帽	囊体		
0	7.65 ± 0.03	7.33 ± 0.03	11.05 ± 0.30	18.69 ± 0.30	21.50 ± 0.50	0.12～0.14
1	6.90 ± 0.03	6.55 ± 0.03	9.82 ± 0.30	16.75 ± 0.30	19.60 ± 0.50	0.12～0.14
2	6.35 ± 0.03	6.01 ± 0.03	9.04 ± 0.30	15.75 ± 0.30	18.50 ± 0.50	0.11～0.13
3	5.84 ± 0.03	5.54 ± 0.03	8.01 ± 0.30	14.01 ± 0.30	16.10 ± 0.50	0.11～0.13

（2）空心胶囊的选择是胶囊剂生产前期的关键工作，故应严格把控空心胶囊的质量，选择时应注意以下几点。

1）选用的空心胶囊必须符合药用要求。如某些药物对胃刺激性较大，又或者需要在小肠发挥作用，可以做成肠溶胶囊，使其在胃液中不溶解，仅在肠液中崩解溶化，减少药物对胃的损害，达到在小肠释药的目的。

2）对于中药硬胶囊剂而言，为防止药粉泄漏，应选用套合后密封性能良好的双锁口空心胶囊。

3）对于中药硬胶囊剂而言，需要根据药物剂量的大小合理选择空心胶囊型号，以便于生产和防止不必要的浪费。药物的填充多用空心胶囊的容积控制，应按药物规定剂量所占容积选择最小的空心胶囊且一般填充量不建议超过囊体容积。

4）根据药物的特殊性质选用不同的空心胶囊，如对光敏感的药物不宜选用透明的空心胶囊，可选用加遮光剂钛白粉（二氧化钛）的不透明空心胶囊。

5）根据不同的医疗用途选用不同类型的空心胶囊，如速溶、胃溶、肠溶等。

5. 空心胶囊的制备方法及生产时常见外观缺陷有哪些？

不同类型空心胶囊的制备方法各有不同，常见的几种空心胶囊的制备方法如下。

（1）明胶空心胶囊：主要工艺流程如下。

1）溶胶：称取经检验合格的明胶加纯化水浸泡，使之充分吸水膨胀，然后加足够的热水和其他附加物，在80℃时加热溶化成均一的胶液。用过滤袋将胶液滤入保温桶内，在(50±2)℃下静置保温。溶胶温度不宜过高，时间不宜过长。

2）蘸胶（制坯）、干燥：将保温桶中的胶液去皮去泡，调整好浓度待用。选用适宜的胶囊模具，均匀涂上脱模油，使用自动蘸胶机将胶囊模具浸入胶液中，之后缓缓上升，并自动翻转移入烘干箱中，烘干箱内温度为34～36℃，相对湿度60%～70%。

3）拔壳、截割：用脱模机将模具上的空囊脱下，及时装入塑料袋，填写好流程卡，然后置于自动切割机上进行连续切割。切割好的半成品和填写好的流程卡一起移交至半成品检验处，废品另外存放。

4）检验、套合、包装：将切割好的半成品胶囊置于灯检台上进行目检，剔除问题半成品胶囊。将囊帽、囊体两部分用设备套合，使之成为成品。将检验合格的成品划批计量包装。包装时随即抽点每100g明胶空心胶囊的粒数，以保证计量包装的准确。

（2）HPMC空心胶囊：主要工艺流程如下。

1）HPMC浸渍组合物的制备：在搅拌的条件下，将HPMC粉末分散至75℃的热水中，能观察到泡沫形成。粉末分散后，保持75℃并温和搅拌直至消泡。持续温和地搅拌，将分散体冷却至10℃超过30分钟实现HPMC的溶解，获得HPMC浸渍组合物。

2）HPMC空心胶囊的制备：HPMC浸渍组合物的胶凝温度为34℃，将上述组合物倒入硬胶囊剂制造的浸渍盘中，同时维持组合物在32℃。将75℃预热好的浸渍插针浸入组合物，组合物在插针表面胶凝并形成一定厚度的胶凝液体膜，随后抽出插针并将其转动180°至垂直位置，放置烘箱中以热空气干燥形成胶囊壳。明胶的胶凝是由高温到低温的过程，而HPMC胶凝过程则由低温到高温，因此这个过程也被称为“热胶凝”。干燥完成后，再经脱模、切割、检验、套合即得空心胶囊。

（3）羟丙基淀粉空心胶囊：主要工艺流程如下。

1）羟丙基淀粉组合物的制备：将普通淀粉和环氧丙烷经过工业常规的反应制备得到羟丙基淀粉。将羟丙基淀粉、增韧剂、胶凝剂混合得到制备空心胶囊的组合物。

2）羟丙基淀粉空心胶囊的制备：将羟丙基淀粉组合物、微量助凝剂及5～8倍组合物重量的水混合并加热糊化胶化后，采用常规制备胶囊的工艺即可制备出淀粉基质空心胶囊。

（4）普鲁兰多糖空心胶囊：主要工艺流程如下。

1）将普鲁兰多糖置于真空溶胶釜中，加入2～7倍组分总重量的纯化水，浸泡0.5～2小时，然后在30～50r/min搅拌下加热至65～85℃，依次加入增塑剂、增稠剂，搅拌至各组分混合均匀并完全溶解形成胶液。

2）停止搅拌，高温熟化1～4小时，再在30～50r/min搅拌下抽真空消泡。

3）排放胶液于55～65℃的保温桶中，加入稳定剂，保温静置4～8小时，得到黏度为37.5～97.5mPa·s的胶液。

4）将胶液经模具蘸胶成型，在温度29～35℃下干燥90～150分钟得到胶坯，再经脱模、切割、检验、套合即得空心胶囊。

（5）海藻酸钠空心胶囊：主要工艺流程如下。

1）将海藻酸钠、羧甲基纤维素、PEG 400、蒸馏水混合后，于55℃水浴锅中搅拌均匀至胶状液体。若需要制备有颜色的胶囊，在混合胶液完全搅拌均匀时加入适量色素。

2）蘸胶前不锈钢模具用毛刷刷上适量的吐温-80作为脱模剂，在55℃下，将胶囊模具垂直浸入胶液中，保持模具上行速度与下行速度一致、蘸取深度一致。

3）蘸胶成型后，在质量浓度为15%的氯化钙溶液中钙化20分钟，之后控制恒温箱内温度为60℃，利用热空气蒸发溶剂，使胶囊壳干燥成型，再经脱模、切割、检验、套合即得空心胶囊。

在生产空心胶囊过程中，不同工艺、不同环境条件容易产生各类空心胶囊缺陷，可分为外观缺陷和印字缺陷。外观缺陷可分为：① A类缺陷，指导致胶囊失去容器特性，或装量过低，或造成填充机严重停机，或延误充填生产等的缺陷，包括破洞、未切、开裂等；② B类缺陷，指导致产生充填操作问题的缺陷，例如，胶囊不能分离，不能调整方向，不能正确锁合等所导致的裂缝等；③ C类缺陷，指不影响充填操作但影响胶囊外观形象的缺陷，包括气泡、夹皱、顶凹等。印字缺陷包括未印、重印、印字严重不完整的严重缺陷；印字反向、擦糊、偏置、墨点（>0.5mm）、磨痕（≥3mm）的主要缺陷；印字不完整、某一部分擦糊、1/4以下图案偏置、墨点（0.3～0.5mm）、磨痕（≥1mm，<3mm）的次要缺陷。

6. 空心胶囊的质量检查项目有哪些？

《中国药典》2020年版四部对空心胶囊的质量标准有明确规定，具体内容如下。

（1）性状：本品呈圆筒状，由可套合和锁合的帽和体组成的质硬且具有弹性的空囊。囊体应光洁、色泽均匀、切口平整、无变形、无异臭。本品分为透明（两节均不含遮光剂）、半透明（仅一节含遮光剂）、不透明（两节均含遮光剂）3种。

（2）松紧度：取本品10粒，用拇指和示指轻捏胶囊两端，旋转拔开，不得有黏结、变形或破裂，然后装满滑石粉，将帽、体套合并锁合，逐粒在1m的高度处垂直坠于厚度为2cm的木板上，应不漏粉；如有少量漏粉，不得超过1粒；如超过，应另取10粒复试，均应符合规定。

（3）脆碎度：取本品50粒，置表面皿中，移入盛有硝酸镁饱和溶液的干燥器内，置（25±1）℃恒温24小时，取出，立即分别逐粒放入直立在木板（厚度2cm）上的玻璃管（内径为24mm，长为200mm）内，将圆柱形砝码（材质为聚四氟乙烯，直径为22mm，重20g±0.1g）从玻璃管口处自由落下，视胶囊是否破裂，如有破裂，不得超过5粒（羟丙甲纤维素空心胶囊不得超过2粒）。

（4）崩解时限：取本品6粒，装满滑石粉，按照崩解时限检查法（2020年版《中国药典》通则0921）胶囊剂项下的方法检查，不同类型空心胶囊的崩解时限检见表2-4-2。

表2-4-2　不同类型空心胶囊的崩解时限检

空心胶囊类型	崩解时限
明胶	10分钟
肠溶明胶	人工肠液中60分钟
羟丙基淀粉	20分钟
普鲁兰多糖	15分钟

（5）干燥失重：不同类型空心胶囊的干燥失重检查方法见表2-4-3。

表 2-4-3　不同类型空心胶囊干燥失重检查方法

空心胶囊类型	检查方法
明胶	取本品 1.0g，将帽、体分开，在 105℃下干燥 6 小时，减失重量应为 12.5%～17.5%
肠溶明胶	取本品 1.0g，将帽、体分开，在 105℃下干燥 6 小时，减失重量应为 10.0%～16.0%
普鲁兰多糖	取本品 1.0g，将帽、体分开，在 105℃下干燥 6 小时，减失重量不得超过 14%
羟丙甲纤维素	取本品 1.0g，将帽、体分开，在 100～105℃下干燥 4 小时，减失重量不得超过 8.0%

（6）炽灼残渣：取本品 1.0g，依法检查（2020 年版《中国药典》通则 0841），遗留残渣分别不得超过 2.0%（透明）、3.0%（半透明）、5.0%（不透明）；羟丙甲纤维素空心胶囊遗留残渣分别不得超过 3.0%（透明）、5.0%（半透明）、9.0%（不透明）。

（7）重金属：取炽灼残渣项下遗留的残渣，加硝酸 0.5ml，蒸干，至氧化氮蒸气除尽后，放冷，加盐酸 2ml，置水浴上蒸干后加水 15ml，微热溶解，滤过（透明空心胶囊不需要滤过），滤渣用 15ml 水洗涤，合并滤液和洗液至纳氏比色管中，依法检查（2020 年版《中国药典》通则 0821 第二法）。如空心胶囊中含有氧化铁色素对结果有干扰，在操作步骤中“……移至纳氏比色管中，加水稀释成 25ml”后按 2020 年版《中国药典》通则 0821 第一法操作。含重金属不得过百万分之二十。

（8）微生物限度：取本品，依法检查（2020 年版《中国药典》通则 1105 与通则 1106），每 1g 供试品中需氧菌总数不得过 1 000cfu、霉菌和酵母菌总数不得过 100cfu，不得检出大肠埃希菌；每 10g 供试品中不得检出沙门菌。

7. 影响明胶稳定性的因素有哪些？

虽然明胶是目前市面上空心胶囊的主要成囊材料，广泛用于软、硬胶囊剂的生产，但是明胶胶囊本身存在许多缺点，如易吸潮、滋生微生物、不同湿度条件其柔韧性可能变差或者发生粘连。影响明胶稳定性的因素包括以下两点。

（1）明胶分子可以通过自氧化或与功能性基团如醛基相互作用，发生分子内或分子间的交联反应，从而使明胶分子相互链接，形成巨大网状结构，在胶囊表面交联可产生一层坚韧而有弹力的水不溶性表膜，成为阻止药物释放的屏障，导致胶囊的崩解和溶出不合格。

（2）外界环境对明胶交联性质也有显著性影响。温度升高可加快明胶交联反应速度，高湿度环境可催化明胶交联反应发生，暴露在紫外线与可见光下的软胶囊剂溶出速率会降低。温度、湿度、光线这 3 种因素同时产生作用，会对明胶交联的影响更显著。

8. 中药硬胶囊剂内容物的常用辅料有哪些？

中药硬胶囊剂内容物浸膏量大，常常吸潮、结块、变硬、难以崩解，或内容物药物剂量太小，或含挥发油，或太疏松。为方便生产，提高药物稳定性，需要通过辅料的应用解决这些问题。常用的辅料：①稀释剂与吸收剂，如甘露醇、微晶纤维素、淀粉等；②润湿剂与黏合剂，如水、乙醇、淀粉浆等；③崩解剂，如交联羧甲纤维素钠、交联聚维酮、海藻酸等；④助流剂与润滑剂，如微粉硅胶、滑石粉、硬脂酸镁等[7]。

9. 中药硬胶囊剂中填充物料的处理方法有哪些?

硬胶囊剂中填充的药物除特殊规定外，一般要求是混合均匀的细粉、颗粒、小丸。若纯药物粉碎至适宜粒度能满足硬胶囊剂的填充要求，则可直接填充。

（1）以中药为原料的处方剂量小的或细的药物，可直接粉碎成细粉，混匀后填充。

（2）剂量较大的中药或复方制剂，可先将部分中药粉碎成细粉，其余中药经提取浓缩成稠浸膏后与细粉混匀，干燥，研细，过筛，混匀后填充，或是将所有中药提取浓缩成稠浸膏后加适当的辅料，干燥后混匀。

（3）水煎煮液、浓缩、烘干、粉碎后装入胶囊。

（4）水煎煮的浓缩液，经醇沉后得到沉淀物，烘干，粉碎装入胶囊，此方法适合于多糖类成分含量较高的药材。

（5）水煮醇沉，取醇液，回收醇，烘干醇的提取物，粉碎装入胶囊。

（6）部分原药材和水煎液干粉混合装入胶囊。此方法掺入部分药材粉末，故可控制其吸潮性。

（7）对于采用各种浸提方法如煎煮法、浸渍法、渗漉法、回流法、超声提取法等提取后再经处理获得的性质稳定的半固体或液体，可直接填充。

10. 中药硬胶囊剂的制备工艺有哪些?

硬胶囊剂的制备分为空心胶囊的制备和药物的填充两部分[8]，其制备的一般工艺流程示意图如图 2-4-1。

（1）成囊材料：空心胶囊的成囊材料主要有明胶和植物来源材料。一般由专门的工厂

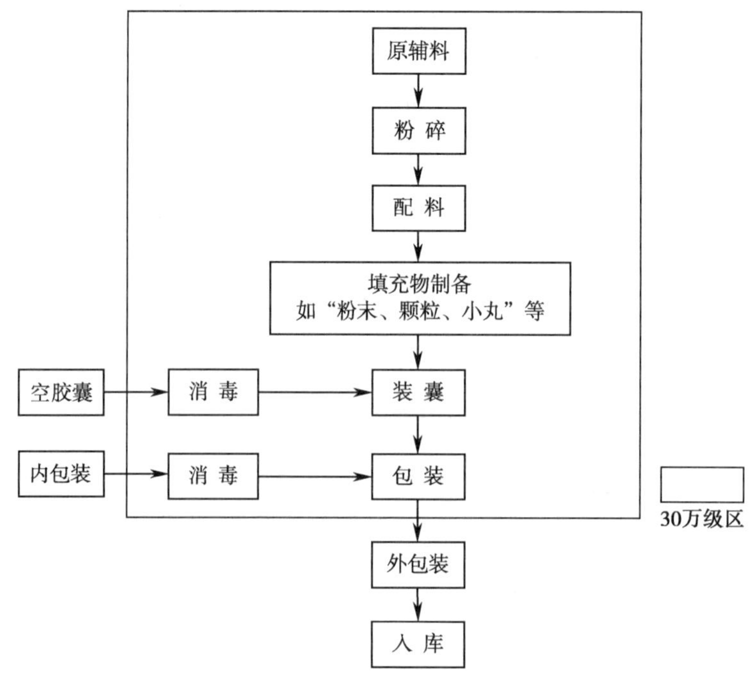

图 2-4-1　中药硬胶囊剂的制备工艺流程图

生产，其质量应符合有关规定。

（2）空心胶囊的制备：空心胶囊由囊体和囊帽组成，其主要工艺流程为：溶胶→蘸胶（制坯）→干燥→拔壳→截割→检验→套合→灭菌（根据工艺要求）→包装。

（3）填充物制备：处方中贵重药物及剂量不大的药物可直接粉碎成细粉，经过筛混合均匀后填充；处方中剂量较大的药物，可将部分易于粉碎的药物粉碎成细粉，其余药物经提取浓缩与细粉干燥混合后填充；或将处方中全部药物提取浓缩成稠膏，加适量的辅料制成颗粒，经干燥混匀后填充。

（4）装囊：若药物的粒度适宜，能够满足硬胶囊剂的填充要求，可直接填充；若药物流动性差，则需加入一定的稀释剂、润滑剂等辅料。

（5）中药硬胶囊剂的抛光：为确保外观质量，填充好的胶囊必要时应进行除粉、抛光处理后方可进行内包装。

（6）硬胶囊剂的包装与贮藏：一般应选用密封性能良好的玻璃容器、透湿系数小的塑料容器和泡罩式包装，放在干燥阴凉处密闭贮藏。

11. 中药硬胶囊剂填充的方法及常用的设备有哪些?

（1）中药硬胶囊剂物料的填充方式分为手工填充和机械填充。

手工填充适用于医院、科研、工厂的小规模生产。一般中药硬胶囊剂的空心胶囊药物填充形式有：①直接型，直接将处方中的药材粉碎成细粉，过筛、混匀、填充、抛光、包装；②粉末型，将处方中的药材提取浓缩成稠膏后，加细粉（或辅料）混匀，干燥，粉碎，过筛加辅料混匀、填充、抛光、包装；③颗粒型，将药材细粉或药材浸膏粉加辅料（或不加）混合，用适宜的润湿剂或黏合剂制成软材，再制成颗粒，60～80℃烘干，整粒后加辅料混合均匀、填充、抛光、包装。

大规模生产一般采用自动填充机填充。自动硬胶囊剂填充机主要由胶囊送进机构、胶囊分离机构、颗粒填充机构、粉剂填充组件、胶囊缝合机构、成品胶囊排出机构等组件组成。

一般根据药物的性质选择合适的填充方法。如：①填充小剂量的药粉，尤其是麻醉、毒性药物，应先用适当的稀释剂稀释至一定的倍数（按散剂倍散制备操作），混匀后填充；②填充易吸湿或混合后发生共熔的药物，可根据情况分别加入适量的稀释剂，先混合再填充；③疏松性药物小剂量填充时，可加入适量乙醇或液体石蜡混匀后填充。

（2）国内硬胶囊填充机研发起步较晚，而国外的生产历史较长。目前，国产的全自动胶囊填充机主要是仿制德国的 GKF 机型，常见的是 NJP 系列。全自动胶囊填充机按其工作台运动形式分为间歇回转式（intermittent rotary）和连续回转式（continuous rotary）。现国内多使用的是间歇式全自动胶囊填充机。按填充形式又可分为重力自流式和强迫式两种。不同填充方式的填充机适用于不同药物的分装，要根据药物的流动性、吸湿性、物料状态选择填充方式[8]（图 2-4-2）。

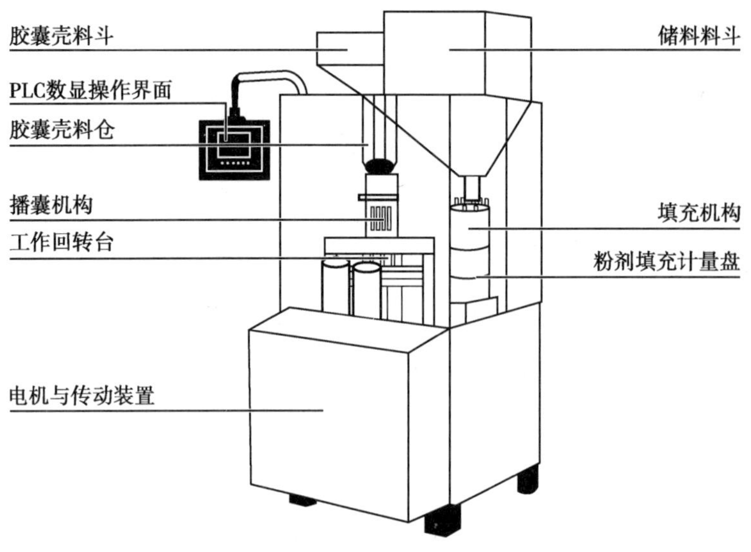

图 2-4-2 胶囊灌装机

12. 适宜制成软胶囊剂的中药有哪些?

（1）含油溶性成分的中药：这类药物在常温下是液体或半固体，在制备时进行加热干燥处理，药物易从吸收剂等辅料中渗透出，成分损失，影响疗效。将油性药物与低熔点药物用脂溶性溶剂溶解或制成乳浊液进行填充，避免药物渗出等问题，且能提高生物利用度。故对于这类药物，软胶囊剂是较理想的剂型，如牡荆油胶丸、满山红油胶丸。

（2）含挥发性成分和特殊气味的药物：一般中药的挥发性成分既是其主要成分之一，也是容易影响其稳定性及质量的关键因素之一，因此在选择剂型时须考虑中药挥发性成分的储存及其稳定性问题。将其制成软胶囊剂，被密封在胶囊壳内，不易挥发损失，且能掩盖不良气味，可提高药品质量和患者服药的依从性。如“大蒜油”有强烈的大蒜气味，宜制成软胶囊剂。

（3）遇光、湿、热不稳定及易氧化的药物：除油脂中的不饱和脂肪酸类易氧化变质外，也有一些不稳定、易潮解或易氧化的中药有效成分不适合与空气接触。为防止光敏性药物遇光分解，可在囊材中加入钛白粉或氧化铁等遮光材料；为防止药物与空气接触，可在制备过程中通入惰性气体。

（4）黏稠性强的中药浸膏：因中药浸膏黏稠性较强，与空气接触时容易吸湿，受热易软化，一般剂型尚不具备良好的包容性，所以适于制成软胶囊剂。

（5）生物利用度差的药物：由于中药软胶囊剂的内容物为液体，在人体内崩解后更易被吸收和利用，因此可将生物利用度差的疏水性药物与油性载体制成微乳剂后装入软胶囊剂。

13. 软胶囊剂制备时药物的处理方法有哪些?

制备中药软胶囊剂时，若处方中涉及中药提取物（主要指浸膏或脂肪类）、挥发油等药物，需要根据药物不同的性状选择不同的处理方式，包括基质种类及用量的选择，以及附加剂的选用等。

软胶囊剂中填充固体药物时，药物粉末一般应为细粉或最细粉，并混合均匀。另一种方法是将固体与油类物质混悬，再添加稳定剂，使固体均匀地分散在油相中。

软胶囊剂中填充液体药物时，药液中含水量超过 5%，或含低分子量与水互相混溶的挥发性溶剂如乙醇、丙酮、胺、酸及酯类等，均能使软胶囊剂软化或溶解，因此不宜制成软胶囊剂的填充物；在填充液体药物时，pH 应控制在 4.5～7.5，否则软胶囊剂在贮存期间可因明胶发生酸水解而泄漏，强碱性可使明胶变性而影响软胶囊剂的溶解性；用于制软胶囊剂的明胶，铁含量不能超过 0.001 5%，以免对铁敏感的药物发生变质。

软胶囊剂中填充混悬液药物时，混悬液的分散介质常用植物油或 PEG400，混悬液中还应含有助悬剂。有时还可加入抗氧化剂、表面活性剂，提高软胶囊剂的稳定性与生物利用度。

中药复方制剂的中药处方复杂，浸膏量大，吸水性强，内容物制备较为复杂，因此中药软胶囊剂内容物多制成混悬状或糊状物（俗称“牙膏状”），这就客观上要求内容物不仅要均匀稳定，而且要具有良好的流动性，对生产控制条件要求高。

14. 中药软胶囊剂如何选用不同类型的基质（辅料或分散介质）?

制备软胶囊剂除少数液体药物（如鱼肝油等）外，其他药物尚需用适宜的液体基质溶解或混合，因此，药物分散介质的选择是成功研制软胶囊剂的关键之一。常用的基质有植物油、芳香烃酯类、有机酸、甘油、异丙醇以及表面活性剂等。为了适应软胶囊剂明胶壳的亲水性，很多软胶囊剂的内容物都选用油类物质或油与油的混合物作为基质。植物油为传统的内容物稀释剂，适用于水不溶性药物或脂溶性药物。油性基质混悬液还应在药液内加入混悬稳定剂，防止药液在囊化前、囊化过程及囊化后形成固体沉淀。

PEG400 为常用的水溶性基质，多用于在植物油中不溶解的药物。PEG400 作稀释剂对软胶囊剂的成品质量有一定不良影响，但通过处方的精心设计，对于不溶于水和油类而能溶于 PEG400 的药物来讲，PEG400 作为稀释剂仍是理想的选择。

新型稀释剂在软胶囊剂研制中逐渐得到应用。甘油一酸酯和甘油二酸酯或其混合物代替 PEG400 作为稀释剂，能增强疏水性药物在水中或胃液中分散的均匀性。三硅酸镁或二氧化硅粉末作为稀释剂，将某些具有不良气味和口味的药物加入其中，再混悬到水性或非水性介质中，可制得口感良好的咀嚼软胶囊剂。

15. 中药软胶囊剂的制备工艺流程有哪些?

（1）制备工艺流程图：见图 2-4-3。

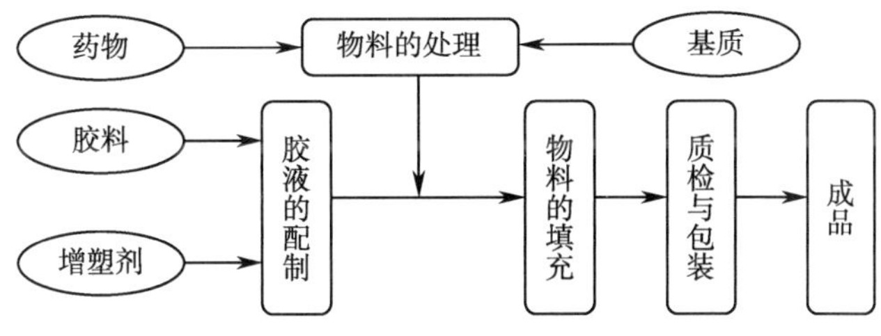

图 2-4-3　软胶囊剂的制备工艺流程图

（2）药物处理与胶液配制：将药物与合适的基质混合后，根据药液的不同性质选择不同处理方法。药液为溶液时（一般为油性），在配液罐中溶解即可；若药液为混悬剂时，要将药材与其他成分用胶体磨研磨均匀，根据处方性质决定胶体磨的工艺条件。在混悬剂配制时加入一定量的助悬剂，保证其在一定时间内不得出现分层现象。生产过程中要注意保温，保证药液的均匀。在制作药液的过程中，主要使用配液罐制作和存储，配液罐有加热、保温、搅拌等功能[9]。

软胶囊的胶皮主要由胶料、增塑剂、附加剂和水组成，具弹性和可塑性，这既是软胶囊剂的特点，也是软胶囊剂成型的基础。胶料一般为明胶、阿拉伯胶，明胶的性质对囊壳的成形性、溶解性均显得十分重要[9]。理想的软胶囊壳使用的明胶黏度应在 25～45mPa·s，明胶冻力应在 150～250g，pH 应在 3.6～7.6[10]。生产软胶囊剂时应有目的地选择不同类型明胶，如纯油类的内容物对明胶的胶冻力要求不高，可以选择皮明胶，某些中药混悬剂或脂类作为内容物制成软胶囊剂时对明胶的胶冻力和黏度要求高一些，应该选择骨明胶或高冻力的皮明胶。防腐剂常用对羟基苯甲酸甲酯 - 羟基苯甲酸丙酯（4∶1），用量一般为明胶的 0.2%～0.3%；色素常用食用规格的水溶性染料；香料常用 0.1% 乙基香兰醛或 2% 香精；遮光剂常用二氧化钛，每 1kg 明胶原料含二氧化钛 2～12g；加 1% 富马酸可增加胶皮的溶解性；加入二甲硅油可改善胶皮的机械强度，提高防潮防霉的能力。化胶罐是软胶囊剂生产过程中配制所需胶液的设备，可以实现化胶过程中的溶胶、煮胶和抽真空 3 个步骤。

（3）制备方法：软胶囊可用压制法（suppression method）或滴制法（dripping method）制备[9]。压制法更易于实现工业化大生产，现代药企主要使用此方法。

1）压制法：第一步，配制囊材胶液；第二步，制胶片，取出配制好的囊材胶液，涂在平坦的板表面上，使厚薄均匀，然后在 90℃左右加热，使表面水分蒸发，制成有一定韧性、弹性的软片；第三步，压制软胶囊。小批量生产时，用压丸模（图 2-4-4）手工压制。

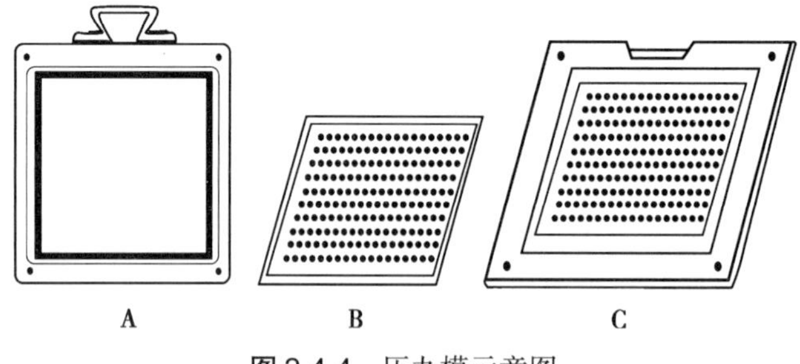

图 2-4-4　压丸模示意图

A. 涂有囊材胶液的板；B. 压丸模；C. 压制软胶囊。

制备时，首先将压丸模钢板的两面适当加温，然后取软胶片一张，表面均匀涂布润滑油，将涂油面朝钢板模的下模，铺平，取计算量的药（或药粉）于软胶片上摊匀。另取软胶片一张铺在药液（或药粉）上，在胶片上面涂一层润滑油，将涂油面朝向钢板模上模，覆盖于药液上。然后将上板对准盖于上模的软胶片上，置于油压机（或水压机）中加压，这样每一模囊的锐利边缘互相接触，将胶片切断，药液（或药粉）被包裹密封在囊模内，接缝处略有突出，启板后将软胶囊及时取出，拣去废品后干燥，再用适宜溶剂（乙醇或乙醇与丙酮的混合液洗涤 2 次）除去表面油污，再置于石灰箱干燥，分装前在胶丸表面再涂一层液状石蜡，以防粘连。装入洁净容器中加盖封好即得。药物压入胶片而成软胶囊的过程如图 2-4-5 所示。

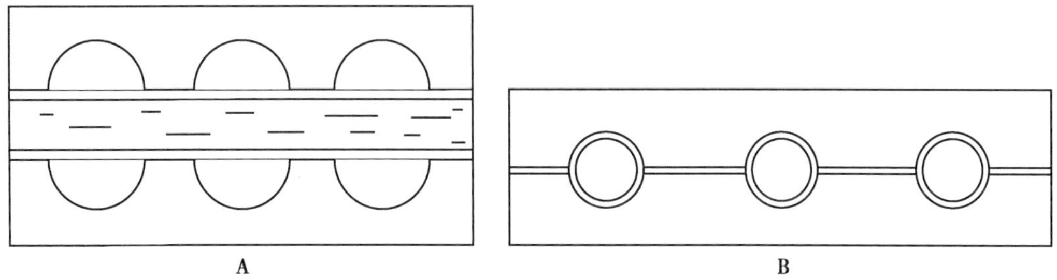

图 2-4-5 压制软胶囊示意图

A. 模囊未相互接触；B. 模囊相互接触。

大量生产时，常采用自动旋转轧囊机（图 2-4-6）进行生产（旋转模压法），在电动机带动下各部均自动运转，连续操作。其工作原理是药液由贮液槽经导管流入楔形注入器，由相反方向向两侧送料轴传送过来的软胶片，相对地进入两个轮状模的夹缝处，此时药液借填充泵的推动，定量地落入两胶片之间，由于旋转的轮状模连续转动，将胶片与药液压入两模的凹槽中，使胶片呈两个半球形将药液包裹，形成一个球形囊状物，剩余的胶片被切断分离。填充的药液量由定量填充泵准确控制，填充药液与软胶囊模的形成是同时准确、协调进行的。此法计量准确，产量大，物料损耗小，装量差异不超过理论量的 6%，成品率可达 95%。

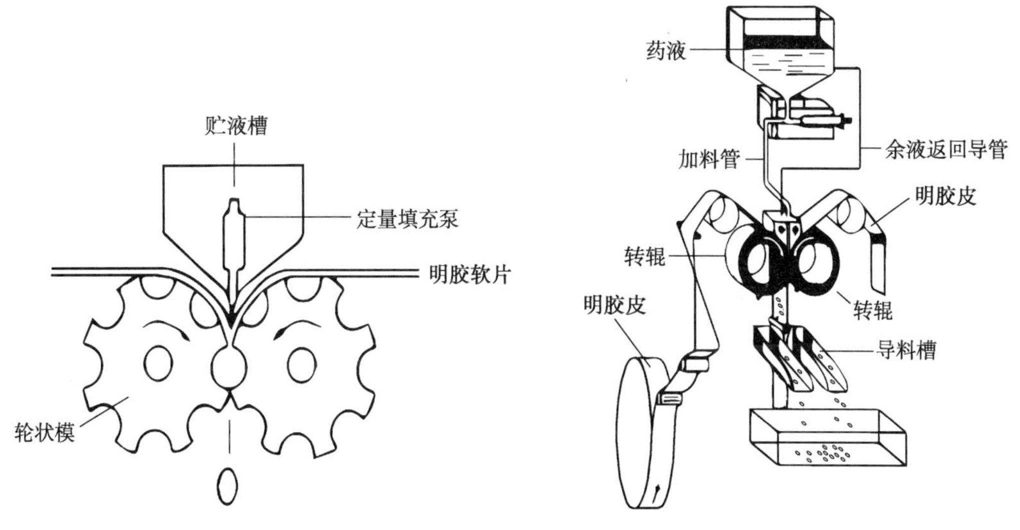

图 2-4-6 自动旋转轧囊机示意图

2）滴制法：滴制法是指通过滴制机（图 2-4-7）制备软胶囊剂的方法。滴制法的原理是将明胶与油状药液分别通过滴丸机双孔，不同速度滴出，先喷出胶液，再滴出药液，待药液滴完后再停止喷胶液，即用一定量的明胶液将定量的药液包裹后滴入另一种不相混溶的冷却液中进行凝固，胶液接触冷却液后由于界面张力的作用而成球形，并逐渐凝固成软胶囊剂。收集的软胶囊剂经纱布抹去附着的冷却液，以适宜溶剂洗净残留药液，于 15～25℃

干燥即得。制作时需注意胶液的配方、黏度以及所有添加液的密度与温度。用本法生产的软胶囊剂又称无缝胶丸，产量大、成品率高、装量差异小及生产过程中回料较少、成本较低。

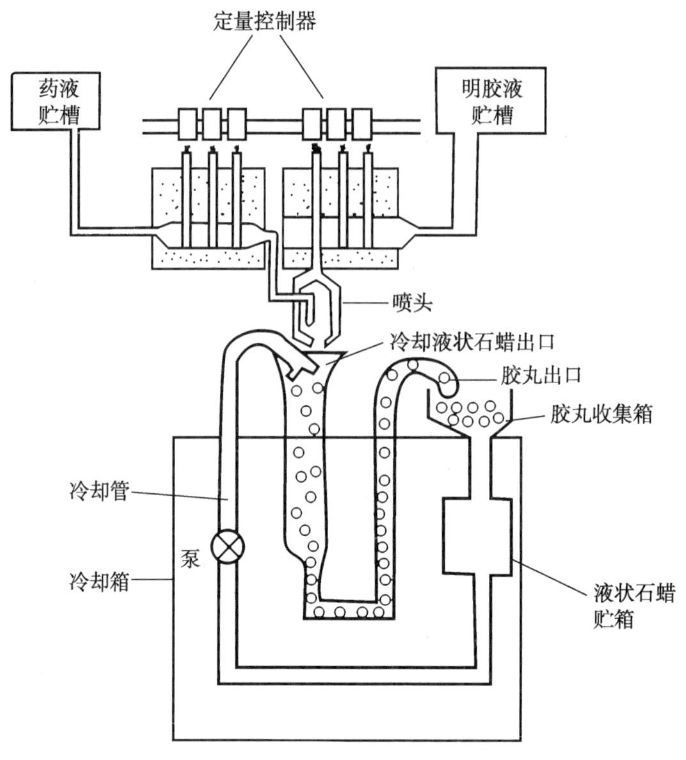

图 2-4-7　滴制法制备软胶囊剂示意图

（4）洗丸与烘干：软胶囊剂在生产中需要使用石蜡油，而油会对胶囊质量产生负面影响，因此需要洗丸机对成型的胶囊进行清洗，之后进行烘干。软胶囊剂的干燥机分为烘盘式和转笼式，用于软胶囊剂的定型、干燥，可使刚压制成的软胶囊剂胶皮的含水量满足干燥要求。

16. 中药肠溶胶囊剂的制备方法是什么？

中药肠溶胶囊剂有硬胶囊剂或软胶囊剂之分，同时也是一种延迟释放药物的剂型，其主要作用是避免药物在胃里面溶解而尽量在小肠中溶解，将主要由小肠、结肠吸收的药物尽可能以最高浓度传递至该部位发挥局部或全身治疗的作用。通常制备方法如下。

（1）通过改变囊材性质制备肠溶胶囊

1）甲醛浸渍法：亦称为交联剂硬化法，明胶被甲醛浸渍或密闭蒸熏，通过醛胺反应形成甲醛明胶。醛胺反应后明胶失去氨基而保留羧基，失去与酸结合的能力而不能溶解在胃液中，但能溶解于肠液，从而达到肠溶的目的。但这种制备方法的影响因素很多，包括甲醛浓度、处理时间、成品贮藏时间等，而控制醛胺反应的程度是决定肠溶特性的关键因素。

2）肠溶包衣法：常用的肠溶包衣材料有醋酸纤维素邻苯二甲酸酯（CAP）、羟丙甲纤维素邻苯二甲酸酯（HPMCP）、聚醋酸乙烯邻苯二甲酸酯（PVAP）、丙烯酸树脂等。肠溶包衣法分为两种：第一种是在普通胃溶型囊壳（明胶、HPMC、淀粉等囊壳材料）表面蘸上CAP、HPMCP等pH依赖型肠溶包衣液，然后填充药物，并用肠溶性胶液封口制得；第二种是在装好药物的普通硬（软）胶囊的外壳再包一层肠溶性胶液制成肠溶胶囊。肠溶包衣法制备的肠溶胶囊相比于甲醛浸渍法质量要更加稳定，且包衣与内容物的性质无关。但肠溶包衣法的缺点是大量使用有机溶剂，胶囊表面会出现“橙皮”现象，即表面粗糙、有斑点、缺乏表面均一性，影响外观。其次是肠溶包衣法耗时长、操作烦琐，不利于工业化生产。

（2）通过内容物制备肠溶胶囊：对填充物进行肠溶材料包衣，再使用胶囊常规生产方法制作肠溶胶囊，如将药物与辅料制成颗粒或小丸后用肠溶材料包衣，然后填充于胶囊壳制成肠溶胶囊剂。

17. 中药肠溶胶囊剂有哪些临床应用价值？

近年来随着肠溶材料的不断发展，中药肠溶制剂在中医药科技工作者的努力下也有了长足进展[11]。中药肠溶制剂新品种的不断涌现，提高了中药的品质和药效，减少了不良反应，让中药告别“黑、大、粗”的特点。中药肠溶制剂临床应用价值有如下几点。

（1）掩盖药物气味：例如正清风痛宁胶囊可有效掩盖青风藤特殊气味和苦味，方便临床给药。

（2）减少药物刺激：例如复方丹参肠溶胶囊可减少由于冰片对胃肠道的刺激，而出现的恶心、呕吐现象。

（3）防止药物被胃液破坏：例如将龙芪溶栓肠溶胶囊内，避免了药物在胃中被胃液破坏。

（4）实现药物靶向给药：例如虎地肠溶胶囊，将提取物装入结肠溶解胶囊中，使其在结肠部位迅速崩解，发挥局部疗效，治疗慢性结肠炎效果良好。

三、胶囊剂成型工艺常见问题解析

18. 中药硬胶囊剂填充过程中常见问题及解决方法有哪些？

填充是中药硬胶囊剂关键的生产工序，但在生产过程中常常由工艺因素、设备因素、环境因素等，造成装量不稳定、胶囊壳上机率差、药粉吸潮、空心胶囊等问题，严重影响了中药硬胶囊剂的批量生产。填充过程中常见的主要问题及其解决方法[12]如下。

（1）装量不稳定[13-14]：首先是选择合适的计量盘，调整充填杆的充入深度、装药凸轮的角度和刮粉器的高度。而由工艺原因导致的装量差异，比如药粉的流动性太大或太小解决方法有加入硬脂酸镁或滑石粉等助流剂、药物制粒提高流动性；又比如药粉吸潮，解决方法主要有选择合适的提纯技术、制粒方法、干燥方式、辅料或赋形剂和包衣技术等。

（2）胶囊壳上机率差：一般可分为掉帽、胶囊不入模块、拔不开囊或胶囊体不完全入下模块。解决方法如下：①拔囊的真空度太大造成囊体快速被吸入下模块而囊帽没能及时跟随囊体落入上模块，导致囊帽掉落，可采取调小真空度的措施；②囊壳导槽的位置与上模块不垂直会导致选送叉不能顺利将囊壳送入模块，或是选送叉位置太靠前、靠后或太高均会导致胶囊不入模块，可通过调节垂直度或选送叉位置解决。

（3）产生空心胶囊：主要原因可能为囊壳中有小胶囊、填充机剔废功能异常、颗粒传感器失灵。可通过使用具有剔除功能的抛光机来完成空囊剔除；生产前确认填充机剔废功能是否正常，检查即可解决；生产过程中要随时观察计量盘内的物料，出现异常及时维修即可解决产生空心胶囊问题。

（4）合囊问题：①扣合过程中产生胶囊插瓣，可调整上下模块的对中、药粉粒径、增加药粉堆密度来解决；②对胶囊扣合过程中如果扣合板下表面与合囊杆上表面之间的距离过大会导致囊锁扣不紧、长胶囊出现，相反会产生胶囊搗瘪现象，可通过空心胶囊的合囊效果调整扣合板与合囊杆间距离，直至达到最佳扣合效果。

19. 中药硬胶囊剂封口的常见问题及解决方法有哪些？

国内硬胶囊剂填充封口机在使用过程中常遇见的两大问题及其解决方案如表 2-4-4，仅供参考。

表 2-4-4　硬胶囊剂封口常见问题及其解决方法

主要问题	发生原因	解决方法
囊壳上机率低及锁合不好	胶囊壳尺寸不标准，内有废品存在	选择胶囊壳质量较好的厂家
	胶囊壳储存及运输过程中受潮	在运输及储存过程中注意密封防潮
	真空度不够	检查真空管道是否顺畅及是否漏气，经常清理过滤网，检查下模块是否紧贴吸合板
	药粉粉尘大，连杆运动不灵活	清理表面加注润滑油
	药粉黏性太强	洁净布上下擦拭模块
	机器在运行过程中有囊壳掉入吸合板处	错开吸合板，用小镊子将破碎囊壳取出
	上下模块内有未顶出的废囊壳	停机将废囊壳取出
	模块不对合	调试杆重新检查，及时调整
	泵内缺水	密切观察，及时加水
	胶囊排出口掉囊壳或不出囊壳	拧松紧固螺栓调整限位块，使顺序叉每次排出一粒胶囊
	成品长度不符合要求或更换胶囊规格	重新调整拉杆把推杆
装量差异较大	物料太硬或太多	控制水分或添加可压性较好的辅料
	计量盘厚度大于或小于标准厚度	按规定公式计算所需厚度
	刮粉器与计量盘之间的间隙过大或过小	调整间隙宜在 0.05～0.10mm
	填充杆深度不合适	从第一共位到第五共位填充深度应逐渐减小
	传感器高度不合适	及时调整传感器高度，既要保证盛粉环内的药粉维持一定高度，又不外溢
	机器转速过大或过小	最佳转速一般控制在最大转速的 70%～80%

20. 中药硬胶囊剂生产过程中存在哪些问题及解决措施?

中药硬胶囊剂是中药固体制剂中十分重要的一种剂型,但是在中药硬胶囊剂的生产过程中容易出现一系列问题,这些问题在很大程度上影响了中药硬胶囊剂的质量及其进一步的发展[15]。

(1)吸湿(吸潮)问题[13]:吸潮问题是中药胶囊生产中遇到的较为普遍的难题。其主要解决措施有:①对中药材进行提取精制后制成胶囊;②采用各种防潮手段,如颗粒包衣、粉末包衣、制粒工艺、选择防潮包装材料等方法;③从空心胶囊的性能入手,制备出适于不同中药特性的胶囊壳,以解决中药胶囊剂中存在的吸湿问题。

(2)装量差异问题[14]:胶囊剂的内容物包括中药材原粉、中药浸膏以及其他药粉的复合物,内容物的复杂性很大程度上造成其质地、密度以及比重存在不均一性,同时也影响了胶囊填充过程中粉末的流动性,最终造成其装量存在一定的差异。解决措施:①选择合适的赋形剂,可以在制备胶囊剂的中药粉末中加入一定量的助流剂,如滑石粉、二氧化硅,可减小药粉的休止角,增加药粉的流动性;②将药粉制粒。

(3)胶囊崩解时限不合格:中药硬胶囊剂崩解时限为30分钟,但胶囊选用的物料、赋形剂等存在差别,以及胶囊中填充物料自身性质,导致胶囊的崩解时限方面出现一定的问题。解决措施:根据中药填充物料的性质选择合适的制备和填充方法,选择合适的包衣工艺等。

(4)胶囊瘪头或锁口不到位:胶囊填充机的压力太大会引起胶囊瘪头,压力太小则会使锁口不到位。此时应及时调整胶囊填充机的压力,使其符合生产要求。

(5)错位太多:按贮存条件保管好空心胶囊,以防止其变形。检查胶囊填充机的顶针是否垂直,如不垂直,应予调整。检查胶囊盘(半自动机)或冲模(全自动机)是否磨损;如磨损严重,过于残旧,则应更换胶囊盘或冲模。

(6)微生物污染:在生产过程中,一经发现药物半成品或成品受到微生物污染并造成微生物限度不合格的情况,应立即停止该品种、批次的生产,并杜绝进入下一道工序。对该生产场所必须进行消毒灭菌,经再检验合格后方可继续使用。为防止药物在生产过程中受到微生物污染,可采取以下措施进行预防:①所用的原辅料、胶囊壳、内包装材料微生物限度必须符合规定;②制作好的粉末或颗粒、填充好的胶囊经验收合格后,盛装于清洁干燥的容器内并加盖密封保存好;③使用的工具和容器应清洁无异物;④按规定定期对室内进行消毒灭菌处理;⑤操作人员应按规定穿戴好工作服、帽、卫生手套,不得用手直接接触药物;⑥每次工作完毕,清洁室内及设备,做到无尘、无污染、无积水,物具堆放整齐;⑦操作室的压差、尘粒数、活微生物数应符合D级洁净区要求;⑧厂房、设备及器具的清洁方法、清洁有效期均应经过验证;⑨符合GMP的其他要求。

(7)交叉污染:生产过程中应当尽可能采取措施,防止污染和交叉污染。

21. 如何应对中药硬胶囊剂的吸湿现象?

中药硬胶囊剂内容物大多是中药浸膏粉,多采用水提或醇提的方法制得,含有淀粉、黏液质、多糖、无机盐等亲水性成分,一些含有挥发油类的成分易吸湿、结块,导致物料结团;再加上胶囊外部环境中的水分,容易造成中药胶囊剂吸湿现象的发生,甚至会导致胶囊发生变软、变色以及内容物霉变等问题。吸湿现象引起中药硬胶囊剂出现崩解时间延长、溶出度降低和生物利用度低等问题,从而影响产品质量和临床疗效。目前解决中药硬胶囊剂吸湿现象主要从中药制剂的生产工艺入手,主要方法有以下几点[13]。

（1）选择合适的提取纯化方法：目前提取纯化方法主要有水提醇沉法、高速离心法、大孔树脂吸附分离法等，要根据胶囊剂的种类选择合适的提取纯化方法。

（2）选择合适的辅料：制粒时加入适宜辅料，如碳酸氢钙、淀粉、糊精、乳糖等，也可加入部分中药细粉，一般为原料药的10%～20%，可起到一定的降低吸湿性的作用。

（3）选择合适的制粒方法：某些中药浸膏，可以通过选择不同类型的制粒方法改善其吸湿性。一般来说，经过制粒工序后所得的颗粒吸湿性会明显降低。

（4）选择合适的干燥方式：不同的干燥方法所制成粉末的理化性质存在较大差异，吸湿性也各有不同。比较常见的干燥方法包括减压、冷冻、喷雾以及微波干燥等，研究表明微波干燥后所得的药粉含水量最低，其防潮效果较优异。

（5）包衣技术的运用：经过包衣工序处理的胶囊颗粒能有效隔离空气中的水分，比未经过包衣处理的颗粒的吸湿率更低。

（6）合理选择包装方法：胶囊的包装，包括玻璃瓶、塑料瓶以及铝塑包装等多种方法。

（7）贮藏条件的控制：一般根据稳定性试验结果选择合适的贮藏条件，主要包括温度、湿度的控制。

22. 如何排除软胶囊剂生产过程中易出现的故障？

在软胶囊剂的生产过程中，常见故障及其排除方法见表2-4-5，仅供参考。

表2-4-5　软胶囊剂生产过程中常见故障及其排除方法

故障现象	发生原因	排除方法
喷体漏液	接头漏液	更换接头
	喷体内垫片老化，弹性下降	更换垫片
机器震动过大或有异常声音	泵体箱内液状石蜡不足，以致润滑不足	在泵体箱内添加液状石蜡
胶皮厚度不稳定	胶盒和上层胶液水分蒸发后与浮子黏结在一起，阻碍浮子运动，使盒内液面高度不稳定	清除黏结的胶液
	胶盒出胶挡板下有异物垫起挡板，使胶皮一边厚一边薄	清除异物
胶皮有线状凹沟或割裂	胶盒出口处有异物或硬胶块	清除异物或硬胶块
	胶盒出胶挡板刃口损伤	停机修复或更换胶盒出胶挡板
胶皮高低不平有斑	胶皮轮上有油或异物	用清洁布擦净胶皮轮，无须停机
	胶皮轮划伤或磕碰	停机修复或更换胶皮轮
单侧胶皮厚度不一致	胶盒端盖安装不当，胶盒出口与胶皮轮母线不平行	调整端盖，使胶盒在胶皮轮上摆正
胶皮在油滚系统与转模之间弯曲、堆积	胶皮过重	校正胶皮厚度，无须停机
	喷体位置不当	升起喷体，校正位置，无须停机
	胶皮润滑不良	改善胶皮润滑，无须停机
	胶皮温度过高	降低冷风温或胶盒温度

续表

故障现象	发生原因	排除方法
胶皮粘在胶皮轮上	冷风量偏小、风温或胶液温度过高	增大冷风量，降低风温及胶盒温度，无须停机
胶盒出口处有胶块	开机后短暂停机胶液结块或开机前胶盒清洗不彻底	清除胶块，必要时停机重新清洗胶盒
胶丸内有气泡	料液过稠夹有气泡	排除料液中气泡
	供液管路密封不良	更换密封件
	胶皮润滑不良	改善润滑
	喷体变形，使喷体与胶皮间进入空气	更换喷体
	喷体位置不正确，使喷体与胶皮间进入空气	摆正喷体
	加料不及时，使料斗内药液排空	关闭喷体并加料，待输液管内空气排出后继续压丸
胶丸夹缝处漏液	胶皮太厚	减少胶皮厚度
	转模间压力过小	调节加压手轮
	胶液不合格	更换胶液
	喷体温度过低	升高喷体温度
	转模模腔未对齐	停机，重新校对转模同步
	内容物与胶液不适宜	检查内容物与胶液接触是否稳定并作出调整
	环境温度太高或湿度太大	降低环境温度和湿度
胶丸夹缝质量差（夹缝太宽、不平、张口或重叠）	转模损坏	更换转模
	喷体损坏	更换喷体
	胶皮润滑不足	改善胶皮润滑
	胶皮温度低	升高喷体温度
	转模模腔未对齐	停机，重新校对转模同步
	两侧胶皮厚度不一致	校正两侧胶皮厚度，无须停机
	供料泵喷注定时不准	停机，重新校正喷注同步
	转模间压力过小	调节加压手轮
胶皮过窄引起破囊	胶盒出口有阻碍物	除去阻碍物
	胶皮轮过冷	降低空调冷气，以增加胶皮宽度
胶丸形状不对称	两侧胶皮厚度不一致	校正两侧胶皮厚度，使之一致
胶丸表面有麻点	胶液不合格，存在杂质	更换胶液
	胶皮轮划伤或磕碰	停机修复或更换胶皮轮

续表

故障现象	发生原因	排除方法
胶丸崩解迟缓	胶皮过厚	调整胶皮厚度
	干燥时间过长，使胶壳含水量过低	缩短干燥时间
胶丸畸形	胶皮太薄	调节胶皮厚度
	环境温度低、喷体温度不适宜	调节环境温度，调节喷体温度
	内容物温度高	调节内容物温度
	内容物流动性差	改善内容物流动性
	转模模腔未对齐	停机，重新校对转模同步
胶丸装量不准	内容物中有气体	排除内容物中气体
	供液管路密封不严，有气体进入	更换密封件
	供料泵泄漏药液	停机，重新安装供料泵
	供料泵柱塞磨损，尺寸不一致	更换柱塞
	料管或喷体有杂物堵塞	清洗料管、喷体等供料系统
	供料泵喷注定时不准	停机，重新校对喷注同步
胶皮缠绕下丸器六方轴或毛刷	胶皮温度过高	降低喷体温度
胶网拉断	拉网轴压力过大	调松拉网轴锁紧螺钉
	胶液不合格	更换胶液
转模对线错位	主机后面对线机构紧固螺钉未锁紧	停机，重新校对转模同步，并将螺钉锁紧
胶丸干燥后丸壁过硬 / 过软	配制明胶液时增塑剂用量不足 / 过多	调整增塑剂用量

23. 如何克服中药软胶囊剂的吸附现象和渗漏问题？

软胶囊剂会吸附在包装容器上，原因是囊材中含有较多甘油，在流通过程中存放时间长或温度过高可发生吸附现象。故软胶囊剂应贮存在阴凉干燥处。近年针对软胶囊剂吸附问题，在制囊技术上作了一些改进，如在囊材中加入一些微晶纤维素，可较好地解决吸附问题，或用蜡对软胶囊剂表面进行处理，也可达到防止吸附的作用。

中药软胶囊剂在储存期内不同程度地出现漏液现象，会直接影响产品的质量。软胶囊剂的内容物中甘油及其他油类物质含量较多，因此中药软胶囊剂的漏液现象也被称为渗油。漏液现象主要与软胶囊剂中药液的粒度、含水量和 pH 有关。

软胶囊剂的渗漏问题可通过下列方式解决。

（1）选择合适的囊壳配方：软胶囊剂的弹性大小取决于囊壳中明胶、水及增塑剂三者之间的重量比，而明胶与增塑剂的干品重量决定胶壳的硬度。调节增塑剂、水和明胶的比例，是解决囊壳稳定性及提高胶囊质量的关键之一。

（2）降低颗粒细度：中药提取物干粉过 80～100 目（150～180μm）筛，配制后的药液经胶体磨研磨后过 140～160 目（90～110μm）筛，保证颗粒直径在 70～90μm。

（3）尽量减少药物的水分：囊内物含水量一般应控制在3%以下。如浸膏吸湿性强，可选用干浸膏法制备以达到减少水分的效果。

（4）保证胶液的质量：选部分辅料确定用量，改善溶胶工艺，提高胶液黏度，确保胶液黏度在2 700～3 000mPa·s。

（5）调整模具压口的弧度和喷体喷射时间。

（6）准确计算胶丸的量滴：调整胶囊的形状，改变模具型号。在压制中药提取物软胶囊剂之前，须测定中药提取物的基质吸附率及其比重，将胶丸的量滴计算准确，生产中实际的量滴要比理论值大一号，这样不仅使胶丸外形美观，也能够防止胶丸收缩后内容物过量，造成胶囊内压力过大，致使在接缝薄弱处渗油。

（7）加入适宜的润湿剂和助悬剂：润湿剂一般为表面活性剂，如吐温、司盘等；助悬剂可选用增加分散介质的固体物质，如蜂蜡、乙基纤维素等。

（8）调节胶囊中药液的pH，使之在合适的范围内。

24. 软胶囊剂囊壳老化的原因及如何解决?

（1）近年来研究发现，以明胶为囊壳主要成分的中药软胶囊剂在贮存期内崩解时限不合格，是由明胶老化引起的[16]。

1）醛类物质及明胶自氧化的影响：外来的低分子醛类物质及明胶自氧化过程均可使明胶中氨基酸侧链基团之间产生交联，形成更加稳定的外壳，这是软胶囊剂出现崩解时限延长的主要原因。

2）囊壳含水量的影响：囊壳含水量与崩解时间成正比，囊壳水分的增多可能会加速明胶自身的氧化，使囊壳老化加快，导致崩解时间延长。加入适量赋形剂缩短软胶囊剂的崩解时限，如大豆油与大豆卵磷脂。

3）囊壳非胶体材料的影响：氧气对以甘油为增塑剂的胶囊囊壳的穿透力比含其他增塑剂的要强。

4）内容物的影响：内容物中含有防腐剂、脂肪类和聚乙烯类等物质时，会发生自氧化，形成分子量较大的醛，导致明胶发生交联反应。在不影响内容物质量的前提下，应去除内容物中的醛类物质。

5）温度、湿度和光线的影响：温度高于40℃会使明胶中的胶原胶束发生变化，促使自氧化的发生；高湿度条件使水分更加容易穿透明胶分子，加速自氧化；强烈的紫外线或者可见光也会使明胶发生自氧化。

（2）解决方法[16]

1）处方的改进：在囊壳配方中加入少量的抗氧化剂可以抑制醛类或含醛的液体（如香精）在囊壳内壁成膜；加入适量的酸，可增加胶囊囊壳的溶解性和防止明胶与醛类发生交联反应而影响囊壁的溶解度；加入山梨糖醇或山梨糖酐，可以使软胶囊剂的硬化速度延缓；加入环糊精也可改善软胶囊剂的崩解；加入遮光剂降低囊壳透光性也是常用方法之一。此外，近年来有研究人员用酰化明胶、液态聚乙二醇和聚乙烯吡咯烷酮3种成分制囊壳，所制得的胶囊长期存放不会出现硬化现象，在抗囊壳老化工作中也取得一定进展。

2）新材料的应用：可使用非明胶材料如淀粉、结冷胶、甘露聚糖醇胶、复配胶等。

3）新技术的开发：①防水抗溶软胶囊剂的研制，其结构分为3层，中间一层为甘油明胶制成的软胶囊；在软胶囊内壁涂有一层防水薄膜，若产品是销往长期干旱的干燥地区，则在软胶囊的外壁也涂布一层防水薄膜；将含有水分的内容物置于软胶囊腔之中。②研制可生物降解软胶囊，其特征是在体外环境下对水稳定，不溶胀、不破裂，在体内胃肠道的环境下可崩解释放出药物。

四、胶囊剂质量检查与包装贮藏要求

25. 中药胶囊剂有哪些常规的质量检查项目？

中药胶囊剂常规的质量检查项目包括以下几项内容。

（1）性状：胶囊剂应表面光洁，不得有黏结、变形、渗漏或囊壳破裂等现象，并应无异臭，其内容物混合均匀；小剂量药物，应先用适宜稀释剂稀释再混合均匀。

（2）水分：硬胶囊剂应进行水分检查，按 2020 年版《中国药典》水分测定法（通则 0832）测定。除另有规定外，供试品内容物水分不得过 9.0%。硬胶囊剂内容物为液体或半固体者不检查水分。

（3）装量差异：除另有规定外，取供试品 10 粒，分别精密称定重量，倾出内容物（不得损失囊壳），硬胶囊剂囊壳用小刷或其他适宜的用具拭净；软胶囊剂或内容物为半固体或液体的硬胶囊剂囊壳用乙醚等易挥发性溶剂洗净，置通风处使溶剂挥尽，再分别精密称定囊壳重量，求出每粒内容物的装量与平均装量。每粒装量与平均装量相比较（有标示装量的胶囊剂，每粒装量应与标示装量比较），装量差异限度应在平均装量（或标示装量）的 ±10% 以内，超出装量差异限度的不得多于 2 粒，并不得有 1 粒超出限度 1 倍。凡规定检查含量均匀度的胶囊剂，一般不再进行装量差异的检查。

（4）崩解时限：按 2020 年版《中国药典》崩解时限检查法（通则 0921）检查。硬胶囊剂或软胶囊剂，除另有规定外，取供试品 6 粒，硬胶囊剂应在 30 分钟内全部崩解，软胶囊剂应在 1 小时内全部崩解，以明胶为基质的软胶囊剂可改在人工胃液中进行检查。肠溶胶囊在盐酸溶液中检查，每粒的囊壳均不得有裂缝或崩解现象。凡规定检查溶出度或释放度的胶囊剂，一般不再进行崩解时限的检查。

（5）微生物限度：按 2020 年版《中国药典》微生物限度检查法检查，以动物、植物、矿物来源的非单体成分制成的胶囊剂，按非无菌产品微生物限度检查法检查：微生物计数法（通则 1105）、控制菌检查法（通则 1106），以及非无菌药品微生物限度标准（通则 1107）检查，且应符合规定。

26. 中药胶囊剂的包装与贮藏有哪些要求？

中药浸膏多采用水提的方法制得，提取物中含有淀粉、黏液质、多糖、无机盐等亲水性成分，易吸收空气中的水分，使胶囊变软、结块甚至霉变，从而影响药品的质量和疗效，因此应妥善包装和贮藏。

中药胶囊剂的包装一般是将胶囊直接装入塑料瓶或玻璃瓶中，然后加铝塑复合垫片热封，加盖包装。而近年来出现了高密度聚乙烯塑料瓶、聚酯塑料瓶等质量性能高的包装，其逐渐代替了玻璃瓶。中药胶囊剂还可用泡罩式包装如双铝包装或铝塑包装，能隔绝空气中的水分和氧气。

中药胶囊剂的贮藏要求通常如下。

（1）温度：中药对温度有一定的适应范围。温度过高，中药的某些成分容易氧化、分解加速、变量变质，导致胶囊剂易黏软变形；温度过低，中药可能会冻结失效，玻璃容器有时还会冻裂。

（2）湿度：若空气湿度过大，有些中药会发生潮解、变形、生虫、霉变或稀释；若空气湿度过低，会发生风化或干裂。应控制相对湿度在 35%～75%，此时胶囊剂既不吸水也不失水。当相对湿度低于 20% 时，囊壳变硬易碎；高于 80% 时，包装不良的胶囊剂易变形且加速药物变质，利于微生物滋生，甚至胶囊壳发生溶化。

（3）时间：有些中药因其性质不稳定，尽管贮藏条件适宜，但时间过长仍会失效。

五、胶囊剂实例及发展解析

27. 中药胶囊剂代表性品种及其临床应用有哪些?

中药胶囊剂代表性品种包括脑心通胶囊、通心络胶囊、藿香正气软胶囊等。具体解析如下。

（1）脑心通胶囊

【处方】黄芪 66g、赤芍 27g、丹参 27g、当归 27g、川芎 27g、桃仁 27g、红花 13g、醋乳香 13g、醋没药 13g、鸡血藤 20g、牛膝 27g、桂枝 20g、桑枝 27g、地龙 27g、全蝎 13g、水蛭 27g

【制法】以上 16 味，取地龙、全蝎，粉碎成细粉；其余黄芪等 14 味粉碎成细粉，与上述粉末配研，过筛，混匀，装入胶囊，制成 1 000 粒，即得。

【性状】本品为硬胶囊剂，内容物为淡棕黄色至黄棕色的粉末；气特异，味微苦。

【功能与主治】益气活血，化瘀通络。用于气虚血滞、脉络瘀阻所致中风中经络，半身不遂、肢体麻木、口眼㖞斜、舌强语謇及胸痹心痛、胸闷、心悸、气短；脑梗死、冠心病心绞痛属上述证候者。

【临床应用】脑心通胶囊具有明显的降血脂、抗动脉粥样硬化和稳定动脉粥样硬化斑块的作用。

（2）通心络胶囊

【处方】人参、水蛭、全蝎、赤芍、蝉蜕、土鳖虫、蜈蚣、檀香、降香、乳香（制）、酸枣仁（炒）、冰片

【制法】以上 12 味，水蛭、全蝎、蝉蜕、土鳖虫、蜈蚣等 5 味洗净，低温烘干，备用；檀香、降香提取挥发油，药渣及水溶液备用；人参用 70% 乙醇加热回流提取 2 次，第一次 3 小时，第二次 2 小时，合并提取液，回收乙醇至无醇味；人参药渣与檀香、降香的药渣及水溶液合并，加入赤芍、酸枣仁，加水煎煮 2 次，第一次 3 小时，第二次 2 小时，合并煎液，滤过，滤液浓缩至相对密度为 1.20～1.25（60℃）的清膏，加入上述人参醇提液，混匀，低温干燥，粉碎成细粉；乳香与水蛭等 5 味共粉碎成细粉；冰片研细，分别与上述细粉配研，混匀，喷入挥发油，混匀，装入胶囊，制成 1 000 粒，即得。

【性状】本品为胶囊剂，内容物为棕色粉末；具冰片香气、微腥，味微咸、苦。

【功能与主治】益气活血、解痉通络、邪去正复之效。用于冠心病心绞痛属心气虚乏、

血瘀络阻证，症见胸部憋闷、刺痛、绞痛、固定不移、心悸自汗、气短乏力、舌质紫暗或有瘀斑、脉细涩或结代。亦用于气虚血瘀络阻型中风病，症见半身不遂或偏身麻木、口舌㖞斜、言语不利。

【临床应用】通心络胶囊运用中医络病理论指导心、脑血管病治疗，对冠心病心绞痛、脑梗死具有显著疗效，对病态窦房结综合征、心力衰竭、颈动脉粥样硬化、高脂血症等也有较好效果，对头痛也有比较好的改善作用。

（3）藿香正气软胶囊

【处方】苍术 195g、陈皮 195g、厚朴（姜制）195g、白芷 293g、茯苓 293g、大腹皮 293g、生半夏 195g、甘草浸膏 24.4g、广藿香油 1.95ml、紫苏叶油 0.98ml

【制法】以上 10 味，苍术、陈皮、厚朴（姜制）、白芷用乙醇提取 2 次，合并乙醇提取液，浓缩成清膏；茯苓、大腹皮加水煎煮 2 次，煎液滤过，滤液合并；生半夏用冷水浸泡，每 8 小时换水 1 次，泡至透心后，另加干姜 16.5g，加水煎煮 2 次，煎液滤过，滤液合并；合并两次滤液，浓缩后醇沉，取上清液浓缩成清膏；甘草浸膏打碎后水煮化开，醇沉，取上清液浓缩成清膏；将上述各清膏合并，加入广藿香油、紫苏叶油与适量辅料，混匀，制成软胶囊 1 000 粒，即得。

【性状】本品为软胶囊剂，内容物为棕褐色的膏状物；气芳香，味辛、苦。

【功能与主治】解表化湿，理气和中。用于外感风寒、内伤湿滞或夏伤暑湿所致的感冒，症见头痛昏重、胸膈痞闷、脘腹胀痛、呕吐泄泻；胃肠型感冒见上述证候者。

【临床应用】藿香正气软胶囊可治疗湿邪导致的疾病，包括外感风寒湿邪，还有内伤的暑湿之邪；应用于功能性消化不良、肠癌化疗后的毒副作用、肠易激综合征、胃食管反流病、小儿流涎等，以及体癣、痱子等皮肤病。

28. 微胶囊剂型在中药现代化中的应用情况如何？

微胶囊（microcapsule）是利用天然或合成高分子材料作为囊材，将固体药物或液体药物包裹而成的胶囊，其粒径在 1～250μm，也称为微囊。近十几年来，将微囊技术应用于中药制剂研究领域在我国虽仍处实验室研究阶段，但其未来的发展潜力极大，具有较高的研究价值。该制剂在中药现代化的应用有如下几种。

（1）一般中药微囊：以生物相容性好、可降解的高分子材料、半合成高分子或合成高分子材料作为囊材，将固体或液体药物通过囊材包裹成微胶囊。与普通胶囊相比，微囊有更大的比表面积，增加药物与胃肠道的接触，并随着微囊粒径的减小，药物的溶解速率加快，进而提高药物的吸收利用率。

（2）中药肠溶微囊制剂：使用肠溶材料为囊材，通过不同的制备方法制成肠溶微胶囊制剂，如以聚丙烯酸树脂Ⅱ号为囊材，采用溶剂 - 非溶剂法制备三七总皂苷肠溶微囊，减少三七总皂苷肠溶微囊在人工胃液介质中溶出释放，使有效成分在患者服用时顺利进入肠道，发挥药物肠溶的特点，使药物的吸收利用更加充分。

（3）中药缓释微囊：利用壳聚糖和海藻酸钠通过正、负电荷吸引形成聚电解质膜，海藻酸钠和 Ca^{2+} 结合形成固化膜，最终形成具 3 层膜性质的壳聚糖 - 海藻酸钠自微乳缓释微囊。将中药有效成分或提取物制备成壳聚糖 - 海藻酸钠微囊，具有缓释、载药量大、生物利用度高、作用时间长等特点。

（4）环境敏感型中药微囊：通过将中药有效成分包裹在高分子材料中制成微囊，可以响应特定的环境如 pH、温度等释放药物，实现不同类型的给药方式。

29. 中药缓释胶囊剂的评价存在哪些问题?

中药复方、单方及有效部位群的化学成分复杂,药效物质基础研究薄弱,且作用靶点不明确。中医药的用药特点决定了中药缓释胶囊剂不能单纯沿用化学药物的研究方法。目前对于中药缓释胶囊剂的评价主要包括体外释放度相关性研究、稳定性研究及临床观察等,存在的问题主要有以下情况。

(1)中药有效成分复杂,绝大多数中药复方产生疗效的物质基础尚未清楚,而已知的中药的有效部位或者有效部位群,其成分也是相当复杂的。因此无法获得中药缓释制剂设计的力学参数,不能指导中药缓释制剂的设计,所以难以建立中药缓释制剂质量监控的指标和方法。

(2)中药缓释机制的药动学研究困难。在药动学研究过程中,中药是多成分的复杂体系,各成分的化学性质有较大的差异,将性质不同的化学成分同时分离或富集难以实现。同时中药有效成分含量低,药物被服用后在体内经过一系列的变化,有效成分浓度会进一步降低有时即使用灵敏度高的仪器也难以检测出来。另外,中药各成分间相互影响,指标选择存在难点,进一步增加了中药缓释制剂的研究难度。

30. 中药胶囊剂今后可能的发展方向有哪些?

近年来胶囊剂型在中药制剂中的应用越来越多,其研制开发方兴未艾[17-18]。现对中药胶囊剂未来的发展方向进行讨论。

(1)新技术应用于中药胶囊剂的制备:如三维打印(three-dimensional printing,又称 3D 打印)应用于中药胶囊剂的制备。如利用三维打印将囊壳分为多个腔室,每一个腔室装有一种药物并一次成型。多种药物结合意味着患者不再需要每天服用多种药丸,每种药物可根据其特性独立释放,并精确剂量。

(2)开发多种囊壳材料:由于许多中药的有效成分会与明胶发生反应,明胶作为硬(软)胶囊的囊材已不能满足中药胶囊剂的生产,开发新型囊材以满足中药不同性质的需求是今后中药胶囊剂的发展重点。目前成功商业化的囊材有羟丙甲纤维素、羟丙基淀粉和普鲁兰多糖。未来将会开发更多种材料作为胶囊囊材,以满足不同类型的中药制成胶囊剂。

(3)改进中药胶囊剂制备工艺:目前中药胶囊剂工艺不能彻底解决中药提取物的黏性问题,所用辅料不能进一步降低用量,导致服用胶囊颗粒数多,患者依从性较差。需要开发的辅料,应具备载药量大,能够均衡释放不同理化性质的药物等特性。

(4)完善缓控释胶囊设计原理:探明中药缓控释制剂设计参数,包括加强中药的物质基础的理化性质及其制剂的药动学研究;创新中药缓控释制剂体内外评价方法,如通过使用代谢组学方法对中药多组分、多靶点进行整体综合效应评价。

(5)提高中药胶囊剂的治疗价值:是指该制剂能否有治疗需要的释药速度和释药时间。解决中药胶囊剂选择的剂型和技术是否与中药特征相适应的问题,这需要对经济学、方便用药和制订剂量方案等方面进行综合考虑。

参考文献

[1] 国家药典委员会. 中华人民共和国药典：2020年版[S]. 四部. 北京：中国医药科技出版社，2020.
[2] 罗锦杰，林华庆，杨小侠. 植物软胶囊的新材料与新技术[J]. 中国药科大学学报，2015，46(5)：635-640.
[3] 多米尼克·N·凯德，何雄伟. 羟丙基甲基纤维素硬胶囊及制备方法：200780040028. 6[P]. 2009-12-02.
[4] 闫丰文，袁国卿. 用于制备空心胶囊的组合物及其淀粉基质空心胶囊：201410174687. 0[P]. 2014-07-23.
[5] 黎丹，金保林，马俊，等. 一种普鲁兰多糖空心胶囊的制备方法：201510325783. 5[P]. 2015-08-19.
[6] 杜云建. 一种植物多糖药用肠溶硬壳胶囊及其制备方法：201410145071. 0[P]. 2016-01-20.
[7] 杨明. 中药药剂学[M]. 10版. 北京：中国中医药出版社，2016.
[8] 王沛. 中药制药工程原理与设备[M]. 9版. 北京：中国中医药出版社，2013.
[9] 卢鹏伟，李光勇，伍善根. 关于中药软胶囊的生产工艺、设备和囊壳材料的进展研究[J]. 机电信息，2015(17)：1-8.
[10] 何玉莲，黄玲，张旭光，等. 一种高品质软胶囊产品的制备[J]. 食品工业，2019，40(10)：94-98.
[11] 尹进朝，李进，高永良. 中药肠溶制剂研究进展[J]. 中成药，2011，33(2)：315-318.
[12] 梁海伟，刘岩，陈胜林，等. 中药硬胶囊剂充填过程常见问题及解决方法[J]. 医学信息，2015，35(14)：110-111.
[13] 邓剑壕，冯豆，许佳楠，等. 中药固体制剂吸潮问题分析[J]. 广东药科大学学报，2018，34(1)：124-127.
[14] 陈曼，胡启飞，韩峰，等. 中药胶囊剂装量差异的影响因素与对策研究进展[J]. 中国药房，2016，27(34)：4879-4882.
[15] 杨晓玲，中药硬胶囊剂中存在的问题及其应对措施[J]. 化工设计通讯，2018，44(10)：198.
[16] 郑雅楠. 中药软胶囊及抗囊壳老化研究进展[J]. 药物评价研究，2011，34(4)：289-292.
[17] MELOCCHI A, PARIETTI F, MACCAGNAN S, et al. Industrial development of a 3D-printed nutraceutical delivery platform in the form of a multicompartment HPC capsule[J]. AAPS PharmSciTech, 2018, 19(8): 3343-3354.
[18] 杨明，岳鹏飞，郑琴，等. 中药药剂学学科的研究现状、趋势及其发展策略[J]. 世界科学技术-中医药现代化，2016，18(10)：1757-1764.

（陈钢　陈逸红　吴纯洁　刘怡）

第五章 片剂成型技术

中药片剂系药材提取物、药材细粉或药材提取物加药材细粉与适宜赋形剂混合均匀，压制而成的圆形或异形片状固体制剂，可供内服或外用。片剂由于其剂量准确，质量稳定，携带、运输、服用方便，易于识别，产量高，成本低廉，因此在临床上占有重要地位，是目前应用最广泛的剂型之一。

片剂始创于19世纪40年代，随着科技的进步，片剂的生产技术、机械制备和质量控制等方面也有了巨大的发展。流化喷雾技术、高速搅拌制粒、干法制粒、双螺杆挤出制粒、全粉末直接压片、自动化高速压片、薄膜包衣、全自动程序控制包衣、铝塑热封包装，以及连续化生产和新型辅料的研究开发等，对改善片剂生产条件、提高质量和生物利用度起到了重要的作用。

中药片剂的研究和生产从20世纪50年代开始，是在汤剂、丸剂的基础上改进而成的。随着中药现代化研究和现代工业药剂学的发展，中药片剂的品种、产量及类型不断增加，工艺技术不断改进，科研人员逐步摸索出一套适合于中药片剂生产的工艺条件，如对含脂肪油、挥发油片剂的制备，对中药片剂硬度、崩解度的改善，以及对中药片剂包衣工艺的改进等；同时对中药片剂质量标准的制定，对中药片剂的溶出度、生物利用度的研究和稳定性考察等也在逐步深入开展[1]；此外，还涌现出一些中药片剂新剂型如分散片、缓释片、口崩片等。目前，中药片剂已成为品种多、产量大、用途广、服用和贮运方便、质量稳定的主要剂型。片剂按给药途径，再结合制法与作用分类法，可分为如下几类。

（1）内服片剂：内服片是应用最广泛的一种，在胃肠道内崩解吸收而发挥疗效，内服片剂可分为下面几种。

1）压制片：系药物与辅料混合后，经制粒或不经制粒压制而成的片剂，常称为素片，一般不包衣的药片多属此类。如葛根芩连片、暑症片等。

2）包衣片：系压制片（片芯或素片）外面包有衣膜的片剂。按包衣物料或作用的不同，可分为糖衣片、薄膜衣片、肠溶衣片等。如元胡止痛片、盐酸小檗碱片等。

3）咀嚼片：系在口腔中咀嚼后吞服的片剂。适用于小儿及胃部疾患。药片嚼碎后便于吞服，加速崩解，提高疗效。如小儿喜食咀嚼片、干酵母片等。

4）多层片：系由两层或多层组成的片剂。各层含不同药物，或各层药物相同而辅料不同。这类片剂有两种，一种分上下两层或多层；另一种是先将一种颗粒压成片芯，再将另一种颗粒包压在片芯之外，形成片中有片的结构。

5）长效片：系应用适当的辅料，使药物缓慢释放而延长药效的片剂。

6）口崩片：系在口腔中少量唾液的作用下能快速崩解而被吞服的片剂。由于口崩片在口中快速崩解成颗粒或细粉，吞服方便，因此适合老人、儿童或吞咽困难的患者。一般有两种制备方法，一种是传统的压制法，需要加入较大量的崩解剂；另一种是冻干法，崩解速度非常快，以秒计，但生产成本较高。

（2）口腔用片剂

1）口含片：系含于口腔中，药物缓慢溶解产生持久局部作用的片剂。口含片多用于口腔及咽喉疾患，可在局部产生较久的疗效，起到消炎、消毒等作用。口含片比一般内服片大而硬，口感好。如四季青片、复方草珊瑚含片。

2）舌下片：系置于舌下能迅速溶化，药物经舌下黏膜吸收发挥全身作用的片剂。其能在唾液中徐徐溶解，通过口腔黏膜快速吸收后呈现速效作用。此外还有一种唇颊片，将药片放在上唇与门齿牙龈一侧之间的高处，通过颊黏膜吸收，既有速效作用又有长效作用。如硝酸甘油控释口颊片。

3）口腔贴片剂：系贴于口腔黏膜或口腔内患处，有足够黏着力、长时间固定在黏膜上释药的片剂。这类片剂含有如丙烯酸树脂、羟丙甲纤维素、羧甲纤维素钠、羟丙纤维素、羟乙纤维素等较强黏着力的赋形剂，既对黏膜无刺激、有较强的黏着力，又能控制药物的溶出。其黏于口腔黏膜吸收快，可迅速达到治疗浓度，且避开肝脏的首过作用；用于局部治疗时剂量小，副作用少，维持药效时间长，又便于中止给药。如冰硼贴片等。

（3）外用片

1）阴道用片：系直接用于阴道的压制片。如鱼腥草素泡腾片、洁尔阴泡腾片等。

2）外用溶液片：系加入一定量的缓冲溶液或水溶解后，使其成一定浓度的溶液，供外用的片剂。如供漱口用的复方硼砂含漱液等。

（4）其他片剂

1）分散片：系在水中能迅速崩解形成均匀的黏性混悬液的水分散体。这种片剂的处方组成，除药物外尚有崩解剂（如交联聚维酮、交联羧甲纤维素钠、羧甲淀粉钠、低取代羟丙纤维素等），和遇水形成高黏度的溶胀辅料（如瓜尔胶、苍耳胶、藻酸盐等）。服用方法既可像普通片剂那样吞服，又可放入水中迅速分散后送服，还可咀嚼或含吮。分散片具有服用方便、吸收快、生物利用度高及不良反应小等优点。目前也有中药分散片上市，如血塞通分散片、黄藤素分散片、肿节风分散片、七叶神安分散片、复方苦木消炎分散片等。

2）泡腾片：系含有碳酸氢钠和有机酸，遇水可放出大量二氧化碳而呈泡腾状的片剂。这种片剂特别适合于儿童、老年人和不能吞服固体制剂的患者。可以溶液形式服用，药物奏效迅速，生物利用度高，与液体制剂相比携带更方便。如金莲花泡腾片、血府逐瘀泡腾片、板蓝根泡腾片等。

3）微囊片：系固体或液体药物利用微囊化工艺制成干燥的粉粒，经压制而成的片剂。

4）注射用片：系用无菌操作法制成的片剂，用时溶解于无菌溶媒中使其成溶液，供皮下或肌内注射。

5）植入片：系植入体内徐徐溶解并吸收的片剂。

6）模印片：系用不同形状和大小的金属（或其他材料制成的）印模印制而成的片剂[1]。

此外，片剂按形状可分为平片、斜平片、浅凹片、深凹片、异形片。

中药片剂按其原料特性还可分为如下几种。

1）浸膏片：系将药材用适宜的溶剂和方法提取制得浸膏，以全量浸膏制成的片剂。如

通塞脉片、草珊瑚含片等。

2）半浸膏片：系将部分药材细粉与稠浸膏混合制成的片剂。如藿香正气片、银翘解毒片等。

3）全粉末片：系将处方中全部药材粉碎成细粉为原料，加适宜的赋形剂制成的片剂。如参茸片、安胃片等。

4）精制片：系将处方中药材经提取、纯化，得到单体或有效部位，以此为原料，加适宜的赋形剂制成的片剂。如北豆根片、银黄片[1]。

一、片剂辅料选择及使用问题解析

1. 在片剂制备中，什么情况下需加稀释剂和吸收剂？常用稀释剂和吸收剂有哪些？特点如何？方法如何？

片剂制备中，凡主药剂量少于 0.1g，或含浸膏量多，或浸膏吸潮性强而黏性又大时，需加稀释剂；原料中含有较多油类或挥发油时，需用吸收剂吸收，如交联聚维酮、二氧化硅、硅酸铝镁等。不少填充剂具有黏合、崩解作用，但有时也会影响片剂的黏合和崩解，选用时应根据药物和填充剂的特性而定，要多做小样实验，放样时又要进行微调才能取得较好的效果[1]。片剂常用的稀释剂与吸收剂及其特性如下：

（1）淀粉：系白色细腻细粉，性质稳定，与大多数药物不起作用；能吸水而不潮解，但遇水膨胀，遇酸或碱在潮湿状态及加热情况下逐渐被水解而失去其膨胀作用；不溶于水和乙醇，但在水中加热至 62～72℃则糊化。淀粉价廉易得，又具有以上这些性质，故在片剂生产中广泛用作稀释剂、吸收剂。

淀粉的种类很多，其中以玉米淀粉、马铃薯淀粉、小麦淀粉较为常用。玉米淀粉最为常用，含水量一般为 10%～15%，但往往感觉不到受潮，制粒时较其他淀粉易于控制，色泽也较好。单独使用淀粉作为稀释剂时黏性较差，制成的片剂崩解较好，但用量较多时硬度可能达不到要求，因此使用淀粉时最好与糖粉或糊精合用，可改善其可压性。在中药复方片剂中，可充分利用药材本身的特性，选择含淀粉较多的药物（如天花粉、山药等），粉碎成细粉作为该片剂的稀释剂和吸收剂，同样能收到很好的效果，并可节约大量淀粉，又能减少剂量。

（2）糊精：系淀粉的水解产物，为白色或微黄色细腻的粉末，在乙醇中不溶，微溶于水，能溶于沸水成黏胶状溶液，并呈弱酸性。糊精与淀粉相比黏性要强得多。同样量的糊精，崩解时限要比淀粉慢 6～7 倍。因此在使用糊精时要注意用量，在制粒时必须严格控制润湿剂的用量，防止因颗粒变硬而影响颗粒的可塑性。最好与淀粉合用，可防止颗粒变硬和影响崩解。糊精有特殊不良味道，故对无芳香性成分药物的含片应少用，如要使用应注意矫味。此外，对主药含量极少的片剂使用淀粉、糊精作为填充剂时，会影响主药提取，对含量测定有干扰。

（3）糖粉：系蔗糖或甜菜糖结晶粉碎成的细粉，是中药片剂中使用最广的优良稀释剂，并有矫味和黏合作用，在口含片和咀嚼片中一般多用；在用作片剂稀释剂时，由于黏度适中，可塑性又好，制粒时较易掌握，当片剂出现片面不光洁、硬度不合格时，使用糖粉更佳，常用于质地疏松或纤维性较强的片剂中。使用时应注意用量，过多的用量会影响片剂的溶出速率和容易吸潮，并且酸性或碱性较强的药物会使蔗糖转化为还原糖，增加药片的引湿性。

（4）硫酸钙：系白色或微黄色粉末；微溶于水，性质稳定；有较好的抗潮性能，是西药片中最为常用的稀释剂和挥发油的吸收剂。由于它遇水会出现不同程度的固化现象，利用这种现象可将其用于全浸膏片中，解决全浸膏片的软化问题，更适用于含有挥发油的全浸膏片，可提高其硬度和抗热性。硫酸钙有无水物、半水合物和二水合物 3 种形态，作为片剂填充剂一般采用二水合物。半水合物遇水后易硬结，不适宜作为片剂的填充剂，无水物亦很少用。二水合物失去 1 分子以上的结晶水后，遇水会硬结，所以用本品为填充剂并用湿法制粒时，应控制干燥温度在 70℃以下[1]。

（5）碳酸钙：系白色粉末，性质稳定，不溶于水，一般都用作油类吸收剂，但吸收力不及磷酸氢钙，用量不宜过多，否则会影响崩解时限，同时可引起便秘，可加适量碳酸镁克服[2]。

（6）磷酸氢钙：系白色细粉或结晶，呈微碱性，无引湿性，与易引湿药物同用有减少引湿的作用。常用的磷酸钙一般指磷酸氢钙（$CaHPO_4$）。本品为中药浸出物、油类及含油浸膏类的良好吸收剂，压成的片剂较硬。

（7）微晶纤维素：系白色粉末，有多种规格，区别在于粒度大小和含水量的高低。可压性好，兼具黏合、助流、崩解等作用，尤其适用于直接压片工艺。压制的片剂硬度好又易崩解，一般不单独用作稀释剂，而作为稀释 - 黏合 - 崩解剂合用，是一种多功能的辅料。在中药片剂生产中特别适用于全浸膏片，用量为 10%～15%，能有效地提高全浸膏片的抗黏性和软化点。

（8）山梨醇：系白色结晶粉末，清凉味甜，易溶于水，吸湿性较强，可压性非常好，可用于制备口含片，口感光滑清凉。

2. 如何选择片剂的填充剂？

选择片剂的填充剂应注意两方面的问题。

一是考虑填充剂的吸湿性对片剂质量的影响。若用量较大的填充剂本身易吸湿，则其贮存过程中易结块，因此制粒时不能与其他原辅料混合均匀；制得的颗粒也易结块；压片时易堵塞料斗，影响片剂的硬度、重量差异等；贮存期质量也难以得到保证。通常可用临界相对湿度（CRH）来衡量物质吸湿性的强弱，CRH 越大越不易吸湿，几种水溶性物质混合后其 CRH 不是像水不溶性混合物那样具有加合性，而是遵从 Elder 假说："混合物的临界相对湿度大约等于各物质的临界相对湿度的乘积，而与各组分的比例无关。"显然，混合物的 CRH 一定比其中任何一个组分的 CRH 低，如半乳糖（CRH=95.5%）与蔗糖（CRH=84.5%）混合，其中 $CRH_{混}$=95.5% × 84.5%=80.7%，若半乳糖与果糖（CRH=53.5%）混合，则 $CRH_{混}$=95.5% × 53.5%=51.1%。可见，选用水溶性填充剂时，对易吸湿的水溶性药物，应在查阅或测定 CRH 后，选用 CRH 值尽可能大的填充剂；选用水不溶性填充剂时，则吸湿性越低越好，以保证在通常湿度条件下不易吸湿。

二是根据不同类型片剂特点分别对待。例如：①中药浸膏片或半浸膏片，中药片剂中的浸膏一般吸湿性较强，因此应选用低水活度、吸液能力强的填充剂，并经干燥除去所含水分，否则易回潮、结块，甚至无法制粒。②溶液型片剂，若作为溶液片的填充剂，则必须考虑应具有良好的溶解性能[2]。③中药全粉末片，中药材原粉一般无引湿性，且多含有纤维等物质导致黏性也较差，因此应选用黏性较强的稀释剂；全粉末片一般主药含量小，辅料所占比例较大，因此，选用的稀释剂除应注意其吸湿性外，还应特别注意其相对密度是否与稀释的主药相近，否则会因密度差异大而导致分层，影响片剂的用药安全。在全粉末直接压片中，一般宜选用流动性好，可压性高，载药量大的填充剂。片剂的填充剂宜选用塑性变形体，而不是完全弹性体[2]。

3. 在片剂制备中，什么情况下需加润湿剂与黏合剂？如何应用？

药物本身有黏性的，如浸膏粉等，只需加适量的不同浓度的乙醇或水即能润湿，并诱发其本身的黏性，使其聚结成软材，以便于制粒、压片。因此，乙醇或水称为润湿剂。对没有黏性或黏性不足的药物必须另加黏合剂。一般来说，液体黏合剂作用较大，容易混匀。在中药全浸膏片或半浸膏片中，中药浸膏本身可作为黏合剂而不需另加黏合剂。

片剂常用的润湿剂与黏合剂及其特性如下：

（1）水：最常用、最经济的润湿剂。水本身无黏性，但遇到不同的药物浸膏粉会诱发其产生不同的黏性，因此使用时必须掌握其用量和使用方法，如直接加入法、间接加入法和喷雾法等，使药物浸膏粉能分散均匀，以免结块。但用水作润湿剂的颗粒往往较硬，最好加入适量乙醇合用效果更佳，制成的颗粒疏松、可塑性好，压成的片剂片面光洁。水还可与淀粉、糊精等调制成不同黏性的浆料作为黏合剂，黏性更强。

（2）乙醇：适用于药粉本身有较强的黏性，且遇水即产生过强黏性的药物，如全浸膏粉，特别是水提醇沉浸膏粉，只能用乙醇制粒。和水一样，与不同药物作用可诱发乙醇产生不同的黏性，使用乙醇作润湿剂制粒时还应注意，搅拌要迅速并快速出料制粒，防止乙醇挥发而造成软材结块、不易制粒，或使已经制成的颗粒结团，还应注意干燥时要勤翻以防结块。最好使用流化床干燥，能有效防止结块。

（3）淀粉浆：俗称淀粉糊，适应于一般黏性的药物。系由淀粉加水在 70℃左右糊化而成的稠厚状胶体液，放冷后呈胶冻样。其浓度应根据药物的本身黏性而定，一般为 5%～30%[3]，以 10% 最为常用。

（4）糊精：一般作为干燥黏合剂使用（即干粉直接与药粉混合），润湿后产生黏性，故在药粉本身黏性不足时经常使用。其黏性较糖粉弱，使用过量会影响片剂的崩解，特别是中药片剂，因此，一般配成 10% 糊精与 10% 淀粉混合浆使用较合适。糊精主要使药粉表面黏合，故不适用于纤维性和弹性大的药物。

（5）糖粉：与药粉直接混合可作干燥黏合剂，用水或不同浓度的乙醇制粒，制成的片剂表面光洁、硬度好；片剂产生裂片时，糖粉可直接加入颗粒中，混合过筛后压片能收到较好的效果。其用量一般为 1%～2%。

（6）糖浆：一般采用质量分数为 50%～70% 的蔗糖水溶液。其黏度比淀粉浆和糊精浆强得多，使用时应根据药物的不同黏性调整糖浆的浓度和用量。使用糖浆作黏合剂的片剂表面光洁，可塑性较好，但使用过量则会影响其崩解。糖浆浓度越高，制成的片剂硬度越大，但崩解越差，有时可根据药物的性质与淀粉浆合用，适当减小其黏度的同时可增加颗粒的疏松性。本品不适用于酸性或碱性较强的药物，以免产生转化糖，增加颗粒引湿性，不利于压片。

（7）饴糖：俗称麦芽糖，由粳米、高粱、米、大麦及各种富含淀粉的可食物质发酵糖化制成，用法与糖浆相似，但必须热用，其黏性比糖浆更强，特别适用于纤维性强和质地疏松的药粉，更适用于易裂片的药物，但不适用于白色片剂；也可直接加到一些黏性较差的颗粒中，以增加颗粒的黏性。

（8）炼蜜：系蜂蜜炼制而成，性质及适用范围基本与饴糖相似，但制成的片剂易吸潮，不宜制成生药片。

（9）液状葡萄糖：系淀粉不完全水解产物，含糊精、麦芽糖等。常用浓度为25%与50%两种。本品对容易氧化的药物如亚铁盐有稳定作用。有引湿性，制成的颗粒不易干燥，压成的片剂易吸湿。

（10）阿拉伯胶浆、明胶浆：两者都具有很好的黏性，常用于松散的药物和口含片，对舌有光润舒适感。常用浓度为10%～25%，使用时应掌握其用量，以免影响片剂的崩解时限。有时可根据药物的特性与淀粉浆合用，以防影响崩解。两者也可粉碎成细粉与药粉混合过筛直接制粒，但都必须注意用量。

（11）纤维素衍生物：纤维素衍生物中最常用的黏合剂是羟丙甲纤维素（HPMC），它是纤维素的葡萄糖单元骨架上的羟基经甲氧基和羟丙氧基取代得到的衍生物。根据甲氧基与羟丙氧基含量不同，将HPMC分为4种取代型，即1828型、2208型、2906型和2910型。常用作黏合剂的是2910型，即商用规格的E型，其甲氧基含量为27.0%～30.0%，羟丙氧基含量为7.0%～12.0%。常用作黏合剂的分子量规格一般是E3、E5、E6，有时也会用到E15。HPMC溶于水，在乙醇等某些有机溶剂中不溶，使得其在含中药浸膏的处方中制粒时受限。若用于浸膏的湿法制粒，可将HPMC溶于含有一定量水的乙醇溶液中（如70%乙醇）。

另一种纤维素衍生物黏合剂是羟丙纤维素（HPC），它是纤维素的葡萄糖单元骨架上的羟基被羟丙氧基取代得到的产品，羟丙氧基含量为53.4%～77.5%。HPC也有不同的分子量规格，一般低分子量规格用作黏合剂，如EF或EXF规格。HPC能溶于水和乙醇等有机溶剂，当某些中药处方中含有较多提取物浸膏时，使用黏合剂水溶液制粒无法快速混合均匀，会造成局部过湿而出现结块现象，颗粒质量差，甚至无法进行制粒操作。可以将HPC溶于乙醇配制成黏合剂溶液，从而使制备过程顺利进行，且制得的颗粒均匀一致，可压性好。HPC的玻璃化温度低，约为 -3℃，是非常优异的干性黏合剂，可用于干法制粒或直接压片等干法工艺过程，此时应选择细粒径规格，如HPC（EXF）。此外，羟丙纤维素是天然具有韧性的聚合物，是解决在压片过程中出现裂片现象首选的黏合剂。

乙基纤维素溶于乙醇而不溶于水，可用作对水敏感的药物的黏合剂。但对片剂的崩解和药物的释放有阻碍作用，有时用作缓释制剂的辅料[3]。

其他纤维素衍生物：如甲基纤维素、羧甲纤维素钠、低取代羟丙纤维素等均可用作黏合剂。可用其溶液，也可用其干燥粉末，加水润湿后制粒。

（12）聚维酮（PVP）：聚维酮是*N*-乙烯基吡咯烷酮的线性共聚物，是常用的片剂黏合剂之一。根据分子量不同，有不同K值的聚维酮，如K-12、K-17、K-25、K-30及K-90等规格，目前K-30是最常用的规格。聚维酮能溶于水和乙醇等有机溶剂，因此可将其溶于乙醇等有机溶剂，用于含中药浸膏处方的湿法制粒。另外，聚维酮是高效的黏合剂，而其配制的黏合剂溶液黏度低，工业化生产的可操作性好，尤其适用于流化床制粒；当需要配制高浓度的黏合剂溶液时，也可使用聚维酮，如聚维酮K-30，可配制含量高达20%的溶液进行流化床制粒。

共聚维酮(PVP/VA):共聚维酮是由乙烯吡咯烷酮和乙烯乙酸酯按 3∶2 的比例形成的共聚物,也是一种优异的黏合剂。与聚维酮一样,共聚维酮能溶于水和乙醇等有机溶剂,适合含中药浸膏的湿法制粒。溶液黏度低,有着良好的可操作性。此外,其玻璃化温度约 106℃,并且是经喷雾干燥制得的粉体,粒径细,也是可用于干法制粒和直接压片的优异的干性黏合剂。

另外,海藻酸钠、聚乙二醇及硅酸铝等也可用作黏合剂[1]。

4. 如何选择片剂的黏合剂与润湿剂?

片剂黏合剂与润湿剂的选用适当与否,对成品的质量有很大影响,用量太少或黏性不足,压成的片剂疏松易碎,硬度达不到要求;用量过多或黏性太强,制成的颗粒和片剂过于坚硬,则影响片剂的崩解和药物溶出,使其生物利用度低。因此在选用黏合剂时,一般需根据主药的性质、用途和制片方法,通过小样试验来选择黏合剂与润湿剂的最佳品种和用量。

(1)合理选用黏合剂与润湿剂品种:黏合剂和润湿剂品种选用适当与否会影响颗粒的粒度、硬度,进而影响片剂的硬度、溶出度等。黏合剂黏性差,则制得的颗粒松散,细粉过多,易裂片并且压片时粉尘飞扬大;黏性太强时,制粒困难,易结块,并且颗粒过于粗硬,压片时片重调节困难,且影响崩解和溶出,有时还会造成片面花斑。一般来说,黏合剂的品种不同,其黏合力也不同。有人将常用的黏合剂与润湿剂的浓度及黏性由强至弱排列为:25%～50% 液状葡萄糖＞10%～25% 阿拉伯胶浆＞10%～20% 明胶浆(热)溶液＞66%(质量分数)糖浆＞6% 淀粉浆＞5% 高纯度糊精浆＞水＞乙醇。全粉末中药片选用较强黏性者,常使崩解变慢[2]。黏合剂品种不同,对溶出影响较大,不同的片剂应通过试验来进行选择[2]。

(2)黏合剂与润湿剂用量的确定:黏合剂与润湿剂的用量也对颗粒的粒度及片剂的硬度、溶出度等有较大的影响,即使黏性弱的黏合剂,用量增多其黏合力也会增强。一般情况下用量增加,片剂的硬度也增加,药片的崩解和溶出时间延长,溶出量减少。最佳的用量要通过试验筛选,也要注意其他因素的影响,一般在片剂硬度合格的前提下,尽可能减少黏合剂和润湿剂的用量。在中药全浸膏片或半浸膏片的制备中,当中药浸膏粉可以满足硬度要求时,可不加黏合剂,仅用适量浓度的乙醇即可。润湿剂的用量主要凭经验掌握,受物料性质、操作工艺以及温度、湿度等环境因素影响,以用不同浓度乙醇居多,其浓度在 30%～70%[2]。

5. 什么情况下片剂需加崩解剂? 如何应用?

崩解剂系加入片剂中能促使片剂在胃肠液中迅速崩解成小粒子的辅料。中药片剂多含有浸膏粉,黏性较大,处方中一般需要添加崩解剂以促进制剂崩解。片剂常用崩解剂及其特性如下,了解熟悉这些内容,就能正确地应用[4]。

(1)干燥淀粉:分为玉米淀粉和马铃薯淀粉两种,崩解效果基本相同,用量一般为 5%～20%。

淀粉是一种天然的高分子量聚合体的混合物,这些聚合体是由许多脱水葡萄糖基连接起来的长链,其中 20% 左右呈直链状,称为直链淀粉,这部分溶于热水;80% 左右呈树枝状连接,又称支链淀粉,这部分在常温水中不溶化,遇水能吸水膨胀,使片剂崩裂。此外,淀粉在片剂成型后可留下很多毛细管，因此毛细管作用使水渗入片内。可见，淀粉的崩解机制主要是由于形成毛细管的吸水作用和本身的吸水膨胀作用。

用作崩解剂的淀粉使用前应以 100～105℃进行干燥，使含水量在 8%～10%。加入方法分 3 种：内加法、外加法和内外结合加法，应根据药物的实际情况选用。

淀粉用作片剂崩解剂有以下不足：①可压性不好，用量多时可影响片剂的硬度；②流动性不好，外加淀粉过多会影响颗粒的流动性，应用时需注意。

（2）羧甲淀粉钠（CMS-Na）：三大超级崩解剂之一。本品为白色粉末，取代度一般为 0.3～0.4，流动性好。羧甲基的引入使淀粉粒具有较强的引湿性，吸水力大，能吸收干燥体积 30 倍的水，可充分膨胀至原体积的 300 倍，但不完全溶于水。溶解度随取代度的多少而异（多数难溶，少数易溶），吸水后粉粒膨胀。对纤维性、半浸膏片、提取片的中药片崩解效果特别好，并能增加素片的硬度。实验证明对难以崩解的传统丸剂，如四神丸、龙胆泻肝丸等崩解效果更好。一般用量在 4%～8%。

（3）交联羧甲纤维素钠（CCMC-Na）：三大超级崩解剂之一。本品为精制白色粉末。被羧甲基取代的羟基的平均数即称作取代度，交联羧甲纤维素钠的取代度约为 0.7，约有 70% 的羧基为钠盐型（$—CH_2—COONa$），因此使它有较好的吸湿性，但由于交联键的存在，不溶解于水，其崩解效果较预胶化淀粉等崩解剂为好。由于交联羧甲纤维素钠是基于纤维素的毛细管结构，又具有一定的吸水膨胀作用，两者结合使溶液迅速渗透至片芯，从而促使药片崩解。交联羧甲纤维素钠的崩解效果与交联聚维酮相当，用它制得的片剂非常稳定，其崩解时限和释放效果不会经时而变，一般用量为干颗粒的 2%～5%。

（4）交联聚维酮（PVPP）：三大超级崩解剂之一，由乙烯吡咯烷酮为原料经过“爆米花聚合化”得到的网状聚合物，为白色或类白色粉末，有较强的吸湿性。根据粒径不同有粗细两种不同规格。交联聚维酮的崩解机制是压片时保存受压的应力，遇水时由于其多孔结构的毛细管效应而快速吸水，应力释放产生强大的膨胀力而促进片剂的崩解。一般而言，粗粒径规格交联聚维酮崩解能力强于细粒径规格。此外，交联聚维酮在大量使用时不会产生凝胶，适用于口崩片的制备，此时应选用细粒径规格。

（5）低取代羟丙纤维素（L-HPC）：本品为白色或类白色结晶性粉末，在水中不易溶解，但有很好的吸水性，这种性质大大增加了它的膨润度。在 37℃条件下，1 分钟内吸湿后的膨润度比淀粉大 4.5 倍，在胃液、肠液中的膨润度几乎相同，是一种良好的片剂崩解剂；另外，L-HPC 的毛糙结构与药粉和颗粒之间有较大的镶嵌作用，使黏性强度增加，可提高片剂的硬度和光洁度。本品的用量一般为 2%～5%。L-HPC 具有崩解、黏结双重作用，对崩解差的丸、片剂可加速其崩解和崩解后粉粒的细度；对不易成型的药物，可促进其成型和提高药片的硬度[5]。

其他纤维素衍生物如羧甲纤维素钙等亦有良好的崩解作用。

（6）泡腾崩解剂：最常用的是由碳酸氢钠和枸橼酸或酒石酸组成，遇水产生二氧化碳气体，使片剂迅速崩解。泡腾崩解剂可用于溶液片等，局部作用的避孕药也常制成泡腾片。用泡腾崩解剂制成的片剂应妥善包装，避免与潮湿的空气接触。

（7）表面活性剂：为崩解剂辅助剂。能显著降低固体颗粒的表面张力，增加其分散性；表面活性剂的亲油基附着在颗粒表面，亲水基指向空气，能增加药物的润湿性，促进水分渗入，使片剂易于崩解。常用的表面活性剂有吐温 -80、溴化十六烷基三甲铵、十二烷基硫酸钠、硬脂醇磺酸钠等，用量一般为 0.2%。表面活性剂的使用方法：①溶解于黏合剂内；②与崩解剂混合后加入干颗粒中；③制成醇溶液喷于干颗粒上。第3种方法最能缩短崩解时间。单独使用表面活性剂崩解效果不好，必须与干燥淀粉等混合使用。

6. 如何选择片剂的崩解剂？

合理选择崩解剂对于保证片剂质量十分重要。优良的崩解剂应能使片剂在胃肠液中迅速崩解成小颗粒，并分散成细粉，有利于药物中有效成分的溶出。因此在选用崩解剂时，一般需根据主药的性质、用途和制片方法，通过小样试验，选择最佳品种和用量。

（1）合理选用崩解剂品种：崩解剂的品种不同，对同一药物的片剂崩解作用差异较大，如用同一浓度（5%）的不同崩解剂制成的药片，使用海藻酸钠的药片11.5分钟崩解，使用羧甲淀粉钠的药片崩解时间不足1分钟[6]。可见，羧甲淀粉钠具有更好的崩解效能，其原因可能是该崩解剂有较高的松密度，遇水后体积可膨胀200～300倍。若崩解剂是水溶性、具有较强黏性的物质，可因其黏度影响扩散，使片剂崩解时限延长，溶出度降低。如使用羧甲淀粉钠作崩解剂的双黄连片，其崩解、溶出较用交联聚维酮作崩解剂者均快得多。崩解剂可因主药性质不同，表现出不同的崩解效能。如淀粉对不溶性或疏水性药物的片剂才有较好的崩解作用，而对水溶性药物则作用较差。这是因为水溶性药物溶解产生的溶解压力使水分不易透过溶液层到片内，致使崩解缓慢。有些药物易使崩解剂变性失去膨胀性，使用时应尽量避免。

由此可见，崩解剂品种、药物与崩解剂的相互作用，对崩解剂效能的影响是十分复杂的，应通过有针对性的实验进行逐一筛选，并在长期实践中摸索其规律。

（2）崩解剂用量的确定：一般情况下，增加崩解剂的用量，崩解时限会缩短。但是，水溶液黏性大的崩解剂在其溶解后，在颗粒外面形成一层凝胶层，阻碍了水分的渗入，其用量越大，崩解和溶出的速度越慢。表面活性剂作辅助崩解剂时，若选择不当或用量不适，反而会影响崩解效果。因此，一定要通过实验确定用量。

一些中药浸膏片在改进制粒工艺时，可将颗粒制得松散细腻；又因浸膏粉有较好的溶解性，可大大减少崩解剂用量或改用崩解性能较低但价格便宜的崩解剂[7]。

7. 崩解剂是如何使片剂崩解的？

崩解剂可看作片剂在胃肠环境中的分散剂。理想的崩解剂不仅使片剂崩裂为颗粒，而且还能将颗粒崩解成粉粒，使药物尽快释放或溶出。片剂崩解剂发挥崩解作用的机制大致可归纳为以下4种。

（1）膨胀作用：崩解剂一般为亲水性物质，具有润湿性，能使水进入片剂中，引起片剂的膨胀，它包括崩解剂本身的膨胀和片剂体积的膨胀，逐渐使片剂失去原形而崩解[4]。

（2）产气作用：崩解剂遇水后会产生气体，借气体的膨胀使片剂崩解，泡腾片的崩解最能体现产气作用。颗粒中的酸性物质（如枸橼酸、酒石酸等）与碱性物质（如碳酸钠、碳酸氢钠等）在水的作用下反应，产生CO_2气体，气体膨胀使药片崩解。应用这类崩解剂时必须严格控制干燥条件，一般将崩解剂加入已完全干燥的颗粒中，或将酸和碱分别与其他物料制粒，干燥后再混合均匀压片。同时防止接触水分。

（3）湿润与毛细管作用：如淀粉及其衍生物和纤维素类衍生物作为崩解剂，其遇水膨胀作用并不是主要的，主要是由于圆形可湿性淀粉在加压下形成无数孔隙和毛细管，强烈吸水，然后使水迅速进入片剂中，将片剂全部湿润而崩解。此外也发现不少片剂浸入水中后产生湿润热，可增加片剂内部包围着的残余空气的温度，使其体积膨胀而有利于崩解。因此片剂的孔隙、毛细管和湿热的作用才是片剂崩解的主要机制，而崩解剂的膨胀也起重要作用。

片剂湿润的难易对水分进入片剂中的速度快慢有很大影响。如含有乳香、没药等含油类药物，因水分不能进入片剂中而造成不崩解，而加入一定量的淀粉后，水能通过淀粉粒组成的孔隙和毛细管进入片剂，使其崩解；又如，加入羧甲淀粉钠后不但能使水通过羧甲淀粉钠粉粒组成的孔隙和毛细管进入片剂，而且产生膨胀，崩解效果更佳。因此湿润与毛细管作用是崩解的关键，膨胀作用和产气作用是其次。表面活性剂能增加片剂的润湿性，有利于水分的渗入和药片的崩解。

（4）酶解作用：有些酶对片剂中的某些辅料有作用，当它们配制在同一片剂中时，遇水即能崩解。如将淀粉酶加入用淀粉浆制成的干燥颗粒内，由此压制成的片剂遇水即能崩解。常用黏合剂相应的酶如下：淀粉→淀粉酶、纤维素类→纤维素酶、树浆→半纤维素酶、明胶→蛋白酶、蔗糖→转化酶、海藻酸盐类→角叉菜胶酶。

8. 崩解剂的加入方法有哪几种?

崩解剂的加入方法，除特殊情况外，一般分为 3 种。

（1）内加法：与药粉混合后制粒、干燥、压片。崩解作用起自颗粒内部，但由于崩解剂与药粉混合在一起，受药粉的影响与水接触较迟缓，且又在制粒、干燥过程中已接触湿和热，崩解效果受到一定的影响，因此崩解作用较弱，但使用方便，为用得最多的方法。

（2）外加法：又分两种。如下：①制成颗粒后，在整粒时直接加入崩解剂，混合后压片，这种加入法能使崩解剂发挥最佳效果，但加入量一般不得超过颗粒的 5%，还应防止裂片和分层；②先将崩解剂制成颗粒，如淀粉，用淀粉浆制成颗粒后在整粒时与润滑剂同时加入，混合后压片，此种方法虽然效果较好，但操作比较复杂，一般不采用。

（3）内外结合加法：取一部分崩解剂与药粉混合制成颗粒，另一部分在制成颗粒后，整粒时与润滑剂同时加入，混合后压片。此种方法操作方便，效果很好，但用量较大。至于在制粒时和整粒时加入崩解剂的数量可按具体品种而定，一般加入比例为内加 3 份，外加 1 份[1]。

9. 片剂制备中，什么情况下需加润滑剂？如何应用？

颗粒干燥后，压片前一般会加润滑剂，目的是使颗粒与颗粒之间保持润滑，确保颗粒的流动性，减少颗粒与冲模的摩擦和粘连，使片剂易于从模圈中脱出，保证片剂的剂量准确、片面光洁。使用在线润滑压片机时，润滑剂加入压片机轨道即可；而使用一般压片机时，润滑剂常在整粒时加入。

片剂常用润滑剂及其特性如下：

（1）硬脂酸镁：系白色细腻轻松粉末，比容大（硬脂酸镁 1g 的容积为 10～15ml），有良好的附着性，与颗粒混合后分布均匀而不易分离[8]。为疏水物，对吸潮性颗粒很有效，润滑性强，为片剂应用中最广泛的润滑剂，用量一般为 0.3%～1%。使用时应注意，本品为疏水物，因此用量过多会影响片剂的崩解时限或产生裂片，可加入适量表面活性剂（如十二烷基硫酸钠）以克服之。碱金属硬脂酸盐常显碱性，遇碱易起变化的药物不宜使用。

（2）滑石粉：为白色至灰白色结晶性细粉末，细度为 200 目以上，水不溶性，不能用于溶液片中；有亲水性，用量的多少不影响片剂的崩解，但其润滑性比硬脂酸镁差，且用量大，用量一般为2%～5%，常用于比重较大的颗粒，能得到较好的效果。滑石粉的用量是硬脂酸镁的5～10倍，附着力较差，因震动易与颗粒分离，故使用时应注意。

（3）硬脂酸：本品常用浓度为1%～5%，润滑性好，抗黏附性不好，无助流性。

（4）高熔点蜡：本品常用浓度为3%～5%，润滑性很好，抗黏附性不好，无助流性。

（5）微粉硅胶：又称白炭黑，系轻质白色胶体状硅胶的无水粉末，无臭，无味，不溶于水，与绝大多数药物不发生反应。本品有良好的流动性与附着力；其亲水性能很强，用量为0.5%～1%，1%以上时可加速片剂的崩解，使片剂崩解成细粉，故有利于药物的吸收。

疏水性润滑剂对片剂崩解及药物的溶出有一定影响，同时为了满足制备水溶性片剂如口含片、泡腾片等的要求，需选用水溶性或亲水性的润滑剂。常用水溶性润滑剂及其用量见表2-5-1。

表2-5-1　常用的水溶性润滑剂及其用量

单位：%

润滑剂	用量	润滑剂	用量
硼酸	1	氯化钠	5
苯甲酸钠	5	醋酸钠	5
油酸钠	5	十二烷基硫酸钠	0.5～2.5
聚乙二醇4 000	1～4	月桂醇硫酸镁	1～3
聚乙二醇6 000	1～4	聚氧乙烯单硬脂酸酯	1～3

近年研究证明，月桂醇硫酸镁有较好的润滑作用，虽不及硬脂酸镁，但较滑石粉、聚乙二醇及十二烷基硫酸钠等好。本品对片剂硬度的不良影响小于硬脂酸镁。富马酸即延胡索酸，可作为泡腾片的润滑剂[1]。

10. 如何选择和使用片剂的润滑剂？

润滑剂的作用分为3种，即润滑作用、助流作用和抗黏作用，这一分类方法对有针对性地选用这类辅料有指导意义。但在实际生产中，又很难将这3种作用的润滑剂截然分开，况且一种润滑剂又常兼有多种作用。因此在选择与使用时不能生搬硬套，应灵活掌握，既要遵循润滑经验规律，又要尽可能用量化指标。

（1）润滑剂性能的测定：影响润滑剂3种作用的因素是相互关联的，多由摩擦力所决定，只是摩擦力作用部位不同或表现形式不同而已。因此，可以用压片时力的传递与分布的变化来区分和定量评价润滑剂的性能。片剂压制过程中可以测得上冲力（F_a）、下冲力（F_b）、径向力（F_r）、推片力（F_e）等压力参数，通过这些参数衡量摩擦力的大小。试验时，用不同品种润滑剂在相同条件下压片，测定压片力。一般说来，若冲力比（F_b/F_a）越接近1，表明上冲力通过物料传递到下冲之力多，因粒间摩擦引起的力损失少，这种润滑剂以助流作用为主，兼具良好润滑作用，若同时进行休止角等测定就更能说明问题。若推片力或径向力小，说明颗粒或片剂与冲模壁间摩擦力小，片子易于从模孔中推出，这种润滑剂以润滑作用为主，兼具良好的抗黏作用[9]。还可通过测定润滑剂的剪切强度来衡量其抗黏与润滑能力。所谓剪切强度是物料在模孔中受压力时，与冲模壁紧密接触并做相对运动的物料在接触面上会发生剪切复形，这种复形要消耗一定的能量，所以产生摩擦力，剪切强度即表示这种能量的大小。显然，能在冲模壁上形成一层剪切强度低的膜润滑剂必然具有优良的抗黏和润滑作用。

（2）合理选择润滑剂品种：选择润滑剂品种时，应考虑其对片剂硬度、崩解度与溶出度的影响。用于降低颗粒及片剂与模孔间摩擦力的润滑剂与颗粒均匀混合后，黏附于颗粒表面上，能削弱颗粒之间的结合力而降低片剂的硬度[5]；并且疏水性润滑剂会增加片剂的疏水性，妨碍水分的渗入，延长片剂的崩解时间；在口含片和咀嚼片中，加入过多的疏水性崩解剂会影响药片的口感。因此，在满足润滑要求的前提下，应尽可能减少润滑剂用量，或改用亲水性润滑剂。

（3）润滑剂的使用方法：无论是润滑、助流或抗黏作用，润滑剂能越好地覆盖在物料表面，其效果越佳。因此，在应用中应注意如下几点。

1）粉末的粒度：因为润滑作用与润滑剂的比表面有关，所以固体润滑剂应越细越好，最好能通过200目筛。

2）加入方式：加入的方式一般有3种，一是直接加到待压的干燥颗粒中，此法不易保证分散混合均匀；二是用60目筛筛出颗粒中的细粉，用配研法与之混合，再加到颗粒中混合均匀；三是将润滑剂溶于适宜溶剂中或制成混悬液或乳浊液，喷入颗粒混匀后挥去溶剂，液体润滑剂常用此法[6]。

3）混合方式和时间：在一定范围内，混合效率越高，时间越长，润滑剂的分散效果越好，其润滑效果也就越好。但应注意其对硬度、崩解、溶出等的影响会越大。

4）用量：在满足润滑要求的前提下，应尽量减少润滑剂用量，一般在1%～2%，必要时增至5%。

11. 片剂中的润滑剂是如何起到润滑作用的？

（1）润滑剂应具备的性能：在干燥颗粒中加入一定量特定辅料，以确保药物干燥颗粒的流动性，这种辅料称为润滑剂。药物的干燥不规则颗粒，表面粗糙呈多孔形，其虽然有不同程度的流动性，但要均匀地流入压片机的加料器和模孔中，这种流动性是不够的，因此药物的干燥颗粒在压片前必须加入润滑剂，以满足压片机在工作时对不规则干燥颗粒流动性的要求，达到让颗粒顺利流入模孔中的目的，做到片重准确，减少片剂与模具的摩擦，片剂在模具中顺利出片，既能防止黏冲，又能使片剂光亮光洁。为了达到这个目的，润滑剂必须具有以下性能。

1）助流性：增加和控制干燥颗粒的流动性，让颗粒顺利流入模孔中。

2）抗黏性：阻止加压下容易变形药物的表面在解压时与冲头的粘连。

3）润滑性：减低颗粒之间以及药片之间的摩擦。

一般常用的润滑剂如硬脂酸镁、滑石粉、微粉硅胶都具有以上性能，但各有其特性，使用时必须根据药物颗粒的特性选择。滑石粉与硬脂酸镁效果比较见表2-5-2。

（2）润滑剂的作用机制：一般认为有以下几方面。

1）液体润滑作用：当在粗糙颗粒表面包裹上一层液体润滑剂的连续液层后，有可能降低颗粒与冲模壁间的摩擦力，且颗粒自身的滑动性也有所增加。

2）边界润滑作用：固体润滑剂，特别是一些长链的脂肪酸及其盐类润滑剂，既能定向排列覆盖在颗粒表面形成一层薄粉层，填平粒子表面的微小凹陷，降低颗粒间的摩擦力，同

表 2-5-2　滑石粉与硬脂酸镁效果的比较

名称	比重	比容	流动性	是否影响崩解时限	附着性	润滑性	用量
滑石粉	大	小	好	不影响	差	差	大
硬脂酸镁	小	大	差	影响	好	好	小

时其极性端又能吸附于金属冲模表面，起润滑、助流和抗黏作用。

3）薄层绝缘作用：一些药物在压制过程中可能产生静电吸附，有绝缘作用的润滑剂薄膜可阻止静电荷的聚集，避免了黏冲或流动性降低现象，而具有助流和抗黏作用。

二、片剂成型工艺常见问题解析

12. 中药片剂如何进行剂型设计？

中药片剂设计在考虑中药制剂设计五原则即安全性、有效性、可控性、稳定性、依从性的基础上，优先考虑服用剂量。制剂服用剂量主要根据方剂一日剂量与制剂工艺浸膏收率来确定，若收率偏高，日服用剂量大，可以考虑用颗粒剂、丸剂等固体制剂，或合剂、糖浆剂等液体制剂，而不宜设计为片剂等分剂量剂型；如果处方进行了分离纯化等处理，收率偏低、日服量较小，则可设计成片剂等剂型，然后根据片剂制备的需要，研究中药提取浸膏的理化性质及可压性等成型性能，选择合适的辅料种类、用量，并考察成型工艺。

片剂剂型确定后，需根据剂型要求设计处方和工艺。处方设计包括根据中药提取浸膏的理化性质及可压性等成型性能，同时考虑日服量和次服量，选择合适的辅料种类、用量；制备工艺设计包括对工艺类型及具体制备参数如片剂的压力等的选择，一般情况下还需设计一系列处方或处方与工艺的组合方案，采用优化技术，通过试验对入选的辅料及辅料用量、工艺及工艺条件等进行优化。常用的优化技术有正交设计、均匀设计、星点设计、混料设计等。所有这些方法都是按照一定的数学规律进行设计，根据试验得到的数据或结果，应用多因素数学分析的手段，建立一定的数学模型或应用现有数学模型对试验结果进行分析和比较，综合考虑各方面因素的影响后，确定其中的最优方案或者确定进一步改进方向。

13. 中药片剂的片重如何计算？

中药片剂需根据原药材服用量及药材提取后所得浸膏重量来计算片重，也可以浸膏中总固体重量及原粉重来计算片重。对于某些已经提取的有效成分并能进行含量测定的，片重计算方法可参考一般化学药品。同时由于片剂的制备过程中添加了辅料，又经过制粒、干燥等一系列操作，加上这些操作中不可避免的各种损耗，为保证片剂的含量准确，在压片前应根据颗粒中药物的实际含量计算。

按原药材服用量及药材提取后所得浸膏重量计算中药片剂的片重方法如下。

原药材可服用天数 = 原药材重量 / 每日服用原药材重量

每日服用浸膏重量 = 煎煮浓缩后所得浸膏重量 / 原药材可服用天数

每片应含浸膏重量 = 每日服用浸膏重量 / 每日服用片数

片重 = 每片应含浸膏重量 + 压片前平均每片加入辅料的重量 =（煎煮浓缩后所得浸膏

重量×每日服用原药材重量)/(原药材重量×每日服用片数)+压片前平均每片加入辅料的重量

例:某中药每日服用原药材重量为62.5g,现有20kg,经煎煮浓缩制成浸膏后重量为500g,若按每日服用9片(每日3次,每次3片)计,则该中药的片重应为:

片重=(500×62.5)/(20×1 000×9)+压片前平均每片加入辅料的重量=0.174(g)+压片前平均每片加入辅料的重量

14. 中药应该做成什么样的片剂,普通片还是异形片?

片剂是口服药物的首选剂型,但关于片形的选择,需结合多方面因素综合考虑。

(1)适用性:选择更容易吞咽的片形,如相同片重的圆形片比椭圆形片更容易吞咽,且通过食管的时间短;而平片比胶囊型片更容易黏附在食管上,给食管造成损伤。

(2)患者因素:对于儿童多选择相对有趣的异形片;而对于吞服困难的人群多选择易吞服的片剂。

(3)安全性:较大的片形可延长药品在食管的通过时间,严重时可引起一系列不良反应(溃疡、作呕、窒息等)。

15. 如何对不同性质的中药片剂原料药材进行前处理?

中药片剂处方及所含成分比较复杂,药材性质各异,除含有有效成分外,还含有大量无效成分如纤维素、淀粉、糖、树脂等,在复方中应具体分析,根据分析的结果区别对待,做到去粗取精。如可选择一些药材粉碎成细粉作稀释剂和崩解剂,发挥利用其药材特性,以减少辅料用量并达到减小剂量的目的。含淀粉较多的药材、贵重药材、含少量芳香性成分药材、矿物类药物宜粉碎成细粉,过80目筛或100目筛;含挥发性成分较多的药材可单提挥发油或用双提法;含已知有效成分的可根据其成分特性采取相应的提取方法;含纤维较多,质地泡松,黏性较大以及质地坚硬的药材,可用相应的提取方法制得流浸膏或浸膏[10]。

麝香、冰片等易挥发物料,一般在制粒干燥后,整粒时加入。可用药筛筛出一定量的细颗粒,与挥发油混合均匀后,再与所有的颗粒搅拌均匀。加含挥发油的颗粒应密闭放置12小时以上,让挥发油在颗粒内充分扩散,否则会使得压出的片剂表面有花斑。

颗粒中的油类成分过多时,会减弱颗粒间的黏合力,易出现裂片。此时,可用一些吸油剂,如二氧化硅、磷酸氢钙、轻质氧化镁等吸附挥发油,再与颗粒混合均匀。此外,还可将挥发油用β-CD包合或制成微囊,与其他原辅料共同制粒、压片[10]。也可将挥发性成分与清膏拌匀后,加入其他原辅料,混合制粒,再干燥。虽然在干燥过程中有部分挥发油损失,但是包裹于颗粒内的挥发油却能保留较长的时间[7]。

16. 制粒中为何要调整常用乙醇浓度?如何调整?

在中药片剂的制粒过程中,尤其是全浸膏片或半浸膏片的制粒,乙醇是用得最多的润湿剂。由于中药浸膏本身在润湿后会诱发较大的黏性,并且其黏性的大小与制粒时使用的乙醇浓度有关,因此为保证颗粒的黏性适中,粒度合格,常要调整乙醇浓度[11]。

在湿法搅拌制粒时,若制得的软材黏性大,在过筛制粒时黏结筛网,使制得的颗粒粒径大,硬度大,则可适当提高乙醇浓度;若制得的软材黏性过小,在过筛制粒时大部分是细粉,颗粒少，则可适当降低乙醇浓度。

在一步法制粒过程中，若物料易结块，颗粒粗硬，则可提高乙醇浓度；若颗粒难以成形，细粉多，则应降低乙醇浓度。

17. 如何调制淀粉浆、糊精浆？

淀粉浆和糊精浆是片剂中常用的黏合剂，一般浓度为 8%～15%，以 10% 最为常用，亦有低于 5% 或高于 20% 者，可根据主料和辅料的黏性、水中可溶性及颗粒松紧要求等适当选用[12]。

配制方法有如下两种：一是煮浆法，向淀粉中徐徐加入全量冷水搅匀后用蒸汽加热并不断搅拌至糊状，热用或放冷用。但必须注意，加热时应逐渐升温，防止结块。此法不宜用直火加热，以免底部焦化混入黑点影响片剂外观。二是冲浆法，在淀粉中先加少量（1～1.5 倍）冷水，搅匀，再冲入全量的沸水，不断搅拌至半透明状。此法有一部分淀粉未能完全糊化，因此黏性不如煮浆法强，但制粒时较易操作，适于大量生产，目前药厂多采用此法。

18. 颗粒的粒度与片剂质量有何关系？

颗粒的粒度与片剂质量密切相关，用于压片的颗粒要求粒度分布均匀。一般可用不同孔径的药筛将颗粒过筛以考察颗粒粒度及其分布。粒度及其分布不符合要求会引起以下几方面的问题。

（1）当颗粒粒径相差过大或细粉过多时，易造成裂顶。

（2）颗粒粒径相差过大，流动性差，在压片过程中会使模圈内颗粒充填量不足，而造成松片及重量差异不合格。

（3）颗粒过细，易附着于冲头表面，造成黏冲和拉冲。

（4）颗粒粗细不均匀，颗粒填充到模圈内随着转盘的运转，因其粗细不均匀而分层，使得压出的片子两面色泽不一致。

19. 为什么压片的颗粒中应保留一定量的水分？

在中药浸膏片或半浸膏片的待压颗粒中，保留一定量的水分方能诱发浸膏的黏性，这对片剂的形成及硬度有很大作用。实践证明，完全干燥的颗粒弹性大，塑性小，难以压成片，适量水分的存在能够增加脆性粒子的塑性变形，减少弹性。水分过低时会造成裂片或松片，但过高时易造成黏冲。水分过高过低都会引起硬度的降低[10]。

制片的药物以及辅料有时是可溶性的，常用的黏合剂多可溶。压片时颗粒中必须含有适量水分，片剂中的可溶性成分溶于此少量水分中并形成饱和溶液。压缩时，水（水饱和溶液）被挤到粒子之间，在颗粒外面形成薄层，便于粒子相互滑动和接近，产生足够的内聚力；也可因失水而在接合处结晶形成固体桥而利于压制成型。液层越薄，则分子间的内聚力作用越强，薄层水分可以减少颗粒间及颗粒与模圈的摩擦力，亦有利于冲头压力的分布均匀，起到润滑的作用。

20. 如何制备片剂的颗粒？

制备片剂颗粒的方法有两大类[13]，一是湿法制粒，二是干法制粒，可以依据压片物料的性质及制粒方法的特点，选用以下不同的方法。

（1）湿法制粒：是目前应用较多的方法，可分为以下7种。

1）挤压式制粒：其中摇摆挤压式制粒所得颗粒密度大，松紧适度，外形多棱状，适于压片；而旋转挤压式制粒可得密度较大的球形颗粒，流动性好，适于制备颗粒剂与胶囊剂，尤其适用于基质型缓、控释微丸的制备。本法最大的缺陷是成品质量稳定性难以控制，粒度均匀性差，生产中需要反复筛分颗粒、细粉以控制粒度。

2）转动制粒：采用圆筒旋转制粒或包衣锅制粒，颗粒质量与包衣锅倾斜角度、旋转速度、黏合剂溶液的浓度、喷雾条件等因素有关，所制颗粒为松紧适宜的球形颗粒，粒度大小根据需要确定。适于制备胶囊剂、微丸剂、缓释颗粒剂及包衣颗粒剂等。本法适用于中药浸膏粉、半浸膏粉及黏性较强的药物细粉制粒。

3）离心式制粒：所制颗粒含药量高、流动性好、密度分布小，适于压片。增加黏合剂用量或加快黏合剂加入速度，可使颗粒粒径增大、密度增加，适合制备颗粒剂、微丸剂。

4）高剪切制粒：把搅拌和制粒合二为一。颗粒疏松、圆整、粒度均匀、可塑性好，适于压片，也可制备致密的颗粒，填装胶囊。使用本法制粒，黏合剂用量较难掌握，搅拌时间不宜过长，否则会产生粘壁现象。不耐热药物，含有乳香、没药等含油类药物和全浸膏类黏性大的药物，均不宜使用本法制粒。

5）流化床制粒（沸腾制粒、一步制粒）：所制颗粒疏松、粒度均匀、流动性好，适于压片。所制片剂颜色偏浅、色泽均匀、崩解性能好。

6）喷雾干燥制粒：将药物浓缩液送至喷嘴后，与压缩空气混合形成雾滴喷入干燥室中，干燥室的温度一般控制在120℃左右，雾滴很快被干燥成球状粒子进入制品回收器中，收集制品可直接压片或再经滚转制粒。此法适用于中药全浸膏片浓缩液直接制粒。

7）双螺杆挤出制粒：这是一个前沿的制粒技术，适合于连续化生产。将药物与填充剂等辅料加入双螺杆挤出机中，同时加入润湿剂或黏合剂溶液，在双螺杆的捏合等作用下形成颗粒并被挤出。该方法最大的优势在于连续化生产，产能大，能较大地降低生产成本。

（2）干法制粒[14]：可分为以下5种。

1）滚压法制粒：制得颗粒较硬、粒度分布广，适用于填充胶囊。作为压片的颗粒应考虑片剂的崩解度问题。

2）重压法（大片法）制粒：所制颗粒可用于压片和制备颗粒剂，但大片不易制好，解碎时细粉多，需反复重压解碎，原料损耗多，此法已少用。

3）干挤制粒：所制颗粒密度大、圆整、流动性好、粒度均匀，适于制备颗粒剂、胶囊剂、微丸剂，不适于压片。现有国产干挤颗粒机可直接干挤成颗粒，颗粒质量好，既可用于压片，又可用于制备颗粒剂、胶囊剂。

4）熔融法制粒：采用快速搅拌制粒机制备，产品不需干燥，辅料用量少，药物含量可达到80%以上，颗粒不易吸潮，可全溶于水形成澄清溶液，颗粒流动性好，粒度均匀，得率高。适于制备颗粒剂、胶囊剂、微丸剂。尤其适合制备缓释颗粒剂及胶囊剂。双螺杆挤出制粒时也可以不加入润湿剂或黏合剂溶液，使用低熔点黏合剂，通过加热挤出制粒，也属于熔融法制粒。

5）球形附聚制粒：在混悬液中加入少量第2种与混悬液互不相溶并能优先润湿分散微粒的液体，分散微粒可呈球形的附聚，称为球形附聚制粒技术[8]。所制颗粒粒度均匀、圆整、流动性好。

21. 片剂颗粒常见的质量问题有哪些？如何解决？

颗粒质量与片剂质量密切相关，片剂质量不合格很多是颗粒质量不合格所致[15]。因此，制出合格的颗粒对于保证片剂质量非常重要。常见的颗粒质量问题及解决方法如下：

（1）颗粒含水量不合格：若含水量偏高，颗粒流动性差，压片时易黏冲，则片剂重量差异不合格；含水量偏高，颗粒黏性较大，压出的药片硬度大，从而影响片剂的崩解；若含水量偏低，颗粒黏性差，则压片时易松片、裂片。解决方法包括：改变制粒的乙醇浓度或改进干燥方法、延长或缩短干燥时间等；若采用流化床制粒，可严格控制出锅颗粒的水分；或者与其他含水量相反的颗粒混合均匀后压片。

（2）颗粒黏性不合格：黏性过大，则压片时易黏冲，药片崩解不合格；黏性小，则易裂片、松片。解决方法包括：在制粒时改变黏合剂的品种和用量，或在制软材时延长搅拌时间增加颗粒黏性，或缩短搅拌时间减小颗粒黏性，达到压片要求。

（3）颗粒粒度不合格：若颗粒偏细，流动性差，则压片时会导致片剂重量差异不合格，可能出现裂片、黏冲等问题；若颗粒偏粗，则片剂重量差异不合格。通常，中药浸膏片颗粒偏粗往往同时存在颗粒偏硬、压制的药片片面花斑、崩解不合格等问题。解决方法包括：改变制粒用的乙醇浓度，改进制粒方法，如改挤出制粒为流化床制粒等，这样制得的颗粒粒度均匀性大大提高，压得的药片崩解时间缩短。

（4）颗粒含量均匀度不合格：颗粒含量均匀度不合格，直接导致药片均匀度不合格。解决方法包括：改进原辅料混合方法，如使用倍增法混合，延长搅拌时间；改善颗粒干燥方法，把烘房干燥改为沸腾干燥或微波干燥等。

三、片剂成型设备常见问题解析

22. 如何选择制粒设备？

当前制粒方法主要有两种，即湿法制粒、干法制粒。常用的制粒设备有以下几种：

（1）摇摆式造粒机：是当前最常用的湿法制粒设备，整体结构可分为 3 部分，动力结构、制粒结构以及支撑机座结构，该机主要由机座、减速器、加料斗、颗粒制造装置及油泵等组成。其原理是在涡轮上装有可调滑板，通过滑板与齿条联系取得摆线扭矩长短，由齿条传至轮轴，使滚筒做往复摆动。滚筒为七角滚筒，在其上固定有若干截面为梯形的“刮刀”。借助滚筒正反方向旋转时刮刀对湿物料的挤压与剪切作用，将物料经不同目数的筛网挤出剪切，从而形成均匀的颗粒。摇摆式造粒机由于产量较高，结构简单，装拆保养方便，因此不仅用于湿法制粒，整粒应用也较广泛，是目前医药生产企业最常用的制粒设备。但在使用过程中粉尘飞扬较大。

（2）高剪切制粒机：主要由容器、搅拌桨、切割刀所组成。操作时先把原辅料倒入容器中，盖上盖，搅拌均匀后加入黏合剂，搅拌制粒。高速搅拌制粒机是在一个容器内进行混合、捏合、制粒过程，和传统的挤压制粒相比，具有省工序、操作简单、快速等优点。改变搅拌桨的结构，调节黏合剂用量及操作时间可制备致密的、强度高的适用于生产胶囊剂的颗粒，也可制备松软的适合压片的颗粒，因此在制药工业中的应用非常广泛。但该设备的缺点是不能进行干燥。为了克服这个缺点，最近研制了附带干燥功能的搅拌制粒机，即在搅拌制粒机的底部开孔，物料在完成制粒后通热风进行干燥，可节省人力、物力，减少人与物料的接触机会。

（3）干法制粒机：干法制粒机与湿法制粒机的力学原理相同，但在具体的制备时存在差别。干法制粒是将干燥药粉混合均匀后，通过一定的压力设备挤压成为大片固体药块，然后根据需要进行破碎形成均匀的颗粒。当前干法制粒最常用的设备是干法辊压式制粒机，主要由料斗、加料器、压轮、粗碎轮、中碎轮以及细碎轮组成。常用于热敏性物料、遇水易分解以及容易压缩成形药物的制粒，方法简单、省工省时。但采用干法制粒时，应注意由压缩引起的晶型转变及活性降低等问题。

（4）流化床制粒机：流化床制粒是喷雾技术和流化技术综合运用的结果，将传统的混合、制粒、干燥在同一封闭容器内一次完成，实现流化床制粒，原料粉末在床内建立流态化，药物粉末在自下而上的气流作用下保持悬浮的流化状态，同时将黏合剂雾滴喷至流化界面成粒，经干燥挥发水分随排风带出机外。流化床制粒机由容器、气体分布装置、喷嘴、气固分离装置、空气进口和出口、物料排出口组成。其优点是在一台设备内进行混合、制粒、干燥，简化工艺、节约时间、劳动强度低；虽制得的颗粒密度小、粒子强度小，但颗粒的粒度均匀，流动性、压缩成形性好。

（5）喷雾干燥制粒机：这是专门针对细颗粒药品成型的制粒方法，整体设备包括加热器、原料容器、喷雾器、干燥室、捕集室等部件。喷雾干燥制粒机自动化程度高，生产周期较短，制粒效率较高；药物由液体直接成为粉末固体颗粒，热风温度高，但雾滴比表面积大，干燥速度非常快，物料的受热时间短，干燥物料的温度相对低，适合于热敏性物料的处理；粒度范围在 30 微米至数百微米，堆密度为 200～600kg/m³，中空球状粒子较多，具有良好的溶解性、分散性和流动性。其缺点是设备高大、设备费用高、能耗大、操作费用高；黏性较大的料液易粘壁，因而其使用受到限制，需用特殊喷雾干燥设备[8]。

23. 怎样操作流化床制粒机，应注意哪些方面？

流化床制粒时，把药物细粉与各种辅料装入料车中，从床层下部通过筛板吹入适宜温度的气流，使物料在流化状态下混合均匀，然后开始均匀喷入黏合剂液体，粉末开始聚结成粒，经过反复喷雾和干燥。当颗粒的大小符合要求时停止喷雾，形成的颗粒继续在床层内送热风干燥，出料送至下一步工序。

（1）基本步骤

1）设定好生产产品所需的进风温度、振摇时间间隔、振摇次数、风门大小，以及辅助空气压力等参数。

2）将装有原辅料的物料车移至制粒机筒体下方，启动“下密封”。

3）开启风机、干燥开关，对物料进行预热。

4）当物料预热至规定温度时，设定喷雾压力，开启“制粒”，并调节输液泵至规定喷雾流量。

5）制粒完毕，则关闭“制粒”，启动“干燥”，对颗粒进行干燥。

6）颗粒干燥至规定的含水量，关闭“风机”，并手动振摇数次，使捕集袋上黏附的细粉抖落至物料车内。

7）关闭“下密封”，即可出整粒。

（2）注意事项：为保证产品质量，应注意以下几方面的问题。

1）压缩空气必须经过除湿、除油处理，否则会造成机器损坏和产品污染。

2）投料前须检查筛板，应完整无破损。若有破损应更换后方可使用，以防断裂的细小金属丝混入颗粒中。

3）流化床制粒使固体物料呈沸腾状态与雾滴接触聚集而成粒，因此必须注意物料的沸腾状态，防止结块。

4）流化床制粒是颗粒成型与干燥同时完成，所以需保持一定的进风温度与物料温度。因此，必须注意温度不能低于一定值，以防物料结块[16]。

5）流化床制粒时捕集袋两侧需有较大的压差。若此时捕集袋有裂缝或密闭不严，则会造成袋里的物料飞散。因此，必须注意上视窗内是否有物料飞扬。

6）流化床制粒时喷雾流速是影响雾化效果的一个重要因素，而输液泵的工作情况直接影响喷雾流速。因此，必须注意输液泵的工作状况。

7）流化床制粒时风门必须调至足够大，以保证物料良好的沸腾状态。但风门又不可设置过大，否则较大的负压会损坏料槽底网；物料沸腾过高，与喷枪过于接近，黏合剂分布不均匀，使物料易干结块，且制得的颗粒也偏粗。

24. 挤压式制粒工艺过渡到流化床制粒时为什么要对辅料进行调整，如何调整？

挤压式制粒是物料在密闭容器内搅拌制成软材，再通过摇摆式造粒机的挤压作用将软材制为颗粒。流化床制粒是物料在沸腾床内呈沸腾状态，与润湿剂或黏合剂结合成颗粒，同时被干燥。两种制粒方法工艺相差大，挤压式制粒过渡到流化床制粒时要对辅料进行调整。调整方法如下。

（1）挤压式制粒制软材时，由于中药浸膏黏性大，软材易结块，使用的乙醇浓度高；而流化床制粒时，由于物料始终处于沸腾状态，物料不易结块，因此可大大降低乙醇浓度，但需稍增加用量。

（2）挤压式制粒的颗粒较粗硬，需要加一定量的崩解剂；而流化床制粒的颗粒粒度均匀细腻，压得的片剂崩解性能好，因此可减少崩解剂用量，甚至不加崩解剂。

（3）流化床制粒时物料呈沸腾状态，且根据物料密度呈梯度分布，密度小的在上，密度大的在下。若原辅料密度相差太大，混合不均匀，则会导致制得的颗粒均匀性差。因此，由挤压式制粒过渡到流化床制粒时，原辅料的密度不能相差太大。

（4）流化床制粒的设备，上部是捕集袋，下部是底网，都有一定大小的细孔。因此，挤压式制粒过渡到流化床制粒时，以防物料损耗，原辅料不能粉碎过细。

25. 常用的颗粒干燥设备有哪几种，各有什么优缺点？

工业生产过程中，根据被干燥物料的性质、所需的干燥程度、生产能力的大小等，采用不同的干燥方法及设备[17-20]。常用设备如下。

（1）厢式干燥器：在干燥厢内设置多层支架，在支架上放置物料盘。空气经预热器加热后进入干燥室内，以水平方向通过物料表面进行干燥。为了干燥均匀，干燥盘内的物料不能过厚，必要时在干燥盘上开孔，或使用网状干燥盘以使空气透过物料层。

厢式干燥器多采用热气循环法和中间加热法。热气循环法系将从干燥室排出的热气的一部分与新鲜空气混合重新进入干燥室，不仅提高设备的热效率，还可调节空气的湿度，以防止物料发生龟裂或变形。中间加热法系在干燥室内装加热器，使空气每通过一次物料盘得到再次加热，然后进入下一层物料，以保证干燥室内上下层干燥盘内的物料干燥均匀。

厢式干燥器的设备结构简单、投资少、操作方便、适应性强，适合生产批量少、干燥后物料破损少、粉尘少的颗粒。在制剂生产中，厢式干燥器广泛应用于生产量少的物料的间歇式干燥，但存在干燥时间长、物料干燥不够均匀、热利用度低、劳动强度大等缺点。

（2）带式干燥器：带式干燥器可分单带式、复带式和翻带式等。传送带可用帆布带、橡胶带、涂胶带、金属丝网等制成。

空气在干燥室外部进入加热器加热后，由热空气入口进入干燥室，热空气以垂直方向穿过物料进行干燥，其速率比空气以水平方向掠过物料的干燥方式快得多。这种干燥器的缺点是热效率低。

（3）流化床干燥器：使热空气自下而上通过松散的粒状或粉状物料层形成"沸腾床"而进行干燥。将湿物料由加料器送入干燥器内多孔气体分布板之上，经加热后的空气吹入流化床底部的分布板与物料接触，使物料在悬浮上下翻动的过程中得到干燥，干燥后的产品由卸料口排出；废气由干燥器的顶部排出，经袋滤器或旋风分离器回收其中夹带的粉尘后，由抽风机排空。

流化床干燥器结构简单，操作方便。操作时颗粒与气流间的相对运动激烈，接触面积大、传热系数大、传热良好、干燥速率较大；干燥床内温度均一，并能根据需要调节，所得的干燥产品较均匀；可进行连续操作，适宜于热敏性物料。流化床干燥器不适于含水量高、易成团的物料，要求粒度适宜。

（4）红外线干燥器：利用红外线辐射元件所发出来的红外线对物料直接照射加热的一种干燥方式。红外线辐射器所产生的电磁波以光的速度辐射至被干燥的物料，红外线的辐射频率与物料中分子运动的固有频率相匹配时，可引起物料分子的强烈振动，在物料内部分子间发生激烈的碰撞与摩擦而产生热，从而达到干燥的目的。

红外线干燥时，由于物料表面和内部的物料分子同时吸收红外线，所以受热均匀、干燥快、质量好，但电能消耗大。

（5）微波干燥器：属于介电加热器，指把物料置于高频交变电场内，从物料内部均匀加热迅速干燥的方法。工业上使用的微波频率为915MHz或2 450MHz。

微波干燥器内是一种高频交变电场，能使湿物料中的水分子迅速获得热量而汽化，从而使湿物料得到干燥。其原理为水分子是中性分子，可在强外加电场的作用下极化，并趋向与外加电场方向一致地整齐排列，从而改变电场的方向，水分子则又会按新的电场方向重新整齐排列，若不断改变外加电场的方向，水分子就会随着电场方向不断地迅速转动，在此过程中水分子间产生剧烈的碰撞和摩擦，部分能量转化为热能。

微波干燥的优点有加热迅速、均匀、干燥速度快、热效率高；特别有利于含水物料的干燥；且操作控制灵敏、操作方便。缺点是成本高，对有些物料的稳定性有影响，故常在防止物料表面温度过高或主药在干燥过程中迁移时使用此法。

26. 压片机的种类有哪些？

压片机是将干性颗粒状或粉状物料通过模具压制成片剂的机械。按其结构，压片机可分为单冲压片机和旋转式压片机（多冲）；按所压制的片形，可分为异形片压片机及圆形片压片机；按对片剂加压次数，可分为一次压缩压片机、二次压缩压片机、三次压缩压片机以及多层压片机；尚有静电干粉压片机等[21]。

（1）单冲压片机：只有一副冲模，利用偏心轮及凸轮等在其旋转一周时完成充填、压片及出片等动作。其工作原理是以手工压模为基础的单向压片，即压片时下冲固定不动，仅上冲运动加压。这种压片的方式由于上下受力不一致，造成片剂内部密度不均匀，易产生裂片等问题。单冲压片机结构简单，适用于少量药片的压制。

（2）旋转式压片机：又称多冲压片机，是一种连续操作的设备，在其旋转时连续完成充填、压片、推片等动作。旋转式压片机有多种型号，按冲数分为 16 冲、19 冲、35 冲、36 冲、55 冲、75 冲等；按流程分为单流程及双流程等。单流程压片机旋转一周每个模孔仅压制出 1 个药片，双流程压片机旋转一周可进行二次压制工序，即每一副冲模在中盘旋转一周时，可压制出 2 个药片；此外，还有三流程及四流程压片机，但由于结构复杂、操作困难，应用并不普及。旋转式压片机加料方式合理、片重差异小、压力分布均匀，提高了片剂密度的均匀性，减少裂片现象，能量利用合理，生产效率较高。

（3）二次（三次）压缩压片机：适用于粉末直接压片法。粉末直接压片时，一次压制存在成型差、转速慢等缺点，因而将一次压缩压片机进行了改进，研制成二次压缩压片机以及把压缩轮安装成倾斜型的压片机。片剂物料经过一次压轮或预压轮（初压轮），受适当的压力后，移到二次压轮再进行压制，由于经过 2 步压制，整个受压时间延长，成型性增加，形成的片剂密度均匀，因此很少有顶裂现象。

（4）多层压片机：把组成不同的片剂物料按二层或三层堆积起来压缩成形的片剂叫多层片（二层片、三层片）或者叫积层片，这种压片机则叫多层压片机或积层压片机。常见的有二层片和三层片，其制片过程：①向模孔中充填第一层物料；②上冲下降，轻轻预压；③上冲上升，在第一层上充填第二层物料；④上冲下降，轻轻顶压；⑤上冲上升，在第二层上充填第三层物料；⑥压缩成型；⑦三层片由模孔中推出。

（5）静电干粉压片机：其与旋转式压片机比较相似，不同的是工作每分钟 40～60 次的间歇运转，每转一周有 8 个间歇完成模圈吸粉、下冲推入、加药、压片及出片几个动作。该转盘中等距安置了 8 只模圈，8 只下冲。上冲只有 1 只，由凸轮施加压力压片。下冲都能脱离模圈。它的上下动作由轨道控制。整机动力由一台 1kW 的电动机带动，转台及上冲均装有内热式电热器，可加热到 50～60℃，主要结构有冲和冲模，是压片机的重要部件，直接关系着片剂的外在质量，需用优质钢材制成、耐磨且有较大的强度，冲与冲模的间隙不得大于 0.06mm，冲长差不超过 0.1mm，圆形冲头根据压片的需要而有不同的弧度。

27. 旋转式压片机安装的一般过程是什么，应注意什么问题？

旋转式压片机主要由动力部分、传动部分和工作部分组成。动力部分是以电动机作为动力；传动的第一级是皮带轮，第二级是由涡轮涡杆带动压片机的机台；工作部分包括装冲头冲模的机台、压轮、片重调节器、压力调节器、加料斗、饲料器、吸尘器和保护装置等。

（1）安装的一般过程：操作人员在投料压片前对压片机的安装主要是指上、下冲杆，模圈和刮粒器等的安装，具体如下。

1）冲模安装前：检查上、下冲杆及模圈的清洁情况及完整性，应无裂纹、无缺边、无变形等。

2）模圈的安装：转台上的中模固紧螺钉逐件旋出，以使模圈装入时与螺钉的头部不相碰撞。选择好一定规格的模圈，依直线装入模孔中，再将螺钉固紧。

3）上冲的安装：冲杆尾部涂少许润滑油。将上冲杆插入上冲孔中，冲杆尾与轨道正确接触，转动手轮将所有上冲装好。

4）下冲的安装：冲杆尾部涂少许润滑油。先将各调节机构（充填、片厚）调到最低（最大值），将下冲插入下冲孔中，使其头部正好伸入模圈中。转动手轮将所有下冲装好。

5）刮粒器与加料器的安装：刮粒器置于转台平面，以螺钉固紧，将加料器装在加料器支撑架上，按要求装好。

（2）注意事项：压片机是高速运转的生产设备，且机械压力大，为保证片剂质量以及人身和设备的安全，安装过程中应注意以下几个问题。

1）一台压片机的安装只能由一个操作人员进行，严禁两人或两人以上同时安装一台压片机，以免发生事故。

2）冲模安装前应进行严格的检查，应无裂纹、无变形、无缺边等缺陷，以免在生产过程中冲杆突然断裂而使机器遭受严重损坏。并检查轨道有无发毛现象，如有发毛现象，则应用细砂纸磨光。

3）模圈安装后，平面应与转台工作面平齐，平面应不高出转盘工作台面，否则在机器运转时会与刮粒器发生碰撞；也不可太低，否则会影响片重调节且出片困难。在装异形冲的模圈时应注意片剂方向，使片剂的平直侧面或大圆弧侧面与出片口刮粒器挡板相平行，这样便于出片。

4）安装冲杆时，应注意不使冲头碰撞。装入冲头后，用手将冲头左右旋转，上下推动，检查冲身在冲孔中是否灵活。异形冲则要求安装完毕后螺钉要严格固紧，上、下冲杆不得转动，以防发生事故。

5）刮粒器安装应注意与模圈转盘表面的松紧适宜。太松容易漏粉，太紧则会产生摩擦力使刮粒器落下金属而污染药片；加料斗应与转盘工作平面高度适合，因加料斗高度与流动速度有关，故应当使颗粒流量与颗粒的充填速度相同。

6）压片机安装完毕后，应全面检查各部件安装是否到位，对于一些先进的压片机可通过观察感应器的指示灯来判断部件安装是否正确。之后，再用手转动手轮，使转台旋转1～2圈，观察上、下冲杆进入中模孔和在轨道上的运行情况等，应灵活无碰撞和硬摩擦的现象，此时方可开动电机空车运转。运转平稳，无异常后方可加料生产。

28. 旋转式压片机的基本操作步骤有哪些，应注意哪些问题，如何维护保养？

压片过程中，压片机运行速度快，工作压力大。为保证片剂质量的合格以及人身和设备的安全，必须严格按照规定的程序操作。一般操作步骤、注意事项及机器的维护保养具体如下。

（1）操作步骤

1）合上电源，手动或点动试机，冲杆运行灵活，无碰撞和硬摩擦，无异声，一切正常后，颗粒加满料斗。

2）初次试车将片厚调节到较大的位置，而将充填量调节到较小的位置，用手转动试车手轮，调节片剂的硬度与厚度，使之达到成品要求。

3）再调节片重，使之达到成品要求。

4）按启动按钮，继续调节药片的片厚和片重，使之达到合格品要求。

5）操作过程中，经常观察并检测片剂质量情况，如是否有裂片、松片、片重不合格等问题，并做相应调整[22]。

（2）注意事项

1）压片机的操作应严格执行单人单机，禁止一人多机或多人一机。

2）在压片机开机前，必须用手转动手轮或点动试机，使转台旋转 1～2 圈以检查各部件安装是否正确。对于一些先进的压片机，可观察相应的指示灯是否亮着或查看计算机提示。

3）压片机运转过程中必须仔细观察，当出现异响等异常情况时必须立即停机检查。

4）当压片过程中出现黏冲或拉冲时，必须停机清洁冲模，否则不仅影响片剂质量，还会给机器造成较大的磨损，严重者会导致下冲断裂，撞坏下轨道。

5）旋转式压片机，尤其是高速旋转式压片机，在运转一段时间后机器发热，会诱发颗粒的黏性，应停机或在较低温度的操作间生产。

6）环境湿度过大时，则易诱发颗粒的黏性，应停机，待湿度降低后再继续生产。

7）双流程压片机，严禁一边进料斗加料，而另一边进料斗未加料运转。

8）压片过程中应开启吸尘器，防止粉尘飞扬，避免粉尘滞留于冲孔造成拉冲。

9）压片时出现堵颗粒或漏颗粒时，必须停机处理，以防发生人身伤害事故。

（3）机器的维护保养：片剂质量除了与颗粒质量、生产环境、操作者的熟练程度有关外，与机器设备的状态也有非常密切的关系。因此，做好机器的维护保养工作对于保证机器处于良好的工作状态非常重要。应做到以下几点。

1）操作人员在开机前，应按机器身上润滑图及润滑说明所规定的油质牌号、润滑部位、注油量进行注油，保证润滑良好，并检查各阀门是否灵活、完好。

2）严格按照设备 SOP 进行操作。

3）每日工作结束后，刷除机器各部分残留的药粉，认真清洁机器。

4）拆卸或安装冲模时，注意勿使冲模发生碰撞，以免冲模损坏。

5）定期检查涡轮、涡杆等部件，发现缺损及时修复或更换。

6）对于计算机控制的压片机，必须严格按照关机程序关机，以防系统文件被破坏，并且应有严格的预防病毒感染的措施。并做好系统文件及生产技术参数的备份工作。

29. 现代先进的压片机有什么特点?

随着改革开放，国外一些先进的高速压片机被引进到国内，并且国内也有一些仿制设备。与传统的压片机相比，先进的压片机主要发展方向在智能及超微单元控制和密闭条件下生产[23]，有如下特点。

（1）先进的压片机主要分为 3 部分。

1）控制系统：为一台计算机。操作系统有 DOS、OS/2 等，在此操作系统上加载相应的控制软件，进行信息的存储、数字信号的处理以及对压片机的控制、生产过程的记录等。有的还连接有打印机，可将生产记录等打印存档。应用 PAT 过程分析技术，对生产中各种关键参数进行适时测量，适时调整，及时纠正偏差。

2）机械系统：压片机的机械部分，其将颗粒压制成为药片，设备结构上便于拆卸、检修、清洗，如国外使用的可换转台式压片机，减轻了机器检修、更换模具的劳动强度，缩短了相应的工时。

3）数模转换系统：进行数字信号与模拟信号转换的设备。一方面，将计算机的数字信号转换为模拟信号，传输到机械部分，控制机器的运行；另一方面，将机械部分反馈回的模拟信号转换成为数字信号传给计算机，再由计算机做出相应处理。尽可能多采用在线检测技术，通过过程控制来保证压片质量，提高自动化控制的水平。

（2）设备安装：冲模的安装与普通压片机差别不大，除了安装模圈和上下冲杆、料斗外，还应在上冲杆的前端套上油尘杯，以防冲杆上的润滑油及粉尘等掉落至药片中，料斗下连接强迫加料器，增加颗粒流动性，以保证颗粒顺利地充填模圈，防止堵塞现象发生；在出片口处安装快、慢门，接受计算机给出的信号，将片重不合格的药片自动剔除。此外，有的部件附近还连接感应探头，其中有指示灯显示此部件安装是否正确。若部件安装不正确，机器设备便不能加电开启，在计算机中会显示哪些部件未安装正确，可查看后再做相应调整。

（3）生产操作：操作人员的操作一般在计算机前进行，设定或调用生产产品的参数后（可针对不同的片剂设定不同生产参数并保存，以后再生产时直接调用即可），按启动键。计算机根据设定的产品参数控制并调整整个生产过程，包括片重调节，压力调节，自动加润滑油等。无须过多人为控制。

每一对冲杆在挤压颗粒成为药片时将自动测量其压力，并由应变传感器取得电信号。此信号经放大后转为数字信号传给计算机，与设定值进行比较，并判断此压力值是否在设定范围内，再将信号传给伺服电机，对下冲杆进行自动调节，增减颗粒充填量。此外，计算机还给快、慢门以信号，使合格药片从合格片口出，不合格的药片从废片口出，以保证产品质量的完全合格。

在设备运行过程中如出现异常情况，机械部分会有明显的信号显示，并在计算机中显示出是何种异常并自动调整，有的也可进行人工调整。对于一些较严重的异常情况，机械部分会有另一种明显信号显示并自动停机，可查看计算机中的信息后做出相应调整。

此外，整个生产过程会被计算机记录下来，包括生产的合格片数、废片数等，以及生产过程中出现的所有异常情况等，并可打印出来，以备查看。

（4）较高的安全系数：除了因部件安装不正确，设备无法启动而保证设备安全外，整个机械部分在一个相对密闭的结构中运行，一旦压片机的有机玻璃门被打开，压片机会立即自动停机，并且能防止机器因惯性而继续运行，从而避免造成严重的人身伤害事故。

（5）在线润滑：硬脂酸镁是目前片剂生产中主要的润滑剂，但硬脂酸镁用量过大或与颗粒混合时间过长，一方面会影响压片时的片剂成型，另一方面对片剂的崩解和溶出也有负面影响。目前在工业化生产中已有在线润滑的压片机，当剔片完成后，润滑剂喷嘴会对冲模表面喷涂一层润滑剂以防止压片时黏冲。使用此种压片机的颗粒无须在压片前加入润滑剂，避免了润滑剂带来的负面影响。目前上市的产品有维生素 C 泡腾片，使用这种压片机制备，片剂中几乎没有硬脂酸镁，在服用时溶液表面也没有硬脂酸镁漂浮。

高速高产、药片工艺环节的密闭性及人物流的隔离、模块化、规模化、在位清洗、与整条生产线连接的控制技术、建立压片机的远程监测和远程诊断系统是今后的发展趋势。当前国外压片机技术发展的方向是智能化、柔性化、精密化及符合 GMP、产品高新技术含量不断提升，机械、气、液、光、磁等一体化的自动技术、数控技术、传感器技术、新材料技术等在压片机上得到广泛的应用。

四、片剂制备中常见问题解析

30. 压片过程中，压片力与片剂比表面积的关系如何？

此处所指的比表面积是指片剂的外表面以及内表面的总面积，即包括片剂的细小孔隙壁的面积总和。在固体颗粒受压片力并固结成片的过程中，表面积会发生变化，但并不总是随着压片力增大而表面积变小。

在压缩初期，压片力不到某一限度前，颗粒（结晶）因受压而破碎，而且压片力越大破碎越多，所以表面积越大。但当压片力达到一定限度后继续加大压片力时，比表面积又随着压片力增大而变小，至固结成型，即有一临界压片力。

压片力与片剂比表面积的关系随着物料的不同而不同。如果物料的塑性较强，则压缩时主要发生塑性变形，很少发生颗粒的破碎现象，其比表面积往往随着压片力增大而变小。可见在压片过程中，应根据物料的性质确定压片的压片力。

31. 压片过程中，压片力与相对体积的关系如何？

随着压片力的增大，颗粒破碎或发生弹性和 / 或塑性变形以及粒子间的距离缩短等，而使片的体积变小。设压成的片厚度为 h_0，则此片的体积为：

$$V_0=\pi D h_0/4 \qquad \text{式（2-5-1）}$$

式（2-5-1）中，D 为片的直径。设用极大的压片力压成的片的厚度为 h_∞，则此片的体积为：

$$V_\infty=\pi D h_\infty/4 \qquad \text{式（2-5-2）}$$

极大压片力压成的片的密度已接近于真空，已基本无孔隙。

相对体积 V_r 是指压成之片的实际体积与无空隙的片的体积之比值，即

$$V_r=V_0/V_\infty \qquad \text{式（2-5-3）}$$

相对体积可用作衡量压缩程度的参数，压缩程度越大，相对体积越小，压缩过程可分为 4 个阶段。

第 1 阶段：压片力小，粒子因受压缩而移动并处于最合理的位置，排列得更紧密，小粒子落到大颗粒间的空隙中，排列得更紧密，使堆密度增大。

第 2 阶段：压片力稍大，粒子间的支撑点对压片力有一定的抵抗力，在接触点处发生弹性变形和塑性变形，使体积变小的幅度增大。

第 3 阶段：压片力大，大量粒子破碎并有塑性变形，使粒子间的孔隙更小，相对体积减小的幅度较大。粒子破碎时产生大量新的、未被污染（未吸附空气等）的表面，有较大的表面自由能，因此有较强的结合力。

第 4 阶段：主要是粒子的结合过程，由于粒子的塑性或弹性变形而使体积进一步缩小，

但其幅度不大。

实际上，在压缩过程中上述各现象，如粒子的重新排列、接触点变形、破碎、固结等现象在各阶段都能发生，例如在第 3 阶段中某些物料被压缩时有较多的破裂现象，但同时也有塑性和 / 或弹性变形以及固结现象，这 4 个阶段不是截然分开的[24]。

32. 什么是裂片，产生的原因及解决办法有哪些?

片剂中间拦腰裂开的为“裂片”，也有从片子顶部脱落一层，形成两半的为“顶裂”，也称“壳片”。裂片往往无法在小试阶段发现，而常常在中试，甚至商业化生产时才发生。此外，出现裂片的处方也不是每一片都裂，而是数十片或上百片中才会有几片裂片。因此，裂片是一个比较棘手的问题。

检查法：取数片，测其脆碎度以观察是否有裂片；或取数片放置于小瓶中轻轻振摇或自高处投于硬处；也可取 20～30 片置于手掌中，两手相合，用力振摇数次；还可用不锈钢勺装约半勺药片，上下颠翻等生产中实用的检查方法均可发现是否有裂片。另外还有一种片面细裂纹也叫裂片，裂纹一般都呈波纹状，严重的肉眼一看即见，轻的需要仔细看或用放大镜观察[25]。

裂片的主要原因与压片力解除后物料较大的复原率有关[11]，含有较多药材粉的中药片剂，由于药材粉中一般含有较多植物纤维，压片时压片力解除后弹性复原大，易发生裂片；另外，含有矿物类药材的片剂，或填充剂中有较多的脆性物料如磷酸氢钙、碳酸钙等的片剂，处方整体呈现较强的脆性，压片时也易出现裂片。具体原因及解决方法如下。

（1）黏合剂选择不当或用量不足，导致黏性不足造成裂片。当颗粒受压时，因为颗粒与模圈的摩擦，上冲的压片力不能完全传递到下冲，所以片剂上面所受的压片力大于下面。因为颗粒有弹性，而钢制的冲头、模圈没有弹性，所以片剂与模孔壁和上下冲头接触的部分受到的压片力大于片剂的中心部分，因此片剂各部分的密度不同。当上冲上提时片剂所受的压片力骤然减少，颗粒本身弹性和内部孔隙中空气的膨胀，使片剂向上膨胀，颗粒黏性不足则引起片剂表面一层裂开。解决方法是调整黏合剂或润湿剂的品种和用量，增加其黏合力，但应注意不能过量，防止影响片剂崩解。同一批号分次搅拌制粒生产的片剂，可与黏度较好的或含水量略高的颗粒掺和后压片。整体呈现脆性的配方，压片时尤其是高压片力时容易出现裂片。因此解决此类裂片的核心思路是降低片剂的脆性，提高韧性。使用具有天然韧性的黏合剂羟丙纤维素（高取代度，羟丙氧基含量为 53.4%～77.5%）对解决裂片具有显著的效果[25]。

（2）片剂处方不合理，疏水性硬脂酸镁用量过大会降低颗粒间的黏结效果，也会导致裂片。可以降低润滑剂用量或使用硬脂酸镁雾化外喷装置。片剂处方中有较多的脆性填充剂如碳酸钙等，也易导致裂片。可选择易塑性变形的填充剂，如微晶纤维素。

（3）颗粒直径大小差异过大，或细粉过多填充在模孔中，下部颗粒多，上部细粉多，压成的药片下部硬度强，上部硬度弱，再由于上部细粉多，压片时空气不易逸出，所以会由于上下部的硬度强弱不同和空气的膨胀而产生顶裂。可筛去部分细粉压片，但应注意不要影响含量；也可筛出过粗的颗粒，适当粉碎后再掺入颗粒中压片。

（4）颗粒含水量过低，特别是浸膏颗粒或含结晶水的药物失去结晶水引起的裂片。颗粒含水量偏低则呈现出脆性，且弹性复原大，易导致裂片。可将颗粒倒入搅拌机内，边搅拌边加入适量稀乙醇以增加其含水量，待 2～3 小时后即可压片。注意稀乙醇浓度，以防过量引起黏冲。

（5）颗粒中的油类成分较多，减弱了颗粒间的黏合力，而黏合力的减弱降低了颗粒的内聚力，出现裂片。这时必须调整辅料，替换或增加一些吸油剂，如二氧化硅、磷酸氢钙、碳酸钙、交联聚维酮、硅酸铝镁等。

（6）药物本身弹性较大，尤其是全粉末片和半浸膏片，若其中含有弹性较强的纤维性药物则易引起裂片。此情况可将富含纤维的药物经提取等制成浸膏或流浸膏用于制粒，也可在制粒时加入糖粉，部分糖粉溶化并被纤维吸收，减小了纤维的弹性，或制粒时淀粉浆趁热使用，这可使粉料中的纤维皱缩而减小纤维的弹性。此外，将药材打粉，一般先行切片或破碎，然后粉碎、过筛，自然是越细越好，一般要求过 80～120 目筛。

（7）压片力过大或车速过快使空气来不及逸出而引起裂片。可适当调低压片力，减慢车速即可解决。

（8）冲模不合格。冲模使用日久，逐渐磨损而又没有及时更换，以致上冲与模圈不够吻合；冲头向内卷边，使片子部分受压过大，造成顶裂。此外，模圈使用日久，模孔中间因摩擦而扩大，中间直径大于口部直径，片子顶出时产生裂片，调换冲模即可解决。

（9）压片机及冲模设计原因也可能导致裂片。通过使用更大直径的压轮，冲头顶的合理设计也能在一定程度上解决裂片。

33. 什么是松片，产生的原因及解决办法有哪些？

松片即片剂硬度低，无法满足后期包衣或转运的要求的片剂。片剂成型后，置中指与食指之间，用拇指轻轻一压即碎裂；或取数片，置双手中振摇即产生毛边或散开，称为松片。现多用片剂硬度计检测硬度。产生松片的原因及解决方法如下。

（1）药物本身黏性小，含纤维较多，且黏合剂不足或选择不当，所制颗粒可压性差，压片时即使加大压片力也不能克服，这时应视药物的特性调整原处方中黏合剂的品种或增加黏合剂用量。如传统中药片剂多使用淀粉、糊精或糖粉作为黏合剂，制得的片剂硬度低。可换用黏性更强的黏合剂，如羟丙甲纤维素、聚维酮、共聚维酮，以及羟丙纤维素等。对于纤维素醚产品，如羟丙纤维素，其可压性是随着黏度（分子量）的提高而降低，因此作为黏合剂应选择低黏度规格。如羟丙纤维素可选择 Klucel EF 规格（低分子量，粗粒径规格）。当用于直接压片时，粒径越细的黏合剂，混合时分布越均匀，并且表面积越大，黏结面积也越大，黏结效果也越强。如羟丙纤维素可选择低分子量，细粒径规格，粒径小于 100μm，特别适合用作干性黏合剂。但制粒时，黏合剂的用量过少，没有搅拌均匀，导致黏合剂分布不均匀，这也可能造成松片。此外，还可将药材充分粉碎，一般是越细越好，过 80～120 目筛。或选择高效黏合剂，达到目标片剂硬度时所需压片力也可降低，此能降低冲模的磨损，减少冲模更换成本[26]。

（2）颗粒的含水量不适当，完全干燥或含水量过低的颗粒有较大的弹性影响其可塑性，所压成的片子硬度差。含水量在 3% 以下，往往使其弹性增强，引起松片；含水量视药物的性质而异，一般在 3%～5%[12]。可喷入适量的乙醇密闭或与含水量较高的颗粒混合压片。反之，含水量过高会降低片剂的刚度，导致硬度降低。

（3）含油较多的浸膏或在颗粒中加入挥发油较多时，易引起松片。故应选用适宜的吸油剂，如二氧化硅、磷酸氢钙、碳酸钙、交联聚维酮、硅酸铝镁等。

（4）制剂工艺不合适，如药液浓缩或颗粒干燥时温度过高，使部分浸膏炭化，降低了黏性；或浸膏粉细度不够，致使黏性减小等。可采用喷雾干燥工艺制备浸膏粉，可压性更强。另外，高剪切湿法制粒时，加入黏合剂溶液或润湿剂速度过快，局部软材过湿，制得颗粒中有粒径偏大、质地偏硬的“僵颗粒”，这会导致颗粒可压性差，出现松片。

（5）硬脂酸镁用量过大或混合时间过长，在颗粒表面形成疏水性硬脂酸镁薄膜，降低颗粒间的黏结效果，导致片剂成型差，硬度低。可适当降低硬脂酸镁用量，减少混合时间或选用其他润滑剂，如硬脂酸等。

（6）采用干法制粒工艺制备片剂时，物料经过二次压缩会导致可压性损失，并且在制备胚片时滚轮压力越大，可压性损失越大。因此，在制备胚片时尽量选择较小的滚轮压力，或者在压片前加入部分干性黏合剂。

（7）颗粒流动性差，模孔中颗粒充填不够，可加入助流剂；颗粒中有较大的颗粒或结块阻塞刮粒器，可将颗粒重新整粒，清除大颗粒或结块。

（8）冲头长短不一。如是上冲长短不同，则片剂所受压片力不同，短冲者压片力小就产生松片；如是下冲长，则充填不足产生松片；下冲拉冲不灵活，模孔中颗粒充填不足亦会产生松片。这时应及时清洁冲头冲模，同时检查冲模质量[27]。

（9）压片力过小或车速过快，受压时间过短也会引起松片。可增大压片力或减慢车速。

（10）料斗中存料太少，模孔中颗粒充填不够。应勤加料，保持加料斗内颗粒充足。

（11）片剂成型后暴露在空气中的时间过长，吸水膨胀也会产生松片，特别是一些容易吸湿的药物更应注意密闭保存。

34. 什么是黏冲，产生的原因及解决办法有哪些？

压片时，冲头和模圈上有细粉黏着，严重时上、下冲都有细小颗粒黏着，使片剂表面不光洁、不平或有缺痕。随着压片时间延长，小颗粒随之增大，甚至产生上冲黏片，特别表现在刻字冲上更为突出，称为黏冲[28]。产生黏冲的原因及解决方法如下。

（1）颗粒含水量过高，干燥时含水量掌握不好或测量含水量数据失误，颗粒暴露在空气中太久受潮。必须重测含水量后复烘，复烘时应掌握温度和时间以防颗粒水分含量偏低，出现壳片，同时彻底清车，特别是冲头模圈。有资料表明，咳必清颗粒水分过高压片黏冲时，可加入可压性淀粉作黏合剂湿法制粒压片，可克服其黏冲现象[13]。

（2）室内温度、湿度太高，在压制全浸膏片时经常会出现黏冲，浸膏受温度和湿度影响，产生强烈的黏性导致黏冲。这时必须根据每一品种的特性改变室内温度、湿度，一般应控制温度在15℃、相对湿度50%。在压制特易吸湿的全浸膏片时应特别注意，一旦开车后不能停车，如要停车必须清车。

（3）黏冲实质上是片芯底物与冲头表面争夺某些颗粒时，片芯底物争夺力较弱。此时可通过调节黏合剂提高片芯底物的争夺力以解决裂片。如适当提高黏合剂用量，或选用黏合力更强或更细粒径的黏合剂。

（4）润滑剂用量不够或不合适，此时应根据颗粒的特性更换润滑剂品种或增加润滑剂用量。

（5）颗粒中细粉多，则表面积大，与冲头摩擦作用增加，也易黏冲。可适当增加润滑剂的用量。

（6）冲头表面粗糙或刻字冲刻字太深，如是冲头粗糙可用极细砂纸擦光或更换冲头；如是刻字冲刻字太深，应重新设计刻字。

（7）冲头表面不干净，有油渍或水渍。将冲头擦拭干净即可。

35. 什么是拉冲，产生的原因及解决办法有哪些？

压片机在正常压片时由于颗粒黏性的影响，使上、下冲在运转中不能自由活动，而使得压片机产生故障影响片剂质量，称为拉冲，也叫吊冲。压片机运转时出现拉冲会有异常声响，严重时会使冲头断裂，并将轨道撞坏。产生拉冲的原因及解决办法如下。

（1）颗粒受空气湿度影响：一些易吸潮的品种，特别是一些醇提取全浸膏片中的颗粒或细粉吸收了空气中的水分，使其产生强烈的黏性，黏附在上、下冲和模圈中，使上、下冲不能在压片机转盘中上下自由活动，产生拉冲。这时应在室内增加除湿机去湿，同时应降低室内温度，一般都能取得良好的效果。但是要从根本上解决问题，还应从改变颗粒的吸湿性着手，调整其辅料。把某些辅料换成吸湿剂，如微晶纤维素、淀粉、微粉硅胶等。

（2）颗粒本身黏性的影响：压片机开机后颗粒或细粉即黏附在上、下冲和模圈中，使上、下冲不能在压片机转盘中上下自由活动，产生拉冲。在改变了室内温度和湿度也无效的情况下，应从根本上解决问题，即从改变颗粒的吸湿性着手，调整其辅料。把某些辅料换成吸湿剂如微晶纤维素、淀粉、微粉硅胶等，或在制粒时用 5% HPMC 水溶液或 70% 乙醇溶液作黏合剂制粒；或用 5% 丙烯酸树脂（4 号）或乙基纤维素醇溶液作黏合剂制粒，使颗粒表面产生一种抗湿薄膜，但是应根据品种特性掌握其用量而不影响片剂崩解。

（3）润滑剂用量不够或不当：可适当增加一些润滑剂用量或更换润滑剂品种。

（4）冲模使用时间过久而磨损，有颗粒及细粉进入冲杆与冲模孔的间隙内。更换冲模即可。

（5）压片机吸尘器发生故障或吸尘器处于饱和状态，使下冲多余粉末不能及时排出，细粉黏附在下冲表面，使下冲不能在压片机转盘中上下自由活动，产生拉冲。应检修吸尘器，及时清除吸尘器内粉尘。

36. 片剂崩解时间超限怎么办？

片剂崩解时间超限指按崩解时限检查法，崩解超过规定时间。

中药片剂崩解问题也是中药生产企业的共性问题。中药原料来源复杂，特别是油类、树脂、全浸膏片剂所造成的崩解不合格最为常见。造成崩解不合格的原因很多，应从处方组成、辅料应用、制粒、压片工艺等方面找原因并具体分析，有针对性地加以解决。常见片剂崩解时间超限的原因及解决方法如下。

（1）含胶、糖类或浸膏的药片贮存温度较高或引湿后，崩解时间均会延长，因此应注意存贮条件。

（2）片剂中含油类成分较多，使片剂疏水性较强。可加入吸油剂，如微粉硅胶、硅酸铝镁、交联聚维酮、碳酸钙等；或加入表面活性剂，改善片剂的润湿性，也可解决崩解问题。

（3）崩解剂的品种及加入方法选择不当、用量不足，或干燥不够等，均能影响片剂的崩解。应调整崩解剂的品种或用量，选用交联聚维酮、交联羧甲纤维素钠、羧甲淀粉钠等，并改进加入方法，如采用内外结合加法加入崩解剂，则利于崩解和溶出[29]。

（4）黏合剂的黏性太强，用量过多。颗粒间聚合力过强而影响崩解，可减少黏合剂用量或调换黏合剂品种，有的用水作黏合剂的品种可改用乙醇，以降低颗粒的坚硬性，扩大颗粒疏水的通道。但有时选用特定的黏合剂，一定范围内可改善中药片剂崩解，如选用共聚维酮作为中药分散片黏合剂，在一定范围内提高黏合剂用量可以加速崩解。

（5）含有较多中药浸膏的片剂，遇水后浸膏产生较强的黏性，聚集成团块，导致片剂崩解慢。在制粒时加入抗黏剂如微粉硅胶可以很好地解决，有时加入表面活性剂也有很好的效果。

（6）疏水性润滑剂用量过多。如硬脂酸镁用量过多，可减少用量或更换成滑石粉、二氧化硅等，或采用亲水性润滑剂，如月桂醇硫酸镁等。

（7）制粒的工艺不合适也是造成片剂崩解不合格原因之一。制粒的方法、所用的设备等也会造成崩解不合格，如干法制粒，由于二次压缩颗粒过硬，片剂孔隙和毛细管通道阻塞造成崩解不合格，只需改变制粒的设备与工艺即可。如改成高剪切湿法制粒即可解决，或改成流化床制粒崩解更快。

（8）颗粒过于坚硬，特别是浸膏类品种。在湿法制粒时，润湿剂加入过快，局部过湿产生质地坚硬的“僵颗粒”，会导致崩解时间延长。可减慢润湿剂加入速度，或雾化喷入，或使用高浓度乙醇溶液制粒。

（9）压片时压力太大，造成片剂过于坚硬。可在硬度合格的前提下降低压片力加以解决。

37. 什么叫叠片，产生的原因及解决办法有哪些？

叠片即两片药片压在一起。产生的原因及解决办法如下。

（1）压片时因黏冲或上冲卷边以致药片黏着在上冲，随着压片机的转动再继续压入装满颗粒的模孔中即压成双片。应解决黏冲（在本章第35题下论述），或更换新冲头。

（2）下冲出片时上升位置太低，没有将压成的片剂送出，而又将颗粒加入模孔中，重复加压成厚的片剂。一般都是下轨道磨损太严重或缺损或安装有误，应及时排除故障；调整或检修出片调节器。

注意：发生叠片都会发出震机的强烈响声，必须强行排除以免严重损伤机器。排除故障后，应手动转动3圈以上，无异常才能正常开车。

38. 片剂变色或表面花斑或表面不光洁怎么办？

在片剂生产中，工艺及操作问题使片剂颜色不符合其性状，片剂表面出现斑点也称为花片、花斑，主要是由颗粒造成的[30]。产生的原因及解决方法如下。

（1）粉末细度不符合工艺要求，中药的原料比较复杂，包括植物药材、矿物药材、干膏粉等，这些原料间有较大的颜色差异。并且与常用的填充剂如淀粉、糊精、微晶纤维素、乳糖等也有很大的颜色差异。因此，一般应将中药原料粉碎成细粉（100目），矿物类药物如朱砂、雄黄等应粉碎成极细粉（200目），在工艺上保证药物粉末混合均匀、含量正确。若粉末细度达不到标准，粉末不能充分混匀，则制粒干燥后压片时易产生花片。

（2）复方片剂中各味药粉相对密度、用量、颜色差异较大，而又没有严格按套色法或倍增法操作，使药粉不能充分混合、制粒、干燥，则压片后易产生花片。

（3）制粒时黏合剂没有充分搅拌均匀，特别是细粉根本未搅匀即取出干燥，压片后易产生花片。因此为了防止花片，必须搅拌充分。

（4）颗粒过硬，或有色片剂的颗粒松紧不匀则易产生花斑。制粒时将颗粒制得松软些，有色片剂多采用乙醇为润湿剂进行制粒，这样制成的颗粒粗细较均匀，松紧适宜，压成的片剂不容易出现花斑。

（5）中药浸膏片中的干浸膏粉往往颜色较深、黏性大、易结块，高剪切制粒时黏合剂溶液或润湿剂加入过快，局部过湿导致颗粒中有质地坚硬、色深的“僵颗粒”，从而压片时片面出现花斑。可缓慢加入黏合剂溶液或润湿剂，或者雾化喷入，或采用流化床制粒。干浸膏粉在粉碎过筛后必须在低温、干燥的环境下密闭保存，以防止结块。

（6）中药干膏粉与其他原辅料在流化床中混合制粒，若密度相差过大，则无法混合均匀，制得的颗粒也不均匀，压片时易出现花斑。用中药流浸膏喷入其他原辅料中制粒即可解决；此外，流化床制粒喷枪等故障也可导致颗粒不均匀，压片时出现花斑，可通过修理喷枪予以解决。

（7）颗粒干燥后添加挥发油没有充分渗透即开始压片而产生花片。这时应停止压片，一般须经 12 小时的渗透才能压片。压好的片剂有时经自然存放 12 小时以上也能解决此类花片问题。

（8）干颗粒添加细料，压片后会产生花片，如麝香、冰片等药物细粉细度不够或渗透时间不够。如麝香细粉添加后必须渗透 24 小时以上，渗透时间不足会产生黑点；冰片粉碎后不及时添加而产生重结晶会使片剂产生白点。冰片等易升华或挥发的成分，可用交联聚维酮、硅酸铝镁等多孔性成分吸附后加入颗粒压片。

（9）干燥时，有些颗粒易受温度影响而变色，并且没有及时翻动，压片后会产生花片。因此对一些容易变色的颗粒在干燥时必须及时多次翻动，防止色差造成花片。

（10）某些药物较易氧化或受空气、温度等影响容易变色，在生产过程中应特别注意。应根据品种的特点，在制粒、干燥、压片过程中进行避光和控制温度以确保药品不变色。

（11）中药片剂，尤其是浸膏片在制备过程中及压制成片剂后，引湿受潮和黏结，甚至霉坏变质引起片剂变色。应采取相应的防潮措施。

（12）在压片时，尤其是以中药全部细粉或部分中药细粉压制片剂时，由于原料带菌、细粉未经处理或经处理在生产过程中又重新被细菌污染使得片剂变色。在中药加工炮制前应尽可能灭菌。在制片过程中应严格按照 GMP 要求操作，以防染菌。

（13）压片时上冲油垢过多，随着上冲移动而落于颗粒中产生油斑。可适当减少润滑油用量，或在上冲头上装一橡皮圈以防油垢进入颗粒中，经常擦拭冲头和橡皮圈可克服。

39. 什么是蹦片，产生的原因及解决办法有哪些？

蹦片即片剂压制后前挡板推之跳起，也称跳片。原因及解决办法如下。

（1）下冲出片调节太低，下轨道质量有问题或严重磨损，或未调节好。应更换下轨道或重新安装调整其高度。

（2）前挡板安装不合适，装得太高或松动。应调整其与转盘距离，控制在 1～1.5mm 并拧紧螺丝。

（3）模圈装得不平、不到位或模圈孔内有杂物，模圈螺丝未拧紧。应按标准重新安装到位，一定要与转盘平齐。

（4）下冲短。应更换标准冲头。

（5）车速太快，出片时片子与挡板撞击过猛。放慢车速即可。

（6）黏冲。按黏冲方法解决。

（7）冲模飞边太大。应更换新冲模。

40. 压片时出现毛边、飞边及缺片如何处理？

压片时出现毛边、飞边及缺片的原因及处理办法如下。

（1）毛边由两方面造成：一是颗粒太硬、太粗或细粉过少，这时应改善颗粒的性质，增加颗粒可塑性和掌握颗粒与细粉的比例，一般应在 7∶3 左右；二是冲头的边太毛，应及时更换新冲模。此外，润滑剂用量不够也会引起毛边，应适当增加润滑剂用量。

（2）飞边是由于冲头和冲模严重磨损，特别是上、下冲头的边磨平，模圈内径放大造成飞边，这时应及时更换冲头和冲模；压片力过大也可造成飞边，可适当减小压片力。

（3）含水量过高，颗粒加压聚合时产生飞边。每一个品种都有它的特定含水量，应根据每一个品种的特性制定它的含水量标准。

（4）缺片一般不会发生，只有少装下冲时才会发生这种情况。发生缺片情况，转盘下肯定有大量颗粒，这时只需拉开电门即会发现。此外，刮粒器安装不正确也会造成缺片，应重新安装刮粒器。

41. 爆冲产生的原因是什么？产生爆冲后如何处理？

爆冲即在压片过程中，冲头发生开裂或爆碎。爆冲是因压力过大或上、下冲头质量问题而产生的。压力调节是指调节压片机上、下压轮间距离，距离越小压力越大，当压力超过冲头的承受力后即产生爆冲或冲头开裂，可见正规操作至关重要；另外，冲头的质量好坏也是造成爆冲的原因。冲头、冲模除了长度、直径有标准化外，还应有硬度标准，其洛氏硬度标准应为 HRC 58～62，中药片由于含纤维、矿物质、浸膏较多，颗粒较硬，冲头的洛氏硬度应掌握在 HRC 58～60 较为合适。

爆冲较多的发生在冲头的周边（快口），爆裂下来的小钢片往往散落于片剂的颗粒内，若不及时发现，随着压片的进行，钢粒或碎片就会与颗粒一起压入片剂中，从而造成严重的质量事故。爆裂的钢粒或碎片多有刃口，患者误服可能损伤胃肠道，甚至造成更严重的后果。因此发生爆冲后必须找到碎钢块片，并与冲头裂口吻合无误后才能算是问题已解决，否则有疑问的成品或半成品都应另行放置，以待妥善处理，防止与其他成品或半成品混淆而扩大事故面。由于中药片在压片过程中必须使用较大的压力，因此容易发生爆冲，除要选择质量较好的冲模外，压片时必须随时注意运转情况，发现异常声音及时检查，并经常查看片子有无局部厚边或缺边现象，以便及时发现，及时处理。

此外，片剂处方开发时可选择高效黏合剂，如羟丙纤维素、共聚维酮、聚维酮，羟丙甲纤维素等，使达到目标片剂硬度所需的压片力较低，避免爆冲事故发生。

42. 双流程压片机压片时两个加料斗流量差异大的原因是什么？如何调整？

目前生产上用旋转式压片机（多冲）也称双斗式压片机，其大都采用 ZP33 型双流程压片机[31]。双斗式压片机由于是双流程，因此加颗粒装置有两套，分别供给左压轮与右压轮压片，整个刮粒器分五格左右，当颗粒加入加料斗后，则慢慢地落入刮粒器第一格，再顺着刮粒器下的凹槽按顺序流入其余各格中，使颗粒均匀地填满模孔中，直至刮粒器最后一格将多余的颗粒刮去，以保证片重准确。而自加料斗流入刮粒器的颗粒速度应根据车速快慢和片重大小而决定，又和颗粒比重、加料斗的口径大小和加料斗与刮粒器的距离有关；加料斗的口径越大，加料斗与刮粒器距离越大，则颗粒流入刮粒器速度越快。因为是双斗和双刮粒器，当一只加料斗加料速度过快，颗粒流入刮粒器最后一格中，必将有多余颗粒流入另一个刮粒器中，从而使得另一个加料斗由于颗粒的增加阻碍了加料斗颗粒流入的速度，使两个加料斗的颗粒流速失去平衡，出现一个快一个慢的现象，即流量差异。这种情况一般都是两个加料斗与刮粒器距离不等和距离太大所造成的，只需调整其距离并保持一定的颗粒流速即可；其次加料斗由于年久损伤变形，特别是加料斗口变形，造成加料斗的口径有差别，影响颗粒流速。有时由于颗粒的流动性差也会造成流量差异，这时改善颗粒的流动性即可。

43. 如何克服中药浸膏片引湿或受潮问题?

中药浸膏片的浸膏或浸膏粉大都采用水提、水提醇沉或醇提等方法制得，因此决定了它具有引湿受潮的性质[32]，致使在压片过程中产生了诸如黏冲、软化、颗粒流动性差等各种工艺质量问题，下述克服方法可供参考。

（1）在不影响片剂安全、有效，服用剂量可接受的情况下，不片面追求醇提取和水提醇沉方法，从制剂处方设计和生产工艺上解决引湿受潮问题。

（2）在制粒时选择抗湿剂、吸湿剂作辅料，如微晶纤维素、微粉硅胶、淀粉等。

（3）制粒工艺可采取复制法，即先确定浸膏比重，然后将辅料混入搅拌均匀，干燥、粉碎、再制粒。实践证明可大大减小颗粒的引湿受潮性。

（4）裹法制粒。如用5%～10%丙烯酸树脂（4号）或乙基纤维素醇溶液制粒，使颗粒表面产生一种隔离层，增加抗湿性，但需要考虑对片剂崩解的影响。

（5）压片时应在室内增加除湿机去湿，同时应降低室内温度，一般都能取得良好的效果。

（6）良好的包装是解决吸潮非常有效的方法，可选择双铝包装、高密度聚乙烯瓶、玻璃瓶等，并放入干燥剂。

44. 什么是粉末直接压片？压片机应做哪些改进?

粉末直压法指将主药和适宜辅料（包括稀释剂、黏合剂、崩解剂、润滑剂）的粉末混合均匀，不经制粒、整粒等工艺过程，直接压制成片剂的方法。粉末直接压片工艺由于不需要按常规片剂工艺操作，省去了制粒、干燥、整粒等工序，所以它具有工时短、设备简单、节约能源、生产成本低等优点；同时，特别适合对湿、热敏感的药物片剂制备。

但用该法压片加入的赋形剂较多，一般只适用于主药含量少的小剂量片剂，而且对药物、赋形剂、压片设备均有如下要求。

（1）药物粉末应有一定粗细度，一般应控制在40～60目，需改进原料本身的物理性状，使其符合直接压片的要求。

（2）必须寻找黏性好、流动性好、可压性好以及载药量大的填充剂和干性黏合剂。

（3）全粉末直接压片时加料斗内粉末经常出现空洞，或流量出现时快时慢现象，以致产生片重差异不合格或松片。必须改进原压片机设备，使其适应全粉末直接压片的需要。如加料斗内须安装机械振荡器或电磁振荡器，必要时还应安装强迫加料器，使粉末均匀地流入加料器及模孔内。粉末中存在的空气较多时，压片机需要加大压力，同时还应减慢车速使受压时间延长。克服粉尘飞扬，安装吸尘器回收粉末。

中药片剂特点是主药含量多、辅料少、剂量大，根据粉末直接压片的要求和优缺点，中药复方片剂一般都难以采用粉末直压片工艺，要实现中药片剂的粉末直压片工艺还需进一步研究和探讨，但可从有效成分或有效部位的中药片剂开始。

45. 粉末直接压片常用的辅料有哪些?

粉末直接压片常用的辅料应具有良好的流动性或可压性，同时为达到崩解的要求，应选用适合的崩解剂[33]。

（1）具有良好流动性的填充剂

1）微晶纤维素：微晶纤维素有不同的规格，一般选择粗粒径的规格以达到良好的流动性，如 102、302 等。此外，微晶纤维素本身也有着优异的可压性[34]。

2）乳糖：乳糖也有不同的规格，喷雾干燥乳糖是由喷雾干燥工艺制得，呈球形，流动性好，可用于直压工艺。此外还有颗粒乳糖，粒径大，流动性好，也能用于直压。

3）甘露醇与山梨醇：喷雾干燥甘露醇和颗粒甘露醇都有着良好的流动性，可用于直压；颗粒山梨醇由于流动性好，可用于直压，并且山梨醇本身也有着优异的可压性。

4）预胶化淀粉：相对于普通的淀粉，预胶化淀粉有一定的可压性，流动性也较好，可用于直压。

5）碳酸钙与磷酸氢钙：颗粒规格的碳酸钙与磷酸氢钙堆密度大，流动性较好，可用于直压。

6）复合辅料：微晶纤维素与微粉硅胶、乳糖与纤维素、乳糖与淀粉等复合辅料都有着良好的流动性，并且可压性也有一定的改善，可用于直压。

（2）可用于直压的黏合剂：在直压时，黏合剂没有像润湿剂那样诱发粉末的黏性，它的黏性是在受压时所产生的热诱发的。因此，用于直压的黏合剂一般玻璃化温度较低。

1）羟丙纤维素：是纤维素骨架上的羟基经羟丙氧基取代得到的纤维素衍生物，玻璃化温度低于 0℃，受压时极易产生黏性，是优异的干性黏合剂。一般选择低分子量、细粒径规格，如 Klucel EXF，粒径小于 100μm。同时，因为其具有天然良好的韧性，所以也是解决裂片的优异黏合剂。

2）共聚维酮：是由乙烯吡咯烷酮和乙烯乙酸酯按 3∶2 的比例形成的共聚物，其玻璃化温度约 106℃，并且是经喷雾干燥制得的粉体，粒径细，也是优异的用于直压的干性黏合剂。

3）乙基纤维素：乙基纤维素中有一个用于直压的特殊规格，Aqualon T10。不同于 N 系列的乙基纤维素（其一般用于包衣），T10 规格乙氧基取代度高，玻璃化温度低，并且 T10 是低分子量规格，相对高分子量规格的乙基纤维素玻璃化温度低（120～125℃），同时，较细的粒径使之成为优良的直压黏合剂。此外，乙基纤维素是疏水性聚合物，不会水化形成凝胶，因此不会影响片剂的崩解。

（3）助流剂

1）微粉硅胶：呈球状，有着优异的助流效果，一般用量在 1% 以下，用量过大反而对流动性有负面影响。

2）氢氧化铝凝胶：本品为极轻的凝胶粉末，在显微镜下观察其形态为极细小的球状聚合体，表面积大，并有良好的可压性，和原辅料混合后以无数小球体分布于原辅料周围而起助流作用，并使原来疏松的原辅料排列紧密，体积缩小，而且增加了原辅料的黏性。所以本品常作为粉末直接压片的助流剂和干燥黏合剂。

3）此外，氧化镁也可用作某些片剂的助流剂，用量为1%～2%。

（4）崩解剂：目前常用的三大超级崩解剂为交联聚维酮、交联羧甲纤维素钠和羧甲淀粉钠。羧甲淀粉钠是光滑的球形粒子，流动性最好，可压性较差；交联羧甲纤维素钠是枝状，流动性最差，有一定的可压性；交联聚维酮是粗糙的多孔结构粒子，有一定的流动性，可压性最佳。

46. 中药浸膏粉能制成泡腾片吗？制备方法有哪些？

泡腾片是以适宜的酸和碱为崩解剂，遇水后二者发生化学反应释放出二氧化碳气体而崩解的片剂。只要化学性质稳定，溶解性能好，不与酸碱反应的中药可根据临床需要制成泡腾片，如大山楂泡腾片等。

泡腾片的制备方法一般有5种。

（1）湿法制粒：将酸和碱分别与其他原辅料混合制粒，充分干燥。在压片前，将酸性颗粒和碱性颗粒均匀混合。

（2）非水制粒：将处方中组分用非水液体（乙醇、异丙醇等）溶解，与其他原辅料混合均匀制粒。

（3）直接压片：选择合适的组分将混合物直接压片，而省去制粒步骤。需仔细选择原料品种及规格，以得到流动性和可压性好的混合物。

（4）干法制粒压片：用滚压法或重压法制粒后压片。

（5）用枸橼酸水合物代替无水物压片：控制制粒的水分含量以便部分成分溶解形成颗粒。为达此目的，通常用适量的枸橼酸水合物代替无水物，当该混合物加热时，即释放出结晶水，事实上控制释放出的结晶水比制粒时加入的水量易操作，湿润的颗粒立即压片，然后将片剂干燥。

泡腾片生产过程中必须严格防止水分的吸收，故制粒与压片车间要控制空气的湿度与温度。建议相对湿度为20%～25%，温度为18～21℃。这需要运用一系列设备才能达到这一条件，所以，控制的场所要越小越好。用蒸发水分的方法很容易达到所需的空气湿度。为使操作人员适应生产环境，温度应控制在15～25℃，这样还避免低熔点物质软化，如聚乙二醇[25]。

47. 泡腾片常用的辅料有哪些？

泡腾片常用的辅料及其相关性质如下[35]。

（1）泡腾崩解剂：泡腾崩解剂一般由有机酸和各式碳酸盐组成，常用酸有枸橼酸（柠檬酸）、酒石酸、富马酸（延胡索酸）、己二酸、苹果酸、水溶性氨基酸、酸式盐类（枸橼酸二氢钾、酒石酸氢钾、富马酸钠等）等；常用碳酸盐（二氧化碳源）有碳酸钠、碳酸氢钠、碳酸钾、碳酸氢钾、碳酸钙等。常用的泡腾崩解剂为枸橼酸和碳酸氢钠、碳酸钠及碳酸氢钾。值得推荐的二氧化碳源为碳酸钠：碳酸氢钠（1∶9）。酸与产气物的化学数量比，枸橼酸与碳酸氢钠的比例是 0.76∶1，有的则认为溶解最快的比例是 0.6∶1。酸的用量往往超过理论用量，以利于稳定及适口。

（2）黏合剂和润湿剂：制粒可用水、无水乙醇、聚维酮（PVP）的水溶液或不同浓度的乙醇溶液、糖与多元醇的糖浆、聚维酮与聚乙酸乙烯酯的共聚物、聚乙二醇（12 000～20 000）、异丙醇或乙醇溶液、聚乙二醇（4 000～6 000）等作黏合剂或润湿剂，也有人提出甘氨酸可作干燥黏合剂。

（3）甜味剂：口服泡腾片可加甜味剂，可用的甜味剂有糖、糖精钠（钙）、甜蜜素、蛋白糖、环己烷氨基磺酸（钠）、天冬酰胺、甘草皂苷、醇糖及新型甜味剂阿斯巴甜（aspartame）。通常天然甜味剂的用量不超过 5%，人造甜味剂的用量不超过 1%，一般环己烷氨基磺酸特别适用于泡腾片，因其游离的酸可作为酸源的一部分。

（4）润滑剂：硬脂酸镁（钙）、十二烷基硫酸镁、微粉化的聚乙二醇（4 000～6 000）、氢化植物油、硬脂酸钠、苯甲酸钠（钾）等均可作泡腾片的润滑剂。若泡腾片的主药为可溶性，应尽可能选用适宜的水溶性润滑剂。

（5）矫味剂：薄荷脑、各种香精、肉桂及各种果味料，一般用量为 0.5%～3%，其中喷雾干燥的矫味剂效果最理想[25]。

48. 舌下片如何设计，常用的辅料与工艺有哪些？

舌下片是一种置于舌下或颊腔使用的片剂。使用时在唾液中徐徐溶解，药物通过口腔黏膜迅速吸收，被吸收的药物直接进入体循环，分布至全身，无首过效应，呈现速效作用[36]。

药物的油水分配系数高者适于制成舌下片，其在口腔黏膜中吸收良好，反之则吸收缓慢甚至不吸收，硝酸甘油的油水分配系数高，所以适于制成舌下片使用。药片的 pH 与口腔黏膜吸收也有关系，当 pH<5 时吸收较好，所以舌下片处方设计时应考虑 pH，药物溶于唾液后以 pH<5 为宜。如果药物的臭味使人难以接受，经矫味、矫臭后仍无大的改变，则不宜舌下给药。舌下片在口腔内不崩解，但可徐徐溶解，处方中不应有刺激唾液分泌的成分，以免很多药物随唾液被吞下。剂量较大的药物不适于制成舌下片，一般剂量在 10mg 以下者才可考虑制成舌下片。

舌下片常用的稀释剂有淀粉、蔗糖、微晶纤维素、甘露醇、葡萄糖、乳糖（β 型比 α 型更为易溶）、聚乙二醇等，润湿剂常用不同浓度的乙醇溶液或其他溶剂。可用缓冲剂调节 pH。为了增加其稳定性，也常加亚硫酸钠等抗氧剂[37]。

制备工艺可采用湿法制粒压片法、干法制粒压片法及直接压片法。

五、片剂质量控制常见问题解析

49. 生产企业如何控制片剂的质量？

除个别片剂品种另有特别规定外，生产企业应对以下项目进行检测，并应符合相关定[1]。

（1）外观性状：色泽一致、光洁美观。符合企业内控标准。

（2）重量差异：符合《中国药典》规定，即片剂的平均重量<0.30g，片剂的差异限度为±7.5%；片剂的平均重量≥0.30g，片剂差异限度为±5%。另外，糖衣片应在包衣前检查片芯的重量差异，符合规定后方可包衣，包衣后不再检查片重差；薄膜衣片应在包薄膜衣后检查重量差异；再者，凡检查含量均匀度的片剂，一般不再进行重量差异检查。

（3）崩解时限：符合《中国药典》或《国家食品药品监督管理局国家药品标准》（简称《局颁药品标准》），即凡《中国药典》规定检查溶出度、释放度或分散均匀性的片剂，如口含片、咀嚼片等，不再进行崩解时限检查。一般崩解限度的要求如：普通片剂15分钟，薄膜衣片30分钟，中药薄膜衣片1小时，糖衣片1小时。

（4）硬度：符合企业内控标准。

（5）含水量：符合企业内控标准。

（6）微生物限度：片剂的微生物检测按照2020年版《中国药典》四部通则"非无菌产品微生物限度检查"：微生物计数法（通则1105）和非无菌产品微生物限度检查：控制菌检查法（通则1106）及非无菌药品微生物限度标准（通则1107）进行检查，应符合规定。规定检查杂菌的生物制品片剂，可不进行微生物限度检查。

（7）含量准确：符合《中国药典》等国家药品标准，即含量均匀度指小剂量制剂应符合标示量程度，按照2020年版《中国药典》四部（通则0941）含量均匀度检查法进行检查。每片的标示量<25mg或是每片主药含量小于每一个单剂重量25%者，均应检查含量均匀度。

（8）鉴别：符合《中国药典》等国家药品标准。

（9）溶出度和生物利用度：符合《中国药典》规定，即根据原料药物和制剂特性，除来源于动植物多组分且难以建立测定方法的片剂外，溶出度、释放度均应符合要求。另外对于难溶性药物而言，片剂的崩解时限合格却不一定能够保证药物的溶出合格，因此，溶出度检查更能体现片剂的内在质量，同时测定了溶出度的品种无须再检查崩解时限。

（10）在规定的贮存期内不变质：符合企业内控标准。

为保证片剂各项质量指标符合药典规定，企业应制定高于《中国药典》规定的各项质量指标的内控标准，如含量标准、重量差异、硬度、崩解时限、溶出度、微生物限度等指标。

50. 片剂硬度不合格怎么办？

片剂应有足够的硬度，以免在包装、运输等过程中破碎或被磨损等，以保证剂量准确。片剂破碎有两种情况：①片剂破碎时沿着颗粒或结晶的表面而裂开，片剂破碎后颗粒仍保持完整，表明颗粒（结晶）间的结合力小于颗粒（结晶）本身的强度；②片剂破碎后，原来的颗粒已碎，表明颗粒强度不够，颗粒（结晶）间的结合力大于或等于其本身的强度。

中药片剂硬度不合格主要有以下几点：①中药的药物成分复杂，如纤维素、淀粉、糖类、树脂、树胶等，这些化学成分如果处理得当尚能起到赋形剂的作用，如果不对中药材的性质做具体分析，全部把它磨成细粉，再加入黏合剂，就会使片剂硬度不合格；②加入黏合剂或赋形剂的种类以及比例不对，也会造成片剂硬度不合格；③采用颗粒压片时，颗粒的大小以及颗粒中的水分不达标都会造成片剂硬度不合格，以及压片设备的压片参数不对同样会造成片剂硬度不合格。

影响片剂硬度的因素及改善硬度的方法包括有以下方面。

（1）原辅料的弹性很强时，当压力解除后，因压缩而发生的变形趋向恢复到原来的形状，使全部或部分的结合力瓦解，不能压成有足够硬度的片剂。此时可加入易发生塑性变形的成分，换用黏性更强的黏合剂或增加黏合剂用量来解决。例如中药片剂的药材细粉中纤维素含量过多，由于这些药材弹性大，黏性小，容易降低片剂的硬度，因此将此类型药材中的有效成分提取浓缩，参与颗粒的制备，这样可以大大降低颗粒的弹性，提高颗粒的可压性，进而提高片剂硬度；或者制剂中的药材全部提取成浸膏，将浸膏干燥后粉碎成浸膏粉，而这些浸膏粉中大多含树脂、树胶、糖类、蛋白质等黏性很强的成分，将这样的浸膏粉制粒后，在压片时黏性太大就会出现黏冲现象，这类片剂的硬度太大，因此将其中部分含纤维性强的原药材打成细粉后再混入浸膏中制软材、制粒、压片，便能获得满意的效果。

（2）一般压力越大，粒子间距离越近，结合力越强；所有的原料都有或多或少的弹性，压力超过弹性限度后产生塑性变形，使粒子间的接触面积增大，结合力增大。此外，压力大致颗粒破碎，产生许多未被污染的表面，表面能增大，有利于片剂的结合。所以在一般情况下，压力越大，片剂的硬度越大。因此，片剂硬度不合格时可采用加大压片机压力的方法解决。

（3）加压时间对片剂的硬度影响很大。当压力与配方都相同时，如果压缩速度太快，物料弹性变形的比例会增大，使片剂的硬度降低；反之如果延长压缩时间或延长最大压力持续时间，可使塑性变形的比例增大，增加片剂的硬度。因此，降低压片机转数，将一步压缩改为二步压缩或三步压缩可提高片剂硬度。

（4）原料的粒子小，比表面积大，所以结合力强，压出的片剂硬度大。

（5）润滑剂黏附在颗粒表面上，能削弱颗粒之间的结合力而降低片剂的硬度。当颗粒中加入润滑剂的量相同时，在一定范围内混合的强度越大或混合的时间越长，片剂的硬度越低。可通过减少润滑剂用量和缩短混合时间加以解决。当颗粒硬度较小时，压缩时易于破碎而产生较多的未被润滑剂黏附的表面，此时润滑剂对片剂硬度的影响相对较小；反之，如果颗粒的硬度大，压缩时不易破碎，则润滑剂对片剂的硬度影响大。故制粒时改进制粒工艺以使颗粒硬度降低，可改善片剂硬度。滑石粉或其他硅酸盐类助流剂，可干扰润滑剂对片剂硬度的影响。某些片剂的硬度因加入硬脂酸镁而降低，但同时又加入微粉硅胶，其硬度降低的程度减小，而且加入量越大，片剂受硬脂酸镁的影响越小。故可采取相应方法改善片剂硬度。

（6）黏合剂的品种不同，黏度不同，黏合力也不相同，所以用不同的黏合剂制成的片剂硬度也不相同。并且，硬度也与黏合剂的用量有关。因此，可通过增加黏合剂用量或更换黏合剂品种来增大片剂硬度。

（7）颗粒水分偏低，弹性大，压出的片剂硬度低。可增加颗粒含水量，当水分存在于颗粒中，压缩时水分通过颗粒孔隙结成的毛细管被挤压到颗粒表面形成薄膜，可起到润滑作用，从而改善力的传递，增加片剂的硬度；另外，原料中水溶性成分含有水时，压成的药片失水可使可溶性成分重结晶而在粒子间架上固体桥，并增大片剂的硬度。

51. 片剂中药物的溶出度不合格怎么办？

片剂口服后，经过崩解、溶出、吸收产生药效，其中任何一个环节发生问题都将影响药物的实际疗效[3]。片剂口服后，首先在胃肠道中崩解成细小的颗粒和细粉，再溶出有效成分。对于难溶性药物的制剂来说，溶出是吸收的限速过程之一。有的片剂虽然能很快崩解，但其中的有效成分难以溶出，不能很好地吸收和分布，从而影响药物疗效的发挥。因此，控制药物溶出度是非常必要的。

影响药物溶出的因素很多，应具体情况具体分析[4]。

（1）辅料对溶出的影响：在片剂制备过程中常需要加入稀释剂、黏合剂、崩解剂、润滑剂等辅料。当片剂口服后，片剂的辅料可与药物或胃肠液发生某些作用而影响其溶出，例如：①片剂中加入疏水性辅料，能使整个片剂的疏水性增强，使崩解和溶出介质不易透入片剂的孔隙中。因此，疏水性辅料可影响片剂的崩解和溶出。即使是易溶性药物的溶出，也受疏水性辅料的影响，所以可适当减少疏水性辅料的用量，加入亲水性辅料或表面活性剂，改善片剂的润湿性，提高片剂的溶出度。当疏水性润滑剂的用量增大时，对溶出度的影响随之增强；当用量相同时，随着混合时间的延长，其溶出度变差，可采取相应方法解决。②水是具有黏性的辅料，可使片剂崩解和溶出的性能变差，可能是辅料遇水产生了具有较大黏性的胶状溶液包围在药物颗粒表面，阻碍了水分的渗入和有效成分的扩散。黏合剂的品种和用量对药物的溶出也有影响，当黏合剂的黏性强，用量大，压得的片剂硬度大，崩解慢，溶出也困难。当用纤维素衍生物为片剂辅料时，应注意其热胶凝的特性，例如甲基纤维素在温度较高时形成凝胶，使溶出变慢。

（2）采用溶剂分散法，有利于溶出：将量小的药物先溶于适宜的溶剂中，再与稀释剂混合均匀，然后挥散除去溶剂。这样的混合方法能将小剂量的药物在稀释剂中分散得很均匀，呈分子分散，干燥后形成微小的结晶，药物的比表面积大，利于溶出。

（3）难溶性药物与水溶性稀释剂共同研磨可改善溶出度：难溶性药物单独粉碎时，随着粒径的减小，比表面积增大，表面能增大，易发生聚集，并且疏水性药物的粒子减小，比表面积增大，使制剂的疏水性增强，制粒润湿困难。如果将药物与较多的水溶性稀释剂共同研磨，由于稀释剂的用量多，可以吸附在难溶性药物粒子表面，因此既可以防止药物粒子相互凝结，同时水溶性辅料也能迅速溶解而使药物的细小粒子暴露到溶出介质中，加速其溶出。

小剂量的药物与微晶纤维素共同研磨，对药物的溶出度及某些药物的稳定性都有较大的改善作用。其原因之一是药物的粒子变小，使药物以分子或微小的分子聚集体为单位被微晶纤维素包裹起来，微晶纤维素的粒子则以氢键相互联结起来，所以可看作药物在微晶纤维素中的溶液，但药物分子在此系统中不能移动位置，有人将此称为熵冻结溶液。当此系统遇到水时，微晶纤维素分子间的氢键迅速断开，可加快其溶出。研磨能使药物溶出加快的另一个原因是药物的晶型因研磨而发生变化，实验证明微晶纤维素经持久的研磨后，其结晶度降低，在药物表面有一层溶解度大的无定型物；或因研磨而使晶格畸变，表面活化能增大。

（4）适当缩短湿法制粒的混合时间可改善溶出度：湿法制粒时，混合时间延长，软材的黏性大，颗粒粗硬，制得的药片硬度大，崩解慢，溶出也就相应变慢，故应适当缩短混合时间。但有时混合强度增大或湿混合时间延长，可将药物分散得更好，也可加快其溶出。

（5）降低压片力，可使溶出加快：在一般情况下，压片力越大，片剂的硬度越大，片剂的毛细管少，崩解慢，溶出变慢。因此，在保证片剂硬度满足质量要求的前提下，应尽量降低压片力。但需注意，有的药物在压缩过程中，在一定的范围内压力越大，片剂的比表面积越大，而比表面积增大可使溶出加快。

（6）制成固体分散体，可加快片剂的溶出。

（7）此外，片剂包衣后往往使崩解和溶出变慢，应引起注意；片剂经过贮存后，尤其在贮存温度和相对湿度都较高的环境中，其溶出度往往变差，应注意贮存环境。

52. 片剂重量差异不合格怎么办?

片剂重量差异不合格指所压片剂超过了药典规定的重量差异范围。2020 年版《中国药典》规定：平均片重或标示片重在 0.3g 以下，重量差异限度为 ± 7.5%；平均片重或标示片重在 0.3g 或 0.3g 以上，重量差异限度为 ± 5%。此外，薄膜衣片也需检查重量差异。片重差异不合格主要有以下两点原因：①待压混合物的流动性差或粒径悬殊，在压片时流速不一，使待压混合物填充模圈时多时少，引起重量差异；②压片机械是否存在问题，如下冲上下是否灵活，压力参数是否准确以及模具精度是否准确等[5]。

片剂重量差异不合格产生的原因及解决办法如下。

（1）颗粒粒度差异大，压片时颗粒的流速不一，以致使填入模孔的颗粒量不均匀等造成片剂重量差异不合格。可筛去过多的细粉或将过粗颗粒适当粉碎后再掺入颗粒中，混匀压片。

（2）拉冲时下冲运行不灵活，不能下降位移至调节好的距离，致使颗粒填充量不够，造成片重偏轻。应逐个检查冲模，找出拉冲的冲模，将其拆下并清洗冲杆、冲杆孔及模圈。

（3）颗粒存放一段时间后产生结块，堵塞料斗以及刮粒器，致使模圈内颗粒填充不够而片重偏轻。一般此结块较松散，用 32 目筛网过筛即可。

（4）黏性、引湿性强的药物颗粒流动性差，颗粒过细且过湿时流动性差，填充不均匀而使片重差异超限。可重新制粒或加入助流剂。

（5）润滑剂用量不足或混合不匀，亦会使颗粒的流速不一致，导致片重差异大。应适量增加润滑剂，并充分混匀。

（6）双流程压片机的两个加料斗加颗粒的速度不一致，使得颗粒填充不均匀造成片重差异超限。可调整加料器以解决之。

（7）加料器内颗粒过多或过少往往也影响片重差异。可根据具体情况解决。

（8）冲模磨损或模圈安装过低，造成颗粒填充不均匀而片重超限。应更换或重新安装冲模。

（9）计算机控制的压片机，与片重控制有关的参数范围设置过大，也会造成片重差异超限。应调整有关参数。

（10）压片时，若片重既有超过重量差异上限，又有超过重量差异下限的情况，则可手动转盘，称量每一对冲模压出的药片。将压出药片偏重和偏轻的下冲调换位置可解决。

此外，中药浸膏片或半浸膏片由于含水量较高，质地不是很紧密，在薄膜包衣过程中，由于长时间受热水分蒸发，极易出现“越包越轻”的现象，最终导致片剂的重量差异不合格。应在薄膜包衣过程中采取相应方法解决。

53. 片剂含量均匀度不合格怎么办?

含量均匀度指小剂量片剂中的单片含量偏离标示量的程度。凡检查含量均匀度的品种，不再检查重量差异。所有造成片重差异过大的因素，均可造成片剂中药物含量的不均匀；此外对于小剂量的药物来说，混合不均匀和可溶性成分的迁移是片剂含量均匀度不合格的两个主要原因[6]。

片剂含量均匀度不合格的原因及解决方法如下。

（1）片剂中的各成分混合不均匀，具体有如下 2 种情况和解决方法。

1）片剂中各种成分的量相差较大，直接混合一般不能混合均匀。这时可采用等量递增法（配研法）混合，一般可混合得较均匀，但若含量波动仍然较大，可用溶剂分散法，即先用适宜溶剂溶解量小组分，再将其渗入其他组分中混合均匀；也可采用原辅料混合后粉碎，再过筛混合，并增加干混时间。

2）片剂中各成分粒子大小相差太大时也不易混合均匀，在混合过程中易“分层”。因此，在混合之前应经过粉碎、过筛，使各成分的粒子大小一致。并且，经粉碎后的粉末粒子表面粗糙，则粒子间的摩擦力较大，混合均匀后不易再分离，有利于保持均匀状态，所以在生产中，粉碎、过筛、混合 3 个基本操作对保证片剂的均匀度是十分重要的。

（2）可溶性成分“迁移”造成含量不均匀。可溶性成分迁移指混合均匀的湿颗粒在干燥过程中，颗粒表面的水分不断被汽化，颗粒内部的水分就会向表面扩散，溶解在其中的可溶性成分也会随之迁移到颗粒表面，可溶性成分就会在颗粒表面富集，而颗粒内部的可溶性成分就会减少，从而造成可溶性成分在颗粒中的分布不均匀，可溶性成分的迁移是造成片剂含量不均匀或着色片色泽不均匀的重要原因，解决方法如下。

1）干燥方法对可溶性成分的迁移有影响。采用烘房干燥颗粒时，颗粒之间相互接触，上层颗粒中的水分被汽化，下层颗粒中的水分就会向上层颗粒扩散，从而造成可溶性成分在颗粒间的迁移；采用流化床干燥颗粒时，颗粒之间并不紧密接触，可溶性成分不会在颗粒间迁移，但仍会在颗粒内部迁移，颗粒内外的可溶性成分分布不同。可采用微波干燥，水分在颗粒内部汽化，能减少可溶性成分的迁移。

2）增加与可溶性成分亲和力大的辅料用量，可防止或减少迁移，但此时药物的溶出和吸收也将受到影响。

（3）此外，原辅料吸潮对混合的均匀度也有影响。因此，应避免其吸潮。

参考文献

[1] 李延年，伍振峰，万娜，等. 中药片剂成型质量影响因素研究现状及问题分析[J]. 中国中药杂志，2018，43(8)：1547-1553.

[2] 崔宝国. 药用辅料在制剂中的应用[D]. 济南：山东大学，2007.

[3] 方舟，黄凤林，罗来福，等. 乙基纤维素用作药物载体的研究进展[J]. 化工设计通讯，2019，45(8)：204-205.

[4] 孟新宇，吴尚刚，贾存江，等. 高效片剂崩解剂在药物片剂中的应用[J]. 中兽医医药杂志，2002，21(2)：45-46.

[5] 危华玲. 羟丙基纤维素在片剂方面的应用[J]. 中国药业，2002，11(5)：59-60.

[6] 代琴，郑兴，姚旭，等. 口腔崩解片辅料选用研究[J]. 中国医药指南，2013，11(7)：463-466.

[7] 金云隆，冯松浩，张铁军，等. 中药口腔崩解片的研究进展[J]. 中草药，2018，49(22)：5456-5462.

[8] 郭留城，杜利月，王飞. 硝苯地平咀嚼片的制备工艺研究[J]. 中国药房，2014，25(13)：1199-1201.

[9] 于亮，马飞. 片剂及其生产过程中常见问题和处理方法[J]. 机电信息，2009(8)：46-50.

[10] 卢鹏伟，王建涛，杨晓晨，等. 影响中药片剂成型质量和微生物限度的因素分析[J]. 机电信息，2014(2)：43-46.

[11] 岳国超，严霞，赵映波，等. 湿法制粒工艺参数对颗粒成型性的影响[J]. 中南药学，2015，13(6)：587-590.

[12] 尹华，张春霞，王知青，等. 芪参健骨颗粒的制剂工艺研究[J]. 中华中医药学刊，2011，29(3)：465-468.
[13] 尤毅明，董宝安，用可压性淀粉解决咳必清压片黏冲问题[J]. 中国药学杂志，1992，(27)：294.
[14] 黄生武，汤波，朱立华. 五味安神颗粒干法制粒工艺优化研究[J]. 湖南中医杂志，2018，34(9)：173-175.
[15] 江宝成. 固体制剂不同制粒方法的常见问题及特点分析[J]. 机电信息，2018(29)：39-42.
[16] 谢丽新. 流化床一步制粒机在制药行业的应用[J]. 黑龙江中医药，2010，39(4)：45.
[17] 樊佳琪. 低能耗热泵厢式干燥装置的研究[D]. 天津：天津科技大学，2019.
[18] 潘拥，朱宝康. 真空低温连续带式干燥在黄葵胶囊中间体稠膏干燥中的应用研究[J]. 机电信息，2018(23)：25-28，46.
[19] 陈磊，梁毅. 国外流化床制粒机的最新动态观察与探讨[J]. 机电信息，2010(32)：43-45.
[20] 李慧，周里欣. 微波干燥技术在浓缩丸生产中的应用[J]. 中国实验方剂学杂志，2011，17(19)：47-50.
[21] 马飞. 压片机现状及发展方向浅析[J]. 机电信息，2009(23)：18-21.
[22] 安振华. 喷雾干燥技术的应用综述[J]. 中国粉体工业，2020(4)：1-3.
[23] 马飞. 压片机现状及发展方向浅析[J]. 机电信息，2009(23)：18-21.
[24] 王楠. 解决片剂裂片问题方法探究[J]. 世界最新医学信息文摘，2016，16(4)：140，142.
[25] 陶学仁，付刚剑，张礼仲. 高取代羟丙纤维素对深凹形片剂裂片的影响[J]. 江西中医药，2014，45(11)：64-65.
[26] 吴季超. 用于直接压片工艺辅料的研究进展[J]. 黑龙江医药，2015，28(1)：95-97，98.
[27] PARTHIBAN A，SRIMANTA S，CELINE V L，et al. Influence of the punch head design on the physical quality of tablets produced in rotary press[J]. J Pharm Sci，2017，106(1)：356-365.
[28] 戴子渊，石城存，朱全刚，等. 粉末直接压片过程中出现黏冲的原因及解决方法的探讨[J]. 药学服务与研究，2014，14(3)：180-183.
[29] 张月星，郃彬. 中药复方降脂片压片工艺研究[J]. 内蒙古中医药，2012，31(5)：139-140.
[30] 林炎海，杨雪莲. 压片时可能发生的问题及解决办法[J]. 机电信息，2009(29)：40-43.
[31] 林湘玉. 制药压片机的特性与选择[J]. 海峡药学，2014，26(2)：29-32.
[32] 杨玉峰. 部分中药糖衣片受潮变色因素的探讨[J]. 中国中药杂志，1989，14(1)：34-35，51.
[33] 李金枝，冯金瑞，何恬，等. 粉末直接压片技术及其辅料的应用与研究现状[J]. 中国新药杂志，2015，24(21)：2467-2470，2498.
[34] 蔡杰，顾王文，丁亚萍. 微晶纤维素共处理辅料的粉体学性质及在直接压片工艺中的应用[J]. 中国医药工业杂志，2018，49(8)：1136-1141.
[35] 田秀峰，边宝林. 中药泡腾片及工艺研究进展[J]. 中国中药杂志，2004，29(7)：624-627.
[36] 梁硕，李超英. 舌下给药研究进展[J]. 长春中医药大学学报，2016，32(6)：1309-1311.
[37] 包强，刘效栓，李喜香，等. 中药固体速释制剂及其工艺设计研究进展[J]. 中国药房，2013，24(43)：4108-4111.

（管咏梅　刘怡　陈逸红　伍振峰　董自亮　邓黎）

第六章　丸剂成型技术

丸剂指中药细粉或中药提取物加适宜的黏合剂或辅料制成的球形或类球形制剂，分为水丸、蜜丸、糊丸、蜡丸、浓缩丸和微丸等类型。丸剂是中成药中古老剂型之一，早在《五十二病方》中已出现了丸剂的名称。其后在《黄帝内经》中又有“四乌鲗骨一藘茹丸”的记载[1]。早期的丸剂是在汤剂应用的基础上发展起来的。汉代张仲景在总结前人经验的基础上，首先提出应用蜂蜜、糖、米粉糊及动物胶汁作丸剂的赋形剂，为丸剂的制备、应用与发展提供了物质条件，为历代医家广泛应用，使丸剂在制备和种类上亦有不少发展。在《伤寒杂病论》和《金匮要略》等医药著作中最先有用蜂蜜、淀粉糊等作黏合剂制丸的记载。金元时期始创丸剂包衣，随后历朝历代均有关于制丸方法的记载，并不断得到完善。

传统丸剂的制备主要是以中药材粉末作为原材料，随着新辅料、新技术、新工艺的开发，有些丸剂已将部分或全部药材粉末改为药材提取物（如浸膏、浸膏粉），甚至有效部位，这既减少了服用剂量，又增加了丸剂的稳定性，也提高了制剂的可控性。

辅料是丸剂生产中的重要组成部分，主要包括赋形剂、附加剂等。其作用有：使丸剂成型或充当载体、稳定药物、调控释药速度、改变药物性能等。辅料的选择对丸剂的释药速度和生物利用度会产生不同的影响。

1. 丸剂的特点及分类有哪些？常用的制备方法是什么？

（1）丸剂的优点：①溶散、释放药物缓慢，可延长药效，缓解毒性、刺激性，减弱不良反应，多用于治疗慢性疾病或病后调和气血者；②服用方便；③制法简便，适用范围广，如固体、半固体、液体药物均可制成丸剂；④可掩盖不良气味；⑤可较多容纳黏稠性药物，贵重、芳香不宜久煎的药物宜制成丸剂。

丸剂的缺点：①由原药材粉末加工而成的丸剂易污染微生物，成品较难符合我国药品卫生标准；②剂量较大，儿童服用困难；③丸剂生产操作不当易影响溶散能力。

（2）分类

1）按制备方法分类：①塑制丸，如蜜丸、糊丸、浓缩丸、蜡丸等；②泛制丸，如水丸、水蜜丸、浓缩丸、糊丸等；③滴制丸（滴丸）。

2）按赋形剂分类：水丸、蜜丸、水蜜丸、糊丸、蜡丸等。

目前，泛制法、塑制法为丸剂传统的制备方法。近年来，挤出滚圆制丸法、离心造丸法、流化床喷涂制丸法等也随之出现，运用固体分散技术制备滴丸的滴制法也不断发挥着重要作用。

2. 丸剂的粉末细度和丸剂的质量有何关系？

2020 年版《中国药典》一部规定了 6 种粉末规格：最粗粉、粗粉、中粉、细粉、最细粉、极细粉。药典规定生产丸剂的中药粉末应为细粉或最细粉，其粉末要能全部通过五号筛并含能通过六号筛不少于 95% 的粉末，或其粉末要能全部通过六号筛并含能通过七号筛不少于 95% 的粉末，否则丸剂成型后就容易在药丸表面出现过粗的中药纤维或颗粒。

中药丸剂的生产，几乎都会将处方内全部或部分药物粉碎成中药粉末，所以丸剂的粉末细度与丸剂的质量有着密切关系。由于粉末的细度不符合工艺要求，可能产生以下种种质量问题：

（1）外观色泽不匀、粗糙：粉末的细度和均匀度是影响外观色泽的重要因素之一，粉末细度未达到工艺要求，造成粉末混合不均匀，使丸剂在成型、干燥后，其丸面外观色泽不均匀而且粗糙，甚至影响药物的溶出。所以，首先要保证药物的粉末细度和均匀度一致。如果处方中有纤维性强（如黄芪、甘草、黄柏等）、黏性强（如阿胶、龟甲胶、乳香、没药等）、质重（如自然铜、磁石、龙骨等）的药物时，要有合适的粉碎方法，必要时应对粉末进行适当筛分或混合均匀，使处方药物的粉末细度和均匀度一致。

（2）溶散时限不合格：片面追求丸面光洁度，随意提高粉末的细度标准，将造成溶散时限超标。

虽说中药丸剂的溶散释药过程较复杂，作用机制尚不十分清楚，但显然与丸粒表面的润湿性、毛细管作用、膨胀作用及溶化作用等密切有关。就水丸而论，丸粒成型时粉粒相互堆集，形成许多不规则的毛细管和孔隙，在干燥时这些孔隙是丸粒水分自内向外扩散的通道，在溶散时其又是水分由外向内渗透的主要通道。这类丸剂在溶散过程中，毛细管作用和膨胀作用占主导地位。丸粒遇水后，由于药材的可润湿性，表面即被水润湿，水分通过毛细管和孔隙不断进入丸粒内部，丸中的一些淀粉和纤维等成分吸湿膨胀，部分成分发生溶解，以及在其他因素的作用下，使得丸粒结构疏松破裂而溶散。因此，若任意提高粉末细度，会影响丸粒中毛细管形成的数量和孔径，过细的粉末在成型时粉粒相互紧密堆集，过多的细粉镶嵌于颗粒间的孔隙中，物质的表面黏性也随着颗粒直径的减小而增大，使丸剂润湿不易，使水分进入丸剂中的速度明显放慢，甚至难以进入丸剂中，造成溶散时限超标。

3. 如何解决机械泛丸时，操作方法不当所致的质量问题？

机械泛丸一般指滚筒泛丸，其原理与手工泛丸一样，是利用药物本身的黏性，在水的润湿下产生适宜的可塑性，借机械的作用，使粉末在运动中相互黏着，逐步形成细小颗粒，并继续以适宜的赋形剂润湿后加入药物细粉附着于颗粒表面，如此层层增大。同时，颗粒在滚动中渐渐被塑造成圆形。通过反复筛选，球形丸粒可达到要求的大小。

泛制丸操作工艺流程一般是：药粉起模→反复筛选加大成丸模→盖面→干燥→整粒（可直接成品）→包衣打光→成品。

机械泛丸时产生的质量问题及解决措施如下。

（1）外观色泽不匀、粗糙，主要原因：①药粉过粗，致丸粒表面粗糙，有花斑或纤维毛；②盖面时药粉用量不够或未搅拌均匀；③静态干燥时未及时翻动，导致水分不能均匀蒸发，形成朝上丸面色浅、朝下丸面色深的“阴阳面”。可针对性采取措施解决，如适当提高饮片粉碎细度、成型后用细粉盖面、湿丸干燥时及时翻动使水分蒸发均匀等。

（2）丸粒不圆整、均匀度差，主要原因：①丸模不合格。②药粉过粗，粒度不匀，泛制过程中粗粒成为丸核黏附药粉，不断产生新的丸模。③加水加粉量不当，分布不均匀，加水量过多会造成丸粒粘连或并粒；加水量太少无法在丸面分布均匀，使吸附药粉不均匀，致丸型不圆整；加粉量过多，每次吸附不完，会产生粉饼或新丸模。应注意控制适当的加水加粉量；丸粒润湿均匀后再撒入药粉，并配合泛丸机的滚动用手从里向外搅动均匀；及时筛除过大过小的丸粒。

（3）皱缩：主要原因是湿丸滚圆时间太短，丸粒未被压实，内部存在多余水分，干燥后水分蒸发，导致丸面塌陷。因此，应控制好泛丸速度，每次加粉后丸粒应有适当的滚动时间，使丸粒圆整、坚实致密。

（4）溶散超时限：丸剂溶散主要依靠其表面的润湿性和毛细管作用。水分通过泛丸时形成的空隙和毛细管渗入丸内，瓦解药粉间的结合力而使药丸溶散。导致溶散超限的主要原因包括：①药料的性质，当方中含有较多黏性成分的药材时，其在润湿剂的诱发和泛丸时的碰撞下，黏性逐渐增大，使药物结合过于紧密，空隙率降低，水分进入速度减慢，当方中含有较多疏水性成分的药材时，会阻碍水分进入丸内，针对这些问题，可通过加适量崩解剂来缩短溶散时间；②粉料细度，粉料过细，成型时会增加药丸的致密程度，减少颗粒间空隙和毛细管的形成，水分进入速度减慢甚至难以进入，故一般泛丸时所用药粉过五号筛或六号筛即可；③赋形剂的性质和用量，赋形剂的黏性越大、用量越多，丸粒越难溶散，针对不同药材，可适当加崩解剂，或用低浓度乙醇起模；④泛丸时程，泛丸滚动时间越长，粉粒之间滚压黏结越紧，表面毛细孔隙堵塞亦越严重，因此，泛丸时应根据要求尽可能增加每次的加粉量，缩短滚动时间，加速溶散；⑤含水量及干燥条件，实验研究表明，丸剂的含水量与溶散时限基本上成反比关系，即含水量低、溶散时间长。此外，不同的干燥方法、温度及速度均会影响丸剂的溶散时间，如干燥温度过高，湿丸中的淀粉类成分易糊化，黏性成分易形成不易透水的胶壳样屏障，阻碍水分进入，延长溶散时限。目前多采用塑制法制丸并采用微波干燥，可以有效改善丸剂的溶散超限问题。

（5）微生物限度超标的主要原因：①药材灭菌不彻底；②生产过程中卫生条件控制不严格，辅料、制药设备、操作人员及车间环境再污染；③包材未消毒灭菌，或包装不严。可采取的防菌灭菌措施：①在保证药材有效成分不被破坏的前提下，对药材可以采取淋洗、流通蒸汽灭菌、高温迅速干燥等综合措施，亦可采用干热灭菌、热压灭菌法等，含热敏性成分的药材可采用乙醇喷洒灭菌或环氧乙烷灭菌，包材及成品可用环氧乙烷气体灭菌或辐射灭菌等；②按照 GMP 要求，严格控制生产环境、人员、设备的卫生条件。

4. 机械泛丸的起模方法及其操作要点是什么？分别适用于哪些物料？

起模指制备丸粒基本母核的操作。起模的方法有粉末直接起模法和湿法制粒起模法。

（1）粉末直接起模：传统起模法（俗称“大开门”），适合于药物粉末较疏松、淀粉质较多、黏性较差的物料。黏合剂一般为水、乙醇、稀药汁等。适用于可塑性较好的丸药，如甘露消毒丸等。在泛丸锅或泛丸匾中喷刷少量黏合剂，使泛丸匾润湿，撒布少量药粉，转动泛丸锅或泛丸匾，并刷下附着的粉末小点，再喷黏合剂、撒粉，配合揉、撞、翻等泛丸动作，反复多次，颗粒逐渐增大，至泛成直径 0.5～1mm 较均匀的圆球形小颗粒，筛去过大和过小的粉粒，即得丸模。该法丸模较结实，但很费工时。

操作时要注意，当药粉形成粉粒后，加赋形剂的量要适当，搅拌要均匀，要防止结块。

加粉料用量也要适当，宁少勿多。如果粉量过多，不但粉粒不会增大成丸模，提高丸模增大的速度，反而会产生更多的小颗粒或细小丸模，导致起模失败。当然，也不排除有操作技术较高者在丸模量不够时利用此步操作增加丸模量。

（2）湿法制粒起模法：改进起模法（俗称“小开门”），适合于黏度一般或较强的药物粉末。黏合剂一般为水、药汁、流浸膏等，适用于可塑性一般又易并粒的丸药，如浓缩丸等。将药粉与黏合剂置泛丸锅或其他容器中混匀，制成软材，使其握之成团，抖之即散为宜，压过二号筛即成小颗粒，再将小颗粒放入泛丸锅或泛丸匾中旋转摩擦，撞去棱角，即成圆形，取出过筛分等即成。该法丸模成型率较高，丸模较均匀，但模子较松。

操作时应注意，当颗粒润湿时应注意其完整度，不能有瘪粒、长条。若出现这种现象，可将颗粒二次过筛。若过于润湿，可加入适量的药粉混合后再二次过筛。锅口处常有结块、大丸或不圆整丸，也应及时取出或筛去。起模过程要保持锅壁洁净，防止黏粒，加粉末时粉量要适当，宁少勿多。

5. 丸剂的估模方法有哪几种？分别适用于哪些丸剂？如何操作？

估模是丸剂生产中较为重要的一个环节，指在增大及筛选均匀的丸模前，对成模数量是否符合整批生产的用模量要求的估计判断。如果丸模过多，会造成药粉用完时丸药的直径还达不到规定的要求；若丸模过少，则丸模增大至规定的要求时还有一部分药粉未用完，须重新起模来补模，使生产过程重复。尤其对分层丸或裹心丸，可能造成无法挽救的质量事故。因此必须重视并操作好估模这一环节。估模方法有以下几种。

（1）经验模粉比例法（表 2-6-1）：该法计算简便，便于操作，但精确性不高，适用于成品直径要求不太严格的大量生产。方法是按照泛丸的一般规律，推算每 1kg 丸模增大至湿丸成品时的用粉量（包括丸模本身的用粉量），从而计算出本批生产应用多少丸模（丸模直径 3.25mm）。

表 2-6-1　经验模粉比例

丸模直径 /mm	湿丸直径 /mm	每 1kg 丸模用粉量 /kg
3.25	5	3
3.25	5.5	4
3.25	6	5
3.25	6.25	6

上述为一般药物特性的参考值，具体生产时还必须按各品种的药粉特性，如黏性、密度、吸湿率、赋形剂的固形物含量等灵活加减。如粉质较黏的六味地黄丸湿丸，成品直径为 6.25mm，增大时每 1kg 实际用粉量为 6.5kg。而粉质疏松的清气化痰丸湿丸，成品直径为 5.5mm，增大时每 1kg 实际用粉量为 3.7kg。因此，如果把每一品种，每 1kg 标准丸模增大时所需药粉的实际用量一一规定下来作为生产依据，那么，产品质量的可控性定会提高。

经验计算式：

$$\text{需用丸模重量(kg)}=\frac{\text{投料重量}}{\text{每 1kg 丸模成型时的用粉量}} \qquad \text{式(2-6-1)}$$

（2）粒数计算法：适用于以成丸粒数或丸重为依据的丸剂生产。此法操作方便，准确性好。按工艺规定每料成丸数差异不得超过 ±1% 或成品有丸重标准的，即每一粒重多少或每几粒重多少，如计算需用丸模数，可用以下两种方法：①数粒称重法，将成型的丸模用数丸板数一定量的丸模数后，称重，数 3 份，称 3 份，求得平均重，再计算出丸模数；②称重数粒法，将成型的丸模，用秤称取一定重量后数其粒数，称 3 份，数 3 份，求得平均粒数，再计算出丸模数。

例如，一批丸剂共 350 料，要求每料成丸 100 粒，即该批丸药成丸应为 35 000 粒。用①法先将丸模用数丸板数 100 粒，数 3 份，分别称重为 1.9g、2.0g、2.1g，平均每料重 2.0g，即需用丸模 700g；用②法分别称 2 份 2.0g，粒数分别为 99 粒、100 粒、101 粒，平均每 2.0g 为 100 粒，即需用丸模同样为 700g。

又如有一批药粉重 200kg，要泛制成每粒重 0.05g 的丸剂需要多少丸模？先求得丸模数 200kg ÷ 0.05（g/ 粒）=4 000 000 粒，然后按上述任何一法都可求得。

6. 用泛制法增大成型丸剂的操作要点有哪些？

增大成型也称加大，是将已经筛选合格的丸模反复加水润湿、上粉、滚圆、筛选，使其逐渐加大至近湿丸成品的步骤。增大的方法和起模方法基本相同又更为简单，是丸剂成型过程中较易掌握的一道工序，但仍不能忽视，以免造成不必要的质量问题。操作中要注意：①加水或赋形剂的量，应随丸剂直径增大而逐渐增加；若泛制水蜜丸、糊丸或浓缩丸，所用的赋形剂浓度在允许的情况下，也应随丸药的直径增大而逐渐提高，达到处方对赋形剂的含量要求，同时，确保丸药的圆整度和光洁度。②在快速加大时应重视操作的质量，主要是赋形剂、药粉在丸面的均匀分散，当然，加入量还必须适中，并不断地用手在锅口揉碎粉块和并粒丸，由里向外搗翻搅和，以利丸药均匀增大。③对特别黏的丸剂，应随时注意其圆整度，谨防丸群结饼、打滑；芳香挥发性药物、气味特殊和刺激性强的药物应泛入中层，含硫的药物如朱砂、硫黄以及含酸性成分的丸剂不可使用铜制包衣锅。④及时进行筛选分档，当增大至湿丸盖面直径要求时应及时取出，筛选，筛下的小丸继续加大，丸药取出加大时宜适当多加一些药粉并适当干燥，以便于筛选，但要防止因此较多粉末不能黏着于丸面而产生半湿粉屑，造成过筛困难，在小丸增大时更要防止产生小丸模（俗称“头子”）。⑤发现筛网黏糊时，应及时清洁，以保证丸药的均匀性。⑥起模、增大时产生的歪丸、并粒、粉块或多做的丸模等，应随时和入水中，调成糊，过 12 目筛，加入赋形剂中混合，供在增大过程中随时应用。⑦丸药在滚筒内的滚动时间要适中，滚动时间过长，丸粒太紧实不易崩解，滚动时间太短，丸粒松散易裂。⑧泛丸操作应连续进行，不能放干后再加大，否则易于剥落分离。

7. 泛制法常用的盖面方法有哪几种？常见的质量问题如何解决？

盖面，也称打光，是将已泛制成型且经过筛选的均匀丸粒再用中药细粉或清水继续泛制，增大至符合工艺质量要求，并将本批的药物粉末全部用完，完成湿丸成型，使丸粒大小一致，色泽均匀，表面致密、圆整、光洁的操作过程，是丸剂成型的最后一道工序。

盖面的方法有多种，应根据丸药的特性进行选择。

（1）干粉盖面：俗称“干盖面”。将丸药置于泛丸锅内，药粉加赋形剂充分湿润、搅拌均匀，待丸药开始散开时，分一次或二次将药粉慢慢地撒于丸面上，至加最后一层粉时不再湿润，经搅和均匀后迅速出锅，出锅速度一定要快，以防翻滚过头影响色泽。干粉盖面的丸药表面色泽不但一致，而且可基本保持药粉的原有色泽，比较美观。这种方法适用于色泽要求比较高又容易花面的品种。常见的质量问题有因出锅速度太慢或加入的粉不够，造成色花；粉末量加入太多或加入后还未搅匀即出锅，造成粉末脱落。因此，采用此种方法盖面时，加入赋形剂、粉末的量和搅和的时间及出锅的速度是关键操作，必须掌握得当。

（2）清水盖面：操作方法与干粉盖面完全相同，只是最后不加粉而是加适量的水，待丸粒充分湿润、表面光滑后即可出锅。其丸面色泽仅次于干粉盖面。

（3）粉浆盖面：操作方法与清水盖面完全相同，只是将盖面用的水与部分药粉混成薄浆，过60目筛，作赋形剂盖面。一般用于容易花面又不便采用上述两种方法的丸药。成品色泽较暗，但能解决色花问题，所以较常采用。

（4）丸浆盖面：操作方法与清水盖面完全相同，只是用废丸加水混成浆，过60目筛或与其他赋形剂（如蜜、糊、浸膏或药汁等）混匀过60目筛，作赋形剂盖面。由于丸剂成型时或多或少总有一部分废丸产生，因此，这种盖面方法也较多采用。

清水盖面、粉浆盖面、丸浆盖面，在生产上通称潮盖面，方法相同，只是赋形剂不同。因此，产生的质量问题也基本相同，如色花、崩解不合格、丸药并粒、粘连等。主要是在操作过程中，赋形剂未搅匀或量不够易产生色花；赋形剂量多未搅散易产生并粒、粘连；出锅时为了追求光洁度，滚动时间太长造成溶散时限不合格。因此，在湿盖面时一定要掌握好赋形剂和粉末的加入量。特别是粉末量，一般应控制在90%，即需加入1kg的量者，只加0.9kg，以保证丸药的光洁度。出锅时，当丸药达到光洁度即出锅，与干盖面一样出锅速度要快。一些黏性较大、易并粒的丸药，出锅时可适当加一些麻油、液体石蜡等，以防止粘连、并粒、结块，注意加入量不宜过多，以免影响溶散时限和色泽。

盖面特别强调统一，大生产时俗称的“统一盖面”，是将一批丸药统一增大至一定直径，如成品6.25mm，增大至6.0mm时盖面。但大生产有时很难做到，多分为5.75mm和6mm两个规格。根据泛丸锅容量，将准备盖面的丸药平均分成若干份，然后将多余的药物粉末相应平均分成若干份数，再把多余的赋形剂也相应平均分成若干份数。赋形剂量应根据多余的药物粉末的吸湿率及盖面的方法决定，如量不够可用水来调整、调整后的赋形剂应过60目筛，以防不均匀。统一盖面相当重要，不但要将丸药、粉末和赋形剂分份，而且操作方法也必须统一，虽然表面上看似浪费一点工时，但能确保盖面的质量。有时大生产为了追求产量和速度往往忽视这一道工序，造成各种各样的质量问题，如色花、溶散时限不合格、重量差异不合格等。

8. 泛制丸常用的干燥设备的适用性如何？干燥时常见的质量问题如何解决？

在丸剂生产过程中选择适宜的干燥设备至关重要。干燥工艺选择的首要条件必须是保证药物有效成分不被破坏或损失，其次是能缩短干燥时间、减少能耗，使丸剂干燥后表面不出现花斑、裂纹。除另有规定外，一般均应在80℃以下进行干燥。含芳香挥发性成分或遇热易分解成分的泛制丸应在60℃以下干燥。丸质松散、吸水率较强、干燥时体积收缩性较大、易开裂的丸剂宜采用低温焖烘。色泽要求较高的浅色丸及含水量特高的丸剂，应采用先晾、勤翻、后烘的方法，以确保质量。

丸剂的干燥过程分为预热阶段、恒速阶段、降速阶段。预热阶段为丸剂在干燥初始时的升温过程，随着丸剂的温度不断升高，内部水分蒸发速度不断加速，因此，丸剂干燥初期的预热阶段是短暂的干燥速率加速过程。当丸剂温度上升到相应干燥条件下的湿球温度时，其温度不再升高，干燥速率维持不变，干燥进入恒速阶段。在恒速阶段，丸剂表面保持湿润的状态，丸剂内部有足够的水分往表面迁移，因此，该阶段干燥速率主要由外部因素控制，如干燥介质的温度、湿度、流速和方向，丸剂的物理状态等。随着干燥的进行，丸剂水分不断减少，表面不再保持湿润，表面温度由湿球温度继续上升，逐渐接近干燥介质的温度，干燥进入降速阶段。丸剂在降速阶段的干燥速率主要由内部水分向表面迁移的速率控制，而不是表面水分的蒸发速率，因此，该阶段水分由内往外迁移的形式和速率主要由丸剂内部结构特征决定。降速干燥阶段的水分迁移形式主要有扩散、毛细管流和干燥过程的收缩而产生的内部压力。

（1）丸剂常用的干燥方式有厢式热风干燥、减压干燥、微波干燥、微波真空干燥、多层振动干燥。每种丸剂应根据自身的性质选择最适合的干燥方式及设备。

1）厢式热风干燥：将中药丸剂置于盘架，通过热空气循环反复干燥物料。该方法结构简单、物料装卸容易、损失小、物料盘容易清洗，但其属于静态式干燥，物料得不到分散、干燥时间长、热效率低。厢式干燥中药丸一般使用静态持料的方式，因此可能存在干燥不均匀而导致出现中药丸平衡含水率分布不均匀及色泽不均匀等质量问题，丸剂干燥后易出现结壳、假干燥等现象。

2）减压干燥：将中药丸剂置于真空条件下进行加热干燥。该方法的优点是使药丸中的水分在较低温度下蒸发，提高干燥速率、缩短干燥时间、提高丸剂的品质。该法适于含热敏性成分及药物性质含蛋白质、淀粉类的丸剂。但减压干燥水分从表面开始蒸发，内部的水分慢慢地扩散到表面，而能量是由物料外部向内传递，导致传热与传质方向相反。且干燥过程处于静态式，易出现表面假干燥及“阴阳面”等现象。

3）微波干燥：把物料置于高频交变电场内，从物料内部均匀加热，迅速干燥的一种方法。微波是一种高频波，其波长为 1mm～1m，频率为 300MHz～300GHz。由于水分是吸收微波的主要介质，水分在湿料中分布较均匀，干燥过程受热较均匀，因此可避免常规干燥过程中的表面硬化和内外干燥不均匀现象。

4）微波真空干燥：将微波干燥技术和减压干燥技术相结合。微波干燥利用极性分子的介质损耗原理，将电磁波转化为热能，使物料内外同时加热，并在真空环境下，使物料在较低的温度下进行干燥。该法克服了减压干燥时间较长的缺点，而且加热过程中传热与传质方向一致，使丸剂内外温差较小，干燥速度快，内外干燥均匀。缺点是可能由于相同空间接受的微波能不同而导致干燥不均匀。

5）多层振动干燥技术：多层振动干燥机是以洁净热空气为热源，振动电机及中药丸剂自身重力提供中药丸剂移动的驱动力，中药丸剂与热空气逆向穿流的干燥设备。多层振动干燥机的干燥机制为干燥介质和被干燥的中药丸剂运动方向相反，二者能充分地相互接触，有利于干燥过程的传热传质。干燥机中空气有温度梯度和湿度梯度，可实现能量的梯级利用。药丸在干燥过程中经历不断连续升温的过程，尤其适于中药水丸的干燥[2]。

（2）不同干燥设备及工艺具有不同的特点，会影响药物的性质、质量、稳定性及安全性。丸剂的品质与干燥有着密切的联系，干燥设备及工艺的选择至关重要，干燥工艺条件的控制也不容忽视，其直接影响丸剂的品质及最终质量标准是否符合《中国药典》规定的要求。以下几个方面是干燥时常见的质量问题。

1）外观形态：外观是反映丸剂质量最直观的指标，适宜的干燥设备及工艺是保证丸剂圆整度和色泽的必备条件。干燥过程中温度过高、过低或受热不均匀均会影响丸剂的外观形态。丸剂干燥温度过高，会使丸剂表面的水分先行汽化，阻止内部的水分扩散到表面，不利于干燥的持续进行，导致药丸裂变及假结壳等。如果干燥温度过低，则间接延长干燥时间，丸剂易滋生细菌，黏性低的药丸会脱落掉渣、松散易碎，使外观性状发生改变。若受热不均使丸剂内部水分不能均匀扩散，药丸出现色泽不一致、花丸、阴阳面等，则影响丸剂质量，降低临床疗效。

干燥时须及时翻动，而且比一般丸药翻动次数要多。在条件允许的情况下，最好先晾至半干（特别是颜色丸）后再进干燥箱低温干燥；对于不规则色花、色泽深浅不一的情况，应用水或其他赋形剂重新盖面、低温干燥。有的品种重新盖面后应先晾 4 小时左右，再低温干燥，但干燥时仍需加倍勤翻。

2）含水量：丸剂含水量的高低以及结合状态对丸剂的色泽均匀度、硬度和稳定性等重要特性有直接的影响。可以根据不同类别的中药丸剂，从药丸物性、产量等条件选择不同的干燥方式、干燥参数。

3）药物成分含量：中药丸剂干燥成品的含量是评价其干燥成品质量最重要的指标之一，中药丸剂是由多种不同的中药配伍而成的，多种中药药物成分相互配伍可能会发生未知的氧化、水解等反应，使中药固体制剂药物成分更为复杂。相同丸剂，不同的干燥设备及干燥工艺可造成中药丸剂质量存在较大差异，不能保证中药丸剂的有效性，使药物的含量差异很大。

含热敏性成分的丸剂，干燥温度不宜超过 70℃。含挥发性成分较多的丸剂应低温焖烘，一般应在 60℃以下干燥，且含挥发性成分多的药物细粉极为疏松，若温度过高致热交换太快，则细粉之间结合松散且极易开裂，影响丸药的含量及性状。

4）溶散时限：丸剂制备操作过程烦琐，受生产条件和制备工艺影响极大，经常发生溶散时限不合格的问题，从而影响丸剂的质量。研究表明影响丸剂溶散时限的因素是多方面的，包括药粉的性质、赋形剂的类型、制备工艺、含水量、干燥设备及工艺等。

干燥是重要一环，干燥设备温差过大、湿度的选择和操作不当都会造成溶散时限不合格。如果是全部产品不合格，则应观察其超过多少时间。若超过规定时限 5 分钟左右，通常降低干燥温度即能合格。如已经采用低温干燥，则可改为先晾后烘。超限时间较长时，应考虑真空干燥或从全过程中去考虑改善工艺。

9. 如何保证泛制丸的打光质量？打光过程中常见的质量问题如何解决？

一般丸剂包衣后都要进行打光处理，可以使丸剂表面更加圆润光亮，更加美观，易于吞服。也有丸剂不包衣，直接进行打光，可以使其粗糙的表面变得圆整、细腻、平滑、光亮。泛制丸的打光质量与打光的方法、所用的辅料以及打光时的温度、湿度有关。如何根据品种的特性选择方法、材料和操作时的温度、湿度，对保证泛制丸的打光质量至关重要。

（1）打光的方法[3]：常用的打光方法有如下两种。

1）干打光：先将丸剂干燥至一定含水量，再用工艺规定的辅料进行包衣，俗称“回衣”，后用冷、热风进行打光。一般适用于直径 6.0mm 左右的丸剂，特别是浓缩丸。

2）潮打光：丸剂成型后，不干燥就用工艺规定辅料进行包衣，然后用冷、热风进行打光。

（2）辅料的选择：丸剂打光的辅料选择比较复杂。一般辅料有滑石粉、石蜡、液体石蜡、羟丙甲纤维素、氧化铁等，也可以是处方中的药物做打光的辅料。在一定的温度和湿度条件下，有的材料本身会起光，如代赭石；有的结合后会起光，如百草霜和浸膏二者结合就会起光；有的则要靠光亮剂起光，如石蜡、羟丙甲纤维素等。因此，如何根据品种的特性选择适当的辅料极为重要，对打光的难易也起着关键作用。特别是新品种的研制更应反复调整和试打，为大生产的工艺稳定奠定基础。

（3）温度与湿度：丸药的起光与打光的方法和辅料的选择关系密切。但是，在操作时如何根据品种的特性控制好温度与湿度更为重要。起光与丸剂表面的辅料含水量、温度密切相关，在一定时间内掌握好特定温度与湿度是打光成败的关键，否则即便有正确的方法和适当的辅料，还是不会起光。

（4）打光过程中常见质量问题与解决方法有如下 3 种情况。

1）不起光：有时经正常时间或超过所需正常时间打光后还不见光，或是见暗光。此时应首先检查所用辅料是否合适，若是辅料问题则应更换辅料。此外，也可能是温度与湿度掌握不当，特别是湿度，每一个品种都有它特定的起光湿度，过干或过潮都有可能造成不起光，其中过干更易造成不起光。如过潮，可适当增加热风量或冷风量，时间稍长一点，只要不粘锅仍然能起光。有时适当加一点干燥的滑石粉也能起光。

2）露底：制品虽然较光亮，但表面的回衣色已露底，造成色泽不匀。这种情况的出现，一是回衣时赋形剂黏合力不够，增加黏合力即可解决；二是回衣色过潮，打光时造成大量粘锅，损失了回衣量所致。因此，如发现粘锅现象，应立即停止打光，停车，翻滚，待稍干后继续打光，一般都能很好地改善。如打光已结束应进行返工，重新盖面。盖面时应加大黏合力，因经过打光后的丸剂表面已很光洁，如不加大黏合力，很可能造成脱衣。重新打光时，温度应比原来的低，风量比原来的小，因为这时水分挥发速度比原来更快。二次打光难度较大，应特别注意。

3）脱衣：俗称“脱壳”。打光后，有部分丸药出现小点或大面积脱衣，即脱壳的现象。除辅料种类外，主要是黏合剂用量不够造成的。有时丸面过于光洁，在盖面时辅料与丸面的黏结力降低也会造成脱衣。这时除适当增加黏合剂外，还应注意丸面不要过分光滑，以免产生脱衣现象。

10. 传统手工制备大蜜丸的注意事项有哪些?

传统的大蜜丸一般以手工塑制法（从大到小）制备，每丸重量一般在 3～9g，以 3～6g 为主。其制备注意事项如下。

（1）炼蜜注意事项：不同批次生蜜含水量、质量、“炼蜜三级”不同，故传统炼蜜方法无具体时间规定。炼蜜时要除蜡、滤过、炼制等，时间长、步骤多，故炼一次蜜的量要多一点，至少要保证该批蜜丸所需的总蜜量，并且要随时注意火候，不断搅动以防止外溢。贮存时，蜜炼完成或取出后要冷透后再盖严，否则热蜜加盖会导致产生的水蒸气回滴于蜜面（局部水分过高）而表面发霉（生蜜与炼蜜一般情况下含水量低于霉菌生长的湿度，而且为高渗状态，故不易生霉）或落入异物。

（2）成丸前的软材保温：蜜丸成品具有“热软冷硬”“质柔而润”的特点，如果将冷透的成品捏散后则不一定能再搓成原状。因此，分坨后的软材要加盖湿布保温保湿。

（3）保证“蜜液”的均一性：如果药材粉量较大时，就必须分锅制软材。由于分锅时间的间隔，“蜜液”在间置时和 / 或保持微沸时蒸发了水分，故各锅在加“蜜液”前要用沸水补足蒸发的水量，这样才能保证该批蜜液与蜜丸的均一性。

（4）炼蜜与药粉的比例及蜜质：炼蜜与药粉的比例一般是 1 :（1～1.5）。与下列因素相关：①一般含糖类、胶类及油脂类的药粉用蜜量宜少，如 2020 年版《中国药典》收载：右归丸加炼蜜 60～80g、青娥丸加炼蜜 50～70g（大蒜蒸熟捣烂），含纤维质或矿物药较多，或质轻而黏性较差的药粉用蜜量宜多（可高达 1：2 以上），如妙济丸加炼蜜 200g、益母丸加炼蜜 200～220g，而妙济丸等若选择嫩蜜和药，因为其含水量较高、黏性较小（即“炼蜜三级”选择不当），将会导致很难成丸或成丸后成品坚硬，而用老蜜和药则能克服前者弊端；②夏季与南方用蜜量应少，冬季与北方用蜜量宜多；③手工和药用蜜量较多，机械和药用蜜量较少；④原生蜜（冬天未喂白糖者）应少，喂养蜜（冬天喂白糖者）宜多；⑤白荆条花、荔枝花、椴树花粉、梨花、芝麻花蜜应少（质佳，一等蜜），苜蓿花、枣花、油菜花蜜稍多（质稍次，二等蜜），乌桕花及杂花蜜较多（质更次，三等蜜），荞麦花及椴树花蜜一般不用于蜜丸（质最次，等外品）。

（5）和药蜜温：对于不含芳香挥发性的药粉，宜在蜜液微沸时和药。其理由有如下两个：①中药含有细菌与虫卵，虽然在干燥、粉碎过程中的产热会杀灭一部分，但仍有残余，而在和药时加入微沸蜜液（含 5% 沸水，实际上只相当于中蜜黏性与色泽，而蜜温相当或低于嫩蜜）有助于杀灭细菌与虫卵；②蜂蜜具有“热稀冷稠”的特点，温度越高越易浸润药粉，两者嵌合与和匀，而且较易揉熟。另外，含芳香挥发性的药粉宜用 60～80℃蜜液和药。但蜜温过低，会导致蜜液浸润不透药粉，蜜丸很难成型，传统习称“粉蜜不合”或“阴阳不合”，甚至前功尽弃。如果是个体用药新方又查无相关资料时，首先要分析处方组成，估计蜜用量，再严格按麻仁丸制软材的步骤操作；或先取该方总粉量的 80% 左右加蜜，万一蜜加多了再加入剩余药粉也可挽救。对于“粉蜜不合”、蜜量过多的丸子，只能在干燥后掺入适量原药重新从粉碎开始操作，但只能用沸水或含蜜量很少的蜜液制软材。

11. 塑制丸常见质量问题如何解决？

塑制法是将药物细粉与适宜辅料（如润湿剂、黏合剂、吸收剂或稀释剂）混合制成具可塑性的丸块、丸条后，再分剂量制成丸剂的方法。此法是最古老的制丸方法，大多为大粒丸，以纯蜜丸为主。随着制剂工艺的发展，目前已有小蜜丸和大蜜丸 2 种，而且都能机械化生产。在生产过程的工艺环节中，操作不当常会造成如下质量问题：

（1）和药：将已混合均匀的药物细粉，按处方规定用量加入适宜的赋形剂，混合制成软硬适度、可塑性好的软材，也称“和坨”。大生产采用双桨搅拌机进行。最常见的质量问题是色泽不均。造成原因一是粉末搅拌混合时间不足，尤其是冰片、麝香等芳香性后加的药物粉末，搅拌时间应按药物粉末和赋形剂的特性而定，过长和过短都可能造成色泽不均；二是炼蜜、淀粉糊在和药前都应过筛，才可避免产生花点[4]。另外，混合温度不能太低，特别是炼蜜温度太低很容易造成混合不均，产生色泽不均。

（2）出条：出条对塑制丸的质量至关重要，直接影响到丸剂的光洁度和重量差异。造成出条不光洁、粗细不一致的主要原因是软材存放的时间和出条时软材的温度掌握不当。每一品种混合后的软材都有它特定的温胀时间，即药物粉末和赋形剂混合后，药物粉末膨胀所需的时间。该过程与时间、温度有关。如果膨胀不透，在出条时就会造成毛条，不光洁。另外，药物粉末和赋形剂的配比也应有一定比例，虽然工艺上已有规定，但是还应根据每一批药粉的吸湿率进行微调。如果赋形剂过量或温度过高，则会造成软条粗细不一；反之，赋形剂太少或温度太低会造成硬条。若药料黏性太大，会使出条速度变慢，丸条表面粗糙，出现黏刀、叠粒、丸粒不光滑等现象。若药料黏性太小，则会出现反复断条、丸条不紧密、表面有裂纹等现象，导致制成的丸粒松散、不圆整。混合炼制工艺过程中还需关注物料混合的均匀度以及混合后物料的微生物限度。药料所受压力也有一定影响。当药料所受压力过小时，制丸条速度变慢，容易引起断条。当药料所受压力过大时，制丸条速度变快，丸条来不及压成丸便会垂落下来而堆成团，导致丸条粗细不均，重量差异大。因此，在药物粉末和赋形剂配比恰当的情况下，还应掌握好物料的压力、温胀时间和出条时的温度，以保证出条光洁和粗细一致，为分粒和搓圆打好基础。此外，为避免出现黏刀现象，造成丸粒表面不光滑，制丸前还应检查刀具是否匹配。

（3）分粒与搓圆：一般采用轧丸机完成分粒与搓圆。轧丸机有双滚筒和三滚筒两种，因三滚筒比双滚筒制得的丸药圆整度和光洁度都更好，目前多采用三滚筒。一般合格的出条都能得到合格的丸药。但有时小蜜丸也会碰到轧丸和出现软摊，不能分粒、搓丸的现象，这与温度有关。温度太低会轧丸，温度太高又造成软瘫。因此，温度对塑制丸的质量影响很大，必须全过程严格控制，尤其是冬天，必要时可采取保温措施。

（4）干燥：干燥温度过高，会使丸剂表面的水分先汽化，阻止内部的水分扩散到表面，不利于干燥的持续进行，导致药丸裂变及假结壳等。如果干燥温度过低，间接延长了干燥时间，不仅易使药丸滋生细菌，还会导致黏性低的药丸松散易碎，严重影响丸剂成品的外观。塑制法成丸后，由于纯蜜丸所用的蜂蜜经过炼制，蜜的含水量已控制在一定范围，因此成丸后即可包装，无须再经过干燥以保持丸药的滋润状态。但应注意成丸后必须吹冷，以防止并粒和变形。

12. 哪些药物不宜制成滴丸?

滴丸是利用固体分散技术的原理制备的丸剂，即将固体或液体药物溶解、混悬或乳化在载体中，然后滴入与药物基质不相溶的液体冷却剂中，经迅速冷却收缩而成，可口服、舌下含服、腔道使用或配制成溶液服用等。

滴丸剂具有 3 个显著特点：速效、高效、缓释长效，因此能增加药物分散度、溶出度和溶解度，提高生物利用度，减少用药次数，避免出现血药浓度峰谷，从而提高了患者的依从性。适用于临床上病势较急的病症，如冠心病、心脏病、感染性疾病、过敏性疾病等。将难溶性药物制成滴丸剂尤其能体现该剂型的特点。因此，适合这种临床用药要求并且具有上述药物性质的处方，可选择滴丸剂，否则不宜制成滴丸。

滴丸剂比较小，大多数丸重＜100mg，且基质所占比例较大，载药量比较低；剂量过大的处方难以制成滴丸剂，否则服用粒数过多。只有当药物的生物活性较强时，才可能用小量的药物达到临床治疗要求。通常中药的粗提取物体积大而活性低，选择滴丸剂会使服用体积很大，不能被患者接受。所以滴丸剂同其他剂型相比，还要求中药提取物具有更高的活性和纯度。

另外，滴丸能够快速释放药物，进入胃肠道后可能会造成短时间局部药物浓度过高，故那些对胃肠道有较大刺激的药物也不宜做成滴丸剂。当然，也可以通过制备缓释滴丸克服这个局限。

13. 哪些药物适宜做成微丸？其工艺设计应该注意哪些问题?

微丸是直径＜1.5mm 的球形或类球形颗粒制剂。它具有流动性好、易填装胶囊、装量差异小、释药稳定等特点。广义上的微丸包括小型滴丸、微囊、微球、纳米囊、纳米球等，具有骨架结构或膜包衣结构的球形颗粒。微丸在药剂学领域中的应用十分广泛，作为药物的载体，它既可以进一步压制成片剂，又可填充胶囊，不仅提高了药物稳定性，而且可有效地调节药物释放速率。作为药物释放系统，微丸还具有治疗学上的优势，它对肠道刺激较小，减少了药物的突释效应，提高了用药安全性。但是微丸的载药量小，一般丸重在 3～18mg，所以剂量小的贵细药物和精致的中药提取物多做成微丸，例如山参、牛黄、珍珠和一些中药原料药的提取物。

设计微丸的工艺路线时应注意如下问题。

（1）药粉细度：制备微丸首先应考虑药粉细度问题。微丸药粉细度一般在 120～200 目。由于微丸直径小，在 1.5～2.5mm，如果药粉达不到 120 目以上的细度，微丸的圆整度和表面的光洁度则是无法保证的。微丸的直径越小，对细度的要求越高，过细的药材粉末，用泛制法起模时会出现只增多不加大的现象。

（2）粉碎和混合：粉碎方法常采用各研与共研两种。一般采用的方法是各研细粉过 100 目筛后，共研细粉过 120 目以上筛的方法，以确保药粉的细度和均匀性。各研细粉可根据药物的特性选择粉碎设备，共研细粉一般都采用球磨设备。在方中药物特性基本一致的情况下，也可采取共研细粉过 100 目筛，然后再采用球磨设备过 120 目以上筛的方法。

（3）赋形剂的选择：微丸赋形剂的选择应根据药粉本身的黏度、可塑性而定。需有的放矢，更应注意大生产的可行性和可操作性。赋形剂的选择包括成型黏合剂、盖面材料和打光材料三大类，实验时应多选几种加以比较，从可塑性和丸面的光洁度两个方面反复验证后才能确定。选择黏合剂的黏度时，宜弱不宜强，一般为水、乙醇、大曲。选择盖面材料的颜色时，宜深不宜浅，因丸小，深色较易操作。打光材料应根据盖面材料而定，选择容易起光的材料如石蜡等，若能利用盖面材料本身起光则更佳。

（4）成型方法：微丸的成型方法一般为泛制法，有手工泛制也有机械滚动泛制。随着制药机械的发展，也出现了挤出滚圆法、热熔挤出（滚圆）法、球形聚结法、冷凝制粒法、冻干制粒法、粉末层积法等方法。研制时应根据产品的特性进行选择，但无论哪一种方法，都应以圆整度、光洁度、均匀度及制备的效率作为选择标准。

（5）盖面和打光：微丸因直径小，为防止脱衣一般都采用潮盖面。首先要做到丸面光洁才能盖面。打光方法有潮打光和干打光两种，一般直径 2mm 以下最好采用潮打光，即边干燥边打光；直径 2mm 以上，2.5mm 以下的，一般采用干打光。要特别注意干打光丸药的含水量控制，以确保打光的一次成功。

（6）干燥：微丸的干燥一般采用低温干燥，目的是防止干燥过快造成开裂或色泽不均。必要时可采取先晾后干燥的方法。

14. 压制法制丸工艺与传统的泛制法制丸工艺相比，有哪些区别？

泛制法制丸是传统手工泛丸的机械化。这一方法虽然大大提高了生产效率，但工序本身为半手工操作，工作量极大，人工成本高，不易掌握各项标准，各工序前后无法实现自动化衔接；传统工艺制备丸剂时全程受热，加热温度高达 80～110℃，高温势必造成含挥发性成分的药物损失，造成质量和疗效的降低，且挥发性药材多是贵重药因而造成大量的浪费；包衣层含有大量的糖，使得使用人群受到限制；对于含有黏附性较差组分的产品，泛制法常常采用一些特殊材料和方法加以处理。以泛制法制得的强心丸为例，其处方中含有黏附性差的朱砂，在工艺的实际操作中需要加入一种可药用的胶为黏合剂，用来增加朱砂的黏着力，其缺点是该法制得的强心丸的溶出时限特别长，无法达到《中国药典》对该剂型的崩解要求，也会给临床应用造成极大的不便和困难。包衣浓缩丸泛制法和压制法工艺比较见表 2-6-2。

表 2-6-2 包衣浓缩丸泛制法和压制法工艺比较

参数		泛制法工艺	压制法工艺
工时（100kg 成品计）		28 个工时	16 个工时
实际操作情况		劳动强度大，粉尘污染大，变性因素多，可控性差	劳动强度小，粉尘污染小，机械化程度高，可控性强
工艺		采用常规浓缩后泛丸干燥	流化床喷雾干燥
		泛制法制丸	压制法制丸
		包裹糖衣层	包裹薄膜衣层
质量	外观	圆整光滑	圆整光滑，具有传统丸剂的特有光泽
	含水量 /%	8.4	5.2
	溶散时限 /min	105	35
	重量差异 /%	± 9	± 3

压制法成丸是采用流化床喷雾制粒干燥后的颗粒，用特制的冲头和冲模利用压片机压制成丸。还能进行薄膜包衣，解决了泛制丸不能包薄膜衣的问题。压制法成丸降低了成本、劳动强度和粉尘污染，机械化程度高，可控性强，从根本上解决了浓缩丸长期存在的膏与粉比例失调、溶散时限长、重量差异大等质量问题。

包衣浓缩丸泛制法工艺与压制法工艺比较如下。

（1）泛制法生产工艺流程：原料→配料→起模→泛丸→过筛→成丸→干燥→包衣→包装。

按此工艺生产，操作时存在几大问题：①泛丸时膏、粉比例失调，难以成型；②泛丸和包糖衣劳动强度大；③泛丸、包糖衣粉尘大；④在成型过程中重量差异、溶散时限难以控制；⑤糖衣丸在储藏期间易吸潮变色。

（2）压制法生产工艺流程：原料→配料→制粒→压丸→包衣→包装→成品。

按此工艺生产，直接将液态物料制成较为均匀、溶解性好、流动性优的颗粒，压制成丸。

从工时、实际操作、产品内在质量分析，压制法工艺明显比泛制法工艺优越。压制法克服了浓缩丸生产中存在的诸多问题，如膏、粉比例失调，难以成型；泛丸和包糖衣劳动强度大；泛丸、包糖衣粉尘污染大等；同时，也克服了糖衣浓缩丸生产中容易存在的重量差异大、溶散时限超标、糖衣吸潮变色等问题。

15. 哪些丸剂适合用压制法制备？工艺要点有哪些？

采用压制法制备丸剂时，应注意下列工艺要点

（1）黏合剂的黏度：采用流化床喷雾干燥制粒后压丸，一般在喷雾干燥制粒料液中要添

加黏合剂。中药浸膏本身有较强的黏性，可作为天然的黏合剂。但浸膏的相对密度不能太大，否则黏度太高易堵塞喷枪的喷头；浸膏的相对密度也不能太小，否则浸膏量过多，蒸发量大，消耗能源和工时，不利于生产操作。若浸膏相对密度为 1.21 左右，就不宜直接喷雾干燥，可在浸膏中加入一定比例的水来调整浸膏的相对密度。现考察浸膏中（相对密度 1.12）加不同比例的水对干燥制粒的影响（表 2-6-3）。

表 2-6-3　不同相对密度浸膏的喷雾干燥制粒结果

考察指标	1	2	3
细粉 /kg	3.0	3.0	3.0
浸膏 /kg	3.1	3.1	3.1
水 /kg	3.0	6.0	9.0
相对密度	1.1	1.05	1.04
时间 /min	<10	105	165
颗粒外观	半成品颗粒中有块状粘连物	颗粒外观尚可，大小多在 20～40 目，仍有一部分较大颗粒	颗粒外观较均匀，大小在 20～30 目
结果	无法完成干燥制粒，10 分钟后喷头堵塞	可完成干燥制粒，能够吸收浸膏	干燥制粒过程很好

由表 2-6-3 可见，浸膏中加 2 倍量、3 倍量的水，喷雾制粒都可以制得疏松的颗粒。但加 3 倍量水时，喷雾制粒时间太长，无意义；加 1 倍量水时堵塞喷枪的喷头，无法操作；故以加 2 倍量水为最佳。此时，浸膏相对密度约 1.05。注意，加水后须过 100 目筛，以防堵塞喷枪。

（2）喷压和流量：这 2 个因素直接关系到雾滴的大小，对颗粒成型至关重要。进风和出风温度对造粒也有一定的影响。参考制粒条件，见表 2-6-4。

表 2-6-4　参考制粒条件

干燥条件	1	2	3	4
喷压 /kg	3	3.5	4	4.5
流速 /（ml·min^{-1}）	40	55	85	120
进（出）风温度 /℃	80（60）	80（60）	100（80）	120（80）
操作时间 /min	<30	180	110	80
结果	30 分钟后细粉发生粘连，蒸发量达饱和，操作无法进行	操作可以进行，但速度慢，时间长	操作可以进行，颗粒外观较好	操作速度快但颗粒不均匀，粒度范围大

注：细粉 ∶ 浸膏 ∶ 水 =3 ∶ 3.1 ∶ 6.0。

因此，获得较好的制粒条件：进风温度 100℃；出风温度 80℃；喷压 4kg；流量 85ml/min，颗粒质量好。但中药的浸膏成分比较复杂，黏度各异，在研制过程中应根据品种的特性进行参数的调整。

（3）颗粒的含水量与其流动性：颗粒的含水量与其流动性有着密切的关系，每一品种这二者的关系不同，而流动性的好坏与重量差异又有着密切的关系。因此在研制过程中，须根据每一品种的特性，确定含水量标准和润滑剂的品种，以确保重量差异合格。不同含水量颗粒的休止角比较，见表 2-6-5。

（4）冲头直径的选择：冲头直径大小的选择与能否达到丸重要求有关。因此，须根据丸重选择直径相当的冲头进行压制。冲头模具直径与丸重的关系，见表 2-6-6。

表 2-6-5　不同含水量颗粒的休止角比较

序号	含水量 /%	颗粒粒度（20～60 目）/%	颗粒休止角 /°
1	5.0	75	38.5
2	4.7	70	37.5
3	4.4	80	37.0
4	4.5	60	37.0

表 2-6-6　冲头模具直径与丸重的关系

序号	冲头模具直径 /mm	丸重范围 /g
1	5.5	0.09～0.12
2	6.0	0.11～0.15
3	6.5	0.13～0.16

（5）冲头弧度选择：丸剂要求外观圆整均匀，色泽一致。打光的丸剂应完整光滑，故用压制法制成的丸剂不但在丸重上应与原来用泛丸法制成的丸剂一致，同时，外观上也应与原来用泛丸法制成的丸剂基本一致。因此，在模具直径选定的情况下，冲头模具弧度的调整对压制丸剂的外观、圆整度也极为重要，见表 2-6-7。

表 2-6-7　冲头模具弧度与丸剂外观圆整度的关系

序号	冲头模具弧度	丸剂外观
1	一号冲头模具（直径 6mm，深度 1.9mm）	外观完整光滑，均匀，色泽一致，但不是非常圆整，带有“肩胛”。出丸时几乎无破损
2	二号冲头模具（直径 6mm，深度 2.6mm）	外观完整光滑，均匀，色泽一致，比较圆整，“肩胛”明显。但出丸时有 20%～30% 丸粒有破损
3	三号冲头模具（直径 6mm，深度 2.6mm），带有软性材料的刮料器	外观完整光滑，均匀，色泽一致，比较圆整，“肩胛”不明显。出丸时几乎无破损

（6）薄膜包衣：压制丸薄膜包衣与片剂薄膜包衣一样，丸剂的翻滚比片剂好，因此包衣相对较容易。但是，也应根据品种的特性，调整薄膜衣的配方、浓度、包衣锅转速、风量、温度、喷枪的流量等参数。

压制法制丸为解决丸剂质量问题提供了新方法，提高了生产效率，有广泛的应用前途。但由于丸剂品种组方比较复杂，该法能否适用于所有品种，彻底解决丸剂的质量问题，有待进一步探讨、研究和实践。

16. 手工泛丸有哪些常见质量问题？如何解决？

手工泛丸是我国传统制丸方法之一，即竹匾泛丸[5]，是丸剂泛制法最古老的成型方法，也是滚筒泛丸的起源。该方法操作方便，广泛用于泛制丸研制时的小样试制及解决实际生产中出现的工艺问题。只需药匾及刷子等极简单的工具即可。成型操作灵活，制备量可多可少，少至 50g 都能成型。但是手工泛丸须熟练掌握一系列动作技巧，如“小转”“大转”“小翻”“大翻”“小翻转”“大翻转”“前搭”“后搭”等，具有一定难度。动作的正确运用与否和熟练程度决定了成品质量。常见的质量问题如下。

（1）丸模不圆、并粒严重：丸药的圆整度不合格，不仅影响外观，而且会导致重量差异和含量不合格。因此，丸药的圆整度对丸剂质量至关重要。产生的主要原因是起模时动作运用不当或黏合剂、粉末用量未控制好，造成丸模不圆整或并粒。特别是并粒后的不圆整丸模最大直径已超过成品要求直径的 1/4，加大后已无法形成圆形。这是加大时为了加快增大的速度，黏合剂过量，翻转不到位，又马上加药粉所造成的。同时加粉过量，多余的药粉又未和黏合剂充分混合成薄浆，黏附在丸药表面，形成色泽不均匀的丸面黏合剂，随即加入过量的粉末，产生新的多余粉末，如此反复进行，必定会造成丸药圆整度不合格，有时还伴随丸粒大小不均。

因此，无论是起模还是加大，都必须做到黏合剂用量适当且层层均匀，加入药粉量同样要适当且层层均匀，而且应宁少勿多，才能做到丸药圆整度好，大小均匀，丸面光洁。粉末或赋形剂的黏性较强，加入量多或动作运用不当时，会造成大量并粒。有时遇到黏性较强的品种时，为避免加入黏合剂后并粒，就加入大量粉末以防并粒。但结果却相反，在第二次加入黏合剂时，浮在丸药表面的粉与黏合剂接触后产生强大的黏合作用反而使丸药并粒。

同时，每轮要多团转，动作宜先快后慢，每次加水、粉要偏少，水要刷匀、刷薄，丸模应保持微挂粉状态，特别是在起模、成模阶段。在黏性较强的药粉起模时，黏合剂的加入量应适度，加入后的操作应以“小翻转”为主，适当加一点“后搭”，要彻底翻透，以确保黏合剂的均匀性。加入的粉末宁少勿多，防止第二次加入黏合剂时丸药表面的浮粉与黏合剂接触后产生强力黏合作用，以加到吸率的 80% 最好。切记丸药表面的浮粉与黏合剂接触后产生的强力黏合作用是并粒的最根本原因。

（2）成模后丸模大小仍悬殊：在起模时虽然已加黏合剂和粉末几十次，但是不能增大丸模，而丸模的数量却越来越多。其原因一是由于黏合剂加入太少而粉末加入太多。黏合剂太少不能将粉末吸入丸模，反而使黏合剂与多余的粉末形成小颗粒，使丸模的数量越来越多；二是由于动作运用不当，起模时一般粉末的用量较少，运用“小转”“小翻”“小翻转”“小转翻”“后搭”等动作时，应多用“小转翻”“后搭”动作保持均匀性。出现丸模只多不增大现象，大多是由于动作选用不当或使用时间不正确所致。

因此，只需规范动作和正确掌握黏合剂与粉末比例即可解决。应特别注意粉末量的加入宜少不宜多，以加到吸率的 80%～90% 最好。

（3）成品丸药与目标丸药相比，偏大或偏小：泛制的丸药大小不均，会导致反复过筛和反复加大，消耗人力和工时，特别是小样试制时会造成含量不合格。产生的主要原因是在操作过程中“大转”动作太多，“小翻”或“小翻转、大翻转”不够，动作运用不当，丸药在竹匾中形成离心造成黏合剂分散不均匀，导致丸药吸粉率严重差异。另外，加粉过量也是原因之一，由于加粉过量会产生多余粉末，若未采用“后搭”动作进行处理，多余的粉末则隐藏在丸剂中，在加下次黏合剂时，多余的粉末就形成薄浆黏附在大丸上，使大丸更大，这种情况大多出现在疏松、吸湿率较强的药物粉末中。

要了解丸模起点原理，丸模起点时根据球体积原理和已用粉量占比，及时判断目前状况下目标丸药的直径值，适当增加或减少丸模数量。以“小翻转、大翻转”动作为主，使丸面的黏合剂和粉末尽量均匀。特别是黏合剂更应做到均匀，进而保证药粉吸附的均匀性。另外，在加粉时要防止加过多粉末，而造成二次不均匀。

（4）污匾的处理：在起模时刷水区不固定、在成型时用粉量偏多又刷水成潭而出现粉末层积黏附在丸匾上，阻力增大、影响操作，下一轮要及时调整，特别是成型时，污匾可分区加水刷至粘匾粉饼混悬灵活状态后（混浆操作），迅速团丸药去粘液，团后如有丸药粘连则加少量粉揉开，再次重复上述操作直至丸匾干净为止。

（5）赋形剂黏性过大或不足的处理：起模阶段若易粘连成团，则赋形剂加水稀释或另用乙醇等黏性偏低的，若难以成团，则通过一些办法增加赋形剂的黏性。

17. 挤出 - 滚圆成丸法操作要点有哪些?

挤出 - 滚圆成丸法是将药物细粉与适宜辅料混合制成具有一定可塑性的均匀物料或湿颗粒，经挤出机压挤成圆柱形条状，再经滚圆机滚成圆球形制成丸剂的方法。它是制备小丸剂应用最广泛的方法。

（1）湿料的制备：将已混合均匀的药物细粉按配方规定用量加入适宜的辅料，混合制成具有一定可塑性的湿润均匀的物料或将湿料经制粒机制成湿颗粒。湿料要求具备一定的保湿能力，从而增加挤出的流动性及滚圆性的可塑性。微晶纤维素由于其优异的吸水能力、持水能力，良好的流变性能、黏连性和可塑性等，被广泛认为是挤压球化工艺的最佳选择。常用辅料：微晶纤维素、乳糖等，常用黏合剂：水、羟丙纤维素、羟丙甲纤维素、聚乙烯吡咯烷酮等溶液。

（2）挤压：将制成的塑性湿料或湿粒置挤压机内，经螺旋推进或辗滚等挤压方式将湿料通过一定直径的孔或筛，压挤成圆柱形条状挤出物。条状挤出物应表面光滑，挤出物常因挤出压力发热，长期连续生产，发热现象更为明显。对热敏性物料应采用带低温冷却的挤出机。应选择适宜的挤出速率、挤出筛网的孔径、挤出次数、挤出设备的类型等。挤出转速较快，软材中的水分分布均匀，滚圆得到的丸粒半径分布范围窄、圆整度好，而挤出较慢则滚圆无法成圆形球。筛网孔径增大，挤出物表面粗糙，相对松散，重复挤出能够保证水分的均匀分布，减少丸粒内部的总孔隙体积，使丸粒更加致密，但挤出次数增多，可能使挤出物变干，硬度增加。理想的挤出物至少具备以下条件：挤出物的硬度较小，容易被剪切；挤出物具有较好的塑性形变能力，容易变形成圆球形；挤出物的黏附性小，不能相互黏结或者黏附在滚圆筒内壁上，挤出物具有较好的内聚性，在剪切力的作用下不被打散成粉末。

（3）滚圆成丸：将挤出的圆柱形条状物料堆在滚圆机的自转摩擦板上。挤出物则被分散成长短相当于其直径的更小的圆柱体，由于摩擦力的作用，这些塑性圆柱形物料在板上不停地滚动，逐渐滚成圆柱形。若挤出物硬度小、塑性差，则转速要慢；若挤出物黏附性大，则转速要快。

（4）干燥：同其他制丸法。

18. 筛选滴丸配方时宜选用哪些评价指标?

滴丸的成型是基于固体分散技术原理。药物在基质中呈高分散状态，骤冷时基质迅速凝固，由于药物分散体被隔而不能聚集增大。该剂型要求药物料液有适宜的熔点、凝固点、黏度、表面张力、相对密度，滴入冷却剂后能形成圆整并且大小、色泽、重量和含量都均匀的丸球，而且丸球的溶出度和稳定性均能符合质量要求。

实际上，没有药物能够直接满足这些要求。但是，通过添加赋形剂和辅料也就是筛选配方即形成制剂处方，可以改善料液的性质，达到上述要求。从而决定滴丸能否成型、能否达到制剂溶出度和稳定性的要求。所以，筛选滴丸配方要围绕对滴丸成型性、溶出度和稳定性的要求作出评价。

评价滴丸的成型性通常选用以下指标：圆整度、硬度及重量差异的幅度等，文献报道对圆整度的研究方法有长短径差异的测定、滴丸在斜坡上能否沿直线滚动等[6]。

评价滴丸稳定性的最主要指标是药物的分散状态是否改变。某些配方的滴丸经一定时间的贮存后，会使分散体系统的溶出度降低，使滴丸产生"老化"。故可以通过观察是否产生"老化"现象判断配方是否合理。

19. 怎样判断药物在滴丸基质中的分散状态?

滴丸采用固体分散技术制备，同样存在贮存过程中的老化，以及溶解度、溶出速度和生物利用度等和药物分散状态密切相关的问题。因此，判断药物在基质中的分散状态，对保证滴丸的稳定性和疗效的正常发挥意义重大。

滴丸中药物的分散状态有分子状态、亚稳定态、无定型态、胶体状态、微晶状态或微粉状态等。目前判断这些状态的方法有光谱分析、热分析、显微法等。有些分散系统也可应用显微镜法考察药物的分散程度[7]。

（1）光谱分析

1）粉末 X 射线衍射法：粉末 X 射线衍射被用来鉴定物质的无定形和多晶型，利用物质原子核周围的电子与 X 射线辐射光子之间的相互作用，产生唯一的特定物质衍射图案，用于确定固体分散体中药物和载体的存在状态。图像中尖锐峰表明是晶体物质，而钝峰则表明是无定形物质，但其电子能量较高，可能会对样品造成不同程度的损坏。

2）小角 X 射线散射法：小角 X 射线散射现象发生在入射线微小角度旁边，其物质内部纳米电子密度不均匀是产生散射现象的根本原因，对该图谱进行分析，可定性描述物质的微结构。近年来，该技术已被应用于物质微结构表征、散射体分形特征等若干方面，是一种有效的表征物质亚微观结构的手段，其应用于固体分散体中来定性描述药物的分散状态也越来越受研究者的青睐。

3）傅里叶变换红外光谱法：傅里叶变换红外光谱法是一种新型的物质亚微观结构表征手段，具有灵敏度高、测量时间短、光通量大、光谱范围宽、分辨率高、杂散光少、适合于联机应用等优点。利用不同药物图谱的差异性，可将其应用于定性推测药物在固体分散体中的状态。

4）衰减全反射傅里叶变换红外光谱法：衰减全反射傅里叶变换红外光谱法是 20 世纪 80 年代将衰减全反射技术应用到傅里叶变换红外光谱仪上产生的一种新技术，广泛应用于医药、高分子材料的定性和定量分析，具有制样简单、操作简便、可直接用不经过处理的样品进行检测的特点，近年来开始应用于固体分散体中药物分散状态的定性分析以及药物结晶度的定量分析。

5）固体核磁共振技术：固体核磁共振技术是一种重要的结构分析手段，其现象的产生是由于物质内部原子核的自旋和磁场相互作用，故可从原子水平上去研究宏观物质。该技术在研究固体物质的微观结构时也经常被使用，既能提供准确的结构信息，也可对固体物质内部分子的形态进行定性分析。根据不同形态药物图谱中的特征峰形和化学位移的变化，将该技术用于推测固体分散体中药物分散状态也变得越来越常见。

6）拉曼光谱法与共聚焦显微拉曼光谱法：拉曼光谱法与共聚焦显微拉曼光谱法是与红外吸收光谱类似的分子振动光谱，通过分子官能团的振动转变可定性描述分子的结构，更重要的是拉曼光谱具有可以进行无损测量、样品制作简单、操作简便等优点。共聚焦显微拉曼仪的优势在于其光路中多了一个共聚焦显微镜，从而消除了杂散光的影响，使获得的分子结构信息更加准确。近年来，两者也被频繁应用于固体分散体形成物相的定性表征。

7）太赫兹时域光谱法：太赫兹时域光谱法技术是基于飞秒激光技术所获得的宽波段TE比脉冲，具有大带宽、高信噪比、可在室温下工作等优点。利用不同药物谱图的特异性，可将该技术应用于固体分散体中药物分散状态的定性和定量分析，推测固体分散体中药物的存在状态。

（2）热分析

1）差示扫描量热法：差示扫描量热法指在程序控温下观察目标物质、参比物功率差随温度变化而产生变化的一种技术，具有分析快速、准确性好、样品用量少、操作简单等优点。近年来，该技术开始应用于药物多晶型分析，通过所得的热分析曲线确定一种药物存在几种晶型、各晶型物理性质、是否发生相变，对多晶型药物定性分析非常适用。

2）高速差示扫描量热法：高速差示扫描量热法比传统差示扫描量热法有着更快的扫描速率，灵敏度更高，能用于微量分析而不会引起玻璃化转变温度（Tg）损失，而传统方法则不适合药物的微量分析。该技术除了能定性检测含量非常低的无定形状态是否存在外，也能对其进行定量测定，因为它以热流的台阶高度变化作为非晶态含量的函数，从而获得线性响应。低样品质量和高灵敏度的组合，使得该技术对无定形样品的研究非常有价值。

3）调制式差示扫描量热法：调制式差示扫描量热法是20世纪90年代基于传统差示扫描量热法发展起来的一种分析技术，与传统方法相比，其能通过温度调制将总热流分为可逆热流和不可逆热流，具有较高的灵敏度和分辨率，能准确测定聚合物的初始结晶度，并可直接测量比热容，但其测试效率相比于传统方法较低。该技术在研究高分子材料的玻璃化转变、结晶、熔融等复杂相变领域取得了较大进步，近年来也开始应用于研究固体分散体中药物分散状态。

（3）显微法

1）扫描电镜法和环境扫描电镜法：扫描电镜法和环境扫描电镜法是将电子光学技术、真空技术、精细机械结构、现代计算机控制技术集一身的复杂系统，电子枪发射一束具有一定能量、强度、直径的微细电子束到样品表面，不同样品表面激发出不同次级电子，经数据处理系统后得到其表面形貌的二次电子像。结合显微镜高分辨率将该技术应用于固体分散体中药物分散状态测定时，可准确定性地描述药物存在形态，但对检测样品要求较高，需将样品在真空环境下喷涂金膜处理后制成导电体，成本较昂贵。

2）透射电子显微镜法：透射电子显微镜法具有穿透性，其发射的高能电子束能穿透样品，不同形态样品对电子束产生不同频率散射光，形成的图像可反映样品形态，具有高分辨率、高放大倍数等特点。通过观察显微像和分析选区电子衍射图，可判断物质形态，得到晶体结构信息，但该技术对样品处理和真空条件要求高。同时，高分辨率下该技术对固体分散体进行分析时，可判断药物是否以无定形或结晶态存在。

以上方法是测定固体分散体的方法，故也可用于滴丸中药物分散状态的分析。可根据条件和分散体的性质选用，必要时也可几种方法联用，以便从不同角度来评价固体分散物的分散状态和分散程度。

20. 常用滴丸冷却剂中，为何二甲硅油的成型性最好？

滴丸的液滴在冷却剂中可能发生的行为有铺展、形成液滴和混合几种情况。一般来说，把表面张力较小的液体放入表面张力较大的液体中会发生铺展；而把表面张力较大的液体放入表面张力较小的液体中则不发生铺展，各相为了尽量减少接触的表面积而形成液滴。

根据热力学原理，铺展系数为正值时，体系表面自由能降低，液滴发生铺展，反之则保持珠滴状。

制备水溶性滴丸时，常用的冷却剂主要有液体石蜡、二甲硅油和植物油，其表面能分别是 0.035N/m、0.021N/m、0.035N/m。二甲硅油较其他冷却剂具更小的表面张力，能使铺展系数为负值，就能保证滴丸液滴与二甲硅油接触时只形成液滴，不在两相液面间发生铺展和溶解，所以，用二甲硅油制备水溶性滴丸时具有很好的成型性。

另二甲硅油型号规格有很多种，可以通过调节温度和选用不同型号的二甲硅油来调节液滴在冷却剂中的成型和沉降速度，以达到最好的工艺状况和质量状况，且不存在污染石化产品有毒物质及水性滴丸沾水变色霉变的隐患，这是液体石蜡和植物油无法保证的。尤其是用聚氧乙烯单硬脂酸酯（S-40）、泊洛沙姆（Poloxamer）为基质的滴丸必须用二甲硅油作为冷却剂，不能用液体石蜡作为冷却剂，因二甲硅油能增加水难溶活性药物的溶解，有利于药物的吸收，而泊洛沙姆具引湿性，故不能用液体石蜡作为冷却剂。

21. 以二甲硅油为冷却剂时，为何滴丸有时会滞留液面很长时间才下沉？

采用向下滴丸法制备滴丸时，料液与冷却剂之间存在密度差，当料液滴入冷却剂后，在重力的作用使料液滴下沉而与冷却剂分离。这时料液滴的沉降速度受密度差值、液滴大小、冷却剂黏度和密度的影响。只要料液密度稍大于冷却剂的密度，料液滴大小和冷却剂黏度适宜，料液滴将缓慢下沉。但是，如果冷却剂液面温度很低，冷却剂的密度和黏度都将增大，料液滴下沉的阻力也相应增大，这时会出现料液滴滞留冷却剂液面很长时间才下沉的现象。

由于二甲硅油的黏度和密度等原因，料液滴在二甲硅油中沉降的速度较在其他冷却剂中慢得多。当温度降低时，二甲硅油黏度和密度的改变对料液滴沉降速度的影响也更大，如果温度太低，就会出现滴丸滞留液面很长时间才下沉的现象。

22. 滴丸生产中为何要定期处理二甲硅油，如何处理？

由于二甲硅油有很好的成型性，越来越多的水溶性滴丸选用二甲硅油作为冷却剂。但二甲硅油价格昂贵，生产成本难以降低，因此在生产中应尽量循环使用二甲硅油。

已经用过的二甲硅油会混入异物，使用混有异物的二甲硅油会使制品被污染或被溶解。反复使用二甲硅油前应进行相应处理以除去异物。处理的方法应视污染物的类别而定。

最常见的异物是制备滴丸时产生的碎丸。由于碎丸不溶于二甲硅油，因此可以采用以下方法除去其中的碎丸：①过滤；②静置沉淀；③离心。

此外，较常见的异物还有水。因制备滴丸时常采用水为介质形成二甲硅油的冷却梯度，当不严密时会有水渗入。使用混有水的二甲硅油作冷却剂时，滴丸会出现不同程度的变色、溶解、变形甚至不能被冷凝变硬。可采用以下方法除去二甲硅油中的水：将混有水的二甲硅油冷藏在 4℃以下，待二甲硅油中的水凝结成冰后，取出，迅速过滤，冰块不能透过筛网而被甩隔，透过的二甲硅油中就不再含有水。

23. 如何确定制备滴丸料液的熔化温度、保温温度及冷却剂温度?

制备滴丸的第一步是将基质和药物熔化成溶液，或将药物以溶媒溶解后再与熔化的基质混匀。不同的滴丸品种采用的熔化温度不同，如当归腹痛宁滴丸采用 100～110℃熔化温度，苏冰滴丸采用 90～100℃熔化温度，藿胆滴丸熔化温度 65～70℃。

决定熔化温度时主要应考虑两个问题，一是药物和基质的熔化温度，二是药物的热稳定性。前者可以热分析、显微镜观察或肉眼观察判断熔化时温度，制备滴丸料液的熔化温度稍高于此点即可。药物的热稳定性可以通过对药物中的主要成分加热后的定性定量分析或热分析来预测。制备滴丸料液时应取低于此值的温度，即熔化温度取值在料液熔化温度以上，药物热变化温度以下。若药物对热极不稳定，热变化温度很低时，则需选用熔点更低的基质。

保温温度指料液制备好后，于滴制前在一定温度环境中保存，以备滴制的温度值。保温温度一般略低于熔化温度，但高于料液凝固点。

冷却剂的温度与药液的温度之间存在一个优化的工艺差值，该值应当使液滴在表面张力作用下，在冷却剂中充分收缩成球体。不同的药液该值不同。滴丸的料液滴进入冷却剂后，冷却剂的温度对丸型有重要影响。温度太高，液滴不能被凝固；温度太低，液滴的收缩尚未结束，液滴被迅速冷却凝固后可能包含未分离的气泡，也可能带有尖尾。为了让液滴充分逸出气泡，充分调整为球形，亦能充分冷凝，可采用分段梯度冷却。即冷却管中冷却剂的温度不一致，上部温度高于料液的凝固点，下部温度低于料液的凝固点。具体温度的确定应结合冷却管的长度和料液的凝固点来考虑。在一定范围内，降低冷却剂的温度有利于滴丸迅速散热凝固，使基质形成细小结晶，同时在较低的温度下，冷却剂的比重增大，黏滞度提高，滴丸下降速度减缓，有利于提高滴丸的圆整度。

24. 怎样减少滴丸剂中的空洞?

制备的滴丸中含有空洞，使按粒服用的滴丸剂量不准，滴丸外形不美观。空洞主要是由于在熔料和冷却的工艺环节引入了空气又未排除所致。已配制和熔化好的料液在滴制前常含有空气。这是由于熔料过程中，搅拌操作将空气带入了料液中。有些配方中使用乙醇溶解药物，其中的乙醇没有挥尽，熔料时温度升高乙醇气化也会产生大量气泡。料液滴自滴管口滴下后，在空气中下落，与冷却剂接触时也常携带空气进入其中。随着料液滴的下降，液压增加，气泡一般应能自动分离。但如果此时冷却剂温度太低，液滴迅速被凝固，气泡则无法分离。要想减少丸粒中的空洞，应视具体情况确定对策。如属前一种情况，料液在滴制前脱气即可避免；如属后一种情况，则需升高冷却剂上部温度，采用梯度冷却，给予足够的时间让气泡在液滴凝固之前分离出来。

25. 怎样防止滴丸叠丸?

叠丸指滴丸在冷却过程中,液滴相互粘连、重叠,甚至合并的现象。

造成叠丸的原因有滴速太快和滴丸下沉速度太快。滴速太快时,液滴间距离很近,当液滴下沉受到冷却剂的阻滞时,速度立即减慢,与后面滴下的液滴粘连或重叠。滴丸在冷却剂中所受的作用力并非只有重力和浮力,其他力的作用很容易改变滴丸的运动轨迹;当滴丸在冷却剂中下沉太快时,液滴间距离很近,也会发生重叠或粘连。另外,液滴大小不均匀时,液滴的沉降速度就会不一致,速度快的会赶上速度慢的而导致叠丸。根据上述情况,可通过调节滴速、液滴下沉的速度和保持恒定的液滴重量来防止叠丸。由于液滴下沉的速度受液滴大小、液滴与冷却剂之间的密度差以及冷却剂的黏度诸因素的影响,通过控制这些因素也就能控制液滴下沉的速度。

26. 怎样去掉滴丸的"拖尾"现象?

滴丸拖尾是液滴收缩不够充分造成的滴丸球体不圆,甚至有尖锐突起的现象。拖尾的滴丸外观不合格,同时因流动性差,也无法采用机械分装。

液滴自滴管口分离时,液滴各部位受到的作用力是不一样的。总的来说,液滴下落的动力是重力,但液滴的前部还受空气阻力的作用,所以前部较平圆。而液滴的尾部是随液滴的下落被迫与滴管口残液分离的,所以尾部带有分离时拉丝的痕迹。如果有充足的时间,液滴借界面张力的作用会自然收缩成球体。但是如果液滴在空气中下落的时间不够,拉丝造成的突起尚未收缩进球体,液滴就进入冷却剂中,而冷却剂的温度又低,液滴迅速被冷凝,凝固的滴丸上就会带上"尾巴"。

此外,料液的黏度太大、保温温度太低或滴管口堵塞也会加剧拖尾。

如遇"拖尾"现象,可考虑以下办法解决:①适当调整滴管口与冷却剂液面间的距离;②适当升高冷却管上部的温度,将其温度控制在40℃左右,使液滴有充分收缩与释放气泡的机会;③适当提高保温温度或调整配方使料液黏度适宜;④清理滴管口堵塞物。

27. 如何使滴丸的重量差异合格?

制备滴丸时,药液自滴管口自然滴出,液滴的质量即丸重。但在实际生产中,会因为某些工艺参数的不确定或不稳定造成重量差异不合格。丸重与滴管的口径和药液的表面张力有关。在药液的温度和滴速不变的情况下,滴管口的半径是决定丸重的主要因素。

丸重的影响因素有以下几点。

(1)管口径:在一定范围内,管口径大则滴制的丸也大,反之则小。

(2)基质形成溶液后表面张力:温度影响表面张力,受其影响温度亦与丸重有关。当温度上升,表面张力减小,丸重减小;反之,温度下降,表面张力增大,丸重亦增大。

(3)滴管口与冷却剂液面的距离:距离过大时,液滴从滴管口分离后做自由落体运动。下落距离越长,动能越大,与冷却剂接触时撞击力越大,液滴跌散使滴丸重量变小,因此两者的距离不宜超过5cm。

(4)液滴的滴速不恒定:液滴从滴管口滴下时只有约60%的理论丸重分离出来,滴管口的残液约占理论丸重的40%。液滴的滴速加快,滴管口的残液量减少,丸重增加,反之则减少。

（5）储液筒内料液量的变化导致滴管口的静压改变：有些滴丸设备中储液筒的液位不能恒定，筒内料液的液面距滴管口的距离越长，料液对滴管口的压力越大，滴速加快，丸重增加。随着液滴的逐滴滴出，液压逐渐减小，则滴速减慢，丸重减小。

此外，滴管内壁粗糙、料液中有不溶物等原因也可导致丸重的改变。

当滴丸重量波动太大时，应根据原因寻找解决对策。

28. 滴丸在冷却管底部发生黏结怎么办?

滴丸在冷却管底部黏结的主要原因是冷却不够彻底。滴丸进入冷却剂后，在向下移动的同时被冷却。如果冷却剂温度不够低或冷却管高度不够，滴丸到达冷却管底部时就不能被充分冷却，后落下的滴丸压在先落下的滴丸上，越积越多，就会发生黏结现象。冷却管的弯道部分直径或角度太小，如弯道粗糙、弯道接头不合理，也会加剧滴丸的黏结。

另外，制备料液时若采用水溶解药物会使料液的熔点下降，硬度降低，也会增加滴丸黏结的可能。如果冷却剂中混有水，水的密度一般大于冷却剂的密度，故沉于冷却管底部，使沉积于此的滴丸遇水溶解也会发生黏结。

滴丸黏结沉积现象可通过降低冷却剂的温度，增加冷却管的高度，修正弯道角度、粗糙面及接头等来提高冷却效果，防止滴丸黏结。对于冷却剂中混有水的情况，可改用其他易挥发溶剂如乙醇溶解药物，或尽量减少水的用量。在操作中应注意防止在冷却剂中带入水或冷却管泄漏渗水。如果滴丸不能够凝固，则通过更换冷却剂种类或改变处方等途径来解决。另外据报道，增大基质用量，加入少量水与甘油均可改善滴制条件，但这些方法同时也增大了服药量。

29. 丸剂的包衣种类及方法有哪些?

（1）包衣种类

1）药物衣：包衣材料是丸剂处方组成部分，有明显的药理作用，用于包衣既可发挥药效，又可保护丸粒、增加美观。中药丸剂包衣多属此类。常见的有：①朱砂衣，如七珍丸、梅花点舌丸、七味广枣丸等；②甘草衣，如羊胆丸等；③黄柏衣，如四妙丸等；④雄黄衣，如化虫丸等；⑤青黛衣，如当归龙荟丸、千金止带丸等；⑥滑石衣，如分清五淋丸、防风通圣丸等；⑦其他，如礞石衣（竹沥达痰丸）、牡蛎衣（海马保肾丸）、金箔衣（局方至宝丹）等。

2）保护衣：选取处方以外，不具明显药理作用且性质稳定的物质作为包衣材料，使主药与外界隔绝而起保护作用。这一类包衣物料主要包括：①糖衣，如木瓜丸、安神补心丸等；②薄膜衣，应用无毒的药用高分子材料包衣，如香附丸、补肾固齿丸等。

3）肠溶衣：选用适宜的材料将丸剂包衣后，使之在胃液中不溶散而在肠液中溶散。丸剂肠溶衣的主要材料有虫胶、邻苯二甲酸醋酸纤维素（CAP）等。

（2）包衣方法

1）药物衣：如七味广枣丸，是以朱砂粉末包衣。

将七味广枣丸（蜜丸）置于适宜的容器中，用力往复摇动容器，逐步加入朱砂极细粉，使其均匀撒布于丸剂表面，利用蜜丸表面的滋润性，将朱砂极细粉黏着而成衣。朱砂的用量一般为干丸重量的5%～17%，视丸粒的大小而不同，小蜜丸因其总表面积较大而用量比较多，但也不宜过多，以免不能全部黏着在丸面上，而且容易脱落。若朱砂在处方中的含量超过包衣用量时，应将多余部分与其他组分掺和在丸块中。水丸包朱砂衣者最多。包衣时将干燥的丸剂置包衣锅中，加适量黏合剂进行转动、摇摆、撞击等操作，当丸粒表面均匀润湿后，缓缓撒入朱砂极细粉。如此反复操作 5～6 次，将规定量的朱砂全部包严丸粒为止。取出药丸低温干燥（一般风干即可），再放入包衣锅或布袋（约长 3m、宽 30～40cm 的布袋）内，并加入适量的虫蜡粉，转动包衣锅或牵拉布袋，让丸粒互相撞击摩擦，使丸粒表面光亮，即可取出，分装。水蜜丸、浓缩丸及糊丸的药物衣可参照上法包衣。

2）糖衣、薄膜衣、肠溶衣包衣方法：与片剂相同。

30. 丸剂的质量检查有哪些？

（1）外观：丸剂外观应圆整均匀、色泽一致。蜜丸应细腻滋润，软硬适中；蜡丸表面应光滑无裂纹，丸内不得有蜡点和颗粒。

（2）水分：照 2020 年版《中国药典》（四部）水分测定法（通则 0832）测定，除另有规定外，蜜丸、浓缩蜜丸中所含水分不得过 15.0%；水蜜丸、浓缩水蜜丸不得过 12.0%；水丸、糊丸和浓缩水丸不得过 9.0%；蜡丸不检查水分。

（3）重量差异：按丸服用的丸剂，照 2020 年版《中国药典》（四部）丸剂（通则 0108）【重量差异】项下检查，均应符合规定。

（4）装量差异：单剂量分装的丸剂，进行该项检查。

（5）溶散时限：除另有规定外，小蜜丸、水蜜丸和水丸应在 1 小时内全部溶散；浓缩丸和糊丸应在 2 小时内全部溶散。

（6）微生物限度：照 2020 年版《中国药典》（四部）非无菌产品微生物限度检查：微生物计数法（通则 1105）、非无菌产品微生物限度检查：控制菌检查法（通则 1106）及非无菌药品微生物限度标准（通则 1107）检查，应符合规定。生物制品规定检查杂菌的，可不进行微生物限度检查。

31. 丸剂染菌途径及防菌灭菌措施有哪些？

（1）染菌途径

1）原药材大量带菌：丸剂的原料药绝大部分来自植物的根、根茎、花、果实；动物药来源于动物机体、脏器等。这些药材不仅本身带有大量杂菌、虫卵和泥沙，而且在采集、运输、贮存过程中从空气和包装物上又污染很多微生物并在适宜条件下又能继续滋生。

2）贮藏过程中增殖菌：原动植物药材本身带菌，同时药材中含有的蛋白质、淀粉、糖类等营养物质又是微生物繁殖的良好培养基，当环境的温度和湿度适宜时，微生物生长繁殖，药材再度染菌。成品在贮存过程中由于包装不严亦会造成微生物的增殖。

3）制丸过程中染菌：制丸过程中要接触机械设备、工具和操作人员等。制丸时如不能严格遵守操作规程，在工艺生产的全过程，诸如辅料的选用，制药设备，工具及车间环境、空气等都有可能使丸剂染菌，甚至每个细小的环节也会带入杂菌，使成品含菌数超限。

丸剂的染菌途径是多方面的，除上述染菌途径外，还有包装物料不洁、包装不严密，成品保管不当等均能造成染菌。

（2）防菌灭菌措施

1）加强原药材的前处理：是防菌的关键，根据药材性质采取分别处理的原则。

第一，对含耐热成分的原药材，可采取综合处理法和加热灭菌法进行灭菌处理。

①综合处理法：凡含有较耐热成分的根、根茎药材，可采用快速水洗、流通蒸汽灭菌、高

温迅速干燥的连续处理措施。用水洗可除去药材中的泥沙、尘土及附着在表面的细菌与虫卵。如龙胆水洗后除菌率高达 99.7%，川芎、栀子除菌率分别为 52.4% 和 88%，一般水洗除菌率均在 50% 以上。水洗后的药材立即通入蒸汽灭菌，并于 80～90℃干燥。应注意水洗时间不宜过长，以防有效成分流失，同时干燥温度亦不宜过低，否则在干燥过程中未灭死菌会再繁殖。处理洁净的药材要密封保管并及时转入下一道工序。

②加热灭菌法：此法又分干热灭菌和湿热灭菌法。干热灭菌不可靠，灭菌不彻底，而且使药材色泽加深，挥发性成分损失过多；湿热灭菌较彻底，但亦能引起挥发性成分的损失。因此，本法仅适用于在高温条件下成分稳定的中药材灭菌。

第二，对含热敏性、挥发性成分的原药材，可采取乙醇喷洒和熏蒸灭菌法、环氧乙烷灭菌法、辐射灭菌法和氯己定浸泡灭菌法进行灭菌处理。

①乙醇喷洒和熏蒸灭菌法：本法适用于一般性中药材，含挥发性成分的花、叶以及某些动物药材等。如当归、川芎、生地黄、赤芍、金银花、紫苏、薄荷、荆芥、细辛等植物药材；动物药材有牛黄、麝香、地龙、金钱白花蛇等。对上述药材可采用 75% 乙醇喷洒后密封，乙醇用量按每克药材 0.3ml 计算，其除菌率可达 80.9% 以上。也可采用乙醇熏蒸法，其操作流程为：物料→灭菌罐→升温→抽取真空→通乙醇→封罐灭菌→出料。灭菌温度为 62～65℃，真空度：不低于 -0.07MPa，物料含水量：10%～12%。其除菌率高达 99.5%，但本法乙醇消耗量较大，成本高且易燃，使用时要慎重。

②环氧乙烷灭菌法：该法适用于含热敏性成分和动物药材的灭菌，如苦杏仁、钩藤、柴胡、天花粉等。据报道，对陈皮、薄荷、细辛、石菖蒲、肉桂等 5 种含挥发油成分的药材，经环氧乙烷灭菌，其挥发油含量在灭菌前后无明显变化。细辛、肉桂、薄荷、石菖蒲 4 种药材经灭菌后在挥发油的气相色谱中出现了氯乙醇峰。陈皮等 5 种药材经灭菌后，其气相色谱中都出现了环氧乙烷峰。但实验证明，药材中残留的环氧乙烷和氯乙醇随着时间的推移而逐步减少，直至消失。因此，环氧乙烷灭菌法比加热灭菌法更能保存挥发油成分。该法操作程序：将原药材置于灭菌器内，排出空气，预热，在减压下输入环氧乙烷混合气体（环氧乙烷 10%，二氧化碳 90%），通入量按环氧乙烷计算每升空间 850～900mg，相对湿度 40%～60%，温度为 22～55℃，灭菌 3 小时后，排出环氧乙烷，送入无菌空气，完全排出环氧乙烷，密封后转入下一道工序。

③辐射灭菌法：该法是应用 γ 射线灭菌，γ 射线可由放射性同位素如 ^{60}Co 产生。据报道，将槟榔、黄柏、黄芩、丹参、桔梗、火麻仁、公丁香、豆蔻、细辛、甘草等药材，分别以 5 000Gy、10 000Gy、15 000Gy 剂量的 ^{60}Co γ 射线灭菌，其结果可达到无菌程度，灭菌前后有效成分含量及薄层色谱均无明显变化，其中公丁香等 5 种药材挥发性成分的含量、外观亦无明显影响。说明该法灭菌彻底而快，但设备费用高，较难普及。

④氯己定浸泡灭菌法：氯己定为临床局部消炎、杀菌剂，且无副作用，本法用于中药原料药材的消毒灭菌取得满意效果。

2）控制丸剂制备过程中的污染：原药材经过适当处理后，含杂菌数会大幅度降低，若在此基础上严格按照 GMP 要求控制制备过程中每道工序的污染，则能提高成品质量。

32. 克服丸剂溶散超时限的措施有哪些[8]？

（1）酌情处理药料：对于含有大量树胶、黏液质等胶黏性成分的药材，可以将其煎煮，煎液加入一定浓度的乙醇，除去大部分胶黏性成分，再浓缩干燥后使用。含油性成分多的药材，如非有效成分，可用脱脂法去油，以减少药料的疏水性。丸剂所用粉末细度要适中，一般应控制在 80～100 目，小于 100 目的细粉不能太多，否则易造成溶散时限过长。

（2）选用适宜的赋形剂：赋形剂的种类及用量不同与丸剂的溶散速度有关。一般来说，溶散时限随赋形剂的不同按下列次序增加：酒制丸＜水泛丸＜水蜜丸＜药汁丸＜浓缩丸。若处方中含有不利于丸剂溶散的药材（如熟地黄、白及、乳香、没药、五味子、黄连等）较多时，应尽量避免或减少使用这类药材的浸出液为赋形剂，因这类成分特别容易影响浓缩泛制丸的溶散速度。必须大量使用时，可以考虑用搓条法（机制法）生产，或用不同浓度的乙醇泛丸。遇有浓药汁时，可先将其用真空或喷雾干燥，然后再与粉料药混合泛丸。以水作黏合剂时宜用冷水，因热水能较快、较大地引发药料的黏性。总用水量应控制为药粉量的 50%～55%，用水过多易使溶散时限延长。如泛制五积散丸时总用水量控制在此范围时，溶散度较好，否则较差。

（3）采用合理的成型工艺：在实验的基础上，每次尽可能多加药粉或赋形剂，缩短丸粒的滚压时间，加速成丸速度，使其保持一定的疏密结构，可以大大改善溶散时限。据报道[9]：同样重量的木瓜丸模，成丸时间由“慢法”的 8 小时改为“快法”的 6 小时后，溶散时限由原来的 150 分钟缩短为 40 分钟。必要时也可以将已成一定大小的丸粒中途进行适当干燥，除去少部分水分，使硬度适当增加，保持丸粒的基本结构，然后再继续泛成所规定的大小，这样不会因滚压时间过久而使丸粒结构过于紧密。此外可以根据不同的处方，选用黏性较小的药料起模。用 80 目较粗粉加大成型，表层用少量 100 目粉料盖面，亦可改善溶散速度。处方中遇有浓浸膏时，最好单独真空或喷雾干燥，而不采用加药材粉末拌和吸收浸膏共同干燥的方法，这样的材料有利于丸剂的溶散。对于某些溶散时限难以合乎要求的丸剂，建议改用机制法生产。如有人分别统计 100 批机制法和泛制法生产的当归丸，机制法的成品平均溶散时限为 27 分钟，而泛制法则为 35 分钟。

（4）选用合适的干燥方法和温度：就丸剂溶散度而言，以真空干燥最好，自然干燥次之，烘房干燥较差。温度以 75℃为宜。但真空干燥温度低、不易达到灭菌的目的，自然干燥时间长，易污染。针对不少生产单位目前仍以常压烘房干燥为主的现状，除使用上下透气的容器均匀摊放以及经常翻动外，应避免湿丸骤以高温干燥。还应因地制宜改善烘房的通风条件，采用流通热空气干燥或其他先进的干燥方法。如白带丸用 50℃流通热空气干燥，平均溶散时限为 58.3 分钟；而普通烘房干燥时，平均溶散时限＞120 分钟。

（5）加入助崩剂：根据片剂崩解的理论，溶散度不理想的丸剂，加用适量的崩解剂如淀粉、微晶纤维素等泛丸，或喷入少量表面活性剂如吐温 80 等，增加丸粒的可润湿性，使毛细管壁与液面的接触角远远小于 90°，有助于毛细孔充分发挥作用，使丸剂的溶散时限得以改善。用量及用法视不同品种和不同情况由试验决定。对某些含浸膏或黏性成分过多的浓缩丸剂，可在提取液中加入一定量的超微粒子无水硅酸（平均直径 12μm），进行喷雾干燥后泛丸，则溶散时限可大大缩短。对于需要迅速见效的丸剂，亦可考虑用之。

参考文献

[1] 黄馨懿. 中药丸剂源流与应用探微[J]. 中医药临床杂志，2018，30(10)：1823-1826.
[2] 周雨晴，秦丽，梁迪，等. 水丸的现代制剂工艺及其研究进展[J]. 山东化工，2017，46(22)：37-38.
[3] 詹文强，刘盈骅，刘高宏，等. 安坤种子浓缩丸打光工艺研究[J]. 西部中医药，2014，27(1)：35-36.
[4] 岳国超，王兵娥，焦玉. 塑制法制备中药丸剂中物料因素与丸剂成型性的关系[J]. 时珍国医国药，2019，30(5)：1125-1127.
[5] 沈锦华，李万红，邵建兵，等. 中药手工泛丸操作新手常见问题及解决方法[J]. 中国民族民间医药，2018，27(20)：108-109.
[6] 王存，赵双桅. 中药滴丸剂的研究进展[J]. 江西中医学院学报，2008(5)：98-100.
[7] 王艳艳，王团结，彭敏，等. 中药滴丸剂的制备及其设备研究进展[J]. 机电信息，2014(29)：1-7，45.
[8] 裴勇，马彦江. 影响中药丸剂体外溶出因素探讨[J]. 中国卫生产业，2016，13(32)：193-195.
[9] 徐岩，于丽新，石晶等. 影响中药丸剂溶散时限的因素及解决方法[J]. 中国冶金工业医学杂志，2007(S1)：25-27.

（管咏梅　陈逸红　何祖新　臧振中）

第七章　外用制剂成型技术

中药外用制剂的使用历史悠久，最早的中医典籍《黄帝内经》中就有关于外治法及经皮给药的记载。透皮给药系统（transdermal drug delivery system，TDDS）或称经皮治疗系统（transdermal therapeutic system，TTS），指药物以一定的速率穿过角质层，扩散通过皮肤，经毛细血管吸收进入体循环的一类制剂。透皮给药系统是制剂研究的热点之一，有独特的优点：①直接作用于靶部位发挥疗效；②避免肝脏首过效应及胃肠道因素的干扰；③避免药物对胃肠道的副作用；④长时间维持稳定的血药浓度以避免峰谷现象，降低药物毒副作用；⑤减少用药次数，而且患者可以自主用药，提高患者用药依从性；⑥在产生不良反应时可及时终止给药，增加了用药的安全性[1]。近年来透皮给药系统的研究引起了广泛关注，而基于中药的透皮给药系统尤其引人注目。中药经皮给药是采用适宜的方法和基质将中药制成专供外用的剂型施于皮肤（患处或相应经穴），通过皮肤吸收进入体循环或作用于皮肤局部产生药效，以及通过经穴效应发挥药效，达到相应治疗目的的给药系统。经络穴位的经皮给药，是通过人体体表穴位吸收药物，再通过经络的运行使相关的脏腑得到调节。其中，穴位疗法、敷脐疗法、足心疗法等以中医经络理论为基础的治疗，颇具特色。中药挥发油和某些中药提取物往往本身就具有较强的生理活性，还可以作为天然产物中的促透剂，如肉桂醛、薄荷醇等单萜或倍半萜类化合物，以及薄荷油、桉油、川芎挥发油等中药提取物，此类药物不仅经皮吸收效果好、对皮肤刺激小、毒性较低，还能与其他药物产生协同作用。

膏药（黑膏药、白膏药）是中药五大传统剂型（丸、散、膏、丹、汤）之一。近年来，随着制药技术的进步和药用辅料的应用，研制开发出了多种经皮的剂型，如软膏剂、乳膏剂、凝胶贴膏、橡胶贴膏、凝胶剂、涂膜剂、贴剂、喷雾剂、膜剂等。

（1）膏药：系饮片、食用植物油与红丹（铅丹）或官粉（铅粉）炼制成膏料，摊涂于裱褙材料上制成的供皮肤贴敷的外用制剂。前者（红丹）称为黑膏药，后者（官粉）称为白膏药。

（2）软膏剂：系原料药物与油脂性或水溶性基质混合制成的均匀的半固体外用制剂。因原料药物在基质中分散状态不同，分为溶液型软膏剂和混悬型软膏剂。溶液型软膏剂为原料药物溶解（或共熔）于基质或基质组分中制成的软膏剂；混悬型软膏剂为原料药物细粉均匀分散于基质中制成的软膏剂。

（3）乳膏剂：系原料药物溶解或分散于乳状液型基质中形成的均匀半固体制剂。乳膏剂因其基质不同，可分为水包油型乳膏剂和油包水型乳膏剂。

（4）贴膏剂：系将原料药物与适宜的基质制成膏状物，涂布于背衬材料上供皮肤贴敷，可产生全身性或局部作用的一种薄片状柔性制剂。贴膏剂包括凝胶贴膏（原巴布膏剂或凝胶膏剂）和橡胶贴膏（原橡胶膏剂）。①凝胶贴膏：系原料药物与适宜的亲水性基质混匀后涂布于背衬材料上制成的贴膏剂。常用基质有聚丙烯酸钠、羧甲纤维素钠、明胶、甘油和微粉硅胶等。②橡胶贴膏：系原料药物与橡胶等基质混匀后涂布于背衬材料上制成的贴膏剂。橡胶膏剂的常用制备方法有溶剂法和热压法。常用溶剂为汽油和正己烷，常用基质有橡胶、热塑性橡胶、松香、松香衍生物、凡士林、羊毛脂和氧化锌等。也可用其他适宜溶剂和基质。

此外，透皮给药的新技术与新方法也在不断发展，将传统中医外治与现代透皮技术结合，如脂质体、传递体、醇质体、微针技术等形成的透皮治疗系统，将是全身性疾病外治研究的发展趋势。

1. 如何选择中药软膏剂基质？

软膏剂由药物和基质组成。基质（base）作为软膏剂的赋形剂和药物的载体，是软膏剂形成和发挥药效的重要组成部分。软膏基质的性质对软膏剂的质量及药物的释放和吸收有重要的影响，可直接影响药效、流变性质、外观等。

（1）基质的类型：软膏剂常用的基质可分为以下3类。

1）油脂性基质：主要包括油脂类、类脂类及烃类等。

2）乳剂型基质：由水相、油相在乳化剂的作用在一定温度下乳化而成的半固体基质，可分为水包油型（O/W型）和油包水型（W/O型）两类。由于乳剂型基质的表面活性作用，对油、水均有一定的亲和力，含此类基质的软膏中药物的释放、穿透性较好，能吸收创面渗出液，较油脂性基质易涂布、清洗，对皮肤有保护作用。

3）水溶性基质：由天然或合成的高分子水溶性物质组成，目前常用的水溶性基质主要为聚乙二醇类。

（2）选择原则：软膏基质的选用可从各类基质的性质、药物的性质、皮肤的条件、医疗要求、使用目的等方面综合考虑。

1）应根据各类基质的性质，选择适宜的软膏基质。

①基质的种类：用凝胶扩散法实验得到的规律一般，不同软膏基质中药物吸收速度依次为：O/W型乳剂基质＞W/O型乳剂基质＞吸水性软膏基质＞动物油脂＞植物油＞烃类基质。基质的组成若与皮脂分泌物类似，则有利于某些药物的吸收。水溶性基质如聚乙二醇对药物释放虽快，但制成的软膏很难被吸收。

②基质的pH：影响酸性和碱性药物的吸收，离子型药物一般不易透过角质层，非解离型药物有较高的渗透性。人体皮肤表皮内为弱酸性环境（pH 4.2～5.6），而真皮内的pH为7.4左右，故可根据药物的pK_a来调节透皮给药系统介质的pH，使其离子型和非离子型的比例发生改变，提高渗透性。

③基质对药物的亲和力：若亲和力大，则药物的皮肤/基质分配系数小，药物难以从基质向皮肤转移，不利于吸收。

④基质对皮肤的水合作用：角质层细胞有一定的吸水能力，基质对皮肤的水合作用大，角质层细胞膨胀，致密程度降低，有利于药物的穿透吸收。角质层含水量达50%时，药物的渗透性可增加5～10倍。油脂性强的基质封闭性强，有利于皮肤的水合作用。

2）应根据药物的性质，选择适宜的软膏基质。皮肤细胞膜具有类脂质特性，非极性强，一般脂溶性药物比水溶性药物易穿透皮肤，而组织液是极性的，因此既有一定脂溶性又有一定水溶性的药物（分子具有极性基团和非极性基团）更易穿透。药物分子的大小对药物经皮吸收也有影响，小分子药物易在皮肤中扩散，分子量>600Da 的药物已较难透过角质层。因此经皮吸收制剂应选用分子量小、药理作用强的小剂量药物。

3）应根据皮肤的条件，选择适宜的软膏基质。

①皮肤的部位：各部位皮肤角质层的厚度、毛孔的多少均与药物的穿透吸收有较大关系。一般角质层厚的部位药物不易透入，毛孔多的部位则较易透入。不同部位的皮肤通透性大小顺序为：耳郭后部>腹股沟>颅顶盖>脚背>前下臂>足底。因此，选择角质层薄、施药方便的皮肤给药，对起全身作用的经皮吸收制剂的有效性尤为重要。某些经皮吸收制剂根据其功能主治选用适当的经络穴位，对发挥药效有促进作用。

②皮肤的状况：若皮肤屏障功能受损（如湿疹、溃疡或烧伤），药物吸收速度大大增加，但引起的疼痛、过敏等副作用也增加。一般来说，溃疡皮肤对许多物质的渗透性为正常皮肤的 3～5 倍。某些皮肤病使角质层致密硬化，则药物的渗透性降低，如硬皮病、银屑病及光线性角化病等。

③皮肤的温度与湿度：皮肤温度增加，则血管扩张，血流量增加，药物的吸收也增加；皮肤湿度大，有利于角质层的水合作用，有利于吸收。

④基质对皮肤水合作用的影响是影响药物穿透皮肤的重要因素：因为皮肤的水合作用，可致角质层溶胀、疏松，降低组织的致密性，形成孔隙，利于药物的穿透。角质层含水量由正常的 5%～15% 增至 50%，穿透性可增加 4～5 倍。不同基质引起水合作用的能力不同，各类基质引起水合作用的能力通常是：烃类>类脂类>W/O 型>O/W 型，水溶性基质一般无水合作用。此结论似乎与上述基质种类对释放、吸收的影响正好相反，其实是因为研究的角度与对象不一样，两者之间并不矛盾。

4）应根据医疗要求、使用目的，选择适宜的软膏基质。软膏剂的使用目的，一是在局部发挥润滑、止痛、消炎等作用；二是通过皮肤吸收产生全身治疗作用。若希望软膏剂只起皮肤表面的保护、滋润和治疗作用，宜选择穿透性能差的基质，比如烃类基质；若拟通过皮肤给药发挥全身作用，则应选择容易释放和穿透的基质，如乳剂型基质。急性而有多量渗出液的皮肤疾患，不宜用封闭性基质凡士林等，即使用 O/W 型乳剂基质时也应慎重，因为有可能产生“反向吸收”而使病情恶化，此种皮肤疾患以水溶性基质为好。

2. 如何改进传统的中药凡士林软膏剂?

长期以来，中医临床上应用广泛的中药软膏剂，多选用凡士林为基质。凡士林是液体烃类与固体烃类的半固体混合物，有黄、白两种，其中白凡士林是由黄凡士林漂白而得。凡士林作为软膏剂基质，具有一定的优点，如化学性质比较稳定，能与多种药物配伍，制备工艺简便等。但是中药凡士林软膏剂也存在很多缺点，如所制备的软膏剂颜色较深；易污染衣物；药物的释放、穿透与吸收较差从而影响药效的发挥以及用药疗程长等。

因此，需要对传统的中药凡士林软膏剂进行改进。常用的方法有：①在凡士林中加适量羊毛脂、鲸蜡醇等增加其吸水性；②基质中加适量表面活性剂，改善其中药物的释放与穿透性。如：华佗膏（癣湿药膏），原采用凡士林作基质（蜡梅油 30g、苯甲酸 100g、水杨酸 50g、樟脑 25g、凡士林 800g、石蜡 10～13g），所得软膏油性太强，制剂质量亦不够稳定，在贮存过程中会发生“渗油”现象。为对其基质进行改进，经过不同基质配比研究，加入适量乳化剂，按新配方（蜡梅油 30g、苯甲酸 100g、水杨酸 50g、樟脑 25g、凡士林 530g、十八醇 100g、平平加 100g、十二烷基硫酸钠 50g、白蜡 30g）制成后的华佗膏，由于乳化剂的表面活性作用，其水洗性、稳定性均优于原凡士林基质，并且加快了药物从基质中的释放[2]。

3. 如何合理应用羊毛脂?

羊毛脂是由羊毛上的类脂质加工制成的，含胆甾醇、异胆甾醇、羟基胆甾醇及其酯，故吸水性较强，可吸收约 30% 的水，特别适合于含水软膏的制备；组成与性质接近皮脂，又有利于软膏中药物的透皮吸收，所以羊毛脂是应用较多的软膏基质和 W/O 型乳剂的乳化剂。但在使用时应注意：①羊毛脂过于黏稠，一般不宜单独使用，经常与凡士林合用，以改善凡士林的吸水性和穿透性；②应注意其在软膏中的用量，一般以 5%～10% 为宜，若含量过大则软膏基质黏性增大，配制时易使药物结块，使用中又会产生不适感；③羊毛脂吸水后可作为 W/O 型乳剂的乳化剂制备 W/O 型乳膏，但不宜用于配制含汞、酚的软膏，以免降低其杀菌、防腐效能；④羊毛脂与强酸、氧化剂易发生水解、氧化等反应，使用时需审视处方中药物性质。

4. 制备中药软膏剂时药物应如何处理，怎样加入?

制备中药软膏剂时药物的处理，是制备高质量中药软膏剂首先要解决的问题。长期以来，中药软膏剂主要以原药材粉末，用麻油、蜂蜡为基质制成，约占 86%；部分药材粉末，部分药物用水醇法制成浸膏，加凡士林、羊毛脂为基质，占 12%；完全用提取有效部位或成分的中药软膏剂仅占 2% 左右。药物的处理，除了传统方法，即将药材置于油中，文火熬煎至外焦内黄，滤过去渣，油液再与基质混匀；也有用适当的溶剂和方法提取有效成分，或将提取液浓缩至浸膏后备用的。针对每味中药，尤其是含多种成分的中药复方，比较合理的处理方法是对组方中不同药味所含成分或有效部位予以分类提取。如含有较多挥发油的药材，可先用水蒸气蒸馏法提取挥发油后，再行水煎提取，以及按所含成分性质选用合适溶剂及相应提取方法制备提取物。采用多种方法分类提取药材的有效部位，是目前中药复方软膏剂研制或二次开发的主要方法，如丹皮酚软膏、汉方神草中药乳膏等。

软膏剂中药物加入的方法，一般可溶于基质的药物，应先溶解在基质或基质组分中；不溶性固体药物（或直接加入的药物）应先制成通过九号筛的细粉，再与少量基质或液体石蜡、甘油及植物油等料液研匀后，逐渐加入其余基质，也可在不断搅拌下将药物细粉加入熔融的基质中，继续搅拌至冷凝；水溶性药物可先用少量水溶解，用羊毛脂或其他吸水性基质混匀后，再与其余基质混合。但遇水不稳定的药物不宜用水溶解，同时应注意尽量避免选用水溶性基质或水包油型乳剂基质；半固体黏稠性药物如流浸膏等，可先浓缩至糖浆状再与基质混合。如浸膏中含有较多水分时，可加适量羊毛脂、吐温或司盘混匀，并加适量防腐剂；浸膏粉可加少量溶剂，如水、稀乙醇或甘油稀乙醇溶液（水：甘油：乙醇 =6：3：1）等研成糊状，再与基质混匀；挥发性药物或受热易破坏的药物应待基质冷却至 40℃左右时加入；若樟脑、薄荷脑、麝香草酚等共熔性成分并存，可先研磨至共熔后，再与冷却至 40℃左右的基质混匀。

5. 怎样选择软膏剂的制备方法？

软膏剂的制备方法可分为研合法、熔合法和乳化法3种。应根据软膏剂的类型、制备量及设备条件选择适当的方法

（1）研合法：最常用的制备方法，适于用低熔点、易软化的基质制备软膏，即在常温下研合能与药物均匀混合的基质可用此法，若主药不宜加热，也可用此法制备。将药物细粉先加少量基质研匀，再分次加入其余基质研合均匀。小量操作可在乳钵或软膏板上进行；大量生产时用电动研钵。不易研细的药物，可另加少量液体研成糊状再与基质混匀。如基质为凡士林时可用液体石蜡；水溶性基质可用水或甘油。

（2）熔合法：软膏中所含基质的熔点不同，在常温下不能均匀混合者；主药可溶于基质，药材须用基质加热提取有效成分者，均可用此法。将基质置水浴上加热熔化，再缓缓加入药物边加边搅拌，至冷凝为止。熔融时，熔点较高的基质应先加热熔化（蜂蜡、石蜡等），熔点较低的基质后加热熔化（凡士林、羊毛脂等），应注意各基质熔化后需不断搅拌至完全冷却，避免药物与基质因密度不同而分层。也不可冷却太快，以防高熔点物质呈块状析出。

（3）乳化法：适用于乳剂型基质制备软膏。一般是将油相、水相分别加热至80℃左右，在连续搅拌下将内相加到外相中，即制备W/O型乳膏时，将水相加入油相中；制备O/W型乳膏时，将油相加入水相中。油相由高级脂肪酸、醇或酯以及油溶性的乳化剂与药物等组成；水相由水溶性的乳化剂与药物、防腐剂、保湿剂等组成。以药物原粉或中药稠浸膏入药时，应边搅拌边将药物加入制好的基质中。在二相混合搅拌乳化时，一般应朝同一方向不停搅拌，并注意搅拌速度，搅拌速度过快易起泡，过慢或搅拌不充分会使药物析出或乳化不完全。搅拌至冷凝后就不必再搅拌，以免发生破乳或带入气泡。

制备O/W型乳膏时，也可将水相（外相）加入油相（内相）中，但需强力搅拌，促进转型，通过转型可得到更细腻的产品；在用表面活性剂（肥皂除外）作乳化剂时，两相也可同时掺和，直接用匀化器制备。

6. 如何评价中药软膏剂的质量？

对中药软膏剂的质量可从下列几方面进行评价。

（1）外观性状：色泽均匀，质地细腻，具一定的黏稠性，能软化而不融化，易涂布于皮肤或黏膜上，无粗糙感及不良刺激。

（2）基质理化性状：经检查合格后方能使用。①熔点：以38～60℃为宜。②滴点：基质样品受热熔化后自管口上滴下第1滴时的温度，一般使用滴点在45～55℃的基质。③稠度和黏度：对具牛顿流体流动性的液体可测定其黏度。对不具流动性的非牛顿流体用插入计测定插入深浅来评价，插入样品以0.1mm的深度为一个单位来测定其稠度，插入度小则稠度大，反之则稠度小。如对凡士林，规定0℃时其插入度不得小于100，37℃时不得大于300。④水值：指规定温度下100g基质能容纳的水量（基质中逐渐加入少量水，研磨至基质不能再吸水而又无水渗出时所加水的克数），用于表示基质吸水性的大小。如羊毛脂的水值为185，白凡士林的水值为9.5。某一种基质的水值也可因加入另一种不同基质而改变，可以此调节基质所需的吸水能力，如白凡士林中加入4%鲸蜡醇，水值可增加至38.2。⑤酸碱度：某些基质在精制过程中须用酸、碱处理，为避免产生刺激性，应检查其酸碱度。测定

时，取检样加水或乙醇振摇，分取溶液，加酚酞或甲基橙指示液均不得变色。一般软膏的酸碱度以近中性为宜；对于乳剂基质的 pH，要求 W/O 型乳剂基质 pH 不大于 8.5，O/W 型基质 pH 不大于 8.3。

（3）稳定性：包括耐寒耐热试验及离心试验。具体如下：①耐寒耐热试验，将软膏置具塞试管，分别置于恒温箱（39℃ ± 1℃）、室温（25℃ ± 1℃）及冰箱（5℃ ± 1℃）中至少 1 个月，检查其稠度、色泽、均匀性、酸碱度、霉败等现象以及药物含量的改变等，乳膏剂可分别置于 55℃恒温放置 6 小时与 -15℃恒温放置 24 小时，观察有无液化、粗化、分层等现象；②离心试验，将软膏样品置于 10ml 离心管中，离心 30 分钟（3 000r/min），观察有无分层现象。

（4）刺激性：常用的评价方法如下。①皮肤刺激性实验：在剃毛后 24 小时的新西兰兔背一侧皮肤上（约 $2.5cm^2$）均匀涂布待测软膏（1～2g），注意保留 4～6 小时（也可根据供试品使用情况而定）后，除去残留的供试品，在 30～60 分钟、24 小时与 48 小时，观察涂膏皮肤有无红斑、焦痂及水肿等刺激现象。每次试验 3 个部位，同时用空白基质在另一侧作对照。实验动物也可用豚鼠或大鼠。②贴敷试验：将软膏敷于志愿者手臂及大腿内侧柔软的皮肤上，4～6 小时或 24 小时后，观察皮肤反应。应再密切关注受试者的安全，或经上述动物实验初步认为无刺激性后方可进行。

（5）微生物限度：除另有规定外，照非无菌产品微生物限度检查：微生物计数法（通则 1105）和非无菌产品微生物限度检查：控制菌检查法（通则 1106）及非无菌药品微生物限度标准（通则 1107）检查，应符合规定。

（6）药物的释放与透皮性能：药物从软膏基质中的释放速度主要取决于药物在基质中的扩散和溶出，而影响药物透皮的因素则较多。评价软膏剂药物释放与透皮性能的方法有体外及体内试验法，后者主要用于透皮吸收制剂的评价。本题介绍体外试验法有如下几种。①凝胶扩散法，将含有指示剂（能使软膏中药物或加入物质显色）的琼脂凝胶装入一个试管内作为扩散介质，上端凝胶表面上加约 10mm 薄层的软膏，间隔一定时间观察测定凝胶管呈色区高度或以此高度即药物扩散距离的平方为纵坐标、观察时间为横坐标作图，拟合直线，求得直线斜率为扩散系数，呈色区越长、扩散系数越大，释药越快，此法可用作基质释药能力的评价与比较；②半透膜扩散法，将适量软膏装于一定内径与管长（均约 2cm）的玻璃管中，玻璃管的两端用玻璃纸（半透膜）封贴平整并扎紧，内盛软膏须紧贴于一端的玻璃纸上，注意不得有气泡，然后放入装有一定量恒温（37℃）的水中，间隔一定时间取液，同时补充等体积水量，测定所取溶液中的药物量，以释放量对时间绘制释药曲线图，判断该软膏的释药性能；③离体皮肤法，采用立式扩散池装置，以人或动物皮肤为扩散介质，测定软膏中药物释放并透过皮肤的量，该法能同时反映药物的释放和透皮性能，与体内法又有较好的相关性[3-4]。

（7）质量标准：应制订专属性强、灵敏度高的鉴别及含量测定等质量控制指标。

7. 膏药的制备要点与质量要求是什么？

膏药系饮片、食用植物油与红丹（铅丹）或官粉（铅粉）炼制成膏料，摊涂于裱褙材料上制成的供皮肤贴敷的外用制剂。

（1）基质要求：①植物油，如芝麻油、花生油、葵花籽油、芥子油、棉籽油、菜籽油等均可用，一般质地纯净、沸点低的油，熬炼时泡沫少，制成的膏药软化点及黏着力适当，出膏率高，植物油的碘值在110～161，皂化值在186～196，酸值在1.06～11.19为宜；②红丹，又称黄丹、东丹或陶丹，主要成分为四氧化三铅（Pb_3O_4），一般植物油1kg需红丹320～420g，冬季少用，夏季酌增；③官粉，又称铅丹、铅白，主要成分为碱式碳酸铅［$2PbCO_3 \cdot Pb(OH)_2$］，制备白膏药时，官粉的用量较红丹多，其与油的重量比为1∶1～1.5∶1。

（2）工艺要求：①制备用红丹、官粉均应干燥，无吸潮结块；②药材应依法加工、碎断，加食用油炸枯时，对质地轻泡不耐油炸的药材，宜待其他药材炸至枯黄时加入，挥发性药物、矿物类及贵重药材应粉碎成细粉，于摊涂前加入，温度应在70℃以下，对所含成分易被高温破坏的也可选适宜溶剂提取，制成浸膏后再加入膏药中；③炸药后的药油炼至"滴水成珠"为宜，熬炼过"老"制成的膏药松脆、黏着力小，过"嫩"则制成的膏药太软；④炼成的膏药立即以细流倾入冷水中，边倾边强力搅拌，待冷却凝结后取出，反复揉搓分成团块再浸于冷水中，俗称"去火毒"，目的是去除膏料中一些具刺激性的低分子分解产物；⑤膏药熬炼时温度可高至300℃以上且会产生浓烟及刺激性气体，故应注意生产区选址与重视劳动保护。

（3）质量要求：①外观，黑膏药应乌黑、上无红斑，白膏药应黄白、无白点，膏体应油润细腻、光亮，老嫩适宜，摊涂均匀，无飞边缺口，加温后能粘贴于皮肤上且不会移动；②软化点，是评定膏药老嫩程度并间接反映膏药黏性的指标，可借用石油沥青软化点测定仪，按法测定，试样因受热而下坠达25mm时的温度为软化点，以℃为单位表示，除另有规定外，膏药软化点应在52.0～62.0℃范围内，且同品种相差不得超过±3℃；③摊涂量，同种膏药的摊涂量应一致，其重量差异限度不超过±5%（除去裱褙材料的纯膏药重量）；④贮存，常温下保存，2年内不变质，不失去黏性；⑤其他，根据需要检查刺激性，药物释放及透皮渗透性等。

8. 如何研制中药外用凝胶剂?

中药外用凝胶剂系药材提取物与适宜辅料制成均匀或混悬的透明或半透明的半固体制剂。凝胶剂按其分散介质不同，有水性凝胶剂和油性凝胶剂之分。水性凝胶剂的主要基质一般由水、甘油或丙二醇与纤维素衍生物、卡波姆和海藻酸盐、西黄蓍胶、明胶、淀粉、羧基乙烯聚合物和镁-铝硅酸盐等胶凝构成；油性凝胶剂的主要基质由液体石蜡与聚氧乙烯或脂肪油与胶体硅或铝皂、锌皂构成。必要时，凝胶剂中可加入保湿剂、抗氧剂、防腐剂及透皮（或黏膜）吸收促进剂等附加剂。

研制中药外用凝胶剂的关键是优选基质和吸收促进剂，以及设计合理的制备工艺。现分述如下。

（1）优选基质和附加剂：除满足外用凝胶剂应均匀、细腻，无黏固的块粒，在常温和静止状态下保持胶状，不干涸和液化的成型要求外，主要考查基质的释药速度。丹参酮亲水凝胶主要以卡波姆（carbomer）、羟丙甲纤维素（HPMC）和聚乙烯吡咯烷酮（PVP）制备，使用改良的立式扩散池进行体外释药试验。发现在由卡波姆和HPMC组成的凝胶中加入适量PVP不仅能提高凝胶剂的黏性，还可在一定范围内调节丹参酮的释药速率。因为若凝胶基质的亲水性强，则脂溶性药物较易扩散离开凝胶表面；若亲脂性强，则能使药物在凝胶基质中较好地扩散，而PVP的加入改变了基质原有的亲水、亲脂性。这说明脂溶性药物在水性凝胶中的扩散控制，可以通过调节凝胶基质的亲水、亲脂比值来实现。也有研究者采用透析膜扩散法，对用不同比例的 HPMC、卡波姆和聚乙烯醇（PVA）组成基质的丹参凝胶剂进行测定，以丹参素为测定指标做药物释放度试验。试验结果表明影响凝胶释放丹参素的主要因素是基质形成凝胶后的黏度。水溶性高分子基质的浓度越高，黏度越大，则对亲水性药物扩散溶出的阻碍越大，释药速度越慢。因此，在选择外用凝胶剂基质时，既要考虑制剂黏性，又要顾及药物的释放速度[5-7]。

（2）凝胶剂的制备工艺：①供制备凝胶剂的中药材，应采用适宜的提取、纯化方法处理，获得质量可控的提取物备用。制备时可溶于水者，可先溶于水或甘油中，必要时加热，制成药物溶液加入凝胶基质中；不溶于水者，可先加少量水或甘油研细、分散后，再加入基质中搅拌混匀。②凝胶剂的形成一般要经过有限溶胀与无限溶胀两个阶段。有限溶胀时不宜搅拌，无限溶胀时可辅以搅拌和加热促进胶溶。一般先单独配制卡波姆凝胶，因其为羧基乙烯共聚物，分子结构中的羧基使其水分散液呈酸性（1% 水分散液的 pH 为 3.11，黏性较低）。当用碱中和时，随大分子的逐渐溶解，黏度也逐渐上升，在低浓度时形成澄明溶液，高浓度时形成半透明状凝胶。盐类电解质能使卡波姆凝胶的黏性下降，故用三乙醇胺调节 pH，一般配制 3% 的卡波姆凝胶，用三乙醇胺调节 pH 至 5 左右。基质中各纤维素衍生物可根据不同性质加水湿润、溶胀或溶解，也应注意调节至黏度适中的 pH。③保湿剂、抗氧剂、防腐剂及透皮（或黏膜）吸收促进剂等附加剂，可在药物和凝胶基质混合后加入。

9. 如何进行凝胶贴膏剂基质的处方设计?

基质的性能是决定凝胶贴膏剂质量优劣的主要因素。凝胶贴膏剂基质通常由骨架材料、赋形剂、保湿剂、黏合剂、交联剂、促渗剂组成。为使研制的凝胶贴膏剂具有一定的黏度、良好的延展性、保湿性和一定的强度，首先必须研究基质的处方设计，优选出合理的基质配方，这是能否制备出高质量凝胶贴膏剂的关键。

基质处方研究一般多在预实验的基础上筛选出对基质影响最大的几个因素，采用正交设计、均匀设计等工具，以制剂成型性指标（如外观、赋形性、黏着力、剥离强度等）或者药物体外释放等试验为标准，进行最优筛选与设计。凝胶贴膏剂常用基质及用量见表 2-7-1。

表 2-7-1 凝胶贴膏剂常用基质及用量

类别	品种	用量
水		30%～60%
保湿剂	甘油、聚乙二醇、山梨醇、丙二醇	20%～50%
赋形剂	高岭土、白陶土、微粉硅胶、碳酸钙、皂土、氧化锌	10%～25%
骨架材料	明胶、阿拉伯胶、海藻酸钠、卡波姆、聚丙烯酸钠、聚乙烯醇	2%～15%
黏合剂	聚维酮、羧甲纤维素钠、羟丙甲纤维素、羟丙纤维素	0.5%～5%
交联剂	甘羟铝、氯化铝、高价金属盐	1%～5%
促渗剂	丙二醇、月桂氮䓬酮、吐温	1%～5%
其他	表面活性剂、抑菌剂、pH 调节剂	<2%

（1）正交设计和均匀设计法：正交设计和均匀设计是应用最多的两种方法。正交设计在因素条件出现交互作用时具有相当的优势，而均匀设计是考虑试验点在试验范围内的均匀散布，将考虑到的类似常量因素视作常量处理，从而减少试验次数。但这两种方法都只能对孤立的试验点进行分析，存在精度不足的问题。李文逸等[8]筛选对基质成型性、黏性等影响较大的处方组分：明胶、聚乙烯醇、羧甲纤维素钠、甘油和聚乙二醇为考察因素，仅聚乙烯醇和聚乙二醇对结果有显著性影响。

（2）响应面设计法：响应面设计可以在因素与响应值之间建立数学模型，通过数学模型的处理得出多变量之间的相互关系与影响因素，为可以评价指标和因素非线性关系的一种设计方法。一般先采用单因素试验，固定基质处方其他用量不变，仅改变一种基质用量，通过制剂成型性指标确定范围。在此基础上选择若干影响因素，分别在各自的响应值范围内采用响应面设计法建立模型，进行优化。欧小群等[9]通过单因素试验结果确定了主要考察因素与用量范围分别是聚丙烯酸钠 0.4～0.8g、甘羟铝 0.01～0.05g、微粉硅胶 0.1～0.5g 和甘油 2～4g。采用 Design-Expert 软件进行 Box-Behnken 设计 4 因素 3 水平共计 29 试验点，以初黏力 + 综合感官 + 持黏力总分作为评价指标。得到的模型结果显著，R^2=0.996 2，失拟项不显著，说明试验得到的二项式回归方程拟合效果极为显著，优选出的最佳组合，通过单因素试验结果确定了主要考察因素与用量范围。

（3）组合设计法：刘聪敏等[10]采用均匀设计方法，以初黏力、持黏力、剥离强度、膜残留为评价指标，结合响应面法筛选基质中聚丙烯酸钠（NP-700）、甘羟铝、甘油、酒石酸的用量及药物浓缩程度和加入体积。均匀设计结合响应面法共同选取凝胶贴膏剂最佳处方工艺，既发挥了均匀设计“均匀分散、试验次数少”的特点，又使各因素对指标的影响结果通过响应面更加直观、更加准确地反映出来。杨秀梅等[11]利用星点设计 - 响应面优化法，以聚丙烯酸钠、甘油、甘羟铝、提取物为考察因素，以初黏力、持黏力、感官评分的总评归一值为评价指标。拟合二次项方程，绘制三维响应面图，从而选取最佳基质处方。星点设计 - 响应面优化法可进行线性或非线性拟合、预测性较好。也有采用 Plackett-Burman 联用 Box-Behnken 响应面法。如宋立华等[12]采用 Plackett-Burman 设计方法，将基质主要成分卡波姆、PVA、明胶、NP-700、枸橼酸和甘羟铝 6 因素做 12 次实验，用较少量的实验达到分析各因素主效应的效果，快速地从众多影响因素中筛选显著因素。在确定主要因素为 NP-700、PVA 和明胶后，采用 Box-Behnken 响应面优化处方，从而获得最佳基质处方。

10. 凝胶贴膏剂的制备方法及工艺要点有哪些？

凝胶贴膏剂的制备工艺包括药物的前处理工艺、基质的成型性工艺和制剂的成型工艺。中药成分与制剂组方的复杂性，不同基质及基质原料的不同规格，基质组成本身以及与药物间的不同配比，加上不同的工艺条件等原因，使凝胶贴膏剂的制备工艺至今尚无统一方法可循。目前，其基本制备工艺流程可归纳为：基质原料粉碎过筛→混合或分别加水溶胀→加温搅拌软化或溶解→加入药物→搅拌分散、混合均匀→膏体→涂布于背衬→加衬垫→裁切→包装→成品。所制凝胶贴膏剂的质量主要取决于膏体，膏体的主要性状标准一是黏着力，二是自身的物理强度。如何使膏体既有很好的黏着力，又有较好的强度（不烂膏），除受原料和基质组成配比的影响外，制备工艺是影响凝胶贴膏剂膏体性状的重要因素，一般应注意以下几个方面。

（1）药物前处理与加入方法：原则上应按组方中药物所含成分性质分别提取，固体药物应预先粉碎并溶于适宜的溶剂中。如常星洁等[13]以淫羊藿苷和淫羊藿总黄酮、延胡索乙素转移率为指标，对处方组成中的淫羊藿和延胡索提取工艺进行优选。提取后得到的浓缩浸膏与基质混匀后制得的凝胶贴膏剂成型性好。如是，在不改变载药量的情况下，提高制剂的稳定性。又如黄君丽等[14]选择乌头总碱提取率和干膏得率为指标，优选桂龙凝胶膏剂的提取工艺，为后期凝胶贴膏剂的制备提供实验依据并保证制剂的临床疗效。

（2）膏体的搅拌速度与时间：在搅拌炼合过程中，搅拌速度对膏体物理性状有极大影响。搅拌速度过快，不但易造成很多气泡，而且由于剪切力过大，高分子化合物相对分子质量降低后就达不到应有的黏性，使膏体黏着力下降；搅拌速度太慢，则膏体不易均匀。合适的搅拌炼合时间是使多组分膏体均匀混合的关键，也是组分中水溶性高分子聚合物能在溶剂作用下，以范德华力（或氢键）聚集，交联形成有一定柔顺性和弹性，达到半固体性质的基质的要求。陈刚等[15]发现炼合时间和搅拌速度对剥离强度有显著影响。

（3）搅拌炼合温度：搅拌时的温度对膏体质量也有一定的影响，温度高，膏体形变较快，容易混匀，但会使膏体黏性下降。一般以 50℃为宜，或根据情况在此基础上优化。范彬等[16]采用正交设计，在 40～60℃优选凝胶贴膏剂成型工艺，表明温度试验结果有显著影响。

（4）各基质组分的添加顺序：凝胶贴膏剂基质处方组成中有高分子聚合物，亦有无机化合物，其形态上有固体也有液体，理化性质各有不同。需要研究、选择适当的添加方法。有研究认为各组分添加顺序一般为无机物与赋形剂混合后加入黏合剂制成基质，再加入中药提取物及交联剂，最后是挥发性组分[17]。交联剂也可在基质制备时添加，赋形剂与稀释剂也可以先混合再加入黏合剂，基质制成后再添加药物为宜。

（5）基质原料：基质原料的不同规格、产地，甚至同一品种的生产厂家不同等，都会对基质的成型产生影响，可能与聚合物分子量及形成的立体构型不同有关。凝胶贴膏剂制备工艺应结合选用的原料规格、品种及设备情况调整工艺条件。

11. 如何评定凝胶贴膏剂的质量？

根据凝胶贴膏剂的剂型特点，要求它具有合适的贴敷性、相容性，以及对皮肤无过敏、无刺激，且给药剂量准确、吸收面积恒定。2020 年版《中国药典》四部贴膏剂（通则 0122）中规定：膏面应光洁、色泽一致，贴膏剂应无脱膏、失黏现象等。并规定了含膏量、耐热性、赋形性、黏附力等的要求和测定方法。在凝胶贴膏剂的研制中，常用下述试验结果来评定凝胶贴膏剂的质量。

（1）感官指标：以凝胶贴膏剂的外观和贴在皮肤上的舒适感及追随性为感官指标。通常是对膏体的黏性、拉伸性和回复性进行手感试验，以黏性大、具有较好的拉伸性和回复速度快为宜。皮肤追随性是借鉴日本评价巴布膏剂的方法，即将成型凝胶贴膏剂贴于手腕背部，用力甩 10 下不脱落的方法[18]。感官指标能迅速判断产品质量状况，但是强调主观感受，受个体差异影响等因素制约，难以全面、客观地反映产品质量。

（2）赋形性：按 2020 年版《中国药典》四部贴膏剂（通则 0122）项下规定，取凝胶贴膏供试品 1 片，置 37℃、相对湿度 64% 的恒温恒湿箱中 30 分钟，取出，用夹子将供试品固定在一平整钢板上，钢板与水平面的倾角为 60°，放置 24 小时，膏面应无流淌现象。

（3）黏附力（初黏力）：按 2020 年版《中国药典》四部黏附力测定法（通则 0952 第一法）。

将适宜的钢球分别滚过置于倾斜板上的供试品黏性面。根据供试品黏性面能够粘住的最大号钢球，评价其初黏性大小。

（4）剥离强度[19]：将凝胶贴膏剂揭去保护膜，粘贴于洁净的不锈钢板上，压紧（可用2kg重的金属滚筒单向滚压4次），室温下放置10分钟后，在凝胶贴膏剂的一端折回180°，同时将粘贴部分揭去20mm，接在弹簧拉力器上，弹簧拉力器接在升降器上，然后以一定速度（270～330mm/min）水平拉移，每隔30mm读数1次，共读取4次，记录其最大拉力为剥离强度指标。

（5）抗张强度[20]：取凝胶贴膏剂，一端边缘用胶条固定于玻璃棒上，另一端边缘包覆透明胶带并用钢夹夹持，于钢夹上套好拉力计，保持凝胶贴膏剂的两端处于同一水平位置。测量时，玻璃棒一端保持固定不动，另一端缓慢拉动拉力计，直到凝胶贴膏剂断裂，断裂时拉力计所显示的数字即为抗张强度。

（6）水蒸气透过率[21]：取一个由耐腐蚀材料制造的干燥圆筒，截面积为10cm^2，可装20ml去离子水。将凝胶贴膏剂样品除去薄膜覆盖在圆筒上并用相应的环形夹板（开孔面积10cm^2）固定，确保液面与样品之间的空气间隙为5mm。精密称量（W_1），放入干燥箱，保持37℃，24小时后取出，记录试验时间（T）再称量（W_2）。按式（2-7-1）计算水蒸气透过率（MVTR）。

$$X=(W_1-W_2)\times 1\,000\times 24/T \qquad \text{式(2-7-1)}$$

式中：X为水蒸气透过率（MVTR），单位为克每平方米24小时[g/(m^2·24h)]；W_1为容器、样品和液体的质量，单位为克（g）；W_2为试验期后容器、样品和液体的质量，单位为克（g）；T为试验期时间，单位为小时（h）。

12. 橡胶贴膏剂基质原料的作用与要求是什么？

橡胶贴膏剂的基质有橡胶、松香、凡士林、羊毛脂、液体石蜡、氧化锌、锌钡白等。

（1）橡胶：为基质的主要原料，具弹性、低传热性、不透气和不透水的性能。一般应用天然橡胶，需用汽油打胶，是橡胶贴膏剂易产生皮肤刺激性与致敏性的原因之一。现在也有用部分合成橡胶（热可塑性橡胶）代替，既保持膏体黏性又可减少皮肤刺激性与致敏性，同时可减少汽油用量。

（2）增黏剂：主要用树脂类，松香为常用增黏剂。一般选软化点在70～75℃（最高不超过77℃）、酸价在170～175的基质较适宜。由于天然松香中所含松香酸的氧化，易加速橡胶贴膏剂膏体的老化，因此可以选用松香衍生物，如甘油松香酯、季戊四醇松香酯及氢化松香、β-蒎烯树脂新型树脂等。它们具有抗氧化、耐光、耐老化和抗过敏等性能。

（3）软化剂：软化剂可增加胶体可塑性、胶浆的柔软性和成品的耐寒性，并改善膏浆的黏性，使膏药不致硬结。因此，软化剂的用量要适当。常用的软化剂有凡士林、羊毛脂、液体石蜡、植物油等。

（4）稀释剂：常用的有氧化锌，它能与松香酸生成松香酸的锌盐而使膏料的黏性迅速上升，同时亦能减弱松香酸对皮肤的刺激作用。此外，氧化锌本身还有缓和的收敛、消毒作用。对选用的氧化锌应特别注意：Mn^{2+}、Cu^{2+}含量应控制在0.000 1%以下。避免橡胶分子中双键被金属离子催化而氧化，使膏体黏性降低。此外，锌钡白（俗称立德粉）用于热压法制橡胶贴膏剂的稀释剂，其特点是遮盖力强，胶料硬度大。

上述各种基质原料的配比，可因橡胶贴膏剂的制备工艺及所含药料的性质不同而有所差异。组方中含有挥发油及挥发性药物，如樟脑、冰片、薄荷脑等，由于这些药物对橡胶具有一定的软化作用，若在处方中含量过多，软化剂的用量应酌情减少。但除了治疗需要外，一般不宜过分增加挥发性药物含量而减少软化剂的用量，因为挥发性药物在贮存中容易挥发损失，从而导致膏面干燥而失黏。

13. 橡胶贴膏剂的制备方法及工艺要点有哪些?

目前中药橡胶贴膏剂的生产工艺有溶剂展涂法和热压展涂法两种。①溶剂展涂法，工艺流程为：洁净橡胶→切胶机切成块状→炼胶机炼成网状橡胶→静置 24 小时，放尽静电→取网状橡胶适量→加入汽油打胶→搅匀→制成膏体→加入药料→打胶→涂布机涂布→切段机切断分条→盖塑机覆盖塑料膜→切片机切片→包装。该法是由氧化锌硬膏工艺演变而来，制浆工艺比较成熟，国内药厂普遍采用此法。但本法要使用大量汽油。②热压展涂法，在制备工艺上类似于胶布等橡胶制品，不使用汽油打胶，而是用处方中的油脂性药物溶胀后再加入其他药物和填料等，加热炼合压制成膏，最后涂布成型。本法优点是无须使用汽油，因此也不用添置汽油回收装置，生产车间不需防爆，安全性高。另外，由于不受热或受热温度低，时间短，从而大幅度减少了易挥发性成分的损失[22]。缺点是成品膏面欠光滑。

中药橡胶贴膏剂在制备过程中应注意以下事项。

(1) 药材用量和前处理：橡胶贴膏剂的含膏量有一定的局限性，一般每 $100cm^2$ 含膏量仅 2g 左右，这就使膏浆中的含药量有所限制，故膏药组方中药材用量不宜过多。另外，中药浸膏中含一定水分，若加入浸膏量多，膏浆中掺入过多的水分会影响膏药的黏度，因此也限制在膏浆中过多地加入浸膏。在组方药材用量适当控制的前提下，应重视中药提取工艺，尽可能针对组方中药味所含成分性质分别进行提取与纯化，减少浸膏量并提高载药量。因此，一般建议：中药浸膏与基质的比例在 1∶4 以上，中药浸膏的相对密度在 1.30～1.35[23]。

(2) 制膏料：①橡胶切割前要洗净，网状橡胶要静置 24 小时，放尽静电后才能打胶。②打胶桶中放置的橡胶、汽油要适量，待浸渍溶胀后再搅拌使溶解。打胶时间影响到橡胶贴膏剂的成型性，若时间过短，胶浆中仍存在橡胶颗粒，涂布时膏面不均匀；若时间过长，会因溶剂挥发而使胶浆变硬，不利于后期制作[24]。③分次加入凡士林、羊毛脂、液体石蜡、松香及氧化锌，混匀后按处方规定加入中药提取物，充分混匀，基质制成后过 80 目筛，滤去杂质，供涂布用。④在制浆滤过时，往往因氧化锌储存不当吸附了水或是汽油中有水带入，而造成滤过困难[25]。需要注意，制备膏料的过程，不仅是使橡胶和松香熔化与各种油脂混合均匀的过程，也是借助机械作用将氧化锌固体粉粒润湿、分散在胶浆中的过程。氧化锌分散效果的好坏直接影响滤过。因此应充分搅拌混合，使氧化锌保持良好的分散状态。

(3) 设备操作：基本设备有切胶机、炼胶机、打胶桶、涂布机、切段机、盖塑机、切片机等。①切胶机，待橡胶放入槽内方可开机，停机后方可取出橡胶；②炼胶机，适量放入块状橡胶，控制工作电流，手不要伸入滚筒内取网状橡胶；③打胶桶，加入汽油要适量，搅匀后滤过基质，防止火灾发生；④涂布机，膏体均匀分布，背衬张力适当、平整；⑤切段机，刀刃锋利且作用力大，如有异常必须停机检查，注意安全防范；⑥盖塑机，操作中要求塑料膜覆盖平整，张力调整不要过大；⑦切片机，取样检测与整理时注意安全防护，如有异常必须停机。

14. 橡胶贴膏剂的质量要求与控制指标有哪些？

橡胶贴膏剂对外观的要求：背衬平整、无皱褶、无接头，不应有缺膏处，背衬面应不透油。在橡胶贴膏剂的研制中，常用下述试验结果来评定橡胶贴膏剂的质量。

（1）含膏量：按2020年版《中国药典》四部通则0122贴膏剂【含膏量】第一法检查。取供试品置于有盖玻璃容器中，加适量有机溶剂浸渍，去除背衬，挥去溶剂，干燥，精密称定，减失重量即为膏重。一般换算成每100cm^{2}的含膏量。

（2）黏附力：按2020年版《中国药典》四部黏附力测定法（通则0952第二法）测定。将供试品黏性面粘贴于试验板表面，垂直放置，沿供试品的长度方向悬挂一规定质量的砝码，记录供试品滑移直至脱落的时间或在一定时间内位移的距离。

（3）穆尼黏度：穆尼黏度是橡胶工业中用来衡量橡胶可塑性和平均分子量的一个物理指标，通过使用专属的穆尼黏度仪测得的数值与黏度和可塑性相关。穆尼黏度值过高，表明膏团的内聚力大，流动性差，会造成涂布困难、成品黏附性差；穆尼黏度值过低，易造成背渗、烂膏、剥离残留[26]。

（4）耐热性：按2020年版《中国药典》四部通则0122贴膏剂【耐热性】测定法进行测定。取供试品，除去盖衬，在60℃加热2小时，放冷后，背衬应无渗油现象；膏面应有光泽，用手指触试应仍有黏性。

（5）其他：含量均匀度、微生物限度，按《中国药典》2020年版要求。

15. 如何进行外用膏剂的透皮吸收试验？

某一药物的透皮性能，可采用离体和在体皮肤透皮试验进行评价。因在体工作难度大、耗费高，初步的研究工作通常以适宜的体外或离体试验进行考察。

（1）体外透皮试验：良好的体外试验模型能够模拟真实体内条件，重现性好，检测分辨率和灵敏度高，方便实用。目前应用比较多的是透皮扩散装置。虽然文献报道的扩散池有多种，但基本结构为供给室和接收室组成的双室结构。

一般采用改良Franz扩散池，将离体皮肤固定在供给室与接收室之间，角质层面向供给室，上贴待测膏剂，应覆盖严密；真皮层一侧与接收液接触，注意不留空隙，勿有气泡。记录加入的液量及给药面积，开启电磁恒温搅拌器，温度（37±1）℃，转速100r/min。在设定时间内精密取样，测定药物浓度，同时补充等体积接收液。

将各时间点取样所得药物浓度按式（2-7-2）校正。

$$C_{n校}=(C_{n测}+V_r/V\sum C_p) \qquad 式(2\text{-}7\text{-}2)$$

式中，$C_{n校}$为校正后的药物浓度；$C_{n测}$为实际测得的药物浓度；$\sum C_p$为该取样点前各点的测定浓度之和；V为接收液的体积；V_r为取样体积。

计算出各不同时间点的校正浓度（$C_{n校}$）后，可换算出单位面积累积渗透量（Q）、稳态透皮速率（J_s）及渗透系数（P）。

$$Q=C_{n校}\times V/A \qquad 式(2\text{-}7\text{-}3)$$

式中，V 为接收液的体积；A 为扩散池横截面积（以内径计）。

以不同时间点的 Q 对时间 t 作图，绘制透皮曲线，该图直线部分的斜率为稳态透皮速率 J_s，与 X 轴的交点 X 值为时滞 T_t。

$$P=J_s/C_0 \qquad 式(2\text{-}7\text{-}4)$$

式中，C_0 为供给室中药物浓度。

也可用不同时间点的 $C_{n校}$ 对时间 t 作图，以扩散达平衡后的 $C_{n校}$ 对时间 t 回归，得到方程 $C_{n校}=PAC_{0t测}/V+$ 截距，来换算各参数。

通过对供试品的累积渗透量（Q）、渗透系数（P）及对透皮曲线的直观比较，可对外用膏剂药物的透皮性能作出评价。如采用 TK-12D 改良 Franz 透皮扩散试验仪，用大鼠离体皮肤研究参黄凝胶膏剂中丁香挥发油对大黄酸的经皮渗透作用，研究结果表明，3% 丁香挥发油促透效果强于 3% 月桂氮䓬酮或 3% 薄荷挥发油，累积渗透量（120.11 ± 8.84）$\mu g/cm^2$，增渗倍数 2.93[27]。

（2）在体透皮吸收试验：由于透皮吸收进入血液的药物量甚微，在体透皮吸收试验研究的关键是体液中药物浓度的测定，因此需要高灵敏度分析检测手段来完成。

1）动物透皮试验：可选用小鼠、豚鼠或家兔背部皮肤，脱毛或剃毛（注意不能损伤皮肤），贴上试验膏剂，固定，在一定时间点测定血药浓度，也可测尿液和粪便中排出的量。另外，也可用皮肤表面剩余量法考察药物透皮，如利用皮肤表面剩余量法研究原人参二醇 4 种剂型大鼠在体透皮 18 小时后残留在皮肤内的药量，来考察药物经皮透过性，以筛选合适的经皮给药制剂[28]。

2）人体透皮试验：药物的皮肤渗透量通常很小，体内吸收（血液、排出物）测定有难度时，可采用正常人体剩余量测定法，即以给药量与残余量的差值为药物的吸收量。如采用该法对 5 名男性健康受试者进行如意金黄巴布剂透皮试验的结果表明，膏剂中小檗碱可以透过皮肤而被吸收，其经皮渗透过程符合 Higuchi 方程，提示如意金黄巴布剂透皮吸收良好，适于经皮给药[29]。

16. 如何处理和保存体外透皮试验用皮肤?

体外透皮试验研究最理想的皮肤是人体皮肤，但由于人体皮肤不易得到，且透皮研究主要是对处方进行选择，故常用动物皮肤来代替。一般选择与人体皮肤接近的动物，如无毛小鼠、裸鼠、大鼠、豚鼠、兔、猪、猴、蛇（蛇蜕）等的皮肤。

皮肤的处理，有全皮、表皮、角质层、无角质层皮肤的制备。除人体皮肤、无毛小鼠皮肤和裸鼠皮肤外，其他有毛动物需脱毛或剃毛处理，注意勿损伤角质层。

其中，全皮是去除脂肪层、皮下组织，仅保存角质层、生长表皮和真皮的皮肤，一般用手术植皮刀进行分离，人体皮肤也可以将剥离的皮肤夹于两块玻璃之间，置 -20℃冷冻变硬后取出，用温水袋稍微加热皮肤表面后，用植皮刀分离。

若需要使用去真皮皮肤，可用皮肤较厚的动物皮如乳猪皮等；若需去角质层的皮肤与全皮进行对比试验，可用胶黏带贴于皮肤上，轻按撕去，重复 20～30 次即得去角质层的皮肤。

试验用皮肤最好新鲜取用，若需保存则要展平，置铝塑袋内密封好，于 -20℃以下冰箱中保存，临用前取出。放置时间不宜过长，一般不超过 3 个月。

17. 体外透皮试验中如何选用供试液与接收液?

用各种扩散池进行体外透皮试验，均是为了模拟药物的在体透皮过程，以掌握药物的释药和透皮特性，为该药透皮制剂开发的可能性或所制外用制剂处方设计和制备工艺的合理性提供依据。药物透过皮肤吸收是药物从高浓度向低浓度扩散，并具漏槽现象的动态过程。因此，要模拟这一过程就必须维持扩散池两室的浓度梯度，药物及其载体装在供给池（扩散室）中，一般选择饱和浓度，在试验时间内，供给池（扩散室）浓度应大于接收液浓度至少 10 倍以上。水为首选溶剂，对于溶解度较大的药物，可选用其高浓度或饱和水溶液。若药物浓度太小，则可选用一些溶剂系统，如丙二醇、乙醇的水溶液等，但应注意溶剂系统可能对药物的渗透有影响。

试验过程中，接收液的浓度是保证漏槽条件的重要因素之一，常用的接收液有生理盐水、蒸馏水、林格液及磷酸盐缓冲液等。对于一些在接收液中溶解度很小的药物，为避免其太快达饱和浓度，可在接收液中加入一些表面活性剂、醇类等以增加药物的溶解度，较常用的有 20%～40%PEG 400 和乙醇、异丙醇水溶液及一些非离子型表面活性剂水溶液。若试验时间较长，也可在接收液中加入防腐剂，如复方南星止痛膏活性成分在不同接收介质中的透皮研究[30]。

18. 体外透皮试验对环境和试验温度有何要求?

皮肤是药物吸收的屏障，但同时也是药物扩散的介质。一般情况下，绝大多数化合物的反应、扩散速度和溶解度都随着温度的升高而增快。当皮肤温度上升 10℃时，其穿透性提高 1.4～3.0 倍，药物在皮肤内的扩散、渗透系数因溶解度的增加而增加，其透皮速率提高。某些脂溶性药物的渗透系数可随皮肤温度上升而百倍、千倍地增加。因此在体外透皮试验中，应注意控制试验环境和试验温度，并保证试验结果的正确与一致，试验温度和机体皮肤生理条件尽可能吻合。在环境温度比较恒定的前提下，试验温度要求与人体体温接近。文献报道中常见的温度有 37℃、35℃、32℃，亦有选择室温的。一般认为扩散池夹层水浴温度应使皮肤表面温度接近生理温度 32℃，故以立式扩散池水浴温度维持在 37℃，卧式扩散池水浴温度控制在 32℃为宜。

19. 近年来出现了哪些新型经皮给药技术?

经皮给药的新剂型与新方法包括脂质体、传递体、醇质体、微针等。

（1）脂质体：脂质体是一种类似生物膜结构的类脂双层微小囊泡，它由生理相容的磷脂和胆固醇组成。脂质体经皮给药，可以增强亲水性和亲脂性药物的渗透，同时作为药物载体，可以避免首过效应，使药物在皮肤内形成药物储库，起到缓控释给药的目的。但是，由于角质层中角质细胞的紧密排列，脂质体不能完全渗透到皮肤深层，大部分都保留在角质层中。因此，需要考虑将脂质体一类的刚性囊泡变为柔性的脂质囊泡。传递体、醇质体作为新型弹性脂质囊泡，既具有传统脂质囊泡的优点，同时还具有较好的弹性，可以进入到皮肤深层。

（2）传递体：传递体在脂质体的成分中不加或者少加胆固醇，同时加入表面活性剂。用于制备传递体的活性剂通常是单链表面活性剂，一方面破坏囊泡稳定性而使其变形；另一方面，磷脂膜又为囊泡提供稳定性。传递体具有变形性，能够穿过比自身尺寸更小的孔道，因为它们可以挤压自己变形来通过孔道，在通过孔道后又重新恢复到原来的形状且组成不变。深层的皮肤比表层皮肤含有更多的水分，角质层中含有接近 15% 的水分，而活性表皮层中的含水量接近 75%。由于不同皮肤层的含水量差异，它们之间存在水合梯度。由水合梯度产生了水合力，水合力使角质细胞间隙变宽。因此，传递体可以透过致密排列的角质细胞渗透到更深的皮肤层。

（3）醇质体：醇质体含有大量的乙醇和磷脂，是一种多层囊泡结构，囊泡柔软可变形，能够穿过小于其自身尺寸的孔道，具有较好的膜流动性，易于变形，可通过皮肤屏障，增加药物的传递。乙醇作为促渗剂，主要是通过乙醇、囊泡系统以及存在于皮肤中的脂质的协同作用增加渗透。乙醇可以进入皮肤的脂质分子层，从而使皮肤脂质层屏障以及囊泡系统的脂质流体化，增加脂质分子流动性。乙醇与脂质分子极性头部的相互作用可以增加脂质流动性和细胞膜渗透性，从而导致角质层中存在的脂质熔点降低，这反过来会使弹性囊泡中的脂质以及皮肤中的脂质流体化，可以使药物到达皮肤深层。此外，乙醇还能降低囊泡和皮肤脂质的相变温度，增加流动性[31]。

（4）微针：微针通常为高 10～2 000μm，宽 10～50μm 的针。它能有效刺穿皮肤的角质层，通过在皮肤表面形成微小通道，药物可到达皮肤指定深度，被吸收进入血液而发挥作用，是一种集透皮贴片与皮下注射双重释药特点于一体的微透皮给药系统。微针插入皮肤时，能穿过表皮层但不足以进入真皮层，不触及血管和神经，因此不会给患者带来不适的感觉。微针作用于皮肤在表皮层形成微孔通道，再于微针作用部位进行经皮给药，药物能够从形成的孔道中进入皮肤，实现对药物的渗透促进作用。角质层的疏水性使水溶性的药物难以直接透过皮肤，然而在微针给药系统中，水溶性药物可以直接透过微针造成的微孔通道进入体内；此外，一些难透过致密角质层的化学大分子药物、纳米药物、多肽药物和蛋白药物也可以从微针所致的微米级别通道透过皮肤，极大地拓展了经皮给药的药物范围。

20. 理想的经皮吸收药物符合哪些特征?

经皮给药为了达到临床治疗需要的给药剂量，药物剂量大的经皮制剂的面积要大，但实际经验证明，60cm^2 是患者可接受的最大面积，因此给药剂量不宜太大。药物在胃肠道的降解、通过胃肠道黏膜与肝的首过效应，生物半衰期短和需长期给药，这些都是应考虑的因素。半衰期太短的药物，一般不能口服给药，制成经皮给药制剂既可减少给药次数，又可使血药浓度平稳地保持在最佳治疗范围内；分子体积与相对分子质量呈线性关系，当相对分子质量较大时显示出对扩散系数的负效应，分子量＞500Da 的药物较难通过角质层；药物的脂水分配系数是影响药物经皮吸收的主要因素之一，脂溶性适宜的药物易通过角质层，进入活性表皮继而被吸收，因活性表皮是水性组织，脂溶性太大的药物难以分配进入活性表皮，因此用于经皮吸收的药物最好在水相及油相中均有较大的溶解度。

理想的经皮吸收药物应符合以下特征：①注射给药剂量小于 20mg/d；②半衰期短，现有的剂型需频繁给药才能满足治疗要求；③无皮肤毒性（刺激性和过敏性）；④药物分子量小于 500Da；⑤药物的脂水分配系数对数值在 1～4；⑥在液体石蜡和水中的溶解度都大于 1mg/ml[32]。

21. 如何制备传递体？

传递体的处方成分一般包括磷脂、表面活性剂、药物、缓冲液等。传递体的制备方法与脂质体相似，主要采用薄膜分散法、反向蒸发法、乙醇注入法等方法制备，未包封的材料和残余溶剂可以使用透析、凝胶色谱或离心去除。

（1）薄膜分散法：将磷脂等膜材溶于适量三氯甲烷或其他有机溶剂，脂溶性药物可加在有机溶剂中，然后在减压旋转下除去溶剂，使脂质在器壁上形成薄膜，加入含有水溶性药物的缓冲液进行振摇，则可形成多层脂质体。其粒径范围为 1～5μm。由于通过水化制备的多层脂质体太大，而且粒径不均匀，为了修饰脂质体的大小和它的特性，分散方法可采用薄膜超声法、过膜挤压法等，如三七总皂苷的传递体采用薄膜超声法制备[33]。

（2）反相蒸发法：将磷脂等膜材溶于有机溶剂如三氯甲烷、乙醚等，加入待包封药物的水溶液，进行短时超声乳化，直至形成稳定的 W/O 型乳剂。然后减压蒸发，除去有机溶剂至凝胶形成后，加入缓冲液，继续减压蒸发，使之形成水性悬浊液，即脂质体混悬液。制备水溶性药物脂质体，采用反相蒸发法通常有着更高的包封率，而该工艺过程中能否形成稳定的 W/O 型乳剂至关重要。选择适当的有机溶剂和采用恰当的脂水相比，将有利于制得稳定的乳剂，从而提高脂质体的包封率。如传明酸传递体的制备[34]。

（3）乙醇注入法：将磷脂等类脂质和脂溶性药物溶于乙醚或乙醇等有机溶剂中（油相），然后把油相匀速注射至在有机溶剂沸点以上的恒温水相（含水溶性药物）中，水相为磷酸盐缓冲溶液；搅拌挥尽有机溶剂，即得脂质体。再通过高压乳匀机或超声处理，即得[35]。如盐酸青藤碱传递体的制备[36]。

22. 如何制备醇质体？

醇质体主要由磷脂、乙醇（20%～45%）和水组成。与脂质体相比，乙醇代替了胆固醇作为主要成分，乙醇可以改变脂质层的排列，起到促渗剂的作用。同时，乙醇的存在还让囊泡带有负电荷，起到减小囊泡大小的作用。用于制备醇质体的磷脂常用的有大豆磷脂酰胆碱、卵磷脂酰胆碱、氢化磷脂酰胆碱等。乙醇和磷脂的浓度对于醇质体的粒径分布有重要影响，一般随着乙醇浓度升高而使粒径变小，随着磷脂浓度升高而变大。一般乙醇的用量最高为 45%，否则会让磷脂溶解，囊泡破裂。醇质体中含乙醇，易挥发，因此控制温度是醇质体制备的一个重要方面。在醇质体制备期间将醇与优化量的水性缓冲液混合，或者改用混合二元醇，减少乙醇用量，能增加其稳定性。醇质体主要用乙醇注入法制备，如甘草酸单铵醇质体的制备[37]。由于醇质体含乙醇易挥发，目前较多地将其制备成醇质体凝胶剂。

23. 如何制备微针？

微针透皮给药技术提供了一种无痛给药的新方式。微针给药有 4 种模式[38]。第一种是实心微针经皮给药，指微针作用于皮肤后在皮肤角质层上形成微小的孔隙，然后在皮肤表面敷上药物，药物经孔隙进入真皮层被吸收而发挥作用。第二种是实心微针给药，主要指将药物包裹在实心微针上，在微针刺入皮肤时表面上的药物溶解脱落，从而被皮肤吸收，发挥药效。药物包裹的方法主要有喷雾法、蘸取法等，主要适用于水溶性药物，但是由于各种药物与微针针体的表面张力不同，故包裹的药物含量较小，且对针尖的锐度影响较大。第三种是生物可降解微针给药，微针由可生物降解的或完全使用水溶性的聚合物制备而成。将药物与高分子聚合物混合后封存于微针的针体之中，微针刺入皮肤时溶解或降解，释放被包封于微针内部的药物，在不留下任何废弃物的同时，具备一定的缓释效果。第四种是空心微针给药。空心微针指与实心微针尺寸相似，在针的轴线上有类似于传统注射功能的小孔，与微注射相似。与实心微针相比，空心微针既可以刺入皮肤，也可以允许流体通过，对药物的吸收有良好的促进作用。但是，高密度空心微针阵列的质量难以控制，在经皮给药过程中针的断裂将导致给药泄漏。目前报道得较多的是第一种实心微针经皮给药和第三种生物可降解微针给药。

（1）实心微针经皮给药：采用微针对皮肤进行预处理，微针穿透角质层形成微孔通道，然后使用经皮给药制剂，借助微针形成的微孔道促进药物经皮吸收的给药方式。其具有如下优势：微针的制备工艺简单，透皮吸收速率稳定；患者自主给药，发生不适时可以自行停止用药。因此更易开发成为新的产品，具有较好的发展前景。采用微针辅助可以促进难溶药物微乳的经皮吸收。如葛根素水溶性和脂溶性均较差，采用长度为300μm的微针辅助，可促进难溶药物葛根素微乳经皮吸收[39]。

（2）生物可降解微针给药：生物可降解微针的基质材料应同时具备以下几个条件：①加工成型后应有足够的机械强度可以穿透角质层，保证所携药物的顺利渗入；②生物可降解，无长期残留物；③具有良好的生物相容性，不能破坏皮肤内蛋白质的固有结构；④可维持药物缓慢释放，可长时间维持药物治疗的有效浓度；⑤不影响药物的生物活性；⑥使用简单安全，即使在未经医疗训练情况下使用也无针尖或生物有害物质残留，不会给患者带来危害。

麦芽糖、葡聚糖、糊精、羧甲纤维素、支链淀粉、半乳糖、聚乳酸、聚乙醇酸、透明质酸、硫酸软骨素、聚对二氧环己酮都可用作生物可降解微针的基质[40]，天然多糖作为微针的基质的报道也越来越多。

生物可降解微针常用的制备方法是将药物和基质加入溶剂中，充分溶胀后浇入模具中，高速离心，使药物和基质充分填满模具的空间，在低温加热充分蒸发后使其慢慢固化，针体和背衬层可以分两步制备，脱模即成。如以雷公藤甲素为模型药物可溶性微针的制备[41]。

一些传统的皮肤给药制剂、植入剂均具备开发成生物可降解微针的潜力。目前，灭活流感疫苗、胰岛素、利多卡因生物可降解微针已经进入了临床研究阶段[42]，但微针产品绝大多数还处于实验研究阶段，产品的稳定性、可控性和大规模工业化生产以及医疗产品的注册等有许多难题有待解决。不过随着研究深入、技术突破和消费升级，生物可降解微针未来会逐渐实现产业化并走向临床应用。

参考文献

［1］方亮. 药剂学［M］. 8版. 北京：人民卫生出版社，2016.
［2］支家萃. 对“中药凡士林软膏剂”的改进与研究［J］. 时珍国药研究，1996，7(2)：108-109.
［3］陈金锋，姜蕾，王坤，等. 中药软膏剂质量控制及稳定性评价方法浅析［J］. 云南中医学院学报，2017，40(1)：66-69，73.
［4］华玉铃，贺祝英，张建玲，等. 中药软膏剂制备方法的研究进展［J］. 贵阳中医学院学报，2008，30(2)：66-68.

[5] 朱红梅，刘涛，何秋蓉，等. 中药经皮凝胶的研究进展[J]. 中成药，2018，40(8)：1811-1814.
[6] 马树人，钟天耕，于筛成，等. 丹参酮凝胶剂的释药性研究[J]. 中成药，1999，21(12)：617-619.
[7] 沈岚，朱卫丰，蔡贞贞，等. 不同基质丹参凝胶剂的释放比较实验研究[J]. 中成药，2000，22(2)：118-120.
[8] 李文逸，杜松云，杨艾玲，等. 咳喘灵凝胶膏剂基质配比研究[J]. 山东化工，2017，46(2)：5-6，8.
[9] 欧小群，杨秀梅，张超，等. Box-Behnken 试验设计法优化杂休凝胶膏剂的处方[J]. 中药与临床，2015，6(1)：28-31.
[10] 刘聪敏，白洁，杜守颖，等. 均匀设计结合效应面法优选川芎凝胶膏剂基质处方[J]. 中国中医药信息杂志，2013，20(12)：64-66，97.
[11] 杨秀梅，黄勤挽，欧小群，等. 星点设计 - 效应面法优化加味圣愈凝胶膏剂的基质处方[J]. 中药与临床，2015，6(3)：18-21.
[12] 宋立华，杜茂波，刘淑芝，等. Plackett-Burman 联用 Box-Behnken 响应面法优化凝胶膏剂基质研究[J]. 中成药，2015，37(12)：2623-2627.
[13] 常星洁，刘志辉，刘汉清，等. 乳安凝胶膏剂的提取工艺[J]. 中国实验方剂学杂志，2011，17(19)：31-34.
[14] 黄君丽，詹利之，李智勇，等. 响应面法优化桂龙凝胶膏剂提取工艺[J]. 海峡药学，2017，29(2)：21-24.
[15] 陈刚，宋勤，智东健，等. 正鑫一消贴制备工艺优化的研究[J]. 中国医药导报，2015，12(22)：8-12.
[16] 范彬，石晓峰，蔺莉，等. 祖师麻凝胶膏剂制备工艺研究[J]. 中国中医药信息杂志，2016，23(10)：104-106.
[17] 陈永财，周斌，邵炳忠. 乳癖康巴布剂制备工艺研究[J]. 中国药业，2008，17(17)：39-41.
[18] 王艳宁，闫莲姣，吴曙粤. 婴幼儿支气管炎中药凝胶膏剂基质处方的优选[J]. 中国医药导报，2017，14(34)：21-24，49.
[19] 国际食品药品监督管理局. 中华人民共和国医药行业标准：医用胶带通用要求：YY/T0148—2006[S/OL]. [2023-05-05]. https：//std. samr. gov. cn/hb/search/stdHBDetailed?id=8B1827F1D4C3BB19E-05397BE0A0AB44A.
[20] 李清华，樊皎，苏青，等. 基于明胶的凝胶膏剂基质配方考察[J]. 中国医药工业杂志，2014，45(9)：852-854，857.
[21] 国际食品药品监督管理局. 中华人民共和国医药行业标准：接触性创面敷料试验方法第 2 部分：透气膜敷料水蒸气透过率：YY/T0471. 2—2004[S/OL]. [2023-05-05]. https：//std. samr. gov. cn/hb/search/stdHBDetailed?id=8B1827F1F588BB19E05397BE0A0AB44A.
[22] 储益平，居玲玲，高志芬，等. 不同的成型工艺对关节止痛膏中挥发性成分的影响[J]. 世界中医药，2011，6(2)：165-168.
[23] 陈政权，吴滨，陈康荣. 中药浸膏对中药橡胶膏剂黏附力的影响因素分析[J]. 国际医药卫生导报，2007，13(19)：76-78.
[24] 胡琨，朱静. 过敏试验结合正交试验考察中药橡胶膏剂制备工艺[J]. 中国实验方剂学杂志，2011，17(21)：19-22.
[25] 李心一，彭朋，刘汉清. 橡皮膏生产中“跑料”原因分析及其解决措施橡皮膏生产中“跑料”原因分析及其解决措施[J]. 中成药，2000，22(7)：521-522.
[26] 程之永，钱碧坤，卢国扬，等. 门尼粘度在中药橡胶膏制备工艺中的应用研究[J]. 海峡药学，2015，27(8)：16-18.
[27] 王秀敏，封玲，丁美红，等. 参黄凝胶膏剂中丁香挥发油对大黄酸的经皮渗透作用[J]. 中成药，2019，41(2)：245-249.
[28] 陈婧，韩美华，王键，等. 20(*S*)- 原人参二醇 4 种剂型在体透皮实验的初步研究[J]. 现代药物与临床，2009，24(6)：354-358.
[29] 王建新，李令媛，郭力. 如意金黄巴布剂中小檗碱经皮渗透研究[J]. 中草药，1999，30(9)：677-679.
[30] 李璐，周建明，杨一帆，等. 复方南星止痛膏活性成分在不同接收介质中的透皮扩散行为比较[J]. 中国实验方剂学杂志，2018，24(3)：1-7.
[31] 张利竣，石森林，邵敬宝，等. 弹性脂质囊泡在经皮给药系统的研究进展[J]. 中国现代应用药学，

2019, 36(4): 511-515.

[32] 梁秉文，刘淑芝，梁文权. 中药经皮给药制剂技术[M]. 3版. 北京：化学工业出版社，2017.

[33] 陈思思，郑杭生，王娟，等. 三七总皂苷传递体的制备及其治疗大鼠急性软组织损伤作用研究[J]. 中草药，2015，46(14): 2070-2075.

[34] 李莎莎，宋艳丽，危红华，等. 传明酸传递体的制备及其性质考察[J]. 中草药，2013，44(22): 3141-3146.

[35] 何勤，张志荣. 药剂学[M]. 3版. 北京：高等教育出版社，2021.

[36] 魏燕，张永生，郑杭生，等. 盐酸青藤碱传递体的制备及其对大鼠类风湿性关节炎的药效评价[J]. 中草药，2017，48(23): 4872-4879.

[37] 李育卿，魏玉辉，张建萍，等. 甘草酸单铵乙醇脂质体凝胶对小鼠湿疹的疗效[J]. 中成药，2012，34(4): 640-645.

[38] KIM Y C, PARK J H, PRAUSNITZ M R, et al. Microneedles for drug and vaccine delivery[J]. Adv Drug Deliv Rev, 2012, 64(64): 1547-1568.

[39] 晏雨露，徐驿，赵继会，等. 微针辅助条件下葛根素微乳的经皮吸收研究[J]. 中草药，2017，48(1): 95-101.

[40] 周友军，杨云珂，桂双英. 生物可降解微针的研究进展[J]. 中国新药杂志，2013，22(2): 177-182.

[41] 陈欢欢，宋信莉，汪云霞，等. 雷公藤甲素双室可溶性微针的工艺研究及评价[J]. 中草药，2022，53(9): 2668-2677.

[42] 崔闻宇，刘美琦，王瑾，等. 可溶性微针在经皮给药系统中应用的研究进展[J]. 微纳电子技术，2023，60(3): 327-336.

（吕露阳　谢松　管咏梅　魏莉）

第八章　腔道用制剂成型技术

腔道给药在国内外有悠久的历史并沿用至今，起局部和全身治疗作用。直肠、阴道和耳鼻是很重要的腔道给药途径，其制剂的应用十分广泛，主要包括栓剂、阴道给药制剂和耳鼻制剂等。在公元前1550年埃及《伊伯氏纸草本》中有栓剂的记载，我国古代称之为“坐药”，在《史记·仓公列传》《伤寒杂病论》《肘后备急方》《本草纲目》等中也有对阴道栓、肛门栓的记载。最初栓剂作为肛门、阴道等部位的用药，主要在局部发挥润滑、收敛、抗菌、杀虫、局麻等作用。近年来，随着国人传统观念的改变，栓剂的应用也越来越广泛，以局部作用为目的的栓剂有甘油栓、蛇黄栓、麝香痔疮栓等，以全身作用为目的的制剂有吗啡栓及克仑特罗栓等。在普通栓剂于临床得到较广泛应用的同时，相继研制开发了多种新型栓剂，包括中空栓剂、双层栓剂、泡腾栓剂、微囊栓剂、渗透泵栓剂、缓释栓剂和凝胶栓剂等，均可通过不同方式达到控制基质中药物释放速度的目的[1-2]。阴道给药制剂可通过阴道黏膜吸收进入局部或全身血液循环，用于杀菌消毒、避孕、引产、流产、治疗癌症，甚至可以实现蛋白质、多肽类药物给药等作用。

鼻黏膜通透性较好，药物可经鼻腔直接进入体循环，使药物能够快速渗透并较好地被吸收。鼻与五脏六腑及经脉都有着密切的联系，如《素问·五脏别论篇》云：“故五气入鼻，藏于心肺，心肺有病，而鼻为之不利也。”内耳特殊的生理和解剖学特征更适合于局部药物递送。局部药物递送可绕过血 - 迷路屏障，使得较低剂量的药物能够更直接地实现预期目标，副作用最小化。随着中药制剂新技术的不断出现，适合腔道用药的中药制剂也会也越来越多，显示了腔道用制剂良好的发展前景。鉴于中药口服制剂在矫味和矫色等方面存在的困难，以及中药有效成分含量偏低而导致服用量过大等问题，选择载药量相对较大的腔道用制剂是一个很好的解决途径。如果能将现代先进的纳米技术、二氧化碳超临界萃取技术、大孔树脂吸附技术、高速逆流色谱法、超滤膜分离技术、超声波提取法和微波萃取技术等与腔道用制剂的研制相结合，并对其制剂质量加以改善，那么，腔道用制剂将会在现代中药制药产业中发挥不可估量的作用。

1. 近年来出现了哪些新型栓剂?

（1）环糊精包合栓剂和微球栓剂[3]

1）环糊精包合栓剂：先将主药用环糊精包合后再制备成栓剂，以提高药物稳定性。

2）微球栓剂：先通过球晶造粒技术将药物和高分子材料制成缓释微球，再通过热溶灌模法制备微球缓释栓剂，达到缓慢释放药物的目的。

（2）纳米技术栓剂：先通过纳米技术将药物和高分子材料制成粒径为纳米级的粒子，然后再制备成栓剂。如纳米银外用栓剂。

（3）缓释栓剂：将药物包合于可塑性不溶性高分子材料中制成的栓剂，骨架材料在用药部位不溶解，药物必须先从不溶性基质中扩散出来，通过黏膜液的溶蚀作用缓慢释药，故基质对药物的释放起到了阻滞作用。常用缓释材料如甲基纤维素、羧甲纤维素、聚乙烯醇等。

缓释液体栓剂：液体栓剂属于原位凝胶，具有适宜的胶凝温度（低于直肠生理温度），胶凝温度以下为液态，进入直肠后能在体温作用下迅速转化为半固体的黏稠凝胶态，且具有适当的胶凝温度、黏度，使得药物不易从肛门漏出。如以泊洛沙姆 407 为主要基质、卡波姆为生物黏附剂、月桂氮䓬酮为渗透剂，制备赖氨酸布洛芬缓释液体栓剂[4]。

（4）生物黏附缓释栓剂和凝胶栓剂

1）生物黏附缓释栓剂：在液体栓剂基质中加入生物黏附性材料，以增加药物的生物黏附力，提高药物在特定部位的滞留时间，提高药物与黏膜接触的紧密性和持续性，避免栓剂熔融后的泄漏，从而提高生物利用度，增加患者的依从性。现已有生物黏附性达那唑缓释栓剂[5]。

2）凝胶栓剂：利用具有亲水性、生物黏附性和生物学惰性的乙烯氧化物为药物载体制成的栓剂。遇水后吸收水分，体积膨胀，柔软而富弹性，可以避免栓剂纳入体腔后所产生的异物感。如以泊洛沙姆 407 为主要基质制得的黄芩苷凝胶栓剂[6]。

（5）微囊栓剂：先将药物制成微囊，再与栓剂基质混合制成的栓剂。一般分为单微囊栓和复合微囊栓，单微囊栓即微囊中的主药全部经微囊化处理，而复合微囊栓是把适当比例未经微囊化处理的药物作为速释部分，再与微囊化药物混合加入栓剂基质中制成的栓剂。

（6）渗透泵栓剂：利用渗透压原理制成，由可透过水分也可透过药物的微孔膜、渗透压产生剂、可透过水分不能透过药物的半透膜及药物组成。纳入人体后，水分进入栓剂产生渗透压，压迫储药库使药液透过半透膜上的小孔释放出来。渗透泵栓剂的优点是能在一定时间内保持血药浓度稳定，可以较长时间维持疗效，也是一种较好的控释型栓剂。

2. 药物通过直肠给药有哪些主要特点？

（1）通过直肠给药的药物混合于直肠分泌液中，通过肠黏膜被吸收，其传输途径均不经过胃和小肠，保持了药物的原剂型，避免了酸、碱、消化酶对药物的影响和破坏作用，亦减轻药物对胃肠道的刺激，因而直肠给药大大提高了药物的生物利用度。适用于对胃肠道有刺激性，在胃中不稳定或有明显的肝脏首过效应的药物。

（2）直肠给药时，50%～70% 的药物可通过直肠被吸收，并经直肠中、下静脉和肛管静脉绕过肝脏直接进入体循环而发挥全身作用，可避免肝脏首过效应，从而可防止或减少药物被肝微粒体酶作用而减效或失效，既有局部治疗作用，又减少对肝脏的损害。适用于口服肝脏首过效应大而不适合口服用药的药物。

（3）药物在肠腔内形成高浓度，在局部治疗的应用方面，药力直达病灶发挥作用。对于禁食或其他原因不能口服药物及服药依从性差者，直肠给药更显优越性，安全且无明显不良反应和毒副作用，可连续应用和间断治疗。

（4）直肠给药控制作用的时间比一般的片剂要长，通常每天为 1～2 次给药，直肠吸收比口服吸收慢，可以延长药物作用时间，尤其适用于某些慢性疾病的持续治疗。

（5）使用简单，便于携带和贮藏，患者依从性高；婴幼儿及部分智障的患者，使用栓剂较口服或注射给药更容易、更安全。

3. 哪些因素可影响药物的直肠吸收？

由于直肠黏膜的类脂具有屏蔽效应，因此药物通过直肠吸收的机制主要是被动扩散，药物从基质释放入体液中的速度为吸收的限速过程。影响直肠吸收药物的因素较多，主要的影响因素包括：①药物的理化性质；②直肠生理因素；③栓剂基质性质。

（1）药物的理化性质：①溶解度，直肠内分泌液体积较小，溶解度小的药物在一定时间内溶解量少，吸收量较低，溶解度大的药物吸收相对较多。将难溶性的药物制备成溶解度大的盐类或衍生物栓剂，或采用β-环糊精及其衍生物包合后制成栓剂，可增加药物的吸收。②药物的脂溶性和解离度。脂溶性药物较易吸收，非解离型药物比解离型药物更容易吸收，对于解离型药物来说，需应用缓冲液调节直肠的pH将药物转化成非解离型以增强吸收，进而提高生物利用度。③药物的粒径。在基质中呈混悬分散状态的药物，其粒径越小越易溶解在给药部位的体液中，吸收也就越快。

（2）直肠生理因素：①吸收途径。由于直肠中各部位血管分布的差异，栓剂用药部位不同，药物吸收进入体循环途径不同，进而引起生物利用度差异。栓剂引入直肠的深度愈小，栓剂中药物在吸收时不经肝脏的量愈多。栓剂塞在距肛门口约2cm处时，50%～70%的药物不经肝脏门静脉进入体循环，可避免在肝脏中发生首过效应；塞在距肛门口约6cm处时，大部分药物通过肝脏门静脉进入体循环。②直肠黏膜的pH。直肠黏膜的pH对药物的吸收起重要的速率限制作用。一般直肠液的pH约为7.4，基本上是中性而无缓冲能力，对弱酸弱碱性药物的吸收有影响，药物进入直肠后的pH由溶解的药物所决定。③直肠内液体量。在正常生理状况下直肠内液体量较少，这不利于药物从栓剂中溶解释放出来，在一定程度上限制了药物的吸收，但在一些病理状态下如腹泻、结肠梗死以及组织脱水等，直肠内液体量均会发生较大改变而影响药物吸收的速度和程度。④药物保留时间。直肠给药的吸收部位主要在直肠和结肠，栓剂在直肠保留的时间越长，吸收越趋于完全，疗效越好。

（3）栓剂基质性质：栓剂基质的种类和性质直接影响药物的释放速率。若基质与药物发生相互作用而抑制其释放，则会降低药物的生物利用度，故基质的稳定性是保证栓剂中药物能被有效吸收的前提。当药物与基质的性质相反时，药物与基质的亲和力小，药物从基质中溶出速率快，药物吸收好。如脂溶性药物可选用水溶性基质，水溶性药物可选择脂溶性基质。对于那些直肠吸收差的药物，制成栓剂时可适当加入吸收促透剂以增加药物的直肠吸收，常用的表面活性剂有脂肪酸、脂肪醇和脂肪酸酯类等。

4. 常用栓剂基质的应用性如何？

常用栓剂基质分类，见表2-8-1。

表 2-8-1　常用栓剂基质分类

种类		性质
脂溶性基质	可可豆脂	气味较好，无刺激性，可塑性好，熔点为 30～35℃，在体温下能迅速融化。
	半合成脂肪酸甘油酯	常用的栓剂基质，化学性质稳定，成型性能良好，具有保湿性和不同适宜的熔点；熔距较短，抗热性能好；乳化水分的能力较强，可以制备乳剂型基质；碘值和过氧化值很低，不易酸败，在贮藏中较稳定
	棕榈油酯	抗热能力强，酸值和碘值低，对直肠和阴道黏膜均无不良影响
	硬脂酸丙二醇酯	熔点 35～37℃，水中不溶，遇水可膨胀，对腔道黏膜无明显的刺激性、安全、无毒
	氢化植物油	性质稳定，无毒，无刺激，不易酸败，价廉，但释药能力较差，应用中常加适量表面活性剂
水溶性基质	甘油明胶	具有很好的弹性，不易折断，在体温下不融化，但塞入腔道后能软化并缓慢溶于分泌液中，具有缓慢释放药物和延长药物疗效的特点；常用配比为水：明胶：甘油 =10：20：70，且甘油能防止栓剂干燥变硬，多用作阴道栓的基质
	聚乙二醇	为难溶性药物常用载体，栓剂常用分子量在 400～6 000Da。PEG 600 以下为液体，PEG 1 000 为软蜡状固体，PEG 4 000 以上为固体。其熔点、水溶性、吸湿性以及蒸气压随聚合度的增加而下降，多用熔融法制备成型，遇体温不熔化，但能缓缓溶于体液中而释放药物；吸湿性较强，对黏膜有一定刺激性；常以两种或两种以上不同分子量的 PEG 加热熔融，可制得理想稠度及特性的栓剂基质
	聚氧乙烯(40)单硬脂酸酯类	熔点为 39～45℃，酸值≤2，皂化值 25～35；在水、乙醇和丙酮中溶解，不溶于液体石蜡；代号为 S-40；可制得崩解、释放性能较好的稳定的栓剂
	泊洛沙姆(188)	非离子型表面活性剂，型号有多种，随聚合度增大，物态从液态、半固体至蜡状固体，大多易溶于水；常用型号泊洛沙姆 -188，熔点为 52～57℃；能促进药物的吸收并起到缓释与延效的作用
	聚山梨酯 61	熔程为 35～39℃，亲水亲油平衡值(HLB 值)为 9.6，有润滑性。是非离子型表面活性剂，与水溶液可形成稳定的 O/W 型乳剂基质；可与多数药物配伍，无毒性、无刺激性，贮藏时不易变质

5. 如何选用栓剂基质?

用于制备栓剂的优良基质应符合下列要求：①室温时具有适宜的硬度和韧性，塞入腔道时不变形或破碎，在体温下易软化、融化，能与体液混合或溶于体液；②与药物混合后不发生理化反应，不影响主药的作用及含量测定；③对黏膜无刺激性、无毒性和过敏性，释药速率符合治疗要求；④基质的熔点与凝固点的间距不宜过大，脂溶性基质的酸值在 0.2 以下，皂化值应在 200～250，碘值应低于 7；⑤适用于冷压法及热熔法制备栓剂，且易于脱模；⑥具有润湿或乳化能力，水值较高；⑦性质稳定，贮藏时不影响生物利用度，理化性质不发生变化，不易长霉变质，不因晶型的转化而影响栓剂的成型。实际使用的基质不可能完全满足上述的所有要求，且加入药物后也会改变基质特性。

选择基质时，首先要根据主药的药理作用，考虑临床上的用药目的与要求，即明确用于何种疾病以及用药部位，是局部治疗还是全身作用。用于局部治疗的栓剂只在腔道局部起作用，要求释放缓慢而持久，应选用融化慢或液化慢、释药慢，使药物不被吸收的基质（如水溶性基质）；用于全身治疗的栓剂要求引入腔道后迅速释药，宜选能加速药物释放与吸收的基质。如治疗痔疮用的三黄栓要求释药速度慢而选用混合脂肪酸甘油酯作为基质[7]；治疗上呼吸道感染的银翘双解栓要求释药速度快而选用半合成脂肪酸甘油酯、羊毛脂等混合基质。

此外还需考虑药物的性质、基质和附加剂的性质以及对药物的释药速度和吸收的影响。若药物系水溶性且能均匀分散于基质中，则可迅速从油水界面溶于分泌液中，很快出现局部作用或全身作用；若药物系脂溶性，则药物必须先从油相转入水相的体液中才能产生作用，此过程与药物在油水中的分配系数及其浓度密切相关。要保证栓剂中药物的释放与吸收，应选用与药物溶解行为相反的基质，即一般水溶性药物选择脂溶性基质，脂溶性药物选用水溶性基质。如治疗妇科疾病的中药苦黄栓在分别以脂溶性基质 SUPPOCIRE 和水溶性基质 PEG 1 500 为基质时，前者融变时限符合药典规定，后者融变时限偏长[8]。在确定基质种类和用量的同时，以外观色泽、光洁度、硬度和稳定性或体外释放度等为指标，选择适宜的附加剂，以筛选出适宜的基质配方。

6. 如何确定含药栓剂基质的用量?

制备栓剂时需要确定基质的用量。通常栓剂模具的体积一定，但栓剂的重量会因基质与药物的密度不同而各不相同。一般栓模容纳重量（如 1g 或 2g）指以脂溶性基质可可豆脂为代表的基质重量。药物会在栓剂基质中占有一定体积，为使栓剂保持原有既定的体积，就要知道药物可置换基质的重量，需引入置换价换算求得。可用下述方法和公式求得。

药物在栓剂基质中占有一定的体积，药物的重量与相同体积的栓剂基质的重量之比称为置换价（displacement value，DV）。根据置换价定义，可以建立置换价的计算公式。

$$\mathrm{DV}=W/[G-(M-W)] \quad \text{式(2-8-1)}$$

式（2-8-1）中，G 为纯基质栓的平均栓重；M 为含药栓的平均栓重；W 为含药栓的平均含药量，$(M-W)$ 为含药栓中基质的重量，$G-(M-W)$ 为纯基质栓剂与含药栓剂基质的重量之差，亦即与药物同容积的基质的重量。

测定方法：用同一栓模，取基质制备空白栓，称得平均重量为 G；另取基质与药物定量混合做成含药栓，称得平均重量为 M；同时根据基质与药物的比例算出每枚含药栓中平均含药量 W，将这些数据代入置换价计算公式，即可求得该药物对所用基质的置换价。

用测定的置换价可以计算出制备含药栓需要基质的重量 x。

$$x=(G-y/\mathrm{DV})\cdot n \quad \text{式(2-8-2)}$$

式（2-8-2）中，x 为制备 n 枚含药栓剂所需基质的理论用量；G 为纯基质栓的平均栓重；y 为处方中药物的剂量；n 为拟制备栓剂的枚数。

例如某栓剂 10 枚，平均重量为 1.503g，用纯基质制备的空白栓剂平均重量为 1.482g，已知每枚栓剂中含药 80mg，求得该药物的置换价为：DV=0.08/[1.482−(1.503−0.08)]=1.36；欲制备该栓剂 1 000 枚，应用基质量为：$x=(1.482-0.08/1.33)\times 1\,000=1\,423$g。

7. 如何制备含挥发油类的栓剂?

挥发油为难溶性物质,需在溶出介质中加入一定量的表面活性剂以提高其在溶出介质中的溶解度。量大时可考虑加入适宜的乳化剂,制成乳剂型基质。制备方法为取处方量含挥发油药物,逐量加入融化的栓剂基质,搅拌均匀后倒入栓剂模具中,低温静置后切去溢出模口部分,取出,即得一定形状和质量均匀的栓剂。基质与挥发油类药物混合时注意温度控制,以防止挥发油的损失。在注入栓模前应将温度控制在 40~50℃,温度过高则会延长冷却时间,在冷却过程中药粉下沉,导致栓剂不均匀;温度过低则会使基质产生少量的凝固,制成的栓剂颜色变花,影响栓剂的外观。

8. 如何优化栓剂的处方?

栓剂制备过程中所使用的基质不可能完全满足理想基质的特点,且加入药物后也可改变基质特性,故会影响栓剂外观和药理作用。因此,为使制备的栓剂具备成型性好、良好的缓释性能等特点,优化栓剂处方对中药栓剂的研究开发具有一定的参考价值。常用的优化方法为均匀设计和星点设计。

(1) 均匀设计:在正交设计基础上,将数论与多元统计相结合的实验设计方法,适用于多因素、多水平的实验研究。因其特点为“均匀分散”,使试验点有较好的代表性,其试验数可以较正交设计大幅度地减少。同时,试验结果可通过计算机进行多元统计处理,求得一个适量的回归方程,定量地预测优化条件。如采用均匀设计法对冰茶栓中江浙蝮蛇毒、冰片和茶咖啡碱 3 个药物作为 3 因素,药物剂量分为 5 个水平进行配比优化,可以缩短实验周期、进行最少实验次数,减少动物数和药品,寻得优化条件下的最优结果[9]。将均匀设计法结合相关药效学模型筛选药物之间的理论最佳配比研究,是目前中药新药研发的一个有力工具[10]。

(2) 星点设计[11]:多因素 5 个水平的试验设计,在 2 个水平析因设计的基础上加上极值点和中心点构成,在预实验的基础上,确定各因素水平的极大值和极小值。效应面优化的基本原则是通过描绘效应对考察因素的效应面,从效应面上找出较优的区域,再回推出因素的取值范围,此范围即为最佳范围。星点设计可减少实验次数,并进行线性或非线性拟合。在工艺优化和处方筛选过程中,星点设计 - 效应面法由于能准确找到较佳的处方配比或较佳的工艺参数,因此近年来在药剂学领域得到了广泛应用。

9. 如何制备中空栓剂和双层栓剂、泡腾栓剂?

栓剂的制备方法有冷压法与热熔法两种,可按基质的类型选择制法,脂溶性基质栓剂两种方法均可使用,水溶性基质栓剂多采用热熔法。冷压法是将适量药物与等量基质粉末置于冷却的容器内混匀,再分次递加剩余的基质,然后用手工搓捏或通过模具挤压制成一定形状的栓剂。热熔法是先用水浴或蒸汽浴加热使计算量的基质锉末熔化,勿使温度过高,然后按药物性质以不同方法加入药物,混合均匀,注入已冷却并涂有润滑剂的栓剂模具中,至稍溢出模口为度,放冷,至完全凝固后削去溢出部分,开模取出。

(1) 中空栓剂:外层为空白或含药基质制成的壳,中间的空心部分可填充溶液、固体或混悬液等各种状态的药物。制备时需在普通栓模上方安置一个可固定不锈钢管的支架,将钢管插入栓模并使之固定,沿边缘注入熔融的基质,待凝固后拔去钢管,削去多余部分,即为栓壳。在栓壳中填入药物，并将尾部用相应的基质封好即得。现已有儿童用镇静中空栓剂等。

（2）双层栓剂：由两层组成，较普通栓能更好地适应临床治疗疾病或不同性质药物的需要。目前有两种。

1）内外双层栓剂：由内外两层组成，各含不同的药物，由于外层熔融较快，先释放药物，故栓剂给药后可先后发挥两种药物的作用。可按中空栓剂的制法先制外层形成空腔后，再将含药基质注入其中成为内层。

2）上下双层栓剂：上下双层栓剂有 3 种形式。第一种是将两种理化性质不同的药物分别分散于脂溶性基质和水溶性基质中，制成上下两层，以便药物的吸收或避免药物发生配伍禁忌；第二种是将一种药物分别分散于脂溶性基质和水溶性基质中，制备成上下两层，使栓剂在使用时具有速释和缓释作用；第三种是将空白基质和含药基质制成上下两层，上层空白基质可阻止药物向上扩散，减少药物自直肠上静脉吸收，提高生物利用度，减少药物毒副作用。这 3 种上下双层栓剂的制法基本相似，以第三种为例：先将上层空白基质融化，按计算量注入栓模为上层，待上层冷却后再将已预热的下层含药基质注入栓模，冷凝后切去多余部分，取出即可。现已有用于小儿消炎的双黄连栓。

（3）泡腾栓剂：在栓剂基质中加入发泡剂有机酸（如枸橼酸等）和弱碱（如碳酸氢钠等），使用时遇体液可产生泡腾作用，加速药物的释放，并有利于药物分布和渗入黏膜皱襞，尤其适于制备阴道栓。如阴道泡腾栓剂是用乙二酸与碳酸氢钠作为发泡剂，以聚氧乙烯单硬脂酸酯以及 PEG 4 000 为基质制成的泡腾栓剂。为使泡腾栓剂质量稳定，在制备过程中应注意以下几点：①所用原辅料应充分干燥，避免带入水分；②要注意中药提取物本身的吸湿性；③栓剂基质加热融化后应放在 50℃以下，再加入碳酸氢钠、枸橼酸等发泡剂；④在制备过程中应保持生产环境干燥，以免物品吸湿；⑤成品包装应采用隔绝性能好的包装材料。现已有复方芙蓉泡腾栓、黄藤素栓等。

10. 如何制备中药缓释栓剂?

缓释栓剂（sustained-release suppository）是在作用部位缓慢释放药物的栓剂[12]。根据制备方式及材料的不同，其可分为骨架型缓释栓、凝胶型缓释栓、微囊栓等。

（1）骨架型缓释栓：将药物包合于可塑性不溶性高分子材料中制成的栓剂，由于骨架材料在体内不易溶解，故可对药物的溶出和释放起到阻滞作用。可采用热熔法制备：将基质加热熔融后，加入适量的辅料（如羟丙甲纤维素、硬脂酸等），待辅料加热熔融后加入药粉，混匀后注磨成型即得。

（2）凝胶型缓释栓：利用具有亲水黏附性和生物学惰性的乙烯氧化物为载体制成的栓剂。其在室温下为液态，在体温状态下迅速胶凝为半固体凝胶状，黏附于给药部位，从而可延长药物的滞留和释放时间。采用冷法配液制备：将泊洛沙姆加入超纯水搅拌至分散均匀，4℃放置 24 小时，使凝胶充分溶胀至澄明。边搅拌边加入药物和黏度调整剂并混匀，4℃放置 12 小时即得。

（3）微囊栓：先将药物微囊化后，再与基质混合而制成的栓剂。其具有微囊和栓剂的双重优点，释放行为更多地取决于微囊的囊材和制备方法，具有延缓药物吸收等优点。其制备方法主要为热熔法：将基质加热熔融后加入微囊化的药物，混匀后注磨成型即得。

11. 制备中药栓剂时应如何控制基质的温度？

中药栓剂中常用的基质为半合成脂肪酸酯，随着温度升高，其体积变大。在加热熔化半合成脂肪酸酯时应注意温度不宜过高，当熔融至2/3或3/4时应停止加热，让其自行熔化，使完全熔融后的温度在60℃左右为宜。基质熔融后加入药物时应立即搅拌，避免药粉因受热发黏后不易拌匀。在注入栓模前应将温度控制在40～50℃，温度过高会使冷却时间延长，其间药粉有可能会下沉，造成含量不均匀；温度过低，会使基质在注模前产生部分凝固，最后制成的栓剂有不规则花斑。两种情况都会影响栓剂的质量。

12. 中药栓剂灌模后应如何掌握冷却时间？

栓剂模具在注入药物与基质前，应先在冷柜中预冷10～20分钟，使模具温度保持在10℃左右，但注意不应太低，否则模具表面会吸附冷凝水而影响灌注。灌好的栓剂冷却时间以20～30分钟为宜，时间太长则溢出部分不易刮去，而且栓剂容易断裂；时间太短，刮去溢出部分时会使栓剂底部不光滑，影响外观和质量。刮去溢出部分后应再冷却15～20分钟，时间太长或太短栓剂都不易取出，且时间太短栓剂易损坏，时间太长会因温度太低而使栓剂外部有冷凝水。

13. 中药栓剂进行含量测定时如何前处理？

目前中药栓剂含量测定方法有薄层色谱法、高效液相色谱法、气相色谱法、毛细管电泳法、紫外分光光度法、比色法等。但由于栓剂基质除了水溶性基质外，大多采用脂溶性基质，因此当进行含量测定前处理时，在采用有机溶媒提取待测成分的同时，往往会将脂溶性基质一起提出，就有可能会干扰含量测定。若该脂溶性基质对主药测定没有影响，可将栓剂加热熔化后以合适溶剂萃取直接测定；若基质对待测成分的含量测定有干扰，应先将待测成分分离出来后再测定。一般采用的方法是：若待测成分是偏酸性或偏碱性的，可考虑先用碱性或酸性水溶液萃取，萃取液再酸化或碱化后，用有机溶剂萃取，可避免基质带入；或根据基质的特性，采用有机溶剂热提取后再冷处理的方法除去基质；对一些待测成分极性小而用水溶性基质制成的栓剂，可取一定量，研碎后置索氏提取器中直接用无水乙醇等有机溶剂提取。

14. 如何调节栓剂的药物释放与吸收？

影响直肠给药后药物吸收的因素主要有生理因素、药物性质、基质与附加剂等，故可通过选用不同的基质以及附加剂来调控药物的释放与吸收。一是对于作用于全身或者需要迅速释放的药物，可以选择与药物溶解行为相反的基质，或者制成中空栓剂、泡腾栓剂以及可添加吸收促进剂如非离子表面活性剂以促进药物的释放吸收；二是对于起局部治疗或长期慢性治疗作用的药物，可以选择与药物溶解行为相近的基质，或者制成缓释栓剂以及加入一些吸收阻滞剂如卡波姆、羟丙甲纤维素、天然磷脂或氢化磷脂等；三是难以被直肠吸收的蛋白质类大分子或亲水性药物，可以添加合适的吸收促进剂，增加细胞膜的通透性或打开旁路转运的紧密连接以促进药物的吸收，如0.5%壳寡糖对岩黄连生物碱中的脱氢卡维丁、盐酸小檗碱、盐酸巴马汀均有吸收促进作用[13]。

15. 如何选用吸收促进剂?

直肠吸收促进剂是提高药物直肠吸收的重要手段，通过改变直肠黏膜结构、与直肠黏膜细胞中钙离子结合、使黏膜中磷脂和胆固醇释放等方式，直肠吸收促进剂可使药物在直肠内的吸收速度加快与吸收程度增加。

目前，吸收促进剂主要有以下几类：①非离子型表面活性剂，如吐温、泊洛沙姆、十二烷基硫酸钠；②脂肪酸、脂肪醇及脂肪酸酯类；③氮革酮类化合物，如月桂氮革酮；④羧酸盐类，如水杨酸钠、苯甲酸钠；⑤胆酸盐类，如甘氨胆酸钠、牛磺胆酸钠；⑥氨基酸类，如L-精氨酸、盐酸赖氨酸；⑦天然促进剂，如薄荷类、冰片、丁香类等。此外，还有复合吸收促进剂、不同种类中药配伍使用促进吸收等。如甘草酸二钾和癸酸钠联合应用时，不仅协同了癸酸钠的促吸收作用，而且降低了癸酸钠对细胞的损伤。不仅不同种类的促进剂对药物的促吸收作用不同，而且吸收促进剂的促吸收程度与其使用浓度有关。因此，选择吸收促进剂时应综合考虑促进剂的促吸收程度、促进剂的浓度、不同促进剂的配伍使用等。

16. 如何评价中药栓剂的质量?

2020年版《中国药典》四部栓剂（通则0107）规定，栓剂的质量应符合以下规定[14]：①栓剂中的原料药物与基质应混合均匀，其外形应完整光滑，放入腔道后应无刺激性，应能融化、软化或溶化，并与分泌液混合，逐渐释放出药物，产生局部或全身作用；并应有适宜的硬度，以免在包装或贮存时变形；②栓剂所用内包装材料应无毒性，并不得与原料药物或基质发生理化作用；③阴道膨胀栓内芯应以脱脂棉或黏胶纤维等经加工、灭菌制成，以保证其安全性；④除另有规定外，应在30℃以下密闭贮存和运输，防止因受热、受潮而变形、发霉、变质；⑤除另有规定外，应进行重量差异、融变时限、膨胀值及微生物限度的检查。

此外，中药栓剂成分复杂，药效物质基础大多不清晰。除了对化学成分指标（单味成分或单味药、复方中主成分）进行含量测定、质量研究[15]，还应建立生物效应指标，对其体外释放度、熔点、稳定性、黏附时间、透膜性能及体内吸收等进行研究，以构建多指标中药栓剂评价体系。

17. 如何改善中药栓剂对直肠黏膜的刺激性?

有些中药栓剂直肠给药后，对直肠黏膜会产生一定的刺激性，主要原因是：①直肠黏膜本身环境pH为7.4，偏碱性且不具缓冲能力；②中药提取物成分复杂，大多数中药提取物偏酸性，对碱性环境的直肠黏膜有一定的刺激性；③栓剂所采用的基质对直肠黏膜有一定的刺激性，如PEG类水溶性基质；④栓剂中添加的附加剂对直肠黏膜有损伤作用，如月桂酸钠等。由上述原因所产生的刺激性，可通过调节中药提取物的酸碱性，使之接近于直肠黏膜环境的pH；将对黏膜有刺激性的中药有效部位或成分进行包合（如β-环糊精包合等）后，再与基质混合；改用其他类型的基质或加入20%的水，在塞入栓剂前先用水润湿，也可在栓剂表面涂一层鲸蜡或硬脂醇薄膜；选用其他的附加剂，或者联合应用氨基酸作为细胞保护剂等方法予以解决。

18. 栓剂如何进行生物药剂学研究?

生物药剂学是研究药物及其剂型在体内的吸收、分布、代谢与排泄的过程，阐明药物的剂型因素、机体的生物因素与药物效应之间相互关系的科学。对栓剂进行生物药剂学研究即研究影响直肠药物吸收的各项生理因素和剂型因素对药物体内过程的影响，其中生理因素包括年龄、种族、性别、遗传、生理及病理条件等；剂型因素包括药物的理化性质、制剂处方、制备工艺和药物相互配伍及体内相互作用等。生物药剂学属性研究方法较多，释放度指药物在规定的溶剂中释放的速度和程度，常用的方法有篮法、桨碟法和小杯法等。透膜性能及吸收机制的研究有体外实验法（如非翻转肠囊法）、在体实验法（如在体单向灌流法）等，一般以吸收速率常数（K_a）和表观吸收系数（P_{app}）进行评价。体内药动学的研究常采用血药浓度法或尿药浓度法，绘制药 - 时曲线，计算药动学相关参数及生物利用度。此外，针对中药栓剂，由于其中含有中药，特别是中药复方成分复杂，缺乏明确的质量评价方法，不宜用单组分化学药物的方法进行研究，可以对几个主要有效成分采用整体指纹图谱及两者相结合的方式进行研究[16]。

19. 灌肠剂及其分类，应用范围有哪些?

灌肠剂是经肛门灌入直肠使用的液体制剂[17]，属于直肠给药剂型中的一种，具备本章第 2 题中描述的药物通过直肠给药的特点。灌肠剂按用药目的分为泻下灌肠剂、营养灌肠剂和含药灌肠剂（治疗用）。由于直肠的优良吸收特性，除了直肠病变影响吸收不能通过直肠途径给药以外，几乎所有的药物均可制成灌肠剂，通过直肠用药。

20. 灌肠剂常见的制备形式以及灌肠器械是什么?

传统的中药灌肠剂提取分离浓缩方法与本书上篇中描述的方法一致。目前开发的灌肠剂包括：①普通灌肠液，可直接使用，如溃结宁灌肠液和肠露灌肠液[18]；②微型灌肠液，用量较小，是近十几年来发展起来的新型灌肠液；③灌肠液制备成固体制剂，临用时溶解，如复方黄芪肠宁灌肠颗粒[19]；④水凝胶剂，在肠道内保留时间较长，生物利用度较高且干净无污染；⑤泡沫剂，药物通过启动阀门喷出含药液体或固体物质的细分散体，在体温作用下泡沫膨胀，可以逆行扩展至乙状结肠上部，但并不产生充满的感觉。经国家药品监督管理局批准的中药灌肠液包括化瘀散结灌肠液、红虎灌肠液和肾衰康灌肠液等。

在国家药品监督管理局医疗器械中查询，有灌肠机、灌肠仪、一次性使用灌肠袋、一次性使用无菌灌肠包等灌肠器械，主要用于便秘、手术前肠道准备等肠道清洗，部分一次性灌肠器可用于肛内或直肠给药。

21. 如何评价中药灌肠剂的质量?

为保证中药灌肠剂的安全、有效，对灌肠剂质量主要进行以下控制，即外观、理化鉴别、含量测定、pH 测定、相对密度检查、稳定性研究、装量、微生物限度等。在 2020 年版《中国药典》四部灌肠剂（通则 0129）中，要求灌肠剂应无毒、无局部刺激性，除有关规定外应密封贮存。

22. 什么是微型灌肠剂?

某些疾病治疗时需要的药物量不大,致使微型灌肠剂(micro-enema)的出现。微型灌肠剂一般制成溶液或使用凝胶辅料制成凝胶状制剂,产生润滑效果,便于使用。微型灌肠剂用量小、通常使用量在 5ml 以下。微型灌肠剂多为液体制剂,给药后溶液与直肠黏膜接触面积较大,药物吸收迅速,达峰时间短,起效快,具有与静脉注射相似的效果,有较高的生物利用度。其制备工艺与灌肠剂相同。微型灌肠剂治疗的疾病有不少体现在急症上,例如镇静、解热、抗惊厥等;也有辅助诊断用微型灌肠剂[20]。

例如将复方当归妇炎灌肠剂改造为微型灌肠剂[21],采用水提醇沉法得到的提取物与羟苯乙酯、卡波姆等辅料研磨混匀,在工艺制备中考察了辅料的用量、提取物用量等指标。

23. 阴道给药系统具备哪些特点?

阴道具有丰富的毛细血管和淋巴管,且没有明确的神经末梢,给药时患者的疼痛刺激小,对于特定的疾病和药物是有效的药物释放部位,这样能使其成为一种很有潜力的非侵害性给药途径,从而发挥药物的局部和全身作用。阴道给药系统可以局部或全身用药,克服了传统给药的首过效应,从而减少给药量,增加低分子量药物的吸收率,同时适用于一些有严重胃肠道反应的药物,也可避免多次给药产生的峰谷现象[22-24]。

24. 阴道给药的制剂有哪些剂型? 在阴道剂型设计时应考虑哪些因素?

阴道给药制剂的剂型涉及传统的洗剂、栓剂、阴道片、阴道泡腾片、阴道环、软膏剂、膜剂等,还发展了生物黏膜黏附制剂水合阴道缓释片、泡腾生物黏附片、双层片等阴道给药新制剂。各类片剂、栓剂的制备可参考本书中相关章节,现有已上市的栓剂如消糜栓、蛇黄栓、保妇康栓和治糜康栓,洗剂有洁阴康洗液、洁阴灵洗剂等,广泛用于宫颈炎、阴道炎等疾病的治疗。阴道环是一种环状的给药装置,常用的载体为医用硅橡胶[25]如聚氨酯(PU),放置于阴道后以控释的形式释放药物,易于控制,不需要每日使用。生物黏膜黏附制剂可在阴道水性环境中迅速溶胀,与阴道黏膜紧密黏合,延长制剂在给药部位的滞留时间,减少药物渗漏和给药次数,提高患者用药依从性,对全身作用的药物可提高生物利用度。

在设计阴道给药制剂时,需要考虑文化差异、个人卫生、性别差异、局部刺激以及性行为的影响等;同时也应该注意阴道上皮组织厚度的变化对药物吸收的影响。剂型的变化会导致药物在阴道的吸收、分布和半衰期的变化。如果要求发挥局部疗效,一般选用半固体或能快速溶化的固体系统;如果要求发挥全身作用,一般优先考虑阴道黏附系统或阴道环。

25. 阴道用生物黏膜黏附给药已开发出哪些剂型? 常用的材料有哪些?

采用生物黏附材料可以制备阴道用生物黏附乳膏、阴道片、温敏性生物黏附凝胶、胶囊、栓剂等,结合缓释技术还可制备相应的缓释制剂。常用的阴道生物黏附材料有聚丙烯酸类、壳聚糖类(如卡波姆、聚卡波非等)、纤维素类(如聚丙烯酸、甲基纤维素等)、透明质酸类、淀粉,以及果胶、瓜尔胶等黏附材料[26]。

26. 耳用制剂有哪些特点？如何分类？

耳用制剂的特点有：①为耳部局部腔道给药，药物可不经过血 - 迷路屏障直接进入内耳，避免全身给药的副作用；②滴耳剂、耳用凝胶剂等耳用制剂给药方式较便捷，患者易自行操作，但耳用丸剂、耳用散剂给药时通常需要特殊的操作或吹药装置，需在专业人员的指导或协助下完成；③耳用制剂给药前后，应特别注意耳部的清洁消毒、给药后体位及维持时间。

2020 年版《中国药典》四部通则收录耳用制剂（通则 0126）共 9 个剂型，具体的分类见表 2-8-2。耳用液体制剂也可以固态形式包装，另备溶剂，在临用前配成溶液或混悬液。

表 2-8-2　耳用制剂的分类

分类	剂型	释义
耳用液体制剂	滴耳剂	原料药物与适宜辅料制成的水溶液，或由甘油或其他适宜溶剂制成的澄明溶液、混悬液或乳状液，供滴入外耳道用的液体制剂
	洗耳剂	原料药物与适宜辅料制成的澄明水溶液，用于清洁外耳道的液体制剂（通常是符合生理 pH 范围的水溶液，用于伤口或术前使用者应无菌）
耳用半固体制剂	耳用喷雾剂	原料药物与适宜辅料制成的澄明溶液、混悬液或乳状液，借喷雾器雾化的耳用液体制剂
	耳用软膏剂	原料药物与适宜基质均匀混合制成的溶液型或混悬型膏状的耳用半固体制剂
	耳用乳膏剂	原料药物与适宜基质均匀混合制成的乳膏状耳用半固体制剂
	耳用凝胶剂	原料药物与适宜辅料制成凝胶状的耳用半固体制剂
	耳塞	原料药物与适宜基质制成的用于塞入外耳道的耳用半固体制剂
耳用固体制剂	耳用散剂	原料药物与适宜辅料制成粉末状的供放入或吹入外耳道的耳用固体制剂
	耳用丸剂	原料药物与适宜辅料制成的球形或类球形的用于外耳道或中耳道的耳用固体制剂

27. 常用中药耳用制剂的成型过程是什么？在剂型设计时应考虑哪些因素？

目前市场上常见的中药耳用制剂品种不多，现有已上市的滴耳剂如冰连滴耳剂[27]和滴耳油[28]，软膏剂有耳炎药膏，散剂有烂耳散，广泛用于中耳炎、耳鸣耳聋、外耳道炎、耳底溃疡等疾病的治疗。

（1）常用中药耳用制剂的成型过程：不同剂型的成型过程有所不同。①滴耳剂：以滴耳油为例，处方组成包括硼砂、冰片、麝香、炉甘石、黄连、苦参、薄荷油等 17 味中药，其制备工艺主要包括粉碎、筛析、混合和油炸。②软膏剂：生产过程主要为配制和灌封，常用真空乳化搅拌机和全自动软膏灌封机完成，以耳炎药膏为例，其处方组成包括猪胆膏、冰片、樟脑、枯矾等中药，原料药经过处理后，参照软膏剂的生产过程混合成型，成品应柔软细腻，易涂布。③散剂：以烂耳散为例，其处方组成包括穿心莲、猪胆汁和枯矾共 3 味中药，将 3 味中药各研极细，按一定比例混匀即得。

（2）剂型设计时应考虑的因素：在设计耳用制剂时，需要考虑辅料和溶剂的影响。辅料应不影响制剂的药效，并应没有毒性或局部刺激性。溶剂（如水、甘油、脂肪油等）不应对耳膜产生不利的压迫。多剂量包装的水性耳用制剂可含有适宜浓度的抑菌剂，除另有规定外，在制剂确定处方时，该处方的抑菌效力应符合抑菌效力检查法（2020 年版《中国药典》四部通则 1121）的规定。另外，对于多剂量包装的耳用制剂，包装容器应配有完整的滴管或适宜材料组合成套，一般应配有橡胶乳头或塑料乳头的螺旋盖滴管。容器应无毒、洁净，且应与原料药物或辅料具有良好的相容性，容器的器壁要有一定的厚度且均匀，装量通常不超过 10ml 或 5g。

28. 中药耳用制剂的研究进展及今后可能的发展方向有哪些?

随着材料科学、药物剂型和给药方式等领域不断发展，尤其是缓释、控释及靶向给药技术的应用，一些耳部给药新剂型应运而生，如耳用微囊、微球、脂质体、纳米囊、纳米球等，为提高耳部疾病的疗效带来了新的希望。但关于中药耳用制剂的研究比较少，主要集中在外耳疾病或中耳疾病的治疗。如复方黄连滴耳液对急性化脓性中耳炎患者具有良好的疗效，可促进炎症消除[29]。另有研究者选取具有抗炎解热作用的中药野菊花、金银花，配以石菖蒲、川芎，利用蜂蜜协调各药制成的滴剂用于治疗中耳炎[30]。纳米给药系统在耳部局部给药方面的应用越来越广泛，其小粒径、高比表面积及高活性可以使纳米粒有效穿透体内的生物学屏障。同时，纳米给药系统可以弥补中药成分溶解度低、易降解、半衰期短和不稳定等缺点，提高递送效率，减少治疗中出现的与药物相关的副作用。有人将纳米银与壳聚糖制成复合物，再将丹参酮 $Ⅱ_A$ 制成包合物，然后将两者混合制成常规的剂型（滴耳剂或凝胶剂），在体内外研究中均显示出良好的协同抗菌效果[31]。

中药耳用制剂可能的发展方向有：①基于纳米给药系统[32]，设计出功能化的（如促渗、靶向、智能响应等）耳用新剂型，如穿膜肽或亲水性分子修饰纳米粒、微霰弹枪式主动给药装置[33-35]等，以期更高效地递送中药穿过鼓膜 / 蜗窗膜，使其更多分布至内耳及其毛细胞。②联合生物医学超声学，将超声技术及其相应的生物学效应（如热效应、机械效应和空化效应）应用于耳部递送给药，将为耳部疾病的无创治疗、远程操控给药带来希望。③光动力疗法（PDT），是用光敏药物激光活化治疗疾病的一种新方法[36]。部分中药含有光敏感成分，如从贯叶连翘中分离得到的金丝桃素、从补骨脂中提取分离得到的补骨脂素、来源于姜黄根状茎的姜黄素等[37]，采用 PDT 以发挥抗菌作用，在耳部疾病的临床治疗中具有较大潜力。

29. 鼻用制剂的特点和分类有哪些?

鼻用制剂的特点：①有相对较大的吸收表面积，约 $150cm^2$；②药物经鼻吸收后直接进入体循环，无肝脏首过效应；③鼻黏膜上有许多细微绒毛，可大大增加药物吸收的有效表面积，药物吸收迅速，给药后起效快；④给药方便，患者可自行用药，对机体损伤较轻，不必考虑饭前饭后的给药时间间隔，适于急救、自救；⑤酶活性相对较低；⑥鼻腔组织的渗透性相对较高；⑦鼻黏膜给药后，一部分药物可经嗅觉神经绕过血脑屏障直接进入脑组织，有利于中枢神经系统疾病的治疗。

2020 年版《中国药典》四部通则 0106 收录鼻用制剂共 10 个剂型，见表 2-8-3。鼻用液体制剂也可以固态形式包装，配套专用溶剂，在临用前配成溶液或混悬液。

表 2-8-3　鼻用制剂的分类及释义

分类	剂型	释义
鼻用液体制剂	滴鼻剂	由原料药物与适宜辅料制成的澄明溶液、混悬液或乳状液，供滴入鼻腔用的鼻用液体制剂
	洗鼻剂	由原料药物制成符合生理 pH 范围的等渗水溶液，用于清洗鼻腔的鼻用液体制剂，用于伤口或术前使用者应无菌
	鼻用气雾剂	由原料药物和附加剂与适宜抛射剂共同装封于耐压容器中，内容物经雾状喷出后，经鼻吸入沉积于鼻腔的制剂
	鼻用喷雾剂	由原料药物与适宜辅料制成的澄明溶液、混悬液或乳状液，供喷雾器雾化的鼻用液体制剂
鼻用半固体制剂	鼻用软膏剂	由原料药物与适宜基质均匀混合，制成溶液型或混悬型膏状的鼻用半固体制剂
	鼻用乳膏剂	由原料药物与适宜基质均匀混合，制成乳膏状的鼻用半固体制剂
	鼻用凝胶剂	由原料药物与适宜辅料制成凝胶状的鼻用半固体制剂
鼻用固体制剂	鼻用散剂	由原料药物与适宜辅料制成的粉末，用适当的工具吹入鼻腔的鼻用固体制剂
	鼻用粉雾剂	由原料药物与适宜辅料制成的粉末，用适当的给药装置喷入鼻腔的鼻用固体制剂
	鼻用棒剂	由原料药物与适宜基质制成棒状或类棒状，供插入鼻腔用的鼻用固体制剂

30. 中药鼻用制剂常见的上市产品及在剂型设计时应考虑哪些因素？

目前，中药鼻用制剂的产品逐渐增多，常见的上市产品见表 2-8-4。

表 2-8-4　中药鼻用制剂的上市产品

产品	主要成分	功能主治
益鼻喷雾剂	辛夷、苍耳子、麻黄、白芷、威灵仙、冰片	用于鼻塞不通，或因鼻塞所致的嗅觉障碍
鼻宁喷雾剂	鹅不食草、一枝黄花	用于急、慢性鼻炎和过敏性鼻炎
热感清喷雾剂	金银花、柴胡、青蒿、鱼腥草、甘草	用于风热感冒
感冒欣喷雾剂	紫苏叶、香薷，广藿香、紫胡、丁香、桉油、薄荷脑、樟脑、冰片	用于感冒发热等症
鼻炎通喷雾剂	盐酸麻黄碱、黄芩苷、金银花、辛夷油、冰片	用于急、慢性鼻炎
滴通鼻炎水喷雾剂	蒲公英、细辛、黄芩、麻黄、苍耳子、石菖蒲、白芷、辛夷	改善各类鼻炎症状
复方熊胆通鼻喷雾剂	苍耳子（炒）、白芷、熊胆粉、白矾（煅）、玄明粉、薄荷脑、冰片	用于急性鼻炎
通达滴鼻剂	辛夷、白芷、薄荷脑、黄连、白矾（煅）	改善急性鼻炎所致的鼻塞

续表

产品	主要成分	功能主治
鼻通滴鼻剂	苍耳子(炒)、辛夷、白芷、鹅不食草、薄荷、黄芩、甘草	用于外感风热或风寒化热，鼻塞流涕，头痛流泪
盐酸麻黄碱滴鼻液	盐酸麻黄碱	用于缓解鼻黏膜充血肿胀引起的鼻塞
十三味辛夷滴鼻剂	苍耳子(炒，去毛刺)、辛夷、白芷、细辛、荜茇、当归、鱼腥草、荆芥、沙棘、鹅不食草、人工麝香、薄荷脑、冰片	芳香通窍。用于缓解鼻腔炎症引起的鼻塞及鼻塞所致的头痛等症状
苍夷滴鼻剂	苍耳子、鹅不食草、辛夷、麻黄、薄荷、人参、黄芪、丹参、乌梅、棕榈炭、龙葵、皂角刺、蜂蜜	可用于鼻塞不利症状的改善
复方木芙蓉涂鼻软膏	木芙蓉叶、地榆、冰片、薄荷脑	用于流行性感冒及感冒引起的鼻塞、流涕
鼻舒冷敷凝胶	水、卡波姆、植物油	缓解鼻塞症状
通关散	猪牙皂、鹅不食草、细辛	通关开窍

设计的鼻用制剂应无刺激性，对鼻黏膜及其纤毛不应产生毒副作用。鼻用气雾剂、喷雾剂和吸入剂在鼻腔中的弥散度和分布面积广泛，药物吸收快，但易被黏膜纤毛清除；凝胶剂生物黏性较大，能降低鼻腔纤毛的清除作用，延长药物与鼻黏膜的接触时间，增加药物的吸收[38-39]。一些新的药物传递系统如微球、脂质体、纳米粒等，可增加药物在鼻腔长时间滞留并与鼻黏膜充分接触，提高药物的跨膜转运。

31. 中药鼻腔给药用于脑靶向的制剂工艺研究进展如何？

近年来，一些新剂型引入到中药鼻用制剂，如原位凝胶、脂质体、微乳、纳米粒等，可延长药物在鼻腔的滞留时间，促进药物进入脑组织，增强疗效。如：①鼻用原位凝胶剂，将姜黄素制备成温度敏感型鼻用原位凝胶剂，可克服姜黄素水溶性差、口服生物利用度低等缺点，使其以鼻腔给药方式达到脑靶向的目的，增加了姜黄素在大脑组织的分布，实现保护脑部神经的作用[40]。②脂质体滴鼻剂，黄芩苷已广泛用于治疗帕金森病、脊髓损伤等神经性疾病，但水溶性差限制了其治疗效果。将黄芩苷制成脂质体滴鼻剂后，改善生物利用度的同时又具有明显的脑靶向性，提升了对脑病的治疗效果[41]。③鼻用微乳，脑清喷由麝香、川芎、三七、冰片、石菖蒲、薄荷等药材组成，临床常用于治疗脑缺血再灌注损伤。将脑清喷制备成鼻用微乳，保护血脑屏障结构及功能完整性，减少神经元凋亡，减轻可逆性神经元损伤，促进神经功能恢复。

参考文献

[1] 王建新，杨帆．药剂学[M]. 2版．北京：人民卫生出版社，2015.

[2] 孙敏哲，赵健铤，李修琴，等. 栓剂的研究与应用进展[J]. 广州化工，2016，44(13)：1-3，28.

[3] 李喜香，刘效栓，包强，等. 新型栓剂制备工艺及其药动学特征研究进展[J]. 中国药事，2013，27(7)：740-744.

[4] 韩竹俊，张学娟，程锦. 赖氨酸布洛芬缓释液体栓的制备及体内外评价[J]. 中国药房，2017，28(10)：

1389-1391.
[5] 丁劲松，闫军，李焕德. 生物粘附性达那唑缓释栓剂的处方筛选与体外释放度考察[J]. 中国药房，2003(05)：9-11.
[6] 申去非. 黄芩苷液体栓的制备与体内外评价[D]. 天津：天津大学，2011.
[7] 范凌云，余琰，魏舒畅等. 新工艺三黄栓体外释药特性考察与比较[J]. 中国实验方剂学杂志，2014，20(12)：37-39.
[8] 韩润萍，刘志东，皮佳鑫等. 苦黄栓的制备与刺激性评价[J]. 天津中医药大学学报，2019，38(02)：186-189.
[9] 姚广涛，冯燕，魏雄辉等. 应用均匀设计优化中药复方冰茶栓[J]. 辽宁中医志，2006(05)：609-610.
[10] 陈超，胡文静，薛娇，等. 均匀设计法优化消癥方处方配比的研究[J]. 临床肿瘤学杂志，2011，16(5)：398-401.
[11] 王艳宏，杨柳，王超，等. 星点设计 - 效应面法优化阴道用儿黄散白及胶缓释双层膜的处方[J]. 中国实验方剂学杂志，2019，25(4)：146-152.
[12] 徐作军，毛羽，雷敏，等. 俄色总黄酮缓释栓剂的制备工艺研究[J]. 西南民族大学学报(自然科学版)，2016，42(5)：496-502.
[13] 李昕阳，谢辉，陆兔林，等. 壳寡糖促进岩黄连总碱提取物中原小檗碱型生物碱成分肠道吸收的研究[J]. 中国中药杂志，2015，40(9)：1812-1816.
[14] 国家药典委员会. 中华人民共和国药典：2020 年版[S]. 四部 . 北京：中国医药科技出版社，2020.
[15] 朱秀城，张蜀，邓红，等. 黄体酮生物黏附缓释栓的体外评价方法研究[J]. 广东药科大学学报，2017，33(2)：148-152.
[16] 张美敬，刘志宏，房盛楠，等. 中药多组分缓释制剂体外释放评价体系的研究进展[J]. 中国药房，2017，28(10)：1408-1411.
[17] 印嫔，丁玉峰. 灌肠剂的特点及其临床应用概述[J]. 中国药师，2010，13(10)：1511-1514.
[18] 林冠凯，李保良，费建平，等. "溃结宁"灌肠联合艾迪莎治疗大肠湿热型溃疡性结肠炎 30 例临床研究[J]. 江苏中医药，2017，4(49)：43-45.
[19] 张潮林，胡旭光，沈雪梅. 复方黄芪肠宁颗粒提取工艺的研究[J]. 时珍国医国药，2007，18(3)：574-575.
[20] 刘士敬. 灌肠剂的特点及临床应用[J]. 中国社区医师，2011，27(22)：13.
[21] 余晓晖，徐晓燕，王永刚，等. 复方当归妇炎微灌肠剂的配方与制剂工艺研究[J]. 时珍国医国药，2018，29(7)：1641-1643.
[22] 王艳宏，李洪晶，杨柳，等. 阴道黏膜给药系统的研究进展[J]. 中国实验方剂学杂志，2019，25(17)：219-225.
[23] 李健和，黎银波，崔巍，等. 国外阴道给药系统的制剂开发与临床应用[J]. 中国药物应用与监测，2008，5(1)：44-47，64.
[24] 张志红，王海宾. 新型阴道给药系统研究进展[J]. 宁夏医科大学学报，2014，36(9)：1061-1065.
[25] 刘丹萍，曾佳，田名博，等. 热熔挤出技术在缓控释给药系统中的应用进展[J]. 世界临床药物，2016，37(8)：556-562.
[26] 马晓华，蒋曙光，周建平. 黏膜黏附材料在阴道给药中的应用[J]. 药学与临床研究，2007，15(6)：437-440.
[27] 蔡军民，张从俊，谢国龙，等. 冰连滴耳剂[Z/OL]. [2023-05-05]. https：//kns. cnki. net/KCMS/detail/detail. aspx?dbname=SNAD&filename=SNAD000001516949.
[28] 刘清. 一种治疗慢性中耳炎的滴耳油及其制备方法：201310262153. 9[P]. 2013-11-20.
[29] 谢枫. 复方黄连滴耳液治疗急性中耳炎临床观察[J]. 中国中医急症，2013，22(4)：655-656.
[30] 郭修军. 一种治疗中耳炎的中药制剂：201010236940. 2[P]. 2010-12-15.
[31] 陈钢，温露. 一种治疗中耳炎的药物组合物：201710868614. 5[P]. 2019-08-30.
[32] ZHANG L，BAI X，WANG R，et al. Advancements in the studies of novel nanomaterials for inner ear drug

delivery[J]. Nanomedicine, 2022, 17(20): 1463-1475.

[33] CAI H, LIANG Z, HUANG W, et al. Engineering PLGA nano-based systems through understanding the influence of nanoparticle properties and cell-penetrating peptides for cochlear drug delivery[J]. International Journal of Pharmaceutics, 2017, 532(1): 55-65.

[34] WANG X, ZHOU Z, YU C, et al. A prestin-targeting peptide-guided drug delivery system rearranging concentration gradient in the inner ear: an improved strategy against hearing loss[J]. European Journal of Pharmaceutical Sciences, 2023, 187: 106490.

[35] LIANG Z P, YU H, LAI J, et al. An easy-to-prepare microshotgun for efficient transmembrane delivery by powering nanoparticles[J]. Journal of Controlled Release, 2020, 321: 119-131.

[36] WU J S, SHA J, ZHANG C L, et al. Recent advances in theranostic agents based on natural products for photodynamic and sonodynamic therapy[J]. View, 2020, 1(3): 20200090.

[37] SPAETH A, GRAELER A, MAISCH T, et al. Cure Cuma-cationic curcuminoids with improved properties and enhanced antimicrobial photodynamic activity[J]. European Journal of Medicinal Chemistry, 2018, 159: 423-440.

[38] 冯松浩，许浚，王月红，等. 中药喷雾剂的研究进展及在产品开发中的应用[J]. 中草药，2017，48(5): 1037-1044.

[39] 国大亮，何新，刘玉璇，等. 黄芩苷鼻用凝胶的制备及其经鼻扩散研究[J]. 中草药，2013，44(10): 1253-1256.

[40] CHEN X, ZHI F, JIA X F, et al. Enhanced brain targeting of curcumin by intranasal administration of a thermosensitive poloxamer hydrogel[J]. J Pharm Pharmacol, 2013, 65(6): 807-816.

[41] XIANG Y, LONG Y, YANG Q Y, et al. Pharmacokinetics, pharmacodynamics and toxicity of Baicalin liposome on cerebral ischemia reperfusion injury rats via intranasal administration[J]. Brain Res, 2020, 1726: 146503.

（沈琦　龙恩武　陈钢　白兰）

第九章　液体制剂成型技术

中药液体制剂是剂型按物态分类的一大类制剂，指中药提取物分散在液体介质中形成的可供内服或外用的液态制剂。它既包括浸出药剂中的合剂、流浸膏剂、酒剂等多种剂型，又包含综合分类法分类的糖浆剂、露剂、乳剂、滴鼻剂等液体剂型。2020 年版《中国药典》四部通则收载的中药液体剂型有：合剂（口服液）、糖浆剂、酒剂、酊剂、流浸膏剂、露剂、搽剂、涂（膜）剂、滴鼻剂、滴眼剂、注射剂等 10 余种。临床上应用的中药液体剂型还有洗剂、灌肠剂、油剂、乳剂等多种。为便于成型技术的讨论，通常按分散系统将中药液体剂型分为四类，即溶液型、胶体型、混悬型、乳浊型。

液体制剂的优势有：吸收快，作用迅速；给药途径广泛，可内服、外用，也可腔道用等；便于分剂量、易于服用，尤其适合于婴幼儿与老年患者；能减少某些药物的刺激性。然而其同样存在一些不足，如药物分散度较大，易受分散介质的影响而引起药物的化学降解，使药效降低甚至失效；水性液体制剂易霉变，非均相液体制剂易出现聚集、沉淀等物理稳定性问题；口感差则是中药液体制剂科研生产中需解决的又一难题。

欲使药物分散粒子达到不同类型液体制剂分散度的要求，根据药物性质，一般采用溶解法、稀释法、溶胀法、分散法、乳化法等方法制备。为便于对中药液体制剂成型技术的解析，本章仍参照现行版《中药药剂学》（杨明主编，2016 年中国中医药出版社出版）分散系统分类来依次讨论相关问题。

一、液体制剂成型技术及问题解析

1. 中药液体制剂成型技术应解决的关键问题是什么?

中药液体制剂一般的制备方法如下：先提取，一般采用煎煮法、浸渍法或渗漉法，进而除杂，大多利用水提醇沉或醇提水沉，再经过滤、加辅料、精制等步骤，最后制得成品。大多中药液体制剂的原料药材品种多且来源复杂，提取液中不仅含有有效成分，同时含有淀粉、蛋白质、多糖、鞣质等。在贮藏过程中，受物理因素、化学因素和生物因素的影响，中药液体制剂的制备更加复杂、难以控制，这些高分子物质容易出现分层、混浊、产生沉淀等澄明度问题以及微生物超标或霉变等问题。随着中药液体制剂的大量生产与使用，中药液体制剂澄明度问题愈加凸显。应该根据品种的特点对其生产全过程进行分析，研究和解决可能的影响因素，设计和筛选相应的制剂处方，探索和提供先进的成型工艺路线与技术，加强生产工艺研究和生产、贮存、运输等过程控制，选择优质的容器与包装，制订和建立准确、客观的成型质量的评价指标和方法，保证中药液体制剂的质量安全可靠。

与化学制剂相比，中药液体制剂受到口感不良的极大制约。为提高患者的依从性，提高用药剂量的准确性，从而使中药临床疗效得以体现，通过矫味相关研究改善制剂的口感是行之有效的解决方案，也是一些品种提高市场竞争力的捷径。

2. 如何设计中药溶液剂制剂处方？

中药溶液剂一般指药材的提取物（半成品），以分子或离子态分散在溶剂中形成的澄清或澄明的液体制剂。由于中药制剂成分的复杂性，稳定的真溶液型液态制剂不多，2020 年版《中国药典》四部通则项下，规定贮藏过程中仍应为澄清或澄明的剂型有糖浆剂、合剂、露剂、溶液型鼻用制剂、溶液型喷雾剂、溶液型眼用制剂、溶液型耳用制剂与溶液型注射剂，其他液态制剂未做明确性状界定。如合剂仅规定为内服液体制剂，糖浆剂为水溶液；限定为澄清液体的酒剂、酊剂等剂型，亦称久置可能产生沉淀。显然，复方成分共存的中药溶液剂很难形成单一的真溶液，常与胶体溶液共存，其稳定性受多种因素影响，因此其性状界定应根据具体品种的给药途径，在保证安全、有效、稳定的前提下，客观、准确描述其性状。这里所指中药溶液剂包含合剂（口服液）、糖浆剂、流浸膏剂、酒剂、酊剂、露剂、搽剂、滴鼻剂、油剂等剂型。

可见，中药溶液剂实际上是以分子离子分散为主，均含胶体分散的非单一真溶液剂，影响其质量与稳定性的因素相对较为复杂。为增加中药半成品的溶解度，改善溶解成分的物理、化学与生物学稳定性，改善制剂的外观性状，达到溶液型液体制剂的基本要求，使成品安全、有效、稳定，患者乐于接受。为此，中药溶液剂处方设计可从如下 3 个方面着手：①应研究半成品（供配制溶液剂的提取物）的有关理化性质与生物学性质，如溶解度、在水中的稳定性、配伍特性、抗微生物污染性能等关键特性，为是否能制成溶液型液体制剂奠定基础；②根据性质与医疗要求、用药对象，优选辅料，设计制剂处方，重点是增加药物溶解度方法及其辅料的优选、抑菌剂的选择、矫味矫臭剂的应用以及稳定剂的使用，为保持和稳定分子分散状态提供物质保证；③选择适宜的成型工艺与方法，以获得稳定分散状态的优质溶液剂。

二、溶液型液体制剂常见问题解析

3. 如何配制溶解速度慢的中药溶液剂？

药物的溶解是溶剂与药物分子间引力大于药物分子间引力，使药物以分子或离子态分散在溶剂中的过程，这一过程的本质是固体变为液体。但过程的快慢（速度）与程度（溶解度）对溶液制剂的工业化生产则是十分重要的，生产需要高质量、高速度。了解并考察影响药物溶解度和溶解速度的因素，方能采取相应措施，以增加溶解度，提高溶解速度。在一定条件下，固体药物的溶解速度遵循 Noyes-Whitney 扩散溶解方程：

$$dc/dt=S\times D/v\delta\times(C_s-C) \qquad 式（2\text{-}9\text{-}1）$$

式（2-9-1）中，S 为表面积；D 为扩散系数；v 为溶剂体积；δ 为扩散层厚度；C_s 为溶解度；C 为 t 时刻溶液中浓度。

在一稳定的溶解条件与环境下，药物表面积 S、溶剂体积 v 及搅拌程度一定时，则

$$dc/dt=K\times(C_s-C) \qquad 式（2\text{-}9\text{-}2）$$

式（2-9-2）中，K 为速度常数。

在溶解初期，可认为 $C \to 0$，则

$$dc/dt=K \times C_s \qquad 式（2\text{-}9\text{-}3）$$

即溶解速度与溶解度成正比。

根据上述内容可以认为，在一定条件下，影响溶解速度的因素也影响溶解度，如温度高低、溶质颗粒大小、是否搅拌等。从式（2-9-1）亦可见，主要影响因素有药物粒度、扩散层厚度等，针对这些影响因素，可采取以下 4 种措施提高药物溶解速度：①对溶解过程为吸热反应的药物，可采用加热升温的方法增加溶解速度，但对热敏感的药物应控制加热温度，以保障其稳定性；②增加药物溶解接触的表面积，行之有效的方法是粉碎，以尽可能增加分散度，还可加分散剂（挥发油制成饱和溶液时，可加滑石粉作分散剂，以提高挥发油的溶解速度）、制成固体分散体等；③当溶解的药物为黏稠的浸膏或油脂性强的物质时，也可加入不溶于溶剂的惰性固体分散剂，它同样可起到增加药物与溶剂接触的表面积的作用；④溶解过程不断搅拌，以减少扩散层厚度，加速溶解药物的扩散与置换。

上述措施对解决药物溶解速度问题是常用且行之有效的，但不能解决溶解量的问题，如何增加药物溶解量，将在以下问题中讨论。

4. 如何配制中药溶液剂？

中药溶液剂配制方法有 3 种：一是溶解法，将浸膏加适宜溶剂溶解制成流浸膏；二是稀释法，将流浸膏加适宜溶剂稀释成酊剂；三是蒸馏法，含挥发性成分的药材用蒸馏法制成露剂（芳香水剂）。常用的方法是溶解法与稀释法，其配制成型过程包括配液、滤过、分装与灭菌。

配液是半成品加溶剂及各类附加剂混合、溶解成溶液的过程。在处方设计时，以筛选增加药物溶解度的附加剂为主；在成型工艺中，配液应解决的主要工艺技术问题，则是考虑如何提高药物溶解速度。影响药物溶解速度的因素有温度，溶解物的粒度、晶型，同离子效应，药液的 pH 和溶解时扩散层的厚度。

配液操作要点：①正确选用称量器具，根据称量值和误差要求选用相应精度的衡器与量具，以保证称量的准确性，特别是量微的附加剂，如抑菌剂等。通常液体药物量容积，固体药物称重量。②称量方法，严格三查、三对，即查处方、查药名、查称量，使记录与处方相核对，处方与药名（包括规格）相核对，预定称量数与实际称量数相核对，避免出现称量差错，特别是毒剧药物的称量尤应注意。③配制顺序，一般共溶剂、助溶剂、增溶剂等先与被“增溶”物混合，难溶物与稳定剂先加入溶剂中，易溶者，液态药物后加入，酊剂等加入宜缓慢，并不断搅拌防止溶剂转换析出沉淀，如羟苯乙酯作抑菌剂时，常配成醇溶液以便应用，再加入以水为溶剂的液体制剂中，应防止溶剂转换析出沉淀。④应采取加速溶解的措施以提高配制速度，减少污染。

5. 如何提高中药溶液剂的滤过速度与效果？

欲提高滤过速度与效果，宜先了解滤过机制及影响滤过的因素，以便采取相应的措施。

就目前所用滤材、滤器的结构与性质来看，滤过机制有两种：一是过筛作用，滤布、筛网、微孔膜滤器属此种，只能截留比膜孔径大的微粒；二是深层滤过作用，用滤纸板、石棉

板、垂熔玻璃、砂陶瓷等作滤材的板框滤器、垂熔滤器、砂滤器等均属此种，滤材表面存在范德华力、静电吸引或吸附作用，以及孔隙中滤过颗粒的“架桥现象”，使小于滤材平均孔隙的微粒能截留在滤器的深层。

影响滤过的因素：①滤材的面积，滤过初期，滤速与滤材有效滤过面积成正比；②压力，压力越大，滤速越快；③滤液黏度，黏度增加，滤速减慢；④滤渣形成毛细管孔径，孔径越大，滤速越快，但受滤渣压缩性能影响；⑤滤渣的厚度，滤渣越厚，滤速越慢。

根据上述滤过机制与影响因素，可采用以下措施提高滤过速度与效果：①使用深层滤器时，应采用回滤法提高滤过效果；②加压或减压滤过；③趁热滤过，以降低药液黏度，中药溶液剂多需如此操作；④实行预滤过；⑤采用助滤剂，常用的有滤纸浆、滑石粉、硅藻土、活性炭等。

6. 常用的滤过方法及设备如何选用?

（1）普通滤过：采用普通滤材进行滤过的方法。

1）常压滤过法：常用玻璃漏斗、搪瓷漏斗、金属夹层保温漏斗，此类滤器通常用滤纸或脱脂棉作为滤过介质。一般适于少量药液的滤过。

2）减压滤过法：常用布氏漏斗、砂滤棒等。垂熔玻璃滤器常用于注射剂、口服液、滴眼液的精滤。

3）加压滤过法：常用板框压滤机。板框压滤机是由许多块“滤板”和“滤框”串联组成。其适用于黏度较低、含渣较少的液体作密闭滤过，醇沉液、合剂配液多用板框压滤机滤过。

（2）微孔滤膜滤过法：利用微孔滤膜作为滤过介质的滤过方法。特点是：①微孔滤膜的孔径高度均匀，滤过精度高，孔隙率高，滤速快；②滤膜质地薄，对料液的滤过阻力小，吸附少；③滤过时无物质脱落，对药液无污染；④易堵塞，故料液须先经预过滤处理。微孔滤膜所截留的粒径范围为0.02～10μm，可滤除细菌和细小的悬浮颗粒。生产上主要用于注射液的精滤；热敏性药物的除菌；制备高纯水。也可用于液体中微粒量检查和空气的除菌净化。

（3）超滤法：以分子截留值为指标的薄膜作为滤过介质，截留大分子溶质，透过小分子溶质的滤过方法。截留的粒径范围为1～20nm，相当于分子量为300～30 000Da的各种蛋白质分子和相应粒径的胶体微粒。超滤是纳米数量级选择性滤过的分子分离技术，适用于各种药物、注射液的精滤；多糖类、酶类等药物的浓缩；蛋白质、酶类等对热敏感药物的分离、纯化、除菌；中药提取液的分离纯化、富集有效成分；中药口服液、注射剂、滴眼剂、输液剂等制剂的滤过除菌、除热原、提高澄明度等。超滤料液应先经高速离心、微孔滤膜滤过等预处理。

7. 配制中药溶液剂时，如何选择中药半成品（浸膏）的溶剂?

溶剂选择的总原则是“相似相溶”，即要根据溶质极性的强弱来选择相应极性的溶剂。一般来说，极性溶剂如水、低分子量醇等，因其介电常数大，能减弱电解质类溶质中带相反电荷的离子间吸引力；或因其永久偶极，通过偶极作用，特别是形成氢键使溶质分子或离子溶剂化而造成溶质溶解。这种溶剂分子与溶质分子间作用属于永久偶极 - 离子型，形成离子 - 偶极子结合；或永久偶极 - 永久偶极型，形成氢键结合，使离子“水化”而溶解。半极性溶剂，如丙酮、丙二醇等，能诱导非极性溶质分子产生某种程度极性，形成永久偶极 - 诱导偶极型，如丙二醇能诱导薄荷油产生一定程度极性，使在水中溶解度增加。非极性溶剂如植物油、三氯甲烷、醚等，其偶极矩近似为零，缔合程度极低，因而不能溶解极性溶质，主要是靠范德华力（van der Waals force）使非极性溶质分子保留在溶剂中。可见，“相似相溶”是影响溶剂分子与溶质分子间相互作用的诸多因素（如化学的、电性的、结构的）综合作用的结果。这是选择溶剂行之有效的经验规律，但从不同极性溶剂的特点看，可以利用半极性溶剂的诱导偶极特性，用混合溶剂共溶剂来弥补单一溶剂的不足，成为溶液型制剂制备中解决难溶性药物溶解度问题的有效方法之一。

中药溶液剂多为复方，筛选复方成分的溶剂，宜在熟悉各成分结构性质的前提下，通过研究确定溶剂的类型。例如，由金银花、紫花地丁、地肤子、当归、甘草和紫苏叶 6 味中药组成的中药复方喷雾剂，研究者通过对剂型的研究，选用了适量比例的乙醇、聚山梨酯 80、1，2- 丙二醇作为复方的溶液剂、增溶剂及共溶剂，制备成了稳定的溶液型喷雾剂[1]。

8. 配制的中药溶液剂，其饱和浓度低于有效治疗浓度怎么办？

中药溶液剂组成复杂，所含成分性质各异，其溶解行为也有较大差别。例如，中药丹参含有多种对心血管系统有作用的酚酸类成分，水中溶解度大，但它还含各种各样的菲醌衍生物，丹参酮 II_A 是这类成分的代表，具有抗菌及心血管系统多方面的作用，但水中溶解度低，为达到有效治疗浓度，可将其结构修饰制成丹参酮 II_A 磺酸钠，溶解度明显增大，以满足临床用药要求[2]。

可见，传统汤剂之所以服用剂量较大，多由于复杂的中药成分常存在饱和浓度低于有效治疗浓度的情况，只有增加剂量才能满足有效用药剂量要求。为改变这种状况，应在充分研究半成品溶解行为的基础上，在溶液型中药制剂研究中采用各种方法，力求提高浓度、减小剂量，达到有效治疗的要求。为达此目的，药剂学上可采用增溶、助溶、使用复合溶剂、成盐等方法增加难溶性成分的溶解度。由于中药成分复杂，性质各异，采用这些方法时必须审慎。

三、混悬型液体制剂常见问题解析

9. 如何研究开发中药混悬剂？

混悬剂通常是指难溶性固体药物以 0.5μm 以上微粒分散在液体分散介质中形成的多相液态制剂。混悬剂属粗分散，是动力学与热力学不稳定体系，存在分散微粒的沉降与聚集问题。因此，合格混悬剂的质量应是颗粒细腻均匀、不沉降或沉降缓慢、不结块、易再分散，黏度适宜，易于倾倒与涂布，使用期间主要有效成分含量稳定、均匀。欲达到此质量要求，应针对中药的特点与临床用药需要，通过中药混悬剂处方设计与成型工艺研究来实现。

目前，将中药液体制剂主动设计为混悬型者还不多见，而是拟做成溶液剂时，由于复方中药成分浸出方法不同，溶解度的差异及各组分间的相互作用，有的在配液时（不同提取方法所得半成品混合）即非溶液型，有的经灭菌或贮存由溶液型变成胶体型直至混悬型。现今复方中药合剂、糖浆剂、多数口服液、一些流浸膏，甚至酊剂属此种情况的不乏其例，严重者产生明显沉淀，甚至结块，极其影响质量和用药安全。有鉴于此，中药液体制剂剂型设计时，应根据所含组分理化性质和用药剂量，经预试，将难以制成稳定溶液剂的处方明确研究、开发为混悬剂，以便根据混悬剂的特点与质量要求有针对性地进行处方设计、工艺筛选与质量评价，达到确保制剂质量的目的，避免目前实际上存在的液体制剂性状界定不明确所致研制与质控者均难以把握的现状，并得以改善。以化学药为原料的混悬型液体药剂研究较为深入，但以中药材为原料进行该种剂型的开发既具挑战性，也有广阔的前景。

10. 中药混悬剂混悬微粒容易下沉而影响使用应怎么办?

由于混悬剂是以 0.5～10μm 药物微粒形式分散的粗分散系，属于动力学不稳定体系，存在微粒沉降的趋势，若沉降过快，必然影响分剂量或均匀使用。混悬微粒沉降规律符合斯托克斯定律（Stokes law），其沉降速度与分散介质的黏度成反比，若增加分散介质的黏度，则有利于微粒的混悬，降低沉降速度。为此，加助悬剂可以解决微粒容易下沉的问题。

助悬剂多为高分子亲水胶体物质，水溶液黏度较大，有良好的助悬作用，但其助悬作用不仅在于增加分散介质的黏度，还可吸附于中药微粒表面，形成保护屏障，防止或减少微粒间的作用、吸引或絮凝，维持微粒分散状态，有利于助悬。若是多晶型药物，由于不同晶型可以通过分散介质作为媒介发生相转变，而不同晶型药物的溶解度也不同，一般亚稳定型＞稳定型。因此，便可出现亚稳定型不断溶解，稳定型不断长大甚至结块的情况，严重影响混悬剂的稳定性。加入高分子亲水胶体（助悬剂）可延缓亚稳定型向稳定型转化，同时也能阻止晶型的转化或粒度不均匀造成的结晶长大，起到良好的助悬稳定作用。

11. 如何合理选择助悬剂?

对助悬剂流变学性质的了解有助于合理地选用。研究液体流动和固体变形的科学称为流变学。由于流体流动时的切变应力（S）与切变速率（D）间的关系不同，流体可分为两大类，一类为牛顿流体，一类为非牛顿流体，助悬剂及其混悬液多为非牛顿流体。若以改良的旋转式黏度计测定 D 与 S，用 D 对 S 作图，可绘制出流变曲线。根据此曲线形状又可将这类流体分为塑性流体、具有触变性兼塑性流体、假塑性流体、具有触变性兼假塑性流体、胀性流体等多种类型，并据此求出塑性黏度、表观黏度、致流值、触变指数等流变学参数，这些参数为选择助悬剂提供了客观定量标准，与混悬剂的质量与稳定性密切相关。

试验研究证明，选择具塑性或假塑性并兼具触变性的助悬剂最理想。通常塑性流体助悬剂黏度低，假塑性流体助悬剂黏度较高，故临用时宜选前者，久贮时宜选后者，而胀性流体类型是制备药用混悬液时应当尽量避免的。选择具适宜的致流值和触变指数及塑性黏度的助悬剂，可防止微粒下沉并有利于混悬剂的流动性和倾倒性。

可供选用的助悬剂如下。

（1）低分子助悬剂：常用的有 2%～10% 甘油、单糖浆等。

（2）高分子助悬剂：常用的有羧甲纤维素钠（CMC-Na）、羟丙甲纤维素（HPMC）、聚乙二醇（PEG）、聚乙烯醇（PVA）、羟乙纤维素钠（HEC-Na）等。

（3）触变胶类：如 2% 单硬脂酸铝植物油；CMC-Na- 皂土等量混合物，具假塑性兼具触变性。

（4）硅酸类：常用的有 3% 胶体硫酸镁铝，5% 硅皂土等。

（5）树胶、植物黏液质及多糖：中药液体制剂的提取物中可能或多或少存在此类物质，其对微粒可以起到助悬作用，因此是否需要加入及加入量均应通过试验确定。可以外加的如 0.35%～0.5% 琼脂，3%～4% 淀粉，0.5%～1% 西黄蓍胶等。

12. 药物微粒不能均匀混悬于水中怎么办?

润湿是液体在固体表面的黏附现象，其条件是固 - 液间界面张力（δS/L）＜固 - 气间界面张力（δS/G），若 δS/L＞δS/G，这类药物难以润湿，否则必须设法降低 δS/ L，使 δS/L＜δS/G，致固体周围的气膜消除。常用的方法是加入能降低界面张力的表面活性剂，或加入表面张力较小的液体（如乙醇、甘油等）与之研磨，这样可使之迅速润湿，达到较佳分散效果，这种能使疏水性药物易于被分散介质润湿的物质称为润湿剂。

现常用的润湿剂可分为两类，一类是表面张力小、能与水混溶的液体，常用的有乙醇、甘油等，此类润湿效果不佳；另一类是表面活性剂，有很好的润湿效果。在药物制剂中，根据给药途径不同而选用不同种类的表面活性剂。一般外用混悬剂可选阴离子型表面活性剂，如肥皂类、十二烷基硫酸钠等；阳离子型表面活性剂，如苯扎溴铵等；亦可用非离子型表面活性剂脂肪酸山梨坦类。内服混悬剂可选用非离子型表面活性剂，如聚山梨酯类、普流罗尼类等。良好的润湿剂其亲水亲油平衡值（HLB 值）文献记载一般在 7～9 或 7～11，实际应用已超出该范围，如常用的聚山梨酯 80 的 HLB 值为 15.0，脂肪酸山梨坦类则多在 7 以下。另外，润湿剂应有适宜的溶解度，其他则应符合辅料的一般要求。

13. 如何选用润湿剂?

疏水性固体药物能否被分散介质（水、体液）润湿以及所加润湿剂增强润湿的效能如何，可通过具体样本加不同润湿剂进行实验，用下述接触角、界面张力、润湿点 3 个润湿效能评价指标中相适应的指标参数来评价，并加以比较分析，即可合理选用润湿剂。

（1）接触角（contact angle，θ）：接触角是液滴和铺展表面间的夹角。测定接触角的变化，可用于筛选润湿剂。一般接触角与润湿有这样的关系：θ=0°，完全润湿；0°＜θ≤90° 能润湿，这类物质属亲水性物质；90°＜θ＜180° 不润湿；θ=180° 完全不润湿，这类物质属疏水性物质。可见，所选润湿剂应能降低疏水性药物的接触角，使其小于 90°。

（2）界面张力（interfacial tension）：从润湿剂的定义可知，当 δS/L＜δS/G 时，这种固体药物易被润湿，多属极性物质；当 δS/L＞δS/G 时，药物不易被润湿，属非极性物质。因此，在非极性药物中加入不同种类的润湿剂后，测定其相同分散介质与固体药物间界面张力的变化，选择能使 δS/L＜δS/G 的润湿剂。

（3）润湿点（wetting point）：润湿点是恰好使 100g 药物润湿所需分散介质的量。加入润湿剂可以使润湿点下降。这是因为作润湿剂用的表面活性剂分子的疏水基（多为 C—H 键）优先被疏水性药物微粒表面吸附，其亲水基部分伸向分散介质（连续相），即疏水性药物微粒表面首先被润湿剂所润湿。因此，可从同一药物因加入不同润湿剂其润湿点下降的程度来比较和选择润湿剂，通常选用使润湿点下降较多的润湿剂。

14. 如何解决中药混悬剂微粒下沉后结块、不易再分散的问题?

解决此问题的方法之一是加入反絮凝剂。加反絮凝剂的混悬液，其微粒按自由沉降方式(斯托克斯定律)沉降，根据斯托克斯定律，当药物粒子足够小且介质有足够的黏度，粒子将能保持无限混悬状态，但实际上仅靠调节药物粒径和介质黏度很难达到无限混悬。大小微粒受重力作用单个先后沉降并彼此充填，无明显沉降面，沉降容积小，达到平衡时可结成牢固的不易再分散的块状物。因此，加反絮凝剂仅适用于短暂存放或临时使用的混悬剂(包括干混悬剂)，欲解决下沉不结块的问题，还需使用絮凝剂。

絮凝是分散的粒子通过大分子物理吸附、化学桥连(沉淀)或远程范德瓦耳斯力等作用，形成网状结构的松散聚集物的现象。絮凝剂(flocculating agent)与反絮凝剂(deflocculating agent)是混悬剂常用的稳定剂。絮凝剂是使混悬剂 Zeta 电位降低到一定程度，致使部分微粒絮凝的适量电解质。反絮凝剂则是使混悬剂 Zeta 电位增加，防止其絮凝的电解质，可见二者均是调整混悬剂 Zeta 电位的电解质。此外，一些亲水胶和阴离子型高分子化合物在低浓度时也是有效的絮凝剂。

混悬微粒的絮凝与反絮凝现象，实质是由微粒间的引力与斥力平衡发生变化所致，一般斥力>引力，微粒单个分散，呈反絮凝态；斥力<引力，微粒以簇状形式存在，呈絮凝态。而斥力、引力大小的变化受微粒 Zeta 电位的影响，Zeta 电位大小又与双电层结构中扩散层的厚度即电荷密切相关，若所加电解质能中和电荷，使扩散层变薄，Zeta 电位降低，则该电解质起到了絮凝的作用；若所加电解质增加了电荷，扩散层变厚，Zeta 电位增加，该电解质则起到了反絮凝的作用。而亲水胶和阴离子型高分子化合物(多为阴离子型表面活性剂)的絮凝作用，主要是被混悬剂颗粒表面所吸附而中和表面电荷或通过架桥形式使微粒絮凝。因絮凝引起沉降，沉降物疏松，容积大，易再分散。

15. 如何合理选用絮凝剂与反絮凝剂?

选用絮凝剂与反絮凝剂时，应考虑以下 3 方面的问题。

(1) 混悬剂的存放与使用综合质量要求：对于多数需长期存放的混悬剂，则宜选择絮凝剂。絮凝体系的沉降物疏松，易于再分散，配合助悬剂可获得理想效果。要求混悬剂细腻而分散好，黏度低且浓度高，用于短暂存放或临时使用的混悬剂(包括干混悬剂)，可选用反絮凝剂。

(2) 絮凝剂的絮凝能力：絮凝剂的絮凝能力或效率，遵从舒尔策 - 哈代规则(Schulze-Hardy rule)，若离子所带电荷与疏水性微粒的电荷相反，则离子的化合价决定电解质在凝结颗粒时的效力大小，即絮凝能力随离子化合价的增加而增加。低浓度(0.01%～1%)的中性电解质如氯化钠或氯化钾，可足够诱导弱电荷水不溶性有机非电解质的絮凝。对于强电荷、水不溶性聚合物或聚电解质的絮凝，可能需要类似浓度(0.01%～1%)的水溶性二价或三价盐，二价和三价离子的絮凝能力分别是一价离子的 10 倍和 1 000 倍，絮凝剂的化合价与浓度对微粒絮凝的影响，可通过测定混悬液 Zeta 电位的变化或絮凝度等参数而确定。

(3) 混悬微粒的临界 Zeta 电位与电解质的用量：同一电解质可因在混悬剂中用量不同而呈现絮凝作用或反絮凝作用，这与混悬微粒的临界 Zeta 电位的高低有关。一般说来，临界 Zeta 电位高者，扩散层厚，斥力大，加相反电荷电解质后中和电荷，Zeta 电位下降，斥力降低而部分絮凝，此用量时的电解质起絮凝剂作用；若继续加至 Zeta 电位等于零，吸引力远大于斥力，可引起凝结；若再继续加入同种电解质，微粒又可吸附与絮凝剂相同的电荷，使微粒电荷增加，Zeta 电位增大，此用量时的电解质起到了反絮凝剂的作用。有研究用磷酸二氢钾作为絮凝剂来控制碱式硝酸铋混悬液的絮凝，显示的结块情况表明，同一电解质，用量适中是絮凝作用，增大量则呈反絮凝作用[3]。若临界 Zeta 电位低者，加入少量电解质会使电荷增加，扩散层变厚，呈现反絮凝作用，加入适量电解质呈絮凝作用，继续加入又呈反絮凝作用[4]。不同的电解质对不同的混悬液可能会呈现不同的作用，应用时宜通过 Zeta 电位、沉降容积比等客观参数的测定来加以判断，合理使用。

常用絮凝剂与反絮凝剂为低分子有机酸盐及其酸式盐，如柠檬酸盐、柠檬酸氢盐、酒石酸盐、酒石酸氢盐，此外也常用磷酸盐、氯化物，如六偏磷酸钠、三氯化铝等。

16. 如何使混悬剂达到质量要求？

可通过质量源于设计（QbD）的理念，合理设计混悬剂的处方来达到要求。一个良好的混悬剂系统常包括以下两部分：①混悬系统部分含有润湿剂、助悬剂、分散剂或反絮凝剂、絮凝剂和增稠剂；②作为混悬介质或外相组成，包括 pH 调节剂和缓冲盐、渗透压调节剂、着色剂、矫味剂和芳香剂、抑菌剂等。然而，由于混悬剂特殊的热力学、动力学性质，很难仅从单方面使用某一种稳定剂便可达到稳定作用、符合全面质量要求，较好的办法是混悬液稳定剂的综合应用。

例如，助悬剂与其他稳定剂配合使用。助悬剂的助悬作用以增加黏度为主，但过多的助悬剂会使混悬液黏稠而不易于倾倒、涂布，且微粒一旦沉降便不易再分散，单独使用常不能得到理想的结果。若与混悬剂的其他稳定剂如润湿剂、絮凝剂与反絮凝剂配合使用，则能满足混悬剂既应分散细腻，又要不下沉、流动性好、易于倾倒，或虽下沉但易于再分散的全面质量要求。通常是在絮凝与反絮凝系统中加适宜的助悬剂可获得满意结果。

对于口服混悬液而言，特别是儿童制剂，还需考虑患者依从性如口感，可通过加入矫味剂和芳香剂；如为多剂量包装，还应考虑加入适量的抑菌剂。

可见，在混悬剂的处方设计时，一方面应从混悬剂物理化学稳定性出发，灵活运用关于药用混悬剂稳定性的 DLVO 理论[5]、斯托克斯定律、扩散双电层与 Zeta 电位理论、吸附理论等，充分考虑用药目的与影响稳定性的众多因素，采取综合稳定措施方能达到良好混悬的效果；另一方面是考虑临床用药安全性和患者的依从性，还需加入其他添加剂，以达到剂型合理性的要求。

17. 如何制备优质中药混悬剂？

根据半成品的性质和状态，混悬剂的制备可采用如下两种方法。

一是分散法。该法是用机械粉碎方法使粗颗粒粒径达到混悬微粒分散度要求。显然，半成品是难溶性固体物，多用机械粉碎与过筛使半成品达到要求的分散度。若半成品为药材粉末，应注意粉粒吸水后膨胀使粒径增大，可能致稳定性降低，应考察吸水膨胀对稳定性的影响，以确定粉碎粒度。若半成品为提取物，少量可采用“加液研磨法”“水飞法”等混悬剂制备常用成型方法。目前，用这种成型方法制备中药混悬剂者还较少见。

二是凝聚法。该法是通过化学反应使药物分子或离子生成不溶性复合物，或使药物溶解性改变而析出不溶物，以此形成混悬剂的方法，前者称化学凝聚法，后者称物理凝聚法。在中药混悬剂中，迄今还未见有采用凝聚法制备的实例，但在现有的中药合剂中，性状项下仅称“液体”者，仔细分析处方组成与制法，实质为混悬型合剂，其混悬微粒有可能是各成分相互作用形成，如四逆汤中甘草酸与乌头类生物碱可能形成不溶性复合物。较多的情况是用不同溶剂、方法获得的半成品，在配液混合时由于成分的溶解性改变、pH 影响等而形成不溶性微粒，这种溶解性改变，有的是因溶剂转换引起，如醇沉后回收醇，以水溶解，醇中溶解度大者在水中溶解度可能变小；另一种是受溶解度限制，提取时加若干倍水，以尽可能提尽为目的，合剂多数纯化程度不高，总浸出量大，而总体积一定，使有的成分呈过饱和或超过溶解度而成为混悬微粒。为保证制剂疗效，在难以判定析出的微粒是有效还是无效成分时，应采用助悬的方法予以保留，不宜轻易滤除，同处方汤剂较澄清合剂疗效好的现象与此不无关系，因传统汤剂实为混悬剂。

为此，在混悬型合剂成型时，宜将用各不同提取方法所得的半成品滤过成澄清液体，并进行配伍试验，考察有无沉淀生成及影响因素，并进一步证明此沉淀性质，以决定其取舍，从而筛选并确定混悬型合剂成型时的混合顺序、成型条件、稳定剂加入顺序等工艺条件。

四、乳浊型液体制剂常见问题解析

18. 欲将含挥发油组分较多的中药复方制备成稳定的液体药剂，选择何种剂型为佳？

选择何种剂型将含挥发油组分较多的中药复方制备成稳定的液体药剂，应根据医疗要求、挥发油的理化性质而定。挥发油通常为具特殊而浓郁气味的油状液体，室温下可挥散而不留油斑，可溶于浓乙醇和多数有机溶剂，不溶于水，但可随水蒸气蒸馏出。由于挥发油的化学结构多为脂肪族、芳香族、萜类及其含氧衍生物，少数为含氮或含硫衍生物，对空气、日光、温度比较敏感，易于因此而分解变质。基于上述性质，若临床上需要制备成液体制剂供药用时，乳剂是最适宜的剂型。因为乳剂一般是指两种互不相溶的液体经乳化而形成的多相分散液体制剂，药用乳剂成型的三要素是油（药物或可溶于油的药物）、水、乳化剂，加上适当的乳化剂即可获得稳定的乳剂；所以对于性质不稳定的挥发油，可以设计为水包油型（O/W）乳剂，当挥发油液滴被设计合理的混合乳化剂膜所包被，形成的稳定界面膜可有效阻止外界因素的影响，起着良好的掩蔽稳定作用。而复方中的水溶性成分，可经提取、分离、纯化后加入外水相。这种剂型既可较完善地保留中药复方的各种有效组分，又可使不太稳定的组分相对稳定，为充分发挥中药复方综合疗效奠定了物质基础。

19. 中药乳剂出现油-水分层现象应怎么办？

乳剂是两种互不相溶的液体经乳化制成的非均相分散体系的液体制剂，其中一种往往是水或水溶液，另一种则是与水不相溶的“油”。实践证明，简单地将油（O）与水（W）两相混合，无论乳化的能力多大，所得乳剂也是不稳定的，但若加入第三种物质——乳化剂，则有可能使该分散体系易于形成并稳定。有时还需加入少量助乳化剂或稳定剂，与乳化剂合用可增强乳粒的稳定性，常用的助乳化剂有油酸或油酸钠。若加入的乳化剂或助乳化剂不当，或其他因素如高温灭菌的影响，乳剂就可能出现油 - 水分层现象，了解乳化剂的作用原理，有利于阐明乳剂分层的原因。

乳化剂之所以能使互不相溶的油、水两相成为一个均匀分散的稳定体系，不致分层，主要是它在油、水两相间起的特殊作用。

（1）乳化剂可降低油、水间界面张力：当做功使油相分散到互不相溶的水相中时，所做的功转变成分散油滴的表面自由能（ΔF），其大小与分散油滴的表面积（ΔA）成正比，比例系数是两相的界面张力（δ），即 $\Delta F=\delta\Delta A$。根据能量最低原理，欲使油滴保持高度分散的状态，可用降低界面张力（δ）的方法来减小表面自由能（ΔF），使体系趋于稳定。虽然常用的乳化剂多属表面活性剂，具有降低界面张力的作用，但一般仅降低 20～25 倍，仅靠乳化剂降低油、水间界面张力的作用是不能阻止油 - 水分层的。

（2）乳化剂和助乳化剂可形成界面膜：公式 $\Delta F=\delta\Delta A$ 表明，分散度大（ΔA 大）的液滴，其表面自由能（ΔF）高，因此具有强吸附性，可将乳化剂和助乳化剂吸附于界面上，形成坚固的单分子膜、复合凝聚膜、多分子膜或固体粉末膜，在油 - 水相间起机械的屏障作用，可阻止分散的油滴聚集而分层。膜的强度决定了稳定的程度，一般复合凝聚膜与多分子膜的作用强于单分子膜，而助乳化剂的加入则有利于形成复合凝聚膜。可见，若乳化剂和辅助乳化剂选择不当，也可能发生乳剂的油 - 水分层。

（3）乳化剂可形成电屏障：一些离子型表面活性剂作乳化剂时，定向排列在分散相液滴周围，可因游离或吸附带电形成双电层结构而具静电斥力，起到电屏障的稳定作用。此种作用也如乳化剂可降低油、水间界面张力的作用一样，难以单独阻止乳剂发生油 - 水分层。

从乳化剂和助乳化剂的上述作用可见，欲使一个乳剂稳定，油 - 水不分层，应充分发挥和利用乳化剂所起的上述 3 种综合作用，选择恰当的助乳化剂，增加乳剂的黏度，与乳化剂形成复合凝聚膜，进而增强乳剂的稳定性，防止油 - 水分层。

20. 制备不同类型中药乳剂时，如何合理选用乳化剂?

首先，乳剂作为一种热力学不稳定体系，随着放置时间的延长，将最终呈现聚集、乳粒增大直至分层现象，因此乳化剂的优良直接决定乳剂的稳定性。其次，中药乳剂作为治疗药物，所用乳化剂需有良好的生物相容性，如无毒、无刺激性等。

乳化剂可分为三大类，常用品种如下。

第一类为表面活性剂。此类多为合成来源，少数为半合成高分子化合物。此类乳化剂发展快、种类多，具显著降低界面张力作用，多形成单分子膜。表面活性剂作为乳化剂又可分为 3 种：①阳离子型乳化剂，如苯扎氯铵、苯扎溴铵等；②阴离子型乳化剂，如肥皂类、十二烷基硫酸钠、十二烷基苯磺酸钠等；③非离子型乳化剂，如司盘、聚山梨酯类，聚氧乙烯脂肪酸酯、醚类，普流罗尼类等。阳离子型表面活性剂的毒性和刺激性最大，非离子型表面活性剂的毒性最低。

第二类为天然来源乳化剂。此类为复杂的高分子化合物，亲水性强，黏度大，对乳剂稳定有良好作用，但降低表面张力能力小，形成多分子膜能力较强。因来源不同可分为以下两种：①植物来源乳化剂，如常用的阿拉伯胶、西黄蓍胶、大豆磷脂等；②动物来源乳化剂，如蛋黄卵磷脂、明胶、胆固醇、蜂蜡等。

第三类为微粉化固体乳化剂。此类为极其细微的固体粉末，可在油与水间形成稳定的界面膜。根据亲和性可分为 2 类：①亲水性乳化剂，如氢氧化镁、氢氧化铝等；②疏水性乳化剂，如氧化钙、硬脂酸镁等。

目前，常用的乳剂有 O/W 型、W/O 型及复乳（W/O/W 型，O/W/O 型）3 种类型，了解乳化剂与乳剂类型间的关系，便可找到乳化剂选用原则与方法。

（1）乳化剂的 HLB 值与乳剂类型的关系：自 1913 年 Bancroft 定律“乳剂中对乳化剂溶解度大的一相形成外相”及“相似相溶”等原则的提出，便成为乳化剂依 HLB 值大小分型的依据。一般将 HLB 值为 3～8（或 3～6）的乳化剂归于 W/O 型乳化剂，而将 8～18（或 8～16）归为 O/W 型乳化剂，而复乳通常采用混合乳化剂。通常情况下，乳化剂的 HLB 值可决定乳剂的类型，即制备 O/W 型乳剂应选用 HLB 值 8～18 的乳化剂，W/O 型则应选用 HLB 值 3～8 者。但是若存在相体积比、盐浓度和其他附加剂等对选用乳化剂都会产生影响，因此选用时宜审慎，忌绝对化。

（2）乳化剂的亲和性与乳剂类型的关系：上述乳化剂的 HLB 值只涉及以天然或合成的表面活性剂作乳化剂者，固体粉末乳化剂和未记载有 HLB 值者，所形成乳剂类型则由与任一相的亲和力大小决定，其他与 HLB 值的关系相似。通常情况下，制备 O/W 型乳剂应选亲水性乳化剂，制备 W/O 型乳剂应选亲油性乳化剂。固体乳化剂则由油 - 水和固体乳化剂（S）间的界面张力（δ）及其润湿角（θ）决定，在成膜条件 $\delta o/w > (\delta s/w - \delta s/o)$ 下：

拟形成 W/O 型乳剂，应选 $\delta s/w \gg \delta s/o$ 的固体乳化剂；

拟形成 O/W 型乳剂，应选 $\delta s/w \ll \delta s/o$ 的固体乳化剂。

当固体乳化剂的 $\theta \neq 0$ 时，欲形成 O/W 型乳剂，应选 $\theta \leqslant 90°$ 的固体乳化剂；欲形成 W/O 型乳剂，则应选 $\theta \geqslant 90°$ 的固体乳化剂。

21. 欲制备一稳定的中药乳剂，如何确定乳化剂的种类与用量？

实验研究证明，乳化剂的 HLB 值具有加和性，即

$$HLB_{混} = \frac{HLB_A \times W_A + HLB_B \times W_B}{W_A + W_B} \quad 式(2\text{-}9\text{-}4)$$

式（2-9-4）中，HLB_A 和 HLB_B 分别代表 A、B 两种乳化剂的 HLB 值，W_A、W_B 分别代表 A、B 两种乳化剂的重量，$HLB_{混}$代表混合乳化剂的 HLB 值。利用这一性质，在测定油所需 HLB 值时，选择 2 种已知 HLB 值的乳化剂，取不同比例量组成混合乳化剂，将一种未知 HLB 值的油制备成系列乳剂，考察其稳定性，用式（2-9-4）计算系列乳剂中最稳定乳剂所用混合乳化剂的 HLB 值，此混合乳化剂的 HLB 值即是乳化该油所需 HLB 值。很显然，当测定或已知一种乳剂所需 HLB 值后（即已知 $HLB_{混}$），可以用系列乳剂稳定性考察法来筛选乳化剂、测定未知乳化剂的 HLB 值及其用量。

例如：重质液状石蜡制备成稳定的 O/W 型乳剂时，所需 HLB 值为 10.5，拟用 40 % 的山梨醇酯 65（HLB 值 = 2.1）及 60% 待选乳化剂作为混合乳化剂，试确定应选何种 HLB 值的乳化剂？

设待选乳化剂的 HLB 值为 X，按式（2-9-4）计算，待选乳化剂的 HLB 值是 16.1，查常用乳化剂的 HLB 值表可见，泊洛沙姆 188（HLB 值 =16.0）、聚山梨酯 40（HLB 值 =15.6）是可供选择的乳化剂，选何种为优，还应经系列乳剂稳定性考察结果来确定。

又如：重质液状石蜡制备成稳定的O/W型乳剂时，所需HLB值为10.5，拟用泊洛沙姆188（HLB值=16.0）与山梨醇酯80（HLB值=4.7）共5g作为混合乳化剂，试确定各乳化剂的用量。

设泊洛沙姆188的用量为X，按式（2-9-4）计算，泊洛沙姆188的用量是2.57g，山梨醇酯80的用量是2.43g。

可见，测定乳剂所需HLB值的，用系列乳剂稳定性考察法，可增加选择乳化剂种类、用量的灵活性，减少盲目性。除阳、阴离子型乳化剂外，选相反类型的混合乳化剂，利于形成稳定的复合膜，也有利于调节乳剂稠度和柔润性；同时，还可通过计算预知一个使用相反类型非离子型乳化剂的乳剂处方是何种类型。

22. 如何制备以胶类作乳化剂的中药乳剂？

中药乳剂的成型工艺由乳化完成，乳化是分散相（内相）分散于连续相（外相）中形成稳定乳剂的过程。形成稳定乳剂的三要素是油、水、胶（乳化剂），成型工艺即是指三者的选择、设计与比例量的确定、加入顺序、半成品药物加入方式以及乳化设备的选用等内容。

传统制备乳剂的方法是以胶类作为乳化剂制备乳剂，多以阿拉伯胶、西黄蓍胶等天然高分子物质作乳化剂。长期的实践经验证明，用该法制备乳剂必须遵循下列原则，否则难以成乳。

（1）严格控制油、水、胶加入顺序，按油、水、胶混合顺序，可分为3种制乳方法。

1）干胶法：乳化剂与油混合，一次性加入水，迅速向一个方向研磨成乳的方法。

2）湿胶法：乳化剂与水混合成胶浆，分次加入油，研磨成乳的方法。

3）混合法：油、水混合或交替加到乳化剂中，研磨成乳的方法。此法初乳中油、水、胶比例应为4∶3∶1，即初乳体系中油占50%、水占37.5%、乳化剂占12.5%。

（2）严格控制油、水、胶的比例，并制备初乳。以胶类作乳化剂，因油种类不同，应按下述油、水、胶比例（表2-9-1），首先制备初乳；成乳后，再加处方量剩余外相（水）稀释至需要量。此虽系经验值，若不遵行，难以成功。其他乳化剂制备乳剂一般不受此限制。

表2-9-1　不同油类制初乳时油-水-胶所占百分比

组成	植物油 4∶2∶1	挥发油 2∶2∶1	液体石蜡 3∶2∶1
油/%	57	40	50
水/%	29	40	33
胶/%	14	20	17

（3）严格操作。因胶类乳化剂乳化能力较弱，所以对乳化操作要求严格。采用干胶法或湿胶法制乳，量器应干燥，不得使用同一量器量油、水，乳化时应迅速向一个方向研磨，否则难以成乳。

23. 如何正确选择制备乳剂的方法？

乳剂制备的方法较多，有根据乳化剂种类及其性质归类的方法，如上述以胶类为乳化剂的干胶法、湿胶法；另以聚氧乙烯型非离子表面活性剂为乳化剂的乳剂转相临界点乳化法，以及新生皂法等；有根据乳剂三要素加入方式与顺序或乳化的能力的大小与设备而归类的乳化方法，如转相乳化法、交替加液乳化法、直接乳化法、低能乳化法等。下面仅就几个重点方法予以介绍，了解这些方法的特点可以正确选用。

（1）乳剂转相温度点乳化法：该法是基于聚氧乙烯型非离子表面活性剂的 HLB 值受温度的影响可发生改变而致乳剂转相，乳剂由 O/W 型转变为 W/O 型时的温度称为乳剂转相温度点，而此温度时油 - 水间界面张力最低，因此，在该温度下乳化可得到极细小的乳滴。通常从乳剂转相温度点降温可得 O/W 型乳剂，加热可得 W/O 型乳剂；显然，为使乳剂放置期间不转相，制备乳剂时选择乳化剂的最适转相温度点十分重要，一般 O/W 型乳剂应高于贮藏温度 20～60℃，W/O 型则应低于 10～40℃。

（2）新生皂法：该法是利用乳剂处方中的脂肪酸和碱，混合后临时生成肥皂起乳化剂作用制备乳剂的方法。该法是肥皂类作乳化剂常用的制备方法，通常用不饱和脂肪酸的甘油酯，即植物油加入碱等，在高温下（70℃以上）下或振摇混合即可完成皂化反应与乳化过程。对设备、条件无特殊要求。一些外用乳剂型搽剂、洗剂可用此法制备，如治疗烫伤石灰搽剂。

（3）转相乳化法：该法是乳化剂先加入内相溶液中溶解或熔融，此时内相溶液为连续相，乳化剂为分散相，然后在搅拌下缓慢加入同温度的外相溶液，量少时，体系可从乳化剂的增溶转变成由乳化剂 - 油 - 水形成的液晶，随外相溶液的逐渐增加，会出现凝胶状初乳的过程，直至连续相完全由内相溶液转变成外相溶液，最终得到所需类型的乳剂。用这种经过 W/O 型转变成 O/W 型或相反过程的乳化方法制备的乳剂分散细腻，稳定性好，是值得推广的方法。

（4）低能乳化法：上述乳化方法及生产中通常采用的交替加液乳化法或直接乳化法，因内外相混合总量大，需给予大量乳化的能力方可形成，对相体积比较小的乳剂，若内相先仅与相同体积外相用加热等乳化方法乳化形成初乳，而余下的外相仅作为稀释剂。显然，这种乳化方法能节约大量能耗，故称低能乳化法。

（5）直接匀化法：表面活性剂作乳化剂时，其乳化能力较强，故可将油相、水相直接混合，经匀化器械乳化，大量生产时通常两相分别加热到相同温度，匀化下内相加到外相中或外相加到内相中即成。

对于静脉注射的载药脂肪乳（如薏苡仁油脂肪乳）而言，工业化生产中常采用两步乳化法进行制备，即先将油、水和乳化剂通过机械搅拌形成初乳（1～50μm），再进一步经高压匀质机匀质至乳粒粒径为 100～600nm，灭菌即得。

24. 如何制备中药含药乳剂？乳剂载药量如何确定？

中药乳剂在用上述乳化方法形成含药乳剂的过程中，可根据中药半成品的性状、药物溶解行为，采用不同的半成品（药物）加入方式，选择相适应的乳剂类型：若半成品是油状液体，不溶于水，可直接作为油相，若系外用药物，宜将其作为连续相，选择 W/O 型乳剂，若系内服药物，则选择 O/W 型乳剂为妥；若半成品可以溶于油，则可让其溶解作为油相，若半成品溶于水或本身是中药浓缩液，可直接作为水相，若浓度高、剂量大，宜制备成 O/W 型乳剂，若半成品虽溶于水，但有明显不良臭味或刺激性且浓度低、剂量小，则应考虑制备成 W/O 型乳剂，若系内服制剂，也可制成 W/O/W 型复乳，以掩盖油的不适臭味；若半成品既含有可溶于水又含有可溶于油的组分，则可分别先加到水相或油相中，再根据医疗要求制成适宜类型的乳剂；若半成品油、水均不溶，可先制备适宜的空白乳，用少量空白乳与半成品研磨或高压匀质，用机械分散法混悬于乳剂中，形成混悬性乳剂。用何种方式加入中药半成品为好，还应针对具体产品进行试验研究，方能保障产品的质量与稳定性。

中药半成品剂量通常较大，其加入量应以不影响乳剂稳定性为前提，可用观察分层现象和测定乳滴大小等方法，考察半成品药物加入方式与加入量对乳剂乳析、破裂、絮凝等的影响，以筛选最佳方式和加入量。此外也可通过包封率的测定来评价乳剂的载药量大小，通常测定包封率的方法与脂质体的测定方法类似，可以采用超滤离心、萃取等方法。

五、液体制剂稳定性问题解析

25. 如何考察与评价中药液体制剂的物理稳定性?

中药液体制剂的物理稳定性因类型不同而异。

溶液型液体制剂是半成品在配制成溶液或放置过程中的物理性质发生改变，本来澄清或澄明的液体出现混浊、沉淀、变色、结晶等现象。这些现象的考察要针对中药溶液颜色较深的特点，采用强光、薄液层观察浑浊与变色现象；采用离心或滤过观察沉淀与结晶；若是配合产生变化，则要注意配合的量比，观察的时间等，以求结果的准确性。

非澄明的中药液体制剂多数都是属于胶体型的，由胶体溶液的动力学性质、热力学性质及电学性质所决定，其物理不稳定性的表现主要是盐析（salting out）、陈化现象（aging phenomenon），使本来均匀分散的胶体溶液出现浑浊或沉淀。这些现象的考察除可借用上述方法外，一般应延长考察的时间，或用加速试验的方法，方能得到准确而可靠的结果。

混悬型液体制剂系粗分散系，由微粒的表面现象、微粒的沉降及混悬液的流变学性质所决定，为动力学、热力学均不稳定的体系，物理不稳定性主要表现在沉降与聚结。混悬剂物理稳定性的考察可通过微粒大小、ξ-电位、流变学（rheology）参数等的测定去预测其稳定性，并常作为筛选稳定剂的评价指标；而沉降速度、沉降容积比、絮凝度等的测定则可直接考察与评价混悬剂物理稳定性状况。

乳浊型液体制剂与混悬型一样同属粗分散系，其物理不稳定性主要取决于乳滴界面膜的附着性与牢固性，通常发生分层、絮凝、破裂、转相、酸败等现象。乳浊液物理稳定性的考察可通过离心法、加速试验法、升温自然沉降等方法进行分层等现象的观察；也可测定乳滴合并时间以观察聚集倾向，或通过测定乳滴大小、ξ-电位、乳剂的流变学性质来预测乳剂的稳定性。

26. 如何考察与评价中药溶液剂的化学稳定性?

中药溶液剂的化学稳定性是中药半成品在配制成溶液型制剂或贮藏过程中，在外界因素影响下各成分之间、成分与附加剂之间或杂质间发生了化学反应，使其含量、效价发生变化。中药溶液剂成分复杂，在一定条件下，其中苷类、酯类成分的水解，酚类、芳胺类成分的氧化，含不饱和键的低分子醛、酮、酸杂环类成分的聚合、脱羧、异构化等均可能引起化学不稳定性。研究者对其深入考察和研究对保证中药制剂安全、有效的重要性，已引起中药学界的重视。

化学稳定性的考察首先必须了解有无化学变化发生，然后了解影响因素，在此基础上寻找解决方法，深入研究则应追踪变化机制，从而指导药材的提取和制剂的处方设计。根据中药复杂成分的特点，目前采用综合指标评价其稳定性是十分必要的。在提高含量测定的可控性与评价性的基础上，含量的变化是衡量制剂是否稳定的较客观指标。

27. 如何考察与评价中药液体制剂的生物学稳定性？

中药液体制剂的生物学稳定性一般是半成品在配制成液态制剂或贮藏过程中抵抗生物体污染、分解的能力，常指由微生物污染引起制剂的腐败、发霉、分解。不仅会使制剂的微生物限度指标不合规定，而且会引起成分的分解，对能否安全、有效用药影响极大。对于中药制剂而言，中药原料系生物体，常含活性酶，具有分解活性成分的作用，若处理不当亦会影响成分的稳定性，这也归为生物因素所致的不稳定性。

考察半成品是否存在生物学稳定性的问题，一般采用微生物限度测定法，方法按2020年版《中国药典》四部非无菌产品微生物限度检查：微生物计数法（通则1105）操作。若未见微生物生长，表示该半成品生物学性质稳定，一般不必加抑菌剂；若见微生物生长，计数超过限度，则必须加抑菌剂。在初试阶段，也可采用置于通常环境中自然观察2～3天的简便方法，若不见微生物生长，再做培养观察，以最终确定是否符合微生物限度要求。

中药液体制剂生物学稳定性问题的解决措施有3种：一是防止污染，关键操作应在无菌或半无菌条件下进行；二是灭菌，采用适当的方法对药材、半成品、成品进行灭菌处理；三是加抑菌剂，在考察其生物学稳定性基础上，对确需加抑菌剂的液体制剂，针对其组成与理化性质添加适宜的抑菌剂。如，富含糖类、蛋白质等营养物质的中药口服液体制剂可适当添加苯甲酸、山梨酸等抑菌剂以防止微生物生长。

酶降解多具专一性，因此，针对生物降解所致的不稳定性，应通过查阅文献资料明确药材中可能存在的酶及被酶解的成分。在此基础上，以酶解成分的含量变化为指标，有针对性地考察影响酶解的因素，从而采取相应的解决方法。这种生物学不稳定的情况一般在提取工艺中容易发生，多在提取工艺中针对酶的性质，采用适当方法先将酶破坏然后再提取。例如莱菔子、牛蒡子的“杀酶保苷”炮制作用[6-7]。

28. 中药液体制剂微生物限度超标怎么办？

2020年版《中国药典》四部通则规定中药液体制剂微生物限度为：每毫升含需氧菌总数不得超过10^2cfu，霉菌和酵母菌总数不得超过10^1cfu，不得检出大肠埃希菌（1g或1ml）；含脏器提取物的制剂还不得检出沙门菌（10g或10ml）。如果超标，大多与中药液体制剂的配液、分装、灭菌与贮藏有关，应仔细考察与分析这些过程中可能污染微生物的途径及原因，从而寻求解决的办法。

中药液体制剂的制备工艺复杂，出现微生物超标现象则应具体问题具体分析，以下办法可供参考：①了解超标情况，核查微生物限度检查试验过程及记录，分析认定是样品微生物限度超标还是试验不慎引起，尤其是超标不明显时最好进行重复试验以获得准确结论。②对供检样品及该批产品做实地考察，样品贮藏的环境与条件是否符合该品种项下的规定，药液外观是否正常、包装是否密封，有无不同于正常生产批量时的异常现象。若是因包装与贮藏不当引起，除改进包装和加强管理，使以后产品不再出现此种现象外，若批量很大时，可采用辐射灭菌等灭菌方法予以补救，但需考察灭菌对成品质量的影响。③核查生产过程及原始记录，尤其是配液、分装、灭菌工序是否按操作规程进行，要求的洁净条件是否达到，特别应注意分装的容器是否洁净并经灭菌，若是在这些工序中因上述操作不当而引起污染，则应停产整顿，清除隐患后再生产。

29. 影响中药合剂(口服液)澄明度的主要因素有哪些，如何解决?

要解决中药合剂(口服液)澄明度的问题，必须先分析产生沉淀的原因。中药合剂多为复方，成分复杂，出现沉淀大致有 3 种可能，一是将不同溶剂与方法提取的半成品配液混合时，因溶解行为的改变，可能出现沉淀；二是所含成分自身理化性质受外界因素影响而发生变化，或成分间相互作用而形成沉淀；三是滤过操作不慎，引入了不可见微粒，久置后聚集而出现沉淀。

前两种情况的解决宜从半成品的溶解性能考察入手。对含复杂成分的中药提取物，其溶解度受溶剂种类、用量、温度、搅拌程度、药物的粒径、溶液的 pH 等多种因素影响。要考察这些因素的影响程度和规律虽然有一定的难度，但是当用不同溶剂与提取方法所得半成品需要通过“配液”成型时，由于溶剂的改变、外界因素及各成分间相互影响，能否分散形成稳定的溶液型液态制剂，是可以采用相应方法考察的。考察方法的设计要注意指标的代表性和方法的可靠性。简便而直观的方法是将半成品加溶剂到规定体积(成品的有效浓度)，经搅拌、溶解、滤过，若滤渣极少，滤液澄清，经低温与高温加速试验观察一定时间，若仍澄清，表明该提取物制成溶液型液态制剂不会产生沉淀。若溶解后明显混浊或加速试验后出现混浊，应分析原因：出现混浊若是由杂质引起的，可采取滤过的方法除去；若是超过有效成分的溶解度，则可采用适宜的增加药物溶解度的方法；若是外界因素致成分物理化学性质发生变化引起的沉淀，则应采取相应措施避免外界因素影响，或添加稳定剂(如抗氧剂或其他反应抑制剂)；若是各半成品混合发生相互作用引起的，则需有针对性地进一步试验。可采用药剂学方法予以掩蔽；若确属配伍禁忌，则应调整处方或改做固体剂型。进行这些研究时，可用前述表观溶解度的测定作为指标，当然还应配合有效部位或成分的定量指标，才能得到较客观的结论。

第三种情况其实较常见，由于 2020 年版《中国药典》允许合剂可有少量沉淀，一般不太重视滤过操作，而小于光波长 1/4 的微粒(<120nm)一般肉眼不可见，常被忽略；然而，正是这些胶体分散的、通常条件下又不会被肉眼看见的微粒，在外界因素影响下最容易因“陈化”而聚集，出现可见的沉淀。若采用切实可行的分离方法，如粗滤后的高速离心分离，达到有效除去不可见微粒的目的，便可防止当时澄清的药液久置后出现沉淀。

30. 混合法制备的糖浆剂出现浑浊或沉淀应该如何处理?

混合法制备糖浆剂，采用中药提取物与糖浆直接混合溶解而成。若出现混浊或沉淀，首先应分析产生混浊或沉淀的确切原因，然后有针对性地解决。蔗糖质量的优劣是糖浆剂是否产生沉淀的原因之一。制备糖浆剂用蔗糖应符合 2020 年版《中国药典》规定。一般食用糖含有蛋白质、黏液质等高分子杂质，有的食用粗糖还明显有色，若使用这种糖制备糖浆又未用有效方法除去杂质，就很有可能产生沉淀。解决的办法是用热溶法制备糖浆，并在加热前加入适量澄清剂，搅匀，加热至 100℃，澄清剂吸附糖浆中杂质而沉出，滤过，大量生产时常用板框式压滤机及适当的滤材(如帆布、绸布、滤纸板等)滤过。亦应注意加热的时间，因蔗糖是双糖，无还原性，但若长时间加热或糖浆剂 pH 较低，会水解形成转化糖(葡萄糖和果糖)，转化糖虽能防止糖浆中易氧化组分的氧化变质，但也会加速糖浆剂本身的酵解与酸败，故糖浆剂加热时间不宜过长。

中药提取物的组成、性质差异及加入糖浆中的方式不当也是产生沉淀的原因。如以乙醇为溶剂的提取物或含乙醇的提取物，若直接加入糖浆中混合制备糖浆剂，常会因溶剂的改变导致糖浆剂混浊，甚至产生沉淀。这种情况有两种办法解决：第一，若沉淀有黏壁现象，可能是溶于醇的树胶、树脂类成分在转溶于水性糖浆时因溶剂改变，冷却后析出，可用硅藻土、滑石粉等助滤剂滤除；第二，若出现明显沉淀，则应对沉淀加以分析，判断是否为有效组分因溶剂的改变而析出，若是如此，则应采取增加药物溶解度的方法来克服，又如，提取物为挥发油，若直接与糖浆混合一定会产生混浊，可先用少量乙醇等共溶剂溶解后，再与糖浆混合，也可加增溶剂增溶后与糖浆混合。解决沉淀问题的同时，需注意糖浆剂因含糖量高、稠度大，其中可能存在的胶体微粒不如溶液剂易于聚集与沉淀，在除去这些可能形成沉淀的微粒杂质时，一定不能以损失有效组分为代价。

31. 如何解决酒剂、酊剂、流浸膏剂在贮存过程中出现的沉淀问题？

酒剂、酊剂、流浸膏剂是浸出药剂的传统剂型，组成复杂，在贮藏过程中受外界因素影响，可引起制剂含醇量、主药含量或效价、性状等发生变化，通常会产生沉淀，一般可采取如下方法预防与解决。

首先应保证原料质量。药材应符合各级标准规定，品质鉴定合格；按药材炮制通则规定，根据需要进行净制、切制或炮炙；不得使用夹带泥沙或发霉变质的药材，否则容易产生沉淀。若溶剂选择不当，无效成分浸出可能增多，亦是产生沉淀的重要原因。

其次是优选制备方法。虽然酒剂多用浸渍法、流浸膏剂多用渗漉法制备，但实际生产中各种浸出方法均可用，对于一个具体品种用何法为好，应通过比较后选择。一般而论，应用不同的方法其无效组分浸出的量有所不同，大致为：热回流法＞浸渍法＞渗漉法＞稀释法，当然，无效组分浸出的量越多，成品出现沉淀的可能性就越大。因此，应优选有效组分浸出多、无效组分浸出少的提取方法，以渗漉法为基础的浸出工艺可为首选。但是，这些常规的浸出方法都不可能有如此理想的浸出选择性，相反，常常是浸出有效成分的同时也浸出无效成分，这就需要采取相应的纯化方法以除去杂质，达到“去粗取精”的目的。制备酒剂、酊剂、流浸膏剂这 3 种剂型，冷藏（5℃，1～2 天）再经高效滤过器滤过可获得良好的澄清度。

32. 如何设计、评价液体制剂包材的相容性考察试验？

药包材与药物相容性试验是在具有可控的环境内选择一个实验模型，使药包材与药物相互接触持续一定的时间周期，考察药包材与药物是否引起相互的或单方面的迁移、变质，从而证明其在整个使用有效期内，药物能保持安全性、有效性、均一性并且能使药物的纯度受到控制。一个完整的相容性试验研究计划，应当做出在各种贮存条件下对包装和内容物的全面评价。试验内容参照《药品包装材料与药物相容性试验指导原则》（YBB00142002）进行。

对于液体制剂而言，选择玻璃制容器时，应注意考察玻璃的碱性离子释放会导致药液 pH 的变化、光线透过玻璃会使药物分解及玻璃脱片，以及蛋白质和多肽药物被玻璃吸附等使药物澄明度发生改变，玻璃容器制备不良时，还会产生瓶口歪斜、熔封针孔、密封性差等问题。主要考察的项目应包含：碱性离子的释放性、不溶性微粒（含脱片试验）、有色玻璃的避光性、药物与添加剂的被吸附性、有害金属元素（铅、砷、镉等）。选择塑料包材时要重点考察水蒸气、氧气的渗入，水分、挥发性药物的透出，抑菌剂、油溶性药物等向塑料的转移（尤其是 PVC），某些溶剂与塑料的作用等。主要考察的项目应包含：塑料对氧气和水蒸气的双向穿透性、溶出性，对药物的扩散性、吸附性、化学反应性，特定塑料材料中的有害物质等。而橡胶经常作为容器的塞、垫圈使用。由于橡胶的配方成分复杂，应考察橡胶当中各种添加物的溶出对药物的作用、橡胶对药物的吸附以及填充材料在液体制剂中的脱落。在做液体制剂稳定性试验时，瓶子应倒放或侧放使药液能充分接触橡胶塞。主要考察的项目应包含：溶出物、化学反应性、对药物的吸附性、不溶性微粒等。

关于相容性的评价指标，药物与包材是否相容，主要包括药物与溶液，包材和其他药物之间是否相容。相容性主要包括物理和化学两方面。物理变化，主要表现为溶液分层，有沉淀析出等。这种不相容是可见的，主要是由于 pH 的变化和溶液缓冲能力的改变。很多药物呈弱碱性，以对应的盐形式存在于溶液中，pH 的改变会使碱游离出来，因而有可能析出沉淀。另一种肉眼不可见的物理不相容形式，是药物和材料之间发生了吸附作用，药物被固定在材料的内表面上，导致吸收入体内的药物浓度随之降低。而化学不相容，主要是由于氧化、降解、水解等作用，这些作用一般会导致浊度变化，沉淀产生和溶液颜色的改变[8]。在规定的测试时间段内，超过 10% 的指标成分的损失被认为是化学不相容的。

33. 如何降低灭菌处理对液体制剂质量的影响?

灭菌操作既要除去或杀灭微生物，又要保证药物的质量稳定性、治疗作用及用药安全，因此灭菌时必须结合药物的性质、剂型等综合选择有效的灭菌方法，合理地运用灭菌技术。传统的干热灭菌、湿热灭菌、化学灭菌等方法易破坏或影响中药的活性成分，甚至残留一些毒性物质。

对于口服液等液体制剂，湿热灭菌不但可能影响其有效成分，而且可能改变其 pH、澄明度，从而影响药物的质量及用药安全。可以根据物料的性质选择对物料质量影响较小的灭菌技术，如低温间歇灭菌法、微波灭菌法等。低温间歇灭菌法适用于必须用热力灭菌法灭菌但又不耐较高温度的中药及其制剂。与常规的高温灭菌方法比较，微波灭菌法适用于可在较低温度下进行灭菌的中药及其制剂。微波灭菌时对物料内外同时进行加热，内部温度高，热传导是由内向外的，升温均匀且加热迅速，时间较短[9-10]。但微波技术用于中药的灭菌尚处于尝试阶段，所涉及的品种与种类还很有限，除了性状、水分、溶散时限、微生物限度以外，微波是否对中药的化学成分、药理作用和临床疗效产生影响还有待于进一步研究。

此外，高压脉冲电场灭菌法、低温等离子体灭菌法、常温瞬时超高压灭菌法等新型灭菌技术以其良好的应用特征而被国内外学者广泛研究。

六、液体制剂溶解度问题解析

34. 为什么要测定中药（浸膏）半成品的表观溶解度? 如何测定?

溶解度是在一定温度和压力下，饱和溶液中该药物的浓度，它是药物的重要物理参数。测定并了解药物的溶解度，可为中药半成品选择良好的溶剂、适宜的增溶方法、恰当的附加剂提供参考和依据，亦可为评价成品质量提供方法与指标，为选择生产条件提供依据。

参考单一化学物质溶解度测定方法，结合中药复方特点，可以采用如下方法测定干浸膏的表观溶解度：精密称定恒重干浸膏适量，加定量水，恒温振摇至溶解平衡（呈过饱和），离心，取上清液，按水溶性浸出物测定法测定，计算，即得该干浸膏在此温度下的溶解度。因这种测定方法难以代表所有成分的真实溶解性能，所以称为表观溶解度。根据此法测得的溶解度可作为判断中药半成品（如干浸膏）能做成什么类型液体制剂的参考依据，若其溶解度超过有效治疗浓度，可以制成溶液型液体制剂，若与有效治疗浓度相差甚远，可考虑制成混悬剂或其他液体剂型。故此种测定方法也可用于预测颗粒剂可以制备成什么类型的液体制剂，根据《中国药典》颗粒剂溶化性标准，若表观溶解度达 5%，可制成溶液型；若低于 5%，则只能制成混悬型。

35. 如何合理选用增溶剂?

合理选择和正确应用增溶剂，一般应了解增溶剂的性质、毒副作用，影响增溶的因素，确定增溶剂用量，使用方法等，这些有助于处方设计。

增溶不是溶解过程，因为溶液的依数性无变化，即粒子数不变，加入了增溶剂的溶液是许多分子进入胶团形成的缔合胶体（association colloid）溶液，属于稳定体系。对增溶量有影响的增溶剂的性质：增溶剂的碳链增长，增溶量增加。表面活性剂是双亲性分子，具亲油基和亲水基，对难溶性药物来说（一般为非极性），在形成胶团时，碳链长则烃核中心区容量大，增溶量可能相应增多。例如，聚山梨酯 20 与聚山梨酯 80，其临界胶束浓度（critical micelle concentration，CMC）均是 0.118%，但对同一苯巴比妥的增溶量分别是 1.88mol/L 与 2.34mol/L，聚山梨酯 80 增溶量增加 24%，其原因是亲水基虽然均为聚氧乙烯脱水山梨醇，但疏水基前者为 12C 的月桂酸酯，后者为 17C 的单油酸酯。另一性质是增溶剂的亲水亲油平衡值（HLB 值），作为增溶的表面活性剂，大多数情况是增加难溶性药物在水中的溶解度，因此一般要求 HLB 值较高，通常在 15～18，也有资料为 10～18 或 15～40。可见，HLB 值与增溶的效果尚无统一规律。

常用于液体药物制剂的增溶剂是表面活性剂的一部分，如果以是否具有增溶作用来分，那么阳离子型表面活性剂、阴离子型表面活性剂、非离子型表面活性剂与两性离子型表面活性剂等 4 类表面活性剂均可作为增溶剂，但作为药用辅料，安全、无不良影响是其基本要求。由于阳离子型表面活性剂的毒副作用大，极少用于增溶。故用于药物制剂的增溶剂主要有两类：一是阴离子型增溶剂，主要用于外用制剂，它包括肥皂类（如钠肥皂对煤酚的增溶）、硫酸化物（如硬脂醇硫酸钠）、磺酸化物（如多库酯钠、阿洛索）等；二是非离子型表面活性剂，该种类型应用最广，可用于内服、外用、注射等给药途径。非离子型表面活性剂主要有 4 类：一是聚氧乙烯脱水山梨醇脂肪酸酯类，如聚山梨酯类；二是聚氧乙烯脂肪酸酯类，即卖泽（Myrij）类；三是聚氧乙烯脂肪醇醚类，国产的平平加 O、平平加 A 均属此类；四是聚氧乙烯聚氧丙烯聚合物类，如普流罗尼 F-68（Pluronic F-68）、名为泊洛沙姆（poloxamer）的国产新辅料等为常用增溶剂。

而增溶剂的用量对增溶作用十分重要。用量不足则起不到增溶作用；用量太多，既浪费又可能产生毒副作用，也影响胶团中药物的吸收。增溶剂的用量可以用增溶相图确定。

增溶相图是表示增溶剂、增溶质（半成品）和溶剂三者间由于百分组成发生改变而引起体系相变的一种图解。

增溶相图的制作不仅可以确定增溶剂的最小用量，还可确定增溶质被增溶的最大浓度和可稀释的程度，而且可解释三组分发生相变的现象，这对指导制剂处方设计和调配实践有重要作用。如莪术油用聚山梨酯 80 增溶，经增溶相图研究确定：增溶 3% 莪术油，需加 17% 聚山梨酯 80 和 80% 的水。

36. 如何进行增溶操作?

一般情况下，增溶剂与增溶质（被增溶的物质）直接混合。必要时加少量水，再加其他附加剂与余下的溶剂，这样可增大增溶量。若将增溶剂先溶于水再加增溶质，常不能达到预期的目的。例如用聚山梨酯 80 增溶维生素 A，若先将聚山梨酯 80 溶于水再加维生素 A，则几乎不能增溶。

通常情况下加热升温可增加溶解度，因此增溶操作过程中也可因升温而增大溶量，但升温必须在增溶剂的浊点（cloud point）以下。浊点是含聚氧乙烯基非离子型表面活性剂的水溶液加热到一定温度时，溶液由澄明变为混浊时的幅度。不同的表面活性剂其浊点不一样，如聚山梨酯 20 为 90℃，聚山梨酯 60 为 76℃，聚山梨酯 80 为 93℃，多数在 70～100℃。浊点通常与表面活性剂的亲水亲油基分子大小有关，一般亲水基相同，疏水基分子大者则浊点低；若疏水基相同，聚氧乙烯基分子数增加，则浊点随之升高。因此应了解或测定增溶剂的浊点，以便控制加热的温度。溶液中若存在盐或碱类物质也可降低浊点。当然，常可在出现混浊后因温度降低而溶液又变澄明，说明这一变化是可逆的。但实践中也有冷却后仍出现分层现象者，这与增溶质和增溶剂的性质、用量比均有关系，可在振摇中冷却而得到改善。

37. 挥发油提取物配制溶液型合剂时，欲保持溶液状态应如何处理?

挥发油是中药中一类常见而重要的有效成分，从不同药材中提取的成分具有不同的疗效，如从川芎药材中提取的川芎油有活血镇静作用，从莪术中提取的莪术油有抗肿瘤作用等。但这些挥发油溶解度极小，若将其直接制备成以水为溶剂的溶液剂，常会出现分层、黏壁的现象，严重影响制剂质量和疗效。为解决这一问题，加增溶剂是方法之一。

增溶剂之所以能增加挥发油的溶解度，是因为增溶剂在水中形成胶团且超过临界胶束浓度（CMC），与被增溶物按极性“相似相溶”的原理，使被增溶物进入胶团而溶解。由于胶束是由 50 或更多的增溶剂的单聚物集结而成，大小为 3～8nm，故属缔合胶体范畴，但它是单相分散的真溶液，是热力学稳定体系，因此，挥发油加增溶剂增溶后可以保持真溶液状态。例如，从唇形科植物薄荷中提取的薄荷油具有疏风散寒、清目利咽的作用，若方剂中薄荷是组成之一，可先提取薄荷油，然后用增溶相图确定增溶剂的用量。薄荷油的增溶试验表明：当 7.5% 的薄荷油加 42.5% 的聚山梨酯 20，然后加 50% 水搅拌均匀，可形成澄清溶液，而且加水稀释至任一比例仍可保持澄清。这一结果为挥发油如何加到液体制剂中且保持澄清提供了很好的范例。

38. 中药溶液剂中如何使用助溶剂?

助溶是因为有第二种物质的存在而增加难溶性药物在溶剂中溶解度的过程，这第二种物质被称为助溶剂。助溶剂之所以能助溶，是因为与难溶性药物能形成无机或有机分子配位化合物、螯合物、可溶性复盐或配位化合物等复合物，这些复合物较原药物在水中的溶解度可大大增加。如茶碱加乙二胺(助溶剂)形成的分子缔合物氨茶碱，溶解度由 1∶120 增至 1∶5；又如咖啡碱以苯甲酸钠为助溶剂，形成的苯甲酸钠咖啡因可溶性复盐，溶解度由 1∶5 增至 1∶1.2。故现在有人将助溶称为“复合物增溶”。

其实，助溶与增溶是有很大区分的，增溶是表面活性剂形成胶团，当超过临界胶团浓度后，遵循两亲性的相似相溶的原理，使药物溶解度增加并形成澄清液体的过程。

助溶剂可分为 3 类：一是有机酸及其盐类，二是酰胺类，三是水溶性多聚物。常用的有机酸及其盐有苯甲酸、水杨酸、枸橼酸、抗坏血酸等；常用的酰胺或胺类化合物有烟酰胺、乙酰胺、尿素、乙二胺等；常用的水溶性多聚物有聚乙二醇(PEG)、聚乙烯吡咯烷酮(PVP)、羧甲纤维素钠(CMC-Na)等。但须注意，虽然多聚物能助溶，如 PVP 可增加水飞蓟宾、碘、氯霉素等的溶解度，但也可与鞣酸、水杨酸形成不溶物，因此应用时应特别留意。此外，某些无机盐也有助溶作用，常见的如 10% 碘化钾对碘的助溶，可使碘的溶解度由约 0.03% 增至 5%，还有硼砂对水杨酸的助溶，氯化钾对葡萄糖酸钠的助溶。

助溶剂的选择目前尚无明确规律，但助溶剂的浓度通常与溶质的溶解度成正比，即欲使溶解度增大，助溶剂用量应增加，如要使咖啡碱溶解度为 1∶1.2，121.25g 咖啡碱应加苯甲酸钠 135g 方能达助溶目的。可见，助溶剂的助溶能力有限，助溶的结果必是服药剂量的增大，这限制了助溶的应用范围，尤其对于成分复杂的中药复方制剂，如何有的放矢地应用助溶剂并评价其助溶效果，尚有待深入研究。而人们常在中药复方水溶液中检出脂溶性成分，并推测中药复杂成分共存时，成分间可能产生增溶、助溶作用。这种自然助溶现象的探索与规律的揭示，将会为助溶剂在中药复方溶液剂中的应用带来广阔前景。

39. 中药溶液剂中如何使用共溶剂?

在溶液剂的配制中常出现这样的现象：一种药物分别在单一溶剂中的溶解度为略溶，但当一种以上溶剂按一定比例混合后，药物则变为易溶，这种现象称为潜溶(cosolvency)；通常将非水溶剂按一定比例与水混合，形成比单一溶剂更易溶解药物的混合(复合)溶剂，称此非水溶剂为共溶剂(cosolvent)，共溶剂能增加药物溶解度的现象，有人称为复合溶剂增溶。研究表明共溶剂的“增溶”机制是多溶剂分子与溶质分子间相互作用的诸多因素(如化学的、电性的、结构的)综合作用的结果，调整混合溶剂的介电常数、溶度参数、表面张力、分配系数等与溶解有关的特性参数，使之与溶质的相应参数相近，仍遵循“相似相溶”的原理。用混合溶剂或共溶剂来弥补单一溶剂的不足，已经成为溶液型制剂制备中解决难溶性药物溶解度问题的有效方法之一。

药剂学中常用的共溶剂有：乙醇、丙二醇、丙三醇、聚乙二醇(PEG)300、PEG 400、PEG 600、山梨醇、二甲基乙酰胺等非水共溶剂已普遍用于注射或口服液体制剂中，由于二甲基乙酰胺有不易掩盖的臭味，严格限制在口服液体制剂中使用。而可以在口服液体制剂中试用，但尚需继续研究其应用可接受性的共溶剂有：甘油二甲基缩酮(glycerol dimethylketal)、甘油缩甲醛、糖糠醛(glycofurol)、乳酸乙酯、碳酸二乙酯、1, 3- 丁烯二醇等。

根据上述潜溶原理，对已明确需要“增溶”的单一中药成分，可在测定相应特性参数的基础上优选共溶剂。但中药复方液体制剂成分复杂，欲获取各成分与溶解度有关的特性参数难度很大。因此在实际应用中，可首先用测定表观溶解度的方法确定是否需要“增溶”，分析需要“增溶”物质的性质，初选若干共溶剂；然后通过试验，以表观溶解度为指标或用三元相图的方法优选实用而恰当的共溶剂。共溶剂“增溶”的效果可用潜溶效率来评价，潜溶效率是增溶质在共溶剂中的溶解度与其水中溶解度的比值（倍数）。如咖啡碱在水中的溶解度是 21.5mg/ml，在乙醇中是 6.4mg/ml，二者以适当比例混合为共溶剂，当介电常数达 44 时，其共溶解度为 69mg/ml，此共溶剂的潜溶效率是 3.2 倍。实践中发现，使用由 2 种以上溶剂组成的共溶剂对增溶质有更优的“增溶”效果，如苯巴比妥在水中溶解度为 0.1 g/100ml，若溶剂中加入 35% 丙二醇，可达制剂要求的浓度 0.4%，当将丙二醇减至 25%，另加入 5% 乙醇时，其具有 35% 丙二醇共溶剂同样的潜溶效率。为遵循附加剂最低用量原则，这一结果值得借鉴。

40. 中药液体制剂增溶研究中存在什么问题？

近年来，环糊精包合、表面活性剂增溶、制成固体分散体及微乳等增溶方法在中药增溶研究应用方面取得了较好效果，显示出良好前景，但仍存在以下几方面的问题。

以上增溶方法主要是以中药有效成分单体增溶为主，在中药提取物以及复方制剂方面的研究还很少。目前整个中药制药业对难溶性中药成分增溶方法的使用和认识，还处于照搬或模仿化学药使用经验或原则的初步阶段，尚未针对中药多成分复杂体系的特点进行细致全面的对比研究，缺乏一套针对中药特点的增溶方法的筛选与评价模式。

难溶性中药成分增溶后，在制剂的安全性方面尚未得到足够重视。目前，以中药注射液为首的中药制剂存在严重的不良反应，调查结果发现有些是由于增溶性辅料的使用比如用量过多或者选择使用不当所导致的。目前临床应用较多的静脉给药中药注射剂中，含聚山梨酯的品种主要有鱼腥草注射液、香丹注射液、莪术油注射液及参麦注射液，均有较多严重不良反应的报道，而不含聚山梨酯的黄芪注射液、生脉注射液、银杏叶注射液及血塞通注射液等不良反应较少。

加表面活性剂、助溶剂及共溶剂等常规增溶方法应用较多，其他如微囊化、混合胶团及纳米技术等新技术在难溶性中药成分增溶方面多处于研究阶段，工业化应用较少。

41. 复方中药溶液剂中如何应用“成盐”增加半成品溶解度？

复方中药溶液剂中的各类型有效组分若按其酸碱性分类，大都可分为弱的有机酸与弱的有机碱 2 类，如甘草酸、丹参素、芦丁、绿原酸等弱的有机酸类成分；小檗碱、延胡索乙素（*dl*- 四氢巴马汀）、莨菪碱、粉防己甲素等弱的有机碱类。试验研究证明，这两类成分以游离状态存在时，大多数在水中溶解度较小，而当前者与碱、后者与酸成盐后，其溶解度将显著增加，所以“成盐”是增加难溶性弱酸、弱碱药物溶解度的重要方法之一。

难溶性弱酸药物成盐可用无机碱或有机碱，常用的有氢氧化钠、氢氧化钾、碳酸氢钠、氢氧化铵、乙二胺、二乙醇胺等；难溶性弱碱药物成盐可用无机酸或有机酸，常用的有盐酸、硫酸、硝酸、磷酸、氢溴酸、枸橼酸、水杨酸、马来酸、酒石酸、乙酸等。一般用调节药液 pH 来控制成盐所用酸或碱的量。

复方中药溶液剂成分复杂，需要用成盐来“增溶”时，应对被“增溶”组分的理化性质有初步的研究与分析，然后通过试验筛选成盐用酸或碱的种类与用量。特别要注意的是，当加碱以增加难溶的有机酸类成分的溶解度时，是否会引起同时存在的有机碱类成分的析出与损失；相反，加酸成盐时应防止有机酸类成分的析出与损失。其次在解决“增溶”问题时，还应考虑酸碱对成分稳定性、有效性的影响，避免顾此失彼。

七、液体制剂附加剂问题解析

42. 如何调节中药溶液剂到最适 pH？

pH 是药液酸碱度的一种表示方法，通常情况下，单一成分在水溶液中有其溶解性、稳定性、生理适应性和发挥最佳效能（疗效）所需的最适 pH，但在复方制剂中，一种成分很可能受处方中溶剂和其他成分或辅料的影响而发生改变。因此，一般需加入适当的酸、碱或缓冲溶液，使其处于最适 pH 状态，以满足药物制剂安全、稳定、有效的要求。加入的酸、碱或缓冲溶液称为 pH 调节剂。pH 调节剂可以控制弱酸弱碱盐类成分的溶解度，使易水解、易氧化成分处于稳定 pH 状态，使其发挥最佳效力以及制剂 pH 满足生理适应性要求。

pH 的调节是利用酸碱中和的原理，因此，pH 调节剂以酸、碱为主。药剂上常用的 pH 调节剂有 3 种类型：一是酸，为不同浓度的无机酸或有机酸；二是碱，为不同浓度的无机碱或有机碱；三是缓冲溶液，用其缓冲作用可阻止少量酸、碱引起的 pH 变化，达到维持其 pH 的相对稳定，因此它是较为理想的 pH 调节剂。欲将中药溶液剂调到最适 pH，可按下面 3 个步骤进行。

首先应预知原药液 pH。使用 pH 调节剂之前必须预知原药液的 pH，才便于确定 pH 调节方向和选用 pH 调节剂。预知原药液 pH 的方法有如下两种。

（1）理论计算。理论计算主要是根据药物的电离平衡、水解平衡及由此而推导的溶液 pH 方程式计算而得。由于用方程式计算受不少条件的限制，单一化学成分溶液多可通过计算预知，而中药溶液剂受多种组分影响，若仅计算某一成分的结果，与其药液实际 pH 会有很大差异，所以很难通过计算准确预知。

（2）实验测定。实验测定 pH 的方法有两种：一是比色法，二是电学法。比色法用 pH 试纸或 pH 指示液即可，虽然这种方法简单、方便、经济，但因其本身是一种可变色的酸、碱缓冲溶液，易受多种因素影响，所指示的 pH 误差大，故仅作制剂 pH 初试。当需要准确测知 pH 时，应在比色的基础上再用电学法测定。电学法是借测定指示电极与参比电极所组成的电池在待测液中的电动势来求得待测液 pH 的方法。此法是由一个供校准用的标准缓冲液作参比而测得的相对值，与以活度量度的 pH 不能完全相符，但较比色法准确，是药剂中可靠而常用的方法。使用的仪器是各种类型的 pH 计。

然后根据调节 pH 的目的选用 pH 调节剂。为增加药物的溶解度，若用成盐的方法，可用单一的一定浓度的酸或碱，将药液 pH 调节至药物的沉淀 pH 上下，再结合生理适应性考虑，避免过高或过低。为增加药物的稳定性，某些药物常因 pH 的微小变化使降解速度成倍增加。即使在配制时将药液调至最稳定的 pH，也会因容器和贮存过程中各种因素的影响而导致 pH 的变化。因此要解决这些问题，需要选用缓冲溶液来调节药液的 pH。但应注意某些缓冲剂对某些药物降解也可起催化作用，可用系列浓度的缓冲剂（pH 恒定）溶液配制的药液，分别测定其分解速度常数，若分解速度随缓冲剂浓度增加而增加，则该缓冲剂对该药的降解有催化作用，应另选缓冲剂或用尽可能低的浓度。

最后，选择适宜的 pH 调节方法。在预知原药液 pH 和确定最适 pH，并选择了恰当的 pH 调节剂的基础上，对单一成分的药液可预先计算应加入 pH 调节剂的量。加入药液时，一般先以计算量的大部分加入，用 pH 试纸初试，使之接近所要求的 pH，然后慢慢加入，使之达到要求的 pH。对中药复方溶液剂，在难以预先计算 pH 调节剂用量时，大多在搅拌的情况下缓慢加入较高浓度的 pH 调节剂，并以 pH 试纸监测，接近最适 pH 时再用 pH 计准确测定，切忌调整过头，否则会因反复调整而引入过量强电解质。用缓冲剂调节药液 pH，可用选定的缓冲溶液为溶剂配制药液。

43. 中药液体制剂中如何使用抗氧剂?

中药液体制剂是否需要抗氧剂，选用何种抗氧剂，其用量如何确定，主要应根据所含有效化学成分的结构与理化性质分析，再结合实验研究来判断。使用时应考虑如下问题。

（1）药物和抗氧剂的氧化还原电位（E^0）：E^0 可估计氧化还原反应是否发生，空气中的氧使药物氧化后生成水，氧与水在不同 pH 时 E^0 不同，凡还原性药物的氧化还原电位（E^0）在酸性、中性和碱性时分别小于 +1.239V，+0.815V 和 +0.40V 时，应加入抗氧剂。抗氧剂的氧化还原电位（E^0）不仅要相应地小于上述各值，而且要小于制剂中主药的 E^0，表明比主药失去电子的能力更强，还原性也更强，可以首先被氧化，起到抗氧剂的作用。

（2）对抗氧剂的要求：除应具备制剂辅料一般特点外，还要求其经氧化还原反应后的产物必须对人体无害，而且具有高的抗氧化效力，即在低浓度时也应具有抗氧化的效力。

（3）根据药液的 pH 选用抗氧剂：药液的 pH 不仅影响药物的氧化还原电位，而且也影响抗氧剂的理化性质，因此应根据药液的 pH 选用相应的抗氧剂。如焦亚硫酸钠与亚硫酸氢钠适用于偏酸性药液，亚硫酸钠与硫代硫酸钠仅适用于偏碱性药液，抗坏血酸则适用于偏酸性或微碱性药液。

（4）避免药物与抗氧剂发生配伍变化：抗氧剂多具有较强的化学活性，如亚硫酸盐类等常用抗氧剂在一定条件下可与某些醛、酮类药物发生加成反应，也可与钙盐生成沉淀。因此使用这类抗氧剂时应慎重，以免对药物的功效产生影响。

（5）抗氧剂的用量：水溶性抗氧剂与油溶性抗氧剂，无论以何种机制发挥抗氧化作用，抗氧剂的用量均较小，常用的无机硫化合物浓度在 0.2% 以下，有机硫化合物多在 0.05%，最高不超过 0.1%，低者仅为 0.000 15%（半胱氨酸）。这类含硫基的抗氧剂具有毒性小、性质稳定、不易变色、用量小的优点，是有效的药物制剂稳定剂，其缺点是价格昂贵。油溶性抗氧剂用量与水溶性一样，多在 0.02% 左右，络合剂的用量也仅为 0.005%～0.05%（EDTA-2Na）。

（6）抗氧剂的种类及联合应用：药物制剂中应用的抗氧剂不仅限于氧化电位低的强还原剂，还包括能阻止或延缓药物制剂氧化过程的阻滞剂、协同剂与螯合剂，有时常联合应用，如还原剂亚硫酸氢钠与络合剂依地酸二钠（EDTA-2Na）联合应用于抗坏血酸注射剂中。抗氧剂的分类与常用品种如下。

1）按其作用可分为 4 类：①还原剂，如亚硫酸盐类、维生素 C、硫脲、半胱氨酸等；②阻滞剂，如维生素 C 棕榈酸酯、α- 生育酚、2，6- 二叔丁基对甲苯酚（BHT）等；③协同剂，如酒石酸、枸橼酸、维生素 C 等；④络合剂，用得最多的络合剂为依地酸二钠（EDTA-2Na）或依地酸钙钠（$EDTA\text{-}CaNa_2$），其他如二乙三胺五乙酸、二巯丙醇等。

2）按溶解性能可分为 2 类：①水溶性抗氧剂，常用的有亚硫酸钠、焦亚硫酸钠、亚硫酸氢钠、甲醛合次硫酸氢钠、抗坏血酸、异抗坏血酸、硫代甘油、硫代山梨酸、巯基乙酸、盐酸半胱氨酸、甲硫氨酸、α- 硫代甘油等；②油溶性抗氧剂，常用的有氢醌、没食子酸丙酯、抗坏血酸棕榈酸酯、去甲二氢愈创木酸（NDGA）、丁羟茴醚（BHA）、BHT、焦性没食子酸及其酯、α- 生育酚、苯基 -α- 萘胺、卵磷脂等。

3）按化学结构可分为 5 类：①无机硫化物，以亚硫酸盐类为主，如亚硫酸氢钠、焦亚硫酸钠等；②有机硫化物，如硫代甘油、半胱氨酸等；③烯醇类，如抗坏血酸、抗坏血酸酯等；④苯酚类，如氢醌、没食子酸丙酯等；⑤氨基类，如甘氨酸、苯丙氨酸等。

44. 中药液体制剂如何合理选择与使用抑菌剂？

抑菌剂是能防止或抑制病原微生物发育生长的化学药品。其被广泛用于各种类型液体药剂中，是处方组成之一，以保证制剂的生物学稳定性。但是，抑菌剂一般无生理作用的专一性，即对病原微生物与人体组织细胞间无明显选择作用，故应严格控制其应用范围。

在药品生产过程中，抑菌剂不能用于替代药品生产过程中根据《药品生产质量管理规范》（GMP）所进行的管理，不能作为非无菌制剂降低微生物污染的唯一途径，也不能作为控制多剂量包装制剂灭菌前的生物负载手段。所有抑菌剂都具有一定的毒性，制剂中抑菌剂的量应为最低有效量[11]。同时，为保证用药安全，成品制剂中的抑菌剂有效浓度应低于对人体有害的浓度。因此，在使用药剂学其他方法即能满足制剂无菌或达微生物限度要求时，如生产环境的控制、终端灭菌等，则一般不用或少用抑菌剂。

根据抑菌剂的化学结构和性质，可将其分为酸性、中性、有机汞、季铵盐等多种类型。一般酸性抑菌剂，在口服液体制剂中应用较多，如常用的苯甲酸及其盐、山梨酸、羟苯烷基酯类等；中性、有机汞类，在眼用制剂、注射用制剂中应用较多，如三氯叔丁醇、苯酚、硫柳汞、硝酸苯汞等；季铵盐类，在外用液体制剂中应用较为普遍，如苯扎溴铵、度米芬、氯己定等。选用的抑菌剂在允许浓度内应无毒、无刺激性、自身稳定，不与有效组分发生反应，不影响含量测定，无特殊臭味。作为抑菌剂希望能具有广抑菌谱，其溶解度能达到有效抑菌浓度。是否需要加抑菌剂，选择哪些抑菌剂，一般应通过对具体品种的抑菌试验筛选来确定。抑菌效力检查应依据《中国药典》规定[12-13]。

45. 如何确定有机酸类抑菌剂在液体制剂中的用量？

液体制剂中常用抑菌剂多为弱有机酸类化合物，如苯甲酸、山梨酸等，这类抑菌剂在溶液中存在下述离解平衡：

$$HA=A^-+H^+ \qquad 式（2\text{-}9\text{-}5）$$

其离解常数

$$K_a=[A^-][H^+]/[HA] \qquad 式（2\text{-}9\text{-}6）$$

式（2-9-5）中，HA 表示未离解的分子型酸类抑菌剂，A^- 表示离解型。试验证明，这类抑菌剂是以分子型起作用。从上式可见，pH 决定溶液中分子型与离子型间的比例，分子型比例越高，其抑菌效果越好。若已知分子型的有效抑菌浓度（C_e），由式（2-9-6）可推导出溶液中需抑菌剂总量（C）的计算式：

$$C=C_e(1+K_a)/[H^+] \qquad 式（2\text{-}9\text{-}7）$$

式（2-9-7）中，C 实际上是指［HA］与［A^-］之和。很显然，酸类抑菌剂在高 pH 药液中的用量将比低 pH 时大大增加。此式可用于计算不同 pH 的药液中抑菌剂的用量。例如：未离解苯甲酸在药液中实用有效抑菌浓度为 0.025%（C_e），离解常数 K_a=6.30 × 10^{-5}，试分别计算 pH 为 4 和 pH 为 6 时的用量。将 pH 换算为［H^+］分别代入上式计算，其结果为：pH 为 4 时每 100ml 只需 41mg 苯甲酸，而 pH 为 6 时每 100ml 需 1 600mg 苯甲酸才能达到有效的抑菌要求。升高 2 个 pH 单位，其用量增加 39 倍。然而后者已超过允许接受量，可见 pH 较高的药液选用酸性抑菌剂应特别慎重。

46. 中药液体制剂处方中的抑菌剂效力受哪些因素影响？制剂处方设计时应注意什么问题？

了解影响抑菌剂防腐效力的因素，便可为设计制剂处方中的抑菌剂提供依据。影响抑菌剂防腐效力的主要因素有：抑菌剂在油 - 水中的分配系数；中药液体药剂中其他附加剂对抑菌剂的影响，其中包括为了各种目的在制剂中加入的表面活性剂、亲水性聚合物对抑菌剂效力的影响，其次也包括中药复合成分或悬浮颗粒、容器材料对抑菌剂防腐效力的影响。

在油和水并存的液体制剂（如乳剂）中，加入分配系数低的抑菌剂，或加入另一物质可使其分配系数降低，则抑菌剂的防腐效果较好。例如：5% 以上的甘油或丙二醇的存在，可使尼泊金甲酯的分配系数明显降低，而有利于防腐，此种情况主要是微生物存在于水中的可能性比油中大；若油、水中均可能存在微生物，则希望抑菌剂的分配系数适中，水、油两相中均能达有效浓度，即处方设计中同时使用水溶性与油溶性两种抑菌剂，如尼泊金甲酯与丁酯合用。

鉴于游离态的抑菌剂才具有最大的防腐效力，制剂处方中加入的各种类型表面活性剂对抑菌剂效力影响的程度不同，多是表面活性剂在水溶液中形成胶团所引起的。表面活性剂在临界胶团浓度（CMC）以下时，充分表现了降低界面张力的作用，一般可增强抑菌效果；而在 CMC 以上时，一些疏水性抑菌剂被增溶在胶团中使其游离量减少，抑菌效力降低或丧失，这种情况下在处方设计时就应避免或调整用量。例如：在含 5% 聚山梨酯 60 的水溶液中，各种尼泊金及其混合物均无抑菌作用；在含 6% 聚山梨酯 80 的溶液中，尼泊金甲酯的抑菌浓度是不含聚山梨酯 80 的 5.2 倍。

亲水性聚合物的存在会影响抑菌剂的防腐效力，如分子量在 2 000Da 以上的 PEG、MC、CMC-Na、PVP 等能影响某些抑菌剂的抑菌效力，是因为这些抑菌剂能与亲水性聚合物结合成复合物，而减少了游离态抑菌剂。例如在 5% 的 PEG 4 000 溶液中，尼泊金甲酯具防腐效力的用量是不含 PEG 4 000 者的 1.6 倍。PVP 与尼泊金的结合程度大于上述其余几种，但仍小于非离子型表面活性剂。

在混悬型液体制剂中，这些亲水性聚合物常作为助悬剂使用，因此对这类处方进行抑菌剂选择时，应通过防腐效力试验方可准确确定。常用混悬剂中的氧化锌、炉甘石等混悬颗粒对抑菌剂具吸附性；皂土类助悬剂能使阳离子杀菌剂失效；橡皮塞对苯酚、硝酸苯汞等抑菌剂具吸附力；尼龙能与尼泊金类、山梨酸、苯酚等抑菌剂结合，从而影响防腐效力。中药合剂多为胶体溶液，久置会出现“陈化”现象，在这一过程中存在因吸附等而影响抑菌剂防腐效力的诸多因素，这些均是在设计制剂处方选择抑菌剂时应予以考虑的问题，通常可做有针对性的试验予以解决与预防。

47. 什么情况下使用复合抑菌剂？如何安全使用？

在某些特殊制剂中，常要求抑菌剂的抑菌范围广，而且抑菌作用强而迅速。使用单一的抑菌剂，可能因药液 pH 不适合或受处方中其他成分影响，不能达到广谱、速效抑菌的目的。若使用复合抑菌剂，各抑菌剂之间发挥协同作用，便可达到此目的。如低浓度的季铵盐类抑菌剂可抑制革兰氏阳性菌，但抑制革兰氏阴性菌和霉菌时则需较高浓度。若加入对这些细菌敏感的第 2 种抑菌剂，便能收到良好效果，如苯扎氯铵、三氯叔丁醇、尼泊金。依地酸钠本身虽无抑菌作用，但它可增强某些抑菌剂对铜绿假单胞菌的作用。如苯扎氯铵加依地酸钠也是复合抑菌剂的成功例子。

现有抑菌剂在规定的使用浓度范围内一般极少发生不良反应，但若增加用量则可发生原发性刺激及过敏等不良反应。原发性刺激是皮肤的一种炎症反应，尼泊金类少见有此反应，山梨酸有过引起原发性刺激的报道，使用后即产生红斑及刺痛，2 小时内完全消失；汞类抑菌剂高浓度时有较大的刺激和过敏的危害，一般不得超过规定限量（0.005%）；季铵盐类抑菌剂对皮肤的刺激及过敏性曾有不少报道，作抑菌剂时若浓度低于有效浓度（0.001%～0.002%）几乎无刺激性，但在较高浓度应用时，有明显的皮肤红肿发干的现象。可见，应从有效性（抑菌效力）和安全性综合考虑抑菌剂的用量。

48. 中药液体制剂需要注重色、香、味吗？如何使用矫味剂？

好的药品，除了安全、有效、稳定、质量可控外，还应具有患者服用的高依从性，故尽可能掩盖药物药剂的不良臭味，改善外观性状，使患者尤其是老年人和儿童乐于接受，在精神和心理层面均有积极的作用。对于中药液体制剂而言，必须对半成品及共制成品的颜色、气味、状态等外观性状予以考察，尽可能改变或减轻其存在的色深、味苦等不良性状。改善或解决这些问题的方法之一是使用矫味剂与矫臭剂。

（1）选用矫味剂的注意事项：一般矫味剂是改变味觉的物质，以甜味剂为主；矫臭剂是改变嗅觉的物质，多以芳香剂为主，但多数矫味剂兼具矫臭作用。从辨味的生理学着眼，矫味、矫臭应同时进行才能达到预期效果，而众多的矫味、矫臭剂的选用原则是在试验与经验总结中提出的。选用时，应注意以下几点。

1）咸味药物：卤族盐类药物均具有咸味，含芳香成分的糖浆对咸味具有较强的掩盖能力。

2）苦味药物：凡含生物碱、苷类的中药均有明显苦味，可用巧克力型香味、复方薄荷制剂、大茴香等加甜味剂来掩盖与矫正；若苦味有明显残留性，则加适量谷氨酸钠可缩短苦味残留时间。必须注意，苦味健胃药不得加矫味剂。

3）具涩味、酸味或刺激性的药物：宜选择增加黏度的胶浆剂和甜味剂加以矫正。

4）某些治疗特殊疾病的制剂：如治疗糖尿病的制剂，使用矫味剂矫味时慎用蔗糖，最好不用。可以用木糖醇、山梨醇、麦芽糖醇、甜菊糖苷等甜味剂。

总之在设计矫味、矫臭剂时，应针对具体品种的不愉快臭味，通过试验筛选相应的矫味、矫臭剂予以矫正。

（2）矫味剂的种类：具体如下。

1）甜味剂：分为天然与人工合成两类。天然甜味剂如蔗糖、甜菊糖苷、甘草酸二钠等。甜菊糖苷为《中国药典》收载品种，甜度约为蔗糖的 300 倍。人工合成甜味剂有糖精钠、蛋白糖等。蛋白糖化学名是天冬氨酰苯丙氨酸甲酯（商品名为阿斯巴甜，aspartame），又称天冬甜精，其甜度比蔗糖高150～200倍，为二肽类甜味剂，无后苦味，不致龋齿，可用于糖尿病、肥胖症患者。《美国药典》（USP）42版已收载，国内有食品规格产品生产。

2）芳香剂：主要分为2大类。天然芳香油及其制剂属天然芳香剂，如薄荷油、桂皮油、橘子油等；而由醇、醛、酮、酸、胺、酯、萜、醚、缩醛等香料组成的各种香型的香精，如香蕉香精、柠檬香精等属人工合成香精，有水溶性与油溶性二大类。

3）胶浆剂：胶浆剂之所以能矫味，是因其增加了制剂的黏度，从而既可阻止药物向味蕾扩散，又可干扰味蕾的味觉。常用胶浆剂系天然与半合成高分子聚合物，如淀粉、阿拉伯胶、果胶、琼脂、海藻酸钠、明胶、纤维素衍生物（如CMC-Na、MC）等，若佐以甜味剂，效果更佳。

4）泡腾剂：均由碳酸盐或碳酸氢盐与有机酸组成，其之所以能起矫味作用，是由于二者遇水后会产生CO_2气体，溶解于水呈酸性，可麻痹味蕾而达矫味作用，常与甜味剂、芳香剂合用，得到清凉饮料型佳味。常用酸有：枸橼酸、酒石酸、磷酸二氢钠（水溶液pH约4.5）、焦磷酸二氢钠、亚硫酸氢钠等；常用碱有：碳酸钠、碳酸氢钠、碳酸氢钾、甘氨酸钠碳酸盐（sodium glycine carbonate）、倍半碳酸钠（sodium sesquicarbonate）等。多数泡腾混合物酸的用量超过所需化学计算量，以增加酸味和稳定性。

5）包合物主体材料：主要包括环糊精及其衍生物。

49. 中药口服液体制剂口感调节有哪些常用技术和评价方法?

在保证中药制剂作用效果不受影响的前提下，通过简单、安全、经济可行的方法，有效改善口感，提高患者用药依从性。这有助于提高中成药在用药市场的使用比例，也可以更好地满足患者用药需求，具有十分重要的现实意义[14]。

（1）中药口服液体制剂口感调节常用技术有以下几种。

1）添加矫味剂：该方法较常用、相对容易实现，评价简单、快速、直接。

a. 增加甜味剂：甜味剂主要分为天然甜味剂和合成甜味剂两大类。天然甜味剂中以单糖和蔗糖糖浆为代表，应用最为广泛。合成甜味剂目前市面上较常见的有阿斯巴甜、糖精钠等。阿斯巴甜可有效避免蔗糖类糖浆剂带来的高热量，适用于肥胖患者、糖尿病患者。

b. 加入芳香剂：此方法基于嗅觉是影响味觉的重要因素的理论，芳香剂是通过嗅觉感官来达到改善制剂的香味和气味，混淆大脑以达到掩盖苦味的目的。通常将芳香剂和甜味剂联合使用，能够达到较好的矫味效果。甜味剂与氨基酸、盐类以及有机酸类合用也将产生较好的矫味作用。有研究采用薄荷脑作为矫味剂，取得了较好的矫嗅效果[15]。

2）加入苦味阻滞剂：苦味阻滞剂的作用原理是通过与苦味剂竞争性地争夺舌尖上的苦味受体，从而实现矫味的目的。近年来，研究人员已经开发了20余种苦味阻滞剂，具有全新的作用机制，能够有效掩盖药物不良味道，其中磷脂以及脂蛋白可以掩盖苦味受体的作用位点，从而达到矫味效果。

3）加入苦味消除剂：苦味消除剂能有效消除药物的苦味而不会破坏其成分，且不会影响药物的含量测定。

4）加入麻痹剂：使用具有局麻作用的矫味剂，可以提高苦味感受阈值，暂时性麻痹味觉细胞，进而达到掩盖苦味的效果。麻痹剂通常与芳香剂、甜味剂配合使用。多数麻痹剂本身也是中药有效成分，如丁香油：它的香辣味道可降低味蕾对药物味道的灵敏度，轻微地麻痹味蕾，该麻痹剂尤其适用于镇痛药、止咳药、祛痰药和缓解充血药。此外，薄荷脑（薄荷油）作为中药有效提取物，可以麻痹味觉细胞，达到掩盖苦味的效果。

5）环糊精包合物：将环糊精与药物制成包合物也可达到掩味目的。药物可在体内从环糊精中缓慢释放出来，生物利用度也不受影响。中药口服液体制剂的口感与特定的成分有关，有研究证实，在口服液体制剂中加入适量水溶性更好的羟丙基 -β- 环糊精可以很好地改善口感。

6）大孔离子交换树脂类：离子交换树脂是一种高分子聚合物，内含可电离活化的基团，可以与离子性药物靠静电作用相互吸附。人体口腔唾液量正常状态下分泌量较少，其中的正、负离子浓度很低，其药物与味蕾几乎没有接触，通过此方法可有效地掩盖药物的苦味。

7）多种掩味技术的联用：添加矫味剂等简单的矫味工艺对于苦味很强、水溶性好的药物的矫味效果往往不理想，必须与其他矫味技术联合使用才能更好地改善口感，这也是未来苦味矫味的发展趋势。甜味剂和芳香剂联合使用，采取增甜和加香合用的方法，通常可以达到更好的矫味效果。

8）制备微囊或微球：微囊、微球化是利用天然或合成的高分子材料为囊膜或成球材料，将药物作囊心物包裹或分散在成球材料中，从而减少或阻断药物与味蕾的接触，掩盖药物的不良气味。对于化学成分相对明确的中药口服液体制剂，可以考虑采用制备微囊或微球或制备成混悬剂。

（2）矫味效果的评价方法[16-17]：目前矫味技术的重要环节其中也包含味道评价，药学领域口感的评价仍以人品尝为主。有研究借用医学流行病学调查形式进行双盲试验，设计调查表格，采用统计学方法处理数据，取得满意效果。随后他们又将数学中的模糊综合评价法应用于中药口服液（金复康口服液）的矫味技术的评价，取得了良好的结果[18]。通过不同志愿者品尝所得结论虽然人性化，但受人为因素影响较大，客观性不强，因此，电子舌的应用应运而生。电子舌（electronic tongue，ET）是一种新型的检测仪器，它由一系列传感器组成，电脑代替了生物系统中的大脑功能，可对样品进行定性或定量分析。电子舌系统中的传感器阵列就好比生物系统中的舌头，可以感受不同的化学物质，可以采集不同的信号信息传送到电脑，通过软件进行分析处理，且针对不同的物质进行辨别，最后给出各种物质的感官信息。它得到的不仅仅是被测样品中某种或某几种成分的定量与定性结果，其实验结果显示的是样品的整体信息，所以又被称作“指纹”数据[19]。

与人体感官舌相比，电子舌具有灵敏客观、可重复、检测速度快、数据电子化和易描述的优点。目前，电子舌在新药研制、制剂工艺优选、处方改良、药材鉴定、药品控制、药物分析等多个药学领域中得到了应用。有研究[20]利用 Astree 电子舌对 3 种大黄颗粒矫味处方进行测定、分析、比较，两种评价结果一致。苏青等[21]研究发现，电子舌可以准确辨别药物味道的变化，证明该技术具有广泛的应用前景。

参考文献

[1] 许俊洁. 妇阴舒喷雾剂制备工艺与质量标准研究[D]. 武汉：湖北中医药大学，2017.

[2] 肖崇厚. 中药化学[M]. 上海：上海科学技术出版社，1997.

[3] MARTIN A N. Physical Chemical Approach to the Formulation of Pharmaceutical Suspensions[J]. J Pharm Sci，1961，50：513-517.

[4] 戴娣,王烈群,王秀文,等.硫酸钡混悬剂的反絮凝研究[J].药学学报,1979,14(9):549-556.
[5] MATTHEWS B A,RHODES C T. Use of the Derjaguin,Landau,Verwey,and Overbeek theory to interpret pharmaceutical suspension stability[J]. J Pharm Sci,1970,59(4):521-525.
[6] 朱立俏,于绍华,张茜,等.基于 HPLC-DAD 特征图谱分析莱菔子饮片酶解过程中化学成分的变化[J].中国实验方剂学杂志,2019,25(4):140-145.
[7] 何钦,刘缘章,白发平,等.牛蒡子炮制前后水煎液中主要成分含量变化研究[J].世界中西医结合杂志,2016,11(4):506-509.
[8] 朱虹.三种药物与不同材质包材的相容性研究[D].苏州:苏州大学,2017.
[9] 张悦.淀粉废水资源化处理中微波灭菌工艺及机理研究[D].哈尔滨:哈尔滨工业大学,2010.
[10] 康志英,连林生,符方非,等.微波灭菌技术在口服液类药品生产中的应用研究[J].中国药业,2012,21(12):59.
[11] 杨晓莉,贺聪莹,绳金房,等.中国药典 2015 年版抑菌效力检查法解读[J].中国药师,2016,19(9):1740-1742.
[12] 国家药典委员会.中华人民共和国药典:2020 年版[S].北京:中国医药科技出版社,2020.
[13] 曹寒梅,杨晓莉,蔡虎,等.3 种中药口服液体制剂抑菌效力测定与评价[J].中国药业,2019,28(14):37-39.
[14] 何燕,聂金媛,黄霁,等.国内外口服制剂掩味技术的研究进展[J].中国新药杂志,2010,19(8):671-675.
[15] 左晓春,冯锁民,刘君良,等.复方玄参口腔喷雾剂的制备与质量检查[J].应用化工,2011,40(10):1748-1750.
[16] 吴飞,赵春草,冯怡,等.中药口服制剂矫味研究的探讨[J].中国新药杂志,2015,24(8):893-899.
[17] 李小芳,吴珊,舒予,等.药物制剂中掩味技术的研究进展[J].中药与临床,2013,4(4):57-60.
[18] 王优杰,冯怡,章波.模糊数学在中药口服液矫味中的应用[J].中国中药杂志,2009,34(2):152-155.
[19] 杜瑞超,王优杰,吴飞,等.电子舌对中药滋味的区分辨识[J].中国中药杂志,2013,38(2):154-160.
[20] 李小芳,何倩灵,杨红,等.电子舌在评价大黄颗粒矫味效果中的应用[J].成都中医药大学学报,2011,34(2):80-82,91.
[21] 苏青,李文娟,谢家涛,等.黄芩提取物在纯化精制过程中的味道变化[J].中成药,2017,39(8):1742-1744.

（董自亮 陈周全 何军 陈世彬）

第十章　无菌制剂成型技术

无菌制剂指在无菌环境中采用无菌操作方法或无菌技术制备不含任何活的微生物的一类药物制剂。根据给药途径不同，2020 年版《中国药典》制剂通则中收载的无菌制剂包括注射剂、眼用制剂、植入剂。随着时代的快速发展，无菌制剂从理论技术到生产设备，再到生产环境都有了较大的发展，已成为广泛使用的剂型之一。本章将重点对注射剂及眼用制剂成型技术的相关内容进行阐述。

中药注射剂是以中医药理论为指导，采用现代科学技术和方法，是用从中药或天然药物的单方或复方中提取的有效物质制成的，可供注入人体内的灭菌溶液、乳状液以及供临用前配制成溶液的无菌粉末或浓溶液。按分散系统分类，中药注射剂可分为溶液型、混悬液型、乳浊液型和注射用无菌粉末等类型，根据临床需要，可通过静脉注射、肌内注射、穴位注射或局部病灶注射给药。中药注射剂是根据中医危急重症治疗用药的需要发展起来的一种中药全新剂型，最早的柴胡注射液在 20 世纪 30 年代已有应用，但中药注射剂的研究与应用是在 20 世纪 50 年代后才逐渐发展起来的。由于其成分复杂，技术难度大，不同时期的发展极不平衡。1985 年实施《中华人民共和国药品管理法》以后，中药注射剂走上理性发展的正确轨道，虽然批准上市的品种只有十几个，但已研制出如生脉注射液、双黄连粉针剂、康莱特注射液等临床疗效好的品种。2007 年 10 月起施行的《药品注册管理办法》、2007 年 12 月发布的《中药、天然药物注射剂基本技术要求》(国食药监注〔2007〕743 号)、2008 年 1 月发布的《中药注册管理补充规定》(国食药监注〔2008〕3 号)及《中国药典》等技术法规对中药注射剂的研究有了明确要求，这对其研究与发展有着重要的指导意义。

中药眼用制剂是由中药材提取物或中药材制成的直接用于眼部发挥治疗作用的制剂。2020 年版《中国药典》四部对眼用制剂的定义为：系指直接用于眼部发挥治疗作用的无菌制剂。可分为眼用液体制剂(滴眼剂、洗眼剂、眼内注射溶液等)、眼用半固体制剂(眼膏剂、眼用乳膏剂、眼用凝胶剂等)、眼用固体制剂(眼膜剂、眼丸剂、眼内插入剂等)。眼用液体制剂也可以固态形式包装，另备溶剂，在临用前配成溶液或混悬液。我国目前市售的眼用制剂 90% 以上为滴眼剂、眼膏剂。药物通过眼黏膜吸收，对眼部乃至全身有效，比注射给药更方便、简单、经济。

《药品生产质量管理规范》(简称 GMP)(2010 年修订)附录中指出无菌药品的生产必须严格按照精心设计并经验证的方法及规程进行，产品的无菌或其他质量特性决不能依赖于任何形式的最终处理或成品检验(包括无菌检查)。随着现代科学技术的不断发展，中药有效物质筛选、提取与分离、成型工艺、质量控制等关键问题必将得到有效解决，一些疗效稳定、安全性好、质量可控的新的无菌制剂品种将会不断涌现，以满足中医药现代化发展和临床急重症治疗用药的需要。

一、中药注射剂成型技术及问题解析

1. 具备哪些条件的中药、天然药物及其复方可选择制备成注射剂?

中药注射剂的原料可以是单味中药、天然药物及其复方，也可以是从中药、天然药物及其复方中提取的有效部位或有效成分，但不是所有的中药、天然药物及其复方都适宜制成注射剂。《中药、天然药物注射剂基本技术要求》明确指出："中药、天然药物注射剂的开发需要通过研究充分说明其安全性、有效性及必要性，并保证其质量的可控。"根据临床用药安全、有效、方便的原则，注射给药途径应该是解决口服等其他非注射给药途径不能有效发挥作用时的剂型选择，并应具备以下条件。

（1）临床急需，患者依从性良好：鉴于注射给药途径的特殊性与目前中药注射剂的复杂性，欲将中药材或天然药物及其复方制成中药注射剂，首要的条件应是临床急、重症等治疗需要，其疗效又明显优于其他给药途径。中药注射剂属于非肠道给药系统，有些中药选择注射剂作为剂型时，主要考虑这些中药不宜口服或者是用于不宜口服给药的患者。

同时，临床上还应考虑患者的依从性问题，中药注射剂存在剂量与疗效的问题，若肌内注射、穴位注射，一次给药量超过 5ml，很难被患者接受，而中药材或天然药物及其复方的用药量都较大，虽然制备时经过提取、分离、纯化等多道工序后可以减少用量，但有效成分的转移率，在保证中药原方临床疗效的同时又有良好的患者依从性，是中药材或天然药物及其复方选择注射剂作为剂型时的必备条件。

（2）主要成分基本清楚：有效物质的提取与分离是制备中药注射剂的关键。只有在主要有效成分基本清楚的前提下，才能明确提取、分离的目的和对象，以便使用科学合理的提取分离技术和方法制备符合注射剂成型工艺要求的半成品（中间体提取物）。而且，也只有主要成分清楚，才能建立切实可行的从原料到制剂的指纹图谱，并制定制剂的含量及其他检测标准，以有效控制中药注射剂的质量，确保用药安全、有效。因此，成分明确也是中药注射剂质量标准建立的基本条件。

（3）处方合理：制备注射剂的处方，一方面要符合中医学理论，另一方面也要兼顾处方中的多种组分，避免发生配伍禁忌。例如，在含有机酸和生物碱成分的中药配伍，含苷类与生物碱成分的中药配伍时，可能有沉淀生成，其沉淀有些即或是有效成分，但作为注射剂也是不允许沉淀存在的。所以在制备注射剂时决不能简单沿袭成方，需进行配伍研究和疗效再评价，只有既符合注射剂的现代制药工艺要求又符合中医学理论的处方，才可以选择注射剂剂型。

2. 注射剂剂型应该如何选择?

注射剂包括大容量注射剂、粉针剂和小容量注射剂。剂型的选择首先应在中医药理论指导下，按照中医辨证论治体系，结合药物的理化性质、稳定性和生物学特性，以及临床治疗的需要和临床用药的依从性；此外，还要考虑制剂工业化生产的可行性和生产成本等[1]。此外，还要考虑制剂的无菌保证水平。如果主药在水溶液中稳定性较好，同时又可以耐受终端灭菌工艺（F_0>12，微生物残存概率<10^{-6}），则适于开发成小容量注射剂或大容量注射剂；如果主药的稳定性不够好，则不适宜采用终端灭菌工艺，可考虑采用无菌生产工艺的剂型，如粉针剂或部分非终端灭菌的小容量注射剂。

3. 如何设计小容量溶液型中药注射剂的制剂处方？

中药注射剂包括溶液型、混悬液型、乳浊液型及注射用无菌粉末等几个类型，溶液型中药注射剂还有小容量和大输液之分。不同类型的中药注射剂对于制剂处方的设计要求不同。在此仅讨论小容量溶液型中药注射剂的制剂处方设计。

小容量溶液型中药注射剂中的溶质以分子或离子形式分散，制剂的安全、稳定、有效是制剂处方设计的根本目的。为此，对此类型的中药注射剂的处方设计，主要从以下几方面考虑。

首先，应对配液用原料或半成品（中间提取物）、有效成分或有效部位进行有关的理化性质与生物学性质研究，了解其溶解性、药物的稳定性（包括物理化学稳定性与生物学稳定性）、配伍特性、生理适应性等，为制剂处方设计提供依据。

其次，根据溶解性能选择适宜的溶剂。供注射剂选用的溶剂虽然不少，但一般用水和植物油作为注射用溶剂较常见。

再次，应根据中药或天然药物中有效物质的性质选择适宜的辅料。原则上，在可满足注射剂需要的前提下应尽量少用辅料。所用辅料的种类、规格及用量等的确定应有充分的合理性。例如，由于从中药或天然药物中提取的有效物质大多非单一成分，很难用一种溶剂解决溶解问题，因此往往需要使用增溶剂或助溶剂，以提高药物在溶剂中的溶解度；有的中药注射剂只要调节适当的 pH，药物就能达到较好的溶解度，因此，pH 调节剂在中药注射剂处方中很重要；有效成分属对氧气敏感的物质，在处方筛选时，需考虑添加抗氧剂以提高其稳定性；值得注意的是，若需在中药注射剂中加入抑菌剂则需进行充分研究，同时应结合稳定性和安全性的研究结果来证明加入抑菌剂的合理性，有些注射剂如用于静脉注射的注射剂，是不能加入抑菌剂的。

最后，中药注射剂附加剂的选用一定要慎重，辅料选择应考虑药物与辅料以及不同辅料之间的相容性，必要时应进行相容性研究。制剂处方设计还应结合制备工艺、稳定性影响因素等研究，对制剂处方进行优选。处方筛选过程中应重点考察溶液性状、pH、不溶性微粒、可见异物、溶液颜色与澄清度、渗透压、含量等指标。

4. 如何设计中药注射用无菌粉末（中药粉针剂）制剂处方？

中药粉针剂是中药注射剂的一个分支。根据药物性质与生产工艺的不同，一般分为两类：中药无菌分装粉针剂和中药冷冻干燥粉针剂。前者是将中药原料精制成无菌粉末，在无菌条件下进行分装，对生产要求较高，加之很少有中药提取物适合制成无菌粉末直接分装，因此应用较少。目前生产的中药粉针剂大多采用冷冻干燥（简称冻干）的方法制成，本题主要讨论以冷冻干燥法制备中药粉针剂的制剂处方设计。

采用冷冻干燥法制备中药粉针剂时，首先须将有效部位或中间体（中药提取物）溶解于灭菌注射用水中，然后才用冷冻干燥法制备。因此，制备此类中药粉针剂的前提是有效部位或中间体在水中要有一定的溶解度。但是，一般的中药有效部位或中间体很少能用水溶解后就直接冻干的，大多还需要一些附加剂的帮助才能制备成粉针剂。因此，制剂处方中还涉及附加剂种类及用量的选择。制剂处方一般由药物、溶剂、pH 调节剂、冻干赋形剂或保护剂等组成，应根据试验确定。冻干支架或保护剂的选择是制剂处方设计的重要部分。常用的冻干赋形剂或保护剂有糖类（如甘露醇、葡萄糖、乳糖等）、盐类（如氯化钠、谷氨酸钠等）、高分子化合物（如葡聚糖、PVP 等）等物质。冻干溶液的配方应注意使溶液的浓度适当，一般在 4%～25%，最佳浓度为 10%～15%。附加剂的选择还应考虑冻结温度不能太低，太低会导致干燥温度低、干燥时间长，甚至设备能力无法达到。

5. 如何制备中药注射用无菌粉末（中药粉针剂）？

中药注射用无菌粉末根据生产工艺条件和药物性质不同，可分为两类：一类为用冷冻干燥方法制得的中药粉针剂，称为中药冷冻干燥粉针剂；另一类为用其他方法如灭菌溶剂结晶法、喷雾干燥法制备无菌粉末后，再在无菌条件下分装制得的中药粉针剂，称为中药无菌分装粉针剂。前已述及，中药无菌分装粉针剂应用较少。在此，主要讨论冷冻干燥法制备中药粉针剂的成型工艺。

（1）中药冷冻干燥粉针剂的工艺及设备：中药冷冻干燥粉针剂是将从中药、天然药物中提取的有效物质溶解于注射用水中，经无菌过滤后，滤液用无菌操作法分装于灭菌安瓿或西林瓶内，再进行冷冻干燥而制得；也有将经无菌过滤后的滤液用无菌操作注入无菌托盘中，再经冷冻干燥、粉碎过筛、分装后制得。配液前的工艺与一般注射剂生产工艺相同，但从无菌过滤、分装、冷冻干燥、压塞到轧盖等工序必须在无菌生产车间内完成。冷冻干燥工艺主要包括冻结、升华、干燥 3 个阶段。为得到高质量的产品，应该严格控制生产工艺和操作技术。典型的冻干系统通常由冻干箱、真空冷凝器、热交换系统、制冷系统、真空系统和仪表控制系统等 6 部分组成。冻干工艺是冻干粉针剂制备的关键工序之一，其重要的参数需通过制订冻干曲线确定。

（2）冻干技术的首要步骤是进行处方设计：首先，冻干前要对药品的原料和辅料进行合理选配，并且选择共熔点较高的保护剂，使其更好地进行升华干燥，缩短冻干的时间，而且还要选择适宜的抗氧剂以及调节剂保证制剂的稳定性；其次，处方中的固体物质质量比一般在 2%～3%，所以需要保证药剂制品的固体物质占比，防止在冻干过程中出现破裂或脱离容器的现象。

（3）冻干曲线的设计：冻干过程中最重要的参数是制品的温度和干燥箱内的压力，冻干曲线是表示在冻干过程中产品的温度、压力随时间而变化的关系曲线。为了监测冻干过程的主要参数，配有自动记录仪的冻干机一般均自动记录搁板温度、制品温度、水汽凝结温度、冻干箱压力等 4 个参数和时间的关系曲线，这些曲线均为冻干曲线。制定冻干曲线主要需确定下列参数。①预冻速率；②预冻温度；③预冻时间；④水汽凝结器的降温时间和温度；⑤升华速率和干燥时间。

（4）冻干工艺验证：包括新产品的前验证和对老产品的回顾性验证。制品的前验证是通过一系列生产规模的验证试验来逐项确认其设计或中试技术参数在规模生产中的适用性和重现性。回顾性验证是通过对历史的与该制品冻干工艺有关的技术数据原始记录，批生产质量留样数据等能够客观反映该制品实际生产状况的数据进行汇总、归纳、分析，并对其进行技术评价。冻干工艺验证的主要内容包括：制品工艺（水分、冻结速度、温度）与干燥时间、制品容器的气密性、冻干箱的在线清洗、冻干系统的在线灭菌、气体过滤器具性能等。

6. 如何设计中药输液剂的制剂处方？

中药输液剂指将从中药、天然药物及其复方中提取的有效物质制备成由静脉滴注输入人体内的大容量注射剂。与常规的静脉注射中药注射剂相比，中药输液剂无须在临用前注入葡萄糖等溶液中，而是直接使用，减少了污染，显示其优越性；然而由于中药注射剂成分的复杂性，以及输液剂工艺、质量、安全、设备、成本的高要求，若不是因有效组分的溶解度远低于给药剂量，一般不宜设计为中药输液剂，将已有中药小容量注射剂改为大输液更无必要。

根据分散系统，中药输液剂又可分为溶液型中药输液剂（如鱼腥草注射液）和乳浊液型中药输液剂（如康莱特注射液）。乳浊液型中药输液剂的处方设计可结合乳浊液型中药注射剂与中药输液综合考虑。本问题主要讨论溶液型中药输液剂制剂的处方设计。

与溶液型中药注射剂不同的是，溶液型中药输液剂一次注射量较大，以注射用水作为溶剂，较容易达到临床用药的治疗剂量。如果药物原料在水中的溶解性较差，可考虑选用适当的增溶剂，但必须慎用。如非得使用，应进行配伍试验和安全性试验。由于是供静脉滴注的大容量注射剂，对 pH 和渗透压的要求高，因此，pH 调节剂和等渗调节剂的选择及用量也是中药输液剂制剂处方设计的重要部分，使中药输液尽可能地与血液的 pH 和渗透压相近。抗氧剂可以选择应用，但必须不影响输液的安全性和药物的稳定性。在中药输液剂制剂处方设计时应注意的是，输液中不得添加抑菌剂，须用其他手段保证中药输液的生物稳定性和安全性。

7. 以净药材投料的中药注射剂对原料（中药材）有哪些质量要求？对半成品有哪些质量要求？

以净药材为原料是中药注射剂常见的投料方式。由于药材的质量直接影响到中药注射剂成品的质量，按照《中药注射剂安全性再评价生产工艺评价技术原则（试行）》的相关要求，以药材为中药注射剂的原料时药材必须符合一定的质量要求。

第一，中药注射剂的处方组成及用量应与国家标准一致。

第二，应采取有效措施保证原料质量的稳定。药材由于产地、采收季节、加工方式的不同，其成分会发生变化，为保证产品质量的一致性，对动植物药材均应固定品种、药用部位、产地、采收季节、产品加工和炮制方法，矿物药包括矿物的类、族、矿石名或岩石名、主要成分、产地、产品加工、炮制方法等。以人参为例，实验证实，对不同加工方法的人参贮存 1 年而言，红参、生晒参因含水量较高，在贮存中总皂苷含量明显下降，其中红参下降 25.18%，生晒参下降 32.85%，冻干参因贮存前后含水量均较低，在贮存中总皂苷含量几乎无变化。因此，应固定药材的基源、药用部位、产地、采收期、产地加工、贮存条件等，建立相对稳定的药材基地，并加强药材生产全过程的质量控制，尽可能采用规范化种植的药材。无人工栽培的药材，应明确保证野生药材质量稳定的措施和方法。

第三，为确保注射剂的质量，对毒性或刺激性大，或鞣质、钾离子含量高，在精制过程中难以除去，而影响注射剂安全性、稳定性的中药材，可以在遵循中医理论的前提下，用毒性低、刺激性小，或鞣质、钾离子含量低而功效相同的其他的药材进行替换，亦即使用《药品注册管理办法》中所指的中药材的代用品。但是必须注意，使用了中药材代用品的中药注射剂处方，除需进行药效、毒理的相关研究外，还要按照《药品注册管理办法》中的有关规定进行充分对比研究，并按补充申请的要求进行申报，获批后方可替换。

第四，用于注射剂的原料应具有法定标准，无法定标准的原料，一般应按照《药品注册管理办法》中的有关规定提供相关研究资料，随制剂一起申报。无法定标准的提取物应建立其质量标准，如药材指纹图谱、有效成分（或有效部位）含量测定方法及限度、杂质限度检查等，并附于制剂质量标准后，仅供制备该制剂用。

第五，中药注射剂原料药材的生产、管理应严格执行《中药材生产质量管理规范》（简称中药材 GAP）的标准，这样可以规范中药材的生产过程，保证和提高中药材的质量，以满足制药企业和临床用药的需要，是中药注射剂现代化的基础和必由之路。中药材 GAP 的标准主要包括生产基地环境、种子和繁殖材料、栽培生产、采收及产地加工、包装、运输与贮藏、质量检测、人员及设备、文件记录及档案管理等。

第六，《中药、天然药物注射剂基本技术要求》规定："以净药材为组分的复方注射剂，应该用半成品配制，并制定其内控质量标准，符合要求方可投料。"以净药材为原料的复方中药注射剂，配液时应以半成品计算投料量，而不是以原药材计算投料量。半成品的内控质量项目主要包括：半成品名称、处方、制法、性状、鉴别、检查（蛋白质、鞣质、重金属、砷盐、草酸盐、钾离子、树脂、炽灼残渣、水分、农药残留量及可能引入的有害有机溶剂残留量等）、主要成分的含量限度等。

8. 以有效成分或有效部位为组分的中药注射剂对原料有哪些要求？

除了以原药材投料外，中药注射剂也可以有效成分或有效部位为原料，如灯盏花素注射液、猪苓多糖注射液等。有效成分指从中药或天然药物中得到的未经化学修饰的单一成分，如灯盏花素注射液中的灯盏花素；而有效部位则是从中药或天然药物中提取的一类或数类成分，如三七中的总皂苷。作为中药注射剂原料的有效成分或有效部位，其质量标准项目主要包括：名称、处方、制法、性状、鉴别、检查（蛋白质、鞣质、重金属、砷盐、草酸盐、钾离子、树脂、炽灼残渣、水分、农药残留量及可能引入的有害有机溶剂残留量等）、含量测定、功能主治、用法用量、贮藏、有效期等，其中，对含量测定有严格规定。有效成分中单一成分的含量应当占总提取物的 90% 以上，同时还需要提供溶解度的试验资料。以有效部位为组分配制的中药注射剂应根据有效部位的理化性质，研究其单一成分或指标成分的含量测定方法，选择重现性好的方法，并进行方法学考察试验，所测定的有效部位含量应不少于总固体量的 70%（静脉用不少于 80%）。建立质量标准时，应将总固体量、有效部位量和某单一成分量均列为质量标准项目。

作为中药注射剂原料的有效成分或有效部位，可以是生产注射剂的企业自己生产，也可以从别的生产企业购入。企业自身生产时，必须按 GMP 的要求管理生产过程，并且要符合相应的国家药品标准（有可能是企业申报制剂时一并申报的药品标准）。

从别的生产企业购入作为中药注射剂原料的有效成分或有效部位，该生产企业必须符合 GMP 要求，原料必须为注射级，并符合相应的国家药品标准。为保证中药注射剂的质量，一般而言，原料购入要有固定的企业来源。无法定药品标准的原料，一般应按照《药品注册管理办法》中有关规定提供相应的研究资料，随制剂一起申报。

9. 中药原料前处理有哪些要求？

中药原料前处理作为中药制剂生产过程中的关键环节，直接关系到制剂的质量。中药原料前处理应具备以下要求。

首先，应遵循中医药理论，满足临床用药和中药制剂生产的需求。在继承中医用药经验和习惯的前提下，保留其特有的传统工艺，保证生产过程的可操作性、质量的可控性。

其次，原料及炮制方法应符合国家药品标准或各省、自治区、直辖市制定的饮片标准或炮制规范。新的炮制方法应提供充分的依据，并与传统工艺进行对比研究，制定合理的饮片质量标准。炮制用中药材、炮制用辅料均应符合法定标准；无法定标准的中药材、饮片、辅料，应研究建立相应的内控标准。中药制剂生产用饮片需在符合GMP的条件下进行炮制。毒性饮片、涉及濒危物种的原料应符合国家的有关规定。

再次，原料前处理应考虑中药制剂生产的需求，根据中药材、提取物等的关键质量属性及生产设备能力确定前处理的方法、参数及质量要求；应充分考虑中药制剂生产用饮片与临床调剂用饮片的差异，根据原料特点及实际生产需求确定合适的饮片规格。

最后，原料前处理的工艺方法和参数是影响中药制剂质量稳定的关键因素之一，应对前处理步骤中导致中药制剂质量波动的关键环节和风险控制点加强研究与控制，以利于保证中药制剂质量的稳定均一。

10. 制备中药注射剂的溶剂有哪些？应如何进行选择？

溶剂是中药注射剂的重要组成部分，在保证产品的安全、有效、稳定方面起着非常重要的作用，所以正确选择溶剂对保证注射剂的质量很关键。注射剂常用的溶剂有如下几种。

（1）水：是最常用的溶剂，本身无药理作用，能与乙醇、甘油、丙二醇等溶剂以任意比例混溶。水也能溶解大多数无机盐和有机药物，但水性液体制剂中药物稳定性较差，容易霉变。注射用水的质量要求在《中国药典》中有严格的规定。除一般纯化水的检查项目均应符合规定外，必须无菌无热原。2020年版《中国药典》规定注射用水为纯化水经蒸馏法所得的水，有些国家规定也可用反渗透法制备。注射用水无论以何种方法制得，配制注射液时都以新制注射用水为好。注射用水宜用优质不锈钢容器密闭贮存，排气口应有无菌过滤装置。若贮存时间需要超过12小时，必须在80℃以上保温，或65℃以上循环保温，或2～10℃冷藏及其他适宜方法无菌贮存，贮存时间以不超过24小时为宜。注射用水贮槽、管件、管道都不得采用聚氯乙烯材料制备。

（2）注射用油：《中国药典》规定注射用油应无异臭、无酸败味，色泽不得深于黄色5号标准比色液，在10℃时应保持澄明，皂化值为185～200，碘值为78～128，酸值不大于0.65，并不得检查出矿物油。凡经过精制后符合注射用油要求，对人体无害，能被组织所吸收者，都可选为注射用油。常用的注射用油为植物油，主要为注射用大豆油，其他还有注射用麻油、花生油、菜籽油等。注射用油应贮存于避光、洁净的密闭容器中，低温贮存后过滤，以除去油中蛋白质以及一些高熔点的脂类物质，可增加油的稳定性和耐寒性。为防止注射用油氧化酸败，可考虑加入抗氧剂如没食子酸、维生素E等。使用前需在150℃加热1小时灭菌，然后冷至60～80℃配料。

（3）其他常用的非水溶剂

1）乙醇：能与水、甘油、挥发油等任意混合，能溶解生物碱、苷类、挥发油、内酯等成分，延缓强心苷等的水解，有一定的生理作用。作注射用溶剂时乙醇的浓度可高达50%，可供肌内注射或静脉注射，但当乙醇浓度＞10%，肌内注射时可能有疼痛感。乙醇对小鼠的半数致死量（LD_{50}），静脉注射为1.973g/kg，皮下注射为8.285g/kg。

2）甘油：能与水或乙醇以任意比混溶，由于黏度及刺激性等原因，不能单独作为注射用溶剂，常与水、乙醇、丙二醇混合使用，以增加药物的溶解度。一般用量为15%～20%（应注意通针性问题）。甘油对小鼠的 LD_{50}，皮下注射为 10ml/kg，肌内注射为 6ml/kg。甘油是鞣质和酚类成分的良好溶剂。

3）丙二醇：能与水、乙醇、甘油相混溶，在注射剂中使用 1，2- 丙二醇。本品在一般情况下稳定，但在高温条件下（250℃以上）可被氧化成丙醛、乳酸、丙酮酸及乙酸。丙二醇能溶解多种挥发油与多种类型药物，具有溶解范围广的特点，但不能与脂肪油相混溶。因丙二醇低毒，可供肌内注射或静脉滴注给药。此外，不同浓度的丙二醇水溶液有使冰点下降的特点，可用于制备各种防冻注射剂。丙二醇对小鼠的 LD_{50}，腹腔注射为 9.7g/kg，皮下注射为 18.5g/kg，静脉注射为 5～8g/kg。

4）聚乙二醇：为环氧乙烷的聚合物，常用作注射用溶剂的是低分子量的 PEG 300、PEG 400 等，系无色略有微臭的液体，略有引湿性。能与水、乙醇相混合，化学性质稳定，不易水解。PEG 300 对大鼠的 LD_{50}，腹腔注射为 19.125g/kg，PEG 400 对小鼠的 LD_{50}，腹腔注射为 4.2g/kg。

5）油酸乙酯：为浅黄色油状液体，有微臭，不溶于水，能与乙醇、乙醚、三氯甲烷及脂肪油等相混合。其性质与脂肪油相似，但黏度较小，在 5℃时仍保持澄明，能迅速被组织吸收，但贮存后将变色。

此外，还有苯甲酸苄酯、二甲基乙酰胺、乳酸铵、肉豆蔻异丙基酯等可以作为中药注射剂的辅助溶剂。

正确选择注射剂溶剂是成功制备注射剂的关键。选择注射用溶剂应遵循“相似者相溶”的原则。注射用水和注射用植物油是中药注射剂常用的溶剂，一般根据配液前的药物溶解性，选择其中之一作为注射剂的溶剂。其他注射用非水溶剂根据药物的需要也可以选择使用，但必须注意安全性问题。如单一溶剂不能解决溶解性问题，可考虑采用混合溶剂及其他增加药物溶解度的方法。另外，选择溶剂时还应考虑所选溶剂对药物稳定性的影响，以保证制成的产品安全、有效、稳定、可控。

11. 中药注射剂辅料如何选择?

注射剂在制备过程中，为确保安全、有效、稳定，除主药和溶剂外常加入辅料以增加溶解度、提高稳定性等。注射剂中常用辅料种类及辅料名称如表 2-10-1[2]。

表 2-10-1　中药注射剂常用辅料种类及辅料名称

辅料种类	辅料名称
增溶剂	聚山梨酯 80、L- 精氨酸、碳酸钠、羟丙基 -β- 环糊精
抗氧剂	焦亚硫酸钠、维生素 C、甲硫氨酸
螯合剂	依地酸二钠
稳定剂	山梨醇、大豆油、油酸、L- 赖氨酸、右旋糖酐 40
乳化剂	卵磷脂
pH 调节剂	氢氧化钠、盐酸
缓冲剂	枸橼酸、枸橼酸钠、磷酸氢二钠、磷酸二氢钠、醋酸、醋酸钠
等渗调节剂	氯化钠、葡萄糖
抑菌剂	苯甲醇

辅料是构成药物制剂的必要辅助成分，对药剂的生产、医疗应用和药品疗效有重要作用，辅料的种类及用量需根据药物有效成分的理化性质，基于制剂的成型性和稳定性、成品药动学特性及临床安全性等评估结果来确定。

中药注射剂用辅料应采用符合注射用要求的质量标准。有药用标准的辅料，需根据情况按注射用要求对标准进行完善。对于注射剂中有使用依据，但尚无注射用标准的辅料，必要时应对非注射用辅料进行精制使其符合注射用要求，并制定内控标准。

辅料的质量标准一般应包含热原（细菌内毒素）、微生物限度检查、杂质等检查项目。

12. 中药注射剂直接接触药品的包装材料应该如何选择?

容器是与注射用药直接密切接触的，选择与处理不当，不仅影响产品质量，还危及用药安全。因此，必须要根据药品的特性和包装材料（简称包材）的材质、配方及生产工艺，选择对光、热、冻、放射、氧、水蒸气等因素屏蔽阻隔性能优良、自身稳定性好、不与药品发生作用或互相迁移的材料和容器。根据《中华人民共和国药品管理法》，我国对药品包装材料实行产品注册制度，药品生产企业使用的直接接触药品的包装材料和容器，必须符合药用要求和保障人体健康、安全的标准。因此，直接接触药品的包装材料应具备以下要求。

首先，要选择通过审批、获得注册证的药品包装材料和容器，且其质量应符合国家药品监督管理局颁布的包材标准，或《美国药典》《欧洲药典》《英国药典》《日本药局方》等世界主流药典的要求。

其次，应根据注射剂本身的热稳定性能达到的最高无菌保证水平，选择包装材料和容器。

最后，应选择与药品相容性良好或是未发生引起药品安全性风险的相互作用的包装材料和容器。

13. 中药注射剂用玻璃安瓿瓶应如何选择和处理?

中药注射剂包括小容量注射液、大容量注射液和注射用粉针剂，通常使用玻璃安瓿瓶、管制注射剂玻璃瓶（西林瓶）、玻璃输液瓶、塑料输液瓶（PP、PE）、多层共挤输液袋（三层、五层）等。药用玻璃具有较好的物理、化学稳定性，生物安全性相对较高等优点，在中药注射剂中使用较为广泛。在为注射剂选择玻璃包装容器时，需要关注玻璃容器的保护作用、相容性、安全性，以及与工艺的适用性等。

安瓿是中药注射剂最常用的容器，主要用于单剂量注射剂，其容积有 1ml、2ml、5ml、10ml、20ml 等规格。目前，中国参考 ISO 12775：1997（E）分类方法，根据三氧化二硼（B_2O_3）含量和平均线热膨胀系数（coefficient of mean linear thermal expansion，COE）的不同将玻璃分为两类：硼硅玻璃和钠钙玻璃，其中硼硅玻璃又分为高硼硅玻璃、中硼硅玻璃和低硼硅玻璃。

中药注射剂生产过程中，安瓿通常采用超声法洗涤，再采用隧道灭菌干燥机进行干燥灭菌。未经干燥的安瓿，应在洗涤后规定的时间内使用。因此，如不是立即灌药液的安瓿，或用于灌注与水不相溶的液体（如注射用油）的安瓿，应重新进行干燥灭菌。

为了避免因玻璃安瓿引入热原而引起安全性问题，生产过程中需对直接接触药品的包材进行除热原的研究及控制。

14. 西林瓶用胶塞应如何选择及处理?

冻干粉针剂通常采用玻璃管制瓶包装，其配套的胶塞与药液直接接触，胶塞质量好坏直接影响药品质量。目前注射剂常用的胶塞包括卤化丁基胶塞、溴化丁基胶塞、氯化丁基胶塞，根据药物特性，为减少药液与胶塞直接发生反应，还可选择覆膜胶塞。所选择的胶塞应通过审批、获得注册证，且其质量应符合国家药品监督管理局颁布的标准要求。

生产过程中，胶塞通常采用超声法进行清洗，121℃灭菌 30 分钟后真空干燥 120 分钟，应在规定的时间内使用。

为了避免因胶塞引入热原而引起安全性问题，生产过程中需对直接接触药品的包材进行除热原（细菌内毒素）的研究及控制。

15. 如何开展包装材料相容性试验?

注射剂的药物与玻璃包装容器可发生相互作用，如玻璃中的金属离子、镀膜成分可能会与药液发生反应从而迁移进入药液，致使药液颜色变深、药物降解、pH 改变、产生沉淀、出现可见异物等现象，给输液带来潜在的安全性风险。因此，国家食品药品监督管理局于 2012 年 11 月发布了《关于加强药用玻璃包装注射剂药品监督管理的通知》，明确要求注射剂产品与所用药用玻璃的相容性研究应符合《药品包装材料与药物相容性试验指导原则》（YBB00142002）等相关技术指导原则的要求。药品与包装材料相容性研究的内容主要包括 3 方面：提取试验、相互作用研究（包括迁移试验和吸附试验）和安全性研究。

相容性研究通常由以下 6 个方面组成[3]。

（1）确定直接接触药品的包装组件，特别是关键包装组件。

（2）了解或分析包装组件材料的组成、包装组件与药品的接触方式及接触条件、生产工艺过程。

（3）分别对包装组件所用的不同材料进行提取研究，获得材料相关的组成及工艺信息。

（4）进行制剂与包装材料的相互作用研究，包括迁移试验和吸附试验，获得包装系统对主辅料的吸附及在制剂中出现的浸出物信息。

（5）对可提取物是否超过分析评价阈值（AET）进行研究，当一个特定的可提取物 / 浸出物水平达到或超过该值时，需对此可提取物 / 浸出物进行分析，应将其报告给相关部门进行毒性评估，并对制剂中的浸出物进行安全性评估。

（6）对药品与所用包装材料的相容性进行总结，得出包装系统是否适用于药品的结论。

16. 如何选择与处理输液剂容器?

目前输液剂的主要容器玻璃瓶是由硬质中性玻璃制成，此外还包括密封附件橡胶塞等，输液剂容器不仅在制备注射液的过程中要经高温灭菌，而且还要在各种不同的环境下长期与药液接触。因此，其选择与处理是否符合要求直接关系到输液剂的质量。

输液瓶的选择，其玻璃质量应为中性硬质、透明无色，具有耐水性、耐碱性、耐酸性，对药液有抗腐蚀性，高压灭菌和贮运过程中不易破碎，外观应光滑均匀、端正、无条纹、无气泡等，特别应注意瓶口内径要合适，应无毛口，否则易擦伤衬垫薄膜及橡胶塞从而造成废品。

输液瓶的处理：输液瓶的清洗通常包括粗洗瓶和精洗瓶两个工序。粗洗瓶工序可采用超声波粗洗瓶机进行，按照“输瓶→理瓶→进瓶→超声波粗洗→2 次循环水冲洗（5μm 钛棒过滤→0.45μm 聚丙烯滤芯过滤→0.22μm 聚丙烯滤芯过滤）→排瓶输出”的顺利清洗。精洗瓶工序可采用厢式精洗机进行，按照“储瓶→分瓶→进瓶→纯化水冲洗（0.22μm 聚丙烯滤芯过滤）→注射用水精洗（0.22μm 聚丙烯滤芯过滤）→排瓶输出”的顺序清洗。每 15 分钟应检查玻瓶精洗质量，每次抽查不得低于 10 瓶，质量应符合相关规定。

橡胶塞的质量对输液澄明度影响很大，要求橡胶塞应有弹性和柔曲性，针头容易刺入，拔出后要立即闭合；能耐高热、高压；具有化学稳定性，不与药液起作用；具耐溶性，以免增加药液杂质；吸附性能小等。橡胶塞的主要成分是橡胶。此外，还含有硫黄（增加橡胶的机械强度）、氧化锌、碳酸钙（作填充剂）、硬脂酸（增加塑性）等。如果橡胶塞的质量不好，附在橡胶塞上的不溶性物质易落入溶液中，使大输液形成胶状溶液、混浊，或形成白点、白块等。溶解在药液中的锌离子，注入人体后可与血清蛋白结合，形成锌蛋白络合物，可出现发热等输液反应。因此，橡胶塞在用前必须处理。

胶塞的处理方法：生产通常采用超声波胶塞漂洗机对胶塞进行清洗。清洗前先设置好设备清洗参数，如漂洗时间、超声波时间、喷气时间，每一环节设置时间不得低于 2 分钟，重复清洗三次后，取样槽内的清洗水检查可见异物，应符合规定。如有需要可重新清洗。

17. 如何评价聚山梨酯 80 在中药注射剂中的作用？

早在 20 世纪 50 年代，聚山梨酯 80（吐温 80）就被用于利血平的增溶来配制浓度为 0.25% 的注射剂。近年来，聚山梨酯 80 在中药注射剂中广泛地用作药物的增溶剂。从对国内一些省市药品标准收载的 63 种中药注射剂的统计来看，处方中加用聚山梨酯 80 的品种达到 61%，其用量一般为 0.5%～2%。聚山梨酯 80 在中药注射剂中主要用于增加脂溶性成分的溶解度，以改善注射剂的澄明度，增加药液中的含药量。如香丹注射液中使用聚山梨酯 80 可增加降香挥发油的溶解度，红茴香注射液中加聚山梨酯 80 可增加其脂溶性提取物（以乙醇为溶剂提取制得）在水中的溶解度，等。因此，聚山梨酯 80 在中药注射剂中起非常重要的作用。但是，中药注射剂在使用聚山梨酯 80 时出现的一些问题也应当引起人们的注意。

首先，聚山梨酯 80 和其他增溶剂一样，可使中药注射剂产生起昙现象，其昙点为 93℃。但当中药注射剂中含有生物碱盐类成分、杂质，或加入了苯甲醇、氯化钠等附加剂时可能会引起聚山梨酯 80 的昙点下降，当其昙点降低至 40℃以下时，室温贮藏也可能发生起昙现象，从而影响药品质量。因此，中药注射剂在制备时的昙点应控制在 45℃以上。

其次，研究发现聚山梨酯 80 具有一定的生物和药理、毒理活性，具有一定的致敏性、溶血性、肝毒性以及外周神经毒性等方面的毒性效应[4]，这也是造成中药注射剂不良反应的原因之一。因此，中药注射剂若需添加聚山梨酯 80 作为增溶剂需控制好用量，且应开展深入的特殊安全性试验及毒理试验，以证明其使用安全性。

另外，有些有效成分与聚山梨酯 80 存在配伍稳定性问题，如有效成分为酚类的中药注射剂加入聚山梨酯 80 后，聚山梨酯 80 能与酚羟基缔合，降低该类成分的疗效。可见，并不是所有的中药注射剂都适合用聚山梨酯 80 来解决澄明度和稳定性的问题。例如复方柴胡注射液的澄明度不好是由于聚山梨酯 80 的存在，因此去掉聚山梨酯 80 而改用丙二醇作助溶剂。聚山梨酯 80 经加热其 pH 会下降，在静脉注射中聚山梨酯 80 还会引起微溶血和降血压的作用，这些都应引起足够的重视。

因此在处方工艺研究过程中，需对辅料种类及用量进行深入研究，通过配伍试验及长期稳定性试验考察，以进一步证明使用聚山梨酯80的合理性。必要时，可采用其他增溶剂/助溶剂替代，以减少临床安全性风险。

若大剂量长期静脉使用则必须经毒理试验，以确保用药安全。

18. 中药注射剂的配液、灌封对生产环境和人员有何要求？

注射剂是直接注入体内的，对其质量必须严格要求。为了能保证产品的合格，应注意生产环境与条件必须达到GMP要求。环境及条件控制的标准，随着所属工艺性质(洗涤、配制、灌封、灭菌、包装)和所制产品类型的不同而不同。

药品生产洁净室(区)的设计必须符合相应的洁净要求，包括达到“静态”和“动态”的标准。无菌药品生产所需的空气洁净度分为4个等级[5]，见表2-10-2。

表2-10-2 空气洁净度等级表

洁净度级别	每立方米悬浮粒子最大允许数量			
	静态		动态	
	粒径≥0.5 μm	粒径≥5 μm	粒径≥0.5 μm	粒径≥5 μm
A级	3 520	20	3 520	20
B级	3 520	29	352 000	2 900
C级	352 000	2 900	3 520 000	29 000
D级	3 520 000	29 000	不作规定	不作规定

中药注射剂的生产车间按生产工艺及产品质量要求划分为一般生产区、控制区和洁净区，而且要求洁净区相对集中。一般生产区是无空气洁净度要求的生产或辅助房间，用于中药材的前处理、去离子水的制备、输液瓶的酸碱处理、机房等。控制区是对室内空气洁净度或菌落数有一定要求的生产或辅助房间，洁净度为C级或D级，与一般生产区的连接要有缓冲室(区)，主要包括注射剂的灭菌、灯检、印字、包装及粉针剂的轧盖等工序。洁净区是有较高洁净度或菌落要求的生产房间，洁净度为B级或A级，主要用于不能热压灭菌的注射剂生产的瓶子的干燥、贮藏及粉针剂原料过筛、混合、分装加塞或配液、灌封、冻干等。

在整个中药注射剂的制备工序中，配液和灌封是对注射剂质量影响最大的两个环节，其生产环境和人员的要求比其他工序更严格。无菌药品的生产操作环境应根据产品特性、工艺和设备等因素选择适当的洁净区级别。最终灭菌注射剂及非最终灭菌注射剂各工序生产洁净度级别如表2-10-3、表2-10-4所示。

洁净室(区)内人员数量应严格控制，其工作人员(包括维修、辅助人员)应定期进行卫生和微生物学基础知识、洁净作业等方面的培训以及考核。工作人员进入A/B级区，都应更换无菌工作服；或至少每班更换一次，所有洁净区的工作人员必须按照我国现行的GMP中对人员的要求执行后，才能进入洁净(室)区。

表 2-10-3 最终灭菌产品生产洁净度级别

洁净度级别	最终灭菌产品生产工序
C 级背景下的局部 A 级	高污染风险的产品灌装（或灌封）
C 级	产品灌装（或灌封） 高污染风险产品的配制和过滤 直接接触药品的包装材料和器具最终清洗后的处理
D 级	轧盖 灌装前物料的准备 产品配制和过滤 直接接触药品的包装材料和器具的最终清洗

表 2-10-4 非最终灭菌产品生产洁净度级别

洁净度级别	非最终灭菌产品生产工序
B 级背景下的局部 A 级	处于未完全密封（轧盖前产品视为未完全密封）状态下产品的操作和转运，如灌装、分装、压塞、轧盖 灌装前无法除菌过滤的药液或产品的配制 直接接触的包装材料、器具灭菌后的装配以及处于未完全密封状态下的转运和存放 无菌原料的粉碎、过筛、混合、分装
B 级	处于未完全密封状态下产品的操作和转运 直接接触的包装材料、器具灭菌后处于密封状态下的转运和存放
C 级	灌装前可除菌过滤的药液或产品的配制 产品的过滤
D 级	直接接触药品的包装材料，器具的最终清洗、装配或包装、灭菌

19. 中药注射剂配液工序应注意哪些问题？

中药注射剂制备包括中药提取、分离纯化、配液、过滤、灌封、灭菌、质量检查、印字包装等工序。其中，配液是关键的工序之一，其直接关系到中药注射剂成品的质量。因此，中药注射剂制备时应严格把好配液关，并应注意以下问题。

（1）原辅料质量要求：原辅料的质量必须符合中药注射剂质量要求的各项规定，对中药注射剂原辅料的质量要求在本章第 7～9 题中有介绍。注射用原辅料经检验合格后方能使用。

（2）计算投料量：先将原料按处方规定计算其用量，如果注射剂在灭菌后含量有所下降，且其降解产物无毒副作用，可酌情增加投料量，但需进行充分的研究来证明增加投料量的合理性。如原料含有结晶水应注意换算。投料时应做到"三查、三对"。

（3）选择与处理配液的器具：配制药液容器的材料，可以用玻璃、搪瓷、不锈钢、耐酸碱陶瓷等，玻璃器皿应采用硬质中性玻璃制成；不宜使用不耐热塑料、高温易变形软化及铝质容器。配液所用器具在使用前要用洗涤剂或硫酸清洗液处理干净，临用前用新鲜注射用水荡洗数次或灭菌后使用。配液后要立即刷洗干净，玻璃容器可加入少量硫酸清洗液或 75% 乙醇放置，以免滋生细菌。设备、容器的清洗方法选定后，应对其清洗效果进行验证。清洁验证方法的原则是选择最不利于清洗情形即最差条件，从考虑活性成分的无显著影响值入手，根据药液接触设备面积和目标成分最低日治疗剂量（MTDD），确定可接受的残留限量（ARL）。

（4）配制过程：中药注射剂的生产过程中，配制工序的关键在于以下几点。①原辅料应溶解完全，即配制液不溶性微粒及可见异物应满足要求；②通过调节配制液的 pH，确保药液在一定 pH 条件下的溶解性和稳定性；③整个配制过程均需处于无菌的状态。基于以上关键控制点，在配制过程中需重点控制以下参数。

1）配制的温度：对于热敏感的原料，配制温度不宜过高。因此需对温度进行筛选，选择最适宜的温度范围进行药液的配制工作。

2）物料的加入顺序：有些原料药需要在一定的条件下才能溶解，因此需提前将辅料溶解后再加入原料，即在配制过程中，物料的加入顺序也很关键。

3）配制液的搅拌时间及搅拌转速：为确保原辅料的充分溶解，需在一定的搅拌条件下促进原辅料的溶解，搅拌时间及搅拌速度需结合生产批量及设备进行确定，必要时需进行参数的验证。

4）配制液的除菌过滤：为确保药液处于无菌状态，配制工序采用除菌过滤的方式去除药液中的粒子、热原、大分子变应原、微生物等物质，通常采用三级过滤器（一个 0.45μm 或两个 0.22μm 串联）。生产过程中需关注过滤药液所用的滤芯，每班生产结束后要及时清洗灭菌，并且在每批药品生产前后都应做起泡点试验，确保滤芯完整性，从而保证过滤系统的稳定有效；同时，应做好滤芯使用次数记录，当滤芯达到了规定的使用次数时，即使起泡点试验合格也应更换滤芯。所有与液相接触的滤芯均应开展滤芯相容性试验，避免因滤芯与溶液的不相容而引起质量风险（过滤除菌工艺的注意事项在本章第 20 题中进行讨论）。

5）配制液的配制时限：药液的配制时间原则上应越短越好，时间越短越有利于避免细菌的污染，配制液的配制时限需在工艺验证过程中确定，生产过程中应严格控制配制时间。

20. 如何有效保证中药注射剂生产过程中除菌过滤的过滤效果？

注射剂的过滤效果是通过控制灭菌或除菌工艺来实现的，除菌是无菌药品极为重要的一道工序，尤其是非最终灭菌药品必不可少的。除菌过滤是采用物理截留的方法去除液体或气体中的微生物，以达到无菌药品相关质量要求的过程。工艺气体（纯蒸汽、压缩空气、氮气）应该经过除菌，药液及稀释液、溶解用溶媒需要经过除菌过滤。随着制药工艺的发展，微孔除菌滤芯得到广泛应用，根据《除菌过滤技术及应用指南》的相关要求，中药注射剂的除菌过滤工艺应注意以下方面。

（1）除菌滤芯材质的选择：常用的滤芯材质有亲水膜材质和疏水膜材质，前者常用的有聚偏二氟乙烯（PVDF）、聚醚砜（PESF）及聚丙烯（PP），后者常用的有聚丙烯（PP）、疏水聚偏二氟乙烯（PVDF）及聚四氟乙烯（PTFE），需根据药液性质进行选择。选择过滤器材质时，还应充分考察其与待过滤介质的兼容性，过滤器不得因与产品发生反应、释放物质或吸附作用而对产品质量产生不利影响。除菌过滤器不得脱落纤维，严禁使用含有石棉的过滤器。通常采用通过 2 个或 2 个以上相同或递减孔径的过滤器的过滤方式。

（2）除菌过滤器孔径的选择[6]：除菌过滤器的孔径大小，需要进行严格的选择与确认，以保证在小容量注射剂生产过程的过滤环节中，微生物和杂质被过滤材料有效阻隔，从而实现过滤和保障药品质量的目的。一般而言，对于采用非最终灭菌操作的注射液必须严格使用 0.22μm 孔径的过滤器进行过滤，以确保其有效过滤药液中的细菌，控制微生物限度；而对于最终灭菌的注射液，其过滤容器的孔径也应当保持在 0.45μm 以下。

（3）除菌滤芯的完整性检测：除菌滤芯在使用前后均需使用滤芯完整性检测仪来进行起泡点试验，以确定滤芯孔径、安装是否正确，滤芯是否受损及使用过程中是否受损，确保除菌过滤的安全性、可靠性。

（4）除菌过滤的效果验证：除菌过滤验证包含除菌过滤器本身的性能确认和过滤工艺验证两部分。除菌过滤器性能确认和过滤工艺验证，两者很难互相替代，应独立完成。除菌过滤器本身的性能确认项目包括微生物截留测试、完整性测试、生物安全测试（毒性测试和内毒素测试）、流速测试、水压测试、多次灭菌测试、可提取物测试、颗粒物释放测试和纤维脱落测试等。过滤工艺验证是针对具体的待过滤介质，结合特定的工艺条件而实施的验证过程，一般包括细菌截留试验、化学兼容性试验、可提取物或浸出物试验、安全性评估和吸附评估等内容。

（5）除菌滤芯清洗、灭菌：除菌滤芯可重复使用，但是使用后的滤芯需采用物理及化学方法进行清洁，清洗方法应经过验证，在正常操作时，冲洗量应不低于验证的最低冲洗量，冲洗后应采用适当方法排净冲洗液。使用前，除菌过滤器必须经过灭菌处理（如在线或离线蒸汽灭菌，辐射灭菌等）。

（6）除菌过滤器的重复使用（用于同一批液体产品的多批次过滤）：在充分了解产品和工艺风险的基础上，采用风险评估的方式对能否反复使用过滤器进行评价。重复使用过滤器滤芯时，也应进行清洗效果、最多灭菌（或消毒）次数等验证等。

21. 药液配制过程中采用活性炭吸附可能产生的影响有哪些？

活性炭作为注射剂中常用的热原吸附剂已应用多年，为提高注射剂质量发挥了重要的作用。同时也应看到，注射剂控制热原的方式多种多样，进口注射剂基本不再使用活性炭，随着国内多数制药企业通过了 GMP 认证，药品质量保障水平有了明显提高，越来越多的企业可以通过控制原辅料、设备管道、生产环境等来控制产品的热原水平，不再依赖活性炭的使用，从而降低了活性炭在注射剂生产中带来的风险。药液配制过程中采用活性炭吸附可能产生如下影响。

首先，活性炭原材料来源和生产工艺的多样性，导致其可能含有不同的元素杂质。部分元素杂质具有毒性，包括神经毒性和肾毒性等。例如：长期暴露于铅的环境中，可能导致小儿智力发育不良。除元素杂质自身带来的风险外，还可能对注射液的产品质量产生影响，如 Fe^{3+}、Zn^{2+} 等易促使含维生素 C 及酚羟基药物等的注射液氧化变色，Fe^{3+} 可能与葡萄糖灭菌时形成的葡萄糖酸结合成盐而析出。

其次，活性炭作为注射剂中不溶性微粒的潜在风险源，应引起重视。各国药典均未对活性炭颗粒大小进行规定，当活性炭粒度较小时，会增加引入不溶性微粒的风险。因此在保证产品质量的同时，应尽量减少活性炭的使用，最大程度降低不溶性微粒带来的危害。

最后，活性炭对药物具有一定的吸附作用，特别是对低剂量的药物含量影响较大。目前的通用做法是对于主药含量低或主药易被活性炭吸附的制剂，主要采用过量投料的方式补偿吸附的主药。此方法对活性炭用量和来源、产品批量等均具有一定要求，在生产中存在一定风险。因此，生产中应密切关注活性炭对主药吸附的影响，尽量降低由活性炭带来的风险。

22. 含挥发油成分的中药注射剂在配制过程中应如何处理？

挥发油(volatile oil)也称精油(essential oil)，是存在于植物中的一类具有挥发性、可随水蒸气蒸馏出来的油状液体的总称，广泛分布于植物界中，我国野生与栽培的含挥发油的芳香和药用植物有数百种之多。植物中挥发油的含量一般在1%以下，少数在10%以上，如丁香中含有的丁香油含量高达14%～21%。有的同一植物的药用部位不同，其所含挥发油的组成成分也有差异；有的采收时间不同，同一药用部位所含挥发油成分也不完全相同。因此，原料中有含挥发油的中药时，必须注意药材植物品种、产地、采收时期以及药用部位等。

挥发油是中药中一类常见的有效成分，具有止咳、平喘、祛痰、消炎、祛风、解热、抗癌等多种作用，如芸香油、满山红油等在止咳、平喘、祛痰、消炎等方面有显著疗效；莪术油具有抗癌活性；藁本油有抑制真菌作用等。所以，中药注射剂中用含挥发油成分的药材作原料时，若该成分又为其主要有效成分，则须将挥发油提取出来与其他提取物一起配制成注射剂。挥发油的提取方法有水蒸气蒸馏法、溶剂提取法、超临界二氧化碳流体萃取法等，这些方法在本书上篇中有详细介绍。

一种挥发油中一般含有几十种甚至上百种化学成分，其中以萜类化合物(主要是单萜和倍半萜)多见。挥发油大多为无色或微黄色透明油状液体，具有特殊的气味，难溶于水而易溶于有机溶剂，能全溶于高浓度的乙醇，但在低浓度的乙醇中只能溶解一定量。因此，含挥发油成分的中药注射剂，如柴胡、莪术、鱼腥草等注射液配制时为了增加其溶解度、稳定性，提高其澄明度，可用复合溶剂或加入增溶剂。如莪术油注射液配制时采用无水乙醇、丙二醇、水作为混合溶剂，并加入苯甲醇作为止痛剂，所制得的产品稠度适当，无痛感。常用的增溶剂为聚山梨酯80。采用聚山梨酯80作为增溶剂时应先将其与挥发油研磨，然后逐渐加入注射用水，挥发油能很快分散溶解。但有些注射液会因为加入聚山梨酯80而降低药物的疗效或引起一些副作用。在研究莪术油的抗肿瘤作用时，用1%莪术油乳剂静脉注射，发现实验动物家兔有一过性血压下降，犬可发生持续数小时的降压，经深入研究发现这是制剂中加入聚山梨酯80引起的。所以在制备中药注射剂时应慎用附加剂。挥发油多半易分解变质，特别是有萜烯结构的挥发油更容易氧化，氧化后不但失去了原味，而且生成树脂性黏稠物沉淀或黏着于瓶口。为了防止中药注射剂中挥发油氧化变色或产生沉淀，配液时可适当加入抗氧剂。

23. 中药注射剂滤过速度慢，应如何解决？

滤过是将固液混合物强制通过多孔性介质，使固体沉积或截留在多孔性介质上而使液体通过，从而达到固液分离的操作。中药注射剂滤过的目的主要是滤除杂质，以满足注射剂澄明度的要求。由于中药提取物中存在大量的鞣质、蛋白质、多糖大分子物质以及许多微粒、亚微粒和絮状物等，滤过速度往往过慢。为了解决这一问题，首先简单地了解一下滤过机制。

通常使用的深层滤器如垂熔滤球、滤棒等，由于滤材孔径不可能完全一致，滤过开始时，较大的滤孔可能使部分细小固体颗粒通过，因此初滤液常常不澄清，随着滤过的进行，固体颗粒沉积在滤材表面和深层，由于架桥作用而形成致密的滤渣层，液体由间隙滤过。将滤渣层中的间隙假定为均匀的毛细管束，则液体的流动遵循 Poiseuile 公式[7]。

$$V=P\pi r^4 t/8\eta l \qquad 式(2\text{-}10\text{-}1)$$

式中，V 表示液体的滤过容积；P 表示滤过时的操作压力（或滤床面上下压差）；r 表示毛细管半径；l 表示滤层厚度；η 表示滤液黏度；t 表示滤过时间。

由式（2-10-1）可见影响滤过的不同因素，从而可采用不同的办法增加滤过速度，常见方法如下。

（1）操作压力越大，滤过速度越快。因此，常采用加压或减压过滤以控制滤过速度。

（2）滤液的黏度越大，则滤过速度越慢。由于液体的黏度随温度的升高而降低，因此常采用加热或趁热过滤以提高速度。

（3）滤材中毛细管半径对滤过的影响很大，毛细管越细，阻力越大。常用助滤剂活性炭等打底以增加孔径，减少阻力。

（4）滤速与毛细管长度成反比，所以沉积滤饼的量越多，则阻力越大。常采用分级滤过，先粗滤后精滤；或先用离心等方法除去部分沉淀物，以减少滤渣厚度。

选用助滤剂可以提高滤过效率。助滤剂是一种特殊形式的滤过介质，具有多孔性、不可压缩性，在其表面可形成微细的表面沉淀物，阻止沉淀物接触和堵塞滤过介质，从而起到助滤的作用。常用的助滤剂有活性炭、滑石粉和纸浆等。

药液灌封前一般要经过微孔滤膜过滤或超滤等精滤工序。微孔滤膜的孔径一般为 0.1～10μm[8]，超滤则是根据溶液中溶质分子大小进行分离的膜过滤，通常指能截留相对分子量 500Da 以上高分子的膜分离过程。中药注射剂生产时，注射液的终端过滤常用 0.45～0.8μm 的微孔滤膜过滤，对于不耐热的中药注射液，一般使用 0.22μm 或 0.3μm 的微孔滤膜滤过除菌。这些过滤膜的孔径很小，过滤时容易被大分子杂质堵塞，造成过滤困难。因此，为了提高精滤速度，药液在精滤前应先进行初滤或其他预处理。如可以用高速离心法除去细小颗粒、絮凝物等。初滤时可用滤布、滤纸、砂滤棒等过滤，如果需要再用垂熔玻璃滤器过滤，然后再进行微孔滤膜精滤。

24. 中药注射剂灌封过程中应注意哪些问题？

注射液过滤后，经检查合格应立即进行灌装和封口，以减少药液被污染。注射剂灌封操作不慎，常可出现剂量不准确、封口不严密、大头、瘪头、焦头等问题。因此在中药注射剂灌封过程中，应注意防止这些问题的发生。

注射剂灌封由药液灌注和封口两步操作组成。药液的灌注要求做到剂量准确，药液不沾瓶口，不受污染。为保证用药的剂量，注入安瓿的药量要比标示量稍高，增加多少依药液的黏稠度而定。每次灌注前必须用小量筒校正灌注量，然后按 2020 年版《中国药典》四部通则 0102 注射剂中的注射剂装量检查法检查，符合规定后再灌注。

灌封操作分手工灌封和机械灌封。前者主要用于实验室小量生产，大量生产时多采用机械灌封。药液的容量调节，是由容量调节螺旋上下移动而完成。已灌注药液的安瓿应立即封口以防止药液被污染。

对于安瓿包装注射剂而言，封口部分主要是负责装有注射剂的安瓿瓶颈的封闭工作，包括熔封和拉丝封口两种形式。熔封指旋转安瓿瓶颈玻璃在火焰的加热下熔融时，采用机械方法使瓶颈闭合。若熔封技术不过关会出现毛细孔，封口不严密，特别是顶封时易出现这种情况，故一般采用拉丝封口。灌封机在操作过程中可能出现的问题及其原因有：①剂量不准确，可能是剂量调节螺丝松动所致。②出现大头（鼓泡），可能是火焰太强，位置又低，安瓿内空气突然膨胀所致。③出现瘪头，主要是安瓿不转动，火焰集中于一点所致。④焦头，是药液沾颈所致，造成瓶颈沾液的原因可能是灌药太急，溅起药液在安瓿壁上，封口时形成炭化点；针头往安瓿中注入后未能立即回药，尖端还带有药液；针头安装不正；压药与针头打药的行程配合不好，造成针头刚进瓶口就给药或针头临出瓶口时才给完药。药液灌注和封口应在同一室内进行。灌封室的环境要求应严格控制，要达到尽可能高的洁净度要求。

25. 中药注射剂通惰性气体时应注意哪些问题?

某些中药注射剂遇空气易氧化，熔封后瓶内存在的空气可使这些产品氧化变质。此类中药注射剂，灌封药液后可通入惰性气体，以置换安瓿空间的空气后再熔封或压盖。充气工艺过程为先充气，再灌装，再充气。

常用的惰性气体为氮气和二氧化碳，二氧化碳在水中溶解度大于氮气且密度又比氮气大，所以瓶中通入二氧化碳的驱氧效果比氮气好。因此凡与二氧化碳不发生作用的产品宜使用二氧化碳，可延缓某些产品在贮藏中变色，含量下降幅度小。但是，一些碱性药物或钙制剂，通入二氧化碳气体可能会引起药液的 pH 改变而产生沉淀，则不能使用二氧化碳气体。

因惰性气体与药液直接接触，故应严格控制通入的惰性气体的质量，包括纯度、细菌内毒素、微生物限度、浮油粒子、浮油菌、水分等指标，且通入管道前应安装过滤器对其进行过滤处理后才能通入使用。

26. 中药注射剂如何开展灭菌工艺研究?

注射剂灭菌的目的是杀灭所有的微生物，以保证用药的安全性。但是在灭菌过程中又要兼顾药物降解的问题，以保证药效。根据《中药、天然药物注射剂基本技术要求》的相关规定，注射剂的开发需重点考虑制剂的无菌保证水平，应根据品种的特点进行灭菌工艺研究，优先选择无菌保证程度较高的方法和条件，并进行系统的灭菌工艺验证。此外，工艺过程中还应采取措施降低微生物污染水平，确保产品达到无菌保证水平（sterility assurance level，SAL）。

灭菌工艺的选择应结合活性成分的化学结构特点与稳定性、处方工艺研究和稳定性进行，应将 pH、溶液颜色与澄清度、不溶性微粒、含量等作为关键指标进行控制[9]。注射剂灭菌工艺的选择，一般按照欧盟发布的《灭菌工艺指南》中的“灭菌决策树”进行，湿热灭菌工艺是决策树中首先考虑的灭菌工艺，其灭菌方法主要包括过度灭菌法（$F_0 \geqslant 12$）和残存概率法（$8 \leqslant F_0 \leqslant 12$）。具体选择哪种灭菌方法，在很大程度上取决于被灭菌产品的热稳定性。根据“灭菌决策树”，对于耐热性好的产品，首选过度灭菌法，即在温度大于 121℃，灭菌时间>15 分钟的条件下进行灭菌；对于无法采用过度杀菌法的产品，选择湿热灭菌法 $F_0 \geqslant 8$，达到 $SAL \leqslant 10^{-6}$；对于不能耐受热灭菌工艺的产品，可根据处方是否可以通过微生物滞留过滤器过滤选择相应的无菌生产工艺，即除菌过滤生产工艺。

注射剂应采用可靠的灭菌方法和条件，使制剂的无菌保证水平符合要求（最终灭菌无菌产品的灭菌保证水平≤10^{-6}，非最终灭菌无菌产品的无菌保证水平至少应达到95%置信区间下的污染概率<0.1%）。基于产品开发及验证结果，确定灭菌/无菌工艺控制要求，如灭菌参数（温度、时间、装载方式）/除菌过滤参数（除菌滤器上下游压差、滤器使用时间/次数、滤器完整性测试等）、生产关键步骤的时间/保持时间。灭菌工艺的验证内容包括灭菌前微生物负荷、热分布试验、热穿透试验、微生物挑战试验等。

27. 哪些因素会造成中药注射剂灭菌不完全？

灭菌是保证中药注射剂用药安全的重要措施。造成中药注射剂灭菌不完全的因素很多，首先是灭菌方法的选择，若方法选择不当，则不能保证杀灭所有的细菌及芽孢。中药注射剂的灭菌一般选用湿热灭菌法，影响湿热灭菌的因素有以下几点。

（1）细菌的种类与数量：不同细菌、同一细菌的不同发育阶段对热的抵抗力有所不同，繁殖期对热的抵抗力比衰老期小得多，细菌芽孢的耐热性更强。细菌数越少，灭菌时间越短。因此，整个生产过程尽可能缩短。注射剂在配制灌封后，应当日灭菌。

（2）药物的性质与灭菌时间：一般来说，灭菌温度越高，灭菌时间越短。但是温度越高，药物分解速度越快；灭菌时间越长，药物分解越多。因此，考虑到药物的稳定性，在杀灭细菌的同时还要保证药物的有效性，应在有效灭菌的前提下适当降低灭菌温度或缩短灭菌时间。

（3）蒸汽的性质：蒸汽有饱和蒸汽、过热蒸汽与湿饱和蒸汽之分。饱和蒸汽热含量高，热的穿透力大，因此灭菌的效力高；湿饱和蒸汽带有水分，热含量较低，穿透力差，灭菌效力较低。过热蒸汽温度高于饱和蒸汽，但穿透力差，灭菌效力低。因此，湿热灭菌时应使用饱和蒸汽。

（4）介质的性质：中药注射剂中常含有一些营养物质如糖类、蛋白质等，能增强细菌的抗热性。细菌的生活能力也受介质pH的影响。一般中性环境耐热性较强，碱性次之，酸性不利于细菌的发育。灭菌时应考虑到介质对细菌耐热性的影响。

因此，为避免灭菌不完全，应正确选择灭菌方法、确定灭菌条件，控制湿热灭菌的不利影响因素。凡对热稳定的产品应采用湿热灭菌，有的中药注射剂不易灭菌，必要时可采用几种方法联合使用，这样可防止灭菌不完全的问题。

近年来，灭菌过程和无菌检查中存在的问题已引起人们的关注。当检品中存在微量的微生物时，往往难以用现行无菌检验法检出。因此，有必要对灭菌方法的可靠性进行验证。

28. 热原有哪些基本性质？常用的热原及细菌内毒素的检查方法有哪些？

热原是微生物产生的能引起恒温动物体温异常升高的致热物质。药品中的热原主要是细菌性热原，是某些细菌的代谢产物、尸体及内毒素。临床应用时，注入人体的输液中含热原量达1μg/kg时[10]，能引起热原反应。临床表现为发冷、颤抖、发热、出汗、头晕、呕吐等症状，严重者可出现虚脱现象，有时甚至有生命危险，此反应称为热原反应，因此中药注射剂要求应无热原。从一般概念来讲，细菌内毒素是主要的热原物质，热原和细菌内毒素可以等同，在药品检定范畴，可以说无细菌内毒素就无热原；在药品生产范畴，控制细菌内毒素就是控制热原。在GMP规定的条件下，药品生产的质量控制一般可以接受的观点是：不存在细菌内毒素意味着不存在热原[11]。

热原有如下一些性质。①耐热性：温度达 150℃，经数小时不能杀灭热原，所以一般的注射剂灭菌条件无法破坏注射剂中已存在的热原；②滤过性：热原体积小，一般在 1～5nm，注射剂滤过常用的滤器（0.22～0.45μm 微孔滤膜，G_4～G_6 的垂熔滤器）不能将其除去；③水溶性：热原所含成分脂多糖（LPS）和蛋白质使之能溶于水；④不挥发性：虽然它有不挥发性，但能随水蒸气一起蒸出，在制备注射用水的蒸馏工序中应注意此点；⑤其他：热原能被强酸、强碱所破坏，也能被强氧化剂如高锰酸钾或过氧化氢所钝化，超声波也能破坏热原，这些方法可以避免制备注射剂容器、用具将热原带入注射剂中。

热原检查法或细菌内毒素检查法是注射液制剂的关键质量控制指标之一，目前常用的热原检查法主要为家兔法：2020 年版《中国药典》四部通则“1142 热原检查法”中收载有该法，对供试用家兔、试验前的准备、检查法、结果判断等均有具体的规定。中药注射剂检查时应当按照药典方法进行试验。但是，由于家兔发热实验法动物个体差异大，操作时间较长，不太方便。因此，非新药申报的中药注射剂研究的热原检查，可以采用鲎试验法进行。

细菌内毒素的检查系利用鲎试剂来检测或量化由革兰氏阴性菌产生的细菌内毒素。检查方法有两种，即凝胶法和光度测定法，前者分为限量试验和半量试验；后者包括浊度法和显色基质法。凝胶法为限量测定方法，光度测定法为定量测定方法，在方法学上，凝胶法已成为内毒素检查法的经典方法，使用较普遍。

29. 中药注射剂制备过程中如何避免热原污染和除去热原？

热原（细菌内毒素）的存在对供静脉注射用的中药注射剂而言，在临床使用中具有很大的危险性，尤其对中药输液剂。因此，供静脉注射的中药注射剂必须无热原。制备过程中要设法除去热原，并避免热原污染。

（1）注射剂中除去热原的方法：主要有以下几种。

1）高温法：温度 250℃，时间 30 分钟以上处理，可除去热原，此法仅适用于对热稳定的物品的处理。如注射用针管等玻璃器皿先洗涤洁净后，可在温度 180℃，时间 2 小时，或温度 250℃，时间 30 分钟以上处理破坏热原。

2）酸碱法：热原可被强酸或强碱所破坏，故可用强酸或强碱浸泡玻璃、塑料等容器，除去热原。

3）吸附法：溶液中的热原可用石棉板滤器吸附除去，但由于石棉滤器尚存在一些缺点，故不常用。一般常用方法是在注射剂配制时加入 0.1%～0.5%（g/ml）的活性炭吸附，煮沸并搅拌 15 分钟，这样能除掉大部分热原。而且活性炭还有脱色、助滤作用。依据《化学药品注射剂仿制药质量和疗效一致性评价技术要求》的相关规定，注射剂生产中不建议使用活性炭吸附热原，因此，若使用活性炭需进行深入研究，应考察活性炭吸附对有效成分的影响。

4）凝胶过滤法：把 800g 二乙氨乙基葡聚糖凝胶 A-25 装入交换柱中，以 80L/h 的流速交换，可制得 5 吨无热原无离子水。

5）离子交换法：溶液中的热原也可被离子交换树脂所吸附。国内外曾报道用离子交换树脂吸附可除去水中的热原，并用于大生产。实践证明强碱性阴离子交换树脂对热原交换吸附的效果很好，而强酸性阳离子交换树脂除去热原的能力很弱。离子交换树脂除去热原的原理是热原物质大分子上有磷酸根与羧酸根，带有负电荷，故易被强碱性阴离子交换树脂所交换吸附。

6）反渗透法：二级反渗透通过机械过筛作用，可将分子量大于 300Da 的有机物几乎全部除尽，故可除去热原。

7）超滤法：张秀品等[11]采取了超滤的办法来去除鹿瓜多肽注射液中存在的热原，先用 0.22μm 的微孔滤膜粗滤，再用超滤器（截留分子量＞8 000Da）精滤。与不用超滤的工艺比较，超滤法去除热原效果良好。

8）化学法：包括氧化法，常用 0.05%～0.15%H_2O_2；还原法，如 200ml 羟乙基淀粉注射剂与 50mg 氢化锂铝在 90～100℃加热 20～30 分钟，加 1g 活性炭 110℃活化 1 小时，滤清，即可除去热原。

（2）注射剂热原污染途径和防止污染方法

1）从溶剂中带入：这是注射剂出现热原的主要原因。注射用水等溶剂制备不严格、蒸馏水器结构不合理、注射用水贮存时间过长等，均有可能引入热原。因此，配制中药注射剂时应该用新鲜蒸馏的注射用水，保存时间不得超过 12 小时，若需储存时，则需按照 GMP 的要求使其温度保持在 70℃以上并处于循环状态。注射用水的储罐及其管道要进行定期消毒以防止微生物滋生；同时，在储罐的通气口应安装不脱落纤维的疏水性除菌滤器，避免注射用水直接与外界相通。

2）从原料中带入：大多数中药注射剂的原料为净药材，药材质量不佳常会带入热原。原料包装不好，贮藏时间太长，受污染也会产生热原。中药提取物本身很适宜微生物生长，存放过程中也容易被热原污染。防止从原料中带入热原，首先要严格把好原料的质量关，制备过程中严格按照操作规程进行，制备好的中间体注意防止微生物污染。为保证产品质量，必要时在投料前可做细菌内毒素检查。

3）从辅料及包材中带入：辅料及包装材料质量不佳、包装不好或贮藏条件不适宜，均可能导致细菌污染而产生细菌内毒素。为了有效控制热原（细菌内毒素），需加强对原辅料包装的质量控制，同时应确保原辅料包装严密，贮存条件适宜。

4）从器具、管道及容器中带入：注射剂中的热原，有时是由配制注射剂的装置、用具、管道及容器带入的。热原溶于水，用低内毒素限度的注射用水不断冲洗管道，可能会稀释和置换并带走一部分热原，必要时可用一定浓度的酸碱洗涤以破坏热原，清洗后的贮罐、管道及容器一般采用纯蒸汽热压灭菌或近似巴氏灭菌原理消毒，杀死（灭）细菌，抑制细菌的生长，从而达到控制热原污染的目的。因此在生产过程中，贮罐、管道系统及工器具应制定严格的清洗、消毒灭菌操作规程，并明确清洗、消毒及灭菌的周期。生产前后均应严格按照操作规程进行清洗、消毒及灭菌，以防止热原的引入。

5）在制备过程中污染：制备中药注射剂的各环节均有可能被热原污染。因此在制备过程中，必须严格按 GMP 要求操作，在洁净度符合要求的环境中进行。整个制备过程在保证质量的前提下，时间愈短愈好。

6）灭菌不彻底或包装不严格而产生热原：注射剂灌封后必须进行严格灭菌。灭菌操作中，灭菌器装量过多，或气压不足、时间不够，或操作不严格等，均可使注射剂灭菌不完全，导致微生物在药液中生长繁殖产生热原。尤其对中药输液剂的灭菌，因其装量大更应注意。另外，注射剂还可能因为包装不严在贮藏过程中被热原污染。因此，中药注射剂所用的包装材料均应进行热原的处理，对玻璃瓶的热原处理一般采用干热灭菌，至少应相当于 30 分钟的热力效果。其除热原可靠性验证是将细菌内毒素标示品置于除热原过程中，以最终内毒素量下降对数值来判断其有效性，我国《药品生产验证指南》规定为：使原始内毒素下降3个对数值的效应。另外，所有包装材料均必须进行容器密封性试验，以避免因密封性问题引入热原，密封性试验检测方法应经过验证。

7）在临床应用过程中带入：有时中药注射剂尤其是中药输液剂本身不含热原，但在临床使用时出现热原反应。这往往是临床使用的器具如注射器、胶皮管、针头等被污染所致。因此临床使用中药注射剂时，最好使用质量符合要求的一次性注射用具，确需重复使用的注射用具应严格进行消毒处理。

30. 中药注射剂出现溶血、过敏、刺激性等安全性方面的问题应如何解决?

中药注射剂由于所含成分较复杂，未知成分较多，临床使用有时会产生溶血性现象、刺激性、过敏等安全性问题。出现这些问题时，首先分析其原因，然后才能对症下药解决问题。

溶血性现象是中药注射剂可能出现的安全性问题之一，引起溶血的原因较复杂，中药、天然药物制剂包括活性成分或组分、配伍后产生的新成分、体内代谢物、制备过程中的杂质、辅料及制剂的理化性质（如pH、渗透压等）等，均是可能导致给药部位毒性或溶血性现象产生的原因。例如，大量的皂苷类成分进入血液内，改变了细胞膜的通透性，降低了膜表面张力，改变细胞膜的结构状态，使细胞膜大量破裂，产生溶血性现象。因此，中药注射剂，尤其是供静脉注射用的中药注射剂必须做溶血试验。处理因皂苷类成分引起的中药注射剂溶血时，首先应清楚皂苷在其中是有效成分还是杂质。如果是杂质，则可以根据皂苷的理化性质，在制备过程中采取措施除去皂苷；如果是有效成分，则应通过试验找出引起溶血的皂苷"临界浓度"，配液时浓度要低于"临界浓度"，临床上使用这类中药注射剂应慎重，并应在使用说明中特别注明。若是渗透压过低引起的溶血问题，可以通过调节药液的渗透压解决。也有些注射液含少量鞣质等杂质或因酸碱性、附加剂等产生溶血性现象，可以通过试验找出引起溶血的原因并解决。

刺激性包括局部刺激性、血管刺激性，是中药注射剂常见的问题，临床表现为局部疼痛、红肿、硬结等。其产生的原因，除了用药方法引起的机械刺激外，主要有下列几方面：①杂质，包括鞣质、蛋白质、树胶、叶绿素、淀粉等，其中，鞣质是中药注射剂引起疼痛的主要原因；②中药有效成分产生的化学刺激性，当中药注射剂中含有皂苷、蒽醌、酚类、有机酸等成分时，对机体组织有一定的刺激性；③注射剂药液是高渗溶液；④注射剂药液pH不适宜。针对这些原因，可以采用不同的方法解决。杂质存在引起的刺激性，应分析杂质的来源，然后采取相应的方法除去杂质。中药注射剂除去杂质的同时常可引起有效成分损失。因此，选择适宜的指标进行科学的工艺研究，在注意安全性的同时保证药物的有效性，确定合理的中药前处理工艺，是解决此类问题的关键。主药本身有刺激性，则可在确保疗效的前提下，尽量避免投入引起疼痛的原料或减少其投料量，否则可加入适量的符合注射要求的止痛剂，如苯甲醇、三氯叔丁醇等。pH和渗透压不当引起的刺激性，可以调节注射剂的pH和渗透压，使其控制在人体耐受的范围内。

中药注射剂过敏现象轻者出现药物疹、皮肤瘙痒、血管神经性水肿、红斑、皮疹，重者会引起胸闷气急、血压下降，甚至过敏性休克或死亡。其产生过敏反应主要是因为有些中药含有抗原或半抗原物质，如天花粉蛋白注射液中的天花粉蛋白、银杏内酯注射剂中的银杏酚酸。还有一些含有动物药材原料的中药注射剂，其含有的蛋白质、生物大分子物质等也可能引起过敏反应。中药注射剂过敏反应的问题，也要根据具体原因有针对性地加以解决。首先要找到致敏成分，致敏成分非有效成分者，可通过各种纯化方法在保证有效成分不受损失的情况下去除；致敏成分是有效成分者，则应考虑其他给药剂型。有些中药注射剂致敏成分难以确认，或者可能与药材产地、采收季节、加工制备等有关，致敏成分的控制较困难，可考虑在原料、中间体、成品的质量标准中增加过敏试验项目，以保证其用药的安全性。

31. 中药注射剂质量标准研究的内容有哪些？质量控制的关键是什么？

建立科学合理的质量标准，是确保注射剂安全、有效、稳定、可控的重要手段。由于注射剂特殊的给药途径，其质量要求更高、更严格。质量控制项目的设置应考虑到注射给药以及中药注射剂自身的特点，并尽可能全面、灵敏地反映药品质量的变化情况。质量控制项目至少应包括性状、浸出物或总固体、专属性鉴别和含量测定、指纹图谱、微生物等相关指标。中药注射剂的鉴别项除应对注射剂内各味中药的主要成分建立专属、灵敏、快速、重现性好的方法作为鉴别项外，还应进行药材、中间体、注射剂的指纹图谱研究，并建立相应的鉴别项。检查项目除应符合 2020 年版《中国药典》四部通则“0102 注射剂”项下要求外，还应根据研究结果建立必要的检查项目，如色泽、pH、重金属、砷盐、炽灼残渣、总固体（不包括辅料）、异常毒性检查及刺激、过敏、溶血与凝聚试验等，注射用无菌粉末应检查水分。肌内注射用注射剂应设异常毒性、过敏反应等检查项。多成分制成的注射剂应分别采用专属性的方法［如高效液相色谱法（HPLC）和/或气相色谱法（GC）等定量方法］测定各主要结构类型成分中至少一种代表性成分的含量，还应建立与安全性相关成分的含量测定或限量检查方法，如毒性成分、致敏性成分等。中药注射剂的含量测定对有效成分、有效部位或净药材的不同组分配制的注射剂有不同的要求，但都必须规定含量限（幅）度指标。

中药有效成分、有效部位或复方制剂生产工艺中使用有机溶剂的，其残留限度应符合 2020 年版《中国药典》的规定，或参照 ICH 的相关要求。生产工艺中使用大孔树脂的，应根据树脂的类型、树脂的降解产物和提取物中的残留溶剂等研究制定相应检查项，主要有苯、正己烷、甲苯、二甲苯、苯乙烯、二乙基苯等。若在原料标准中已经建立了相关的检查项目并加以控制，在制剂质量标准中一般不再要求。

从有效性方面来讲，中药注射剂质量控制关键有两方面：指纹图谱鉴别项目的建立和制定合理的含量测定标准。主要有效成分的含量测定是中药注射剂质量的重要保证，必须采用科学的方法建立中药注射剂主要有效成分的含量测定项目，并制定出合理的含量限（幅）度指标，确保注射剂安全、稳定、有效。以净药材或有效部位为组分的中药注射剂，含量测定标准难以控制所有化学成分变化，多数成分在注射剂中的情况无法得知。因此，建立合理的指纹图谱鉴别项目，能够反映出其他化学成分在注射剂中的情况，是对中药注射剂含量测定标准的重要补充，也是中药注射剂质量可控、安全稳定的重要保证。

从安全性方面来讲，中药注射剂的质量控制关键在于无菌保障。中药注射剂的质量控制工作应贯穿整个生产周期，如药材前处理、原辅料、制备过程中间产品、包装材料、贮藏、运输、使用等环节的质量控制，其质量可控性评价应包括与之相关的全过程的质量控制工作。因此，为确保中药注射剂的无菌保证水平符合要求，应基于质量源于设计的药品研发和质量控制理念，在药品的整个生命周期进行质量控制。从原辅料、包材微生物限度和细菌内毒素的控制，到生产过程中监控，再到样品放置过程中容器密封性试验、包材相容性试验等方面，均应满足无菌产品的相关要求。

32. 中药注射用冻干粉针剂含水量不合格、外观异常怎么办?

中药注射用冻干粉针剂含水量不合格，外观异常（主要表现为喷瓶、外形不饱满或萎缩成团、粘瓶）的问题虽然反映在产品的质量上，但它与生产过程中冻干工艺直接相关，因此，应先分析原因，再寻找解决办法。

（1）含水量偏高：装入容器液层过厚，超过 10～15mm；干燥过程中热量供给不足，使蒸发量减少；真空度不够；冷凝器温度偏高等，均可造成含水量偏高，可采用旋转冷冻机及其他相应的方法解决。

（2）喷瓶：主要是预冻温度过高，产品冻结不实，升华时供热过快，局部过热，部分制品熔化为液体，在高真空度条件下，少量液体从已干燥的固体表面喷出而形成“喷瓶”。为了防止喷瓶，要使预冻温度在共熔点以下 10～20℃，同时加热升华，温度不应超过共熔点。

（3）产品外形不饱满或萎缩成团：有萎缩现象的原因是，开始冻干时形成的已干外壳结构致密，升华时水蒸气穿过的阻力较大，水蒸气在已干外壳表面停留的时间过长，使部分药品逐渐潮解，以致体积收缩，外形不饱满、黏度大的药物更易出现这种情况。解决方法主要从配制处方和制备工艺两方面来考虑。可以加入适量甘露醇、氯化钠、乳糖等支架剂，或采用反复预冻升华法，改善结晶状态和制品的通气性，使水蒸气顺利逸出，产品外观就可得到改善。

（4）粘瓶：有一些产品由于熔点较低或结构比较复杂，这些产品在冷冻之后的升华过程中往往会出现冻块软化，产生气泡，并在制品的表面形成黏稠状的网状结构。为了保证产品干燥能顺利进行，可用反复预冻升华法。如某制品共熔点为 −25℃，将其速冻至 −45℃，然后将制品升温，如此反复处理即可。此法可缩短冷冻干燥的周期，处理一些难以冷冻干燥的产品。

33. 如何解决中药注射剂有效成分含量低的问题?

中药、天然药物及其复方制成注射剂后疗效不满意或不稳定，主要是因为有效成分含量低或含量不稳定。造成这一问题的原因是多方面的，可以通过以下几方面进行解决。

一是把好药材关。对于以净药材为组分的中药注射剂，药材的来源、产地、收获季节、贮存条件与时间长短等因素直接影响药材的质量，有可能导致中药注射剂有效成分含量不足。对这一问题的解决在本章第 7 题中已进行了讨论。

二是选择科学合理的中药前处理工艺，包括药材的加工炮制、提取分离、纯化精制等工艺。中药注射剂在制备过程中，由于工艺设计不当，如运用的提取、纯化方法欠合理，导致有效成分大量损失，而使注射剂有效成分含量低。如丹参注射液传统的提取工艺为水煎煮 3 次，以此工艺制得的产品只考虑了丹参素和原儿茶醛，而指标成分丹参酮 II_A 水中溶解度较低，在产品中含量也低。刘重芳等[12]采用 95% 乙醇 −50% 乙醇 - 水综合提取工艺，其提取物中丹参素、原儿茶醛、丹参酮 $Ⅱ_A$ 三个指标成分的提取量均较理想。另外，提取过程中成分之间产生反应，溶解度降低等都会造成有效成分含量降低，如含有大黄和黄连的注射液。另外，混合提取会使某些成分含量增加，甚至产生新化合物而增强疗效。有研究对生脉散合煎液与分煎液中化学成分的变化进行比较，发现合煎过程中产生了具有抗氧化作用的新成分 5- 羟甲基 -2 糠醛（5-HMF）[13]。含有黄芩、甘草的注射液在醇沉时，需注意 pH 调节不合理可造成有效成分黄芩苷、甘草酸的损失。

三是设计合理的制剂处方。制剂处方中溶剂、增溶剂、助溶剂、pH 调节剂等的选择直接影响药物的溶解度，因此如果制剂处方设计不合理，有可能直接导致中药注射剂中有效成分的含量降低。这一点也在本章其他专题中有所讨论。

四是选择科学、合理的成型工艺。成型工艺包括配液、溶解、过滤、灌封、灭菌等工序，这些工序方法选择或操作不当，也可能导致中药注射剂的有效成分含量降低。如有些有效成分在配液时如果加热有可能产生物理或化学变化，冷却后则产生沉淀被滤除，从而使有效成分的含量降低。解决这一问题的办法，除每一道工序选择科学合理的方法外，还应以有效成分的含量与药效学等多指标相结合对成型工艺进行考察，以确定科学的工艺条件。

34. 中药注射剂澄明度检查不合格怎么办?

注射剂澄明度检查不合格的主要表现是能检出玻璃屑、纤维、白块或小白点等。要解决澄明度检查不合格问题，宜先分析原因，以便采取措施。

（1）原因：中药注射剂出现澄明度检查不合格可能有以下一些原因。

1）安瓿质量差：安瓿在割瓶、烘干、灌装及熔封时操作不慎，或是玻璃质量较差，玻璃破碎所致的安瓿质量差。

2）配液容器冲洗不净和操作不慎，致使纤维残留在药液中。

3）杂质的影响：特别是鞣质，用一般的水醇法很难除尽。因此在高温灭菌和贮存过程中可因氧化、聚合等反应，生成不溶性微粒、白点，或是灭菌温度过高、过滤方法不合适、滤器处理不当所致。

4）溶液 pH 的改变：如四季青注射液中含有的原儿茶醛很容易氧化成原儿茶酸，当四季青注射液灭菌后 pH 降低，很容易使原儿茶酸析出。

5）溶液浓度过高：尤其是一些复方注射液成分复杂，由于共溶现象可以暂时溶解，而当灭菌或贮存后，因为条件的改变而析出沉淀。

（2）解决措施：针对上述可能引起澄明度检查不合格的原因，可以采取下列措施解决。

1）选择质量合格的安瓿作为中药注射剂的容器，并对其按生产要求进行严格的处理。同时，研究过程中需结合稳定性试验过程，开展药液与包材相容性试验，以进一步确认所选择的包材满足注射剂产品的质量要求，杜绝从容器中带玻璃屑、纤维等到药液中。

2）设计科学合理的制剂处方。制剂处方中附加剂的选择合理与否可直接影响中药注射剂的澄明度，尤其是选择适宜的增溶剂、pH 调节剂等。有关中药注射剂的制剂处方设计在本章中另有讨论。

3）设计合理的成型工艺，通过实验获取科学的成型工艺条件，并严格按照 GMP 要求进行中药注射剂的生产，重视产品的制备工艺研究和质量研究及其技术参数的验证工作，从多方面验证处方工艺放大生产可行性。防止因工艺不合理或不严格引起中药注射剂的澄明度不合格。

35. 中药注射剂鞣质的检查方法与除去鞣质的方法分别是什么?

鞣质是一类复杂的多元酚类化合物，其水溶液在放置后会发生氧化、聚合等反应而生成沉淀；并且能与组织蛋白结合形成硬结，导致注射部位疼痛、坏死。同时，鞣质又是一些中药（如五倍子）的活性成分。但是，对于大多数中药注射剂而言，鞣质的存在会影响注射液的质量，注射时也可能使局部产生硬块和肿痛。因此，中药注射剂应检查鞣质并设法除去。

鞣质的检查方法为：取注射液 1ml，加新配制的含 1% 鸡蛋清的生理盐水 5ml，放置 10 分钟，不得出现混浊或沉淀。如出现浑浊或沉淀，应另取注射液 1ml，加稀醋酸 1 滴，再加氯化钠明胶试液（含明胶 1%，氯化钠 10% 的水溶液，须新鲜配制）4～5 滴，不得出现混浊或沉淀。含有聚山梨酯、聚乙二醇或聚氧乙烯基物质的注射液，虽有鞣质也不产生沉淀，不能用此法检查鞣质，可在未加聚山梨酯前对中间体进行检查或改用其他方法进行成品检查。有的中药注射剂如丹参注射剂用常规方法不准确，可以用葡萄糖凝胶分离后再用常规方法检查[14]。

常用的除去鞣质的方法有如下几种。

（1）明胶沉淀法：利用蛋白质与鞣质在水溶液中形成不溶性鞣酸蛋白沉淀，然后将其除去。可向中药材水浸浓缩液中加入 2%～5% 明胶溶液至不产生沉淀为止。静置后滤过除去鞣酸蛋白沉淀，溶液浓缩，再加乙醇使体积分数达 75% 以上，除去过量明胶。蛋白质与鞣质反应通常在 pH 4～5 时最灵敏。

（2）醇溶液调 pH 法：向中药材浸出液中加入约 4 倍量的乙醇（使含醇量在 80% 以上），放置、滤出沉淀，再用 40% 氢氧化钠溶液调节至 pH=8.0，则鞣质成盐不溶于醇中而析出，滤过。此法可除去大部分鞣质。一般醇浓度和 pH 越高，鞣质除去得越完全。

（3）聚酰胺除鞣质法：聚酰胺又称锦纶、卡普伦、尼龙 -6，分子中有多个酰胺键，可与酚类、酸类、醌类、硝基化合物等形成氢键。鞣质是多元酚类化合物，能被聚酰胺吸附，此法可除去中药注射剂中的鞣质。聚酰胺可用醋酸法和氢氧化钠法精制回收。

此外，尚有铅盐沉淀法、石灰沉淀法等[15]。

36. 中药注射剂蛋白质的检查方法与除去蛋白质的方法分别是什么?

中药注射剂中如植物蛋白未除尽，由于机体组织对蛋白质等杂质吸收困难，注射后对肌体有刺激性，可引起疼痛。常用的除去蛋白质的方法有如下几种。

（1）水提醇沉法：将中药材用水煮，中药材中的有效成分如生物碱、苷类、有机酸盐、氨基酸等可以被提取出来，同时也提取出了许多杂质如淀粉、多糖类、蛋白质、鞣质、黏液质等。树脂类在热水中也有部分溶解。加入乙醇可将部分或大部分淀粉、多糖、无机盐等杂质除去，随乙醇浓度的增加，杂质沉淀更完全。蛋白质在 60% 以上的乙醇中即能沉淀。鞣质可溶于水和乙醇，但不溶于无水乙醇中。处理方法是向煎煮液中加 3 倍量乙醇可将淀粉、多糖、蛋白质除去，但鞣质、水溶性色素、树脂等不易除去。

（2）蒸馏法：当某些中药材中所含有效成分为挥发油或其他挥发性成分时，可用蒸馏法提取、纯化。

（3）透析法和反渗透法：透析法是利用溶液中的小分子物质能通过半透膜、而大分子物质不能通过半透膜，将小分子和大分子物质分开的方法。中药材提取液中的杂质如多糖、蛋白质、鞣质、树脂等均为大分子物质，不能通过半透膜，若有效成分为小分子物质，可采用透析法将有效成分分离，再制备注射液。透析法不能除去色素和钙、钾、钠等无机离子，所以制得的中药注射液颜色较深，杂质含量相对较多。反渗透法可用于中药材水提液的浓缩，可避免药物受热变质，有利于提高注射液的质量。

（4）超滤法：利用各向异性结构的高分子膜为滤过介质，在常温和加压条件下，将溶液中不同分子量的物质分离的一种方法。此法用于中药注射剂的杂质分离，能有效地提高注射液的质量。超滤法有以下特点：以水为溶剂提取，用超滤法纯化，有利于保持中药原方的有效性；制备过程中不需反复加热，也不用有机溶剂，有利于保持原有药材的生物活性和有效成分的稳定性；超滤法制备的中药注射剂的质量优于其他方法制备的产品。中药材的有效成分分子量常在 1 000Da 以下，而蛋白质等大分子量杂质可被 10 000～30 000 截留值的膜孔所截留，故可用此范围的醋酸纤维素膜将药液中有效成分与大分子杂质分离。药液的预处理，一般可用 3 500～4 000r/min 以上的高速离心机离心，使药液澄清。

37. 如何检查与防止中药注射剂色差?

中药注射剂由于大多数是以植物药材为原料，制备提取物后，再配制成注射液，颜色一般较深。《中药注射剂研究的技术要求》质量标准内容中，也对色泽的检查有具体要求。造成中药注射剂色差不合格的原因很多，也较复杂。有的是因为有效成分的含量发生变化造成色差，有的是因为所含成分被氧化或与金属离子络合产生色差，也有可能因药材中的色素等杂质除去不完全产生色差。总之，色差不合格，预示着制剂的质量不合格或不稳定。因此，对于溶液型的中药注射剂应建立其色泽检查项目，以防止中药注射剂产生色差。

2020 版《中国药典》规定了溶液颜色检查法有 3 种：第一法属于目测比色法，第二法属于分光光度法，第三法为色差计法。

中药注射剂色泽检查一般采用第一法，按照药典方法配制比色对照液比较，色号应不超过规定色号的 ±1 个色号。但有的中药注射剂成分很复杂，颜色较深，采用第一法难以判断色泽的变化，可以通过实验研究制订出可行的检查方法（包括第二法或第三法）及标准。

防止中药注射剂色差，首先要认真分析产生色差的原因，然后采取相应的措施。一般可通过下列环节防止中药注射剂色差。

（1）选用符合注射剂质量要求的原料、辅料，防止因杂质存在而在制备时产生有色物质。

（2）金属离子引起的色差，可以添加金属络合剂除去金属离子。

（3）以药材为原料的中药注射剂，应采用切实可行的纯化方法，尽量减少色素、鞣质、蛋白质、金属离子等杂质的限量，严格控制中间体的质量。

（4）尽量减少生产过程中注射液与不锈钢管道、容器等的接触时间。

（5）热压灭菌后迅速冷却，成品应避光保存。

38. 可采取哪些方法解决中药注射剂药物溶解度问题?

药物的溶解度不仅会影响注射剂的质（澄明度），而且会影响药物在注射剂中的含量，溶解度过低，药物含量达不到有效治疗剂量。所以，增加药物溶解度是保证中药注射剂安全、有效、稳定的重要措施。

欲解决中药注射剂药物溶解度的问题，首先应了解影响中药注射剂药物溶解度的主要原因，主要有两个方面：一是药物与溶剂的极性，药物与溶剂之间遵循“相似相溶”的规律，药物溶解过程中溶剂起重要的作用，溶剂能使药物分子或离子间的引力降低、药物分子或离子溶剂化而溶解；二是温度，温度对溶解度影响也很大，一般升高温度可增加药物的溶解度，因此对热稳定的药物，在注射液配制过程中可适当加热，加快溶解。其他影响溶解度的因素，如药物的晶型、粒子的大小等，就中药注射剂而言，这些因素控制起来还比较困难。

根据以上的影响因素，可以采取适当的措施增加药物在中药注射剂中的溶解度。具体的方法有下面几种。

（1）制成可溶性的盐：难溶性弱酸性和弱碱性药物可制成盐而增加其溶解度。将含碱性基团的药物如生物碱类成分，加酸（常用盐酸、硫酸、磷酸、氢溴酸、硝酸等无机酸和枸橼酸、酒石酸、醋酸等有机酸）制成盐类，以增加其在水中的溶解度，如盐酸小檗碱、盐酸川芎嗪、青藤碱盐酸盐等。将酸性药物如甘草酸等，加碱（常用氢氧化钠、碳酸钠、氢氧化铵、碳酸氢钠等）制成盐类，如甘草酸铵、丹参素钠等。

（2）加入增溶剂：使用增溶剂以增加药物的溶解度是药剂学常用的方法。许多药物如挥发油、脂溶性维生素、生物碱等均可用此法增加溶解度。用水蒸气蒸馏制备的中药提取液中含有挥发油，加入约 2% 聚山梨酯 80，可使挥发油溶解于水中。每 1g 增溶剂能增加药物溶解的质量称为增溶量。影响增溶量的因素有：增溶剂的种类，药物的分子量，加入顺序，增溶剂的用量等。一般情况下弱极性或非极性药物，非离子型增溶剂的 HLB 值越大，其增溶效果也越好；药物的分子量越大，增溶量越小；先将药物与增溶剂混合，然后再加水稀释则能很好溶解。增溶剂的用量可以通过试验来确定。中药注射剂常用的增溶剂为非离子型表面活性剂，其中聚山梨酯 80 在肌内注射剂中最为常用，但在静脉注射剂中因其有微溶血和降压作用，故要慎用。常用量为 0.5%～1.0%。

（3）使用混合溶剂：混合溶剂是能与水以任意比例混合、与水分子能形成氢键结合并能增加它们的介电常数，从而增加难溶性药物溶解度的溶剂。在混合溶剂中各溶剂在某一比例时，药物的溶解度比在各单纯溶剂中的溶解度出现极大值，这种现象又称为潜溶，这种溶剂又称为潜溶剂，常用的有丙二醇、乙醇、甘油、聚乙二醇等。如洋地黄毒苷可溶于水和乙醇的混合溶剂中。

（4）固体分散体：有些中草药的有效成分难溶于水，不能制成注射剂，但制成固体分散体后增加了溶解度，可制成水溶性注射剂。如槲皮素与磷脂采用溶剂挥发法制备成槲皮素磷脂固体分散体后，其水溶性增大[16]。

对于采用了各种增溶方法效果都不显著的中药注射剂，则可考虑制成混悬型注射剂或注射用脂肪乳剂，但应当慎重。

39. 如何用中药指纹图谱控制中药注射剂的质量？

为了加强中药注射剂的质量管理，确保中药注射剂的质量稳定、可控，国家药品监督管理局于 2000 年 8 月 15 日发文要求，中药注射剂在固定中药材品种、产地和采收期的前提下，制定中药材、有效部位或中间体、注射剂的指纹图谱。中药注射剂的指纹图谱包括注射剂用中药材的指纹图谱和有效部位或中间体及其制剂的指纹图谱。指纹图谱的检测标准，包括供试品和参照物的制备、检测方法、指纹图谱和技术参数。建立中药指纹图谱的关键在于检测方法的选择和指纹图谱及技术参数的提取。

中药指纹图谱的检测方法主要有光谱法和色谱法，前者使用的方法包括紫外分光光度法、质谱法、核磁共振等，后者包括薄层色谱法、液相色谱法、气相色谱法、毛细管电泳法等。一般而言，色谱法主要有 HPLC（含 UPLC）、TLC、GC 及其他色谱技术能使供试品中不同的组分较好地分离，可提供较丰富的化学组分信息，是中药指纹图谱建立的首选方法。若中药所含多种不同类型成分的理化性质差异较大，可考虑分别制备供试品，建立多个指纹图谱分别反映不同类型成分的信息。如一种检测方法或一张图谱不能反映该药材的固有特性，可以考虑采用多种检测方法或一种检测方法的多种检测条件，建立多张指纹图谱，并对检测方法的重现性、精密度和稳定性进行考察。指纹图谱建立成功与否，检测方法及检测条件的选择是技术的关键。

指纹图谱一般以相似度或特征峰面积等为指标。根据稳定工艺制备的 10 批以上供试品的检测结果制定其指纹图谱，其中最重要的信息和数据是共有指纹峰的标定及其峰面积的比值，此外，还有非共有峰的峰面积。中药指纹图谱研究的技术要求对药材、有效部位或中间体、注射剂的共有峰面积与非共有峰面积的值进行了严格规定，并要求药材、有效部位或中间体、注射剂指纹图谱之间的相关性。

利用中药指纹图谱控制中药注射剂的质量，首先要抓住指纹图谱控制中药质量的基本点，即保持药材、有效部位或中间体、注射剂批次之间的指纹图谱共有指纹峰中各单峰峰面积占总共有指纹峰峰面积比值的相对稳定性，以及药材、有效部位或中间体、注射剂指纹图谱之间共有指纹峰的相关性。其次是应用注射用中药材、有效部位或中间体、注射剂的指纹图谱控制药材原料、中间体及注射剂的质量，与含量测定标准配合，保证中药注射剂质量的可控性。

40. 解决中药注射剂稳定性问题应采取哪些措施？

稳定是中药注射剂最基本的质量要求之一。中药注射剂多数以净药材投料，一般按药材量的 100%～300% 制成，所含的成分较复杂，在外界因素影响下难免存在不稳定的问题。中药注射剂的稳定性问题包括化学稳定性、物理稳定性、生物稳定性 3 个方面。不同原因引起的稳定性下降可采用不同的措施解决。

（1）化学稳定性变化及其相应的解决措施：中药注射剂的化学不稳定性主要是由于药物发生了水解、氧化或聚合等反应，使药物含量（或效价）、外观发生变化。

水解反应是造成中药注射剂不稳定的主要因素。中药成分中大多数苷类（如黄酮苷、皂苷、强心苷等）、酰胺类、酯类及某些生物碱类（如莨菪碱）均易发生水解，致使药物稳定性下降。

药物的 pH 是催化水解的重要因素，黄酮苷、香豆素苷、强心苷、酚苷等在酸性条件下易水解，黄酮苷在碱性条件下也易水解，其水解的速度与溶液的 pH 和温度有关。苷类成分由于苷元和糖的结合情况不同，水解的难易程度也不尽相同，如皂苷可被酸水解，但较其他苷类的水解条件要求更为强烈。为了研究药物的降解，要查阅资料或通过实验找出其最稳定的 pH 范围，并采用适宜的 pH 调节剂调节。

对于易水解的药物，有时考虑用非水溶剂。如银杏叶提取物注射液，其主要成分为银杏黄酮苷，采用乙醇为溶剂可延缓水解。

氧化反应也是引起中药注射剂化学不稳定的重要因素。药物的氧化降解常为自动氧化，在中药注射剂中只要有少量氧存在就有可能引起中药成分的氧化降解。如羟基蒽醌类成分易被氧化成蒽醌而变红色。可能产生氧化降解的中药注射剂，除去注射液中的氧气是防止氧化的根本措施。生产过程中，一般在溶液中和容器空间通入惰性气体如二氧化碳或氮气，以置换其中的氧。但应注意通入 CO_2 后有可能改变注射液的 pH，可能会影响药物的溶解度。加入抗氧剂（antioxidant）是防止中药注射剂中药物成分被氧化的另一种手段，但要注意选择抗氧剂的品种和加入的量，以及与药物的配伍关系。此外，氧化降解还受光线、温度、pH、金属离子等因素的影响。光能激发氧化反应，加速药物的分解，此种反应称为光降解（photodegradation），降解速度与系统的温度无关。对含有光敏感的中药注射剂，在制备过程中要避光操作并选择避光容器包装，如挥发油在空气中和光照下逐渐分解，颜色加深、变臭、失去挥发油性质，所以，含挥发油中药注射剂的挥发油原料应用棕色瓶包装或容器内衬垫黑纸，避光贮存，成品用棕色安瓿灌封。微量金属离子对自动氧化反应有显著的催化作用，如铜、铁、钴、镍、锌、铅等离子都能促进氧化降解。中药注射剂中微量金属离子主要来自原辅料、溶剂、容器以及操作过程中使用的工具等。若要避免金属离子的影响，应选用纯度高的原辅料，操作过程中不要使用金属器具，同时还要加入金属络合剂。

一般来说，温度升高，反应速度加快。高温条件下，药物的氧化、水解等反应均可能加速。所以某些对热敏感的产品，配液时尽可能不要加热溶解。灭菌操作时，在保证完全灭菌的前提下，适当降低灭菌温度、缩短灭菌时间。那些对热特别敏感、不能采用加热灭菌的药物，可在生产过程中采用特殊的工艺，如无菌操作、冷冻干燥制成冻干粉针剂等。

（2）物理稳定性变化及其相应的解决措施：中药注射剂的物理不稳定性主要是注射液产生混浊、沉淀等澄明度的变化。其原因主要是两方面：一是杂质未除尽，二是有效成分析出。以药材为原料的中药注射剂大多以水提醇沉法制备中间提取物，这样配制的注射液中含有未除尽的以胶体状态存在的淀粉、树脂、蛋白质、鞣质、色素等杂质，存放过程中可因胶体老化而出现混浊或沉淀。其中，尤其以鞣质、树脂对中药注射剂的澄明度影响较大。解决的办法就是在保证注射剂有效性的前提下尽可能地除去杂质，尤其应除尽鞣质。

有效成分析出而引起的混浊或沉淀，有的是因为所选溶剂不当，有的是因为制备工艺不合理，有的是在存放过程中产生氧化、聚合等作用生成不溶性物质，可以通过查阅文献或实验方法查找其中的原因，然后采取相应的解决措施。

（3）生物稳定性变化及其相应的解决措施：微生物不仅可传染疾病，也可以引起药物的氧化、分解甚至产生有毒物质。如挥发油在微生物的作用下，其所含的成分萜烯、萜烯被氧化产生醛、酮等物质，有特殊臭味，并可聚合生成树脂状物。防止微生物污染可以从两方面进行：一是从原料到成品制备工序的各环节均采取防菌措施；二是对灌封后的成品采取适当的方法灭菌。

41. 中药输液剂在生产和质量控制方面有哪些特点？

中药输液剂在生产工艺、生产环境方面，与普通的中药注射剂（小针剂）要求相近。但由于其为大容量供静脉滴注用的注射剂，因此在生产和质量控制方面要求更高。

在生产方面，由于是大剂量用于静脉滴注，为用药安全，中药输液应无菌、无热原。因此，中药输液的制备从原料选择到轧盖各环节、工序都必须严格防止污染，避免将热原带入输液中。

输液的盛装容器大多用输液瓶，也有用塑料容器。输液容器由玻璃瓶、橡胶塞、衬垫薄膜组成，其清洁、处理有别于小针剂，是保证无菌、无热原的关键工序之一。

此外，输液的灌封、灭菌也不同于小针剂。输液灌封由药液灌注、加膜、塞胶塞、轧盖封口四步组成。灌封好后要及时灭菌，从配液到灭菌一般不超过 4 小时。输液多采用湿热灭菌法灭菌。

在质量控制方面中药输液比普通注射剂要求更加严格，主要体现在以下几方面。

（1）原辅料的质量要求：以净药材为组分的中药输液，药材中的钾离子、草酸盐含量应尽可能低，含量过高有可能带入输液中影响制剂的质量。投料前应做必要的质量分析才能进行提取物的制备。必要时检查铁盐、锌盐等金属元素或重金属项目。

（2）除应符合中药注射剂的一般要求外，中药输液还应无菌、无热原。草酸盐、钾离子、不溶性微粒的检查等应符合 2020 年版《中国药典》的规定。

（3）pH 和渗透压应尽可能调节至与血液相近。中药输液的 pH 有可能因为制备过程（如灭菌后）而发生变化，应特别注意。

（4）中药输液的安全性检查更应严格要求，尤其对异常毒性、溶血试验、血管刺激性试验、过敏试验等项目的检查，以确保中药输液的临床用药安全。

静脉注射用乳剂分散球粒径大小 80% 应在 1μm 以下，不得有大于 5μm 的球粒。分散体系应能耐热压灭菌。

42. 中药乳浊液型注射剂制剂处方设计有哪些要求?

中药、天然药物中含有一些油性的有效部位或有效成分，如鸦胆子中的鸦胆子油、薏苡仁中的薏苡仁油均有较强的抗癌活性。这些水不溶性的液体药物（油或油溶性药物）可选用注射用油作溶剂来制成油注射液，也可以考虑将药物与注射用水（或水溶性药物的水溶液）制成乳浊液型的注射液应用。将油状（或油溶液）药物制成乳浊液型注射剂与将其制备成油注射液相比，具有以下特点：制成乳浊液后，油相分散成微小液滴后表面积增大，比它们的油溶液吸收快；制成的乳浊液可以与体液（特别是血液）相混合，为油状或油溶性药物的静脉注射给药提供了可能。此外，人体的网状内皮系统有吞噬外来异物的作用，乳浊液静脉注射后，油滴被定向浓集在富含吞噬细胞的肝、脾、淋巴系统等部位，也为靶向给药提供了一种途径。

一般的中药乳浊液型注射剂主要由药物（油）、水及乳化剂组成。其中，乳化剂的选择及用量是乳浊液型注射剂处方设计的关键。由于目前已有的中药乳浊液型注射剂主要用于静脉注射，如静脉注射用脂肪乳剂、鸦胆子油乳注射液等。要求选用的乳化剂必须纯度高、毒性低、乳化能力强、无菌、无热原等，因此可供选择的品种较少，常用的注射用的乳化剂有卵磷脂、大豆磷脂、大豆卵磷脂、Pluronic F68、聚甘油棕榈酸等。选择使用时主要依据不同乳化剂的乳化能力（HLB 值）而定。乳化剂的用量与分散相的量及乳滴粒径有关，用量太少达不到所需的乳化效果，用量太大乳化剂可能不完全溶解，并有可能影响药效或产生副作用。如果一种乳化剂不能得到稳定的乳剂，则可以使用混合乳化剂，如毒扁豆碱以磷脂与泊洛沙姆（poloxamer）合用作为乳化剂[17]。

临床一次用量较大的中药静脉注射用乳剂，还需要用 pH 调节剂、渗透压调节剂调节其 pH 和渗透压，使之在生理适应范围。pH 调节剂可以用注射用的酸、碱，常用的渗透压调节剂有甘油、山梨醇、木糖醇、葡萄糖等。需注意的是，pH 调节剂可能引入电解质，要考虑电解质对乳剂稳定性的影响。植物油可能被氧化酸败，必要时可加入维生素 E 作抗氧剂。此外，乳剂的相体积分数（phase volume fraction，指分散相占乳剂总体的分数，用 Φ 表示）对乳浊液型注射剂的制备影响较大，Φ 一般不超过 74%，在 40%～60% 较适宜，通常 Φ 低于 20% 的乳剂不稳定，而达到 50% 的就较稳定。这些仅是一般性规律，也有超出此体积分数范围的实例，如 10% 鸦胆子油静脉乳剂[18]。可见，应通过具体样本试验来确定乳剂的处方组成。

乳化设备的选择及乳化工艺也是制备稳定的乳浊液型注射剂的关键之一。常用的乳化设备有电动搅拌器、胶体磨、超声波乳化器、高速搅拌器、高压乳匀机等。可采用电动搅拌器、超声波乳化器制备初乳后，再用胶体磨或高压乳匀机制备成稳定的乳剂。灭菌操作对乳浊液型注射剂的稳定性影响也较大，在处方设计的同时还需试制后才能确定适宜的制剂处方。

二、中药眼用制剂成型技术及问题解析

43. 中药眼用制剂对原料、辅料的一般要求有哪些？

安全、有效、质量可控是药品应具有的基本特性，也是药品评价的基本原则。药品的质量与原辅料、生产过程控制、质量研究与质量标准制定、稳定性研究、包装贮藏考察等全过程密切相关，需要从原料到生产贮藏进行全程质量控制。中药眼用制剂经常由于原料药和辅料的标准、来源不明确等方面的问题，严重影响产品的质量与疗效[19]。

中药眼用制剂与化学药眼用制剂的最大区别是组方，中药组方的原料可以是药材、饮片，也可以是有效成分、有效部位、提取物。所用原料一般应具有法定标准；无法定标准的，应单独建立其质量标准。中药眼用制剂以中药材投料的应明确基源、产地、前处理方法等；以中药提取物投料的，应建立中药提取物可控的质量标准。

中药眼用制剂的原辅料的微生物污染水平均应进行适当的控制，才可以在药液配制后、除菌过滤前确保整批药液的综合微生物负荷满足除菌过滤器的过滤能力。否则，无菌生产工艺产品可能因使用一个或多个被微生物或细菌内毒素污染的组分（包括活性组分、注射用水及其他组分）而成为污染品，增加了最终产品染菌的风险。因此，有必要建立原辅料的微生物限度标准[20]。

44. 多剂量中药眼用制剂对抑菌剂的使用有何要求？

目前国内上市的中药眼用制剂主要为滴眼剂和眼膏剂，均为多剂量中药眼用制剂。在药物本身不具有充分抗菌活性的情况下，为维持其多次使用期间的无菌状态，多数中药眼用制剂会添加适宜的抑菌剂。2020 年版《中国药典》制剂通则中指出[21]，对于多剂量眼用制剂一般应添加适当的抑菌剂，尽量选用安全风险小的抑菌剂，产品标签应标明抑菌剂种类和标示量，抑菌剂的加入量应为最低有效量。常见抑菌剂用量及作用机制，见表 2-10-5。

表 2-10-5　常见抑菌剂用量及作用机制[22-24]

分类	抑菌剂	最大用量 /%	作用机制
酯类	羟苯甲酯 羟苯乙酯 羟苯丙酯 羟苯丁酯	0.05 0.05 0.01 0.01	可作用于细菌细胞膜并与其竞争细胞膜上的辅酶。其抑菌作用随 pH 升高而降低，在碱性环境中易水解而丧失作用。对眼有一定的刺激性
有机汞	硫柳汞 醋酸苯汞	0.004～0.010 0.000 8	抑制细菌的巯基酶系统，使细菌蛋白质凝固。有很强的抑菌作用，用量低，但对人体组织有一定伤害
季铵盐类	苯扎氯铵	0.025～0.200	由多种机制共同作用：①抑制细菌在氧化分解葡萄糖过程中所需的酶，阻碍细菌获得能量；②作为表面活性剂降低膜表面张力，增加其通透性，使细菌细胞膜破裂；③使细菌蛋白质变性。对眼角膜有一定损害
醇类	三氯叔丁醇 乙醇	0.20～0.55 0.5	可使细菌蛋白质凝固。在高温和碱性条件下易分解
酸类	硼酸 山梨酸	0.1 0.1	能够与细菌酶系中的磷酸酶结合并抑制其活性，阻碍细菌生长

45. 中药眼用制剂生产管理的关键点有哪些？

2020 年版《中国药典》四部通则明确规定眼用制剂为无菌制剂，故中药滴眼剂的制备工艺应按照注射剂无菌工艺条件生产，在无菌环境下配制，各种用具及容器均需用适当方法清洗干净并进行灭菌，在整个过程中都应严格按照无菌制剂操作[21]。滴眼剂包材的材质不能耐受高温，按照无菌制剂生产要求，一般不采用最终灭菌工艺，而采用除菌过滤的非最终灭菌工艺进行生产。按照新版 GMP 无菌药品附录的要求，非最终灭菌产品灌封操作区域的洁净级别应为 B 级背景下的 A 级，药液配制、过滤操作区域的洁净级别应为 C 级[5]。

眼膏剂[25]主要由基质和药物构成，可溶性药物可配制成药液后与基质混合、不溶性药物（尤其是中药粉末）研成极细粉混悬在基质中，或是临用现配。鉴于眼膏剂的工艺特征，一般将基质与药物分别进行灭菌，然后采用无菌操作方式进行混合。基质常用热力学灭菌方式，而可溶性药物一般采用药液除菌过滤的方式或使用无菌原料药配制，不溶性药物一般采用辐照灭菌的方式。相比滴眼剂，眼膏剂的生产工艺增加了基质与药物混合的关键生产工序。由于混合前基质与药物都是无菌的，因此混合工序的操作应在 B 级背景下的 A 级环境中进行。物料的无菌转运、投料以及混合的均匀性是影响眼膏剂质量的关键因素。对于辐照灭菌的物料，企业应开展辐照剂量安全性、辐射残留量控制等研究。然而，部分中药材的活性成分还不十分清楚，企业难以就辐照对中药生粉药效的影响进行评估。

46. 中药滴眼剂质量控制的关键点有哪些？

对于中药滴眼剂而言，可见异物的控制是关键，可见异物主要是在生产过程中引入，来源主要有外源性物质以及内源性物质。外源性可见异物的主要来源是内包材所携带的纤维毛、塑料屑块与塑料粉尘，一般可采用注射用水清洗、环氧乙烷灭菌、负离子风气洗的方式控制内包材中的异物。内源性可见异物的主要来源是注射用水中的机械微粒、生物微粒以及络合离子，因此企业应重点关注注射用水的质量、制水设备及管路的材质和清洁维护。值得注意的是，滴眼剂本身的一些特性，如 pH、热不稳定性、溶解度、温度等的变化可能会导致溶液中可溶性物质的析出和沉淀。因此，除了对处方和生产工艺进行充分的研究外，企业还应对药液温度、pH 等关键质量属性进行严格控制[26]。

中药眼用制剂成分复杂，产品的生产工艺和质量控制方面均存在诸多问题，严重制约了中药眼用制剂的发展，多数品种仍停留在研究阶段，难以用于临床。随着大众用药安全意识的提高，在遵循中药制剂研究一般规律的前提下，中药眼用制剂在研发、生产和检测过程中，还应采用现代化科研设计、筛选和验证处方，应加强新药的临床前试验研究，开展科学化、规范化的临床科研观察，为临床安全用药服务。

47. 中药眼用制剂常用的包材有哪些?

中药眼用制剂的包材主要有低密度聚乙烯滴眼剂瓶、高密度聚乙烯 / 聚丙烯滴眼剂瓶、聚酯类滴眼剂瓶、金属软膏管、玻璃容器、涂有环氧树脂或聚乙烯塑料膜层的软管（会与金属发生反应的眼用软膏）等。目前多剂量眼用制剂内包材主要采用环氧乙烷灭菌或直接采购无菌级内包材，单剂量眼用制剂一般采用吹灌封技术，无须灭菌。

眼用制剂中往往添加了助溶剂、防腐剂、抗氧剂等辅料，可促进包装材料中药物成分的溶出。与注射剂一样，企业在选择或更换包材时应按照有关技术指导原则做好包材相容性评估工作，尤其值得注意的是药包材生产工艺发生变更时，企业要及时关注并做好相应的评估工作[27]。

48. 中药眼用制剂的辅料如何选择?

眼用制剂是否允许加入辅料与该制剂使用的部位及用途有关[20]。国内外药典对眼用制剂的辅料有明确规定：眼内注射溶液、眼内插入剂及供手术、伤口、角膜穿孔伤的眼用制剂，均不应加抑菌剂、抗氧剂或不适当的缓冲剂，且应包装于无菌单剂量容器内供一次性使用。滴眼剂中可加入调节渗透压、pH、黏度以及增加药物溶解度和制剂稳定性的辅料，并可加入适宜浓度的抑菌剂和抗氧剂。所用辅料不应降低药效或产生局部刺激。首先，配制眼用制剂的溶剂和辅料均应符合注射剂项下对溶剂和辅料的规定。故所用辅料应采用符合注射用要求的辅料，一般应具有法定药用辅料标准。其次，慎重添加和选择辅料，以减少辅料带来的难以预见的不良影响。如，有关滴眼剂中抑菌剂的毒性反应及对眼组织损害的报道日益增多。有研究结果显示，在所有使用不含抑菌剂滴眼剂的患者中，疼痛、不适、痒、烧灼感、异物感、眼干燥症、流泪等症状和体征的发生率均显著低于使用含有抑菌剂滴眼剂的患者[24]。

总之，在辅料的选择使用时，应符合必要性、合理性和安全性原则：①添加的辅料是否必要，应避免在无任何研究资料的支持下，在制剂中盲目添加助溶剂、抗氧剂、抑菌剂等，而应从理化性质、制备工艺、生产环境、包装贮藏等方面加以改进，尽量不加或少加辅料；②辅料的选择是否合理，所用辅料不应降低药效或产生局部刺激性或其他不良反应，应尽量减少使用辅料的种类；③辅料用量是否安全，需要提供充分的试验或文献依据。

49. 吹灌封三合一技术在中药滴眼剂中是如何应用的?

吹灌封[27]是一种被行业越来越熟知的无菌加工技术，生产过程中塑料粒子在注塑机内经挤压热熔后[170℃～230℃、350bar(1bar=0.1MPa)]制成塑料容器，然后灌装、封口都是在一套连续的工序中完成。作为无菌滴眼剂车间的设计，吹灌封技术是非常重要的一环，药液的配制、除菌，无菌药液的输送和储存，无菌罐体和管道系统的清洁与灭菌以及产品的密封性检查都是无菌保证不可或缺的环节。

制备工艺描述：滴眼剂的原辅料称量后，于配制罐中加注射用水配制成药液，根据物料性质，通过过滤除菌或热力灭菌的方法得到无菌药液备用。另一方面，塑料粒子在挤压热熔后吹制成包装容器，无菌药液在A级层流保护下灌入容器中并封口。经过检漏和灯检后进行打码包装，成品入库。吹灌封技术制备滴眼剂的关键工艺及设计特点见表2-10-6。

表2-10-6　吹灌封技术制备滴眼剂的关键工艺及设计特点

关键工艺	设计特点
滴眼剂种类多，药液基质物理性质不同，得到无菌药液的工艺不一样	水溶性基质可以用过滤法除菌； 胶体状基质采用热力灭菌法
配制药液的原辅料组分多，工艺复杂，有溶液型、凝胶型和混悬液型等	配制系统的设计要考虑各种组分的添加方式、溶解方式和除菌方式
在C级车间完成无菌药液的配制和储存	关键设备为密闭系统； 物料输送采用密闭系统； 配制系统能在线清洁(CIP)和在线灭菌(SIP)； 过滤系统能进行在线完整性测试
塑料粒子的储存和运输	真空输送
吹灌封三合一设备	尽量选用黑白分区的设备； 能在线清洁(CIP)和在线灭菌(SIP)； 考虑无菌服的更衣； 大量废料的输送
洁净室环境控制	空气洁净度控制：空气过滤器等； 洁净室隔离：压差控制结合报警系统； 更衣流程合理，尽量避免人体对环境的污染； 吹灌封设备尽量布置在C级出风口正下方
工艺验证要求高	无菌过滤系统必须进行验证； 基质热力灭菌必须进行验证； 三合一设备无菌吹灌封工艺须验证； 设备的清洁验证； 洁净公用工程和空调系统须验证

运用吹灌封三合一技术的滴眼剂车间的设计要全面考虑中药滴眼剂配制工艺的复杂性，除菌工艺的多样性和吹灌封设备制瓶、灌装的无菌保证外，还要考虑配制系统、无菌物料运送和储存系统的清洁、灭菌以及干净塑料粒子的转运和最终产品的逐一检漏。在工程设计中正确的流程设计、设备选型和平面布置，可提高滴眼剂生产的无菌保证水平。

50. 近年来出现的新型眼用制剂有哪些?

随着生物药剂学的发展、眼部用药后药动学的深入研究以及高分子材料和新技术的应用，以延长药物作用时间，提高眼部生物利用度，缓释、控释和眼内靶向给药为目的的新剂型越来越受到研究人员的关注，在传统的滴眼剂、软膏剂、膜剂的基础上不断出现了新的眼部给药系统，包括凝胶给药系统、脂质体、微乳、纳米粒、环糊精包合物、眼内植入剂等[28]。

（1）凝胶给药系统：生物黏附性凝胶一般含有大量亲水性基团，能够增加药物制剂的黏度，延长药物在眼部的滞留时间，从而减少给药次数，提高药物的生物利用度，常用的为水凝胶。

（2）脂质体：脂质体是由一层或多层磷脂双分子层膜构成的封闭药物小囊，这种药物载体类似于生物膜，易与生物融合，跨角膜转运效率较高；并且它还具有很好的靶向性、延效性、减毒性等优点。

（3）微乳：微乳是由水、油、表面活性剂和助表面活性剂组成的光学上均一、热力学稳定的液态体系。微乳具有热稳定、粒径小、透明度高、成本低、制备容易等特点。微乳除了可以改善难溶性药物的溶解度外，还可以增加药物的角膜透过率。

（4）纳米粒：纳米粒（nanoparticle，NP）属固态胶体粒子，粒径小于 500nm。药物可以溶解或包裹于纳米粒中。眼用载药纳米粒具有增加药物黏滞性、克服水溶液易在角膜前消除、延缓药物释放、提高药物的眼部生物利用度的特点。

（5）环糊精包合物：环糊精系由淀粉经酶解环合后得到的由 6～12 个葡萄糖分子连接而成的环状低聚糖化合物，是制备包合物的常用材料。环糊精不仅能提高脂溶性药物的溶解度，而且可以减少药物的刺激性，增强药物的角膜透过率，提高生物利用度。

（6）眼内植入剂：眼内植入剂是将药物与高分子材料混合制成一定制剂或装入微型装置中，经手术植入眼球内的控释给药系统。与其他的给药系统相比，眼内植入制剂释药平稳，作用持续时间长，作用靶向性强且毒性低。

（7）眼内插入膜剂：眼内插入膜剂是将药物制备成膜状的固体剂型，放于眼穹窿处，使其以一定速度缓慢释放的药物制剂。眼用插入膜剂小且薄，柔软度高，药物利用度高，且可经紫外线照射灭菌，不必添加抑菌剂，对眼部刺激性和不适感较小。

参考文献

[1] 赵萌，乔宝安，何建伟. 浅析中药注射剂的合理使用[J]. 陕西中医，2013，34(5)：607-610.

[2] 孙国先，徐德宇，刘微丽. 100 种注射剂药品中所用辅料的调查分析[J]. 中国药事，2015，29(11)：1168-1171.

[3] 霍秀敏，马玉楠，蒋煜. 直接接触注射剂的包装材料和容器的选择原则与评价要点[J]. 中国临床药理学杂志，2012，28(10)：797-800.

[4] 吴毅，金少鸿. 药用辅料吐温 80 的药理、药动学及分析方法研究进展[J]. 中国药事，2008，22(8)：717-720.

[5] 国家食品药品监督管理局. 关于发布《药品生产质量管理规范（2010 年修订）》无菌药品等 5 个附录的公告[EB/OL]. [2022-05-08]. https：//www. nmpa. gov. cn/directory/web/nmpa/xxgk/ggtg/qtg-gtg/20110224164501312. html.

[6] 廖锐仑. 除菌过滤器的选择与小容量注射剂的无菌质量风险[J]. 中国卫生产业，2014(11)：103-105.

[7] 范碧亭. 中药药剂学[M]. 上海：上海科学技术出版社，1997.

[8] 王学松，郑领英. 膜技术[M]. 2 版. 北京：化学工业出版社，2013.

[9] 谢纪珍，冯巧巧，刘军田，等. 化学药品注射剂灭菌工艺选择及工艺验证常见问题探讨[J]. 药学研究，

2018, 37(6): 370-372.
[10] 郭绮, 陈彪. 注射剂的热原及其控制方法简述[J]. 中国药业, 2008, 17(20): 41-43.
[11] 张秀品, 周莉, 费建军. 超滤去除松梅乐注射液热原的讨论[J]. 黑龙江医药科学, 2002, 25(3): 42.
[12] 刘重芳, 张钰泉, 戴居云, 等. 丹参不同提取工艺比较[J]. 中成药, 1999, 21(8): 385-388.
[13] 朱丹妮, 李志明, 严永清, 等. 生脉散复方化学的动态变化与药效关系的研究: 生脉散复方化学的研究(Ⅱ)[J]. 中国中药杂志, 1998(5): 35-37, 63-64.
[14] 江波, 侯世祥, 孙毅毅. 含丹参中药注射液鞣质检查新方法[J]. 中成药, 2000, 22(3): 192-193.
[15] 王健, 徐自升, 毛宏亮. 中药注射液中鞣质去除方法的探讨[J]. 基层中药杂志, 2001, 15(5): 51-52.
[16] 翟光喜, 娄红祥, 毕殿洲, 等. 槲皮素磷脂固体分散体的研制[J]. 山东大学学报(医学版), 2002, 40(4): 364-366.
[17] 赵新先. 中药注射剂学[M]. 广州: 广东科技出版社, 2000.
[18] 曹春林, 施顺清. 中药制剂注解[M]. 上海: 上海科学技术出版社, 1993.
[19] 马秀璟. 中药滴眼剂药学研究的常见问题及建议[J]. 中国中药杂志, 2008, 33(20): 2428-2430.
[20] 张培胜, 刘江云, 郝丽莉. 滴眼剂无菌生产工艺过程控制中的几点思考[J]. 中国药房, 2014, 25(25): 2311-2313.
[21] 国家药典委员会. 中华人民共和国药典: 2020年版[S]. 四部. 北京: 中国医药科技出版社, 2020.
[22] 洪满珠, 黄莹, 李利, 等. 滴眼剂中防腐剂成分分析及选用[J]. 眼科学报, 2019, 34(2): 90-94.
[23] 周文琛. 眼用制剂中抑菌剂的使用[J]. 药品评价, 2020, 17(1): 26-27.
[24] 黄彩虹, 陈文生, 陈永雄, 等. 苯扎氯铵的眼表毒性研究现状[J]. 中华眼科杂志, 2014, 50(4): 303-306.
[25] 任贻军, 林飞刚, 杨远荣, 等. 中药滴眼剂的研究概况[J]. 中华中医药学刊, 2010, 28(1): 173-175.
[26] 任文霞, 翁晓明, 刘琛. 眼用制剂生产质量管理风险分析及控制[J]. 中国现代应用药学, 2015, 32(9): 1144-1146.
[27] 李世雄. 运用吹灌封技术的滴眼剂车间工艺设计探讨[J]. 化工与医药工程, 2014, 35(3): 34-37.
[28] 李振武, 刘海宏, 施海法, 等. 眼部给药体系研究进展[J]. 河北医药, 2012, 34(4): 580-581.

（李元波　袁瑜　黄波）

第十一章　气雾剂、喷雾剂、粉雾剂成型技术

古代医家虽然没有明确提出气雾剂、喷雾剂、粉雾剂这类剂型，但在很多文献记载中可以找到类似的中药制剂原型。如我国现存最早的医书《五十二病方》共收载15种剂型，其中就包括熏剂。唐代著名医家孙思邈所著的《备急千金要方》共收录剂型39种，其中吸入烟剂首次用于治疗咳嗽"……又方，烂青布广四寸，上布艾……急卷之烧令着，纳燥罐中，以纸蒙头，便作一小孔，口吸取烟，细细咽之，以吐为度"。在《备急千金要方》中散剂的数量占第二，其中吸散的应用别具特色，如治寒冷咳嗽、上气胸满唾脓血的钟乳七星散，这是一种研作细末吸入的剂型，类似现在的粉雾剂。明代著名医药家李时珍所著《本草纲目》中运用熏洗、烟熏法治疗痔瘘。由此可见，古代医家已经尝试用烟熏剂、吸散剂等治疗相关疾病。近年来，中药气雾剂、喷雾剂、粉雾剂的研究愈来愈受到重视，产品质量逐步提高，品种也在不断增多，如目前市场上有云南白药气雾剂、宽胸气雾剂、止喘灵气雾剂等。中药气雾剂的使用，改变了中药只治疗慢性疾病的传统观点。本章节将对气雾剂、喷雾剂、粉雾剂的成型技术及相关的内容进行一一解析。

1. 吸入气雾剂的药物粒径如何影响药效的发挥？

对于吸入气雾剂而言，药物粒子在肺部的沉积以及到达肺深部的量对气雾剂的疗效影响很大。影响药物粒子分布部位的因素有使用方法、患者呼吸道的病理状况等，但更重要的是气雾剂本身的性质。

气雾剂中不同形状、大小、密度的粒子可在不同的部位沉积，较大的微粒受重力影响沉降速度快，大多落在口腔、咽部及气管上部，而难以到达肺部，因而肺部吸收较少。但如果微粒太小，大部分药物微粒会随呼气排出，在肺部的沉积率也很低。因此，只有适当的粒径才有较高的沉积率。进入气管、支气管的较大颗粒主要通过惯性撞击沉积；到达肺泡管或肺泡的细小粒子通过布朗运动，在空气中自由扩散，以扩散机制而沉积。

颗粒的实际粒径、密度和形状难以测得，通常使用空气动力学粒径（在空气中具有相同沉降速度的密度为1g/cm^{3}的假想球体直径）来表征吸入制剂的粒径。研究表明，肺部给药适宜的空气动力学粒径为1～5μm。>10μm的粒子沉积在口咽部，0.5～2μm的粒子易包埋于肺泡中，<0.5μm的粒子随着呼吸被排出，故通常吸入气雾剂的微粒大小应控制在1～5μm为宜。

2. 气雾剂的处方前研究包括哪些内容？

处方前研究的目的是明确临床治疗的要求，分析药物的理化性质及其与辅料、包装材料的相容性，判断成型的可能性。处方前研究可为选择与设计合适的给药途径、药物剂型、处方、包装系统、工艺和质量控制提供依据，使气雾剂达到安全、有效、稳定、应用方便和质

量可控的目的。

气雾剂的处方前研究内容包括以下方面。

（1）确定药物的作用部位及剂量：气雾剂药物根据临床治疗需要，给药部位有舌下、鼻腔、肺部以及皮肤等。药物的药理活性有强有弱，故治疗剂量有小有大。据此，在处方设计上需要考虑处方的载药量、递送能力及药物在处方中的存在形式，同时决定其制备工艺。

（2）考察药物的理化性质：通过对药物理化性质的研究，对比气雾剂的剂型特点，可以找出这些性质与成型所要求的性质之间的差距。通过添加抛射剂、助溶剂、表面活性剂等附加剂，有时可以缩小这些差距，直至接近成型的要求，而有些则不能。因此，可以依据这些判断药物制成气雾剂的成型可能性，进而决定是否选用气雾剂。需要关注和考察的理化性质通常有：晶型、晶癖、粒径及粒径分布、溶解性、脂水分配系数、pK_a、吸湿性等。

（3）稳定性和原辅料的相容性：通过将药物与辅料混合，初步考察原辅料的相容性，可以为辅料选择提供重要参考信息。将成分复杂的中药制成气雾剂，不仅要重点研究辅料配方与制备工艺；还要根据不同品种考虑各种成分在气雾剂体系中可能发生的复杂相互作用，这些都需要进行细致深入的研究。

（4）生物学性质调研：在处方开发前通过实验、文献调研，尽早掌握药物的药理毒理性质，了解是否需要通过制剂手段降低刺激性、改善吸收、提高依从性等，可以使制剂处方设计与筛选目标更为清晰。了解药物的药动学特征，对于制剂规格、用药间隔设计以及辅料选择也非常重要。

3. 应如何控制气雾剂的喷射能力？

气雾剂所用抛射剂包括压缩气体类和液化气体类。压缩气体类抛射剂有二氧化碳、氧化亚氮及氮气，由于其压力太高，且使用时气雾剂罐内压力会随着气雾剂的使用逐渐变小，因此目前很少使用。液化气体类抛射剂在常压下沸点低于室温，蒸气压高，可均匀分散在气雾剂产品中，保持恒定的压力和喷雾模式，填充量一般为85%。目前常用的抛射剂根据分子结构可分为碳氢化合物类（丙烷、正丁烷和异丁烷）、氢氟烷烃类［1，1，1，2-四氟乙烷（HFA-134a）、七氟丙烷（HFC-227ea）］和含氧化合物类（二甲醚），后两者因其低毒性，现应用较多[1]。

气雾剂喷射能力的强弱主要取决于气雾剂的罐内压力，而罐内压力主要取决于抛射剂的蒸气压。不同的抛射剂有不同的蒸气压。抛射剂的沸点应低于室温，常温下蒸气压应大于大气压。抛射剂的种类和用量是气雾剂喷射能力的主要影响因素。一般来说，抛射剂用量大，蒸气压高，喷射能力强，反之则弱。喷射能力越强，形成的雾滴越细，越能进入肺深部。因此，可通过控制气雾剂的压力来控制其喷射能力。

（1）以压缩气体为抛射剂的气雾剂，其压力可用理想气体定律来表示。

$$PV=g\mathrm{R}T/M \qquad 式（2\text{-}11\text{-}1）$$

式（2-11-1）中，P 为大气压力，V 为体积，T 为绝对温度，R 为气体常数［8.314J/（mol·K）］，g 为气体质量，M 为气体分子量。

（2）以液化气体为抛射剂的气雾剂，其压力与温度之间的关系符合 Clapeyron-Clausius 方程。

$$\log P=\frac{-\Delta H}{2.303RT}+C \qquad 式(2\text{-}11\text{-}2)$$

式(2-11-2)中，P 为蒸气压，ΔH 为摩尔蒸发热，R 为气体常数，T 为绝对温度，C 为常数。

若为混合气体，其压力可由 Raoult 定律计算。

$$P=P_A+P_B$$
$$P_A=N_A\cdot P_A^0$$
$$P_B=N_B\cdot P_B^0 \qquad 式(2\text{-}11\text{-}3)$$

式(2-11-3)中，P 是混合抛射剂的总蒸气压，P_A、P_B 分别是抛射剂 A 和 B 的分压，P_A^0、P_B^0 分别是纯抛射剂 A、B 的蒸气压，N_A 是 A 在混合物中的摩尔分数，N_B 是 B 在混合物中的摩尔分数。

除压力外，影响喷射能力的因素还有气雾剂喷射口的直径和长度。用 Poiseuille 定律可描述经毛细管后压力气体的释放速度。

$$D=P\gamma^4\pi/8VL \qquad 式(2\text{-}11\text{-}4)$$

式(2-11-4)中，D 为释放速度（cm^3/s），P 为压力（$dyne/cm^2$），γ 为毛细管径（cm），V 为液体黏度（Pa·s），L 为毛细管长（cm）。可见，毛细管的管径是影响喷射速度的最主要因素。

4. 呼吸道给药喷雾剂的新型喷头装置有哪些?

喷雾剂，指含药溶液、乳状液或混悬液填充于特制的装置（喷雾器）中，使用时借助手动泵的压力、高压气体、超声振动或其他方法将内容物呈雾状物释出，用于肺部吸入或直接喷至腔道黏膜、皮肤及空间消毒的制剂。

开喉剑喷雾剂采用折叠喷头，将药液直接喷至咽峡炎患处，药效迅速，用于抗炎止痛、减轻扁桃体充血水肿、缓解局部溃疡疼痛等症状[2]。喷雾剂一般不含抛射剂，喷出粒子大小多为 50～100μm，粒径大，喷出液体雾滴不均匀，甚至有部分液体呈细流状，因此不适用于肺部吸入给药。研发人员基于此设计了一种电磁振荡泵，容器内液体经电磁振荡后喷雾，粒径可较气雾剂更细，多数粒子的粒径在 5μm 以下。例如手持式高频超声雾化器，其壳体内设有带压电换能器，能产生小粒径雾滴，用于全呼吸道药物输送，尤其是下呼吸道和肺泡[3]。针对现有的雾化器不能适应在野外使用的缺陷，有研究者设计了一种采用空气或氧气作为雾化动力，对电力供应无依赖性的雾化给药装置，可用于在野外呼吸道部位损伤的紧急救治[4]。与超声雾化器相比，该装置具备雾化液容积小、用药量少、雾化药物浓度高、雾化颗粒大小可控、可雾化多种药物、雾化气溶胶中氧气含量高等一系列的优点，且操作简便、效果良好。另有研究者通过将金属丝放在吸嘴内部，并位于喷嘴前方 2mm 处构成喷射降压器，以减少药物微粒的惯性冲击而提高其输送效率，进而提高疗效[5]。

5. 如何使超声雾化吸入器雾化微粒给药发挥最佳疗效?

超声雾化是通过高频交变电场中的压电换能器进行工作，将电信号转换成周期性的机械振动，并通过偶合液传递到药物溶液，引起药液分子振动，最终导致液体界面破裂并产生气溶胶雾滴。中药雾化疗法不仅对病变部位具有直接作用，也减轻了药物对全身的副作用，而且可以根据病情变化随时加减药物，具有用药省、作用快、疗效好以及容易被患者所接受等优点。近年来，超声雾化吸入疗法在临床上的应用越来越广泛，其对咽喉炎、气管炎、支气管炎、肺炎、哮喘等呼吸系统疾病均具有一定的治疗作用[6-10]。

经超声雾化吸入器产生的气雾，雾量大、雾滴小，可得粒径在10μm以下的微粒。其中粒径达5μm以下者占绝大部分，甚至可在1μm左右。吸入后可达肺泡等病变部位，但吸入时间较长，一般10～15分钟。药物雾滴与病变部位充分接触，可发挥最佳疗效。超声雾化吸入器在使用过程中易产生热量，可导致溶液温度升高，对一些热敏性药物可能会产生一定的影响，在使用超声雾化吸入前注意考察药物性质。同时为避免超声雾化吸入所产生的雾滴分布不均匀，粒径较大而影响最终的治疗效果，要选用合适频率的超声，或通过改变喷嘴的几何形状抑制直径大于50μm药物粒子的产生，并增加喷雾的喷射时间。此外，也可改变动力单位，采用氧气驱动雾化吸入和压缩雾化吸入来增强疗效[11]。前者是将药液通过高压氧气射流振荡的方式分散成细小的雾状，因其动力更足，含氧量更高，故药物粒子分散得更细，产生的粒径更小，更易进入肺组织或肺泡中，所以有效部位药物的沉积率更高，效果更加显著；后者则是以压缩气体为动力，将药液雾化成细小颗粒，随着呼吸使药物进入呼吸道。

超声雾化吸入器用于临床治疗时要根据患者的耐受力，综合考虑雾化时间、雾化量、药液吸入量，以及三者之间的相互影响，合理调节，保证药物能充分有效地被利用。为避免药物浪费，必要时可适当延长药物作用时间或提高药物浓度，以达到治疗目的。另有研究表明，坐位状态时雾化吸入的效果最好，这是因为在坐位状态下，药物进入到咽喉部后，由于呼吸的压力和重力的相互作用，更容易下行进入到肺部作用于肺泡，能够充分发挥药效，有利于提高治疗效果[12]。

6. 哪些因素影响气雾剂的雾粒大小?

气雾剂的性能对吸收有明显影响，这主要表现在气雾剂喷出的雾粒大小。气雾剂中药物的粒子大小取决于喷射初期形成的气雾液滴的大小，液滴逐步分离并随抛射剂挥发后，形成固化的小粒子。

影响气雾剂雾粒大小的因素主要有以下几方面。

（1）抛射剂的种类和用量：抛射剂喷射能力的大小直接受其种类和用量的影响。一般来讲，抛射剂用量越大，其蒸气压越高，喷射能力越强，喷出的液滴就越细，这是影响雾粒大小的重要因素。

（2）触动器喷雾头：喷雾头对雾形、药物粒子大小影响较大。气雾粒子的大小往往与触动器喷雾孔的孔径有关。有人试验当触动器的孔径为0.030英寸（0.076cm）时，气雾粒径为11.0μm；当触动器孔径为0.018英寸（0.046cm）时，气雾粒径为3.2μm。

（3）药液的黏度：药液的黏度越小，形成的晶核越小、雾粒越小。

（4）药液的表面张力：表面张力小的溶液易于形成小的粒子。

（5）气雾喷量：气雾喷量可影响雾形，喷雾量越大，液体之间相互的聚集力越强，分散性越差，越不易获得小的雾粒。

（6）触动器喷雾孔与粒子间的距离：雾粒大小与触动器喷雾孔与粒子间的距离有关，离喷雾孔越远，雾粒的粒子越细小。

对混悬型气雾剂而言，气雾剂的粒径主要取决于药物的微粉化程度，以及固体粒子在放置过程中的结晶稳定性。

7. 抛射剂的填充工艺是什么?

抛射剂是气雾剂的重要组成部分，它不仅是气雾剂的动力系统，同时也可兼作药物的溶剂或稀释剂。作为气雾剂的喷射动力来源，抛射剂需在一定压力下才能保持一定形态，充入罐内后仍需保持一定压力，在使用时才能到达作用部位而发挥治疗作用，因此抛射剂的填充是气雾剂生产的关键步骤。

抛射剂的填充工艺主要有压灌法和冷灌法两种[13-14]，其中压灌法更常用。

（1）压灌法：压灌法分为一步压灌法和二步压灌法。二步压灌法是将药物的浓溶液或混悬液、低挥发性液体及其他辅料配制后先充填进空罐中，装上阀门并轧口密封，再通过阀门将抛射剂压入罐中。二步压灌法采用的设备较为简单，对药液的要求亦较低，此法在抛射剂为氟氯烷烃类时较为常用。二步压灌法的不利之处在于：浓缩液灌装时溶剂的蒸发可引起药物浓度的增加；浓缩液和抛射剂充填重量的变化会对产品中药物的浓度有一定影响。因此，精确的灌装设备是二步压灌法的关键。近年来，随着氢氟烷烃类抛射剂逐渐取代氟氯烷烃类抛射剂，在欧美工业化生产中一步压灌法较为常用。一步压灌法系先将阀门安装在罐上，轧紧，再将药液和抛射剂在常温高压下配制成溶液或混悬液，通过阀门压入密闭容器中。

压灌法要求阀门能有效、可靠充填，且阀门的性能不受压力灌装过程的影响，灌装前需驱除容器中的空气以降低灌装阻力。压灌法设备简单，不需要低温操作。由于是在安装阀门系统后灌装，故抛射剂损耗较少；如用旋转式多头灌装设备可达较快速度，目前我国多用此法生产。

（2）冷灌法：冷灌法需要先借助冷灌装置中的热交换器，将药液冷却至低温（-20℃左右）并进行药液的分装，然后将冷却至低温（-60～-30℃）的液化抛射剂灌装到气雾剂的耐压容器中；也可以将冷却的药液和液化抛射剂同时进行灌装，再立即将阀门装上并轧紧。冷灌法是利用抛射剂在常压、低温条件下为液体，可以在低温条件下开口的容器中进行灌装，对阀门系统无特殊要求，但需要制冷设备和低温操作。由于是开口灌装，抛射剂有一定损失，因此必须迅速完成操作。此外，水分在低温条件下容易结冰，含乳剂或水分的气雾剂不适于用此法进行灌装。

8. 为什么生产气雾剂尤其是生产三相气雾剂时对环境湿度有严格要求?

气雾剂的生产环境、用具和整个操作过程应严格控制水分的带入，因为含湿量对气雾剂的稳定性、释药剂量和药物粒子在体内沉积的部位等均有较大影响。

气雾剂按容器中存在的相数可分为二相气雾剂和三相气雾剂。二相气雾剂一般为溶液型气雾剂，药物通常有较好的水溶性，当环境湿度较大时，药物吸湿量显著增加，导致药物粒子聚集、涨晶或沉积于容器中，从而使剂量均匀性降低。混悬型气雾剂分别由气-液-固三相组成，气相是抛射剂挥发形成的气体，液相是抛射剂，固相是不溶性药物的微粒。药物的固体微粒分散在抛射剂中形成混悬液，喷射时随着抛射剂的挥发，药物的固体微粒以烟雾状喷出。因此，良好的混悬效果是保证混悬型气雾剂释药剂量准确、药物粒子能到达肺深部的基本条件。水分含量对混悬型三相气雾剂而言是最重要的一个问题，制剂的含水

量通常需控制在 3×10^{-4}g/L 以下[15]，如果环境湿度过大，混悬型气雾剂的制备存在一定的难度，主要问题包括：颗粒粒度变大、聚集、结块、堵塞阀门系统，从而导致气雾剂质量的下降，故生产中环境湿度的控制尤为重要。

气雾剂的不同生产工艺和设备对环境要求亦不同。如二步压灌法，要求温度应低于抛射剂的沸点，湿度则应尽量低，以防止带入水分。一般认为，相对湿度应小于 45%。此外，水在氢氟烷烃类抛射剂中溶解度较高，生产环境的湿度如果较高，往往会导致冷灌法生产中水分的进入量过高，引起混悬型气雾剂中药物微粒粒径增加，微粒粒径分布、絮凝、喷雾模式、释药剂量和体内沉积部位等的改变以及阀门的堵塞[16-17]。

9. 如何解决对空气、水不稳定中药喷雾剂的质量问题？

对空气、水不稳定的中药欲制成喷雾剂，可从以下几方面尝试解决其稳定性问题。

（1）喷雾剂处方设计的角度：可根据药材提取物或药物的性质，加入适宜的附加剂如抗氧剂、pH 调节剂、防腐剂等。如含有酚羟基的黄芩苷欲制成喷雾剂，可考虑加入适宜的亚硫酸盐类抗氧剂；酯类、酰胺类、苷类等对水不稳定的成分欲制成喷雾剂，可考虑调节制剂中的 pH 或改变溶剂，如采用乙醇、丙二醇等极性较小的溶剂，或在水溶液中加入适量的非水溶剂。

（2）喷雾剂装置方面：常用的喷雾剂是利用手动泵实现喷雾给药，手动泵与容器相连，组成喷雾剂的喷雾装置。手动泵的固定杯（卡口）类型对保证对空气、水不稳定药物的稳定性和安全性起到十分重要的作用。固定杯（mounting cup）主要起支持阀门各部件的作用，并将手动泵固定在容器上。其通常是 0.025cm 左右的电镀板或 0.038cm 左右的铝板。多数固定杯有内涂层，目前较常用的是聚乙烯、聚丙烯涂层或直接应用聚乙烯、聚丙烯塑料。根据卡口式样不同，主要有 3 种类型：第一种是由聚乙烯、聚丙烯塑料制成的，适用于螺口瓶的带螺纹固定杯（又称螺纹盖）；第二种是由铝或铝合金制成的，用压紧方式固定于容器上的固定杯（又称轧口盖）；第三种是由塑料制成的，用压紧方式在临用时卡在容器口上的固定杯（又称卡口盖）。其中，螺纹盖固定杯因其密封性能不好，故不适用于对空气、水不稳定的药液的喷雾剂。轧口盖固定杯则克服了螺纹盖密封性能不好的缺点，配以加入尼龙体的防湿性阀门，与外界空气、水分及微生物完全隔绝，因此可以保证在相对较长的贮存期内（相对于较短的使用时间）对空气和水不稳定药物的稳定性。但是一旦开启使用就会有空气进入容器内，如一般药物在短期内使用完，则不会对其稳定性造成大的影响。卡口盖固定杯也是基于类似轧口盖固定杯对保证药物的稳定性而设计，系将药液（或冻干粉，临用时溶解）与固定杯分别包装，在相对较长的贮存期内，将药液（或冻干粉）置于一密封容器（如特制的与固定杯配套的安瓿）内，完全与外界空气、水分等隔绝，以保证稳定性。临用时再将固定杯压紧在打开了的安瓿上，故这种卡口盖固定杯的喷头（手动泵）又称为安瓿泵。

国外已有一次性使用的单剂量喷雾给药装置，具有喷射剂量精度高、无空气补充，不易被污染、稳定性好、便于携带等优点，弥补了轧口盖和卡口盖固定杯在使用期间药液稳定性不好的缺陷，但成本也相应较高。此外，有的手动泵装有细菌过滤膜，而且只在喷雾的瞬间开启，可防止污染，提高制剂稳定性。新的密封材料（如三元乙丙橡胶和丁基橡胶）的应用，对于稳定性差的中药喷雾剂的研发和生产亦有积极意义。

（3）制剂生产的角度：生产的容器、中药原料药、附加剂等要进行干燥处理，并控制生产环境的相对湿度，严格控制原辅料和制剂的水分含量；可向溶液和容器空间通入惰性气体以驱除容器中的空气，防止药物在贮存期的氧化降解。

10. 怎样准确控制喷雾剂给药剂量?

喷雾剂不含抛射剂，目前多采用机械或电子装置制成的手动泵进行喷雾给药。手动泵是借助手压触动器产生压力，将药液以雾滴、乳滴或凝胶等形式释放，通常仅需很小的触动力即可达到全喷量，具有使用方便、适应范围广的特点。手动泵喷雾所需的压力大小通常取决于手揿压力或与之平衡的泵体内弹簧的压力，它远远小于气雾剂中抛射剂产生的压力。手动泵系统，由于其压力较气雾剂系统低，因而在触动器的出口部位常需制成使液体呈旋涡状向外喷出的结构。在压力下，液体经小孔产生的喷雾的雾形与液体所受的压力、喷雾孔径、液体黏度等有关。随着压力的增加，液体分别以液滴、液柱、球状、葱头状及雾形向外释放[18]。

目前经过技术改进，带电子计数装置、集成雾化器、可精确给药的手动泵已广泛应用于各种喷雾剂装置中。采用手动泵装置，经过集成雾化器喷出的液滴粒径均匀，可精确控制喷出剂量，实现定量给药。

为准确控制喷雾剂的给药剂量，2020 年版《中国药典》四部喷雾剂（通则 0112）指出，除另有规定外，定量喷雾剂取供试品 4 瓶检查，均应为标示喷量的 80%～120%，凡规定测定每喷主药含量或递送剂量均一性的喷雾剂，不再进行每喷喷量的测定。除另有规定外，定量喷雾剂取供试品 1 瓶检查，每喷主药含量应为标示含量的 80%～120%，凡规定测定递送剂量均一性的喷雾剂，一般不再进行每喷主药含量的测定。除另有规定外，混悬型和乳状液型定量鼻用喷雾剂应检查递送剂量均一性，照吸入制剂（通则 0111）或鼻用制剂（通则 0106）相关项下的方法检查，应符合规定。

11. 怎样测定气雾剂的雾粒大小?

测定气雾剂雾粒的大小多采用间接方法。常用方法是显微镜测量法，取一块玻片，涂以液体石蜡和凡士林的混合物（2∶1）。加热除去气泡制成软垫（称软垫基板），置距喷嘴 25～30cm 处，捕集气雾剂喷于空间的雾粒，然后在显微镜下测试粒子直径。该法设备简单，容易操作。但雾粒与软垫基板发生碰撞时会变形，带来误差。另外，有人采用激光全息方法测定气雾剂的雾粒直径，即利用氦氖激光器产生的激光束在 75～100 纳秒瞬间，在全息照相底片上留下雾粒群的立体信息，而后在激光照射下再现微粒群的立体图像，自动记录测定微粒的大小，并精确记录粒径分布[19]。除了以上方法，目前测量气雾剂粒径的方法还有激光粒径测定法（干法测定法、湿法测定法）和碰撞法（空气动力学粒径测定法）等。

颗粒粒径又分为几何学粒径与空气动力学粒径。几何学粒径（D_d）是根据几何学尺寸来定义的，上述显微镜法与激光散射法的测量值均属于几何学粒径范畴。吸入的药物粒子因密度、形状不同，具有同样大小几何学粒径的粒子在呼吸道中会有不同的沉积状态，因此几何学粒径不能全面反映药物粒子在呼吸道沉积的状况。为了更全面了解粒子的运动状态，又提出了空气动力学粒径（D_a）的概念，是采用仪器对空气中自然沉降的粒子进行捕捉测定，可以大致预测粒子在体内的动态过程[20-21]。

2020 年版《中国药典》四部通则 0951“吸入制剂微细粒子空气动力学特性测定法”规定

了3种气雾剂空气动力学粒径测量方法，分述如下。

（1）双级撞击器测定法：将吸嘴适配器连接至喉部末端，驱动器插入后（深度约10mm），驱动器吸嘴端应在喉部水平轴线上，驱动器另一端应朝上，且需与装置处于同一垂直面上。除另有规定外，按照药品说明书操作。开启真空泵，振摇吸入装置5秒后立即揿射1次；取下吸入装置振摇5秒，重新插入吸嘴适配器内，揿射第2次；除另有规定外，重复此过程，直至完成规定揿数。在最后一次揿射后，取下吸入装置，计时，等待5秒，关闭真空泵。揿射次数应尽可能少，通常不超过10次。揿射的次数应能保证测定结果的准确性和精密度。

判定与结果判断：用空白接受液清洗上述操作后的接口及导入下部锥形瓶的导管内、外壁及喷头，洗液与第二级分布瓶中的接受液合并，定量稀释至一定体积后，按品种项下的方法测定，所得结果除以取样次数，即为微细粒子剂量。

对于吸入液体制剂，用空白接受液清洗上述操作后的一级分布瓶的内壁，洗液与第一级分布瓶中的接受液合并，定量稀释至一定体积；用空白接受液清洗上述操作后泵前滤纸及与二级分布瓶的连接部分、二级分布瓶的内壁，洗液与第二级分布瓶中的接受液合并，定量稀释至一定体积。按品种项下的方法分别测定上述两部分溶液中活性物质的量，所得结果与两部分所收集活性物质总量相比。

（2）安德森级联撞击器（Andersen cascade impactor，ACI）测定法：在ACI最后一层放入合适的滤纸后，逐级安装撞击器，应保证系统的气密性。在L形连接管末端安装合适的吸嘴适配器，吸入装置插入后，吸嘴的端口应与L形连接管口平齐，吸入装置的放置方向应与实际使用方向一致。将撞击器的出口与真空泵相连，开启真空泵，调节气体流量使L形连接管进口处的气体流速为28.3L/min（±5%），关闭真空泵。

除另有规定外，按照药品说明书操作。开启真空泵，振摇吸入装置5秒后立即揿射1次；取下吸入装置振摇5秒，重新插入吸嘴适配器内，揿射第2次；除另有规定外，重复此过程，直至完成规定揿数。在最后一次揿射后，取下吸入装置，计时，等待5秒，关闭真空泵。揿射次数应尽可能少，通常不超过10次，揿射的次数应能保证测定结果的准确性和精密度。

拆除撞击器，小心取出滤纸。除另有规定外，用各品种项下规定的溶剂清洗吸嘴适配器和L形连接管，并定量稀释至适当体积；用溶剂定量提取每一层级的内壁及相应的收集板或滤纸上的药物并定量稀释至一定体积。

采用各品种项下规定的分析方法，测定各溶液中的药量。

判定与结果判断：根据溶液的分析结果，计算每揿（吸）在吸嘴适配器、L形连接管、预分离器（如使用）及各层级的沉积量。从最后的收集部位（滤纸）开始，计算规定层级的累积质量，即微细粒子剂量。

（3）新一代撞击器（next generation impactor，NGI）测定法：将收集杯置于托盘内，将托盘安装于底部支架上，保证各收集杯对应底部支架相应位置。合上盖子，扳下手柄，将仪器密封。在撞击器入口端插入L形连接管，在L形连接管的另一端安装合适的吸嘴适配器。吸入装置插入后，吸嘴端应在L形连接管的水平轴线上，吸嘴的端口应与L形连接管口平齐。吸入装置的放置方向应与实际使用方向一致。将撞击器的出口与真空泵相连，调节气体流量使L形连接管进口的气体流速为30L/min（±5%），关闭真空泵。

除另有规定外，按照药品说明书操作。开启真空泵，振摇吸入装置5秒后立即揿射1

次；取下吸入装置振摇 5 秒，重新插入吸嘴适配器内，揿射第 2 次；除另有规定外，重复此过程，直至完成规定揿数。在最后一次揿射后，取下吸入装置，计时，等待 5 秒，关闭真空泵。揿射次数应尽可能少，通常不超过 10 次，揿射的次数应能保证测定结果的准确性和精密度。

拆除撞击器，取下 L 形连接管和吸嘴适配器，除另有规定外，用各品种项下规定的溶剂清洗，并定量稀释至适当体积。松开手柄，打开撞击器，将托盘与收集杯一同取下，分别定量收集每一收集杯内的药物并定量稀释至适当体积。

采用各品种项下规定的分析方法，测定各溶液中的药量。

判定与结果判断：根据溶液的分析结果，计算在吸嘴适配器、L 形连接管、预分离器（如使用）及各层级的沉积量。从最后的收集部位（滤纸）开始，计算规定层级的累积质量，即微细粒子剂量。

12. 如何以每喷重量、每揿剂量、冲程试验来考察气雾剂质量？

吸入气雾剂，包括两相及三相气雾剂，其主要的质量指标是药物释放剂量的均匀性及粒径和粒度分布，故研究气雾剂时常以每喷重量、每揿剂量及冲程试验来考察其质量。测定每喷重量时，先将气雾剂称重得 W_1，然后喷雾一次，将阀门洗净后，称重得 W_2，W_1 与 W_2 之差即为每次喷量；按上法连续测 3 次后，不计重量连续喷雾 10 次；再按上法连续测定 3 次，再不计重量连续喷雾 10 次；再按上法连续测定 4 次，将这 10 次值平均即可得平均每喷重量。每喷重量测定的目的是考察阀门的定量准确性。

2020 年版《中国药典》四部通则 0113 气雾剂【每揿主药含量】定量气雾剂照下述方法检查，每揿主药含量应符合规定。

检查法：取供试品 1 罐，充分振摇，除去帽盖，按产品说明书规定，弃去若干揿次，用溶剂洗净套口，充分干燥后，倒置于已加入一定量吸收液的适宜烧杯中，将套口浸入吸收液液面下（至少 25mm），喷射 10 次或 20 次（注意每次喷射间隔 5 秒并缓缓振摇），取出供试品，用吸收液洗净套口内外，合并吸收液，转移至适宜量瓶中并稀释至刻度后，按各品种含量测定项下的方法测定，所得结果除以取样喷射次数，即为平均每揿主药含量。每揿主药含量应为每揿主药含量标示量的 80%～120%。

2020 年版《中国药典》四部通则 0113 气雾剂【每揿喷量】定量气雾剂照下述方法检查，应符合规定。

检查法：取供试品 1 罐，振摇 5 秒，按产品说明书规定，弃去若干揿次，擦净，精密称定，揿压阀门喷射 1 次，擦净，再精密称定。前后两次重量之差为 1 个喷量。按上法连续测定 3 个喷量；揿压阀门连续喷射，每次间隔 5 秒，弃去，至 $n/2$ 次；再按上法连续测定 4 个喷量；继续揿压阀门连续喷射，弃去，再按上法测定最后 3 个喷量。计算每罐 10 个喷量的平均值。再重复测定 3 罐。除另有规定外，均应为标示喷量的 80%～120%。

凡进行每揿递送剂量均一性检查的气雾剂，不再进行每揿喷量检查。

在进行气雾剂的处方研究期间，应经常测定每揿剂量。因处方药物与阀门相容性的原因可能会造成阀门恢复不到位或由于聚集引起堵塞，导致喷量的重量差异。每揿剂量是衡量定量气雾剂的主要指标，可间接地反映气雾剂中药液处方设计的合理性，如为混悬液，则可反映该混悬液的混悬均匀性。根据惯性撞击原理设计的冲程试验是测定气雾剂动力学粒径的主要方法。该法将粒子的大小、密度及单位密度多种因素与沉降速度相联系，用动力学粒径来表达三因素与沉降速度之间的关系，使动力学粒径直接与粒子的沉降行为相关并可预测药物在肺部的沉积，故能反映气雾剂的质量。

13. 如何达到喷雾剂微生物限度的质量要求？

喷雾剂若要防止微生物污染，主要需注意控制生产及贮存环境与喷雾装置的选用。

（1）喷雾剂应在相关品种要求的环境下配制，如一定的洁净度、灭菌条件和低温环境等。配制完成后及时装于灭菌的洁净干燥容器中，在整个过程中应该防止微生物的污染，具体内容可参考本书上篇第十一章“洁净与灭菌技术”。

（2）根据需要可在喷雾剂中加入抑菌剂，在制剂确定处方时，该处方的抑菌效力应符合抑菌效力检查法（2020 年版《中国药典》四部通则 1121）的规定。

（3）喷雾剂装置中各组成部件均应采用无毒、无刺激性、性质稳定、与原料药物不起作用的材料制备，灌装使用前须经灭菌处理。

14. 为什么说现代喷雾剂或粉雾剂（干粉吸入剂）可以取代大部分的气雾剂？

目前吸入制剂的主要方式有 3 种：喷雾剂、气雾剂与粉雾剂（干粉吸入剂）[22]。粉雾剂是将药物制成干粉，再与适量大颗粒辅料混合后装于特定容器，依靠患者吸入气流将药物干粉从辅料表面脱离、雾化形成气溶胶供患者吸入的剂型。

气雾剂由于计量准确、使用方便，曾是吸入制剂的主要剂型，但是由于气雾剂含有抛射剂，容器内有压力、抛射剂雾化时吸热变冷、部分患者存在呼吸道刺激。与气雾剂相比，喷雾剂不含抛射剂，亦无须考虑抛射剂与药物的相容性、稳定性及其副作用、刺激性等问题；同时生产处方、工艺及设备简单，而且生产安全、成本亦大大降低，这些优点都使喷雾剂的应用范围逐渐扩大。尤其是现代雾化技术如超声波、电喷雾等的发展，克服了传统喷雾剂粒径大、均匀性差，不适用于肺部吸入的缺点。喷雾剂的另一优势是可以在临床上临时配制成复方使用，这对中药非常适用。现代制药技术的进步也改进了传统喷雾剂不能与外界空气、水分隔绝而产生的微生物污染，药物稳定性差和安全性差等缺点，因而喷雾剂成为大部分甚至全部气雾剂的理想替代剂型。但是必须注意到，雾化设备体积大、药物浓度偏低导致患者完成吸入的时间长、不便携带等问题仍然制约着喷雾剂的发展。

粉雾剂与气雾剂和喷雾剂相比，具备无抛射剂、药物以固体粒子形式存在、药物的含量高且稳定性好、方便使用和携带等优势。另外，由于粉雾剂的固态药物粒子便于进行缓释、控释等方面的设计，因此粉雾剂在进入 21 世纪以来获得了很大的发展，是非常有前景的吸入制剂给药形式[23]。

15. 气雾剂和喷雾剂的工业生产设备是什么？

喷雾剂大都使用药物溶液供雾化使用，其工业生产相对简便，可以与注射剂等其他液体制剂共用生产车间，不需要特制的工业生产设备。粉雾剂使用较多的工业生产设备为药物干粉制备环节使用的气流粉碎机，在本书上篇第二章“粉碎技术”已有介绍，药物干粉与辅料的混合以及后续的胶囊灌装可以参考其他固体制剂相关设备。另外值得注意的是，粉雾剂的剂量通常很小，一般在毫克级甚至微克级，所以给药装置和药物定量分装系统等对粉雾剂的质量具有重要影响，保证药物剂量的均一性尤为重要。先进、耐用的定量分装系统能克服极细粉末的黏附力、实现较低剂量的粉末分装，从而避免或减少稀释剂（乳糖）的使用，药物无须从乳糖表面解吸附，提高了给药效率，也降低处方开发和给药装置设计的难度[24]。

相较于喷雾剂和粉雾剂，气雾剂由于使用抛射剂且必须在压力条件下灌装，因此其对专用工业生产设备的依赖程度是最高的。图 2-11-1 是一个典型的两步法气雾剂灌装的示意图，整个灌装需要在净化车间内进行，包括净化敞开铝罐 - 灌装药物 - 安装阀门 - 阀门封口 - 充填抛射剂 5 个步骤，设备包含铝罐清洗机、组合净化器、真空封口机、膜片式混悬液 / 抛射剂填充器、产品循环凸轮泵、抛射剂供给泵、前后膜片式抛射剂泵等设备单元。

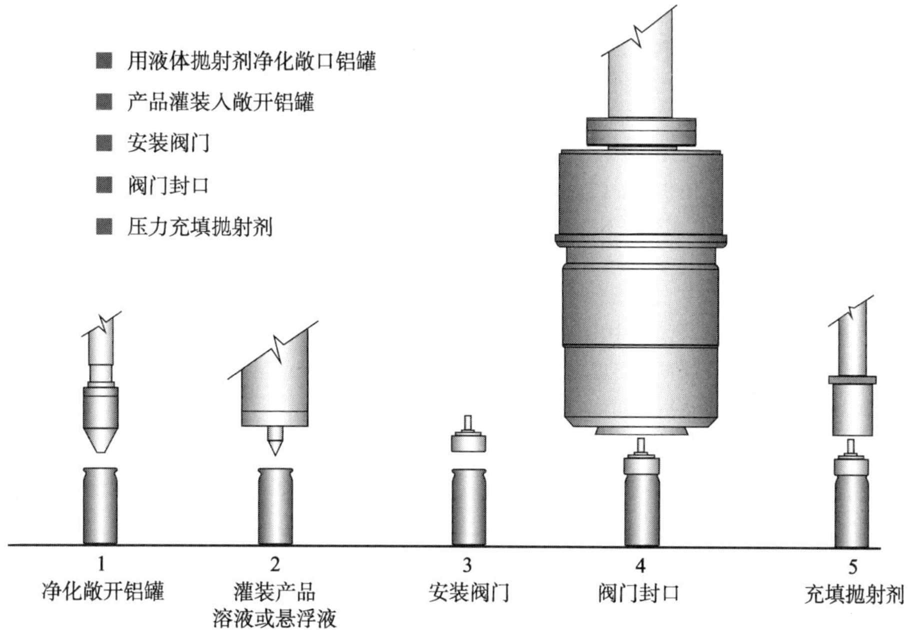

图 2-11-1　两步法气雾剂灌装的示意图

参考文献

[1] 赵燕君，许新新，仪忠勋，等. 药用气雾剂辅料抛射剂质量标准概述[J]. 中国药事，2019，33(6)：637-648.

[2] 关晓娟，李劭鹏. 开喉剑喷雾剂联合克感利咽口服液治疗儿童急性扁桃体炎临床分析[J]. 新中医，2016，48(3)：158-160.

[3] WANG C，LU P Y，LU C T. Handheld high frequency ultrasonic nebulizer for whole respiratory tract drug delivery：US10195368[P]. 2019-02-05.

[4] 吴敏，刘铁兵，汤黎明，等. 呼吸道紧急救治用无源气动雾化给药装置的研制和应用研究[J]. 医疗卫生装备，2016，37(11)：28-31.

[5] FADL A，WANG J B，ZHANG Z Q. Metered-dose inhaler efficiency enhancement：A case study and novel design[J]. Inhalation Toxicology，2010，22(7)：601-609.

[6] 姜静，尚宁，范欣生. 中药辛夷雾化吸入治疗支气管哮喘[J]. 临床肺科杂志，2001，6(2)：17.

[7] SCICHILONE N. Asthma Control：The Right Inhaler for the Right Patient[J]. Adv Ther，2015，32(4)：285-292.

[8] DALMORO A, BARBA A A, D'AMORE M, et al. Analysis of Size Correlations for Microdroplets Produced by Ultrasonic Atomization[J]. Sci World J, 2013(2013): 482910.

[9] SELLERS W F S. Inhaled and intravenous treatment in acute severe and life-threatening as thma[J]. Brit J Anaesth, 2013, 110(2): 183-190.

[10] 苏广，刘明，朱海燕，等. 中药超声雾化治疗缺血性脑卒中恢复期气管切开术患者的临床研究[J]. 湖北中医杂志，2020，42(7): 27-29.

[11] 韩飞，晏丽，朱大治，等. 雾化吸入法在临床中应用的研究进展[J]. 中国医院药学杂志，2016，36(24): 2218-2222.

[12] 于雪松，王彤. 超声雾化吸入法相关因素探讨[J]. 护理研究，2000，14(4): 170-171.

[13] 万永丽，朱祝生，马庆恒，等. 气雾剂生产线抛射剂充入装置的结构浅析[J]. 机电产品开发与创新，2019，32(6): 25-26.

[14] 侯曙光，魏农农，金方. 氟利昂替代后吸入气雾剂(MDIs)的研究要求和进展Ⅱ. 抛射剂替代的MDIs的技术挑战和工业化生产[J]. 中国医药工业杂志，2009，40(8): 622-627.

[15] 张强，武凤兰. 药剂学[M]. 北京：北京大学医学出版社，2005.

[16] FEE J P, COLLIER P S, LAUNCHBURY A P, et al. The influence of particle size on the bioavailability of inhaled temazepam[J]. Br J Clin Pharmacol, 1992, 33(6): 641-644.

[17] WILLIAMS R O, LIU J, KOLENG J J. Influence of metering chamber volume and water level on the emitted dose of a suspension-based pMDI containing propellant 134a[J]. Pharm Res, 1997, 14(4): 438-443.

[18] 毛磊. 药用气雾剂[M]. 北京：中国医药科技出版社，1997.

[19] FISHLER R, VERHOEVEN F, DE KRUIJF W, et al. Particle sizing of pharmaceutical aerosols via direct imaging of particle settling velocities[J]. Eur J Pharm Sci, 2018, 113: 152-158.

[20] LEE H J, LEE H G, KWON Y B, et al. The role of lactose carrier on the powder behavior and aerodynamic performance of bosentan microparticles for dry powder inhalation[J]. Eur J Pharm Sci, 2018, 117: 279-289.

[21] FISSAN H, RISTIG S, KAMINSKI H, et al. Comparison of different characterization methods for nanoparticle dispersions before and after aerosolization[J]. Analytical Methods, 2014, 6(18): 7324-7334.

[22] 屠锡德，张钧寿，朱家璧. 药剂学[M]. 3版. 北京：人民卫生出版社，2002.

[23] HANS SCHREIER. 药物靶向技术[M]. 应翔宇，译. 北京：中国医药科技出版社，2004.

[24] 张熹，金方. 干粉吸入剂的粉末定量分装设备浅析[J]. 世界临床药物，2012，33(11): 700-704.

（毛声俊　颜红　付廷明）

第十二章　新型给药系统成型技术

近年来，随着新型技术和辅料的发展，出现了很多新型给药系统，主要包括缓释给药系统、控释给药系统及靶向给药系统。缓释与控释给药系统统称为缓控释给药系统，亦称缓控释制剂，是利用适当辅料、采用特殊工艺，使药物的释放、吸收、代谢以及排泄延缓，从而达到延长作用时间的目的，此类制剂均属长效制剂。与普通制剂比较，药物治疗作用持久、毒副作用低、用药次数减少，可提高患者依从性，尤其适用于长期用药患者。缓释制剂和控释制剂的区别在于：就药物释放行为或规律而言，缓释制剂药物释放速度在一定时间内逐渐减慢，在动力学上主要是一级速率过程；而控释制剂药物释放速度在一定时间内基本恒定，在动力学上体现为以零级或接近零级速度释放[1]。就药物释放结果或药动学参数而言，控释制剂的血药浓度较为稳定，在一定时间内能维持恒定的水平；而缓释制剂无法维持稳定的血药浓度。靶向给药系统（targeting drug delivery system）亦称靶向制剂（targeting preparation），指给药后能使药物主动或被动地选择性浓集定位于病变组织、器官、细胞或细胞内结构的新型给药系统。广义地讲，控释给药系统包括控制药物释放的速度、部位和/或时间，故靶向制剂也属于控释制剂范畴。国外缓释制剂、控释制剂名称多样，常用名称有 sustained-release preparation，prolonged action preparation，repeat-action preparation，retard preparation，controlled-release preparation 等，但有时并未区分，如《美国药典》（USP）均称为缓释制剂（extended release）。本章将共同讨论缓释制剂、控释制剂与靶向制剂。

自 1930 年报道薄膜包衣技术并于 20 世纪 50 年代用于制药业后，缓控释制剂的研究和开发已成为当今医药工业发展的一个重要方向。目前常见的有膜包衣技术、骨架技术、渗透泵技术、胃内滞留技术、生物黏附技术、离子交换技术等。我国从 20 世纪 70 年代末开始进行口服缓控释制剂研究，但其在中药领域的应用从 20 世纪 90 年代才逐渐兴起。近年来，中药有效成分、有效部位、单方和复方口服缓释、控释制剂均有报道，内容主要是制备工艺和体外释放度评价，也有制剂缓释作用综合评价方法的探索，以及药动学和药效毒理学等方面的研究，但仍处于初级阶段，至今只有正清风痛宁缓释片（由青风藤经提取纯化得到的盐酸青藤碱加工制成的片剂）和雷公藤双层片（由雷公藤经提取纯化得到的雷公藤浸膏加工制成的双层片，含速释层和缓释层）两个中药缓释制剂上市，未见有成熟的中药复方缓控释制剂品种上市，中药缓控释制剂的研究与整个药物缓控释给药系统的研究相比已大大滞后。但祖国医学对丸剂早有"丸者缓也""丸药以舒缓为治""药性有宜丸者""大毒者须用丸"的论述。由此可见，古代中医药学早已认识到丸剂具有在体内缓慢崩解的特点，可延缓药物释放，达到疗效平稳持久、降低毒性和减少不良反应的目的。在临床治疗中，丸剂有一定缓控释作用，可使制剂较长时间地维持药物有效浓度、避免达到中毒浓度，可作为治疗慢性疾病或久病体弱、病后调和气血等疾病的药物剂型。但是，随着给药系统研究的迅速发展，原有类似丸剂的中药缓控释理论与方法已难以满足现代中药制剂的临床治疗需要。随着中药基础研究的深入以及分析、检测方法与设备的进步，一些中药有效成分得以被认知，为中药药动学研究及获得药动学参数提供了可能，从而有可能制成理想的中药缓控释制剂。

靶向制剂能使药物到达靶区，提高药效，降低毒副作用，提高药品的安全性、有效性、可靠性和患者的依从性。具体而言，靶向制剂可解决药物在其他制剂给药时可能遇到的以下问题：由药物在体内分布广而导致的不可接受的毒副作用；由靶部位药物浓度不足而导致的低治疗指数；药物自身难以通过的解剖屏障或细胞屏障等。靶向制剂的靶向部位可分为一级靶组织或靶器官、二级靶细胞以及三级靶细胞内的特定部位。靶向制剂依据靶向原理可分为被动靶向制剂、主动靶向制剂和物理化学靶向制剂。此外，还可按载体性质不同分为脂质体、微粒、纳米粒、复合型乳剂等。鉴于目前缓控释制剂及靶向制剂临床上市品种较少，尤其与靶向制剂相关的重要理论，例如“EPR”效应尚需在临床进一步验证，因此本章只对以上技术做适当展开。

1. 药物可根据哪些原理制成缓释、控释制剂?

缓释、控释制剂的释药原理主要有溶出原理，扩散原理，溶蚀与扩散、溶出结合，渗透压原理和离子交换原理等。可根据药物的具体性质采用不同的缓释、控释原理，通过不同的处方和制剂工艺，使药物以一定的速度溶出和释放，获得理想的缓释、控释制剂。缓释、控释制剂的主要释药原理有以下几种。

（1）溶出原理：药物的释放受药物溶出速度的限制，根据 Noyes-Whitney 溶出速度公式，减小药物的溶解度，降低药物的溶出速度，可使药物得到缓慢释放。利用溶出原理达到缓释的方法有制成溶解度较小的盐或衍生物、增加难溶性药物颗粒的粒径、将药物包裹或包藏于缓控释材料中等。

（2）扩散原理：利用扩散原理达到缓控释作用的方法包括：增加制剂的黏度以减小扩散系数，采用包衣技术，制成微囊，将药物分散到不溶性骨架中，制成植入剂、乳剂等。

（3）溶蚀与扩散、溶出结合：虽然影响药物释放的因素很多，但一般来说，药物的释放主要取决于药物的溶出或释放，因此可以归纳为溶出控制型和扩散控制型。而对于生物溶蚀性给药系统，药物不仅可从骨架中扩散出来，而且骨架本身也处于溶解的过程。因此，利用溶蚀与扩散、溶出结合原理制备缓释、控释制剂的方法有：将药物与生物溶蚀性材料制成骨架制剂；通过化学键将药物与聚合物结合，药物通过水解或酶反应从聚合物中释放出来；将药物与膨胀型聚合物制成膨胀型控释骨架，药物溶解后，从吸水膨胀后的骨架中扩散出来等。

（4）渗透压原理：利用渗透压原理制成的控释制剂能均匀、恒速地释放药物，比骨架型缓释制剂更为优越。渗透泵型控释制剂指以渗透压为驱动力而释放药物的控释制剂。如渗透泵片，其结构为水溶性药物或固体盐及具高渗透压的渗透促进剂与其他辅料压制成固体片芯，外包控释半透膜，并打有至少一个释药孔，口服后胃肠道的水分通过半透膜进入片芯，产生高渗透压将药物泵出。

（5）离子交换原理：由水不溶性交联聚合物组成的树脂，在其聚合物链的重复单元上含有成盐基团，药物可结合于树脂上，形成药树脂。药树脂经口服后，在胃肠道中与 Na^+、H^+、K^+、Cl^- 等内源性离子发生离子交换反应，缓慢地释放药物。带正电荷的药物与阳离子交换树脂（如磺酸型树脂或羧酸型树脂）结合形成的药树脂，胃液中的 Na^+、H^+、K^+ 可将药树脂中的药物交换出来；带负电荷的药物与阴离子交换树脂（如氨基树脂）结合形成药树脂，胃液中的 Cl^- 可将药树脂中的药物交换出来。被交换出来的药物从树脂中扩散出来。

2. 常见的缓释、控释制剂有哪些类型？

缓释、控释制剂的类型多种多样，但应用最广最常见的类型为骨架型、膜控型和渗透泵型。本文以骨架型缓释为例，对其制剂特点和分类进行简要介绍，详细的处方设计及制备工艺等内容将在本章后面的小节中进行介绍。

骨架型制剂指根据溶出、扩散、离子交换等原理，将药物和一种或多种惰性固体骨架材料经过压制或融合技术制成的片状、微丸或其他形式的制剂。通过对药物的加工处理和骨架材料的选择，可控制药物的释药速率，从而起到缓释、控释作用。骨架型制剂与普通制剂相比，主要特点有：①药物从骨架中缓慢释放，可以延长有效血药浓度时间，减少给药次数；②对胃肠道有刺激的药物，可以减少药物对胃肠道的刺激；③通过对骨架材料的选择和组合或采用不同的制剂工艺，可以控制药物的释药速率，提高生物利用度[2]。

骨架型制剂有多种分类方法，常见的有以下 3 种分类方法。

1）按制剂类型分类：片剂（包括骨架片、胃内滞留片和生物黏附片）、微丸剂、胶囊剂、膜剂、栓剂、植入剂等。

2）按给药途径分类：口服骨架型制剂、植入骨架型制剂、腔道用骨架型制剂、眼用骨架型制剂和透皮吸收骨架型制剂等。

3）按骨架材料性质分类：生物溶蚀性骨架制剂、亲水凝胶（水溶蚀性）骨架制剂、不溶蚀性骨架制剂、离子交换树脂骨架制剂等。

3. 哪些药物适宜制成缓释、控释制剂？

一般而言，适于制备缓释、控释制剂的药物需满足在胃肠道整段或较长部分均能吸收、水溶性较大、半衰期适中（3～6 小时）等要求。但随着制剂技术的发展，上述限制已被打破，如半衰期为 1.2～1.8 小时双氯芬酸钠、半衰期为 36 小时的卡马西平均以及半衰期为 22 小时的非洛地平均已被制成缓释制剂，以减轻常规制剂的副作用；剂量较大的头孢克洛也通过处方工艺的研究，将药物与辅料的质量比降低至 6.5：1，从而实现了缓控释制剂的制备。

一些首过效应强的药物，可利用增加剂量或用速释部分饱和肝药酶以提高生物利用度。设计以一级速率或以时间平方根速率释药的缓释制剂可能对减少药物被肝药酶破坏更为有利，如普萘洛尔等。

仅在胃肠道某段吸收的药物，例如在胃、小肠上段吸收的药物可制成胃内漂浮片。胃内漂浮片是由一种或多种亲水凝胶骨架材料辅以其他材料制成，口服后遇胃液形成凝胶屏障并维持自身密度小于胃液，能较长时间驻留于胃内释放药物。

目前对化药制成缓控释制剂的药物研究较多，由于中药复方成分复杂，单一成分含量往往较低，以致血浆中含量达不到检测浓度，且有些成分不清楚，各成分之间可能存在相互作用，加之中药复方还具有多部位、多靶点、多层次作用的特点，故对其进行体内研究和评价的难度较高，其缓控释制剂的设计原理、制备工艺、质量评价等方面均有待探索。

4. 研制中药缓控释制剂应考虑哪些问题?

与普通制剂相比,缓释、控释制剂药物需具有治疗作用持久、毒副作用低、用药次数少等特点。这就要求设计的药物能缓慢释放进入体内,使血药浓度"峰谷"波动小,在避免超过治疗血药浓度范围的毒副作用的同时又能保持在有效浓度范围(治疗窗)之内以维持疗效[3]。但由于中药缓控释制剂研究的基础较薄弱,因此在进行具体品种研制时,应注重立题依据的合理性,理论和技术可行性,对其研究的难度进行充分评估。一般来说,应考虑以下几方面的问题。

(1)应从其研究基础、临床应用等方面考虑立题的意义:中药及中药复方研制成中药缓控释制剂的前提是明确其药效作用的物质基础,即要明确中药及复方中各药味起药效作用的有效部位或其主要的有效成分、明确其提取分离的对象,为缓控释制剂的设计、制备与评价奠定基础。临床适应证方面宜考虑以病情较重、病程较长、需长期服药的慢性疾病为主。而且中药缓控释制剂的研制应在其普通制剂研究的基础上进行,并应从临床用药需求、药物性质、用药剂量及其生物学特性等方面加以综合考虑,而不应盲目进行。

(2)应参照国内外相关规定进行研究:中药缓控释制剂的研究还处于初级阶段,尚无法定的研究指导原则或技术指南,但中药缓控释制剂既然冠以缓控释制剂之名,其研究应参照2020年版《中国药典》四部中"缓释、控释和迟释制剂指导原则"进行。其释放度测定、稳定性试验和生物利用度试验等应分别参照药典中的"溶出度与释放度测定法""原料药物与制剂稳定性试验指导原则""药物制剂人体生物利用度和生物等效性试验指导原则"等相关通则及指导原则进行,药物临床试验应严格按照《药物临床试验质量管理规范》进行。

(3)应考虑适宜的指标成分:选择适宜的指标成分以进行药动学参数的测定与缓控释制剂的设计。中药成分复杂,用于进行药动学参数测定的成分应首选能代表中药作用特点,即能反映中药主要药效的成分。所选择的指标成分还应在制剂中含量稳定,能够建立符合生物样品分析要求的体内药物测定方法。确定了中药或中药复方中主要有效成分,才可以对其与缓控释制剂设计有关的药动学参数,如吸收速率常数、消除速率常数、生物利用度等,进行测定。

(4)应结合现代医学理论和技术:中药缓控释制剂的成型工艺不应停留在传统缓控释丸剂的成型工艺上,而应在现代药物缓控释理论的指导下,应用药物缓控释技术和手段,针对所研究的对象,进行有关缓控释制剂处方设计及制备工艺的研究。

用于制备中药缓控释制剂的中间体(提取物),要求杂质去除比较完全、较好地保存有效成分、工艺技术比较成熟稳定、有较严格的质量控制、能保证产品的均匀稳定。但大多数中药或中药复方很难以一个或几个单体成分作为中间体原料,一般是由许多成分组成的混合体,其形态一般为膏状物或无定形粉末,理化性质比较复杂,给缓控释制剂辅料的筛选及制剂的处方设计增加了困难,成型工艺的难度也较大。故筛选适宜的辅料并对制剂处方及成型工艺进行研究,是中药缓控释制剂研究的关键问题之一。在设计时,需要考虑选用的制备工艺和控制技术,以及使用设备的各种参数,做到生产工艺简单化、质控指标标准化,提高制剂质量的重现性,尤其是释药速率的重现性。

(5)应明确体内外评价指标和依据:确定中药缓控释制剂质量监控指标及建立质量评价方法。缓控释制剂的设计、制备与质量控制需依赖于药物成分的药动学参数的测定，对于成熟的产品，其质量控制主要反映在释放度的测定。中药缓控释制剂应选用至少一个指标成分进行释放度的测定，并能建立其体内外释放特性的相关性。当难以测定血药浓度来计算药动学参数时，可以采用合适的药理效应法对药物进行安全性与有效性评价。

5. 如何设计缓释、控释制剂？

缓释、控释制剂的设计[4]，目前主要是应用药动学原理对剂型、剂量、释药模式、释药时间、释药速率、速释部分与缓释部分的比例等加以综合设计，或者按要求实现定时脉冲释药或定位释药等。设计特定药物的缓释、控释制剂，首先必须对这一药物进行全面的研究，包括药物理化性质、药理学、药动学、药效学以及生理学特征，同时也必须考虑制剂的特点、制备工艺以及影响其性能的主要因素。有时还需考虑制剂大量生产可能出现的问题和掌握药物在体内的药动学模型以及药动学参数、临床最佳治疗浓度、缓释维持时间等基本数据。

（1）药物的理化性质：适于制成缓释、控释制剂的药物大多数为固体药物。一般而言，水溶性较大的药物比较合适，溶解度小于 0.01mg/ml 的药物在制成缓释、控释制剂时问题较多，常需考虑增加溶出度及生物利用度等问题。溶解度与胃肠道生理 pH 关系密切的药物，很难控制其释药速率，通常不宜制成理想的缓释、控释制剂。一些在胃肠道中易水解或易被酶代谢的药物在设计时应在理论剂量、释药速率方面进行适当调整，选择适宜处方和制备工艺来增强药物的稳定性，如采用抗酸辅料、加入酶抑制剂、微囊化等。另外，也应考虑药物的晶型、粒度、溶解速率等对释药特性的影响。

（2）药理学性质：在设计中应充分了解、谨慎考虑药物的局部刺激性、有效剂量与治疗指数等药理学性质。剂量超过 0.5g 的药物一般不宜制成缓释、控释片剂或胶囊，但也应与药物密度、生物半衰期结合考虑，例如氯化钾渗透泵片剂量虽达 0.5g，但因密度较大，制成的缓释、控释片仍可接受。对于治疗指数（TI）小的药物，在设计中更应注意血药浓度的波动性，稳态血药浓度的峰谷比值，即剂型指数（DI）应小于 TI，此类药物最好是零级释药。TI 小且有效剂量很小的药物还应严格控制制剂的制备工艺，以减少批间及批内差异。

（3）药物体内行为：如前所述，目前主要是应用药动学原理进行缓释、控释制剂的设计。如果对药物的药动学过程及药动学参数缺乏了解，在多数情况下，为简化设计，常假定药物吸收速率常数（K_a）远大于缓释制剂的释药速率常数（K_r），即药物一经释放就被吸收，利用 K_r 取代 K_a。另外，也可假定缓释制剂体内模型符合单室模型一级或零级吸收，再对得到的初步结果加以修正。当临床最佳治疗浓度缺乏时，一般可用疗效显著的普通制剂常规给药的体内数据进行估算。

中药制剂，特别是中药复方制剂，由于药味较多，有效成分含量较低，血药浓度难以检测，不易获得药动学参数；或者由于其成分复杂，所得药动学参数可能是复方中多种成分在体内的综合体现，因此，应用药动学参数设计中药复方缓控释制剂有一定的难度。

缓释、控释制剂的设计也与药物的代谢密切相关。首过效应大的药物制成缓释、控释制剂时生物利用度有可能比普通制剂低。但当普通制剂的首过消除未达饱和时，制成的缓释、控释制剂与普通制剂生物利用度并无差异。另外，由于个体间存在药物代谢速率的差异，特别是由于药物代谢酶活性差异，理论上不同患者应需要不同的释药速率，不能期望缓释、控释制剂一种给药速率对每一个患者都适宜，因此理想的缓释、控释制剂的剂量和释药速率也应实现多样化及个性化。

（4）药效学性质：给药后的药效 - 时间曲线与血药浓度 - 时间曲线存在差异。不同的剂量和给药速率均能导致药效 - 时间曲线的显著变化。这种变化可能与血药浓度 - 时间曲线变化不一致。这样，按药动学模型设计的剂量和释药速率用药效学模型评价，有时会发现并不理想，所以仅简单考虑药动学特性而忽略药效的经时变化就可能使制剂不符合临床要求。目前缓释、控释制剂的设计只是通过工艺来改善药动学参数，而未与药效学紧密联系。

（5）生理学性质：生理学性质方面应考虑药物的吸收部位、释药时间及其昼夜节律、药物运行状态、食物对吸收的影响等因素。

1）吸收部位：口服药物的主要吸收部位在小肠的上部和中部，有些药物仅在很短的一段区域吸收。在设计时应了解有多少药物能被哪些部位吸收。需作用于胃部的药物则可考虑制成胃滞留型制剂。

2）释药时间：胃排空时间一般为 0.5～2 小时，药物通过小肠的时间一般为 3～4 小时[5-7]，因此，大多数药物或其释药系统在胃肠道吸收部位的转运时间为 8～12 小时。利于药物吸收的最大释放半衰期为 3～4 小时，从而使药物在胃肠道吸收部位有 80%～95% 的吸收；若药物释药太慢，则在完全释放之前就已经过了可能的吸收部位[8]。一般而言，药物在有效吸收部位充分释放，对确保有效吸收并获得较高生物利用度至关重要。

3）昼夜节律：药物制剂在体内的运行及吸收因昼夜节律而明显改变，这一因素对定时释药系统的设计至关重要。通过设计使药物在患者最需要的时候脉冲式释放，对于改善症状和治疗无疑有更好的效果。

4）药物的运行状态：药物与食物在胃和小肠中的运动取决于胃肠道生理状态。胃的生理状态分为消化期和消化间歇期。在消化期内给药，药物可以在胃中停留几小时，停留时间与食物质地和数量有关；在消化间歇期给药，药物可能被迅速送入小肠。

5）食物：食物可以改变胃肠道的 pH，改变胃肠蠕动和胃排空速率，与药物发生相互作用，改变血流状况，影响药物的首过效应等，进而改变药物的吸收速率和程度，尤其对一些溶蚀型缓释、控释制剂的影响明显。

（6）剂型选择与制备工艺：开发中药缓控释制剂的最终目的是产业化生产，设计缓释、控释制剂应注意选择合适的剂型和制备工艺，需要考虑选用的制备工艺和控制技术以及使用设备的性能参数，做到生产工艺简单化、质控指标定量化，对生产工艺中所有的关键质量属性（CQA）和关键工艺参数（CPP）进行充分控制，以提高制剂质量。

6. 研究缓释、控释制剂时，如何确定缓释、控释时间与剂量[9]?

（1）缓释、控释制剂的时间设计：一般半衰期短的或治疗指数窄的药物，可设计每 12 小时服用 1 次，而半衰期长的或治疗指数宽的药物则宜每 24 小时服用 1 次。考虑到胃肠道的吸收情况，通常药物在胃内滞留 2～3 小时，通过小肠的十二指肠、空肠、回肠 4～6 小时，故多数缓释制剂给药后 9～12 小时到达吸收较差的大肠部位。由于胃与小肠是药物吸收的主要部位，故若吸收半衰期为 4 小时，9～12 小时应吸收药物 80%～90%，如果吸收半衰期为 3 小时，则在同样时间里，吸收可达 90%～95%。若该药物吸收部位主要在胃与小肠，宜设计成每 12 小时服用 1 次；若药物在大肠也有一定的吸收，则可考虑设计成每 24 小时服用

1 次。

（2）缓释、控释制剂剂量的确定：一般根据普通制剂的用法和剂量，例如某药物的普通制剂为每日 2 次、每次 20mg，若改为缓释、控释制剂，则可每日 1 次、每次 40mg。这是根据经验考虑，也可采用药动学方法进行计算，但涉及因素很多，如人种因素，计算结果仅供参考。

1）仅含有缓释或控释剂量，而无速释部分。

缓释或控释制剂零级释放：在稳态时，为了维持血药浓度稳定，体内消除的速度必须等于药物释放的速度。设零级释放速率常数为 k_{r0}，体内药量为 X，消除速率常数为 k，则 $k_{r0}=Xk$，因 $X=cV$，$k_{r0}=cVk$，V 为表观分布容积，c 为有效浓度。若要求维持时间为 t_d，则缓释或控释剂量 D_m 可用式（2-12-1）计算：

$$D_m=cVkt_d \qquad 式（2\text{-}12\text{-}1）$$

缓释制剂一级释放：在稳态时，$D_mk_{r1}=cVk$

故
$$D_m=cVk/k_{r1} \qquad 式（2\text{-}12\text{-}2）$$

式（2-12-2）中，k_{r1} 为一级释放速率常数。

近似计算：$D_m=X_okt_d$，X_o 为普通制剂剂量

$$D_m=X_o(0.693/t_{1/2})t_d \qquad 式（2\text{-}12\text{-}3）$$

由于 $t_{1/2}$ 不同，t_d 不变，则 D_m 也不同，如表 2-12-1。

表 2-12-1　不同 $t_{1/2}$ 时缓释或控释剂量 D_m

$t_{1/2}$/h	t_d/h	D_m	$t_{1/2}$/h	t_d/h	D_m
1	12	$8.32X_o$	6	12	$1.39X_o$
2	12	$4.16X_o$	8	12	$1.04X_o$
4	12	$2.08X_o$			

2）既有缓释或控释剂量，又有速释剂量的情况。

以 D_T 代表总剂量，D_i 代表速释剂量，则

$$D_T=D_i+D_m \qquad 式（2\text{-}12\text{-}4）$$

若缓释部分没有时滞，即缓释部分与速释部分同时释放，速释部分一般采用普通制剂的剂量 X_o，此时加上缓释部分，则血药浓度势必过高，因此要进行校正，设达峰时间为 T_{max}，则零级释放

$$D_T=D_i+D_m=X_o-cVk\,T_{max}+cVk\,t_d \qquad 式（2\text{-}12\text{-}5）$$

以上关于剂量的计算，可作为设计时参考，实际应用时还可以用动力学方法进行模型设计。

采用药动学模拟的方法，结合电子计算机进行缓释、控释制剂的设计，为发展缓释、控

释制剂提供有益的信息。

3）控释制剂为零级释放、没有速释部分的情况。

假设药物吸收很快，释放过程是限速步骤，并且零级释放，则可建立如下模型和方程

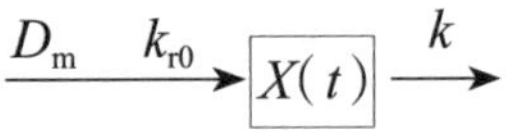

$$D_m \xrightarrow{k_{r0}} \boxed{X(t)} \xrightarrow{k}$$

$$\frac{dX}{dt}=k_{r0}-kx \qquad t=0, x=0$$

则
$$C=\frac{k_{r0}}{kV}(1-e^{-kt}) \qquad 式(2\text{-}12\text{-}6)$$

当 $t\to\infty$，$e^{-kt}\to 0$，则 $Css=\frac{k_{r0}}{kV}$ 设计时，选用不同的 k_{r0}，用计算机可以模拟出不同的血药浓度与时间的曲线。

4）控释制剂为零级释放，一级吸收，无速释部分的情况。

可以建立以下模型和方程：

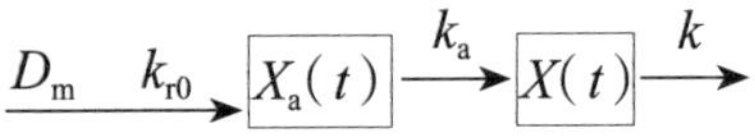

$$D_m \xrightarrow{k_{r0}} \boxed{X_a(t)} \xrightarrow{k_a} \boxed{X(t)} \xrightarrow{k}$$

$$X_a=\frac{k_{r0}}{k_a}(1-e^{-kat})$$

$$\frac{dX}{dt}=k_aX_a-kX \qquad t=0, x=0$$

根据上述两式，得：

$$\frac{dX}{dt}=k_{r0}-k_{r0}e^{-kat}-kX \qquad 式(2\text{-}12\text{-}7)$$

经 Laplace 变换、整理得：

$$X=\frac{k_{r0}}{k}(1-e^{-kt})\frac{k_{r0}}{k_a-k}(e^{-kt}-e^{-kat}) \qquad 式(2\text{-}12\text{-}8)$$

同样选用不同的 k_{r0}，计算出不同时间的血药浓度模拟曲线，按设计要求确定最适的 k_{r0}。

5）缓释制剂为一级释放，一级吸收，无速释部分的情况。

可按要求建立以下模型：

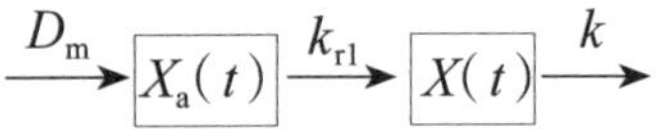

$$\xrightarrow{D_m} \boxed{X_a(t)} \xrightarrow{k_{r1}} \boxed{X(t)} \xrightarrow{k}$$

假设药物吸收速度由释药速度控制，用 k_{r1} 代替 k_a，可建立以下方程

$$\frac{dX_a}{dt}=-k_{r1}X_a$$

$$\frac{dX}{dt}=k_{r1}X_a-kX$$

以上两式 $t=0$，$X_a=D_m$，$X=0$

经 Laplace 变换得

$$X=\frac{k_{\mathrm{rl}}D_{\mathrm{m}}}{(k_{\mathrm{rl}}-k)}(\mathrm{e}^{-kt}\mathrm{e}^{-k_{\mathrm{rl}}t})\qquad 式(2\text{-}12\text{-}9)$$

选用不同的 k_{rl}，模拟一系列血药浓度 - 时间曲线，根据设计要求，选择符合需要的释放速度，进行实验研究。

6）缓释部分零级释放，同时有速释部分的情况。

此种情况，血药浓度为缓释部分与速释部分之和：

$$C=\frac{k_{\mathrm{a}}FD\mathrm{i}}{V(k_{\mathrm{a}}-k)}(\mathrm{e}^{-kt}-\mathrm{e}^{-k\mathrm{at}})+\frac{k_{\mathrm{r0}}}{Vk}(1-\mathrm{e}^{-kt})\qquad 式(2\text{-}12\text{-}10)$$

若连续多次给药，则出现“尖峰效应”（topping effect）。第 2 次给药后血药浓度不断上升，而此时第 1 次给药后还残留较高的浓度，故在第 2 次给药开始时出现“尖峰效应”。所以不是所有情况都需要有速释部分，多数缓释与控释制剂仅有缓释部分，即前述 3 种情况。

7. 如何进行药物释放度试验？

释放度是药物在规定溶剂中从制剂中释放的速度和程度。目前新药研制中，在难溶性药物以及缓释、控释制剂的质量标准中一般要求提供溶出度或释放度试验方法及其相应标准。在缓释、控释制剂的研制过程中，释放度试验数据可以指导筛选最佳处方及工艺，有效区分不同处方工艺的制剂生物利用度的差异，是目前较能反映药物体内外相关性的体外测试项目，对于指导新药研究、药物质量控制、药物的有效性保证等具有重要意义。

根据药物与介质混合的类型释放度测定方法主要分为两类。一类是通过搅拌或旋转在介质中产生的强制对流导致药物与介质混合，如转篮法、桨法等；另一类是保持漏槽条件，使样品一直暴露于均匀的无涡流新鲜介质中，通过介质的自然对流导致混合，如循环法、流通池法。转篮法和桨法是 2 种基本的测定方法，转篮法的主要缺点是篮网和 / 或过滤装置可能被堵塞，桨法的明显缺点是样品可能上浮，而且采用转篮法和桨法对于溶解度低而剂量大的药物或在释放介质中迅速达到饱和的药物，难以保持释放介质的漏槽条件。流通池法适合于小剂量、难溶性药物的缓控释制剂，尤其是肠溶制剂，它比转篮法和桨法更能模拟药物在体内的转运过程，更接近体内层流流动的情况，可以测定峰时浓度，便于进行释放介质的交换，被《美国药典》收录作为法定方法[10]。

体外药物释放度试验是模拟体内消化道条件，在规定的温度、介质 pH、搅拌速度等条件中，对制剂进行药物释放速率试验，最后制订出合理的体外药物释放度，以监测产品的生产过程与对产品进行质量控制。除肠溶制剂外，缓释、控释制剂的释放速率试验，应能反映出受试制剂释药速率的变化特征，且能满足统计学处理的需要，释药全过程的时间不应低于给药的间隔时间，且累积释放率要求达到 90% 以上。制剂质量研究中，应将释药全过程的数据作累积释放率 - 时间的释药速率曲线图，制订出合理的释放度取样时间点。除另有规定外，从释药速率曲线图中至少选出 3 个取样时间点，第一取样点（early time point），为开始 0.5～2 小时的取样时间点 t（累积释放率约 30%），用于考察药物是否发生突释现象，以保证用药安全性；第二取样点（middle time point），为中间的取样时间点 t（累积释放率约 50%），用于确定释药特性；第三取样点（final time point）为最后的取样时间点 t（累积释放率＞75%），用于考察释药量是否基本完全。此 3 个取样点可用于表示体外药物释放度。取样点时间的选择可根据药物释放曲线决定，如采用 D 值（剂量间隔 dosing interval）的倍数（如 0.5D、1D、2D 等），也可以采用具体溶出时间（小时）表达。有关缓释、控释制剂体外释放度试验的规定可参考现行版药典中的相关规定。

8. 释放度研究应总体考虑哪些方面？

体外释放度是缓释制剂关键质量属性的评价指标，其建立过程中应考虑结合体内研究结果建立体内外相关性，在一定程度上预测产品的体内行为。因此，研究过程中应重点关注：①药物自身的特点（溶解度、晶型、粒径、剂量等）；②辅料（种类、用量等）；③制剂生产工艺过程等；④释放度检查方法应具有一定的区分能力。

对于药物释放的各种曲线，可以用有关方程进行拟合，求出符合该曲线的方程。有时对某一段时间内的曲线进行拟合或分段拟合，求出相应的方程。常用的模型如下[11]。

（1）零级释放

$$M_t/M_\infty=kt \qquad 式（2\text{-}12\text{-}11）$$

式（2-12-11）中，M_t 为 t 时间的累积释放量，M_∞ 为 ∞ 时间的累积释放量，M_t/M_∞ 为 t 时累积释放率。

（2）一级释放

$$\ln(1-M_t/M_\infty)=-kt \qquad 式（2\text{-}12\text{-}12）$$

（3）Higuchi 方程

$$M_t/M_\infty=kt^{1/2} \qquad 式（2\text{-}12\text{-}13）$$

（4）Weibull 分布函数

$$\frac{1}{1-F(t)}=m\ln(t-\tau)-\ln t0 \qquad 式（2\text{-}12\text{-}14）$$

式（2-12-14）中，$F(t)$即累积释放百分数，m 为形状参数，t_0 为尺度参数，τ 为位置参数，一般为零（无时滞）。

可在 Weibull 分布图纸上求出有关参数，具体方法如下。

1）以 $F(t)$对 t 作图拟合一条直线。

2）以 ln$t$ 为 1.0 与 x 轴相关的点 m' 作平行于该直线的平行线，查出它与 Y 轴交点在 Y 尺上投影读数，取其绝对值，即得直线斜率 m。

拟合时以相关系数（r）最大而均方误差（MSE）最小的为拟合结果最好。

9. 怎样进行缓释、控释制剂体内与体外试验相关性的研究[12-14]？

释放度试验的目的是利用释放介质和装置模拟体内环境，从体外推测体内释药系统的释放情况；缓释、控释制剂体内外相关性的研究是通过体外相对简便的释放度试验确保制剂在体内生物等效。因此，它应反映整个体外释放曲线与决定相关性的整个血药浓度 - 时间曲线之间的关系。只有当体内外具有相关性，才能通过体外释放曲线预测体内情况。

体内外相关性可归纳为 3 种：①体外释放与体内吸收两条曲线上对应的各时间点应分别相关，这种相关简称点对点相关。②应用统计矩分析原理建立体外释放的平均时间与体内平均滞留时间之间的相关性，由于能产生相似的平均滞留时间可有很多不同的体内曲线，因此体内平均滞留时间不能代表体内完整的血药浓度 - 时间曲线。③将一个释放时间点（$t_{50\%}$、$t_{90\%}$等）与一个药动学参数（如 AUC、C_{max} 或 T_{max}）之间单点相关，但它只说明部分相关。2020 年版《中国药典》四部中有关缓释、控释制剂指导原则规定，缓释、控释制剂体内外相关性是指体内吸收相的吸收曲线与体外释放曲线之间对应的各时间点回归，得到直线回归方程的相关系数符合要求，即可认为具有相关性。

体外释放，以累积释放百分率 F_d 对时间作图，若为直线，则为零级释放过程，从直线斜率可求出释放速率常数以及 $t_{50\%}$ 与 $t_{90\%}$。如果其释放行为随外界条件变化而变化，就应该制备两种供试品（一种比原制剂释放更慢；另一种更快），研究影响其释放快慢的外界条件，并按体外释放度试验的最佳条件，得到体外累积释放率 - 时间的体外释放曲线。体内试验用单剂量交叉试验所得血药浓度 - 时间曲线的数据，对在体内吸收呈现单室模型的药物，可换算成体内吸收率 - 时间的体内吸收曲线，体内任一时间药物的吸收率 F_a（%）可按以下 Wagner-Nelson 方程计算。

$$F_a = (C_t + k\text{AUC}_{0\sim t})/(k\text{AUC}_{0\sim\infty}) \times 100\% \qquad \text{式(2-12-15)}$$

式（2-12-15）中，C_t 为 t 时间的血药浓度，k 为消除速率常数。双室模型药物可用简化的 Loo-Riegelman 方程计算各时间点的吸收率。再由 F_d 对 F_a 作图，计算相关系数，看是否具有良好的相关关系。

体内与体外相关关系也可用溶解速度对吸收速度（或溶解时间对吸收时间）、药物溶解百分数对血清药物浓度等方法，但以释放率对吸收率的方法用得较多。

当体外药物释放为体内药物吸收的限速因素时，可利用线性最小二乘法回归原理，将同批试样体外释放曲线和体内吸收曲线上对应的各时间点的释放率与吸收率回归，得直线回归方程。如直线的相关系数大于临界相关系数（$P<0.001$），可确定体内外相关。

10. 如何设计缓释、控释制剂的生物利用度与生物等效性试验方案?

缓控释制剂的生物利用度与生物等效性试验应在单次给药与多次给药两种条件下进行[4,7]。

（1）单次给药双周期交叉试验：其目的是受试者在空腹条件下比较受试制剂与参比制剂两种制剂的吸收速度和吸收程度，确认受试制剂与参比制剂是否为生物等效，并具有缓释、控释特征。其方法及要求与普通制剂相同。参比制剂应选用国内外同类上市的缓释、控释制剂主导产品，若系创新的缓释、控释制剂，则应选择国内外上市的同类普通制剂主导产品。通过试验，应提供各受试者血药浓度 - 时间数据及平均值与标准差；计算各受试者药动学参数 C_{max}、T_{max}、$\text{AUC}_{0\to tn}$、$\text{AUC}_{0\to\infty}$ 和 F，并求平均值与标准差，尽可能提供其他参数如平均滞留时间（MRT）等。

生物等效性评价：若受试缓释、控释制剂与参比缓释、控释制剂比较，AUC、C_{max} 符合生物等效性要求，T_{max} 统计应无显著差异，则认为两种制剂生物等效；若受试缓释、控释制剂与普通制剂比较，AUC 符合生物等效性要求（80%～125%），则认为吸收程度生物等效，C_{max} 有所降低，T_{max} 有所延长，表明受试制剂有缓释或控释特征。

（2）多次给药双周期交叉试验：其目的是研究受试缓释、控释制剂与参比制剂多次给药达稳态的速率与程度以及稳态血药浓度的波动情况。

受试者要求及选择标准与单次给药相同，可继续用单剂量试验的受试者。受试者为18～24例，参比制剂同单次给药。

实验设计：受试者等分成两组，采用随机交叉试验设计方法多剂量服用参比制剂和受试制剂。对于受试制剂，用拟定的用药剂量和方案。每日1次的制剂，受试者应在空腹10小时以后晨间服药，服药后继续禁食2～4小时；每日2次的制剂，早晚要求略有不同，首剂应空腹10小时后服药，服药后继续禁食2～4小时，第2剂应在餐前或餐后2小时服药，服药后继续禁食2小时。每次用250ml温开水送服，一般要求服药1～2小时后方可再饮水。以普通制剂为参比制剂时，按常规用药剂量与方法，但应与缓释、控释制剂剂量相等。连续服药时间至少经过7个消除半衰期后，连续测定3天的谷浓度，以确定血药浓度是否达到稳态。取样点最好安排在不同天的同一时间（一般清晨），以抵消时辰对药动学的影响。达稳态后，在最后一剂量间隔内，参照单次给药采样时间点设计，采足血样，测定该间隔内稳态血药浓度-时间数据，分析和计算有关的药动学参数如峰浓度、峰时间、稳态平均血药浓度（C_{av}）和 AUC^{ss} 等。

药动学数据处理如下。

1）列出各受试者的血药浓度-时间数据、血药浓度平均值与标准差。

2）求出各受试者的 C_{max}、C_{min}、T_{max}、C_{av}、AUC^{ss} 及各参数的平均值与标准差。C_{max}、T_{max} 按实测值，C_{min} 一般按最后一剂量间隔服药前与 τ 时间实测谷浓度的平均值计算，AUC^{ss} 按梯形法计算。稳态平均血药浓度可用式（2-12-16）求出。

$$C_{av}=\frac{AUC^{ss}}{\tau} \qquad \text{式(2-12-16)}$$

式（2-12-16）中，AUC^{ss} 是在稳态剂量间隔期间，0～τ 时间的血药浓度-时间曲线下的面积，τ 是服药间隔时间。

3）血药浓度的波动度（DF）可用式（2-12-17）计算。

$$DF=\frac{C_{max}-C_{min}}{C_{av}}\times 100\% \qquad \text{式(2-12-17)}$$

式（2-12-17）中，C_{max} 是稳态给药期间最后一个给药剂量的实测药物峰浓度值，C_{min} 是稳态给药期间最后一个剂量实测的谷浓度值。

4）统计分析和生物等效性评价与缓释、控释制剂单次给药的方法及要求相同。

（3）有的还需考察高脂饮食对药动学的影响，其目的是考察高脂饮食对缓释制剂的吸收程度和速率的影响[4]。

实验设计：采用3周期、3种处理（如食用高脂饮食后服用受试制剂、食用高脂饮食后服用标准参比制剂、空腹服用受试制剂）的交叉试验设计。受试者随机等分成3组，分别按3个周期接受3种处理，每种处理间隔应足够长。服药方法是：第一种和第二种处理，即受试者空腹10小时，在食用高脂饮食后，立刻用250ml左右的水送服相应药物；第三种处理为受试者空腹10小时后，用250ml左右的水送服药物，服药4小时后方可允许进食。

一般来说，如果禁食与对照的AUC及 C_{max} 差异不超过20%，则食物效应可忽略不计。

11. 如何评价缓释、控释制剂的生物利用度与生物等效性？

用于评价缓释制剂生物利用度和生物等效性的参数除了上述的常规参数如AUC、C_{max} 和 T_{max} 外，同时间的血药浓度以及吸收速率、消除速率等也可用于生物等效性评价。此外，还有以下几种评价缓释制剂的方法[4]。

（1）吸收曲线：吸收延长可以反映缓释制剂的缓释效果。缓释制剂中药物释放过程为零级、一级或混合级，因此通常用 Wagner-Nelson 方程来研究体内吸收速率。药物累积吸收分数曲线可为缓释制剂提供许多重要的信息。例如：①单剂量给药后，所得的吸收曲线可提示药物的吸收性质，显示药物的吸收过程是零级、一级还是混合级；②表观吸收速率常数可以用于估算在给定的时间内，药物的总吸收分数；③曲线也可用于估算药物在肠中的“残留量”；④各个体的曲线可以评价吸收的个体间差异；⑤用于体内吸收与体外释放的相关性研究。

（2）波动情况：可用波动系数（fluctuation index，FI）和面积偏差法（method of area deviation）表示。

1）波动系数：在分析多剂量达稳态后的血药浓度时，可估算血药浓度的波动情况，可用式（2-12-18）表示：

$$\mathrm{FI}=2\times(C_{\max}^{ss}-C_{\min}^{ss})/(C_{\max}^{ss}+C_{\min}^{ss}) \qquad 式(2\text{-}12\text{-}18)$$

与普通制剂比较，在减少每日给药次数的情况下，缓释制剂的 FI 不应大于普通制剂的 FI。

2）面积偏差法：假定在稳态时测定某一给药间隔内高于坪浓度的浓度与坪浓度间的面积 A 和低于坪浓度的浓度与坪浓度间的面积 B，其面积比为 RA，即

$$\mathrm{RA}=A/B \qquad 式(2\text{-}12\text{-}19)$$

通过比较 RA 大小，可以判定一个制剂的波动情况，缓释制剂的血药浓度比较平坦，RA 比较小。与 FI 相比，面积偏差法的显著优点是可以估计整个用药间隔中血药浓度偏离坪浓度的程度。

（3）血药浓度维持时间（duration of drug level in plasma）：血药浓度维持在治疗浓度范围内或某一特定浓度范围内的时间长短也可用于评价制剂的缓释效果。如采用延迟商（retard quotient）或治疗维持时间（therapeutic occupancy time）等。

1）延迟商：单剂量给药后，血药浓度超过半峰浓度维持时间长度（half-value duration，HVD），分别测量单剂量受试制剂的 $\mathrm{HVD_T}$ 和标准参比制剂的 $\mathrm{HVD_R}$，定义 $\mathrm{HVD_T}$ 与 $\mathrm{HVD_R}$ 的比值为 R_Δ，即

$$R_\Delta=\mathrm{HVD_T}/\mathrm{HVD_R} \qquad 式(2\text{-}12\text{-}20)$$

R_Δ 的大小也可作为评价缓释制剂缓释效果的指标。R_Δ 的大小与剂量无关，对于线性及零级吸收过程均适用。

峰浓度比 R_C 也可作为评价缓释制剂缓释效果的指标，即

$$R_C=C_{T,\max}/R_{R,\max} \qquad 式(2\text{-}12\text{-}21)$$

但需注意的是与 R_Δ 不同，R_C 是剂量依从性的。

2）治疗维持时间：在稳态时，血药浓度维持在治疗范围的时间。对于已知安全浓度范围内的药物，采用这种方法很有意义。但需注意治疗维持时间长短除与释药速率有关外，还与生物利用度、剂量等因素有关。

12. 如何设计缓释骨架片的处方?

骨架片是将药物和一种或多种骨架材料以及其他辅料，通过制片工艺而成型的片状固体制剂。因此，其组成主要是药物与骨架材料。为了便于成型、制片，尚需加入一些黏合剂、润湿剂、润滑剂、致孔剂、表面活性剂等辅料。

骨架材料按其性质分为3类。

1）不溶性骨架材料：不溶于水或水溶性较小的高分子聚合物，常见的有乙基纤维素、聚乙烯、聚丙烯、聚硅氧烷、乙烯 - 醋酸乙烯共聚物和聚甲基丙烯酸甲酯等。采用这类材料制成骨架片，药物以水溶性的为宜。因为制剂在药物的整个释放过程中，其骨架几乎没有改变而随粪便排出。如果水溶性较差，应考虑加入致孔剂等辅料。

2）生物溶蚀性骨架材料：常用的有硬脂酸、巴西棕榈蜡、单硬脂酸甘油酯、硬脂醇等。药物的释放是通过该类骨架材料的溶蚀来实现的。

3）亲水凝胶骨架材料：遇水或消化液膨胀，形成凝胶屏障而控制药物溶出的亲水性聚合物，主要有天然胶类如海藻酸钠、琼脂、西黄蓍胶等；纤维素衍生物类如甲基纤维素、羟乙纤维素、羟丙甲纤维素、羧甲纤维素钠等；非纤维素多糖类如壳多糖、半乳糖甘露聚糖等，乙烯聚合物和丙烯酸树脂如聚乙烯醇、聚羧乙烯等。

骨架片的设计除应遵循口服缓释、控释制剂设计的有关原则，考虑有关因素外，还应考虑骨架片的特点、制备工艺、药物和骨架材料的理化性质、释药特性等，给予全面评价，必要时需调整处方，以制备理想的骨架片。

一般而言，水溶性较大的药物比较适合制成骨架片，溶解度小于 0.01mg/ml 的药物则需考虑增加药物溶出及生物利用度的问题。如应用固体分散技术，将药物或部分药物分散于水溶性载体中，再与其他骨架材料和其余药物混合制成骨架片，以达到释药时间长而溶出吸收好的目的[2]。药物溶出度与生理 pH 关系密切者，应注意用不同 pH 条件下不同溶解度的骨架材料加以调整。

药物的吸收部位对骨架片的释药特性具有特殊意义。在胃肠道的整段或较长部分都能被吸收的药物较适于制备骨架片，但只在胃肠道某一特定小段吸收的药物，例如核黄素则不适于制备骨架片(可制成胃内滞留片)。半衰期很短(＜1 小时)，起效浓度较高的药物，单位时间所需的剂量相应较大，也不宜制成骨架片。应用实例见文献记载[15-16]。

13. 如何制备缓释骨架片?

骨架片的制备方法简单，即将药物分散于骨架材料中，经过压制或融合而成片状。药物分散于骨架材料中的方法，需根据药物的性质、所用骨架材料的类型和性质来选择。常用的成型方法有：①直接压片法，将一定粒度大小的药物粉末或颗粒与辅料混合压制而成；②融合 - 压片法，将药物趁热溶于或混悬于熔融的骨架材料中，冷却后磨成颗粒压成片剂；③融合模制法，将药物与骨架材料加热熔融混合，浇于片模中，冷却后取出而成。后两种方法因需要加热，要求药物要有一定的稳定性。

如盐酸左氧氟沙星缓释片：取山嵛酸甘油酯熔融，加入盐酸左氧氟沙星混合均匀，冷却后粉碎，加入乙基纤维素及其他辅料制粒压片即得。制得的盐酸左氧氟沙星缓释片具有明显缓释作用[16]。蛇床子素包合物凝胶骨架缓释片：蛇床子素包合物粉末 150mg，加入 8% 的 HPMC K15、淀粉、微晶纤维素等辅料采用等量递加法混匀，过 80 目筛，用 60% 乙醇溶液作为润湿剂制软材，过 20 目筛制粒，50℃干燥 6h，过 20 目筛整粒后加入 1% 硬脂酸镁压片，即得片重为 0.45g 的蛇床子素包合物凝胶骨架片[17]。山楂叶总黄酮生物溶蚀性骨架型缓释片：取处方量的山楂叶总黄酮，加入于 80℃水浴熔融的硬脂醇中混合均匀，放冷至室温；取乳糖、预胶化淀粉置研钵中研细，过 80 目筛，加入上述山楂叶总黄酮和硬脂醇的混合物中，混合均匀后加入适量羟丙甲纤维素胶浆（以 80% 乙醇适量溶解）混合制软材，过 16 目筛制湿颗粒；将湿颗粒放入干燥箱中，40～50℃干燥 30～45 分钟，取出过 16 目筛整粒，加硬脂酸镁，总混，压片，即得[18]。大黄控释片：按处方称取大黄浓缩粉、HPMC、乳糖等，混匀，干法制粒，加入硬脂酸镁适量，混匀，压成 0.5g 的片剂，所制得的大黄控释片外观平滑，释放特性良好[19]。

普通水溶性药物骨架片由于开始时释放面积大，容易发生药物初始突释效应，引起药物毒副作用。

14. 如何评价缓释骨架片的质量？

缓释骨架片的质量控制指标主要是生物利用度和生物效应[2]。按照“药物制剂人体生物利用度和生物等效性试验指导原则”（2020 年版《中国药典》四部指导原则）对药品进行生物利用度和生物等效性试验规定，所测试样品至少在 70% 的受试者体内达到 80%～120% 的相对生物利用度。这个规定同样适用于缓释骨架片。

为了便于控制质量，以释放度作为体外试验代替体内试验的方法。骨架片释放度的质量标准应根据其理化性质、药理作用、最低有效浓度、出现毒副作用的最低血药浓度、临床要求的起效时间和药效延续时间等制定出释放度标准，以保证临床用药的安全有效。

骨架片的稳定性也有严格要求。应考虑骨架材料如蜡、脂肪等长期贮藏所发生的理化性质的变化。存放不久的蜡和脂肪常为不稳定晶型的混合物，熔点和松密度较低，其不稳定晶型能转变为稳定晶型，这个过程有的蜡或脂肪转变较快，有的则需几个月或几年。这种变化可能影响骨架片的性能，进而影响药物的生物利用度。

15. 如何设计胃内滞留片的处方？

胃内滞留片是以亲水性聚合物与蜡等轻质辅料混合制成的能滞留于胃液中，延长药物释放时间，改善药物吸收和提高生物利用度的片剂，又称为胃漂浮片，系根据流体动力学平衡系统（hydrodynamically balanced system，HBS）原理设计而成[2,4]。目前多数口服缓释或控释片剂在其吸收部位的滞留时间仅有 2～3 小时，而制成胃内滞留片后可在胃内滞留 5～6 小时，而且具有骨架释药的特性，当其与胃液接触时，表面的亲水性聚合物发生水化作用，形成凝胶，控制药物与溶剂的扩散速率，水凝胶材料的膨胀使体系的体积增大。水化产生的凝胶密度小于胃液的密度（1.004～1.01g/cm^3），使片剂漂浮滞留于胃中，从而提高了某些药物的生物利用度。

一般而言，药物从 HBS 的释放是基质控制型，与亲水凝胶骨架片相似，符合 Higuchi 方程[3]，可表述为：

$$Q/t^{1/2}=S[(2C_0-C_p)C_pD_p]^{1/2} \qquad 式(2\text{-}12\text{-}22)$$

式（2-12-22）中，其中 $Q/t^{1/2}$ 是指药物释放量随时间的平方根的比例，C_0 为聚合物骨架中药物的总浓度，C_p 为药物在聚合物凝胶骨架中的溶解度，D_p 为药物在聚合物凝胶中的扩散系数，S 为释药面积。胃内滞留片中药物释放速率与药物在凝胶中的扩散系数 $D_p^{1/2}$ 成正比，与药物总浓度 $C_0^{1/2}$ 成正比，通过改变 C_0 与 D_p 可调节体系的释药速率。故可通过选择不同的聚合物材料或不同的比例及用量加以调节。

理想的胃内滞留片应满足以下要求：①遇胃液后能在其表面快速水化形成凝胶，并膨胀且保持其片剂形状；②密度小于胃液，利于片剂在胃内滞留；③药物以一定速度经由凝胶屏障释放，而且维持较长释药时间。因此在设计时应考虑药物的理化性质、吸收特性、聚合物与其他辅料的性质等情况。

用于制备胃内滞留片的药物应满足以下要求：①在胃部或小肠上部特定部位具有最佳吸收的药物；②有适当的溶解度，否则药物释放不完全；③酸性条件下稳定，适于在酸性条件下溶解吸收，特别是从胃部吸收的酸性药物，如诺氟沙星等；④由于制备胃内滞留片在胃内滞留较长时间，有利于胃部治疗药物保持较高药物浓度，因此对治疗胃部疾病的药物特别适宜；⑤半衰期短，一般缓释制剂还不能满足缓释时间要求的药物。

选择的聚合物材料一般要求在胃液中能水化，迅速形成阻止水分进一步渗入的凝胶层，保持片剂形状和较小密度，利于片剂在胃内滞留。常用的亲水胶体材料有羟丙甲纤维素（HPMC）、羟丙纤维素（HPC）、羟乙纤维素（HEC）、甲基纤维素（MC）、乙基纤维素（EC）、羧甲纤维素钠（CMC-Na）、卡波姆（carbomer）、聚乙烯吡咯烷酮（PVP）和聚乙烯醇（PVA）等，其中以 HPMC 最为常用。高黏度的亲水胶体的水合速率慢于低黏度的，且高黏度的亲水胶体密度小、膨胀体积松大，利于片剂滞留胃内。为了调节释药速率与滞留能力，可选用两种或两种以上高分子材料联合应用，并可加入其他辅料。聚合物的用量随药物的性质及选用的辅料不同而改变，通常范围为 20%～75%。

为了调节药物的释放速率和维持制剂的滞留，常加入适宜的辅助材料。如加入脂肪酸、脂肪醇、酯或蜡类等疏水性而相对密度小的物质，以降低制剂密度、增加滞留能力，同时还可降低亲水性，调节药物释放，常用的有硬脂酸、硬脂醇、单硬脂酸甘油酯、鲸蜡醇、蜂蜡等；加入可溶性、可压性好的乳糖、甘露醇或 $Ca_3(PO_4)_2$ 等不溶性物料可提高释药速率；加入聚丙烯酸树脂Ⅱ、聚丙烯酸树脂Ⅲ等可减缓药物的释放；加入增塑剂、表面活性剂可加快药物的释放；加入碳酸盐类如碳酸镁（$MgCO_3$）及碳酸氢钠（$NaHCO_3$）等，遇胃酸放出的 CO_2 被包于凝胶层中，有助于减轻制剂密度，增加漂浮力。另外，还可根据需要加入适宜的润滑剂、稳定剂等。应用实例见相关文献[20-22]。

16. 如何制备胃内滞留片？

胃内滞留片的制备同普通片剂，但必须考虑其胃内滞留的特点。压片工艺应尽量采用全粉末直接压片或干法制粒压片，若采用湿法制粒压片，不利于制剂的水化滞留。因此，关于亲水胶体及辅料在黏附性和流动性方面，应尽量选择适合于全粉末直接压片或干法制粒压片的物质。因片剂硬度不同导致其密度、水化速度和程度不同，对制剂的滞留作用有一定影响。故既要保证片剂有合适的硬度，使片剂长时间保持形状，又需确保制剂内部有一定的空隙，有利于使其密度$<1g/cm^3$ 和片剂表面的水化。因此，压片时压力的大小需根据实际情况进行调整和控制[2]。

如复方罗布麻片的制备[23]：取罗布麻煎剂干粉 43.7g、粉防己煎剂干粉 30.7g、野菊花煎剂干粉 28.5g、三硅酸镁 1.5g、硫酸胍生 1.3g、硫酸双肼屈嗪 1.6g、混旋泛酸钙 0.5g、PVP 10.0g、微晶纤维素 1.0g、氢氯噻嗪 1.6g、氯氮䓬 1.0g、盐酸异丙嗪 1.05g、维生素 B_1 0.5g、

维生素 B_6 0.5g、丙烯酸树脂Ⅳ号 300.0g、硬脂酸 80.0g、硬脂酸镁（适量），适当粉碎，混匀，调节片重和压力，压制成片，即得。平均片重 0.5g，起漂时间 1～3 分钟。

当归多糖铁胃内滞留缓释片的制备：以当归多糖铁（API，5g）、丙烯酸树脂Ⅱ号（25g）、HPMC K4M（8g）、PVPK30（3g）、微晶纤维素（1g）及适量硬脂酸为辅料，采用粉末直接压片法压制成平弧片，压力控制在 4～5kg。所制成品外观为光洁的淡褐色漂浮片，片均质量为 0.4g。当归多糖铁胃内滞留缓释片在体内释药完全，其生物利用度高于多糖铁复合物[24]。

氧化苦参碱胃内滞留缓释片的制备：以 HPMC 为骨架材料，十六醇为助漂剂，碱式碳酸镁为产气剂，制备出一天给药 2 次的胃内滞留型缓释片，该制剂起漂时间短，在 0.1mol·L^{-1} 盐酸溶液中 1 小时约释放 30%，2 小时约释放 50%，8h 释放 75% 以上，满足 12 小时释药要求[25]。

复方白及胃内滞留片的制备：以白及为主药，附黄连、黄芪提取物，选定羟丙甲纤维素（HPMC）、交联聚乙烯吡咯烷酮（PVPP）、预胶化淀粉、十六醇为复方白及漂浮片辅料，辅料配比为 80∶40∶100∶400。制备方法：按处方取各组分，黄芪提取物中加入润湿剂，与白及、黄连提取物混匀溶解，加入预胶化淀粉、充分混合，过 80 目筛，湿法制粒，干燥，整粒，加入崩解剂，压片（考虑片剂的漂浮性能，将压力控制在 2.5～3kg），得到的片剂在 3 分钟内起漂，漂浮时间达 8 小时以上[25]。

17. 胃内滞留片如何进行漂浮作用测定？

胃内滞留片漂浮作用测定法[2]主要包括体外法和体内法，分别介绍如下：

（1）体外漂浮作用测定法：最简单的方法是将漂浮片置于人工胃液中与普通片剂进行对照，通常漂浮片可持续漂浮 4～5 小时，而普通片剂不能漂浮。为了确切测定漂浮力的大小，可用浮力测试器测定浮力大小[2,26]。将圈径 20mm、圈数 85、灵敏度 100mg/100mm、最大负荷 0.8g 的圆筒式石英弹簧置直径 50mm、长 80mm 的玻璃管中，弹簧的上端固定，下端安装一指针，并悬挂可容纳片剂的不锈钢丝吊篮，在玻璃管外放一刻度尺，以指示弹簧的应力变化。测定浮力时，先在弹簧终端挂上吊篮，移动指示刻度尺，使指针指于零，然后将片剂置钢丝吊篮中，石英弹簧秤即指示片剂的重量。再于水浴中加 37℃的人工胃液使片剂浸没，于不同的时间记录其浮力的变化。置于仪器的刻度尺零位于中线，其下方为负值表示片剂下沉；上方为正值表示片剂可浮于液面。当指针指示零位时，片剂产生的浮力与其片重相当。正值即表示该片剂不仅能克服自身重量，还可浮起。

（2）胃内滞留片的胃内漂浮测定：多采用 γ 闪烁法。示踪剂采用同位素 ^{99m}Tc、^{111}I 或 ^{131}I 等加入滞留片和普通片中，给动物或人服用，然后用闪烁照相技术监测其在胃肠道的运行情况，进行对照。

18. 如何设计生物黏附制剂？

生物黏附指两种物质其中至少有一种具有生物属性，在外力影响下通过表面张力作用使此两种物质界面较持久地紧密接触而黏在一起的状态[2]。生物黏附片是由具有生物黏附性的聚合物与药物制成的，通过生物黏附作用长时间黏附于黏膜而发挥治疗效果的片剂[4]。生物黏附制剂既可用于局部治疗，也可具有全身作用。如应用于口腔、胃、肠、子宫、阴道等部位，能加强药物与黏膜接触的紧密性与持续性，起到延长药物作用时间、控制药物释放速度、减轻药物毒副作用、提高生物利用度等作用。药物可经黏膜吸收进入体循环，故对某些用于全身治疗的蛋白质及多肽类药物，由于口服吸收生物利用度差，舌下、鼻腔等黏膜给药显示出特殊的优越性，因此是注射给药的一种有效替代手段。如胰岛素肌内注射的生物利用度为 0.5%，改用 Whitepsol 脂性基质制片芯的口腔黏膜黏附片，生物利用度可提高到 0.75%[2]。

生物黏附制剂具有黏附和缓释特性。在水性介质中其表面形成凝胶屏障，可减慢药物释放速率。缓释的机制为随着药物与聚合物间共价键的裂解，药物可在黏附骨架中逐渐溶解和扩散。不同黏附材料的配方有不同的动力学方程。如有报道含 $CaCl_2$ 和 HPMC 的配方，药物按一级或接近零级释放，CP1342 配方的药物释放接近 Higuchi 模式[4]。

生物黏附制剂的处方设计包括生物黏附性聚合物材料的选择、促透剂及其他辅料的应用等。

常用的黏附材料按结构分为：①聚丙烯酸类，包括聚丙烯酸（PAA）、卡波姆（carbomer）、聚卡波非（polycarbophil）等；②纤维素类，包括羟丙纤维素（HPC）、羟丙甲纤维素（HPMC）、羧甲纤维素钠（CMC-Na）、羟乙纤维素（EC）等；③胺类，包括瓜耳胶、苍耳胶等；④其他类，如聚乙烯吡咯烷酮（PVP）、聚乙烯醇（PVA）、脱乙酰壳多糖（chitosan）、藻酸盐（alginate）等。

为了使制剂能长时间保持在黏膜表面，必须选用生物黏附性好的黏附材料。研究表明[1,3]，阴离子聚合物，特别是带较多羰基与羟基的物质，生物黏附性能最好，其次是中性聚合物，阳离子聚合物黏附力最弱。阴离子聚合物 polycarbophil、丙烯酸 / 对二乙烯苯聚合物、丙烯酸 /2，5- 二甲基 -1，5- 己二烯等具有较强的生物黏附性。其他常用的一些生物黏附材料的黏附性大小依次为：羧甲纤维素钠、卡波姆、西黄蓍胶、海藻酸钠、羟丙甲纤维素（HPMC）等。在处方中往往是几种黏附材料联合使用，以获得最佳的黏附效果。如 HPC 黏性较弱，水溶性较好，而卡波姆 934P 黏性强，膨胀度大，两者结合可以使制剂保持适中的黏性和膨胀度。

用于皮肤的促透剂也可用于生物黏附剂以增强药物的渗透吸收，但需评价停止给药后，给药部位能否恢复到原来的状态。此外，处方中一般还要加入矫味剂、pH 调节剂、增溶剂等；对于多肽和蛋白质类药物，可加入酶抑制剂以增加其稳定性等。

19. 如何制备生物黏附制剂?

生物黏附制剂常用的剂型主要有片剂、贴片剂与膜剂、软膏剂、凝胶、粉剂、棒剂等。

（1）黏附片（bioadhesive tablet）：口腔黏附制剂中使用最广的剂型，包括单层片、双层片、核心片等。单层片是将药物与黏附材料等直接混合均匀，再制粒压片而成。使用时聚合物遇水溶胀黏附在组织黏膜上，使药物持续释放。如将非黏膜接触的部分包上衣膜，则可使药物只在接触黏膜处单向释放。多层黏附片可将药物掺入黏附层，外覆阻滞层，使药物仅向黏膜释放；也有黏附层与释药层各自发挥作用，药物可向外周环境释放起到局部治疗作用，或双向释药。通过口颊黏膜给药起全身作用时多采用核心片的形式，其组成包括含有药物的片芯、片芯外依次含有黏附材料组成的周边层以及不含黏附材料的顶层。

（2）黏附性膜剂（bioadhesive film）与贴片剂（bioadhesive patch）：这两种剂型与透皮给药系统相似，一般由背衬层、药物贮库、限速膜和粘贴层构成。加背衬层可增大药物浓度梯度，并保护系统免受周围体液环境影响而延长黏附性。黏附层既可载药，也可仅起固定载药层作用。考虑到患者对于口腔给药的依从性，黏附性膜剂与贴片剂要大小厚度适中，有一定的柔韧性。如以 PVA 为基质制成的黄连青黛药膜[27]，加大了与溃疡面的接触，药物浓度大，滞留时间长，组织黏膜修复快，可有效治疗口腔炎、咽喉肿痛、阴道炎。在冰硼散基础上改良剂型而制成的冰硼贴片[28]，是将药物及 CMC-Na、L-HPC 分别制成过 80 目的药粉，以适当比例混匀压片，并添加乙基纤维素作为非黏附面。在咽喉保留时间为（53.7 ± 12.46）分钟，与冰硼散的保留时间（8.4 ± 3.51）分钟相比，明显延长。治疗复发性口疮的局部用药口腔溃疡粘贴片，是将黄连、青黛、乳香、没药、冰片与生物黏附剂混合制备而成[29]。

（3）黏附性软膏剂（bioadhesive ointment）和黏附性霜剂（bioadhesive cream）：其应用不如片剂或贴片剂广泛。一般使用亲水性大且黏附性强的聚合物，如卡波姆 934P、CMC-Na、瓜耳胶、海藻酸钠等制备。黏附性乳剂基质常用于抗真菌药阴道给药及抗病毒药眼部给药。

（4）黏附性凝胶剂（bioadhesive gel）：可用于口腔、眼部、直肠的药物转运，聚丙烯酸（polyacrylic acid，PAA）及聚甲基丙烯酸类聚合物是常用的成胶材料，增加聚合物的用量可显著改善胶体的柔韧性、黏附性及流变学性质。将黏附剂加入眼用液体制剂中，能提高药液黏稠度，减少流失，提高生物利用度。对于治疗结肠部位疾病，如结肠炎、结肠癌等要求在结肠定位释药；对于胃肠道上端稳定性差或吸收利用差而结肠吸收良好的药物，可制成结肠给药黏附制剂，应用生物黏附作用实现结肠给药。

（5）引入生物黏附技术制成的粉剂：中药散剂是治疗口腔溃疡的常用剂型，但易随唾液流失，在病灶部位滞留时间短，影响疗效又污染口腔。在散剂中引入生物黏附技术制成的粉剂则可有效改善此问题，如采用 CMC-Na、西黄蓍胶、阿拉伯胶为黏附材料，与青黛、人中黄、白矾、冰片等制成过 120 目筛的细粉，明显延长并提高了其疗效，且药物容量大，可减少用药次数。王晓蔷等采用食品胶为黏附材料，将儿茶、冰片、人工牛黄、人中白粉碎成过 120 目的细粉后，制备成口腔溃疡粘附散，是将药物与生物黏附材料混合后装入胶囊中，用一种特殊的喷射装置“Publizer”把粉末喷到病灶部位，释放药物。经临床观察，疗效显著[30]。

（6）微粒给药系统：以黏附剂包衣或直接制成的微粒给药系统，可改善微粒表面特性，破坏黏膜纤毛清除机制，增加胃肠道滞留时间[31]；微粒与黏膜紧密接触，减少酶对药物的降解和消除，促进颗粒被摄取[32]。Harris 等[33]报道了关于黏附性微球在口腔、鼻腔、眼、消化道转运多肽类药物的实验，胰岛素由鼻腔给药后的稳态血药浓度可超过治疗浓度。

（7）蛋白质、多肽类、多糖类给药系统：对于蛋白质、多肽类或其他生物制剂在消化道的转运，生物黏附技术的运用已克服了酶水解、扩散屏障等限制。已发现黏附材料本身就具有多种生物活性，如 PAA 为蛋白水解酶的有效抑制剂[34]。黏附材料与上皮细胞的相互作用能直接影响黏膜上皮的通透性：上皮细胞与某些黏附材料的非特异性结合可使紧密的细胞结构间产生暂时的疏松，适合小分子多肽由细胞间途径被快速吸收；黏附材料与上皮细胞膜的结合可激活膜上特殊的囊泡转运过程，使生物活性大分子（聚多肽、聚多糖或聚核苷酸等）或药物载体能通过紧密排列或极化的上皮（内皮）细胞，而这些形态完整的上皮组织则是其他物质难以逾越的屏障。

20. 如何解决生物黏附力不足的问题?

生物黏附材料与黏膜接触,首先在黏膜表面发生溶胀,然后溶胀材料渗入组织表面,发生生物黏附材料分子链与黏液分子链之间的相互渗透。在生物黏附材料分子与黏液之间会产生多种类型的相互作用,包括生物黏附材料与黏蛋白/组织之间的机械嵌合作用(mechanical interlocking),生物黏合物与接触面基团发生化学反应生成共价键,以及静电引力、范德瓦耳斯力、氢键等。

聚合物的生物黏附力取决于聚合物的性质和周围介质的性质[2]。

(1)聚合物的性质:生物黏附聚合物的生物黏附力取决于聚合物本身的理化性质。其生物黏附力一般随着聚合物分子量的增加而增加,但分子量达到100 000Da以上时影响不大。这表明,聚合物的分子量必须适当才可使分子键相互渗透。其次,生物黏附聚合物的浓度也要适当,才能有最好的生物黏附性,但对固体制剂的片剂来说,聚合物含量越大,生物黏附性也就越强。聚合物的膨胀性取决于聚合物浓度和水的存在,膨胀太大时生物黏附性反而下降。

(2)周围介质的性质:聚合物的吸水性与吸水后的膨胀,在很大程度上取决于介质的pH,因此聚合物生物黏附性的产生,都需要一个适当的pH环境。另外,生物黏附性的强度还与放置固体生物黏附系统(如片剂)时外加力度有关,外加力度越大,则产生生物黏附性的强度越大。

21. 如何评价生物黏附制剂的质量?

生物黏附制剂的质量评价主要有黏附性能测定、药物的黏膜透过性评价与体内研究[2,4]。

(1)黏附性能测定:可用分离力和黏附功来评价。分离力是将黏附片和黏膜完全分开时所用的力;黏附功是分离过程所用的力对黏膜伸长量作图所得曲线下的面积。其体外试验法是采用特殊装置测定黏附性,如Ouckaert等[35]使用的张力测定仪及Fabregas等[36]使用的将黏附片与明胶层挤压后测定其分离力的方法等。体外试验只能评价黏附剂初始的黏附性,而不能评价其在口腔内的保留时间。

(2)药物的黏膜透过性评价:报道的黏膜材料有兔、猪、犬、牛的口颊黏膜,仓鼠颊囊,鸡嗉囊膜等。体外扩散装置包括Franz扩散池、Valia-Chien扩散池、两室流通扩散池等。由于口颊黏膜是生物组织,其生理状态可能影响到药物的吸收,所以最好选用能较长时间保持黏膜活性的缓冲液。其中Imbert等[37]的研究表明,猪口颊黏膜的活性在Krebs-Ringer缓冲液中比在磷酸盐缓冲液中维持的时间要长。

(3)体内研究:口腔局部释药的制剂,可将其粘贴于口腔黏膜上,在预定的时间内测定口腔唾液的药物浓度,来研究药物的释放规律[38];或将黏附片放在牙龈部位,药片使用前不润湿,使用时在黏膜上压迫30秒,通过舌头的运动用唾液使药片润湿,测定其在口腔内的停留时间[39]。对于起全身作用的制剂,可采用以下方法:直接测定体液的药物浓度;测定体液中药物代谢产物的浓度;剩余量法[40];生理效应法[41]等。

22. 如何设计离子交换树脂骨架制剂?

理论上应用离子交换原理制备的缓释、控释制剂,不受生理环境和酶、pH的影响。因为药物的释放仅依赖于药树脂的离子环境，而胃肠液的离子强度虽然受饮食结构、胃肠内容物组成、饮水等因素的影响，但一般维持在相对稳定的水平。缓释、控释离子交换树脂具有以下特点：①药物的释放速率不受胃肠 pH、酶等生理因素的影响；②以多单元型剂型给药，减少了胃排空对制剂体内行为的影响；③不仅可制备成固体制剂，还易制备成稳定的缓释、控释液体制剂。

药树脂口服后，在胃肠道中与 Na^+、H^+、K^+、Cl^- 等内源性离子发生离子交换反应，缓慢地释放药物。

带正电荷的药物（A）与阳离子交换树脂（如磺酸型树脂或羧酸型树脂）结合形成药树脂，胃液中的 Na^+、H^+、K^+ 可将药树脂中的药物交换出来，即

$$Na^+ + R—SO_3—H_3N^+—A \longrightarrow R\text{–}SO_3—Na^+ + H_3N^+—A$$

$$H^+ + R—SO_3—H_3N^+—A \longrightarrow R—SO_3—H^+ + H_3N^+—A$$

$$K^+ + R—SO_3—H_3N^+—A \longrightarrow R—SO_3—K^+ + H_3N^+—A$$

$$H^+ + R—COO—H_3N^+—A \longrightarrow R—COOH^+ + H_3N^+—A$$

带负电荷的药物（B）与阴离子交换树脂（如氨基树脂）结合形成药树脂，胃液中的 Cl^- 可将药树脂中的药物交换出来，即

$$Cl^- + B—COO—NH—R \longrightarrow R—NH\ Cl + B—COO^-$$

被交换出来的药物通过包衣膜扩散到胃肠液中，再经胃肠道黏膜进入血液循环。

将包衣厚度不同和未包衣的药树脂以一定比例混合，得到一系列释放速率常数不同的溶出曲线以及血药浓度 - 时间曲线，其中未包衣部分提供速释剂量，包衣部分提供缓释剂量；也可通过改变包衣量来改变释药速率，以得到理想的释药速率和体内吸收曲线。

其制备包括以下步骤[3]：①药树脂的制备，一般有两种方法，即药物溶液流经离子交换树脂或将离子交换树脂浸泡于药物溶液内一定时间；②选用适当溶剂系统冲洗药树脂，除去未吸附离子；③干燥制得的药树脂颗粒或微丸，若需进一步改善释药速率，可将药树脂包衣。

（1）树脂的选择：在选择树脂时，要根据使用目的考虑树脂的酸碱性、交换容量、交联度、粒径等因素。要使药物具有较快的释药速率，可选择低交联度、小粒径的弱酸或弱碱树脂，在吸附药量较高时可提高溶出速率；相反，如要求药物缓慢释放或要求最大限度掩盖药物的苦味，则要求高交联度、大粒径的强酸性或强碱性树脂。交换容量可以限制树脂吸附药量的多少，研究表明羧酸型树脂的交换容量（10mEq/g）比磺酸型树脂（4mEq/g）或胺树脂的交换量要大，因此如需得到较高吸附量的药树脂，可首先考虑使用羧酸型树脂。但羧酸型树脂不适合作为胺类药物的载体，如在 pH=1.2 的胃液中聚甲基丙烯酸离子交换树脂只有 0.22% 的阴离子部位发生解离，只能结合约 0.05% 胺类药物，并且在 1 小时内释放 60%～90%。磺酸型树脂的结合力较之强得多，释放也较慢，例如与苯丙胺结合后，交联度为 16% 的树脂在 1 小时内释放 30% 的药物，但交联度为 1% 的树脂在 1 小时内释放 76% 的药物。羧酸型树脂主要用于减轻药物的苦味以及胃酸过多产生的胃痉挛等。但应予注意，磺酸型树脂或季铵型树脂可能对药物稳定性有影响，即使在干燥状态时，也可能会催化树脂上的药物降解；另外树脂的 pK_a 不同，也影响树脂的药物释放，例如 $pK_a \geqslant 5.2$

的羧酸型树脂形成的吡氯苄氧胺树脂在人工胃液中释放较快，因而不适合制备长效制剂，而 $pK_a<5.2$ 的树脂形成的药树脂在人工胃液和肠液中缓慢溶出。通常离子交换树脂的粒径在数十微米至数百微米，溶胀后可扩大 1mm 左右。树脂粒径减小相当于增加树脂释放药物的比表面积，树脂与周围溶液取得交换平衡的时间减少，释药速率加快。

（2）树脂的预处理：市售树脂使用前须经物理和化学处理。树脂经过筛、去杂后，还需水洗去杂、乙醇或其他溶剂浸泡以除去吸附的杂质。树脂的化学处理方法：用 8～10 倍的 1mol/L HCl 或 NaOH 溶液交替浸泡并不断搅拌，最后水洗至中性备用。对于强酸性阳离子交换树脂而言，如按酸 - 碱 - 酸处理，则得氢型树脂；若用 HCl 溶液处理则得氯型树脂。用水彻底清除低聚可溶性物质或其他杂质后，经空气干燥，测定其粒径及粒子分布、孔隙率及交联度后，即可制备药树脂。

（3）药树脂的制备：依据离子交换原理，只有解离型药物才适于制备药树脂。这些药物包括：①含氮有机碱盐类药物，如盐酸麻黄碱、盐酸伪麻黄碱、盐酸苯丙醇胺、茶碱、硫酸沙丁胺醇；②有机酸类药物，如维生素 C、烟酸、水杨酸、阿司匹林及巴比妥类衍生物；③两性药物，如氨基酸类。

药树脂的制备是将含酸性基团（如—SO_3H 或—COOH）的阳离子交换树脂与碱性药物（如生物碱或其他胺类药物）结合成药树脂；含碱性基团（如季铵基或伯胺基）的阴离子交换树脂与酸性药物（如阿司匹林、巴比妥类衍生物）生成药树脂。药物与树脂结合的方法主要有以下两种。

1）静态交换法：先将离子交换树脂加入适量的去离子水，在搅拌下加入药物混匀，静置，达到平衡后，用蒸馏水或去离子水洗去树脂表面吸附的未结合物，在 40～60℃干燥即得药树脂。

2）动态交换法：将离子交换树脂或溶液在流动状态下进行交换。先将离子交换树脂混悬于水中，倾入适当的长玻璃管内成一吸附柱，再将高浓度药物溶液从吸附柱上端缓缓注入，当加入液与流出液的药物浓度大致相等时，说明树脂与药物的交换接近饱和，随后用蒸馏水或去离子水反复冲洗，洗去树脂表面的未结合药物，在 40～60℃干燥即得。

（4）药树脂的浸渍：在对药树脂包衣前需对药树脂进行浸渍，增加其可塑性，使药树脂在包衣和溶出过程中保持原有的几何形状。常用的浸渍剂有：聚乙二醇 4 000、乳糖、甲基纤维素、甘油等，用量为药树脂重量的 10%～30%。其操作方法：将药树脂放入适宜容器内加入浸渍剂的水溶液，药树脂和浸渍剂的比例为（4～5）：1，混匀，30 分钟后，药树脂经适当干燥再进行包衣；也可将药树脂置于适当容器内，缓缓加入浸渍剂并加热使之熔融，搅匀，冷至室温后，过筛除去凝集团块后包衣。

（5）药树脂的微囊化：药树脂释药较快，为延缓药物在体内的释放与吸收，可采用微囊化技术对药树脂进行包衣。选择水不溶但水可透过的高分子聚合物，如乙基纤维素等作为包衣材料，粒径大小为 75～1 000μm。目前常用的微囊化技术：空气悬浮法、界面缩聚法、喷雾干燥法、乳剂 - 溶剂挥发法、浸润包衣法及喷雾冻凝法等。

23. 如何设计膜控型缓释、控释制剂包衣液的处方？

缓释、控释包衣材料不可能单独包衣形成具有一定渗透性和机械性能的衣膜，而必须设计适合的包衣处方配成包衣液，采用一定的包衣工艺，才能形成具有缓释、控释作用及释药重现性的连续、均一的衣膜。因此，包衣液处方设计是对包衣液各处方成分的选择过程，是制得理想包衣膜的第一步。包衣材料一般是配成溶液或制成液体分散体使用。包衣溶液或液体分散体的处方一般包含以下组分：包衣成膜材料、溶剂或分散介质、增塑剂，有时还含有致孔剂、抗黏剂、着色剂、避光剂等。水不溶性聚合物的胶乳或伪胶乳、微粉混悬液等包衣分散体尚需加入稳定剂、乳化剂、消泡剂等。

（1）包衣成膜材料：常用的缓释、控释包衣材料有醋酸纤维素、乙基纤维素、聚丙烯酸树脂、硅酮弹性体、交联海藻酸盐等[2]。

包衣聚合物的性质如化学结构、分子链的柔性、结晶度和交联度等是影响衣膜渗透性的决定因素。分子链柔性越小，刚性越大，结晶度或交联度越高，水分子或药物分子越难以通过致密的分子网状结构；聚合物黏度和分子量增加，裂纹的发生率下降。如以碳酸镁为片剂的主要组分，用淀粉和明胶溶液制粒后，加硬脂酸镁压片，用羟丙甲纤维素包衣时，当分子量从 4.8×10^4Da 增加到 5.8×10^4Da，在黏度基本相近时，边裂及剥落发生率明显降低；当分子量进一步增加到时 7.8×10^4Da 时，降低的趋势变小。如果混合使用高低不同分子量的聚合物溶液，则边裂或剥落发生率更低[4]。聚合物的选择还与片基的性质有关[4]，片基中的各种辅料如果能与聚合物形成某种结合则增进吸附；相反则衣膜与片基之间的分离趋向增加。如用微晶纤维素和无水乳糖为基底，醋酸纤维素、羟丙纤维素和乙基纤维素与基底的结合力依次降低，但它们与微晶纤维素基底的结合强度明显大于与乳糖的结合强度。如在片基中加入润滑剂，特别是硬脂酸、硬脂酸镁、硬脂酸甘油酯等疏水性润滑剂后，减少了片基与聚合物之间的结合，则黏着力降低。

（2）溶剂或分散介质：包衣材料是通过溶剂、分散介质溶解或分散后喷于制剂表面而形成衣膜的。因此，溶剂的选择对形成的衣膜质量非常重要。对于同一聚合物，应用不同的溶剂系统，衣膜的渗透性不相同；不同溶剂配制的同一聚合物溶液对相同基底产生不同的黏着力；溶剂对衣膜的机械性质也有直接的影响。在应用聚合物的优良溶剂时，聚合物分子自由运动并完全伸展，在蒸发和出现凝聚状态时溶剂体积分数较小；相反，在不良溶剂中，聚合物分子内的相互缔合点较多，在出现凝聚时包含较多量的溶剂。所以，后者较前者产生大得多的内应力，即在使用不良溶剂系统时可导致较高的裂纹发生率。而且溶剂的溶解能力越差，衣膜的抗张强度越低。此外，溶剂或分散介质的选择还与设备选择、工艺过程、生产效率、环境污染及经济效益等密切相关。

选择聚合物的溶剂或溶剂系统的先决条件是溶剂与聚合物形成溶液的能力。选择聚合物最适溶剂的一种方法是溶解度参数法，即当溶剂的溶解度参数和聚合物的溶解度参数接近或相当时，聚合物在溶剂中有最大的溶解或溶胀。缓释、控释包衣材料的溶剂或分散介质可以分为有机溶剂与水两类。有机溶剂包衣是最早采用的，而且目前仍在应用，但由于使用有机溶剂存在包衣不安全、污染环境等问题，以水为分散介质的包衣方法便受到了重视和广泛研究，给包衣工艺带来了一场新的技术革命。

（3）增塑剂：在包衣液处方中，增塑剂具有增进聚合物成膜性、可塑性，改善衣膜对基底的黏附状态和包衣的机械性质等重要作用。增塑剂种类和用量会影响包衣膜性的质。用不同类型的增塑剂配制同一聚合物包衣溶液，能分别制成具有不同释药速率的包衣制剂。含水溶性增塑剂的包衣制剂释药快，可能是因为在水性介质中膜中增塑剂溶出，而在膜中形成亲水小孔所致，故水溶性增塑剂在较低浓度时起增塑作用，而在较高浓度时尚起致孔剂的作用[42-43]。水分散体包衣液，如果增塑剂用量太少，不能克服胶乳粒子变形的阻力，会形成不完整或不连续的衣膜；而增塑剂用量过大，由于聚合物薄膜太软，而引起包衣制剂的聚集、粘连导致流动性差，包衣时难以操作，也不能获得完整的衣膜。一般增塑剂的常量相当于聚合物重量的15%～30%。缓释包衣膜中增塑剂的用量有最低限量，如用混合材料制备地尔硫䓬控释包衣微丸时，当增塑剂用量低至15%时无缓释效果[44]。

增塑剂常为小分子（分子量为300～500Da）的液体物质或低熔点的固体物质。根据增塑剂的溶解性质，可分为水溶性和脂溶性两类。水溶性增塑剂主要是多元醇类化合物，如甘油、丙二醇、聚乙二醇，能与水溶性聚合物如羟丙甲纤维素混合；脂溶性增塑剂主要是有机酸酯类，主要用于有机溶剂可溶的聚合物材料，如乙基纤维素和一些肠溶性薄膜衣材料等，其中以邻苯二甲酸二乙酯、邻苯二甲酸二丁酯、邻苯二甲酸二辛酯较为常用。常用的增塑剂如表2-12-2所示[2]。也常将两种或两种以上增塑剂混合使用。

表2-12-2　常用的增塑剂

名称	分子量/Da	沸点/℃	适用的包衣材料
水溶性增塑剂：			
甘油	92	290	水溶性和醇溶性聚合物，如HPMC
丙二醇	76	188	EC、AC
聚乙二醇类	200～8 000	300	硅酮和聚丙烯酸树脂、EC、AC、PVAP
脂溶性增塑剂：			
邻苯二甲酸二甲酯	194	282	AC、EC
邻苯二甲酸二乙酯	222	296	肠溶性包衣材料、AC、EC
邻苯二甲酸二丁酯	278	340	聚丙烯酸树脂
癸二酸二丁酯	314	345	AC、EC、聚丙烯酸树脂
枸橼酸三乙酯	276	127	PVAP、HPMCAS、聚丙烯酸树脂
枸橼酸三丁酯	360	170	—
乙酰基枸橼酸三乙酯	318	132	PVAP
乙酰基枸橼酸三丁酯	402	173	—
三醋酸甘油酯	218	258	聚丙烯酸树脂、PVAP
蓖麻油	—	—	聚丙烯酸树脂

选择增塑剂主要是依据增塑剂与聚合物的相容性，相容性反映了增塑剂-聚合物系统的互容性和亲和性。一般通过比较增塑剂-聚合物系统的溶解度参数、测定特性黏度和测定玻璃化转变温度来选择增塑剂[2]。①比较增塑剂-聚合物系统的溶解度参数：将各种增塑剂的溶解度参数与聚合物的溶解度参数进行比较，与聚合物具有相近溶解度参数的增塑剂则与聚合物具有最大相容性。②测定特性黏度：当增塑剂聚合物间有好的相容性时，聚合物大分子链将任意伸展、相互缠绕，在增塑剂中的聚合物的特性黏度会很高。例如乙基纤维素分别溶解在邻苯二甲酸二丁酯、邻苯二甲酸二乙酯、邻苯二甲酸二甲酯中，测得特性黏度分别为1.38dl/g、1.43dl/g、0.95dl/g，故邻苯二甲酸二乙酯最适合作为乙基纤维素的增塑剂。③测定玻璃化转变温度：硬而脆的玻璃聚合物加热时转变成具黏弹性橡胶状时的温度

以及橡胶状聚合物冷却时转变成玻璃态的温度都称为玻璃化转变温度(Tg)。聚合物的Tg高于室温，则聚合物的行为像玻璃一样硬而脆，这种性质对包衣非常不利；而增塑剂的加入可有效地降低聚合物的Tg，可使聚合物形成的膜柔软而坚韧，能抵抗机械力的作用。最有效的增塑剂应是能最大限度降低聚合物的Tg者。例如乙基纤维素的Tg为135℃，当分别加入20%(质量分数)邻苯二甲酸二甲酯、邻苯二甲酸二乙酯和邻苯二甲酸二丁酯时，其Tg分别为96℃、84℃和105℃，邻苯二甲酸二乙酯使乙基纤维素的Tg下降最大，故它是乙基纤维素最佳的增塑剂。对具有较高Tg的聚合物，必须找一种与之具有较强亲和性的增塑剂。低水溶解度的增塑剂如癸二酸二丁酯、邻苯二甲酸二乙酯、邻苯二甲酸二丁酯、乙酰化单甘油酯、枸橼酸三乙酯等都常作为缓释和控释包衣的增塑剂。可用差示扫描量热法(DSC)来测定加入增塑剂前后Tg的变化，以筛选增塑剂。

(4) 常用的致孔剂：一些渗透性包衣材料如醋酸纤维素、乙基纤维素和无渗透性的材料硅酮弹性体等形成的膜，药物难以渗透，可在这些包衣材料的包衣液中加入一些增加包衣膜通透性的物质，这些加入的物质就称为致孔剂。致孔剂常为一些水溶性的物质，如PEG、PVP、蔗糖、盐类或水溶性的成膜材料如HPMC、HPC等；也可以是不溶性的固体物质，如滑石粉、硬脂酸镁、二氧化硅、二氧化钛等；还可以将一部分药物加在包衣液中作致孔剂，同时这部分药物又起速释作用。当含有致孔剂的缓释、控释包衣膜与水或消化液接触时，膜上的致孔剂部分溶解或脱落，使膜形成微孔或海绵状结构，从而增加介质和药物的通透性，获得所需的释药速率。HPMC是一种常用于调节缓释、控释衣膜的水溶性包衣材料，也起致孔剂的作用，它在包衣膜中的用量会极大地影响释药速率。其含量增加时，膜中水溶性成分大，溶解时形成的微孔多，加速水向片芯的渗透，释药速率加快。

(5) 常用的抗黏剂：包衣操作时，特别是以有机溶剂制成的包衣液包制微丸、颗粒时，粒子之间易于粘连结块，使包衣操作难以进行下去或耗时太久，影响制剂的外观、收率，以及缓释、控释的释药速率。为了克服粘连，常在包衣液处方中加入一些不溶性固体物质，如滑石粉、硬脂酸镁、二氧化硅、二氧化钛等，加入的这些物质称为抗黏剂。其用量一般为包衣液体积的1%～3%。

(6) 其他：着色剂主要是加入一些天然或合成色素，用于美化外观或区别不同制剂；消泡剂常用二甲硅油；避光剂常用二氧化钛。

24. 如何评价包衣膜的质量?

对于设计的包衣液处方所形成的衣膜的质量，以前主要是依赖对包衣制剂的最终质量检查来评定。如测定制剂的崩解及溶出性质，观察衣膜外观有无脱落、起泡、褶皱等，这种方法耗时耗工、增加成本、不易分析处方成分的相互作用；另一种方法是把包衣液制备成无基底的游离薄膜，直接评价薄膜的渗透性、溶解性、机械强度、表面光洁度等性质，根据测定结果改进处方。这种方法比较简便，能预测处方成分的某些相互作用，但与实际衣膜形成条件有较大的差异，衣膜的某些性质如黏附性也不能直接测定。

近年来，从分子相互作用水平，确定包衣液处方及其最终应用性质的高分子物理方法得到发展。其理论依据为：衣膜的所有性质都与聚合物分子间相互作用，聚合物分子与添加剂分子间的相互作用等有关。这些相互作用的宏观反映如黏度、溶度参数、玻璃化转变温度等均可通过物理化学方法测定，将处方成分的性质、各种相互作用指标与应用性质联系起来，即可对处方做出设计和改进。但其难点是如何确定其与应用性质的关系。

（1）对于包衣膜的质量检查主要有外观检查、渗透性质检查、机械性质检查、黏附性质检查等。

1）渗透性质检查：检查外界空气、水分对衣膜的渗透性，可用耐水耐湿试验来完成。耐湿试验是把包衣制剂放在恒湿恒温的环境中，以片剂增重为指标表示耐湿性。也可在包衣液中加入微量的氯化钴，氯化钴吸湿则变为红色，从颜色变化的程度可确定其吸湿性；耐水试验可在片基中加入一定量有机酸，包衣后放入 1.5% 碳酸氢钠溶液中，比较规定时间内发泡制剂的数量，或者将包衣制剂放入蒸馏水中浸泡 5 分钟，计算浸泡后的增重或干燥失重。药物的渗透性质一般采用释放度试验进行，在不同的时间内分别取样测定药物的释放度，根据菲克第一扩散定律，推测药物对衣膜的渗透参数。

2）机械性质检查：可以从多个参数如抗张强度、杨氏模量、拉伸长度、被覆强度、冲击强度、破裂或裂纹等反映，其中冲击强度和被覆强度是包衣制剂机械性质最普遍的两项检查指标。

冲击强度试验：测定包衣制剂的衣膜对冲击力的抵抗强度。简单的方法是将制剂从一定高度下落至玻璃板上，计算表面发生微小裂纹制剂的数目或发生其他变化制剂的比例。或用简单仪器如孟山都手动硬度计、液压式或机械式硬度计，以制剂发生破裂时的压力来表示其表面衣膜的强度。

被覆强度试验：被覆强度指衣膜对制剂内部压力耐受的程度，可用压缩空气压入针将空气压入制剂内部，测定片剂破裂时的压力；也可将片剂放在试管中加热，记录试管内压力变化，测定片剂破裂所用的时间。

3）黏附性质检查：用与片剂平面方向垂直的剥离衣膜所需的力的大小来表示。一种测定黏附力大小的拉力试验仪是利用双面胶黏带，一面与片剂平面黏合，另一面与测力计黏合，当以一定的速度移动测力计时，记录衣膜被剥离片基所需的力，即可比较衣膜的黏附性质。但各次测定的移动速度应保持一致。

（2）利用无基底游离薄膜预测衣膜的性质、筛选包衣液处方的试验，需先将包衣液按膜剂的制备方法或采用包衣类似的工艺制成薄膜，然后检查其渗透性质与机械性质等项目。

（3）从分子相互作用水平确定包衣液处方及其最终应用性质的方法，主要是测定黏度、溶度参数等，并采用热分析方法（包括差示扫描量热法、热重法和热机械分析法等）研究衣膜组分的吸湿性、玻璃化转变温度、相溶性、结晶性和膜吸湿性、残余溶剂量和热稳定性；用电泳法研究色淀在衣膜中的分散性和透明性等性质；利用红外吸收分光光度法可分析衣膜及其添加剂的微观结构及其对空气水分的吸附量和水在这些物质表面吸附的形式；另外还可用微量热分析法、核磁共振、放射性同位素示踪、X 射线衍射等方法进行水分吸附研究、结晶度研究以及聚合物 - 溶剂混合相容性研究等。

25. 如何设计渗透泵片的处方？

渗透泵片的处方由药物及一些辅料如渗透压活性物质、助渗剂、构成半透膜的包衣材料等组成[2]。单室泵片的药物为水溶性药物或固体盐，难溶性药物由于不适于用单室泵片来达到控释作用，可用双层渗透泵片。

（1）半透膜包衣材料：无活性的、在胃肠液中不溶解的成膜聚合物，形成的半透膜仅能透过水分，不能透过离子或药物。常用的半透膜包衣材料有醋酸纤维素、乙基纤维素、丙酸纤维素、醋酸丁酸纤维素、三十二酸纤维素、二琥珀酸纤维素、二棕榈酸纤维素、聚乙烯醇、聚氯乙烯、聚乙烯、聚氨基甲酸乙酯、聚碳酸酯、乙烯-醋酸乙烯共聚物等，其中最常用的是醋酸纤维素类。不同材料构成的包衣膜对水有不同的渗透性，膜渗透性越大，水进入药室越快，系统释药也越快。

（2）渗透压活性物质：渗透压活性物质亦称渗透压促进剂，起调节药室内渗透压的作用，其用量的多少往往关系到释放时间的长短。为了产生足够的渗透压，均要加入渗透压活性物质。常用的渗透压活性物质见表 2-12-3。

表 2-12-3 一些渗透压促进剂及其在 37℃水中饱和溶液的渗透压

渗透压促进剂	37℃水中饱和溶液的渗透压 /kPa	渗透压促进剂	37℃水中饱和溶液的渗透压 /kPa
乳糖-果糖	50 662.5	甘露醇-蔗糖	17 225.3
葡萄糖-果糖	45 596.3	蔗糖	15 198.8
蔗糖-果糖	43 569.8	甘露醇-乳糖	13 172.3
甘露醇-果糖	42 049.9	葡萄糖	8 308.7
氯化钠	36 071.7	硫酸钾	3 951.7
果糖	35 970.4	甘露醇	3 850.4
山梨醇	34 957.1	磷酸钠·$12H_2O$	3 647.7
乳糖-蔗糖	25 331.3	磷酸氢二钠·$7H_2O$	3 141.1
氯化钾	24 824.6	磷酸氢二钠·$12H_2O$	3 141.1
乳糖-葡萄糖	22 798.1	无水磷酸氢二钠	2 938.4
甘露醇-葡萄糖	22 798.1	磷酸钠·H_2O	2 837.1
葡萄糖-蔗糖	19 251.8		

（3）助渗剂：又称促渗透聚合物，是双层片芯渗透泵片远离释药孔的下层渗透组分，能吸水膨胀，产生推动力，将上层药物推出释药孔。常用的有分子量为（3～500）$\times 10^4$Da 的聚羟基甲基丙烯酸烷基酯；分子量为（1～36）$\times 10^4$Da 的聚乙烯吡咯烷酮；与乙二醛、甲醛或戊二醛交联的聚合度为 200～30 000 的聚乙二醇；分子量为（45～400）$\times 10^4$Da 的羧乙烯聚合物卡波姆；分子量为（8～20）$\times 10^4$Da 的聚丙烯酸；分子量为（10～500）$\times 10^4$Da 的环氧乙烷聚合物；甲基纤维素、交联琼脂和羧甲纤维素的混合物；可可豆脂、聚山梨酯 60 等室温下为固体或半固体，加热至体温时融化为流体的无生物活性、无刺激的物质。另外，还可加入助悬剂如阿拉伯胶、琼脂、藻酸、藻酸铵、胶态硅酸镁、果胶和明胶等；黏合剂如 PVP；润滑剂如硬脂酸镁；润湿剂如脂肪胺、脂肪季铵盐等。

26. 怎样制备渗透泵片[2]？

渗透泵片又分为单室泵片和双室泵片。

（1）单室泵片：单室泵片的结构为水溶性药物或固体盐及具高渗透压的渗透促进剂与

其他辅料压制成固体片芯，外包控释半透膜，然后在片芯包衣膜上用激光打孔，口服后胃肠道的水分通过半透膜进入片芯，使药物溶解成饱和溶液或混悬液，而渗透压促进剂使膜内溶液成为高渗溶液（渗透压可达 4 053～5 066kPa），而体内渗透压仅为 760kPa，膜内外存在的渗透压差使水分继续进入膜内，将药物溶液通过释药孔泵出。

难溶性药物由于不能形成均一的溶液，不宜制成上述的单室泵片，可用双层渗透泵片，即其半透膜内的药室由双层片组成，上层由药物、渗透压活性物质等组成；下层由助渗剂组成，再在双层片外包以半透膜，并在上层用激光打一小孔。其释药原理：水分子经释药孔和半透膜进入药室，药室内的难溶性药物在渗透压促进剂的作用下溶解或混悬于水中，在渗透压的作用下通过释药孔释放；同时下层的聚合物吸水后膨胀，产生推动力，作用于上层的组分，可使药物最大限度地释放出来。目前研制的难溶性药物渗透泵片多属此类，如水飞蓟宾葡甲胺渗透泵片[45]、冬凌草甲素渗透泵片[46]等。

Herbig 等[47]用多沙唑嗪为模型药物，应用不对称膜研制了渗透泵片。不对称膜[48]类似于反渗透和超滤技术中应用的膜，是由一层极薄而坚硬的表皮层和厚得多的海绵状多孔底层组合而成的薄膜。表皮层主要用于防护，此膜有较高的水通透性，可促进难溶性药物的释放。

也可将难溶性药物和一种溶解后能形成适当黏度的高分子化合物一起压制成片芯，制成渗透泵片。当水分子渗入药室后，药物粉末可形成均匀的混悬液，利用高分子药物溶解时所产生的溶胀压和渗透压，难溶性药物的混悬液可通过释药小孔释放出来。

另外，还有片芯为多层的渗透泵型片剂。该片剂是将药物和盐类作夹层状配合，底层为盐类；上层又分为 3 层，中间层不含药，上、下层为含药层；片芯外包半透膜衣，释药小孔开在片面中间或周边。渗透泵片剂还可在半透膜外面包一层药物，使之在渗透作用之前释放出来，作为首剂剂量，产生速释作用。

（2）双室泵型：水溶性过大或难溶于水的药物宜制备成双室泵型渗透泵片。该类片剂药室以一柔性聚合物膜隔成两室，上面的室内含有药物，遇水后形成溶液或混悬液，下面为盐类或膨胀剂，片外再包以半透膜，在靠片剂上面一室的片面上用激光打一释药小孔。水分子渗透进入下层后，物料溶解膨胀产生压力，推动隔膜将上层药液顶出小孔。此外，双室渗透泵片也可制成每室都含有药物和渗透压促进剂的片剂，片剂两面都开一个释药小孔，犹如分别以两种零级速率恒定释药的两个渗透泵片。此种片剂制备时，两药不必混合，最适于制备有配伍禁忌的渗透片。但双室渗透泵片的工艺复杂，至今未见产品问世。

27. 如何评价渗透泵片的质量[2]？

渗透泵片的质量，控制除了硬度、脆碎度等普通片剂的有关内容外，主要是使渗透泵片具有理想的释药速率。为此，在制备过程中需对渗透泵片半透膜的厚度、孔径和孔隙率，释药小孔的直径等加以控制，保证药物具有理想的释药速率；释药速率的测定主要是通过体内外试验来测定。

28. 中药缓释、控释微丸有何特点[3]？

中药缓释、控释微丸是将药物与阻滞剂等混合制丸或先制成丸芯后包控释膜衣而制备的直径小于 2.5mm 的小球状口服剂型。其属剂量分散型剂型，一次剂量由多个单元组成，与单剂量剂型相比，具有的优点如下：①能提高药物与胃肠道的接触面积，使药物吸收完全，从而提高生物利用度；②通过几种不同释药速率的微丸组合，可获得理想的释药速率，取得预期的血药浓度，并能维持较长的作用时间，避免药物对胃黏膜的刺激等不良反应；③其释药行为是组成一个剂量的多个微丸释药行为的总和，个别微丸制备上的缺陷不致对整个制剂的释药行为产生严重影响，因此其释药规律具有重现性；④药物在体内很少受到胃排空功能变化的影响，在体内的吸收具有良好的重现性；⑤可由不同药物分别制成微丸组成复方制剂，可增加药物的稳定性，而且也便于质量控制；⑥制成微丸可改变药物的某些性质，如成丸后流动性好、不易碎等，并可作为制备片剂、胶囊剂等的基础。因此，缓释、控释微丸是目前认为较理想的缓控释剂型之一。

由于构成微丸的丸芯、衣膜材料或骨架材料的不同，药物从微丸内的释放可能存在多种释药机制，归纳起来有以下几种。①亲水性聚合物形成的包衣膜：遇消化液薄膜衣即溶胀，形成凝胶屏障控制药物的溶出，很少受胃肠道生理因素和 pH 变化的影响。②不溶性薄膜衣：包衣聚合物膜上交联的聚合物链间存在分子大小的孔隙，药物分子经溶解、分配过程进入并通过这些孔隙扩散通过。如果丸芯由高渗物质组成，则膜内外所产生的渗透压差对释药的作用也是非常重要的。③加入致孔剂的缓释衣膜：有些渗透性缓控释材料如醋酸纤维素、乙基纤维素和无渗透性的材料硅酮弹性体等制成封闭性的膜时，在包衣液中常加入一些水溶性物质或不溶性固体成分，以起致孔剂作用。当衣膜与水接触后，致孔剂溶解或脱落，使衣膜形成微孔或海绵状结构，水由此渗透进入丸芯，使药物溶解、释放。④增塑剂孔道释药：当增塑剂不均匀地分散在包衣膜中且含量较高时，增塑剂可能在膜内形成通道并在通道内成为连续相，如果药物在增塑剂内的溶解度比在水中的溶解度大，药物就有可能优先通过此通道释放出来。⑤骨架微丸的释药：亲水性凝胶骨架微丸与水接触形成黏稠的凝胶层，药物通过该凝胶层而扩散、释放，其释药机制主要包括骨架溶蚀和药物扩散。用蜡质或其他高分子材料为骨架的微丸，蜡质等可被胃肠液溶蚀，分散成小的颗粒，从而释放出所含药物，其释药机制是外层表面的溶蚀 - 分散 - 溶出过程。

29. 如何设计中药缓释、控释微丸处方[2]？

缓释、控释微丸根据其处方组成、结构不同，一般有膜控型微丸、骨架型微丸以及采用骨架和膜控方法相结合制成的微丸等 3 三种类型。

膜控微丸是先制成丸芯后，再在丸芯外包裹控释衣，丸芯除含药物外，尚含稀释剂、黏合剂等辅料，包衣材料是一些高分子聚合物，大多难溶或不溶于水，包衣液处方与缓控释片剂的基本相同；骨架型微丸是由药物与阻滞剂混合而制成的微丸；采用骨架和膜控法相结合制成的微丸，是在骨架微丸的基础上，进一步包衣制成的，从而获得更好的缓控释效果。

一定粒度如 30～40 目的蔗糖细粒或糖粉与淀粉用合适黏合剂滚制而成的细粒，可用作制备微丸的丸芯。国外有球形空白丸芯，国内也有商品供应。

骨架微丸的常用辅料一般有阻滞剂、致孔剂、表面活性剂等物质。阻滞剂一般分为不溶性（如乙基纤维素、乙烯 - 醋酸乙烯共聚物等）、生物溶蚀性（如硬脂酸、硬脂醇、单硬脂酸甘油酯等）和亲水凝胶（如海藻酸钠、羟丙甲纤维素等）等 3 大类骨架材料，可选择某中一类或几类材料的混合物与药物混合，经适当方法制成。为了调节药物的释药速率，可加入致孔剂、表面活性剂等物质。

30. 如何制备中药缓释、控释微丸[2]?

微丸的成型方法有多种，可通过挤压成形机、球状成形机直接制成球状微丸；用包衣锅、旋转式制粒机通过滚动凝聚、旋转制粒制成微丸；也可以用喷雾干燥机、沸腾床干燥系统等通过喷雾聚结形式制备；还可在液体介质中高速搅拌旋转制作；以及借助振动喷嘴以微成形技术制备等。无论采用哪种方法，都是将药物与辅料混合均匀，制成圆整度好、硬度适宜、粒度分布集中、流动性好的药物微丸。

（1）包衣锅滚动成丸法：又分为以下几种制备方法。①滚动泛丸法：将药物和辅料混合粉末置包衣锅中，喷洒润湿剂或黏合剂（水、稀醇等），滚动成丸。如卡托普利控释微丸的制备。②湿颗粒滚动成丸法：将药物、辅料粉末混匀，加黏合剂制成软材，过筛制粒，将湿颗粒置包衣锅中滚转一定时间，干燥，制得微丸。为了改善圆整度，还可在此基础上喷入液体黏合剂或润湿剂，撒入药物或药物与辅料的混合粉末，如此反复操作，制成大小适宜、圆整度较好的微丸。③空白丸芯滚丸法：采用球形空白丸芯为种子，置包衣锅中，喷入适宜黏合剂溶液，撒入药物粉末或药物与辅料的混合粉末，滚转成丸；也可将药物溶解或混悬于溶液中，喷包在丸芯上成丸。

包衣锅制微丸，影响其圆整度的因素很多，主要有：①药物和辅料的粒径及理化性质；②赋形剂及黏合剂的种类和用量；③环境的温度和湿度；④制备工艺及参数；⑤包衣锅的形状、转速；⑥种子的形状等。

（2）挤出滚圆法：该法目前应用最广。将药物与辅料等混合均匀，加入水、醇或黏合剂溶液制成软材，然后采用适宜的挤出机将湿料通过具一定孔径的孔或筛挤出，制成圆柱形颗粒或条状挤出物，再经滚圆机切割滚圆成丸。通过挤出机的挤出物也可由常规的湿法制粒设备制备。

（3）离心造丸法：属于包衣锅法的改进方法，制丸时可将部分药物与辅料的混合细粉或母粒直接投入离心机流化床内并鼓风，粉料在离心力及摩擦力的作用下，在定子和转子的曲面上形成蜗旋回转运动的粒子流，使粒子得以翻滚和混合均匀，通过喷枪喷入适量雾化的黏合剂，粉料凝聚成粒，获得球形母核，然后继续喷入雾化的黏合剂并喷洒含药粉料，使母核增大成丸。微丸干燥后，喷入雾化的合适包衣液，使微丸表面包上一定厚度的衣料，即得膜控微丸。该法具有成丸速度快、丸粒真球度高、药粉粘锅少、省时省力等优点。如盐酸地尔硫䓬控释微丸的制备。

（4）流化床制丸法：将物料置于流化室内，一定温度的空气由底部经筛网进入流化室，使药物、辅料在流化室内悬浮混合，然后喷入雾化黏合剂，粉末开始凝结成均一的球粒，当颗粒大小达到规定要求时停止喷雾，形成的颗粒直接在流化室内干燥。微丸的包衣也在该流化床内进行，因微丸处于流化状态，可有效地防止粘连现象。该法的优点：①在一个密闭系统内完成混合、制粒、干燥、包衣等工序；②制得的微丸大小均匀，粒度分布较窄，外形圆整，无粘连；③流化床设有粉末回收装置，原辅料不受损失，包衣液的有机溶媒也可回收，有利于操作环境的改善和生产成本的降低。

（5）在液体介质中制备微丸：将药物与辅料制成的颗粒置液体介质中高速搅拌而形成微丸。如Kim等[49]通过在液体介质中制备维生素C微丸。所得微丸的成球性好，粒度分布比较集中。

（6）振动喷嘴微成形技术制丸：将熔融的丸芯物料通过一个振动喷嘴滴入冷却液

中制备微丸，形成丸芯的直径取决于振动喷嘴的直径、振动的频率和振幅。采用该法时必须考虑到丸芯物料的溶解度、密度和熔点。制备丸芯的物料在室温时须为固态，加热后为液态，形成的液滴在冷却液中不溶解、不扩散，熔融和固态时丸芯的密度应大于冷却液密度。Shimano 等[50]利用该技术制备获得了粒径小且分布均一的克拉红霉素微丸。

（7）液相中药物球形结聚技术：使药物在适宜溶剂中结晶的同时发生结聚而制成颗粒或微丸。该法的关键在于选择溶剂体系种类和比例，药物浓度、操作温度和搅拌转速等也影响制剂的质量。如阿司匹林结聚颗粒、阿司匹林微丸和二硝酸异山梨酯微丸[51]。

（8）喷雾干燥法和喷雾冻凝法：喷雾干燥法系将药物溶液或混悬液喷雾干燥，由于液相蒸发而成丸；喷雾冻凝法是将药物与熔化的脂肪类或蜡类混合，从顶部喷入一冷却塔中，由于液滴受冷硬化而成丸。上述方法所得微丸较小，仅几微米至几十微米；具多孔性。

微丸的制备方法与装置有多种，各有其优缺点。在选择时应根据药物与辅料特性、产品要求、批量规模和实际条件等因素综合考虑，合理选择。

31. 微丸如何包衣？

缓控释微丸包衣除了能改善外观、味道，增加药物稳定性以外，主要是达到改善药物的生物药剂学性质的目的。微丸的包衣既可在包衣锅中进行，也可在离心造粒机、流化床中进行，还可采用在包衣液中蘸浸包衣等方法。

普通包衣锅包衣存在干燥效率低、粉尘污染大、批间差异及操作时间长等缺点，故更多的是在改进的包衣锅如加挡板包衣锅及埋管式喷雾包衣锅中进行包衣。埋管式喷雾包衣锅特别适合于以水分散体为包衣液的包衣，可大幅度缩短包衣时间。

流化床包衣是借助急速上升的空气流将微丸在包衣室内悬浮流化，使之处于不断流动的状态，将包衣溶液或混悬液雾化喷入，即包裹在微丸表面，并被通入的热空气流干燥，反复包衣直到增加到所需厚度。

蘸浸包衣系将微丸均匀散布在筛网上，快速在包衣液中蘸过，连同筛网一同干燥，轻轻翻动，再快速在包衣液中蘸过，如此反复，直到达到规定要求。

32. 如何控制微丸的质量？

微丸的质量可通过以下项目进行控制、评价[2]。

（1）粒度：微丸的大小可用多种参数，如粒度分布、平均直径、几何平均径、平均粒宽、平均粒长等来表达。微丸粒子大小的分析，应用最多和最简单的方法是筛析法，较先进的粒度测定法是配有计算机辅助的成像分析法。

（2）圆整度：圆整度（sphericity or roundness）是微丸的重要特性之一，反映了微丸成型的好坏。微丸的圆整度直接影响膜在丸面的沉积和形成，影响膜控微丸的包衣质量，进而影响其释药特性。测定微丸圆整度的方法有：①测定微丸的最大直径与最小直径之比，比值越小，微丸的圆整度越好。②测定微丸的平面临界稳定性（one plane critical stability，OPCS），即将一定量微丸置平板上，将平板一侧抬起，测量在微丸开始滚动前倾斜平面与水平面所形成的角，此角越小，微丸圆整度越好。③测定形状，通过计算机辅助的成像分析法测量出微丸的投影面积及其周边长，计算出形状因子，数值越大，圆整度偏离越大。④测定微丸的休止角，即将一定量微丸，在指定高度从具 1.25cm 小孔的漏斗中落到硬的平面后，测量微丸的堆积高度（H）和堆积半径（r），$\tan\theta=H/r$，θ 即为休止角，休止角小，说明微丸流动性好，间接反映微丸成球性即圆整度好。

（3）堆密度：取 100g 微丸缓缓通过一个玻璃漏斗倾倒至一个量筒内，测出微丸的松容积，即可计算出微丸的堆密度。

（4）脆碎度：测定微丸的脆碎度可评价微丸物料剥离的趋势。

（5）水分含量：参考 2020 年版《中国药典》附录水分测定法第二法（烘干法）进行测定。

（6）硬度：可采用作用原理类似于片剂硬度仪的仪器测定。

（7）释放试验：微丸中药物的释放是微丸的重要特性，与微丸的组成、荷药量、硬度等有关。

33. 口服缓释、控释制剂如何进行稳定性研究?

根据研究目的不同，缓释、控释制剂稳定性研究内容可分为影响因素试验、加速试验与长期留样试验等。

口服缓释、控释制剂稳定性研究的基本原则和方法总体上与普通制剂一致，有关技术要求可参阅《化学药物稳定性研究技术指导原则》。在稳定性考察指标方面，除一般性指标外，还应重点考察释放度的变化。

若稳定性研究结果显示口服缓释制剂的释放度随贮存时间有较大变化，应分析产生变化的原因及对体内释放行为的可能影响，必要时应完善处方工艺。

34. 中药靶向制剂的设计应考虑哪些问题?

一般来讲，对于化学药物，由于其成分单一、作用靶点明确，对其靶向制剂的理想要求应具有 3 个要素：定位浓集、控制释药以及无毒可生物降解。但是需要指出的是，中医诊疗疾病的优势在于其对于疾病整体的认识和人体各组织器官之间的协调和影响，因此特别需要考虑中药多组分、多靶点、协同作用的特点，设计中药靶向制剂时应有别于现有靶向制剂的理念和观点，更多挖掘中医组方机制与中药组分药动学特点之间的关系，从而有的放矢地通过靶向制剂改善其药动学行为，更好地发挥中医组方优势，更多满足临床需求。

（1）中药组分靶向制剂的设计：应考虑以下 4 种情况。

1）单组分单靶点：可参考化学药物靶向制剂设计的思路。

2）单组分多靶点：中医对疾病和药物特有的认识，使得这种现象较为常见。针对这种成分应考虑是否需要实现多种细胞同时靶向或仅考虑靶向到病变部位即可增加该部位相关细胞对制剂的摄取。例如有“一味丹参，功同四物”之说。现代药理学研究表明[52]：丹参酚酸 B 具有抗氧化、抗炎、减轻钙超载等多种药理作用，其作用部位涉及血管内皮细胞、心肌细胞以及血小板等，因此如将其设计为靶向制剂需要考虑如何实现对多种细胞的共同靶向。此外，由于丹酚酸 B 半衰期短、血浆结合率高、在组织内分布快但消除也快、毒性较低[53]，另外一种思路是仅考虑一级靶向，同时把重点放在如何延缓药物在组织内的释放上，就可能显著提高疗效。

3）多组分单靶点：不同中药中的不同成分或不同有效部位，都有可能通过同一靶点起作用。例如苦参碱、冬凌草甲素、斑蝥素、狼毒中的总生物碱都可以通过调节 Bax/Bcl-2 信号通路抑制肺癌 A549 细胞的增殖[54]。当靶向制剂中涉及这些成分共同应用的情况时，可考虑将其制备成具有相似药动学行为的靶向制剂，以增加其在疾病治疗中的效果。

4）多组分多靶点：中药复方有效成分属于这种情况涉及中医组方理论“君”“臣”“佐”“使”，不同药味各司其职，一个复方可能包含抑制肿瘤细胞增殖、改善微环境、调节免疫等多种作用[55]，且其发挥作用的部位未必是西医理论所指的实质病变部位。再加上中医的脏腑学说与西医的解剖部位不完全等同。因此，对于复方靶向制剂或多组分靶向制剂的开发，应在深入理解中医组方、用药理论的前提下，在大量、充分、扎实的医药学基础研究之上，谨慎开展。

（2）中药靶向制剂的开发原则：无论上述哪种情况，中药靶向制剂的开发还应考虑到下述原则。

1）选择疗效显著中药的有效成分或有效部位，在质量可控的前提下开展靶向制剂的研究。

2）多组分靶向制剂的开发应充分考虑不同组分间的配伍机制，不同组分应以何种比例载入靶向制剂：是否需要控制所有组分在体内的同步释放；是否需要所有组分共同靶向同一病变部位；是否有必要设计过于复杂的靶向制剂。

3）代谢产物为其主要活性成分的中药组分，设计成靶向制剂后是否影响了其体内代谢行为，是否应选择活性代谢产物作为靶向制剂的主要成分。

4）应合理评价中药多组分靶向制剂的药效，不应仅仅采用单一药效学指标，应尽量考虑体现中药多组分、多靶点、协同起效的特点。

5）依据药物的性质和临床应用需要，选择不同的载体材料和制备方法将中药制备成脂质体、微粒、纳米粒、复合型乳剂等靶向制剂。

35. 如何认识中医“归经”理论与“靶向制剂”的关系？

“归经”理论是在中医基本理论指导下，以脏腑经络学说为基础[56]，以药物治疗病变所在部位为依据，经过长期临床实践总结出来的对药物作用的定位理论。即，表明药物对某种脏腑经络及其所属部位有特殊亲和力，对相应部位的病变具有明显的治疗作用。例如，苦杏仁具有降气、止咳平喘的功效，主入肺经。现代药学研究表明苦杏仁止咳平喘功效的主要有效成分为苦杏仁苷。有研究测定大鼠口服麻黄 - 苦杏仁药对有效成分在体内分布的情况[57]，结果发现苦杏仁苷在体内分布较少，但苦杏仁苷的两种主要代谢产物 D- 野樱苷和 L- 野樱苷在肺部均有较高的浓度，从而保证了其在肺内的疗效，说明药物的归经理论具有一定物质基础，同时也说明中医对药物的认识也具有一定的“靶向作用”思维。

但是，值得注意的是，多数中药都有两个或多个归经。例如，中医理论认为麻黄能发汗散寒，宣肺平喘，利水消肿，归肺、膀胱经。现代药学研究表明麻黄止咳平喘功效的主要有效成分是以麻黄碱、伪麻黄碱为代表的多种生物碱类。大鼠单独给予麻黄灌胃后[58]，麻黄碱和伪麻黄碱在肺、肾分布均较多，基本符合其归肺经并经肾排泄的特性。但研究同时发现，麻黄在脑内分布也很高，可能与其神经系统的副作用相关。如给予大鼠麻黄汤复方水煎液，发现麻黄碱在肺内分布比单用麻黄显著降低，但仍然比其他脏器分布多，而配伍未改变伪麻黄碱在肺内的分布量。这可能与复方配伍时缓和麻黄作用相关。此外，配伍后麻黄碱和伪麻黄碱在脑内的分布显著降低。可能与复方配伍减轻麻黄临床上经常出现的神经系统副作用相关[59]。

因此需要指出的是，在设计中药靶向制剂过程中，要充分理解、借鉴中药归经和配伍的原理。

36. 如何认识中医理论中的“引经药”与靶向制剂的关系？

“引经”是在归经理论基础上产生而形成的，是归经理论重要的组成部分。引经指药物在复方中作为“向导”使用，能引众药，直达病所。与“归经”不同的是，“引经”强调某一药物引导其他药物到达疾病部位，使这些药物的作用发挥在需要的地方，从而使整个复方具有更好的治疗效果。这一概念与现代靶向制剂概念非常相近，但又略有不同。例如，牛膝具有逐瘀通经、补肝肾、强筋骨、利尿通淋、引血下行的功效，其中“引血下行”与其“引经”作用密切相关。中医理论认为牛膝“能引诸药下行”(《本草衍义补遗》)，“凡病在腰腿膝踝之间，必兼用之而勿缺也”(《药鉴》)，故有“无膝不过膝”(《本草纲目》)之说。因此牛膝在历代和近代的诸多方剂中经常被用作治疗腰膝以下病症的“引经药”。

三妙丸由苍术、黄柏、牛膝三味药组成，中医用于治疗湿热下注，足膝红肿热痛，下肢沉重，小便少黄。方中牛膝具有引诸药下行的功效。有人研究了牛膝对黄柏主要有效成分小檗碱体内分布的影响，结果牛膝通过增加下肢的血流量促进了小檗碱在足关节内的累积量[60]。同时药效学研究表明，牛膝可显著提高复方对大鼠关节肿胀程度的抑制作用，这一作用与牛膝改善下肢血流量同样密切相关。可见，“引经药”的“向导”作用有时也同时具有一定治疗作用，这种“一石二鸟”的作用机制值得现代中药靶向制剂研究借鉴。

37. 如何评价靶向制剂的质量和靶向性？

靶向给药系统研究的一个重要方面是如何对其进行系统、全面的质量评价，目前对其评价主要从以下几方面考虑：①与靶向效率有关的指标，如粒径及分布，表面性质如形态、亲水疏水性、电荷、基团亲和性等；②药剂学性质，如包封率、载药量、稳定性、体外释药、体内分布及药动学规律等；③理化性质，如 pH、相对密度、表面张力、Zeta 电位等；④应用安全性，如体内相容性、刺激性、生物降解性、免疫活性及毒理学性质等。

通过下述指标可较准确、客观地评价靶向制剂的特性。

(1) 靶向制剂的粒径及分布：这是影响体内靶向性、物理稳定性和应用安全性的重要指标。比较常见且认可度较为广泛的是激光粒度测定法[61]。该法能够在较短时间内且较准确地用于固体颗粒粒径及液体中颗粒粒径的测定，不仅统计方法具备的代表性强、动态范围宽，还具有分析速度快、重复性和可靠性好等优势。激光粒度测定法在测定时要注意取样的代表性、干净稳定的测定背景、设置合适的光学参数、采用适合的分散介质和分散条件。目前较为新型的激光粒度仪 Nanosight 还可以观察纳米粒子的布朗运动，从而更好地反映粒子体系中包括颗粒粒径、数量变化、种类、分散性等真实情况。

(2) 靶向制剂的形态学观察：微米级粒子可通过光学显微镜直接观察其形态，粒径 $<2\mu m$ 的粒子可采用扫描电镜、透射电镜、冷冻蚀刻电镜、原子力显微镜等观察其形态。一般来讲，透射电镜的优势是可观察粒子的形态学特征，而原子力显微镜更侧重于反映粒子表面的微观结构信息[62]。有人也采用电镜法来观察粒子大小，值得注意的是，电镜虽然分辨率高，但仅能逐个测定视野中有限个数粒子的粒径，由此计算出的平均粒径很难完全代表整体粒子的大小，因此仅在方法局限时作为参考，且应与激光粒度测定的结果综合分析。

(3) 靶向制剂中药物含量测定：这需要用适宜方法将药物从载药微粒或纳米粒中提取

出来才能测定，或者测定未被包载入粒子的游离药物和投药的总量来计算微粒内包载的药物。但无论采用何种计算方法，前提是需要将微粒与游离药物分离。常用的方法有：凝胶柱色谱法、透析法、超滤法和超速离心法等。

（4）靶向给药系统体内评价方法：主要是对其体内分布及药动学的研究。前者可证实其体内靶向性，后者可揭示药物在体内吸收、分布、代谢和消除的经时变化规律等，从而深入了解靶向制剂与普通制剂的差别及优越性。药物制剂的靶向性可由以下 3 个指标衡量[63]。

1）相对摄取率（r_e）

$$r_e=(AUC_i)_m/(AUC_i)_s \quad 式(2\text{-}12\text{-}23)$$

式（2-12-23）中，AUC_i 是由浓度 - 时间曲线求得的第 i 个器官或组织的药时曲线下面积，m 和 s 分别表示药物微粒和药物溶液。$r_e>1$ 表示微粒在该器官或组织有靶向性，r_e 越大则靶向效果越好；$r_e\leqslant1$ 表示无靶向性。

2）靶向效率（t_e）

$$t_e=(AUC)_{靶}/(AUC)_{非靶} \quad 式(2\text{-}12\text{-}24)$$

式（2-12-24）中，t_e 值表示药物微粒或药物溶液对靶器官的选择性。$t_e>1$ 表示药物微粒对靶器官比某非靶器官有更强的选择性：t_e 越大，选择性越强；药物制剂的 t_e 值与药物溶液的 t_e 值的比值，即为药物制剂靶向性增强的倍数。

3）峰浓度比 C_e

$$C_e=(C_{max})_p/(C_{max})_s \quad 式(2\text{-}12\text{-}25)$$

式（2-12-25）中，C_{max} 为峰浓度，每个组织或器官中的 C_e 值表示药物制剂改变药物分布的效果，C_e 越大，表明改变药物分布的效果越明显。

评价时要注意对于靶向药物制剂，不仅如普通制剂一样用血药浓度评价，更需要应用靶区药物浓度来衡量药物的治疗效果和生物利用度。大量的研究表明，纳米粒静脉注射给药后能迅速选择性地被网状内皮系统所吞噬，从而浓集于肝、脾、淋巴等组织。如比较汉黄芩素溶液剂和固体脂质体给药后不同时间在心、肝、脾、肺、肾的药物浓度，评价其在不同组织中的靶向效率分别为 2.003、1.789、0.634、0.707、0.259，说明与汉黄芩素溶液相比，汉黄芩素固体脂质纳米粒能提高药物对肝、脾的趋向性，有利于提高其治疗作用[64]。在比较同一药物几种制剂时，可采用浓度比、相对分布进行比较，以及对几种制剂在同一种动物中各器官的浓度进行比较研究。

38. 如何测定纳米制剂的载药量与包封率?

纳米制剂的实用性在很大程度上取决于其中药物的含量。若药物剂量较大，虽然靶向给药可减少给药剂量，但要保证有效治疗浓度仍需足够剂量，纳米制剂中药物含量越低，所需纳米制剂量越大，而当纳米制剂量增大时，常对给药造成较大困难。因此，纳米粒中药物含量是纳米制剂的质量标准中又一重要项目。纳米粒中药物的含量用载药量来表示，纳米粒的载药量为单位重量纳米粒中所含药物的量，用式（2-12-26）表示。

纳米粒的载药量(%)=(纳米粒中药物重量/纳米粒重量)×100%　　式(2-12-26)

纳米粒的载药量可用于评价纳米制剂药物的质量，这一概念在纳米制剂的质量标准中十分重要，不可缺少。作为纳米制剂成品，则还应制订单位体积或单位重量制剂成品中药物含量的指标，以利其控制给药剂量。纳米制剂，特别是液体剂型成品，涉及纳米粒中药物量和介质中游离药物量的比例问题。因为纳米粒一旦溶散于液体介质中，必然会有药物从中释入介质，经一定时间后纳米粒中药物与介质中药物成一动态平衡，此时，纳米粒中药物量与体系中药物总量(纳米粒中药物量与介质中药物量之和)之比，称为纳米制剂的药物包封率。即单位体积或重量纳米粒中载带的药物量与体系中药物总量之比。表示为：

药物包封率(%)=纳米粒中药物量/纳米制剂中药物总量 ×100%　　式(2-12-27)

一般而言，纳米制剂的包封率与载药量需要一个平衡，有时降低载药的浓度可以获得较高包封率，但却容易导致降低载药量，因此需综合考虑。值得注意的是，此处的包封率与纳米粒制备工艺研究中的包封率的意义有差别，前者是评价纳米制剂成品质量的指标之一，后者是评价纳米粒制备工艺的指标之一。

39. 如何选择微粒体外释放度的测定方法?

微粒体外释放度的测定，目前尚无统一规范化的方法，特别是动脉栓塞微球，与口服药物在胃肠的情况不同，模拟更为困难。下面介绍几种常用的方法。

(1)连续流动系统：连续流动系统与流室法类似，其示意图可参见相关文献[2]：释放管为带夹套的玻璃柱，夹套内充满37℃的恒温水，恒温水可通过循环泵供给。将样品置于玻璃柱内玻璃棉上，释放介质通过蠕动泵以一定的流速(5.5ml/h)进入玻璃柱，浸泡样品，释放出的药物自接收管分次收集，测定每份释放液的浓度，计算释放药量。

(2)动力渗析系统：动力渗析系统示意图可参见相关文献[13]。在渗析膜(又称透析袋)内放微粒100mg同时加入一定量(一般5～15ml)的缓冲液，膜外容器放50ml释放介质，温度37℃，搅拌速率100r/min。利用此种渗析膜，还应同时进行未微球化的原料药的释药试验，以考察膜本身是否有控释作用。

(3)桨法：有些微粒可用桨法测定，也可采用第三法，具体装置及操作按(2020年版《中国药典》四部指导原则)规定进行。若用转篮法测定，为防止药物从转篮中漏出，转篮外包一层尼龙布袋。

40. 如何选择常用靶向微粒的载体材料?

制备靶向微粒的载体材料是用于包囊、制作纳米粒等所需的材料，一般要求是：①性质稳定；②有适宜的释药速度；③无毒、无刺激性；④能与药物配伍，不影响药物的药理作用及含量测定；⑤有一定的强度及可塑性，能完全包封囊心物，或药物与附加剂能比较完全地进入球的骨架内；⑥具有符合要求的黏度、渗透性、亲水性、溶解性等特性。

用于制备注射用微粒或纳米粒的载体必须无菌、无热原反应。此外，靶向微粒的载体材料还应具备以下条件：①具有良好的生理相容性，不引起血常规的任何变化，不产生过敏反应；②靶向微球载体材料应能增加药物的定向性和在靶区的滞留性，以及对组织与细胞膜的渗透性和对组织的亲和性，以提高药物在靶区的有效浓度，维持较长的有效时间；③载体进入靶区后，能按要求释放药物；④与药物有足够的结合或亲和能力以及具有较大的载药能力，能增加药物的稳定性，降低其毒副作用。要找到完全满足以上条件的载体材料较为困难，但配合完善的处方设计和先进的制备工艺，制得理想的微球是可能的。

41. 考察纳米粒制备工艺合理性的指标有哪些？

重要考察指标是纳米粒的粒径大小。搅拌速率、分散剂的种类和用量、有机相及水相的量和黏度、容器及搅拌器的形状和温度等因素，均可影响纳米粒的粒径。因此，可通过考察这些控制纳米粒粒径的因素来判断工艺合理性。在对不同制备方法进行比较时，还应考虑包封率，即纳米粒中药物含量与理论（初始）含药量的比例，以百分率表示。此比率在工业生产上非常重要，因其代表制备过程中药物损失的比例。

42. 怎样选择微粒及纳米粒的灭菌方法？

静脉/肌内注射用微粒及纳米制剂灭菌的方法有如下几种。

（1）滤过灭菌：0.22μm 或更小的纳米粒可以通过这种方法除菌，但会造成纳米粒及其所包裹的内容物损失，因为它们通过滤膜时粒子的完整性将可能会受到破坏或截留。

（2）γ 射线灭菌：由于 γ 射线的能量大于分子键能（8.1～15.76eV），故 ^{60}Co 辐射源放出的 γ 射线可使分子电离或断键而杀死细菌。其杀菌机制分直接作用和间接作用：直接作用指 γ 射线直接破坏微生物的核糖核酸、蛋白质和酶而致微生物死亡；间接作用指 γ 射线的能量被微生物内部生命重要分子周围的物质（如水）吸收而激发或电离，产生激发的水分子、电子水离子或裂解为氢自由基、羟自由基等，由此产生一系列的与核糖核酸、蛋白质和酶进行氧化还原反应，导致微生物死亡。

43. 如何制备纳米粒冻干制剂？

如将制备的纳米制剂以溶液状态进行储存，则易发生聚合材料的生物降解、药物泄漏及药物降解，故为提高纳米制剂的稳定性，可对其进行冻干处理。良好的冻干处方和工艺设计，可获得在水中快速再分散和粒径无明显变化冻干样品。

冻干包括预冻、升华干燥和解析干燥 3 个阶段。在升华过程中制品温度不宜超过最低共熔点，以防止产生僵块或产品外观上的缺损。为了减少蒸汽升华时的阻力，冷冻干燥时物料的厚度不宜过厚，一般不宜超过 12mm。纳米粒冻干针剂的处方设计：为了避免纳米粒的变化，可加入低温防冻剂（如蔗糖、葡萄糖、海藻糖、甘露醇、乳糖等），这些物质在冷冻时能促进生成大量的微小冰晶，这对微粒的完整性十分有利。在聚氰基丙烯酸烷酯（PACA）单体聚合介质中加入葡萄糖及右旋糖酐，其目的是保证聚合过程中的空间稳定性、冻干过程中的防冻作用及最后所得再分散产品的等张性。

44. 脂质体的设计应考虑哪些问题？

脂质体的设计应考虑以下几个方面。

（1）类脂的选择：要根据脂质体类型的需要选择合适的类脂。①如要使制备的脂质体在体内外都具有生物相容性，并使其中包裹的药物能保持尽可能长的时间，那么脂质成分可以选择一系列不同饱和度的磷脂进行试验以达到性质的最优化；也可加入其他膜成分，如用蛋卵磷脂制备两性霉素 B 脂质体时，加入麦角甾醇可更好地使药物包裹在脂质体中；又如酒石酸锑钾脂质体膜材中加入正电荷磷脂，则药物与膜产生静电作用而使药物与脂质体紧密结合，减少了渗漏。②如果要使所制备脂质体的包裹成分尽快地释放，必须使膜具有较高的流动性，应选择非常不饱和的磷脂（如大豆卵磷脂）。③如果要在某一特定温度释放药物，须选择不同脂质成分以调节其相应的相变温度。为了改变脂质体与其外部环境的相互作用，也可用改变膜组成的办法，例如糖脂的加入可以使脂质体与细胞上的受体结合，化学活性分子的加入可使脂质体表面与蛋白质结合。因为脂质体应用目的的广泛性，以及脂质体分子间的相互作用和脂质体与膜的作用都难以预见，所以很难给出一般的规律。在大多数情况下，只能采用可能的组成来进行一系列的试验以确定最佳组成及比例。

（2）脂质体结构的选择：脂质体可以是单层的封闭双层结构，也可以是多层的封闭双层结构。其优点之一是能包裹不同化学性质和不同分子大小的药物。脂溶性药物可嵌入脂质双分子膜，其包裹量的大小与膜材量成正比，而不依赖于所制脂质体的大小。但是在体内和体外试验中发现，镶嵌在脂质体外层表面的药物在与其他膜、固体表面或大分子蛋白质碰撞时很容易脱落，很难到达靶区，因此最好选择多层脂质体以使药物能逐渐释放，因为在靶部位多层膜可以逐渐降解。相反，如果脂溶性药物需要快速转运，就应选择制备小单层脂质体。由于药物在膜中脂质包裹的不规则性及小单层脂质体膜的高曲率，因此在生物分子存在的条件下，脂质体特别易受影响而发生转运与降解。包裹水溶性药物的脂质体应具有尽可能大的包裹容积，选择大单层和中等大小脂质体是最适合的类型，但大单层脂质体的缺点是膜的机械强度较弱，包裹物质容易损失。实际上许多制备大单层脂质体的方法常同时产生大量的多层脂质体，它们具有 2～3 层双分子膜及较大的中心水性空间。此外，也可制备多层脂质体，其各双分子层之间含有较小的水性空间，在膜材中加入负电荷物质时，可使双分子层之间相互排斥，扩大水性空间。但多层脂质体的包裹容积仍然小于大单层脂质体。

（3）脂质体的粒径：脂质体的大小对其体内行为有着重要的影响。在体外试验中，一般只能观察到脂质体与某一特殊类型细胞之间的相互作用，如融合、吞噬等依赖于膜组成的细胞与脂质体膜之间的转运，但在生物体内，脂质体的大小决定了其在体内与细胞作用的部位。如静脉给药，小的脂质体能够通过肝窦状隙很快到达肝细胞；中等大小的脂质体能够在血液循环中保持较长的时间；较大的脂质体则缓慢地通过肝窦状隙，然后迅速被库普弗细胞（Kupffer cell）摄取；更大一些的脂质体能被肺组织摄取而清除出循环系统。因此，除脂质体与细胞间的受体 - 介质相互作用和依赖于脂质体膜的蛋白质摄取作用外，脂质体大小的不均一性实际上是影响脂质体体内行为的重要因素。

45. 如何对脂质体进行灭菌?

脂质体不宜用加热灭菌的方法，且对各类辐射及各种化学灭菌剂也敏感，所以只能使用过滤除菌或采用无菌操作法进行制备。这也是影响脂质体广泛应用于临床的一个重要原因。近年来，国内有研究者采用 100℃ 30 分钟湿热灭菌法获得成功，灭菌后脂质体的形态及大小均无明显变化，渗漏率约为 5%。另有研究者采用辐射灭菌法，即用 ^{60}Co 发出的 γ 射线对腺苷三磷酸脂质体和甲氨蝶呤脂质体进行辐射灭菌，照射剂量为 15～20kGy，无菌试验结果均由试验前的阳性转为阴性。脂质体灭菌前后无显著变化，灭菌所致渗漏率较小。灭菌方法的选择与混悬介质种类、磷脂组成及纯度等有关。采用 121℃加热 20 分钟灭菌处理几种脂质体，发现在生理盐水中脂质体发生凝聚，而在等渗糖溶液和多羟基化合物溶液中不发生凝聚。加热灭菌后，具有较高过氧化物值的含蛋卵磷脂的分散液稍变黄，改用过氧化物值低的蛋卵磷脂、氢化蛋卵磷脂或二棕榈酰磷脂酰胆碱（DPPC）则无此变化。经 0.4μm 膜过滤的由蛋卵磷脂组成的脂质体变小。在这一变化中，介质的类型也有明显影响。加热灭菌期间，包裹有羧基荧光素阴离子的负电荷脂质体（PC/Chol/PG）发生渗漏，而使用正电荷脂质体（PC/Chol/ 十八胺）不仅在加热灭菌期间不发生渗漏，而且可贮存很长时间不渗漏。

46. 如何解决脂质体中药物的渗漏？

（1）脂质体中影响药物的渗漏要从以下几方面考虑。

1）脂质体的结构类型：根据 Stokes 公式，脂质体粒径越小越稳定，反之亦然。但根据脂质体双分子层膜对内含药物渗透屏障作用大小的影响，一般多层脂质体比单层脂质体稳定。前者从脂粒大小考虑，后者从类脂层层数多少分析，但不能认为层数多、粒径小的脂质体稳定就意味着该类型脂质体好，而必须考虑到在确保高包封率的前提下，制备有较高稳定性的脂质体。

2）温度变化：①温度升高，特别是当温度升至 T_e 时，膜流动性大、稳定性大大降低。如果脂质体制剂经湿热（100℃，30 分钟）灭菌，其包封率都会有或多或少的下降。②温度下降，一般以 4℃左右贮存脂质体比较好。冷冻干燥过程可使脂质体内外水相形成冰晶，增加双分子层膜的渗透应力和膜结构上的缺陷，冻结温度一定（-30℃），保持时间延长（20 分钟～22 小时），显著减少内含物（羟基荧光素）包封率（25%～93%），为防止内容物泄漏，在工艺中须加冻结保护剂。冷冻干燥是制备脂质体和提高脂质体在贮存期稳定性可行和有效的方法。

3）稀释：脂质体混悬液浓度高，稠度和黏度就大，Stokes 公式说明 V（沉降速度）与 η（分散介质黏度）成反比，即 η 大则该制剂聚结稳定性好；反之 η 小，脂粒易沉降聚结。另外，浓度高的脂质体膜内外浓度差小，渗透压差小、渗透率低，当稀释后，渗透率会显著增加。

4）类脂膜组成：膜组成对脂质体稳定性的影响与对包封率的影响有相似之处。①脂质体膜表面电性与药物带电相反，包封率高，稳定性好。②类脂膜中含一定量 C—H 键，可提高包封率和稳定性。这是因为一定比例 C—H 键可增加脂质双分子膜中脂质分子排列的紧密程度，有助于减轻加热时脂质分子烃基的弯曲结构增加，从而起到稳定脂膜和减少渗漏作用。但 C—H 键增加较多可能会增加脂质双分子膜不对称性，在加热条件下，不对称性更易导致膜的疏松，使药物渗漏。③多糖脂质体或多糖被覆质体，使膜变得更黏，流动性减少而提高膜的稳定性。高分子脂质体比天然类脂体稳定，是因为高分子脂质体的脂肪酸链比天然脂质体的长。

5）磷脂膜的性质：磷脂酰胆碱（PC）类脂质性质不稳定，易氧化和水解，随着 PC 类氧化指数的升高，所形成脂质体包封率降低、渗漏率增加（且有溶血毒性）。因为氧化指数高的 PC，会从膜上溶入外水相，还会因增加不饱和程度引起 T_e 下降；另外，经乳化制备脂质体时，乳化时产生一定的热使磷脂膜处于液晶状态，加速膜磷脂分子的运动，这就使得部分脂质体前身不仅不能加上第 2 层单分子膜形成脂质体，反而促使其破裂渗透。

6）药物的电性等影响：被包药物的电性与脂质体膜电性相反，包封率高、稳定性好；有的药物（如抗肿瘤药硫杂脯氨酸、放线菌素 D 等）对脂质膜的作用是使膜更易流动，增加膜通透性；有的药物（如依托泊苷等）则使膜接近凝固状态，降低其通透性，有益于脂质体稳定；还有些药物（三萜苷类如海参苷等）可使脂质双层膜形成不同直径的孔道，增加渗漏。

7）其他各种物质的影响：①介质中的离子强度、酸碱性、PBS 浓度等，一般认为使脂质体包封率高的条件则有利于脂质体贮存稳定；②细胞色素 C 可使脂质膜局部无双层结构，激素能使脂质膜形成缺陷和孔道，引起内含物渗漏，而血清则可减少脂质体内含物的渗漏。

（2）针对脂质体中药物的渗漏，目前可采取的解决方法有：①在膜材中加入一定量胆固醇加固脂质双层膜，减少膜流动，可使内相渗漏现象得到改善，降低渗漏率。②将脂质体液态内相制成固态，如先把药物制成凝胶微粒或加工成环糊精包合物，再包于脂质双层膜制得具有固态核心的脂质体。这类脂质体不仅具有靶向性和良好的稳定性，而且还有缓释性。

47. 如何设计被动靶向制剂?

脂质体表面经适当修饰后，可避免被单核巨噬细胞系统吞噬，延长在体内循环系统的时间，称为长循环脂质体（long-circulating liposome）。如脂质体用聚乙二醇（PEG）修饰，其表面被柔顺而亲水的 PEG 链部分覆盖，极性的 PEG 基增强了脂质体的亲水性，减少了血浆蛋白与脂质体膜的相互作用，降低了被巨噬细胞吞噬的可能，延长了在循环系统的滞留时间，因而有利于肝、脾以外的组织或器官的靶向作用。其他纳米球或纳米囊经 PEG 修饰也可获类似效果。

48. 如何通过修饰的药物载体达到主动靶向目的?

在微球、纳米粒或脂质体等表面接上某种抗体，具有对靶细胞分子水平上的识别能力，可提高脂质体的专一靶向性。但也有研究表明，这种配体 - 抗体识别机制可能在体内被载体所吸附的蛋白冠显著降低，从而难以保障其效果[65]。以下仅对目前常见的配体受体简单介绍。

（1）转铁蛋白受体：转铁蛋白受体在所有成核细胞中都有表达，在分裂活跃的细胞上表达水平很高，如在肿瘤细胞上每个细胞能达到 1 万～10 万个分子，而在非增殖细胞上很少表达甚至检测不到表达。因此，转铁蛋白修饰的靶向制剂非常多，可用于多种肿瘤的靶向递药设计。

此外，抗转铁蛋白的抗体能够选择性地靶向血脑屏障内皮细胞。例如转铁蛋白受体的鼠源单抗 OX26 能够携带化学药物、肽、寡核苷酸和肽核酸通过血脑屏障，达到治疗需要的浓度，是有效治疗脑部疾病的候选载体之一。

（2）脂蛋白受体：肿瘤细胞常具有内源性胆固醇合成障碍，而其连续分裂导致细胞膜对胆固醇的需求大增。膜表面低密度脂蛋白受体的活性及数量在某些肿瘤细胞中高出正常细胞 20 倍以上。因此，利用低密度脂蛋白荷载抗肿瘤药物，可大大提高对肿瘤细胞的靶向性。内源性脂蛋白作为药物载体，可避免脂质体和单抗等载体被网状内皮系统迅速清除的缺陷，又可克服被动靶向制剂靶向性差的不足。但低密度脂蛋白的结构复杂，难以提取和操作。有人通过基因重组或化学合成获得了各种脂蛋白类似物，这些类似物在动物和人体内具有同天然脂蛋白极为相似的代谢特点，在临床上具有广阔的应用前景。

（3）白介素受体：白介素（IL）受体家族是一类能够激活淋巴细胞的细胞因子，具有广泛的活性。有人通过化学键将重组人 IL-2 连接到脂质体外表面，脂质体内包裹着免疫抑制剂甲氨蝶呤，结果脂质体特异地聚集到表达高亲和力 IL-2 受体的活性 T 细胞上。

（4）胰岛素样生长因子受体：胰岛素样生长因子（IGF）及胰岛素样生长因子受体（IGFR）参与细胞的恶性转化、增殖和转移，保护细胞免于凋亡。IGFR 与其他跨膜细胞因子受体不同，其激活只能靠自身的配体，即相应的 IGF。在多种肿瘤细胞中，胰岛素样生长因子Ⅰ（IGF-Ⅰ）受体数量和活性升高，用 IGF-Ⅰ作为载体可以实现肿瘤的靶向治疗。肝星状细胞的活化是肝纤维化的主要原因，而 IGF-Ⅱ受体在活性肝星状细胞上大量表达。IGF-Ⅱ受体能与甘露糖 -6- 磷酸（M-6-P）特异性结合，用于肝纤维性病变的靶向治疗。

（5）表皮生长因子受体：表皮生长因子（EGF）在多种肿瘤细胞上过量表达，如胰腺癌、乳腺癌、结肠癌和非小细胞肺癌等。EGF 受体酪氨酸激酶活性的升高是肿瘤恶化的重要原因。脂质体偶联 EGF 可显著增强脂质体的靶向性，是基因治疗的良好载体。此外，约有半数的脑部肿瘤伴随有 EGF 受体的过高表达，用 EGF 和白喉毒素融合而成的嵌合毒素治疗脑瘤，毒素通过 EGF 受体进入脑内，在肿瘤部位达到较高的浓度，并且避免了白喉毒素在体内被过快清除。

（6）血管内皮生长因子受体：新血管生成是肿瘤形成和转移的基础，它不仅为肿瘤提供必要的养分，还向机体其他组织输送肿瘤细胞，导致肿瘤的恶化和转移。血管内皮生长因子受体（VEGFR）主要在内皮细胞表达，并特异性刺激内皮细胞增殖。VEGFR 在许多种肿瘤血管内皮细胞中都高度表达，是治疗实体瘤的良好靶标。

（7）凝集素受体：去唾液酸糖蛋白受体（ASGPR）又称为哺乳动物肝凝集素和半乳糖特异受体，特异识别末端糖基为 D- 半乳糖或 *N*- 乙酰半乳糖胺（GalNac）的糖蛋白。ASGPR 是实现靶向运输的一个方便通道，其特异的天然配体和合成配体很容易获得。

（8）甘露糖受体：甘露糖受体（MR）主要在组织型巨噬细胞、树突状细胞、Kupffer 细胞以及一些内皮细胞亚群及精子细胞表达。甘露糖酰化的蛋白质能够靶向定位于肝细胞，是实现肝非实质细胞靶向运输的重要介导系统。

（9）清道夫受体：清道夫受体仅分布在肝内皮细胞、Kupffer 细胞和巨噬细胞，介导各种聚阴离子配体的吸收，包括经修饰的蛋白质、多糖、聚核苷酸、磷脂和细菌脂多糖等，在各种带负电荷系统（如脂质体）的靶向运送方面有独特的优势。

（10）叶酸受体：大多数肿瘤细胞表面的叶酸受体数量和活性明显高于正常细胞，因此用传统方法难以治疗的肿瘤可以通过叶酸受体的介导进行靶向治疗。

49. 如何制备磁性靶向制剂？

磁性靶向制剂属于物理化学靶向制剂（physical and chemical targeting preparation），可提高药物的安全性、有效性、可靠性和患者的依从性；可定位浓集，并受体外磁影响、控制释药以及无毒、可生物降解，降低毒副作用。目前研究的磁性靶向制剂有磁性微球和磁性纳米囊，制备方法如下。

（1）超细磁流体的制备：取一定量的 $FeCl_3$ 和 $FeCl_2$ 分别溶于适量蒸馏水中，过滤。滤液混合，用蒸馏水稀释至一定量，搅匀，加入适量分散剂，置 3 000ml 烧杯中，将烧杯置超声波清洗器中，在 1 500r/min 的搅拌速度下加温至 40℃，用 6mol/L NaOH 溶液适量滴到烧杯中，滴速 5ml/min，反应结束后，在继续搅拌下 40℃保温 30 分钟。将混悬液置于磁铁上强迫磁性氧化铁粒子沉降，倾去上清液，加入分散剂适量，搅匀，在超声清洗器中处理 20 分钟，用直径 1μm 的筛过滤，得黑色胶体溶液，反应式为：

$$2Fe^{3+}+Fe^{2+}+8OH^{-}=\!=\!=FeO\cdot Fe_2O_3+4H_2O$$

所得胶体溶液为含磁感应物 $FeO\cdot Fe_2O_3$ 复合物的流体，故称磁流体，磁流体亦可进一步转化为 Fe_2O_3，由粒径 2～15nm 的超细球形粒子组成，经真空干燥可得固体。影响磁流体氧化铁粒子大小及比饱和磁化强度的主要因素有 NaOH 溶液的浓度，所加的 NaOH 溶液浓度越低，以 6mol/L 为佳，过低则饱和磁化强度低。其次是 NaOH 溶液的滴加速率，滴加速率越慢则磁流体比饱和磁化强度越弱、粒子越小，过快则比饱和磁化强度越强、粒子直径越大。此外还有反应温度，温度高制得的磁性氧化铁粒子的磁性强、粒径大。

（2）磁性微球的制备：磁性微球可用一步法或两步法制备。一步法是在成球前加入磁性物质，聚合物将磁性物质包裹成球；两步法为先制成微球，再将微球磁化。

如磁性明胶微球可用一步法制备。将一定量明胶与超细磁流体混匀，置 55℃水浴中将明胶溶解，在振荡器中充分混匀制成 A 液。B 液为适量的液体石蜡和司盘 85，于 55℃在搅拌速率为 1 800r/min 条件下，将 A 液滴加于 B 液中乳化，乳化 10 分钟后改为冰浴，搅拌 1 小时后滴加甲醛适量，交联，继续搅拌加异丙醇除去甲醛，搅拌、滤过，用有机溶剂多次洗涤除去残留液体石蜡，真空干燥，筛分称量、分装、压盖、^{60}Co 灭菌，得无菌的圆整微球，粒径范围 8～88μm，分散性良好。

（3）磁性纳米粒制备：放线菌素 D 是治疗肾母细胞瘤的抗肿瘤药，制成磁性纳米囊可提高药物在肾内的分布。制备方法为：在含葡萄糖和枸橼酸各 1g 的 100ml 水溶液中加入 0.7g 超细磁流体，超声分散 15 分钟，用垂熔玻璃漏斗滤除大粒，滤液中加入 ^{3}H- 放线菌素 D（2ml）和 ^{14}C- 氰基丙烯酸异丁酯单体（1.5ml），超声搅拌 3 小时，通过有外加磁场的管道分离所得磁性纳米囊，用含 NaCl 和 $CaCl_2$ 的水溶液洗净磁性纳米囊，再超声分散 15 分钟，垂熔玻璃漏斗滤除大粒，得粒径约 220nm 的产品。一般要求载体在体内能代谢，代谢产物无毒，并在一定时间经皮肤、胆汁、肾等排出体外。

50. 如何制备栓塞靶向制剂？

栓塞靶向制剂是阻断对靶区的血供和营养，使靶区的肿瘤细胞缺血破坏，动脉栓塞是通过插入动脉的导管将栓塞物输送到组织或靶器官的医疗技术。如栓塞制剂含有抗肿瘤药物，则具有栓塞和靶向化疗的双重作用，此制剂属于物理化学靶向制剂。

肖勇等[66]采用川乌、白花蛇舌草、虎杖、甘草提纯物及自噬抑制剂氯喹、超液态碘化油（碘油）、聚乙烯醇（PVA）等制备出含中药 2.0ml（相当原生药 3.0g/ml）+ 碘油 0.4ml+ 氯喹 10.0mg+PVA 20.0mg 的中药栓塞微球，用于考察中其对肝肿瘤动脉栓塞、细胞凋亡、坏死，肝功能变化，免疫及增敏作用。结果显示中药栓塞微球中、高剂量组肿瘤生长抑制率与空白 A 组相比有显著差异（$P<0.01$）；细胞凋亡指数低、中剂量组与 A 组相比有显著差异（$P<0.01$），与不含氯喹 B 组相比，差异显著（$P<0.05$）；与低、中、高剂量组相比动物的 ALT

和 AST 值均显著低于 B 组（$P<0.05$）；中药栓塞剂高、中剂量组廓清指数 K 值明显升高，吞噬指数 α 值也有一定增高（$P<0.05$）。

51. 如何制备热敏靶向制剂？

热敏靶向制剂属于物理化学靶向制剂，使用对温度敏感的载体制成热敏感制剂，在热疗机的局部作用下，使热敏感制剂在靶区释药。目前有如下研究。

利用相变温度不同可制成热敏脂质体。将不同比例类脂质的二棕榈酰磷脂酰胆碱（DPPC）和二硬脂酰磷脂酰胆碱（DSPC）混合，可制得不同相变温度的脂质体。在相变温度时，可使脂质体的类脂质双分子层从胶态过渡到液晶态，增加脂质体膜的通透性，此时包封的药物释放速率亦增大，而偏离相变温度时则释放减慢。

52. 如何制备 pH 敏感的靶向制剂？

pH 敏感的靶向制剂属于物理化学靶向制剂，是利用对 pH 敏感的载体制备 pH 敏感的制剂，使药物在特定的 pH 靶区内释药。目前研究的有：利用肿瘤间质液的 pH 比周围正常组织显著低的特点，设计了 pH 敏感脂质体。这种脂质体在低 pH 范围内可释放药物，通常采用对 pH 敏感的类脂（如 DPPC、十七烷酸磷酸酯）为类脂质膜，其原理是 pH 降低时，可导致脂肪酸羧基的质子化形成六方晶相的非相层结构而使膜融合加速释药。例如采用二油酰磷脂酰乙醇胺（DOPE）、胆固醇与油酸以 4∶4∶3 的比例组成的 pH 敏感脂质体，可将荧光染料导入 NIH 3T3 细胞及人胚肺中成纤维细胞，发现脂质体进入 NIH 3T3 细胞后在微酸环境中破裂，使荧光物质浓集到细胞内。

参考文献

[1] 国家药典委员会. 中华人民共和国药典：2020 年版[S]. 四部 . 北京：中国医药科技出版社，2020.

[2] 陆彬. 药物新剂型与新技术[M]. 2 版 . 北京：人民卫生出版社，2005.

[3] 阳长明，侯世祥，孙毅毅，等. 保心微丸中肉桂酸大鼠体内的药代动力学研究[J]. 中草药，2001，32(7)：616-618.

[4] 平其能. 现代药剂学[M]. 北京：中国医药科技出版社，1998.

[5] YUEN K H. The transit of dosage forms through the small intestine[J]. Int J Pharm，2010，395(1/2)：9-16.

[6] MUDIE D M，AMIDON G L，AMIDON G E. Physiological parameters for oral delivery and in vitro testing [J]. Mol Pharm，2010，7(5)：1388-1405.

[7] OKABE T，TERASHIMA H，SAKAMOTO A. A comparison of gastric emptying of soluble solid meals and clear fluids matched for volume and energy content：a pilot crossover study[J]. Anaesthesia，2017，72(11)：1344-1350.

[8] 唐星. 口服缓控释制剂[M]. 北京：人民卫生出版社，2007.

[9] 魏树礼，张强. 生物药剂学与药物动力学[M]. 2 版 . 北京：北京大学医学出版社，2004.

[10] The United States Pharmacopieial Convention. The United States Pharmacopeia：General Chapters[S]. 41th ed. Rockville：The United States Pharmacopieial Convention，2018.

[11] GANDHI R，ROBINSON J. Mechanisms of penetration enhancement for transbuccal delivery of slicylic acid[J]. Int J Pharm，1992，85(1-3)：129-140.

[12] 刘艳，张志鹏，索绪斌，等. 缓控释制剂体外释放度的研究进展[J]. 时珍国医国药，2011，22(3)：701-703.

[13] 胡秋馨 . 不同类型口服缓控释制剂对体外释药的影响[J]. 生物技术世界，2015(6)：262.

［14］靳海明，杨美燕，高春生，等. 口服缓控释制剂体外释放评价方法研究进展［J］. 中国新药杂志，2013，22(2)：196-200.
［15］陈代勇，臧志和，杨万青，等. 贝诺酯缓释骨架片释药速率影响因素实验研究［J］. 第三军医大学学报，2004，26(14)：1269-1271.
［16］夏学军，刘玉玲，任怡. 盐酸左氧氟沙星缓释片体外释放研究［J］. 中国药学杂志，2001，36(5)：314-316.
［17］邓向涛，郝海军，王思寰，等. 蛇床子素包合物凝胶骨架片的制备及体外释放［J］. 时珍国医国药，2016，27(07)：1644-1646.
［18］张锴，陈思思，邬琳，等. 山楂叶总黄酮生物溶蚀性骨架型缓释片的制备［J］. 中成药，2014，36(08)：1640-1643.
［19］赵瑞芝，欧润妹，袁小红. 大黄控释片的研制及其体外溶出特性的研究［J］. 中国药学杂志，2001(2)：29-30.
［20］吴伟，周全，张恒弼，等. 尼莫地平胃内滞留漂浮型缓释片的研究［J］. 药学学报，199(10)：67-71.
［21］霍涛涛，陶春，姚枫枫，等. 胃滞留给药系统的研究进展［J］. 中国新药杂志，2017，26(4)：420-426.
［22］杨志欣，王祺茹，张文君，等. 半夏泻心汤胃内滞留片的处方及体外释药机制研究［J］. 中华中医药杂志，2017，32(1)：270-274.
［23］胡志方，朱卫丰，喻伟华，等. 复方罗布麻胃漂浮型控释片质量控制探讨［J］. 中成药，1997，19(3)：11-13.
［24］史琛，张玉，王凯平. 当归多糖铁胃内滞留缓释片在犬体内的药物动力学研究［J］. 药物分析杂志，2011，31(4)：629-632.
［25］尹莉芳，张陆勇，贺敦伟，等. 氧化苦参碱胃内滞留缓释片的研制［J］. 中国天然药物，2005(06)：53-55.
［26］侯惠民，朱金屏. 胃漂浮缓释片研究Ⅰ硝苯啶胃漂浮缓释片的制备与性质［J］. 中国医药工业杂志，1991，22(3)：106-109.
［27］岳峰梅，牟欣，李秀云. 黄连青黛药膜的配制及应用［J］. 基层中药杂志，1996，10(4)：50-51.
［28］田景振，王静，张华，等. 冰硼贴片及其制备工艺的研究［J］. 山东中医学院学报，1995，19(2)：76-78.
［29］杨文玲，王正坤，郭卯丁. 复发性口疮局部用药新剂型临床应用研究［J］. 现代口腔医学杂志，1997，11(4)：268-270.
［30］王晓蔷，刘利民，刘春雨. 中药口腔溃疡粘附散的研制及临床疗效［J］. 中医药信息，2004，(03)：47.
［31］CHIKERING D E，JACOB J S，NASAI M，et al. Bioadhesive microspheres：Ⅲ. an in vivo transit and bioavailability study of drug-loaded alginate and poly(fumaric-co-sebacic)anhydride microspheres［J］. J Controlled Release，1997，48(1)：35-46.
［32］MATHIOWITZ E，JACOB J S，JONG Y S，et al. Biologically erodable microspheres as potential oral drug delivery systems［J］. Nature，1997，386(6623)：410-414.
［33］HARRIS D，FELL J T，SHARMA H L，et al. Studies on potential bioadhesives systems for oral drug delivery［J］. STP Pharmacol，1989，5(9)：852-856.
［34］LEHR C M. Bioadhesion technologies for the delivery of peptide and protein drugs to the gastrointestinal tract［J］. Crit Rev Ther Drug Carrier Syst，1994，11(2/3)：119-160.
［35］OUCKAERT S，REMON J P. In-vitro bioadhesion of a buccal miconazole slow-release tablet［J］. J Pharm Pharmacol，1993，45(6)：504-507.
［36］FABREGAS J L，GARCIA N. In vitro studies on buccoadhesive tablet formulation of hydrocortisone hemisuccinate［J］. Drug Dev Ind Pharm，1995，21(14)：1234-1241.
［37］IMBERT D，CULLANDER C. Buccal mucosa in vitro experiments Ⅰ. Confocal imaging of vital and MTT assays for the determination of tissue viability［J］. J Controlled Rel，1999，58(1)：39-50.
［38］KHANNA R，AGARWAL S P，AHUJA A. Muco-adhesive buccal tablets of clotrimazole for oral candidiasis［J］. Drug Dev Ind Pharm，1997，23(8)：831-837.

[39] BOTTENBERG P, CLEYMAET R, DE MUYNCK C , et al. Development and testing of bioadhesive, fluoride-containing slow-release tablets for oral use[J]. J Pharm Pharmacol, 1991, 43(7): 457-464.

[40] 陈庆才, 邵志高, 朱友林. 头孢氨苄口腔粘膜粘附片的研究[J]. 中国医药工业杂志, 1993, 24(10): 442-444.

[41] TANAKA M, YANAGIBASHI N, FUKUDA H, et al. Absorption of salicylic acid through the oral mucous membrane of hamster cheek pouch[J]. Chem Pharm Bull, 1980, 28(4): 1056-1061.

[42] LI L C, PECK G E. Water-based silicone elastomer controlled-release tablet film coating 1. Free film evaluation[J]. Drug Dev Ind Pharm, 1989, 15(1): 65.

[43] GUO J H. An investigation into the formation of plasticizer channels in plasticized polymer films[J]. Drug Dev Ind Pharm, 1994, 20(11): 1883-1893.

[44] 刘纪萍, 徐惠南. 盐酸地尔硫草控释微丸的研究[J]. 中国医药工业杂志, 1996, 27(9): 397-400.

[45] SASTRY S V, KHAN M A. Aqueous based polymeric dispersion: Plackett-Burman design for screening of formulation variables of atenolol gastrointestinal therapeutic system[J]. Pharm Acta Helv, 1998, 73(2): 105-112.

[46] GOLDENBERG M M. An extended-release formulation of oxybutynin chloride for the treatment of overactive urinary bladder[J]. Clin Ther, 1999, 21(4): 634-642.

[47] HERBIG S M, CARDINAL J R, KORSMEYER R W, et al. Asymmetric-membrane tablet coatings for osmotic drug delivery[J]. J Controlled Release, 1995, 35(2/3): 127-136.

[48] CARDINAL J R, HERBIG S M, KORSMEYER R W, et al. Use of asymmetric membranes in delivery devices: US5612059[P]. 1997-03-18.

[49] KIM C K , YOON Y S . The Preparation of Ascorbic Acid Pellets Using the Wet Pelletization Process in Liquid Media[J]. Drug Development Communications, 2008, 17(4): 581-591.

[50] SHIMANO K, KONDO O, MIWA A, et al. Evaluation of Uniform-Sized Microcapsules Using a Vibration-Nozzle Method[J]. Drug Development and Industrial Pharmacy, 1995 ; 21(3): 331-347.

[51] 顾晓晨, 刘国杰, 李汉蕴, 等. 液相中药物球型结聚方法的研究[J]. 中国药科大学学报, 1991(02): 72-76.

[52] 王怡, 高秀梅, 邢永发, 等. 丹参酚酸 B、丹参酮治疗心血管疾病的药理学研究进展[J]. 上海中医药杂志, 2010, 44(7): 82-87.

[53] 张文静, 曹琦琛, 曹珂, 等. 丹酚酸 B 的药动学研究进展[J]. 中国新药杂志, 2011, 20(7): 608-612, 624.

[54] 钟天飞, 焦一凤, 潘洁莉, 等. 中药作用人肺癌 A549 细胞的实验研究进展[J]. 中华中医药杂志, 2015, 30(10): 3601-3606.

[55] 应杉, 荣震, 陈亚栋, 等. 中药复方对人肺腺癌 A549 细胞作用机制研究进展[J]. 辽宁中医杂志, 2019, 46(10): 2217-2222.

[56] 周祯祥, 唐德才 . 中药学[M]. 10 版 . 北京: 中国中医药出版社, 2016.

[57] 宋帅, 梁德东, 任孟月, 等. 麻黄 - 杏仁药对有效成分在大鼠体内组织分布的定量分析[J]. 中国实验方剂学杂志, 2016, 22(12): 92-97.

[58] 魏凤环, 罗佳波, 沈群, 等. 麻黄汤及单味麻黄中麻黄碱与伪麻黄碱在小鼠组织中的药动学研究[J]. 中草药, 2004, 35(7): 781-784.

[59] 卫平, 马钦海, 任孟月, 等. 配伍对麻黄甘草药对中麻黄类生物碱在大鼠体内组织分布的影响[J]. 药学研究, 2016, 35(4): 187-192.

[60] 孙备, 吕凌, 陆忠祥, 等. 三妙丸中牛膝对关节炎大鼠引药作用的机制研究[J]. 中国中药杂志, 2008, 33(24): 2946-2949.

[61] 许俊男, 涂传智, 陈颖翀, 等. 激光粒度测定法在中药粉体粒径测定中的应用与思考[J]. 世界科学技术 - 中医药现代化, 2016, 18(10): 1776-1781.

[62] 杜丽娜, 李淼, 李欣, 等. 微乳法制备阿昔洛韦固体脂质纳米粒[J]. 中国药物应用与监测, 2011, 8(4):

207-210.
[63] 方亮. 药剂学[M]. 8版. 北京：人民卫生出版社，2016.
[64] 李志荣，陈永顺. 汉黄芩素固体脂质纳米粒在大鼠体内的药动学及组织分布[J]. 中国药师，2012，15(2)：157-160.
[65] ZHANG Z，GUAN J，JIANG Z，et al. Brain-targeted drug delivery by manipulating protein corona functions[J]. Nat Commun，2019，10(1)：3561.
[66] 肖勇，江立富，刘鹏，等. 中药栓塞微球的临床前药效学研究[J]. 湖北中医药大学学报，2015，17(06)：45-48.

（秦晶　宋相容　李超英　李元波　黄波　袁瑜）

第十三章　其他剂型成型技术

中医药在几千年的发展过程中形成了许多有特色的剂型，如曲剂、锭剂、胶剂等，这些制剂具有使用历史悠久、临床疗效确切、毒副作用小、制备方法简单、易于运输贮藏、患者依从性好及有效成分稳定等优点，被广泛应用至今，深受国人及东南亚地区百姓的喜爱。以锭剂为例，2020年版《中国药典》收载了紫金锭和万应锭2个品种，其中紫金锭最早来源于宋代王璆的《是斋百一选方》，1963年起被《中国药典》收录，用于辟瘟解毒、消毒止痛；同时，锭剂也引起了国外企业的关注，如美国某公司的尼古丁戒烟产品及美国某烟草公司的无烟烟草产品中均有锭剂，并获批美国专利，具有中国特色的传统中药剂型已开始走向世界。因此，传承与发展我国传统中药制剂，抢先申请与注册国际专利和商标，是当代中国制药人与制药企业的使命。本章介绍几种常见的传统中药制剂的特点及制备工艺。膜剂用途较广，可口服、黏膜用和皮肤外用，在本章也做概述。

1. 如何制备不同类型的茶剂？茶剂的特点是什么？

茶剂指饮片或提取物（液）与茶叶或其他辅料混合制成的内服制剂。我国是世界上饮茶最早的国家，应用药茶防治疾病的历史悠久。早在唐代王焘的《外台秘要》中即有“代茶饮方”的记载；宋代《太平圣惠方》卷九十七中载录“药茶诸方”列有药茶10余种。至此，“药茶”一词作为正规剂型编入国家级医学文献中。宋代以后，药茶的应用逐渐增多，至元代，太医忽思慧在《饮膳正要》中记载了各地多种药茶的制作、功效及主治。1995年版《中国药典》载入茶剂，但茶剂相对其他剂型发展缓慢。近些年来，人们开始重视中医药养生、治未病的康养理念，重新认识茶剂的重要性，2015年版《中国药典》首次载入中药袋泡茶剂，新增川芎茶调袋泡茶、玉屏风袋泡茶，表明中药袋泡茶剂进入了新的发展阶段。

茶剂根据用途不同，可分为食积停滞茶剂、感冒咳嗽茶剂、慢性肺炎茶剂、减肥茶剂、通便茶剂、降糖茶剂、降压茶剂、清热明目茶剂等不同的治疗茶剂，目前市场上以减肥茶剂销量最大。根据外观和使用方法不同，分为袋泡茶、茶块及煎煮茶3类。

1）袋泡茶：一般可分为全生药型和半生药型2种。全生药型系将方中药材（或含茶叶）粉碎成粗末，经干燥灭菌后分装入滤袋中，即得。半生药型系将部分药材粉碎成粗末，部分药材（或含茶叶）加水煎煮提取2～3次，合并提取液，浓缩成浸膏后，吸收到药材粗末中，若浸膏黏性不佳，可加入少量淀粉糊混合；过筛，制成颗粒，经干燥灭菌后，分装入滤袋中。

2）茶块：系将处方中药材粉碎成粗末或碎片，加入黏合剂，制成适宜的软材，黏合剂常用面糊，由淀粉加水形成，面糊稠度应适宜，稠厚的面糊不宜与药材粉末混合均匀，而黏度过低，则无法发挥黏合作用；也可将部分药材提取制成稠浸膏作黏合剂，其余药材粉碎为粗粉，与稠膏混合，制备软材，以模具压制成一定形状，低温干燥，即得。干燥时的温度应先低后高，避免外表干燥过快出现龟裂。此外，茶块应受热均匀，防止产生色差。

3）煎煮茶：系将方中药材加工制成粗末，分装入袋（包），供煎煮后取汁当茶饮。

茶剂具有如下特点[1]。①配伍精简，作用专一：中药茶剂一般配方较为简单，治疗目的明确，如临床上将鱼腥草 50g，加水 50ml 煎煮 30 分钟，取煎煮液当茶饮，胃、十二指肠溃疡患者连用一个月症状全部消失。采用"冠心茶"（黄芪、百合、党参、麦冬各 15g，五味子 10g）治疗冠心病心绞痛 40 例，与对照组比较，症状和指标明显改善或消失。②饮用方便：现代生活节奏加快，药茶因携带使用方便，更易为消费者所接受。如广东某凉茶在夏季饮料市场占据了重要份额。③稳定性好：茶剂为固体制剂，较液体制剂稳定。药材经粉碎处理，表面积增大，加水浸泡时有效成分浸出量增加，疗效提高。

2. 如何选择中药茶剂的制备方法？

一些含有易挥发、易热解成分的药材，如薄荷、川芎、鱼腥草、生姜、荆芥、广藿香、紫苏、金银花等均可作为全粗末型袋泡茶的原材料，此类药材经汤剂久煎会使其有效成分降低或丧失，而中药袋泡茶剂避免了久煎的弊端，茶汤中有效成分含量增多，疗效优于汤剂；部分花、叶类及种子类等不用粉碎，保持原有形态即可直接泡服的药材亦可做成全粉末型袋泡茶[2]。全粉末型袋泡茶剂需要对粉碎的药材进行干燥处理，应控制好干燥温度与时间，防止有效成分挥发或降解。其他药材可采用半生药型或全浸膏型制成茶剂，能提高药材有效成分的浓度，减少服用剂量，增强疗效。

提取工艺是制备半生药型或全浸膏型茶剂的关键。应选择药材有效成分为评价指标，对提取方法、溶剂、温度、料液比、提取次数等参数进行筛选，获得最佳的工艺。在优化工艺时，首先需要进行单因素实验考察，找到对指标影响较大的因素，再结合实际生产条件选择合适的因素水平，采用正交实验设计、Box-Behnken 设计或星点设计结合响应面法，进一步优化。

提取液浓缩成浸膏后，有 3 种处理方法：①直接干燥制成浸膏粉装填入袋；②将药液浓缩至一定的稠度，加入其他药材粉末和吸收剂，采用湿法制粒的方法，先制成软材，后加工为颗粒装袋；③流化床制粒技术，为现代常用的制粒方法，将粉碎的药材粉末和吸收剂在制粒机流化床中混合均匀，随后将提取的药液以雾化的形式喷洒在吸收剂上，制粒与干燥同时进行，效率提高，形成的颗粒质地疏松，利于有效物质的浸出，茶剂疗效提高。

3. 胶剂有何特点？其制备的一般工艺流程是怎样的？

胶剂是中药传统剂型，其主要成分为动物胶原蛋白及其水解产物，含有多种微量元素，具有补血、止血、祛风、妇科调经、滋阴等功效，临床用于治疗血虚、阴虚、出血等证。胶剂来源不同，其所含成分的种类、含量、比例不同，临床功效亦有所不同。

胶类中药既属于中药药材范畴，又是成药制剂范畴，既可单独烊化服用，也可与其他药物配伍使用。胶剂外观均匀、有光泽、断面光亮；制备工艺简单，但有些工艺环节自动化程度不高；产品稳定性较好，贮存保管时应注意防热防湿以免发软、发霉，寒冷时注意防干燥，以免易脆易碎。

一般胶剂的制备工艺流程为：原料的处理→煎取胶汁→滤过澄清→浓缩收胶→凝胶与

切胶→干燥→包装→质量检查。

4. 胶剂的原料来源有哪些？应如何对胶剂所用的原料进行处理？

胶剂原料的质量是决定胶剂品质的关键，其原料来源通常分为以下几类。

（1）皮类：阿胶、黄明胶、鹿皮胶的原料为动物的皮类。剥去皮张的季节影响皮类原料的质量。阿胶所用的驴皮以张大、毛色黑、质地肥厚、伤少无病者为佳；黄明胶所用的牛皮以毛色黄、张大质厚、无病的北方黄牛为佳；新阿胶以猪皮为原料，鹿皮胶以鹿皮为原料，均以张大质厚、无病的动物皮为优。

（2）角类：雄鹿（马鹿或梅花鹿）骨化的角，为鹿角胶的来源。“砍角”（鹿猎获后砍下的角）质地坚硬有光泽、角中含有血质，角尖对光照射呈粉红色，质佳；“脱角”（春季鹿自然脱落的角），质轻，表面无光泽，质次；“霜脱角”（野外自然脱落，经风霜侵蚀，质白有裂纹）质最差。鹿茸胶的来源是雄鹿头上尚未骨化的幼角。

（3）龟甲、鳖甲：龟甲胶的来源为乌龟的腹甲和背甲，腹甲习称“龟板”，以血板为佳（板大质厚，颜色鲜艳者），且以产于洞庭湖一带者最为著名，俗称“汉板”；鳖甲胶的来源为鳖科动物中华鳖的背甲，以个大、质厚、未经水煮为佳。

（4）骨类：狗骨胶的原料为生狗骨，鹿骨胶的原料通常为马鹿或梅花鹿的骨，均以骨骼粗大、质地坚实者为佳。

此外，还有用鲫鱼、鲤鱼等鱼的鳞片、鱼鳔为原料制成鱼鳞胶；以牛肉为原料制成霞天胶。

原料的处理：胶剂原料的非药用部分（如附着的毛、脂肪、筋膜、血等），应及时除去，以便于煎取胶汁。原料来源不同，处理的方法亦有所不同。

动物皮类通常先用水浸泡至皮质柔软（夏季 3 日，冬季 6 日，春秋季 4～5 日，每日换水一次），再用刀刮去腐肉、脂肪、筋膜及毛，大量生产可用蛋白分解酶除毛。将刮好的皮切成小块，置滚筒式洗皮机中清洗去泥沙，再置蒸球中，将皂角水或碱水加热，机洗除去脂肪及可能存在的腐烂之物，最后用水洗至中性。骨角类原料通常锯成小段，用水浸洗，除去腐肉和筋膜（夏季 20 日，冬季 45 日，春秋季 30 日，每日换水一次），取出后用皂角水或碱水洗除油脂，再以水反复冲洗至干净。

5. 胶剂制备过程中，蒸球加压煎煮法煎取胶汁的操作关键是什么？需注意哪些问题？胶液的滤过澄清技术除传统的明胶助沉法外，是否还有新的技术和方法？

胶剂制备过程中，采用蒸球加压煎煮可提高胶汁提取的出胶率，降低能耗。其操作关键是控制适宜的加压煎煮压力、煎煮时间和加水量。压力通常以 0.08MPa 蒸汽压力为宜，压力过大，温度过高，胶原蛋白的水解产物氨基酸可部分发生分解反应，使挥发性盐基氮含量增高；如温度过低，水解时间短，会使胶原蛋白水解程度受到影响。煎煮时间和加水量根据胶剂原料的种类而定，加水量以浸没原料为宜，煎提 8～48 小时，反复煎煮 3～7 次，至煎煮液清淡。此外，煎煮过程中应定期减压排气，以降低挥发性盐基氮的含量。

煎取的胶汁因黏度较大，通常难以滤过。传统的明胶沉淀法系将煎出的胶液趁热用六号筛滤过除杂，粗滤后的胶液一般加 0.05%～0.1% 明矾，搅拌后静置数小时，分离上清液，但该法在处理过程中可能导致胶剂产品的质量降低。目前，可结合中、高速离心法进行澄清滤过，其工作原理是利用分离筒的高速旋转、待分离物的相对密度不同，产生不同的离心力，从而达到分离的目的，采用的设备有三足式离心机、碟式分离机。结合离心技术分离得到澄清胶液，既可克服胶液黏度大、不便滤过的缺点，也有利于工业生产中管道的流水线作业。

6. 关于胶类中药真伪鉴别、非法添加与质量评价的研究，目前主要集中在哪几方面？采用的方法和技术有哪些？

目前我国胶类中药市场需求量大，生产厂家较多，原料药材紧缺，加上缺少完善的质量评价技术，导致市场上产品的质量参差不齐，以次充好、掺假掺杂的现象较为常见。胶类药材的真伪鉴别与质量评价的研究，目前主要集中在基于胶类药材的理化性质、微量元素、有机化学成分和生物遗传等 4 方面的研究[3]。随着现代科技的发展，更多灵敏性好、专属性强的鉴别方法与技术应用于胶类中药鉴别与质量评价，可为胶类药材质量标准的建立提供参考。

（1）理化性质的研究：可采用热分析方法对胶类药材的微商热重（DTG）曲线和差热分析（DTA）曲线的特征差异进行鉴别。SDS- 聚丙烯酰胺凝胶电泳技术可根据电泳谱带数目、分布区域、着色程度的差异，对不同类别、厂家的胶类药材及伪品杂皮胶进行鉴别。研究表明，阿胶和鹿角胶中蛋白质的分子量介于 15～250kDa，甚至更高，而龟甲胶则基本上小于 50kDa，分布区域有明显不同[4]。近红外漫反射光谱技术可建立真品阿胶的粉末图谱，以此为标准进行相似度匹配来实现阿胶真伪的鉴别。此外，还有凝胶排阻色谱法、圆二色谱等方法。

（2）胶类药材微量元素的含量检测：微量元素作为胶类药材的成分之一，其含量和种类影响胶类药材的品质。目前检测胶类药材中微量元素的方法有多种，如原子吸收光谱法、X 射线荧光光谱法、等离子体发射光谱法、可见分光光度法等。例如可采用原子吸收光谱法测定阿胶、龟甲胶、鹿角胶中的锌、铜、铁、锰 4 种微量元素，研究发现这些微量元素的含量与胶类药材的性味功效有一定的联系。等离子体发射光谱法可对胶类药材样品进行铅、镉、砷、汞、铬等元素的测定，可对市售产品的重金属元素进行检测和控制。

（3）胶类药材有机化学成分的检测：氨基酸是胶类药材主要的构成物质，也是胶类药材真伪、质量鉴别中最受关注的成分。2020 年版《中国药典》对阿胶、龟甲胶、鹿角胶分别规定了其 L- 羟脯氨酸、甘氨酸、丙氨酸、脯氨酸等 4 种氨基酸的含量下限，但该评价方法有一定局限性，难以准确、客观地鉴定胶类样品的种类和质量。采用 HPLC 柱前衍生化氨基酸自动分析仪可检测不同胶类产品的氨基酸种类、含量、指纹图谱，相比于 2020 年版《中国药典》规定的 4 种氨基酸含量限定更为客观。此外，可采用高效液相色谱法分析胶类药材的水溶性成分或脂溶性成分，结合相似度评价和聚类分析比较，鉴别不同来源的胶类药材。胶类药材多含有特殊气味的挥发性物质，气相色谱 - 质谱（GC-MS）联合气相色谱 - 嗅闻（GC-O）技术[5]，采用化学计量法可分析不同产地胶类药材的特征与差异。氢核磁共振代谢组学技术可对胶类药材酸水解成分（如氨基酸、有机酸）进行统计分析。

（4）基于 DNA、多肽、氨基酸序列差异的检测：DNA、多肽、氨基酸序列差异的检测，对于胶类药材的鉴别准确性高。可采用聚合酶链反应（PCR）法对阿胶驴源性成分进行鉴定，与猪、牛、羊、马等来源的样品进行区分。采用超高效液相色谱串联四极杆飞行时间质谱联用分析技术（UPLC-Q-TOF-MS）检测牛皮特征多肽和猪皮特征多肽，为掺入牛皮源、猪皮源成分的胶类药材质量控制提供参考[6-7]。

7. 如何制备煎膏剂？制备的一般工艺流程是怎样的？炼蜜或炼糖的目的是什么？炼制过程中应注意哪些问题？

（1）煎膏剂的制备及其工艺流程：煎膏剂系将饮片用水煎煮，取煎煮液浓缩，加炼蜜或糖制成。其制备的一般工艺流程为：饮片→煎煮→浓缩→炼糖（或炼蜜）→收膏→分装贮存。

（2）炼蜜或炼糖的目的：煎膏剂在贮藏一定时间后常有糖的结晶析出，俗称“返砂”。“返砂”产生的原因与煎膏剂中所含总糖量和转化糖量密切相关。当煎膏剂中总糖量超过单糖浆浓度时，饱和度过大，会析出糖的结晶。此外，蔗糖的转化率过高或过低均易析出糖的结晶，通常宜控制在40%～50%。炼糖或炼蜜可使糖达到适宜的转化率以防止煎膏剂产生“返砂”现象，且可熔融糖的晶粒，去除杂质，减少水分，杀死微生物。

（3）炼制过程中应注意以下几点。

1）通常加入糖量50%左右的水进行炼制；加入0.1%～0.3%枸橼酸或酒石酸以促进糖的转化。

2）炼制时不断搅拌，保持微沸状态。

3）炼至“滴水成珠，脆不粘牙，色泽金黄”为宜。

4）红糖、冰糖、饴糖的蔗糖纯度不同，炼制时需注意红糖含杂质较多，炼制后通常加糖量2倍的水稀释，静置后除去沉淀；冰糖含水分较少，炼制时应注意加水以防焦化；饴糖含水量较高，炼制时间较长，炼制时可少加或不加水。

8. 收膏是煎膏剂制备的关键工序，膏方中如有胶类、细料药，收膏时应如何加入？传统收膏的稠度凭收膏者经验判断，现代生产中可采用哪些参数作为收膏工艺的指标？

收膏是膏方制作中的重要环节，直接影响成膏的性状和质量。其操作为浓缩得到清膏后，加入规定量的炼糖或炼蜜（加入量一般不超过清膏量的3倍），不断搅拌，防止粘锅或溢出，捞除液面上的浮沫，继续加热熬炼至规定稠度，即可。处方中如含有胶类药材，宜先将胶类药材烊化（放入水中或加入少许黄酒蒸化），在收膏即将完成的时候趁热加入清膏中，边加边搅拌，混匀后收膏。现代膏方的制备亦有将胶类药材打粉后和炼糖一同加入清膏，并加入对应比例的黄酒，不断搅拌至胶类充分溶化，趁热用60目药筛滤过，以缩短生产时间，减少挥发性成分的流失。如需加入细料药粉，除另有规定外，应粉碎成细粉，且应按照2020年版《中国药典》规定的方法检查清膏的相对密度和不溶物，符合规定后，待煎膏剂稍冷后加入，混匀收膏。现代膏方的制备亦有将粉碎成细粉的细料药粉用少量温水搅拌溶解均匀后，加入膏体，充分搅拌收膏，使药物分散均匀，避免了细料药粉直接加入膏体后因不能迅速溶解而呈小块状。

制备过程中的火候及稠度需控制好，收膏早，产品含水量高，细菌易繁殖，易变质；收膏晚，出膏太稠。传统的收膏经验判断指标为用细棒挑起“夏天挂旗，冬天挂丝”；蘸取少许滴于桑皮纸上不现水迹；将稠膏夹于示指和拇指之间，能拉出2cm左右的白丝。上述收膏指标需凭收膏者经验判断，生产中无确切数据，主观性强。现代生产中可采用相关的参数来量化收膏工艺，如收膏时的相对密度、动力黏度、含水量等参数作为收膏指标，尤其是相对密度，实际生产中通常将其作为膏方浓缩收膏的控制指标，相对密度视具体品种而定，通常控制在1.40左右。

9. 为确保煎膏剂的临床疗效，通常从哪些方面对其质量进行控制和评价？

煎膏剂是传统中药剂型之一，其质量标准的制定是产品标准化、科学化、规范化的保证，也是确保煎膏剂临床疗效的必要条件。通常可从以下几方面对煎膏剂的质量进行控制和评价[8]。

（1）产品外观质量判断：煎膏剂应呈现稠厚的半流状体，膏体细腻、有光泽，带有药物特有的清香味，无焦臭、异味，无糖的结晶析出。

（2）产品内在质量控制：除根据外观判断质量外，还可根据2020年版《中国药典》规定的相对密度、不溶物、装量、微生物限度检查进一步判断产品的质量，以上指标可为煎膏剂质量标准的建立提供依据。

（3）产品定性质量控制：一般煎膏剂组方的药味数较多且化学成分复杂，薄层色谱法（TLC）在煎膏剂成品各组分的定性鉴别中具有广泛的应用。

（4）产品定量质量控制：可采用高效液相色谱法（HPLC）、紫外分光光度法等测定煎膏剂中的有效成分，对产品的质量控制具有一定的意义。

（5）产品稳定性的考察：煎膏剂存放的环境要求比较高，对温度、湿度均有一定的要求，否则产品很容易霉变，成品稳定性是衡量药品质量的重要指标。可考察不同贮藏温度下，连续3个月或6个月产品的含量、外观性状、含水量、相对密度、微生物限度以及“返砂”现象，对产品的稳定性进行评价。

10. 针对煎膏剂容易发霉的现象，生产、贮存、使用过程中应采取哪些措施？

煎膏剂为含糖制剂且不含防腐剂，易发霉变质。分装的容器未洗净消毒、生产车间的洁净度不符合要求、产品含水量过高、收膏后的产品未完全冷却即加盖，患者使用、贮存方法不当等，均易导致煎膏剂发霉变质。生产与贮存过程中应采取如下措施，以防止煎膏剂发霉。

（1）制备中使用的器具应保持清洁，分装的容器应清洁后干燥灭菌。

（2）收膏时应不断搅拌，熬至规定的稠度，严格控制成品的含水量。

（3）生产车间应达到相应的洁净度要求，控制生产、贮存环境的温度和湿度；分装后的煎膏剂宜用干净纱布将容器口遮盖，待产品充分冷却后加盖密封，置阴凉处贮存。

（4）患者服用时，取用的器具须干燥洁净，服用后及时将其存储在阴凉处或冷藏。

11. 曲剂有何功效？常见的曲剂品种有哪些？有何临床应用？

曲剂为传统中药剂型之一，系用面粉加上药物，经发酵而成。《神农本草经疏》载：“古人用曲，即造酒之曲，其气味甘温，性专消导，行脾胃滞气，散脏腑风冷。”

常用中药曲剂根据其药物处方的药味可以分为以下两种。

（1）大方类曲：这类曲的处方药味常有二三十味，在处方中常加入具有散寒解表、健脾消食、降逆止呕、祛风除湿等功效的药物。主要品种有三余神曲、老范志万应神曲、沉香曲、建曲、采云曲等。三余神曲具有疏风解表、调胃理气的作用，常用于感冒风寒、伤食吐泻、胸腹饱闷、舟车晕吐等症。建曲其味苦，有解表邪、消食积、去痰水、健脾胃的作用，常用于暑湿感冒、头痛眩晕、呕吐腹泻等症。沉香曲具有理气消胀、止痛泻之功效，可用于食积气滞、胸腹胀痛、呕吐吞酸等症。

（2）小方类曲：这类曲的处方药味常在 5～9 味，药味简单，但疗效明确。主要品种有六神曲、半夏曲、霞天曲等。六神曲其味甘辛、性温，具有消食滞、和脾胃的作用，主治消化不良、饮食积滞、食少泄泻，并能治产后瘀血腹痛。半夏曲具有燥湿化痰、健脾温胃、止呕等作用，常用于痰多咳嗽、胸脘痞满、呕吐反胃。

12. 曲剂制作的原理及制备的关键操作是什么？

曲剂的制作原理是药物在一定的温度和湿度条件下，由于霉菌和酶的催化分解作用，药物发泡、生衣而制成药曲。具体可根据不同品种采用不同的方法进行加工处理，再置温度、湿度适宜的环境中进行发酵。一般在温度 25～35℃，相对湿度 70%～80% 的环境中进行发酵。发酵后，气味芳香，无霉气，曲块表面布满黄衣，内部生有斑点。

传统发酵法是利用自然环境中的杂菌进行发酵，其发酵制曲的关键在于温度和湿度的控制，这两个因素对发酵的速度影响较大。温度过低或过于干燥时，发酵慢甚至不能发酵；温度过高则会杀死霉菌，不利于发酵。此外，发酵环境的菌种和数量也会影响曲剂产品的质量。

13. 六神曲的原料有哪些？其传统制备工艺存在哪些不足？目前有哪些新工艺？

六神曲是传统发酵曲剂中应用最为广泛的一种，多由面粉、麦麸、赤小豆、苦杏仁、青蒿、苍耳草、辣蓼按一定比例混匀、发酵制成。

六神曲的发酵工艺直接影响产品的质量。目前，其生产方式多沿袭传统发酵工艺，传统发酵工艺简单，但存在一些弊端，其季节性强，人为因素影响大，发酵结果取决于操作人员的实践经验。该法利用自然环境中的杂菌进行发酵，容易染菌，品质差异较大；此外，还存在发酵时间较长、占地面积大等不足。

为克服传统工艺的不足，优化制曲工艺，研究者将传统发酵工艺与现代生物技术相结合，采用纯菌种发酵法代替自然发酵法[9]，通过分离、纯化得到单一菌种，再以单一菌种代替自然杂菌发酵六神曲。此法具有发酵周期较短、工艺可控、产品质量稳定、避免致病菌污染、提高产品安全性等优点。但也存在局限性，如仅研究发酵终点六神曲样品的菌种，未系统考察发酵过程中菌种的影响；菌种纯化、培养条件不统一，培养的菌种不同；忽略菌种间相互作用等。

此外，还有研究者采用两步发酵法，先发酵一部分曲料，待曲料长满菌丝，再加入新鲜曲料混匀继续发酵，该法可缩短发酵时间。

14. 锭剂有何特点？为什么软锭剂和普通锭剂硬度存在差异？

锭剂是饮片细粉与适宜的黏合剂（或利用饮片细粉本身的黏性）制成不同形状的固体制剂。

锭剂具有如下特点：①制备简便，可以制成不同的形状，供不同部位使用；②处方中常含有亲水胶或水溶性辅料，有利于疏水药物的溶出；③在黏膜处缓慢溶解，具有缓释作用；④给药途径较广，可口服、咀嚼、口含或应用于腔道；⑤口含锭剂常以糖醇如甘露醇、木糖醇为稀释剂，价格较贵；⑥以蜂蜜为黏合剂的锭剂易吸湿和滋生细菌；⑦普通锭剂通常在成型后再干燥，耗时较长，对湿热不稳定的药物易降解。

锭剂根据外形可分为软锭剂和普通锭剂2类。在软锭剂中含有较大比例的亲水胶与甘油，质地柔软；普通锭剂使用少量胶浆或其他黏合剂以及赋形剂成型，硬度高于软锭剂。根据给药途径分为口服锭剂及黏膜用锭剂，在黏膜用锭剂中又分为口含锭剂、鼻腔用锭剂及直肠用锭剂等。

15. 如何设计软锭剂的处方和制备软锭剂？

软锭剂中含有中药提取物、胶凝剂、增塑剂、矫味剂、释放剂和防腐剂。常用的胶凝剂有明胶、角藻胶、琼脂、阿拉伯胶和瓜尔胶等，用量为5%～40%；增塑剂常用甘油，用量30%～70%，甘油同时为保湿剂；矫味剂可选择芳香剂或甜味剂，如草莓香精、香蕉香精、香草醛、薄荷醇等，用量为0.01%～5%；释放剂多使用卵磷脂，可帮助药物从半固体凝胶中释放出来，同时对凝胶起到润滑作用，使其成锭后易于从模具中取出，用量为0.5%～30%；防腐剂可选择羟苯甲酯、羟丙酯、苯甲酸钠等，也可以使用有抑菌作用的植物提取物，用量为0.05%～0.2%。

软锭剂的制备方法为：首先用甘油水溶液溶解明胶等胶凝剂，再加入卵磷脂，混匀，加中药提取物，混匀，搅拌一定的时间，最后加入其他附加剂，如矫味剂、防腐剂等，混匀，倒入模具，使其冷却固化，制得软锭剂。

16. 普通锭剂的中药材原料如何处理？锭剂需要加入崩解剂吗？

中药材可以直接加入锭剂，为增加药材中有效成分的溶出，提高中药疗效，粉碎后的中药材需过100目以上的药筛，过筛后的药粉经黏合剂黏合后，压制或泛制为锭剂，黏合剂常用糯米粉或蜂蜜，也可使用处方中呈液态、有一定黏性的组分作为黏合剂，如胆汁；成型后的锭剂需低温干燥一定时间。

中药材也可经提取后制成锭剂。药材可分别用水及不同浓度的乙醇提取，再将水提液与醇提液合并，蒸发除去溶剂，浓缩为浓浸膏，随后加入赋形剂成型，赋形剂多为乳糖、微晶纤维素、玉米淀粉等亲水性辅料；若为口含锭剂，为改善口感，赋形剂常选择甘露醇、山梨醇等糖醇类辅料。成型后的锭剂经低温干燥后即得。

由于采用压制法制备锭剂时所用压力远小于片剂，锭剂中通常不加崩解剂；口服锭剂可吞服或嚼服，若药材提取物浸膏较为黏稠，干燥后硬度较大，也可考虑加入适量崩解剂，以保证药材中有效成分的溶出，使得制剂疗效能正常发挥。

17. 如何根据临床应用形式选择不同类型的灸条？

灸剂是将艾叶捣或碾成绒状，制成卷烟状或其他形状后，供熏灼穴位或其他患病部位的剂型，是中国老百姓喜闻乐见和常用的一种传统中药剂型。《黄帝内经》曰："针所不为，灸之所宜。"《医学入门》云："凡病药之不及，针之不到，必须灸之。"《扁鹊心书》强调："保命之法，灼艾第一。"艾灸在各大经典中都被广泛运用。

现代医学认为，艾绒燃烧时产生的辐射包括远红外辐射及近红外辐射（占主要成分）。

远红外线直接作用于人体较浅部位，靠传导扩散热量；近红外线能穿入较深的人体组织并出现活性物质，加强组织器官的代谢和产热。艾绒燃烧时的光热、烟气作用于人体经络腧穴，产生综合的治疗效应[10]。

灸剂制备简单、使用方便，在祛湿止痛方面有一定功效，成为我国老百姓自我防病治病的最常用方法。鉴于灸剂庞大的使用人群，市场上出现了专业的温灸器，可控制灸条加热时间及温度，方便了患者使用，每年销量可观。灸剂同时也是中医师用于治疗骨科疾病和慢性病的最常用手段之一，其治疗范围几乎囊括了人体所有的器官和组织[11]。对消化系统，灸剂可治疗吞咽障碍、胃肠功能障碍、胃痛、功能性消化不良、结肠炎、胃黏膜病变及痔等；对骨科，灸剂可治疗骨关节炎、强直性脊柱炎、腱鞘炎、风湿性关节炎、腰椎间盘突出症及颈椎病等；对心血管系统，临床应用灸剂治疗动脉粥样硬化、高血压和高脂血症等；对神经系统，灸剂可治疗失眠、痴呆、麻痹、中风和疼痛等。此外，灸剂还可用于妇科疾病、尿失禁、尿频、糖尿病、肺损伤、慢性阻塞性肺疾病及肿瘤等的治疗。

临床上灸剂的应用分为隔药饼灸、雷火灸、热敏灸、督灸及壮医药线点灸等治疗形式。

（1）隔药饼灸：将中药材粉碎后制成药饼，置于施灸的穴位上，施灸产生的热量帮助药饼中的有效成分渗透入穴位，称为隔药饼灸疗法。此外，隔蒜灸、隔姜灸也属于这一类型。施灸时通常选择灸条[12]。

（2）雷火灸：是一种传统的明火悬灸疗法，采用艾绒、黄芪、乌梅、麝香等中药制成药艾条，点燃之后施温灸，艾条燃烧时的热效应是产生治疗效果的重要因素。施灸使用灸条或药绳灸[13]。

（3）热敏灸：腧穴热敏化艾灸疗法，是以传统腧穴为参考坐标，以点燃的艾条悬灸热敏状态腧穴，激发该腧穴产生灸感，促进经气的运行，使气至病所。热敏灸治疗的关键是根据疾病、个体差异选择相关热敏态穴位。施灸使用灸条、药绳灸或药捻灸。

（4）督灸：又称“长蛇灸”“铺灸”，是以蒜泥或姜等作为底部铺灸材料，沿脊柱督脉施灸。施灸使用灸条、药绳灸或药捻灸。

（5）壮医药线点灸：是采用壮药浸泡过的苎麻线，点燃在患者体表穴位或相应部位上施灸，以治疗疾病。壮医药线点灸是由广西龙氏家族创立并世代相传，2011 年被列入国家级非物质文化遗产代表性项目名录。施灸使用药线灸[14]。

18. 如何制备不同类型的灸条？

根据燃烧时有无烟味，灸条可分为无烟灸条和有烟灸条。无烟灸条在制备时首先将艾叶用慢火炒成焦黑色，称为艾叶炭，再将其粉碎为细粉，并与其他药材细粉混匀后制成灸条；有烟灸条的原料为艾绒或艾叶细粉。根据形状，灸条又可分为普通灸条、药线灸、药绳灸及药捻灸，其直径由大到小顺序为：灸条＞药捻灸＞药绳灸＞药线灸。

（1）普通灸条的制备：灸条可选择干法或湿法制备。干法制备的流程为：将艾叶和其他药材粉碎为细粉，混合均匀，用绵纸包裹成柱状。湿法制备的灸条通常不需要纸包裹，首先将艾绒及其他药材粉碎，再加入一定量的水混合，在湿的状态下将混合物搓成条状，于太阳下或低温干燥，得到灸条。若药材中含榆树皮，其自身有一定黏性，制作灸条时无须加入黏合剂；如果药材细粉黏性不够，则需要加入少量黏合剂如桃胶、羧甲纤维素及淀粉糊等，黏合剂用量应小于 30%。为保证艾灸条充分燃烧，减少灸条燃烧产生的苯系物、甲醛及多环芳烃，可考虑加入比例小于 0.5% 的助燃剂，如硝酸钾。

（2）药线灸的制备与使用

1）干法制备药线灸：取成年纺车线，剪成7cm为一段备用。取中药如雄黄、沉香、檀香、细辛、川芎、白芷、藁本等研成细粉，加入车线，缓缓研磨一段时间，使车线上布满药材细粉；将车线与药材细粉倒入密闭容器中，放置1个月后使用。

2）湿法制备药线灸：首先制备苎麻线。苎麻加水润湿，搓成大号、中号、小号3种规格，大号直径约1mm，用于灸治皮肤较厚处的穴位或痹证的治疗；中号直径约0.7mm，适于各种病症，应用范围广；小号直径约0.25mm，适于小儿治疗或灸治皮肤较薄处的穴位。苎麻线需经脱脂处理，将茅草烧成灰，加水浸泡，过滤，滤液呈碱性，称为火灰水，苎麻线在火灰水中浸泡10天即可脱脂；也可用纯碱代替火灰水。急用时，可用质量浓度为5%纯碱加热煮沸苎麻线1小时，也能达到脱脂的目的。苎麻线长短不限，通常为20～30cm。取脱脂的苎麻线，与中药材如香薷、大风艾一起浸泡于95%乙醇中，密闭，放置2周后可用。也可将苎麻线与中药及艾叶一同水煮6～12小时，取出，晾干，在线上刷一层植物油，备用。

操作时，患者取卧位或坐位，穴位处消毒，医者持药线，将其一端在酒精灯上点燃，对准穴位快速点灸，如雀啄食，一触即起，此为一壮，每穴3～5壮。此操作法又称壮医药线点灸。

（3）药绳灸的制备与使用：取棉线或苎麻线，搓成1.5～2.0mm的粗绳，涂抹一层黄蜡，置白酒中浸泡24小时，取出；中药材粉碎为细末，混合均匀；用湿绳裹药材细末，边裹边用手搓，使充分进入绳中；阴干，密闭保存。也可将灸绳与中药材、艾叶加水煮6～12小时，晾干，在灸绳上涂抹一层植物油备用。

药绳灸在使用时，先于穴位处放二十层纸，点燃灸绳，在纸上按灭，药物借助热力进入经脉；也可采用点灸的形式，将点燃的灸绳迅速接触一下穴位即起。

（4）药捻灸的制备与使用：药捻灸是将中药粉末捻成细段，点燃后于穴位处施灸的方法。其制备方法同灸条，可采用干法或湿法制备，只是制成的灸条更细。施灸时仍采用点灸法，因药捻灸相对于药线灸和药绳灸更粗一些，燃烧面积较大，操作不慎易灼伤皮肤，可考虑在穴位处贴一块胶布，在胶布上施灸。

19. 如何制备不同类型的灸膏？

灸膏分为蜡灸膏、泥灸膏和橡胶灸膏。灸膏融合了传统的热灸疗法及现代的贴剂技术，是传统灸剂的重大创新。

（1）蜡灸膏的制备：蜡灸膏的基质为蜂蜡或蜜蜡，用植物油或甘油溶解，加热使融化，中药材粉碎为细粉后加入，也可将中药材用水或乙醇溶液提取，提取液浓缩为浸膏，加至融化的基质中，混匀；若希望灸膏涂在皮肤上能产生热量，可在基质冷却后加入0.2%～0.5%的发热剂，如香兰丁基醚，也可加入少量防腐剂。蜡灸膏多涂于皮肤表面，并能联合艾灸一起使用。

（2）泥灸膏的制备：泥灸膏是在传统蜡灸膏的基础上加入了矿物泥和十多种中草药粉，因其形状像泥，故名泥灸膏。矿物泥常用远红外陶瓷粉或锌膏泥。锌膏泥的制法为：氧化锌在温度为320℃的麻油中加热至产生大量泡沫、油烟，停止加热，自然冷却，倒入水中，静置2周，底部形成的沉淀即为锌膏泥，具有吸热和固热的作用。除矿物泥外，泥灸膏常用蜂蜡和凡士林作为基质，并含有植物精油和甘油。中药材粉碎为细粉后加入基质，或经提取浓缩为浸膏，再加入基质。泥灸膏为皮肤外用制剂，其含吸热的矿物泥，常具有热敷作用，泥灸膏的热刺激和熨烫性能，可帮助药物经皮肤吸收入血，发挥全身治疗作用。

（3）橡胶灸膏的制备：橡胶灸膏的基质为氧化锌、松香、橡胶和羊毛脂，通常用汽油溶解，中药材经90%～95%乙醇浸渍提取3次，合并浸提液，浓缩为稠浸膏，加入溶解的基质中，混匀，制成涂料，进行涂膏、切断、盖衬、切成小块，即得。

制备代温灸膏时，所用药材为辣椒、肉桂、生姜、肉桂油等热性药材，起到温通经脉、散寒镇痛的作用，用于各种风寒所致痹证的治疗。

20. 中药香囊剂在使用上有什么特点？根据其临床应用，通常可分为哪几类？如何制备中药香囊剂？

中药香囊剂的使用属于中医芳香疗法，中医的芳香疗法不仅具备外治法的优点，而且患者可以自己进行操作、随身携带，改善患者的依从性。香囊中填充的芳香性中药主要成分为挥发油，其挥发的气味通过口、鼻的吸入，皮肤的接触，经过血管、神经、经络，以此防止空气中病菌的入侵，增强人体的免疫力，起到保健防病的作用。其使用方法简单，可将香囊悬挂在车上或卧室，亦可佩戴于胸前。

中药香囊剂具有芳香、净化、醒脑、祛邪、解毒、清热等作用。由于药物配方的不同，其疗效亦不同，其临床应用通常可分为安神助眠、预防流行性感冒、治疗过敏性鼻炎、治疗呼吸道感染、治疗妊娠恶阻重症、消毒空气等。

中药香囊剂的制备工艺简单，通常的工艺流程为：先称取处方中各味药材饮片，60℃干燥，在洁净区将饮片粉碎，过40目筛，粉碎的药粉按比例混合，称取20～30g药粉装入无纺布袋，药粉四周放入适量填充物（如棉花）定型，外加透气性较好的棉质香囊袋，棉线封口即得。

21. 预防流行性感冒香囊、治疗过敏性鼻炎香囊、镇静安神香囊常选用的中药有哪些？

中药有着几千年为人类防病治病的悠久历史与应用传统，中药香囊以"治未病"思想为指导，运用"内病外治"理论发挥对机体的治疗作用，提高人体免疫力，保障健康。预防流行性感冒香囊、治疗过敏性鼻炎香囊及镇静安神香囊是目前常用的几类保健香囊。

（1）预防流行性感冒香囊常用的中药

配方1：艾叶4g、白芷3g、苍术3g、广藿香4g、紫苏叶3g、陈皮3g。

配方2：广藿香4g、苍术4g、石菖蒲2g、丁香2g。

配方3：苍术0.5g、艾叶0.5g、广藿香0.5g、白芷0.5g、薄荷1.5g、防风0.5g、川芎0.5g、肉桂0.5g。

（2）治疗过敏性鼻炎香囊常用的中药

配方：冰片3g、黄芩3g、肉桂3g、广藿香3g、艾叶3g、薄荷3g、石菖蒲3g、花椒3g、苍术3g。

（3）镇静安神香囊常用的中药

配方：远志0.5g、合欢花0.5、夜交藤1.0g、酸枣仁0.5g、柏子仁0.5g、石菖蒲0.5g、五味子0.5g、薰衣草1.0g。

22. 膜剂、涂膜剂和喷膜剂在使用上有什么特点?

膜剂系药物与适宜的成膜材料经加工制成的膜状制剂，供口服、黏膜用或外用。膜剂为固体制剂，直接黏附到皮肤或黏膜上使用，通常会在用药部位溶解，将药物迅速释放出来，起效迅速。按照给药途径分为口腔用、黏膜用和外用膜剂，其中，口腔用膜剂包括口腔分散膜、口腔药膜、舌下膜、口服膜、口腔速溶膜、口腔膜、口溶膜等；黏膜用膜剂包括鼻黏膜用膜剂、眼用膜剂、阴道用膜剂等；外用膜剂主要指皮肤用膜剂。

常用的口服制剂需吞咽进入消化道，给吞咽困难的患者如重症昏迷患者、儿童等用药带来困难，口腔用膜剂可很好地解决这类问题。口腔用膜剂最初多用于局部抗菌和镇痛，随着技术的不断进步，这种给药方式正越来越多地运用于治疗多种病症，如咽喉不适、过敏、哮喘、胃肠功能紊乱、呕吐、疼痛和维生素缺乏以及睡眠障碍等[15]。

此外，口腔用膜剂还具有如下特点[16]：①体积小、质量轻，方便携带、贮存和运输；②剂量准确，制备工艺简单，成本较低，性质稳定；③无须用水送服，置于舌尖即可溶解，可随时随地服用；④在服用后可快速溶解，释药迅速，且一部分药物可通过黏膜直接进入血液系统，避免首过效应。

口腔用膜剂虽然使用方便，但也存在一些缺点。口腔用膜剂一般体积小、质量轻，其载药量偏低。加之形态柔软，并具有一定的吸湿性，往往对包装要求比较高，且其直接接触口腔黏膜，对苦味药物的味道掩蔽具有较高要求。

涂膜剂和喷膜剂为液体制剂，使用时将其喷洒或涂抹在皮肤、黏膜表面，溶剂迅速挥发，在用药部位形成薄膜，里面的药物经释放后发挥治疗作用。涂膜剂和喷膜剂制备工艺简单，在创面形成薄膜对伤口起到保护作用，刺激性小，使用方便；同时膜剂可以减少皮肤表面水分的蒸发，促进角质层水化，利于药物的穿透，作用持久，疗效提高。

23. 膜剂的组成是什么?

膜剂的处方通常包括药物活性成分、成膜材料、增塑剂、矫味剂、增稠剂和其他添加剂[17]。

（1）药物活性成分：固体膜剂体积较小，涂膜剂和喷膜剂的液体用量也很有限，决定了其载药量不大，一般药物活性成分占整个制剂的5%～30%。活性成分需要与其他辅料溶解混匀或粉碎后分散均匀，进而制备成膜剂。对于中药膜剂，可将中药材用水或不同浓度的乙醇提取，制成浸膏粉末、提取液或胶浆；对于口感较苦的药物，需先通过添加甜味剂或包合技术等掩味步骤后，再与其他成分混匀后进行制备。

（2）成膜材料：可作用于黏膜或皮肤并黏附于用药部位，实现药物的释放，应无毒并具有良好的生物相容性；同时，易与药物活性成分混合，且给药后易于释出。现在常用的成膜材料有天然高分子材料，如果胶、琼脂、阿拉伯胶、西黄蓍胶、明胶等；合成高分子材料，如羧甲纤维素、羟丙甲纤维素等纤维素衍生物，聚乙烯醇、卡波姆等乙烯类高分子聚合物。

1）常用的天然成膜材料：主要包括以下几种。①壳多糖和脱乙酰壳多糖：其分子中的氨基、羟基可与黏膜层形成氢键，有效渗透至黏膜层，与黏膜层产生电荷效应，具有较强的黏附性。②透明质酸：为一种氨基杂多糖，有一定的黏附性。③明胶：为动物胶原蛋白水解产物，生物耐受性与生物降解性好，分子中有众多氨基、羟基，有较好的黏附性。④生物凝集素类结合物：其通过"受体 - 配体"柔和作用与黏膜表皮细胞的黏蛋白侧链糖基发生特异性结合，产生生物黏附作用。⑤白及胶：为从白及中提取的一多糖类高分子化合物，因含有大量羟基，有一定的黏附性，但成膜性能较差，需要与其他成膜材料联用。白及胶自身具有活血化瘀、抗癌等多种活性，属于药辅两用材料。

2）常用的合成成膜材料：主要有以下几种。①卡波姆：其分子中的羧基、羟基和表面活性物质与黏蛋白形成物理性缠结后，与黏蛋白侧链糖基形成氢键，产生较强的黏液凝胶网状结构，延长黏附时间。②聚乙烯醇（PVA）和聚维酮（PVP）：由相对分子质量决定黏性的强弱，相对分子质量越高则黏性越强。③聚乙二醇：同聚乙烯醇，相对分子质量越高，黏性越强。④衍生物类：包括纤维素衍生物和其他天然材料的衍生产物，如羟乙纤维素（HEC）、羟丙纤维素（HPC）、羟丙甲纤维素（HPMC）、羧甲纤维素钠（CMC-Na）、脱乙酰壳聚糖衍生物和硫化聚合物。其主要通过与黏蛋白糖基形成氢键、范德瓦耳斯力和疏水键或通过半胱氨酸与黏膜蛋白半胱氨酸丰富的亚基结合而产生黏性。

（3）增塑剂：增塑剂可降低薄膜的玻璃化转变温度，从而降低膜剂的拉伸强度，增加膜剂的伸长率，改善膜剂的机械性能，有利于膜剂的分装切割。增塑剂的选择需根据其与成膜材料的相容性和膜剂的制备方法来考虑。常用的增塑剂有甘油、丙二醇、低分子量聚乙二醇和山梨醇等。通常增塑剂的用量≤20% 即可有效防止膜干燥后出现开裂、起皱等现象。在进行处方设计时，还需考虑增塑剂的加入对药物释放和膜的玻璃化温度的影响。不同成膜材料对增塑剂的效果也具有选择性，常需要做一些预实验，根据成膜时间、膜的铺展性及韧性等指标进行筛选，当以聚乙烯醇作为成膜材料时比较适合采用甘油作为增塑剂。

（4）矫味剂：中药口感较苦，必须添加甜味剂来矫正味道后才适用于口腔膜剂。甜味剂分为天然和合成两种，天然的甜味剂包括葡萄糖、果糖、蔗糖、麦芽糖、淀粉糖、甜菊糖和乳糖等；人工合成的甜味剂包括糖精钠、环拉酸钠、安赛蜜、阿斯巴甜、阿力甜和三氯蔗糖等。合成类甜味剂因不引起血糖波动，是糖尿病患者用药的首选；尤其三氯蔗糖甜度是蔗糖的500 倍，甜味特征曲线几乎与蔗糖重叠，无任何异味或苦涩味，我国和美国均已批准将其作为食品添加剂。也可将药物制成微囊或经包合技术掩盖苦味。

24. 如何制备中药涂膜剂、喷膜剂和膜剂？

中药膜剂的制备需同时考察中药的提取工艺及膜剂成型工艺。成膜材料的溶剂可选择不同浓度的乙醇或水，在溶解成膜材料时，需要先在冷溶剂中溶胀 12 小时以上，再在 80～85℃条件下使成膜材料完全溶解。药物通常加在成膜材料的溶液中，中药材经粉碎后过 120 目筛加入，固体浸膏可选择适宜的溶剂溶解后加入，中药流浸膏可直接加至膜材料溶液中。有时仅使用 1 种成膜材料可能存在缺陷，可选择辅助成膜材料如 PVP 改进膜性能，也可使用 2 种以上的成膜材料。此外，膜剂中含少量表面活性剂如聚山梨酯 80 具有促进药物溶出的作用。

雷公藤甲素是治疗风湿性和类风湿关节炎的常用药，但毒副作用大，若将其开发为经皮制剂在局部给药，可以降低雷公藤的毒性，提高药物在关节部位的浓度，改善疗效。首先将雷公藤提取液制成浸膏粉，随后以 PVA-124 为成膜材料，丙二醇为增塑剂，乙醇溶液为溶剂，采用正交实验设计，考察成膜材料、增塑剂和乙醇的使用浓度，最后优化的处方为：称取 2.5g PVA-124，蒸馏水配成 10% 浓度，密封，冷水浸润 12 小时，水浴 80℃溶胀 2 小时后，取出放凉备用。在搅拌下向 PVA-124 溶液加入 2ml 丙二醇溶液。缓慢加入 15ml 无水乙醇溶液（含 0.75g 雷公藤浸膏粉），搅拌使之分散均匀。最后加纯化水至足量，稀 NaOH 溶液调节 pH 至 9，得稠状雷公藤涂膜剂溶液[17]。

化瘀消肿酒剂处方源自民间经验方，系由桃仁、川芎、当归等数味药材经蒸馏酒浸渍而成，具有活血化瘀、消肿止痛的功效，主要用于损伤初期的软组织肿胀、瘀斑、瘀积热等症。将酒剂改为喷膜剂[18]，可延长药物作用时间，减少使用次数。首先采用正交实验，以苦杏仁苷含量为指标，对乙醇浓度、用量、浸泡时间和药材的粉碎程度进行考察，确定的工艺为：药材使用粗粉，12 倍量的 60% 乙醇浸泡 24 小时后渗漉。随后考察成膜工艺，成膜材料选择 PVA 1788、PVP K30 为辅助成膜材料，增塑剂为甘油，采用星点设计 - 响应面法优化工艺，最后确定的处方为按照 5%PVA 1788、4.5% 甘油、5%PVP K30 的比例制备化瘀消肿喷膜剂。实验发现，PVA 1788 形成的喷膜有一定韧性、光泽度且厚度适宜，缺点为喷膜溶液的黏度偏大，影响喷雾效果；PVP K30 在酒剂中能快速溶解，缺点是形成的膜过薄，容易破裂，二者联用，可调节喷膜液的黏度，获得韧性和光泽度适宜的膜剂。

儿黄散所用药材有儿茶、黄连、明矾和白及，在制备儿黄散阴道涂膜剂时，儿茶与明矾、儿茶与黄连生物碱之间将产生沉淀，选择双层的阴道缓释涂膜剂可解决沉淀问题[19]。黄连用 70% 乙醇提取后制成浸膏粉末，明矾粉碎，过 120 目筛，白及用水提取制成白及胶水提液，以 HPMC 为成膜材料，甘油为增塑剂，采用星点设计 - 响应面法优化 HPMC、白及胶及甘油用量，确定的处方为 HPMC 质量分数 1.15%，白及胶质量分数 3.41%，甘油体积分数 10.02%，黄连总生物碱与明矾的加入量均为成膜材料用量的 25%。制备方法为：取白及胶及 HPMC，加水溶胀，再按处方量加入甘油、明矾和黄连粉，搅拌均匀，在 50℃下保温。随后考察儿茶药膜的制备，儿茶粉碎，过 120 目筛，用量为成膜材料的 1/4；以 CMC-Na 为成膜材料，白及胶为辅助成膜材料，甘油为增塑剂，继续采用星点设计 - 响应面法优化处方，确定 CMC-Na、白及胶及甘油的质量分数分别为 1.61%、3.81% 及 8.49%。此两种膜均为固体膜剂，采用匀浆流延法成膜，在 50℃条件下干燥，以液体石蜡为脱模剂脱模，切割成适宜的大小。

25. 涂膜剂和喷膜剂的质量评价指标有哪些？

涂膜剂和喷膜剂为液体制剂，质量评价指标包括以下几点。

（1）基质的流动性、黏稠度及分散性：观察配制好的溶液搅动是否流畅，底部有无沉淀，最好使用黏度测定仪对溶液的黏稠度进行检测。喷膜剂还需考察溶液的喷射效果。

（2）成膜完整性与均匀性：将膜剂均匀涂抹或喷射于载玻片上，待其干燥成膜后，观察有无破裂、气泡，外观是否光滑，膜剂是否柔软；将载玻片置显微镜下，考察膜剂的均匀性。

（3）成膜时间：膜剂经涂抹或喷洒后，在 37℃下，通常应在 1 分钟内成膜。

（4）药物含量：建立膜剂中药物的含量测定方法，进行稳定性考察，确保制剂在有效期内稳定。若药物稳定性差，可考虑增加乙醇比例和增稠剂等稳定剂的浓度，或直接制成固体膜剂。根据一次喷射量和涂抹量计算给药量，观察在该剂量下有无治疗效果。

（5）体外透皮实验：对外用膜剂可进行体外透皮实验。选择智能透皮扩散仪，设定实验温度为 37℃；测量接收池体积，并充满接收液；动物皮肤置接收池上，角质层向外，真皮层向内，与接收液保持接触，除去潜在的气泡。按规定剂量，将药液涂抹或喷洒于皮肤表面使形成薄膜，于不同时间点取接收液样品，测定其中药物含量，并在接收池中补充等体积的接收液，补充的液体需预先在37℃下保温。计算累积透皮量。

26. 膜剂的质量评价指标有哪些？

膜剂为固态制剂，相关的质量评价指标包括以下几点[16]。

（1）厚度与外观：膜剂外观应完整光洁，厚度一致，色泽均匀，无明显气泡。膜剂的厚度通常控制在10～100μm，以保证良好的机械强度和溶解性。通常采用游标卡尺来测定厚度：即测定膜剂4个角和中间5个点的厚度，取平均值即得。

（2）崩解时限和溶解度：对口腔用膜剂，需进行崩解时限和溶出度的测定，通常采用崩解仪检测崩解时限，应控制在30～120秒。若考察溶出度，可不测定崩解时限。溶出度多采用桨碟法来测定，根据品种的溶解特性可选择不同的溶出介质，溶出介质体积多设为500ml，转速为50r/min。取样时间为5～15分钟。

（3）机械性能：包括耐折度、百分伸长率及抗张强度等。耐折度代表了膜的脆性，即在同一位置折叠后断裂或出现明显折痕的折叠次数，次数越少，说明膜剂脆性越高。百分伸长率指膜受外力拉伸，断裂时增加的长度与原始长度的比值。使用拉力试验机进行测定，2个夹子夹住薄膜并保持垂直状态，以2kg×300mm/min的速度进行拉伸。考察过程由恒温恒湿箱控制相对湿度为37%，温度为26℃。计算公式：百分伸长率（%）= 长度增加量 / 原长 ×100%。抗张强度指拉断膜剂时所用的最大的力，可使用万能材料试验机检测。

（4）其他：重量差异和水分检查。对口腔用膜剂或创面用膜剂，还需进行微生物限度或无菌检测。

参考文献

[1] 崔璀，范振远. 中国药茶的起源、现代应用及发展[J]. 亚太传统医药，2011，7（7）：148-149.

[2] 赵嘉祺，陈建萍，傅超美，等. 中药袋泡茶剂的现代定位与关键问题分析[J]. 中药材，2017，40（12）：2978-2983.

[3] 李辉虎，任刚，陈利民，等. 胶类药材真伪鉴别与质量评价技术研究进展[J]. 中国中药杂志，2018，43（1）：15-20.

[4] 李楠，郑洁，陈立群，等. 3种胶类中药在加工过程中的动态变化[J]. 中成药，2018，40（8）：1865-1868.

[5] 佘远斌，舒畅，肖作兵，等. GC-MS/ GC-O结合化学计量学方法研究不同产地阿胶的关键香气组分[J]. 现代食品科技，2016，32（2）：269-275.

[6] 周坚，钟水生，郝刚. 超高效液相色谱 - 串联四极杆质谱法同时检测鹿角胶饮片中牛皮源、驴皮源及鹿角胶成分[J]. 环球中医药，2018，11（7）：1022-1026.

[7] 李明华，郭晓晗，柳温曦，等. 超高效液相色谱 - 三重四极杆质谱法用于阿胶、龟甲胶、鹿角胶中猪皮源成分的检测[J]. 药物分析杂志，2020，40（5）：859-864.

[8] 黄雨威，张义生，徐惠芳，等. 膏方制备工艺与质量标准研究[J]. 中国药房，2017，28（22）：3157-3160.

[9] 邬吉野，李莹，王德馨，等. 六神曲的发酵菌种分离及纯种发酵考察[J]. 中国实验方剂学杂志，2013，19（16）：12-14.

[10] 蒋志明，赵丽娜，李小贾，等. 艾烟的芳香作用机理研究进展与展望[J]. 云南中医学院学报，2019，42（5）：98-102.

[11] 黄秀娟，冉妮，周建伟. 热敏灸的研究概况[J]. 中国民族民间医药，2020，29（11）：46-49.

[12] 吴雪芬，易丽贞，刘欣，等. 隔药饼灸治疗动脉粥样硬化的研究进展[J]. 时珍国医国药，2020，31（3）：

688-690.
[13] 王华，陈林伟，袁成业，等. 雷火灸的研究现状及展望[J]. 中华中医药杂志，2019，34(9)：4204-4206.
[14] 邓成海，陈秋平，黄子恩，等. 壮医药线点灸治疗痤疮的研究概况[J]. 中国民族民间医药，2020，29(13)：59-60，68.
[15] 刘宪勇，刘世军，孙克明，等. 口腔膜剂的研究与应用进展[J]. 中国药房，2015，26(10)：1420-1423.
[16] 任连杰，刘涓，马骏威，等. 口腔膜剂的研发与评价[J]. 中国中药杂志，2017，42(19)：3696-3702.
[17] 周密，徐晓勇，马凤森，等. 雷公藤涂膜剂的制备及其体外透皮试验[J]. 中成药，2015，37(3)：526-529.
[18] 朱玉莲，黄华，丁晓莉，等. 化瘀消肿喷膜剂的制备工艺研究[J]. 中药材，2015，38(11)：2399-2403.
[19] 王艳宏，杨柳，王超，等. 星点设计-效应面法优化阴道用儿黄散白及胶缓释双层膜的处方[J]. 中国实验方剂学杂志，2019，25(4)：146-152.

（姚倩　颜红）

索 引

D

E

F

G

H

J

K

L

M

N

P

Q

R

S

T

W

X

Y

Z